Momentos de inercia con formas geométricas comunes

Rectángulo	
$\bar{I}_{x'} = \frac{1}{12}bh^3$ $\bar{I}_{y'} = \frac{1}{12}b^3h$ $I_x = \frac{1}{3}bh^3$ $I_y = \frac{1}{3}b^3h$ $J_C = \frac{1}{12}bh(b^2+h^2)$	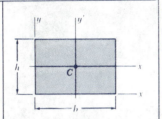
Triángulo	
$\bar{I}_{x'} = \frac{1}{36}bh^3$ $I_x = \frac{1}{12}bh^3$	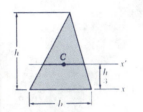
Círculo	
$I_x = \bar{I}_y = \frac{1}{4}\pi r^4$ $J_O = \frac{1}{2}\pi r^4$	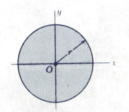
Semicírculo	
$I_x = I_y = \frac{1}{8}\pi r^4$ $J_O = \frac{1}{4}\pi r^4$	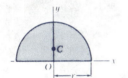
Cuarto de círculo	
$I_x = I_y = \frac{1}{16}\pi r^4$ $J_O = \frac{1}{8}\pi r^4$	
Elipse	
$\bar{I}_x = \frac{1}{4}\pi ab^3$ $\bar{I}_y = \frac{1}{4}\pi a^3 b$ $J_O = \frac{1}{4}\pi ab(a^2+b^2)$	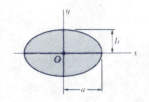

Momentos de inercia con formas geométricas comunes

Barra delgada	
$I_y = I_z = \frac{1}{12}mL^2$	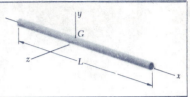
Placa rectangular delgada	
$I_x = \frac{1}{12}m(b^2+c^2)$ $I_y = \frac{1}{12}mc^2$ $I_z = \frac{1}{12}mb^2$	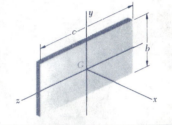
Prisma rectangular	
$I_x = \frac{1}{12}m(b^2+c^2)$ $I_y = \frac{1}{12}m(c^2+a^2)$ $I_z = \frac{1}{12}m(a^2+b^2)$	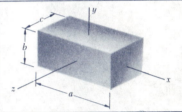
Disco delgado	
$I_x = \frac{1}{2}mr^2$ $I_y = I_z = \frac{1}{4}mr^2$	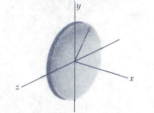
Cilindro circular	
$I_x = \frac{1}{2}ma^2$ $I_y = I_z = \frac{1}{12}m(3a^2+L^2)$	
Cono circular	
$I_x = \frac{3}{10}ma^2$ $I_y = I_z = \frac{3}{5}m(\frac{1}{4}a^2+h^2)$	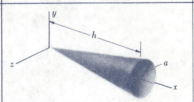
Esfera	
$I_x = I_y = I_z = \frac{2}{5}ma^2$	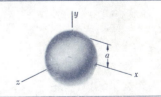

MECÁNICA VECTORIAL PARA INGENIEROS
Estática

Cra. 23 No. 57-82
Tels.: 856027-856576
853298- Fax.: 858524
Manizales

Sexta Edición
MECÁNICA VECTORIAL PARA INGENIEROS

Estática

Ferdinand P. Beer
Lehigh University

E. Russell Johnston, Jr.
University of Connecticut

Con la colaboración de
Elliot R. Eisenberg
Pennsylvania State University

Traducción:

Karim Heinz Muci Küchler
Ingeniero Mecánico Electricista, ITESM Campus Monterrey
M. en I., especialidad en Ingeniería Mecánica, ITESM Campus Monterrey
Ph. D. Major in Engineering Mechanics, Iowa State University
Profesor asociado, Departamento de Ingeniería Mecánica, ITESM Campus Monterrey

Alex Elías Zúñiga
Ingeniero Industrial Mecánico, Instituto Tecnológico de Pachuca, Hgo.
M. en C., especialidad en Ingeniería Mecánica, ITESM Campus Monterrey
Ph. D. Major in Engineering Mechanics, University of Nebraska at Lincoln
Profesor asociado, Departamento de Ingeniería Mecánica, ITESM Campus Monterrey

Revisión Técnica:

José Nicolás Ponciano Guzmán
Ingeniero Industrial Mecánico, Instituto Tecnológico de Morelia, Mich.
M. en I., Instituto Tecnológico y de Estudios Superiores de Monterrey
Profesor, Departamento de Ingeniería Mecánica, ITESM Campus Estado de México

Eric Josué Jacobs Mazariegos
Profesor de Estática, departamento de Física
Facultad de Ingeniería, Universidad de San Carlos
Guatemala, Centroamérica

McGRAW-HILL

MÉXICO • BUENOS AIRES • CARACAS • GUATEMALA • LISBOA • MADRID • NUEVA YORK
PANAMÁ • SAN JUAN • SANTAFÉ DE BOGOTÁ • SANTIAGO • SÃO PAULO
AUCKLAND • HAMBURGO • LONDRES • MILÁN • MONTREAL
NUEVA DELHI • PARÍS • SAN FRANCISCO • SINGAPUR
ST. LOUIS • SIDNEY • TOKIO • TORONTO

Gerente de producto: Carlos Mario Ramírez Torres
Supervisor de edición: Mateo Miguel García
Supervisor de producción: Zeferino García García

MECÁNICA VECTORIAL PARA INGENIEROS. "ESTÁTICA"

Prohibida la reproducción total o parcial de esta obra,
por cualquier medio, sin autorización escrita del editor.

DERECHOS RESERVADOS © 1997, respecto a la sexta edición en español por
McGRAW-HILL/INTERAMERICANA EDITORES, S.A. DE C.V.
    Cedro Núm. 512, Col. Atlampa
    06450 México, D.F.
    Miembro de la Cámara Nacional de la Industria Editorial Mexicana, Reg. Núm. 736

ISBN 970-10-1021-3
(ISBN 968-422-564-4 quinta edición)

Traducido de la sexta edición en inglés de
VECTOR MECHANICS FOR ENGINEERS STATICS
Copyright © MCMXCVI, by McGraw-Hill, Inc., U. S. A.
ISBN 0-07-005367-7

5678901234   CEU-96   0876543219

Impreso en México   Printed in Mexico

Esta obra se terminó de
Imprimir en Julio de 1999 en
Editorial Esfuerzo S.A. de C.V.
Esfuerzo No. 16 – A
Col. Lázaro Cardenas
Naucalpan de Juarez, Edo. Mex.

Se tiraron 35,000 ejemplares

Acerca de los autores

Las dos preguntas que se le hacen con mayor frecuencia a los dos autores de esta obra son las siguientes: "¿Cómo fue que ustedes empezaron a escribir sus libros juntos, estando uno en Lehigh y el otro en la University of Connecticut y cómo logran seguir colaborando en sus revisiones subsecuentes?"

La respuesta a la primera pregunta es sencilla. Russ Johnston inició su carrera académica en el departamento de ingeniería civil y mecánica de Lehigh University. Allí él conoció a Ferd Beer, quien había comenzado a trabajar en ese departamento dos años antes y estaba a cargo de los cursos de mecánica. Nacido en Francia y educado en Francia y Suiza (obtuvo una maestría en la Sorbonne y un doctorado en ciencias en el área de mecánica teórica en la University of Geneva), Ferd emigró a los Estados Unidos después de servir en el ejército francés durante la primera parte de la Segunda Guerra Mundial y dio clases por cuatro años en el Williams College en el programa conjunto de ingeniería y artes Williams-MIT. Nativo de Filadelfia, Russ obtuvo el título de ingeniero civil de la University of Delaware y un doctorado en ciencias en el área de ingeniería estructural en el MIT.

Ferd se sintió muy contento al descubrir que el joven que había sido contratado para enseñar cursos de ingeniería estructural a nivel de posgrado no sólo estaba dispuesto, sino ansioso, de ayudarlo a reorganizar los cursos de mecánica. Ambos profesores estaban convencidos que dichos cursos deberían enseñarse a partir de unos cuantos principios básicos y que los distintos conceptos involucrados serían comprendidos y recordados mejor por los estudiantes si se les presentaban de una forma gráfica. Juntos, ellos escribieron apuntes para las clases de estática y dinámica, a los cuales posteriormente les agregaron problemas que, a su juicio, serían interesantes para los futuros ingenieros. Poco después, ellos produjeron el manuscrito de la primera edición de *Mecánica para ingenieros*.

Al publicarse la segunda edición de *Mecánica para ingenieros* y la primera edición de *Mecánica vectorial para ingenieros*, Russ Johnston estaba en el Worcester Polytechnic Institute. En las ediciones subsecuentes, este autor se encontraba en la University of Connecticut. Mientras tanto, Ferd y Russ habían asumido funciones administrativas en sus respectivos departamentos y ambos se dedicaban a la investigación, a la consultoría y a asesorar estudiantes de posgrado —Ferd en el área de procesos estocásticos y vibraciones aleatorias y Russ en el área de estabilidad elástica y en análisis y diseño estructural—. Sin embargo, no había disminuido su interés por mejorar la enseñanza de los cursos básicos de mecánica y ambos continuaron impartiendo dichos cursos a medida que revisaban sus libros y comenzaban a escribir el manuscrito de la primera edición de *Mecánica de materiales*.

Esto nos lleva a la segunda pregunta: ¿Cómo los autores lograron trabajar en forma conjunta de una manera tan efectiva después de que Russ Johnston dejó Lehigh? Parte de la respuesta nos la dan sus recibos telefónicos y el dinero que han gastado en estampillas. A medida que se acerca la fecha de publicación de una nueva edición, se comunican por teléfono diariamente y llevan a la oficina de correos paquetes para entrega inmediata. Además, las dos familias también se visitan. En alguna época, incluso hacían viajes para acampar juntos, en los cuales ambas familias colocaban sus tiendas de campaña una a un lado de la otra. Ahora, con la aparición del *fax*, ellos no necesitan reunirse con tanta frecuencia.

La colaboración entre los dos autores ha abarcado los años de la revolución en el área de la computación. Las primeras ediciones de *Mecánica para ingenieros* y *Mecánica vectorial para ingenieros* incluían observaciones acerca del uso correcto de la regla de cálculo. Para garantizar la precisión de las respuestas proporcionadas al final del libro, los propios autores utilizaron reglas de cálculo de 20 pulgadas (tamaño más grande de lo normal), luego emplearon calculadoras mecánicas de escritorio que complementaban con tablas de funciones trigonométricas y, posteriormente, utilizaban calculadoras electrónicas que sólo tenían cuatro funciones. Con la llegada de las calculadoras de bolsillo que poseían muchas funciones, todos los instrumentos anteriores fueron relegados a sus respectivos áticos y las observaciones que existían en el libro acerca del uso de la regla de cálculo fueron reemplazadas por observaciones relacionadas con el uso de las calculadoras. En la actualidad, los autores incluyen en todos los capítulos de sus libros, problemas que requieren del uso de una computadora para su solución y Ferd y Russ programan en sus propias computadoras las soluciones correspondientes a la mayoría de los problemas que ellos crean.

Las contribuciones de Ferd y Russ a la educación en ingeniería los han hecho acreedores de numerosas distinciones y reconocimientos. Ellos recibieron el Western Electric Fund Award por parte de sus respectivas secciones regionales de la American Society for Engineering Education por su excelencia en la instrucción de estudiantes de ingeniería y, además, ambos recibieron la Distinguished Educator Award de la Mechanics Division de esa misma sociedad. En 1991 Russ recibió la Outstanding Civil Engineering Award otorgada por la sección de Connecticut de la American Society of Civil Engineers y en 1995 Ferd fue distiguido con un doctorado *honoris causa* en ingeniería por la Lehigh University.

Un nuevo colaborador, Elliot Eisenberg, quien es profesor de ingeniería en Pennsylvania State University, se ha unido al equipo de trabajo de Beer y Johnston para esta nueva edición. Elliot cuenta con el título de ingeniero y con una maestría en ingeniería, ambas del Cornell University. Él ha enfocado sus actividades académicas al servicio profesional y a la enseñanza, labores por las cuales en 1992 recibió un reconocimiento cuando la American Society of Mechanical Engineers le otorgó la medalla Ben C. Sparks por sus contribuciones a la ingeniería mecánica, a la educación tecnológica en ingeniería mecánica y por su servicio a esa asociación y a la American Society for Engineering Education.

Contenido

Prefacio xv
Lista de símbolos xix

1
INTRODUCCIÓN
1

1.1 ¿Qué es la mecánica? 2
1.2 Principios y conceptos fundamentales 2
1.3 Sistemas de unidades 5
1.4 Conversión de un sistema de unidades a otro 10
1.5 Método para la solución de problemas 12
1.6 Precisión numérica 13

2
ESTÁTICA DE PARTÍCULAS
15

2.1 Introducción 16

Fuerzas en un plano 16
2.2 Fuerza sobre una partícula. Resultante de dos fuerzas 16
2.3 Vectores 17
2.4 Suma de vectores 18
2.5 Resultante de varias fuerzas concurrentes 20
2.6 Descomposición de una fuerza en sus componentes 21
2.7 Componentes rectangulares de una fuerza. Vectores unitarios 27
2.8 Suma de fuerzas mediante la suma de sus componentes x y y 30
2.9 Equilibrio de una partícula 35
2.10 Primera ley del movimiento de Newton 36
2.11 Problemas que involucran el equilibrio de una partícula. Diagramas de cuerpo libre 36

Fuerzas en el espacio 45
2.12 Componentes rectangulares de una fuerza en el espacio 45
2.13 Definición de una fuerza por medio de su magnitud y dos puntos a lo largo de su línea de acción 48
2.14 Suma de fuerzas concurrentes en el espacio 49

2.15 Equilibrio de una partícula en el espacio 57

Repaso y resumen del capítulo 2 64
Problemas de repaso 67

3
CUERPOS RÍGIDOS: SISTEMAS EQUIVALENTES DE FUERZAS
71

3.1 Introducción 72
3.2 Fuerzas externas e internas 72
3.3 Principio de transmisibilidad. Fuerzas equivalentes 73
3.4 Producto vectorial de dos vectores 75
3.5 Productos vectoriales expresados en términos de componentes rectangulares 77
3.6 Momento de una fuerza con respecto a un punto 79
3.7 Teorema de Varignon 81
3.8 Componentes rectangulares del momento de una fuerza 81
3.9 Producto escalar de dos vectores 91
3.10 Triple producto escalar de tres vectores 93
3.11 Momento de una fuerza con respecto a un eje dado 95
3.12 Momento de un par 105
3.13 Pares equivalentes 106
3.14 Suma de pares 108
3.15 Los pares pueden representarse por medio de vectores 108
3.16 Descomposición de una fuerza dada en una fuerza en O y un par 109
3.17 Reducción de un sistema de fuerzas a una fuerza y un par 120
3.18 Sistemas equivalentes de fuerzas 122
3.19 Sistemas equipolentes de vectores 122
3.20 Otras reducciones de un sistema de fuerzas 123
*3.21 Reducción de un sistema de fuerzas a una llave de torsión 125

Repaso y resumen del capítulo 3 144
Problemas de repaso 149

4
EQUILIBRIO DE CUERPOS RÍGIDOS
153

4.1 Introducción 154
4.2 Diagrama de cuerpo libre 155

Equilibrio en dos dimensiones 156
4.3 Reacciones en los puntos de apoyo y conexiones de una estructura bidimensional 156
4.4 Equilibrio de un cuerpo rígido en dos dimensiones 158
4.5 Reacciones estáticamente indeterminadas. Restricciones parciales 160
4.6 Equilibrio de un cuerpo sometido a la acción de dos fuerzas 177
4.7 Equilibrio de un cuerpo sometido a la acción de tres fuerzas 178

Equilibrio en tres dimensiones 185
4.8 Equilibrio de un cuerpo rígido en tres dimensiones 185

4.9 Reacciones en los apoyos y conexiones de una estructura tridimensional   185

Repaso y resumen del capítulo 4   202
Problemas de repaso   204

5
FUERZAS DISTRIBUIDAS: CENTROIDES Y CENTROS DE GRAVEDAD
209

5.1 Introducción   210

Áreas y líneas   210
5.2 Centro de gravedad de un cuerpo bidimensional   210
5.3 Centroides de áreas y líneas   212
5.4 Primeros momentos de áreas y líneas   213
5.5 Placas y alambres compuestos   216
5.6 Determinación de centroides por integración   227
5.7 Teoremas de Pappus-Guldinus   229
*5.8 Cargas distribuidas en vigas   240
*5.9 Fuerzas sobre superficies sumergidas   241

Volúmenes   251
5.10 Centro de gravedad de un cuerpo tridimensional. Centroide de un volumen   251
5.11 Cuerpos compuestos   254
5.12 Determinación de centroides de volúmenes por integración   254

Repaso y resumen del capítulo 5   266
Problemas de repaso   270

6
ANÁLISIS DE ESTRUCTURAS
274

6.1 Introducción   275

Armaduras   276
6.2 Definición de una armadura   276
6.3 Armaduras simples   278
6.4 Análisis de armaduras por el método de los nudos   279
*6.5 Nudos bajo condiciones especiales de carga   281
*6.6 Armaduras espaciales   283
6.7 Análisis de armaduras por el método de secciones   293
*6.8 Armaduras formadas por varias armaduras simples   294

Estructuras y máquinas   305
6.9 Estructuras que contienen elementos sometidos a varias fuerzas   305
6.10 Análisis de una estructura   305
6.11 Estructuras que dejan de ser rígidas cuando se separan de sus soportes   306
6.12 Máquinas   321

Repaso y resumen del capítulo 6   333
Problemas de repaso   336

7
FUERZAS EN VIGAS Y CABLES
341

*7.1   Introducción   342
*7.2   Fuerzas internas en componentes mecánicos   342

Vigas   349
*7.3   Diferentes tipos de cargas y apoyos   349
*7.4   Fuerza cortante y momento flexionante en una viga   350
*7.5   Diagramas de fuerza cortante y de momento flexionante   352
*7.6   Relaciones entre carga, fuerza cortante y momento flexionante   360

Cables   371
*7.7   Cables con cargas concentradas   371
*7.8   Cables con cargas distribuidas   372
*7.9   Cable parabólico   373
*7.10 Catenaria   382

Repaso y resumen del capítulo 7   390
Problemas de repaso   393

8
FRICCIÓN
396

8.1   Introducción   397
8.2   Las leyes de la fricción seca. Coeficientes de fricción   397
8.3   Ángulos de fricción   400
8.4   Problemas que involucran fricción seca   401
8.5   Cuñas   417
8.6   Tornillos de rosca cuadrada   417
*8.7   Chumaceras. Fricción en ejes   426
*8.8   Cojinetes de empuje. Fricción en discos   428
*8.9   Fricción en ruedas. Resistencia a la rodadura   429
*8.10 Fricción en bandas   436

Repaso y resumen del capítulo 8   447
Problemas de repaso   450

9
FUERZAS DISTRIBUIDAS: MOMENTOS DE INERCIA
455

9.1   Introducción   456

Momentos de inercia de áreas   457
9.2   Segundo momento o momento de inercia de un área   457
9.3   Determinación del momento de inercia de un área por integración   458
9.4   Momento polar de inercia   459
9.5   Radio de giro de un área   460
9.6   Teorema de los ejes paralelos   467
9.7   Momentos de inercia de áreas compuestas   468
*9.8   Producto de inercia   481
*9.9   Ejes principales y momentos principales de inercia   482
*9.10 Círculo de Mohr para momentos y productos de inercia   490

Momentos de inercia de masas 496
9.11 Momento de inercia de una masa 496
9.12 Teorema de los ejes paralelos 498
9.13 Momentos de inercia de placas delgadas 499
9.14 Determinación del momento de inercia de un cuerpo tridimensional por integración 500
9.15 Momentos de inercia de cuerpos compuestos 500
*9.16 Momento de inercia de un cuerpo con respecto de un eje arbitrario que pasa a través del punto O. Productos de inercia de masa 515
*9.17 Elipsoide de inercia. Ejes principales de inercia 516
*9.18 Determinación de los ejes y los momentos principales de inercia de un cuerpo de forma arbitraria 518

Repaso y resumen del capítulo 9 529
Problemas de repaso 535

10
MÉTODO DEL TRABAJO VIRTUAL
539

*10.1 Introducción 540
*10.2 Trabajo de una fuerza 540
*10.3 Principio del trabajo virtual 543
*10.4 Aplicaciones del principio del trabajo virtual 544
*10.5 Máquinas reales. Eficiencia mecánica 546
*10.6 Trabajo de una fuerza durante un desplazamiento finito 560
*10.7 Energía potencial 562
*10.8 Energía potencial y equilibrio 563
*10.9 Estabilidad del equilibrio 564

Repaso y resumen del capítulo 10 574
Problemas de repaso 577

Índice 581
Respuestas a los problemas propuestos 587

Prefacio

El objetivo principal de un primer curso en mecánica debe ser desarrollar en el estudiante de ingeniería la habilidad de analizar cualquier problema en forma lógica y sencilla empleando para su solución unos cuantos principios básicos perfectamente comprendidos. Se espera que este libro, diseñado para un primer curso de estática a impartirse en el segundo año de estudios, y el siguiente tomo, *Mecánica vectorial para ingenieros: Dinámica,* permitirán que el maestro alcance este objetivo.[†]

En la parte inicial del texto se introduce el álgebra vectorial y se efectúa la presentación y análisis de los principios fundamentales de la mecánica. Los métodos vectoriales se utilizan también para resolver diversos problemas, especialmente en tres dimensiones, donde esas técnicas permiten obtener la solución en una forma más concisa y simple. Sin embargo, el énfasis del libro se mantiene en el correcto aprendizaje de los principios de la mecánica y su aplicación para la solución de problemas ingenieriles, presentando al álgebra vectorial, primordialmente, como una herramienta útil.[‡]

Una de las características del enfoque usado en estos tomos es que la mecánica de *partículas* se ha separado claramente de la mecánica de los *cuerpos rígidos*. Este enfoque hace posible considerar aplicaciones prácticas simples en una etapa inicial, posponiendo la introducción de los conceptos más avanzados. En este tomo, por ejemplo, la estática de partículas se estudia primero (capítulo 2) después de haber presentado las reglas para la suma y resta de vectores, y el principio del equilibrio de una partícula se aplica inmediatamente a situaciones prácticas que involucran únicamente fuerzas concurrentes. La estática de los cuerpos rígidos se considera en los capítulos 3 y 4. En el capítulo 3 se introducen el producto escalar y vectorial de dos vectores y se emplean para definir el momento de una fuerza alrededor de un punto y alrededor de un eje. La presentación de estos nuevos conceptos es seguida por el análisis riguroso y completo de sistemas de fuerzas equivalentes que conducen, en el capítulo 4, a muchas aplicaciones prácticas que involucran el equilibrio de

---

[†] Ambos textos también están disponibles en un solo tomo, *Mecánica vectorial para ingenieros: Estática y dinámica,* sexta edición (en la edición en inglés).

[‡] En un libro análogo, *Mecánica para ingenieros: Estática,* cuarta edición, el uso del álgebra vectorial está limitado a la suma y resta de vectores (en la edición en inglés).

cuerpos rígidos bajo sistemas generales de fuerza. En el tomo sobre dinámica se emplea el mismo estilo. Se introducen los conceptos básicos de fuerza, masa, aceleración, trabajo y energía, impulso y momentum, y se aplican en primera instancia a la solución de problemas que involucran sólo partículas. De esta forma, los estudiantes se pueden familiarizar por sí mismos con los tres métodos básicos empleados en dinámica, aprendiendo sus respectivas ventajas, antes de enfrentar las dificultades asociadas con el movimiento de cuerpos rígidos.

Como este libro está diseñado para un primer curso sobre estática, los conceptos nuevos se presentan en términos simples y cada paso se explica en forma detallada. Este enfoque se perfecciona al analizar los aspectos más relevantes de los problemas considerados. Por ejemplo, los conceptos de restricciones parciales y de indeterminación estática se introducen al principio del libro para ser usados en toda la obra.

Se enfatiza el hecho de que la mecánica es esencialmente una ciencia *deductiva* basada en algunos principios fundamentales. Las derivaciones se presentan siguiendo su secuencia lógica y con todo el rigor requerido a este nivel. Sin embargo, en virtud de que el proceso de aprendizaje es primordialmente *inductivo*, se consideran primero las aplicaciones más simples. De esta forma, la estática de partículas antecede a la estática de los cuerpos rígidos, y los problemas que involucran fuerzas internas se posponen hasta el capítulo 6. Además, en el capítulo 4 se consideran primero los problemas de equilibrio que involucran únicamente fuerzas coplanares y se resuelven por medio del álgebra ordinaria, mientras que los problemas que involucran fuerzas tridimensionales, que requieren un tratamiento completo del álgebra vectorial, se discuten en la segunda parte de dicho capítulo.

Los diagramas de cuerpo libre se introducen al principio, y se enfatiza su importancia a lo largo de todo el texto. Se ha hecho uso del color en los diagramas de cuerpo libre para distinguir a las fuerzas de otros elementos. Esto facilita al estudiante la identificación de las fuerzas que actúan sobre un partícula o un cuerpo rígido dado, así como la comprensión del análisis de los problemas resueltos y otros ejemplos que aparecen en el texto. Los diagramas de cuerpo libre no sólo se emplean para resolver problemas de equilibrio sino también para expresar dos sistemas de fuerzas equivalentes o, en términos más generales, dos sistemas de vectores. Este enfoque es útil como preparación para el estudio de la dinámica de los cuerpos rígidos. Como se mostrará en el volumen dedicado a la dinámica, se obtiene una comprensión más intuitiva y completa de los principios fundamentales de la dinámica al poner mayor énfasis en las "ecuaciones de los diagramas de cuerpo libre" en lugar de en las ecuaciones estándar de movimiento.

Debido a la tendencia que existe en la actualidad entre los ingenieros estadounidenses de adoptar el sistema internacional de unidades (unidades SI), las unidades SI que se usan con mayor frecuencia en mecánica se introducen en el capítulo 1 y se emplean en toda la obra. Casi la mitad de los problemas resueltos y el 57 por ciento de los problemas de tarea están planteados en este sistema de unidades, mientras que el resto se proporcionan en las unidades de uso común en Estados Unidos. Los autores creen que este enfoque es el que se adecuará mejor a las necesidades de los estudiantes, quienes, como ingenieros, tendrán que dominar estos dos sistemas de unidades. También se debe reconocer el hecho de que el uso de ambos sistemas de unidades significa más que el uso de factores de conversión. Como el sistema de unidades SI es un sistema absoluto basado en el tiempo, la longitud y la masa, mientras que el sistema inglés es un sistema gravitacional basado en el tiempo, la longitud y la fuerza, se requieren diferentes enfoques para la solución de muchos problemas. Por ejemplo, cuando se usan las unidades SI, por lo general un cuerpo se especifica por su masa expresada en kilogramos; en la mayoría de los problemas de estática será necesario determinar el peso del cuerpo en newtons, para lo cual se requiere un cálculo adicional. Cuando se usan las unidades del sistema inglés, un cuerpo se especifica a través de su peso en libras y, en problemas de dinámica se requerirá un cálculo adicional para determinar su masa en slugs (o lb · s^2/ft). Por tanto, los autores creen que los problemas que se le asignen al estudiante deben incluir ambos sistemas de unidades. Se proporciona una cantidad suficiente de problemas de cada tipo de forma que se pueda elegir entre seis listas diferentes de problemas de tarea con un número idéntico de problemas especificados en las unidades del sistema inglés y en las unidades del SI. Si se desea, también se pueden seleccionar dos listas completas de problemas de tarea que contengan hasta un 75 por ciento de problemas enunciados en las unidades del SI.

En el libro se incluye un gran número de secciones opcionales. Estas secciones se señalan por medio de asteriscos y, por tanto, se distinguen fácilmente de aquellas que constituyen la parte fundamental de un curso básico de estática. Estas secciones pueden omitirse sin perjudicar la comprensión del resto del libro. Dentro de los tópicos cubiertos en ellas se encuentran la reducción de un sistema de fuerzas a una llave de torsión, aplicaciones a hidrostática, diagramas de fuerza cortante y momento flexionante para vigas, equilibrio de cables, productos de inercia y círculo de Mohr, productos de inercia de masa y ejes principales de inercia para cuerpos tridimensionales y el método del trabajo virtual. En esta nueva edición también se ha incluido una sección opcional sobre la determinación de los ejes principales y los momentos de inercia de cuerpos de forma arbitraria (sección 9.18). Las secciones sobre vigas son especialmente útiles cuando al curso de estática le sigue inmediatamente un curso de mecánica de materiales, mientras que las secciones sobre las propiedades de inercia de cuerpos tridimensionales fueron pensadas primordialmente para los estudiantes que posteriormente estudiarán en dinámica el movimiento tridimensional de cuerpos rígidos.

El material presentado en el libro y la mayor parte de los problemas no requieren conocimiento matemático previo superior al álgebra, la trigonometría y el cálculo elemental. Todos los conocimientos del álgebra vectorial necesarios para la comprensión del libro se presentan con detalle en los capítulos 2 y 3. En general, se pone mayor énfasis en la comprensión apropiada de los conceptos matemáticos básicos involucrados que en los detalles relacionados con la manipulación de las fórmulas matemáticas. Al respecto, cabe mencionar que la determinación de los centroides de áreas compuestas precede a la determinación de los centroides por integración, lo que permite establecer el concepto del momento de un área antes de introducir el uso de integrales. La presentación de las soluciones numéricas toma en cuenta el uso común de calculadoras por parte de los estudiantes de ingeniería; las instrucciones sobre el uso apropiado de calculadoras para la solución de problemas típicos de estática se han incluido en el capítulo 2.

Cada capítulo comienza con una sección de introducción que establece el propósito y los objetivos del mismo y en la que se describe en términos sencillos el material que será cubierto y sus aplicaciones para la solución de problemas en ingeniería. El contenido de cada capítulo está dividido en unidades, cada una de las cuales consiste de una o más secciones de teoría, uno o varios problemas resueltos y una gran cantidad de problemas de tarea. Cada unidad corresponde a un tema bien definido que generalmente puede ser cubierto en una lección. Sin embargo, en ciertos casos el profesor encontrará que es deseable dedicar más de una lección a un tópico en particular. Cada capítulo finaliza con un repaso y un resumen del material cubierto. En estas secciones se incluyen notas al margen para ayudar a los estudiantes a organizar su trabajo de repaso, y se usan referencias que les ayudan a encontrar partes del material que requieren atención especial.

Los problemas resueltos se plantean de manera muy similar a la que usarán los estudiantes cuando resuelvan los problemas que se les asignen. Por tanto, estos problemas cumplen con el doble propósito de remarcar los conceptos y demostrar la forma de trabajo ordenada y clara que los estudiantes deben fomentar en sus propias soluciones.

Entre los problemas resueltos y los problemas de tarea se ha agregado en cada lección una sección titulada *Problemas para resolver en forma independiente*. El propósito de estas nuevas secciones es ayudar a los estudiantes a organizar mentalmente la teoría ya cubierta en el texto y los métodos de solución de los problemas resueltos de manera que puedan resolver con mayor éxito los problemas de tarea. Además, también se incluyen en estas secciones sugerencias y estrategias específicas que les permitirán enfrentar de manera más eficiente cualquier problema que se les asigne.

La mayoría de los problemas son de naturaleza práctica y deben llamar la atención del estudiante de ingeniería. Sin embargo, están diseñados para ilustrar el material presentado en el texto y para ayudar a los estudiantes a comprender los principios básicos de la mecánica. Los problemas se han agrupado de acuerdo con las porciones del material que ilustran y se presentan en un orden creciente de dificultad. Los problemas que requieren atención especial se señalan por medio de asteriscos. Al final del texto se proporcionan las respuestas correspondientes a un 70 por ciento de los problemas propuestos. Y aquellos para los cuales no se da respuesta se indican en el libro escribiendo su número en cursivas.

Dentro de los planes de estudio de ingeniería, la inclusión del aprendizaje de lenguajes de programación para computadoras y la amplia disponibilidad en la mayoría de las universidades de computadoras personales o de terminales conectadas a computadoras centrales, ha hecho posible que el estudiante de ingeniería pueda resolver un cierto número de problemas de mecánica difíciles. En alguna época estos problemas hubieran sido inapropiados para un curso a nivel licenciatura debido a la gran cantidad de cálculos requeridos para su solución. En esta nueva edición de *Mecánica vectorial para ingenieros: Estática*, después de los problemas de repaso al final de cada capítulo se incluye un grupo de problemas diseñados para ser resueltos con la ayuda de una computadora. Muchos de estos problemas son relevantes en el proceso de diseño; ellos pueden involucrar el análisis de una estructura para varias configuraciones y condiciones de carga de la misma, o la determinación de las posiciones de equilibrio de un cierto mecanismo que pueda requerir el uso de un método iterativo de solución. El desarrollo del algoritmo requerido para resolver un cierto problema de mecánica beneficiará a los estudiantes según lo siguiente: 1) los ayudará a obtener una mejor comprensión de los principios de la mecánica involucrados; 2) les proporcionará la oportunidad de aplicar las habilidades desarrolladas en sus cursos de programación en la solución de problemas ingenieriles relevantes.

Los autores desean agradecer la valiosa colaboración del profesor Elliot Eisenberg en esta sexta edición de *Mecánica vectorial para ingenieros* y desean agradecerle especialmente por contribuir con muchos problemas nuevos que son un desafío para el estudiante. Los autores también desean expresar su gratitud por los numerosos comentarios y sugerencias que han sido proporcionados por los usuarios de las ediciones anteriores de *Mecánica para ingenieros* y de *Mecánica vectorial para ingenieros*.

Lista de símbolos

a	Constante; radio; distancia
A, B, C, ...	Reacciones en apoyos y uniones
$A, B, C, \ldots$	Puntos
A	Área
b	Ancho; distancia
c	Constante
C	Centroide
d	Distancia
e	Base de los logaritmos naturales
F	Fuerza; fuerza de fricción
g	Aceleración de la gravedad
G	Centro de gravedad; constante de gravitación
h	Altura; flecha de un cable
i, j, k	Vectores unitarios a lo largo de los ejes coordenados
$I, I_x, \ldots$	Momento de inercia
$\bar{I}$	Momento de inercia centroidal
$I_{xy}, \ldots$	Producto de inercia
J	Momento polar de inercia
k	Constante de un resorte
k_x, k_y, k_O	Radio de giro
$\bar{k}$	Radio de giro centroidal
l	Longitud
L	Longitud; claro
m	Masa
M	Par; momento
M$_O$	Momento con respecto del punto O
M$_O^R$	Momento resultante con respecto del punto O
M	Magnitud de un par o de un momento; masa de la Tierra
M_{OL}	Momento con respecto del eje OL
N	Componente normal de una reacción
O	Origen de coordenadas
p	Presión
P	Fuerza; vector
Q	Fuerza; vector

r	Vector de posición
r	Radio; distancia; coordenada polar
R	Fuerza resultante; vector resultante; reacción
R	Radio de la Tierra
s	Vector de posición
s	Longitud de arco; longitud de un cable
S	Fuerza; vector
t	Espesor
T	Fuerza
T	Tensión
U	Trabajo
V	Producto vectorial; fuerza cortante
V	Volumen; energía potencial; cortante
w	Carga por unidad de longitud
W, W	Peso; carga
x, y, z	Coordenadas rectangulares; distancias
$\bar{x}, \bar{y}, \bar{z}$	Coordenadas rectangulares del centroide o centro de gravedad
α, β, γ	Ángulos
γ	Peso específico
δ	Elongación
$\delta\mathbf{r}$	Desplazamiento virtual
δU	Trabajo virtual
λ	Vector unitario a lo largo de una línea
η	Eficiencia
θ	Coordenada angular; ángulo; coordenada polar
μ	Coeficiente de fricción
ρ	Densidad
ϕ	Ángulo de fricción; ángulo

CAPÍTULO 1

Introducción

Al final del siglo XVII, Sir Isaac Newton estableció los principios fundamentales de la mecánica, los cuales constituyen las bases de gran parte de la ingeniería moderna.

1.1. ¿QUÉ ES LA MECÁNICA?

La mecánica se puede definir como aquella ciencia que describe y predice las condiciones de reposo o movimiento de los cuerpos bajo la acción de fuerzas. Ésta se divide en tres partes: la mecánica de los *cuerpos rígidos*, la mecánica de los *cuerpos deformables* y la mecánica de *fluidos*.

La mecánica de los cuerpos rígidos se subdivide en *estática* y *dinámica*; la primera trata sobre los cuerpos en reposo y la segunda sobre los cuerpos en movimiento. En esta parte del estudio de la mecánica se supone que los cuerpos son perfectamente rígidos. Sin embargo, las estructuras y las máquinas reales nunca son completamente rígidas y se deforman bajo la acción de las cargas a las cuales están sometidas. A pesar de esto, a menudo dichas deformaciones son pequeñas y no afectan en forma apreciable las condiciones de equilibrio o de movimiento de la estructura bajo consideración. Pero, estas deformaciones son importantes en lo concerniente a la resistencia a la falla de la estructura y se estudian en la mecánica de materiales, la cual forma parte de la mecánica de los cuerpos deformables. La tercera división de la mecánica, la mecánica de fluidos, se subdivide en el estudio de los *fluidos incompresibles* y de los *fluidos compresibles*. Una subdivisión importante del estudio de los fluidos incompresibles es la *hidráulica*, la cual trata con problemas que involucran al agua.

La mecánica es una ciencia física, puesto que trata con el estudio de fenómenos físicos. Sin embargo, algunos la asocian con las matemáticas, mientras que muchos la consideran como un tema de la ingeniería. Estos dos puntos de vista están parcialmente justificados. La mecánica constituye la base de la mayoría de las ciencias ingenieriles y es un prerrequisito indispensable para su estudio. A pesar de ello, la mecánica no tiene el *empirismo* encontrado en algunas ciencias ingenieriles, esto es, no depende únicamente de la experiencia o de la observación; por su rigor y el énfasis que pone en el razonamiento deductivo se asemeja a las matemáticas. Pero, nuevamente, la mecánica no es una ciencia *abstracta* ni tampoco es una ciencia *pura*; la mecánica es una ciencia *aplicada*. El propósito de la mecánica es el de explicar y predecir los fenómenos físicos y, por ende, establecer los fundamentos para las aplicaciones ingenieriles.

1.2. PRINCIPIOS Y CONCEPTOS FUNDAMENTALES

Aunque el estudio de la mecánica se remonta a los tiempos de Aristóteles (384-322 a.C.) y Arquímedes (287-212 a.C.), se tuvo que esperar hasta Newton (1642-1727) para encontrar una formulación satisfactoria de sus principios fundamentales. Estos principios fueron expresados posteriormente en una forma modificada por d'Alembert, Lagrange y Hamilton. Sin embargo, la validez de los mismos permaneció inalterada hasta que Einstein formuló su *teoría de la relatividad* (1905). Aunque actualmente se han reconocido las limitaciones de estos principios, la *mecánica newtoniana* aún constituye la base de las ciencias ingenieriles de hoy en día.

Los conceptos básicos usados en la mecánica son *espacio*, *tiempo*, *masa* y *fuerza*. Estos conceptos no pueden ser definidos realmente; deben ser aceptados con base en nuestra experiencia e intuición y ser utilizados como un marco mental de referencia para el estudio de la mecánica.

El concepto de *espacio* está asociado con la noción de la posición de un punto P. La posición de P puede ser definida por medio de tres medidas de longitud a partir de un cierto punto de referencia, u *origen*, en tres direcciones dadas. Estas longitudes se conocen como las *coordenadas* de P.

Para definir un evento, no es suficiente con indicar su posición en el espacio. El *tiempo* del evento también debe ser especificado.

El concepto de *masa* se usa para caracterizar y comparar a los cuerpos en términos de ciertos experimentos fundamentales de la mecánica. Por ejemplo, dos cuerpos que poseen la misma masa serán atraídos por la Tierra de la misma forma; éstos también ofrecerán la misma resistencia a un cambio en su movimiento de traslación.

Una *fuerza* representa la acción de un cuerpo sobre otro. Ésta puede ser ejercida a través de un contacto directo o a distancia, como en el caso de las fuerzas gravitacionales y las fuerzas magnéticas. Una fuerza está caracterizada por su *punto de aplicación*, su *magnitud* y su *dirección*, y se representa por medio de un *vector* (sección 2.3).

En la mecánica newtoniana el espacio, el tiempo y la masa son conceptos absolutos independientes entre sí. (Esto no es cierto en la *mecánica relativista*, donde el tiempo de un evento depende de su posición y la masa de un cuerpo varía con su velocidad.) Por otra parte, el concepto de fuerza no es independiente de los otros tres. De hecho, uno de los principios fundamentales de la mecánica newtoniana que se enunciará posteriormente establece que la fuerza resultante que actúa sobre un cuerpo está relacionada con la masa del mismo y la manera en la cual su velocidad varía con el tiempo.

Se estudiarán las condiciones de reposo o movimiento de partículas y cuerpos rígidos en términos de los cuatro conceptos básicos que se acaban de presentar. Por *partícula* se entiende una muy pequeña cantidad de materia, la cual se puede suponer que ocupa un solo punto en el espacio. Un *cuerpo rígido* es una combinación de un gran número de partículas que ocupan posiciones fijas entre sí. Obviamente, el estudio de la mecánica de partículas es un prerrequisito para el estudio de la mecánica de los cuerpos rígidos. Además, los resultados obtenidos para una partícula pueden emplearse directamente en una gran cantidad de problemas relacionados con las condiciones de reposo o movimiento de cuerpos reales.

El estudio de la mecánica elemental descansa sobre seis principios fundamentales basados en evidencias experimentales.

La ley del paralelogramo para la suma de fuerzas. Esta ley establece que dos fuerzas que actúan sobre una partícula pueden ser remplazadas por una sola fuerza, llamada la *resultante*, que se obtiene dibujando la diagonal del paralelogramo cuyos lados son iguales a las fuerzas dadas (sección 2.2).

El principio de transmisibilidad. Este principio establece que la condición de equilibrio o de movimiento de un cuerpo rígido permanecerá inalterada si una fuerza que actúa en un punto dado del mismo se remplaza por una fuerza de la misma magnitud y dirección, pero que actúa en un punto distinto, siempre y cuando ambas fuerzas tengan la misma línea de acción (sección 3.3).

Las tres leyes fundamentales de Newton. Formuladas por Sir Isaac Newton al final del siglo XVII, estas leyes pueden enunciarse como sigue:

PRIMERA LEY. Si la fuerza resultante que actúa sobre una partícula es cero, la partícula permanecerá en reposo (si originalmente estaba en reposo) o se moverá con velocidad constante en una línea recta (si originalmente estaba en movimiento) (sección 2.10).

SEGUNDA LEY. Si la fuerza resultante que actúa sobre una partícula no es cero, la partícula tendrá una aceleración proporcional a la magnitud de la resultante y en la misma dirección que esta última.

Como se verá en la sección 12.2, esta ley puede enunciarse como

$$\mathbf{F} = m\mathbf{a} \tag{1.1}$$

donde $\mathbf{F}$, m y $\mathbf{a}$ representan, respectivamente, la fuerza resultante que actúa sobre la partícula, la masa de la partícula y la aceleración de la partícula, expresadas en un sistema consistente de unidades.

TERCERA LEY. Las fuerzas de acción y reacción entre cuerpos en contacto tienen la misma magnitud, la misma línea de acción y sentidos opuestos (sección 6.1).

La ley de la gravitación de Newton. Esta ley establece que dos partículas de masa M y m se atraen mutuamente con fuerzas iguales y opuestas $\mathbf{F}$ y $-\mathbf{F}$ (figura 1.1) cuya magnitud F está dada por la fórmula

$$F = G\frac{Mm}{r^2} \tag{1.2}$$

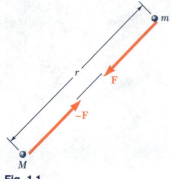

Fig. 1.1

donde r = distancia entre las dos partículas
G = constante universal llamada la *constante de gravitación*

La ley de la gravitación de Newton introduce la idea de una acción ejercida a distancia y amplía el rango de aplicación de la tercera ley de Newton: la fuerza de acción $\mathbf{F}$ y la fuerza de reacción $-\mathbf{F}$ en la figura 1.1 son iguales y opuestas, y éstas tienen la misma línea de acción.

Un caso particular de gran importancia es aquel de la atracción que ejerce la Tierra sobre una partícula localizada en su superficie. La fuerza $\mathbf{F}$ ejercida por la Tierra sobre la partícula se define entonces como el peso $\mathbf{W}$ de esta última. Denotando por M a la masa de la Tierra, por m a la masa de la partícula, tomando r igual al radio R de la Tierra y definiendo la constante

$$g = \frac{GM}{R^2} \tag{1.3}$$

la magnitud W del peso de la partícula de masa m puede ser expresada como†

$$W = mg \tag{1.4}$$

El valor de R en la fórmula (1.3) depende de la altitud del punto considerado; además, también depende de su latitud puesto que en realidad la Tierra no es perfectamente esférica. Por lo tanto, el valor de g varía con la posición del punto considerado. Cuando este último esté ubicado realmente en la superficie de la Tierra, en la mayoría de los cálculos ingenieriles se obtiene una precisión adecuada suponiendo que g es igual a 9.81 m/s² o 32.2 ft/s².

---

†Una definición más exacta del peso W debe tomar en cuenta la rotación de la Tierra.

Los principios que se acaban de enunciar serán presentados a lo largo de nuestro estudio de la mecánica a medida que se vayan necesitando. El estudio de la estática de partículas que se llevará a cabo en el capítulo 2, estará basado únicamente en la ley del paralelogramo para la suma de vectores y en la primera ley de Newton. El principio de transmisibilidad será utilizado por primera vez en el capítulo 3 cuando se comience a estudiar la estática de los cuerpos rígidos, mientras que la tercera ley de Newton se presentará en el capítulo 6 cuando se analicen las fuerzas ejercidas entre sí por los elementos que forman una estructura. En el estudio de la dinámica se emplearán la segunda ley de Newton y la ley de la gravitación. En ese momento se demostrará que la primera ley de Newton es un caso particular de la segunda ley (sección 12.2) y que el principio de transmisibilidad puede derivarse a partir de los otros principios y, por lo tanto, se puede descartar (sección 16.5). Sin embargo, por ahora, la primera y la tercera ley de Newton, la ley del paralelogramo para la suma de vectores y el principio de transmisibilidad, proporcionarán las bases requeridas para el estudio de la estática de partículas, la estática de los cuerpos rígidos y la estática de los sistemas constituidos por cuerpos rígidos.

Como se mencionó anteriormente, los seis principios fundamentales que fueron enunciados se basan en la evidencia experimental. Excepto por la primera ley de Newton y el principio de transmisibilidad, los demás principios son independientes puesto que no pueden ser derivados matemáticamente a partir de los otros ni a partir de cualquier otro principio elemental de la física. En estos principios se sustenta la compleja estructura de la mecánica newtoniana. Por más de dos siglos se han utilizado estos principios fundamentales para resolver una amplia cantidad de problemas relacionados con las condiciones de reposo o movimiento de los cuerpos rígidos, los cuerpos deformables y los fluidos. Muchas de las soluciones obtenidas se pudieron validar experimentalmente, proporcionando una verificación adicional de los principios a partir de los cuales fueron obtenidas. Fue sólo hasta el presente siglo que se encontró que la mecánica newtoniana presentaba deficiencias para el estudio del movimiento de los átomos y para el estudio del movimiento de los planetas, casos en los cuales ésta debe complementarse con la teoría de la relatividad. Sin embargo, en la escala del ser humano o de la ingeniería, donde las velocidades son pequeñas en comparación con la velocidad de la luz, la mecánica newtoniana aún no ha sido refutada.

1.3. SISTEMAS DE UNIDADES

Con los cuatro conceptos fundamentales presentados en la sección anterior están asociadas las llamadas *unidades cinéticas*, esto es, las unidades de *longitud, tiempo, masa* y *fuerza*. Estas unidades no pueden ser seleccionadas independientemente si se debe cumplir con la ecuación (1.1). Tres de estas unidades se pueden definir arbitrariamente, denominándolas como *unidades básicas*. Sin embargo, la cuarta unidad debe elegirse de acuerdo con la ecuación (1.1), y se le conoce como la *unidad derivada*. Se dice que las unidades cinéticas seleccionadas de esta manera forman un *sistema consistente de unidades*.

Sistema internacional de unidades (unidades del SI[†]). En este sistema, que será utilizado universalmente después que Estados Unidos haya culminado su conversión a las unidades del SI, las unidades básicas son las de longitud, masa y tiempo, las cuales reciben, respectivamente, el nombre de *metro* (m), *kilogramo* (kg) y *segundo* (s). Estas tres unidades se definen arbitrariamente. El segundo, que originalmente se eligió para representar 1/86 400 del día solar

---

[†]SI proviene de las siglas *Système International d'Unités* (del idioma francés).

promedio, actualmente se define como la duración de 9 192 631 770 ciclos de la radiación correspondiente a la transición entre dos niveles del estado fundamental del átomo de cesio-133. El metro, inicialmente definido como una diezmillonésima parte de la distancia del ecuador a cualquiera de los polos, actualmente se define como 1 650 763.73 longitudes de onda de la luz naranja-roja correspondiente a una cierta transición en un átomo de criptón 86. El kilogramo, que es aproximadamente igual a la masa de 0.001 m³ de agua, se define como la masa de un patrón estándar de platino-iridio que se mantiene guardado en la Oficina Internacional de Pesas y Medidas (International Bureau of Weights and Measures) ubicada en Sèvres, cerca de París, en Francia. La unidad de fuerza es una unidad derivada. Ésta recibe el nombre de *newton* (N) y se define como la fuerza que le proporciona una aceleración de 1 m/s² a una masa de 1 kg (figura 1.2). A partir de la ecuación (1.1), se tiene

$$1 \text{ N} = (1 \text{ kg})(1 \text{ m/s}^2) = 1 \text{ kg} \cdot \text{m/s}^2 \qquad (1.5)$$

Fig. 1.2

Se dice que las unidades del SI forman un sistema *absoluto* de unidades. Esto significa que las tres unidades básicas seleccionadas son independientes de la ubicación en que se lleven a cabo las mediciones. El metro, el kilogramo y el segundo pueden ser usados en cualquier parte de la Tierra; incluso pueden ser utilizados en cualquier otro planeta. Éstos siempre tendrán el mismo significado.

El *peso* de un cuerpo, o la *fuerza de gravedad* ejercida sobre el mismo, como cualquier otra fuerza, debe expresarse en newtons. A partir de la ecuación (1.4) se concluye que el peso de un cuerpo que tiene una masa de 1 kg (figura 1.3) está dado por

$$\begin{aligned} W &= mg \\ &= (1 \text{ kg})(9.81 \text{ m/s}^2) \\ &= 9.81 \text{ N} \end{aligned}$$

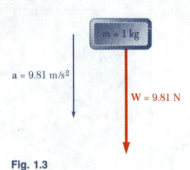

Fig. 1.3

Los múltiplos y submúltiplos de las unidades básicas del SI pueden obtenerse por medio del uso de los prefijos definidos en la tabla 1.1. Los múltiplos y submúltiplos de las unidades de longitud, masa y fuerza de uso común en ingeniería son, respectivamente, el *kilómetro* (km) y el *milímetro* (mm), el *megagramo* † (Mg) y el *gramo* (g) y el *kilonewton* (kN). De acuerdo con la tabla 1.1, se tiene

$$\begin{aligned} 1 \text{ km} &= 1000 \text{ m} \qquad 1 \text{ mm} = 0.001 \text{ m} \\ 1 \text{ Mg} &= 1000 \text{ kg} \qquad 1 \text{ g} = 0.001 \text{ kg} \\ 1 \text{ kN} &= 1000 \text{ N} \end{aligned}$$

La conversión de estas unidades en metros, kilogramos y newtons, respectivamente, puede ser efectuada de una forma muy sencilla moviendo el punto decimal tres lugares hacia la derecha o hacia la izquierda. Por ejemplo, para convertir 3.82 km a metros, se mueve el punto decimal tres lugares hacia la derecha:

$$3.82 \text{ km} = 3820 \text{ m}$$

Análogamente, 47.2 mm se convierten en metros moviendo el punto decimal tres lugares hacia la izquierda:

$$47.2 \text{ mm} = 0.0472 \text{ m}$$

† También conocido como una tonelada métrica.

Tabla 1.1. Prefijos SI

Factor de Multiplicación	Prefijo	Símbolo
$1\,000\,000\,000\,000 = 10^{12}$	tera	T
$1\,000\,000\,000 = 10^{9}$	giga	G
$1\,000\,000 = 10^{6}$	mega	M
$1\,000 = 10^{3}$	kilo	k
$100 = 10^{2}$	hecto‡	h
$10 = 10^{1}$	deca‡	da
$0.1 = 10^{-1}$	deci‡	d
$0.01 = 10^{-2}$	centi‡	c
$0.001 = 10^{-3}$	mili	m
$0.000\,001 = 10^{-6}$	micro	μ
$0.000\,000\,001 = 10^{-9}$	nano	n
$0.000\,000\,000\,001 = 10^{-12}$	pico	p
$0.000\,000\,000\,000\,001 = 10^{-15}$	femto	f
$0.000\,000\,000\,000\,000\,001 = 10^{-18}$	ato	a

‡ El uso de estos prefijos se debe evitar, excepto para medidas de áreas y volúmenes y para el uso no técnico del centímetro, como en el caso de medidas corporales y de prendas de vestir.

Empleando la notación científica también se puede escribir

$$3.82 \text{ km} = 3.82 \times 10^{3} \text{ m}$$
$$47.2 \text{ mm} = 47.2 \times 10^{-3} \text{ m}$$

Los múltiplos correspondientes a la unidad de tiempo son el *minuto* (min) y la *hora* (h). En virtud de que 1 min = 60 s y 1 h = 60 min = 3600 s, estos múltiplos no pueden ser convertidos entre sí tan fácilmente como los otros.

Utilizando el múltiplo o submúltiplo apropiado para una unidad dada, se puede evitar el tener que escribir números que sean muy grandes o muy pequeños. Por ejemplo, a menudo uno escribe 427.2 km en lugar de 427 200 m y 2.16 mm en lugar de 0.002 16 m. †

Unidades de área y volumen. La unidad de área es el *metro cuadrado* (m^2), el cual representa el área de un cuadrado cuyos lados miden 1 m; la unidad de volumen es el *metro cúbico* (m^3), que es igual al volumen de un cubo cuyos lados miden 1 m. Con el fin de evitar valores numéricos excesivamente grandes o pequeños a la hora de calcular áreas y volúmenes, se emplean sistemas de subunidades que se obtienen, respectivamente, elevando al cuadrado y al cubo no sólo al milímetro sino también a otros dos submúltiplos intermedios del metro, los cuales son el *decímetro* (dm) y el *centímetro* (cm). Puesto que, por definición,

$$1 \text{ dm} = 0.1 \text{ m} = 10^{-1} \text{ m}$$
$$1 \text{ cm} = 0.01 \text{ m} = 10^{-2} \text{ m}$$
$$1 \text{ mm} = 0.001 \text{ m} = 10^{-3} \text{ m}$$

† También se debe señalar que cuando se utilizan más de cuatro dígitos en cualquiera de los lados del punto decimal para designar una cantidad en unidades del SI —como en 427 200 m o 0.002 16 m— se deben usar espacios, nunca comas, para separar los dígitos en grupos de tres. Esto se hace con el fin de evitar confusiones con la convención que se sigue en muchos países de utilizar la coma en lugar del punto decimal.

los submúltiplos de la unidad de área son

$$1 \text{ dm}^2 = (1 \text{ dm})^2 = (10^{-1} \text{ m})^2 = 10^{-2} \text{ m}^2$$
$$1 \text{ cm}^2 = (1 \text{ cm})^2 = (10^{-2} \text{ m})^2 = 10^{-4} \text{ m}^2$$
$$1 \text{ mm}^2 = (1 \text{ mm})^2 = (10^{-3} \text{ m})^2 = 10^{-6} \text{ m}^2$$

y los submúltiplos de la unidad de volumen están dados por

$$1 \text{ dm}^3 = (1 \text{ dm})^3 = (10^{-1} \text{ m})^3 = 10^{-3} \text{ m}^3$$
$$1 \text{ cm}^3 = (1 \text{ cm})^3 = (10^{-2} \text{ m})^3 = 10^{-6} \text{ m}^3$$
$$1 \text{ mm}^3 = (1 \text{ mm})^3 = (10^{-3} \text{ m})^3 = 10^{-9} \text{ m}^3$$

Conviene mencionar que cuando se está midiendo el volumen de un líquido, con frecuencia se hace referencia a un decímetro cúbico (dm^3) como un *litro* (L).

En la tabla 1.2 se presentan otras unidades derivadas del SI que se emplean para medir el momento de una fuerza, el trabajo hecho por una fuerza, etc. A pesar de que estas unidades serán utilizadas en capítulos posteriores a medida que se vayan necesitando, en este momento conviene mencionar una regla muy importante: Cuando una unidad derivada se obtiene dividiendo una unidad base entre otra unidad base, se puede usar un prefijo en el numerador de la unidad derivada pero no se puede hacer lo mismo en su denominador. Por ejemplo, la constante k de un resorte que se alarga 20 mm bajo la acción de una carga de 100 N será expresada como

$$k = \frac{100 \text{ N}}{20 \text{ mm}} = \frac{100 \text{ N}}{0.020 \text{ m}} = 5000 \text{ N/m} \quad \text{o} \quad k = 5 \text{ kN/m}$$

pero jamás se expresará como $k = 5$ N/mm.

Tabla 1.2. Principales unidades del SI utilizadas en la mecánica

Cantidad	Unidad	Símbolo	Fórmula
Aceleración	Metro por segundo al cuadrado	. . .	m/s²
Aceleración angular	Radián por segundo al cuadrado	. . .	rad/s²
Ángulo	Radián	rad	†
Área	Metro cuadrado	. . .	m²
Densidad	Kilogramo por metro cúbico	. . .	kg/m³
Energía	Joule	J	N · m
Esfuerzo	Pascal	Pa	N/m²
Frecuencia	Hertz	Hz	s⁻¹
Fuerza	Newton	N	kg · m/s²
Impulso	Newton-segundo	. . .	kg · m/s
Longitud	Metro	m	‡
Masa	Kilogramo	kg	‡
Momento de una fuerza	Newton-metro	. . .	N · m
Potencia	Watt	W	J/s
Presión	Pascal	Pa	N/m²
Tiempo	Segundo	s	‡
Trabajo	Joule	J	N · m
Velocidad	Metro por segundo	. . .	m/s
Velocidad angular	Radián por segundo	. . .	rad/s
Volumen			
Sólidos	Metro cúbico	. . .	m³
Líquidos	Litro	L	10⁻³ m³

† Unidad suplementaria (1 revolución = 2 rad = 360°).
‡ Unidad básica.

Unidades de uso común en Estados Unidos. La mayoría de los ingenieros estadounidenses que actualmente ejercen su profesión aún emplean un sistema de unidades cuyas unidades básicas son las unidades de longitud, fuerza y tiempo. Estas unidades son, respectivamente, el *pie* (ft), la *libra* (lb) y el *segundo* (s). El segundo es el mismo que la unidad correspondiente del SI. El pie se define como 0.3048 m. La libra se define como el *peso* de un patrón estándar de platino, denominado la *libra estándar*, que se preserva en el Instituto Nacional de Tecnología y Estándares (National Institute of Standards and Technology) ubicado en las afueras de Washington, y cuya masa es de 0.453 592 43 kg. En virtud de que el peso de un cuerpo depende de la atracción gravitacional de la Tierra, la cual varía dependiendo de la ubicación, se ha especificado que la libra estándar debe ser colocada al nivel del mar y a una latitud de 45° para poder definir correctamente la fuerza de 1 lb. Evidentemente, las unidades de uso común en Estados Unidos no constituyen un sistema absoluto de unidades. En virtud de su dependencia de la atracción gravitacional de la Tierra, estas unidades forman un sistema *gravitacional* de unidades.

A pesar de que la libra estándar también sirve en Estados Unidos como la unidad de masa para las transacciones comerciales, no es posible utilizarla de esta forma en los cálculos ingenieriles puesto que tal unidad no sería consistente con las unidades básicas que se definieron en el párrafo anterior. De hecho, cuando se ejerce sobre la libra estándar una fuerza de 1 lb, esto es, cuando actúa sobre ésta la fuerza de la gravedad, la libra estándar recibe la aceleración de la gravedad, $g = 32.2$ ft/s² (figura 1.4) y no la aceleración unitaria requerida por la ecuación (1.1). La unidad de masa consistente con el pie, la libra y el segundo, es la masa que recibe una aceleración de 1 ft/s² cuando se le aplica una fuerza de 1 lb (figura 1.5). Esta unidad, algunas veces denominada como *slug*, puede ser obtenida a partir de la ecuación $F = ma$ después de sustituir 1 lb y 1 ft/s² por F y a, respectivamente. Escribiendo

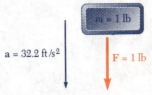

Fig. 1.4

Fig. 1.5

$$F = ma \qquad 1\text{ lb} = (1\text{ slug})(1\text{ ft/s}^2)$$

se obtiene

$$1 \text{ slug} = \frac{1\text{ lb}}{1\text{ ft/s}^2} = 1 \text{ lb} \cdot \text{s}^2/\text{ft} \tag{1.6}$$

Comparando las figuras. 1.4 y 1.5, se concluye que el slug es una masa 32.2 veces más grande que la masa de la libra estándar.

El hecho de que en el sistema de unidades de uso común en Estados Unidos los cuerpos están caracterizados por su peso en libras en lugar de su masa en slugs será conveniente en el estudio de la estática, donde constantemente se trabaja con pesos y otras fuerzas y en pocas ocasiones se trabaja con masas. Sin embargo, en el estudio de la dinámica, donde se involucran fuerzas, masas y aceleraciones, la masa m de un cuerpo será expresada en slugs cuando su peso W está dado en libras. Recordando la ecuación (1.4) se puede escribir

$$m = \frac{W}{g} \tag{1.7}$$

donde g es la aceleración de la gravedad ($g = 32.2$ ft/s²).

Otras unidades de uso común en Estados Unidos que se presentan frecuentemente en los problemas ingenieriles son la *milla* (mi), igual a 5280 ft; la *pulgada* (in.), igual a $\frac{1}{12}$ ft, y la *kilolibra* (kip), igual a la fuerza de 1000 lb. La *tonelada* usualmente se emplea para representar una masa de 2000 lb pero, al igual que en el caso de la libra, debe ser convertida a slugs para poder emplearse en los cálculos ingenieriles.

La conversión en pies, libras y segundos de cantidades expresadas en otras unidades de uso común en Estados Unidos generalmente es más compleja y requiere de una mayor atención que las operaciones similares en el sistema de unidades del SI. Por ejemplo, si la magnitud de una velocidad está dada como $v = 30$ mi/h, es posible convertirla a ft/s de la siguiente forma. Primero se escribe

$$v = 30 \frac{\text{mi}}{\text{h}}$$

Como queremos deshacernos de la unidad millas e introducir en su lugar la unidad pies, se debe multiplicar el lado derecho de la ecuación por una expresión que contenga millas en el denominador y pies en el numerador. Sin embargo, como no se desea cambiar el valor del término del lado derecho, la expresión que se utilice debe tener un valor igual a la unidad. El cociente (5280 ft)/(1 mi) es una expresión como la buscada. Procediendo de manera similar para transformar la unidad hora en segundos, se escribe

$$v = \left(30 \frac{\text{mi}}{\text{h}}\right)\left(\frac{5280 \text{ ft}}{1 \text{ mi}}\right)\left(\frac{1 \text{ h}}{3600 \text{ s}}\right)$$

Llevando a cabo los cálculos numéricos y cancelando las unidades que aparecen tanto en el numerador como en el denominador, se obtiene

$$v = 44 \frac{\text{ft}}{\text{s}} = 44 \text{ ft/s}$$

1.4. CONVERSIÓN DE UN SISTEMA DE UNIDADES A OTRO

Se presentan muchas ocasiones en las cuales un ingeniero desea convertir al sistema de unidades del SI un resultado numérico obtenido en el sistema de unidades de uso común en Estados Unidos, o viceversa. Puesto que la unidad de tiempo es la misma en ambos sistemas, sólo se necesitan convertir dos unidades cinéticas básicas. Por lo tanto, como todas las demás unidades cinéticas pueden ser derivadas a partir de estas unidades básicas, sólo resulta necesario recordar dos factores de conversión.

Unidades de longitud. Por definición, la unidad de uso común en Estados Unidos para la longitud es

$$1 \text{ ft} = 0.3048 \text{ m} \tag{1.8}$$

Consecuentemente

$$1 \text{ mi} = 5280 \text{ ft} = 5280(0.3048 \text{ m}) = 1609 \text{ m}$$

o, también

$$1 \text{ mi} = 1.609 \text{ km} \tag{1.9}$$

Además

$$1 \text{ in.} = \tfrac{1}{12} \text{ ft} = \tfrac{1}{12}(0.3048 \text{ m}) = 0.0254 \text{ m}$$

o, también

$$1 \text{ in.} = 25.4 \text{ mm} \tag{1.10}$$

Unidades de fuerza. Recordando que la unidad de fuerza de uso común en Estados Unidos (la libra) se define como el peso de la libra estándar (cuya masa es de 0.4536 kg) al nivel del mar y a una latitud de 45° (donde $g = 9.807$ m/s²), y usando la ecuación (1.4), se puede escribir

$$W = mg$$
$$1 \text{ lb} = (0.4536 \text{ kg})(9.807 \text{ m/s}^2) = 4.448 \text{ kg} \cdot \text{m/s}^2$$

o, recordando la ecuación (1.5), se tiene que

$$1 \text{ lb} = 4.448 \text{ N} \tag{1.11}$$

Unidades de masa. La unidad de uso común en Estados Unidos para la masa (el slug) es una unidad derivada. Por lo tanto, usando las ecuaciones (1.6), (1.8) y (1.11), se puede escribir

$$1 \text{ slug} = 1 \text{ lb} \cdot \text{s}^2/\text{ft} = \frac{1 \text{ lb}}{1 \text{ ft/s}^2} = \frac{4.448 \text{ N}}{0.3048 \text{ m/s}^2} = 14.59 \text{ N} \cdot \text{s}^2/\text{m}$$

y, recordando la ecuación (1.5), se tiene que

$$1 \text{ slug} = 1 \text{ lb} \cdot \text{s}^2/\text{ft} = 14.59 \text{ kg} \tag{1.12}$$

A pesar de que no puede ser empleada como una unidad consistente de masa, recordamos que, por definición, la masa de la libra estándar es

$$1 \text{ libra masa} = 0.4536 \text{ kg} \tag{1.13}$$

Esta constante puede ser utilizada para determinar la *masa* en el sistema de unidades del SI (kilogramos) de un cuerpo que ha sido caracterizado por su *peso* en el sistema de unidades de uso común en Estados Unidos (libras).

Para convertir una unidad derivada del sistema de unidades de uso común en Estados Unidos a las unidades del SI, simplemente se multiplica o se divide por el factor de conversión apropiado. Por ejemplo, para convertir el momento de una fuerza que se obtuvo como $M = 47$ lb · in. a unidades del SI, se emplean las fórmulas (1.10) y (1.11) para escribir

$$M = 47 \text{ lb} \cdot \text{in.} = 47(4.448 \text{ N})(25.4 \text{ mm})$$
$$= 5310 \text{ N} \cdot \text{mm} = 5.31 \text{ N} \cdot \text{m}$$

Los factores de conversión proporcionados en esta sección también pueden ser utilizados para convertir un resultado numérico obtenido en unidades del SI a unidades de uso común en Estados Unidos. Por ejemplo, si se obtuvo que el momento de una fuerza era $M = 40$ N · m, se escribe, siguiendo el procedimiento empleado en el último párrafo de la sección 1.3,

$$M = 40 \text{ N} \cdot \text{m} = (40 \text{ N} \cdot \text{m})\left(\frac{1 \text{ lb}}{4.448 \text{ N}}\right)\left(\frac{1 \text{ ft}}{0.3048 \text{ m}}\right)$$

Llevando a cabo los cálculos numéricos y cancelando las unidades que aparecen tanto en el numerador como en el denominador, se obtiene

$$M = 29.5 \text{ lb} \cdot \text{ft}$$

Las unidades de uso común en Estados Unidos que se usan con mayor frecuencia en la mecánica se presentan en la tabla 1.3 junto con sus respectivos equivalentes en el sistema SI.

Tabla 1.3. Unidades de uso común en Estados Unidos y sus equivalentes en el SI

Cantidad	Unidad de uso común en Estados Unidos	Equivalente en el SI
Aceleración	ft/s^2	0.3048 m/s^2
	in./s^2	0.0254 m/s^2
Área	ft^2	0.0929 m^2
	in^2	645.2 mm^2
Energía	ft · lb	1.356 J
Fuerza	kip	4.448 kN
	lb	4.448 N
	oz	0.2780 N
Impulso	lb · s	4.448 N · s
Longitud	ft	0.3048 m
	in.	25.40 mm
	mi	1.609 km
Masa	oz masa	28.35 g
	lb masa	0.4536 kg
	slug	14.59 kg
	ton	907.2 kg
Momento de inercia		
de un área	in^4	0.4162 × 10^6 mm^4
de una masa	lb · ft · s^2	1.356 kg · m^2
Momento de una fuerza	lb · ft	1.356 N · m
	lb · in.	0.1130 N · m
Momentum		
(cantidad de movimiento)	lb · s	4.448 kg · m/s
Potencia	ft · lb/s	1.356 W
	hp	745.7 W
Presión o esfuerzo	lb/ft^2	47.88 Pa
	lb/in^2 (psi)	6.895 kPa
Trabajo	ft · lb	1.356 J
Velocidad	ft/s	0.3048 m/s
	in./s	0.0254 m/s
	mi/h (mph)	0.4470 m/s
	mi/h (mph)	1.609 km/h
Volumen	ft^3	0.02832 m^3
	in^3	16.39 cm^3
Líquidos	gal	3.785 L
	qt	0.9464 L

1.5. MÉTODO PARA LA SOLUCIÓN DE PROBLEMAS

Se debe abordar un problema en mecánica como se abordaría una situación ingenieril real. Haciendo uso de la experiencia y la intuición personal, será mucho más fácil comprender y formular el problema. Sin embargo, una vez que el problema ha sido planteado claramente, no hay cabida para impresiones personales al momento de llevar a cabo su solución. *La solución debe estar basada en los seis principios fundamentales presentados en la sección 1.2 o en teoremas derivados a partir de estos principios.* Cada paso que se lleve a cabo debe estar justificado en términos de dichos principios. Se deben seguir reglas estrictas, las cuales deben llevar a la solución de forma casi automática, sin dar cabida a la intuición o a "corazonadas". Una vez que se ha encontrado una respuesta, ésta debe verificarse. Aquí, de nuevo, se puede recurrir al sentido común y a la experiencia. Si no se está completamente satisfecho con el resultado obtenido, se debe revisar cuidadosamente la formulación del problema, la validez de los métodos utilizados para su solución y la exactitud de los cálculos realizados.

El *planteamiento* de un problema debe ser claro y preciso. Debe contener todos los datos que se proporcionan e indicar cuál es la información que se desea obtener. Se debe incluir un dibujo bien realizado en el que se muestren todas las cantidades involucradas. Se deben dibujar por separado diagramas para todos los cuerpos presentes, señalando con claridad las fuerzas que actúan sobre cada uno de ellos. Estos diagramas se conocen como *diagramas de cuerpo libre* y se describen en detalle en las secciones 2.11 y 4.2.

Los *principios fundamentales* de la mecánica presentados en la sección 1.2 *serán utilizados para escribir ecuaciones* que expresen las condiciones de reposo o movimiento de los cuerpos considerados. Cada ecuación debe estar por completo relacionada con alguno de los diagramas de cuerpo libre. Después se procede a resolver el problema, respetando al máximo las reglas del álgebra y registrando en forma clara y ordenada los pasos que se efectúan.

Una vez que se ha obtenido una respuesta, ésta debe verificarse con cuidado. A menudo errores de *razonamiento* pueden detectarse verificando las unidades. Por ejemplo, para determinar el momento de una fuerza de 50 N con respecto a un punto ubicado a 0.60 m de su línea de acción, se escribiría (sección 3.12)

$$M = Fd = (50 \text{ N})(0.60 \text{ m}) = 30 \text{ N} \cdot \text{m}$$

La unidad N · m obtenida al multiplicar newtons por metros es la unidad correcta para el momento de una fuerza; si se hubiera obtenido otra unidad, sería evidente que se había cometido algún error.

Los errores en los *cálculos numéricos* con frecuencia se pueden encontrar sustituyendo los valores numéricos obtenidos en una ecuación que aún no se ha utilizado y verificando que dicha ecuación se cumple. En ingeniería no puede menospreciarse la importancia de llevar a cabo los cálculos numéricos correctamente.

1.6. PRECISIÓN NUMÉRICA

La precisión de la solución de un problema depende de dos factores: 1) la precisión de los datos que se proporcionaron y 2) la precisión con que se llevaron a cabo los cálculos numéricos.

La solución no puede ser más precisa que el menos preciso de los dos factores antes mencionados. Por ejemplo, si se sabe que la carga que actúa sobre un puente es de 75 000 lb con un posible error hacia arriba o hacia abajo de 100 lb, el error relativo que mide el grado de precisión de los datos es

$$\frac{100 \text{ lb}}{75\,000 \text{ lb}} = 0.0013 = 0.13 \text{ por ciento}$$

Al calcular la reacción en uno de los apoyos del puente, carecería de sentido registrarla como 14 322 lb. La precisión de la solución no puede ser superior al 0.13 por ciento, sin importar qué tan precisos hayan sido los cálculos numéricos, y el posible error en la respuesta puede ser tan grande como (0.13/100)(14 322 lb) ≈ 20 lb. La forma apropiada para presentar la respuesta es 14 320 lb ± 20 lb.

En los problemas ingenieriles, es inusual conocer los datos con una precisión superior al 0.2 por ciento. Por lo tanto, en general no se justifica escribir la respuesta a dichos problemas con una precisión superior al 0.2 por ciento. Una regla práctica consiste en utilizar cuatro cifras significativas para registrar números que comiencen con "1" y tres cifras significativas en todos los demás casos. A menos de que se indique de otra manera, se debe suponer que los datos proporcionados en un problema son conocidos con un grado de precisión comparable al señalado. Por ejemplo, una fuerza de 40 lb debe leerse como 40.0 lb y una fuerza de 15 lb debe leerse como 15.00 lb.

Las calculadoras electrónicas de bolsillo son utilizadas extensivamente por los ingenieros que ejercen la profesión y por los estudiantes de ingeniería. La rapidez y precisión de estas calculadoras facilita los cálculos numéricos en la solución de muchos problemas. Sin embargo, los estudiantes no deben registrar más cifras significativas de las que se puedan justificar sólo porque éstas se pueden obtener con facilidad. Como ya se mencionó, una precisión superior al 0.2 por ciento usualmente no es necesaria o significativa en la solución de problemas ingenieriles reales.

CAPÍTULO 2

Estática de partículas

Muchos problemas ingenieriles se pueden resolver considerando el equilibrio de una "partícula". En el caso de este contenedor, el cual está siendo cargado en un barco, puede obtenerse una relación entre las tensiones de todos los cables involucrados considerando el equilibrio del gancho al cual dichos cables están unidos.

2.1. INTRODUCCIÓN

En este capítulo se estudiará el efecto de fuerzas que actúan sobre partículas. En primera instancia, se aprenderá como remplazar dos o más fuerzas, que están actuando sobre una partícula dada, por una sola fuerza que tiene el mismo efecto sobre la partícula que las fuerzas originales. Esta fuerza única equivalente es la *resultante* de las fuerzas originales que actúan sobre la partícula. Posteriormente, se derivarán las relaciones que existen entre todas las fuerzas que actúan sobre una partícula que se encuentra en un estado de *equilibrio* y se utilizarán dichas relaciones para determinar algunas de las fuerzas que actúan sobre la partícula.

El uso de la palabra "partícula" no implica que nuestro estudio estará limitado a corpúsculos pequeños; significa que el tamaño y la forma del cuerpo bajo consideración no afectarán significativamente la solución de los problemas tratados en este capítulo y se supondrá que todas las fuerzas que actúan sobre un cuerpo dado están aplicadas en el mismo punto. Como tal suposición se cumple en muchas aplicaciones prácticas, en este capítulo se podrán resolver un cierto número de problemas ingenieriles.

La primera parte del capítulo está dedicada al estudio de las fuerzas contenidas en un solo plano y la segunda al análisis de fuerzas en el espacio tridimensional.

FUERZAS EN UN PLANO

2.2. FUERZA SOBRE UNA PARTÍCULA. RESULTANTE DE DOS FUERZAS

Una fuerza representa la acción de un cuerpo sobre otro y, generalmente, está caracterizada por su *punto de aplicación*, su *magnitud* y su *dirección*. Sin embargo, las fuerzas que actúan sobre una partícula dada tienen el mismo punto de aplicación. Por lo tanto, cada una de las fuerzas consideradas en este capítulo estarán completamente definidas por su magnitud y su dirección.

La magnitud de una fuerza está caracterizada por un cierto número de unidades. Como se mencionó en el capítulo 1, las unidades del SI utilizadas por los ingenieros para medir la magnitud de una fuerza son: el newton (N) y su múltiplo el kilonewton (kN), igual a 1000 N, mientras que en el sistema de unidades de uso común en los Estados Unidos las unidades empleadas para ese mismo propósito son, la libra (lb) y su múltiplo la kilolibra (kip), igual a 1000 lb. La dirección de una fuerza está determinada por la *línea de acción* y el *sentido* de la fuerza. La línea de acción es la línea recta infinita a lo largo de la cual actúa la fuerza; ésta está caracterizada por el ángulo que forma con

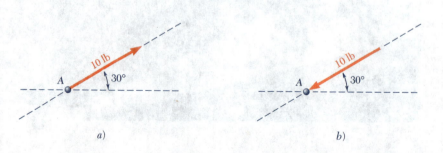

Fig. 2.1

respecto a un eje fijo (figura 2.1). La fuerza misma se representa por un segmento de dicha línea; a través del uso de una escala adecuada, la longitud de este segmento puede ser seleccionada para que represente la magnitud de la fuerza. Finalmente, el sentido de la fuerza debe ser indicado por una punta de flecha. Al definir una fuerza es importante indicar su sentido. Dos fuerzas que tengan la misma magnitud y línea de acción pero sentidos opuestos, como las mostradas en la figura 2.1a y b, ejercerán efectos directamente opuestos sobre una partícula.

La evidencia experimental demuestra que dos fuerzas **P** y **Q** que actúan sobre una partícula A (figura 2.2a) pueden ser remplazadas por una sola fuerza **R** que tiene el mismo efecto sobre la partícula (figura 2.2c). Esta fuerza recibe el nombre de la *resultante* de las fuerzas **P** y **Q** y puede ser obtenida, como se muestra en la figura 2.2b, construyendo un paralelogramo en el que se usan **P** y **Q** como dos lados adyacentes del mismo. *La diagonal que pasa a través de A representa la resultante*. Este método para determinar la resultante se conoce como la *ley del paralelogramo* para la suma de dos fuerzas. Esta ley está basada en la evidencia experimental y no puede ser probada o derivada matemáticamente.

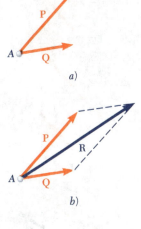

Fig. 2.2

2.3. VECTORES

De acuerdo con lo presentado en la sección anterior, resulta evidente que las fuerzas no obedecen las reglas para la suma definidas en el álgebra o la aritmética ordinarias. Por ejemplo, la suma de dos fuerzas que actúan a un ángulo recto entre sí, una de 4 lb y la otra de 3 lb, da como resultado una fuerza de 5 lb, no una fuerza de 7 lb. Las fuerzas no son las únicas cantidades que obedecen la ley del paralelogramo para la suma. Como se verá posteriormente, los *desplazamientos*, las *velocidades*, las *aceleraciones* y los *momentos* constituyen otros ejemplos de cantidades físicas que poseen magnitud y dirección y que se suman de acuerdo con la ley del paralelogramo. Todas estas cantidades pueden ser representadas matemáticamente por medio de vectores, mientras que las cantidades físicas que tienen magnitud pero no tienen dirección, como el *volumen*, la *masa* o la *energía*, se representan sólo por medio de números o *escalares*.

Los vectores se definen como *expresiones matemáticas que poseen magnitud y dirección, las cuales se suman de acuerdo con la ley del paralelogramo*. Los vectores se representan por medio de flechas en las ilustraciones y, en este libro, serán distinguidos de las cantidades escalares a través del uso de letras en negrillas (**P**). En la escritura a mano, un vector puede ser denotado dibujando una pequeña flecha arriba de la letra utilizada para representarlo ($\vec{P}$) o subrayando a dicha letra ($\underline{P}$). El último método puede ser el preferido puesto que también se puede utilizar en una máquina de escribir o en la computadora. La magnitud de un vector define la longitud de la flecha utilizada para representarlo. En este libro, se utilizarán letras en cursivas para denotar la magnitud de un vector. Por lo tanto, la magnitud del vector **P** será denotada por P.

Un vector utilizado para representar una fuerza que actúa sobre una partícula dada tiene un punto de aplicación bien definido, el cual corresponde a la partícula misma. Se dice que un vector de este tipo es un *vector fijo, adherido o ligado*, y no puede ser movido sin modificar las condiciones del problema. Sin embargo, otras cantidades físicas como los pares (véase el capítulo 3), están representadas por vectores que se pueden mover libremente en el espacio; estos vectores reciben el nombre de vectores *libres*. Además, otras cantidades físicas, como las fuerzas que actúan sobre un cuerpo rígido (véase el capítulo

18 Estática de partículas

3), están representadas por vectores que pueden ser movidos, o deslizados, a lo largo de sus líneas de acción; éstos se conocen como vectores *deslizantes*.†

Se dice que dos vectores que tienen la misma magnitud y dirección son *iguales*, sin importar si tienen o no el mismo punto de aplicación (figura 2.4). Los vectores que son iguales pueden ser denotados por la misma letra.

El *vector negativo* de un vector dado **P** se define como el vector que tiene la misma magnitud que **P** y cuya dirección es opuesta a la de **P** (figura 2.5); el negativo del vector **P** se denota por −**P**. Comúnmente se hace referencia a los vectores **P** y −**P** como vectores *iguales y opuestos*. Obviamente, se tiene que

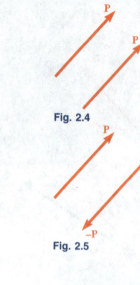

Fig. 2.4

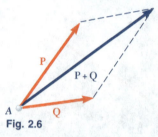

Fig. 2.5

$$\mathbf{P} + (-\mathbf{P}) = 0$$

2.4. SUMA DE VECTORES

Se vio en la sección anterior que, por definición, los vectores se suman de acuerdo con la ley del paralelogramo. Por lo tanto, la suma de dos vectores **P** y **Q** se obtiene fijando los dos vectores al mismo punto *A* y construyendo un paralelogramo en el que se usan a **P** y **Q** como dos de sus lados (figura 2.6). La diagonal que pasa a través de *A* representa la suma de los vectores **P** y **Q**, y esta suma se denota como **P** + **Q**. El hecho de que el signo + se usa para denotar tanto a la suma de escalares como a la suma de vectores no debe causar ninguna confusión siempre y cuando se distingan con cuidado las cantidades escalares y vectoriales. Por lo tanto, se debe señalar que, en general, la magnitud del vector **P** + **Q** *no* es igual a la suma *P* + *Q* de las magnitudes de los vectores **P** y **Q**.

Como el paralelogramo construido utilizando a los vectores **P** y **Q** no depende del orden en el cual se seleccionen **P** y **Q**, se puede concluir que la suma de dos vectores es *conmutativa* y se puede escribir

$$\mathbf{P} + \mathbf{Q} = \mathbf{Q} + \mathbf{P} \tag{2.1}$$

Fig. 2.6

---

† Algunas expresiones tienen magnitud y dirección pero no se suman de acuerdo con la ley del paralelogramo. Aunque tales expresiones pueden ser representadas por medio de flechas, *no pueden* ser consideradas vectores.

Un grupo de expresiones de este tipo son las rotaciones finitas de un cuerpo rígido. Coloque un libro cerrado en frente de usted sobre una mesa de tal manera que se encuentre en la forma habitual, con su portada hacia arriba y su lomo hacia la izquierda. Ahora rote el libro a través de 180° con respecto a un eje paralelo a su lomo (figura 2.3a); esta rotación puede ser representada por una flecha orientada, como se muestra en la figura, cuya longitud es igual a 180 unidades. Tomando el libro tal

Fig. 2.3 Rotaciones finitas de un cuerpo rígido

A partir de la ley del paralelogramo se puede derivar un método alternativo para determinar la suma de dos vectores. Este método, conocido como la *regla del triángulo*, se deriva de la siguiente manera. Considere la figura 2.6, en la cual se ha determinado la suma de dos vectores **P** y **Q** por medio de la ley del paralelogramo. Como el lado del paralelogramo opuesto a **Q** es igual a **Q** en magnitud y dirección, se podría dibujar únicamente la mitad del paralelogramo (figura 2.7a). Entonces, la suma de los dos vectores puede ser determinada *rearreglando* **P** *y* **Q** *de tal forma que la parte inicial de* **Q** *se una a la parte terminal de* **P** *para posteriormente obtener al vector* **P** + **Q** *uniendo la parte inicial de* **P** *con la parte terminal de* **Q**. En la figura 2.7b se considera la otra mitad del paralelogramo, obteniéndose el mismo resultado. Esto confirma el hecho de que la suma es conmutativa.

La *resta* de un vector se define como la suma de su correspondiente vector negativo. Por lo tanto, el vector **P** − **Q** se obtiene sumándole a **P** el vector negativo −**Q** (figura 2.8). Así

$$\mathbf{P} - \mathbf{Q} = \mathbf{P} + (-\mathbf{Q}) \tag{2.2}$$

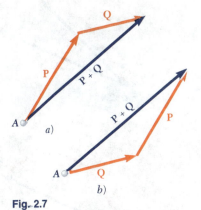

Fig. 2.7

Aquí, nuevamente, se debe señalar que, a pesar de que se ha utilizado el mismo signo para denotar tanto la resta de escalares como de vectores, se pueden evitar las confusiones si se tiene cuidado en hacer la distinción entre cantidades escalares y vectoriales.

Ahora se considerará la *suma de tres o más vectores*. Por definición, la suma de tres vectores **P**, **Q** y **S** se obtiene sumando primero los vectores **P** y **Q** para posteriormente sumarle el vector **S** al vector **P** + **Q**. Por lo tanto, se tiene que

$$\mathbf{P} + \mathbf{Q} + \mathbf{S} = (\mathbf{P} + \mathbf{Q}) + \mathbf{S} \tag{2.3}$$

Fig. 2.8

De manera análoga, la suma de cuatro vectores se obtendrá sumándole el cuarto vector a la suma de los tres primeros. Por lo tanto, se observa que la suma de cualquier número de vectores puede obtenerse aplicando, repetidamente, la ley del paralelogramo a pares sucesivos de vectores hasta que todos los vectores dados hayan sido remplazados por un solo vector.

---

y como se encuentra en su nueva posición, rótelo ahora a través de 180° alrededor de un eje horizontal perpendicular a su lomo (figura 2.3b); esta segunda rotación puede ser representada por medio de una flecha cuya longitud es igual a 180 unidades, orientada como se muestra en la figura. Sin embargo, el libro podría haber sido colocado en esta posición final a través de una sola rotación de 180° con respecto a un eje vertical (figura 2.3c). Se concluye que la suma de las dos rotaciones de 180° representadas por flechas dirigidas, respectivamente, a lo largo de los ejes z y x es una rotación de 180° representada por una flecha dirigida a lo largo del eje y (figura 2.3d). Resulta obvio que las rotaciones finitas de un cuerpo rígido *no obedecen* la ley del paralelogramo para la suma; por lo tanto, ellas *no pueden* ser representadas por medio de vectores.

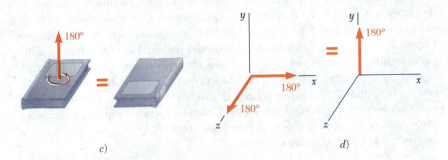

20 Estática de partículas

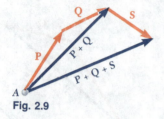

Fig. 2.9

Si los vectores dados son *coplanares*, esto es, si están contenidos en el mismo plano, su suma se puede obtener fácilmente en forma gráfica. Para este caso, se prefiere la aplicación repetida de la regla del triángulo en lugar de la aplicación de la ley del paralelogramo. En la figura 2.9 se obtuvo la suma de tres vectores **P**, **Q** y **S** de esa manera. Primero se aplicó la regla del triángulo para obtener la suma **P** + **Q** de los vectores **P** y **Q** y, después se volvió a utilizar esta regla para obtener la suma de los vectores **P** + **Q** y **S**. Sin embargo, la determinación del vector **P** + **Q** pudo omitirse y la suma de los tres vectores pudo haberse obtenido directamente, como se muestra en la figura 2.10, *rearreglando los vectores dados de tal forma que la parte inicial de uno se conecte a la parte terminal de otro para, finalmente, unir la parte inicial del primer vector con la parte terminal del último vector.* Esto se conoce como la *regla del polígono* para la suma de vectores.

Se observa que el resultado obtenido no se hubiera alterado si, como se muestra en la figura 2.11, los vectores **Q** y **S** se hubieran remplazado por su suma **Q** + **S**. Por lo tanto se puede escribir

Fig. 2.10

$$\mathbf{P} + \mathbf{Q} + \mathbf{S} = (\mathbf{P} + \mathbf{Q}) + \mathbf{S} = \mathbf{P} + (\mathbf{Q} + \mathbf{S}) \tag{2.4}$$

lo cual expresa que la suma de vectores es *asociativa*. Recordando que para el caso de dos vectores se ha demostrado que la suma de vectores es conmutativa, se tiene que

$$\begin{aligned}\mathbf{P} + \mathbf{Q} + \mathbf{S} &= (\mathbf{P} + \mathbf{Q}) + \mathbf{S} = \mathbf{S} + (\mathbf{P} + \mathbf{Q}) \\ &= \mathbf{S} + (\mathbf{Q} + \mathbf{P}) = \mathbf{S} + \mathbf{Q} + \mathbf{P}\end{aligned} \tag{2.5}$$

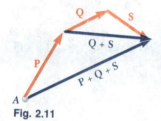

Fig. 2.11

Esta expresión, al igual que otras que pueden ser obtenidas en forma análoga, muestra que el orden en el cual se sumen varios vectores es irrelevante (figura 2.12).

Producto de un escalar y un vector. Como resulta conveniente denotar la suma **P** + **P** como 2**P**, la suma **P** + **P** + **P** como 3**P** y, en general, la suma de *n* vectores **P** por el producto *n***P**, se definirá el producto *n***P** de un entero positivo *n* y un vector **P** como el vector que tiene la misma dirección que **P** pero cuya magnitud es igual a *n*P. Ampliando esta definición para incluir a todos los escalares y, recordando la definición de un vector negativo presentada en la sección 2.3, se define al producto *k***P** de un escalar *k* y un vector **P** como el vector que tiene la misma dirección de **P** (si *k* es una constante positiva), o una dirección opuesta a la de **P** (si *k* es negativa), y cuya magnitud es igual al producto de *P* y el valor absoluto de *k* (figura 2.13).

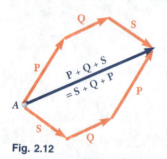

Fig. 2.12

2.5. RESULTANTE DE VARIAS FUERZAS CONCURRENTES

Considere una partícula *A* sobre la que actúan varias fuerzas coplanares, esto es, varias fuerzas que están contenidas en el mismo plano (figura 2.14*a*). Como todas las fuerzas que se están considerando pasan por el punto *A*, también se dice que tales fuerzas son *concurrentes*. Los vectores que representan las fuerzas que actúan sobre *A* pueden ser sumados utilizando la regla del polígono (figura 2.14*b*). Como el empleo de la regla del polígono es equivalente a aplicar repetidamente la ley del paralelogramo, el vector **R** obtenido de esta forma representa la resultante de las fuerzas concurrentes que se están considerando, esto es, **R** es un solo vector que origina el mismo efecto sobre la partícula *A* que todas las fuerzas que actúan sobre ella. Como se mencionó anteriormente, es irrelevante el orden en el cual se sumen los vectores **P**, **Q** y **S** que representan a las fuerzas que se están considerando.

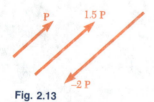

Fig. 2.13

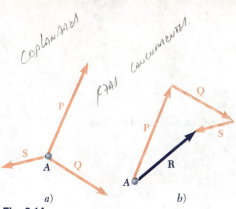

Fig. 2.14

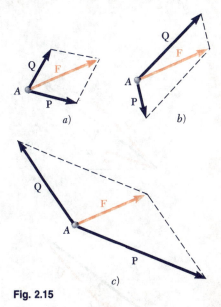

Fig. 2.15

2.6. DESCOMPOSICIÓN DE UNA FUERZA EN SUS COMPONENTES

Se ha visto que dos o más fuerzas que están actuando sobre una partícula pueden ser remplazadas por una sola fuerza que tiene el mismo efecto sobre dicha partícula. Por el contrario, una sola fuerza **F** que está actuando sobre una partícula puede ser remplazada por dos o más fuerzas que, en conjunto, tienen el mismo efecto que **F**. Estas fuerzas reciben el nombre de *componentes* de la fuerza original **F** y el proceso de sustituirlas en lugar de **F** se denomina *descomposición de la fuerza **F** en sus componentes*.

Obviamente, para cada fuerza **F** existe un número infinito de posibles conjuntos de componentes. Los conjuntos de *dos componentes* **P** y **Q** son los más importantes en lo concerniente a las aplicaciones prácticas. Sin embargo, incluso en estos casos, existe un número ilimitado de formas en las cuales una fuerza dada **F** puede ser descompuesta en dos componentes (figura 2.15). Dos casos son de particular importancia:

1. *Una de las dos componentes, **P**, es conocida.* La segunda componente, **Q**, se obtiene aplicando la regla del triángulo y uniendo la parte terminal de **P** con la parte terminal de **F** (figura 2.16); la magnitud y la dirección de **Q** se determinan gráficamente o por trigonometría. Una vez que se ha determinado el vector **Q**, tanto **P** como **Q** deben ser aplicados en *A*.
2. *Se conoce la línea de acción de cada componente.* La magnitud y el sentido de las componentes se obtienen aplicando la ley del paralelogramo y dibujando líneas que pasan por la parte terminal de **F** y que son paralelas a las líneas de acción que fueron especificadas (figura 2.17). Este proceso conduce a dos componentes bien definidas, **P** y **Q**, las cuales pueden determinarse gráficamente o por trigonometría mediante la aplicación de la ley de los senos.

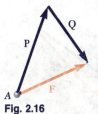

Fig. 2.16

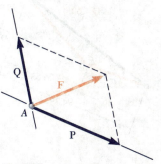

Fig. 2.17

Se pueden encontrar muchos otros casos; por ejemplo, puede conocerse la dirección de una de las componentes a la vez que se desea que la magnitud de la otra sea lo más pequeña posible (véase el problema resuelto 2.2). En todos los casos, se debe dibujar el triángulo o el paralelogramo que satisfaga las condiciones dadas.

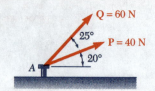

PROBLEMA RESUELTO 2.1

Las dos fuerzas, **P** y **Q**, actúan sobre el perno *A*. Determine su resultante.

SOLUCIÓN

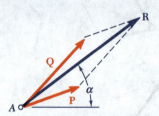

Solución gráfica. Se dibuja a escala un paralelogramo con lados iguales a **P** y **Q**. Se miden la magnitud y la dirección de la resultante encontrándose que sus valores son

$$R = 98 \text{ N} \qquad \alpha = 35° \qquad \mathbf{R} = 98 \text{ N} \measuredangle 35° \blacktriangleleft$$

También se puede utilizar la regla del triángulo. Las fuerzas **P** y **Q** se dibujan uniendo la parte terminal de una con la parte inicial de la otra. Nuevamente se miden la magnitud y la dirección de la resultante.

$$R = 98 \text{ N} \qquad \alpha = 35° \qquad \mathbf{R} = 98 \text{ N} \measuredangle 35° \blacktriangleleft$$

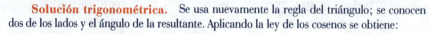

Solución trigonométrica. Se usa nuevamente la regla del triángulo; se conocen dos de los lados y el ángulo de la resultante. Aplicando la ley de los cosenos se obtiene:

$$R^2 = P^2 + Q^2 - 2PQ \cos B$$
$$R^2 = (40 \text{ N})^2 + (60 \text{ N})^2 - 2(40 \text{ N})(60 \text{ N}) \cos 155°$$
$$R = 97.73 \text{ N}$$

Ahora, aplicando la ley de los senos, se puede escribir

$$\frac{\operatorname{sen} A}{Q} = \frac{\operatorname{sen} B}{R} \qquad \frac{\operatorname{sen} A}{60 \text{ N}} = \frac{\operatorname{sen} 155°}{97.73 \text{ N}} \qquad (1)$$

Resolviendo la ecuación (1) para el seno de *A*, se tiene

$$\operatorname{sen} A = \frac{(60 \text{ N}) \operatorname{sen} 155°}{97.73 \text{ N}}$$

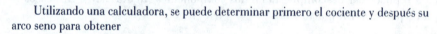

Utilizando una calculadora, se puede determinar primero el cociente y después su arco seno para obtener

$$A = 15.04° \qquad \alpha = 20° + A = 35.04°$$

Se emplean 3 cifras significativas para presentar la respuesta (véase la sección 1.6):

$$\mathbf{R} = 97.7 \text{ N} \measuredangle 35.0° \blacktriangleleft$$

Solución trigonométrica alternativa. Se construye el triángulo rectángulo *BCD* y se calcula

$$CD = (60 \text{ N}) \operatorname{sen} 25° = 25.36 \text{ N}$$
$$BD = (60 \text{ N}) \cos 25° = 54.38 \text{ N}$$

Después, empleando el triángulo *ACD*, se obtiene

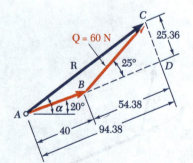

$$\tan A = \frac{25.36 \text{ N}}{94.38 \text{ N}} \qquad A = 15.04°$$
$$R = \frac{25.36}{\operatorname{sen} A} \qquad R = 97.73 \text{ N}$$

Nuevamente, $\qquad \alpha = 20° + A = 35.04° \qquad \mathbf{R} = 97.7 \text{ N} \measuredangle 35.0° \blacktriangleleft$

PROBLEMA RESUELTO 2.2

Una barcaza es arrastrada por dos remolcadores. Si la resultante de las fuerzas ejercidas por los remolcadores es una fuerza de 5000 lb dirigida a lo largo del eje de la barcaza, determine: *a)* la tensión en cada una de las cuerdas sabiendo que $\alpha = 45°$ y *b)* el valor de α para el cual la tensión en la cuerda 2 es mínima.

SOLUCIÓN

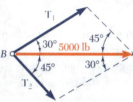

***a.* Tensión cuando $\alpha = 45°$. Solución gráfica.** Se emplea la ley del paralelogramo; se sabe que la diagonal (la resultante) es igual a 5000 lb y está dirigida hacia la derecha. Los lados se dibujan paralelos a las cuerdas. Si el dibujo está hecho a escala, se puede medir

$$T_1 = 3700 \text{ lb} \qquad T_2 = 2600 \text{ lb} \blacktriangleleft$$

Solución trigonométrica. Se puede utilizar la regla del triángulo. Se observa que el triángulo mostrado representa la mitad del paralelogramo presentado anteriormente. Empleando la ley de los senos, se escribe

$$\frac{T_1}{\operatorname{sen} 45°} = \frac{T_2}{\operatorname{sen} 30°} = \frac{5000 \text{ lb}}{\operatorname{sen} 105°}$$

Con una calculadora, primero se calcula y se almacena el valor del último cociente. Multiplicando este valor consecutivamente por sen 45° y sen 30°, se obtiene

$$T_1 = 3660 \text{ lb} \qquad T_2 = 2590 \text{ lb} \blacktriangleleft$$

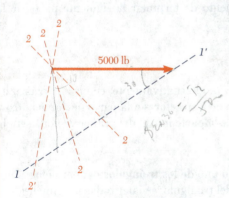

***b.* Valor de α para que T_2 sea mínima.** Para determinar el valor de α para el cual la tensión en la cuerda 2 es mínima, se vuelve a utilizar la regla del triángulo. En el croquis mostrado, la línea *1-1'* representa la dirección conocida de $\mathbf{T}_1$. Las líneas *2-2'* muestran varias direcciones posibles para $\mathbf{T}_2$. Se aprecia que el valor mínimo de T_2 ocurre cuando $\mathbf{T}_1$ y $\mathbf{T}_2$ son perpendiculares. El valor mínimo para T_2 es

$$T_2 = (5000 \text{ lb}) \operatorname{sen} 30° = 2500 \text{ lb}$$

Los valores correspondientes para T_1 y α son

$$T_1 = (5000 \text{ lb}) \cos 30° = 4330 \text{ lb}$$
$$\alpha = 90° - 30°$$

$$\alpha = 60° \blacktriangleleft$$

PROBLEMAS PARA RESOLVER EN FORMA INDEPENDIENTE

Las secciones anteriores estuvieron dedicadas a la *ley del paralelogramo* para la suma de vectores y sus aplicaciones.

Se presentaron dos problemas resueltos. En el problema resuelto 2.1 se utilizó la ley del paralelogramo para determinar la resultante de dos fuerzas cuyas magnitudes y direcciones eran conocidas. En el problema resuelto 2.2, esa ley se empleó para descomponer una fuerza en dos componentes a lo largo de direcciones conocidas.

Ahora se tendrá la oportunidad de resolver problemas en forma independiente. Mientras que algunos problemas serán similares a los problemas resueltos otros no lo serán. Lo que tienen en común todos los problemas resueltos y los problemas propuestos correspondientes a esta sección es que pueden ser resueltos aplicando directamente la ley del paralelogramo.

La solución de un problema propuesto determinado debe basarse en los siguientes pasos:

1. Identificar cuáles de las fuerzas son las aplicadas y cuál es la resultante. En muchas ocasiones es útil escribir la ecuación vectorial que muestra la forma en que las fuerzas están relacionadas entre sí. Por ejemplo, en el problema resuelto 2.1 se tendría

$$\mathbf{R} = \mathbf{P} + \mathbf{Q}$$

Es deseable tener presente esta relación al momento de formular la siguiente parte de la solución.

2. Dibujar un paralelogramo con las fuerzas aplicadas como dos lados adyacentes y la resultante como la diagonal que parte del origen de los dos vectores (figura 2.2). Se puede *usar la regla del triángulo*, alternativamente, con las fuerzas aplicadas dibujadas uniendo la parte terminal de uno de los vectores a la parte inicial del otro y dibujando la fuerza resultante extendiéndose desde la parte inicial del primer vector hasta la parte terminal del segundo vector (figura 2.7).

3. Señalar todas las dimensiones. Usando uno de los triángulos del paralelogramo, o el triángulo construido de acuerdo con la regla del triángulo, señalar todas las dimensiones —bien sean lados o ángulos— y determinar las dimensiones desconocidas ya sea gráficamente o por trigonometría. Si se usa trigonometría, debe recordarse que la ley de los cosenos se debe aplicar primero si dos lados y el ángulo que éstos forman son conocidos [problema resuelto 2.1] y la ley de los senos debe aplicarse primero si uno de los lados y todos los ángulos son conocidos [problema resuelto 2.2].

Si se tiene un estudio previo de mecánica, se podría estar tentado a ignorar las técnicas de solución de esta lección en favor de descomponer a las fuerzas en sus componentes rectangulares. A pesar de que este último método es importante, y será considerado en la siguiente sección, el uso de la ley del paralelogramo simplifica la solución de muchos problemas y debe dominarse en estos momentos.

Problemas[†]

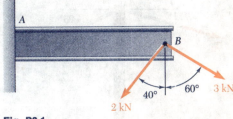

Fig. P2.1

2.1 Dos fuerzas se aplican en el punto B de la viga AB. Determine gráficamente la magnitud y la dirección de su resultante usando: a) la ley del paralelogramo y b) la regla del triángulo.

2.2 Dos fuerzas P y Q se aplican en el punto A del gancho mostrado en la figura. Sabiendo que $P = 75$ N y $Q = 125$ N, determine gráficamente la magnitud y dirección de su resultante usando: a) la ley del paralelogramo y b) la regla del triángulo.

2.3 Dos fuerzas P y Q se aplican en el punto A del gancho mostrado en la figura. Sabiendo que $P = 60$ lb y $Q = 25$ lb, determine gráficamente la magnitud y dirección de su resultante usando: a) la ley del paralelogramo y b) la regla del triángulo.

2.4 Los tirantes de cable AB y AD sostienen al poste AC. Sabiendo que la tensión en AB y en AD es de 120 lb y de 40 lb, respectivamente, determine gráficamente la magnitud y la dirección de la resultante de las fuerzas ejercidas por los tirantes en A empleando: a) la ley del paralelogramo y b) la regla del triángulo.

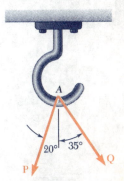

Fig. P2.2 y P2.3

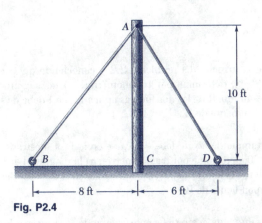

Fig. P2.4

2.5 La fuerza de 200 N se descompone en componentes a lo largo de las líneas $a\text{-}a'$ y $b\text{-}b'$. a) Determine por trigonometría el ángulo α sabiendo que la componente a lo largo de $a\text{-}a'$ es de 150 N y b) ¿Cuál es el valor correspondiente de la componente a lo largo de $b\text{-}b'$?

2.6 La fuerza de 200 N se descompone en componentes a lo largo de la líneas $a\text{-}a'$ y $b\text{-}b'$. a) Determine por trigonometría el ángulo α sabiendo que la componente a lo largo de $b\text{-}b'$ es de 120 N y b) ¿Cuál es el valor correspondiente de la componente a lo largo de $a\text{-}a'$?

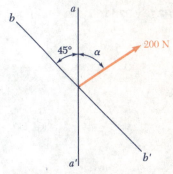

Fig. P2.5 y P2.6

† Las respuestas para todos los problemas cuyo número está en un tipo de letra recta (tal como **2.1**) se proporcionan al final del libro. Las respuestas para los problemas cuyo número está en letra cursiva (tal como *2.2*) no se proporcionan.

26 Estática de partículas

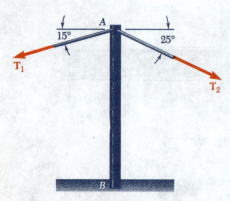

Fig. P2.7 y P2.8

2.7 Un cable telefónico se fija en A al poste AB. Sabiendo que la tensión T_1 en la porción izquierda del cable es de 800 lb, determine por trigonometría: a) la tensión T_2 requerida en la porción derecha del cable si la resultante **R** de las fuerzas ejercidas en A debe de ser vertical y b) la magnitud correspondiente de **R**.

2.8 Un cable telefónico se fija en A al poste AB. Sabiendo que la tensión T_2 en la porción derecha del cable es de 1000 lb, determine por trigonometría: a) la tensión T_1 requerida en la porción izquierda del cable si la resultante **R** de las fuerzas ejercidas en A debe de ser vertical y b) la magnitud correspondiente de **R**.

2.9 Dos fuerzas son aplicadas a la armella mostrada en la figura. Conociendo la magnitud de **P**, que es de 35 N, determine por trigonometría: a) el ángulo α requerido si la resultante **R** de las dos fuerzas aplicadas en el soporte debe de ser horizontal y b) la magnitud correspondiente de **R**.

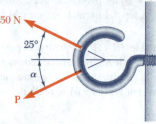

Fig. P2.9

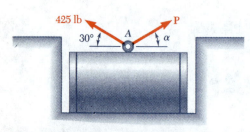

Fig. P2.11, P2.12 y P2.13

2.10 Para la armella del problema 2.2 y conociendo que la magnitud de la fuerza **P** es de 75 N, determine por trigonometría: a) la magnitud de la fuerza **Q** requerida si la resultante **R** de las dos fuerzas aplicadas en A debe de ser vertical y b) la magnitud correspondiente de **R**.

2.11 Un tanque de acero debe colocarse en la fosa mostrada en la figura. Sabiendo que $\alpha = 20$, determine por trigonometría: a) la magnitud de la fuerza **P** requerida si la resultante **R** de las dos fuerzas aplicadas en A debe de ser vertical y b) la magnitud correspondiente de **R**.

2.12 Un tanque de acero debe colocarse en la fosa mostrada en la figura. Sabiendo que la magnitud de **P** es 500 lb, determine por trigonometría: a) el ángulo α requerido si la resultante **R** de las dos fuerzas aplicadas en A debe de ser vertical y b) la magnitud correspondiente de **R**.

2.13 Un tanque de acero debe colocarse en la fosa mostrada en la figura. Determine por trigonometría: a) la magnitud y la dirección de la fuerza **P** mínima para la cual la resultante **R** de las dos fuerzas aplicadas en A es vertical y b) la magnitud correspondiente de **R**.

2.14 Para la armella del problema 2.9, determine por trigonometría: a) la magnitud y la dirección de la fuerza **P** mínima para la cual la resultante **R** de las dos fuerzas aplicadas en el soporte es horizontal y b) la magnitud correspondiente de **R**.

2.15 Resuelva el problema 2.3 por trigonometría.

2.16 Resuelva el problema 2.4 por trigonometría.

2.17 Para la armella del problema 2.9 y sabiendo que $P = 75$ N y $\alpha = 50°$, determine por trigonometría la magnitud y la dirección de la resultante de las dos fuerzas aplicadas en el apoyo.

2.18 Resuelva el problema 2.1 por trigonometría.

2.19 Los elementos estructurales A y B están remachados al apoyo mostrado en la figura. Si se sabe que ambos elementos están en compresión y que la fuerza en el elemento A es de 15 kN y en el elemento B es de 10 kN, determine por trigonometría la magnitud y la dirección de la resultante de las fuerzas aplicadas al apoyo por los elementos A y B.

2.20 Los elementos estructurales A y B están remachados al apoyo mostrado en la figura. Si se sabe que ambos elementos están en compresión y que la fuerza en el elemento A es de 10 kN y en el elemento B es de 15 kN, determine por trigonometría la magnitud y la dirección de la resultante de las fuerzas aplicadas al apoyo por los elementos A y B.

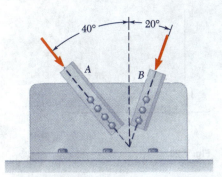

Fig. P2.19 y P2.20

2.7. COMPONENTES RECTANGULARES DE UNA FUERZA. VECTORES UNITARIOS†

Se encontrará que en muchos problemas es deseable fraccionar una fuerza en dos componentes perpendiculares entre sí. En la figura 2.18, la fuerza **F** ha sido descompuesta en una componente $\mathbf{F}_x$ a lo largo del eje x y en una componente $\mathbf{F}_y$ a lo largo del eje y. El paralelogramo que se dibuja para obtener las dos componentes es un *rectángulo* y, por lo tanto, $\mathbf{F}_x$ y $\mathbf{F}_y$ reciben el nombre de *componentes rectangulares*.

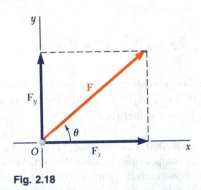

Fig. 2.18

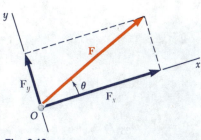

Fig. 2.19

Los ejes x y y se seleccionan generalmente en forma horizontal y vertical, respectivamente, tal y como se muestra en la figura 2.18; sin embargo éstos pueden ser seleccionados en dos direcciones perpendiculares cualesquiera, como se ilustra en la figura 2.19. Al determinar las componentes rectangulares de una fuerza, el estudiante debe pensar que las líneas de construcción mostradas en las figuras 2.18 y 2.19 son *paralelas* a los ejes x y y, en lugar de visualizarlas como *perpendiculares* a estos ejes. Esta práctica ayudará a evitar errores al momento de determinar las componentes *oblicuas*, como en el caso de la sección 2.6.

---

† Las propiedades establecidas en las secciones 2.7 y 2.8 se pueden extender fácilmente a las componentes rectangulares de cualquier otra cantidad vectorial.

A continuación se presentan dos vectores de magnitud unitaria, dirigidos, respectivamente, a lo largo de las direcciones positivas de los ejes x y y. Estos vectores se denominan *vectores unitarios* y se denotan, respectivamente, como **i** y **j** (figura 2.20). Recordando la definición del producto de un escalar y un vector, proporcionada en la sección 2.4, se observa que las componentes rectangulares $\mathbf{F}_x$ y $\mathbf{F}_y$ de una fuerza **F** se pueden obtener, respectivamente, multiplicando los vectores unitarios **i** y **j** por escalares apropiados (figura 2.21). Entonces se puede escribir

$$\mathbf{F}_x = F_x \mathbf{i} \qquad \mathbf{F}_y = F_y \mathbf{j} \tag{2.6}$$

y

$$\mathbf{F} = F_x \mathbf{i} + F_y \mathbf{j} \tag{2.7}$$

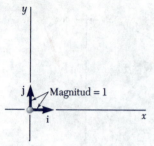
Fig. 2.20

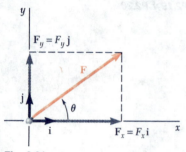
Fig. 2.21

Mientras que los escalares F_x y F_y pueden ser positivos o negativos, dependiendo del sentido de $\mathbf{F}_x$ y $\mathbf{F}_y$, sus valores absolutos son iguales, respectivamente, a las magnitudes de las fuerzas componentes $\mathbf{F}_x$ y $\mathbf{F}_y$. Los escalares F_x y F_y se conocen como las *componentes escalares* de la fuerza **F**, mientras que se debe hacer referencia a las fuerzas componentes $\mathbf{F}_x$ y $\mathbf{F}_y$ como las *componentes vectoriales* de **F**. Sin embargo, cuando no existe la posibilidad de confusión, simplemente se puede hacer referencia tanto a las componentes vectoriales como a las componentes escalares de **F** como las *componentes* de **F**. Se debe señalar que la componente escalar F_x es positiva cuando la componente vectorial $\mathbf{F}_x$ tiene el mismo sentido que el vector unitario **i** (esto es, el mismo sentido que la dirección positiva del eje x) y es negativa cuando $\mathbf{F}_x$ tiene un sentido opuesto. Se puede llegar a una conclusión similar respecto al signo del componente escalar F_y.

Denotando por F a la magnitud de la fuerza **F** y por θ al ángulo entre **F** y el eje de las x, medido en sentido contrario a las manecillas del reloj, a partir de la dirección positiva del eje de las x (figura 2.21), se pueden expresar los componentes escalares de **F** como sigue:

$$F_x = F \cos \theta \qquad F_y = F \operatorname{sen} \theta \tag{2.8}$$

Conviene mencionar que las relaciones obtenidas son válidas para cualquier valor del ángulo θ, desde 0° hasta 360°, y éstas definen tanto a los signos como a los valores absolutos de las componentes F_x y F_y.

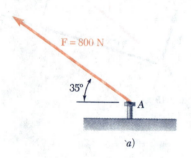

Ejemplo 1. Una fuerza de 800 N se ejerce sobre el perno A como se muestra en la figura 2.22*a*. Determine las componentes horizontal y vertical de la fuerza.

Con el fin de obtener los signos correctos para las componentes escalares F_x y F_y, el valor de $180° - 35° = 145°$ debe ser sustituido por θ en las ecuaciones (2.8). Sin embargo, se encontrará que es mucho más práctico determinar por inspección los signos de F_x y F_y (figura 2.22*b*) y utilizar funciones trigonométricas del ángulo $\alpha = 35°$. Por lo tanto, se escribe

$$F_x = -F \cos \alpha = -(800 \text{ N}) \cos 35° = -655 \text{ N}$$
$$F_y = +F \operatorname{sen} \alpha = +(800 \text{ N}) \operatorname{sen} 35° = +459 \text{ N}$$

De esta forma, las componentes vectoriales de **F** son

$$\mathbf{F}_x = -(655 \text{ N})\mathbf{i} \qquad \mathbf{F}_y = +(459 \text{ N})\mathbf{j}$$

y el vector **F** se puede escribir de la siguiente forma

$$\mathbf{F} = -(655 \text{ N})\mathbf{i} + (459 \text{ N})\mathbf{j}$$

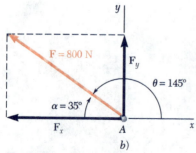
Fig. 2.22

Ejemplo 2. Un hombre jala una cuerda sujeta a un edificio con una fuerza de 300 N, como se muestra en la figura 2.23a. ¿Cuáles son las componentes horizontal y vertical de la fuerza ejercida por la cuerda en el punto A?

A partir de la figura 2.23b se observa que

$$F_x = +(300 \text{ N})\cos\alpha \qquad F_y = -(300 \text{ N})\operatorname{sen}\alpha$$

Notando que $AB = 10$ m, a partir de la figura 2.23a se encuentra que

$$\cos\alpha = \frac{8 \text{ m}}{AB} = \frac{8 \text{ m}}{10 \text{ m}} = \frac{4}{5} \qquad \operatorname{sen}\alpha = \frac{6 \text{ m}}{AB} = \frac{6 \text{ m}}{10 \text{ m}} = \frac{3}{5}$$

Por lo tanto, se obtiene

$$F_x = +(300 \text{ N})\tfrac{4}{5} = +240 \text{ N} \qquad F_y = -(300 \text{ N})\tfrac{3}{5} = -180 \text{ N}$$

y se escribe

$$\mathbf{F} = (240 \text{ N})\mathbf{i} - (180 \text{ N})\mathbf{j}$$

Cuando una fuerza **F** se define por medio de sus componentes rectangulares F_x y F_y (véase la figura 2.21), el ángulo θ que define su dirección se puede obtener a partir de la siguiente relación

$$\tan\theta = \frac{F_y}{F_x} \qquad (2.9)$$

La magnitud F de la fuerza se puede determinar aplicando el teorema de Pitágoras para obtener

$$F = \sqrt{F_x^2 + F_y^2} \qquad (2.10)$$

o bien, resolviendo para F una de las ecuaciones (2.8).

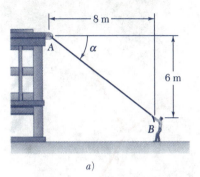

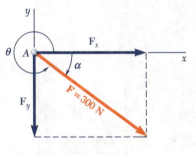

Fig. 2.23

Ejemplo 3. Una fuerza $\mathbf{F} = (700 \text{ lb})\mathbf{i} + (1500 \text{ lb})\mathbf{j}$ se aplica a un perno A. Determine la magnitud de la fuerza y el ángulo θ que ésta forma con la horizontal.

Primero se dibuja un diagrama mostrando las dos componentes rectangulares de la fuerza y el ángulo θ (figura 2.24). A partir de la ecuación (2.9) se escribe

$$\tan\theta = \frac{F_y}{F_x} = \frac{1500 \text{ lb}}{700 \text{ lb}}$$

Usando una calculadora,[†] se introduce el valor de 1500 lb y se divide entre 700 lb; calculando el arco tangente del cociente, se obtiene $\theta = 65.0°$. Resolviendo la segunda de las ecuaciones (2.8) para F, se tiene

$$F = \frac{F_y}{\operatorname{sen}\theta} = \frac{1500 \text{ lb}}{\operatorname{sen} 65.0°} = 1655 \text{ lb}$$

El último cálculo se facilita si el valor de F_y se almacena cuando se introduce por primera vez; después, puede ser recuperado para dividirlo entre el valor de sen θ.

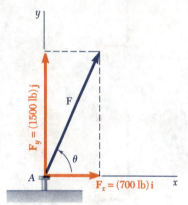

Fig. 2.24

[†] Se supone que la calculadora que se está utilizando tiene teclas para el cálculo de funciones trigonométricas y de funciones trigonométricas inversas. Algunas calculadoras también tienen teclas para convertir directamente de coordenadas rectangulares a coordenadas polares y viceversa. Este tipo de calculadoras eliminan la necesidad de calcular funciones trigonométricas en los ejemplos 1, 2 y 3 y en problemas de ese mismo tipo.

2.8. SUMA DE FUERZAS MEDIANTE LA SUMA DE SUS COMPONENTES X Y Y

Como se vio en la sección 2.2, las fuerzas deben ser sumadas de acuerdo con la ley del paralelogramo. A partir de esta ley, en las secciones 2.4 y 2.5 se derivaron otros dos métodos más útiles para la solución *gráfica* de problemas: la regla del triángulo para la suma de dos fuerzas y la regla del polígono para la suma de tres o más fuerzas. También se vio que el triángulo de fuerzas empleado para definir la resultante de dos fuerzas podía ser utilizado para obtener una solución por medio de la *trigonometría*.

Cuando se van a sumar tres o más fuerzas, no se puede obtener una solución práctica por medio de la trigonometría a partir del polígono de fuerzas que define su resultante. En este caso, se puede obtener una solución *analítica* para el problema descomponiendo cada fuerza en dos componentes rectangulares. Considérese, por ejemplo, tres fuerzas **P**, **Q** y **S** que actúan sobre una partícula A (figura 2.25a). Su resultante **R** está definida por la relación

$$\mathbf{R} = \mathbf{P} + \mathbf{Q} + \mathbf{S} \tag{2.11}$$

Descomponiendo cada una de las fuerzas en sus componentes rectangulares, se escribe

$$\begin{aligned}R_x\mathbf{i} + R_y\mathbf{j} &= P_x\mathbf{i} + P_y\mathbf{j} + Q_x\mathbf{i} + Q_y\mathbf{j} + S_x\mathbf{i} + S_y\mathbf{j} \\ &= (P_x + Q_x + S_x)\mathbf{i} + (P_y + Q_y + S_y)\mathbf{j}\end{aligned}$$

y a partir de estas ecuaciones se concluye que

$$R_x = P_x + Q_x + S_x \qquad R_y = P_y + Q_y + S_y \tag{2.12}$$

o, en forma breve,

$$R_x = \Sigma F_x \qquad R_y = \Sigma F_y \tag{2.13}$$

Por lo tanto se puede concluir que *las componentes escalares R_x y R_y de la resultante **R** de varias fuerzas que actúan sobre una partícula se obtienen sumando algebraicamente las componentes escalares correspondientes de las fuerzas dadas*.†

Como se ilustra en la figura 2.25, en la práctica el cálculo de la resultante **R** se realiza en tres pasos. Primero, las fuerzas dadas mostradas en la figura 2.25a se descomponen en sus componentes x y y (figura 2.25b). Sumando estas componentes se obtienen las componentes x y y de **R** (figura 2.25c). Finalmente, la resultante $\mathbf{R} = R_x\mathbf{i} + R_y\mathbf{j}$ se determina aplicando la ley del paralelogramo (figura 2.25d). El procedimiento que se acaba de describir se puede llevar a cabo en una forma más eficiente si los cálculos se arreglan en una tabla. Éste es el único método analítico práctico para sumar tres o más fuerzas, también se le prefiere, usualmente, en caso de la suma de dos fuerzas, en lugar de la solución por medio de la trigonometría.

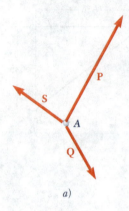
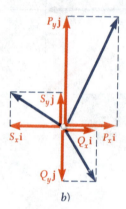

Fig. 2.25

---

† Obviamente, este resultado es aplicable también a la suma de otras cantidades vectoriales como velocidades, aceleraciones o cantidades de movimiento.

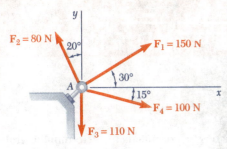

PROBLEMA RESUELTO 2.3

Cuatro fuerzas actúan sobre el perno A como se muestra en la figura. Determine la resultante de las fuerzas sobre el perno.

SOLUCIÓN

Las componentes x y y de cada una de las fuerzas se determinan por medio de la trigonometría como se muestra en la figura, y se introducen en la tabla que se presenta a continuación. De acuerdo con la convención adoptada en la sección 2.7, el número escalar que representa una componente de una fuerza, es positivo si la componente de la fuerza tiene el mismo sentido que el eje coordenado que le corresponde. Por lo tanto, las componentes x que actúan hacia la derecha y las componentes y que actúan hacia arriba son representadas por números positivos.

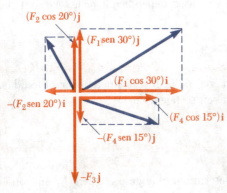

Fuerza	Magnitud, N	Componente x, N	Componente y, N
F_1	150	+129.9	+75.0
F_2	80	−27.4	+75.2
F_3	110	0	−110.0
F_4	100	+96.6	−25.9
		$R_x = +199.1$	$R_y = +14.3$

De esta forma, la resultante **R** de las cuatro fuerzas es

$$\mathbf{R} = R_x\mathbf{i} + R_y\mathbf{j} \qquad \mathbf{R} = (199.1\text{ N})\mathbf{i} + (14.3\text{ N})\mathbf{j} \blacktriangleleft$$

A continuación, se puede determinar la magnitud y la dirección de la resultante. A partir del triángulo mostrado, se tiene que

$$\tan\alpha = \frac{R_y}{R_x} = \frac{14.3\text{ N}}{199.1\text{ N}} \qquad \alpha = 4.1°$$

$$R = \frac{14.3\text{ N}}{\operatorname{sen}\alpha} = 199.6\text{ N} \qquad \mathbf{R} = 199.6\text{ N} \measuredangle 4.1° \blacktriangleleft$$

Con una calculadora, el último cálculo se puede facilitar si el valor de R_y se almacena cuando se introduce por primera vez; entonces éste puede ser recuperado para dividirlo entre sen α. (Véase también la nota de pie de página de la página 29).

PROBLEMAS PARA RESOLVER EN FORMA INDEPENDIENTE

Como se vio en la lección anterior, la resultante de dos fuerzas puede ser determinada gráficamente o a partir de un triángulo oblicuo, usando la trigonometría.

A. Cuando están involucradas tres o más fuerzas, la determinación de su resultante **R** se lleva a cabo de manera más sencilla descomponiendo primero cada una de las fuerzas en sus *componentes rectangulares*. Se pueden encontrar dos casos, dependiendo de la forma en que esté definida cada una de las fuerzas dadas:

*Caso 1. La fuerza **F** está definida por medio de su magnitud F y el ángulo α que forma con el eje de las x.* Las componentes x y y de la fuerza pueden ser obtenidas, respectivamente, multiplicando F por $\cos \alpha$ y por $\sen \alpha$ [ejemplo 1].

*Caso 2. La fuerza **F** se define por medio de su magnitud F y las coordenadas de dos puntos A y B que se encuentran a lo largo de su línea de acción* (figura 2.23). Por medio de la trigonometría, primero se puede determinar el ángulo α que **F** forma con el eje de las x. Sin embargo, las componentes de **F** también se pueden obtener directamente a partir de las proporciones entre las diversas dimensiones involucradas, sin tener que llegar a determinar α [ejemplo 2].

B. Componentes rectangulares de la resultante. Las componentes R_x y R_y de la resultante se pueden obtener sumando algebraicamente las componentes correspondientes de las fuerzas dadas [problema resuelto 2.3].

La resultante se puede expresar en *forma vectorial* utilizando los vectores unitarios **i** y **j**, los cuales están dirigidos, respectivamente, a lo largo de los ejes x y y:

$$\mathbf{R} = R_x \mathbf{i} + R_y \mathbf{j}$$

Alternativamente, se pueden determinar la *magnitud y dirección* de la resultante resolviendo para R y para el ángulo que **R** forma con el eje de las x, el triángulo rectángulo de lados R_x y R_y.

Problemas

2.21 y 2.22 Determine las componentes x y y de cada una de las fuerzas mostradas.

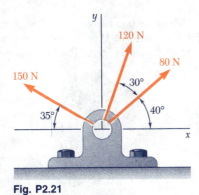

Fig. P2.21

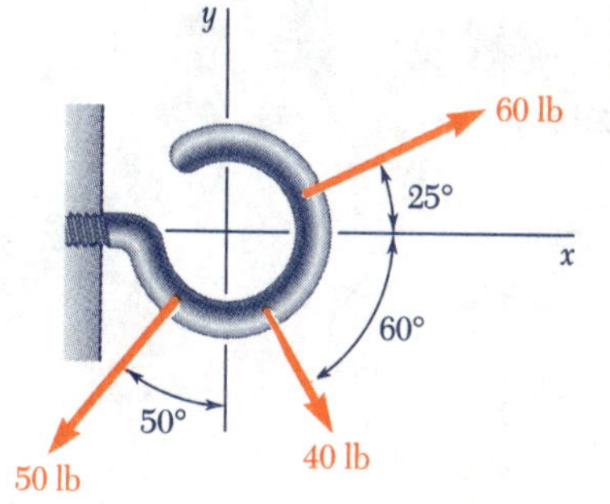

Fig. P2.22

2.23 y 2.24 Determine las componentes x y y de cada una de las fuerzas mostradas.

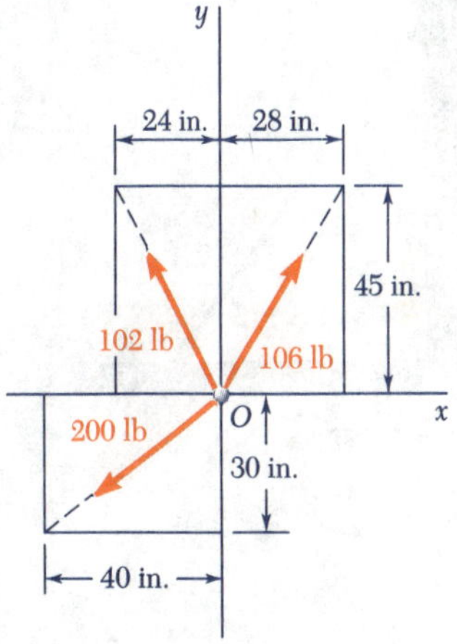

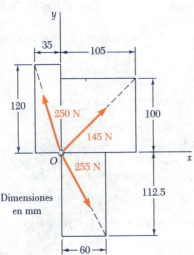

Fig. P2.24

Fig. P2.23

2.25 El elemento CB de la prensa de banco mostrada en la figura, ejerce sobre el bloque B una fuerza $\mathbf{P}$ dirigida a lo largo de la línea CB. Si se sabe que la componente horizontal de $\mathbf{P}$ tiene una magnitud de 1200 N, determine: a) la magnitud de la fuerza $\mathbf{P}$ y b) su componente vertical.

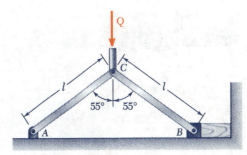

Fig. P2.25

34 Estática de partículas

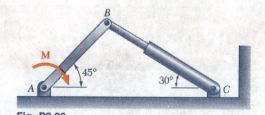

Fig. P2.26

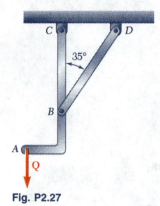

Fig. P2.27

2.26 El cilindro hidráulico BC ejerce sobre el elemento AB una fuerza **P** dirigida a lo largo de la línea BC. Sabiendo que **P** debe tener una componente perpendicular al elemento AB cuya magnitud es de 600 N, determine: a) la magnitud de la fuerza **P** y b) su componente en la dirección de AB.

2.27 El elemento BD ejerce una fuerza **P** sobre el elemento ABC la cual está dirigida a lo largo de BD. Sabiendo que **P** debe tener una componente horizontal de 300 lb, determine: a) la magnitud de la fuerza **P** y b) su componente vertical.

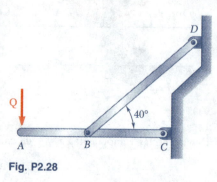

Fig. P2.28

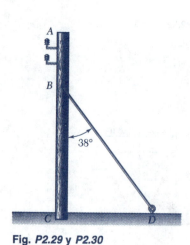

Fig. P2.29 y P2.30

2.28 El elemento BD ejerce una fuerza **P** sobre el elemento ABC la cual está dirigida a lo largo de BD. Sabiendo que **P** debe tener una componente vertical de 240 lb, determine: a) la magnitud de la fuerza **P** y b) su componente horizontal.

2.29 El alambre BD ejerce sobre el poste telefónico AC una fuerza **P** dirigida a lo largo de BD. Sabiendo que **P** debe tener una componente perpendicular al poste AC de 120 N, determine: a) la magnitud de la fuerza **P** y b) su componente a lo largo de la línea AC.

2.30 El alambre BD ejerce sobre el poste telefónico AC una fuerza **P** dirigida a lo largo de BD. Sabiendo que **P** debe tener una componente de 180 N dirigida a lo largo de la línea AC, determine: a) la magnitud de la fuerza **P** y b) su componente en una dirección perpendicular a AC.

2.31 Determine la resultante de las tres fuerzas del problema 2.24.

2.32 Determine la resultante de las tres fuerzas del problema 2.21.

2.33 Determine la resultante de las tres fuerzas del problema 2.22.

2.34 Determine la resultante de las tres fuerzas del problema 2.23.

2.35 Sabiendo que $\alpha = 35°$, determine la resultante de las tres fuerzas mostradas.

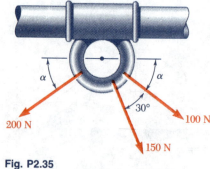

Fig. P2.35

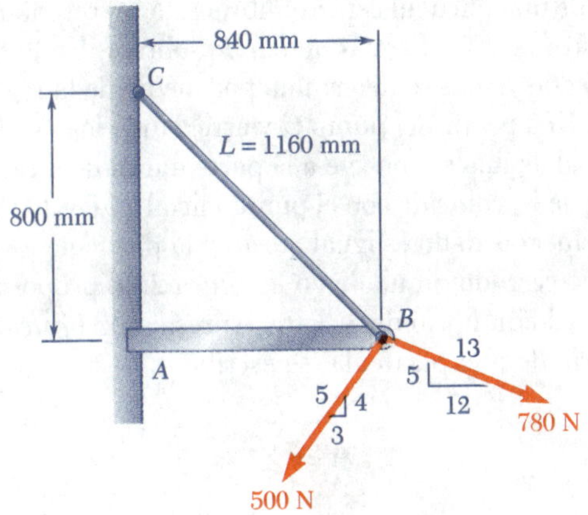

Fig. P2.36

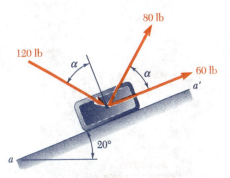

Fig. P2.37 y P2.38

2.36 Sabiendo que la tensión en el cable BC es de 725 N, determine la resultante de las tres fuerzas que actúan en el punto B de la viga AB.

2.37 Sabiendo que $\alpha = 40°$, determine la resultante de las tres fuerzas mostradas.

2.38 Sabiendo que $\alpha = 75°$, determine la resultante de las tres fuerzas mostradas.

2.39 Para el collarín del problema 2.35, determine: a) el valor requerido del ángulo α si la resultante de las tres fuerzas mostradas debe ser vertical y b) la magnitud correspondiente de la resultante.

2.40 Para la viga del problema 2.36, determine: a) la tensión requerida en el cable BC si la resultante de las tres fuerzas que actúan en el punto B debe ser vertical y b) la magnitud correspondiente de la resultante.

2.41 Determine: a) la tensión requerida en el cable AC si se sabe que la resultante de las tres fuerzas que actúan en el punto C del mástil BC debe estar dirigida a lo largo de BC y b) la magnitud correspondiente de la resultante.

2.42 Para el bloque de los problemas 2.37 y 2.38, determine: a) el valor requerido del ángulo α si la resultante de las tres fuerzas mostradas debe ser paralela al plano inclinado y b) la magnitud correspondiente de la resultante.

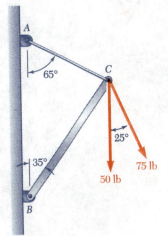

Fig. P2.41

2.9. EQUILIBRIO DE UNA PARTÍCULA

En las secciones anteriores se estudiaron los métodos para determinar la resultante de varias fuerzas que actúan sobre una partícula. Aunque no ha ocurrido en alguno de los problemas considerados hasta ahora, es muy posible que la resultante sea cero. En tal caso, el efecto neto de las fuerzas dadas es igual a cero y se dice que la partícula se encuentra en equilibrio. Por lo tanto, se tiene la siguiente definición: *Cuando la resultante de todas las fuerzas que actúan sobre una partícula es igual a cero, la partícula está en equilibrio.*

Una partícula sobre la cual actúan dos fuerzas, estará en equilibrio si las dos fuerzas tienen la misma magnitud y la misma línea de acción pero sentidos opuestos. Entonces, la resultante de las dos fuerzas será cero. Un caso como éste se muestra en la figura 2.26.

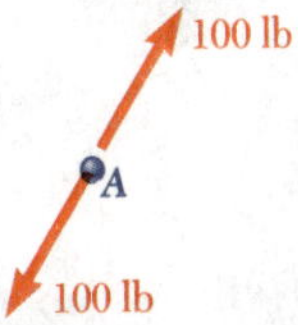

Fig. 2.26

Otro caso de una partícula en equilibrio está representado en la figura 2.27, donde se muestran cuatro fuerzas actuando sobre A. En la figura 2.28 la resultante de las fuerzas dadas se determina por medio de la regla del polígono. Comenzando con $\mathbf{F}_1$ a partir del punto O y arreglando las fuerzas de tal forma que la parte terminal de una se conecte a la parte inicial de otra, se encuentra que la parte terminal de $\mathbf{F}_4$ coincide con el punto inicial O. Por lo tanto, la resultante $\mathbf{R}$ del sistema de fuerzas dado es igual a cero y la partícula está en equilibrio.

El polígono cerrado dibujado en la figura 2.28 proporciona una representación *gráfica* del equilibrio de A. Para expresar *algebraicamente* las condiciones de equilibrio de una partícula, se escribe

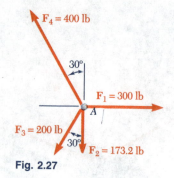

Fig. 2.27

$$\mathbf{R} = \Sigma \mathbf{F} = 0 \qquad (2.14)$$

Descomponiendo a cada una de las fuerzas $\mathbf{F}$ en sus componentes rectangulares, se tiene que

$$\Sigma(F_x\mathbf{i} + F_y\mathbf{j}) = 0 \quad \text{o} \quad (\Sigma F_x)\mathbf{i} + (\Sigma F_y)\mathbf{j} = 0$$

Se concluye que las condiciones necesarias y suficientes para el equilibrio de una partícula son

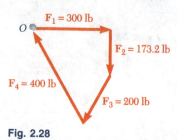

Fig. 2.28

$$\Sigma F_x = 0 \qquad \Sigma F_y = 0 \qquad (2.15)$$

Regresando a la partícula mostrada en la figura 2.27 se verifica que se cumplen las condiciones de equilibrio. Así, se puede escribir

$$\Sigma F_x = 300 \text{ lb} - (200 \text{ lb})\operatorname{sen} 30° - (400 \text{ lb})\operatorname{sen} 30°$$
$$= 300 \text{ lb} - 100 \text{ lb} - 200 \text{ lb} = 0$$
$$\Sigma F_y = -173.2 \text{ lb} - (200 \text{ lb})\cos 30° + (400 \text{ lb})\cos 30°$$
$$= -173.2 \text{ lb} - 173.2 \text{ lb} + 346.4 \text{ lb} = 0$$

2.10. PRIMERA LEY DEL MOVIMIENTO DE NEWTON

Al final del siglo XVII, Sir Isaac Newton formuló tres leyes fundamentales sobre las cuales se basa la ciencia de la mecánica. La primera de estas leyes puede ser enunciada como sigue:

Si la fuerza resultante que actúa sobre una partícula es igual a cero, la partícula permanecerá en reposo (si originalmente estaba en reposo) o se moverá con velocidad constante en línea recta (si originalmente estaba en movimiento).

A partir de esta ley y de la definición de equilibrio proporcionada en la sección 2.9, se observa que una partícula en equilibrio: está en reposo o se está moviendo en línea recta con velocidad constante. En la siguiente sección se estudiarán varios problemas relacionados con el equilibrio de una partícula.

2.11. PROBLEMAS QUE INVOLUCRAN EL EQUILIBRIO DE UNA PARTÍCULA. DIAGRAMAS DE CUERPO LIBRE

En la práctica, un problema en el área de ingeniería mecánica surge a partir de una situación física real. Un croquis que muestre las condiciones físicas del problema recibe el nombre de *diagrama espacial*.

Los métodos de análisis presentados en las secciones anteriores son aplicables a un sistema de fuerzas actuando sobre una partícula. Sin embargo, un gran número de problemas que involucran estructuras reales pueden ser reducidos a problemas relacionados con el equilibrio de una partícula. Esto se lleva a cabo seleccionando una partícula de interés y dibujando, por separado, un diagrama que muestre esta partícula y todas las fuerzas que están actuando sobre ella. Un diagrama de este tipo recibe el nombre de *diagrama de cuerpo libre*.

A manera de ejemplo, considere la caja de 75 kg mostrada en el diagrama espacial de la figura 2.29a. Esta caja estaba en el piso entre los dos edificios y ahora está siendo elevada para colocarla en un camión que la transportará. La caja está soportada por un cable vertical, el cual está unido en A a dos cuerdas que pasan por poleas que a su vez están sujetas a los edificios en B y C. Se desea determinar la tensión en cada una de las cuerdas AB y AC.

Para poder resolver este problema, se debe dibujar un diagrama de cuerpo libre mostrando una partícula en equilibrio. En virtud de que se desea determinar la tensión en cada una de las cuerdas, el diagrama de cuerpo libre debe incluir, cuando menos, una de estas tensiones o, de ser posible, a ambas. Se observa que el punto A es un cuerpo libre conveniente para la solución de este problema. El diagrama de cuerpo libre para el punto A se muestra en la figura 2.29b; en él se muestran el punto A y también las fuerzas ejercidas sobre A por el cable vertical y por las dos cuerdas. La fuerza ejercida por el cable está dirigida hacia abajo y su magnitud es igual al peso W de la caja. Recordando la ecuación (1.4) se escribe

$$W = mg = (75 \text{ kg})(9.81 \text{ m/s}^2) = 736 \text{ N}$$

y este valor se incluye en el diagrama de cuerpo libre. Las fuerzas ejercidas por las dos cuerdas son desconocidas; como éstas son iguales en magnitud, respectivamente, a la tensión en la cuerda AB y a la tensión en la cuerda AC, se designan como $\mathbf{T}_{AB}$ y $\mathbf{T}_{AC}$ y se dibujan saliendo de A en las direcciones mostradas en el diagrama espacial. No se incluyen otros detalles en el diagrama de cuerpo libre.

Como el punto A está en equilibrio, las fuerzas que actúan sobre éste deben formar un triángulo cerrado, cuando se dibujan conectando la parte terminal de una con la parte inicial de otra. Este *triángulo de fuerzas* se ha dibujado en la figura 2.29c. Los valores T_{AB} y T_{AC} de las tensiones en las cuerdas se pueden encontrar gráficamente si el triángulo se dibuja a escala, o se pueden determinar por medio de la trigonometría. Si se selecciona este último método de solución, entonces se emplea la ley de los senos y se puede escribir que

$$\frac{T_{AB}}{\text{sen } 60°} = \frac{T_{AC}}{\text{sen } 40°} = \frac{736 \text{ N}}{\text{sen } 80°}$$

$$T_{AB} = 647 \text{ N} \qquad T_{AC} = 480 \text{ N}$$

Cuando una partícula está en *equilibrio bajo la acción de tres fuerzas*, el problema se puede resolver dibujando un triángulo de fuerzas. Cuando una partícula está en *equilibrio bajo la acción de más de tres fuerzas*, el problema se puede resolver gráficamente dibujando un polígono de fuerzas. Si se desea obtener una solución analítica, se deben resolver las *ecuaciones de equilibrio* presentadas en la sección 2.9:

$$\Sigma F_x = 0 \qquad \Sigma F_y = 0 \qquad (2.15)$$

Estas ecuaciones se pueden resolver cuando no se tienen más de *dos incógnitas*; análogamente, el triángulo de fuerzas empleado en el caso de equilibrio bajo la acción de tres fuerzas sólo se puede resolver para dos incógnitas.

Los tipos de problemas más comunes son aquellos en los cuales las dos incógnitas representan: 1) las dos componentes (o la magnitud y la dirección) de una sola fuerza o 2) las magnitudes de dos fuerzas cuyas direcciones son conocidas. También se encuentran problemas que involucran la determinación del valor máximo o mínimo de la magnitud de una fuerza (véanse los problemas 2.57 al 2.61).

2.11. Problemas que involucran el equilibrio de una partícula. Diagramas de cuerpo libre

a) Diagrama espacial

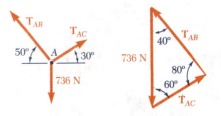

b) Diagrama de cuerpo libre   *c*) Triángulo de fuerzas

Fig. 2.29

PROBLEMA RESUELTO 2.4

En la operación de descarga de un barco, un automóvil de 3500 lb se sostiene mediante un cable. Una cuerda está amarrada al cable en A y ésta se estira para centrar al automóvil sobre la posición deseada. El ángulo entre el cable y la vertical es de 2°, mientras que el ángulo entre la cuerda y la horizontal es de 30°. ¿Cuál es la tensión en la cuerda?

SOLUCIÓN

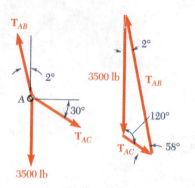

Diagrama de cuerpo libre. El punto A se selecciona como el cuerpo libre y se dibuja su diagrama de cuerpo libre completo. T_{AB} es la tensión en el cable AB y T_{AC} es la tensión en la cuerda.

Condición de equilibrio. Como sólo actúan tres fuerzas sobre el cuerpo libre, se dibuja un triángulo de fuerzas para expresar que éste se encuentra en equilibrio. Utilizando la ley de los senos se puede escribir

$$\frac{T_{AB}}{\operatorname{sen} 120°} = \frac{T_{AC}}{\operatorname{sen} 2°} = \frac{3500 \text{ lb}}{\operatorname{sen} 58°}$$

Con una calculadora, primero se calcula y se almacena el valor del último cociente. Después, multiplicando esta cantidad sucesivamente por sen 120° y sen 2°, se obtiene

$$T_{AB} = 3570 \text{ lb} \qquad T_{AC} = 144 \text{ lb} \blacktriangleleft$$

PROBLEMA RESUELTO 2.5

Determine la magnitud y la dirección de la mínima fuerza **F** que mantendrá en equilibrio la caja mostrada. Nótese que la fuerza ejercida por los rodillos sobre la caja es perpendicular al plano inclinado.

SOLUCIÓN

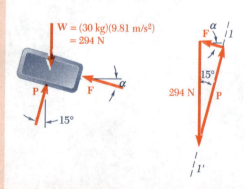

Diagrama de cuerpo libre. Se selecciona la caja como el cuerpo libre, suponiendo que ésta puede ser tratada como si fuera una partícula. Se procede a dibujar el diagrama de cuerpo libre correspondiente.

Condición de equilibrio. Como sólo actúan tres fuerzas sobre el cuerpo libre, se dibuja un triángulo de fuerzas para expresar que éste se encuentra en equilibrio. La línea 1-$1'$ representa la dirección conocida de **P**. Con el fin de obtener el valor mínimo de la fuerza **F**, se selecciona la dirección de esta última perpendicular a la dirección de **P**. A partir de la geometría del triángulo obtenido, se encuentra que

$$F = (294 \text{ N}) \operatorname{sen} 15° = 76.1 \text{ N} \qquad \alpha = 15°$$

$$\mathbf{F} = 76.1 \text{ N} \searrow 15° \blacktriangleleft$$

PROBLEMA RESUELTO 2.6

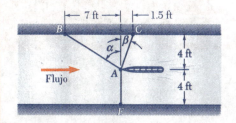

Como parte del diseño de un nuevo bote, se desea determinar la fuerza de arrastre que podría esperarse a una velocidad dada. Para llevar a cabo esto, se coloca un modelo del casco propuesto en un canal de pruebas y se emplean tres cables para mantener su proa en la línea central del canal. Las lecturas de un dinamómetro indican que, para una velocidad dada, la tensión es de 40 lb en el cable AB y de 60 lb en el cable AE. Determine la fuerza de arrastre ejercida sobre el casco y la tensión en el cable AC.

SOLUCIÓN

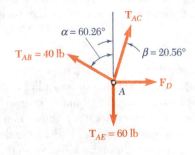

Determinación de los ángulos. Primero se determinan los ángulos α y β que definen las direcciones de los cables AB y AC. Para ello, se escribe

$$\tan\alpha = \frac{7\text{ ft}}{4\text{ ft}} = 1.75 \qquad \tan\beta = \frac{1.5\text{ ft}}{4\text{ ft}} = 0.375$$
$$\alpha = 60.26° \qquad \beta = 20.56°$$

Diagrama de cuerpo libre. Seleccionando al casco como el cuerpo libre, se dibuja el diagrama de cuerpo libre mostrado en la figura. Dicho diagrama incluye las fuerzas ejercidas por los tres cables sobre el casco y también la fuerza de arrastre $\mathbf{F}_D$ ejercida por el flujo.

Condición de equilibrio. Se expresa que el casco está en equilibrio escribiendo que la resultante de todas las fuerzas que actúan sobre éste es igual a cero:

$$\mathbf{R} = \mathbf{T}_{AB} + \mathbf{T}_{AC} + \mathbf{T}_{AE} + \mathbf{F}_D = 0 \tag{1}$$

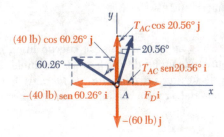

Como están involucradas más de tres fuerzas, cada una de ellas se descompone en sus componentes x y y:

$$\begin{aligned}\mathbf{T}_{AB} &= -(40\text{ lb})\operatorname{sen}60.26°\mathbf{i} + (40\text{ lb})\cos 60.26°\mathbf{j}\\ &= -(34.73\text{ lb})\mathbf{i} + (19.84\text{ lb})\mathbf{j}\\ \mathbf{T}_{AC} &= T_{AC}\operatorname{sen}20.56°\mathbf{i} + T_{AC}\cos 20.56°\mathbf{j}\\ &= 0.3512T_{AC}\mathbf{i} + 0.9363T_{AC}\mathbf{j}\\ \mathbf{T}_{AE} &= -(60\text{ lb})\mathbf{j}\\ \mathbf{F}_D &= F_D\mathbf{i}\end{aligned}$$

Sustituyendo las expresiones obtenidas en la ecuación (1) y factorizando los vectores unitarios $\mathbf{i}$ y $\mathbf{j}$, se tiene:

$$(-34.73\text{ lb} + 0.3512T_{AC} + F_D)\mathbf{i} + (19.84\text{ lb} + 0.9363T_{AC} - 60\text{ lb})\mathbf{j} = 0$$

Esta ecuación será satisfecha si, y sólo si, los coeficientes de $\mathbf{i}$ y $\mathbf{j}$ son iguales a cero. Por lo tanto, se obtienen las dos ecuaciones siguientes que expresan, respectivamente, que la suma de las componentes en x y la suma de las componentes en y de las fuerzas dadas deben ser iguales a cero.

$$(\Sigma F_x = 0\!:) \qquad -34.73\text{ lb} + 0.3512T_{AC} + F_D = 0 \tag{2}$$
$$(\Sigma F_y = 0\!:) \qquad 19.84\text{ lb} + 0.9363T_{AC} - 60\text{ lb} = 0 \tag{3}$$

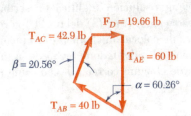

A partir de la ecuación (3) se encuentra $\qquad T_{AC} = +42.9\text{ lb}$ ◀

y, sustituyendo este valor en la ecuación (2), se obtiene $\qquad F_D = +19.66\text{ lb}$ ◀

Al dibujar el diagrama de cuerpo libre, se supuso el sentido de cada una de las fuerzas desconocidas. Un signo positivo en la respuesta indica que el sentido supuesto era correcto. Para verificar los resultados se puede dibujar el polígono de fuerzas completo.

PROBLEMAS PARA RESOLVER EN FORMA INDEPENDIENTE

Cuando una partícula está en *equilibrio*, la resultante de todas las fuerzas que actúan sobre la partícula debe ser igual a cero. En el caso de una partícula sobre la que actúan *fuerzas coplanares*, expresar este hecho proporcionará dos relaciones entre las fuerzas involucradas. Como se vio en los problemas resueltos que se acaban de presentar, estas relaciones se pueden utilizar para determinar dos incógnitas —como la magnitud y la dirección de una fuerza o las magnitudes de dos fuerzas.

En la solución de un problema que involucre el equilibrio de una partícula, *el primer paso consiste en dibujar un diagrama de cuerpo libre*. Este diagrama muestra la partícula y todas las fuerzas que actúan sobre la misma. Se debe indicar en el diagrama de cuerpo libre la magnitud de las fuerzas conocidas así como también cualquier ángulo o dimensión que defina la dirección de una fuerza. Cualquier magnitud o ángulo desconocido debe ser designado por un símbolo apropiado. No se debe incluir ninguna otra información adicional en el diagrama de cuerpo libre.

Es indispensable dibujar un diagrama de cuerpo libre claro y preciso para poder resolver cualquier problema de equilibrio. Omitir este paso le puede ahorrar lápiz y papel, pero es muy probable que esa omisión lo lleve a una solución incorrecta.

Caso 1. *Si sólo están involucradas tres fuerzas* en el diagrama de cuerpo libre, el resto de la solución se lleva a cabo más fácilmente uniendo en un dibujo la parte terminal de una fuerza con la parte inicial de otra, con el fin de formar un *triángulo de fuerzas*. Este triángulo se puede resolver gráficamente o por trigonometría para un máximo de dos incógnitas [problemas resueltos 2.4 y 2.5].

Caso 2. *Si están involucradas más de tres fuerzas,* lo más conveniente consiste en emplear una *solución analítica*. Los ejes x y y se seleccionan y cada una de las fuerzas mostradas en el diagrama de cuerpo libre se descompone en sus componentes x y y. Expresando que tanto la suma de las componentes en x como la suma de las componentes en y de las fuerzas son iguales a cero, se obtienen dos ecuaciones que se pueden resolver para no más de dos incógnitas [problema resuelto 2.6].

Se recomienda enfáticamente, que cuando se emplee una solución analítica se escriban las ecuaciones de equilibrio en la misma forma que las ecuaciones (2) y (3) del problema resuelto 2.6. La práctica adoptada por algunos estudiantes de colocar inicialmente las incógnitas del lado izquierdo de la ecuación y las cantidades conocidas del lado derecho de la misma, puede llevar a una confusión al momento de asignarle el signo correcto a cada uno de los términos.

Se ha señalado que, independientemente del método empleado para resolver un problema de equilibrio bidimensional, sólo puede determinarse un máximo de dos incógnitas. Si un problema bidimensional involucra más de dos incógnitas, se deben obtener una o más relaciones adicionales a partir de la información contenida en el enunciado del problema.

Problemas

2.43 Dos cables se amarran juntos en C y se cargan como se muestra en la figura. Determine la tensión en: a) el cable AC y b) el cable BC.

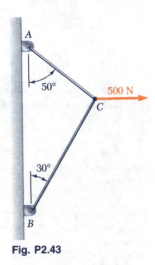

Fig. P2.43

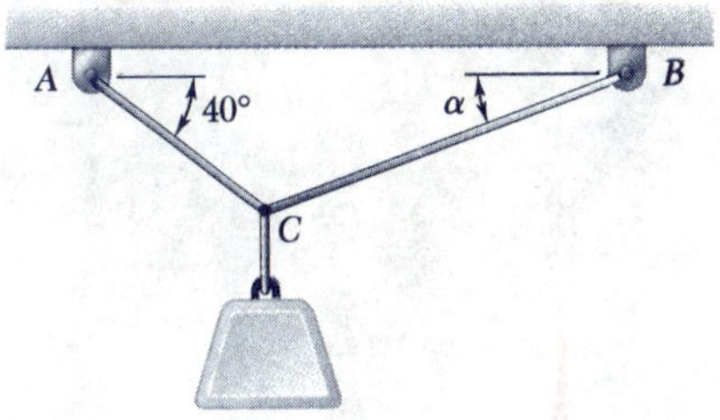

Fig. P2.44

2.44 Dos cables se amarran juntos en C y se cargan como se muestra en la figura. Sabiendo que $\alpha = 20°$, determine la tensión en: a) el cable AC y b) el cable BC.

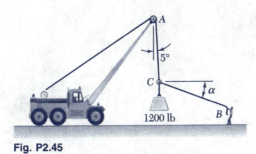

Fig. P2.45

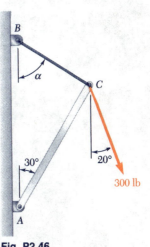

2.45 Sabiendo que $\alpha = 20°$, determine la tensión en: a) el cable AC y b) la cuerda BC.

2.46 Sabiendo que $\alpha = 55°$ y que el mástil AC ejerce sobre la articulación C una fuerza dirigida a lo largo de la línea AC, determine: a) la magnitud de esta fuerza y b) la tensión en el cable BC.

Fig. P2.46

2.47 Un sistema de sillas para transportar esquiadores se detiene en la posición mostrada en la figura. Sabiendo que cada silla tiene un peso de 250 N y que el esquiador en la silla E pesa 765 N, determine el peso del esquiador que va en la silla F.

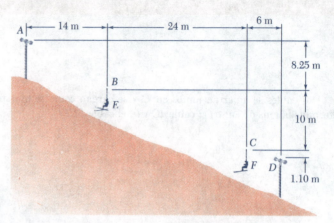

Fig. P2.47 y P2.48

2.48 Un sistema de sillas para transportar esquiadores se detiene en la posición mostrada en la figura. Sabiendo que cada silla tiene un peso de 250 N y que el esquiador en la silla F pesa 926 N, determine el peso del esquiador que está en la silla E.

2.49 La conexión soldada, mostrada en la figura, se encuentra en equilibrio sometida a la acción de cuatro fuerzas. Sabiendo que $F_A = 8$ kN y $F_B = 16$ kN, determine las magnitudes de las otras dos fuerzas.

2.50 La conexión soldada, mostrada en la figura, se encuentra en equilibrio sometida a la acción de cuatro fuerzas. Sabiendo que $F_A = 5$ kN y $F_D = 6$ kN, determine las magnitudes de las otras dos fuerzas.

2.51 Las fuerzas **P** y **Q** se aplican al componente de una pieza de ensamble de un avión, como se muestra en la figura. Sabiendo que $P = 500$ lb y $Q = 650$ lb y que la pieza de ensamble se encuentra en equilibrio, determine las magnitudes de las fuerzas que actúan sobre las barras A y B.

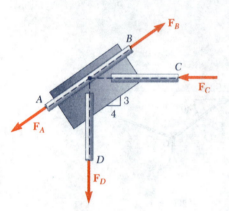

Fig. P2.49 y P2.50

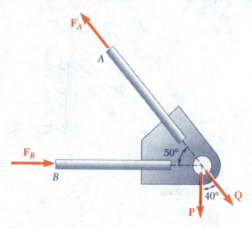

Fig. P2.51 y P2.52

2.52 Las fuerzas **P** y **Q** se aplican al componente de una pieza de ensamble de un avión, como se muestra en la figura. Si se sabe que la pieza de ensamble se encuentra en equilibrio y que las magnitudes de las fuerzas ejercidas sobre las barras A y B son $F_A = 750$ lb y $F_B = 400$ lb, determine las magnitudes de **P** y **Q**.

2.53 La cabina de un teleférico se mueve a velocidad constante mediante el cable DE y se sostiene mediante un conjunto de poleas, las cuales pueden rodar libremente sobre el cable de soporte ACB. Sabiendo que $\alpha = 55°$ y $\beta = 40°$ y que el peso combinado de la cabina, su sistema de soporte y los pasajeros es de 22.5 kN y suponiendo que la tensión del cable DF es despreciable, determine la tensión a) en el cable de soporte ACB y b) en el arrastre del cable DE.

2.54 La cabina de un teleférico se mueve a velocidad constante mediante el cable DE y se sostiene mediante un conjunto de poleas, las cuales pueden rodar libremente sobre el cable de soporte ACB. Sabiendo que $\alpha = 48°$ y $\beta = 38°$ y que la tensión en el cable DE es de 18 kN y suponiendo que la tensión en el cable DF es despreciable, determine: a) el peso combinado de la cabina, su sistema de soporte y los pasajeros y b) la tensión en el cable de soporte ACB.

2.55 Dos cables se amarran juntos en C y se cargan como se muestra en la figura. Sabiendo que $Q = 60$ lb, determine: a) la tensión en el cable AC y b) la tensión en el cable BC.

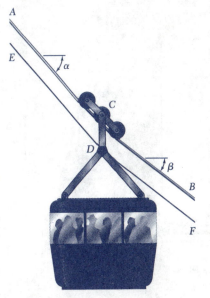

Fig. P2.53 y P2.54

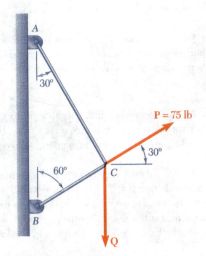

Fig. P2.55 y P2.56

2.56 Dos cables se amarran juntos en C y se cargan como se muestra en la figura. Determine el rango de valores de Q para los cuales la tensión, en cualquiera de los cables, no exceda 60 lb.

2.57 Dos cables se amarran en C y se cargan como se muestra en la figura. Sabiendo que la tensión máxima permisible en cada cable es de 800 N, determine: a) la magnitud de la máxima fuerza $\mathbf{P}$ que puede ser aplicada en C y b) el valor correspondiente de α.

2.58 Dos cables se amarran en C y se cargan como se muestra en la figura. Sabiendo que la tensión máxima permisible en el cable AC es de 1200 N y en el cable BC es de 600 N, determine: a) la magnitud de la máxima fuerza $\mathbf{P}$ que puede ser aplicada en C y b) el valor correspondiente de α.

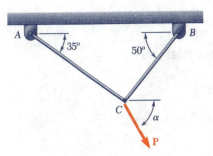

Fig. P2.57 y P2.58

2.59 Para la carga aplicada en la estructura del problema 2.46, determine: a) el valor de α para el cual la tensión en el cable BC es mínima y b) el valor correspondiente de la tensión.

2.60 Para la situación mostrada en la figura P2.45, determine: a) el valor de α para el cual la tensión en la cuerda BC es mínima y b) el valor correspondiente de la tensión.

2.61 Para los cables y la carga del problema 2.44, determine: *a*) el valor de α para el cual la tensión en el cable *BC* es mínima y *b*) el valor correspondiente de la tensión.

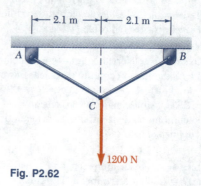

Fig. P2.62

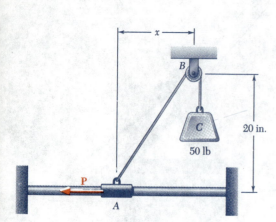

Fig. P2.63 y P2.64

2.62 Sabiendo que las porciones *AC* y *BC* del cable *ACB* deben ser iguales, determine la longitud mínima que debe tener el cable para soportar la carga mostrada en la figura si la tensión en éste no debe ser mayor a 870 N.

2.63 El collarín *A* está conectado a una carga de 50 lb y se puede deslizar sin fricción sobre la barra horizontal, como se muestra en la figura. Determine la magnitud de la fuerza **P** requerida para mantener al collarín en equilibrio cuando: *a*) $x = 4.5$ in. y *b*) $x = 15$ in.

2.64 El collarín *A* está conectado a una carga de 50 lb y se puede deslizar sin fricción sobre la barra horizontal, como se muestra en la figura. Determine la distancia x para la cual el collarín se mantiene en equilibrio cuando $P = 48$ lb.

2.65 Una carga de 160 kg está sostenida por el sistema de poleas y cuerdas mostrado en la figura. Sabiendo que $\beta = 20°$, determine la magnitud y la dirección de la fuerza **P** que debe aplicarse en el extremo libre de la cuerda para mantener al sistema en equilibrio. (*Sugerencia*. La tensión es la misma en ambos lados de una cuerda que pasa por una polea simple. Esto puede ser comprobado utilizando los métodos del capítulo 4.)

2.66 Una carga de 160 kg está sostenida por el sistema de poleas y cuerdas mostrado. Sabiendo que $\alpha = 40°$, determine: *a*) el ángulo β y *b*) la magnitud de la fuerza **P** que se debe aplicar en el extremo libre de la cuerda para mantener al sistema en equilibrio. (Véase la sugerencia del problema 2.65.)

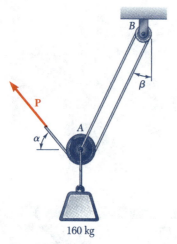

Fig. P2.65 y P2.66

2.67 Una caja de madera de 600 lb está sostenida por varios arreglos de poleas y cuerdas, como se muestra en la figura. Determine para cada arreglo la tensión en la cuerda. (Véase la sugerencia del problema 2.65).

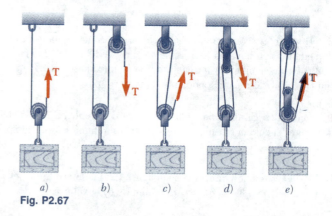

Fig. P2.67

2.68 Resuelva las partes *b* y *d* del problema 2.67, suponiendo que el extremo libre de la cuerda está amarrado a la caja de madera.

2.69 La carga **Q** está aplicada a la polea *C*, la cual puede rodar sobre el cable *ACB*. La polea se sostiene en la posición mostrada mediante un segundo cable *CAD*, el cual pasa a través de la polea *A* y sostiene una carga **P**. Sabiendo que $P = 750$ N, determine: *a*) la tensión en el cable *ACB* y *b*) la magnitud de la carga **Q**.

2.70 Una carga **Q** de 1800 N está aplicada sobre la polea *C*, la cual puede rodar sobre el cable *ACB*. La polea se sostiene en la posición mostrada mediante un segundo cable *CAD* el cual pasa a través de la polea *A* y sostiene a una carga **P**. Determine: *a*) la tensión en el cable *ACB* y *b*) la magnitud de la carga **P**.

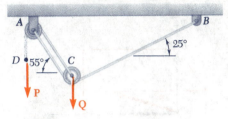

Fig. P2.69 y P2.70

FUERZAS EN EL ESPACIO

2.12. COMPONENTES RECTANGULARES DE UNA FUERZA EN EL ESPACIO

Los problemas que se consideraron en la primera parte de este capítulo involucraban únicamente dos dimensiones; podían ser formulados y resueltos en un solo plano. En la presente sección, y en las demás secciones de este capítulo, se tratarán problemas que involucran las tres dimensiones del espacio.

Considere una fuerza **F** actuando en el origen *O* del sistema de coordenadas rectangulares x, y, z. Para definir la dirección de **F**, se dibuja el plano vertical *OBAC* que contiene a **F** (figura 2.30*a*). Este plano pasa a través del eje vertical y, su orientación está definida por el ángulo ϕ que éste forma con el plano xy. La dirección de **F** dentro del plano está definida por el ángulo θ_y que **F** forma con el eje *y*. La fuerza **F** se puede descomponer en una componente vertical $\mathbf{F}_y$ y una componente horizontal $\mathbf{F}_h$; esta operación, mostrada en la figura 2.30*b*, se lleva a cabo en el plano *OBAC* siguiendo las reglas desarrolladas en la primera parte de este capítulo. Las componentes escalares correspondientes son

$$F_y = F \cos \theta_y \qquad F_h = F \operatorname{sen} \theta_y \qquad (2.16)$$

Pero $\mathbf{F}_h$ se puede descomponer en dos componentes rectangulares $\mathbf{F}_x$ y $\mathbf{F}_z$ a lo largo de los ejes x y z, respectivamente. Esta operación, mostrada en la figura 2.30*c*, se lleva a cabo en el plano xz. De esta forma, se obtienen las siguientes expresiones para las componentes escalares correspondientes a $\mathbf{F}_x$ y $\mathbf{F}_z$:

$$\begin{aligned} F_x &= F_h \cos \phi = F \operatorname{sen} \theta_y \cos \phi \\ F_z &= F_h \operatorname{sen} \phi = F \operatorname{sen} \theta_y \operatorname{sen} \phi \end{aligned} \qquad (2.17)$$

Por lo tanto, la fuerza dada **F** se ha descompuesto en tres componentes vectoriales rectangulares $\mathbf{F}_x$, $\mathbf{F}_y$ y $\mathbf{F}_z$, que están dirigidas a lo largo de los tres ejes coordenados.

Aplicando el teorema de Pitágoras a los triángulos *OAB* y *OCD* de la figura 2.30, se escribe

$$\begin{aligned} F^2 &= (OA)^2 = (OB)^2 + (BA)^2 = F_y^2 + F_h^2 \\ F_h^2 &= (OC)^2 = (OD)^2 + (DC)^2 = F_x^2 + F_z^2 \end{aligned}$$

Eliminando F_h^2 de estas dos ecuaciones y resolviendo para F, se obtiene la siguiente relación entre la magnitud de **F** y sus componentes escalares rectangulares:

$$F = \sqrt{F_x^2 + F_y^2 + F_z^2} \qquad (2.18)$$

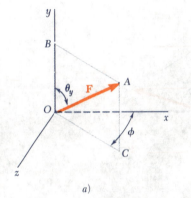

a)

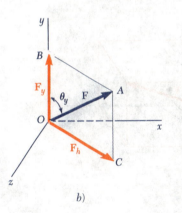

b)

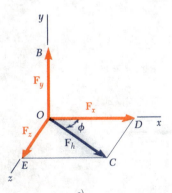

c)

Fig. 2.30

46 Estática de partículas

La relación existente entre la fuerza **F** y sus tres componentes $\mathbf{F}_x$, $\mathbf{F}_y$ y $\mathbf{F}_z$ se visualiza más fácilmente si, como se muestra en la figura 2.31, se dibuja una "caja" que tenga a $\mathbf{F}_x$, $\mathbf{F}_y$ y $\mathbf{F}_z$ como aristas. Entonces, la fuerza **F** se representa por la diagonal *OA* de dicha caja. La figura 2.31*b* muestra el triángulo rectángulo *OAB* empleado para derivar la primera de las fórmulas (2.16): $F_y = F \cos \theta_y$. En las figuras 2.31*a* y *c*, también se han dibujado otros dos triángulos rectángulos: *OAD* y *OAE*. Se observa que estos triángulos ocupan en la caja posiciones comparables con la del triángulo *OAB*. Al enunciar θ_x y θ_z, como los ángulos que **F** forma con los ejes *x* y *z*, respectivamente, se pueden derivar dos fórmulas similares a $F_y = F \cos \theta_y$. Entonces, se escribe

$$F_x = F \cos \theta_x \qquad F_y = F \cos \theta_y \qquad F_z = F \cos \theta_z \qquad (2.19)$$

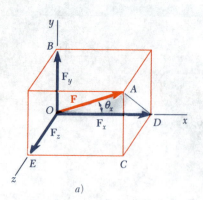

Los tres ángulos θ_x, θ_y y θ_z definen la dirección de la fuerza **F**; éstos son los que se utilizan con mayor frecuencia para dicho propósito, más comúnmente que los ángulos θ_y y ϕ introducidos al principio de esta sección. Los cosenos de θ_x, θ_y y θ_z se conocen como los *cosenos directores* de la fuerza **F**.

Introduciendo los vectores unitarios **i**, **j** y **k**, dirigidos, respectivamente, a lo largo de los ejes *x*, *y* y *z* (figura 2.32), **F** puede expresarse de la siguiente forma

$$\mathbf{F} = F_x \mathbf{i} + F_y \mathbf{j} + F_z \mathbf{k} \qquad (2.20)$$

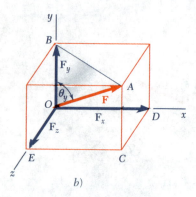

donde las componentes escalares F_x, F_y y F_z están definidas por las relaciones (2.19).

Ejemplo 1. Una fuerza de 500 N forma ángulos de 60°, 45° y 120° con los ejes *x*, *y* y *z*, respectivamente. Encuentre las componentes F_x, F_y y F_z de la fuerza.

Sustituyendo $F = 500$ N, $\theta_x = 60°$, $\theta_y = 45°$ y $\theta_z = 120°$ en las fórmulas (2.19), se escribe

$$F_x = (500 \text{ N}) \cos 60° = +250 \text{ N}$$
$$F_y = (500 \text{ N}) \cos 45° = +354 \text{ N}$$
$$F_z = (500 \text{ N}) \cos 120° = -250 \text{ N}$$

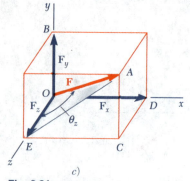

Llevando los valores obtenidos para las componentes escalares de **F** a la ecuación (2.20), se tiene

$$\mathbf{F} = (250 \text{ N})\mathbf{i} + (354 \text{ N})\mathbf{j} - (250 \text{ N})\mathbf{k}$$

Fig. 2.31

Como en el caso de los problemas bidimensionales, un signo positivo indica que la componente tiene el mismo sentido que el eje que le corresponde y un signo negativo indica que ésta tiene un sentido opuesto al del eje.

El ángulo que forma una fuerza **F** con un eje siempre debe ser medido a partir del lado positivo del eje y siempre debe estar entre 0 y 180°. Un ángulo θ_x menor que 90° (agudo) indica que **F** (la cual se supone que está fija a *O*) está en el mismo lado del plano *yz* que el eje *x* positivo; entonces $\cos \theta_x$ y F_x serán positivos. Un ángulo θ_x mayor que 90° (obtuso) indica que **F** está en el otro lado del plano *yz*; entonces $\cos \theta_x$ y F_x serán negativos. En el ejemplo 1, los ángulos θ_x y θ_y son agudos, mientras que θ_z es obtuso; consecuentemente, F_x y F_y son positivos mientras que F_z es negativo.

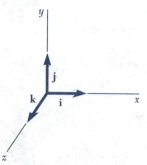

Fig. 2.32

Sustituyendo en (2.20) las expresiones obtenidas para F_x, F_y y F_z en (2.19), se obtiene la siguiente expresión

$$\mathbf{F} = F(\cos\theta_x\mathbf{i} + \cos\theta_y\mathbf{j} + \cos\theta_z\mathbf{k}) \quad (2.21)$$

la cual muestra que la fuerza $\mathbf{F}$ puede ser expresada como el producto del escalar F y un vector

$$\boldsymbol{\lambda} = \cos\theta_x\mathbf{i} + \cos\theta_y\mathbf{j} + \cos\theta_z\mathbf{k} \quad (2.22)$$

Obviamente, el vector $\boldsymbol{\lambda}$ es un vector cuya magnitud es igual a 1 y cuya dirección es la misma que la de $\mathbf{F}$ (figura 2.33). El vector $\boldsymbol{\lambda}$ se conoce como el *vector unitario* a lo largo de la línea de acción de $\mathbf{F}$. A partir de (2.22) se observa que las componentes del vector unitario $\boldsymbol{\lambda}$ son iguales, respectivamente, a los cosenos directores de la línea de acción de $\mathbf{F}$:

$$\lambda_x = \cos\theta_x \quad \lambda_y = \cos\theta_y \quad \lambda_z = \cos\theta_z \quad (2.23)$$

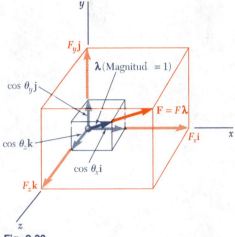

Fig. 2.33

Se debe señalar que los valores de los tres ángulos θ_x, θ_y y θ_z no son independientes. Recordando que la suma de los cuadrados de las componentes de un vector es igual a su magnitud elevada al cuadrado, se escribe

$$\lambda_x^2 + \lambda_y^2 + \lambda_z^2 = 1$$

o, sustituyendo λ_x, λ_y y λ_z a partir de (2.23), se obtiene

$$\boxed{\cos^2\theta_x + \cos^2\theta_y + \cos^2\theta_z = 1} \quad (2.24)$$

En el caso del ejemplo 1, una vez que se han seleccionado los valores $\theta_x = 60°$ y $\theta_y = 45°$, el valor de θ_z *debe* ser igual a 60° o a 120° para que se cumpla la identidad (2.24).

Cuando se conocen las componentes F_x, F_y y F_z de una fuerza $\mathbf{F}$, la magnitud F de la fuerza se obtiene a partir de (2.18).† Las relaciones (2.19) se pueden resolver para los cosenos directores,

$$\cos\theta_x = \frac{F_x}{F} \quad \cos\theta_y = \frac{F_y}{F} \quad \cos\theta_z = \frac{F_z}{F} \quad (2.25)$$

y se pueden encontrar los ángulos θ_x, θ_y y θ_z que caracterizan la dirección de la fuerza $\mathbf{F}$.

Ejemplo 2. Una fuerza $\mathbf{F}$ tiene las componentes $F_x = 20$ lb, $F_y = -30$ lb y $F_z = 60$ lb. Determine su magnitud F y los ángulos θ_x, θ_y y θ_z que ésta forma con los ejes coordenados.

A partir de la fórmula (2.18) se obtiene †

$$\begin{aligned} F &= \sqrt{F_x^2 + F_y^2 + F_z^2} \\ &= \sqrt{(20\text{ lb})^2 + (-30\text{ lb})^2 + (60\text{ lb})^2} \\ &= \sqrt{4900}\text{ lb} = 70\text{ lb} \end{aligned}$$

† El siguiente procedimiento será mucho más rápido para calcular F con una calculadora programada para convertir coordenadas rectangulares a coordenadas polares: primero se determina F_h a partir de sus dos componentes rectangulares F_x y F_z (figura 2.30c); después, se determina F a partir de sus componentes rectangulares F_h y F_y (figura 2.30b). El orden en el que realmente se introduzcan las tres componentes F_x, F_y y F_z es irrelevante.

Sustituyendo los valores de las componentes y la magnitud de **F** en las ecuaciones (2.25), se escribe

$$\cos \theta_x = \frac{F_x}{F} = \frac{20 \text{ lb}}{70 \text{ lb}} \qquad \cos \theta_y = \frac{F_y}{F} = \frac{-30 \text{ lb}}{70 \text{ lb}} \qquad \cos \theta_z = \frac{F_z}{F} = \frac{60 \text{ lb}}{70 \text{ lb}}$$

Calculando sucesivamente cada uno de los cocientes y su respectivo arco coseno, se obtiene

$$\theta_x = 73.4° \qquad \theta_y = 115.4° \qquad \theta_z = 31.0°$$

Estos cálculos pueden llevarse a cabo fácilmente con la ayuda de una calculadora.

2.13. DEFINICIÓN DE UNA FUERZA POR MEDIO DE SU MAGNITUD Y DOS PUNTOS A LO LARGO DE SU LÍNEA DE ACCIÓN

En muchas aplicaciones, la dirección de una fuerza **F** se define por medio de las coordenadas de dos puntos, $M(x_1, y_1, z_1)$ y $N(x_2, y_2, z_2)$, localizados a lo largo de su línea de acción (figura 2.34). Considere al vector $\overrightarrow{MN}$ que une a M y N y

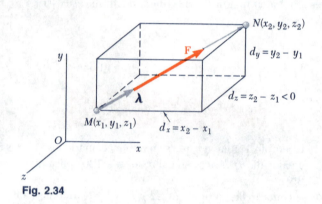

Fig. 2.34

que posee el mismo sentido que **F**. Denotando sus componentes escalares por d_x, d_y y d_z, respectivamente, se escribe

$$\overrightarrow{MN} = d_x\mathbf{i} + d_y\mathbf{j} + d_z\mathbf{k} \qquad (2.26)$$

El vector unitario $\boldsymbol{\lambda}$ a lo largo de la línea de acción de **F** (esto es, a lo largo de la línea MN) se puede obtener dividiendo el vector $\overrightarrow{MN}$ entre su magnitud MN. Sustituyendo por $\overrightarrow{MN}$ la ecuación (2.26) y observando que MN es igual a la distancia d desde M hasta N, se escribe

$$\boldsymbol{\lambda} = \frac{\overrightarrow{MN}}{MN} = \frac{1}{d}(d_x\mathbf{i} + d_y\mathbf{j} + d_z\mathbf{k}) \qquad (2.27)$$

Recordando que **F** es igual al producto de F y $\boldsymbol{\lambda}$, se tiene

$$\mathbf{F} = F\boldsymbol{\lambda} = \frac{F}{d}(d_x\mathbf{i} + d_y\mathbf{j} + d_z\mathbf{k}) \qquad (2.28)$$

a partir de esta expresión se concluye que las componentes escalares de **F** son, respectivamente,

$$F_x = \frac{Fd_x}{d} \qquad F_y = \frac{Fd_y}{d} \qquad F_z = \frac{Fd_z}{d} \qquad (2.29)$$

Las relaciones (2.29) simplifican considerablemente la determinación de las componentes de una fuerza **F**, de magnitud F conocida, cuando la línea de acción de **F** está definida por dos puntos M y N que se encuentran sobre dicha línea. Primero se determinan las componentes del vector $\overrightarrow{MN}$ y la distancia d desde M hasta N, restándole a las coordenadas de M las coordenadas de N:

$$d_x = x_2 - x_1 \qquad d_y = y_2 - y_1 \qquad d_z = z_2 - z_1$$

$$d = \sqrt{d_x^2 + d_y^2 + d_z^2}$$

Sustituyendo el valor de F y los valores de d_x, d_y, d_z y d en las relaciones (2.29), se obtienen las componentes F_x, F_y y F_z de la fuerza.

Entonces, los ángulos θ_x, θ_y y θ_z que **F** forma con los ejes coordenados pueden ser obtenidos a partir de las ecuaciones (2.25). Comparando las ecuaciones (2.22) y (2.27), también se puede escribir

$$\cos \theta_x = \frac{d_x}{d} \qquad \cos \theta_y = \frac{d_y}{d} \qquad \cos \theta_z = \frac{d_z}{d} \qquad (2.30)$$

con el fin de determinar directamente los ángulos θ_x, θ_y y θ_z a partir de las componentes y de la magnitud del vector $\overrightarrow{MN}$.

2.14. SUMA DE FUERZAS CONCURRENTES EN EL ESPACIO

La resultante **R** de dos o más fuerzas en el espacio será determinada sumando sus componentes rectangulares. En general, los métodos gráficos o trigonométricos no son prácticos en el caso de fuerzas en el espacio.

El método que se seguirá aquí es similar a aquel empleado en la sección 2.8 para las fuerzas coplanares. Tomando

$$\mathbf{R} = \Sigma \mathbf{F}$$

se descompone cada una de las fuerzas en sus componentes rectangulares y se escribe

$$R_x\mathbf{i} + R_y\mathbf{j} + R_z\mathbf{k} = \Sigma(F_x\mathbf{i} + F_y\mathbf{j} + F_z\mathbf{k})$$
$$= (\Sigma F_x)\mathbf{i} + (\Sigma F_y)\mathbf{j} + (\Sigma F_z)\mathbf{k}$$

a partir de lo cual se deduce que

$$R_x = \Sigma F_x \qquad R_y = \Sigma F_y \qquad R_z = \Sigma F_z \qquad (2.31)$$

La magnitud de la resultante y los ángulos θ_x, θ_y y θ_z que ésta forma con los ejes coordenados se obtienen utilizando el método presentado en la sección 2.12. Así, se escribe

$$R = \sqrt{R_x^2 + R_y^2 + R_z^2} \qquad (2.32)$$

$$\cos \theta_x = \frac{R_x}{R} \qquad \cos \theta_y = \frac{R_y}{R} \qquad \cos \theta_z = \frac{R_z}{R} \qquad (2.33)$$

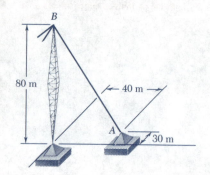

PROBLEMA RESUELTO 2.7

El tirante de una torre está anclado por medio de un perno en A. La tensión en dicho cable es de 2500 N. Determine: a) las componentes F_x, F_y y F_z de la fuerza que actúa sobre el perno y b) los ángulos θ_x, θ_y y θ_z que definen la dirección de dicha fuerza.

SOLUCIÓN

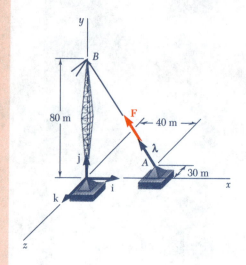

***a*. Componentes de la fuerza.** La línea de acción de la fuerza que actúa sobre el perno pasa a través de A y de B y la fuerza está dirigida desde A hacia B. Las componentes del vector $\overrightarrow{AB}$, el cual tiene la misma dirección que la fuerza, están dadas por

$$d_x = -40 \text{ m} \qquad d_y = +80 \text{ m} \qquad d_z = +30 \text{ m}$$

La distancia total desde A hasta B es

$$AB = d = \sqrt{d_x^2 + d_y^2 + d_z^2} = 94.3 \text{ m}$$

Denotando por **i**, **j** y **k** a los vectores unitarios a lo largo de los ejes coordenados, se tiene

$$\overrightarrow{AB} = -(40 \text{ m})\mathbf{i} + (80 \text{ m})\mathbf{j} + (30 \text{ m})\mathbf{k}$$

Introduciendo el vector unitario $\boldsymbol{\lambda} = \overrightarrow{AB}/AB$, se escribe

$$\mathbf{F} = F\boldsymbol{\lambda} = F\frac{\overrightarrow{AB}}{AB} = \frac{2500 \text{ N}}{94.3 \text{ m}} \overrightarrow{AB}$$

Sustituyendo la expresión encontrada para $\overrightarrow{AB}$, se obtiene

$$\mathbf{F} = \frac{2500 \text{ N}}{94.3 \text{ m}}[-(40 \text{ m})\mathbf{i} + (80 \text{ m})\mathbf{j} + (30 \text{ m})\mathbf{k}]$$

$$\mathbf{F} = -(1060 \text{ N})\mathbf{i} + (2120 \text{ N})\mathbf{j} + (795 \text{ N})\mathbf{k}$$

Por lo tanto, las componentes de **F** son

$$F_x = -1060 \text{ N} \qquad F_y = +2120 \text{ N} \qquad F_z = +795 \text{ N} \blacktriangleleft$$

***b*. Dirección de la fuerza.** Usando las ecuaciones (2.25), se escribe

$$\cos \theta_x = \frac{F_x}{F} = \frac{-1060 \text{ N}}{2500 \text{ N}} \qquad \cos \theta_y = \frac{F_y}{F} = \frac{+2120 \text{ N}}{2500 \text{ N}}$$

$$\cos \theta_z = \frac{F_z}{F} = \frac{+795 \text{ N}}{2500 \text{ N}}$$

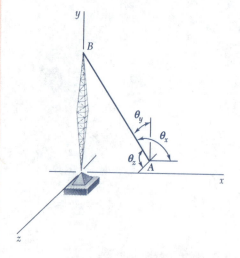

Calculando sucesivamente cada uno de los cocientes y su arco coseno, se obtiene

$$\theta_x = 115.1° \qquad \theta_y = 32.0° \qquad \theta_z = 71.5° \blacktriangleleft$$

(*Nota*. Este resultado se pudo haber obtenido utilizando las componentes y la magnitud del vector $\overrightarrow{AB}$ en lugar de las componentes y la magnitud de la fuerza **F**).

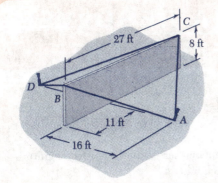

PROBLEMA RESUELTO 2.8

Una sección de pared de concreto prevaciado está sostenida temporalmente por los cables mostrados. Sabiendo que la tensión en el cable AB es de 840 lb y la tensión en el cable AC es de 1200 lb, determine la magnitud y la dirección de la resultante de las fuerzas ejercidas por los cables AB y AC sobre la estaca A.

SOLUCIÓN

Componentes de las fuerzas. La fuerza ejercida por cada uno de los cables sobre la estaca A será descompuesta en sus componentes x, y y z. En primer lugar se determinan las componentes y la magnitud de los vectores $\overrightarrow{AB}$ y $\overrightarrow{AB}$, midiéndolos a partir de A hacia la sección de pared. Denotando por $\mathbf{i}$, $\mathbf{j}$ y $\mathbf{k}$ a los vectores unitarios a lo largo de los ejes coordenados, se escribe

$$\overrightarrow{AB} = -(16 \text{ ft})\mathbf{i} + (8 \text{ ft})\mathbf{j} + (11 \text{ ft})\mathbf{k} \qquad AB = 21 \text{ ft}$$
$$\overrightarrow{AC} = -(16 \text{ ft})\mathbf{i} + (8 \text{ ft})\mathbf{j} - (16 \text{ ft})\mathbf{k} \qquad AC = 24 \text{ ft}$$

Denotando por $\boldsymbol{\lambda}_{AB}$ al vector unitario a lo largo de AB, se tiene

$$\mathbf{T}_{AB} = T_{AB}\boldsymbol{\lambda}_{AB} = T_{AB}\frac{\overrightarrow{AB}}{AB} = \frac{840 \text{ lb}}{21 \text{ ft}}\overrightarrow{AB}$$

Sustituyendo la expresión encontrada para $\overrightarrow{AB}$, se obtiene

$$\mathbf{T}_{AB} = \frac{840 \text{ lb}}{21 \text{ ft}}[-(16 \text{ ft})\mathbf{i} + (8 \text{ ft})\mathbf{j} + (11 \text{ ft})\mathbf{k}]$$
$$\mathbf{T}_{AB} = -(640 \text{ lb})\mathbf{i} + (320 \text{ lb})\mathbf{j} + (440 \text{ lb})\mathbf{k}$$

Similarmente, denotando por $\boldsymbol{\lambda}_{AC}$ el vector unitario a lo largo de AC, se obtiene

$$\mathbf{T}_{AC} = T_{AC}\boldsymbol{\lambda}_{AC} = T_{AC}\frac{\overrightarrow{AC}}{AC} = \frac{1200 \text{ lb}}{24 \text{ ft}}\overrightarrow{AC}$$
$$\mathbf{T}_{AC} = -(800 \text{ lb})\mathbf{i} + (400 \text{ lb})\mathbf{j} - (800 \text{ lb})\mathbf{k}$$

Resultante de las fuerzas. La resultante $\mathbf{R}$ de las fuerzas ejercidas por los dos cables es

$$\mathbf{R} = \mathbf{T}_{AB} + \mathbf{T}_{AC} = -(1440 \text{ lb})\mathbf{i} + (720 \text{ lb})\mathbf{j} - (360 \text{ lb})\mathbf{k}$$

A continuación, se determinan la magnitud y la dirección de la resultante:

$$R = \sqrt{R_x^2 + R_y^2 + R_z^2} = \sqrt{(-1440)^2 + (720)^2 + (-360)^2}$$
$$R = 1650 \text{ lb} \blacktriangleleft$$

A partir de las ecuaciones (2.33), se obtiene

$$\cos\theta_x = \frac{R_x}{R} = \frac{-1440 \text{ lb}}{1650 \text{ lb}} \qquad \cos\theta_y = \frac{R_y}{R} = \frac{+720 \text{ lb}}{1650 \text{ lb}}$$
$$\cos\theta_z = \frac{R_z}{R} = \frac{-360 \text{ lb}}{1650 \text{ lb}}$$

Calculando sucesivamente cada uno de los cocientes y su arco coseno, se tiene

$$\theta_x = 150.8° \qquad \theta_y = 64.1° \qquad \theta_z = 102.6° \blacktriangleleft$$

PROBLEMAS PARA RESOLVER EN FORMA INDEPENDIENTE

En esta lección se vio que las *fuerzas en el espacio* pueden ser definidas por su magnitud y su dirección o por las tres componentes rectangulares F_x, F_y y F_z.

A. Cuando una fuerza se define por su magnitud y su dirección, sus componentes rectangulares F_x, F_y y F_z pueden ser determinadas de la siguiente manera:

Caso 1. Si la dirección de la fuerza **F** está definida por los ángulos θ_y y ϕ mostrados en la figura 2.30, las proyecciones de **F** a través de estos ángulos o sus complementos proporcionarán las componentes de **F** [ecuaciones (2.17)]. Note que las componentes x y z de **F** se encuentran proyectando primero a **F** sobre el plano horizontal; entonces, la proyección $\mathbf{F}_h$ obtenida de esta forma se descompone en las componentes $\mathbf{F}_x$ y $\mathbf{F}_z$ (figura 2.30c).

Caso 2. Si la dirección de la fuerza **F** está definida por los ángulos θ_x, θ_y y θ_z que **F** forma con los ejes coordenados, cada componente se puede obtener multiplicando la magnitud F de la fuerza por el coseno del ángulo que le corresponde [ejemplo 1]:

$$F_x = F \cos \theta_x \qquad F_y = F \cos \theta_y \qquad F_z = F \cos \theta_z$$

Caso 3. Si la dirección de la fuerza **F** está definida por dos puntos M y N ubicados a lo largo de su línea de acción (figura 2.34), primero se expresa al vector $\overrightarrow{MN}$, dibujado desde M hasta N, en términos de sus componentes d_x, d_y y d_z y de los vectores unitarios **i**, **j** y **k**:

$$\overrightarrow{MN} = d_x\mathbf{i} + d_y\mathbf{j} + d_z\mathbf{k}$$

Después, se determina el vector unitario $\boldsymbol{\lambda}$ a lo largo de la línea de acción de **F** dividiendo al vector $\overrightarrow{MN}$ entre su magnitud MN. Multiplicando a $\boldsymbol{\lambda}$ por la magnitud de **F**, se obtiene la expresión deseada para **F** en términos de sus componentes rectangulares [problema resuelto 2.7]:

$$\mathbf{F} = F\boldsymbol{\lambda} = \frac{F}{d}(d_x\mathbf{i} + d_y\mathbf{j} + d_z\mathbf{k})$$

Cuando se determinan las componentes rectangulares de una fuerza, resulta conveniente emplear un sistema de notación consistente y con significado. El método utilizado en este texto se ilustra en el problema resuelto 2.8 donde, por ejemplo, la fuerza $\mathbf{T}_{AB}$ actúa desde la estaca A hacia el punto B. Note que los subíndices han sido ordenados para coincidir con la dirección de la fuerza. Se recomienda adoptar la misma notación ya que le ayudará a identificar al punto 1 (el primer subíndice) y al punto 2 (el segundo subíndice).

Cuando el vector que define la línea de acción de una fuerza se esté formando, puede pensarse en sus componentes escalares como el número de pasos que debe efectuar, en cada dirección coordenada, para ir desde el punto 1 hasta el punto 2. Es esencial que siempre recuerde asignarle el signo correcto a cada una de las componentes

B. *Cuando una fuerza está definida por sus componentes rectangulares* F_x, F_y y F_z, se puede obtener su magnitud F escribiendo

$$F = \sqrt{F_x^2 + F_y^2 + F_z^2}$$

Los cosenos directores de la línea de acción de **F** se pueden determinar dividiendo las componentes de la fuerza entre F:

$$\cos \theta_x = \frac{F_x}{F} \qquad \cos \theta_y = \frac{F_y}{F} \qquad \cos \theta_z = \frac{F_z}{F}$$

A partir de los cosenos directores se pueden obtener los ángulos θ_x, θ_y y θ_z que **F** forma con los ejes coordenados [ejemplo 2].

C. *Para determinar la resultante* **R** *de dos o más fuerzas* en el espacio tridimensional, primero se determinan las componentes rectangulares de cada una de las fuerzas utilizando alguno de los procedimientos que se acaban de describir. Sumando esas componentes se obtendrán las componentes R_x, R_y y R_z de la resultante. Entonces, la magnitud y la dirección de la resultante se puede obtener como se señaló en los incisos anteriores para el caso de una fuerza **F** [problema resuelto 2.8].

Problemas

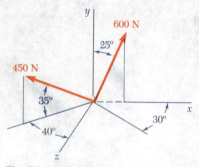

Fig. P2.71 y P2.72

2.71 Determine: a) las componentes x, y y z de la fuerza de 600 N y b) los ángulos θ_x, θ_y y θ_z que la fuerza forma con los ejes coordenados.

2.72 Determine: a) las componentes x, y y z de la fuerza de 450 N y b) los ángulos θ_x, θ_y y θ_z que la fuerza forma con los ejes coordenados.

2.73 Un extremo del cable coaxial AE está atado al poste AB el cual está sujeto firmemente por los alambres AC y AD. Sabiendo que la tensión en el alambre AC es de 120 lb, determine: a) las componentes de la fuerza ejercida por el alambre sobre el poste y b) los ángulos θ_x, θ_y y θ_z que la fuerza forma con los ejes coordenados.

2.74 Un extremo del cable coaxial AE está atado al poste AB el cual está sujeto firmemente por los alambres AC y AD. Sabiendo que la tensión en el alambre AD es de 85 lb, determine: a) las componentes de la fuerza ejercida por el alambre sobre el poste y b) los ángulos θ_x, θ_y y θ_z que la fuerza forma con los ejes coordenados.

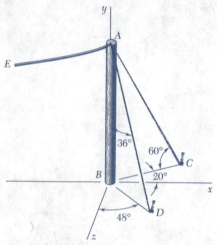

Fig. P2.73 y P2.74

2.75 Una placa circular, contenida en el plano horizontal, está suspendida por tres alambres que forman ángulos de 30° con respecto a la vertical; los alambres se encuentran unidos a un soporte en D. Sabiendo que la componente x de la fuerza ejercida por el alambre AD sobre la placa es de 110.3 N, determine: a) la tensión en el alambre AD y b) los ángulos θ_x, θ_y y θ_z que la fuerza ejercida en A forma con los ejes coordenados.

2.76 Una placa circular, contenida en el plano horizontal, está suspendida por tres alambres que forman ángulos de 30° con respecto a la vertical; los alambres se encuentran unidos a un soporte en D. Sabiendo que la componente z de la fuerza ejercida por el alambre BD sobre la placa es de −32.14 N, determine: a) la tensión en el alambre BD y b) los ángulos θ_x, θ_y y θ_z que la fuerza ejercida en B forma con los ejes coordenados.

2.77 Una placa circular, contenida en el plano horizontal, está suspendida por tres alambres que forman ángulos de 30° con respecto a la vertical; los alambres se encuentran unidos a un soporte en D. Sabiendo que la tensión en el alambre CD es de 60 lb, determine: a) las componentes de la fuerza ejercida por este alambre sobre la placa y b) los ángulos θ_x, θ_y y θ_z que la fuerza forma con los ejes coordenados.

2.78 Una placa circular, contenida en el plano horizontal, está suspendida por tres alambres que forman ángulos de 30° con respecto a la vertical, estos alambres se encuentran unidos a un soporte en D. Sabiendo que la componente x de la fuerza ejercida por el alambre CD sobre la placa es de −20.0 lb, determine: a) la tensión en el alambre CD y b) los ángulos θ_x, θ_y y θ_z que la fuerza ejercida en C forma con los ejes coordenados.

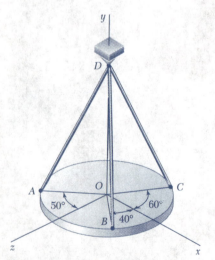

Fig. P2.75, P2.76, P2.77 y P2.78

2.79 Determine la magnitud y dirección de la fuerza $\mathbf{F} = (260\text{ N})\mathbf{i} - (320\text{ N})\mathbf{j} + (800\text{ N})\mathbf{k}$.

2.80 Determine la magnitud y dirección de la fuerza $\mathbf{F} = (320\text{ N})\mathbf{i} + (400\text{ N})\mathbf{j} - (250\text{ N})\mathbf{k}$.

2.81 Una fuerza actúa en el origen de un sistema coordenado en la dirección definida por los ángulos $\theta_x = 69.3°$ y $\theta_z = 57.9°$. Sabiendo que la componente y de la fuerza es de -174.0 lb, determine: a) el ángulo θ_y y b) las componentes restantes y la magnitud de la fuerza.

2.82 Una fuerza actúa en el origen de un sistema coordenado en la dirección definida por los ángulos $\theta_x = 70.9°$ y $\theta_y = 144.9°$. Sabiendo que la componente z de la fuerza es de -52.0 lb, determine: a) el ángulo θ_z y b) las componentes restantes y la magnitud de la fuerza.

2.83 Una fuerza $\mathbf{F}$ de magnitud 230 N actúa en el origen de un sistema coordenado. Sabiendo que $\theta_x = 32.5°$, $F_y = -60$ N y $F_z > 0$, determine: a) las componentes F_x y F_z y b) los ángulos θ_y y θ_z.

2.84 Una fuerza $\mathbf{F}$ de magnitud 210 N actúa en el origen de un sistema coordenado. Sabiendo que $F_x = 80$ N, $\theta_z = 151.2°$ y $F_y < 0$, determine: a) las componentes F_y y F_z y b) los ángulos θ_x y θ_y.

2.85 Una placa rectangular está sostenida por los tres cables mostrados en la figura. Sabiendo que la tensión en el cable AB es de 408 N, determine las componentes de la fuerza ejercida sobre la placa en B.

2.86 Una placa rectangular está sostenida por los tres cables mostrados en la figura. Sabiendo que la tensión en el cable AD es de 429 N, determine las componentes de la fuerza ejercida sobre la placa en D.

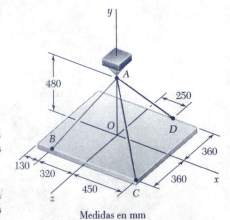

Medidas en mm

Fig. P2.85 y P2.86

2.87 Una torre de transmisión se sostiene por tres alambres los cuales están anclados mediante pernos en B, C y D. Si la tensión en el alambre AB es de 525 lb, determine las componentes de la fuerza ejercida por el alambre sobre el perno en B.

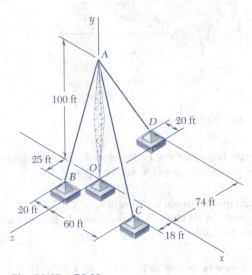

Fig. P2.87 y P2.88

2.88 Una torre de transmisión se sostiene por tres alambres los cuales están anclados mediante pernos en B, C y D. Si la tensión en el alambre AD es de 315 lb, determine las componentes de la fuerza ejercida por el alambre sobre el perno en D.

2.89 El marco ABC está sostenido parcialmente por el cable DBE, el cual pasa sin fricción a través de un aro en B. Sabiendo que la tensión en el cable es de 385 N, determine las componentes de la fuerza ejercida por el cable sobre el soporte en D.

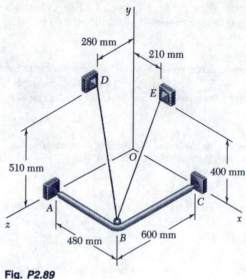

Fig. *P2.89*

2.90 Para el marco y el cable del problema 2.89, determine las componentes de la fuerza ejercida por el cable sobre el soporte en E.

2.91 Encuentre la magnitud y la dirección de la resultante de las dos fuerzas mostradas en la figura sabiendo que $P = 300$ N y $Q = 400$ N.

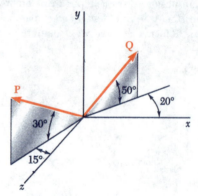

Fig. *P2.91 y P2.92*

2.92 Encuentre la magnitud y la dirección de la resultante de las dos fuerzas mostradas en la figura sabiendo que $P = 400$ N y $Q = 300$ N.

2.93 Sabiendo que la tensión en los cables AB y AC es de 425 lb y 510 lb respectivamente, determine la magnitud y la dirección de la resultante de las fuerzas ejercidas en A por los dos cables.

2.94 Sabiendo que la tensión en los cables AB y AC es de 510 lb y 425 lb respectivamente, determine la magnitud y la dirección de la resultante de las fuerzas ejercidas en A por los dos cables.

2.95 Para el marco del problema 2.89, determine la magnitud y la dirección de la resultante de las fuerzas ejercidas por el cable en B, si se sabe que la tensión en el cable es de 385 N.

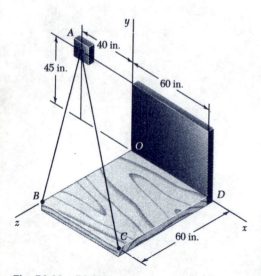

Fig. *P2.93 y P2.94*

2.96 Un extremo del cable coaxial AE está atado al poste AB el cual está sujeto firmemente por los alambres AC y AD. Sabiendo que la tensión en el alambre AC es de 150 lb y que la resultante de las fuerzas ejercidas en A por los alambres AC y AD debe estar contenida en el plano xy, determine: a) la tensión en AD y b) la magnitud y la dirección de la resultante de las dos fuerzas.

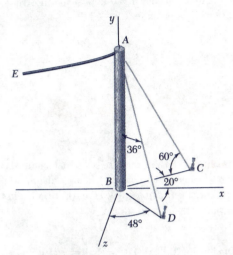

Fig. P2.96 y P2.97

2.97 Un extremo del cable coaxial AE está atado al poste AB el cual está sujeto firmemente por los alambres AC y AD. Sabiendo que la tensión en el alambre AD es de 125 lb y que la resultante de las fuerzas ejercidas en A por los alambres AC y AD debe estar contenida en el plano xy, determine: a) la tensión en AC y b) la magnitud y la dirección de la resultante de las dos fuerzas.

2.98 Para la placa del problema 2.85, determine la tensión de los cables AB y AD, sabiendo que la tensión en el cable AC es de 54 N y que la resultante de las fuerzas ejercidas por los tres cables en A debe ser vertical.

2.15. EQUILIBRIO DE UNA PARTÍCULA EN EL ESPACIO

De acuerdo con la definición proporcionada en la sección 2.9, una partícula A está en equilibrio si la resultante de todas las fuerzas que actúan sobre A es igual a cero. Las componentes R_x, R_y y R_z de la resultante están dadas por las relaciones (2.31); expresando que las componentes de la resultante son iguales a cero, se escribe

$$\Sigma F_x = 0 \quad \Sigma F_y = 0 \quad \Sigma F_z = 0 \qquad (2.34)$$

Las ecuaciones (2.34) representan las condiciones necesarias y suficientes para el equilibrio de una partícula en el espacio. Éstas se pueden utilizar para resolver problemas relacionados con el equilibrio de una partícula que no involucren más de tres incógnitas.

Para resolver este tipo de problemas, primero se debe dibujar un diagrama de cuerpo libre que muestre la partícula en equilibrio y *todas* las fuerzas que están actuando sobre dicha partícula. Entonces, se pueden escribir las ecuaciones de equilibrio (2.34) y resolverlas para tres incógnitas. En los tipos más comunes de problemas, estas incógnitas representarán: 1) los tres componentes de una sola fuerza o 2) la magnitud de tres fuerzas cuyas direcciones son conocidas.

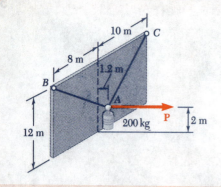

PROBLEMA RESUELTO 2.9

Un cilindro de 200 kg está colgado por medio de dos cables AB y AC, los cuales están unidos a la parte superior de una pared vertical. Una fuerza horizontal **P**, perpendicular a la pared, mantiene al cilindro en la posición mostrada. Determine la magnitud de **P** y la tensión en cada cable.

SOLUCIÓN

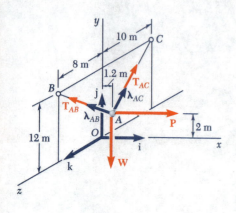

Diagrama de cuerpo libre. El punto A se selecciona como el cuerpo libre; este punto está sujeto a cuatro fuerzas de las cuales tres son de magnitud desconocida.

Introduciendo los vectores unitarios **i**, **j** y **k**, cada una de las fuerzas se descompone en sus componentes rectangulares.

$$\mathbf{P} = P\mathbf{i}$$
$$\mathbf{W} = -mg\mathbf{j} = -(200 \text{ kg})(9.81 \text{ m/s}^2)\mathbf{j} = -(1962 \text{ N})\mathbf{j} \quad (1)$$

En el caso de $\mathbf{T}_{AB}$ y $\mathbf{T}_{AC}$, es necesario determinar primero las componentes y las magnitudes de los vectores $\overrightarrow{AB}$ y $\overrightarrow{AC}$. Denotando por $\boldsymbol{\lambda}_{AB}$ al vector unitario a lo largo de AB, se escribe

$$\overrightarrow{AB} = -(1.2 \text{ m})\mathbf{i} + (10 \text{ m})\mathbf{j} + (8 \text{ m})\mathbf{k} \qquad AB = 12.862 \text{ m}$$

$$\boldsymbol{\lambda}_{AB} = \frac{\overrightarrow{AB}}{12.862 \text{ m}} = -0.09330\mathbf{i} + 0.7775\mathbf{j} + 0.6220\mathbf{k}$$

$$\mathbf{T}_{AB} = T_{AB}\boldsymbol{\lambda}_{AB} = -0.09330 T_{AB}\mathbf{i} + 0.7775 T_{AB}\mathbf{j} + 0.6220 T_{AB}\mathbf{k} \quad (2)$$

Análogamente, denotando por $\boldsymbol{\lambda}_{AC}$ al vector unitario a lo largo de AC, se escribe

$$\overrightarrow{AC} = -(1.2 \text{ m})\mathbf{i} + (10 \text{ m})\mathbf{j} - (10 \text{ m})\mathbf{k} \qquad AC = 14.193 \text{ m}$$

$$\boldsymbol{\lambda}_{AC} = \frac{\overrightarrow{AC}}{14.193 \text{ m}} = -0.08455\mathbf{i} + 0.7046\mathbf{j} - 0.7046\mathbf{k}$$

$$\mathbf{T}_{AC} = T_{AC}\boldsymbol{\lambda}_{AC} = -0.08455 T_{AC}\mathbf{i} + 0.7046 T_{AC}\mathbf{j} - 0.7046 T_{AC}\mathbf{k} \quad (3)$$

Condición de equilibrio. Como A está en equilibrio, se debe cumplir que

$$\Sigma \mathbf{F} = 0: \qquad \mathbf{T}_{AB} + \mathbf{T}_{AC} + \mathbf{P} + \mathbf{W} = 0$$

o, sustituyendo las fuerzas a partir de (1), (2) y (3) y factorizando **i**, **j** y **k**,

$$(-0.09330 T_{AB} - 0.08455 T_{AC} + P)\mathbf{i}$$
$$+ (0.7775 T_{AB} + 0.7046 T_{AC} - 1962 \text{ N})\mathbf{j}$$
$$+ (0.6220 T_{AB} - 0.7046 T_{AC})\mathbf{k} = 0$$

Igualando a cero los coeficientes de **i**, **j** y **k**, se escriben tres ecuaciones escalares, las cuales expresan, respectivamente, que la suma de las componentes de las fuerzas en x, y y z, son iguales a cero.

$(\Sigma F_x = 0:)$ $\qquad -0.09330 T_{AB} - 0.08455 T_{AC} + P = 0$
$(\Sigma F_y = 0:)$ $\qquad +0.7775 T_{AB} + 0.7046 T_{AC} - 1962 \text{ N} = 0$
$(\Sigma F_z = 0:)$ $\qquad +0.6220 T_{AB} - 0.7046 T_{AC} = 0$

Resolviendo estas ecuaciones, se obtiene

$$P = 235 \text{ N} \qquad T_{AB} = 1402 \text{ N} \qquad T_{AC} = 1238 \text{ N} \blacktriangleleft$$

PROBLEMAS PARA RESOLVER EN FORMA INDEPENDIENTE

Anteriormente se vio que, cuando una partícula está en *equilibrio*, la resultante de las fuerzas que actúan sobre la partícula debe ser igual a cero. En el caso del equilibrio de una *partícula en el espacio tridimensional*, expresar este hecho proporcionará tres relaciones entre las fuerzas que actúan sobre la partícula. Estas relaciones pueden ser utilizadas para determinar tres incógnitas, que usualmente son las magnitudes de tres fuerzas.

La solución constará de los siguientes pasos:

1. Dibujar un diagrama de cuerpo libre de la partícula. Este diagrama muestra a la partícula y a todas las fuerzas que actúan sobre la misma. En el diagrama se deben indicar tanto las magnitudes de las fuerzas conocidas, como cualquier ángulo o dimensión que defina la dirección de una fuerza. Cualquier magnitud o ángulo desconocido debe ser denotado por un símbolo apropiado. En el diagrama de cuerpo libre no se debe incluir información adicional.

2. Descomponer cada una de las fuerzas en sus componentes rectangulares. Siguiendo el método utilizado en la lección anterior, para cada fuerza **F** se determina el vector unitario **λ**, que define la dirección de dicha fuerza y **F** se expresa como el producto de su magnitud F y el vector unitario **λ**. Así, se obtiene una expresión de la siguiente forma

$$\mathbf{F} = F\boldsymbol{\lambda} = \frac{F}{d}(d_x\mathbf{i} + d_y\mathbf{j} + d_z\mathbf{k})$$

donde d, d_x, d_y y d_z son dimensiones obtenidas a partir del diagrama de cuerpo libre de la partícula. Si se conoce tanto la magnitud como la dirección de una fuerza, entonces F es conocida y la expresión obtenida para **F** está totalmente definida; de otra forma, F es una de las tres incógnitas a determinar.

3. Hacer igual a cero a la resultante, o suma, de las fuerzas que actúan sobre la partícula. Se obtendrá una ecuación vectorial que consta de términos que contienen los vectores unitarios **i**, **j** o **k**. Los términos que contienen el mismo vector unitario se agruparán y dicho vector se factorizará. Para que la ecuación vectorial sea satisfecha, se deben igualar a cero los coeficientes de cada uno de los vectores unitarios. Esto proporcionará tres ecuaciones escalares que se pueden resolver para un máximo de tres incógnitas [problema resuelto 2.9].

Problemas

2.99 Se emplean tres cables para amarrar al globo mostrado en la figura. Si se sabe que la tensión en el cable AB es de 259 N, determine la fuerza vertical **P** que el globo ejerce en A.

2.100 Se emplean tres cables para amarrar al globo mostrado en la figura. Si se sabe que la tensión en el cable AC es de 444 N, determine la fuerza vertical **P** que el globo ejerce en A.

2.101 Se emplean tres cables para amarrar al globo mostrado en la figura. Si se sabe que la tensión en el cable AD es de 481 N, determine la fuerza vertical **P** que el globo ejerce en A.

2.102 Se emplean tres cables para amarrar al globo mostrado en la figura. Si se sabe que la fuerza vertical **P** que el globo ejerce en A es de 800 N, determine la tensión en cada cable.

2.103 Una caja de madera se sostiene por medio de tres cables en la forma mostrada en la figura. Si se sabe que la tensión en el cable AB es de 750 lb, determine el peso de la caja de madera.

2.104 Una caja de madera se sostiene por medio de tres cables en la forma mostrada en la figura. Si se sabe que la tensión en el cable AD es de 616 lb, determine el peso de la caja de madera.

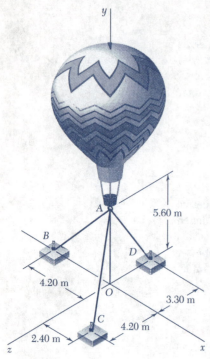

Fig. P2.99, P2.100, P2.101 y P2.102

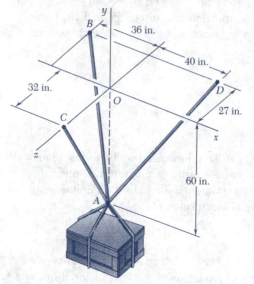

Fig. P2.103, P2.104, P2.105 y P2.106

2.105 Una caja de madera se sostiene por medio de tres cables en la forma mostrada en la figura. Si se sabe que la tensión en el cable AC es de 544 lb, determine el peso de la caja de madera.

2.106 Una caja de madera de 1600 lb se sostiene por medio de tres cables en la forma mostrada en la figura. Determine la tensión en cada cable.

2.107 Las fuerzas **P** y **Q** se aplican en el punto de unión A de los tres cables mostrados en la figura. Sabiendo que $Q = 0$, encuentre el valor de P para el cual la tensión en el cable AD es de 305 N.

2.108 Las fuerzas **P** y **Q** se aplican en el punto de unión A de los tres cables mostrados en la figura. Sabiendo que $P = 1200$ N, determine el rango de valores de Q para el cual el cable AD está en tensión.

2.109 Una placa rectangular se sostiene mediante tres cables como se muestra en la figura. Sabiendo que la tensión en el cable AC es de 60 N, determine el peso de la placa.

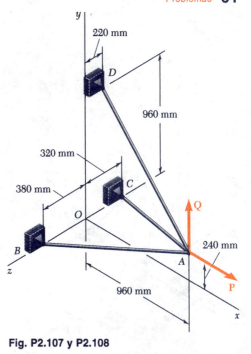

Fig. P2.107 y P2.108

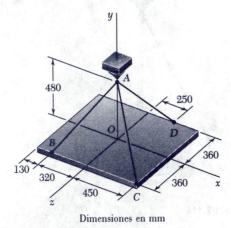

Dimensiones en mm

Fig. P2.109 y P2.110

2.110 Una placa rectangular se sostiene mediante tres cables como se muestra en la figura. Sabiendo que la tensión en el cable AD es de 520 N, determine el peso de la placa.

2.111 Una torre de transmisión se sostiene por medio de tres alambres que están unidos a una articulación en A y anclados mediante pernos en B, C y D. Si la tensión en el alambre AB es de 840 lb, determine la fuerza vertical **P** ejercida por la torre sobre la articulación en A.

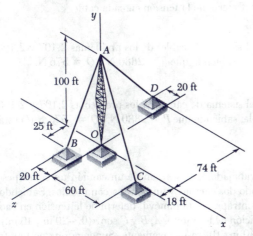

Fig. P2.111 y P2.112

2.112 Una torre de transmisión se sostiene por medio de tres alambres que están unidos a una articulación en A y anclados mediante pernos en B, C y D. Si la tensión en el alambre AC es de 590 lb, determine la fuerza vertical **P** ejercida por la torre sobre la articulación en A.

2.113 Una torre de transmisión se sostiene por medio de tres alambres que están unidos a una articulación en A y anclados mediante pernos en B, C y D. Sabiendo que la torre ejerce sobre la articulación en A una fuerza vertical hacia arriba de 1800 lb, determine la tensión en cada alambre.

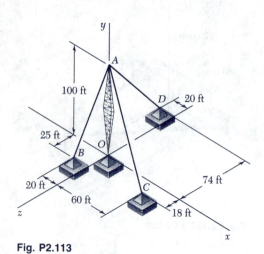

Fig. P2.113

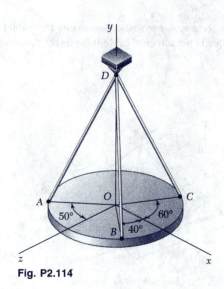

Fig. P2.114

2.114 Una placa circular de 60 lb de peso, contenida en el plano horizontal, está suspendida por tres alambres que forman ángulos de 30° con respecto a la vertical y se encuentran unidos a un soporte en D. Determine la tensión en cada alambre.

2.115 Para la placa rectangular de los problemas 2.109 y 2.110, determine la tensión en cada cable si se sabe que el peso de la placa es de 792 N.

2.116 Para el sistema de cables de los problemas 2.107 y 2.108, se sabe que $P = 2880$ N y $Q = 0$. Determine la tensión en cada cable.

2.117 Para el sistema de cables de los problemas 2.107 y 2.108, determine la tensión en cada cable, sabiendo que $P = 2880$ N y $Q = 576$ N.

2.118 Para el sistema de cables de los problemas 2.107 y 2.108, determine la tensión en cada cable, sabiendo que $P = 2880$ N y $Q = -576$ N (**Q** está dirigida hacia abajo).

2.119 Dos trabajadores descargan de un camión un contrapeso de 200 lb de hierro fundido usando dos cuerdas y una rampa con rodillos. Sabiendo que en el instante mostrado el contrapeso está inmóvil, determine la tensión en cada cuerda si las coordenadas de posición de los puntos A, B y C son $A(0, -20$ in., 40 in.$)$, $B(-40$ in., 50 in., $0)$ y $C(45$ in., 40 in., $0)$, respectivamente. Suponga que no hay fricción entre la rampa y el contrapeso. (*Sugerencia*: Puesto que no hay fricción, la fuerza ejercida por la rampa sobre el contrapeso debe ser perpendicular a éste.)

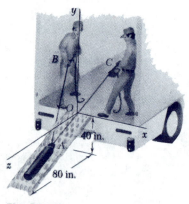

Fig. *P2.119*

2.120 Resuelva el problema 2.119 suponiendo que un tercer trabajador ejerce una fuerza $\mathbf{P} = -(40$ lb$)\mathbf{i}$ sobre el contrapeso.

2.121 Un recipiente de peso W está suspendido a partir de un aro en A al cual están unidos los cables AC y AE. Una fuerza **P** se aplica en el extremo libre F de un tercer cable que pasa sobre una polea en B y a través del aro en A hasta fijarse a un soporte en D. Determine la magnitud de **P**, sabiendo que $W = 1000$ N. (*Sugerencia*. La tensión en todos los tramos del cable $FBAD$ es la misma.)

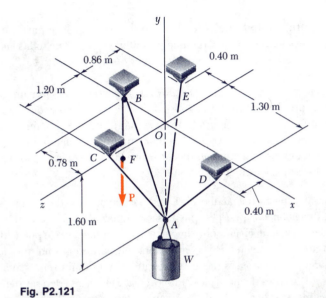

Fig. P2.121

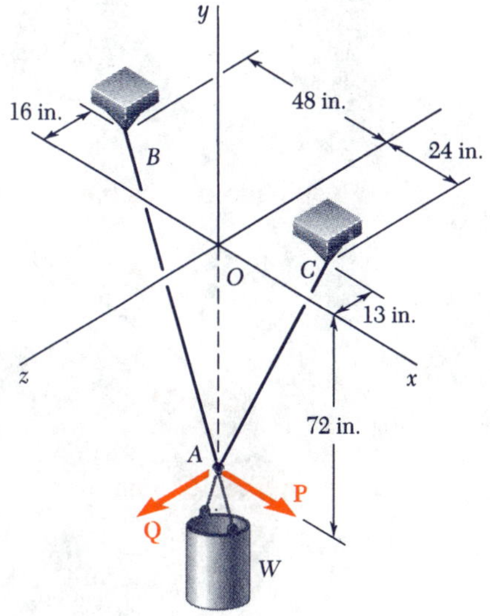

Fig. P2.123

2.122 Sabiendo que la tensión en el cable AC del sistema descrito en el problema 2.121 es de 150 N, determine: *a*) la magnitud de la fuerza **P** y *b*) el peso del recipiente, W.

2.123 Un recipiente de peso W está suspendido a partir de un aro en A. El cable BAC pasa a través del aro y se fija a los soportes fijos B y C. Dos fuerzas $\mathbf{P} = P\mathbf{i}$ y $\mathbf{Q} = Q\mathbf{k}$ se aplican en el aro para mantener al recipiente en la posición mostrada. Determine los valores de P y Q, si $W = 270$ lb. (*Sugerencia*. La tensión en todos los tramos del cable BAC es la misma.)

2.124 Para el sistema del problema 2.123, determine W y P, si $Q = 36$ lb.

2.125 Los collares A y B unidos por medio de un alambre de 525 mm de longitud pueden deslizarse libremente sin fricción sobre las barras. Si una fuerza $\mathbf{P} = (341$ N$)\mathbf{j}$ se aplica en el collar A, determine: *a*) la tensión en el alambre cuando $y = 155$ mm y *b*) la magnitud de la fuerza **Q** requerida para mantener al sistema en equilibrio.

2.126 Resuelva el problema 2.125 suponiendo que $y = 275$ mm.

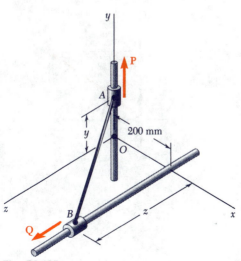

Fig. *P2.125*

REPASO Y RESUMEN
DEL CAPÍTULO 2

En este capítulo se ha estudiado el efecto de fuerzas sobre partículas, esto es, sobre cuerpos cuya forma y tamaño permiten suponer que todas las fuerzas que actúan sobre ellos están aplicadas en el mismo punto.

Resultante de dos fuerzas

Fig. 2.35

Las fuerzas son *cantidades vectoriales*, caracterizadas por un *punto de aplicación*, una *magnitud* y una *dirección* y pueden sumarse de acuerdo con la *ley del paralelogramo* (figura 2.35). La magnitud y dirección de la resultante **R** de dos fuerzas **P** y **Q** pueden determinarse gráficamente o por medio de la trigonometría, empleando consecutivamente la ley de los cosenos y la ley de los senos [problema resuelto 2.1].

Componentes de una fuerza

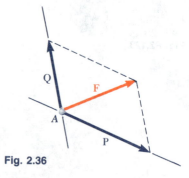
Fig. 2.36

Cualquier fuerza que actúa sobre una partícula se puede descomponer en dos o más *componentes*, esto es, puede ser remplazada por dos o más fuerzas que originen el mismo efecto sobre la partícula. Una fuerza **F** se puede descomponer en dos componentes **P** y **Q** dibujando un paralelogramo que tiene a **F** como su diagonal; entonces, las componentes **P** y **Q** están representadas por dos lados adyacentes del paralelogramo (figura 2.36) y pueden ser determinadas gráficamente o por medio de la trigonometría [sección 2.6].

Componentes rectangulares
Vectores unitarios

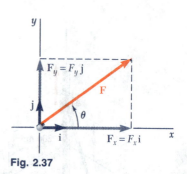
Fig. 2.37

Se dice que una fuerza **F** se ha descompuesto en dos *componentes rectangulares* si sus componentes $\mathbf{F}_x$ y $\mathbf{F}_y$ son perpendiculares entre sí y están dirigidas a lo largo de los ejes coordenados (figura 2.37). Introduciendo los *vectores unitarios* **i** y **j** a lo largo de los ejes x y y, respectivamente, se escribe [sección 2.7]

$$\mathbf{F}_x = F_x\mathbf{i} \qquad \mathbf{F}_y = F_y\mathbf{j} \qquad (2.6)$$

y

$$\mathbf{F} = F_x\mathbf{i} + F_y\mathbf{j} \qquad (2.7)$$

donde F_x y F_y son las *componentes escalares* de **F**. Estas componentes, que pueden ser positivas o negativas, están definidas por las relaciones

$$F_x = F\cos\theta \qquad F_y = F\,\text{sen}\,\theta \qquad (2.8)$$

Cuando las componentes rectangulares F_x y F_y de una fuerza **F** son conocidas, el ángulo θ, que define la dirección de la fuerza, puede obtenerse escribiendo

$$\tan\theta = \frac{F_y}{F_x} \qquad (2.9)$$

Entonces, la magnitud F de la fuerza se puede obtener resolviendo una de las ecuaciones (2.8) para F o aplicando el teorema de Pitágoras y escribiendo

$$F = \sqrt{F_x^2 + F_y^2} \qquad (2.10)$$

Repaso y resumen del capítulo 2

Cuando *tres o más fuerzas coplanares* actúan sobre una partícula, las componentes rectangulares de su resultante **R** se pueden obtener sumando algebraicamente las componentes correspondientes de las fuerzas dadas [sección 2.8]. Por lo tanto, se tiene que

Resultante de varias fuerzas coplanares

$$R_x = \Sigma F_x \qquad R_y = \Sigma F_y \qquad (2.13)$$

La magnitud y la dirección de **R** pueden determinarse a partir de relaciones similares a las ecuaciones (2.9) y (2.10) [problema resuelto 2.3].

Una fuerza **F** en el *espacio tridimensional* se puede descomponer en componentes rectangulares F_x, F_y y F_z [sección 2.12]. Denotando por θ_x, θ_y y θ_z los ángulos que **F** forma, respectivamente, con los ejes x, y y z (figura 2.38), se tiene

Fuerzas en el espacio

$$F_x = F \cos \theta_x \qquad F_y = F \cos \theta_y \qquad F_z = F \cos \theta_z \qquad (2.19)$$

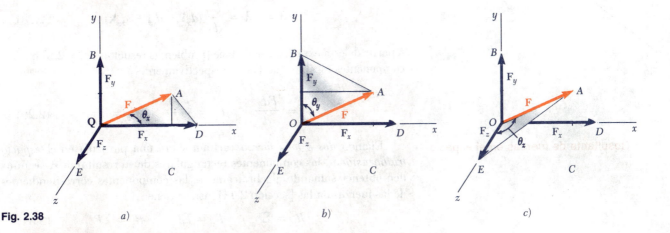

Fig. 2.38   a)   b)   c)

Los cosenos de θ_x, θ_y y θ_z se conocen como los *cosenos directores* de la fuerza **F**. Introduciendo los vectores unitarios **i**, **j** y **k** a lo largo de los ejes coordenados, se escribe

Cosenos directores

$$\mathbf{F} = F_x \mathbf{i} + F_y \mathbf{j} + F_z \mathbf{k} \qquad (2.20)$$

o

$$\mathbf{F} = F(\cos \theta_x \mathbf{i} + \cos \theta_y \mathbf{j} + \cos \theta_z \mathbf{k}) \qquad (2.21)$$

lo cual demuestra (figura 2.39) que **F** es el producto de su magnitud F y el vector unitario

$$\boldsymbol{\lambda} = \cos \theta_x \mathbf{i} + \cos \theta_y \mathbf{j} + \cos \theta_z \mathbf{k}$$

Como la magnitud de $\boldsymbol{\lambda}$ es igual a la unidad, se debe cumplir que

$$\cos^2 \theta_x + \cos^2 \theta_y + \cos^2 \theta_z = 1 \qquad (2.24)$$

Cuando las componentes rectangulares F_x, F_y y F_z de una fuerza **F** son conocidas, la magnitud F de la fuerza se encuentra escribiendo

$$F = \sqrt{F_x^2 + F_y^2 + F_z^2} \qquad (2.18)$$

y los cosenos directores de **F** se obtienen a partir de las ecuaciones (2.19). Así, se tiene que

$$\cos \theta_x = \frac{F_x}{F} \qquad \cos \theta_y = \frac{F_y}{F} \qquad \cos \theta_z = \frac{F_z}{F} \qquad (2.25)$$

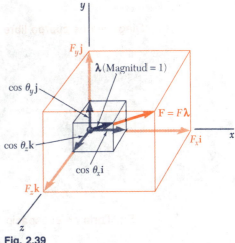

Fig. 2.39

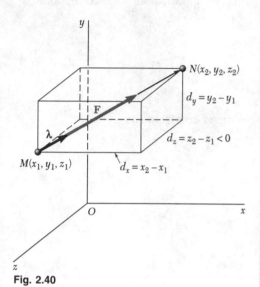

Fig. 2.40

Cuando una fuerza **F** se define en el espacio tridimensional por su magnitud F y dos puntos M y N a lo largo de su línea de acción [sección 2.13], sus componentes rectangulares se pueden obtener de la siguiente manera. Primero, se expresa al vector $\overrightarrow{MN}$ que une a los puntos M y N en términos de sus componentes d_x, d_y y d_z (figura 2.40); de esta forma, se escribe

$$\overrightarrow{MN} = d_x\mathbf{i} + d_y\mathbf{j} + d_z\mathbf{k} \qquad (2.26)$$

Después, se determina el vector unitario $\boldsymbol{\lambda}$ a lo largo de la línea de acción de **F** dividiendo $\overrightarrow{MN}$ entre su magnitud $MN = d$:

$$\boldsymbol{\lambda} = \frac{\overrightarrow{MN}}{MN} = \frac{1}{d}(d_x\mathbf{i} + d_y\mathbf{j} + d_z\mathbf{k}) \qquad (2.27)$$

Recordando que **F** es igual al producto de F y $\boldsymbol{\lambda}$, se tiene que

$$\boldsymbol{\lambda} = F\boldsymbol{\lambda} = \frac{F}{d}(d_x\mathbf{i} + d_y\mathbf{j} + d_z\mathbf{k}) \qquad (2.28)$$

A partir de esta expresión se deduce [problemas resueltos 2.7 y 2.8] que las componentes escalares de **F** son, respectivamente,

$$F_x = \frac{Fd_x}{d} \qquad F_y = \frac{Fd_y}{d} \qquad F_z = \frac{Fd_z}{d} \qquad (2.29)$$

Resultante de fuerzas en el espacio

Cuando *dos o más fuerzas* actúan sobre una partícula en el *espacio tridimensional*, las componentes rectangulares de su resultante **R** se pueden obtener sumando algebraicamente las componentes correspondientes de las fuerzas dadas [sección 2.14]. Así, se tiene

$$R_x = \Sigma F_x \qquad R_y = \Sigma F_y \qquad R_z = \Sigma F_z \qquad (2.31)$$

Entonces, la magnitud y la dirección de **R** se pueden determinar por medio de relaciones similares a las ecuaciones (2.18) y (2.25) [problema resuelto 2.8].

Equilibrio de una partícula

Se dice que una partícula está en *equilibrio* cuando la resultante de todas las fuerzas que actúan sobre ella es igual a cero [sección 2.9]. Entonces, la partícula permanecerá en reposo (si originalmente estaba en reposo) o se moverá con velocidad constante a lo largo de una línea recta (si originalmente estaba en movimiento) [sección 2.10].

Diagrama de cuerpo libre

Para resolver un problema que involucra a una partícula en equilibrio, primero se debe dibujar un *diagrama de cuerpo libre* de la partícula mostrando todas las fuerzas que actúan sobre la misma [sección 2.11]. Si *sólo* actúan sobre la partícula *tres fuerzas coplanares*, se puede dibujar un *triángulo de fuerzas* para expresar que la partícula está en equilibrio. Utilizando métodos gráficos de la trigonometría, este triángulo se puede resolver para un máximo de dos incógnitas [problema resuelto 2.4]. Si están involucradas *más de tres fuerzas coplanares*, se deben usar las ecuaciones de equilibrio

$$\Sigma F_x = 0 \qquad \Sigma F_y = 0 \qquad (2.15)$$

Estas ecuaciones se pueden resolver para un máximo de dos incógnitas [problema resuelto 2.6].

Equilibrio en el espacio

Cuando una partícula está en *equilibrio en el espacio tridimensional* [sección 2.15], se deben usar las tres ecuaciones de equilibrio

$$\Sigma F_x = 0 \qquad \Sigma F_y = 0 \qquad \Sigma F_z = 0 \qquad (2.34)$$

Estas ecuaciones pueden resolverse para un máximo de tres incógnitas [problema resuelto 2.9].

Problemas de repaso

2.127 Dos cables se unen en C y se cargan como se muestra en la figura. Sabiendo que P = 360 N, determine: a) la tensión en el cable AC y b) la tensión en el cable BC.

2.128 Dos cables se unen en C y se cargan como se muestra en la figura. Determine el rango de valores de P para los cuales ambos cables permanecen en tensión.

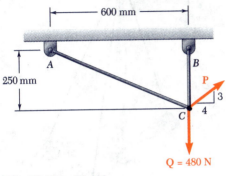

Fig. P2.127 y P2.128

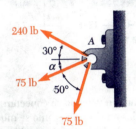

Fig. P2.129

2.129 La dirección de las fuerzas de 75 lb puede variar pero el ángulo entre esas fuerzas es siempre de 50°. Determine el valor de α para el cual la resultante de las fuerzas que actúan en A está dirigida horizontalmente hacia la izquierda.

2.130 Una fuerza actúa en el origen de un sistema coordenado en la dirección dada por los ángulos $\theta_y = 55°$ y $\theta_z = 45°$. Sabiendo que la componente de la fuerza en x es -500 lb, determine: a) las otras componentes y la magnitud de la fuerza y b) el valor de θ_x.

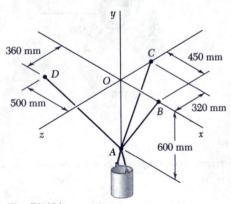

Fig. P2.131

2.131 Un recipiente de peso $W = 1165$ N se sostiene mediante tres cables como se muestra en la figura. Determine la tensión en cada cable.

2.132 Una estaca se extrae de la tierra mediante dos cuerdas como se muestra en la figura. Si se conoce la magnitud y la dirección de la fuerza ejercida por una de las cuerdas, determine la magnitud y la dirección de la fuerza **P**, que debe de ser aplicada en la otra cuerda si la resultante de estas dos fuerzas debe de ser vertical e igual a 160 N.

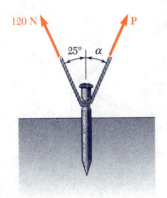

Fig. P2.132

2.133 Si la longitud en el cable *AB* es de 65 ft y la tensión en él es de 3900 lb, determine: *a*) las componentes *x*, *y* y *z* de la fuerza ejercida por el cable sobre el soporte en *B* y *b*) los ángulos θ_x, θ_y y θ_z, que definen la dirección de la fuerza.

2.134 Dos cables se amarran en *C* y se cargan como se muestra en la figura. Determine la tensión: *a*) en el cable *AC* y *b*) en el cable *BC*.

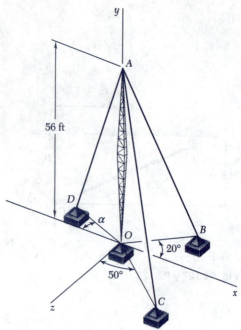

Fig. P2.133

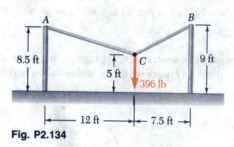

Fig. P2.134

2.135 Para mover un camión volcado se conectan dos cables en *A* y se estiran por medio de dos grúas colocadas en *B* y en *C* como se muestra en la figura. Sabiendo que la tensión en el cable *AB* es de 10 kN y en el cable *AC* de 7.5 kN, determine la magnitud y la dirección de la resultante de las fuerzas que los dos cables ejercen en *A*.

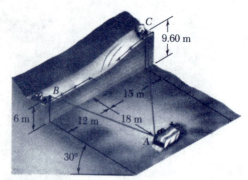

Fig. P2.135

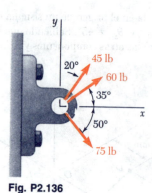

Fig. P2.136

2.136 Determine las componentes *x* y *y* de cada una de las fuerzas mostradas en la figura.

2.137 Los collares *A* y *B*, unidos por medio de un alambre de 25 in. de longitud, pueden deslizarse libremente sin fricción sobre las barras. Si una fuerza **Q** de 60 lb se aplica en el collar *B*, determine: *a*) la tensión en el alambre cuando $x = 9$ in. y *b*) la magnitud correspondiente de la fuerza **P** requerida para mantener al sistema en equilibrio.

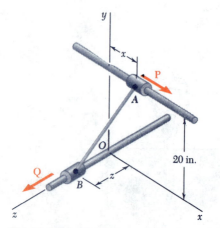

Fig. P2.137 y P2.138

2.138 Los collares *A* y *B*, unidos por medio de un alambre de 25 in. de longitud, pueden deslizarse libremente sin fricción sobre las barras. Determine las distancias *x* y *z* para las cuales el sistema se mantiene en equilibrio cuando $P = 120$ lb y $Q = 60$ lb.

Los problemas siguientes fueron diseñados para ser resueltos con una computadora.

2.C1 Escriba un programa de computadora que pueda usarse para determinar la magnitud y la dirección de la resultante de n fuerzas coplanares aplicadas en un punto A. Use este programa para resolver los problemas 2.32, 2.33, 2.35 y *2.38*.

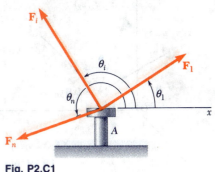

Fig. P2.C1

2.C2 Una carga P se sostiene por medio de dos cables como se muestra en la figura. Escriba un programa de computadora que pueda usarse para determinar la tensión en los cables para cualquier valor dado de P y para valores de θ en el rango comprendido desde $\theta_1 = \beta - 90°$ a $\theta_2 = 90° - \alpha$, usando incrementos de $\Delta\theta$ dados. Use este programa para determinar los tres conjuntos de valores numéricos para: *a*) la tensión en cada cable para valores de θ variando desde θ_1 hasta θ_2, *b*) el valor de θ para el cual la tensión en cada cable es mínima y *c*) el valor correspondiente de la tensión, de acuerdo con los siguientes datos:

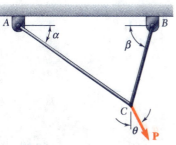

Fig. P2.C2

(1) $\alpha = 35°$, $\beta = 75°$, $P = 400$ lb, $\Delta\theta = 5°$
(2) $\alpha = 50°$, $\beta = 30°$, $P = 600$ lb, $\Delta\theta = 10°$
(3) $\alpha = 40°$, $\beta = 60°$, $P = 250$ lb, $\Delta\theta = 5°$

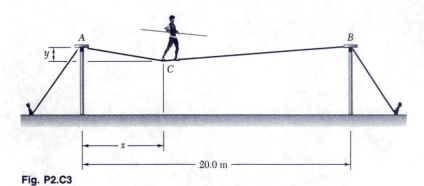

Fig. P2.C3

2.C3 Un acróbata se encuentra caminando sobre una cuerda tensa de longitud $L = 20.1$ m que está unida a los soportes A y B, que se encuentran separados una distancia de 20 m. El peso combinado del acróbata y su garrocha de balance es de 800 N y la fricción entre sus zapatos y la cuerda es lo suficientemente grande como para prevenir deslizamiento. Despreciando el peso y cualquier tipo de deformación elástica de la cuerda, escriba un programa de computadora para calcular la deflexión y y la tensión de las porciones AC y BC de la cuerda para un rango de valores de x comprendido desde 0.5 m hasta 10 m usando incrementos de 0.5 m. De los resultados obtenidos, determine: *a*) la deflexión máxima de la cuerda, *b*) la tensión máxima de la cuerda y *c*) la tensión mínima en las porciones AC y BC de la cuerda.

2.C4 Escriba un programa de computadora que pueda usarse para determinar la magnitud y dirección de la resultante de n fuerzas $\mathbf{F}_i$, donde $i = 1,2,\ldots,n$, las cuales son aplicadas en el punto A_0 de coordenadas x_0, y_0 y z_0, y sabiendo que la línea de acción de $\mathbf{F}_i$ pasa por el punto A_i de coordenadas x_i, y_i y z_i. Utilice tal programa para resolver los problemas 2.93, 2.94, 2.95 y *2.135*.

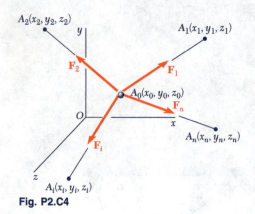
Fig. P2.C4

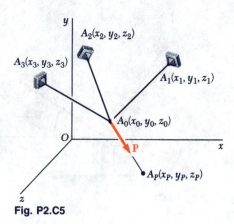
Fig. P2.C5

2.C5 Tres cables se sujetan a los puntos A_1, A_2 y A_3, respectivamente, como se muestra en la figura, los cables se unen en el punto A_0, en el cual se aplica una carga **P**. Escriba un programa de computadora que pueda usarse para determinar la tensión en cada uno de los cables. Use este programa para resolver los problemas *2.102*, 2.106, 2.107, 2.113 y 2.115.

CAPÍTULO 3

Cuerpos rígidos: Sistemas equivalentes de fuerzas

Se demostrará, en este capítulo, que las fuerzas que ejercen los remolcadores sobre el trasatlántico Queen Elizabeth 2 pueden remplazarse por una fuerza equivalente ejercida por un solo remolcador más potente.

3.1. INTRODUCCIÓN

En el capítulo anterior se supuso que cada uno de los cuerpos considerados podía ser tratado como si fuera una sola partícula. Sin embargo, tal punto de vista no siempre es posible y, en general, un cuerpo debe tratarse como una combinación de un gran número de partículas. Tendrá que tomarse en consideración el tamaño del cuerpo y también el hecho de que las fuerzas actuarán sobre distintas partículas y, por lo tanto, tendrán diferentes puntos de aplicación.

Definiendo a un *cuerpo rígido* como aquel que no se deforma, se supone que la mayoría de los cuerpos considerados en la mecánica elemental son *rígidos*. Sin embargo, las estructuras y máquinas reales nunca son absolutamente rígidas y se deforman bajo la acción de las cargas que actúan sobre ellos. A pesar de esto, generalmente esas deformaciones son pequeñas y no afectan apreciablemente las condiciones de equilibrio o de movimiento de la estructura que se esté considerando. Sin embargo, tales deformaciones son importantes en lo concerniente a la resistencia a la falla de la estructura y están considerados en el estudio de la mecánica de materiales.

En este capítulo se estudiará el efecto de las fuerzas ejercidas sobre un cuerpo rígido y se aprenderá como remplazar un sistema de fuerzas dado por un sistema equivalente más simple. Este análisis estará basado en la suposición fundamental de que el efecto de una fuerza dada sobre un cuerpo rígido permanece inalterado si dicha fuerza se mueve a lo largo de su línea de acción (*principio de transmisibilidad*). Por lo tanto, las fuerzas que actúan sobre un cuerpo rígido pueden representarse por *vectores deslizantes* como se mencionó anteriormente, en la sección 2.3.

Dos conceptos fundamentales asociados con el efecto de una fuerza sobre un cuerpo rígido son el *momento de una fuerza con respecto a un punto* (sección 3.6) y el *momento de una fuerza con respecto a un eje* (sección 3.11). Como la determinación de estas cantidades involucra el cálculo de productos escalares y vectoriales de dos vectores, en este capítulo se presentarán los aspectos fundamentales del álgebra vectorial aplicados a la solución de problemas que involucren fuerzas actuando sobre cuerpos rígidos.

Otro concepto que se presentará en este capítulo es el de un *par*, esto es, la combinación de dos fuerzas que tienen la misma magnitud, líneas de acción paralelas y sentidos opuestos (sección 3.12). Como se verá, cualquier sistema de fuerzas que actúa sobre un cuerpo rígido puede ser remplazado por un sistema equivalente que consta de una fuerza, que actúa en un cierto punto, y un par. Este sistema básico recibe el nombre de *sistema fuerza-par*. En el caso de fuerzas concurrentes, coplanares o paralelas, el sistema equivalente fuerza-par se puede reducir a una sola fuerza, denominada *resultante* del sistema, o a un solo par, denominado *par resultante* del sistema.

3.2. FUERZAS EXTERNAS E INTERNAS

Las fuerzas que actúan sobre un cuerpo rígido se pueden dividir en dos grupos: 1) *fuerzas externas* y 2) *fuerzas internas*.

1. Las *fuerzas externas* representan la acción que ejercen otros cuerpos sobre el cuerpo rígido bajo consideración. Ellas son las responsables del comportamiento externo del cuerpo rígido. Las fuerzas externas causarán que el cuerpo se mueva o asegurarán que éste permanezca en reposo. En éste y en los capítulos 4 y 5, únicamente se considerarán a las fuerzas externas.

2. Las *fuerzas internas* son aquellas que mantienen unidas las partículas que conforman el cuerpo rígido. Si el cuerpo rígido está constituido estructuralmente por varias partes, las fuerzas que mantienen unidas a dichas partes también se definen como fuerzas internas. Este grupo de fuerzas se estudiarán en los capítulos 6 y 7.

Como ejemplo de fuerzas externas, considérense las fuerzas que actúan sobre un camión descompuesto que está siendo arrastrado hacia adelante por varios hombres mediante cuerdas unidas a la defensa delantera (parachoques delantero) (figura 3.1). Las fuerzas externas que actúan sobre el camión se muestran en un *diagrama de cuerpo libre* (figura 3.2). En primera instancia, considérese el *peso* del camión. A pesar de que el peso representa el efecto de la atracción de la Tierra sobre cada una de las partículas que constituyen al camión, éste se puede representar por medio de una sola fuerza **W**. El *punto de aplicación* de esta fuerza, esto es, el punto donde actúa la fuerza, se define como el *centro de gravedad* del camión. En el capítulo 5 se verá cómo pueden ser determinados los centros de gravedad. El peso **W** tiende a hacer que el camión se mueva hacia abajo verticalmente. De hecho, si no fuera por la presencia del piso, el peso podría ocasionar que el camión se moviera hacia abajo, esto es, que se cayera. Note que el piso se opone al movimiento hacia abajo del camión por medio de las reacciones R_1 y R_2; estas fuerzas se ejercen *por* el piso *sobre* el camión y, por lo tanto, deben ser incluidas entre las fuerzas externas que actúan sobre el camión.

Los hombres ejercen la fuerza **F** al tirar de la cuerda. El punto de aplicación de **F** está en la defensa delantera. La fuerza **F** tiende a hacer que el camión se mueva hacia adelante siguiendo una línea recta y, en realidad, logra moverlo puesto que no existe una fuerza externa que se oponga a dicho movimiento. (Para simplificar, en este caso se ha despreciado la resistencia a la rodadura). Este movimiento del camión hacia adelante, donde cada línea recta mantiene su orientación original (el piso del camión permanece horizontal y sus lados se mantienen verticales), se conoce como *traslación*. Otras fuerzas podrían ocasionar que el camión se moviera en una forma diferente. Por ejemplo, la fuerza ejercida por un gato colocado debajo del eje delantero podría ocasionar que el camión rotará alrededor de su eje trasero. Este movimiento es una *rotación*. Por lo tanto, se puede concluir que cada una de las *fuerzas externas* que actúan sobre un *cuerpo rígido* pueden ocasionar un movimiento de traslación, rotación o ambos siempre y cuando dichas fuerzas no encuentren alguna oposición.

Fig. 3.1

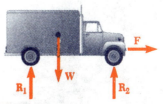

Fig. 3.2

3.3. PRINCIPIO DE TRANSMISIBILIDAD. FUERZAS EQUIVALENTES

El *principio de transmisibilidad* establece que las condiciones de equilibrio o de movimiento de un cuerpo rígido permanecerán inalteradas si una fuerza **F** que actúa en un punto dado de ese cuerpo se remplaza por una fuerza **F'** que tiene la misma magnitud y dirección, pero que actúa en un punto distinto, *siempre y cuando las dos fuerzas tengan la misma línea de acción* (figura 3.3). Las dos fuerzas, **F** y **F'**, tienen el mismo efecto sobre el cuerpo rígido y se dice que son *equivalentes*. Este principio, que establece que la acción de una fuerza puede ser *transmitida* a lo largo de su línea de acción, está basado en la evidencia experimental; *no puede* ser derivado a partir de las propiedades establecidas hasta ahora en este libro y, por lo tanto, debe ser aceptado como una ley experimental. Sin embargo, como se verá en la sección 16.5, el principio de transmisibilidad puede ser derivado a partir del estudio de la dinámica de los cuerpos rígidos, pero dicho estudio requiere la introducción de la segunda y la tercera leyes de Newton y también algunos otros conceptos. Por consiguiente,

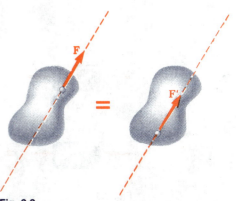

Fig. 3.3

el estudio de la estática de los cuerpos rígidos estará basado en los tres principios que se han presentado hasta ahora, que son: la ley del paralelogramo para la suma de vectores, la primera ley de Newton y el principio de transmisibilidad.

Como se mencionó en el capítulo 2, las fuerzas que actúan en una partícula pueden ser representadas por vectores; esos vectores tienen un punto de aplicación bien definido, la partícula misma y, por consiguiente, serán vectores fijos o adheridos. Sin embargo, en el caso de fuerzas que actúan sobre un cuerpo rígido, el punto de aplicación de una fuerza no es importante, siempre y cuando su línea de acción permanezca inalterada. Por lo tanto, las fuerzas que actúan sobre un cuerpo rígido deben ser representadas por una clase de vector diferente, el *vector deslizante*, puesto que se puede permitir que las fuerzas se deslicen a lo largo de su línea de acción. Se debe señalar, que todas las propiedades que serán derivadas en las siguientes secciones para las fuerzas que actúan sobre un cuerpo rígido serán, en general, válidas para cualquier sistema de *vectores deslizantes*. Sin embargo, para mantener la presentación más intuitiva, ésta se llevará a cabo en términos de fuerzas físicas en lugar de las entidades matemáticas conocidas como vectores deslizantes.

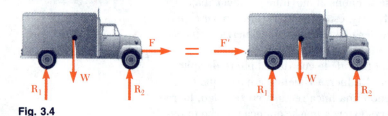

Fig. 3.4

Regresando al ejemplo del camión, en primer lugar se observa que la línea de acción de la fuerza **F** es una línea horizontal que pasa a través de las defensas delantera y trasera del camión (figura 3.4). Por lo tanto, empleando el principio de transmisibilidad se puede remplazar **F** por una *fuerza equivalente* **F'** que actúa sobre la defensa trasera. En otras palabras, las condiciones de movimiento y todas las demás fuerzas externas que actúan sobre el camión (**W**, $\mathbf{R}_1$ y $\mathbf{R}_2$) permanecen inalteradas si los hombres empujan la defensa trasera en lugar de tirar de la defensa delantera.

Sin embargo, el principio de transmisibilidad y el concepto de fuerzas equivalentes tienen limitaciones. Por ejemplo, considere una barra corta AB sobre la cual actúan dos fuerzas axiales iguales y opuestas $\mathbf{P}_1$ y $\mathbf{P}_2$ tal y como se muestra en la figura 3.5a. De acuerdo con el principio de transmisibilidad, la fuerza $\mathbf{P}_2$ puede ser remplazada por una fuerza $\mathbf{P}_2'$ que tiene la misma magnitud, misma dirección y misma línea de acción pero que actúa en A en lugar de B (figura 3.5b). Las fuerzas $\mathbf{P}_1$ y $\mathbf{P}_2'$ que están actuando sobre la misma partícula pue-

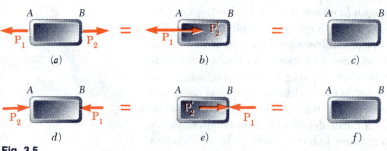

Fig. 3.5

den sumarse siguiendo las reglas del capítulo 2 y, como dichas fuerzas son iguales y opuestas, su suma es igual a cero. Por lo tanto, en términos del comportamiento externo de la barra, el sistema de fuerzas original mostrado en la figura 3.5a es equivalente a que no existiera fuerza alguna actuando sobre la barra (figura. 3.5c).

Considere ahora las dos fuerzas iguales y opuestas **P**₁ y **P**₂ que actúan sobre la barra AB como se muestra en la figura 3.5d. La fuerza **P**₂ puede ser remplazada por una fuerza **P**₂′ que tiene la misma magnitud, misma dirección y misma línea de acción pero actúa en B en lugar de A (figura 3.5e). Entonces, las fuerzas **P**₁ y **P**₂′ pueden sumarse y, nuevamente, su suma es igual a cero (figura 3.5f). Por lo tanto, desde el punto de vista de la mecánica de los cuerpos rígidos, los sistemas mostrados en la figura 3.5a y d son equivalentes. Sin embargo, resulta obvio que las *fuerzas internas* y las *deformaciones* producidas por los dos sistemas son diferentes. La barra de la figura 3.5a está en *tensión* y, si no es absolutamente rígida, se incrementará ligeramente su longitud; la barra de la figura 3.5d está en *compresión* y, si no es absolutamente rígida, disminuirá ligeramente su longitud. De esta forma, aunque el principio de transmisibilidad se puede usar libremente para determinar las condiciones de movimiento o de equilibrio de los cuerpos rígidos y para calcular las fuerzas externas que actúan sobre los mismos, debe evitarse, o, por lo menos, emplearse con cuidado, al momento de determinar fuerzas internas y deformaciones.

3.4. PRODUCTO VECTORIAL DE DOS VECTORES

Para entender mejor el efecto de una fuerza sobre un cuerpo rígido, a continuación se introducirá un nuevo concepto: el concepto de *el momento de una fuerza con respecto a un punto*. Este concepto se podrá entender más fácilmente y podrá aplicarse en una forma más efectiva si primero se agrega a las herramientas matemáticas que se tienen disponibles, el *producto vectorial* de dos vectores.

El producto vectorial de dos vectores **P** y **Q** se define como el vector **V** que satisface las siguientes condiciones:

1. La línea de acción de **V** es perpendicular al plano que contiene a **P** y a **Q** (figura 3.6a).
2. La magnitud de **V** es el producto de las magnitudes de **P** y **Q** con el seno del ángulo θ formado por **P** y **Q** (cuya medida siempre deberá ser menor o igual a 180°); por lo tanto, se tiene

$$V = PQ \text{ sen } \theta \tag{3.1}$$

3. La dirección de **V** se obtiene a partir de la *regla de la mano derecha*. Cierre su mano derecha y manténgala de tal forma que sus dedos estén doblados en el mismo sentido que la rotación a través del ángulo θ que haría al vector **P** colineal con el vector **Q**; entonces, su dedo pulgar indicará la dirección del vector **V** (figura 3.6b). Obsérvese que si **P** y **Q** no tienen un punto de aplicación común, éstos, primero, se deben volver a dibujar a partir del mismo punto. Se dice que los tres vectores **P**, **Q** y **V** —tomados en ese orden— forman una *tríada a derechas*.†

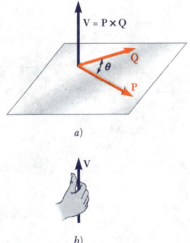

Fig. 3.6

---

† Se debe señalar que los ejes x, y y z utilizados en el capítulo 2 forman un sistema de ejes ortogonales a derechas y que los vectores unitarios **i**, **j** y **k** definidos en la sección 2.12 forman una tríada ortogonal a derechas.

Como se mencionó anteriormente, el vector **V** que satisface estas tres condiciones (las cuales lo definen en forma única) se conoce como el producto vectorial de **P** y **Q** y se representa por la expresión matemática

$$\mathbf{V} = \mathbf{P} \times \mathbf{Q} \tag{3.2}$$

En virtud de la notación utilizada, el producto vectorial de dos vectores **P** y **Q** también se conoce como el *producto cruz* de **P** y **Q**.

A partir de la ecuación (3.1) se concluye que cuando dos vectores **P** y **Q** tienen la misma dirección o direcciones opuestas su producto vectorial es igual a cero. En el caso general, cuando el ángulo θ formado por los dos vectores no es 0° ni 180°, a la ecuación (3.1) se le puede dar una interpretación geométrica simple: La magnitud V del producto vectorial de **P** y **Q** es igual al área del paralelogramo que tiene como lados a **P** y **Q** (figura 3.7). Por lo tanto, el producto vectorial **P** × **Q** permanece inalterado si **Q** se remplaza por un vector **Q**′ que sea coplanar a **P** y **Q** y tal que la línea que une a las partes terminales de **Q** y **Q**′ sea paralela a **P**. Así, se escribe

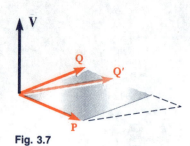

Fig. 3.7

$$\mathbf{V} = \mathbf{P} \times \mathbf{Q} = \mathbf{P} \times \mathbf{Q}' \tag{3.3}$$

A partir de la tercera condición empleada para definir al producto vectorial **V** de **P** y **Q**, esto es, la condición que establece que **P**, **Q** y **V** deben formar una tríada a derechas, se concluye que los productos vectoriales *no son conmutativos*, es decir, **Q** × **P** no es igual a **P** × **Q**. De hecho, se puede verificar fácilmente que **Q** × **P** está representado por el vector −**V**, que es igual y opuesto a **V**. Entonces se escribe

$$\mathbf{Q} \times \mathbf{P} = -(\mathbf{P} \times \mathbf{Q}) \tag{3.4}$$

Ejemplo. Calcúlese el producto vectorial **V** = **P** × **Q** cuando el vector **P** tiene una magnitud de 6 y se encuentra en el plano zx formando un ángulo de 30° con el eje x y el vector **Q** tiene una magnitud de 4 y se encuentra a lo largo del eje x (figura 3.8).

A partir de la definición del producto vectorial se concluye inmediatamente que el vector **V** debe estar a lo largo del eje y, que su magnitud es igual a

$$V = PQ \operatorname{sen} \theta = (6)(4) \operatorname{sen} 30° = 12$$

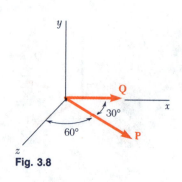

Fig. 3.8

y debe estar dirigido hacia arriba.

Se vio que la propiedad conmutativa no es aplicable en el caso de productos vectoriales. Nos podemos preguntar si la propiedad *distributiva* se cumple, esto es, si la relación

$$\mathbf{P} \times (\mathbf{Q}_1 + \mathbf{Q}_2) = \mathbf{P} \times \mathbf{Q}_1 + \mathbf{P} \times \mathbf{Q}_2 \tag{3.5}$$

es válida. La respuesta es *sí*. Probablemente muchos lectores están dispuestos a aceptar sin demostración formal una respuesta que intuitivamente puede parecer correcta. Sin embargo, dado que toda la estructura del álgebra vectorial y de la estática depende de la relación (3.5), se debe tomar el tiempo necesario para su deducción.

Sin perder la generalidad, se puede suponer que **P** está dirigido a lo largo del eje y (figura 3.9a). Representado **Q** la suma de **Q**$_1$ y **Q**$_2$, se trazan perpendiculares a partir de los extremos terminales de **Q**, **Q**$_1$ y **Q**$_2$ hacia el plano zx, quedando definidos de esta forma los vectores **Q**′, **Q**$_1'$ y **Q**$_2'$. Se hará referencia a estos vectores, respectivamente, como las *proyecciones* de **Q**, **Q**$_1$ y **Q**$_2$ en el plano zx. Recordando la propiedad expresada por la ecuación (3.3), se observa que el término del lado izquierdo de la ecuación (3.5) puede ser remplazado por $\mathbf{P} \times \mathbf{Q}'$ y que, similarmente, los productos vectoriales $\mathbf{P} \times \mathbf{Q}_1$ y $\mathbf{P} \times \mathbf{Q}_2$ del lado derecho pueden ser remplazados, respectivamente, por $\mathbf{P} \times \mathbf{Q}_1'$ y $\mathbf{P} \times \mathbf{Q}_2'$. De esta forma, la relación que debe ser demostrada puede escribirse de la siguiente manera

$$\mathbf{P} \times \mathbf{Q}' = \mathbf{P} \times \mathbf{Q}_1' + \mathbf{P} \times \mathbf{Q}_2' \qquad (3.5')$$

Se observa que $\mathbf{P} \times \mathbf{Q}'$ se puede obtener a partir de $\mathbf{Q}'$ multiplicando a este vector por el escalar P y rotándolo 90° en el plano zx en un sentido contrario al del movimiento de las manecillas del reloj (figura 3.9b); los otros dos

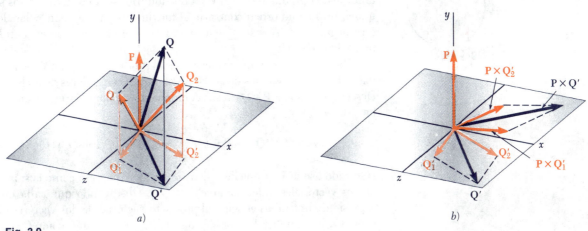

Fig. 3.9

productos vectoriales en (3.5') se pueden obtener en una forma similar a partir de $\mathbf{Q}_1'$ y $\mathbf{Q}_2'$, respectivamente. Ahora, en virtud de que la proyección de un paralelogramo sobre cualquier plano arbitrario es otro paralelogramo, la proyección $\mathbf{Q}'$ de la suma $\mathbf{Q}$ de $\mathbf{Q}_1$ y $\mathbf{Q}_2$ debe ser la suma de las proyecciones $\mathbf{Q}_1'$ y $\mathbf{Q}_2'$ de $\mathbf{Q}_1$ y $\mathbf{Q}_2$ sobre el mismo plano (figura 3.9a). Esta relación entre los tres vectores $\mathbf{Q}'$, $\mathbf{Q}_1'$ y $\mathbf{Q}_2'$ seguirá siendo válida después de que los tres vectores hayan sido multiplicados por el escalar P y hayan sido rotados a través de un ángulo de 90° (figura 3.9b). Por lo tanto, se ha demostrado la relación (3.5') y se puede tener la certeza de que la propiedad distributiva es válida para los productos vectoriales.

Una tercera propiedad, la propiedad asociativa, no es válida para los productos vectoriales; en general, se tiene que

$$(\mathbf{P} \times \mathbf{Q}) \times \mathbf{S} \neq \mathbf{P} \times (\mathbf{Q} \times \mathbf{S}) \qquad (3.6)$$

3.5. PRODUCTOS VECTORIALES EXPRESADOS EN TÉRMINOS DE COMPONENTES RECTANGULARES

A continuación se procederá a determinar el producto vectorial de cualquier par de los vectores unitarios $\mathbf{i}$, $\mathbf{j}$ y $\mathbf{k}$, que fueron definidos en el capítulo 2. Considere primero el producto $\mathbf{i} \times \mathbf{j}$ (figura 3.10a). Como ambos vectores tienen una magnitud igual a 1 y dado que éstos forman ángulos rectos entre sí, su producto vectorial también deberá ser un vector unitario. Dicho vector unitario debe ser $\mathbf{k}$, puesto que los vectores $\mathbf{i}$, $\mathbf{j}$ y $\mathbf{k}$ son mutuamente perpendiculares y forman una tríada a derechas. Por otra parte, a partir de la regla de la mano derecha presentada en el punto 3 de la sección 3.4, se concluye que el producto $\mathbf{j} \times \mathbf{i}$ debe ser igual a $-\mathbf{k}$ (figura 3.10b). Por último, se debe observar que el

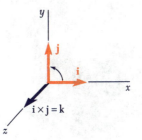

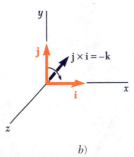

Fig. 3.10

producto vectorial de un vector consigo mismo, tal como $\mathbf{i} \times \mathbf{i}$, es igual a cero dado que ambos vectores tienen la misma dirección. Los productos vectoriales para los diversos pares posibles de vectores unitarios son

$$\begin{array}{lll} \mathbf{i} \times \mathbf{i} = 0 & \mathbf{j} \times \mathbf{i} = -\mathbf{k} & \mathbf{k} \times \mathbf{i} = \mathbf{j} \\ \mathbf{i} \times \mathbf{j} = \mathbf{k} & \mathbf{j} \times \mathbf{j} = 0 & \mathbf{k} \times \mathbf{j} = -\mathbf{i} \\ \mathbf{i} \times \mathbf{k} = -\mathbf{j} & \mathbf{j} \times \mathbf{k} = \mathbf{i} & \mathbf{k} \times \mathbf{k} = 0 \end{array} \quad (3.7)$$

Fig. 3.11

Ordenando las tres letras que representan a los vectores unitarios en un círculo en sentido contrario al del movimiento de las manecillas del reloj (figura 3.11), se puede facilitar la determinación del signo del producto vectorial de dos vectores unitarios: el producto de dos vectores unitarios será positivo si éstos se siguen uno al otro en un orden contrario al movimiento de las manecillas del reloj y será negativo si éstos se siguen uno al otro en un orden en el sentido de las manecillas del reloj.

Ahora se puede expresar fácilmente el producto vectorial $\mathbf{V}$ de dos vectores dados $\mathbf{P}$ y $\mathbf{Q}$ en términos de las componentes rectangulares de dichos vectores. Descomponiendo a $\mathbf{P}$ y $\mathbf{Q}$ en sus componentes rectangulares, primero se escribe

$$\mathbf{V} = \mathbf{P} \times \mathbf{Q} = (P_x\mathbf{i} + P_y\mathbf{j} + P_z\mathbf{k}) \times (Q_x\mathbf{i} + Q_y\mathbf{j} + Q_z\mathbf{k})$$

Haciendo uso de la propiedad distributiva, $\mathbf{V}$ se expresa como la suma de productos vectoriales, tales como $P_x\mathbf{i} \times Q_y\mathbf{j}$. Observando que cada una de las expresiones obtenidas es igual al producto vectorial de dos vectores unitarios, como $\mathbf{i} \times \mathbf{j}$, multiplicados por el producto de dos escalares, como P_xQ_y, y recordando las identidades (3.7), después de factorizar a $\mathbf{i}$, $\mathbf{j}$ y $\mathbf{k}$, se obtiene,

$$\mathbf{V} = (P_yQ_z - P_zQ_y)\mathbf{i} + (P_zQ_x - P_xQ_z)\mathbf{j} + (P_xQ_y - P_yQ_x)\mathbf{k} \quad (3.8)$$

Por lo tanto, se encuentra que las componentes rectangulares del producto vectorial $\mathbf{V}$ están dadas por

$$\begin{aligned} V_x &= P_yQ_z - P_zQ_y \\ V_y &= P_zQ_x - P_xQ_z \\ V_z &= P_xQ_y - P_yQ_x \end{aligned} \quad (3.9)$$

Regresando a la ecuación (3.8), se observa que el término del lado derecho representa el desarrollo de un determinante. Por lo tanto, el producto vectorial $\mathbf{V}$ puede expresarse de la siguiente forma, que es más sencilla de memorizar:†

$$\mathbf{V} = \begin{vmatrix} \mathbf{i} & \mathbf{j} & \mathbf{k} \\ P_x & P_y & P_z \\ Q_x & Q_y & Q_z \end{vmatrix} \quad (3.10)$$

† Cualquier determinante que conste de tres renglones y tres columnas se puede evaluar repitiendo la primera y la segunda columnas, y formando productos a lo largo de cada línea diagonal. Entonces, la suma de los productos obtenidos a lo largo de las líneas rojas se resta de la suma de los productos obtenidos a lo largo de las líneas negras.

3.6. MOMENTO DE UNA FUERZA CON RESPECTO A UN PUNTO

Considere una fuerza **F** que actúa sobre un cuerpo rígido (figura 3.12a). Como se sabe, la fuerza **F** está representada por un vector que define su magnitud y su dirección. Sin embargo, el efecto de la fuerza sobre el cuerpo rígido también depende de su punto de aplicación A. La posición de A puede definirse de una manera conveniente por medio del vector **r** que une al punto de referencia fijo O con A; a este vector se le conoce como el *vector de posición* de A.† El vector de posición **r** y la fuerza **F** definen el plano mostrado en la figura 3.12a.

El *momento de* **F** *con respecto a O* se define como el producto vectorial de **r** y **F** de la siguiente manera:

$$\mathbf{M}_O = \mathbf{r} \times \mathbf{F} \tag{3.11}$$

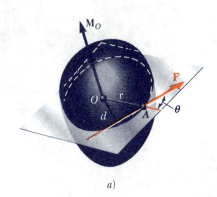

De acuerdo con la definición del producto vectorial dada en la sección 3.4, el momento $\mathbf{M}_O$ debe de ser perpendicular al plano que contiene al punto O y a la fuerza **F**. El sentido de $\mathbf{M}_O$ está definido por el sentido de la rotación que haría al vector **r** colineal con el vector **F**; un observador localizado en el extremo de $\mathbf{M}_O$ ve a esta rotación como una rotación en sentido *contrario al movimiento de las manecillas del reloj*. Otra forma de definir al sentido de $\mathbf{M}_O$ se logra por medio de la regla de la mano derecha: cierre su mano derecha y manténgala de tal forma que sus dedos estén doblados en el mismo sentido de la rotación que **F** le impartiría al cuerpo rígido alrededor de un eje fijo dirigido a lo largo de la línea de acción de $\mathbf{M}_O$; su dedo pulgar indicará el sentido del momento $\mathbf{M}_O$ (figura 3.12b).

Fig. 3.12

Finalmente, representando por θ al ángulo entre las líneas de acción del vector de posición **r** y la fuerza **F**, se encuentra que la magnitud del momento de **F** con respecto a O está dada por

$$M_O = rF \operatorname{sen} \theta = Fd \tag{3.12}$$

donde d representa la distancia perpendicular desde O hasta la línea de acción de **F**. En virtud de que la tendencia de la fuerza **F** a hacer girar al cuerpo rígido alrededor de un eje fijo perpendicular a la fuerza depende, tanto de la distancia de **F** a dicho eje como de la magnitud de **F**, se observa que *la magnitud de* $\mathbf{M}_O$ *mide la tendencia de la fuerza* **F** *a hacer rotar al cuerpo rígido alrededor de un eje fijo dirigido a lo largo de* $\mathbf{M}_O$.

En el sistema de unidades del SI, donde la fuerza se expresa en newtons (N) y la distancia se expresa en metros (m), el momento de una fuerza estará expresado en newtons-metro (N · m). En el sistema de unidades de uso común en Estados Unidos, donde la fuerza se expresa en libras y la distancia se expresa en pies o pulgadas, el momento de una fuerza se expresa en lb · ft o en lb · in.

Se puede observar que a pesar de que el momento $\mathbf{M}_O$ de una fuerza con respecto a un punto depende de la magnitud, la línea de acción y el sentido de la fuerza, dicho momento *no* depende de la posición que tiene el punto de aplicación de la fuerza a lo largo de su línea de acción. Consecuentemente, el momento $\mathbf{M}_O$ de una fuerza **F** no caracteriza a la posición del punto de aplicación de **F**.

---

† Se puede comprobar fácilmente que los vectores de posición obedecen la ley de la suma de vectores y, por lo tanto, realmente son vectores. Considérense, por ejemplo, los vectores de posición **r** y **r′** de A con respecto a dos puntos de referencia O y O′ y al vector de posición **s** de O con respecto a O′ (figura 3.40a, sección 3.16). Se comprueba que el vector de posición $\mathbf{r'} = \overrightarrow{O'A}$ puede obtenerse a partir de los vectores de posición $\mathbf{s} = \overrightarrow{O'O}$ y $\mathbf{r} = \overrightarrow{OA}$ aplicando la regla del triángulo para la suma de vectores.

Sin embargo, como se verá a continuación, el momento $\mathbf{M}_O$ de una fuerza $\mathbf{F}$ de magnitud y dirección conocidas *define completamente a la línea de acción de* $\mathbf{F}$. Además, la línea de acción de $\mathbf{F}$ debe estar en un plano que pasa por el punto O y perpendicular al momento $\mathbf{M}_O$. La distancia d medida desde O hasta la línea de acción de la fuerza debe ser igual al cociente de las magnitudes de $\mathbf{M}_O$ y $\mathbf{F}$, esto es, debe ser igual a M_O/F. El sentido de $\mathbf{M}_O$ determinará de qué lado del punto O debe trazarse la línea de acción de $\mathbf{F}$.

Recuérdese, la sección 3.3, donde se señala que el principio de transmisibilidad establece que dos fuerzas $\mathbf{F}$ y $\mathbf{F}'$ son equivalentes (esto es, tienen el mismo efecto sobre el cuerpo rígido) si tienen la misma magnitud, la misma dirección y la misma línea de acción. Este principio se puede expresar ahora de la siguiente forma: *dos fuerzas $\mathbf{F}$ y $\mathbf{F}'$ son equivalentes si, y sólo si, son iguales* (es decir, tienen la misma magnitud y la misma dirección) *y*, *además*, *tienen momentos iguales con respecto a un punto O*. Las condiciones necesarias y suficientes para que dos fuerzas $\mathbf{F}$ y $\mathbf{F}'$ sean equivalentes son

$$\mathbf{F} = \mathbf{F}' \quad \text{y} \quad \mathbf{M}_O = \mathbf{M}'_O \tag{3.13}$$

Debe señalarse que el enunciado anterior implica que si las relaciones (3.13) se cumplen para un cierto punto O, también se cumplirán para cualquier otro punto.

Problemas en dos dimensiones.
Muchas aplicaciones tratan con estructuras bidimensionales, es decir, estructuras cuyo espesor es despreciable en comparación con su longitud y su anchura, las cuales están sujetas a fuerzas contenidas en el mismo plano de tales estructuras. Dichas estructuras bidimensionales y las fuerzas que actúan sobre ellas pueden representarse fácilmente sobre una hoja de papel o sobre una pizarra. Por lo tanto, su análisis es mucho más simple que el correspondiente al caso de las estructuras y fuerzas tridimensionales.

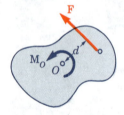
a) $M_O = + Fd$
Fig. 3.13

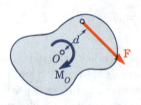
b) $M_O = - Fd$

Considere, por ejemplo, una placa rígida sobre la que actúa una fuerza $\mathbf{F}$ (figura 3.13). El momento de $\mathbf{F}$ con respecto a un punto O seleccionado en el plano de la figura está representado por el vector $\mathbf{M}_O$ de magnitud Fd, que es perpendicular a dicho plano. En la figura 3.13a el vector $\mathbf{M}_O$ apunta hacia *afuera del* plano del papel, mientras que en la figura 3.13b éste apunta hacia *adentro del* plano del papel. Como se observa en la figura, en el primer caso, la fuerza de la figura 3.13a tiende a hacer rotar a la placa en un sentido contrario al movimiento de las manecillas del reloj mientras que, en el segundo caso, la fuerza de la figura 3.13b tiende a hacer rotar a la placa en el sentido del movimiento de las manecillas del reloj. Por consiguiente, es natural referirse al sentido del momento $\mathbf{F}$ con respecto a O en la figura 3.13a como opuesto al del movimiento de las manecillas del reloj ↺, y en la figura 3.13b como siguiendo en la dirección del movimiento de las manecillas del reloj ↻.

Puesto que el momento de la fuerza $\mathbf{F}$ que actúa en el plano de la figura debe ser perpendicular a dicho plano, únicamente se necesita especificar la *magnitud* y el *sentido* del momento de $\mathbf{F}$ con respecto a O. Esto se puede hacer asignándole a la magnitud M_O del momento un signo positivo o negativo, según el vector $\mathbf{M}_O$ apunte hacia afuera o hacia adentro del plano del papel.

3.7. TEOREMA DE VARIGNON

La propiedad distributiva de los productos vectoriales se puede emplear para determinar el momento de la resultante de varias *fuerzas concurrentes*. Si las fuerzas $\mathbf{F}_1$, $\mathbf{F}_2$, ... actúan en el mismo punto A (figura 3.14) y si se representa por $\mathbf{r}$ al vector de posición de A a partir de la ecuación (3.5) de la sección 3.4 se puede concluir que

$$\mathbf{r} \times (\mathbf{F}_1 + \mathbf{F}_2 + \cdots) = \mathbf{r} \times \mathbf{F}_1 + \mathbf{r} \times \mathbf{F}_2 + \cdots \quad (3.14)$$

Es decir, *el momento con respecto a un punto dado O de la resultante de varias fuerzas concurrentes es igual a la suma de los momentos de las distintas fuerzas con respecto al mismo punto O*. Esta propiedad la descubrió el matemático francés Varignon (1654-1722) mucho antes de inventarse el álgebra vectorial, por lo que se le conoce como el *teorema de Varignon*.

La relación (3.14) permite remplazar el cálculo directo del momento de una fuerza $\mathbf{F}$ por el cálculo de los momentos de dos o más fuerzas componentes. Como se verá en la siguiente sección, la fuerza $\mathbf{F}$ será descompuesta en sus componentes paralelas a los ejes coordenados. Sin embargo, será mucho más rápido en algunos casos descomponer a $\mathbf{F}$ en componentes no paralelas a los ejes coordenados (véase el problema resuelto 3.3).

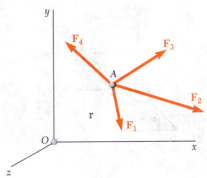
Fig. 3.14

3.8. COMPONENTES RECTANGULARES DEL MOMENTO DE UNA FUERZA

En general, el cálculo del momento de una fuerza en el espacio se simplifica considerablemente si el vector de fuerza y el vector de posición a partir de su punto de aplicación se descomponen en sus componentes rectangulares x, y y z. Por ejemplo, considere, el momento $\mathbf{M}_O$, con respecto a O, de una fuerza $\mathbf{F}$ de componentes F_x, F_y y F_z que está aplicada en el punto A de coordenadas x, y y z (figura 3.15). Observando que las componentes del vector de posición $\mathbf{r}$ son iguales, respectivamente, a las coordenadas x, y y z del punto A, se puede escribir que

$$\mathbf{r} = x\mathbf{i} + y\mathbf{j} + z\mathbf{k} \quad (3.15)$$
$$\mathbf{F} = F_x\mathbf{i} + F_y\mathbf{j} + F_z\mathbf{k} \quad (3.16)$$

Sustituyendo a $\mathbf{r}$ y a $\mathbf{F}$ a partir de (3.15) y (3.16) en

$$\mathbf{M}_O = \mathbf{r} \times \mathbf{F} \quad (3.11)$$

y recordando los resultados obtenidos en la sección 3.5, se puede escribir el momento $\mathbf{M}_O$ de $\mathbf{F}$ con respecto a O de la siguiente forma

$$\mathbf{M}_O = M_x\mathbf{i} + M_y\mathbf{j} + M_z\mathbf{k} \quad (3.17)$$

donde las componentes escalares M_x, M_y y M_z están definidas por las relaciones

$$\begin{aligned} M_x &= yF_z - zF_y \\ M_y &= zF_x - xF_z \\ M_z &= xF_y - yF_x \end{aligned} \quad (3.18)$$

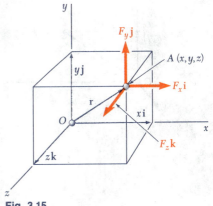
Fig. 3.15

82 Cuerpos rígidos: Sistemas equivalentes de fuerzas

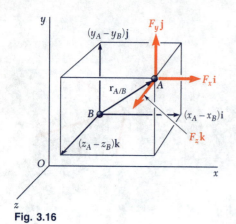
Fig. 3.16

Como se verá en la sección 3.11, las componentes escalares M_x, M_y y M_z del momento $\mathbf{M}_O$ miden la tendencia de la fuerza $\mathbf{F}$ de impartirle a un cuerpo rígido un movimiento de rotación alrededor de los ejes x, y y z, respectivamente. Sustituyendo (3.18) en (3.17), también puede escribirse a $\mathbf{M}_O$ en forma de determinante

$$\mathbf{M}_O = \begin{vmatrix} \mathbf{i} & \mathbf{j} & \mathbf{k} \\ x & y & z \\ F_x & F_y & F_z \end{vmatrix} \qquad (3.19)$$

Para calcular el momento $\mathbf{M}_B$ de una fuerza $\mathbf{F}$ aplicada en A con respecto a un punto arbitrario B (figura 3.16), se debe remplazar al vector de posición $\mathbf{r}$ en la ecuación (3.11) por un vector trazado desde B hasta A. Este vector es el *vector de posición de A relativo a B* y se representa por $\mathbf{r}_{A/B}$. Se observa que $\mathbf{r}_{A/B}$ se puede obtener restando $\mathbf{r}_B$ de $\mathbf{r}_A$; por lo tanto, se puede escribir que

$$\mathbf{M}_B = \mathbf{r}_{A/B} \times \mathbf{F} = (\mathbf{r}_A - \mathbf{r}_B) \times \mathbf{F} \qquad (3.20)$$

o bien, en forma de determinante

$$\mathbf{M}_B = \begin{vmatrix} \mathbf{i} & \mathbf{j} & \mathbf{k} \\ x_{A/B} & y_{A/B} & z_{A/B} \\ F_x & F_y & F_z \end{vmatrix} \qquad (3.21)$$

donde $x_{A/B}, y_{A/B}$ y $z_{A/B}$ representan a las componentes del vector $\mathbf{r}_{A/B}$:

$$x_{A/B} = x_A - x_B \qquad y_{A/B} = y_A - y_B \qquad z_{A/B} = z_A - z_B$$

En el caso de *problemas en dos dimensiones*, se puede suponer que la fuerza $\mathbf{F}$ está contenida en el plano xy (figura 3.17). Haciendo $z = 0$ y $F_z = 0$ en las relaciones (3.19), se tiene que

$$\mathbf{M}_O = (xF_y - yF_x)\mathbf{k}$$

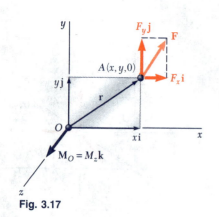
Fig. 3.17

Con esto se verifica que el momento de $\mathbf{F}$ con respecto a O es perpendicular al plano de la figura y que está completamente definido por el escalar

$$M_O = M_z = xF_y - yF_x \qquad (3.22)$$

Como se mencionó anteriormente, un valor positivo de M_O indica que el vector $\mathbf{M}_O$ apunta hacia afuera del plano del papel (la fuerza $\mathbf{F}$ tiende a hacer rotar al cuerpo con respecto a O en un sentido contrario al movimiento de las manecillas del reloj) y un valor negativo indica que el vector $\mathbf{M}_O$ apunta hacia adentro del plano del papel (la fuerza $\mathbf{F}$ tiende a hacer rotar al cuerpo con respecto a O en el sentido de las manecillas del reloj).

Para calcular el momento con respecto a un punto B de coordenadas $(x_B, y_B,)$ de una fuerza contenida en el plano xy, aplicada en el punto A de coordenadas (x_A, y_A) (figura 3.18), se hace $z_{A/B} = 0$ y $F_z = 0$ en las relaciones (3.21) y se comprueba que el vector $\mathbf{M}_B$ es perpendicular al plano xy y está definido en magnitud y sentido por su componente escalar

$$M_B = (x_A - x_B)F_y - (y_A - y_B)F_x \qquad (3.23)$$

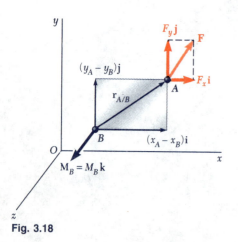
Fig. 3.18

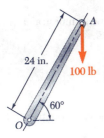

PROBLEMA RESUELTO 3.1

Una fuerza vertical de 100 lb se aplica en el extremo de una palanca que está unid[a] a una flecha en el punto O. Determine: a) el momento de la fuerza de 100 lb c[on] respecto a O, b) la fuerza horizontal aplicada en A que origina el mismo momen[to] con respecto a O, c) la mínima fuerza aplicada en A que origina el mismo momen[to] con respecto a O, d) que tan lejos de la flecha debe actuar una fuerza vertical de 2[40] lb para originar el mismo momento con respecto a O y e) si alguna de las fuerz[as] obtenidas en los incisos b, c y d es equivalente a la fuerza original.

SOLUCIÓN

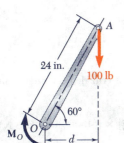

***a*. Momento con respecto a *O*.** La distancia perpendicular desde O hasta la línea de acción de la fuerza de 100 lb es

$$d = (24 \text{ in.}) \cos 60° = 12 \text{ in.}$$

La magnitud del momento de la fuerza de 100 lb con respecto a O es igual a

$$M_O = Fd = (100 \text{ lb})(12 \text{ in.}) = 1200 \text{ lb} \cdot \text{in.}$$

Como la fuerza tiende a hacer rotar a la palanca alrededor de O en el sentido de las manecillas del reloj, el momento será representado por un vector $\mathbf{M}_O$ perpendicular al plano de la figura y que apunta hacia *adentro* del plano del papel. Este hecho se expresa escribiendo

$$\mathbf{M}_O = 1200 \text{ lb} \cdot \text{in.} \downarrow \quad \blacktriangleleft$$

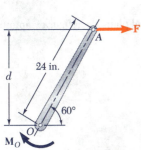

***b*. Fuerza horizontal.** En este caso, se tiene que

$$d = (24 \text{ in.}) \text{ sen } 60° = 20.8 \text{ in.}$$

Como el momento con respecto a O debe ser igual a 1200 lb · in., se escribe
$$M_O = Fd$$
$$1200 \text{ lb} \cdot \text{in.} = F(20.8 \text{ in.})$$
$$F = 57.7 \text{ lb} \qquad \mathbf{F} = 57.7 \text{ lb} \rightarrow \quad \blacktriangleleft$$

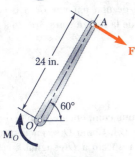

***c*. Fuerza mínima.** Como $M_O = Fd$, el mínimo valor de F se obtiene cuando d es máximo. Se selecciona a la fuerza perpendicular a OA y se observa que $d = 24$ in.; entonces

$$M_O = Fd$$
$$1200 \text{ lb} \cdot \text{in.} = F(24 \text{ in.})$$
$$F = 50 \text{ lb} \qquad \mathbf{F} = 50 \text{ lb} \measuredangle 30° \quad \blacktriangleleft$$

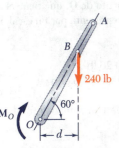

***d*. Fuerza vertical de 240 lb.** En este caso, $M_O = Fd$ proporciona la siguiente relación

$$1200 \text{ lb} \cdot \text{in.} = (240 \text{ lb})d \qquad d = 5 \text{ in.}$$
$$OB \cos 60° = d \qquad\qquad OB = 10 \text{ in.} \quad \blacktriangleleft$$

pero

e. Ninguna de las fuerzas consideradas en los incisos b, c y d es equivalente a la fuerza original de 100 lb. A pesar de que estas fuerzas tienen el mismo momento con respecto a O, sus componentes en x y y son diferentes. En otras palabras, a pesar de que cada una de las fuerzas tiende a hacer rotar a la flecha de la misma forma, cada una ocasiona que la palanca tire de la flecha en una forma distinta.

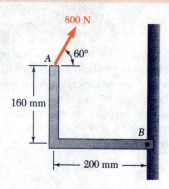

PROBLEMA RESUELTO 3.2

Una fuerza de 800 N actúa sobre la ménsula como se muestra en la figura. Determine el momento de la fuerza con respecto a B.

SOLUCIÓN

El momento $\mathbf{M}_B$ de la fuerza $\mathbf{F}$ con respecto a B se obtiene a través del producto vectorial

$$\mathbf{M}_B = \mathbf{r}_{A/B} \times \mathbf{F}$$

donde $\mathbf{r}_{A/B}$ es el vector trazado desde B hasta A. Descomponiendo a $\mathbf{r}_{A/B}$ y a $\mathbf{F}$ en sus componentes rectangulares, se tiene que

$$\mathbf{r}_{A/B} = -(0.2 \text{ m})\mathbf{i} + (0.16 \text{ m})\mathbf{j}$$
$$\mathbf{F} = (800 \text{ N}) \cos 60° \mathbf{i} + (800 \text{ N}) \operatorname{sen} 60° \mathbf{j}$$
$$= (400 \text{ N})\mathbf{i} + (693 \text{ N})\mathbf{j}$$

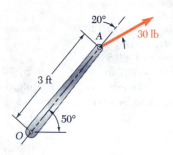

Recordando las relaciones (3.7) para los productos cruz de los vectores unitarios (sección 3.5) se obtiene

$$\mathbf{M}_B = \mathbf{r}_{A/B} \times \mathbf{F} = [-(0.2 \text{ m})\mathbf{i} + (0.16 \text{ m})\mathbf{j}] \times [(400 \text{ N})\mathbf{i} + (693 \text{ N})\mathbf{j}]$$
$$= -(138.6 \text{ N}\cdot\text{m})\mathbf{k} - (64.0 \text{ N}\cdot\text{m})\mathbf{k}$$
$$= -(202.6 \text{ N}\cdot\text{m})\mathbf{k} \qquad \mathbf{M}_B = 203 \text{ N}\cdot\text{m} \downarrow \blacktriangleleft$$

El momento $\mathbf{M}_B$ es un vector perpendicular al plano de la figura y apunta *hacia adentro* del plano del papel.

PROBLEMA RESUELTO 3.3

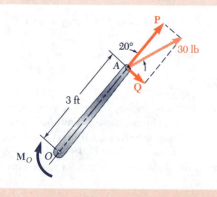

Una fuerza de 30 lb actúa sobre el extremo de una palanca de 3 ft como se muestra en la figura. Determine el momento de la fuerza con respecto a O.

SOLUCIÓN

La fuerza se remplaza por dos componentes, una componente $\mathbf{P}$ en la dirección de OA y otra componente $\mathbf{Q}$ perpendicular a OA. Como O se encuentra en la línea de acción de $\mathbf{P}$, el momento de $\mathbf{P}$ con respecto a O es igual a cero y el momento de la fuerza de 30 lb se reduce al momento de $\mathbf{Q}$, que tiene el sentido de las manecillas del reloj y, por consiguiente, se representa por un escalar negativo.

$$Q = (30 \text{ lb}) \operatorname{sen} 20° = 10.26 \text{ lb}$$
$$M_O = -Q(3 \text{ ft}) = -(10.26 \text{ lb})(3 \text{ ft}) = -30.8 \text{ lb}\cdot\text{ft}$$

Como el valor obtenido para el escalar M_O es negativo, el momento $\mathbf{M}_O$ apunta *hacia adentro* del plano del papel. Así, se escribe

$$\mathbf{M}_O = 30.8 \text{ lb}\cdot\text{ft} \downarrow \blacktriangleleft$$

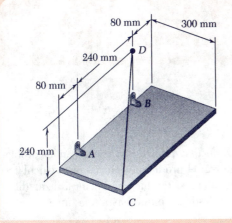

PROBLEMA RESUELTO 3.4

Una placa rectangular está apoyada por ménsulas en A y B y por un alambre CD. Sabiendo que la tensión en el alambre es de 200 N, determine el momento con respecto a A de la fuerza ejercida por el alambre en el punto C.

SOLUCIÓN

El momento $\mathbf{M}_A$, con respecto a A, de la fuerza $\mathbf{F}$ ejercida por el alambre en el punto C se obtiene a partir del producto vectorial

$$\mathbf{M}_A = \mathbf{r}_{C/A} \times \mathbf{F} \tag{1}$$

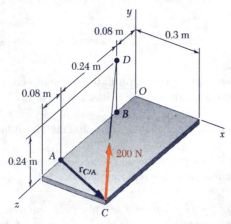

donde $\mathbf{r}_{C/A}$ es el vector trazado desde A hasta C

$$\mathbf{r}_{C/A} = \overrightarrow{AC} = (0.3 \text{ m})\mathbf{i} + (0.08 \text{ m})\mathbf{k} \tag{2}$$

y $\mathbf{F}$ es la fuerza de 200 N dirigida a lo largo de CD. Introduciendo el vector unitario $\boldsymbol{\lambda} = \overrightarrow{CD}/CD$, se escribe

$$\mathbf{F} = F\boldsymbol{\lambda} = (200 \text{ N})\frac{\overrightarrow{CD}}{CD} \tag{3}$$

Descomponiendo al vector $\overrightarrow{CD}$ en sus componentes rectangulares, se tiene

$$\overrightarrow{CD} = -(0.3 \text{ m})\mathbf{i} + (0.24 \text{ m})\mathbf{j} - (0.32 \text{ m})\mathbf{k} \qquad CD = 0.50 \text{ m}$$

Sustituyendo este resultado en (3), se obtiene

$$\mathbf{F} = \frac{200 \text{ N}}{0.50 \text{ m}}[-(0.3 \text{ m})\mathbf{i} + (0.24 \text{ m})\mathbf{j} - (0.32 \text{ m})\mathbf{k}]$$
$$= -(120 \text{ N})\mathbf{i} + (96 \text{ N})\mathbf{j} - (128 \text{ N})\mathbf{k} \tag{4}$$

Sustituyendo $\mathbf{r}_{C/A}$ y $\mathbf{F}$ en la ecuación (1), a partir de las ecuaciones (2) y (4) y recordando las relaciones (3.7) de la sección 3.5, se obtiene

$$\mathbf{M}_A = \mathbf{r}_{C/A} \times \mathbf{F} = (0.3\mathbf{i} + 0.08\mathbf{k}) \times (-120\mathbf{i} + 96\mathbf{j} - 128\mathbf{k})$$
$$= (0.3)(96)\mathbf{k} + (0.3)(-128)(-\mathbf{j}) + (0.08)(-120)\mathbf{j} + (0.08)(96)(-\mathbf{i})$$
$$\mathbf{M}_A = -(7.68 \text{ N}\cdot\text{m})\mathbf{i} + (28.8 \text{ N}\cdot\text{m})\mathbf{j} + (28.8 \text{ N}\cdot\text{m})\mathbf{k} \blacktriangleleft$$

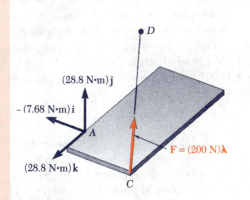

Solución alternativa. Como se mencionó en la sección 3.8, el momento $\mathbf{M}_A$ puede ser expresado en forma de determinante:

$$\mathbf{M}_A = \begin{vmatrix} \mathbf{i} & \mathbf{j} & \mathbf{k} \\ x_C - x_A & y_C - y_A & z_C - z_A \\ F_x & F_y & F_z \end{vmatrix} = \begin{vmatrix} \mathbf{i} & \mathbf{j} & \mathbf{k} \\ 0.3 & 0 & 0.08 \\ -120 & 96 & -128 \end{vmatrix}$$

$$\mathbf{M}_A = -(7.68 \text{ N}\cdot\text{m})\mathbf{i} + (28.8 \text{ N}\cdot\text{m})\mathbf{j} + (28.8 \text{ N}\cdot\text{m})\mathbf{k} \blacktriangleleft$$

PROBLEMAS PARA RESOLVER EN FORMA INDEPENDIENTE

En está lección se presentó el *producto vectorial* o *producto cruz* de dos vectores. En los problemas que se encuentran a continuación, se puede utilizar el producto vectorial para calcular *el momento de una fuerza con respecto a un punto* y, además, también se puede utilizar dicho producto para determinar la *distancia perpendicular* desde un punto hasta una línea.

El momento de una fuerza **F** con respecto al punto O de un cuerpo rígido se definió como

$$\mathbf{M}_O = \mathbf{r} \times \mathbf{F} \qquad (3.11)$$

donde **r** es el vector de posición que va *desde O hasta cualquier punto* sobre la línea de acción de **F**. Como el producto vectorial no es conmutativo, cuando se calcula un producto de este tipo es absolutamente necesario colocar a los vectores en el orden apropiado y que cada uno de dichos vectores tenga el sentido correcto. El momento $\mathbf{M}_O$ es importante puesto que su magnitud es una medida de la tendencia de la fuerza **F** para hacer que el cuerpo rígido rote alrededor de un eje dirigido a lo largo de $\mathbf{M}_O$.

1. *Cálculo del momento M_O de una fuerza en dos dimensiones.* Se puede emplear uno de los siguientes procedimientos:

   a. Usar la ecuación (3.12), $M_O = Fd$, la cual expresa la magnitud del momento como el producto de la magnitud de **F** y la *distancia perpendicular d* desde O hasta la línea de acción de **F** [problema resuelto 3.1].

   b. Expresar a **r** y **F** en términos de sus componentes y evaluar formalmente el producto vectorial $\mathbf{M}_O = \mathbf{r} \times \mathbf{F}$ [problema resuelto 3.2].

   c. Descomponer **F** en sus componentes paralela y perpendicular al vector de posición **r**, respectivamente. Sólo la componente perpendicular contribuye al momento de **F** [problema resuelto 3.3].

   d. Usar la ecuación (3.22), $M_O = M_z = xF_y - yF_x$. Cuando se aplica este método, el enfoque más simple consiste en tratar a las componentes escalares de **r** y **F** como si fueran positivas y, después, asignar por inspección el signo apropiado al momento producido por cada componente de la fuerza. Por ejemplo, aplicando este método para resolver el problema resuelto 3.2, se observa que ambas componentes de la fuerza tienden a ocasionar una rotación en el sentido del movimiento de las manecillas del reloj alrededor del punto B. Por lo tanto, el momento de cada fuerza con respecto a B debe ser representado por un escalar negativo. Entonces, se tiene que el momento total está dado por

$$M_B = -(0.16 \text{ m})(400 \text{ N}) - (0.20 \text{ m})(693 \text{ N}) = -202.6 \text{ N} \cdot \text{m}$$

2. *Cálculo del momento $\mathbf{M}_O$ de una fuerza **F** en tres dimensiones.* Siguiendo el método del problema resuelto 3.4, el primer paso del proceso consiste en seleccionar al vector de posición **r** que sea el más conveniente (el más simple). Después, se debe expresar a **F** en términos de sus componentes rectangulares. El último paso consiste en evaluar el producto vectorial $\mathbf{r} \times \mathbf{F}$ para determinar el momento. En la mayoría de los problemas tridimensionales se encontrará que es más fácil calcular el producto vectorial utilizando la forma de determinante.

3. *Determinación de la distancia perpendicular d desde un punto A hasta una línea dada.* Primero asuma que la fuerza **F** de magnitud conocida F se encuentra a lo largo de la línea dada. Después, determine su momento con respecto a. A formando el producto vectorial $\mathbf{M}_A = \mathbf{r} \times \mathbf{F}$ y calculándolo como se indicó anteriormente. Entonces, calcule su magnitud M_A. Por último, sustituya los valores de F y M_A en la ecuación $M_A = Fd$ y resuelva para d.

Problemas

3.1 El pedal para un sistema neumático se articula en B. Sabiendo que $\alpha = 28°$, determine el momento de la fuerza de 16 N con respecto al punto B descomponiendo la fuerza en sus componentes horizontal y vertical.

3.2 El pedal para un sistema neumático se articula en B. Sabiendo que $\alpha = 28°$, determine el momento de la fuerza de 16 N con respecto al punto B, descomponiendo la fuerza en sus componentes a lo largo de ABC y en dirección perpendicular a ABC.

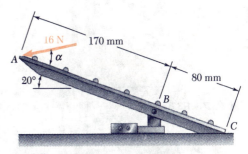

Fig. P3.1 y P3.2

3.3 Una fuerza **P** de 8 lb se aplica a la palanca de cambios mostrada en la figura. Determine el momento de **P** con respecto a B cuando es igual a 25°.

3.4 Para la palanca de cambios mostrada, determine la mínima magnitud de **P**, y su dirección si su momento con respecto a B es de 210 lb · in en el sentido del movimiento de las manecillas del reloj.

3.5 Se aplica una fuerza **P** de 11 lb a la palanca de cambios mostrada en la figura. Si la magnitud del momento de **P** con respecto a B es de 250 lb · in en el sentido del movimiento de las manecillas del reloj. Determine el valor de α.

3.6 Una fuerza vertical de 200 lb es necesaria para remover, de la tabla mostrada, el clavo que está en C. Un instante antes de que el clavo comience a moverse, determine: a) el momento con respecto a B de la fuerza ejercida sobre el clavo, b) la magnitud de la fuerza **P** que genera el mismo valor del momento con respecto a B si $\alpha = 10°$ y c) la fuerza **P** mínima que genera el mismo momento con respecto a B.

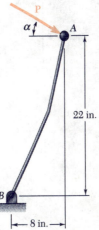

Fig. P3.3, P3.4 y P3.5

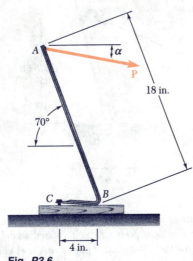

Fig. P3.6

87

3.7 Una caja de madera de 80 kg de masa se sostiene en la posición mostrada en la figura. Determine: *a*) el momento con respecto a *E* ocasionado por el peso **W** de la caja de madera y *b*) la fuerza mínima aplicada en *B* que produce un momento con respecto a *E* de igual magnitud y de sentido opuesto.

3.8 Una caja de madera de 80 kg de masa se sostiene en la posición mostrada en la figura. Determine: *a*) el momento con respecto a *E* ocasionado por el peso **W** de la caja de madera, *b*) la fuerza mínima aplicada en *A* que produce un momento con respecto a *E* de igual magnitud y de sentido opuesto y *c*) la magnitud, sentido y el punto de aplicación de la mínima fuerza vertical sobre la parte inferior de la caja de madera que produce un momento con respecto a *E* de igual magnitud y sentido opuesto.

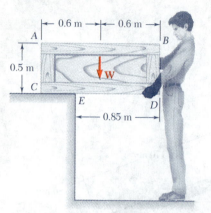

Fig. P3.7 y P3.8

3.9 y 3.10 La ventanilla trasera de un carro se mantiene levantada mediante un amortiguador *BC*. Si se ejerce una fuerza de 125 lb para levantar a la ventanilla y si su línea de acción pasa por el soporte de rótula en *B*, determine el momento de la fuerza con respecto a *A*.

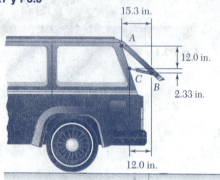

Fig. P3.9

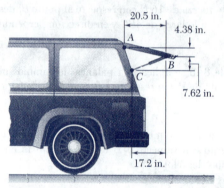

Fig. P3.10

3.11 Un tensor *AB* se usa para tensar cables a un poste. Sabiendo que la tensión en el cable *BC* es de 1 040 N y que la longitud *d* es de 1.90 m, determine el momento con respecto al punto *D*, de la fuerza ejercida por el cable en *C* mediante la descomposición en sus componentes horizontal y vertical de la fuerza aplicada en: *a*) el punto *C* y *b*) el punto *E*.

3.12 Se debe aplicar una fuerza que produzca un momento de 960 N · m con respecto a *D* para tensar el cable al poste *CD*. Si *d* = 2.80 m, determine la tensión que se debe desarrollar en el cable del tensor *AB* para generar el valor del momento producido con respecto a *D*.

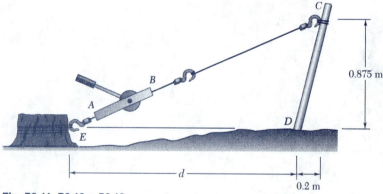

Fig. P3.11, P3.12 y *P3.13*

3.13 Se debe aplicar una fuerza que produzca un momento de 960 N · m con respecto a *D* para tensar el cable al poste *CD*. Si la capacidad del tensor *AB* es de 2 400 N, determine el valor mínimo de la distancia *d* para generar el valor del momento producido con respecto a *D*.

3.14 Un mecánico automotriz usa un tramo de tubo AB como palanca para tensar la banda de la polea de un alternador. Cuando se aplica una fuerza hacia abajo en A, se genera una fuerza de 485 N sobre el alternador en B. Determine el momento de la fuerza, con respecto al perno C si su línea de acción debe pasar por O.

3.15 Obtenga el producto vectorial $\mathbf{B} \times \mathbf{C}$ y $\mathbf{B}' \times \mathbf{C}$, donde $B = B'$, y use los resultados obtenidos para comprobar la identidad

$$\operatorname{sen} \alpha \cos \beta = \tfrac{1}{2}\operatorname{sen}(\alpha + \beta) + \tfrac{1}{2}\operatorname{sen}(\alpha - \beta).$$

3.16 Determine la distancia perpendicular d al origen O del sistema de coordenadas de la línea que pasa por los puntos (20 m, 16 m) y (−1 m, −4 m).

3.17 Los vectores $\mathbf{A}$ y $\mathbf{B}$ están contenidos en el mismo plano. Determine el vector unitario normal al plano si $\mathbf{A}$ y $\mathbf{B}$ son iguales, respectivamente, a: a) $\mathbf{i} + 2\mathbf{j} - 5\mathbf{k}$ y $4\mathbf{i} - 7\mathbf{j} - 5\mathbf{k}$; b) $3\mathbf{i} - 3\mathbf{j} + 2\mathbf{k}$ y $-2\mathbf{i} + 6\mathbf{j} - 4\mathbf{k}$.

3.18 Los vectores $\mathbf{P}$ y $\mathbf{Q}$ son los dos lados adyacentes de un paralelogramo. Determine el área del paralelogramo, cuando: a) $\mathbf{P} = -7\mathbf{i} + 3\mathbf{j} - 3\mathbf{k}$ y $\mathbf{Q} = 2\mathbf{i} + 2\mathbf{j} + 5\mathbf{k}$; b) $\mathbf{P} = 6\mathbf{i} - 5\mathbf{j} - 2\mathbf{k}$ y $\mathbf{Q} = -2\mathbf{i} + 5\mathbf{j} - \mathbf{k}$.

3.19 Determine el momento de la fuerza $\mathbf{F} = 6\mathbf{i} + 4\mathbf{j} - \mathbf{k}$, con respecto al origen O, que actúa en el punto A. Suponga que el vector de posición de A es: a) $\mathbf{r} = -2\mathbf{i} + 6\mathbf{j} + 3\mathbf{k}$, b) $\mathbf{r} = 5\mathbf{i} - 3\mathbf{j} + 7\mathbf{k}$ y c) $\mathbf{r} = -9\mathbf{i} - 6\mathbf{j} + 1.5\mathbf{k}$.

3.20 Determine el momento con respecto al origen O, de la fuerza $\mathbf{F} = 2\mathbf{i} - 7\mathbf{j} - 3\mathbf{k}$ que actúa en el punto A. Suponga que el vector de posición de A es: a) $\mathbf{r} = 4\mathbf{i} - 3\mathbf{j} - 5\mathbf{k}$, b) $\mathbf{r} = -8\mathbf{i} - 2\mathbf{j} + \mathbf{k}$ y c) $\mathbf{r} = \mathbf{i} - 3.5\mathbf{j} - 1.5\mathbf{k}$.

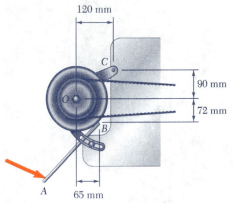

Fig. P3.14

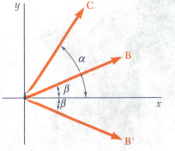

Fig. P3.15

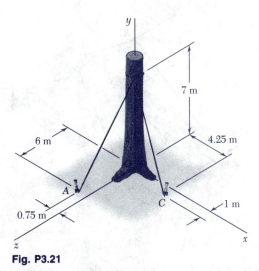

Fig. P3.21

3.21 Los cables AB y BC se sujetan al tronco de un árbol muy grande para evitar que se caiga. Sabiendo que las tensiones en los cables AB y BC son de 555 N y 660 N, respectivamente, determine el momento con respecto a O de la fuerza resultante ejercida por los cables sobre el tronco en B.

3.22 Un granjero utiliza una cuerda y una polea para levantar una paca que tiene una masa de 26 kg. Determine el momento, con respecto a A, de la fuerza resultante ejercida por la cuerda sobre la polea, si el centro de la polea C está ubicado a 0.3 m por debajo del punto B y a 7.1 m con respecto al piso.

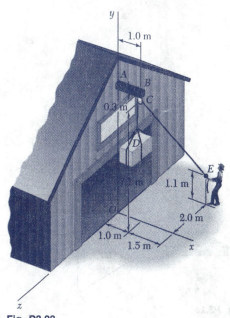

Fig. P3.22

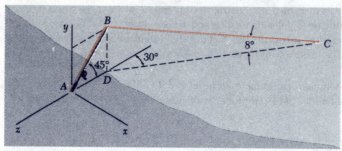

Fig. P3.23

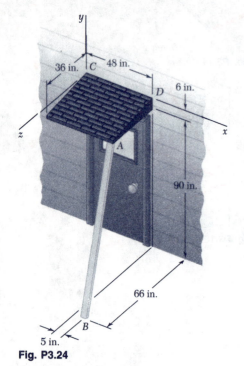

Fig. P3.24

3.23 La caña de pescar AB de 6 ft de longitud se empotra firmemente en la arena de la playa. Cuando un pez muerde el anzuelo, se produce una fuerza resultante de 6 lb a lo largo del sedal. Determine el momento, con respecto a A, de la fuerza resultante ejercida por el sedal en B.

3.24 El puntal de madera AB se emplea temporalmente para sostener al voladizo mostrado en la figura. Si el puntal ejerce una fuerza de 57 lb dirigida a lo largo de BA, determine el momento de esa fuerza con respecto a C.

3.25 La rampa $ABCD$ se sostiene en las esquinas mediante cables en C y D. Si la tensión que se ejerce en cada uno de los cables es de 810 N, determine el momento, con respecto a A, de la fuerza ejercida por: a) el cable en D y b) el cable en C.

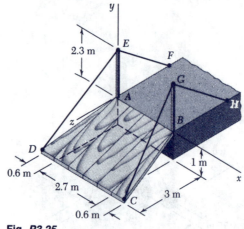

Fig. P3.25

Fig. P3.26

3.26 Los brazos AB y BC de la lámpara de escritorio están contenidos en un plano vertical que forma un ángulo de 30° con el plano xy. Para reorientar la luz, es necesario aplicar en C la fuerza de 5.5 N, tal y como se muestra en la figura. Sabiendo que $AB = 400$ mm, $BC = 300$ mm y que la línea CD es paralela al eje z, determine el momento de la fuerza con respecto a O.

3.27 En el problema 3.21, determine la distancia perpendicular desde el punto O hasta el cable AB.

3.28 En el problema 3.21, determine la distancia perpendicular desde el punto O hasta el cable BC.

3.29 En el problema 3.24, determine la distancia perpendicular desde el punto D hasta la línea que pasa por los puntos A y B.

3.30 En el problema 3.24, determine la distancia perpendicular desde el punto C hasta la línea que pasa por los puntos A y B.

3.31 En el problema 3.25, determine la distancia perpendicular desde el punto A hasta el tramo DE del cable DEF.

3.32 En el problema 3.25, determine la distancia perpendicular desde el punto A hasta la línea que pasa por los puntos C y G.

3.33 En el problema 3.23, determine la distancia perpendicular desde el punto A hasta la línea que pasa por los puntos B y C.

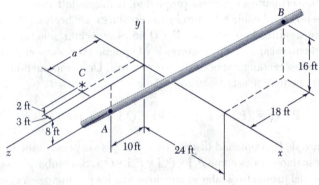

Fig. P3.34

3.34 Determine el valor de a que hace mínima la distancia perpendicular desde el punto C hasta una sección de la tubería que pasa por los puntos A y B.

3.9. PRODUCTO ESCALAR DE DOS VECTORES

El *producto escalar* de dos vectores **P** y **Q** se define como el producto de las magnitudes de **P** y **Q** con el coseno del ángulo q formado por **P** y **Q** (figura 3.19). El producto escalar de **P** y **Q** se denota por **P · Q**. Entonces, se escribe

$$\mathbf{P} \cdot \mathbf{Q} = PQ \cos \theta \qquad (3.24)$$

Fig. 3.19

Observe que la expresión que se acaba de definir no es un vector sino un *escalar*, lo cual explica el nombre de *producto escalar*; en virtud de la notación utilizada, **P · Q** también se conoce como el *producto punto* de los vectores **P** y **Q**.

A partir de su propia definición, se concluye que el producto escalar de dos vectores es *conmutativo*, esto es, que

$$\mathbf{P} \cdot \mathbf{Q} = \mathbf{Q} \cdot \mathbf{P} \qquad (3.25)$$

Para demostrar que el producto escalar también es *distributivo*, se debe demostrar la relación

$$\mathbf{P} \cdot (\mathbf{Q}_1 + \mathbf{Q}_2) = \mathbf{P} \cdot \mathbf{Q}_1 + \mathbf{P} \cdot \mathbf{Q}_2 \qquad (3.26)$$

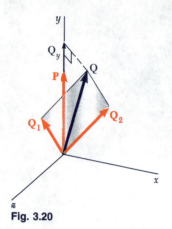

Fig. 3.20

Sin perder la generalidad, se puede suponer que **P** está dirigido a lo largo del eje y (figura 3.20). Denotando por **Q** la suma de $\mathbf{Q}_1$ y $\mathbf{Q}_2$ y por θ_y al ángulo que **Q** forma con el eje y, se expresa el término del lado izquierdo de (3.26) de la siguiente forma:

$$\mathbf{P} \cdot (\mathbf{Q}_1 + \mathbf{Q}_2) = \mathbf{P} \cdot \mathbf{Q} = PQ \cos \theta_y = PQ_y \qquad (3.27)$$

donde Q_y es la componente y de **Q**. Similarmente, se puede expresar el término del lado derecho de (3.26) como

$$\mathbf{P} \cdot \mathbf{Q}_1 + \mathbf{P} \cdot \mathbf{Q}_2 = P(Q_1)_y + P(Q_2)_y \qquad (3.28)$$

Dado que **Q** es la suma de $\mathbf{Q}_1$ y $\mathbf{Q}_2$, su componente y debe ser igual a la suma de las componentes en y de $\mathbf{Q}_1$ y $\mathbf{Q}_2$. Por lo tanto, las expresiones obtenidas en (3.27) y (3.28) son iguales, con lo que queda demostrada la relación (3.26).

En lo concerniente a la tercera propiedad, la propiedad asociativa, se debe señalar que no es aplicable a los productos escalares. De hecho, $(\mathbf{P} \cdot \mathbf{Q}) \cdot \mathbf{S}$ no tiene ningún significado puesto que $\mathbf{P} \cdot \mathbf{Q}$ no es un vector sino un escalar.

El producto escalar de dos vectores **P** y **Q** puede expresarse en términos de las componentes rectangulares de dichos vectores. Descomponiendo a **P** y a **Q** en sus componentes, se escribe primero

$$\mathbf{P} \cdot \mathbf{Q} = (P_x\mathbf{i} + P_y\mathbf{j} + P_z\mathbf{k}) \cdot (Q_x\mathbf{i} + Q_y\mathbf{j} + Q_z\mathbf{k})$$

Haciendo uso de la propiedad distributiva, $\mathbf{P} \cdot \mathbf{Q}$ se expresa como la suma de productos escalares, tales como $P_x\mathbf{i} \cdot Q_x\mathbf{i}$ y $P_x\mathbf{i} \cdot Q_y\mathbf{j}$. Sin embargo, a partir de la definición del producto escalar se concluye que los productos escalares de los vectores unitarios son iguales a cero o a uno.

$$\begin{array}{lll} \mathbf{i} \cdot \mathbf{i} = 1 & \mathbf{j} \cdot \mathbf{j} = 1 & \mathbf{k} \cdot \mathbf{k} = 1 \\ \mathbf{i} \cdot \mathbf{j} = 0 & \mathbf{j} \cdot \mathbf{k} = 0 & \mathbf{k} \cdot \mathbf{i} = 0 \end{array} \qquad (3.29)$$

Por lo tanto, la expresión obtenida para $\mathbf{P} \cdot \mathbf{Q}$ se reduce a

$$\mathbf{P} \cdot \mathbf{Q} = P_xQ_x + P_yQ_y + P_zQ_z \qquad (3.30)$$

En el caso particular cuando **P** y **Q** son iguales, se observa que

$$\mathbf{P} \cdot \mathbf{P} = P_x^2 + P_y^2 + P_z^2 = P^2 \qquad (3.31)$$

Aplicaciones

1. **Ángulo formado por dos vectores dados.** Considere que los dos vectores están dados en términos de sus componentes:

$$\mathbf{P} = P_x\mathbf{i} + P_y\mathbf{j} + P_z\mathbf{k}$$
$$\mathbf{Q} = Q_x\mathbf{i} + Q_y\mathbf{j} + Q_z\mathbf{k}$$

Para determinar el ángulo formado por estos dos vectores, se igualan las expresiones obtenidas para el producto escalar en (3.24) y (3.30) y se escribe

$$PQ \cos \theta = P_xQ_x + P_yQ_y + P_zQ_z$$

Resolviendo para $\cos \theta$, se tiene

$$\cos \theta = \frac{P_xQ_x + P_yQ_y + P_zQ_z}{PQ} \qquad (3.32)$$

2. *Proyección de un vector sobre un eje dado.* Considere un vector **P** que forma un ángulo θ con un eje, o línea dirigida, OL (figura 3.21). La *proyección de* **P** *sobre el eje* OL se define como el escalar

$$P_{OL} = P \cos \theta \tag{3.33}$$

Se observa que la proyección P_{OL} es igual en valor absoluto al valor de la longitud del segmento OA; ésta será positiva si OA tiene el mismo sentido que el eje OL, esto es, si θ es agudo, y negativa en caso contrario. Si **P** y OL forman un ángulo recto, la proyección de **P** sobre OL es cero.

Considere ahora a un vector **Q** dirigido a lo largo de OL con el mismo sentido que OL (figura 3.22). El producto escalar de **P** y **Q** puede expresarse como

$$\mathbf{P} \cdot \mathbf{Q} = PQ \cos \theta = P_{OL} Q \tag{3.34}$$

por lo que se concluye que

$$P_{OL} = \frac{\mathbf{P} \cdot \mathbf{Q}}{Q} = \frac{P_x Q_x + P_y Q_y + P_z Q_z}{Q} \tag{3.35}$$

En el caso particular, cuando el vector seleccionado a lo largo de OL es el vector unitario $\boldsymbol{\lambda}$ (figura 3.23), se escribe

$$\boxed{P_{OL} = \mathbf{P} \cdot \boldsymbol{\lambda}} \tag{3.36}$$

Descomponiendo **P** y $\boldsymbol{\lambda}$ en sus componentes rectangulares y recordando, de la sección 2.12, que las componentes de $\boldsymbol{\lambda}$ a lo largo de los ejes coordenados son iguales, respectivamente, a los cosenos directores de OL, la proyección de **P** sobre OL se expresa como

$$P_{OL} = P_x \cos \theta_x + P_y \cos \theta_y + P_z \cos \theta_z \tag{3.37}$$

donde θ_x, θ_y y θ_z representan los ángulos que el eje OL forma con los ejes coordenados.

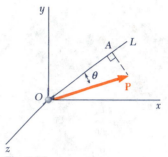
Fig. 3.21

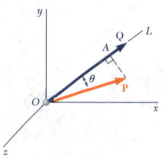
Fig. 3.22

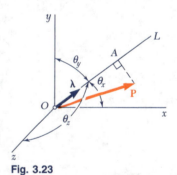
Fig. 3.23

3.10. TRIPLE PRODUCTO ESCALAR DE TRES VECTORES

Se define al *triple producto escalar* o *triple producto mixto* de tres vectores **S**, **P** y **Q** como la expresión escalar

$$\boxed{\mathbf{S} \cdot (\mathbf{P} \times \mathbf{Q})} \tag{3.38}$$

la cual se obtiene formando el producto escalar de **S** con el producto vectorial de **P** y **Q**.†

---

† Otro tipo de triple producto vectorial será presentado posteriormente (capítulo 15): el *triple producto vectorial* $\mathbf{S} \times (\mathbf{P} \times \mathbf{Q})$.

94 Cuerpos rígidos: Sistemas equivalentes de fuerzas

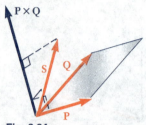

Fig. 3.24

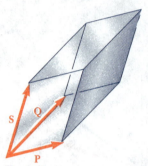

Fig. 3.25

Fig. 3.26

Al triple producto escalar de **S**, **P** y **Q** se le puede dar una interpretación geométrica simple (figura 3.24). En primera instancia, recuérdese, de la sección 3.4, que el vector **P** × **Q** es perpendicular al plano que contiene a **P** y a **Q** y que su magnitud es igual al área del paralelogramo que tiene por lados a **P** y **Q**. Por otra parte, la ecuación (3.34) indica que el producto escalar de **S** y **P** × **Q** se puede obtener multiplicando la magnitud de **P** × **Q** (esto es, el área del paralelogramo definido por **P** y **Q**) por la proyección de **S** sobre el vector **P** × **Q** (esto es, por la proyección de **S** sobre la normal al plano que contiene el paralelogramo). Por lo tanto, el triple producto escalar es igual, en valor absoluto al volumen del paralelepípedo que tiene por lados a los vectores **S**, **P** y **Q** (figura 3.25). Se debe señalar que el signo del triple producto escalar será positivo si **S**, **P** y **Q** forman una tríada a derechas y negativo si éstos forman una tríada a izquierdas [esto es, **S** · (**P** × **Q**) será negativo si se observa desde el extremo terminal de **S** que la rotación que hace a **P** colineal con **Q** va en el sentido de las manecillas del reloj]. El triple producto escalar será igual a cero si **S**, **P** y **Q** son coplanares.

Como el paralelepípedo definido en el párrafo anterior es independiente del orden en que se tomen los tres vectores, todos los seis triples productos escalares que se pueden formar con **S**, **P** y **Q** tendrán el mismo valor absoluto, pero no el mismo signo. Se puede demostrar fácilmente que

$$\mathbf{S} \cdot (\mathbf{P} \times \mathbf{Q}) = \mathbf{P} \cdot (\mathbf{Q} \times \mathbf{S}) = \mathbf{Q} \cdot (\mathbf{S} \times \mathbf{P})$$
$$= -\mathbf{S} \cdot (\mathbf{Q} \times \mathbf{P}) = -\mathbf{P} \cdot (\mathbf{S} \times \mathbf{Q}) = -\mathbf{Q} \cdot (\mathbf{P} \times \mathbf{S})$$
(3.39)

Ordenando las letras que representan a los tres vectores en un círculo y en sentido contrario al movimiento de las manecillas del reloj (figura 3.26), se observa que el signo del triple producto escalar permanece inalterado si se permutan los vectores en forma tal que éstos todavía se puedan leer en sentido contrario al de las manecillas del reloj. Se dice que una permutación de este tipo es una *permutación circular*. Además, a partir de la ecuación (3.39) y de la propiedad conmutativa de los productos escalares, se concluye que el triple producto escalar de **S**, **P** y **Q** se puede definir igualmente bien como **S** · (**P** × **Q**) o como (**S** × **P**) · **Q**.

El triple producto escalar de los vectores **S**, **P** y **Q** puede ser expresado en términos de las componentes rectangulares de estos vectores. Denotando a **P** × **Q** por **V** y usando la fórmula (3.30) para expresar al producto escalar de **S** y **V**, se escribe

$$\mathbf{S} \cdot (\mathbf{P} \times \mathbf{Q}) = \mathbf{S} \cdot \mathbf{V} = S_x V_x + S_y V_y + S_z V_z$$

Sustituyendo las componentes de **V** a partir de las relaciones (3.9), se obtiene

$$\mathbf{S} \cdot (\mathbf{P} \times \mathbf{Q}) = S_x(P_y Q_z - P_z Q_y) + S_y(P_z Q_x - P_x Q_z) + S_z(P_x Q_y - P_y Q_x) \quad (3.40)$$

Esta expresión se puede escribir en una forma más compacta si se observa que representa el desarrollo de un determinante:

$$\mathbf{S} \cdot (\mathbf{P} \times \mathbf{Q}) = \begin{vmatrix} S_x & S_y & S_z \\ P_x & P_y & P_z \\ Q_x & Q_y & Q_z \end{vmatrix} \quad (3.41)$$

Aplicando las reglas que gobiernan a la permutación de renglones en un determinante, pueden verificarse fácilmente las relaciones (3.39) que fueron derivadas anteriormente a partir de consideraciones geométricas.

3.11. MOMENTO DE UNA FUERZA CON RESPECTO A UN EJE DADO

Ahora que se ha incrementado nuestro conocimiento del álgebra vectorial, se puede introducir un nuevo concepto: *momento de una fuerza con respecto a un eje*. Considere nuevamente la fuerza **F** que actúa sobre un cuerpo rígido y el momento $\mathbf{M}_O$ de dicha fuerza con respecto a O (figura 3.27). Sea OL un eje a través de O; *el momento M_{OL} de **F** con respecto a OL se define como la proyección OC del momento $\mathbf{M}_O$ sobre el eje OL*. Representando al vector unitario a lo largo de OL como $\boldsymbol{\lambda}$ y recordando, de las secciones 3.9 y 3.6, respectivamente, las expresiones (3.36) y (3.11) obtenidas para la proyección de un vector sobre un eje dado y para el momento $\mathbf{M}_O$ de una fuerza **F**, se escribe

$$M_{OL} = \boldsymbol{\lambda} \cdot \mathbf{M}_O = \boldsymbol{\lambda} \cdot (\mathbf{r} \times \mathbf{F}) \qquad (3.42)$$

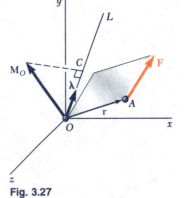

Fig. 3.27

lo cual demuestra que el momento M_{OL} de **F** con respecto al eje OL es el escalar que se obtiene formando el triple producto escalar de $\boldsymbol{\lambda}$, **r** y **F**. Expresando a M_{OL} en forma de determinante, se escribe

$$M_{OL} = \begin{vmatrix} \lambda_x & \lambda_y & \lambda_z \\ x & y & z \\ F_x & F_y & F_z \end{vmatrix} \qquad (3.43)$$

donde $\lambda_x, \lambda_y, \lambda_z$ = cosenos directores del eje OL
$\quad\quad\quad x, y, z$ = coordenadas del punto de aplicación de **F**
$\quad\quad\quad F_x, F_y, F_z$ = componentes de la fuerza **F**

El significado físico del momento M_{OL} de la fuerza **F** con respecto al eje fijo OL se vuelve más evidente si se descompone a **F** en dos componentes rectangulares $\mathbf{F}_1$ y $\mathbf{F}_2$, con $\mathbf{F}_1$ paralela a OL y $\mathbf{F}_2$ contenida en un plano P perpendicular a OL (figura 3.28). Descomponiendo a **r**, similarmente, en dos componentes $\mathbf{r}_1$ y $\mathbf{r}_2$ y sustituyendo a **F** y a **r** en (3.42), se escribe

$$M_{OL} = \boldsymbol{\lambda} \cdot [(\mathbf{r}_1 + \mathbf{r}_2) \times (\mathbf{F}_1 + \mathbf{F}_2)]$$
$$= \boldsymbol{\lambda} \cdot (\mathbf{r}_1 \times \mathbf{F}_1) + \boldsymbol{\lambda} \cdot (\mathbf{r}_1 \times \mathbf{F}_2) + \boldsymbol{\lambda} \cdot (\mathbf{r}_2 \times \mathbf{F}_1) + \boldsymbol{\lambda} \cdot (\mathbf{r}_2 \times \mathbf{F}_2)$$

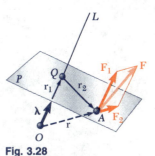

Fig. 3.28

Observando que, con excepción del último término del lado derecho, todos los triples productos escalares son iguales a cero, puesto que involucran a vectores que son coplanares cuando se trazan a partir de un origen común (sección 3.10), se tiene

$$M_{OL} = \boldsymbol{\lambda} \cdot (\mathbf{r}_2 \times \mathbf{F}_2) \qquad (3.44)$$

El producto vectorial $\mathbf{r}_2 \times \mathbf{F}_2$ es perpendicular al plano P y representa el momento de la componente $\mathbf{F}_2$ de **F** con respecto al punto Q donde OL intersecta a P. Por lo tanto, el escalar M_{OL}, el cual será positivo si $\mathbf{r}_2 \times \mathbf{F}_2$ y OL tienen el mismo sentido y negativo en caso contrario, mide la tendencia de $\mathbf{F}_2$ de hacer rotar al cuerpo rígido alrededor de OL. Como la otra componente $\mathbf{F}_1$ de **F** no tiende a hacer rotar al cuerpo alrededor de OL, se concluye que *el momento M_{OL} de **F** con respecto a OL mide la tendencia de la fuerza **F** de impartirle al cuerpo rígido un movimiento de rotación alrededor del eje fijo OL.*

A partir de la definición del momento de una fuerza con respecto a un eje se concluye que el momento de $\mathbf{F}$ con respecto a un eje coordenado es igual a la componente de $\mathbf{M}_O$ a lo largo de dicho eje. Sustituyendo $\boldsymbol{\lambda}$ sucesivamente en la ecuación (3.42) por cada uno de los vectores unitarios $\mathbf{i}$, $\mathbf{j}$ y $\mathbf{k}$, se observa que las expresiones así obtenidas para los *momentos de* $\mathbf{F}$ *con respecto a los ejes coordenados* son iguales, respectivamente, a las expresiones obtenidas en la sección 3.8 para las componentes del momento $\mathbf{M}_O$ de $\mathbf{F}$ con respecto a O:

$$M_x = yF_z - zF_y$$
$$M_y = zF_x - xF_z \quad (3.18)$$
$$M_z = xF_y - yF_x$$

Se aprecia que de la misma forma que las componentes F_x, F_y y F_z de una fuerza $\mathbf{F}$ que actúa sobre un cuerpo rígido miden, respectivamente, la tendencia de $\mathbf{F}$ para mover al cuerpo rígido en las direcciones de x, y y z, los momentos M_x, M_y y M_z de $\mathbf{F}$ con respecto a los ejes coordenados miden, respectivamente, la tendencia de $\mathbf{F}$ a impartirle al cuerpo rígido un movimiento de rotación alrededor de los ejes x, y y z.

En general, el momento de una fuerza $\mathbf{F}$ aplicada en A con respecto a un eje que no pasa a través del origen se obtiene seleccionando a un punto arbitrario B sobre dicho eje (figura 3.29) y determinando la proyección sobre el eje BL del momento $\mathbf{M}_B$ de $\mathbf{F}$ con respecto a B. Entonces, se escribe

$$M_{BL} = \boldsymbol{\lambda} \cdot \mathbf{M}_B = \boldsymbol{\lambda} \cdot (\mathbf{r}_{A/B} \times \mathbf{F}) \quad (3.45)$$

donde $\mathbf{r}_{A/B} = \mathbf{r}_A - \mathbf{r}_B$ representa al vector trazado desde B hasta A. Expresando a M_{BL} en forma de determinante, se tiene

$$M_{BL} = \begin{vmatrix} \lambda_x & \lambda_y & \lambda_z \\ x_{A/B} & y_{A/B} & z_{A/B} \\ F_x & F_y & F_z \end{vmatrix} \quad (3.46)$$

donde $\lambda_x, \lambda_y, \lambda_z$ = cosenos directores del eje BL
$x_{A/B} = x_A - x_B \quad y_{A/B} = y_A - y_B \quad z_{A/B} = z_A - z_B$
F_x, F_y, F_z = componentes de la fuerza $\mathbf{F}$

Se debe observar que el resultado obtenido es independiente del punto B seleccionado sobre el eje dado. De hecho, denotando por M_{CL} al resultado obtenido con un punto C diferente, se tiene

$$M_{CL} = \boldsymbol{\lambda} \cdot [(\mathbf{r}_A - \mathbf{r}_C) \times \mathbf{F}]$$
$$= \boldsymbol{\lambda} \cdot [(\mathbf{r}_A - \mathbf{r}_B) \times \mathbf{F}] + \boldsymbol{\lambda} \cdot [(\mathbf{r}_B - \mathbf{r}_C) \times \mathbf{F}]$$

Pero, como los vectores $\boldsymbol{\lambda}$ y $\mathbf{r}_B - \mathbf{r}_C$ son colineales, el volumen del paralelepípedo que tiene por lados a los vectores $\boldsymbol{\lambda}$, $\mathbf{r}_B - \mathbf{r}_C$ y $\mathbf{F}$ es igual a cero, al igual que el triple producto escalar de dichos vectores (sección 3.10). Entonces, la expresión obtenida para M_{CL} se reduce a su primer término del lado derecho, el cual es la expresión empleada anteriormente para definir a M_{BL}. Adicionalmente, a partir de la sección 3.6 se concluye que, cuando se calcula el momento de $\mathbf{F}$ con respecto a un eje dado, A puede ser cualquier punto a lo largo de la línea de acción de $\mathbf{F}$.

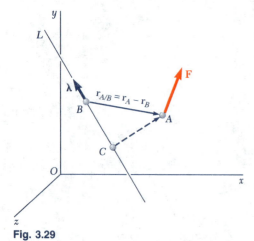

Fig. 3.29

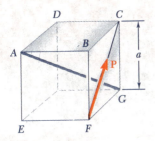

PROBLEMA RESUELTO 3.5

Sobre el cubo de lado a actúa una fuerza $\mathbf{P}$ como se muestra en la figura. Determine el momento de $\mathbf{P}$: a) con respecto a A, b) con respecto a la arista AB y c) con respecto a la diagonal AG del cubo. d) Empleando el resultado del inciso c, determine la distancia perpendicular entre AG y FC.

SOLUCIÓN

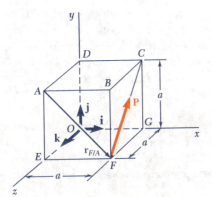

***a*. Momento con respecto a A.** Seleccionando a los ejes x, y y z como se muestra en la figura, la fuerza $\mathbf{P}$ y el vector $\mathbf{r}_{F/A} = \overrightarrow{AF}$ trazado desde A hasta el punto de aplicación F de $\mathbf{P}$ se descomponen en sus componentes rectangulares.

$$\mathbf{r}_{F/A} = a\mathbf{i} - a\mathbf{j} = a(\mathbf{i} - \mathbf{j})$$
$$\mathbf{P} = (P/\sqrt{2})\mathbf{j} - (P/\sqrt{2})\mathbf{k} = (P/\sqrt{2})(\mathbf{j} - \mathbf{k})$$

El momento de $\mathbf{P}$ con respecto a A es igual a

$$\mathbf{M}_A = \mathbf{r}_{F/A} \times \mathbf{P} = a(\mathbf{i} - \mathbf{j}) \times (P/\sqrt{2})(\mathbf{j} - \mathbf{k})$$
$$\mathbf{M}_A = (aP/\sqrt{2})(\mathbf{i} + \mathbf{j} + \mathbf{k}) \quad \blacktriangleleft$$

***b*. Momento con respecto a AB.** Proyectando a $\mathbf{M}_A$ sobre AB, se escribe

$$M_{AB} = \mathbf{i} \cdot \mathbf{M}_A = \mathbf{i} \cdot (aP/\sqrt{2})(\mathbf{i} + \mathbf{j} + \mathbf{k})$$
$$M_{AB} = aP/\sqrt{2} \quad \blacktriangleleft$$

Se verifica que, como AB es paralela al eje x, M_{AB} también es la componente x del momento $\mathbf{M}_A$.

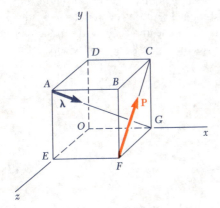

***c*. Momento con respecto a la diagonal AG.** El momento de $\mathbf{P}$ con respecto a AG se obtiene proyectando a $\mathbf{M}_A$ sobre AG. Denotando por $\boldsymbol{\lambda}$ al vector unitario a lo largo de AG, se tiene

$$\boldsymbol{\lambda} = \frac{\overrightarrow{AG}}{AG} = \frac{a\mathbf{i} - a\mathbf{j} - a\mathbf{k}}{a\sqrt{3}} = (1/\sqrt{3})(\mathbf{i} - \mathbf{j} - \mathbf{k})$$
$$M_{AG} = \boldsymbol{\lambda} \cdot \mathbf{M}_A = (1/\sqrt{3})(\mathbf{i} - \mathbf{j} - \mathbf{k}) \cdot (aP/\sqrt{2})(\mathbf{i} + \mathbf{j} + \mathbf{k})$$
$$M_{AG} = (aP/\sqrt{6})(1 - 1 - 1) \quad M_{AG} = -aP/\sqrt{6} \quad \blacktriangleleft$$

Método alternativo. El momento de $\mathbf{P}$ con respecto a AG también se puede expresar en forma de determinante:

$$M_{AG} = \begin{vmatrix} \lambda_x & \lambda_y & \lambda_z \\ x_{F/A} & y_{F/A} & z_{F/A} \\ F_x & F_y & F_z \end{vmatrix} = \begin{vmatrix} 1/\sqrt{3} & -1/\sqrt{3} & -1/\sqrt{3} \\ a & -a & 0 \\ 0 & P/\sqrt{2} & -P/\sqrt{2} \end{vmatrix} = -aP/\sqrt{6}$$

***d*. Distancia perpendicular entre AG y FC.** Primero se observa que $\mathbf{P}$ es perpendicular a la diagonal AG. Esto se puede comprobar formando el producto escalar $\mathbf{P} \cdot \boldsymbol{\lambda}$ y verificando que dicho producto es igual a cero:

$$\mathbf{P} \cdot \boldsymbol{\lambda} = (P/\sqrt{2})(\mathbf{j} - \mathbf{k}) \cdot (1/\sqrt{3})(\mathbf{i} - \mathbf{j} - \mathbf{k}) = (P\sqrt{6})(0 - 1 + 1) = 0$$

Entonces, el momento M_{AG} puede ser expresado como $-Pd$, donde d es la distancia perpendicular desde AG hasta FC. (El signo negativo se usa puesto que, para un observador ubicado en G, la rotación impartida al cubo por $\mathbf{P}$ tiene el sentido del movimiento de las manecillas del reloj.) Recordando el valor encontrado para M_{AG} en el inciso c, se tiene

$$M_{AG} = -Pd = -aP/\sqrt{6} \qquad d = a/\sqrt{6} \quad \blacktriangleleft$$

PROBLEMAS PARA RESOLVER EN FORMA INDEPENDIENTE

En los problemas correspondientes a esta sección, se aplicará el *producto escalar* o *producto punto* de dos vectores para determinar el *ángulo formado por dos vectores dados* y, también para *determinar la proyección de una fuerza sobre un eje dado*. Además, se utilizará el *triple producto escalar* de tres vectores para encontrar el *momento de una fuerza con respecto a un eje dado* y para *determinar la distancia perpendicular entre dos líneas*.

1. ***Cálculo del ángulo formado por dos vectores dados.*** Primero se expresa cada uno de los vectores en términos de sus componentes y se determinan las magnitudes de los dos vectores. Después, se obtiene el coseno del ángulo buscado dividiendo el producto escalar de los dos vectores entre el producto de sus respectivas magnitudes [ecuación (3.32)].

2. ***Cálculo de la proyección de un vector* P *sobre un eje dado OL.*** En general, se comienza expresando a **P** y al vector unitario $\boldsymbol{\lambda}$ que define la dirección del eje en términos de sus componentes. Se debe tener cuidado de que $\boldsymbol{\lambda}$ tenga el sentido correcto (esto es, de que $\boldsymbol{\lambda}$ esté dirigido desde O hasta L). Entonces, la proyección buscada es igual al producto escalar **P** · $\boldsymbol{\lambda}$. Sin embargo, si se conoce el ángulo θ que forman **P** y $\boldsymbol{\lambda}$, la proyección también se puede calcular como $P \cos \theta$.

3. ***Determinación del momento M_{OL} de una fuerza con respecto a un eje dado OL.*** Se definió a M_{OL}, como

$$M_{OL} = \boldsymbol{\lambda} \cdot \mathbf{M}_O = \boldsymbol{\lambda} \cdot (\mathbf{r} \times \mathbf{F}) \qquad (3.42)$$

donde $\boldsymbol{\lambda}$ es el vector unitario a lo largo de OL y **r** es el vector de posición *desde cualquier punto* sobre la línea OL hasta *cualquier punto* sobre la línea de acción de **F**. Como fue el caso para el momento de una fuerza con respecto a un punto, elegir el vector de posición más conveniente simplificará los cálculos. Además, también se debe recordar la advertencia de la lección anterior: los vectores **r** y **F** deben tener el sentido correcto y ser colocados en la fórmula en el orden apropiado. El procedimiento que se debe seguir cuando se calcula el momento de una fuerza con respecto a un eje se ilustra en el inciso *c* del problema resuelto 3.5. Los dos pasos esenciales en este procedimiento son: expresar primero a $\boldsymbol{\lambda}$, **r** y **F** en términos de sus componentes rectangulares para después evaluar el triple producto escalar $\boldsymbol{\lambda} \cdot (\mathbf{r} \times \mathbf{F})$ con el fin de determinar el momento con respecto al eje. En la mayoría de los problemas tridimensionales, la forma más conveniente para calcular el triple producto escalar se obtiene empleando un determinante.

Como se mencionó anteriormente, cuando l está dirigido a lo largo de uno de los ejes coordenados, M_{OL} es igual al componente escalar de $\mathbf{M}_O$ a lo largo de ese eje.

4. *Determinación de la distancia perpendicular entre dos líneas.* Se debe recordar que la componente perpendicular $\mathbf{F}_2$ de la fuerza $\mathbf{F}$ es la que tiende a hacer que el cuerpo rígido gire alrededor de un eje dado OL (Figura 3.28). Entonces, se concluye que

$$M_{OL} = F_2 d$$

donde M_{OL} es el momento de $\mathbf{F}$ alrededor del eje OL y d es la distancia perpendicular entre OL y la línea de acción de $\mathbf{F}$. Esta última ecuación proporciona una técnica simple para determinar d. Primero, suponga que la fuerza $\mathbf{F}$ de magnitud conocida F se encuentra a lo largo de una de las líneas dadas y que el vector unitario $\boldsymbol{\lambda}$ se ubica a lo largo de la otra línea. Después, calcule el momento M_{OL} de la fuerza $\mathbf{F}$ con respecto a la segunda línea utilizando el método que se presentó en los párrafos anteriores. La magnitud de la componente paralela de $\mathbf{F}$, F_1, se obtiene utilizando el producto escalar:

$$F_1 = \mathbf{F} \cdot \boldsymbol{\lambda}$$

Entonces, el valor de F_2 se determina a partir de

$$F_2 = \sqrt{F^2 - F_1^2}$$

Por último, se sustituyen los valores de M_{OL} y F_2 en la ecuación $M_{OL} = F_2 d$ y se resuelve para d.

Ahora puede comprenderse que el cálculo de la distancia perpendicular en el inciso d del problema resuelto 3.5 se simplificó debido a que $\mathbf{P}$ era perpendicular a la diagonal AG. Como, en general, las dos líneas dadas no serán perpendiculares, la técnica recién descrita se debe emplear cuando se desee determinar la distancia perpendicular entre las líneas en cuestión.

Problemas

3.35 Dados los vectores $\mathbf{P} = 4\mathbf{i} + 3\mathbf{j} - 2\mathbf{k}$, $\mathbf{Q} = -\mathbf{i} + 4\mathbf{j} - 5\mathbf{k}$ y $\mathbf{S} = \mathbf{i} + 4\mathbf{j} + 3\mathbf{k}$, calcule los productos escalares $\mathbf{P} \cdot \mathbf{Q}$, $\mathbf{P} \cdot \mathbf{S}$ y $\mathbf{Q} \cdot \mathbf{S}$.

3.36 Obtenga el producto escalar $\mathbf{B} \cdot \mathbf{C}$ y $\mathbf{B}' \cdot \mathbf{C}$, donde $B = B'$, y use los resultados obtenidos para demostrar la identidad

$$\cos\alpha\cos\beta = \tfrac{1}{2}\cos(\alpha + \beta) + \tfrac{1}{2}\cos(\alpha - \beta).$$

3.37 Determine los ángulos formados por los alambres AB y AC de la red de volibol mostrada en la figura.

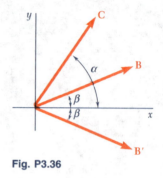

Fig. P3.36

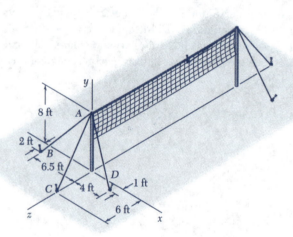

Fig. P3.37 y P3.38

3.38 Determine los ángulos formados por los alambres AC y AD de la red de volibol mostrada en la figura.

3.39 La sección de tubería AB, que está contenida en el plano yz, forma un ángulo de 37° con el eje z. Si los tramos CD y EF se unen en AB, como se ve en la figura, determine el ángulo formado por los tramos de tubería AB y CD.

3.40 La sección de tubería AB, que está contenida en el plano yz, forma un ángulo de 37° con el eje z. Si los tramos CD y EF se unen en AB, determine el ángulo formado por los tramos de tubería AB y EF.

Fig. P3.39 y P3.40

3.41 Las cuerdas AB y BC se sujetan a una estaca en B y se usan para sostener la tienda de campaña mostrada. Si la tensión en la cuerda AB es de 540 N, determine: a) el ángulo formado entre la cuerda AB y la estaca y b) la proyección sobre la estaca de la fuerza ejercida por la cuerda AB en el punto B.

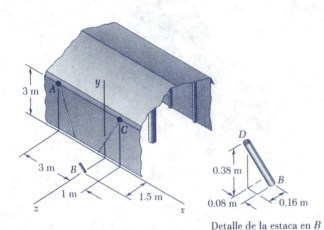

Detalle de la estaca en B

Fig. P3.41 y P3.42

3.42 Las cuerdas AB y BC se sujetan a una estaca en B y se usan para sostener la tienda de campaña mostrada. Si la tensión en la cuerda BC es de 490 N, determine: a) el ángulo formado entre la cuerda BC y la estaca y b) la proyección sobre la estaca de la fuerza ejercida por la cuerda BC en el punto B.

3.43 El collarín P se puede mover a lo largo de la barra OA. Una cuerda elástica PC se une al collarín P y al elemento vertical BC. Sabiendo que la distancia del punto O al punto P es de 6 in. y que la tensión en la cuerda es de 3 lb, determine: a) el ángulo entre la cuerda elástica y la barra OA y b) la proyección sobre OA de la fuerza ejercida por la cuerda PC en el punto P.

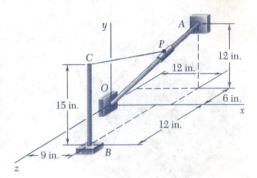

Fig. P3.43 y P3.44

3.44 El collarín P se puede mover a lo largo de la barra OA. Una cuerda elástica PC está unida al collarín y al elemento vertical BC. Determine la distancia de O a P para la cual la cuerda PC y la barra OA son mutuamente perpendiculares.

3.45 Determine el volumen del paralelepípedo de la Figura 3.25 si: a) $\mathbf{P} = 4\mathbf{i} - 3\mathbf{j} + 2\mathbf{k}$, $\mathbf{Q} = -2\mathbf{i} - 5\mathbf{j} + \mathbf{k}$ y $\mathbf{S} = 7\mathbf{i} + \mathbf{j} - \mathbf{k}$ y b) $\mathbf{P} = 5\mathbf{i} - \mathbf{j} + 6\mathbf{k}$, $\mathbf{Q} = 2\mathbf{i} + 3\mathbf{j} + \mathbf{k}$ y $\mathbf{S} = -3\mathbf{i} - 2\mathbf{j} + 4\mathbf{k}$.

3.46 Dados los vectores $\mathbf{P} = 3\mathbf{i} - \mathbf{j} + \mathbf{k}$, $\mathbf{Q} = 4\mathbf{i} + Q_y\mathbf{j} - 2\mathbf{k}$ y $\mathbf{S} = 2\mathbf{i} - 2\mathbf{j} + 2\mathbf{k}$, determine el valor de Q_y para que los tres vectores sean coplanares.

3.47 La tapa $ABCD$ de un baúl de 0.61 m × 1.00 m tiene bisagras a lo largo de AB y se mantiene abierta mediante una cuerda DEC que pasa sobre un gancho en E sin fricción. Si la tensión en la cuerda es de 66 N, determine el momento de la fuerza ejercida por la cuerda en D, con respecto a cada uno de los ejes coordenados.

3.48 La tapa $ABCD$ de un baúl de 0.61 m × 1.00 m tiene bisagras a lo largo de AB y se mantiene abierta mediante una cuerda DEC que pasa sobre un gancho en E sin fricción. Si la tensión en la cuerda es de 66 N, determine el momento con respecto a cada uno de los ejes coordenados, de la fuerza ejercida por la cuerda en C.

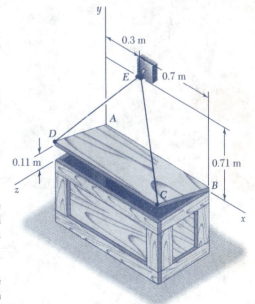

Fig. P3.47 y P3.48

3.49 Un granjero emplea cables para sujetar firmemente una de las paredes de un granero pequeño a los tensores B y E. Si se sabe que la suma de los momentos, con respecto al eje x, de las fuerzas ejercidas por los cables sobre el granero en los puntos A y D es de 4 728 lb · in, determine la magnitud de $\mathbf{T}_{DE}$ cuando $T_{AB} = 225$ lb.

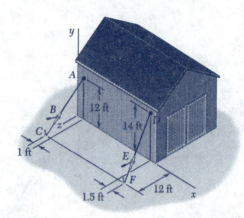

Fig. P3.49

3.50 Resuelva el problema 3.49 si la tensión en el cable AB es de 306 lb.

3.51 Para levantar una caja pesada, un individuo usa un bloque y un polipasto y los sujeta a la parte inferior de la viga I mediante el gancho B. Si se sabe que los momentos, con respecto a los ejes y y z, de la fuerza ejercida en B por el tramo AB de la cuerda son de 120 N · m y –460 N · m, respectivamente, determine la distancia a.

3.52 Para levantar una caja pesada, un individuo usa un bloque y un polipasto y los sujeta a la parte inferior de la viga I mediante el gancho B. Si se sabe que el individuo ejerce una fuerza de 195 N en el extremo A de la cuerda y un momento con respecto al eje y de 132 N · m, determine la distancia a.

3.53 Para abrir la válvula de paso mostrada en la figura, se aplica en la palanca una fuerza $\mathbf{F}$ de 70 lb de magnitud. Sabiendo que $\theta = 25°$, $M_x = -61$ lb · ft y $M_z = -43$ lb · ft, determine al ángulo ϕ y la distancia d.

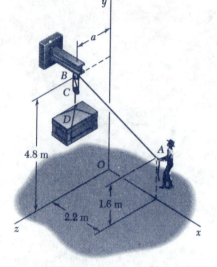

Fig. P3.51 y P3.52

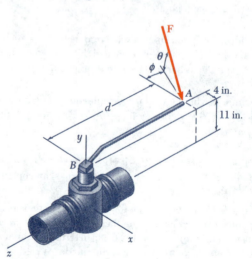

Fig. P3.53 y P3.54

3.54 Si el valor de los momentos, con respecto a los ejes x y z, de la fuerza $\mathbf{F}$ aplicada a la palanca de la válvula mostrada son $M_x = -77$ lb · ft y $M_z = -81$ lb · ft, determine el momento M_y de la fuerza $\mathbf{F}$, con respecto al eje y cuando $d = 27$ in.

3.55 La placa triangular ABC se sostiene mediante apoyos de rótula en B y D y se mantiene en la posición mostrada mediante los cables AE y CF. Si la fuerza ejercida por el cable AE en A es de 55 N, determine su momento con respecto a la línea que une los puntos D y B.

3.56 La placa triangular ABC se sostiene mediante apoyos de rótula en B y D. La placa se mantiene en la posición mostrada mediante los cables AE y CF. Si la fuerza ejercida por el cable CF en C es de 33 N, determine su momento con respecto a la línea que une los puntos D y B.

3.57 Un anuncio se encuentra sobre una superficie desnivelada y se sostiene mediante los cables EF y EG. Si la fuerza ejercida por el cable EF en E es de 46 lb, determine su momento con respecto a la línea que une los puntos A y D.

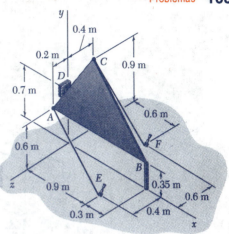

Fig. P3.55 y P3.56

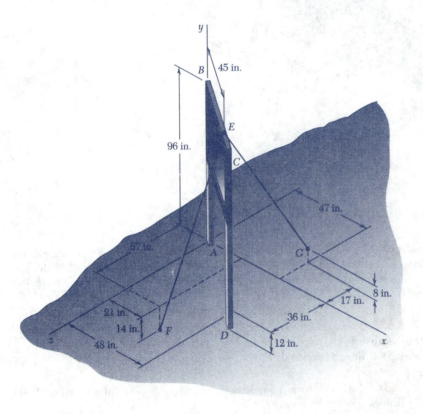

Fig. P3.57 y P3.58

3.58 Un anuncio que se encuentra sobre una superficie desnivelada se sostiene mediante los cables EF y EG. Si la fuerza ejercida por el cable EG en E es de 54 lb, determine su momento con respecto a la línea que une los puntos A y D.

3.59 El tetraedro regular tiene seis lados de igual longitud a. Si la fuerza **P** se aplica a lo largo de la arista BC, en la dirección mostrada; determine el momento de la fuerza **P** con respecto a la arista OA.

3.60 Un tetraedro regular tiene seis lados iguales de longitud a. a) Demuestre que dos aristas opuestas como, por ejemplo, OA y BC, son mutuamente perpendiculares entre sí. b) Aplique esta propiedad y el resultado obtenido en el problema 3.59 para determinar la distancia perpendicular entre las aristas OA y BC.

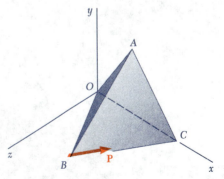

Fig. P3.59 y *P3.60*

3.61 La sección inclinada del muro $ABCD$ está sostenida temporalmente mediante los cables EF y GH. Sabiendo que la tensión en el cable EF es de 63 N, determine el momento de la fuerza ejercida sobre la pared por el cable EF, con respecto al declive AB.

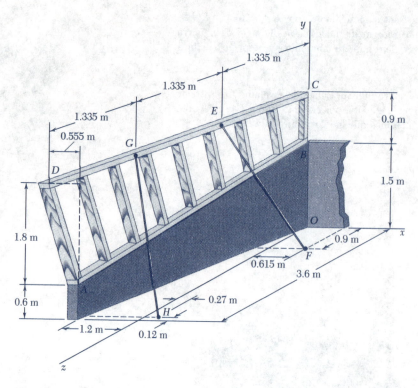

Fig. P3.61 y P3.62

3.62 La sección inclinada del muro $ABCD$ está sostenida temporalmente mediante los cables EF y GH. Sabiendo que la tensión en el cable GH es de 75 N, determine el momento de la fuerza ejercida sobre la pared por el cable GH, con respecto al declive AB.

3.63 Dos fuerzas en el espacio F_1 y F_2 tienen igual magnitud F. Demuestre que el momento de F_1 con respecto a la línea de acción de F_2 es igual al momento de F_2 con respecto a la línea de acción de F_1.

*3.64 En el problema 3.55, determine la distancia perpendicular entre el cable AE y la línea que une los puntos D y B.

*3.65 En el problema 3.56, determine la distancia perpendicular entre el cable CF y la línea que une los puntos D y B.

*3.66 En el problema 3.57, determine la distancia perpendicular entre el cable EF y la línea que une los puntos A y D.

*3.67 En el problema 3.58, determine la distancia perpendicular entre el cable EG y la línea que une los puntos A y D.

*3.68 En el problema 3.61, determine la distancia perpendicular entre el cable EF y el declive AB.

*3.69 En el problema 3.62, determine la distancia perpendicular entre el cable GH y el declive AB.

3.12. MOMENTO DE UN PAR

*Se dice que dos fuerzas **F** y **−F** que tienen la misma magnitud, líneas de acción paralelas y sentidos opuestos forman un par* (figura 3.30). Obviamente, la suma de las componentes de las dos fuerzas en cualquier dirección es igual a cero. Sin embargo, la suma de los momentos de las dos fuerzas con respecto a un punto dado no es cero. Aunque las dos fuerzas no originarán una traslación del cuerpo sobre el que están actuando, éstas sí tenderán a hacerlo rotar.

Representando con $\mathbf{r}_A$ y $\mathbf{r}_B$, respectivamente, a los vectores de posición de los puntos de aplicación de **F** y **−F** (figura 3.31), se encuentra que la suma de los momentos de las dos fuerzas con respecto a O es

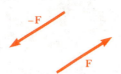

Fig. 3.30

$$\mathbf{r}_A \times \mathbf{F} + \mathbf{r}_B \times (-\mathbf{F}) = (\mathbf{r}_A - \mathbf{r}_B) \times \mathbf{F}$$

Definiendo $\mathbf{r}_A - \mathbf{r}_B = \mathbf{r}$, donde **r** es el vector que une los puntos de aplicación de las dos fuerzas, se concluye que la suma de los momentos de **F** y **−F**, con respecto a O, está representada por el vector

$$\mathbf{M} = \mathbf{r} \times \mathbf{F} \qquad (3.47)$$

El vector **M** se conoce como el *momento del par*; se trata de un vector perpendicular al plano que contiene las dos fuerzas y su magnitud está dada por

$$M = rF \operatorname{sen} \theta = Fd \qquad (3.48)$$

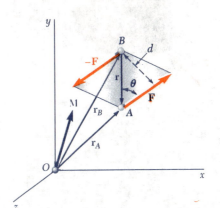

Fig. 3.31

donde d es la distancia perpendicular entre las líneas de acción de **F** y **−F**. El sentido de **M** está definido por la regla de la mano derecha.

Como el vector **r** en (3.47) es independiente de la elección del origen O de los ejes coordenados, se observa que se obtendría el mismo resultado si los momentos de **F** y **−F** se hubieran calculado con respecto a un punto O'. Por lo tanto, el momento **M** de un par es un *vector libre* (sección 2.3) que puede ser aplicado en cualquier punto (figura 3.32).

A partir de la definición del momento de un par también se concluye que dos pares, uno constituido por las fuerzas $\mathbf{F}_1$ y $-\mathbf{F}_1$ y el otro constituido por las fuerzas $\mathbf{F}_2$ y $-\mathbf{F}_2$ (figura 3.33) tendrán momentos iguales si

$$F_1 d_1 = F_2 d_2 \qquad (3.49)$$

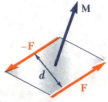

Fig. 3.32

y si los dos pares se encuentran en planos paralelos (o en el mismo plano) y tienen el mismo sentido.

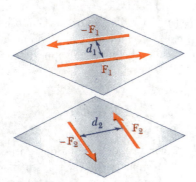

Fig. 3.33

3.13. PARES EQUIVALENTES

La figura 3.34 muestra tres pares que actúan sucesivamente sobre la misma caja rectangular. Como se vio en la sección anterior, el único movimiento que un par le puede impartir a un cuerpo rígido es una rotación. Como cada uno de los tres pares mostrados tiene el mismo momento **M** (la misma dirección y la misma magnitud $M = 120$ lb · in.) se puede esperar que los tres pares tengan el mismo efecto sobre la caja.

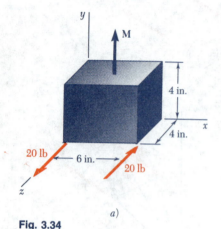
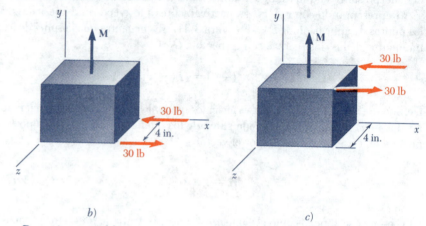

Fig. 3.34

Por más razonable que parezca esta conclusión, no debe aceptarse de inmediato. Aunque la intuición es una gran ayuda en el estudio de la mecánica, no debe ser aceptada como un sustituto del razonamiento lógico. Antes de establecer que dos sistemas (o grupos) de fuerzas tienen el mismo efecto sobre un cuerpo rígido, este hecho debe demostrarse con base en la evidencia experimental que se ha presentado hasta este momento. Esta evidencia consiste en la ley del paralelogramo para la suma de dos fuerzas (sección 2.2) y en el principio de transmisibilidad (sección 3.3). Por lo tanto, se establecerá que *dos sistemas de fuerzas son equivalentes* (esto es, que dichos sistemas tienen el mismo efecto sobre un cuerpo rígido) *si se puede transformar a uno de ellos en el otro por medio de una o varias de las siguientes operaciones:* 1) remplazar dos fuerzas que actúan sobre la misma partícula por su resultante, 2) descomponer a una fuerza en dos componentes, 3) cancelar dos fuerzas iguales y opuestas que actúan sobre la misma partícula, 4) unir a la misma partícula dos fuerzas iguales y opuestas y 5) mover una fuerza a lo largo de su línea de acción. Cada una de estas operaciones se justifica fácilmente con base en la ley del paralelogramo o en el principio de transmisibilidad.

Ahora se procede a demostrar que *dos pares que tienen el mismo momento* **M** *son equivalentes*. Primero se consideran dos pares contenidos en el mismo plano y se supone que dicho plano coincide con el plano de la figura (figura 3.35). El primer par está constituido por las fuerzas $\mathbf{F}_1$ y $-\mathbf{F}_1$ de magnitud F_1, las cuales están localizadas a una distancia d_1 entre sí (figura 3.35a), y el segundo par está constituido por las fuerzas $\mathbf{F}_2$ y $-\mathbf{F}_2$ de magnitud F_2, localizadas a una distancia d_2 (figura 3.35d) entre sí. Como los dos pares tienen el mismo momento **M**, que es perpendicular al plano de la figura, ambos pares deben tener el mismo sentido (el cual se ha supuesto contrario al movimiento de las manecillas del reloj) y la relación

$$F_1 d_1 = F_2 d_2 \tag{3.49}$$

debe ser satisfecha. Para comprobar que los dos pares son equivalentes, se debe demostrar que el primer par puede ser transformado en el segundo por medio de las operaciones enumeradas en el párrafo anterior.

3.13. Pares equivalentes   107

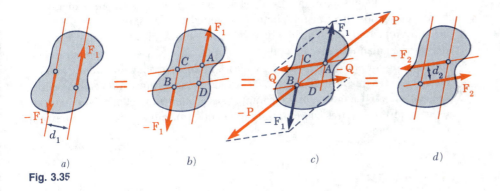

Fig. 3.35

Representando con A, B, C y D los puntos de intersección de las líneas de acción de los dos pares, se deslizan primero las fuerzas $\mathbf{F}_1$ y $-\mathbf{F}_1$ hasta que estén unidas, respectivamente, a A y B, como se muestra en la figura 3.35b. Entonces, la fuerza $\mathbf{F}_1$ se descompone en una componente $\mathbf{P}$ a lo largo de la línea AB y una componente $\mathbf{Q}$ a lo largo de AC (figura 3.35c); similarmente, la fuerza $-\mathbf{F}_1$ se descompone en $-\mathbf{P}$ a lo largo de AB y en $-\mathbf{Q}$ a lo largo de BD. Las fuerzas $\mathbf{P}$ y $-\mathbf{P}$ tienen la misma magnitud, la misma línea de acción y sentidos opuestos; tales fuerzas pueden moverse a lo largo de su línea de acción común hasta aparecer aplicadas en el mismo punto para que, entonces, puedan ser canceladas. Por lo tanto, el par formado por $\mathbf{F}_1$ y $-\mathbf{F}_1$ se reduce al par constituido por $\mathbf{Q}$ y $-\mathbf{Q}$.

A continuación se comprueba que las fuerzas $\mathbf{Q}$ y $-\mathbf{Q}$ son iguales, respectivamente, a las fuerzas $-\mathbf{F}_2$ y $\mathbf{F}_2$. El momento del par formado por $\mathbf{Q}$ y $-\mathbf{Q}$ puede obtenerse calculando el momento de $\mathbf{Q}$ con respecto a B; similarmente, el momento del par formado por $\mathbf{F}_1$ y $-\mathbf{F}_1$ es el momento de $\mathbf{F}_1$ con respecto a B. Pero, por el teorema de Varignon, el momento de $\mathbf{F}_1$ es igual a la suma de los momentos de sus componentes $\mathbf{P}$ y $\mathbf{Q}$. Como el momento de $\mathbf{P}$ con respecto a B es a cero, el momento del par formado por $\mathbf{Q}$ y $-\mathbf{Q}$ debe ser igual al momento del par formado por $\mathbf{F}_1$ y $-\mathbf{F}_1$. Recordando (3.49), se escribe

$$Qd_2 = F_1 d_1 = F_2 d_2 \qquad \text{y} \qquad Q = F_2$$

Por lo tanto, las fuerzas $\mathbf{Q}$ y $-\mathbf{Q}$ son iguales, respectivamente, a las fuerzas $-\mathbf{F}_2$ y $\mathbf{F}_2$ y el par de la figura 3.35a es equivalente al par de la figura 3.35d.

Considérense ahora dos pares contenidos en planos paralelos P_1 y P_2; a continuación se demostrará que dichos pares son equivalentes si tienen el mismo momento. En virtud de lo que se ha presentado hasta ahora, se puede suponer que ambos pares están constituidos por fuerzas que tienen la misma magnitud F y que actúan a lo largo de líneas paralelas (figura 3.36a y d). Se pretende demostrar que el par contenido en el plano P_1 puede ser transformado en el par contenido en el plano P_2 por medio de las operaciones estándar que se mencionaron anteriormente.

Considérense los dos planos definidos, respectivamente, por las líneas de acción de $\mathbf{F}_1$ y $-\mathbf{F}_2$ y por las líneas de acción de $-\mathbf{F}_1$ y $\mathbf{F}_2$ (figura 3.36b). En un punto sobre la línea de intersección de los dos planos se unen dos fuerzas $\mathbf{F}_3$ y $-\mathbf{F}_3$ que son iguales, respectivamente, a $\mathbf{F}_1$ y $-\mathbf{F}_1$. El par formado por $\mathbf{F}_1$ y $-\mathbf{F}_3$ puede ser remplazado por un par constituido por $\mathbf{F}_3$ y $-\mathbf{F}_2$ (figura 3.36c) puesto que, obviamente, ambos pares tienen el mismo momento y están contenidos en el mismo plano. Análogamente, el par formado por $-\mathbf{F}_1$ y $\mathbf{F}_3$ puede ser remplazado por un par constituido por $-\mathbf{F}_3$ y $\mathbf{F}_2$. Cancelando las dos fuerzas iguales y opuestas $\mathbf{F}_3$ y $-\mathbf{F}_3$, se obtiene el par deseado en el plano P_2 (figura 3.36d). Por lo tanto,

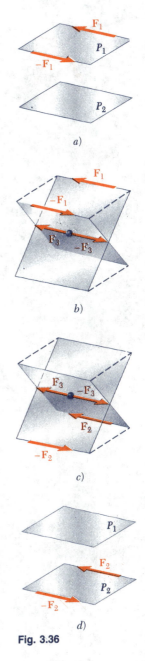

Fig. 3.36

108 Cuerpos rígidos: Sistemas equivalentes de fuerzas

se concluye que dos pares que tienen el mismo momento **M** son equivalentes si están contenidos en el mismo plano o en planos paralelos.

La propiedad que se acaba de establecer es muy importante para entender correctamente la mecánica de los cuerpos rígidos. Esta propiedad indica que cuando un par actúa sobre un cuerpo rígido, es irrelevante donde actúan las dos fuerzas que forman al par o cuáles son la magnitud y dirección que esas fuerzas tengan. La única cosa que importa es el *momento* del par (su magnitud y dirección). Los pares con el mismo momento tendrán el mismo efecto sobre el cuerpo rígido.

3.14. SUMA DE PARES

Considere dos planos P_1 y P_2 que se intersectan y dos pares que actúan, respectivamente, en P_1 y P_2. Se puede suponer, sin perder la generalidad, que el par en P_1 consta de dos fuerzas $\mathbf{F}_1$ y $-\mathbf{F}_1$ perpendiculares a la línea de intersección de los dos planos y que actúan, respectivamente, en A y B (figura 3.37a). Similarmente, se supone que el par en P_2 consta de dos fuerzas $\mathbf{F}_2$ y $-\mathbf{F}_2$ perpendiculares a AB y que actúan, respectivamente, en A y B. Es obvio que la resultante $\mathbf{R}$ de $\mathbf{F}_1$ y $\mathbf{F}_2$ y la resultante $-\mathbf{R}$ de $-\mathbf{F}_1$ y $-\mathbf{F}_2$ forman un par. Representando por $\mathbf{r}$ al vector que une a B con A y recordando la definición de par (sección 3.12), el momento $\mathbf{M}$ del par resultante queda expresado como sigue:

$$\mathbf{M} = \mathbf{r} \times \mathbf{R} = \mathbf{r} \times (\mathbf{F}_1 + \mathbf{F}_2)$$

y, por el teorema de Varignon,

$$\mathbf{M} = \mathbf{r} \times \mathbf{F}_1 + \mathbf{r} \times \mathbf{F}_2$$

Pero el primer término en la expresión obtenida representa al momento $\mathbf{M}_1$ del par en P_1 y el segundo término representa al momento $\mathbf{M}_2$ del par en P_2. Así, se tiene

$$\mathbf{M} = \mathbf{M}_1 + \mathbf{M}_2 \tag{3.50}$$

y se concluye que la suma de dos pares cuyos momentos son iguales a $\mathbf{M}_1$ y $\mathbf{M}_2$ es un par de momento $\mathbf{M}$ igual a la suma vectorial de $\mathbf{M}_1$ y $\mathbf{M}_2$ (figura 3.37b).

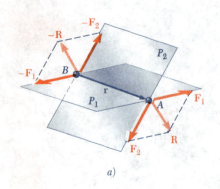
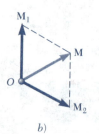
Fig. 3.37

3.15. LOS PARES PUEDEN REPRESENTARSE POR MEDIO DE VECTORES

Como se vio en la sección 3.13, los pares que tienen el mismo momento, sin importar si actúan en el mismo plano o en planos paralelos, son equivalentes. Por lo tanto, no hay necesidad de dibujar las fuerzas que en realidad forman un par dado con el propósito de definir el efecto que dicho par tiene sobre un cuerpo rígido (figura 3.38a). Es suficiente dibujar una flecha igual en magnitud y dirección al momento $\mathbf{M}$ del par (figura 3.38b). Por otra parte, en la sección 3.14 quedó expresado que la suma de dos pares es otro par y que el momento $\mathbf{M}$ del par resultante puede obtenerse mediante la suma vectorial de los momentos $\mathbf{M}_1$ y $\mathbf{M}_2$ de los pares dados. Por consiguiente, los pares obedecen la ley de la suma para vectores y la flecha usada en la figura 3.38b para representar al par definido en la figura 3.38a puede considerarse verdaderamente como un vector.

El vector que representa un par recibe el nombre de *vector de par*. Obsérvese que en la figura 3.38 se usó una flecha roja para distinguir al vector de

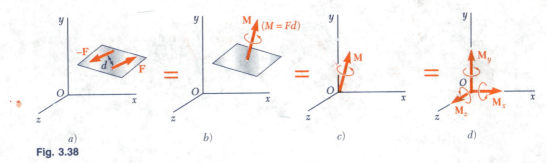

Fig. 3.38

par, *la cual representa al par mismo*, del *momento* del par, que se representó con una flecha verde en figuras anteriores. Nótese también que se ha agregado el símbolo ↻ a esta flecha roja con el fin de evitar cualquier confusión con los vectores que representan fuerzas. El vector de par, como el momento de un par, es un vector libre. Por lo tanto, su punto de aplicación puede ser elegido en el origen del sistema de coordenadas si así se desea (figura 3.38c). Además, el vector del momento **M** se puede descomponer en componentes vectoriales $\mathbf{M}_x$, $\mathbf{M}_y$ y $\mathbf{M}_z$, las cuales están dirigidas a lo largo de los ejes coordenados (figura 3.38d). Esas componentes vectoriales representan pares que actúan, respectivamente, en los planos yz, zx y xy.

3.16. DESCOMPOSICIÓN DE UNA FUERZA DADA EN UNA FUERZA EN *O* Y UN PAR

Considere una fuerza **F** que actúa sobre un cuerpo rígido en un punto *A* definido por el vector de posición **r** (figura 3.39a). Suponga que por alguna razón se quiere que la fuerza actúe en el punto *O*. Aunque **F** se puede mover a lo largo de su línea de acción (principio de transmisibilidad), no es posible moverla al punto *O*, que no se encuentra sobre la línea de acción original de la fuerza, sin modificar el efecto que **F** tiene sobre el cuerpo rígido.

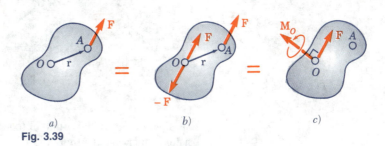

Fig. 3.39

Sin embargo, pueden unirse dos fuerzas al punto *O*, una igual a **F** y otra igual a **−F**, sin modificar el efecto que la fuerza original tiene sobre el cuerpo rígido (figura 3.39b). Como una consecuencia de esta transformación, ahora una fuerza **F** está aplicada en *O*; las otras dos fuerzas forman un par con un momento $\mathbf{M}_O = \mathbf{r} \times \mathbf{F}$. Por lo tanto, *cualquier fuerza* **F** *que actúe sobre un cuerpo rígido puede ser trasladada a un punto arbitrario O siempre y cuando se agregue un par cuyo momento sea igual al momento de* **F** *con respecto a O*. El par tiende a impartirle al cuerpo rígido el mismo movimiento de rotación alrededor de *O* que la fuerza **F** ocasionaba antes de que fuera trasladada al punto *O*. El par se representa por el vector de par $\mathbf{M}_O$ que es perpendicular al plano que contiene a **r** y a **F**. Como $\mathbf{M}_O$ es un vector libre, puede ser aplicado en

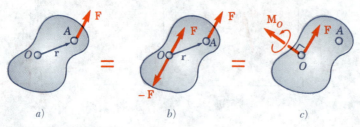

a) *b)* *c)*

Fig. 3.39 *(repetida)*

cualquier lugar; sin embargo, por conveniencia, usualmente el vector de par se fija en O, junto con $\mathbf{F}$, y se hace referencia a la combinación obtenida como un *sistema fuerza-par* (figura 3.39*c*).

Si la fuerza $\mathbf{F}$ se hubiera trasladado del punto A a un punto diferente O' (figura 3.40*a* y *c*), se tendría que calcular el momento $\mathbf{M}_{O'} = \mathbf{r}' \times \mathbf{F}$ de $\mathbf{F}$ con respecto a O', y se hubiera fijado a O' un nuevo sistema fuerza-par constituido por $\mathbf{F}$ y por el vector de par $\mathbf{M}_{O'}$. La relación que existe entre los momentos de $\mathbf{F}$ con respecto a O y a O' se obtiene escribiendo

$$\mathbf{M}_{O'} = \mathbf{r}' \times \mathbf{F} = (\mathbf{r} + \mathbf{s}) \times \mathbf{F} = \mathbf{r} \times \mathbf{F} + \mathbf{s} \times \mathbf{F}$$

$$\boxed{\mathbf{M}_{O'} = \mathbf{M}_O + \mathbf{s} \times \mathbf{F}} \tag{3.51}$$

donde $\mathbf{s}$ es el vector que une a O' con O. Por lo tanto, el momento $\mathbf{M}_{O'}$ de $\mathbf{F}$, con respecto a O', se obtiene sumándole al momento $\mathbf{M}_O$ de $\mathbf{F}$ con respecto a O el producto vectorial $\mathbf{s} \times \mathbf{F}$ que representa el momento con respecto a O' de la fuerza $\mathbf{F}$ aplicada en O.

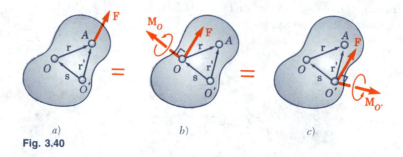

a) *b)* *c)*

Fig. 3.40

Este resultado también pudo obtenerse observando que, para trasladar a O' al sistema fuerza-par unido a O (figura 3.40*b* y *c*), el vector de par $\mathbf{M}_O$ se puede mover libremente a O'; sin embargo, para mover a la fuerza $\mathbf{F}$ de O a O' es necesario agregarle a $\mathbf{F}$ un vector de par cuyo momento sea igual al momento con respecto a O' de la fuerza $\mathbf{F}$ aplicada en O. Por lo tanto, el vector de par $\mathbf{M}_{O'}$ debe ser igual a la suma de $\mathbf{M}_O$ y el vector $\mathbf{s} \times \mathbf{F}$.

Como se mencionó anteriormente, el sistema fuerza-par, obtenido a partir de trasladar una fuerza $\mathbf{F}$ de un punto A a un punto O, consta de un vector de fuerza $\mathbf{F}$ y de un vector de par $\mathbf{M}_O$ perpendicular a $\mathbf{F}$. Por el contrario, cualquier sistema fuerza-par que conste de una fuerza $\mathbf{F}$ y de un vector de par $\mathbf{M}_O$ que sean *mutuamente perpendiculares*, puede ser remplazado por una sola fuerza equivalente. Esto se lleva a cabo moviendo la fuerza $\mathbf{F}$ en el plano perpendicular hacia $\mathbf{M}_O$ hasta que su momento con respecto a O, sea igual al momento del par que se desea eliminar.

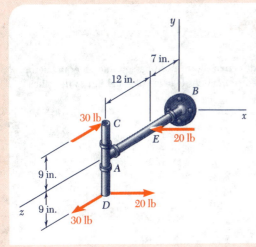

PROBLEMA RESUELTO 3.6

Determine las componentes del par único que es equivalente a los dos pares mostrados.

SOLUCIÓN

Los cálculos se simplificarán si se fijan en A dos fuerzas de 20 lb iguales y opuestas. Esto permitirá remplazar al par original de las fuerzas de 20 lb por dos nuevos pares originados por fuerzas de 20 lb, uno de los cuales se encuentra en el plano zx; el otro se encuentra en un plano paralelo al plano xy. Los tres pares mostrados en el croquis adjunto pueden ser representados por tres vectores de par $\mathbf{M}_x$, $\mathbf{M}_y$ y $\mathbf{M}_z$ dirigidos a lo largo de los ejes coordenados. Los momentos correspondientes son

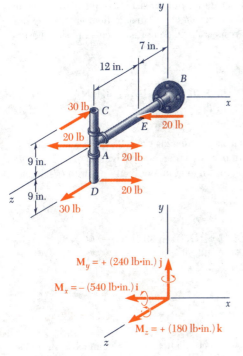

$$M_x = -(30 \text{ lb})(18 \text{ in.}) = -540 \text{ lb} \cdot \text{in.}$$
$$M_y = +(20 \text{ lb})(12 \text{ in.}) = +240 \text{ lb} \cdot \text{in.}$$
$$M_z = +(20 \text{ lb})(9 \text{ in.}) = +180 \text{ lb} \cdot \text{in.}$$

Estos tres momentos representan las componentes del par único $\mathbf{M}$, equivalente a los pares dados. Así, se escribe

$$\mathbf{M} = -(540 \text{ lb} \cdot \text{in.})\mathbf{i} + (240 \text{ lb} \cdot \text{in.})\mathbf{j} + (180 \text{ lb} \cdot \text{in.})\mathbf{k} \blacktriangleleft$$

Solución alternativa. Las componentes del par equivalente único $\mathbf{M}$ también pueden ser determinadas calculando la suma de los momentos de las cuatro fuerzas dadas con respecto a un punto arbitrario. Eligiendo al punto D, se escribe

$$\mathbf{M} = \mathbf{M}_D = (18 \text{ in.})\mathbf{j} \times (-30 \text{ lb})\mathbf{k} + [(9 \text{ in.})\mathbf{j} - (12 \text{ in.})\mathbf{k}] \times (-20 \text{ lb})\mathbf{i}$$

y, después de calcular los diversos productos cruz, se tiene

$$\mathbf{M} = -(540 \text{ lb} \cdot \text{in.})\mathbf{i} + (240 \text{ lb} \cdot \text{in.})\mathbf{j} + (180 \text{ lb} \cdot \text{in.})\mathbf{k} \blacktriangleleft$$

PROBLEMA RESUELTO 3.7

Remplace al par y la fuerza mostrados en la figura por una sola fuerza equivalente aplicada a la palanca. Determine la distancia desde el eje hasta el punto de aplicación de esta fuerza equivalente.

SOLUCIÓN

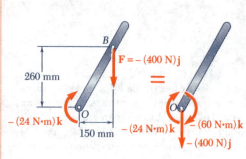

Primero se remplazan la fuerza y el par dados por un sistema equivalente fuerza-par en O. La fuerza $\mathbf{F} = -(400\text{ N})\mathbf{j}$ se mueve a O y al mismo tiempo se agrega un momento $\mathbf{M}_O$ igual al momento con respecto a O, de la fuerza en su posición original.

$$\mathbf{M}_O = \overrightarrow{OB} \times \mathbf{F} = [(0.150\text{ m})\mathbf{i} + (0.260\text{ m})\mathbf{j}] \times (-400\text{ N})\mathbf{j}$$
$$= -(60\text{ N}\cdot\text{m})\mathbf{k}$$

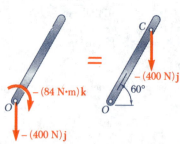

Este par se suma al par formado por las dos fuerzas de 200 N, cuyo momento es igual a $-(24\text{ N}\cdot\text{m})\mathbf{k}$, y se obtiene un par cuyo momento es igual a $-(84\text{ N}\cdot\text{m})\mathbf{k}$. Este último par puede ser eliminado aplicando la fuerza $\mathbf{F}$ en un punto C seleccionado de tal forma que

$$-(84\text{ N}\cdot\text{m})\mathbf{k} = \overrightarrow{OC} \times \mathbf{F}$$
$$= [(OC)\cos 60°\mathbf{i} + (OC)\text{sen }60°\mathbf{j}] \times (-400\text{ N})\mathbf{j}$$
$$= -(OC)\cos 60°(400\text{ N})\mathbf{k}$$

Entonces, se concluye que

$$(OC)\cos 60° = 0.210\text{ m} = 210\text{ mm} \qquad OC = 420\text{ mm} \blacktriangleleft$$

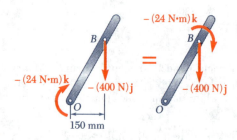

Solución alternativa. Como el efecto de un par no depende de su ubicación, el par cuyo momento es igual a $-(24\text{ N}\cdot\text{m})\mathbf{k}$ puede trasladarse a B; por lo tanto, se obtiene un sistema fuerza-par en B. Ahora el par puede ser eliminado aplicando la fuerza $\mathbf{F}$ en un punto C elegido de tal forma que

$$-(24\text{ N}\cdot\text{m})\mathbf{k} = \overrightarrow{BC} \times \mathbf{F}$$
$$= -(BC)\cos 60°(400\text{ N})\mathbf{k}$$

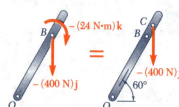

Así, se concluye que

$$(BC)\cos 60° = 0.060\text{ m} = 60\text{ mm} \qquad BC = 120\text{ mm}$$
$$OC = OB + BC = 300\text{ mm} + 120\text{ mm} \qquad OC = 420\text{ mm} \blacktriangleleft$$

PROBLEMAS PARA RESOLVER EN FORMA INDEPENDIENTE

En esta lección se estudiaron las propiedades de los *pares*. Para resolver los problemas que se presentan a continuación, se tendrá que recordar que el efecto neto de un par consiste en producir un momento **M**. Como dicho momento es independiente del punto con respecto al cual se calcula, **M** es un *vector libre* y, por lo tanto, permanece inalterado a medida que se mueve de un punto a otro. Además, dos pares son *equivalentes* (esto es, ambos tienen el mismo efecto sobre un cuerpo rígido dado) si producen el mismo momento.

Al determinar el momento de un par, pueden aplicarse todas las técnicas vistas anteriormente para calcular momentos. Además, como el momento de un par es un vector libre, debe ser determinado empleando el punto que resulte más conveniente.

En virtud de que el único efecto de un par es producir un momento, es posible representar un par por medio de un vector, el *vector de par*, que es igual al momento del par. El vector de par es un vector libre y será representado por un símbolo especial, $\mathcal{C}$ para distinguirlo de los vectores de fuerza.

Al resolver los problemas propuestos de esta lección se tendrán que llevar a cabo las siguientes operaciones:

1. Sumar dos o más pares. Esto resulta en un nuevo par cuyo momento se obtiene sumando vectorialmente los momentos de los pares dados [problema resuelto 3.6].

2. Remplazar a una fuerza por un sistema equivalente fuerza-par en un punto especificado. Como se explicó en la sección 3.16, la fuerza del sistema fuerza-par es igual a la fuerza original, mientras que el vector de par requerido es igual al momento de la fuerza original con respecto al punto dado. Además, es importante señalar que la fuerza y el vector de par son perpendiculares entre sí. Por el contrario, se concluye que un sistema fuerza-par se puede reducir a una sola fuerza sólo si la fuerza y el vector de par son mutuamente perpendiculares (véase el siguiente párrafo).

*3. Remplazar un sistema fuerza-par (con **F** perpendicular a **M**) por una sola fuerza equivalente.* Obsérvese que el requisito de que **F** y **M** sean mutuamente perpendiculares se cumplirá en todos los problemas bidimensionales. La fuerza equivalente única es igual a **F** y se aplica en forma tal que su momento con respecto al punto original de aplicación sea igual a **M** [problema resuelto 3.7].

Problemas

3.70 La placa en forma de paralelogramo mostrada se somete a la acción de dos pares. Determine: a) el momento del par formado por las dos fuerzas de 21 lb, b) la distancia perpendicular entre las fuerzas de 12 lb si el par resultante de los dos pares es cero y c) el valor de α si d es igual a 42 in y el par resultante es de 72 lb · in en el sentido del movimiento de las manecillas del reloj.

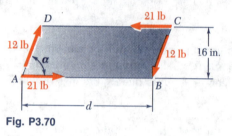

Fig. P3.70

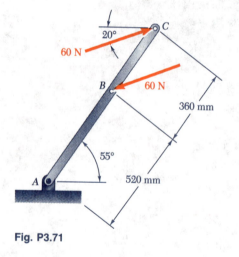

Fig. P3.71

3.71 Dos fuerzas paralelas de 60 N se aplican sobre la palanca mostrada. Determine el momento del par formado por las dos fuerzas: a) sumando los momentos de los dos pares que se generan al descomponer a cada una de las fuerzas en sus componentes horizontal y vertical, b) empleando la distancia perpendicular entre las dos fuerzas y c) haciendo la sumatoria de los momentos de las dos fuerzas con respecto al punto A.

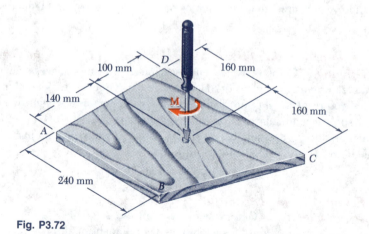

Fig. P3.72

3.72 El par **M** de magnitud 18 N · m se aplica sobre el mango de un desarmador para apretar un tornillo en el bloque de madera mostrado. Determine la magnitud de las dos fuerzas horizontales mínimas que sean equivalentes al par **M** si se aplican en: a) las esquinas A y D, b) las esquinas B y C y c) en cualquier parte del bloque de madera.

3.73 Un cableado se hizo marcando a dos o tres alambres una ruta alrededor de las clavijas de 2 in. de diámetro colocadas en la tabla de madera mostrada en la figura. Si la fuerza en cada alambre es de 3 lb y $a = 18$ in., determine el par resultante de las fuerzas que actúan sobre la tabla si: a) sólo los alambres AB y CD están colocados y b) los tres alambres están colocados.

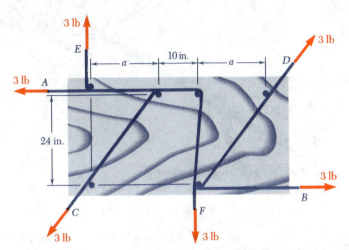

Fig. P3.73 y P3.74

3.74 Un cableado se hizo marcando a dos o tres alambres una ruta alrededor de las clavijas de 2 in. de diámetro colocadas en la tabla de madera mostrada en la figura. Si la fuerza en cada alambre es de 3 lb y los alambres AB y CD están colocados en su lugar, determine el valor mínimo de la distancia a cuando el valor del par resultante, que actúa sobre la tabla, es de 159.6 lb · in en sentido contrario al de las manecillas del reloj.

3.75 Los dos ejes de una unidad motriz están sujetos a la acción de los dos pares mostrados en la figura. Remplace ambos pares por un solo par equivalente especificando la magnitud y la dirección de su eje.

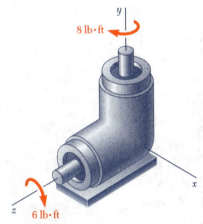

Fig. P3.75

3.76 y 3.77 Si $P = 0$, remplace los dos pares restantes por un solo par equivalente, especificando la magnitud y la dirección de su eje.

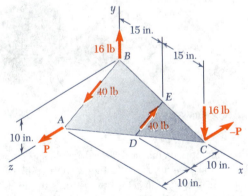

Fig. P3.77 y P3.78

3.78 Si $P = 20$ lb, remplace los tres pares por un solo par equivalente, especificando la magnitud y la dirección de su eje.

3.79 Si $P = 20$ N, remplace los tres pares por un solo par equivalente, especificando la magnitud y la dirección de su eje.

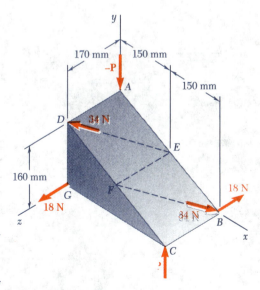

Fig. P3.76 y P3.79

3.80 En un proceso de manufactura, se taladran simultáneamente tres agujeros en una pieza de trabajo. Si los agujeros son perpendiculares a la superficie de la pieza de trabajo, remplace los pares aplicados a las brocas por un solo par equivalente, especificando la magnitud y la dirección de su eje.

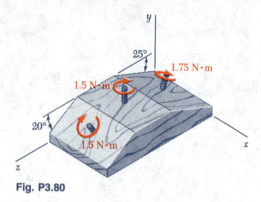

Fig. P3.80

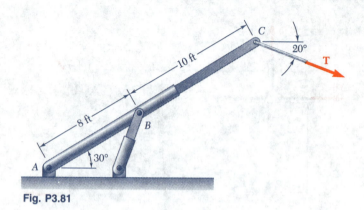

Fig. P3.81

3.81 La tensión en el cable unido al extremo C de un mecanismo ajustable ABC es de 560 lb. Remplace la fuerza ejercida por el cable en C por un sistema equivalente fuerza-par en: a) A y b) B.

3.82 La fuerza horizontal **P** de 80 N actúa sobre la manivela mostrada en la figura. a) Remplace **P** por un sistema equivalente fuerza-par en B. b) Encuentre dos fuerzas verticales en C y D que tengan un par equivalente al par encontrado en a).

3.83 Una fuerza **P** de 160 lb se aplica en el punto A de un elemento estructural. Remplace **P** por: a) un sistema equivalente fuerza-par en C y b) un sistema equivalente que consta de una fuerza vertical en B y una segunda fuerza en D.

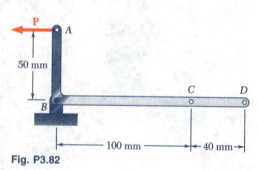

Fig. P3.82

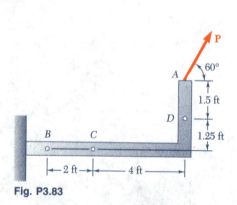

Fig. P3.83

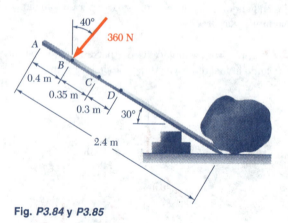

Fig. P3.84 y P3.85

3.84 Un trabajador trata de mover una piedra aplicando a una barra de acero una fuerza de 360 N, como se muestra en la figura. a) Remplace la fuerza por un sistema equivalente fuerza-par en D. b) Dos trabajadores tratan de mover la misma piedra aplicando una fuerza vertical en A y otra en D. Si deben de ser equivalentes a la fuerza aplicada en el inciso a), determine el valor de estas dos fuerzas.

3.85 Un trabajador trata de mover una piedra aplicando a una barra de acero una fuerza de 360 N, como se muestra en la figura. Si dos trabajadores tratan de mover la misma piedra aplicando una fuerza en A y una fuerza paralela a ésta en C, determine el valor de estas fuerzas, de tal manera que sean equivalentes a la fuerza mostrada de 360 N.

3.86 Un dirigible se amarra mediante un cable sujeto a la cabina en B. Si la tensión en el cable es de 1 040 N, remplace la fuerza que el cable ejerce en B por un sistema equivalente formado por dos fuerzas paralelas aplicadas en A y en C.

3.87 Tres trabajadores tratan de mover una caja de madera de $1 \times 1 \times 1.2$ m aplicando las tres fuerzas horizontales mostradas en la figura. *a*) Si $P = 240$ N, remplace las tres fuerzas por un sistema equivalente fuerza-par en A. *b*) Remplace el sistema fuerza-par del inciso *a*) por una sola fuerza resultante y determine en qué lugar del lado AB se debe de aplicar. *c*) Determine la magnitud de $\mathbf{P}$, de tal forma que las tres fuerzas puedan ser remplazadas por una sola fuerza resultante aplicada en B.

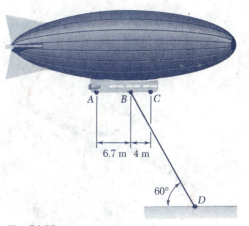

Fig. P3.86

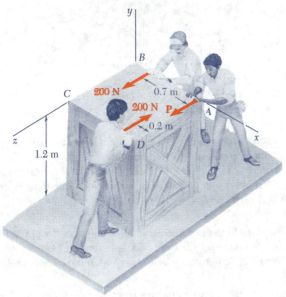

Fig. P3.87

3.88 Una fuerza y un par se aplican en el extremo de una viga en voladizo como se muestra en la figura. *a*) Remplace este sistema por una sola fuerza resultante $\mathbf{F}$ aplicada en el punto C y determine la distancia d medida desde C hasta la línea que pasa por los puntos D y E. *b*) Resuelva la parte *a*) si se intercambian las direcciones de las dos fuerzas de 360 N.

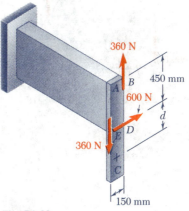

Fig. P3.88

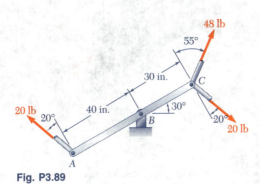

Fig. P3.89

3.89 Tres barras de control conectadas a la palanca ABC ejercen las fuerzas mostradas en la figura. *a*) Remplace las tres fuerzas por un sistema equivalente fuerza-par en B. *b*) Determine la fuerza resultante equivalente al sistema fuerza-par obtenido en *a*) y especifíque su punto de aplicación sobre la palanca.

3.90 En el proceso de roscado de un barreno, un mecánico aplica a la palanca del maneral las fuerzas horizontales mostradas en la figura. Demuestre que estas fuerzas son equivalentes a una sola fuerza resultante y determine, si es posible, la localización del punto de aplicación de esta fuerza sobre la palanca.

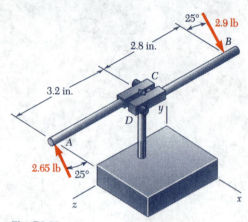

Fig. P3.90

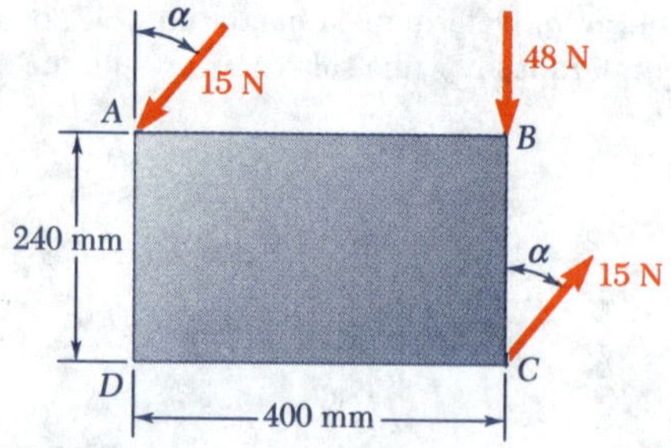

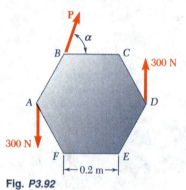

Fig. P3.91

3.91 Una placa rectangular está sometida a la fuerza y al par mostrados en la figura. Si el sistema fuerza-par debe ser remplazado por una sola fuerza resultante, determine: a) la magnitud y la línea de acción de la fuerza resultante cuando $\alpha = 40°$ y b) el valor de α si la línea de acción de la fuerza resultante debe intersectar la línea CD 300 mm a la derecha de D.

3.92 Una placa hexagonal está sometida a la fuerza **P** y al par mostrados en la figura. Determine la magnitud y la dirección de la fuerza **P** mínima para que el sistema pueda ser remplazado por una sola fuerza resultante aplicada en E.

3.93 En el extremo libre de una viga en voladizo se aplica una fuerza excéntrica de compresión **P** de 1 220 N. Remplace **P** por un sistema equivalente fuerza-par en G.

Fig. P3.92

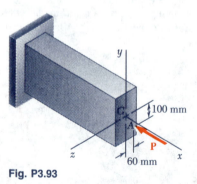

Fig. P3.93

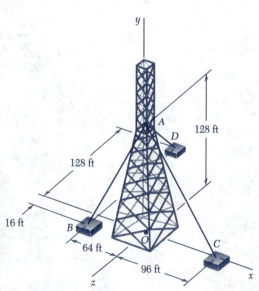

Fig. P3.94 y P3.95

3.94 Una antena se sostiene mediante los tres cables mostrados. Sabiendo que la tensión en el cable AB es de 288 lb, remplace la fuerza ejercida en A por medio del cable AB por un sistema equivalente fuerza-par en el centro O de la base de la antena.

3.95 Una antena se sostiene mediante los tres cables mostrados. Sabiendo que la tensión en el cable AD es de 270 lb, remplace la fuerza que el cable AD ejerce en A por un sistema equivalente fuerza-par en el centro O de la base de la antena.

3.96 Para mantener cerrada una puerta, se usa una tabla de madera colocada entre el piso y la perilla del cerrojo de la puerta. La fuerza que la tabla ejerce en B es de 175 N y está dirigida a lo largo de la línea AB. Remplace esta fuerza por un sistema equivalente fuerza-par en C.

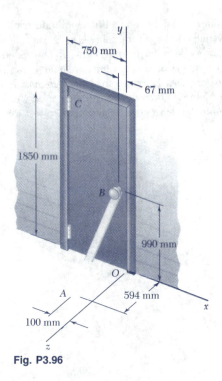

Fig. P3.96

3.97 La fuerza de 110 N que está contenida en un plano vertical paralelo al plano yz, se aplica sobre el maneral de la palanca horizontal de 220 mm de longitud, como se muestra en la figura. Remplace tal fuerza por un sistema equivalente fuerza-par en el origen O del sistema de coordenadas.

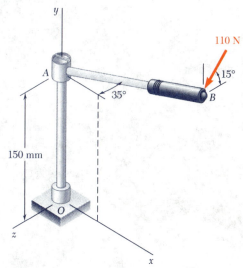

Fig. P3.97

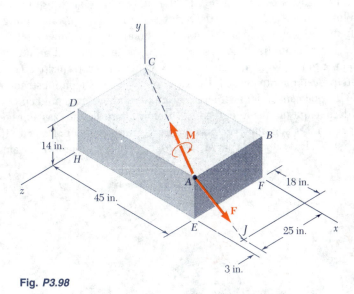

Fig. *P3.98*

3.98 La fuerza **F** de 46 lb y el par **M** de 2 120 lb·in se aplican en la esquina A del bloque mostrado. Remplace el sistema fuerza-par anterior por un sistema equivalente fuerza-par en la esquina H del bloque.

3.99 La fuerza F_1 de 77 N y el par M_1 de 31 N · m se aplican en la esquina E de la placa doblada mostrada en la figura. Si F_1 y M_1 deben de ser remplazados por un sistema equivalente fuerza-par (F_2, M_2) en la esquina B y si $(M_2)_z = 0$, determine: a) la distancia d y b) F_2 y M_2.

3.100 El pulidor manual de una rectificadora industrial en miniatura pesa 0.6 lb y su centro de gravedad está localizado sobre el eje y. La cabeza del pulidor manual está desfasada del plano xz de tal forma que la línea BC forma un ángulo de 25° con la dirección x. Demuestre que el peso del pulidor manual y los dos pares M_1 y M_2 se pueden remplazar por una sola fuerza equivalente. Además, si se supone que $M_1 = 0.68$ lb · in y $M_2 = 0.65$ lb · in, determine: a) la magnitud y la dirección de la fuerza equivalente y b) el punto donde su línea de acción intersecta al plano xz.

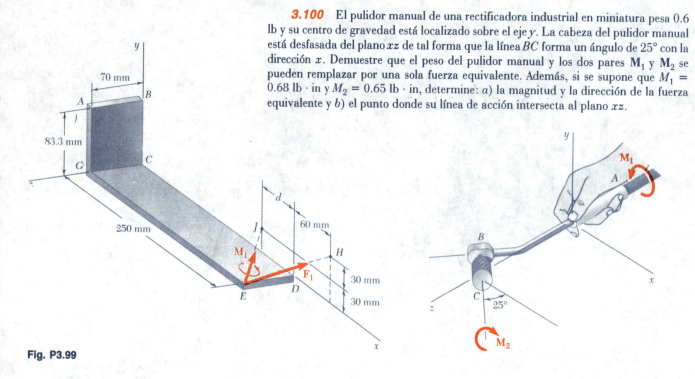

Fig. P3.99

3.17. REDUCCIÓN DE UN SISTEMA DE FUERZAS A UNA FUERZA Y UN PAR

Considere un sistema de fuerzas F_1, F_2, F_3, ..., que actúan sobre un cuerpo rígido en los puntos A_1, A_2, A_3, ..., *definidos por los vectores de posición* r_1, r_2, r_3, *etc.* (figura 3.41a). Como se vio en la sección anterior, F_1 puede ser trasladada de A_1 a un punto dado O, si se agrega al sistema original de fuerzas un par de momento M_1, igual al momento $r_1 \times F_1$ de F_1 con respecto a O. Repitiendo este procedimiento con F_2, F_3, ..., se obtiene el sistema mostrado en la figura 3.41b, que consta de: las fuerzas originales, ahora actuando en O, y los vectores de par que han sido agregados. Como ahora las fuerzas son concurrentes, pueden ser sumadas vectorialmente y remplazadas por su resultante R. Similarmente, los vectores de par M_1, M_2, M_3, ..., pueden sumase vectorialmente

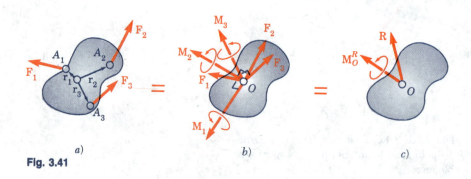

Fig. 3.41

y ser remplazados por un solo vector de par $\mathbf{M}_O^R$. Por lo tanto, cualquier sistema de fuerzas, sin importar qué tan complejo sea, puede ser reducido a un *sistema equivalente fuerza-par que actúa en un punto dado O* (figura 3.41c). Se debe observar que mientras cada uno de los vectores de par $\mathbf{M}_1, \mathbf{M}_2, \mathbf{M}_3, \ldots$, en la figura 3.41b es perpendicular a la fuerza que le corresponde, en general, la fuerza resultante $\mathbf{R}$ y el vector de par resultante $\mathbf{M}_O^R$ en la figura 3.41c no serán perpendiculares entre sí.

El sistema equivalente fuerza-par está definido por las ecuaciones

$$\mathbf{R} = \Sigma \mathbf{F} \qquad \mathbf{M}_O^R = \Sigma \mathbf{M}_O = \Sigma(\mathbf{r} \times \mathbf{F}) \qquad (3.52)$$

las cuales expresan que la fuerza $\mathbf{R}$ se obtiene sumando todas las fuerzas del sistema, mientras que el momento del vector de par resultante $\mathbf{M}_O^R$, denominado *momento resultante* del sistema, se obtiene sumando los momentos de todas las fuerzas con respecto a O.

Una vez que un sistema de fuerzas dado se ha reducido a una fuerza y un par actuando en el punto O, dicho sistema puede fácilmente, reducirse, a una fuerza y un par actuando en cualquier otro punto O'. Mientras que la fuerza resultante $\mathbf{R}$ permanecerá inalterada, el nuevo momento resultante $\mathbf{M}_{O'}^R$ será igual a la suma de $\mathbf{M}_O^R$ y el momento con respecto a O' de la fuerza $\mathbf{R}$ unida a O (figura 3.42). Entonces se tiene

$$\mathbf{M}_{O'}^R = \mathbf{M}_O^R + \mathbf{s} \times \mathbf{R} \qquad (3.53)$$

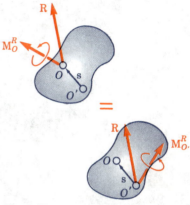

Fig. 3.42

En la práctica, la reducción de un sistema de fuerzas dado a una sola fuerza $\mathbf{R}$ actuando en O y un vector de par $\mathbf{M}_O^R$ será llevada a cabo en términos de las componentes. Descomponiendo cada vector $\mathbf{r}$ y cada fuerza $\mathbf{F}$ del sistema en sus componentes rectangulares, se escribe

$$\mathbf{r} = x\mathbf{i} + y\mathbf{j} + z\mathbf{k} \qquad (3.54)$$
$$\mathbf{F} = F_x\mathbf{i} + F_y\mathbf{j} + F_z\mathbf{k} \qquad (3.55)$$

Sustituyendo $\mathbf{r}$ y $\mathbf{F}$ en (3.52) y factorizando a los vectores unitarios $\mathbf{i}$, $\mathbf{j}$ y $\mathbf{k}$, se obtiene la siguiente expresión para $\mathbf{R}$ y $\mathbf{M}_O^R$:

$$\mathbf{R} = R_x\mathbf{i} + R_y\mathbf{j} + R_z\mathbf{k} \qquad \mathbf{M}_O^R = M_x^R\mathbf{i} + M_y^R\mathbf{j} + M_z^R\mathbf{k} \qquad (3.56)$$

Las componentes R_x, R_y y R_z representan, respectivamente, las sumas de las componentes x, y y z de las fuerzas dadas y miden la tendencia del sistema a impartir al cuerpo rígido un movimiento de traslación en la dirección de x, y o z. Análogamente, las componentes M_x^R, M_y^R y M_z^R representan, respectivamente, la suma de los momentos de las fuerzas dadas con respecto a los ejes x, y y z y miden la tendencia del sistema a impartir al cuerpo rígido un movimiento de rotación alrededor de los ejes x, y o z.

Si se desean magnitud y dirección de la fuerza $\mathbf{R}$, éstas se pueden obtener a partir de las componentes R_x, R_y y R_z por medio de las relaciones (2.18) y (2.19) de la sección 2.12; cálculos similares proporcionarán la magnitud y la dirección del vector de par $\mathbf{M}_O^R$.

3.18. SISTEMAS EQUIVALENTES DE FUERZAS

Se vio, en la sección anterior, que cualquier sistema de fuerzas que actúa sobre un cuerpo rígido puede reducirse a un sistema fuerza-par actuando en un punto dado O. Este sistema equivalente fuerza-par caracteriza completamente el efecto del sistema de fuerzas dado sobre el cuerpo rígido. *Por lo tanto, dos sistemas de fuerzas son equivalentes si pueden ser reducidos al mismo sistema fuerza-par en un punto dado O*. Recordando que el sistema fuerza-par en O se define por medio de las relaciones (3.52), se establece que *dos sistemas de fuerzas* $\mathbf{F}_1$, $\mathbf{F}_2$, $\mathbf{F}_3$, ..., *y* $\mathbf{F}'_1$, $\mathbf{F}'_2$, $\mathbf{F}'_3$, ..., *que actúan sobre el mismo cuerpo rígido son equivalentes si, y sólo si, respectivamente, las sumas de las fuerzas y las sumas de los momentos con respecto a un punto dado O de las fuerzas de los dos sistemas son iguales*. Expresadas matemáticamente, las condiciones necesarias y suficientes para que los dos sistemas de fuerzas sean equivalentes son las siguientes

$$\Sigma \mathbf{F} = \Sigma \mathbf{F}' \quad \text{y} \quad \Sigma \mathbf{M}_O = \Sigma \mathbf{M}'_O \tag{3.57}$$

Observe que para demostrar que dos sistemas de fuerzas son equivalentes, la segunda de las relaciones (3.57) se debe establecer con respecto a *un solo punto* O. Sin embargo, ésta se cumplirá con respecto a *cualquier punto* si los dos sistemas de fuerzas son equivalentes.

Descomponiendo las fuerzas y los momentos de (3.57) en sus componentes rectangulares, pueden expresarse las condiciones necesarias y suficientes para la equivalencia de dos sistemas de fuerzas que actúan sobre un cuerpo rígido de la siguiente manera:

$$\begin{aligned} \Sigma F_x = \Sigma F'_x \quad & \Sigma F_y = \Sigma F'_y \quad \Sigma F_z = \Sigma F'_z \\ \Sigma M_x = \Sigma M'_x \quad & \Sigma M_y = \Sigma M'_y \quad \Sigma M_z = \Sigma M'_z \end{aligned} \tag{3.58}$$

Estas ecuaciones tienen una interpretación física simple; expresan que dos sistemas de fuerzas son equivalentes si tienden a impartirle al cuerpo rígido: 1) la misma traslación en las direcciones de x, y y z y 2) la misma rotación alrededor de los ejes x, y y z, respectivamente.

3.19. SISTEMAS EQUIPOLENTES DE VECTORES

En general, cuando dos sistemas de vectores satisfacen las ecuaciones (3.57) o (3.58), esto es, cuando, respectivamente, sus resultantes y sus momentos resultantes con respecto a un punto arbitrario O son iguales, se dice que los dos sistemas son *equipolentes*. Por lo tanto, el resultado que se acaba de establecer en la sección anterior se puede enunciar como sigue: *Si dos sistemas de fuerzas que actúan sobre un cuerpo rígido son equipolentes, entonces ambos son también equivalentes*.

Es importante señalar que este enunciado no se aplica a *cualquier* sistema de vectores. Considere, por ejemplo un sistema de fuerzas que actúan sobre un conjunto independiente de partículas que *no* forman un cuerpo rígido. Es posible que un sistema de fuerzas diferente actuando sobre las mismas partículas pueda ser equipolente al primero, esto es, que dicho sistema tenga la misma resultante y el mismo momento resultante. Sin embargo, como ahora actuarán diferentes fuerzas sobre cada una de las partículas, los efectos de dichas fuerzas sobre estas partículas serán diferentes; en un caso similar, aunque los dos sistemas de fuerzas sean equipolentes, *no* son *equivalentes*.

3.20. OTRAS REDUCCIONES DE UN SISTEMA DE FUERZAS

Se vio, en la sección 3.17, que cualquier sistema de fuerzas que actúa sobre un cuerpo rígido puede ser reducido a un sistema equivalente fuerza-par en O, que consta de una fuerza $\mathbf{R}$ igual a la suma de las fuerzas del sistema y de un vector de par $\mathbf{M}_O^R$ cuyo momento es igual al momento resultante del sistema.

Cuando $\mathbf{R} = 0$, el sistema fuerza-par se reduce a un vector de par $\mathbf{M}_O^R$. Entonces, el sistema de fuerzas dado puede ser reducido a un solo par, que recibe el nombre de *par resultante* del sistema.

Procedamos a investigar las condiciones necesarias para que un sistema dado de fuerzas pueda ser reducido a una sola fuerza. A partir de la sección 3.16 se concluye que un sistema fuerza-par en O puede ser remplazado por una sola fuerza $\mathbf{R}$ que actúa a lo largo de una nueva línea de acción si $\mathbf{R}$ y $\mathbf{M}_O^R$ son mutuamente perpendiculares. Por lo tanto, los sistemas de fuerzas que pueden ser reducidos a una sola fuerza, o *resultante*, son aquellos sistemas para los cuales la fuerza $\mathbf{R}$ y el vector de par $\mathbf{M}_{O'}^R$ son mutuamente perpendiculares. Aunque, *en general*, esta condición *no se cumplirá* para sistemas de fuerzas en el espacio, sí *se cumplirá para* sistemas constituidos por: 1) fuerzas concurrentes, 2) fuerzas coplanares o 3) fuerzas paralelas. Estos tres casos se estudiarán en forma separada.

1. Las *fuerzas concurrentes* están aplicadas en el mismo punto y, por lo tanto, pueden ser sumadas directamente para obtener su resultante $\mathbf{R}$. Por consiguiente, éstas siempre se reducen a una sola fuerza. Las fuerzas concurrentes se analizan en detalle en el capítulo 2.

2. Las *fuerzas coplanares* actúan en el mismo plano, el cual se puede suponer que es el plano de la figura (figura 3.43a). La suma $\mathbf{R}$ de las fuerzas del sistema también estará en el plano de la figura, mientras que el momento de cada fuerza con respecto a O y, por consiguiente, el momento resultante $\mathbf{M}_O^R$, serán perpendiculares a dicho plano. De esta forma, el sistema fuerza-par en O está constituido por una fuerza $\mathbf{R}$ y por un vector de par $\mathbf{M}_O^R$ que son mutuamente perpendiculares (figura 3.43b).† Estas fuerzas pueden reducirse a una sola fuerza $\mathbf{R}$, moviendo $\mathbf{R}$ en el plano de la figura hasta que su momento con respecto a O sea igual a $\mathbf{M}_O^R$. La distancia desde O hasta la línea de acción de $\mathbf{R}$ es $d = \mathbf{M}_O^R/R$ (figura 3.43c).

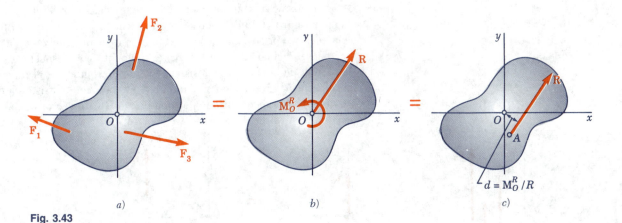

Fig. 3.43

†Como el vector de par $\mathbf{M}_O^R$ es perpendicular al plano de la figura, éste se ha representado por el símbolo ↺. Un par con sentido contrario al movimiento de las manecillas del reloj ↺ representa a un vector que apunta hacia afuera del plano del papel y un par con el sentido de las manecillas del reloj ↻ representa a un vector que apunta hacia adentro del plano del papel.

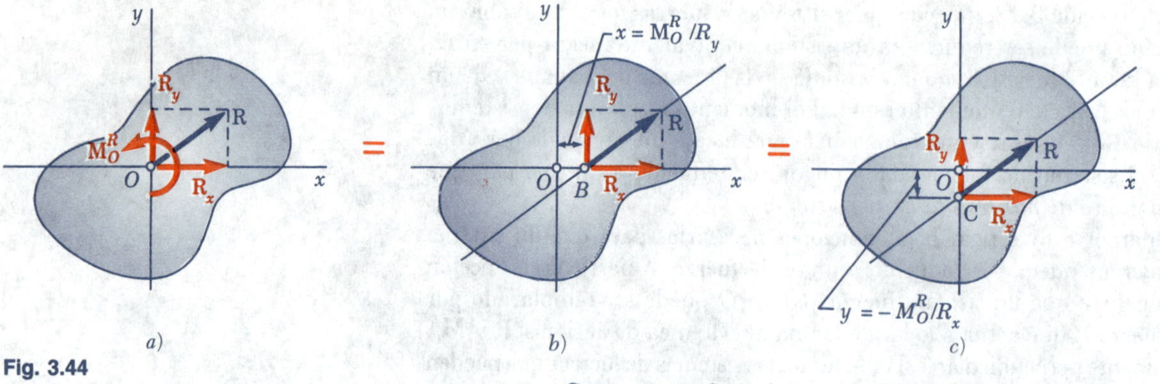

124 Cuerpos rígidos: Sistemas equivalentes de fuerzas

Fig. 3.44

Como se señaló en la sección 3.17, la reducción de un sistema de fuerzas se simplifica considerablemente si las fuerzas se descomponen en sus componentes rectangulares. Entonces, el sistema fuerza-par en O está caracterizado por las componentes (figura 3.44a)

$$R_x = \Sigma F_x \qquad R_y = \Sigma F_y \qquad M_z^R = M_O^R = \Sigma M_O \qquad (3.59)$$

Para reducir el sistema de fuerzas a una sola fuerza $\mathbf{R}$, se expresa que el momento de $\mathbf{R}$ con respecto a O debe ser igual a $\mathbf{M}_O^R$. Representando por x y y las coordenadas del punto de aplicación de la resultante y teniendo en cuenta la fórmula (3.22) de la sección 3.8, se escribe

$$xR_y - yR_x = M_O^R$$

que representa la ecuación de la línea de acción de $\mathbf{R}$. También pueden determinarse directamente las intersecciones con el eje x y con el eje y de la línea de acción de la resultante, observando que $\mathbf{M}_O^R$ debe ser igual al momento con respecto a O de la componente y de $\mathbf{R}$ cuando $\mathbf{R}$ está unida a B (figura 3.44b) e igual también al momento de la componente x de $\mathbf{R}$ cuando $\mathbf{R}$ está unida a C (figura 3.44c).

3. Las *fuerzas paralelas* tienen líneas de acción paralelas y pueden o no tener el mismo sentido. Suponiendo aquí que las fuerzas son paralelas al eje y (figura 3.45a), se observa que su suma $\mathbf{R}$ también será paralela al eje y. Por otra parte, como el momento de una fuerza dada debe ser perpendicular a dicha fuerza, el momento con respecto a O de cada una de las fuerzas del sistema y, por consiguiente, el momento resultante $\mathbf{M}_O^R$, estará en el plano zx. De esta forma, el sistema fuerza-par en O está constituido por una fuerza $\mathbf{R}$ y un vector de par $\mathbf{M}_O^R$

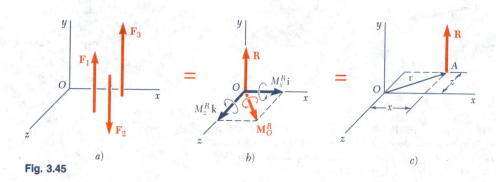

Fig. 3.45

mutuamente perpendiculares (figura 3.45b). Estas fuerzas se pueden reducir a una sola fuerza **R** (figura 3.45c) o, si **R** = 0, a un solo par cuyo momento sea igual a $\mathbf{M}_O^R$.

En la práctica, el sistema fuerza-par en O estará caracterizado por las componentes

$$R_y = \Sigma F_y \qquad M_x^R = \Sigma M_x \qquad M_z^R = \Sigma M_z \qquad (3.60)$$

La reducción del sistema a una sola fuerza puede efectuarse moviendo **R** a un nuevo punto de aplicación $A(x,0,z)$ seleccionado de tal forma que el momento de **R** con respecto a O sea igual a $\mathbf{M}_O^R$. Así, se escribe

$$\mathbf{r} \times \mathbf{R} = \mathbf{M}_O^R$$
$$(x\mathbf{i} + z\mathbf{k}) \times R_y\mathbf{j} = M_x^R\mathbf{i} + M_z^R\mathbf{k}$$

Calculando los productos vectoriales e igualando los coeficientes de los vectores unitarios correspondientes en ambos miembros de la ecuación, se obtienen dos ecuaciones escalares que definen las coordenadas de A:

$$-zR_y = M_x^R \qquad xR_y = M_z^R$$

Estas ecuaciones expresan que los momentos de **R** alrededor de los ejes x y z deben ser iguales a $\mathbf{M}_x^R$ y $\mathbf{M}_z^R$, respectivamente.

*3.21. REDUCCIÓN DE UN SISTEMA DE FUERZAS A UNA LLAVE DE TORSIÓN

En el caso general de un sistema de fuerzas en el espacio, el sistema equivalente fuerza-par en O consta de una fuerza **R** y un vector de par $\mathbf{M}_O^R$, ambos distintos de cero, que no son perpendiculares entre sí (figura 3.46a). Por lo tanto, el sistema de fuerzas *no puede* ser reducido a una sola fuerza o a un solo par. Sin embargo, el vector de par puede ser remplazado por otros dos vectores de par, obtenidos al descomponer $\mathbf{M}_O^R$ en una componente $\mathbf{M}_1$ a lo largo de **R** y una componente $\mathbf{M}_2$ en un plano perpendicular a **R** (figura 3.46b). Entonces, el vector de par $\mathbf{M}_2$ y la fuerza **R** pueden remplazarse por una sola fuerza **R** que actúa a lo largo de una nueva línea de acción. De esta forma, el sistema de fuerzas original se reduce a **R** y al vector de par $\mathbf{M}_1$ (figura 3.46c), esto es, se reduce a **R** y un par que actúa en el plano perpendicular a **R**. A este sistema fuerza-par, en particular, se le conoce como *llave de torsión* debido a que la combinación resultante de empuje y torsión es la misma que aquella que originaría una llave de torsión real. A la línea de acción de **R** se le conoce como *eje*

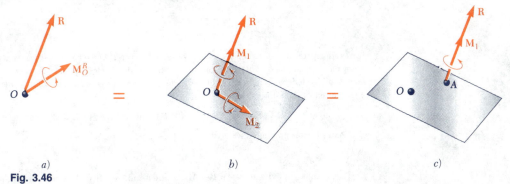

a)   *b)*   *c)*

Fig. 3.46

de la llave de torsión y a la razón $p = M_1/R$ se le denomina *paso* de la llave de torsión. Por consiguiente, una llave de torsión está constituida por dos vectores colineales, específicamente, una fuerza $\mathbf{R}$ y un vector de par

$$\mathbf{M}_1 = p\mathbf{R} \tag{3.61}$$

Volviendo a la expresión (3.35), obtenida en la sección 3.9 para la proyección de un vector sobre la línea de acción de otro vector, se observa que la proyección de $\mathbf{M}_O^R$ sobre la línea de acción de $\mathbf{R}$ es igual a

$$M_1 = \frac{\mathbf{R} \cdot \mathbf{M}_O^R}{R}$$

Por lo tanto, el paso de una llave de torsión puede ser expresado como †

$$p = \frac{M_1}{R} = \frac{\mathbf{R} \cdot \mathbf{M}_O^R}{R^2} \tag{3.62}$$

Para definir el eje de una llave de torsión, se puede escribir una relación que involucre al vector de posición $\mathbf{r}$ de un punto arbitrario P localizado sobre dicho eje. Fijando la fuerza resultante $\mathbf{R}$ y el vector de par $\mathbf{M}_1$ en P (figura 3.47) y expresando que el momento con respecto a O, de este sistema fuerza-par, es igual al momento resultante $\mathbf{M}_O^R$ del sistema original de fuerzas, se escribe

$$\mathbf{M}_1 + \mathbf{r} \times \mathbf{R} = \mathbf{M}_O^R \tag{3.63}$$

o, atendiendo la ecuación (3.61),

$$p\mathbf{R} + \mathbf{r} \times \mathbf{R} = \mathbf{M}_O^R \tag{3.64}$$

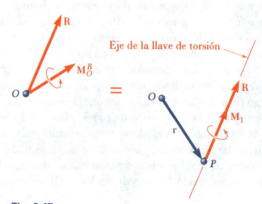

Fig. 3.47

---

† Las expresiones obtenidas para la proyección del vector de par sobre la línea de acción de $\mathbf{R}$ y para el paso de una llave de torsión son independientes de la selección del punto O. Utilizando la relación (3.53) de la sección 3.17, se observa que si se hubiera empleado un punto diferente O', el numerador en (3.62) hubiera sido

$$\mathbf{R} \cdot \mathbf{M}_{O'}^R = \mathbf{R} \cdot (\mathbf{M}_O^R + \mathbf{s} \times \mathbf{R}) = \mathbf{R} \cdot \mathbf{M}_O^R + \mathbf{R} \cdot (\mathbf{s} \times \mathbf{R})$$

Como el triple producto escalar $\mathbf{R} \cdot (\mathbf{s} \times \mathbf{R})$ es igual a cero, se tiene que

$$\mathbf{R} \cdot \mathbf{M}_{O'}^R = \mathbf{R} \cdot \mathbf{M}_O^R$$

Por lo tanto, el producto escalar $\mathbf{R} \cdot \mathbf{M}_O^R$ es independiente de la selección del punto O.

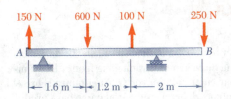

PROBLEMA RESUELTO 3.8

Una viga de 4.80 m de longitud está sujeta a las fuerzas mostradas en la figura. Reduzca el sistema de fuerzas dado a: *a*) un sistema equivalente fuerza-par en *A*, *b*) un sistema equivalente fuerza-par en *B* y *c*) una sola fuerza o resultante.

Nota: Como las reacciones en los apoyos no están incluidas en el sistema de fuerzas dado, tal sistema no mantendrá la viga en equilibrio.

SOLUCIÓN

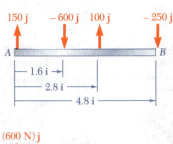

***a*. Sistema fuerza-par en *A*.** El sistema fuerza-par en *A* equivalente al sistema de fuerzas dado consta de una fuerza **R** y de un par $\mathbf{M}_A^R$ definidos como sigue:

$$\mathbf{R} = \Sigma \mathbf{F}$$
$$= (150\text{ N})\mathbf{j} - (600\text{ N})\mathbf{j} + (100\text{ N})\mathbf{j} - (250\text{ N})\mathbf{j} = -(600\text{ N})\mathbf{j}$$
$$\mathbf{M}_A^R = \Sigma(\mathbf{r} \times \mathbf{F})$$
$$= (1.6\mathbf{i}) \times (-600\mathbf{j}) + (2.8\mathbf{i}) \times (100\mathbf{j}) + (4.8\mathbf{i}) \times (-250\mathbf{j})$$
$$= -(1880\text{ N} \cdot \text{m})\mathbf{k}$$

Por lo tanto, el sistema equivalente fuerza-par en *A* está dado por

$$\mathbf{R} = 600\text{ N} \downarrow \quad \mathbf{M}_A^R = 1880\text{ N} \cdot \text{m} \downarrow \blacktriangleleft$$

***b*. Sistema fuerza-par en *B*.** Se pretende encontrar un sistema fuerza-par en *B* equivalente al sistema fuerza-par en *A* determinado en el inciso *a*). La fuerza **R** permanece inalterada, pero se debe determinar un nuevo par $\mathbf{M}_B^R$ cuyo momento sea igual al momento con respecto a *B* del sistema fuerza-par encontrado en el inciso *a*). Por lo tanto, se tiene que

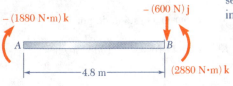

$$\mathbf{M}_B^R = \mathbf{M}_A^R + \vec{BA} \times \mathbf{R}$$
$$= -(1880\text{ N} \cdot \text{m})\mathbf{k} + (-4.8\text{ m})\mathbf{i} \times (-600\text{ N})\mathbf{j}$$
$$= -(1880\text{ N} \cdot \text{m})\mathbf{k} + (2880\text{ N} \cdot \text{m})\mathbf{k} = +(1000\text{ N} \cdot \text{m})\mathbf{k}$$

De esta forma, el sistema de fuerza-par en *B* está dado por

$$\mathbf{R} = 600\text{ N} \downarrow \quad \mathbf{M}_B^R = 1000\text{ N} \cdot \text{m} \uparrow \blacktriangleleft$$

***c*. Fuerza única o resultante.** La resultante del sistema de fuerzas dado es igual a **R** y su punto de aplicación debe ser tal que el momento de **R** con respecto a *A* sea igual a $\mathbf{M}_A^R$. Así, se escribe

$$\mathbf{r} \times \mathbf{R} = \mathbf{M}_A^R$$
$$x\mathbf{i} \times (-600\text{ N})\mathbf{j} = -(1880\text{ N} \cdot \text{m})\mathbf{k}$$
$$-x(600\text{ N})\mathbf{k} = -(1880\text{ N} \cdot \text{m})\mathbf{k}$$

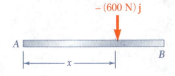

y se concluye que $x = 3.13$ m. Por lo tanto, la fuerza única equivalente al sistema dado está definida como

$$\mathbf{R} = 600\text{ N} \downarrow \quad x = 3.13\text{ m} \blacktriangleleft$$

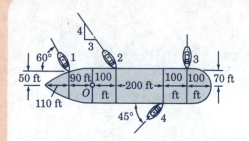

PROBLEMA RESUELTO 3.9

Se usan cuatro remolcadores para llevar a un trasatlántico su muelle. Cada remolcador ejerce una fuerza de 5 000 lb en la dirección mostrada en la figura. Determine: *a)* el sistema equivalente fuerza-par en el palo mayor O, *b)* el punto sobre el casco donde un solo remolcador más potente debería empujar al barco para producir el mismo efecto que los cuatro remolcadores originales.

SOLUCIÓN

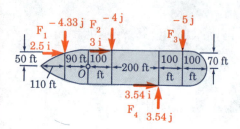

a. Sistema fuerza-par en O. Cada una de las fuerzas dadas se descompone en sus componentes en el diagrama mostrado (las unidades empleadas son kips). El sistema fuerza-par en O equivalente al sistema de fuerzas dado consta de una fuerza $\mathbf{R}$ y de un par $\mathbf{M}_O^R$ definidos como sigue:

$$\begin{aligned}\mathbf{R} &= \Sigma \mathbf{F} \\ &= (2.50\mathbf{i} - 4.33\mathbf{j}) + (3.00\mathbf{i} - 4.00\mathbf{j}) + (-5.00\mathbf{j}) + (3.54\mathbf{i} + 3.54\mathbf{j}) \\ &= 9.04\mathbf{i} - 9.79\mathbf{j}\end{aligned}$$

$$\begin{aligned}\mathbf{M}_O^R &= \Sigma(\mathbf{r} \times \mathbf{F}) \\ &= (-90\mathbf{i} + 50\mathbf{j}) \times (2.50\mathbf{i} - 4.33\mathbf{j}) \\ &\quad + (100\mathbf{i} + 70\mathbf{j}) \times (3.00\mathbf{i} - 4.00\mathbf{j}) \\ &\quad + (400\mathbf{i} + 70\mathbf{j}) \times (-5.00\mathbf{j}) \\ &\quad + (300\mathbf{i} - 70\mathbf{j}) \times (3.54\mathbf{i} + 3.54\mathbf{j}) \\ &= (390 - 125 - 400 - 210 - 2000 + 1062 + 248)\mathbf{k} \\ &= -1035\mathbf{k}\end{aligned}$$

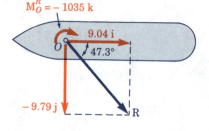

Por lo tanto, el sistema equivalente fuerza-par en O está dado por

$$\mathbf{R} = (9.04 \text{ kips})\mathbf{i} - (9.79 \text{ kips})\mathbf{j} \qquad \mathbf{M}_O^R = -(1035 \text{ kip} \cdot \text{ft})\mathbf{k}$$

o

$$\mathbf{R} = 13.33 \text{ kips} \searrow 47.3° \qquad \mathbf{M}_O^R = 1035 \text{ kip} \cdot \text{ft} \downarrow \quad \blacktriangleleft$$

Comentario. Como todas las fuerzas están contenidas en el plano de la figura, podría haberse anticipado que la suma de sus momentos iba a ser perpendicular a dicho plano. Obsérvese que el momento de la componente de cada fuerza pudo obtenerse directamente a partir del diagrama mostrado formando, primero, el producto de la magnitud de dicha componente con una distancia perpendicular hasta O y, luego, asignándole a este producto un signo positivo o negativo según el sentido del momento.

b. Remolcador único. La fuerza ejercida por un solo remolcador debe ser igual a $\mathbf{R}$ y su punto de aplicación A debe ser tal que el momento de $\mathbf{R}$ con respecto a O sea igual a $\mathbf{M}_O^R$. Si se observa que el vector de posición de A es

$$\mathbf{r} = x\mathbf{i} + 70\mathbf{j}$$

se escribe

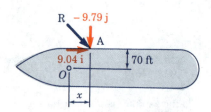

$$\mathbf{r} \times \mathbf{R} = \mathbf{M}_O^R$$
$$(x\mathbf{i} + 70\mathbf{j}) \times (9.04\mathbf{i} - 9.79\mathbf{j}) = -1035\mathbf{k}$$
$$-x(9.79)\mathbf{k} - 633\mathbf{k} = -1035\mathbf{k} \qquad x = 41.1 \text{ ft} \quad \blacktriangleleft$$

PROBLEMA RESUELTO 3.10

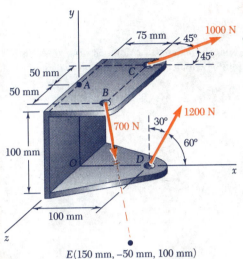

Tres cables están unidos a una ménsula como se muestra en la figura. Remplace las fuerzas que los cables ejercen por un sistema equivalente fuerza-par en A.

SOLUCIÓN

Primero se determinan los vectores de posición relativa trazados desde el punto A hasta los puntos de aplicación de cada una de las fuerzas, y se descompone a las fuerzas en sus componentes rectangulares. Observando que $\mathbf{F}_B = (700 \text{ N})\boldsymbol{\lambda}_{BE}$ donde

$$\boldsymbol{\lambda}_{BE} = \frac{\overrightarrow{BE}}{BE} = \frac{75\mathbf{i} - 150\mathbf{j} + 50\mathbf{k}}{175}$$

se tiene, usando metros y newtons,

$$\mathbf{r}_{B/A} = \overrightarrow{AB} = 0.075\mathbf{i} + 0.050\mathbf{k} \qquad \mathbf{F}_B = 300\mathbf{i} - 600\mathbf{j} + 200\mathbf{k}$$
$$\mathbf{r}_{C/A} = \overrightarrow{AC} = 0.075\mathbf{i} - 0.050\mathbf{k} \qquad \mathbf{F}_C = 707\mathbf{i} \qquad\qquad - 707\mathbf{k}$$
$$\mathbf{r}_{D/A} = \overrightarrow{AD} = 0.100\mathbf{i} - 0.100\mathbf{j} \qquad \mathbf{F}_D = 600\mathbf{i} + 1039\mathbf{j}$$

El sistema fuerza-par en A, equivalente al sistema de fuerzas dado, consta de una fuerza $\mathbf{R} = \Sigma\mathbf{F}$ y de un par $\mathbf{M}_A^R = \Sigma(\mathbf{r} \times \mathbf{F})$. La fuerza $\mathbf{R}$ se obtiene fácilmente sumando, respectivamente, las componentes x, y y z de las fuerzas:

$$\mathbf{R} = \Sigma\mathbf{F} = (1607 \text{ N})\mathbf{i} + (439 \text{ N})\mathbf{j} - (507 \text{ N})\mathbf{k} \blacktriangleleft$$

El cálculo de $\mathbf{M}_A^R$ se simplifica si los momentos de las fuerzas se expresan en forma de determinantes (sección 3.8):

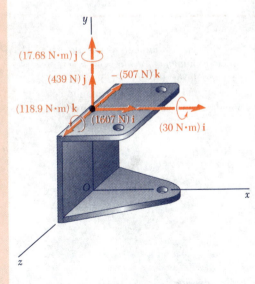

$$\mathbf{r}_{B/A} \times \mathbf{F}_B = \begin{vmatrix} \mathbf{i} & \mathbf{j} & \mathbf{k} \\ 0.075 & 0 & 0.050 \\ 300 & -600 & 200 \end{vmatrix} = 30\mathbf{i} \qquad\qquad -45\mathbf{k}$$

$$\mathbf{r}_{C/A} \times \mathbf{F}_C = \begin{vmatrix} \mathbf{i} & \mathbf{j} & \mathbf{k} \\ 0.075 & 0 & -0.050 \\ 707 & 0 & -707 \end{vmatrix} = \qquad 17.68\mathbf{j}$$

$$\mathbf{r}_{D/A} \times \mathbf{F}_D = \begin{vmatrix} \mathbf{i} & \mathbf{j} & \mathbf{k} \\ 0.100 & -0.100 & 0 \\ 600 & 1039 & 0 \end{vmatrix} = \qquad\qquad 163.9\mathbf{k}$$

Sumando las expresiones obtenidas, se tiene

$$\mathbf{M}_A^R = \Sigma(\mathbf{r} \times \mathbf{F}) = (30 \text{ N} \cdot \text{m})\mathbf{i} + (17.68 \text{ N} \cdot \text{m})\mathbf{j} + (118.9 \text{ N} \cdot \text{m})\mathbf{k} \blacktriangleleft$$

Las componentes rectangulares de la fuerza $\mathbf{R}$ y del par $\mathbf{M}_A^R$ se muestran en el croquis adjunto.

PROBLEMA RESUELTO 3.11

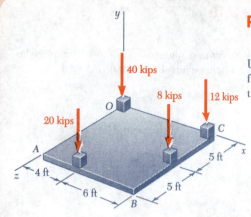

Una losa de cimentación cuadrada soporta las cuatro columnas mostradas en la figura. Determine la magnitud y el punto de aplicación de la resultante de las cuatro cargas.

SOLUCIÓN

Primero, el sistema de fuerzas dado se reduce a un sistema fuerza-par en el origen del sistema de coordenadas O. Este sistema fuerza-par consta de una fuerza $\mathbf{R}$ y un vector de par $\mathbf{M}_O^R$ que se definen de la siguiente forma:

$$\mathbf{R} = \Sigma \mathbf{F} \qquad \mathbf{M}_O^R = \Sigma(\mathbf{r} \times \mathbf{F})$$

Se determinan los vectores de posición de los puntos de aplicación de cada una de las fuerzas y los cálculos se arreglan en forma tabular.

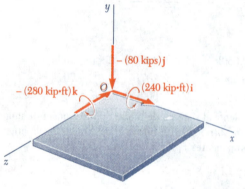

r, ft	F, kips	r × F, kip·ft
0	$-40\mathbf{j}$	0
$10\mathbf{i}$	$-12\mathbf{j}$	$-120\mathbf{k}$
$10\mathbf{i} + 5\mathbf{k}$	$-8\mathbf{j}$	$40\mathbf{i} - 80\mathbf{k}$
$4\mathbf{i} + 10\mathbf{k}$	$-20\mathbf{j}$	$200\mathbf{i} - 80\mathbf{k}$
	$\mathbf{R} = -80\mathbf{j}$	$\mathbf{M}_O^R = 240\mathbf{i} - 280\mathbf{k}$

Como la fuerza $\mathbf{R}$ y el vector de par $\mathbf{M}_O^R$ son mutuamente perpendiculares, el sistema fuerza-par obtenido puede reducirse, aún más, a una sola fuerza $\mathbf{R}$. El nuevo punto de aplicación de $\mathbf{R}$ será seleccionado en el plano de la losa en forma tal que el momento de $\mathbf{R}$ con respecto a O sea igual a $\mathbf{M}_O^R$. Representando con $\mathbf{r}$ al vector de posición del punto de aplicación deseado y con x y z a sus coordenadas, se escribe

$$\mathbf{r} \times \mathbf{R} = \mathbf{M}_O^R$$
$$(x\mathbf{i} + z\mathbf{k}) \times (-80\mathbf{j}) = 240\mathbf{i} - 280\mathbf{k}$$
$$-80x\mathbf{k} + 80z\mathbf{i} = 240\mathbf{i} - 280\mathbf{k}$$

a partir de lo escrito se encuentra que

$$-80x = -280 \qquad 80z = 240$$
$$x = 3.50 \text{ ft} \qquad z = 3.00 \text{ ft}$$

Se concluye que la resultante del sistema de fuerzas dado es igual a

$$\mathbf{R} = 80 \text{ kips} \downarrow \qquad \text{at } x = 3.50 \text{ ft}, z = 3.00 \text{ ft} \blacktriangleleft$$

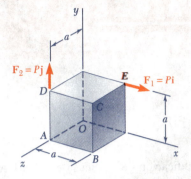

PROBLEMA RESUELTO 3.12

Dos fuerzas de la misma magnitud P actúan sobre un cubo con aristas de igual longitud a como se muestra en la figura. Remplace las dos fuerzas por una llave de torsión equivalente y determine: a) magnitud y dirección de la fuerza resultante $\mathbf{R}$, b) el paso de la llave de torsión y c) el punto donde el eje de la llave de torsión intersecta al plano yz.

SOLUCIÓN

Sistema equivalente fuerza-par en O. Primero se determina el sistema equivalente fuerza-par en el origen O. Se observa que los vectores de posición de los puntos de aplicación E y D, de las dos fuerzas dadas, son: $\mathbf{r}_E = a\mathbf{i} + a\mathbf{j}$ y $\mathbf{r}_D = a\mathbf{j} + a\mathbf{k}$. La resultante $\mathbf{R}$ de las dos fuerzas y el momento resultante $\mathbf{M}_O^R$ de dichas fuerzas con respecto a O están dados por

$$\mathbf{R} = \mathbf{F}_1 + \mathbf{F}_2 = P\mathbf{i} + P\mathbf{j} = P(\mathbf{i} + \mathbf{j}) \tag{1}$$

$$\mathbf{M}_O^R = \mathbf{r}_E \times \mathbf{F}_1 + \mathbf{r}_D \times \mathbf{F}_2 = (a\mathbf{i} + a\mathbf{j}) \times P\mathbf{i} + (a\mathbf{j} + a\mathbf{k}) \times P\mathbf{j}$$
$$= -Pa\mathbf{k} - Pa\mathbf{i} = -Pa(\mathbf{i} + \mathbf{k}) \tag{2}$$

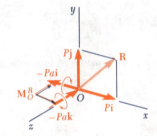

a. Fuerza resultante R. A partir de la ecuación (1) y del croquis adjunto se concluye que la fuerza resultante $\mathbf{R}$: tiene una magnitud $R = P\sqrt{2}$, se encuentra en el plano xy y forma ángulos de 45° con los ejes x y y. Por lo tanto,

$$R = P\sqrt{2} \qquad \theta_x = \theta_y = 45° \qquad \theta_z = 90° \quad \blacktriangleleft$$

b. Paso de la llave de torsión. Volviendo a la fórmula (3.62) de la sección 3.21 y las ecuaciones (1) y (2) que se acaban de presentar, se escribe

$$p = \frac{\mathbf{R} \cdot \mathbf{M}_O^R}{R^2} = \frac{P(\mathbf{i}+\mathbf{j}) \cdot (-Pa)(\mathbf{i}+\mathbf{k})}{(P\sqrt{2})^2} = \frac{-P^2 a(1+0+0)}{2P^2} \qquad p = -\frac{a}{2} \quad \blacktriangleleft$$

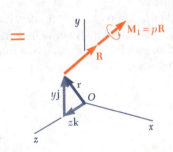

c. Eje de la llave de torsión. A partir de los resultados anteriores y de la ecuación (3.61) se concluye que la llave de torsión consta de la fuerza $\mathbf{R}$ encontrada en (1) y del vector de par

$$\mathbf{M}_1 = p\mathbf{R} = -\frac{a}{2}P(\mathbf{i}+\mathbf{j}) = -\frac{Pa}{2}(\mathbf{i}+\mathbf{j}) \tag{3}$$

Para determinar el punto donde el eje de la llave de torsión intersecta al plano yz, se expresa que el momento de la llave de torsión con respecto a O es igual al momento resultante $\mathbf{M}_O^R$ del sistema original:

$$\mathbf{M}_1 + \mathbf{r} \times \mathbf{R} = \mathbf{M}_O^R$$

o, observando que $\mathbf{r} = y\mathbf{j} + z\mathbf{k}$ y sustituyendo $\mathbf{R}$, $\mathbf{M}_O^R$ y $\mathbf{M}_1$ a partir de las ecuaciones (1), (2) y (3),

$$-\frac{Pa}{2}(\mathbf{i}+\mathbf{j}) + (y\mathbf{j} + z\mathbf{k}) \times P(\mathbf{i}+\mathbf{j}) = -Pa(\mathbf{i}+\mathbf{k})$$

$$-\frac{Pa}{2}\mathbf{i} - \frac{Pa}{2}\mathbf{j} - Py\mathbf{k} + Pz\mathbf{j} - Pz\mathbf{i} = -Pa\mathbf{i} - Pa\mathbf{k}$$

Igualando los coeficientes de $\mathbf{k}$ y, después, los coeficientes de $\mathbf{j}$, se encuentra que

$$y = a \qquad z = a/2 \quad \blacktriangleleft$$

PROBLEMAS PARA RESOLVER EN FORMA INDEPENDIENTE

Esta lección estuvo dedicada a la reducción y simplificación de sistemas de fuerzas. Al momento de resolver los problemas propuestos, se le pedirá que lleve a cabo las operaciones que se describen a continuación.

1. Reducción de un sistema de fuerzas dado a una fuerza y un par que actúan en un punto dado A. La fuerza **R** es la resultante del sistema y se obtiene sumando las fuerzas que lo constituyen; el momento del par es el *momento resultante* del sistema y se obtiene sumando los momentos con respecto a *A* de las fuerzas que lo constituyen. Así, se tiene que

$$\mathbf{R} = \Sigma \mathbf{F} \qquad \mathbf{M}_A^R = \Sigma(\mathbf{r} \times \mathbf{F})$$

donde el vector de posición **r** se traza desde *A* hasta *cualquier punto* a lo largo de la línea de acción de **F**.

2. Traslación de un sistema fuerza-par desde un punto A hasta un punto B. Si después de que se había reducido a un sistema fuerza-par en el punto *A* se desea reducir un sistema de fuerzas dado a un sistema fuerza-par en el punto *B*, no se necesita llevar a cabo el cálculo de los momentos de las fuerzas con respecto a *B*. La resultante **R** permanece inalterada y el nuevo momento resultante $\mathbf{M}_B^R$ se puede obtener sumándole a $\mathbf{M}_A^R$ el momento con respecto a *B* de la fuerza **R** aplicada en *A* [problema resuelto 3.8]. Representando por **s** al vector trazado desde *B* hasta *A*, se puede escribir

$$\mathbf{M}_B^R = \mathbf{M}_A^R + \mathbf{s} \times \mathbf{R}$$

3. Verificación de que dos sistemas de fuerzas sean equivalentes o no. Primero se reduce cada sistema de fuerzas a un sistema fuerza-par *en el mismo punto arbitrario A* (como se explicó en el párrafo 1). Los dos sistemas son equivalentes (esto es, tienen el mismo efecto sobre el cuerpo rígido bajo consideración) si los dos sistemas fuerza-par que se obtuvieron son idénticos, esto es, si

$$\Sigma \mathbf{F} = \Sigma \mathbf{F}' \qquad y \qquad \Sigma \mathbf{M}_A = \Sigma \mathbf{M}_A'$$

Se debe reconocer que si no se cumple la primera de estas ecuaciones, esto es, si los dos sistemas no tienen la misma resultante **R**, estos sistemas no pueden ser equivalentes y, por lo tanto, no hay necesidad de verificar si se cumple o no la segunda ecuación.

4. Reducción de un sistema de fuerzas dado a una sola fuerza. Primero se reduce el sistema de fuerzas dado a un sistema fuerza-par en un punto conveniente *A* donde dicho sistema consta de la resultante **R** y del vector de par $\mathbf{M}_A^R$ (esto se lleva a cabo como se explicó en el párrafo 1). Se recordará, de la lección anterior, que es posible reducir aún más al sistema a una sola fuerza sólo *si la fuerza* **R** *y el vector de par* $\mathbf{M}_A^R$ *son mutuamente perpendiculares*. Con toda seguridad, éste será el caso para sistemas de fuerzas constituidos por fuerzas que son *concurrentes*, *coplanares* o *paralelas*. Entonces, la fuerza única que se desea encontrar puede obtenerse del mismo modo que se hizo en varios problemas de la lección anterior, moviendo **R** hasta que su momento con respecto a A sea igual a $\mathbf{M}_A^R$. Siendo más formales, se puede escribir que el vector de posición **r** trazado desde A hasta cualquier punto a lo largo de la línea de acción de **R** debe satisfacer la ecuación

$$\mathbf{r} \times \mathbf{R} = \mathbf{M}_A^R$$

Este procedimiento fue utilizado en los problemas resueltos 3.8, 3.9 y 3.11.

5. *Reducción de un sistema dado de fuerzas a una llave de torsión*. Si el sistema de fuerzas dado está constituido por fuerzas que no son concurrentes, coplanares o paralelas, el sistema equivalente fuerza-par en un punto A consistirá de una fuerza **R** y de un vector de par $\mathbf{M}_A^R$ que, en general, *no van a ser mutuamente perpendiculares*. (Para verificar si **R** y $\mathbf{M}_A^R$ son mutuamente perpendiculares, se forma su producto escalar. Si este producto es igual a cero, entonces los vectores en cuestión son mutuamente perpendiculares; de lo contrario, no son perpendiculares entre sí.) Si **R** y $\mathbf{M}_A^R$ no son mutuamente perpendiculares, el sistema fuerza-par (y, por lo tanto, el sistema de fuerzas dado) *no se puede reducir a una sola fuerza*. Sin embargo, el sistema se puede reducir a una llave de torsión — la combinación de una fuerza **R** y un vector de par $\mathbf{M}_1$ que están dirigidos a lo largo de una línea de acción común que se conoce como el *eje de la llave de torsión* (figura 3.47). El cociente $p = M_1/R$ recibe el nombre de el *paso* de la llave de torsión.

Para reducir un sistema de fuerzas dado a una llave de torsión, se deben seguir los siguientes pasos:

a. Reducir el sistema de fuerzas dado a un sistema equivalente fuerza-par $(\mathbf{R}, \mathbf{M}_O^R)$ localizado, comúnmente, en el origen O.

b. Determinar el paso p a partir de la ecuación (3.62)

$$p = \frac{M_1}{R} = \frac{\mathbf{R} \cdot \mathbf{M}_O^R}{R^2} \tag{3.62}$$

y el vector de par a partir de $\mathbf{M}_1 = p\mathbf{R}$.

c. Expresar que el momento con respecto a O de la llave de torsión es igual al momento resultante $\mathbf{M}_O^R$ del sistema fuerza-par en O:

$$\mathbf{M}_1 + \mathbf{r} \times \mathbf{R} = \mathbf{M}_O^R \tag{3.63}$$

Esta ecuación permite determinar el punto donde la línea de acción de la llave de torsión intersecta un plano especificado puesto que el vector de posición **r** está dirigido desde O hasta dicho punto.

Estos pasos se muestran en el problema resuelto 3.12. Aunque pueda parecer difícil la determinación de una llave de torsión y del punto donde su eje intersecta a un plano, el proceso es simplemente la aplicación de varias de las ideas y técnicas que han sido desarrolladas en este capítulo. Por lo tanto, una vez que se ha dominado completamente todo lo relacionado con la llave de torsión, se puede confiar en que se ha comprendido una buena parte del capítulo 3.

Problemas

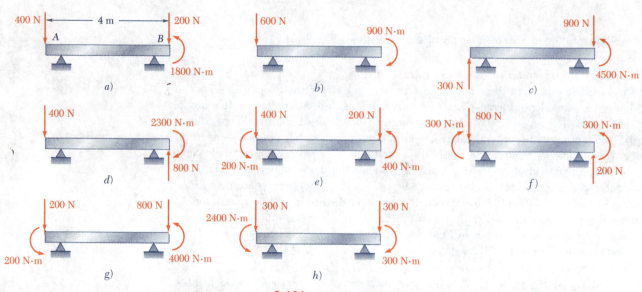

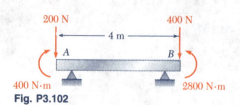

Fig. P3.102

3.101 La viga de 4 m de longitud se sujeta a los diversos tipos de cargas mostrados en la figura. a) Remplace cada tipo de carga que actúa sobre la viga por un sistema equivalente fuerza-par en A. b) ¿Cuáles cargas son equivalentes?

3.102 La viga de 4 m de longitud se carga de la forma mostrada en la figura. Determine que carga del problema 3.101 es equivalente a esta carga.

3.103 Determine la resultante de las fuerzas y la distancia desde el punto A hasta su línea de acción para la viga y la carga del problema: a) 3.101b, b) 3.101d y c) 3.101e.

3.104 Cinco sistemas fuerza-par diferentes actúan en las esquinas de la pieza doblada de metal mostrada en la figura. Determine cuál de estos sistemas es equivalente a la fuerza $\mathbf{F} = (10\ \text{lb})\mathbf{i}$ y al par de momento $\mathbf{M} = (15\ \text{lb} \cdot \text{ft})\mathbf{j} + (15\ \text{lb} \cdot \text{ft})\mathbf{k}$ localizados en el origen O.

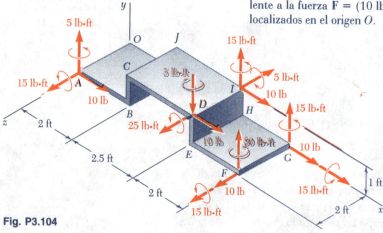

Fig. P3.104

3.105 Los pesos de dos niños sentados en los extremos A y B de un balancín son de 84 lb y de 64 lb, respectivamente. Determine dónde debe sentarse una tercera niña si la resultante de las fuerzas del peso de los tres niños debe de pasar por C, y si se sabe que el peso de la niña es: a) 60 lb y b) 52 lb.

3.106 Tres lámparas de baterías se colocan sobre el tubo mostrado en la figura. Las lámparas A y B pesan cada una 4.1 lb mientras que la lámpara C pesa 3.5 lb. a) Si $d = 25$ in., determine la distancia desde de D hasta la línea de acción de la resultante de las fuerzas de los pesos de las tres lámparas. b) Determine el valor de d si la resultante de las fuerzas de los pesos debe pasar por el centro del tubo.

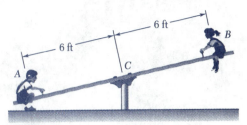
Fig. P3.105

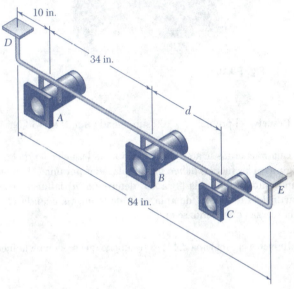
Fig. P3.106

3.107 Una viga resiste tres cargas de magnitud conocida y una cuarta carga cuya magnitud es función de la posición. Si $b = 1.5$ m y las cargas se remplazan por una sola fuerza resultante, determine: a) el valor de a si la distancia medida desde el apoyo A hasta la línea de acción de la fuerza equivalente debe ser máxima y b) la magnitud de la fuerza equivalente y su punto de aplicación sobre la viga.

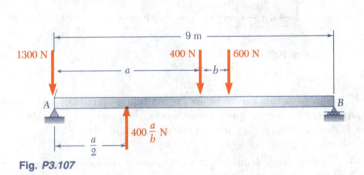
Fig. P3.107

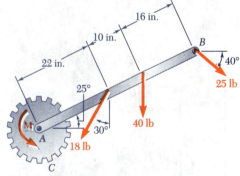
Fig. P3.108

3.108 El engrane C está rígidamente unido al brazo AB. Determine la fuerza equivalente y la magnitud del par **M** si las fuerzas y los pares mostrados se pueden reducir a una sola fuerza equivalente en A.

3.109 Las fuerzas mostradas en la figura se aplican sobre la maleta de 625 × 500 mm para probar su resistencia. Si $P = 88$ N, determine: *a*) la resultante de las fuerzas aplicadas y *b*) la localización de los dos puntos donde la línea de acción de la resultante se intersecta con cada uno de los lados de la maleta.

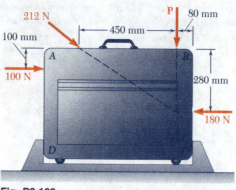

Fig. P3.109

3.110 Resuelva el problema 3.109 suponiendo que $P = 138$ N.

3.111 Cuatro cuerdas se atan a una caja de madera ejerciendo las fuerzas mostradas en la figura. Si las fuerzas deben ser remplazadas por una sola fuerza resultante aplicada en un punto a lo largo la línea AB, determine: *a*) la fuerza equivalente y la distancia a partir de A del punto de aplicación de la misma cuando $\alpha = 30°$ y *b*) el valor de α si la fuerza equivalente se aplica en B.

3.112 Resuelva el problema 3.111 si se supone que se elimina la fuerza de 90 lb.

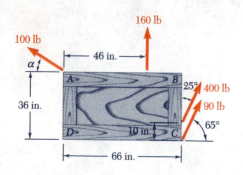

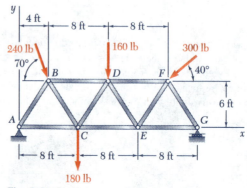

Fig. P3.113

3.113 Una estructura resiste las cargas mostradas en la figura. Determine la fuerza equivalente a las fuerzas que actúan sobre la estructura y el punto de intersección de su línea de acción con la línea que une a los puntos A y G.

3.114 Un componente de una máquina está sometido a las fuerzas y pares mostrados. El componente se sostiene en su lugar mediante un remache que puede resistir una fuerza pero no un par. Cuando $P = 0$, determine la localización del barreno del remache si éste debe estar ubicado en: *a*) la línea FG, *b*) la línea GH.

3.115 Resuelva el problema 3.114 suponiendo que $P = 60$ N.

Fig. P3.114

3.116 Un motor de 32 lb se encuentra colocado en el piso. Encuentre la resultante del peso del motor y de las fuerzas ejercidas por las bandas. Además, determine la ubicación de la intersección de la línea de acción de la resultante con el piso.

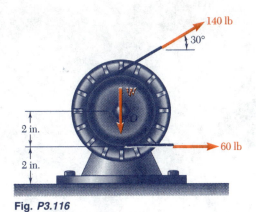

Fig. *P3.116*

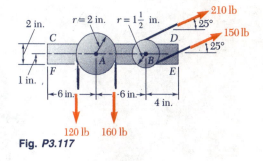

Fig. *P3.117*

3.117 Las poleas A y B se colocan sobre el soporte $CDEF$. La tensión en cada una de las bandas es la señalada en la figura. Remplace las cuatro fuerzas por una sola fuerza equivalente y determine el punto donde su línea de acción intersecta al lado inferior del soporte.

3.118 Como se muestra en la figura, a medida que el seguidor AB rueda sobre la superficie del elemento C ejerce una fuerza $\mathbf{F}$ constante, perpendicular a dicha superficie. *a*) Remplace $\mathbf{F}$ por un sistema equivalente fuerza-par en el punto D que se obtiene al dibujar una perpendicular desde el punto de contacto hasta el eje x. *b*) Cuando $a = 1$ m y $b = 2$ m, determine el valor de x para que el momento del sistema equivalente fuerza-par en D sea máximo.

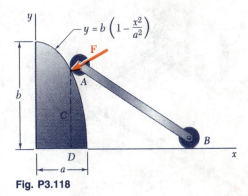

Fig. *P3.118*

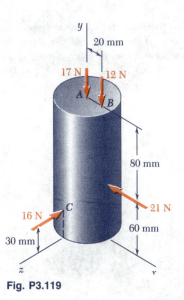

Fig. *P3.119*

3.119 El buje de plástico se inserta en un cilindro de metal de 60 mm de diámetro tal y como se muestra en la figura, la herramienta de inserción ejerce fuerzas sobre la superficie del cilindro que son paralelas a los ejes coordenados. Remplace estas fuerzas por un sistema equivalente fuerza-par en C.

3.120 Dos poleas de 150 mm de diámetro se colocan sobre el eje AD. Si las bandas de las poleas B y C están contenidas en planos verticales que son paralelos al plano yz, remplace las fuerzas de las bandas mostradas por un sistema equivalente fuerza-par en A.

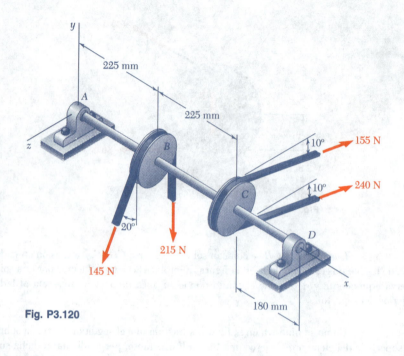

Fig. P3.120

3.121 Un mecánico usa una llave de tipo pata de gallo para aflojar un perno ubicado en C. El mecánico sostiene el maneral por los puntos A y B ejerciendo las fuerzas mostradas en la figura. Sabiendo que estas fuerzas son equivalentes a un sistema fuerza-par en C que consta de la fuerza $\mathbf{C} = -(8 \text{ lb})\mathbf{i} + (4 \text{ lb})\mathbf{k}$ y del par $\mathbf{M}_C = (360 \text{ lb} \cdot \text{in.})\mathbf{i}$, determine las fuerzas aplicadas en A y en B si se sabe que $A_z = 2$ lb.

3.122 Al usar un sacapuntas manual, un estudiante ejerce sobre el mismo las fuerzas y el par mostrado en la figura. *a)* Determine las fuerzas ejercidas en B y en C sabiendo que las fuerzas y el par son equivalentes a un sistema fuerza-par en A que consta de la fuerza $\mathbf{R} = (2.6 \text{ lb})\mathbf{i} + R_y\mathbf{j} - (0.7 \text{ lb})\mathbf{k}$ y del par $\mathbf{M}_A^R = M_x\mathbf{i} + (1.0 \text{ lb} \cdot \text{ft})\mathbf{j} - (0.72 \text{ lb} \cdot \text{ft})\mathbf{k}$. *b)* Encuentre los valores correspondientes de R_y y M_x.

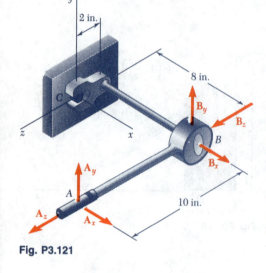

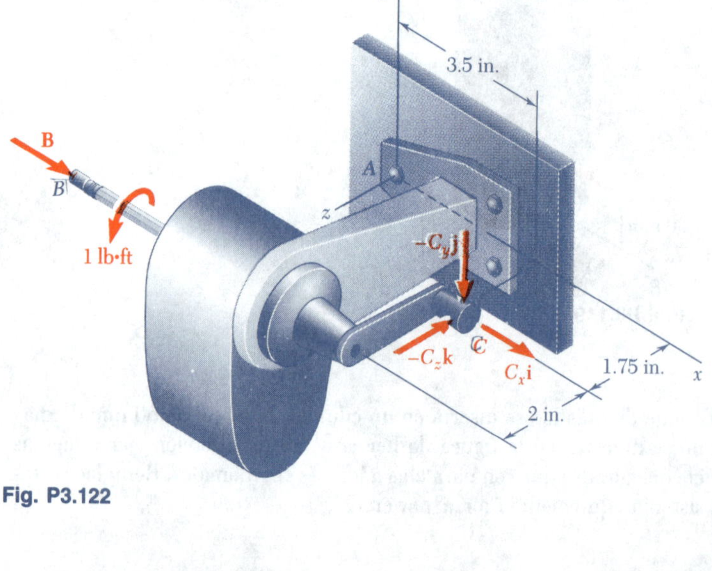

Fig. P3.121

Fig. P3.122

3.123 Un mecánico está remplazando el sistema de escape de un automóvil sujetando firmemente el convertidor catalítico *FG* a los soportes de sujeción ubicados en *H* e *I* para aflojar el ensamble del mofle y el tubo de escape. Para colocar el tubo terminal *AB*, el mecánico lo empuja hacia adentro y hacia arriba en *A* mientras tira hacia abajo en *B*. *a*) Reemplace el sistema de fuerzas dado por un sistema equivalente fuerza-par en *D*. *b*) Determine si el tubo *CD* tiende a rotar a favor o en contra del movimiento de las manecillas del reloj relativo al mofle *DE*, tal y como lo ve el mecánico.

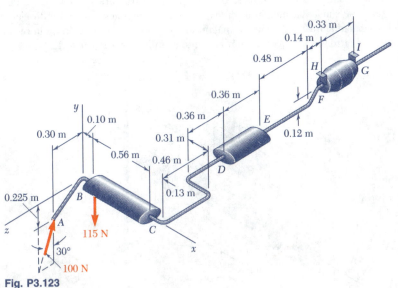

Fig. P3.123

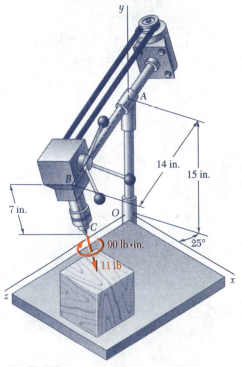

Fig. P3.125

3.124 Para el sistema de escape del problema 3.123: *a*) remplace el sistema de fuerzas dado por un sistema equivalente fuerza-par en *F* y *b*) determine si el tubo *EF* tiende a rotar a favor o en contra del movimiento de las manecillas del reloj, tal y como lo ve el mecánico.

3.125 El cabezal del taladro radial, originalmente estaba colocado con el brazo *AB* paralelo al eje *z* mientras que la broca y el portabrocas estaban colocados paralelos al eje *y*. El sistema se giró 25° con respecto al eje *y* y 20° alrededor de la línea de centros del brazo horizontal *AB* hasta que quedó en la posición mostrada. El proceso de taladrado comienza al encender el motor y rotar la manivela hasta que la broca entra en contacto con la pieza de trabajo. Remplace la fuerza y el par ejercidos por el taladro por un sistema equivalente fuerza-par en el centro *O* de la base de la columna vertical.

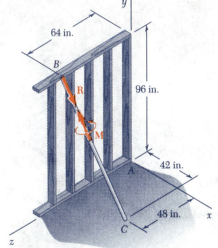

Fig. P3.126

3.126 La barra ajustable *BC* se emplea para colocar a la pared en posición vertical. Si el sistema fuerza-par que se ejerce sobre la pared es $R = 21.2$ lb y $M = 13.25$ lb · ft, encuentre un sistema equivalente fuerza-par en *A*.

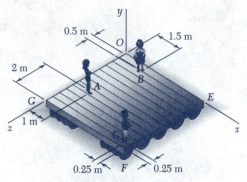

Fig. P3.127 y P3.128

3.127 Tres niños se encuentran parados en la balsa de 5 × 5 m. Si el peso de los niños que están parados en A, B y C es de 375 N, 260 N y 400 N, respectivamente, determine la magnitud y el punto de aplicación de la fuerza resultante de los tres pesos.

3.128 Tres niños se encuentran parados en la balsa de 5 × 5 m. Si el peso de los niños, parados en A, B y C es de 375 N, 260 N y 400 N, respectivamente, y si un cuarto niño de peso 425 N se sube a la balsa, determine donde debe estar parado si los otros niños permanecen en la posición mostrada y si la línea de acción de la resultante del peso de los cuatro niños debe pasar por el centro de la balsa.

3.129 Cuatro señalamientos se colocan en una estructura ubicada sobre una autopista. Si se conoce la magnitud de las fuerzas horizontales que el viento ejerce sobre los señalamientos, determine la magnitud y el punto de aplicación de la resultante de las cuatro fuerzas ejercidas por el viento cuando $a = 1$ ft y $b = 12$ ft.

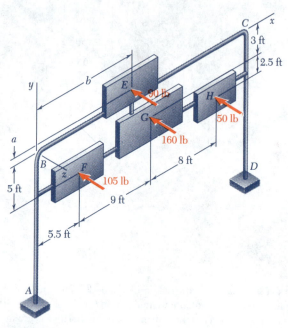

Fig. P3.129 y P3.130

3.130 Cuatro señalamientos se colocan en una estructura ubicada sobre una autopista. Si se conoce la magnitud de las fuerzas horizontales que el viento ejerce sobre los señalamientos, determine las distancias a y b si el punto de aplicación de la resultante de las cuatro fuerzas debe estar en G.

*3.131 Un grupo de estudiantes carga la plataforma de un trailer de 2 × 3.3 m con dos cajas de 0.66 × 0.66 × 0.66 m y con una caja de 0.66 × 0.66 × 1.2 m. Cada una de las cajas se coloca en la parte posterior del trailer de tal forma que queden alineadas con la parte trasera y con los costados del trailer. Determine la carga mínima que los estudiantes deben colocar en una caja adicional de 0.66 × 0.66 × 1.2 m y si ésta debe de ir en una posición segura y si ninguna parte de las cajas debe rozar las paredes de los costados del trailer. Además, suponga que cada caja está cargada uniformemente y que la línea de acción de la resultante del peso de las cuatro cajas pasa por el punto de intersección de la línea de centros y el eje del trailer. (*Sugerencia.* Tome en cuenta que las cajas pueden ser colocadas sobre sus extremos o sobre sus costados).

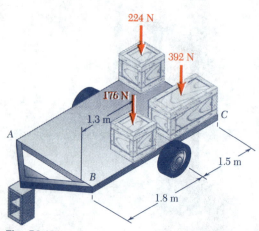

Fig. P3.131

*3.132 Resuelva el problema 3.131 si los estudiantes desean colocar todo el peso posible en una cuarta caja y que al menos uno de los costados de la caja coincida con un costado del trailer.

*3.133 Una pieza de metal sometida a tres fuerzas se dobla en la forma mostrada en la figura. Si las fuerzas tienen la misma magnitud P, remplácelas por una llave de torsión equivalente y determine: *a*) la magnitud y la dirección de la fuerza resultante **R**, *b*) el paso de la llave de torsión y *c*) el eje de la llave de torsión.

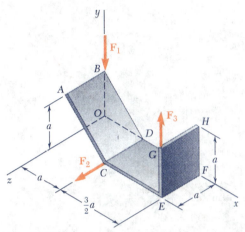

Fig. P3.133

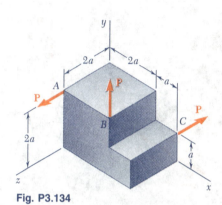

Fig. P3.134

*3.134 Un bloque de aluminio está sometido a tres fuerzas de la misma magnitud P en las direcciones mostradas en la figura. Remplace esas tres fuerzas por una de llave de torsión equivalente y determine: *a*) magnitud y dirección de la fuerza resultante **R**, *b*) el paso de la llave de torsión y *c*) el eje de la llave de torsión.

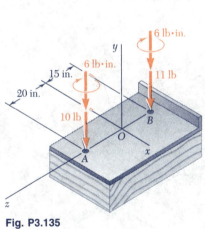

Fig. P3.135

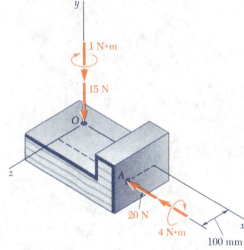

Fig. P3.136

*3.135 y *3.136 Las fuerzas y los pares mostrados se aplican sobre dos tornillos mediante los cuales se sujeta una placa de metal a un bloque de madera. Reduzca las fuerzas y los pares a una llave de torsión equivalente y determine: *a*) la fuerza resultante **R**, *b*) el paso de la llave de torsión y *c*) el punto donde el eje de la llave de torsión intersecta al plano xz.

*3.137 y *3.138 Dos pernos en A y B se aprietan mediante la aplicación de las fuerzas y los pares mostrados en la figura. Remplace las dos llaves de torsión por una sola llave de torsión equivalente y determine: *a*) la resultante **R**, *b*) el paso de esa llave de torsión equivalente y *c*) el punto donde el eje de la llave de torsión intersecta al plano xz.

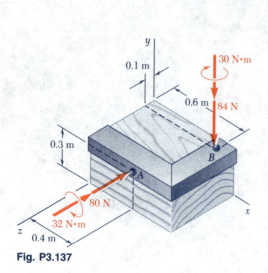

Fig. *P3.137*

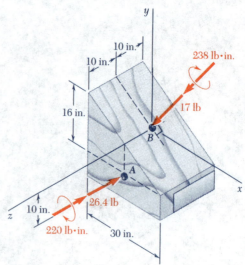

Fig. *P3.138*

*3.139 El asta bandera se sostiene mediante tres cables. Si las tensiones en los cables tienen la misma magnitud P, remplace las fuerzas ejercidas sobre el asta por una llave de torsión equivalente y determine: *a*) la fuerza resultante **R**, *b*) el paso de la llave de torsión y *c*) el punto donde el eje de la llave de torsión intersecta al plano xz.

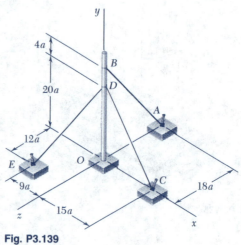

Fig. P3.139

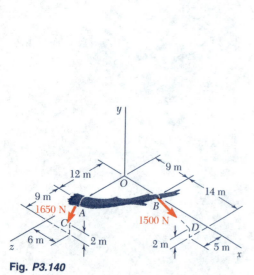

Fig. *P3.140*

*3.140 Dos cuerdas colocadas en A y en B se emplean para mover el tronco de un árbol caído. Remplace las fuerzas que ejercen las cuerdas por una llave de torsión equivalente y determine: *a*) la fuerza resultante **R**, *b*) el paso de la llave de torsión y *c*) el punto donde el eje de la llave de torsión intersecta al plano yz.

*3.141 y *3.142 Determine si el sistema fuerza-par, mostrado en la figura puede reducirse a una sola fuerza equivalente **R**. Si esto es posible, determine a **R** y el punto donde la línea de acción de **R** intersecta al plano yz. Si esta reducción no es posible, remplace el sistema dado por una llave de torsión equivalente y determine su resultante, su paso y el punto donde su eje intersecta al plano yz.

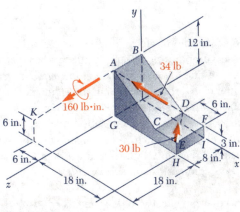

Fig. P3.141

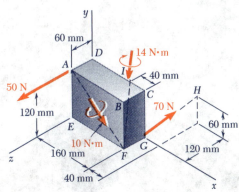

Fig. P3.142

*3.143 Remplace la llave de torsión mostrada en la figura por un sistema equivalente que conste de dos fuerzas aplicadas en A y en B y, perpendiculares al eje y.

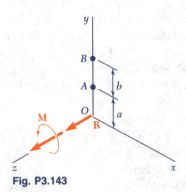

Fig. P3.143

*3.144 Demuestre que, en general, una llave de torsión puede ser remplazada por dos fuerzas seleccionadas de tal forma que una pase a través de un punto dado mientras que la otra esté contenida en un plano dado.

*3.145 Demuestre que una llave de torsión puede remplazarse por dos fuerzas perpendiculares, una de las cuales está aplicada en un punto dado.

*3.146 Demuestre que una llave de torsión puede ser remplazada por dos fuerzas, una de las cuales tiene una línea de acción predefinida.

REPASO Y RESUMEN
DEL CAPÍTULO 3

Principio de transmisibilidad

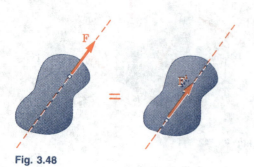

Fig. 3.48

Producto vectorial de dos vectores

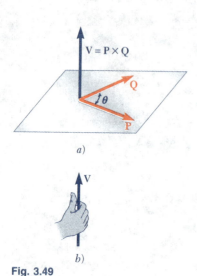

Fig. 3.49

Fig. 3.50

En este capítulo se estudió el efecto de fuerzas ejercidas sobre un cuerpo rígido. Primero, se aprendió a distinguir entre fuerzas *externas* e *internas* [sección 3.2] y se vio que, de acuerdo con el *principio de transmisibilidad*, el efecto de una fuerza externa sobre un cuerpo rígido permanece inalterado si la fuerza se mueve a lo largo de su línea de acción [sección 3.3]. En otras palabras, dos fuerzas **F** y **F**′, que actúan sobre un cuerpo rígido en dos puntos distintos tienen el mismo efecto sobre dicho cuerpo si tienen la misma magnitud, la misma dirección y la misma línea de acción (figura 3.48). Se dice que dos fuerzas como éstas son *equivalentes*.

Antes de proceder con el estudio de *sistemas equivalentes de fuerzas*, se presentó el concepto del *producto vectorial de dos vectores* [sección 3.4]. El producto vectorial

$$\mathbf{V} = \mathbf{P} \times \mathbf{Q}$$

de dos vectores **P** y **Q** se definió como el vector perpendicular al plano que contiene a **P** y a **Q** (figura 3.49), cuya magnitud es igual a

$$V = PQ \operatorname{sen} \theta \tag{3.1}$$

y que está dirigido en una forma tal que una persona ubicada en la parte terminal de **V** verá la rotación a través de un ángulo θ que hace al vector **P** colineal con el vector **Q** como contraria al movimiento de las manecillas del reloj. Se dice que los tres vectores **P**, **Q** y **V** —considerados en ese orden— forman una *tríada a derechas*. Se concluye que los productos vectoriales $\mathbf{Q} \times \mathbf{P}$ y $\mathbf{P} \times \mathbf{Q}$ están representados por vectores iguales y opuestos. Así, se tiene que

$$\mathbf{Q} \times \mathbf{P} = -(\mathbf{P} \times \mathbf{Q}) \tag{3.4}$$

Además, a partir de la definición del producto vectorial de dos vectores también se concluye que los productos vectoriales de los vectores unitarios **i**, **j** y **k** están dados por

$$\mathbf{i} \times \mathbf{i} = 0 \quad \mathbf{i} \times \mathbf{j} = \mathbf{k} \quad \mathbf{j} \times \mathbf{i} = -\mathbf{k}$$

y así sucesivamente. El signo del producto vectorial de dos vectores unitarios puede obtenerse ordenando las tres letras que representan los vectores unitarios en un círculo, en un sentido contrario al movimiento de las manecillas del reloj (figura 3.50): el producto vectorial de dos vectores unitarios será positivo si éstos se siguen uno al otro en un orden contrario a las manecillas del reloj y será negativo si éstos se siguen uno al otro en el sentido de las manecillas del reloj.

Las *componentes rectangulares del producto vectorial* **V** de dos vectores **P** y **Q** fueron expresadas como [sección 3.5]

$$V_x = P_y Q_z - P_z Q_y$$
$$V_y = P_z Q_x - P_x Q_z \quad (3.9)$$
$$V_z = P_x Q_y - P_y Q_x$$

Utilizando un determinante, también se escribió

$$\mathbf{V} = \begin{vmatrix} \mathbf{i} & \mathbf{j} & \mathbf{k} \\ P_x & P_y & P_z \\ Q_x & Q_y & Q_z \end{vmatrix} \quad (3.10)$$

Componentes rectangulares de un producto vectorial

El *momento de una fuerza* **F** *con respecto a un punto O* se definió [sección 3.6] como el producto vectorial

$$\mathbf{M}_O = \mathbf{r} \times \mathbf{F} \quad (3.11)$$

Momento de una fuerza con respecto a un punto

donde **r** es el *vector de posición* trazado desde O hasta el punto de aplicación A de la fuerza **F** (figura 3.51). Representando con θ al ángulo entre las líneas de acción de **r** y **F**, se encontró que la magnitud del momento de **F** con respecto a O podía expresarse como

$$M_O = rF \operatorname{sen} \theta = Fd \quad (3.12)$$

donde d representa la distancia perpendicular desde O hasta la línea de acción de **F**.

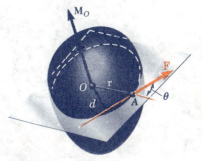

Fig. 3.51

Las *componentes rectangulares del momento* $\mathbf{M}_O$ *de una fuerza* **F** se expresaron como [sección 3.8]

$$M_x = yF_z - zF_y$$
$$M_y = zF_x - xF_z \quad (3.18)$$
$$M_z = xF_y - yF_x$$

Componentes rectangulares de un momento

donde x, y y z son las componentes del vector de posición **r** (figura 3.52). Usando una forma de determinante, se escribió también

$$\mathbf{M}_O = \begin{vmatrix} \mathbf{i} & \mathbf{j} & \mathbf{k} \\ x & y & z \\ F_x & F_y & F_z \end{vmatrix} \quad (3.19)$$

En el caso más general del momento de una fuerza **F** aplicada en A con respecto a un punto arbitrario B, se obtuvo que

$$\mathbf{M}_B = \begin{vmatrix} \mathbf{i} & \mathbf{j} & \mathbf{k} \\ x_{A/B} & y_{A/B} & z_{A/B} \\ F_x & F_y & F_z \end{vmatrix} \quad (3.21)$$

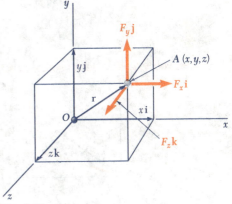

Fig. 3.52

donde $x_{A/B}$, $y_{A/B}$ y $z_{A/B}$ son las componentes del vector $\mathbf{r}_{A/B}$:

$$x_{A/B} = x_A - x_B \qquad y_{A/B} = y_A - y_B \qquad z_{A/B} = z_A - z_B$$

En el caso de *problemas que involucran únicamente a dos dimensiones*, se puede suponer que la fuerza **F** se encuentra en el plano xy. Su momento $\mathbf{M}_B$ con respecto a un punto B que se encuentra en ese mismo plano es perpendicular al plano en cuestión (figura 3.53) y está completamente definido por el escalar

$$M_B = (x_A - x_B)F_y - (y_A - y_B)F_x \tag{3.23}$$

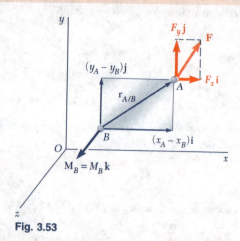

Fig. 3.53

En los problemas resueltos 3.1 al 3.4 se mostraron varios métodos para el cálculo del momento de una fuerza con respecto a un punto.

Producto escalar de dos vectores

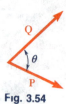

Fig. 3.54

El *producto escalar* de dos vectores **P** y **Q** [sección 3.9] se denotó por $\mathbf{P} \cdot \mathbf{Q}$ y se definió como la cantidad escalar

$$\mathbf{P} \cdot \mathbf{Q} = PQ \cos \theta \tag{3.24}$$

donde θ es el ángulo entre **P** y **Q** (figura 3.54). Expresando el producto escalar de **P** y **Q** en términos de las componentes escalares de los dos vectores, se determinó que

$$\mathbf{P} \cdot \mathbf{Q} = P_x Q_x + P_y Q_y + P_z Q_z \tag{3.30}$$

Proyección de un vector sobre un eje

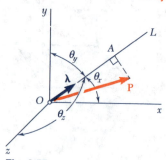

Fig. 3.55

La *proyección de un vector* **P** *sobre un eje OL* (figura 3.55) se puede obtener formando el producto escalar de **P** y el vector unitario $\boldsymbol{\lambda}$ a lo largo de OL. Así, se tiene que

$$P_{OL} = \mathbf{P} \cdot \boldsymbol{\lambda} \tag{3.36}$$

o, usando componentes rectangulares,

$$P_{OL} = P_x \cos \theta_x + P_y \cos \theta_y + P_z \cos \theta_z \tag{3.37}$$

donde θ_x, θ_y y θ_z representan los ángulos que forma el eje OL con los ejes coordenados.

Triple producto escalar de tres vectores

El *triple producto escalar* de los tres vectores **S**, **P** y **Q** se definió como la expresión escalar

$$\mathbf{S} \cdot (\mathbf{P} \times \mathbf{Q}) \tag{3.38}$$

que se obtuvo formando el producto escalar de **S** con el producto vectorial de **P** y **Q** [sección 3.10]. Se demostró que

$$\mathbf{S} \cdot (\mathbf{P} \times \mathbf{Q}) = \begin{vmatrix} S_x & S_y & S_z \\ P_x & P_y & P_z \\ Q_x & Q_y & Q_z \end{vmatrix} \quad (3.41)$$

donde los elementos del determinante son las componentes rectangulares de los tres vectores.

El *momento de una fuerza* **F** *con respecto a un eje OL* [sección 3.11] se definió como la proyección OC sobre OL del momento $\mathbf{M}_O$ de la fuerza **F** (figura 3.56), esto es, se definió como el triple producto escalar del vector unitario $\boldsymbol{\lambda}$, el vector de posición **r** y la fuerza **F**:

$$M_{OL} = \boldsymbol{\lambda} \cdot \mathbf{M}_O = \boldsymbol{\lambda} \cdot (\mathbf{r} \times \mathbf{F}) \quad (3.42)$$

Usando la forma de determinante para el triple producto escalar, se tiene

$$M_{OL} = \begin{vmatrix} \lambda_x & \lambda_y & \lambda_z \\ x & y & z \\ F_x & F_y & F_z \end{vmatrix} \quad (3.43)$$

donde $\lambda_x, \lambda_y, \lambda_z$ = cosenos directores del eje OL
x, y, z = componentes de **r**
F_x, F_y, F_z = componentes de **F**

En el problema resuelto 3.5 se presentó un ejemplo de la determinación del momento de una fuerza con respecto a un eje inclinado.

Se dice que dos fuerzas **F** *y* −**F** *que tienen la misma magnitud, líneas de acción paralelas y sentidos opuestos forman un par* [sección 3.12]. Se demostró que el momento de un par es independiente del punto con respecto al cual se calcula dicho momento; el momento de un par es un vector **M** perpendicular al plano del par e igual en magnitud al producto de la magnitud común de las fuerzas F y la distancia perpendicular d entre sus líneas de acción (figura 3.57).

Dos pares que tienen el mismo momento **M** son *equivalentes*, esto es, dichos pares tienen el mismo efecto sobre un cuerpo rígido dado [sección 3.13]. La suma de dos pares también es un par [sección 3.14] y el momento **M** del par resultante se puede obtener sumando vectorialmente los momentos $\mathbf{M}_1$ y $\mathbf{M}_2$ de los pares originales [problema resuelto 3.6]. Por lo tanto, se concluye que un par puede ser representado por un vector, conocido como el *vector de par*, igual en magnitud y dirección al momento **M** del par [sección 3.15]. Un vector de par es un *vector libre* que, si así se desea, se puede fijar al origen O y se puede descomponer en componentes (Figura 3.58).

Momento de una fuerza con respecto a un eje

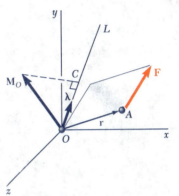

Fig. 3.56

Pares

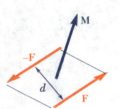

Fig. 3.57

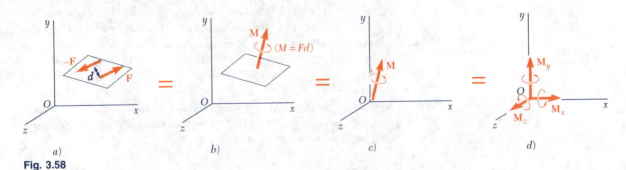

Fig. 3.58

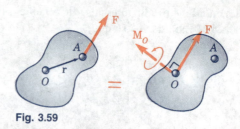

Fig. 3.59

Sistema fuerza-par

Cualquier fuerza **F** que actúa en un punto A de un cuerpo rígido puede remplazarse por un *sistema fuerza-par* en un punto arbitrario O el cual consta de la fuerza **F** aplicada en O y un par de momento $\mathbf{M}_O$, igual al momento de la fuerza **F** en su posición original con respecto a O [sección 3.16]; se debe señalar que la fuerza **F** y el vector de par $\mathbf{M}_O$ siempre son perpendiculares entre sí (figura 3.59).

Reducción de un sistema de fuerzas a un sistema fuerza-par

Se concluye que [sección 3.17] *cualquier sistema de fuerzas puede ser reducido a un sistema fuerza-par en un punto dado O*, remplazando primero cada una de las fuerzas del sistema por un sistema equivalente fuerza-par en O (figura 3.60) para después sumar todas las fuerzas y todos los pares determinados de esta forma con el fin de obtener a la fuerza resultante **R** y al vector de par resultante $\mathbf{M}_O^R$ [problemas resueltos 3.8 al 3.11]. Observe que, en general, la resultante **R** y el vector de par $\mathbf{M}_O^R$ no serán perpendiculares entre sí.

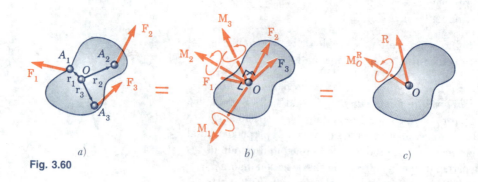

Fig. 3.60

Sistemas equivalentes de fuerzas

Con base en lo anterior se concluyó [sección 3.18] que, en lo que respecta a los cuerpos rígidos, *dos sistemas de fuerzas* $\mathbf{F}_1, \mathbf{F}_2, \mathbf{F}_3, \ldots$ *y* $\mathbf{F}'_1, \mathbf{F}'_2, \mathbf{F}'_3, \ldots$, *son equivalentes si, y sólo si,*

$$\Sigma \mathbf{F} = \Sigma \mathbf{F}' \quad \text{y} \quad \Sigma \mathbf{M}_O = \Sigma \mathbf{M}'_O \qquad (3.57)$$

Otras reducciones de un sistema de fuerzas

Si la fuerza resultante **R** y el vector de par resultante $\mathbf{M}_O^R$ son perpendiculares entre sí, el sistema fuerza-par en O puede reducirse aún más a una sola fuerza resultante [sección 3.20]. Este será el caso para sistemas que están constituidos por *a*) fuerzas concurrentes (como los sistemas considerados en el capítulo 2), *b*) fuerzas coplanares [problemas resueltos 3.8 y 3.9] o *c*) fuerzas paralelas [problema resuelto 3.11]. Si la resultante **R** y el vector de par $\mathbf{M}_O^R$ *no* son perpendiculares entre sí, el sistema *no puede* ser reducido a una sola fuerza. Éste, sin embargo, puede ser reducido a un tipo especial de sistema fuerza-par que recibe el nombre de *llave de torsión*, el cual consta de la resultante **R** y un vector de par $\mathbf{M}_1$ dirigido a lo largo de **R** [sección 3.21 y Problema Resuelto 3.12].

Problemas de repaso

3.147 Si se sabe que la biela AB ejerce una fuerza de 1.5 kN sobre la manivela BC dirigida hacia abajo y hacia la izquierda a lo largo de la línea central de AB, determine el momento de la fuerza con respecto a C.

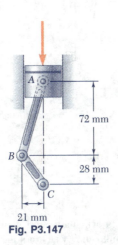

Fig. P3.147

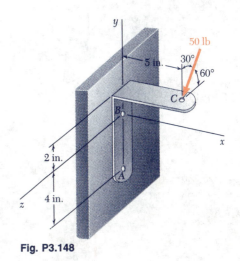

Fig. P3.148

3.148 Una fuerza de 50 lb se aplica a la ménsula ABC mostrada en la figura. Determine el momento de la fuerza con respecto a A.

3.149 El aguilón AB de 15 ft de longitud tiene un extremo fijo en A. Un cable de acero se coloca a partir del extremo libre B del aguilón hasta el punto C localizado sobre la pared vertical. Si la tensión en el cable es de 570 lb, determine el momento, con respecto a A, de la fuerza que el cable ejerce en B.

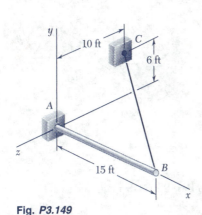

Fig. P3.149

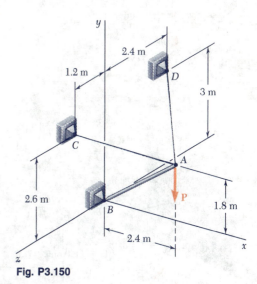

Fig. P3.150

3.150 Sabiendo que la tensión en el cable AC es de 1 260 N, determine: a) el ángulo entre el cable AC y el aguilón AB y b) la proyección sobre AB de la fuerza que el cable AC ejerce en el punto A.

150 Cuerpos rígidos: Sistemas equivalentes de fuerzas

3.151 Un bote pequeño cuelga de dos pescantes, uno de los cuales se muestra en la figura. Si se sabe que el momento con respecto al eje z de la fuerza resultante $\mathbf{R}_A$ ejercida sobre el pescante en A no debe de ser mayor a 160 lb · ft en valor absoluto, determine el máximo valor permisible de la tensión en la cuerda $ABAD$ cuando $x = 4.8$ ft.

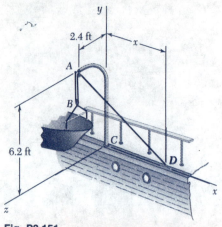

Fig. P3.151

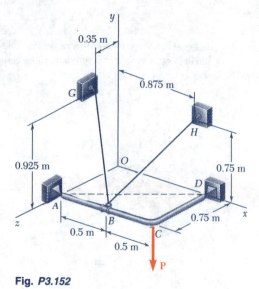

Fig. P3.152

3.152 El soporte ACD está articulado en A y en D y se sostiene mediante un cable que pasa a través de un anillo en B y se ata a los ganchos colocados en G y H. Sabiendo que la tensión en el cables es de 450 N, determine el momento con respecto a la diagonal AD de la fuerza ejercida sobre el marco por la porción BH del cable.

3.153 Cuatro clavijas del mismo diámetro se fijan al tablero mostrado en la figura. Dos cuerdas pasan alrededor de las pijas y se tira de ellas con las fuerzas indicadas. Determine el diámetro de las pijas si se sabe que la resultante del par aplicado al tablero es de 485 lb · in. en sentido contrario al movimiento de las manecillas del reloj.

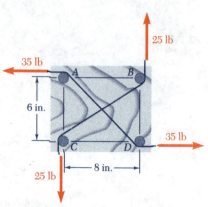

Fig. P3.153

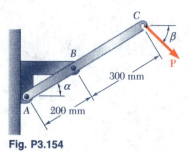

Fig. P3.154

3.154 La fuerza $\mathbf{P}$ de 250 N de magnitud se aplica en el extremo C de la barra AC de 500 mm, la cual está unida a un soporte en A y en B. Suponiendo que $\alpha = 30°$ y $\beta = 60°$, remplace $\mathbf{P}$ por: a) un sistema equivalente fuerza-par en B y b) un sistema equivalente formado por dos fuerzas paralelas aplicadas en A y en B.

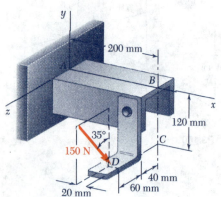

Fig. P3.155

3.155 Remplace la fuerza de 150 N, por un sistema equivalente fuerza-par en A.

3.156 Las tres fuerzas mostradas y el par de magnitud $M = 54$ lb · in. se aplican sobre un soporte angular; *a*) encuentre la resultante del sistema de fuerzas; *b*) localice los puntos en donde la línea de acción de la resultante intersecta a las líneas AB y BC.

3.157 Una hoja de metal, soportada mediante un berbiquí que se emplea para apretar un tornillo en A; *a*) determine las fuerzas ejercidas en B y en C si se sabe que éstas son equivalentes a un sistema fuerza-par en A formado por $\mathbf{R} = -(30\text{ N})\mathbf{i} + R_y\mathbf{j} + R_z\mathbf{k}$ y por $\mathbf{M}_A^R = -(12\text{ N} \cdot \text{m})\mathbf{i}$. *b*) Encuentre los valores correspondientes de R_y y R_z. *c*) ¿Cuál debe de ser la orientación de la ranura de la cabeza del tornillo para que exista menos probabilidad de que la hoja resbale cuando el berbiquí está en la posición mostrada?

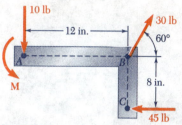

Fig. P3.156

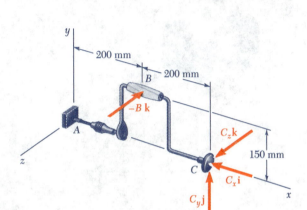

Fig. P3.157

3.158 Una cimentación de concreto con forma de hexágono regular de 12 ft por lado, soporta sobre cuatro de sus columnas las cargas mostradas en la figura. Determine las magnitudes de las cargas adicionales que deben aplicarse en B y F si la resultante de las seis cargas debe pasar por el centro O de la cimentación.

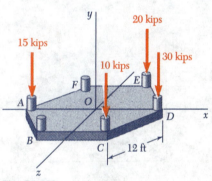

Fig. P3.158

Los siguientes problemas fueron diseñados para resolverse con una computadora.

3.C1 Una viga AB está sometida a varias fuerzas verticales, como se muestra en la figura. Escriba un programa de computadora que pueda usarse para determinar la magnitud de la resultante de las fuerzas y la distancia x_C al punto C donde la línea de acción intersecta AB. Use este programa para resolver: *a*) el problema resuelto 3.8c y *b*) el problema 3.106a

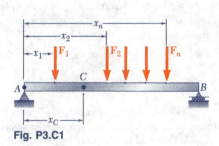

Fig. P3.C1

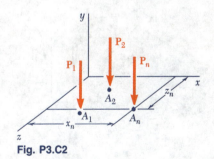

Fig. P3.C2

3.C2 Escriba un programa de computadora que pueda usarse para determinar la magnitud y el punto de aplicación de la resultante de las fuerzas verticales $\mathbf{P}_1, \mathbf{P}_2,..., \mathbf{P}_n$ contenidas en el plano xz y que actúan en los puntos $A_1, A_2, ..., A_n$. Use este programa para resolver: *a*) el problema resuelto 3.11, *b*) el problema 3.127 y *c*) el problema 3.129.

3.C3 Un amigo pide ayuda en el diseño de cajas para cultivar flores. Las cajas deben tener 4, 5, 6 u 8 lados, los cuales pueden estar inclinados hacia afuera 10°, 20° o 30°. Escriba un programa de computadora que pueda usarse para determinar el ángulo α del bisel para cada uno de los doce diseños propuestos. (*Sugerencia*. El ángulo del bisel es igual a la mitad del ángulo formado por las normales que se dirigen hacia adentro de dos lados adyacentes).

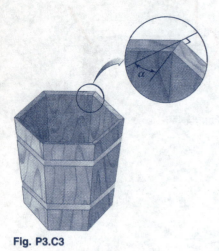

Fig. P3.C3

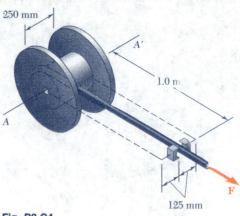

Fig. P3.C4

3.C4 El fabricante de carretes para mangueras desea determinar el momento de la fuerza **F** con respecto al eje AA'. La magnitud de la fuerza, en newtons, se define por la relación $F = 300(1 - x/L)$, donde x es la longitud de la manguera enrollada sobre el tambor de 0.6 m de diámetro y L es la longitud total de la manguera. Escriba un programa de computadora que pueda usarse para calcular el momento requerido por una manguera de 30 m de longitud y 50 mm de diámetro. Comenzando con $x = 0$, calcule el momento después de cada revolución del tambor hasta que la manguera quede enrollada.

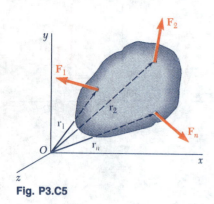

Fig. P3.C5

3.C5 Un cuerpo está sometido a un sistema de n fuerzas. Escriba un programa de computadora que pueda usarse para calcular el sistema equivalente fuerza-par en el origen del sistema de ejes coordenados y, también, determine si la fuerza equivalente y el par equivalente son ortogonales y la magnitud y punto de aplicación en el plano xz de la resultante del sistema de fuerzas original. Use este programa para resolver: *a*) el problema 3.113, *b*) el problema 3.120 y *c*) el problema 3.127.

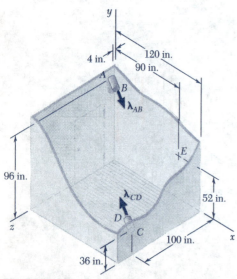

Fig. P3.C6

3.C6 Dos ductos cilíndricos AB y CD penetran en un cuarto a través de dos muros paralelos. Las líneas de centros de los ductos son paralelas entre sí pero no son perpendiculares a los muros. Los ductos se deben unir mediante dos codos flexibles y una parte central recta. Escriba un programa de computadora que pueda usarse para determinar las longitudes de AB y CD que hagan mínima la distancia entre los ejes de la parte recta y un termómetro colocado sobre el muro en E. Suponga que los codos son de longitud despreciable y que AB y CD tienen líneas de centro definidas por $\lambda_{AB} = (7\mathbf{i} - 4\mathbf{j} + 4\mathbf{k})/9$ y $\lambda_{CD} = (-7\mathbf{i} + 4\mathbf{j} - 4\mathbf{k})/9$ que pueden variar en longitud desde 9 hasta 36 in.

CAPÍTULO 4

Equilibrio de cuerpos rígidos

A medida que este velero se mueve a velocidad constante, permanece en equilibrio bajo la acción de la fuerza de gravedad, bajo las fuerzas ejercidas por el viento sobre sus velas y bajo las fuerzas de presión y fricción ejercidas por el agua sobre su casco, su quilla y su timón.

4.1. INTRODUCCIÓN

En el capítulo anterior se vio que las fuerzas externas que actúan sobre un cuerpo rígido pueden reducirse a un sistema fuerza-par en un punto arbitrario O. Cuando la fuerza y el par son iguales a cero, las fuerzas externas forman un sistema equivalente a cero y se dice que el cuerpo rígido se encuentra en *equilibrio*.

Por lo tanto, las condiciones necesarias y suficientes para el equilibrio de un cuerpo rígido se pueden obtener igualando a cero a $\mathbf{R}$ y a $\mathbf{M}_O^R$ en las relaciones (3.52) de la sección 3.17:

$$\Sigma \mathbf{F} = 0 \qquad \Sigma \mathbf{M}_O = \Sigma(\mathbf{r} \times \mathbf{F}) = 0 \tag{4.1}$$

Reduciendo cada fuerza y cada momento en sus componentes rectangulares, se pueden expresar las condiciones necesarias y suficientes para el equilibrio de un cuerpo rígido por medio de las seis ecuaciones escalares que se presentan a continuación:

$$\Sigma F_x = 0 \qquad \Sigma F_y = 0 \qquad \Sigma F_z = 0 \tag{4.2}$$
$$\Sigma M_x = 0 \qquad \Sigma M_y = 0 \qquad \Sigma M_z = 0 \tag{4.3}$$

Las ecuaciones obtenidas se pueden emplear para determinar fuerzas desconocidas que están aplicadas sobre el cuerpo rígido o reacciones desconocidas ejercidas sobre éste por sus puntos de apoyo. Se observa que las ecuaciones (4.2) expresan el hecho de que las componentes de las fuerzas externas en las direcciones de x, y y z están balanceadas; las ecuaciones (4.3) expresan a su vez que los momentos de las fuerzas externas con respecto a los ejes x, y y z también están balanceados. Por lo tanto, para un cuerpo rígido en equilibrio, el sistema de fuerzas externas no le impartirá un movimiento traslacional o rotacional al cuerpo que se está considerando.

Para poder escribir las ecuaciones de equilibrio para un cuerpo rígido, es esencial identificar primero todas las fuerzas que actúan sobre dicho cuerpo y, entonces, dibujar el *diagrama de cuerpo libre* correspondiente. En este capítulo se considerará primero el equilibrio de *estructuras bidimensionales* sujetas a fuerzas contenidas en sus planos y se aprenderá cómo dibujar sus diagramas de cuerpo libre. Además de las fuerzas *aplicadas* sobre una estructura, se considerarán las *reacciones* ejercidas sobre esta última por sus puntos de apoyo. Se asociará un tipo específico de reacción con cada tipo de apoyo. Se aprenderá cómo determinar si una estructura está apoyada apropiadamente, de tal forma que se pueda saber de antemano si las ecuaciones de equilibrio podrán resolverse para determinar las fuerzas y las reacciones desconocidas.

En la última parte del capítulo, se considerará el equilibrio de estructuras tridimensionales y se realizará el mismo tipo de análisis para estas estructuras y para sus puntos de apoyo.

4.2. DIAGRAMA DE CUERPO LIBRE

Al resolver un problema relacionado con el equilibrio de un cuerpo rígido es esencial que se consideren *todas* las fuerzas que actúan sobre éste; además, es igualmente importante excluir cualquier fuerza que no esté aplicada directamente sobre dicho cuerpo. Omitir o agregar una fuerza extraña podría destruir las condiciones de equilibrio. Por lo tanto, el primer paso en la solución del problema debe ser el de dibujar un *diagrama de cuerpo libre* del cuerpo rígido que se esté considerando. Los diagramas de cuerpo libre ya fueron utilizados en muchas ocasiones en el capítulo 2. Sin embargo, en vista de su importancia para la solución de problemas de equilibrio, aquí se resumen los diversos pasos que se deben seguir al momento de dibujar un diagrama de cuerpo libre.

1. Se debe tomar una decisión clara en relación con la selección del cuerpo libre que será utilizado. Después se debe separar al cuerpo del suelo y de todos los demás cuerpos. Así, se realiza un esquema del contorno del cuerpo ya aislado.

2. Todas las fuerzas externas deben indicarse en el diagrama de cuerpo libre. Estas fuerzas representan las acciones ejercidas *sobre* el cuerpo libre *por* el suelo y *por* los cuerpos que han sido separados del mismo; estas fuerzas deben aplicarse en los diversos puntos sobre los que el cuerpo libre estaba apoyado en el suelo o estaba conectado a otros cuerpos. También se debe incluir entre las fuerzas externas el *peso* del cuerpo libre, puesto que representa la atracción ejercida por la Tierra sobre las distintas partículas que lo constituyen. Como se verá en el capítulo 5, el peso debe aplicarse en el centro de gravedad del cuerpo. Cuando el cuerpo libre está constituido por varias partes, las fuerzas que aquellas ejercen entre sí *no* deben incluirse entre las fuerzas externas; son fuerzas internas siempre que se considere completo al cuerpo libre.

3. Las magnitudes y las direcciones de las *fuerzas externas* que son conocidas deben señalarse claramente en el diagrama de cuerpo libre. Cuando se indiquen las direcciones de dichas fuerzas, se debe recordar que éstas son las ejercidas *sobre*, y no *por*, el cuerpo libre. Por lo general, las fuerzas externas conocidas incluyen el *peso* del cuerpo libre y las *fuerzas aplicadas* con un propósito en particular.

4. Usualmente, las *fuerzas externas desconocidas* consisten en las *reacciones* a través de las cuales el suelo y otros cuerpos se oponen a un posible movimiento del cuerpo libre. Las reacciones lo obligan a permanecer en la misma posición y, por esta razón, algunas veces reciben el nombre de *fuerzas de restricción*. Las reacciones se ejercen en los puntos donde el cuerpo libre está *apoyado* o *conectado* a otros cuerpos y deben indicarse con claridad. Las reacciones se estudian en detalle en las secciones 4.3 y 4.8.

5. El diagrama de cuerpo libre también debe incluir dimensiones puesto que éstas se pueden necesitar para el cálculo de momentos de fuerzas. Sin embargo, cualquier otro detalle debe omitirse.

EQUILIBRIO EN DOS DIMENSIONES

4.3. REACCIONES EN LOS PUNTOS DE APOYO Y CONEXIONES DE UNA ESTRUCTURA BIDIMENSIONAL

En la primera parte de este capítulo se considera el equilibrio de una estructura bidimensional, esto es, se supone que la estructura que se está analizando y las fuerzas aplicadas sobre la misma están contenidas en el mismo plano. Más claro, las reacciones necesarias para mantener a la estructura en la misma posición, también estarán contenidas en este mismo plano.

Las reacciones ejercidas sobre una estructura bidimensional pueden ser divididas en tres grupos que corresponden a tres tipos diferentes de *apoyos* (puntos de apoyo) o *conexiones*:

1. *Reacciones equivalentes a una fuerza cuya línea de acción es conocida*. Los apoyos y las conexiones que originan reacciones de este tipo incluyen *rodillos, balancines, superficies sin fricción, eslabones y cables cortos, collarines sobre barras sin fricción* y *pernos sin fricción en ranuras lisas*. Cada uno de estos apoyos y conexiones pueden impedir movimiento sólo en una dirección. Los apoyos mencionados anteriormente junto con las reacciones que producen se muestran en la figura 4.1. Cada una de estas reacciones involucra a *una sola incógnita*, es decir, la magnitud de la reacción; dicha magnitud debe representarse por una letra apropiada. La línea de acción de la reacción es conocida y debe indicarse claramente en el diagrama de cuerpo libre. El sentido de la reacción debe ser como se muestra en la figura 4.1 para los casos de una superficie sin fricción (hacia el cuerpo libre) o de un cable (alejándose del cuerpo libre). La reacción puede ser dirigida en uno u otro sentido en el caso de rodillos de doble carril, eslabones, collarines sobre barras y pernos en ranuras. Generalmente, se supone que los rodillos de un carril y los balancines son reversibles y, por lo tanto, las reacciones correspondientes también pueden estar dirigidas en uno u otro sentido.

2. *Reacciones equivalentes a una fuerza de magnitud y dirección desconocidas*. Los apoyos y las conexiones que originan reacciones de este tipo incluyen *pernos sin fricción en orificios ajustados, articulaciones o bisagras* y *superficies rugosas*. Éstos pueden impedir la traslación del cuerpo rígido en todas las direcciones pero no pueden impedir la rotación del mismo con respecto a la conexión. Las reacciones de este grupo involucran *dos incógnitas* que usualmente se representan por sus componentes x y y. En el caso de una superficie rugosa, la componente perpendicular a la superficie debe dirigirse alejándose de ésta.

3. *Reacciones equivalentes a una fuerza y un par*. Estas reacciones se originan por *apoyos fijos* los cuales se oponen a cualquier movimiento del cuerpo libre y, por lo tanto, lo restringen completamente. Los soportes fijos producen fuerzas sobre toda la superficie de contacto; sin embargo, estas fuerzas forman un sistema que se puede reducir a una fuerza y un par. Las reacciones de este grupo involucran *tres incógnitas*, las cuales consisten en las dos componentes de la fuerza y en el momento del par.

Apoyo o conexión	Reacción	Número de incógnitas
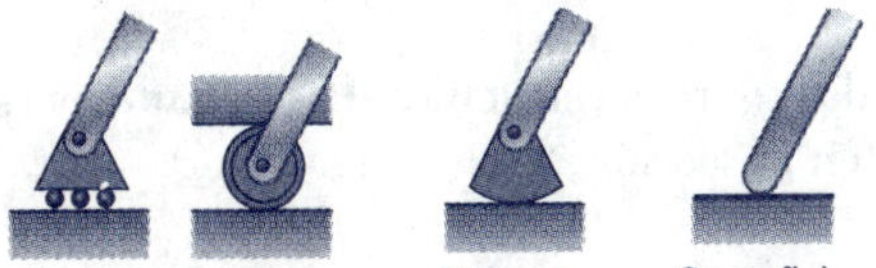 Rodillos o patines, Balancín, Superficie sin fricción	 Fuerza con línea de acción conocida	1
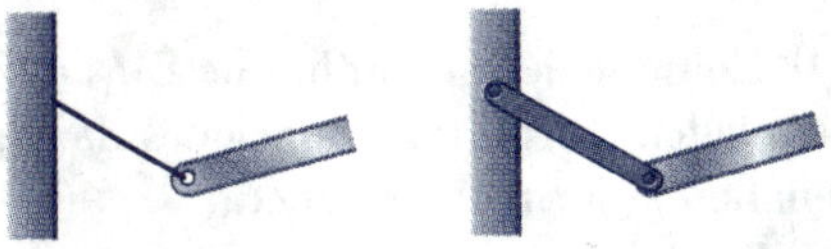 Cable corto, Eslabón corto	 Fuerza con línea de acción conocida	1
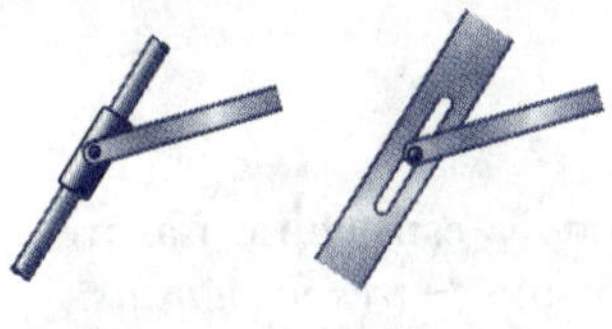 Collarín sobre una barra sin fricción, Perno sin fricción en una ranura lisa	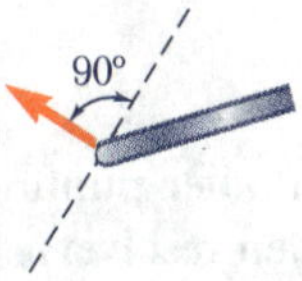 Fuerza con línea de acción conocida	1
Perno sin fricción, articulación o bisagra, Superficie rugosa	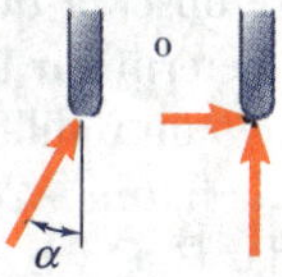 Fuerza de dirección desconocida	2
 Apoyo fijo	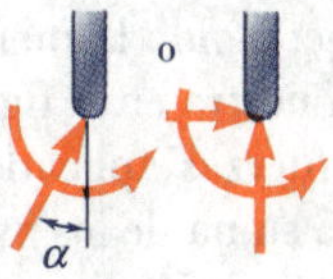 Fuerza y par	3

Fig. 4.1 Reacciones en los apoyos y las conexiones.

Cuando el sentido de una fuerza o un par desconocido no es evidente, no se debe intentar determinarlo. En lugar de ello, se supondrá arbitrariamente el sentido de la fuerza o el par; el signo de la respuesta obtenida indicará si la suposición fue correcta o no.

4.4. EQUILIBRIO DE UN CUERPO RÍGIDO EN DOS DIMENSIONES

Las condiciones establecidas en la sección 4.1 para el equilibrio de un cuerpo rígido se vuelven mucho más simples para casos de estructuras bidimensionales. Seleccionando a los ejes x y y en el plano de la estructura, se tiene que

$$F_z = 0 \qquad M_x = M_y = 0 \qquad M_z = M_O$$

para cada una de las fuerzas aplicadas sobre la estructura. Por lo tanto, las seis ecuaciones de equilibrio derivadas en la sección 4.1 se reducen a

$$\Sigma F_x = 0 \qquad \Sigma F_y = 0 \qquad \Sigma M_O = 0 \qquad (4.4)$$

y a las tres identidades triviales $0 = 0$. Como se debe cumplir que $\Sigma M_O = 0$ sin importar la elección del origen O, se pueden escribir las ecuaciones de equilibrio para una estructura bidimensional en la forma más general

$$\Sigma F_x = 0 \qquad \Sigma F_y = 0 \qquad \Sigma F_z = 0 \qquad (4.5)$$

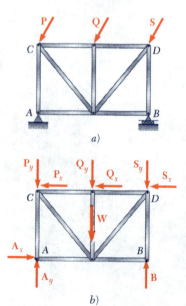

Fig. 4.2

donde A es cualquier punto en el plano de la estructura. Las tres ecuaciones obtenidas pueden resolverse para un máximo de *tres incógnitas*.

En la sección anterior se vio que las fuerzas desconocidas incluyen reacciones y que el número de incógnitas correspondientes a una reacción depende del tipo de apoyo o conexión que origina dicha reacción. Haciendo referencia a la sección 4.3, se observa que las ecuaciones de equilibrio (4.5) pueden ser empleadas para determinar las reacciones asociadas con dos rodillos y un cable, un apoyo fijo o un rodillo y un perno en un orificio ajustado, etcétera.

Considérese la figura 4.2a en la cual la armadura mostrada está sometida a las fuerzas dadas $\mathbf{P}$, $\mathbf{Q}$ y $\mathbf{S}$. La armadura se mantiene en su lugar por medio de un perno en A y un rodillo en B. El perno impide que el punto A se mueva ejerciendo sobre la armadura una fuerza que se puede descomponer en las componentes $\mathbf{A}_x$ y $\mathbf{A}_y$; por su parte, el rodillo impide que la armadura rote con respecto a A ejerciendo la fuerza vertical $\mathbf{B}$. El diagrama de cuerpo libre de la armadura se muestra en la figura 4.2b; éste incluye tanto las reacciones $\mathbf{A}_x$, $\mathbf{A}_y$ y $\mathbf{B}$ como las fuerzas aplicadas $\mathbf{P}$, $\mathbf{Q}$ y $\mathbf{S}$ y el peso $\mathbf{W}$ de la armadura. Para expresar que la suma de los momentos con respecto de A, que implica todas las fuerzas mostradas en la figura 4.2b, es igual a cero, se escribe la ecuación $\Sigma M_A = 0$, la cual puede utilizarse para determinar la magnitud B puesto que dicha ecuación no contiene a A_x o a A_y. Después, para indicar que la suma de las componentes x y y de las fuerzas son iguales a cero, se escriben las ecuaciones $\Sigma F_x = 0$ y $\Sigma F_y = 0$, a partir de las cuales se obtienen, respectivamente, las componentes A_x y A_y.

Se podría obtener una ecuación adicional expresando que la suma de momentos de las fuerzas externas con respecto a un punto distinto de A es igual a cero. Por ejemplo, se podría escribir $\Sigma M_B = 0$. Sin embargo, una expresión de este tipo no contendría ninguna información nueva, puesto que ya se ha establecido que el sistema de fuerzas mostrado en la figura 4.2b es equivalente a cero. Por lo tanto, la ecuación adicional *no sería independiente* y no podría utilizarse para determinar una cuarta incógnita. Sin embargo, esta ecuación serviría para verificar la solución obtenida a partir de las tres ecuaciones de equilibrio originales.

A pesar de que no se pueden *añadir* ecuaciones adicionales a las tres ecuaciones de equilibrio originales, cualquiera de éstas puede ser *reemplazada* por otra. De esta forma, un sistema alternativo de ecuaciones de equilibrio es

$$\Sigma F_x = 0 \qquad \Sigma M_A = 0 \qquad \Sigma M_B = 0 \qquad (4.6)$$

donde el segundo punto con respecto al cual se suman los momentos (en este caso, el punto B) no puede estar ubicado en la línea paralela al eje y que pasa a través del punto A (figura 4.2b). Estas ecuaciones son condiciones suficientes para el equilibrio de la armadura. Las primeras dos ecuaciones indican que las fuerzas externas deben reducirse a una sola fuerza vertical en A. Como la tercera ecuación requiere que el momento de esta fuerza sea igual a cero con respecto al punto B, el cual no está sobre su línea de acción, la fuerza debe ser igual a cero y el cuerpo rígido está en equilibrio.

Un tercer posible conjunto de ecuaciones de equilibrio es

$$\Sigma M_A = 0 \qquad \Sigma M_B = 0 \qquad \Sigma M_C = 0 \qquad (4.7)$$

donde los puntos A, B y C no son colineales (figura 4.2b). La primera ecuación requiere que las fuerzas externas se reduzcan a una sola fuerza en A; la segunda ecuación requiere que esta fuerza pase a través de B y la tercera ecuación requiere que pase a través de C. Como los puntos A, B y C no son colineales, la fuerza debe ser igual a cero y el cuerpo rígido está en equilibrio.

La ecuación $\Sigma M_A = 0$, la cual expresa que la suma de los momentos de las fuerzas con respecto al perno A es igual a cero, posee un significado físico más definido que cualquiera de las otras dos ecuaciones (4.7). Éstas expresan una idea similar de balance pero lo hacen con respecto a puntos en los cuales el cuerpo rígido no está realmente articulado. Sin embargo, dichas ecuaciones son tan útiles como la primera y la selección de las ecuaciones de equilibrio no debe estar indebidamente influida por el significado físico de las mismas. De hecho, en la práctica será deseable elegir ecuaciones de equilibrio que contengan una sola incógnita, puesto que así se elimina la necesidad de resolver ecuaciones simultáneas. Es posible obtener ecuaciones de una sola incógnita sumando momentos con respecto al punto de intersección de las líneas de acción de dos fuerzas desconocidas o, si dichas fuerzas son paralelas, sumando componentes perpendiculares a esa dirección común. Por ejemplo, en la figura 4.3, en la cual la armadura mostrada se sostiene por medio de rodillos en A y B y por un eslabón corto en D, las reacciones en A y B pueden eliminarse sumando las componentes x. Las reacciones en A y D se eliminan al sumar momentos con respecto de C y las reacciones en B y D sumando momentos con respecto a D. Las ecuaciones obtenidas son

$$\Sigma F_x = 0 \qquad \Sigma M_C = 0 \qquad \Sigma M_D = 0$$

Cada una de estas ecuaciones contiene una sola incógnita.

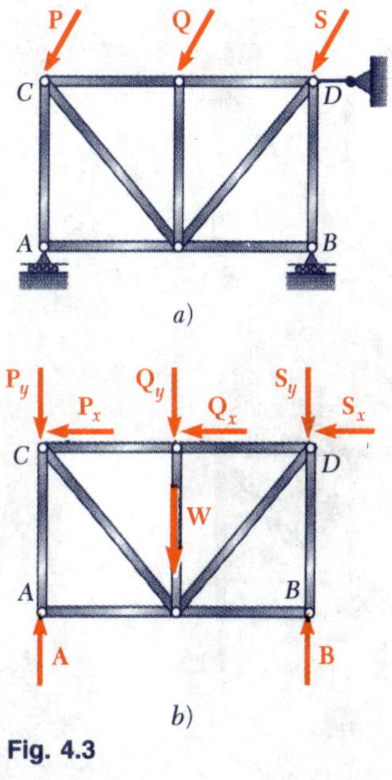

Fig. 4.3

4.5. REACCIONES ESTÁTICAMENTE INDETERMINADAS. RESTRICCIONES PARCIALES

En los dos ejemplos considerados en la sección anterior (figuras 4.2 y 4.3), los tipos de apoyos usados fueron tales que era imposible que el cuerpo rígido se moviera bajo la acción de las cargas dadas o bajo cualquier otra condición de carga. En casos como estos, se dice que el cuerpo rígido está *completamente restringido*. También se debe recordar que las reacciones correspondientes a estos apoyos involucraban *tres incógnitas*, las cuales podían determinarse resolviendo las tres ecuaciones de equilibrio. Cuando se presenta una situación como ésta, se dice que las reacciones son *estáticamente determinadas*.

Considérese la figura 4.4a en la cual la armadura mostrada se sostiene por pernos en A y B. Estos apoyos proporcionan más restricciones de las necesarias para evitar que la armadura se mueva bajo la acción de las cargas dadas o bajo cualquier otra condición de carga. También se observa a partir del diagrama de cuerpo libre de la figura 4.4b que las reacciones correspondientes involucran *cuatro incógnitas*. Puesto que, como se señaló en la sección 4.4, sólo están disponibles tres ecuaciones de equilibrio independientes, se tienen *más incógnitas que ecuaciones*; por lo tanto, no se pueden determinar todas las incógnitas. Mientras que las ecuaciones $\Sigma M_A = 0$ y $\Sigma M_B = 0$ proporcionan, respectivamente, las componentes verticales B_y y A_y, la ecuación $\Sigma F_x = 0$ sólo proporciona la suma $A_x + B_x$ de las componentes horizontales de las reacciones en A y B. Se dice que las componentes A_x y B_x son *estáticamente indeterminadas*. éstas pueden determinarse considerando las deformaciones ocasionadas en la armadura por la condición de carga dada, pero este método está fuera del alcance de la estática y corresponde al estudio de la mecánica de materiales.

Los apoyos utilizados para sostener la armadura mostrada en la figura 4.5a consisten en rodillos en A y B. Evidentemente, las restricciones proporcionadas por estos apoyos no son suficientes para impedir que la armadura se mueva. Aunque se impide cualquier movimiento vertical, no hay nada que evite que la armadura pueda moverse horizontalmente. Bajo estas circunstancias, se dice que la armadura está *parcialmente restringida*.† Regresando a la figura 4.5b, se observa que las reacciones en A y B sólo involucran *dos incógnitas*. Como aún se tienen que cumplir tres ecuaciones de equilibrio, hay *menos incógnitas que ecuaciones* y, en general, una de las ecuaciones de equilibrio no se cumplirá. Mientras que las ecuaciones $\Sigma M_A = 0$ y $\Sigma M_B = 0$ se pueden cumplir por medio de una selección apropiada de las reacciones en A y B, la ecuación $\Sigma F_x = 0$ no será satisfecha a menos que la suma de las componentes horizontales de las fuerzas aplicadas sea igual a cero. Por lo tanto, no se puede mantener el equilibrio de la armadura de la figura 4.5 bajo condiciones generales de carga.

De lo anterior se concluye que si un cuerpo rígido está completamente restringido y si las reacciones en sus apoyos son estáticamente determinadas, *entonces habrá tantas incógnitas como ecuaciones de equilibrio*. Cuando esta condición *no se cumple*, se tiene la certeza de que el cuerpo rígido no está completamente restringido o de que las reacciones en sus apoyos no son estáticamente determinadas; además, también es posible que el cuerpo rígido no esté completamente restringido *y* que las reacciones sean estáticamente indeterminadas.

Sin embargo, se debe señalar que la condición mencionada anteriormente, aunque es *necesaria, no es suficiente*. En otras palabras, el hecho de que el

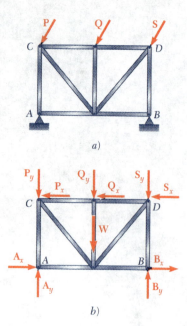

Fig. 4.4 Reacciones estáticamente indeterminadas.

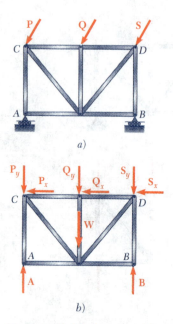

Fig. 4.5 Restricciones parciales.

---

†En muchas ocasiones se hace referencia a los cuerpos parcialmente restringidos como *inestables*. Sin embargo, para evitar confusión entre este tipo de inestabilidad, debida a un número insuficiente de restricciones y el tipo de inestabilidad considerada en el capítulo 10, la cual está relacionada con el comportamiento de un cuerpo rígido cuando se perturba su equilibrio, se restringirá el uso de las palabras *estable* e *inestable* para este último caso.

número de incógnitas sea igual al número de ecuaciones no garantiza que el cuerpo está completamente restringido o que las reacciones en sus apoyos son estáticamente determinadas. Considérese la figura 4.6a en la cual la armadura mostrada se sostiene por medio de rodillos en A, B y E. A pesar de que existen tres reacciones desconocidas **A**, **B** y **E** (figura 4.6b), la ecuación $\Sigma F_x = 0$ no se cumplirá a menos que la suma de las componentes horizontales de las fuerzas aplicadas resulte igual a cero. Aunque hay un número suficiente de restricciones, éstas no están ubicadas apropiadamente y no existe ningún impedimento para que la armadura se mueva horizontalmente. En este caso, se dice que la armadura está *impropiamente restringida*. Como sólo quedan dos ecuaciones de equilibrio para determinar tres incógnitas, las reacciones serán estáticamente indeterminadas. Por lo tanto, las reacciones impropias también producen indeterminación estática.

Otro ejemplo de restricciones impropias —y de indeterminación estática— lo proporciona la armadura mostrada en la figura 4.7, la cual está sostenida por un perno en A y por rodillos en B y C los cuales en conjunto involucran cuatro incógnitas. Como sólo se dispone de tres ecuaciones de equilibrio independientes, las reacciones en los apoyos son estáticamente indeterminadas. Por otra parte, obsérvese que no se puede cumplir la ecuación $\Sigma M_A = 0$ bajo condiciones generales de carga puesto que las líneas de acción de las reacciones **B** y **C** pasan a través de A. Entonces, se concluye que la armadura puede rotar alrededor de A y, por ende, está impropiamente restringida.†

Los ejemplos de las figuras 4.6 y 4.7 conducen a la conclusión de que *un cuerpo rígido está impropiamente restringido siempre que los apoyos*, aunque proporcionen un número suficiente de reacciones, *estén ubicados de tal forma que las reacciones sean concurrentes o paralelas*.‡

En resumen, para asegurarse de que un cuerpo rígido bidimensional está completamente restringido y de que las reacciones en sus apoyos son estáticamente determinadas, se debe verificar que las reacciones involucren tres —y sólo tres— incógnitas y que los apoyos estén ubicados de tal forma que no requieran que las reacciones sean concurrentes o paralelas.

Los apoyos que involucran reacciones estáticamente indeterminadas deben utilizarse con cuidado en el *diseño* de estructuras y con un pleno conocimiento de los problemas que pueden causar. Por otra parte, es usual que el *análisis* de estructuras con reacciones estáticamente indeterminadas se lleve a cabo parcialmente por medio de los métodos de la estática. Por ejemplo, en el caso de la armadura de la figura 4.4, las componentes verticales de las reacciones en A y B se obtuvieron a partir de las ecuaciones de equilibrio.

Por razones obvias, los apoyos que originan restricciones parciales o impropias se deben evitar en el diseño de estructuras estacionarias. Sin embargo, una estructura restringida parcial o impropiamente no necesariamente se colapsará; bajo ciertas condiciones de carga en particular, se puede mantener el equilibrio. Por ejemplo, las armaduras de las figuras 4.5 y 4.6 estarán en equilibrio si las fuerzas aplicadas **P**, **Q** y **S** son verticales. Además, las estructuras diseñadas para moverse sólo *deben* estar restringidas parcialmente. Por ejemplo, un carro de ferrocarril sería de poca utilidad si estuviera completamente restringido por tener sus frenos aplicados en forma permanente.

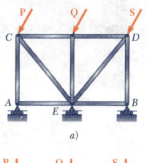

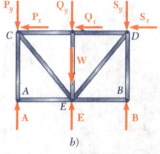

Fig. 4.6 Restricciones impropias.

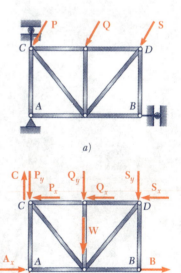

Fig. 4.7 Restricciones impropias.

---

†La rotación de la armadura con respecto de A requiere algo de "juego" en los apoyos que están en B y C. En la práctica siempre existirá dicho juego. Además, se observa que si el juego es mínimo el desplazamiento de los rodillos B y C y, por lo tanto, las distancias desde A hasta las líneas de acción de las reacciones **B** y **C**, también serán pequeñas. Entonces, la ecuación $\Sigma M_A = 0$ requiere que **B** y **C** sean muy grandes, situación que puede resultar en la falla de los apoyos en B y C.

‡Debido a que esta situación surge por un arreglo o *geometría* inadecuados de los apoyos, comúnmente se hace referencia a la misma como *inestabilidad geométrica*.

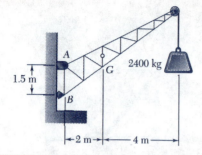

PROBLEMA RESUELTO 4.1

Una grúa fija tiene una masa de 1000 kg y se usa para levantar una caja de 2400 kg. La grúa se mantiene en su lugar por medio de un perno en A y un balancín en B. El centro de gravedad de la grúa está ubicado en G. Determínense las componentes de las reacciones en A y B.

SOLUCIÓN

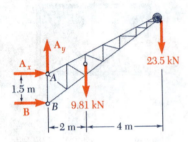

Diagrama de cuerpo libre. Se dibuja un diagrama de cuerpo libre de la grúa. Multiplicando las masas de la grúa y de la caja por $g = 9.81$ m/s² se obtienen sus respectivos pesos, esto es, 9810 N o 9.81 kN y 23 500 N o 23.5 kN. La reacción en el perno A es una fuerza con dirección desconocida; ésta se representa por sus componentes A_x y A_y. La reacción en el balancín B es perpendicular a su superficie; por lo tanto, dicha reacción es horizontal. Se supone que A_x, A_y y B actúan en las direcciones mostradas en la figura.

Determinación de B. Se expresa que la suma de los momentos de todas las fuerzas externas con respecto del punto A es igual a cero. La ecuación que se obtiene no contiene a A_x ni a A_y puesto que los momentos de A_x y A_y con respecto de A son iguales a cero. Multiplicando la magnitud de cada fuerza por su distancia perpendicular a partir de A, se escribe

$$+\circlearrowleft \Sigma M_A = 0: \quad +B(1.5 \text{ m}) - (9.81 \text{ kN})(2 \text{ m}) - (23.5 \text{ kN})(6 \text{ m}) = 0$$
$$B = +107.1 \text{ kN} \qquad \mathbf{B} = 107.1 \text{ kN} \rightarrow \quad \blacktriangleleft$$

Como el resultado es positivo, la reacción está dirigida en la forma que se supuso.

Determinación de A_x. La magnitud de A_x se determina expresando que la suma de las componentes horizontales de todas las fuerzas externas es igual a cero.

$$\xrightarrow{+}\Sigma F_x = 0: \quad A_x + B = 0$$
$$A_x + 107.1 \text{ kN} = 0$$
$$A_x = -107.1 \text{ kN} \qquad \mathbf{A}_x = 107.1 \text{ kN} \leftarrow \quad \blacktriangleleft$$

Como el resultado es negativo, el sentido de $\mathbf{A}_x$ es opuesto al que se había supuesto originalmente.

Determinación de A_y. La suma de las componentes verticales también debe ser igual a cero.

$$+\uparrow \Sigma F_y = 0: \quad A_y - 9.81 \text{ kN} - 23.5 \text{ kN} = 0$$
$$A_y = +33.3 \text{ kN} \qquad \mathbf{A}_y = 33.3 \text{ kN} \uparrow \quad \blacktriangleleft$$

Sumando vectorialmente las componentes $\mathbf{A}_x$ y $\mathbf{A}_y$, se encuentra que la reacción en A es 112.2 kN ⦨ 17.3°.

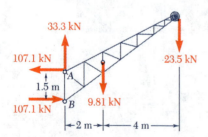

Comprobación. Los valores obtenidos para las reacciones se pueden comprobar recordando que la suma de los momentos de todas las fuerzas externas con respecto de cualquier punto debe ser igual a cero. Por ejemplo, considerando al punto B, se escribe

$$+\circlearrowleft \Sigma M_B = -(9.81 \text{ kN})(2 \text{ m}) - (23.5 \text{ kN})(6 \text{ m}) + (107.1 \text{ kN})(1.5 \text{ m}) = 0$$

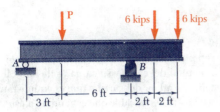

PROBLEMA RESUELTO 4.2

Se aplican tres cargas a una viga como se muestra en la figura. La viga se apoya en un rodillo en A y en un perno en B. Sin tomar en cuenta el peso de la viga, determínense las reacciones en A y B cuando $P = 15$ kips.

SOLUCIÓN

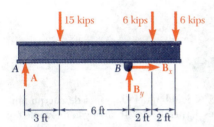

Diagrama de cuerpo libre. Se dibuja un diagrama de cuerpo libre de la viga. La reacción con A es vertical y se representa con **A**. La reacción en B se representa con las componentes $\mathbf{B}_x$ y $\mathbf{B}_y$. Se supone que cada componente actúa en la dirección mostrada en la figura.

Ecuaciones de equilibrio. Se escriben las tres ecuaciones de equilibrio siguientes y se resuelven para las reacciones señaladas:

$\xrightarrow{+}\Sigma F_x = 0: \qquad\qquad B_x = 0 \qquad\qquad \mathbf{B}_x = 0 \blacktriangleleft$

$+\circlearrowleft\Sigma M_A = 0:$
$\quad -(15 \text{ kips})(3 \text{ ft}) + B_y(9 \text{ ft}) - (6 \text{ kips})(11 \text{ ft}) - (6 \text{ kips})(13 \text{ ft}) = 0$
$\quad\qquad\qquad\qquad\qquad B_y = +21.0 \text{ kips} \qquad \mathbf{B}_y = 21.0 \text{ kips} \uparrow \blacktriangleleft$

$+\circlearrowleft\Sigma M_B = 0:$
$\quad -A(9 \text{ ft}) + (15 \text{ kips})(6 \text{ ft}) - (6 \text{ kips})(2 \text{ ft}) - (6 \text{ kips})(4 \text{ ft}) = 0$
$\quad\qquad\qquad\qquad\qquad A = +6.00 \text{ kips} \qquad \mathbf{A} = 6.00 \text{ kips} \uparrow \blacktriangleleft$

Comprobación. Se comprueban los resultados sumando las componentes verticales de todas las fuerzas externas:

$+\uparrow\Sigma F_y = +6.00 \text{ kips} - 15 \text{ kips} + 21.0 \text{ kips} - 6 \text{ kips} - 6 \text{ kips} = 0$

Observación. En este problema las reacciones en A y B son verticales; sin embargo, las razones de la anterior son diversas. En A la viga se apoya en un rodillo; por lo tanto, la reacción no puede tener una componente horizontal. En B, la componente horizontal de la reacción es igual a cero debido a que se debe cumplir la ecuación de equilibrio $\Sigma F_x = 0$ y a que ninguna de las otras fuerzas actuantes sobre la viga tiene una componente horizontal.

A primera vista se hubiera podido observar que la reacción en B era vertical y se pudo haber omitido la componente horizontal $\mathbf{B}_x$. Sin embargo, esta práctica no es conveniente. Al seguirla, se corre el riesgo de olvidar a la componente $\mathbf{B}_x$ cuando las condiciones de carga requieran su presencia (esto es, cuando se incluye una carga horizontal). Además, se encontró que la componente $\mathbf{B}_x$ es igual a cero utilizando y resolviendo una ecuación de equilibrio, $\Sigma F_x = 0$. Al dar por hecho que $\mathbf{B}_x$ es igual a cero, es posible no percatarse de que en realidad se ha hecho uso de esta ecuación y, por lo tanto, se podría perder la relación del número de ecuaciones disponibles para resolver el problema.

PROBLEMA RESUELTO 4.3

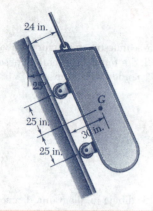

Un carro de carga se encuentra en reposo sobre un carril que forma un ángulo de 25° con respecto a la vertical. El peso total del carro y su carga es de 5500 lb y éste actúa en un punto que se encuentra a 30 in. del carril y que es equidistante a los dos ejes. El carro se sostiene por medio de un cable que está unido a éste en un punto que se encuentra a 24 in. del carril. Determínese la tensión en el cable y la reacción en cada par de ruedas.

SOLUCIÓN

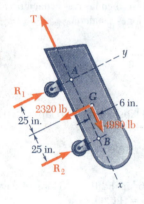

Diagrama de cuerpo libre. Se dibuja el diagrama de cuerpo libre del carro. La reacción en cada rueda es perpendicular al carril y la fuerza de tensión **T** es paralela a éste. Por conveniencia, se selecciona al eje x paralelo al carril y al eje y perpendicular al mismo. Entonces, el peso de 5500 lb se descompone en sus componentes x y y.

$$W_x = +(5500 \text{ lb}) \cos 25° = +4980 \text{ lb}$$
$$W_y = -(5500 \text{ lb}) \text{ sen } 25° = -2320 \text{ lb}$$

Ecuaciones de equilibrio. Se toman momentos con respecto de A para eliminar a **T** y a **R**$_1$ de los cálculos.

$+\uparrow \Sigma M_B = 0$: $(2320 \text{ lb})(25 \text{ in.}) - (4980 \text{ lb})(6 \text{ in.}) - R_1(50 \text{ in.}) = 0$
$R_1 = +562 \text{ lb}$ **R**$_1 = +562$ lb ↗   ◂

Ahora, tomando momentos con respecto de B para eliminar a **T** y a **R**$_2$ de los cálculos, se escribe

$+\uparrow \Sigma M_A = 0$: $-(2320 \text{ lb})(25 \text{ in.}) - (4980 \text{ lb})(6 \text{ in.}) + R_2(50 \text{ in.}) = 0$
$R_2 = +1758 \text{ lb}$ **R**$_2 = 1758$ lb ↗   ◂

El valor de T se obtiene a partir de

$\searrow +\Sigma F_x = 0$: $+4980 \text{ lb} - T = 0$
$T = +4980 \text{ lb}$ **T** = 4980 lb ↖   ◂

Los valores encontrados para las reacciones se muestran en el esquema adjunto.

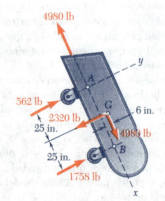

Comprobación. Se corroboran los cálculos escribiendo

$\nearrow +\Sigma F_y = +562 \text{ lb} + 1758 \text{ lb} - 2320 \text{ lb} = 0$

También pudo haberse verificado la solución calculando los momentos con respecto de cualquier otro punto distinto de A o de B.

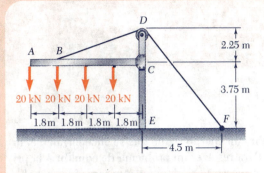

PROBLEMA RESUELTO 4.4

El marco mostrado en la figura sostiene una parte del techo de un pequeño edificio. Sabiendo que la tensión en el cable es de 150 kN, determínese la reacción en el extremo fijo E.

SOLUCIÓN

Diagrama de cuerpo libre. Se dibuja el diagrama de cuerpo libre del marco junto con el cable BDF. La reacción en el extremo fijo E está representada con las componentes de fuerza $\mathbf{E}_x$ y $\mathbf{E}_y$ y por el par $\mathbf{M}_E$. Las otras fuerzas que actúan sobre el diagrama de cuerpo libre son las cuatro cargas de 20 kN y la fuerza de 150 kN ejercida en el extremo F del cable.

Ecuaciones de equilibrio. Observando que $DF = \sqrt{(4.5\text{ m})^2 + (6\text{ m})^2} = 7.5$ m, se escribe

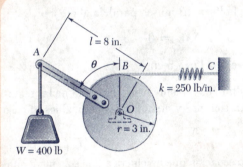

$\xrightarrow{+} \Sigma F_x = 0:$ $E_x + \dfrac{4.5}{7.5}(150 \text{ kN}) = 0$

$E_x = -90.0 \text{ kN}$ $\mathbf{E}_x = 90.0 \text{ kN} \leftarrow$ ◄

$+\uparrow \Sigma F_y = 0:$ $E_y - 4(20 \text{ kN}) - \dfrac{6}{7.5}(150 \text{ kN}) = 0$

$E_y = +200 \text{ kN}$ $\mathbf{E}_y = 200 \text{ kN} \uparrow$ ◄

$+\circlearrowleft \Sigma M_E = 0:$ $(20 \text{ kN})(7.2 \text{ m}) + (20 \text{ kN})(5.4 \text{ m}) + (20 \text{ kN})(3.6 \text{ m})$

$+ (20 \text{ kN})(1.8 \text{ m}) - \dfrac{6}{7.5}(150 \text{ kN})(4.5 \text{ m}) + M_E = 0$

$M_E = +180.0 \text{ kN} \cdot \text{m}$ $\mathbf{M}_E = 180.0 \text{ kN} \cdot \text{m} \circlearrowleft$ ◄

PROBLEMA RESUELTO 4.5

Un peso de 400 lb se une a la palanca mostrada en la figura en el punto A. La constante del resorte BC es $k = 250$ lb/in. y éste no se encuentra deformado cuando $\theta = 0$. Determínese la posición de equilibrio.

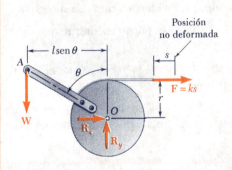

SOLUCIÓN

Diagrama de cuerpo libre. Se dibuja el diagrama de cuerpo libre de la palanca junto con el cilindro. Representando con s la elongación del resorte a partir de la posición en que éste no se encuentra deformado y observando que $s = r\theta$, se tiene que $F = ks = kr\theta$.

Ecuación de equilibrio. Sumando los momentos de $\mathbf{W}$ y de $\mathbf{F}$ con respecto a O, se escribe

$+\circlearrowleft \Sigma M_O = 0:$ $Wl \operatorname{sen}\theta - r(kr\theta) = 0$ $\operatorname{sen}\theta = \dfrac{kr^2}{Wl}\theta$

Sustituyendo los datos numéricos que fueron proporcionados, se obtiene

$\operatorname{sen}\theta = \dfrac{(250 \text{ lb/in.})(3 \text{ in.})^2}{(400 \text{ lb})(8 \text{ in.})}\theta$ $\operatorname{sen}\theta = 0.703\theta$

Resolviendo por el método de prueba y error, se encuentra $\theta = 0$ $\theta = 80.3°$ ◄

PROBLEMAS PARA RESOLVER EN FORMA INDEPENDIENTE

Se vio que las fuerzas externas que actúan sobre un cuerpo rígido que se encuentra en equilibrio forman un sistema equivalente a cero. Para resolver un problema de equilibrio la primera tarea consiste en dibujar un *diagrama de cuerpo libre* claro y de un tamaño razonable, en el cual se muestren todas las fuerzas externas. Se deben incluir tanto las fuerzas conocidas como las desconocidas.

En el caso de un cuerpo rígido bidimensional, las reacciones en los apoyos pueden involucrar una, dos o tres incógnitas dependiendo del tipo de apoyo de que se trate (figura 4.1). Un diagrama de cuerpo libre es esencial para resolver satisfactoriamente un problema. Nunca se debe continuar con la solución de un problema mientras no se esté seguro de que en el diagrama de cuerpo libre están presentes todas las cargas, todas las reacciones y el peso del cuerpo (cuando esto último sea apropiado).

1. Se pueden escribir tres ecuaciones de equilibrio y resolverlas para *tres incógnitas*. Las tres ecuaciones pueden ser

$$\Sigma F_x = 0 \qquad \Sigma F_y = 0 \qquad \Sigma F_O = 0$$

Sin embargo, usualmente existen varios conjuntos de ecuaciones que se pueden escribir, tales como

$$\Sigma F_x = 0 \qquad \Sigma M_A = 0 \qquad \Sigma M_B = 0$$

donde el punto B se selecciona de tal forma que la línea AB no sea paralela al eje y o

$$\Sigma M_A = 0 \qquad \Sigma M_B = 0 \qquad \Sigma M_C = 0$$

donde los puntos A, B y C no se encuentran sobre una línea recta.

2. Para simplificar la solución, puede resultar conveniente utilizar alguna de las técnicas de solución que se presentan a continuación, siempre y cuando sean aplicables al caso que se esté considerando.

  a. Sumando momentos con respecto al punto de intersección de las líneas de acción de dos fuerzas desconocidas, se obtiene una ecuación que involucra a una sola incógnita.

  b. Sumando componentes en una dirección perpendicular a dos fuerzas paralelas que son desconocidas, se obtiene una ecuación que involucra a una sola incógnita.

3. Después de dibujar el diagrama de cuerpo libre, se puede encontrar que existe alguna de las siguientes situaciones especiales.

  a. Las reacciones involucran menos de tres incógnitas; se dice que el cuerpo está *parcialmente restringido* y es posible que éste se mueva.

  b. Las reacciones involucran más de tres incógnitas; se dice que las reacciones son *estáticamente indeterminadas*. Aunque es posible calcular una o dos de las reacciones no se pueden determinar todas ellas.

  c. Las reacciones pasan a través de un solo punto o son paralelas; se dice que el cuerpo está *impropiamente restringido* y puede haber movimiento bajo una condición general de carga.

Problemas

4.1 Dos cajas, cada una con 350 kg de masa, se colocan en la parte trasera de una camioneta de 1400 kg como se muestra en la figura. Determínense las reacciones de las llantas a) traseras A y b) delanteras B.

4.2 Resuelva el problema 4.1, suponiendo que se remueve la caja D y que la posición de la caja C permanece intacta.

4.3 Un tractor de 2100 lb se emplea para recoger 900 lb de grava. Determínense las reacciones de las llantas a) traseras A y b) delanteras B.

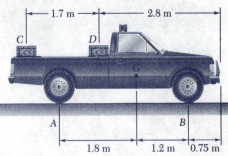
Fig. P4.1

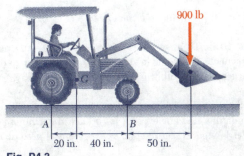
Fig. P4.3

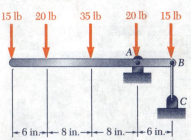
Fig. P4.4

4.4 Para la viga y las cargas mostradas, determínese a) la reacción en A y b) la tensión en el cable BC.

4.5 Un soporte en forma de T sostiene las cuatro cargas mostradas. Determínense las reacciones en A y B si a) $a = 10$ in. y b) $a = 7$ in.

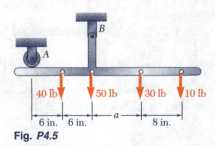
Fig. P4.5

4.6 Para el soporte y las cargas del problema 4.5, determínese la distancia mínima a si el soporte no debe moverse.

168 Equilibrio de cuerpos rígidos

4.7 Un carretón se emplea para mover dos barriles con 40 kg de masa cada uno. Sin tomar en cuenta la masa del carretón, determínese a) la fuerza vertical **P** que debe aplicarse en el manubrio del carretón para mantener el equilibrio cuando $\alpha = 35°$ y b) la reacción correspondiente en cada una de las dos ruedas.

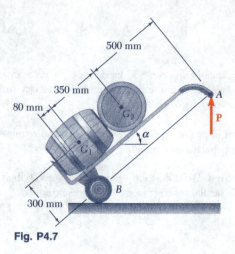

Fig. P4.7

4.8 Resuélvase el problema 4.7 cuando $\alpha = 40°$.

4.9 La viga AB de 10 m se apoya en los soportes C y D pero no está unida a ellos. Sin tomar en cuenta el peso de la viga, determínese el rango de valores de P para los cuales ésta mantendrá el equilibrio.

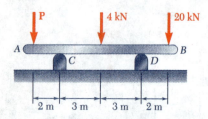

Fig. P4.9 y P4.10

4.10 Si cada reacción debe estar dirigida hacia arriba y si el máximo valor permisible para cada una no debe exceder los 50 kN, determínese el rango de valores de P para los cuales la viga es segura si no se considera el peso de ésta.

4.11 Para la viga del problema resuelto 4.2, determínese el rango de valores de P para los cuales la viga es segura si se sabe que el máximo valor permisible para cada una de las reacciones es de 30 kips y que la reacción en A debe estar dirigida hacia arriba.

4.12 Para la viga y las cargas mostradas, determínese el rango de la distancia a para la cual la reacción en B no exceda de 100 lb hacia abajo o de 200 lb hacia arriba.

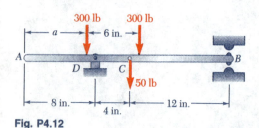

Fig. P4.12

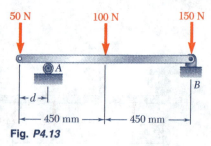

Fig. P4.13

4.13 Determínese el rango de valores de la distancia d para el cual la viga es segura, si el máximo valor permisible para cada una de las reacciones es de 180 N, sin tomar en cuenta el peso de la viga.

4.14 Resuélvase el problema 4.13, si la carga de 50 N se sustituye por una carga de 80 N.

4.15 La ménsula BCD está articulada en C y se une a un cable de control en B. Para la carga mostrada, determínese a) la tensión en el cable y b) la reacción en C.

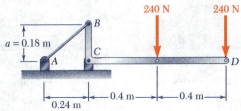

Fig. P4.15

4.16 Resuélvase el problema 4.15, suponiendo que $a = 0.32$ m.

4.17 Si la tensión requerida en el cable AB es de 200 lb, determínese a) la fuerza vertical **P** que debe aplicarse en el pedal y b) la reacción correspondiente en C.

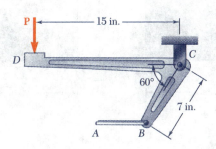

Fig. P4.17 y P4.18

4.18 Determínese la tensión máxima que puede soportar el cable AB si el máximo valor permisible de la reacción en C es de 250 lb.

4.19 La palanca BCD está articulada en C y se une a una barra de control en B. Si $P = 400$ N, determínese a) la tensión en la barra AB y b) la reacción en C.

4.20 La palanca BCD está articulada en C y se une a una barra de control en B. Si el máximo valor permisible de la reacción en C es de 1000 N, determínese la fuerza máxima **P** que puede ser aplicada con seguridad en D.

4.21 Determínense las reacciones en A y C cuando a) $\alpha = 0$ y b) $\alpha = 30°$.

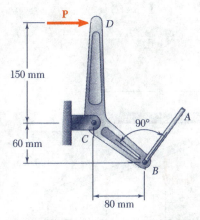

Fig. P4.19 y P4.20

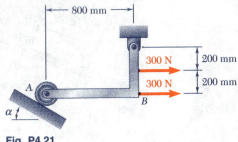

Fig. P4.21

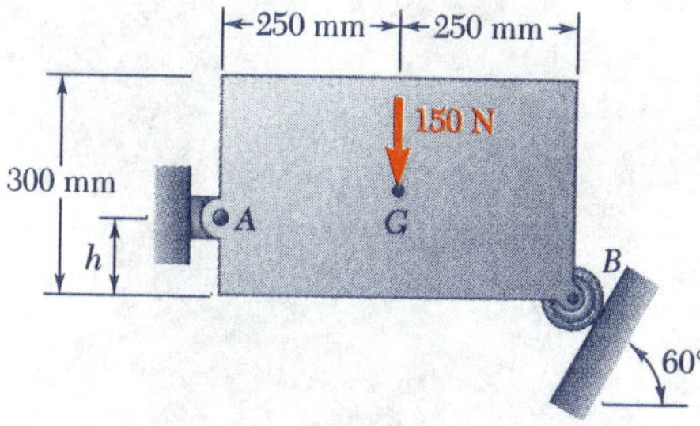

4.22 Determínense las reacciones en A y B cuando a) $h = 0$ y b) $h = 200$ mm.

Fig. P4.22

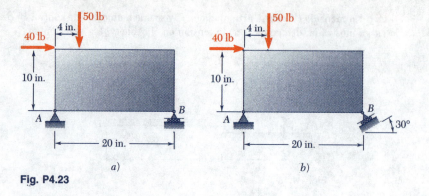

Fig. P4.23

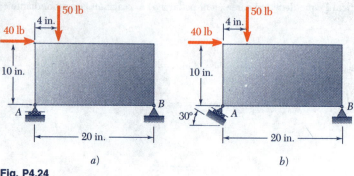

Fig. P4.24

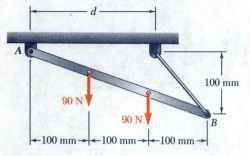

Fig. P4.25 y P4.26

4.23 y 4.24 Para cada placa y carga mostrada, determínense las reacciones en A y B.

4.25 La barra AB que está articulada en A y se encuentra unida a B por medio del cable BD, sostiene las cargas mostradas en la figura. Sabiendo que $d = 200$ mm, determínese a) la tensión en el cable BD y b) la reacción en A.

4.26 La barra AB articulada en A y unida a B por medio del cable BD, sostiene las cargas mostradas en la figura. Sabiendo que $d = 150$ mm, determínese a) la tensión en el cable BD y b) la reacción en A.

4.27 Una palanca AB está articulada en C y se encuentra unida a un cable de control en A. Si la palanca está sometida a una fuerza vertical en B de 75 lb, determínese a) la tensión en el cable y b) la reacción en C.

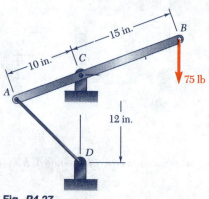

Fig. P4.27

4.28 Para el marco y las cargas mostradas, determínense las reacciones en A y E cuando a) $\alpha = 30°$ y b) $\alpha = 45°$.

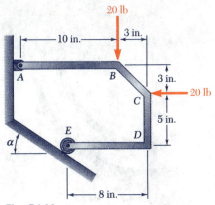

Fig. P4.28

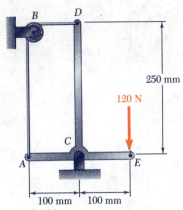

Fig. P4.29

4.29 Sin tomar en cuenta la fricción, determínese la tensión en el cable ABD y la reacción en el apoyo C.

4.30 Sin tomar en cuenta la fricción y el radio de la polea, determínese a) la tensión en el cable ADB y b) la reacción en C.

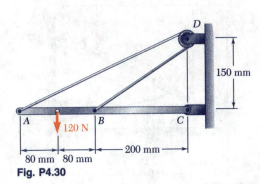

Fig. P4.30

4.31 Sin tomar en cuenta la fricción, determínese la tensión en el cable ABD y la reacción en C cuando $\theta = 60°$.

4.32 Sin tomar en cuenta la fricción, determine la tensión en el cable ABD y la reacción en C cuando $\theta = 45°$.

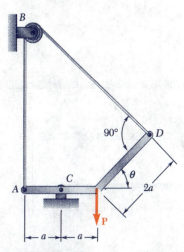

Fig. P4.31 y P4.32

4.33 La barra *ABC* está doblada en forma circular con un radio *R*. Sabiendo que $\theta = 30°$, determínese la reacción *a*) en *B* y *b*) en *C*.

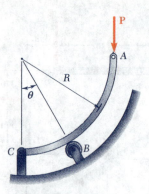

Fig. P4.33 y P4.34

4.34 La barra *ABC* está doblada en forma circular con un radio *R*. Sabiendo que $\theta = 60°$, determínese la reacción *a*) en *B* y *b*) en *C*.

4.35 Determínese la tensión en cada cable y la reacción en *D*.

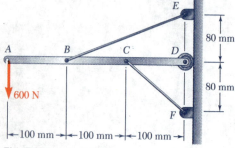

Fig. P4.35

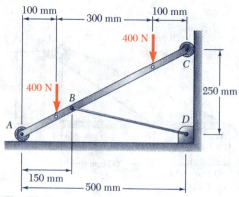

Fig. P4.36

4.36 La barra *AC* soporta dos cargas de 400 N, como se muestra en la figura. Los rodillos en *A* y *C* descansan sobre superficies sin fricción y el cable *BD* está unido a *B*. Determínese *a*) la tensión en el cable *BD*, *b*) la reacción en *A* y *c*) la reacción en *C*.

4.37 La barra *AD* se une en *A* y *C* a collares que pueden moverse libremente a lo largo de las dos barras inclinadas. Si la cuerda *BE* es vertical ($\alpha = 0$), determínese la tensión en la cuerda y las reacciones en *A* y *C*.

4.38 Resuélvase el problema 4.37 si la cuerda *BE* es paralela a las barras inclinadas ($\alpha = 30°$).

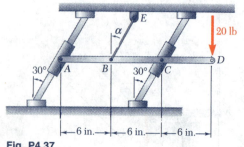

Fig. P4.37

4.39 Una ménsula movible se mantiene en reposo mediante un cable unido a E y los rodillos sin fricción mostrados en la figura. Sabiendo que el ancho del poste FG es ligeramente menor que la distancia entre los rodillos, determínense las fuerzas ejercidas sobre el poste por cada rodillo cuando $\alpha = 20°$.

4.40 Resuélvase el problema 4.39 cuando $\alpha = 30°$.

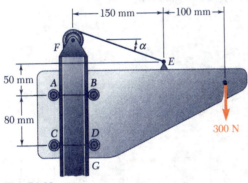

Fig. P4.39

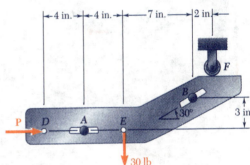

Fig. P4.41

4.41 La placa DEF con dos ranuras se coloca de tal manera que éstas se ajusten en los pernos sin fricción A y B. Sabiendo que $P = 15$ lb, determínese a) la fuerza que ejerce cada perno sobre la placa y b) la reacción en F.

4.42 Para la placa del problema 4.41, si la reacción en F debe estar dirigida hacia abajo y su máximo valor permisible es de 20 lb, determínese el rango de valores requerido para P sin tomar en cuenta la fricción de los pernos.

4.43 Un envase de 8 kg de masa se sostiene en las tres formas diferentes mostradas en la figura. Sabiendo que las poleas tienen un radio de 100 mm, determínese en cada caso las reacciones en A.

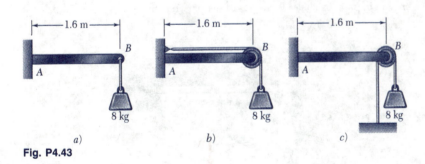

Fig. P4.43

4.44 Un poste de 175 kg se emplea para sostener en C el extremo de un cable eléctrico. Si la tensión en dicho cable es 600 N y éste forma un ángulo de 15° con la horizontal en C, determínense las tensiones máximas y mínimas permisibles en el alambre BD si la magnitud del par en A no debe exceder de 500 N · m.

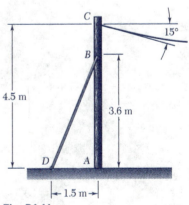

Fig. P4.44

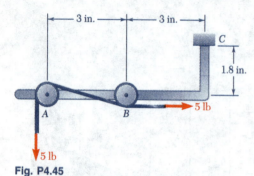

Fig. P4.45

4.45 Se mantiene una tensión de 5 lb en una cinta a medida que ésta pasa por el sistema de soporte mostrado. Sabiendo que el radio de cada polea es de 0.4 in., determínese la reacción en C.

4.46 Resuélvase el problema 4.45, suponiendo que el radio de la polea es de 0.6 in.

4.47 Sabiendo que la tensión en el alambre BD es de 1300 N, determínese la reacción de la estructura en el apoyo fijo C.

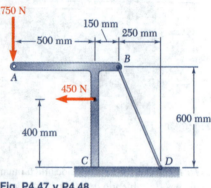

Fig. P4.47 y P4.48

4.48 Determínese el rango de valores permisibles para la tensión en el alambre BD si la magnitud del par en el apoyo fijo C no debe de ser mayor a 100 N · m.

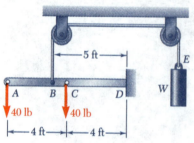

Fig. P4.49 y P4.50

4.49 La viga AD soporta dos cargas de 40 lb, como se muestra en la figura. La viga se sostiene mediante un apoyo fijo en D y por medio del cable BE que está unido al contrapeso W. Determínese la reacción en D cuando a) $W = 100$ lb y b) $W = 90$ lb.

4.50 Para la viga y las cargas mostradas en la figura, determínese el rango de valores de W para los cuales la magnitud del par en D no es mayor a 40 lb · ft.

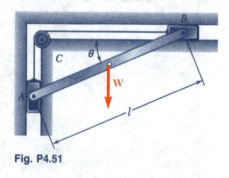

Fig. P4.51

4.51 Una barra delgada AB con un peso W está unida a los bloques A y B los cuales pueden moverse libremente por las guías mostradas en la figura. Los bloques se conectan entre sí mediante una cuerda elástica que pasa sobre una polea en C. a) Determínese la tensión en la cuerda expresada en términos de W y θ. b) Determínese el valor de θ para el cual la tensión en la cuerda es igual a $3W$.

4.52 La barra *AB* se somete a la acción de un par **M** y a dos fuerzas cada una de las cuales tiene una magnitud *P*. *a*) Derívese una ecuación en función de θ, P, M y l que se cumpla cuando la barra esté en equilibrio. *b*) Si se sabe que $M = 150$ N · m, $P = 200$ N y $l = 600$ mm, determínese el valor de θ correspondiente a la posición de equilibrio.

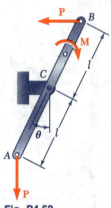

Fig. P4.52

4.53 Se mantiene la tensión *Q* en la cuerda a medida que ésta pasa sobre las poleas de diámetro *d*. *a*) Sin tomar en cuenta el peso de la barra y de las poleas, exprésese la magnitud de la fuerza **P** en términos de Q, a, d y θ correspondientes a la posición de equilibrio. *b*) Determínese la magnitud de *P* si se sabe que $Q = 10$ lb, $a = 5$ in., $d = 0.8$ in. y $\theta = 30°$.

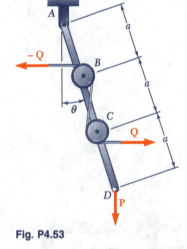

Fig. P4.53

4.54 La barra *AB* se une a un collar en *A* y se apoya sobre un rodillo pequeño en *C*. *a*) Sin tomar en cuenta el peso de la barra *AB*, derívese una ecuación en términos de P, Q, a, l y θ que se cumpla cuando la barra esté en equilibrio. *b*) Si se sabe que $P = 16$ lb, $Q = 12$ lb, $l = 20$ in. y $a = 5$ in., determínese el valor de θ correspondiente a la posición de equilibrio.

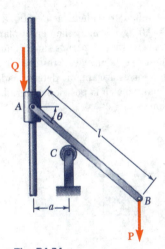

Fig. P4.54

4.55 Una carga vertical **P** se aplica en el extremo *B* de la barra *BC*. La constante del resorte es *k* y se encuentra sin deformar cuando $\theta = 90°$. Sin tomar en cuenta el peso de la barra, determínese *a*) el valor del ángulo θ correspondiente a la posición de equilibrio en términos de P, k y l y *b*) el valor de θ correspondiente a la posición de equilibrio cuando $P = \frac{1}{4}kl$.

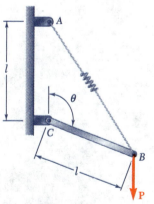

Fig. P4.55

4.56 Un collar B de peso W puede moverse libremente a lo largo de la barra vertical mostrada en la figura. El resorte de constante k se encuentra sin deformar cuando $\theta = 0$. a) Derívese una ecuación en términos de θ, W, k y l que se cumpla cuando el collar esté en equilibrio. b) Sabiendo que $W = 300$ N, $l = 500$ mm y $k = 800$ N/m, determínese el valor de θ correspondiente a la posición de equilibrio.

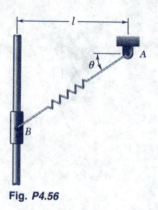

Fig. P4.56

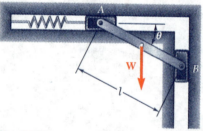

Fig. P4.58

4.57 Resuélvase el problema resuelto 4.5 suponiendo que el resorte está sin deformar cuando $\theta = 90°$.

4.58 Una barra delgada AB de peso W se une a los bloques A y B que se mueven libremente sobre las guías mostradas en la figura. El resorte de constante k se encuentra sin deformar cuando $\theta = 0$. a) Sin tomar en cuenta el peso de los bloques, derívese una ecuación en términos de W, k, l y θ que se cumpla cuando la barra esté en equilibrio. b) Determínese el valor de θ cuando $W = 75$ lb, $l = 30$ in. y $k = 3$ lb/in.

4.59 Ocho placas rectangulares idénticas de 500×750 mm cada una de las cuales tiene una masa $m = 40$ kg, se mantienen en el plano vertical mostrado en la figura. Todas las conexiones consisten de pernos sin fricción, rodillos o eslabones cortos. En cada caso, determínese a) si la placa está restringida completa, parcial o impropiamente, b) si las reacciones son estáticamente determinadas o indeterminadas y c) si el equilibrio de la placa se mantiene en la posición mostrada. También, de ser posible, calcúlense todas las reacciones.

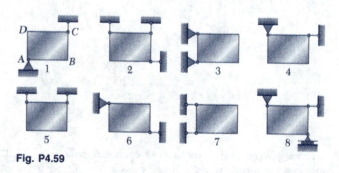

Fig. P4.59

4.60 El soporte ABC puede sostenerse en las ocho formas diferentes mostradas en la figura. Todas las conexiones consisten en pernos sin fricción, rodillos o eslabones cortos. Para cada caso, contéstense las preguntas enumeradas en el problema 4.59 y, si es posible, calcúlense las reacciones suponiendo que la magnitud de la fuerza **P** es de 100 lb.

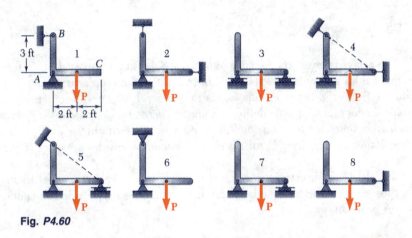

Fig. P4.60

4.6. EQUILIBRIO DE UN CUERPO SOMETIDO A LA ACCIÓN DE DOS FUERZAS

Un caso particular de equilibrio que es de considerable interés es el de un cuerpo rígido sometido a la acción de dos fuerzas. Comúnmente, un cuerpo que se encuentra bajo tales circunstancias recibe el nombre de *cuerpo sometido a la acción de dos fuerzas*. A continuación se demostrará que *si un cuerpo sometido a la acción de dos fuerzas está en equilibrio entonces las dos fuerzas que actúan sobre éste deben tener la misma magnitud, la misma línea de acción y sentidos opuestos*.

Considérese una placa en ángulo sujeta a dos fuerzas $\mathbf{F}_1$ y $\mathbf{F}_2$ que actúan, respectivamente, en A y B (figura 4.8a). Si la placa está en equilibrio, la suma de los momentos de $\mathbf{F}_1$ y $\mathbf{F}_2$ con respecto a cualquier eje debe ser igual a cero. Primero, se suman momentos con respecto de A. Como, obviamente, el momento de $\mathbf{F}_1$ es igual a cero, el momento de $\mathbf{F}_2$ también debe ser igual a cero y la línea de acción de $\mathbf{F}_2$ debe pasar a través de A (figura 4.8b). Similarmente, sumando momentos con respecto a B se demuestra que la línea de acción de $\mathbf{F}_1$ debe pasar a través de B (figura 4.8c). Por lo tanto, ambas fuerzas tienen la misma línea de acción (que viene a ser la línea AB). A partir de cualquiera de las ecuaciones $\Sigma F_x = 0$ y $\Sigma F_y = 0$ se observa que las fuerzas también deben tener la misma magnitud pero sentidos opuestos.

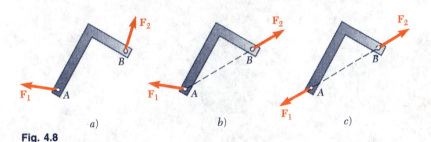

Fig. 4.8

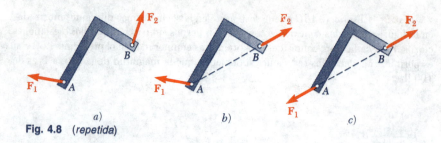

Fig. 4.8 (*repetida*)

Si varias fuerzas actúan en dos puntos A y B, las actuantes en A pueden ser reemplazadas por su resultante $\mathbf{F}_1$ y las de B pueden reemplazarse por su resultante $\mathbf{F}_2$. Por lo tanto, en una forma más general, un cuerpo sometido a la acción de dos fuerzas puede definirse como *un cuerpo rígido sometido a fuerzas que actúan únicamente en dos puntos*. Entonces, las resultantes $\mathbf{F}_1$ y $\mathbf{F}_2$ deben tener la misma magnitud, la misma línea de acción y sentidos opuestos (figura 4.8).

En el estudio de estructuras, marcos y máquinas se verá que saber identificar los cuerpos sometidos a la acción de dos fuerzas simplifica la solución de ciertos problemas.

4.7. EQUILIBRIO DE UN CUERPO SOMETIDO A LA ACCIÓN DE TRES FUERZAS

Otro caso de equilibrio que es de gran interés es aquel de un *cuerpo rígido sometido a la acción de tres fuerzas*, esto es, un cuerpo rígido sobre el que actúan tres fuerzas o, en forma más general, *un cuerpo rígido sometido a fuerzas que actúan únicamente en tres puntos*. Considere un cuerpo rígido bajo un sistema de fuerzas que puede reducirse a tres fuerzas $\mathbf{F}_1$, $\mathbf{F}_2$ y $\mathbf{F}_3$ que actúan, respectivamente, en A, B y C (figura 4.9a). A continuación se demostrará que si el cuerpo está en equilibrio, *las líneas de acción de las tres fuerzas deben ser concurrentes o paralelas*.

Como el cuerpo rígido está en equilibrio, la suma de los momentos de $\mathbf{F}_1$, $\mathbf{F}_2$ y $\mathbf{F}_3$ con respecto de cualquier eje debe ser igual a cero. Suponiendo que las líneas de acción de $\mathbf{F}_1$ y $\mathbf{F}_2$ se intersectan y representando su punto de intersección con D, se suman momentos con respecto a D (figura 4.9). Como los momentos de $\mathbf{F}_1$ y $\mathbf{F}_2$ con respecto a D son iguales a cero, el momento de $\mathbf{F}_3$ con respecto a D también debe ser igual a cero y la línea de acción de $\mathbf{F}_3$ debe pasar a través de D (figura 4.9c). Por lo tanto, las tres líneas de acción son concurrentes. La única excepción se da cuando ninguna de las líneas de acción se intersectan; entonces, dichas líneas son paralelas.

Aunque los problemas relacionados con cuerpos sometidos a la acción de tres fuerzas se pueden resolver por medio de los métodos generales de las secciones 4.3 a la 4.5, la propiedad que se acaba de establecer puede utilizarse para resolverlos bien sea gráfica o matemáticamente a partir de relaciones trigonométricas o geométricas simples.

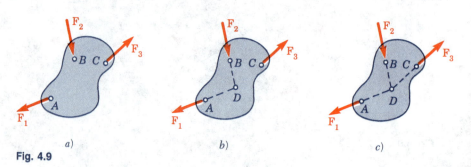

Fig. 4.9

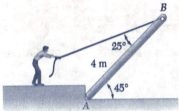

PROBLEMA RESUELTO 4.6

Tirando de una cuerda, un hombre levanta una vigueta de 10 kg y de 4 m de longitud. Encuéntrese la tensión T en la cuerda y la reacción en A.

SOLUCIÓN

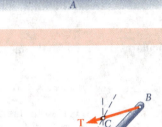

Diagrama de cuerpo libre. La vigueta es un cuerpo sometido a la acción de tres fuerzas: su peso $\mathbf{W}$, la fuerza $\mathbf{T}$ ejercida por la cuerda y la reacción $\mathbf{R}$ ejercida por el suelo en A. Se observa que

$$W = mg = (10 \text{ kg})(9.81 \text{ m/s}^2) = 98.1 \text{ N}$$

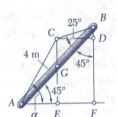

Cuerpo sometido a la acción de tres fuerzas. Como la vigueta es un cuerpo sometido a la acción de tres fuerzas, éstas, al actuar deben ser concurrentes. Por lo tanto, la reacción $\mathbf{R}$ pasará a través del punto de intersección C de las líneas de acción del peso $\mathbf{W}$ y de la fuerza de tensión $\mathbf{T}$. Este hecho se utilizará para determinar el ángulo α que forma $\mathbf{R}$ con la horizontal.

Trazando la línea vertical BF a través de B y la línea horizontal CD a través de C, se observa que

$$AF = BF = (AB) \cos 45° = (4 \text{ m}) \cos 45° = 2.828 \text{ m}$$
$$CD = EF = AE = \tfrac{1}{2}(AF) = 1.414 \text{ m}$$
$$BD = (CD) \cot (45° + 25°) = (1.414 \text{ m}) \tan 20° = 0.515 \text{ m}$$
$$CE = DF = BF - BD = 2.828 \text{ m} - 0.515 \text{ m} = 2.313 \text{ m}$$

Así, se escribe

$$\tan \alpha = \frac{CE}{AE} = \frac{2.313 \text{ m}}{1.414 \text{ m}} = 1.636$$

$$\alpha = 58.6° \blacktriangleleft$$

Ahora se conocen las direcciones de todas las fuerzas que actúan sobre la vigueta.

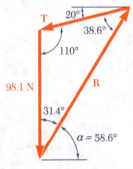

Triángulo de fuerzas. Se dibuja un triángulo de fuerzas como se muestra en la figura y se calculan sus ángulos interiores a partir de las direcciones conocidas de las fuerzas. Usando la ley de los senos, se escribe

$$\frac{T}{\text{sen } 31.4°} = \frac{R}{\text{sen } 110°} = \frac{98.1 \text{ N}}{\text{sen } 38.6°}$$

$$T = 81.9 \text{ N} \blacktriangleleft$$
$$\mathbf{R} = 147.8 \text{ N} \measuredangle 58.6° \blacktriangleleft$$

PROBLEMAS PARA RESOLVER EN FORMA INDEPENDIENTE

Las secciones anteriores cubrieron dos casos particulares de equilibrio de un cuerpo rígido.

1. Un cuerpo sometido a la acción de dos fuerzas es un cuerpo que está sometido a fuerzas que actúan únicamente en dos puntos. Las resultantes de las fuerzas que actúan en cada uno de estos puntos deben tener *la misma magnitud, la misma línea de acción y sentidos opuestos*. Esta propiedad permitirá simplificar la solución de algunos problemas reemplazando las dos componentes desconocidas de una reacción, por una sola fuerza de magnitud desconocida pero cuya *dirección es conocida*.

2. Un cuerpo sometido a la acción de tres fuerzas es un cuerpo que está sometido a fuerzas que actúan únicamente en tres puntos. Las resultantes de las fuerzas que actúan en cada uno de estos puntos deben ser *concurrentes o paralelas*. Para resolver un problema que involucra a un cuerpo sometido a la acción de tres fuerzas concurrentes, se dibuja el diagrama de cuerpo libre mostrando que estas tres fuerzas pasan a través del mismo punto. Entonces, el uso de la geometría elemental permitirá completar la solución utilizando un triángulo de fuerzas [problema resuelto 4.6].

A pesar de que puede entenderse fácilmente el principio señalado en el párrafo anterior para la solución de problemas que involucran a cuerpos sometidos a la acción de tres fuerzas, puede ser difícil dibujar las construcciones geométricas que son necesarias. Si se tienen dificultades, primero se debe dibujar un diagrama de cuerpo libre de tamaño razonable y, entonces, se debe buscar una relación entre longitudes conocidas o que se puedan calcular fácilmente y una dimensión que involucre a una incógnita. Esto se hizo en el problema resuelto 4.6 donde las dimensiones AE y CE, que se podían calcular fácilmente, fueron empleadas para determinar el ángulo α.

Problemas

4.61 Determínense las reacciones en A y B cuando $a = 180$ mm.

4.62 Para la ménsula y la carga mostrados, determínese el rango de valores de la distancia a para los cuales la magnitud de la reacción en B no excede de 600 N.

4.63 Usando el método de la sección 4.7, resuélvase el problema 4.17.

4.64 Usando el método de la sección 4.7, resuélvase el problema 4.18.

4.65 Determínense las reacciones en B y D cuando $b = 60$ mm.

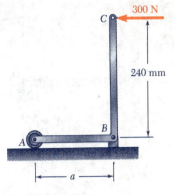

Fig. P4.61 y P4.62

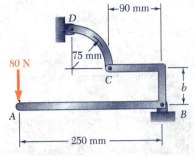

Fig. P4.65 y P4.66

4.66 Determínense las reacciones en B y D cuando $b = 120$ mm.

4.67 Para la estructura y la carga mostradas en la figura, determínense las reacciones en A y C.

4.68 Para la estructura y la carga mostradas en la figura, determínense las reacciones en C y D.

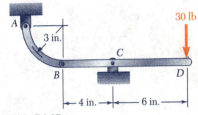

Fig. P4.67

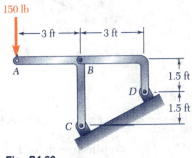

Fig. P4.68

182 Equilibrio de cuerpos rígidos

4.69 Determínense las reacciones en A y D cuando $\beta = 30°$.

4.70 Determínense las reacciones en A y D cuando $\beta = 60°$.

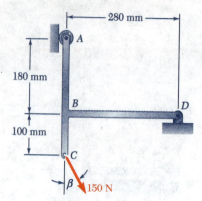
Fig. P4.69 y P4.70

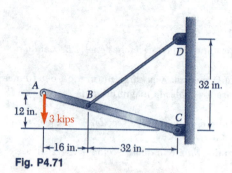
Fig. P4.71

4.71 Para el aguilón y la carga mostrados en la figura, determínese a) la tensión en la cuerda BD y b) la reacción en C.

4.72 Una caja de 50 kg de masa se sostiene mediante la grúa viajera mostrada en la figura. Sabiendo que $a = 1.5$ m, determínese a) la tensión en el cable CD y b) la reacción en B.

4.73 Resuélvase el problema 4.72, suponiendo que $a = 3$ m.

4.74 Determínense las reacciones en A y B cuando $\beta = 50°$.

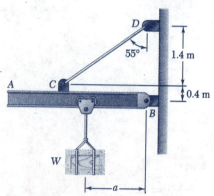
Fig. P4.72

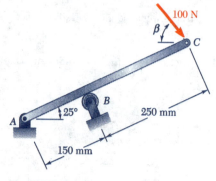
Fig. P4.74 y P4.75

Fig. P4.76

4.75 Determínense las reacciones en A y B cuando $\beta = 80°$.

4.76 Un rodillo de 8 in. de diámetro y de 40 lb de peso se usa sobre un suelo de teja y descansa sobre el desnivel mostrado en la figura. Sabiendo que el espesor de cada teja es de 0.3 in., determínese la fuerza **P** requerida para mover el rodillo sobre las tejas si éste es a) empujado hacia la izquierda y b) jalado hacia la derecha.

4.77 y 4.78 El elemento ABC se sostiene por medio de un apoyo de pasador en B y mediante una cuerda inextensible unida en A y C que pasa sobre una polea sin fricción en D. Se supone que la tensión en las porciones AD y CD de la cuerda es la misma. Para la carga mostrada en la figura y sin tomar en cuenta el tamaño de la polea, determínese la tensión en la cuerda y la reacción en B.

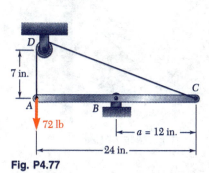

Fig. P4.77

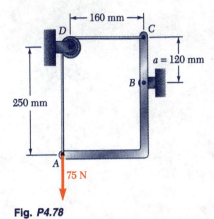

Fig. P4.78

4.79 Usando el método de la sección 4.7, resuélvase el problema 4.22.

4.80 Usando el método de la sección 4.7, resuélvase el problema 4.27.

4.81 Sabiendo que $\theta = 30°$, determínense las reacciones en a) B y b) C.

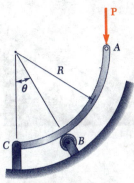

Fig. P4.81 y P4.82

4.82 Sabiendo que $\theta = 60°$, determínense las reacciones en a) B y b) C.

4.83 Una barra delgada de longitud L está unida a collares que pueden deslizarse libremente sobre las guías mostradas en la figura. Sabiendo que la barra está en equilibrio, derívese una expresión para el ángulo θ en términos del ángulo β.

4.84 Una barra delgada de 8 kg de peso y longitud L está unida a collares que pueden deslizarse libremente sobre las guías mostradas en la figura. Sabiendo que la barra está en equilibrio y que $\beta = 30°$, determínese a) el ángulo θ que forma la barra con la vertical y b) las reacciones en A y B.

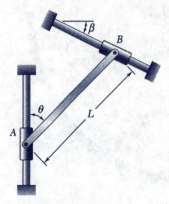

Fig. P4.83 y P4.84

4.85 Tal y como se muestra en la figura, una barra delgada de longitud L se mantiene en equilibrio con uno de sus extremos apoyados sobre una pared sin fricción y el otro unido a una cuerda de longitud S. Derívese una expresión para calcular la distancia h en términos de L y S. También, demuéstrese que si $S > 2L$ no existe esa posición de equilibrio.

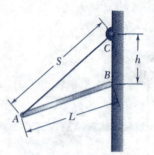

Fig. P4.85 y P4.86

4.86 Una barra delgada de longitud $L = 20$ in. se mantiene en equilibrio con uno de sus extremos apoyado sobre una pared sin fricción y con el otro unido a una cuerda de longitud $S = 30$ in. como se muestra en la figura. Sabiendo que el peso de la barra es de 10 lb, determínese a) la distancia h, b) la tensión en la cuerda y c) la reacción en B.

4.87 La barra AB está doblada en forma circular y se coloca entre las pijas D y E. La barra soporta una carga **P** en el extremo B. Sin tomar en cuenta la fricción y el peso de la barra, determínese la distancia c correspondiente a la posición de equilibrio cuando $a = 20$ mm y $R = 100$ mm.

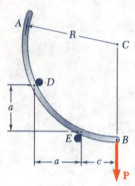

Fig. P4.87

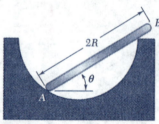

Fig. P4.88

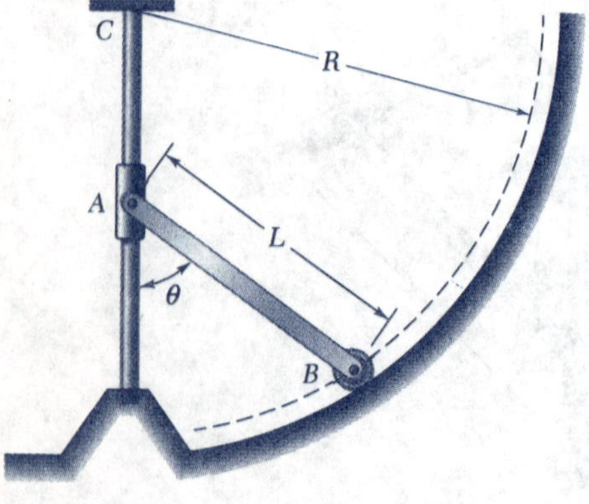

4.88 Una barra uniforme AB de longitud $2R$ se apoya en el interior de un recipiente semiesférico de radio R tal y como se muestra en la figura. Sin tomar en cuenta la fricción, determínese el ángulo θ correspondiente a la posición de equilibrio.

4.89 Una barra delgada de longitud L y peso W se une por uno de sus extremos a un collar en A y por el otro (B) se le coloca una rueda pequeña. Sabiendo que la rueda gira libremente a lo largo de la superficie cilíndrica de radio R y sin tomar en cuenta la fricción, derívese una ecuación en términos de θ, L y R que se cumpla cuando la barra esté en equilibrio.

4.90 Si se sabe que para la barra del problema 4.89 $L = 15$ in., $R = 20$ in. y $W = 10$ lb, determínese a) el ángulo θ correspondiente a la posición de equilibrio y b) las reacciones en A y B.

Fig. P4.89 y P4.90

EQUILIBRIO EN TRES DIMENSIONES

4.8. EQUILIBRIO DE UN CUERPO RÍGIDO EN TRES DIMENSIONES

Se vio en la sección 4.1 que, en el caso general de tres dimensiones, se requieren seis ecuaciones escalares para expresar las condiciones de equilibrio de un cuerpo rígido:

$$\Sigma F_x = 0 \quad \Sigma F_y = 0 \quad \Sigma F_z = 0 \quad (4.2)$$
$$\Sigma M_x = 0 \quad \Sigma M_y = 0 \quad \Sigma M_z = 0 \quad (4.3)$$

Estas ecuaciones se pueden resolver para un máximo de *seis incógnitas* las cuales, generalmente, representarán reacciones en los apoyos o en las conexiones.

En la mayoría de los problemas, las ecuaciones escalares (4.2) y (4.3) se obtendrán de una forma más conveniente si primero se expresan en forma vectorial las condiciones para el equilibrio del cuerpo rígido considerado. Para ello, se escribe

$$\Sigma F = 0 \quad \Sigma M_O = \Sigma(\mathbf{r} \times \mathbf{F}) = 0 \quad (4.1)$$

y se expresan las fuerzas $\mathbf{F}$ y los vectores de posición $\mathbf{r}$ en términos de componentes escalares y vectores unitarios. Después, se calculan todos los productos vectoriales, bien sea por medio de un cálculo directo o por medio de determinantes (véase la sección 3.8). Se observa que a través de una selección cuidadosa del punto O se pueden eliminar de los cálculos hasta tres componentes desconocidas de las reacciones. Igualando a cero los coeficientes de los vectores unitarios en cada una de las dos relaciones (4.1), se obtienen las ecuaciones escalares deseadas.[†]

4.9. REACCIONES EN LOS APOYOS Y CONEXIONES DE UNA ESTRUCTURA TRIDIMENSIONAL

Las reacciones en una estructura tridimensional abarcan desde una sola fuerza de dirección conocida ejercida por una superficie sin fricción hasta un sistema fuerza-par ejercido por un apoyo fijo. Por lo tanto, en los problemas que involucran el equilibrio de una estructura tridimensional, pueden existir entre una y seis incógnitas asociadas con la reacción correspondiente a cada apoyo o conexión. En la figura 4.10 se muestran varios tipos de apoyos y conexiones junto con sus respectivas reacciones. Una forma sencilla de determinar tanto el tipo de reacción correspondiente a un apoyo o conexión dado, como el número de incógnitas involucradas consiste en establecer cuáles de los seis movimientos fundamen-

---

[†] En algunos problemas será conveniente eliminar de la solución las reacciones en dos puntos A y B escribiendo la ecuación de equilibrio $\Sigma M_{AB} = 0$, la cual involucra la determinación de los momentos de las fuerzas con respecto al eje AB que une a los puntos A y B (véase el problema resuelto 4.10).

tales (traslación en las direcciones de x, y y z y rotación con respecto a los ejes x, y y z) están permitidos y cuáles de estos movimientos están restringidos.

Por ejemplo, los apoyos de bola, las superficies sin fricción (lisas) y los cables únicamente impiden la traslación en una dirección y, por lo tanto, ejercen una sola fuerza cuya línea de acción es conocida; así, cada uno de estos apoyos involucra una incógnita la cual está dada por la magnitud de la reacción. Los rodillos sobre superficies rugosas y las ruedas sobre rieles impiden la traslación en dos direcciones; por consiguiente, las reacciones correspondientes consisten en dos componentes de fuerza desconocidas. Las superficies rugosas en contacto directo y las rótulas (bola y cuenca) impiden la traslación en tres direcciones; por lo tanto estos apoyos involucran tres componentes de fuerza desconocidas.

Algunos apoyos y conexiones pueden impedir la rotación y la traslación; en estos casos, las reacciones correspondientes incluyen tanto pares como fuerzas. Por ejemplo, la reacción en un apoyo fijo, la cual impide cualquier movimiento (tanto de rotación como de traslación), consiste en tres fuerzas y tres pares, todos desconocidos. Una junta universal, la cual está diseñada para permitir rotación alrededor de dos ejes, ejercerá una reacción que consiste en tres componentes de fuerza y un par, todos desconocidos.

Otros apoyos y conexiones se usan primordialmente para impedir traslaciones; sin embargo, su diseño es tal que también impiden algunas rotaciones. Las reacciones correspondientes consisten esencialmente de componentes de fuerza pero también *pueden* incluir pares. Un grupo de apoyos de este tipo incluye las bisagras y los cojinetes diseñados para soportar únicamente cargas radiales (por ejemplo, las chumaceras y los cojinetes de rodillos). Las reacciones correspondientes consisten en dos componentes de fuerza pero pueden incluir también dos pares. Otro grupo incluye apoyos de pasador y ménsula, bisagras y cojinetes diseñados para soportar tanto un empuje axial como una carga radial (por ejemplo, los cojinetes de bola). Las reacciones correspondientes consisten en tres componentes de fuerza pero pueden incluir dos pares. Sin embargo, estos apoyos no ejercerán pares apreciables bajo condiciones normales de uso. Por lo tanto, *sólo* se deben incluir las componentes de fuerza en su análisis *a menos de que* se encuentre que los pares son necesarios para mantener el equilibrio del cuerpo rígido o a menos de que se sepa que el apoyo ha sido diseñado específicamente para ejercer un par (véanse problemas desde el 4.119 al 4.122).

Si las reacciones involucran más de seis incógnitas, hay más incógnitas que ecuaciones y algunas de las reacciones son *estáticamente indeterminadas*. Si las reacciones involucran menos de seis incógnitas, existen más ecuaciones que incógnitas y pueden no cumplirse algunas de las ecuaciones de equilibrio bajo una condición general de carga; en tales circunstancias, el cuerpo rígido únicamente está *parcialmente restringido*. Sin embargo, bajo condiciones específicas de carga correspondientes a un problema dado, usualmente las ecuaciones adicionales se reducen a identidades triviales, tales como $0 = 0$ y pueden descartarse; así, aunque el cuerpo rígido únicamente está parcialmente restringido, éste permanece en equilibrio (véanse los problemas resueltos 4.7 y 4.8). A pesar de que se tengan seis o más incógnitas, es posible que no se cumplan algunas de las ecuaciones de equilibrio. Esto puede ocurrir cuando las reacciones asociadas con los apoyos son paralelas o intersectan a la misma línea; entonces, el cuerpo rígido está *impropiamente restringido*.

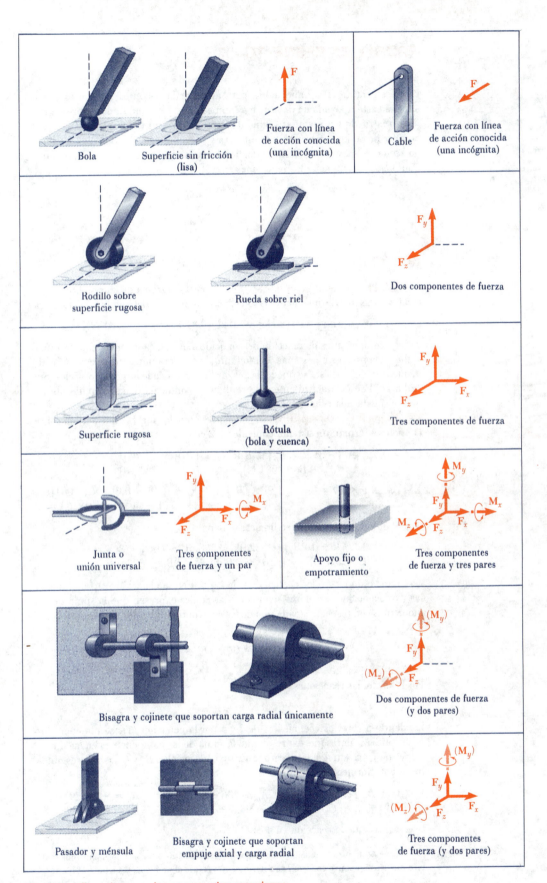

Fig. 4.10 Reacciones en los apoyos y las conexiones.

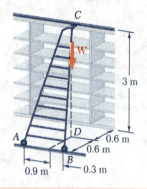

PROBLEMA RESUELTO 4.7

Una escalera de 20 kg que se usa para alcanzar los estantes superiores en un almacén está apoyada en dos ruedas con pestañas A y B montadas sobre un riel y en una rueda sin pestañas C que descansa contra un riel fijo a la pared. Un hombre de 80 kg se para sobre la escalera y se inclina hacia la derecha. La línea de acción del peso combinado $\mathbf{W}$ del hombre y la escalera intersecta al piso en el punto D. Determínense las reacciones en A, B y C.

SOLUCIÓN

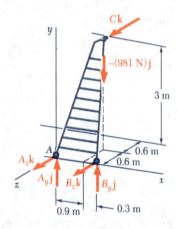

Diagrama de cuerpo libre. Se dibuja el diagrama de cuerpo libre de la escalera. Las fuerzas involucradas son el peso combinado del hombre y la escalera

$$\mathbf{W} = -mg\mathbf{j} = -(80 \text{ kg} + 20 \text{ kg})(9.81 \text{ m/s}^2)\mathbf{j} = -(981 \text{ N})\mathbf{j}$$

y cinco componentes de reacción desconocidos, dos en cada rueda con pestañas y uno en la rueda sin pestañas. Por lo tanto, la escalera únicamente está parcialmente restringida; ésta se puede desplazar libremente a lo largo de los rieles. Sin embargo, la escalera está en equilibrio bajo la condición de carga dada puesto que se satisface la ecuación $\Sigma F_x = 0$.

Ecuaciones de equilibrio. Se expresa que las fuerzas que actúan sobre la escalera forman un sistema equivalente a cero:

$$\Sigma \mathbf{F} = 0: \quad A_y\mathbf{j} + A_z\mathbf{k} + B_y\mathbf{j} + B_z\mathbf{k} - (981 \text{ N})\mathbf{j} + C\mathbf{k} = 0$$
$$(A_y + B_y - 981 \text{ N})\mathbf{j} + (A_z + B_z + C)\mathbf{k} = 0 \quad (1)$$

$$\Sigma \mathbf{M}_A = \Sigma(\mathbf{r} \times \mathbf{F}) = 0: \quad 1.2\mathbf{i} \times (B_y\mathbf{j} + B_z\mathbf{k}) + (0.9\mathbf{i} - 0.6\mathbf{k}) \times (-981\mathbf{j})$$
$$+ (0.6\mathbf{i} + 3\mathbf{j} - 1.2\mathbf{k}) \times C\mathbf{k} = 0$$

Calculando los productos vectoriales, se tiene†

$$1.2B_y\mathbf{k} - 1.2B_z\mathbf{j} - 882.9\mathbf{k} - 588.6\mathbf{i} - 0.6C\mathbf{j} + 3C\mathbf{i} = 0$$
$$(3C - 588.6)\mathbf{i} - (1.2B_z + 0.6C)\mathbf{j} + (1.2B_y - 882.9)\mathbf{k} = 0 \quad (2)$$

Igualando a cero los coeficientes de $\mathbf{i}$, $\mathbf{j}$ y $\mathbf{k}$ en la ecuación (2), se obtienen las tres ecuaciones escalares siguientes, las cuales expresan que la suma de los momentos con respecto a cada uno de los ejes coordenados debe ser igual a cero:

$$3C - 588.6 = 0 \quad C = +196.2 \text{ N}$$
$$1.2B_z + 0.6C = 0 \quad B_z = -98.1 \text{ N}$$
$$1.2B_y - 882.9 = 0 \quad B_y = +736 \text{ N}$$

Por lo tanto, las reacciones en B y C son

$$\mathbf{B} = +(736 \text{ N})\mathbf{j} - (98.1 \text{ N})\mathbf{k} \quad \mathbf{C} = +(196.2 \text{ N})\mathbf{k} \quad \blacktriangleleft$$

Igualando a cero los coeficientes de $\mathbf{j}$ y $\mathbf{k}$ en la ecuación (1), se obtienen dos ecuaciones escalares que expresan que la suma de las componentes en las direcciones de y y z son iguales a cero. Sustituyendo por B_y, B_z y C los valores obtenidos anteriormente, se escribe

$$A_y + B_y - 981 = 0 \quad A_y + 736 - 981 = 0 \quad A_y = +245 \text{ N}$$
$$A_z + B_z + C = 0 \quad A_z - 98.1 + 196.2 = 0 \quad A_z = -98.1 \text{ N}$$

Se concluye que la reacción en A es $\quad \mathbf{A} = +(245 \text{ N})\mathbf{j} - (98.1 \text{ N})\mathbf{k} \quad \blacktriangleleft$

†En este problema resuelto, y en los problemas resueltos 4.8 y 4.9, los momentos también pueden expresarse en forma de determinantes (véase el problema resuelto 3.10).

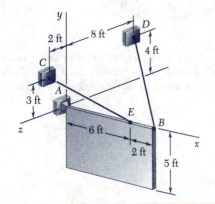

PROBLEMA RESUELTO 4.8

Un anuncio de densidad uniforme de 5 × 8 ft pesa 270 lb y está apoyado por una rótula en A y por dos cables. Determínese la tensión en cada cable y la reacción en A.

SOLUCIÓN

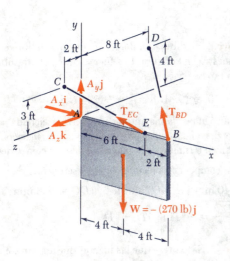

Diagrama de cuerpo libre. Se dibuja un diagrama de cuerpo libre del anuncio. Las fuerzas que actúan sobre el cuerpo libre son el peso $\mathbf{W} = -(270 \text{ lb})\mathbf{j}$ y las reacciones en A, B y E. La reacción en A es una fuerza cuya dirección es desconocida y se representa con tres componentes desconocidas. Como las direcciones de las fuerzas ejercidas por los cables son conocidas, cada una de dichas fuerzas sólo involucra una incógnita: las magnitudes T_{BD} y T_{EC}. Como sólo hay cinco incógnitas, el anuncio está parcialmente restringido. Éste puede rotar libremente alrededor del eje x; sin embargo, el anuncio está en equilibrio bajo la condición de carga dada puesto que se satisface la ecuación $\Sigma M_x = 0$.

Las componentes de las fuerzas $\mathbf{T}_{BD}$ y $\mathbf{T}_{EC}$ pueden expresarse en términos de las magnitudes desconocidas T_{BD} y T_{EC} escribiendo

$$\overrightarrow{BD} = -(8 \text{ ft})\mathbf{i} + (4 \text{ ft})\mathbf{j} - (8 \text{ ft})\mathbf{k} \qquad BD = 12 \text{ ft}$$
$$\overrightarrow{EC} = -(6 \text{ ft})\mathbf{i} + (3 \text{ ft})\mathbf{j} + (2 \text{ ft})\mathbf{k} \qquad EC = 7 \text{ ft}$$
$$\mathbf{T}_{BD} = T_{BD}\left(\frac{\overrightarrow{BD}}{BD}\right) = T_{BD}(-\tfrac{2}{3}\mathbf{i} + \tfrac{1}{3}\mathbf{j} - \tfrac{2}{3}\mathbf{k})$$
$$\mathbf{T}_{EC} = T_{EC}\left(\frac{\overrightarrow{EC}}{EC}\right) = T_{EC}(-\tfrac{6}{7}\mathbf{i} + \tfrac{3}{7}\mathbf{j} + \tfrac{2}{7}\mathbf{k})$$

Ecuaciones de equilibrio. Se expresa que las fuerzas que actúan sobre el anuncio forman un sistema equivalente a cero:

$\Sigma \mathbf{F} = 0$: $\quad A_x\mathbf{i} + A_y\mathbf{j} + A_z\mathbf{k} + \mathbf{T}_{BD} + \mathbf{T}_{EC} - (270 \text{ lb})\mathbf{j} = 0$
$(A_x - \tfrac{2}{3}T_{BD} - \tfrac{6}{7}T_{EC})\mathbf{i} + (A_y + \tfrac{1}{3}T_{BD} + \tfrac{3}{7}T_{EC} - 270 \text{ lb})\mathbf{j}$
$\qquad\qquad\qquad + (A_z - \tfrac{2}{3}T_{BD} + \tfrac{2}{7}T_{EC})\mathbf{k} = 0 \qquad (1)$

$\Sigma \mathbf{M}_A = \Sigma(\mathbf{r} \times \mathbf{F}) = 0$:
$(8 \text{ ft})\mathbf{i} \times T_{BD}(-\tfrac{2}{3}\mathbf{i} + \tfrac{1}{3}\mathbf{j} - \tfrac{2}{3}\mathbf{k}) + (6 \text{ ft})\mathbf{i} \times T_{EC}(-\tfrac{6}{7}\mathbf{i} + \tfrac{3}{7}\mathbf{j} + \tfrac{2}{7}\mathbf{k})$
$\qquad\qquad\qquad\qquad\qquad + (4 \text{ ft})\mathbf{i} \times (-270 \text{ lb})\mathbf{j} = 0$
$(2.667 T_{BD} + 2.571 T_{EC} - 1080 \text{ lb})\mathbf{k} + (5.333 T_{BD} - 1.714 T_{EC})\mathbf{j} = 0 \qquad (2)$

Igualando a cero los coeficientes de $\mathbf{j}$ y $\mathbf{k}$ en la ecuación (2), se obtienen dos ecuaciones escalares que deben resolverse para T_{BD} y T_{EC}:

$$T_{BD} = 101.3 \text{ lb} \qquad T_{EC} = 315 \text{ lb} \qquad \blacktriangleleft$$

Igualando a cero los coeficientes de $\mathbf{i}$, $\mathbf{j}$ y $\mathbf{k}$ en la ecuación (1), se obtienen otras tres ecuaciones que proporcionan las componentes de $\mathbf{A}$. Así, se tiene que

$$\mathbf{A} = +(338 \text{ lb})\mathbf{i} + (101.2 \text{ lb})\mathbf{j} - (22.5 \text{ lb})\mathbf{k} \qquad \blacktriangleleft$$

PROBLEMA RESUELTO 4.9

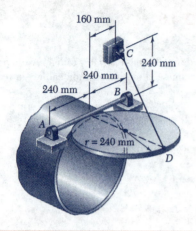

Una tapa uniforme de un tubo que tiene un radio $r = 240$ mm y una masa de 30 kg se mantiene en una posición horizontal por medio del cable CD. Suponiendo que el cojinete en B no ejerce ninguna fuerza axial, determínese la tensión en el cable y las reacciones en A y B.

SOLUCIÓN

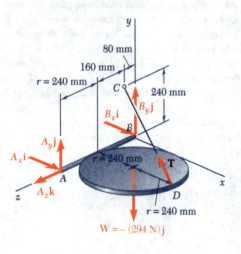

Diagrama de cuerpo libre. Se dibuja un diagrama de cuerpo libre con los ejes coordenados como se muestra en la figura. Las fuerzas que actúan sobre el cuerpo libre son el peso de la tapa

$$\mathbf{W} = -mg\mathbf{j} = -(30 \text{ kg})(9.81 \text{ m/s}^2)\mathbf{j} = -(294 \text{ N})\mathbf{j}$$

y reacciones que involucran seis incógnitas: la magnitud de la fuerza $\mathbf{T}$ ejercida por el cable, tres componentes de fuerza en la articulación A y dos en la articulación B. Las componentes de $\mathbf{T}$ se expresan en términos de la magnitud desconocida T descomponiendo al vector $\overrightarrow{DC}$ en sus componentes rectangulares y escribiendo

$$\overrightarrow{DC} = -(480 \text{ mm})\mathbf{i} + (240 \text{ mm})\mathbf{j} - (160 \text{ mm})\mathbf{k} \qquad DC = 560 \text{ mm}$$

$$\mathbf{T} = T\frac{\overrightarrow{DC}}{DC} = -\tfrac{6}{7}T\mathbf{i} + \tfrac{3}{7}T\mathbf{j} - \tfrac{2}{7}T\mathbf{k}$$

Ecuaciones de equilibrio. Se expresa que las fuerzas que actúan sobre la tapa constituyen un sistema equivalente a cero:

$\Sigma \mathbf{F} = 0: \qquad A_x\mathbf{i} + A_y\mathbf{j} + A_z\mathbf{k} + B_x\mathbf{i} + B_y\mathbf{j} + \mathbf{T} - (294 \text{ N})\mathbf{j} = 0$
$(A_x + B_x - \tfrac{6}{7}T)\mathbf{i} + (A_y + B_y + \tfrac{3}{7}T - 294 \text{ N})\mathbf{j} + (A_z - \tfrac{2}{7}T)\mathbf{k} = 0 \qquad (1)$

$\Sigma \mathbf{M}_B = \Sigma(\mathbf{r} \times \mathbf{F}) = 0:$
$2r\mathbf{k} \times (A_x\mathbf{i} + A_y\mathbf{j} + A_z\mathbf{k})$
$\qquad + (2r\mathbf{i} + r\mathbf{k}) \times (-\tfrac{6}{7}T\mathbf{i} + \tfrac{3}{7}T\mathbf{j} - \tfrac{2}{7}T\mathbf{k})$
$\qquad\qquad + (r\mathbf{i} + r\mathbf{k}) \times (-294 \text{ N})\mathbf{j} = 0$
$(-2A_y - \tfrac{3}{7}T + 294 \text{ N})r\mathbf{i} + (2A_x - \tfrac{2}{7}T)r\mathbf{j} + (\tfrac{6}{7}T - 294 \text{ N})r\mathbf{k} = 0 \qquad (2)$

Igualando a cero los coeficientes de los vectores unitarios en la ecuación (2), se escriben tres ecuaciones escalares que proporcionan el siguiente resultado

$$A_x = +49.0 \text{ N} \qquad A_y = +73.5 \text{ N} \qquad T = 343 \text{ N} \quad \blacktriangleleft$$

Igualando a cero los coeficientes de los vectores unitarios en la ecuación (1), se obtienen tres ecuaciones escalares adicionales. Después de sustituir los valores de T, A_x y A_y en estas ecuaciones, se obtiene

$$A_z = +98.0 \text{ N} \qquad B_x = +245 \text{ N} \qquad B_y = +73.5 \text{ N}$$

Por lo tanto, las reacciones en A y B son

$$\mathbf{A} = +(49.0 \text{ N})\mathbf{i} + (73.5 \text{ N})\mathbf{j} + (98.0 \text{ N})\mathbf{k} \quad \blacktriangleleft$$
$$\mathbf{B} = +(245 \text{ N})\mathbf{i} + (73.5 \text{ N})\mathbf{j} \quad \blacktriangleleft$$

PROBLEMA RESUELTO 4.10

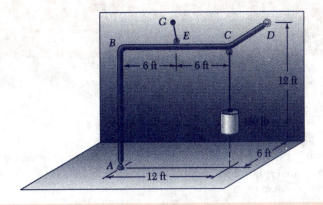

Una carga de 450 lb está colgada en la esquina C de un tramo rígido de tubería $ABCD$ que ha sido doblado como se muestra en la figura. El tubo está apoyado por medio de rótulas en A y D, las cuales están unidas, respectivamente, al piso y a la pared vertical y por un cable que está unido al punto medio E de la porción BC del tubo y al punto G en la pared. Determínese a) dónde debe estar ubicado el punto G si la tensión en el cable debe ser mínima y b) el valor mínimo correspondiente de la tensión.

SOLUCIÓN

Diagrama de cuerpo libre. El diagrama de cuerpo libre del tubo incluye la carga $\mathbf{W} = (-450 \text{ lb})\mathbf{j}$, a las reacciones en A y en D y a la fuerza $\mathbf{T}$ ejercida por el cable. Para eliminar de los cálculos a las reacciones en A y en D, se expresa que la suma de los momentos de las fuerzas con respecto de AD es igual a cero. Representando con $\boldsymbol{\lambda}$ el vector unitario a lo largo de AD, se escribe

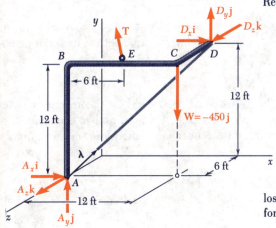

$$\Sigma M_{AD} = 0: \quad \boldsymbol{\lambda} \cdot (\overrightarrow{AE} \times \mathbf{T}) + \boldsymbol{\lambda} \cdot (\overrightarrow{AC} \times \mathbf{W}) = 0 \quad (1)$$

El segundo término en la ecuación (1) se puede calcular como sigue

$$\overrightarrow{AC} \times \mathbf{W} = (12\mathbf{i} + 12\mathbf{j}) \times (-450\mathbf{j}) = -5400\mathbf{k}$$

$$\boldsymbol{\lambda} = \frac{\overrightarrow{AD}}{AD} = \frac{12\mathbf{i} + 12\mathbf{j} - 6\mathbf{k}}{18} = \tfrac{2}{3}\mathbf{i} + \tfrac{2}{3}\mathbf{j} - \tfrac{1}{3}\mathbf{k}$$

$$\boldsymbol{\lambda} \cdot (\overrightarrow{AC} \times \mathbf{W}) = (\tfrac{2}{3}\mathbf{i} + \tfrac{2}{3}\mathbf{j} - \tfrac{1}{3}\mathbf{k}) \cdot (-5400\mathbf{k}) = +1800$$

Sustituyendo el valor obtenido en la ecuación (1), se escribe

$$\boldsymbol{\lambda} \cdot (\overrightarrow{AE} \times \mathbf{T}) = -1800 \text{ lb} \cdot \text{ft} \quad (2)$$

Valor mínimo de la tensión. Recordando la propiedad conmutativa para los triples productos escalares, se vuelve a escribir la ecuación (2) de la siguiente forma

$$\mathbf{T} \cdot (\boldsymbol{\lambda} \times \overrightarrow{AE}) = -1800 \text{ lb} \cdot \text{ft} \quad (3)$$

la cual demuestra que la proyección de $\mathbf{T}$ sobre el vector $\boldsymbol{\lambda} \times \overrightarrow{AE}$ es una constante. Se concluye que $\mathbf{T}$ es mínima cuando es paralela al vector

$$\boldsymbol{\lambda} \times \overrightarrow{AE} = (\tfrac{2}{3}\mathbf{i} + \tfrac{2}{3}\mathbf{j} - \tfrac{1}{3}\mathbf{k}) \times (6\mathbf{i} + 12\mathbf{j}) = 4\mathbf{i} - 2\mathbf{j} + 4\mathbf{k}$$

Como el vector unitario correspondiente es $\tfrac{2}{3}\mathbf{i} - \tfrac{1}{3}\mathbf{j} + \tfrac{2}{3}\mathbf{k}$, se escribe

$$\mathbf{T}_{\text{mín}} = T(\tfrac{2}{3}\mathbf{i} - \tfrac{1}{3}\mathbf{j} + \tfrac{2}{3}\mathbf{k}) \quad (4)$$

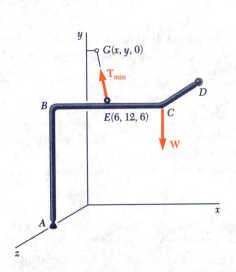

Sustituyendo a $\mathbf{T}$ y a $\boldsymbol{\lambda} \times \overrightarrow{AE}$ en la ecuación (3) y calculando los productos punto, se obtiene $6T = -1\,800$ y, por lo tanto, $T = -300$. Llevando este valor a la ecuación (4), se obtiene

$$\mathbf{T}_{\text{mín}} = -200\mathbf{i} + 100\mathbf{j} - 200\mathbf{k} \qquad T_{\text{mín}} = 300 \text{ lb} \blacktriangleleft$$

Ubicación de G. Como el vector $\overrightarrow{EG}$ y la fuerza $\mathbf{T}_{\text{mín}}$ tienen la misma dirección, sus componentes deben ser proporcionales. Representando las coordenadas de G con $x, y, 0$, se escribe

$$\frac{x-6}{-200} = \frac{y-12}{+100} = \frac{0-6}{-200} \qquad x = 0 \quad y = 15 \text{ ft} \blacktriangleleft$$

RESOLVIENDO PROBLEMAS EN FORMA INDEPENDIENTE

En las secciones recién finalizadas, se consideró el equilibrio de un *cuerpo tridimensional*. Nuevamente, es muy importante que se dibuje un *diagrama de cuerpo libre* completo como primer paso en la solución de un problema.

1. *A medida que se dibuja el diagrama de cuerpo libre, se debe prestar una atención especial a las reacciones en los apoyos.* El número de incógnitas en un apoyo puede ir desde una hasta seis (figura 4.10). Para decidir cuándo existe una reacción desconocida o una componente de reacción en un apoyo, es necesario cuestionarse si el apoyo impide el movimiento del cuerpo en una cierta dirección o alrededor de un cierto eje.

    a. Si se impide el movimiento en una cierta dirección, se debe incluir en el diagrama de cuerpo libre una *reacción* o *componente de reacción* desconocida que actúa en esa *misma dirección*.

    b. Si un apoyo impide la rotación alrededor de un cierto eje, se debe incluir en el diagrama de cuerpo libre un *par* de magnitud desconocida que actúa alrededor de ese *mismo eje*.

2. *Las fuerzas externas que actúan sobre un cuerpo tridimensional constituyen un sistema equivalente a cero.* Escribiendo $\Sigma \mathbf{F} = 0$ y $\Sigma \mathbf{M}_A = 0$ con respecto a un punto apropiado A e igualando a cero los coeficientes de $\mathbf{i}$, $\mathbf{j}$ y $\mathbf{k}$ en ambas ecuaciones, se obtienen seis ecuaciones escalares. En general, estas ecuaciones contendrán seis incógnitas y pueden ser resueltas para conocerlas.

3. *Después de completar el diagrama de cuerpo libre, se puede tratar de buscar ecuaciones que involucren el menor número de incógnitas posible.* Las siguientes estrategias pueden ser de utilidad.

    a. Sumando momentos con respecto de un apoyo de rótula o de una bisagra, se obtienen ecuaciones en las cuales se han eliminado tres componentes de reacción desconocidos [problemas resueltos 4.8 y 4.9].

    b. Si se puede dibujar un eje a través de los puntos de aplicación de todas las reacciones desconocidas excepto una, sumando momentos con respecto de dicho eje se obtendrá una ecuación con una incógnita [problema resuelto 4.10].

4. *Después de dibujar el diagrama de cuerpo libre, es posible que se encuentre que existe alguna de las siguientes situaciones.*

    a. Las reacciones involucran menos de seis incógnitas; bajo tales circunstancias se dice que el cuerpo está *parcialmente restringido* y es posible que el cuerpo se mueva. Sin embargo, sí se puede determinar las reacciones para una condición de carga dada [problema resuelto 4.6].

    b. Las reacciones involucran más de seis incógnitas; en este caso se dice que las reacciones son *estáticamente indeterminadas*. Aunque es posible que se puedan calcular una o dos reacciones, no se pueden determinar todas [problema resuelto 4.10].

    c. Las reacciones son paralelas o intersectan la misma línea; aquí se dice que el cuerpo está *impropiamente restringido* y puede haber movimiento bajo una condición general de carga.

Problemas

4.91 Dos carretes de cinta se unen a un eje que se sostiene mediante cojinetes en A y D. El radio del carrete B es de 30 mm y el radio del carrete C es de 40 mm; si se conoce que $T_B = 80$ N y que el sistema gira a una velocidad angular constante, determínense las reacciones en A y D. Supóngase que el cojinete en A no ejerce ninguna fuerza de empuje axial sin tomar en cuenta el peso del eje y de los carretes.

4.92 Suponiendo que el carrete C se reemplaza por un carrete de 50 mm de radio, resuélvase el problema 4.91.

4.93 Dos bandas de transmisión pasan sobre discos soldados a un eje que se sostiene mediante cojinetes en B y D. Si el disco en A tiene un radio de 2.5 in. y el disco en C tiene un radio de 2 in. y si se conoce que el sistema gira con una velocidad angular constante, determínese a) la tensión T y b) las reacciones en B y D. Supóngase que el cojinete en D no ejerce ninguna fuerza de empuje axial e ignórese el peso del eje y de los discos.

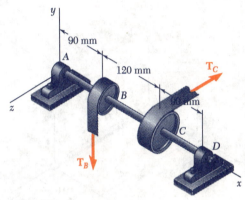

Fig. P4.91

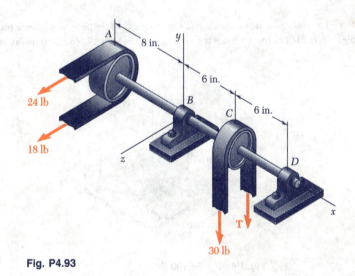

Fig. P4.93

4.94 Una hoja de madera de 4×8 ft que pesa 34 lb ha sido colocada temporalmente entre tres apoyos tubulares. El costado inferior de la hoja se apoya sobre pequeños collares en A y B y el costado superior se apoya en el tubo C. Sin tomar en cuenta la fricción entre todas las superficies en contacto, determínense las reacciones en A, B y C.

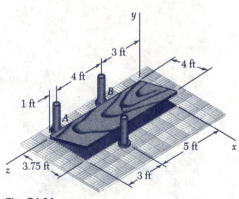

Fig. P4.94

4.95 Una placa de 250 × 400 mm que tiene una masa de 12 kg y una polea de 300 mm de diámetro están soldadas al eje AC, el cual se sostiene mediante cojinetes en A y B. Para $\beta = 30°$, determínese a) la tensión en el cable y b) las reacciones en A y B. Supóngase que el cojinete en B no ejerce ninguna fuerza de empuje axial.

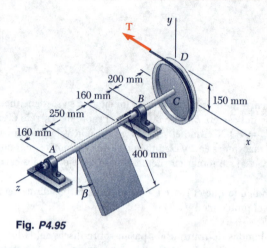

Fig. P4.95

4.96 Resuélvase el problema 4.95 para $\beta = 60°$.

4.97 Dos tubos de acero AB y BC cada uno de 8 kg/m de masa por unidad de longitud se sueldan juntos en B y se sostienen mediante tres alambres. Sabiendo que $a = 0.4$ m, determínese la tensión en cada alambre.

4.98 Para el arreglo de la tubería mostrado en el problema 4.97, determínese a) el valor máximo permisible de a si el arreglo no debe ladearse y b) la tensión correspondiente en cada alambre.

4.99 La placa cuadrada de 20 × 20 in. y de 56 lb de peso se sostiene mediante tres cables verticales como se muestra en la figura. Determínese la tensión en cada cable.

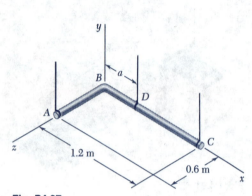

Fig. P4.97

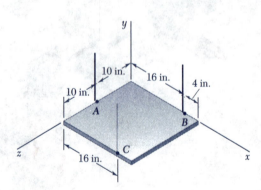

Fig. P4.99 y P4.100

4.100 La placa cuadrada de 20 × 20 in. y de 56 lb de peso se sostiene mediante tres cables verticales como se muestra en la figura. Determínese el peso y la localización de un bloque ligero que debe colocarse sobre la placa si las tensiones en los tres cables deben ser iguales.

4.101 La mesa mostrada en la figura pesa 30 lb y tiene un diámetro de 4 ft. Ésta se sostiene por tres patas igualmente espaciadas alrededor de la misma. Una carga vertical $\mathbf{P}$ de 100 lb de magnitud se aplica sobre la superficie de la mesa en D. Determínese el valor máximo de a si la mesa no debe ladearse. En un esquema indíquese el área de la mesa sobre la cual $\mathbf{P}$ puede actuar sin provocar que se ladee.

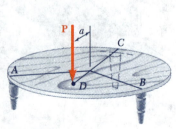

Fig. P4.101

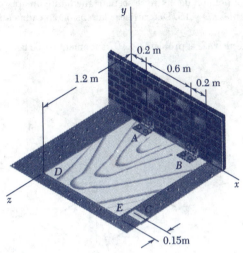

Fig. P4.102

4.102 La abertura en el suelo se cubre con una hoja de madera de 1×1.2 m y de 18 kg de masa. La hoja de madera está articulada en A y B y se mantiene en una posición ligeramente arriba del piso mediante un bloque pequeño C. Determínese la componente vertical de la reacción en: a) A, b) B y c) C.

4.103 Resuélvase el problema 4.102 suponiendo que ahora se coloca el bloque pequeño C por debajo del canto DE, a 0.15 m de la esquina E.

4.104 La placa cuadrada de 24 lb de peso se sostiene mediante tres alambres verticales. Determínese a) la tensión en cada alambre cuando $a = 10$ in. y b) el valor de a para el cual la tensión en cada cable es de 8 lb.

4.105 Un botalón de 10 ft está sometido a la acción de una fuerza de 840 lb como se muestra en la figura. Determínese la tensión en cada cable y la reacción del apoyo de rótula en A.

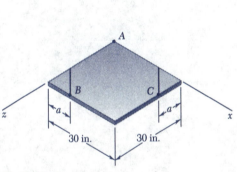

Fig. P4.104

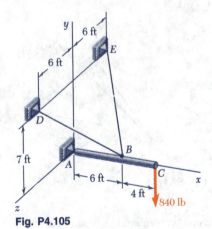

Fig. P4.105

4.106 El asta bandera AC de 10 ft de longitud forma un ángulo de 30° con el eje z. El asta se sostiene mediante un apoyo de rótula en C y mediante dos tirantes delgados BD y BE. Sabiendo que la distancia BC es de 3 ft, determínese la tensión en cada tirante y la reacción en C.

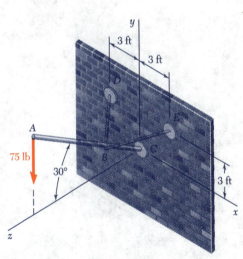

Fig. P4.106

4.107 Un botalón de 2.4 m se sostiene mediante un apoyo de rótula en C y por medio de dos cables AD y AE. Determínese la tensión en cada cable y la reacción en C.

4.108 Resuélvase el problema 4.107 suponiendo que la carga de 3.6 kN se aplica en el punto A.

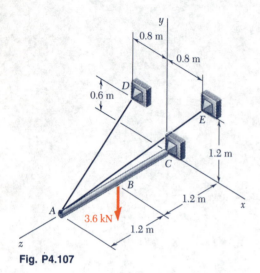
Fig. P4.107

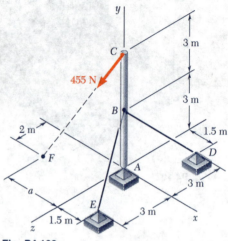
Fig. P4.109

4.109 El poste ABC de 6 m de longitud está sometido a una fuerza de 455 N en la forma mostrada en la figura. El poste se sostiene mediante un apoyo de rótula en A y por dos cables BD y BE. Cuando $a = 3$ m, determínese la tensión en cada cable y la reacción en A.

4.110 Resuélvase el problema 4.109 cuando $a = 1.5$ m.

4.111 Un botalón de 48 in. se sostiene mediante un apoyo de rótula en C y por dos cables BF y DAE; este último pasa alrededor de una polea sin fricción en A. Para la carga mostrada, determínese la tensión en cada cable y la reacción en C.

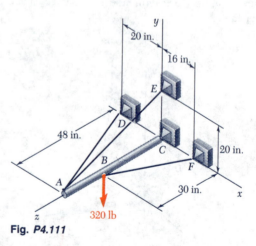
Fig. P4.111

4.112 Resuélvase el problema 4.111 suponiendo que la carga de 320 lb se aplica en A.

4.113 La barra doblada ABEF está sostenida por medio de cojinetes en C y D y mediante el alambre AH. Sabiendo que la porción AB de la barra tiene 250 mm de longitud, determínese a) la tensión en el alambre AH y b) las reacciones en C y D. Suponga que el cojinete en D no ejerce ninguna fuerza de empuje axial.

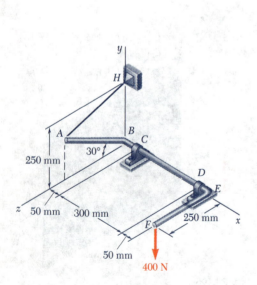

4.114 La tapa de 20 kg en la abertura del techo tiene bisagras en las esquinas A y B. El tejado forma un ángulo de 30° con la horizontal y la tapa se mantiene en posición horizontal mediante la barra CE. Determínese a) la magnitud de la fuerza ejercida por la barra y b) las reacciones en las bisagras. Suponga que la bisagra en A no ejerce ninguna fuerza de empuje axial.

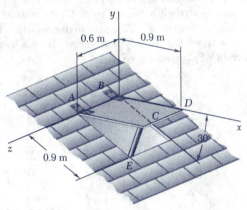

Fig. P4.114

4.115 La placa rectangular de 75 lb de peso se sostiene en la posición mostrada por medio de bisagras en A y B y mediante el cable EF. Suponiendo que la bisagra en B no ejerce ninguna fuerza de empuje axial, determínese a) la tensión en el cable y b) las reacciones en A y B.

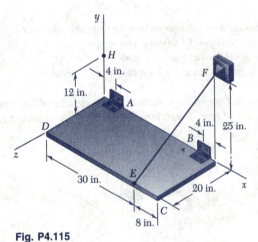

Fig. P4.115

4.116 Resuélvase el problema 4.115 suponiendo que el cable EF es reemplazado por un cable unido a los puntos E y H.

4.117 Una placa rectangular uniforme de 100 kg se sostiene en la posición mostrada por medio de bisagras en A y B y mediante el cable DCE que pasa sobre un gancho sin fricción en C. Suponiendo que la tensión en ambas porciones del cable es la misma y determínese a) la tensión en el cable y b) las reacciones en A y B. Supóngase que la bisagra en B no ejerce ninguna fuerza de empuje axial.

4.118 Resuélvase el problema 4.117 suponiendo que el cable DCE es reemplazado por un cable unido al punto E y al gancho en C.

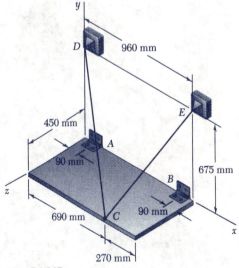

Fig. P4.117

4.119 Resuélvase el problema 4.113 suponiendo que se retira el cojinete en *D* y que el cojinete en *C* puede ejercer pares con respecto a ejes paralelos a los ejes *y* y *z*.

4.120 Resuélvase el problema 4.115 suponiendo que se retira la bisagra en *B* y que la bisagra en *A* puede ejercer pares con respecto a ejes paralelos a los ejes *y* y *z*.

4.121 El arreglo mostrado se emplea para controlar la tensión *T* en la cinta que pasa alrededor de un carrete liso en *E*. El collar *C* está soldado a las barras *ABC* y *CDE*. Éste puede rotar con respecto al eje *FG* pero su movimiento a lo largo del eje está limitado mediante una arandela *S*. Para la carga mostrada en la figura, determínese *a*) la tensión *T* en la cinta y *b*) la reacción en *C*.

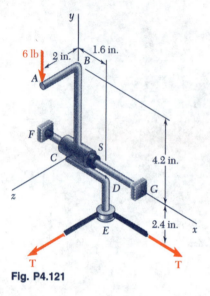

Fig. P4.121

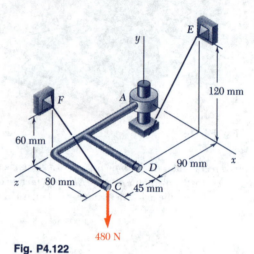

Fig. P4.122

4.122 El ensamble mostrado en la figura se solda al collar *A*, el cual está colocado sobre el pasador vertical. El pasador puede ejercer pares con respecto a los ejes *x* y *z* pero no restringe el movimiento alrededor o a lo largo del eje *y*. Para la carga mostrada, determínese la tensión en cada cable y la reacción en *A*.

4.123 La estructura *ABCD* se sostiene mediante tres cables y un apoyo de rótula en *A*. Cuando *a* = 150 mm, determínese la tensión en cada cable y la reacción en *A*.

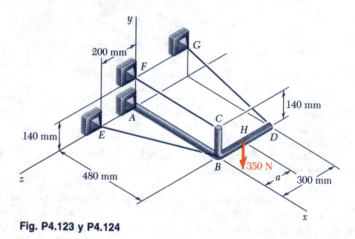

Fig. P4.123 y P4.124

4.124 La estructura *ABCD* se sostiene mediante tres cables y un apoyo de rótula en *A*. Si se sabe que la carga aplicada en D es de 350 lb (*a* = 300 mm), determínese la tensión en cada cable y la reacción en *A*.

4.125 El elemento rígido *ABF* en forma de *L* se sostiene mediante tres cables y un apoyo de rótula en *A*. Para la carga mostrada, determínese la tensión en cada cable y la reacción en *A*.

4.126 Resuélvase el problema 4.125 suponiendo que se retira la carga en *C*.

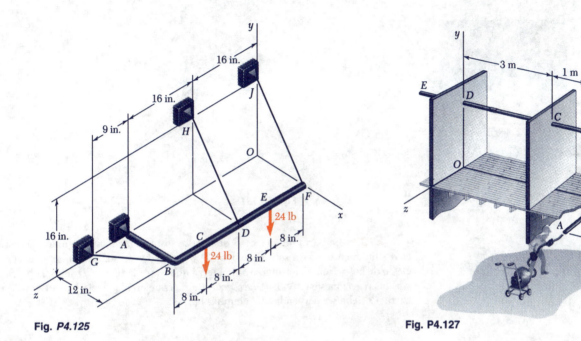

Fig. *P4.125*

Fig. *P4.127*

4.127 Para limpiar la tubería obstruida de desagüe *AE*, un plomero desconecta ambos extremos del tubo e inserta una guía a través de la abertura en *A*. La cabeza cortadora de la guía se conecta mediante un cable pesado a un motor eléctrico el cual rota a una velocidad constante mientras que el plomero introduce el cable en la tubería. Las fuerzas ejercidas por el plomero y el motor sobre uno de los extremos del cable pueden ser representadas mediante una llave de torsión $\mathbf{F} = -(48\ N)\mathbf{k}$, $\mathbf{M} = -(90\ N \cdot m)\mathbf{k}$. Determínense las reacciones adicionales en *B*, *C* y *D* causadas por la operación de limpieza. Supóngase que la reacción en cada soporte consiste de dos componentes de la fuerza de reacción que son perpendiculares a la tubería.

4.128 Resuélvase el problema 4.127, suponiendo que el plomero ejerce una fuerza $\mathbf{F} = -(48\ N)\mathbf{k}$ y que se desconecta el motor ($\mathbf{M} = 0$).

4.129 Se sueldan tres barras entre sí para formar una "esquina", la cual se sostiene mediante tres argollas. Sin tomar en cuenta la fricción, determínese las reacciones en *A*, *B* y *C* cuando $P = 240$ lb, $a = 12$ in., $b = 8$ in. y $c = 10$ in.

4.130 Resuélvase el problema 4.129 suponiendo que en lugar de la fuerza **P** se tiene un par $\mathbf{M} = +(600\ lb \cdot in.)\mathbf{j}$ aplicado en *B*.

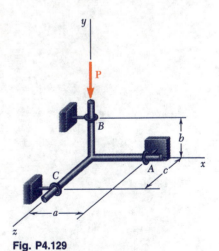

Fig. **P4.129**

4.131 La barra uniforme AB de 10 kg se sostiene mediante un apoyo de rótula en A y por medio de la cuerda CG, la cual se encuentra amarrada en el punto central G de la barra. Sabiendo que la barra se apoya en B sobre la pared vertical sin fricción, determínese a) la tensión en la cuerda y b) las reacciones en A y B.

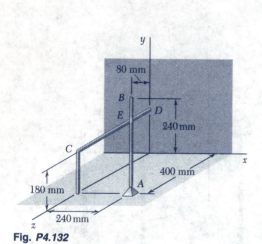

Fig. P4.132

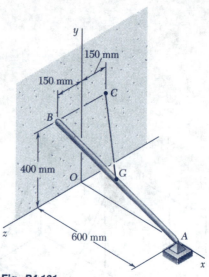

Fig. P4.131

4.132 La barra uniforme AB de 5 kg se sostiene mediante un apoyo de rótula en A y también se apoya sobre la barra CD y la pared vertical. Sin tomar en cuenta el efecto de la fricción, determínese a) la fuerza que ejerce la barra CD sobre la barra AB y b) las reacciones en A y B. (*Sugerencia*. La fuerza ejercida por la barra CD sobre la barra AB debe ser perpendicular a ambas barras.)

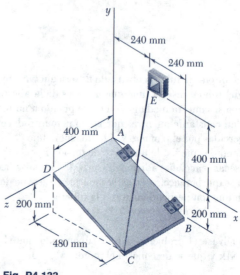

Fig. P4.133

4.133 La placa $ABCD$, de 50 kg de peso se sostiene por medio de bisagras a lo largo del lado AB y mediante un alambre CE. Sabiendo que la placa es uniforme, determínese la tensión en el alambre.

4.134 Resuélvase el problema 4.133 suponiendo que el alambre CE se reemplaza por un alambre que se conecta en D y E.

4.135 La barra doblada $ABDE$ se sostiene por medio de rótulas en A y E y mediante el cable DF. Si una carga de 60 lb se aplica en C tal y como se muestra en la figura, determínese la tensión en el cable.

4.136 Resuélvase el problema 4.135 suponiendo que el cable DF se reemplaza por un cable que se conecta en B y F.

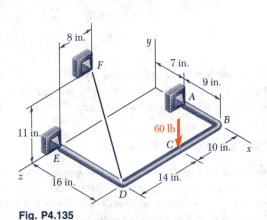

Fig. P4.135

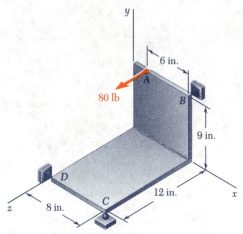

Fig. P4.137

4.137 Dos placas rectangulares se soldan entre sí para formar la estructura mostrada en la figura. Ésta se sostiene mediante rótulas en B y D y por medio de una bola colocada sobre la superficie horizontal en C. Para la carga mostrada, determínese la reacción en C.

4.138 La tubería $ACDE$ se sostiene mediante rótulas en A y E y por medio del alambre DF tal y como se muestra en la figura. Si una fuerza de 640 N se aplica en B, determínese la tensión en el alambre.

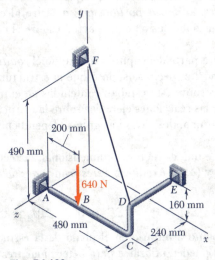

Fig. P4.138

4.139 Resuélvase el problema 4.138 suponiendo que el alambre DF se reemplaza por otro que se conecta en C y F.

4.140 Dos páneles de madera de 2×4 ft y de 12 lb de peso están clavados uno al otro. Éstos se sostienen mediante rótulas en A y F y por medio del alambre BH. Determínese a) la ubicación de H en el plano xy si la tensión en el cable debe ser mínima y b) el valor respectivo de dicha tensión mínima.

4.141 Resuélvase el problema 4.140 si se impone la condición de que H debe estar ubicado a lo largo del eje y.

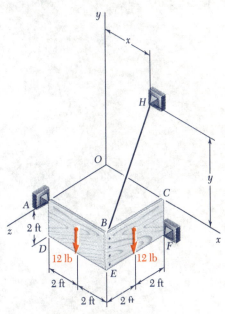

Fig. P4.140

REPASO Y RESUMEN DEL CAPÍTULO 4

Ecuaciones de equilibrio

Este capítulo estuvo dedicado al estudio del *equilibrio de cuerpos rígidos*, esto es, a la situación en la cual las fuerzas externas que actúan sobre un cuerpo rígido *forman un sistema equivalente a cero* [sección 4.1]. Entonces, se tiene que

$$\Sigma \mathbf{F} = 0 \qquad \Sigma \mathbf{M}_O = \Sigma(\mathbf{r} \times \mathbf{F}) = 0 \qquad (4.1)$$

Descomponiendo cada una de las fuerzas y cada uno de los momentos en sus componentes rectangulares, se pueden expresar las condiciones necesarias y suficientes para el equilibrio de un cuerpo rígido a través de las seis ecuaciones escalares que se presentan a continuación:

$$\Sigma F_x = 0 \qquad \Sigma F_y = 0 \qquad \Sigma F_z = 0 \qquad (4.2)$$
$$\Sigma M_x = 0 \qquad \Sigma M_y = 0 \qquad \Sigma M_z = 0 \qquad (4.3)$$

Estas ecuaciones pueden utilizarse para determinar fuerzas desconocidas aplicadas sobre el cuerpo rígido o reacciones desconocidas ejercidas por sus apoyos.

Diagrama de cuerpo libre

Cuando se resuelve un problema que involucra el equilibrio de un cuerpo rígido, es esencial considerar *todas* las fuerzas que actúan sobre el cuerpo. Por lo tanto, el primer paso en la solución del problema debe ser el de dibujar un *diagrama de cuerpo libre* que muestre al cuerpo en estudio y todas las fuerzas, conocidas o no, que actúan sobre el mismo [sección 4.2].

Equilibrio de una estructura bidimensional

En la primera parte del capítulo se estudió el *equilibrio de una estructura bidimensional*; es decir, se supuso que la estructura considerada y las fuerzas aplicadas sobre ésta estaban contenidas en el mismo plano. Se vio que cada una de las reacciones ejercidas sobre la estructura por sus apoyos podían involucrar una, dos o tres incógnitas, dependiendo del tipo de apoyo [sección 4.3].

En el caso de una estructura bidimensional, las ecuaciones (4.1) o las ecuaciones (4.2) y (4.3) se reducen a *tres ecuaciones de equilibrio* las cuales son

$$\Sigma F_x = 0 \qquad \Sigma F_y = 0 \qquad \Sigma M_A = 0 \qquad (4.5)$$

donde A es un punto arbitrario en el plano de la estructura [sección 4.4]. Estas ecuaciones pueden utilizarse para determinar tres incógnitas. A pesar de que a las tres ecuaciones de equilibrio (4.5) no puede *aumentárseles* ecuaciones adicionales, cualquiera de ellas puede ser *reemplazada* por otra. Por lo tanto, se pueden escribir conjuntos alternativos de ecuaciones de equilibrio tales como

$$\Sigma F_x = 0 \qquad \Sigma M_A = 0 \qquad \Sigma M_B = 0 \qquad (4.6)$$

donde el punto B se selecciona de tal forma que la línea AB no sea paralela al eje y o

$$\Sigma M_A = 0 \qquad \Sigma M_B = 0 \qquad \Sigma M_C = 0 \qquad (4.7)$$

donde los puntos A, B y C no deben ser colineales.

Como cualquier conjunto de ecuaciones de equilibrio se puede resolver para un máximo de tres incógnitas, no se pueden determinar completamente las reacciones en los apoyos de una estructura rígida bidimensional si éstas involucran *más de tres incógnitas*; entonces, se dice que dichas reacciones son *estáticamente indeterminadas* [sección 4.5]. Por otra parte, si las reacciones involucran *menos de tres incógnitas*, no se mantendrá el equilibrio bajo condiciones generales de carga; entonces, se dice que la estructura está *parcialmente restringida*. El hecho de que las reacciones involucren exactamente tres incógnitas no garantiza que las ecuaciones de equilibrio puedan resolverse para todas. Si los apoyos están ubicados en una forma tal que las reacciones son *concurrentes o paralelas*, las reacciones son estáticamente indeterminadas y se dice que la estructura está impropiamente restringida.

Indeterminación estática

Restricciones parciales

Restricciones impropias

Se prestó una atención especial a dos casos particulares de equilibrio de un cuerpo rígido. En la sección 4.6 se definió a un *cuerpo rígido sometido a la acción de dos fuerzas* como un cuerpo rígido sometido a fuerzas que actúan únicamente en dos puntos y se demostró que las resultantes F_1 y F_2 de estas fuerzas deben tener *la misma magnitud, la misma línea de acción y sentidos opuestos* (figura 4.11), propiedad que simplificará la solución de ciertos problemas en los capítulos posteriores. En la sección 4.7 se definió a un *cuerpo rígido sometido a la acción de tres fuerzas* como un cuerpo rígido sometido a fuerzas que actúan únicamente en tres puntos y se demostró que las resultantes F_1, F_2 y F_3 de estas fuerzas deben ser *concurrentes* (figura 4.12) *o paralelas*. Esta propiedad proporciona un enfoque alternativo para la solución de problemas que involucran a cuerpos sometidos a la acción de tres fuerzas [problema resuelto 4.6].

Cuerpo sometido a la acción de dos fuerzas

Cuerpo sometido a la acción de tres fuerzas

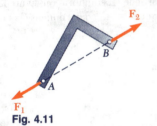
Fig. 4.11

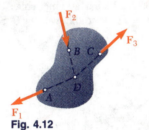
Fig. 4.12

En la segunda parte del capítulo se consideró el *equilibrio de un cuerpo tridimensional* y se vio que cada una de las reacciones ejercidas sobre el cuerpo por sus apoyos podía involucrar entre una y seis incógnitas, dependiendo del tipo de apoyo [sección 4.8].

Equilibrio de un cuerpo tridimensional

En el caso general del equilibrio de un cuerpo tridimensional, todas las seis ecuaciones escalares de equilibrio (4.2) y (4.3) listadas al principio de este repaso deben utilizarse y resolverse para *seis incógnitas* [sección 4.9]. Sin embargo, en la mayoría de los problemas estas ecuaciones se obtendrán de una manera más conveniente si primero se escribe

$$\Sigma F = 0 \qquad \Sigma M_O = \Sigma(r \times F) = 0 \qquad (4.1)$$

y se expresan las fuerzas F y los vectores de posición r en términos de componentes escalares y vectores unitarios. Entonces, se pueden calcular los productos vectoriales, bien sea en forma directa o por medio de determinantes, con el fin de obtener las ecuaciones escalares deseadas igualando a cero los coeficientes de los vectores unitarios [problemas resueltos 4.7 al 4.9].

Se señaló que se pueden eliminar hasta tres componentes de reacción desconocidas del cálculo de ΣM_O en la segunda de las relaciones (4.1) por medio de una selección cuidadosa del punto O. Además, se pueden eliminar de la solución de algunos problemas las reacciones en dos puntos A y B escribiendo la ecuación $\Sigma M_{AB} = 0$, la cual involucra el cálculo de los momentos de las fuerzas con respecto de un eje AB que une a los puntos A y B [problema resuelto 4.10].

Si las reacciones involucran más de seis incógnitas, algunas de las reacciones son *estáticamente indeterminadas;* si éstas involucran menos de seis incógnitas, el cuerpo rígido sólo está *parcialmente restringido.* Aunque existan seis o más incógnitas, el cuerpo rígido estará *impropiamente restringido* si las reacciones asociadas con los apoyos dados son paralelas o si intersectan la misma línea.

Problemas de repaso

4.142 La barra semicircular $ABCD$ se sostiene en equilibrio mediante la rueda pequeña en D y los rodillos en B y C. Sabiendo que $\alpha = 45°$ determínense las reacciones en B, C y D.

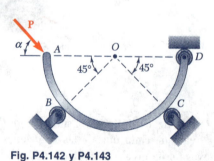

Fig. P4.142 y P4.143

4.143 Determínese el rango de valores de α para los cuales la barra semicircular mostrada en la figura puede mantenerse en equilibrio mediante la rueda pequeña en D y los rodillos en B y C.

4.144 Una fuerza **P** de 280 lb de magnitud se aplica sobre el elemento $ABCD$ el cual se sostiene mediante un perno sin fricción en A y por medio del cable CED. El cable pasa sobre una pequeña polea en E y, por lo tanto, se supone que la tensión es la misma en las porciones CE y DE del cable. Para el caso en el cual $a = 3$ in., determínese *a)* la tensión en el cable y *b)* la reacción en A.

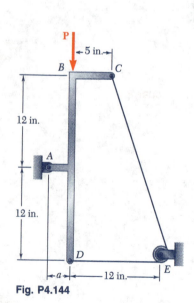

Fig. P4.144

4.145 El soporte en forma de T mostrado en la figura, se sostiene mediante una rueda pequeña en E y por medio de clavijas en C y D. Sin tomar en cuenta el efecto de la fricción, determínense las reacciones en C, D y E cuando $\theta = 30°$.

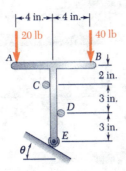

Fig. P4.145 y P4.146

4.146 El soporte en forma de T mostrado en la figura, se sostiene mediante una rueda pequeña en E y por medio de clavijas en C y D. Sin tomar en cuenta el efecto de la fricción, determínese a) el valor mínimo de θ para que el soporte se mantenga en equilibrio y b) las reacciones correspondientes en C, D y E.

4.147 Un poste de 3 m de longitud se sostiene mediante una rótula en A y por medio de los cables CD y CE. Sabiendo que la fuerza vertical de 5 kN está dirigida hacia abajo ($\phi = 0$), determínese a) la tensión en los cables CD y CE y b) la reacción en A.

4.148 Un poste de 3 m de longitud se sostiene mediante una rótula en A y por medio de los cables CD y CE. Sabiendo que la línea de acción de la fuerza de 5 kN forma un ángulo de $\phi = 30°$ con respecto al plano vertical xy, determínese a) la tensión en los cables CD y CE y b) la reacción en A.

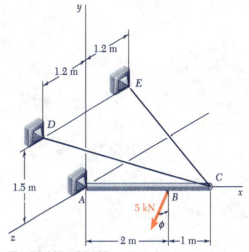

Fig. P4.147 y P4.148

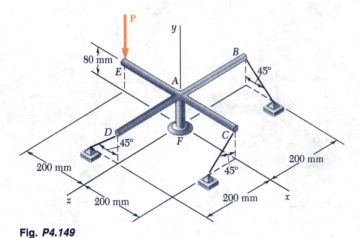

Fig. P4.149

4.149 La armadura mostrada consiste en una barra AF de 80 mm la cual está soldada a una cruz que está formada por cuatro brazos de 200 mm. La armadura se sostiene mediante una rótula en F y por medio de tres cables cortos, cada uno de los cuales forma un ángulo de 45° con respecto de la vertical. Para la carga mostrada en la figura, determínese a) la tensión en cada cable y b) la reacción en F.

4.150 La barra AC se sostiene mediante un perno y un soporte en A y se apoya en una clavija en B. Sin tomar en cuenta el efecto de la fricción, determínese a) las reacciones en A y B cuando $a = 8$ in. y b) la distancia a para la cual la reacción en A es horizontal y las magnitudes correspondientes de las reacciones en A y B.

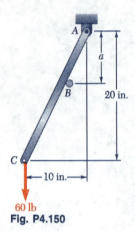

Fig. P4.150

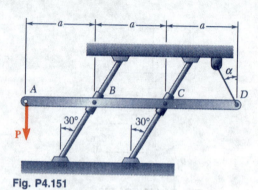

Fig. P4.151

4.151 La barra AD que soporta una carga vertical $\mathbf{P}$ se une a los collares B y C que pueden deslizarse libremente a lo largo de las barras mostradas. Sabiendo que el alambre unido a D forma un ángulo $\alpha = 30°$ con respecto de la vertical, determínese a) la tensión en el alambre y b) las reacciones en B y C.

4.152 Una fuerza $\mathbf{P}$ se aplica sobre la barra doblada ABC la cual puede sostenerse en cuatro formas diferentes como se muestra en la figura. De ser posible, determínense las reacciones en los apoyos para cada caso.

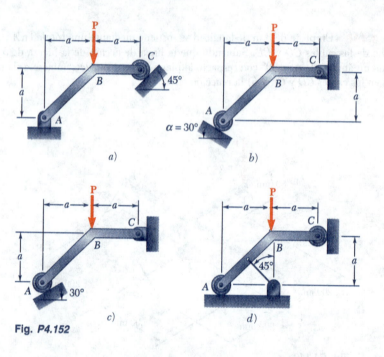

Fig. *P4.152*

*4.153 En los problemas listados a continuación, los cuerpos rígidos que se consideraron estaban completamente restringidos y las reacciones eran estáticamente determinadas. Para cada uno de dichos cuerpos rígidos es posible crear un conjunto de restricciones impropias cambiando la dimensión del cuerpo o la dirección de una reacción. En cada uno de los siguientes problemas, determínese el valor de a o α que produzca restricciones impropias: a) problema 4.77, b) problema 4.78, c) problema 4.144, d) problema 4.151 y e) problema 4.152b.

Los siguientes problemas fueron diseñados para ser resueltos con una computadora.

4.C1 La posición de la barra en forma de L se controla mediante un cable unido en B. Sabiendo que la barra soporta una carga cuya magnitud es $P = 50$ lb, escríbase un programa de computadora que pueda utilizarse para calcular la tensión T en el cable para valores de θ desde 0 a 120° usando incrementos de 10°. Mediante el empleo apropiado de incrementos muy pequeños, determínese el valor de la tensión máxima T y el valor correspondiente de θ.

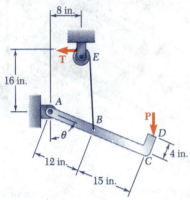

Fig. P4.C1

4.C2 La posición de la barra AB de 10 kg se controla mediante el bloque que se mueve lentamente hacia la izquierda por acción de la fuerza P como se muestra en la figura. Sin tomar en cuenta el efecto de la fricción, escríbase un programa de computadora que pueda usarse para calcular la magnitud de la fuerza P para valores decrecientes de x desde 750 mm hasta 0 usando incrementos de 50 mm. Mediante el empleo apropiado de incrementos muy pequeños, determínese el valor máximo de P y el valor correspondiente de x.

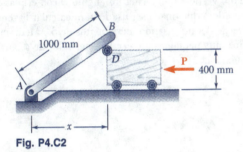

Fig. P4.C2

4.C3 y 4.C4 El resorte AB de constante k está sin deformar cuando $\theta = 0$. Sabiendo que $R = 10$ in., $a = 20$ in. y $k = 5$ lb/in., escríbase un programa de computadora que pueda ser usado para calcular el peso W correspondiente a la condición de equilibrio para valores de θ desde 0 a 90° usando incrementos de 10°. Mediante el empleo apropiado de incrementos muy pequeños, determínese el valor de θ correspondiente a la posición de equilibrio cuando $W = 5$ lb.

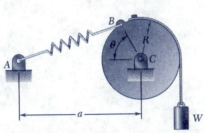

Fig. P4.C3

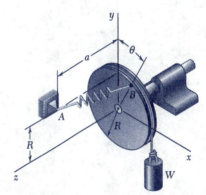

Fig. P4.C4

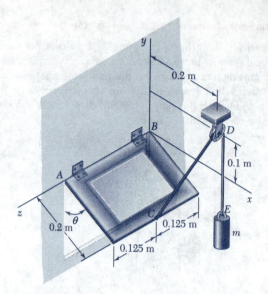

Fig. P4.C5

4.C5 Un pánel de 20 kg de masa y de 200 × 250 mm se sostiene mediante bisagras a lo largo del lado *AB*. El cable *CDE* que se une al pánel en *C* y que pasa sobre una polea pequeña en *D*, sostiene a un cilindro de masa *m*. Sin tomar en cuenta el efecto de la fricción, escríbase un programa de computadora que pueda ser usado para calcular la masa del cilindro correspondiente a la posición de equilibrio para valores de θ desde 0 a 90° usando incrementos de 10°. Mediante el empleo apropiado de incrementos muy pequeños, determínese el valor de θ correspondiente a una masa $m = 10$ kg.

4.C6 La grúa mostrada, que soporta una caja de 2000 kg se sostiene mediante una rótula en *A* y por medio de dos cables unidos en *D* y *E*. Sabiendo que la grúa se encuentra en un plano vertical que forma un ángulo ϕ con el plano xy, escríbase un programa de computadora que pueda ser usado para calcular la tensión en cada cable para valores de ϕ desde 0 a 60° usando incrementos de 5°. Mediante el empleo apropiado de incrementos muy pequeños, determínese el valor de ϕ para el cual la tensión en el cable *BE* es máxima.

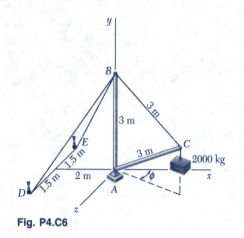

Fig. P4.C6

CAPÍTULO 5

Fuerzas distribuidas: Centroides y centros de gravedad

La presa Grand Coulee en el río Columbia, localizada en los Estados Unidos, está sujeta a tres tipos diferentes de fuerzas distribuidas: los pesos de los elementos que la constituyen, las fuerzas de presión ejercidas por el agua sobre su cara sumergida y las fuerzas de presión ejercidas por el suelo sobre su base.

5.1. INTRODUCCIÓN

Hasta ahora se ha supuesto que la atracción ejercida por la Tierra sobre un cuerpo rígido podía representarse por una sola fuerza **W**. Esta fuerza, denominada fuerza de gravedad o peso del cuerpo, debía aplicarse en el *centro de gravedad* del cuerpo (sección 3.2). De hecho, la Tierra ejerce una fuerza sobre cada una de las partículas que constituyen al cuerpo. Por lo tanto, la acción de la Tierra sobre un cuerpo rígido debe representarse por un gran número de fuerzas pequeñas distribuidas sobre todo el cuerpo. Sin embargo, en este capítulo se aprenderá que la totalidad de dichas fuerzas pequeñas puede ser reemplazada por una sola fuerza equivalente **W**. También se aprenderá cómo determinar el centro de gravedad, esto es, el punto de aplicación de la resultante **W**, para cuerpos de varias formas.

En la primera parte del capítulo, se consideran cuerpos bidimensionales tales como placas planas y alambres que están contenidos en un plano dado. Se introducen dos conceptos que están muy relacionados con la determinación del centro de gravedad de una placa o de un alambre: el concepto de *centroide* de un área o de una línea y el concepto del *primer momento* de un área o de una línea con respecto a un eje dado.

También se aprenderá que el cálculo del área de una superficie de revolución o del volumen de un cuerpo de revolución está directamente relacionado con la determinación del centroide de la línea o del área utilizados para generar dicha superficie o cuerpo de revolución (teoremas de Pappus-Guldinus). Además, como se muestra en las secciones 5.8 y 5.9, la determinación del centroide de un área simplifica el análisis de vigas sujetas a cargas distribuidas y el cálculo de las fuerzas ejercidas sobre superficies rectangulares sumergidas tales como compuertas hidráulicas y porciones de presas.

Al final del capítulo, se aprenderá cómo determinar tanto el centro de gravedad de cuerpos tridimensionales como el centroide de un volumen y los primeros momentos de dicho volumen con respecto a los planos coordenados.

ÁREAS Y LÍNEAS

5.2. CENTRO DE GRAVEDAD DE UN CUERPO BIDIMENSIONAL

Primero, considérese una placa plana horizontal (figura 5.1). La placa puede dividirse en n elementos pequeños. Las coordenadas del primer elemento se

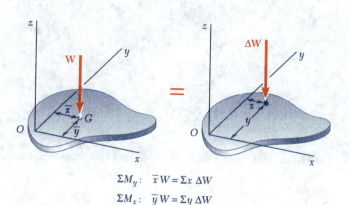

$\Sigma M_y:\quad \overline{x}W = \Sigma x\,\Delta W$
$\Sigma M_x:\quad \overline{y}W = \Sigma y\,\Delta W$

Fig. 5.1 Centro de gravedad de una placa.

representan por x_1 y y_1, las del segundo elemento se representan por x_2 y y_2, etc. Las fuerzas ejercidas por la Tierra sobre los elementos de la placa serán representadas, respectivamente, por $\Delta W_1, \Delta W_2, ..., \Delta W_n$. Estas fuerzas, o pesos están dirigidos hacia el centro de la Tierra; sin embargo, para todos los propósitos prácticos, se puede suponer que dichas fuerzas son paralelas. Por lo tanto, su resultante es una sola fuerza en la misma dirección. La magnitud W de esta fuerza se obtiene sumando las magnitudes de los pesos elementales.

ΣF_z: $W = \Delta W_1 + \Delta W_2 + \cdots + \Delta W_n$

Para obtener las coordenadas $\bar{x}$ y $\bar{y}$ del punto G donde debe aplicarse la resultante $\mathbf{W}$, se escribe que los momentos de $\mathbf{W}$ con respecto a los ejes x y y son iguales a la suma de los momentos correspondientes de los pesos elementales, esto es

ΣM_y: $\bar{x}W = x_1\,\Delta W_1 + x_2\,\Delta W_2 + \cdots + x_n\,\Delta W_n$
ΣM_x: $\bar{y}W = y_1\,\Delta W_1 + y_2\,\Delta W_2 + \cdots + y_n\,\Delta W_n$ (5.1)

Si ahora se incrementa el número de elementos en los cuales se ha dividido la placa y simultáneamente se disminuye el tamaño de cada elemento se obtienen, en el límite, las siguientes expresiones

$$W = \int dW \qquad \bar{x}W = \int x\,dW \qquad \bar{y}W = \int y\,dW \qquad (5.2)$$

Estas ecuaciones definen el peso $\mathbf{W}$ y las coordenadas $\bar{x}$ y $\bar{y}$ del centro de gravedad G de una placa plana. Se pueden derivar las mismas ecuaciones para un alambre que se encuentra en el plano xy (figura 5.2). Se observa que usualmente el centro de gravedad G de un alambre no está localizado sobre este último.

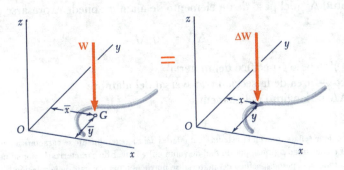

ΣM_y: $\bar{x}W = \Sigma x\,\Delta W$
ΣM_x: $\bar{y}W = \Sigma y\,\Delta W$

Fig. 5.2 Centro de gravedad de un alambre.

5.3. CENTROIDES DE ÁREAS Y LÍNEAS

En el caso de una placa plana homogénea de espesor uniforme, la magnitud ΔW del peso de un elemento de la placa puede expresarse como

$$\Delta W = \gamma t \, \Delta A$$

donde γ = peso específico (peso por unidad de volumen) del material
t = espesor de la placa
ΔA = área del elemento

Similarmente, se puede expresar la magnitud W del peso de toda la placa como

$$W = \gamma t A$$

donde A es el área total de la placa.

Si se emplean las unidades de uso común en los Estados Unidos, se debe expresar el peso específico g en lb/ft^3, el espesor t en pies y las áreas ΔA y A en pies cuadrados. Entonces, se observa que ΔW y W estarán expresados en libras. Si se usan las unidades del SI, se debe expresar a g en N/m^3, a t en metros y a las áreas ΔA y A en metros cuadrados; entonces, los pesos ΔW y W estarán expresados en newtons.†

Sustituyendo a ΔW y a W en las ecuaciones de momento (5.1) y dividiendo a todos los términos entre γt, se obtiene

ΣM_y: $\quad \bar{x}A = x_1 \Delta A_1 + x_2 \Delta A_2 + \cdots + x_n \Delta A_n$
ΣM_x: $\quad \bar{y}A = y_1 \Delta A_1 + y_2 \Delta A_2 + \cdots + y_n \Delta A_n$

Si se incrementa el número de elementos en los cuales se divide el área A y simultáneamente se disminuye el tamaño de cada elemento, se obtiene en el límite

$$\bar{x}A = \int x \, dA \qquad \bar{y}A = \int y \, dA \qquad (5.3)$$

Estas ecuaciones definen las coordenadas $\bar{x}$ y $\bar{y}$ del centro de gravedad de una placa homogénea. El punto cuyas coordenadas son $\bar{x}$ y $\bar{y}$ también se conoce como el *centroide C del área A* de la placa (figura 5.3). Si la placa no es homogénea, estas ecuaciones no se pueden utilizar para determinar el centro de gravedad de la placa; sin embargo, éstas aún definen al centroide del área.

En el caso de un alambre homogéneo de sección transversal uniforme, la magnitud ΔW del peso de un elemento de alambre puede expresarse como

$$\Delta W = \gamma a \, \Delta L$$

donde γ = peso específico del material
a = área de la sección transversal del alambre
ΔL = longitud del elemento

---

† Se debe señalar que en el sistema de unidades del SI generalmente se caracteriza a un material dado por su densidad ρ (masa por unidad de volumen) en lugar de caracterizarlo por su peso específico γ. Entonces, el peso específico del material se puede obtener a partir de la relación

$$\gamma = \rho g$$

donde g = 9.81 m/s^2. Como ρ se expresa en kg/m^3, se observa que γ estará expresado en (kg/m^3)(m/s^2), esto es, en N/m^3.

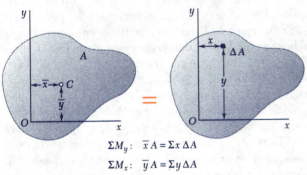

$\Sigma M_y: \quad \bar{x}A = \Sigma x\, \Delta A$
$\Sigma M_x: \quad \bar{y}A = \Sigma y\, \Delta A$

Fig. 5.3 Centroide de un área.

$\Sigma M_y: \quad \bar{x}L = \Sigma x\, \Delta L$
$\Sigma M_x: \quad \bar{y}L = \Sigma y\, \Delta L$

Fig. 5.4 Centroide de una línea.

Entonces, el centro de gravedad de un alambre coincide con el *centroide C de la línea L* que define la forma del alambre (figura 5.4). Las coordenadas $\bar{x}$ y $\bar{y}$ del centroide de la línea L se obtienen a partir de las ecuaciones

$$\bar{x}L = \int x\, dL \qquad \bar{y}L = \int y\, dL \tag{5.4}$$

5.4. PRIMEROS MOMENTOS DE ÁREAS Y LÍNEAS

La integral $|\int x\, dA|$ en las ecuaciones (5.3) de la sección anterior se conoce como el *primer momento del área A con respecto del eje y* y se representa por Q_y. Similarmente, la integral $\int y\, dA$ define el *primer momento de A con respecto del eje x* y se representa por Q_x. Así, se escribe

$$Q_y = \int x\, dA \qquad Q_x = \int y\, dA \tag{5.5}$$

Comparando las ecuaciones (5.3) con las ecuaciones (5.5), se observa que los primeros momentos del área A pueden ser expresados como los productos del área con las coordenadas de su centroide:

$$Q_y = \bar{x}A \qquad Q_x = \bar{y}A \tag{5.6}$$

A partir de las ecuaciones (5.6) se concluye que las coordenadas del centroide de un área pueden obtenerse dividiendo los primeros momentos de dicha área entre el área misma. Los primeros momentos de un área también son útiles en la mecánica de materiales para determinar los esfuerzos de corte en vigas sujetas a cargas transversales. Por último, a partir de las ecuaciones (5.6) se observa que si el centroide de un área está localizado sobre un eje coordenado, entonces el primer momento del área con respecto de ese eje es igual a cero. Inversamente, si el primer momento de un área con respecto de un eje coordenado es igual a cero, entonces el centroide del área está localizado sobre ese eje.

Se pueden utilizar relaciones similares de las ecuaciones (5.5) y (5.6) para definir los primeros momentos de una línea con respecto a los ejes coordenados y para expresar dichos momentos como los productos de la longitud L de la línea y las coordenadas $\bar{x}$ y $\bar{y}$ de su centroide.

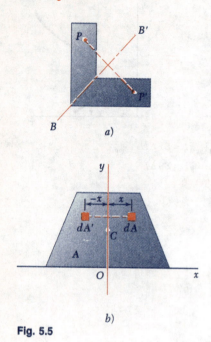

Fig. 5.5

Se dice que un área A es *simétrica con respecto de un eje BB'* si para todo punto P del área existe un punto P' de esa misma área tal que la línea PP' sea perpendicular a BB' y dicha línea es dividida en dos partes iguales por el eje en cuestión (figura 5.5a). Se dice que una línea L es simétrica con respecto de un eje BB' si satisface condiciones similares. Cuando un área A o una línea L posee un eje de simetría BB', su primer momento con respecto de BB' es igual a cero y su centroide está localizado sobre dicho eje. Por ejemplo, en el caso del área A de la figura 5.5b, la cual es simétrica con respecto del eje y, se observa que para cada elemento de área dA de abscisa x existe un elemento de área dA' que tiene la misma superficie y cuya abscisa es $-x$. Se concluye que la integral en la primera de las ecuaciones (5.5) es igual a cero y, por lo tanto, se tiene que $Q_y = 0$. También se concluye a partir de la primera de las relaciones (5.3) que $\bar{x} = 0$. Por consiguiente, si un área A o una línea L poseen un eje de simetría, su centroide C está localizado sobre dicho eje.

Además, se debe señalar que si un área o una línea posee dos ejes de simetría, su centroide C debe estar localizado en la intersección de esos dos ejes (figura 5.6). Esta propiedad permite determinar inmediatamente el centroide de áreas tales como círculos, elipses, cuadrados, rectángulos, triángulos equiláteros u otras figuras simétricas, así como también el centroide de líneas que tienen la forma de la circunferencia de un círculo, el perímetro de un cuadrado, etcétera.

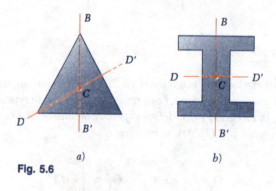

Fig. 5.6

Se dice que un área A es *simétrica con respecto a un centro O* si para cada elemento de área dA de coordenadas x y y existe un elemento de área dA' de igual área con coordenadas $-x$ y $-y$ (figura 5.7). Entonces, se concluye que ambas integrales en las ecuaciones (5.5) son iguales a cero y que $Q_x = Q_y = 0$. También, a partir de las ecuaciones (5.3) se concluye que $\bar{x} = \bar{y} = 0$, esto es, que el centroide del área coincide con su centro de simetría O. Análogamente, si una línea posee un centro de simetría O, el centroide de la línea coincidirá con el centro O.

Se debe señalar que una figura con un centro de simetría no necesariamente posee un eje de simetría (figura 5.7) y que una figura con dos ejes de simetría no necesariamente tiene un centro de simetría (figura 5.6a). Sin embargo, si una figura posee dos ejes de simetría que son perpendiculares entre sí, el punto de intersección de dichos ejes es un centro de simetría (figura 5.6b).

La determinación de los centroides de áreas asimétricas y de líneas y áreas que poseen un solo eje de simetría se estudiará en las secciones 5.6 y 5.7. En la figura 5.8A y B se muestran los centroides de formas comunes de áreas y de líneas. Las fórmulas que definen la ubicación de estos centroides serán derivadas en los problemas resueltos y en los problemas propuestos que se encuentran al final de las secciones 5.6 y 5.7.

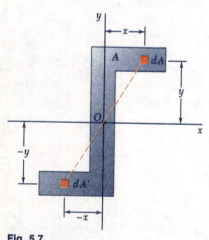

Fig. 5.7

5.4. Primeros momentos de áreas y líneas

Forma		$\bar{x}$	$\bar{y}$	Área
Área triangular	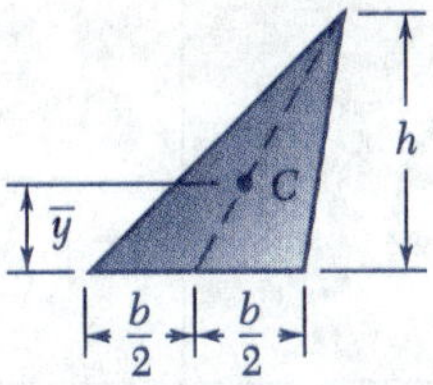		$\dfrac{h}{3}$	$\dfrac{bh}{2}$
Un cuarto de área circular	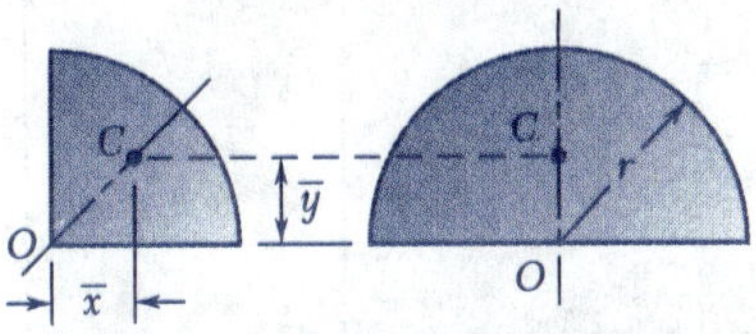	$\dfrac{4r}{3\pi}$	$\dfrac{4r}{3\pi}$	$\dfrac{\pi r^2}{4}$
Área semicircular		0	$\dfrac{4r}{3\pi}$	$\dfrac{\pi r^2}{2}$
Un cuarto de área elíptica	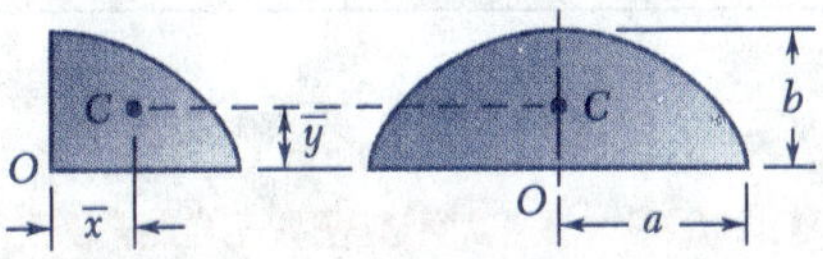	$\dfrac{4a}{3\pi}$	$\dfrac{4b}{3\pi}$	$\dfrac{\pi ab}{4}$
Área semielíptica		0	$\dfrac{4b}{3\pi}$	$\dfrac{\pi ab}{2}$
Área semiparabólica	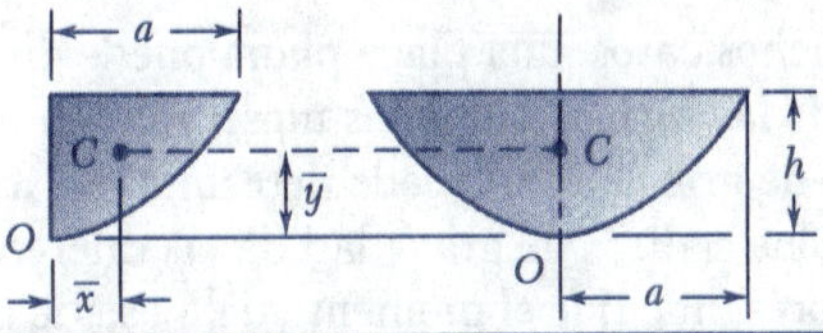	$\dfrac{3a}{8}$	$\dfrac{3h}{5}$	$\dfrac{2ah}{3}$
Área parabólica		0	$\dfrac{3h}{5}$	$\dfrac{4ah}{3}$
Enjuta parabólica	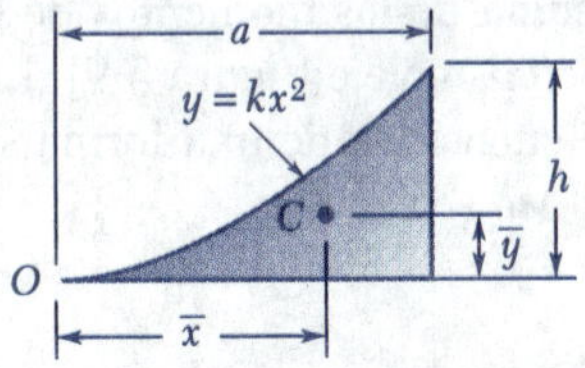 $y = kx^2$	$\dfrac{3a}{4}$	$\dfrac{3h}{10}$	$\dfrac{ah}{3}$
Enjuta general	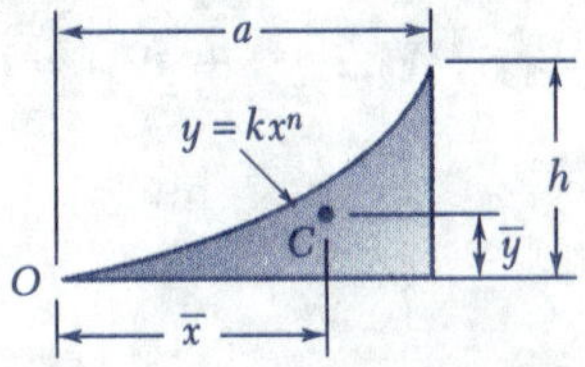 $y = kx^n$	$\dfrac{n+1}{n+2}a$	$\dfrac{n+1}{4n+2}h$	$\dfrac{ah}{n+1}$
Sector circular	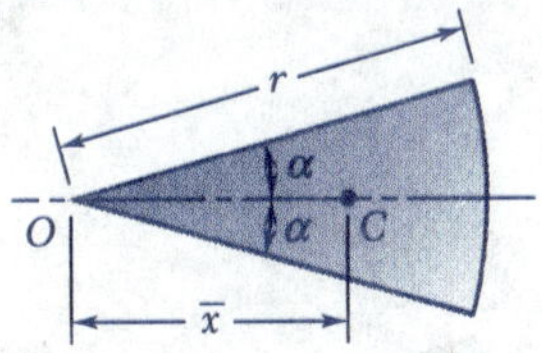	$\dfrac{2r\,\mathrm{sen}\,\alpha}{3\alpha}$	0	αr^2

Fig. 5.8A Centroides de áreas de formas comunes.

Forma		$\bar{x}$	$\bar{y}$	Longitud
Un cuarto de arco circular	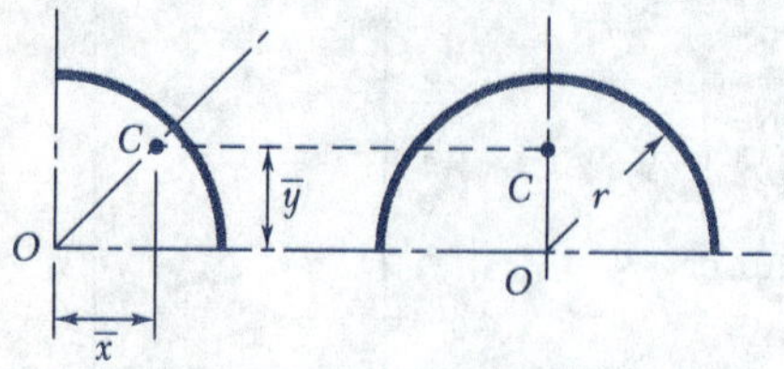	$\dfrac{2r}{\pi}$	$\dfrac{2r}{\pi}$	$\dfrac{\pi r}{2}$
Arco semicircular		0	$\dfrac{2r}{\pi}$	πr
Arco de círculo	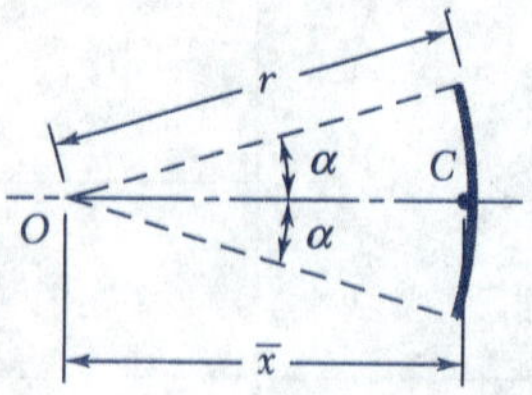	$\dfrac{r\operatorname{sen}\alpha}{\alpha}$	0	$2\alpha r$

Fig. 5.8B Centroides de formas comunes de líneas.

5.5. PLACAS Y ALAMBRES COMPUESTOS

En muchos casos, una placa plana puede dividirse en rectángulos, triángulos u otras de las formas comunes mostradas en la figura 5.8A. La abscisa $\overline{X}$ de su centro de gravedad G puede determinarse a partir de las abscisas $\bar{x}_1, \bar{x}_2, \ldots, \bar{x}_n$ de los centros de gravedad de las diferentes partes que constituyen la placa, expresando que el momento del peso de toda la placa con respecto del eje y es igual a la suma de los momentos de los pesos de las diferentes partes con respecto de ese mismo eje (figura 5.9). La ordenada $\overline{Y}$ del centro de gravedad de la placa se encuentra de una forma similar, igualando momentos con respecto al eje x. Así, se escribe

$$\Sigma M_y:\quad \overline{X}(W_1 + W_2 + \cdots + W_n) = \bar{x}_1 W_1 + \bar{x}_2 W_2 + \cdots + \bar{x}_n W_n$$

$$\Sigma M_x:\quad \overline{Y}(W_1 + W_2 + \cdots + W_n) = \bar{y}_1 W_1 + \bar{y}_2 W_2 + \cdots + \bar{y}_n W_n$$

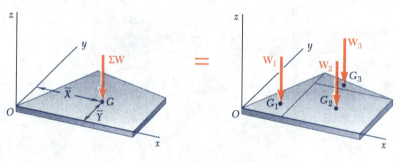

$$\Sigma M_y:\quad \overline{X}\,\Sigma W = \Sigma\, \bar{x}\, W$$
$$\Sigma M_x:\quad \overline{Y}\,\Sigma W = \Sigma\, \bar{y}\, W$$

Fig. 5.9 Centro de gravedad de una placa compuesta.

o, en forma condensada,

$$\bar{X}\Sigma W = \Sigma \bar{x} W \qquad \bar{Y}\Sigma W = \Sigma \bar{y} W \qquad (5.7)$$

Estas ecuaciones pueden resolverse para las coordenadas $\bar{X}$ y $\bar{Y}$ del centro de gravedad de la placa.

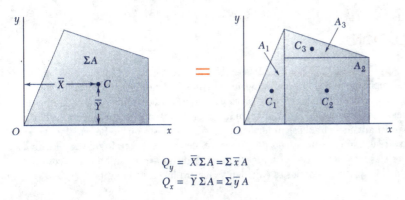

$$Q_y = \bar{X}\Sigma A = \Sigma \bar{x} A$$
$$Q_x = \bar{Y}\Sigma A = \Sigma \bar{y} A$$

Fig. 5.10 Centroide de un área compuesta.

Si la placa es homogénea y de espesor uniforme, el centro de gravedad coincide con el centroide C de su área. La abscisa $\bar{X}$ del centroide del área puede determinarse observando que el primer momento Q_y del área compuesta con respecto al eje y puede expresarse como el producto de $\bar{X}$ con el área total y como la suma de los primeros momentos de las áreas elementales con respecto al eje y (figura 5.10). La ordenada $\bar{Y}$ del centroide se encuentra de una forma similar, considerando el primer momento Q_x del área compuesta. Así, se tiene

$$Q_y = \bar{X}(A_1 + A_2 + \cdots + A_n) = \bar{x}_1 A_1 + \bar{x}_2 A_2 + \cdots + \bar{x}_n A_n$$
$$Q_x = \bar{Y}(A_1 + A_2 + \cdots + A_n) = \bar{y}_1 A_1 + \bar{y}_2 A_2 + \cdots + \bar{y}_n A_n$$

o, en forma condensada

$$Q_y = \bar{X}\Sigma A = \Sigma \bar{x} A \qquad Q_x = \bar{Y}\Sigma A = \Sigma \bar{y} A \qquad (5.8)$$

Estas ecuaciones proporcionan los primeros momentos del área compuesta o pueden utilizarse para obtener las coordenadas $\bar{X}$ y $\bar{Y}$ de su centroide.

Se debe tener cuidado de asignarle el signo apropiado al momento de cada área. Los primeros momentos de áreas, al igual que los momentos de las fuerzas, pueden ser positivos o negativos. Por ejemplo, un área cuyo centroide está localizado a la izquierda del eje y tendrá un primer momento negativo con respecto de dicho eje. Además, al área de un agujero se le debe asignar un signo negativo (figura 5.11).

Similarmente, en muchos casos es posible determinar el centro de gravedad de un alambre compuesto o el centroide de una línea compuesta dividiendo al alambre o a la línea en elementos más simples (véase el problema resuelto 5.2).

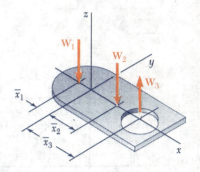

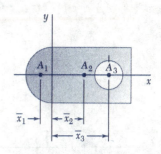

	$\bar{x}$	A	$\bar{x}A$
A_1 Semicírculo	−	+	−
A_2 Rectángulo completo	+	+	+
A_3 Agujero circular	+	−	−

Fig. 5.11

PROBLEMA RESUELTO 5.1

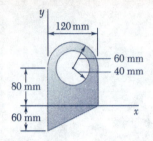

Para el área plana mostrada en la figura, determínese: a) los primeros momentos con respecto de los ejes x y y y b) la ubicación de su centroide.

SOLUCIÓN

Componentes del área. El área se obtiene sumando un rectángulo, un triángulo y un semicírculo y después restando un círculo. Utilizando los ejes coordenados mostrados, se determinan el área y las coordenadas del centroide para cada una de las áreas componentes y luego se introducen en la tabla que aparece en la parte inferior. El área del círculo se indica como negativa puesto que debe restarse de las demás áreas. Nótese que la coordenada $\bar{y}$ del centroide del triángulo es negativa para los ejes mostrados. Los primeros momentos de las áreas componentes con respecto de los ejes coordenados se calculan y se introducen en la tabla.

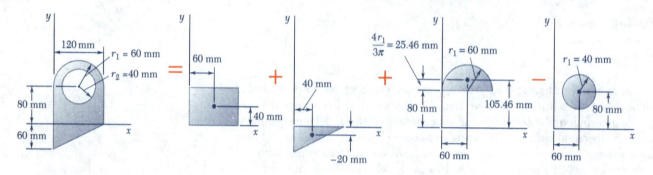

Componente	A, mm²	$\bar{x}$, mm	$\bar{y}$, mm	$\bar{x}A$, mm³	$\bar{y}A$, mm³
Rectángulo	$(120)(80) = 9.6 \times 10^3$	60	40	$+576 \times 10^3$	$+384 \times 10^3$
Triángulo	$\frac{1}{2}(120)(60) = 3.6 \times 10^3$	40	-20	$+144 \times 10^3$	-72×10^3
Semicírculo	$\frac{1}{2}\pi(60)^2 = 5.655 \times 10^3$	60	105.46	$+339.3 \times 10^3$	$+596.4 \times 10^3$
Círculo	$-\pi(40)^2 = -5.027 \times 10^3$	60	80	-301.6×10^3	-402.2×10^3
	$\Sigma A = 13.828 \times 10^3$			$\Sigma \bar{x}A = +757.7 \times 10^3$	$\Sigma \bar{y}A = +506.2 \times 10^3$

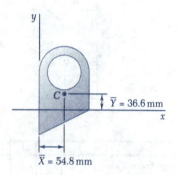

a. Primeros momentos del área. Usando las ecuaciones (5.8), se escribe

$$Q_x = \Sigma \bar{y}A = 506.2 \times 10^3 \text{ mm}^3 \qquad Q_x = 506 \times 10^3 \text{ mm}^3 \blacktriangleleft$$
$$Q_y = \Sigma \bar{x}A = 757.7 \times 10^3 \text{ mm}^3 \qquad Q_y = 758 \times 10^3 \text{ mm}^3 \blacktriangleleft$$

b. Ubicación del centroide. Sustituyendo los valores dados en la tabla, dentro de las ecuaciones que definen el centroide de un área compuesta, se obtiene

$$\bar{X}\Sigma A = \Sigma \bar{x}A: \qquad \bar{X}(13.828 \times 10^3 \text{ mm}^2) = 757.7 \times 10^3 \text{ mm}^3$$
$$\bar{X} = 54.8 \text{ mm} \blacktriangleleft$$
$$\bar{Y}\Sigma A = \Sigma \bar{y}A: \qquad \bar{Y}(13.828 \times 10^3 \text{ mm}^2) = 506.2 \times 10^3 \text{ mm}^3$$
$$\bar{Y} = 36.6 \text{ mm} \blacktriangleleft$$

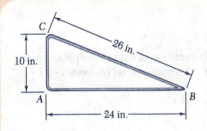

PROBLEMA RESUELTO 5.2

La figura mostrada está hecha a partir de un pedazo de alambre delgado y homogéneo. Determínese la ubicación de su centro de gravedad.

SOLUCIÓN

Como la figura está hecha de un alambre homogéneo, su centro de gravedad coincide con el centroide de la línea correspondiente. Por lo tanto, se determinará dicho centroide. Seleccionando los ejes mostrados, con origen en A, se determinan las coordenadas del centroide de cada segmento de línea y se calculan los primeros momentos con respecto de los ejes coordenados.

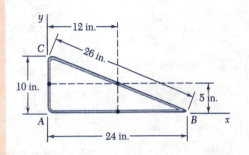

Segmento	L, in.	$\bar{x}$, in.	$\bar{y}$, in.	$\bar{x}L$, in²	$\bar{y}L$, in²
AB	24	12	0	288	0
BC	26	12	5	312	130
CA	10	0	5	0	50
	$\Sigma L = 60$			$\Sigma \bar{x}L = 600$	$\Sigma \bar{y}L = 180$

Sustituyendo los valores obtenidos en la tabla dentro de las ecuaciones que definen el centroide de una línea, se obtiene

$$\bar{X}\Sigma L = \Sigma \bar{x}L: \qquad \bar{X}(60 \text{ in.}) = 600 \text{ in}^2 \qquad \bar{X} = 10 \text{ in.} \blacktriangleleft$$

$$\bar{Y}\Sigma L = \Sigma \bar{y}L: \qquad \bar{Y}(60 \text{ in.}) = 180 \text{ in}^2 \qquad \bar{Y} = 3 \text{ in.} \blacktriangleleft$$

PROBLEMA RESUELTO 5.3

Una barra semicircular uniforme de peso W y radio r está unida a un perno en A y descansa contra una superficie sin fricción en B. Determínense las reacciones en A y B.

SOLUCIÓN

Diagrama de cuerpo libre. Se dibuja un diagrama de cuerpo libre de la barra. Las fuerzas que actúan sobre la barra son su peso **W** el cual está aplicado en el centro de gravedad G (cuya posición se obtiene a partir de la figura 5.8B); una reacción en A, representada por sus componentes $\mathbf{A}_x$ y $\mathbf{A}_y$, y una reacción horizontal en B.

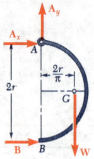

Ecuaciones de equilibrio

$$+\circlearrowleft \Sigma M_A = 0: \qquad B(2r) - W\left(\frac{2r}{\pi}\right) = 0$$

$$B = +\frac{W}{\pi} \qquad\qquad \mathbf{B} = \frac{W}{\pi} \rightarrow \quad \blacktriangleleft$$

$$\xrightarrow{+} \Sigma F_x = 0: \qquad A_x + B = 0$$

$$A_x = -B = -\frac{W}{\pi} \qquad \mathbf{A}_x = \frac{W}{\pi} \leftarrow$$

$$+\uparrow \Sigma F_y = 0: \qquad A_y - W = 0 \qquad \mathbf{A}_y = W \uparrow$$

Sumando las dos componentes de la reacción en A:

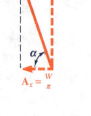

$$A = \left[W^2 + \left(\frac{W}{\pi}\right)^2\right]^{1/2} \qquad\qquad A = W\left(1 + \frac{1}{\pi^2}\right)^{1/2} \quad \blacktriangleleft$$

$$\tan \alpha = \frac{W}{W/\pi} = \pi \qquad\qquad \alpha = \tan^{-1} \pi \quad \blacktriangleleft$$

Las respuestas también pueden expresarse como sigue:

$$\mathbf{A} = 1.049W \;\measuredangle 72.3° \qquad \mathbf{B} = 0.318W \rightarrow \quad \blacktriangleleft$$

PROBLEMAS PARA RESOLVER EN FORMA INDEPENDIENTE

En esta lección se desarrollaron las ecuaciones generales para localizar los centros de gravedad de cuerpos bidimensionales y alambres [ecuaciones (5.2)] y los centroides de áreas planas [ecuaciones (5.3)] y de líneas [ecuaciones (5.4)]. En los problemas que se presentan a continuación, se deberán localizar los centroides de áreas compuestas y líneas o tendrán que determinarse los primeros momentos del área de placas compuestas [ecuaciones (5.8)].

1. *Localización de centroides de áreas compuestas y líneas.* Los problemas resueltos 5.1 y 5.2 ilustran el procedimiento que debe seguirse al resolver problemas de este tipo. Sin embargo, hay ciertos puntos que deben ser enfatizados.

   a. El primer paso en la solución debe ser decidir cómo construir el área o la línea dada a partir de las formas comunes de la figura 5.8. Se debe reconocer que para áreas planas usualmente se puede construir una forma en particular de varias maneras. Además, mostrar las diferentes componentes (como se hace en el problema resuelto 5.1) ayudará a establecer correctamente sus centroides y sus áreas o longitudes. No debe olvidarse que, para obtener la forma deseada, es posible restar o sumar áreas.
   b. Se recomienda enfáticamente que para cada problema se construya una tabla que contenga las áreas o las longitudes y las coordenadas respectivas de sus centroides. Es esencial recordar que las áreas que son "removidas" (por ejemplo, los agujeros) se toman como negativas. Además, se debe incluir el signo de las coordenadas negativas. Por tanto, siempre debe observarse cuidadosamente la ubicación del origen de los ejes coordenados.
   c. Cuando sea posible, se deben utilizar consideraciones de simetría [sección 5.4] para determinar con mayor facilidad la ubicación de un centroide.
   d. En las fórmulas de la figura 5.8 para el sector circular y para el arco de círculo, el ángulo α siempre debe estar expresado en radianes.

2. *Cálculo de los primeros momentos de un área.* Los procedimientos para ubicar el centroide de un área y para determinar los primeros momentos de un área son similares, sin embargo, para calcular estos últimos, no es necesario determinar el área total. Además, como se señaló en la sección 5.4, se debe reconocer que el primer momento de un área con respecto de un eje centroidal es igual a cero.

3. *Resolviendo problemas que involucran al centro de gravedad.* En los problemas que se presentan a continuación se considera que los cuerpos son homogéneos; por lo tanto, sus centros de gravedad coinciden con sus centroides. Además, cuando un cuerpo que está suspendido de un solo perno está en equilibrio, el perno y el centro de gravedad del cuerpo deben estar localizados sobre la misma línea vertical.

Pudiera parecer que muchos de los problemas en esta lección tienen poco que ver con el estudio de la mecánica. Sin embargo, ser capaz de localizar el centroide de formas compuestas será esencial en varios tópicos que aparecerán posteriormente.

Problemas

5.1 al 5.9 Localícese el centroide del área plana mostrada en la figura.

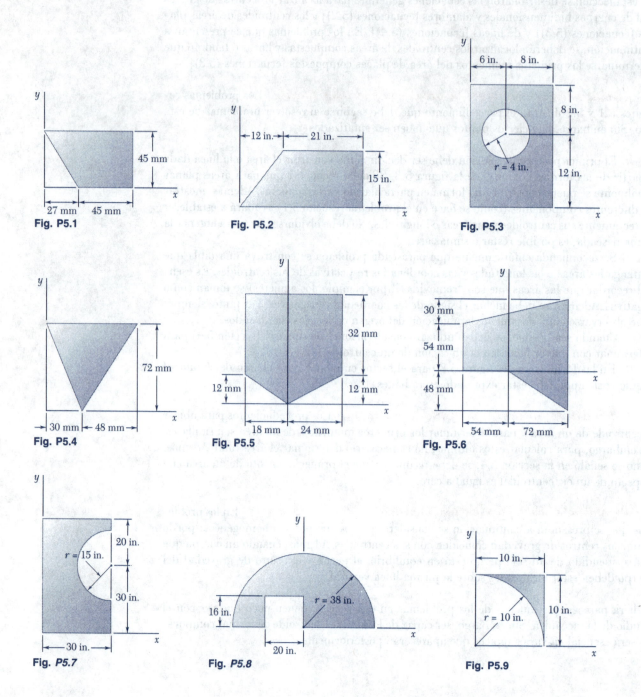

5.10 al 5.16 Localícese el centroide del área plana mostrada en la figura.

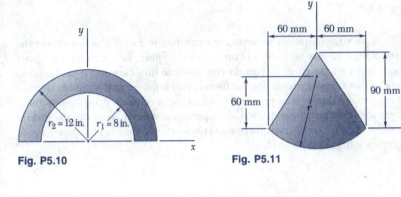

Fig. P5.10

Fig. P5.11

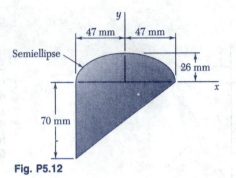

Fig. P5.12

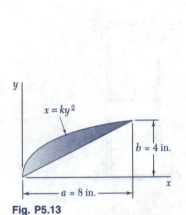

Fig. P5.13

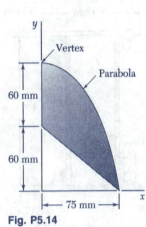

Fig. P5.14

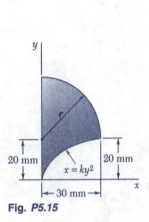

Fig. P5.15

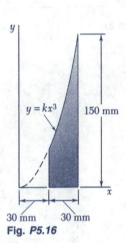

Fig. P5.16

5.17 Para el área sombreada que se muestra en la figura, determínese la coordenada y de su centroide en términos de r_1, r_2 y α.

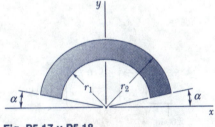

Fig. P5.17 y P5.18

5.18 Para el área sombreada que se muestra en la figura, demuéstrese que si r_1 tiende a r_2, la localización de su centroide tiende a ser igual al centroide de un arco de círculo de radio $(r_1 + r_2)/2$.

5.19 Para el trapecio mostrado en la figura, determínese la coordenada y de su centroide en términos de b_1, b_2 y h.

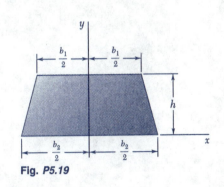

Fig. P5.19

5.20 Para el área semianular del problema 5.10, determínese la relación r_2/r_1 tal que $\bar{y} = 3r_1/4$.

224 Fuerzas distribuidas: Centroides y centros de gravedad

5.21 Para el área mostrada en la figura, determínese la relación a/b para el cual $\bar{x} = \bar{y}$.

5.22 Para el área del problema 5.17, determínese la relación r_2/r_1 tal que $\bar{y} = r_1$ cuando $\alpha = 60°$.

5.23 Una viga compuesta se construye empernando cuatro placas a cuatro ángulos de 60 × 60 × 12 mm tal y como se muestra en la figura. Los pernos están igualmente espaciados a lo largo de la viga, la cual sostiene una carga vertical. Como se demuestra en mecánica de materiales, las fuerzas cortantes ejercidas sobre los pernos en A y B son proporcionales a los primeros momentos con respecto del eje centroidal x de las áreas sombreadas de rojo mostradas respectivamente, en las partes a y b de la figura. Sabiendo que la fuerza ejercida sobre el perno en A es de 280 N, determínese la fuerza ejercida sobre el perno en B.

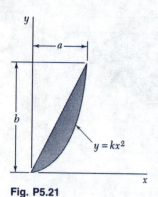

Fig. P5.21

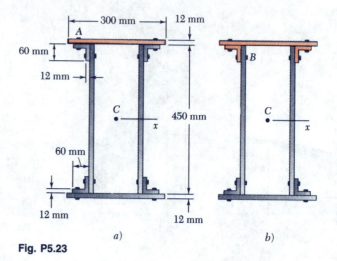

Fig. P5.23

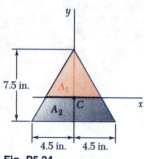

Fig. P5.24

5.24 y 5.25 El eje horizontal x se traza a través del centroide C y divide al área mostrada en dos áreas componentes A_1 y A_2. Determínese el primer momento de cada área componente con respecto del eje x y explíquense los resultados obtenidos.

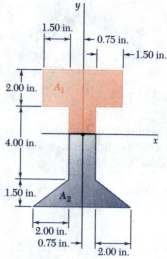

Fig. P5.25

5.26 El primer momento del área sombreada con respecto del eje x se representa con Q_x. a) Exprésese Q_x en términos de r y θ. b) ¿Para qué valor de θ es Q_x máximo y cuál es ese valor?

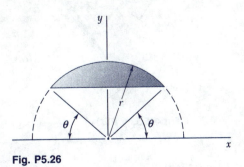

Fig. P5.26

5.27 al 5.30 Un alambre homogéneo delgado se dobla para formar el perímetro indicado en la figura. Localícese el centro de gravedad de la figura formada con el alambre.

5.27 Figura P5.1.
5.28 Figura P5.2.
5.29 Figura P5.4.
5.30 Figura P5.8.

5.31 La estructura para un señalamiento se fabrica a partir de una barra plana delgada de acero de 4.73 kg/m de masa por unidad de longitud. La estructura se sostiene mediante un perno en C y por medio de un cable AB. Determínese a) la tensión en el cable y b) la reacción en C.

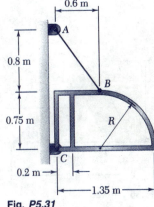

Fig. P5.31

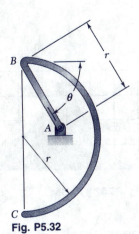

Fig. P5.32

5.32 El alambre homogéneo ABC que está sujeto a una articulación en A, se dobla en forma de arco semicircular y en una porción recta, tal y como se muestra en la figura. Determínese el valor de q para el cual el alambre está en equilibrio en la posición indicada.

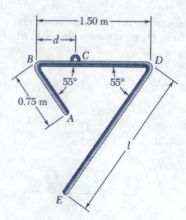

Fig. P5.33 y P5.34

5.33 El elemento *ABCDE* es un componente móvil y se forma a partir de una pieza simple de un tubo de aluminio. Sabiendo que el elemento se sostiene en *C* y que $l = 2$ m, determínese la distancia *d* para la cual la porción *BCD* del elemento es horizontal.

5.34 El elemento *ABCDE* es un componente móvil y se forma a partir de una pieza simple de un tubo de aluminio. Sabiendo que el elemento se sostiene en *C* y que *d* es 0.50 m, determínese la longitud *l* del brazo *DE* para la cual esta porción del elemento es horizontal.

5.35 Determínese la distancia *h* para la cual el centroide del área sombreada quede tan arriba de la línea *BB'* como sea posible cuando: *a*) $k = 0.10$ y *b*) $k = 0.80$.

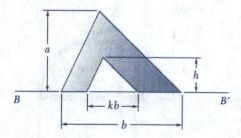

Fig. P5.35 y P5.36

5.36 Demuéstrese que $\bar{y} = 2h/3$, sabiendo que la distancia *h* se seleccionó para maximizar la distancia $\bar{y}$ a partir de la línea *BB'* al centroide del área sombreada mostrada en la figura.

5.37 Determínese en forma aproximada la coordenada *x* del centroide del área mostrada.

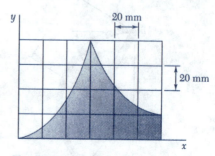

Fig. P5.37 y P5.38

5.38 Determínese en forma aproximada la coordenada *y* del centroide del área mostrada.

5.39 Divídase el área mostrada en cinco secciones verticales, determínese en forma aproximada la coordenada *x* de su centroide y el área, empleando rectángulos con la forma *bcc'b'*. ¿Cuál es el porcentaje de error en el resultado? (la respuesta exacta es $5a/\ln 6$).

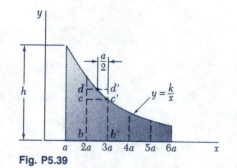

Fig. P5.39

5.40 Resuélvase el problema 5.39, empleando rectángulos con la forma *bdd'b'*.

5.6. DETERMINACIÓN DE CENTROIDES POR INTEGRACIÓN

El centroide de un área limitada por curvas analíticas (esto es, curvas definidas por ecuaciones algebraicas) usualmente se determina evaluando las integrales que aparecen en las ecuaciones (5.3) de la sección 5.3:

$$\bar{x}A = \int x\, dA \qquad \bar{y}A = \int y\, dA \tag{5.3}$$

Si el elemento de área dA es un pequeño rectángulo de lados dx y dy, la evaluación de cada una de estas integrales requiere una *integración doble* con respecto de x y y. También es necesaria una integración doble si se usan coordenadas polares para las cuales dA es un elemento de lados dr y $r d\theta$.

Sin embargo, en la mayoría de los casos es posible determinar las coordenadas del centroide de un área llevando a cabo una sola integración. Esto se logra seleccionando a dA como un rectángulo o tira delgada o como un sector circular delgado (figura 5.12A); el centroide de un rectángulo delgado está localizado en su centro y el centroide de un sector delgado está localizado a una distancia de $\frac{2}{3}r$ a partir de su vértice (como en el caso de un triángulo). Entonces, las coordenadas del centroide del área bajo consideración se obtienen expresando que el primer momento del área total con respecto de cada uno de los ejes coordenados es igual a la suma (o integral) de los momentos correspondientes de los elementos del área. Representando con $\bar{x}_{el}$ y $\bar{y}_{el}$ las coordenadas del centroide del elemento dA, se escribe

$$Q_y = \bar{x}A = \int \bar{x}_{el}\, dA$$
$$Q_x = \bar{y}A = \int \bar{y}_{el}\, dA \tag{5.9}$$

Si el área A no se conoce aún, ésta también puede calcularse a partir de estos elementos.

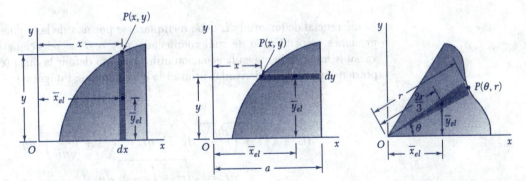

Fig. P5.12A Áreas y centroides de elementos diferenciales.

Las coordenadas $\bar{x}_{el}$ y $\bar{y}_{el}$ del centroide del elemento del área dA deben expresarse en términos de las coordenadas de un punto localizado sobre la curva que limita al área bajo consideración. Además, el área del elemento dA debe expresarse en términos de las coordenadas de dicho punto y de los diferenciales apropiados. Esto se ha hecho en la figura 5.12B para tres tipos comunes de elementos; la porción de círculo de la parte c debe utilizarse cuando la ecuación de la curva que limita al área esté dada en coordenadas polares. Deben sustituirse las expresiones apropiadas en las fórmulas (5.9) y debe uti-

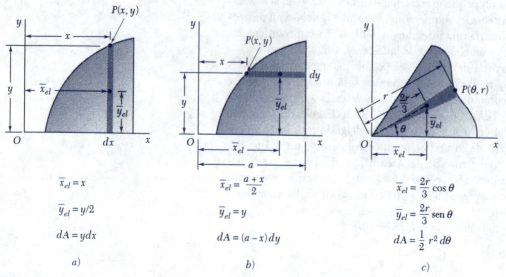

Fig. P5.12B Áreas y centroides de elementos diferenciales.

lizarse la ecuación de la curva que limita al área para expresar a una de las coordenadas en términos de la otra. De esta forma, la integración se reduce a una sola integración. Una vez que se ha determinado el área y han sido evaluadas las integrales en las ecuaciones (5.9), estas ecuaciones pueden resolverse para las coordenadas $\bar{x}$ y $\bar{y}$ del centroide del área.

Cuando una línea está definida por una ecuación algebraica, puede determinarse su centroide evaluando las integrales que aparecen en las ecuaciones (5.4) de la sección 5.3:

$$\bar{x}L = \int x\, dL \qquad \bar{y}L = \int y\, dL \qquad (5.4)$$

El diferencial de longitud dL debe reemplazarse por una de las siguientes expresiones, dependiendo de cuál coordenada x, y o θ, se seleccione como la variable independiente en la ecuación utilizada para definir la línea (estas expresiones pueden ser derivadas utilizando el teorema de Pitágoras):

$$dL = \sqrt{1 + \left(\frac{dy}{dx}\right)^2}\, dx \qquad dL = \sqrt{1 + \left(\frac{dx}{dy}\right)^2}\, dy$$

$$dL = \sqrt{r^2 + \left(\frac{dr}{d\theta}\right)^2}\, d\theta$$

Después de que se ha utilizado la ecuación de la línea para expresar a una de las coordenadas en términos de la otra, se puede llevar a cabo la integración y se pueden resolver las ecuaciones (5.4) para las coordenadas $\bar{x}$ y $\bar{y}$ del centroide de la línea.

5.7. TEOREMAS DE PAPPUS-GULDINUS

Estos teoremas, que fueron formulados primero por el geómetra griego Pappus durante el siglo III después de Cristo y que fueron replanteados posteriormente por el matemático suizo Guldinus, o Guldin (1577-1643), se refieren a superficies y cuerpos de revolución.

Una *superficie de revolución* es una superficie que puede generarse por medio de la rotación de una curva plana alrededor de un eje fijo. Por ejemplo

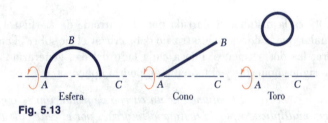

Fig. 5.13

(figura 5.13), se puede obtener la superficie de una esfera rotando un arco semicircular ABC con respecto del diámetro AC; se puede producir la superficie de un cono rotando una línea recta AB con respecto a un eje AC y se puede generar la superficie de un toro o anillo rotando la circunferencia de un círculo alrededor de un eje que no intersecta a dicha circunferencia. Un *cuerpo de revolución* es un cuerpo que puede generarse rotando un área plana alrededor de un eje fijo. Como se muestra en la figura 5.14, se puede generar una esfera, un cono y un toro rotando la forma apropiada alrededor del eje que se indica.

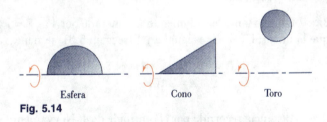

Fig. 5.14

TEOREMA I. *El área de una superficie de revolución es igual a la longitud de la curva generatriz multiplicada por la distancia recorrida por el centroide de dicha curva al momento de generar la superficie.*

Demostración. Considérese un elemento dL de la línea L (figura 5.15) que rota alrededor del eje x. El área dA generada por el elemento dL es igual a $2\pi y\, dL$. Por lo tanto, el área total generada por L es $A = \int 2\pi y\, dL$. Recordan-

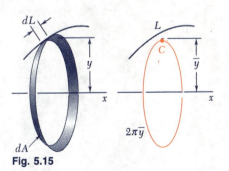

Fig. 5.15

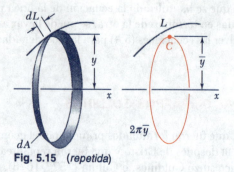

Fig. 5.15 *(repetida)*

do que en la sección 5.3 se encontró que la integral $\int y\, dL$ es igual a $\bar{y}L$ se tiene

$$A = 2\pi\bar{y}L \qquad (5.10)$$

donde $2\pi\bar{y}$ es la distancia recorrida por el centroide de L (figura 5.15). Se debe señalar que la curva generatriz no debe cruzar el eje sobre el cual rota; si lo hiciera, las dos secciones, una a cada lado del eje, generarían áreas que tendrían signos opuestos y el teorema no podría aplicarse.

TEOREMA II. *El volumen de un cuerpo de revolución es igual al área generatriz multiplicada por la distancia recorrida por el centroide del área al momento de generar el cuerpo.*

Demostración. Considérese un elemento dA del área A el cual se rota con respecto al eje x (figura 5.16). El volumen dV generado por el elemento dA

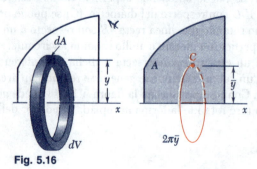

Fig. 5.16

es igual a $2\pi y\, dA$. Por lo tanto, el volumen total generado por A es $V = \int 2\pi y\, dA$ y, puesto que la integral $\int y\, dA$ es igual a $\bar{y}A$ (sección 5.3), se tiene

$$A = 2\pi\bar{y}A \qquad (5.11)$$

donde $2\pi\bar{y}$ es la distancia recorrida por el centroide de A. Nuevamente, se debe señalar que el teorema no puede aplicarse si el eje de rotación intersecta al área generatriz.

Los teoremas de Pappus-Guldinus proporcionan una forma sencilla de calcular las áreas de superficies de revolución y los volúmenes de cuerpos de revolución. Inversamente, estos teoremas también pueden utilizarse para determinar el centroide de una curva plana cuando el área de la superficie generada por la curva es conocida o para determinar el centroide de un área plana cuando el volumen del cuerpo generado por el área es conocido (véase el problema resuelto 5.8).

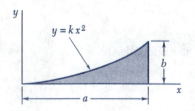

PROBLEMA RESUELTO 5.4

Determínese por integración directa la localización del centroide de una enjuta parabólica.

SOLUCIÓN

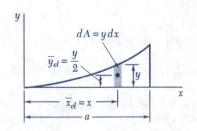

Determinación de la constante k. El valor de k se determina sustituyendo $x = a$ y $y = b$ en la ecuación dada. Se tiene $b = ka^2$ o $k = b/a^2$. Por lo tanto, la ecuación de la curva es

$$y = \frac{b}{a^2}x^2 \quad \text{o} \quad x = \frac{a}{b^{1/2}}y^{1/2}$$

Elemento diferencial vertical. Se selecciona el elemento diferencial mostrado y se determina el área total de la figura.

$$A = \int dA = \int y\,dx = \int_0^a \frac{b}{a^2}x^2\,dx = \left[\frac{b}{a^2}\frac{x^3}{3}\right]_0^a = \frac{ab}{3}$$

El primer momento del elemento diferencial con respecto del eje y es $\bar{x}_{el}\,dA$; por lo tanto, el primer momento de toda el área con respecto de dicho eje es

$$Q_y = \int \bar{x}_{el}\,dA = \int xy\,dx = \int_0^a x\left(\frac{b}{a^2}x^2\right)dx = \left[\frac{b}{a^2}\frac{x^4}{4}\right]_0^a = \frac{a^2b}{4}$$

Como $Q_y = \bar{x}A$, se tiene que

$$\bar{x}A = \int \bar{x}_{el}\,dA \qquad \bar{x}\frac{ab}{3} = \frac{a^2b}{4} \qquad \bar{x} = \tfrac{3}{4}a \quad \blacktriangleleft$$

De la misma forma, el primer momento del elemento diferencial con respecto del eje x es $y_{el}\,dA$ y el primer momento de toda el área es

$$Q_x = \int \bar{y}_{el}\,dA = \int \frac{y}{2}y\,dx = \int_0^a \frac{1}{2}\left(\frac{b}{a^2}x^2\right)^2 dx = \left[\frac{b^2}{2a^4}\frac{x^5}{5}\right]_0^a = \frac{ab^2}{10}$$

Como $Q_x = \bar{y}A$, se tiene que

$$\bar{y}A = \int \bar{y}_{el}\,dA \qquad \bar{y}\frac{ab}{3} = \frac{ab^2}{10} \qquad \bar{y} = \tfrac{3}{10}b \quad \blacktriangleleft$$

Elemento diferencial horizontal. Se pueden obtener los mismos resultados considerando un elemento horizontal. Los primeros momentos del área son

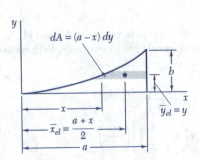

$$Q_y = \int \bar{x}_{el}\,dA = \int \frac{a+x}{2}(a-x)\,dy = \int_0^b \frac{a^2 - x^2}{2}\,dy$$

$$= \frac{1}{2}\int_0^b \left(a^2 - \frac{a^2}{b}y\right)dy = \frac{a^2b}{4}$$

$$Q_x = \int \bar{y}_{el}\,dA = \int y(a-x)\,dy = \int y\left(a - \frac{a}{b^{1/2}}y^{1/2}\right)dy$$

$$= \int_0^b \left(ay - \frac{a}{b^{1/2}}y^{3/2}\right)dy = \frac{ab^2}{10}$$

Para determinar $\bar{x}$ y $\bar{y}$, las expresiones obtenidas se sustituyen nuevamente en las ecuaciones que definen el centroide del área.

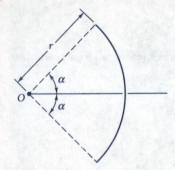

PROBLEMA RESUELTO 5.5

Determínese la ubicación del centroide del arco mostrado.

SOLUCIÓN

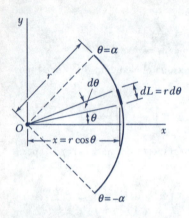

Como el arco es simétrico con respecto del eje x, $\bar{y} = 0$. Se selecciona un elemento diferencial como se muestra en la figura y se determina la longitud del arco por integración.

$$L = \int dL = \int_{-\alpha}^{\alpha} r\, d\theta = r \int_{-\alpha}^{\alpha} d\theta = 2r\alpha$$

El primer momento del arco con respecto del eje y es

$$Q_y = \int x\, dL = \int_{-\alpha}^{\alpha} (r\cos\theta)(r\, d\theta) = r^2 \int_{-\alpha}^{\alpha} \cos\theta\, d\theta$$
$$= r^2 [\operatorname{sen}\theta]_{-\alpha}^{\alpha} = 2r^2 \operatorname{sen}\alpha$$

Como $Q_y = \bar{x}L$, se escribe

$$\bar{x}(2r\alpha) = 2r^2 \operatorname{sen}\alpha \qquad \bar{x} = \frac{r\operatorname{sen}\alpha}{\alpha} \blacktriangleleft$$

PROBLEMA RESUELTO 5.6

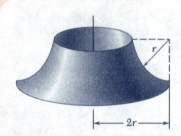

Determínese el área de la superficie de revolución mostrada en la figura, la cual se obtiene rotando un cuarto de arco circular alrededor de un eje vertical.

SOLUCIÓN

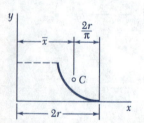

De acuerdo con el teorema I de Pappus-Guldinus, el área generada es igual al producto de la longitud del arco por la distancia recorrida por su centroide. Refiriéndose a la figura 5.8B, se tiene que

$$\bar{x} = 2r - \frac{2r}{\pi} = 2r\left(1 - \frac{1}{\pi}\right)$$
$$A = 2\pi\bar{x}L = 2\pi\left[2r\left(1 - \frac{1}{\pi}\right)\right]\left(\frac{\pi r}{2}\right)$$
$$A = 2\pi r^2(\pi - 1) \blacktriangleleft$$

PROBLEMA RESUELTO 5.7

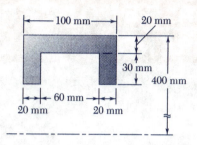

El diámetro exterior de una polea es de 0.8 m y la sección transversal de su corona es como se muestra en la figura. Sabiendo que la polea está hecha de acero y que la densidad de dicho material es $\rho = 7.85 \times 10^3$ kg/m^3, determínese la masa y el peso de la corona.

SOLUCIÓN

El volumen de la corona se puede encontrar aplicando el teorema II de Pappus-Guldinus, el cual establece que el volumen es igual al producto del área de la sección transversal dada por la distancia recorrida por su centroide en una revolución completa. Sin embargo, el volumen se puede determinar más fácilmente si se observa que la sección transversal se puede formar a partir del rectángulo I, cuya área es positiva y del rectángulo II, cuya área es negativa.

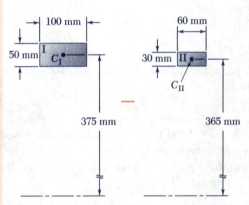

	Área, mm²	$\bar{y}$, mm	Distancia recorrida por C, mm	Volumen. mm³
I	+5000	375	$2\pi(375) = 2356$	$(5000)(2356) = 11.78 \times 10^6$
II	−1800	365	$2\pi(365) = 2293$	$(-1800)(2293) = -4.13 \times 10^6$
				Volumen de la corona = 7.65×10^6

Como 1 mm = 10^{-3} m, se tiene que 1 mm³ = $(10^{-3}$ m$)^3 = 10^{-9}$ m³ y se obtiene $V = 7.65 \times 10^6$ mm³ = $(7.65 \times 10^6)(10^{-9}$ m³$) = 7.65 \times 10^{-3}$ m³.

$$m = \rho V = (7.85 \times 10^3 \text{ kg/m}^3)(7.65 \times 10^{-3} \text{ m}^3) \qquad m = 60.0 \text{ kg} \blacktriangleleft$$
$$W = mg = (60.0 \text{ kg})(9.81 \text{ m/s}^2) = 589 \text{ kg} \cdot \text{m/s}^2 \qquad W = 589 \text{ N} \blacktriangleleft$$

PROBLEMA RESUELTO 5.8

Utilizando los teoremas de Pappus-Guldinus, determínese a) el centroide de un área semicircular y b) el centroide de un arco semicircular. Se debe recordar que el volumen y el área superficial de una esfera son, respectivamente, $\frac{4}{3}\pi r^3$ y $4\pi r^2$.

SOLUCIÓN

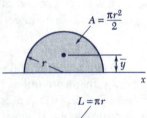

El volumen de una esfera es igual al producto del área de un semicírculo por la distancia recorrida por el centroide del semicírculo en una revolución alrededor del eje x.

$$V = 2\pi\bar{y}A \qquad \tfrac{4}{3}\pi r^3 = 2\pi\bar{y}(\tfrac{1}{2}\pi r^2) \qquad \bar{y} = \frac{4r}{3\pi} \blacktriangleleft$$

De la misma forma, el área superficial de una esfera es igual al producto de la longitud del semicírculo generatriz por la distancia recorrida por su centroide en una revolución.

$$A = 2\pi\bar{y}L \qquad 4\pi r^2 = 2\pi\bar{y}(\pi r) \qquad \bar{y} = \frac{2r}{\pi} \blacktriangleleft$$

PROBLEMAS PARA RESOLVER EN FORMA INDEPENDIENTE

En los problemas propuestos correspondientes a esta lección, se usarán las ecuaciones

$$\bar{x}A = \int x\, dA \qquad \bar{y}A = \int y\, dA \qquad (5.3)$$

$$\bar{x}L = \int x\, dL \qquad \bar{y}L = \int y\, dL \qquad (5.4)$$

para localizar, respectivamente, los centroides de áreas y líneas planas. Además, se aplicarán los teoremas de Pappus-Guldinus (sección 5.7) para determinar las áreas de superficies de revolución y los volúmenes de cuerpos de revolución.

1. Determinación de los centroides de áreas y líneas por integración directa. Cuando se resuelven problemas de este tipo, se debe seguir el método de solución mostrado en los problemas resueltos 5.4 y 5.5: calcular A o L, determinar los primeros momentos del área o de la línea y resolver las ecuaciones (5.3) o (5.4) para las coordenadas del centroide. Además, se debe prestar particular atención a los siguientes puntos.

a. La solución comienza definiendo o determinando cuidadosamente cada término en las integrales de las fórmulas aplicables. Se recomienda enfáticamente mostrar en el esquema del área o de la línea dada la elección que se ha hecho para dA o para dL y las distancias a su centroide.

b. Como se explicó en la sección 5.6, la x y la y en las ecuaciones anteriores representan las *coordenadas del centroide* de los elementos diferenciales dA y dL. Es importante reconocer que las coordenadas del centroide de dA no son iguales a las coordenadas de un punto localizado sobre la curva que limita al área bajo consideración. Se debe estudiar cuidadosamente la figura 5.12 hasta que se comprenda cabalmente este punto tan importante.

c. Para tratar de simplificar o minimizar los cálculos, siempre se debe examinar la forma del área o de la línea dada antes de definir el elemento diferencial que se utilizará. Por ejemplo, algunas veces puede ser preferible utilizar elementos rectangulares que sean horizontales en lugar de que sean verticales. Además, usualmente será ventajoso emplear coordenadas polares cuando una línea o un área tienen simetría circular.

d. A pesar de que la mayoría de las integraciones en esta lección son sencillas, en algunas ocasiones es posible que se tengan que utilizar técnicas más avanzadas tales como sustitución trigonométrica o integración por partes. Por supuesto, emplear una tabla de integrales es el método más rápido para evaluar integrales difíciles.

2 Aplicación de los teoremas de Pappus-Guldinus. Como se mostró en los problemas resueltos 5.6 al 5.8, estos teoremas, que son simples pero sumamente útiles, permiten aplicar el conocimiento sobre centroides para el cálculo de áreas y volúmenes. A pesar de que los teoremas hacen referencia a la distancia recorrida por el centroide y a la longitud de la curva generatriz o al área generatriz, las ecuaciones resultantes [ecuaciones (5.10) y (5.11)] contienen los productos de estas cantidades, los cuales son simplemente los primeros momentos de una línea ($\bar{y}L$) y de un área ($\bar{y}A$), respectivamente. Por lo tanto, para aquellos problemas en los cuales la línea o el área generatriz consiste de más de una forma común, sólo se necesita determinar $\bar{y}L$ o $\bar{y}A$; por lo tanto, no se tiene que calcular la longitud de la curva generatriz o el área generatriz.

Problemas

5.41 al 5.43 Determínese por integración directa el centroide del área mostrada en la figura. Exprésese la respuesta en términos de a y h.

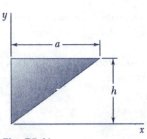
Fig. P5.41

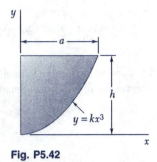
Fig. P5.42

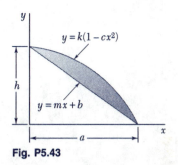
Fig. P5.43

5.44 al 5.46 Determínese por integración directa el centroide del área mostrada en la figura.

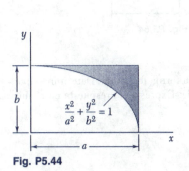
Fig. P5.44

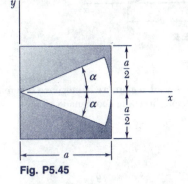
Fig. P5.45

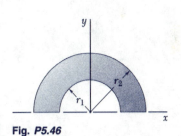
Fig. P5.46

5.47 y 5.48 Determínese por integración directa el centroide del área mostrada en la figura. Exprésese la respuesta en términos de a y b.

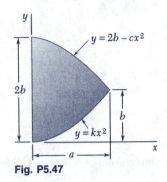
Fig. P5.47

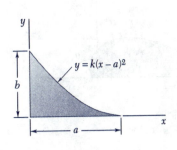

5.49 y 5.50 Determínese por integración directa el centroide del área mostrada en la figura. Exprésese la respuesta en términos de a y b.

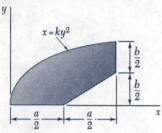
Fig. P5.49

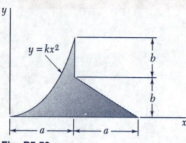
Fig. P5.50

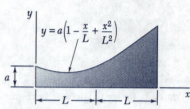
Fig. P5.51

5.51 Determínese por integración directa el centroide del área mostrada en la figura.

5.52 y 5.53 Un alambre homogéneo se dobla en la forma mostrada. Determínese por integración directa la coordenada x de su centroide.

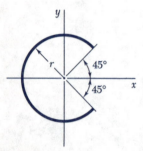
Fig. P5.52

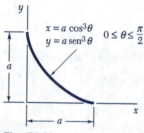
Fig. P5.53

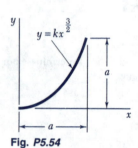
Fig. P5.54

*5.54 Un alambre homogéneo se dobla en la forma mostrada. Determínese por integración directa la coordenada x de su centroide. Exprésese la respuesta en términos de a.

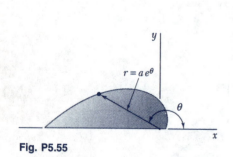
Fig. P5.55

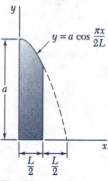
Fig. P5.56

*5.55 y *5.56 Determínese por integración directa el centroide del área mostrada en la figura.

5.57 Determínese el centroide del área mostrada en la figura cuando $a = 2$ in.

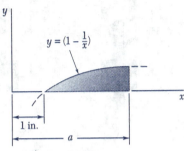

Fig. P5.57 y P5.58

5.58 Determínese el valor de a para el cual la relación $\bar{x}/\bar{y}$ es igual a 9.

5.59 Determínese la superficie y el volumen del área del sólido que se obtiene al rotar el área del problema 5.1 con respecto de a) el eje x y b) la línea $x = 72$ mm.

5.60 Determínese el área de la superficie y el volumen del sólido que se obtiene al rotar el área del problema 5.5 con respecto de a) la línea $y = 44$ mm y b) la línea $x = 24$ mm.

5.61 Determínese el área de la superficie y el volumen del sólido que se obtiene al rotar el área del problema 5.7 con respecto de a) el eje x y b) el eje y.

5.62 Determínese el volumen del sólido generado al rotar el área parabólica mostrada en la figura con respecto de a) el eje x y b) el eje AA'.

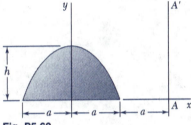

Fig. P5.62

5.63 Si $R = 10$ mm y $L = 30$ mm, determínese el área y el volumen del eslabón de cadena, el cual está hecho de una barra de 6 mm de diámetro, tal y como se muestra en la figura.

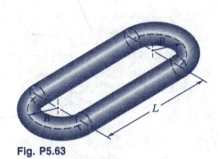

Fig. P5.63

5.64 Verifíquese que las expresiones para los volúmenes de las primeras cuatro formas en la figura 5.21 de la página 253 son correctas.

5.65 Se taladra un agujero de $\frac{3}{4}$ in. de diámetro en una pieza de acero 1 in. de espesor y se avellana como se muestra en la figura. Determínese el volumen del material del acero removido durante el proceso de avellanado.

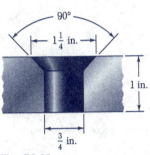

Fig. P5.65

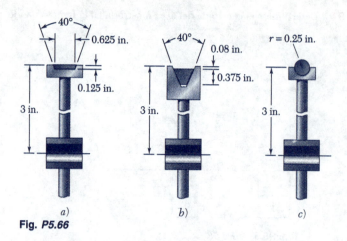

Fig. P5.66

5.66 Tres perfiles diferentes de bandas motrices son sometidos a estudio. Si en todo momento, cada una de las bandas hace contacto con la mitad de la circunferencia de su polea, determínese el *área de contacto* entre la banda y la polea para cada uno de los diseños.

Fig. P3.36

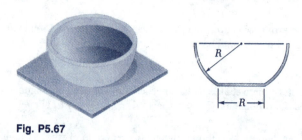

Fig. P5.67

5.67 Si $R = 250$ mm, determínese la capacidad, en litros, de la ponchera mostrada.

5.68 El reflector de aluminio de una pequeña lámpara de alta intensidad tiene un espesor uniforme de 1 mm. Sabiendo que la densidad del aluminio es de 2800 kg/m^3, determínese la masa del reflector.

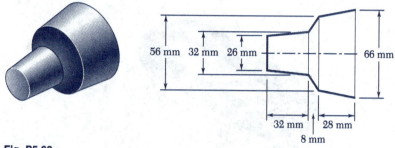

Fig. P5.68

5.69 Un fabricante planea producir 20 000 clavijas de madera, las cuales tienen la forma mostrada en la figura. Sabiendo que a cada clavija se le debe dar dos capas de pintura, determínese la cantidad de galones de pintura que se deben ordenar si se conoce que cada galón cubre 100 ft^2.

5.70 La clavija de madera mostrada en la figura se tornea en la forma de espiga de 1 in. de diámetro y 4 in. de longitud. Determínese el porcentaje del volumen inicial que se desperdicia al tornear la pieza de esta forma.

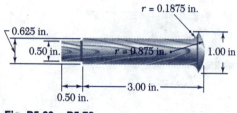

Fig. P5.69 y P5.70

5.71 El escudete (que es una placa decorativa colocada sobre la parte de la tubería que sale de una pared) está moldeado en latón. Sabiendo que la densidad del latón es de 8470 kg/m³, determínese la masa del escudete.

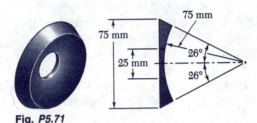

Fig. P5.71

*5.72 Un reflector de pared se forma a partir de una placa delgada de plástico transparente. Si se sabe que la sección transversal del reflector es parabólica, determínese el área de la superficie externa de la placa.

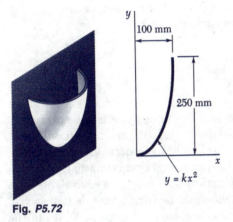

Fig. P5.72

5.73 Una botella de plástico de 0.131 lb de peso tiene la sección transversal mostrada en la figura. Sabiendo que el peso específico del plástico es de 59.0 lb/ft³, determínese el espesor promedio de la botella.

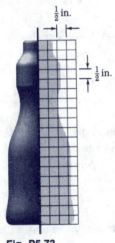

Fig. P5.73

5.74 Un fabricante de piezas de ajedrez planea colar las piezas en peltre. Sabiendo que la densidad del peltre es de 7310 kg/m³, determínese la masa de un peón si éste tiene la sección transversal mostrada en la figura.

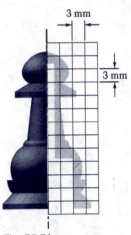

Fig. P5.74

*5.8. CARGAS DISTRIBUIDAS EN VIGAS

El concepto del centroide de un área puede utilizarse para resolver otros problemas distintos de aquellos relacionados con los pesos de placas planas. Por ejemplo, considérese una viga que soporta una *carga distribuida*; esta carga puede estar constituida por el peso de los materiales soportados directa o indirectamente por la viga o puede ser ocasionada por el viento o por una presión hidrostática. La carga distribuida puede representarse graficando la carga w soportada por unidad de longitud (figura 5.17); esta carga está expresada en N/m o en lb/ft. La magnitud de la fuerza ejercida sobre un elemento de viga de longitud dx es $dW = w\, dx$ y la carga total soportada por la viga es

$$W = \int_0^L w\, dx$$

Se observa que el producto $w\, dx$ es igual en magnitud al elemento de área dA mostrado en la figura 5.17a. Por lo tanto, la carga W es igual en magnitud al área total A bajo la curva de carga:

$$W = \int dA = A$$

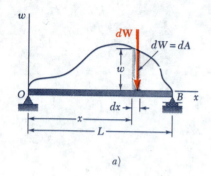

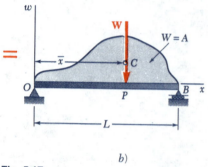

Fig. 5.17

Ahora se procede a determinar dónde debe aplicarse, sobre la viga, *una sola carga concentrada* **W**, de la misma magnitud W que la carga distribuida total, si debe producir las mismas reacciones en los apoyos (figura 5.17b). Sin embargo, debe aclararse que esta carga concentrada **W**, la cual representa la resultante de la carga distribuida dada, es equivalente a esta última sólo cuando se considera el diagrama de cuerpo libre de toda la viga. El punto de aplicación P de la carga concentrada equivalente **W** se obtiene expresando que el momento de **W** con respecto a un punto O es igual a la suma de los momentos de las cargas elementales $d\mathbf{W}$ con respecto a O:

$$(OP)W = \int x\, dW$$

o, como $dW = w\, dx = dA$ y $W = A$, se tiene que

$$(OP)A = \int_0^L x\, dA \qquad (5.12)$$

Puesto que la integral representa el primer momento con respecto al eje w del área bajo la curva de carga, ésta puede ser reemplazada por el producto $\bar{x}A$. Por lo tanto, se tiene que $OP = \bar{x}$, donde $\bar{x}$ es la distancia desde el eje w hasta el centroide C del área A (nótese que dicho centroide *no* es el centroide de la viga).

Por lo tanto, una carga distribuida que actúa sobre una viga puede reemplazarse por una carga concentrada; la magnitud de dicha carga es igual al área bajo la curva de carga y su línea de acción pasa a través del centroide de dicha área. Sin embargo, se debe señalar que la carga concentrada es equivalente a la carga distribuida dada sólo en lo que respecta a las fuerzas externas. Esta carga concentrada puede utilizarse para determinar reacciones pero no debe ser empleada para calcular deflexiones y fuerzas internas.

*5.9. FUERZAS SOBRE SUPERFICIES SUMERGIDAS

El procedimiento usado en la sección anterior puede emplearse para determinar la resultante de las fuerzas de presión hidrostática ejercidas sobre una *superficie rectangular* sumergida en un líquido. Considérese la placa rectangular mostrada en la figura 5.18, la cual posee una longitud L y un ancho b, donde b se mide perpendicular al plano de la figura. Como se señaló en la sección 5.8, la carga ejercida sobre un elemento de la placa de longitud dx es $w\,dx$, donde w es la carga por unidad de longitud. Sin embargo, esta carga también puede expresarse como $p\,dA = pb\,dx$, donde p es la presión manométrica en el líquido † y b es el ancho de la placa; por lo tanto, $w = bp$. Como la presión manométrica en un líquido es $p = \gamma h$, donde γ es el peso específico del líquido y h es la distancia vertical a partir de la superficie libre, se concluye que

$$w = bp = b\gamma h \tag{5.13}$$

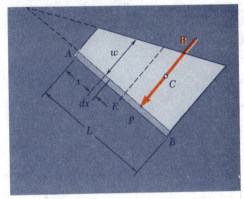

Fig. 5.18

lo cual demuestra que la carga por unidad de longitud w es proporcional a h y, por lo tanto, varía linealmente con x.

Recordando los resultados de la sección 5.8, se observa que la resultante $\mathbf{R}$ de las fuerzas hidrostáticas ejercidas sobre un lado de la placa es igual en magnitud al área trapezoidal bajo la curva de carga y que su línea de acción pasa a través del centroide C de dicha área. El punto P de la placa donde se aplica $\mathbf{R}$ se conoce como el *centro de presión*.

A continuación, se consideran las fuerzas ejercidas por un líquido sobre una superficie curva de ancho constante (figura 5.19a). Como la determinación por integración directa de la resultante $\mathbf{R}$ de dichas fuerzas podría no ser fácil, se considera el cuerpo libre obtenido por la separación del volumen de líquido ABD el cual está limitado por la superficie curva AB y por las dos superficies planas AD y DB tal y como se muestra en la figura 5.19b. Las fuerzas que actúan sobre el cuerpo libre ABD son el peso $\mathbf{W}$ del volumen de líquido separado, la resultante $\mathbf{R}_1$ de las fuerzas ejercidas sobre AD, la resultante $\mathbf{R}_2$ de las fuerzas ejercidas sobre BD y la resultante $-\mathbf{R}$ de las fuerzas ejercidas *por la superficie curva sobre el líquido*. La resultante $-\mathbf{R}$ es igual y opuesta a y tiene la misma línea de acción que, la resultante $\mathbf{R}$ de las fuerzas *ejercidas por el líquido sobre la superficie curva*. Las fuerzas $\mathbf{W}$, $\mathbf{R}_1$ y $\mathbf{R}_2$ se pueden determinar utilizando los métodos convencionales; una vez que se han encontrado sus valores, la fuerza $-\mathbf{R}$ se obtiene resolviendo las ecuaciones de equilibrio para el cuerpo libre de la figura 5.19b. Entonces, la resultante $\mathbf{R}$ de las fuerzas hidrostáticas ejercidas sobre la superficie curva se obtienen invirtiendo el sentido de $-\mathbf{R}$.

Los métodos presentados en esta sección pueden emplearse para determinar la resultante de las fuerzas hidrostáticas ejercidas sobre las superficies de presas y de compuertas rectangulares y álabes. Las resultantes de las fuerzas que actúan sobre superficies sumergidas de ancho variable serán determinadas en el capítulo 9.

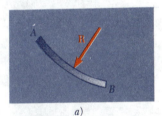

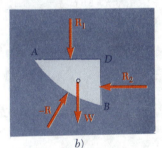

Fig. 5.19

---

†La presión p, la cual representa una carga por unidad de área, se expresa en N/m² o en lb/ft². La unidad derivada del SI N/m² recibe el nombre de *pascal* (Pa).

‡ Observando que el área bajo la curva de carga es igual a $w_E L$, donde w_E es la carga por unidad de longitud en el centro E de la placa y recordando la ecuación (5.13), se puede escribir

$$R = w_E L = (bp_E)L = p_E(bL) = p_E A$$

donde A representa el área de la *placa*. Por lo tanto, se puede obtener la magnitud de $\mathbf{R}$ multiplicando el área de la placa por la presión en su centro E. Sin embargo, la resultante $\mathbf{R}$ *debe ser aplicada en P, no en E*.

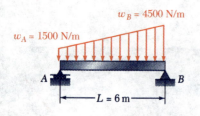

PROBLEMA RESUELTO 5.9

Una viga soporta una carga distribuida como se muestra en la figura: *a*) determínese la carga concentrada equivalente, y *b*) determínense las reacciones en los apoyos.

SOLUCIÓN

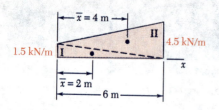

a. **Carga concentrada equivalente.** La magnitud de la resultante de la carga es igual al área bajo la curva de carga y la línea de acción de la resultante pasa a través del centroide de dicha área. Se divide el área bajo la curva de carga en dos triángulos y se construye la tabla que se presenta a continuación. Para simplificar los cálculos y la tabulación, las cargas por unidad de longitud dadas se han convertido a kN/m.

Componente	A, kN	$\bar{x}$, m	$\bar{x}A$, kN·m
Triángulo I	4.5	2	9
Triángulo II	13.5	4	54
	$\Sigma A = 18.0$		$\Sigma \bar{x}A = 63$

Por lo tanto, $\bar{X}\Sigma A = \Sigma \bar{x}A$: $\bar{X}(18 \text{ kN}) = 63 \text{ kN} \cdot \text{m}$ $\bar{X} = 3.5$ m

La carga concentrada equivalente es

$$W = 18 \text{ kN} \downarrow \quad \blacktriangleleft$$

y su línea de acción está localizada a una distancia

$$\bar{X} = 3.5 \text{ m a la derecha de A} \quad \blacktriangleleft$$

b. **Reacciones.** La reacción en *A* es vertical y se representa con **A**; la reacción en *B* está representada por sus componentes B_x y B_y. Como se muestra en la figura, la carga dada puede ser considerada como la suma de dos cargas triangulares. La resultante de cada carga triangular es igual al área del triángulo y actúa en su centroide. Se escriben las siguientes ecuaciones de equilibrio para el cuerpo libre mostrado:

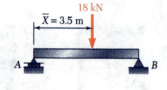

$\xrightarrow{+} \Sigma F_x = 0$: $\quad B_x = 0 \quad \blacktriangleleft$

$+\circlearrowleft \Sigma M_A = 0$: $-(4.5 \text{ kN})(2 \text{ m}) - (13.5 \text{ kN})(4 \text{ m}) + B_y(6 \text{ m}) = 0$

$$B_y = 10.5 \text{ kN} \uparrow \quad \blacktriangleleft$$

$+\circlearrowleft \Sigma M_B = 0$: $+(4.5 \text{ kN})(4 \text{ m}) + (13.5 \text{ kN})(2 \text{ m}) - A(6 \text{ m}) = 0$

$$A = 7.5 \text{ kN} \uparrow \quad \blacktriangleleft$$

Solución alternativa. La carga distribuida dada puede ser reemplazada por su resultante, la cual fue determinada en la parte *a*. Las reacciones pueden determinarse escribiendo las ecuaciones de equilibrio $\Sigma F_x = 0$, $\Sigma M_A = 0$ y $\Sigma M_B = 0$. Nuevamente se obtiene

$$B_x = 0 \quad B_y = 10.5 \text{ kN} \uparrow \quad A = 7.5 \text{ kN} \uparrow \quad \blacktriangleleft$$

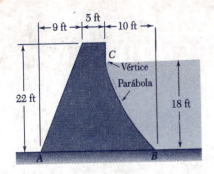

PROBLEMA RESUELTO 5.10

La sección transversal de una presa de concreto es como se muestra en la figura. Considérese una sección de la presa de 1 ft de espesor y determínese a) la resultante de las fuerzas de reacción ejercidas por el suelo sobre la base AB de la presa y b) la resultante de las fuerzas de presión ejercidas por el agua sobre la cara BC de la presa. Los pesos específicos del concreto y del agua son, respectivamente, 150 lb/ft^3 y 62.4 lb/ft^3.

SOLUCIÓN

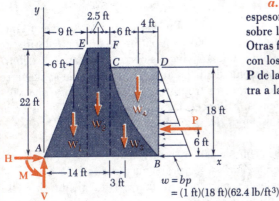

a. Reacción del suelo. Se selecciona como cuerpo libre la sección de 1 ft de espesor $AEFCDB$ de la presa y el agua. Las fuerzas de reacción ejercidas por el suelo sobre la base AB están representadas por un sistema equivalente fuerza-par en A. Otras fuerzas que actúan sobre el cuerpo libre son el peso de la presa, representado con los pesos de sus componentes W_1, W_2 y W_3, el peso del agua W_4 y la resultante P de las fuerzas de presión ejercidas sobre la sección BD por el agua que se encuentra a la derecha de dicha sección BD. Así, se tiene

$$W_1 = \tfrac{1}{2}(9 \text{ ft})(22 \text{ ft})(1 \text{ ft})(150 \text{ lb/ft}^3) = 14\,850 \text{ lb}$$
$$W_2 = (5 \text{ ft})(22 \text{ ft})(1 \text{ ft})(150 \text{ lb/ft}^3) = 16\,500 \text{ lb}$$
$$W_3 = \tfrac{1}{3}(10 \text{ ft})(18 \text{ ft})(1 \text{ ft})(150 \text{ lb/ft}^3) = 9000 \text{ lb}$$
$$W_4 = \tfrac{2}{3}(10 \text{ ft})(18 \text{ ft})(1 \text{ ft})(62.4 \text{ lb/ft}^3) = 7488 \text{ lb}$$
$$P = \tfrac{1}{2}(18 \text{ ft})(1 \text{ ft})(18 \text{ ft})(62.4 \text{ lb/ft}^3) = 10\,109 \text{ lb}$$

Ecuaciones de equilibrio.

$$\xrightarrow{+} \Sigma F_x = 0: \quad H - 10\,109 \text{ lb} = 0 \qquad \mathbf{H} = 10\,110 \text{ lb} \rightarrow \blacktriangleleft$$
$$+\uparrow \Sigma F_y = 0: \quad V - 14\,850 \text{ lb} - 16\,500 \text{ lb} - 9000 \text{ lb} - 7488 \text{ lb} = 0$$
$$\mathbf{V} = 47\,840 \text{ lb} \uparrow \blacktriangleleft$$
$$+\,\Sigma M_A = 0: \quad -(14\,850 \text{ lb})(6 \text{ ft}) - (16\,500 \text{ lb})(11.5 \text{ ft})$$
$$- (9000 \text{ lb})(17 \text{ ft}) - (7488 \text{ lb})(20 \text{ ft}) + (10\,109 \text{ lb})(6 \text{ ft}) + M = 0$$
$$\mathbf{M} = 520\,960 \text{ lb} \cdot \text{ft} \blacktriangleleft$$

Se puede reemplazar el sistema fuerza-par obtenido por una sola fuerza que actúa a una distancia d a la derecha de A, donde

$$d = \frac{520\,960 \text{ lb} \cdot \text{ft}}{47\,840 \text{ lb}} = 10.89 \text{ ft}$$

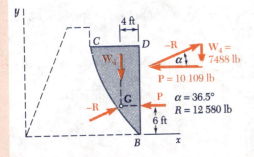

b. Resultante R de las fuerzas ejercidas por el agua. Se elige como cuerpo libre la sección parabólica de agua BCD. Las fuerzas involucradas son la resultante $-\mathbf{R}$ de las fuerzas ejercidas por la presa sobre el agua, el peso $\mathbf{W}_4$ y la fuerza $\mathbf{P}$. Como estas fuerzas deben ser concurrentes, $-\mathbf{R}$ pasa a través del punto de intersección G de $\mathbf{W}_4$ y $\mathbf{P}$. Se dibuja un triángulo de fuerzas a partir del cual se determinan la magnitud y la dirección de $-\mathbf{R}$. La resultante $\mathbf{R}$ de las fuerzas ejercidas por el agua sobre la cara BC es igual y opuesta:

$$\mathbf{R} = 12\,580 \text{ lb} \; \measuredangle 36.5° \; \blacktriangleleft$$

PROBLEMAS PARA RESOLVER EN FORMA INDEPENDIENTE

Los problemas en esta lección involucran dos tipos de cargas comunes muy importantes: cargas distribuidas sobre vigas y fuerzas sobre superficies sumergidas de ancho constante. Como se estudió en las secciones 5.8 y 5.9 y se ilustró en los problemas resueltos 5.9 y 5.10, determinar la fuerza equivalente única para cada una de estas cargas requiere un conocimiento sobre centroides.

1. **Análisis de vigas sujetas a cargas distribuidas.** En la sección 5.8 se demostró que una carga distribuida que actúa sobre una viga puede reemplazarse por una sola fuerza equivalente. La magnitud de dicha fuerza es igual al área bajo la curva de la carga distribuida y su línea de acción pasa a través del centroide de dicha área. Por lo tanto, la solución se debe comenzar reemplazando las diversas cargas distribuidas que actúan sobre una viga dada, por sus respectivas fuerzas equivalentes. Entonces, las reacciones en los apoyos de la viga pueden determinarse empleando los métodos del capítulo 4.

Cuando sea posible, las cargas distribuidas complejas deben dividirse en áreas que correspondan a las formas comunes mostradas en la figura 5.8A [problema resuelto 5.9]. Entonces, cada una de estas áreas puede ser reemplazada por una sola fuerza equivalente. Si así se requiere, el sistema de fuerzas equivalentes puede reducirse aún más a una sola fuerza equivalente. A medida que se estudie el problema resuelto 5.9, obsérvese cómo se ha utilizado la analogía entre fuerza y área y las técnicas para localizar el centroide de áreas compuestas, para analizar una viga sujeta a una carga distribuida.

2. **Resolviendo problemas que involucran fuerzas que actúan sobre cuerpos sumergidos.** Se deben recordar los siguientes puntos y las siguientes técnicas al momento de resolver problemas de este tipo.

a. La presión p a una profundidad h por debajo de la superficie libre de un líquido es igual a γh o a $\rho g h$, donde γ y ρ son, respectivamente, el peso específico y la densidad del líquido. Por tanto, la carga por unidad de longitud w que actúa sobre una superficie sumergida de ancho constante b está dada por

$$w = bp = b\gamma h = b\rho g h$$

b. La línea de acción de la fuerza resultante **R** que actúa sobre una superficie plana sumergida es perpendicular a dicha superficie.

c. Para una superficie rectangular plana vertical o inclinada de ancho b, la carga que actúa sobre la superficie puede representarse por medio de una carga linealmente distribuida que tiene forma trapezoidal (figura 5.18). Además, la magnitud de **R** está dada por

$$R = \gamma h_E A$$

donde h_E es la distancia vertical al centro de la superficie y A es el área de la superficie.

d. En virtud de que la presión del líquido en la superficie libre del mismo es igual a cero, la curva de carga será triangular (en lugar de trapezoidal) cuando el borde superior de una superficie rectangular plana coincida con la superficie libre del líquido. Para este caso, la línea de acción de **R** puede determinarse fácilmente debido a que pasa a través del centroide de una carga distribuida *triangular*.

e. Para el caso general, en lugar de analizar un trapezoide, se sugiere que se use el método señalado en la parte *b* del problema resuelto 5.9. Primero se divide a la carga distribuida trapezoidal en dos triángulos y, entonces, se calcula la magnitud de la resultante de cada carga triangular. (La magnitud es igual al producto del área del triángulo por el ancho de la placa). Obsérvese que la línea de acción de cada fuerza resultante pasa a través del centroide del triángulo correspondiente y que la suma de dichas fuerzas es equivalente a **R**. Por lo tanto, en lugar de utilizar **R**, se pueden usar las dos fuerzas resultantes equivalentes cuyos puntos de aplicación pueden determinarse fácilmente. Por supuesto, la ecuación dada para R en el párrafo *c* se debe utilizar cuando únicamente se necesite conocer la magnitud de **R**.

f. Cuando la superficie sumergida de ancho constante es curva, la fuerza resultante que actúa sobre la superficie se obtiene considerando el equilibrio del volumen del líquido, limitado por la superficie curva y por planos horizontales y verticales (figura 5.19). Obsérvese que la fuerza R_1 de la figura 5.19 es igual al peso del líquido que se encuentra por encima del plano *AD*. El método de solución para problemas que involucran superficies curvas se muestra en la parte *b* del problema resuelto 5.10.

En los cursos de mecánica subsecuentes (en particular el curso de mecánica de materiales y el curso de mecánica de fluidos), se tendrá una amplia oportunidad para utilizar las ideas presentadas en esta lección.

Problemas

5.75 y 5.76 Para la viga y la carga mostradas en la figura, determínese a) la magnitud y la localización de la resultante de la carga distribuida y b) las reacciones en los apoyos de la viga.

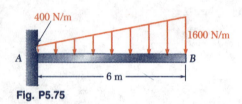
Fig. P5.75

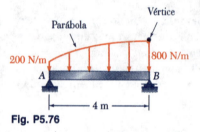
Fig. P5.76

5.77 al 5.82 Para la carga aplicada sobre la viga, determínense las reacciones en los apoyos.

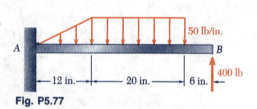
Fig. P5.77

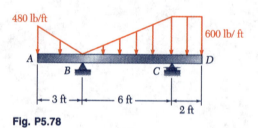
Fig. P5.78

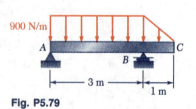
Fig. P5.79

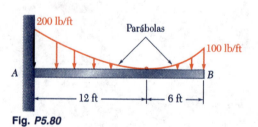
Fig. P5.80

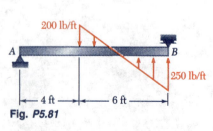
Fig. P5.81

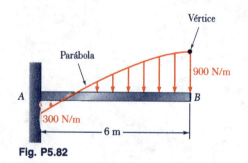
Fig. P5.82

5.83 Para la carga aplicada sobre la viga mostrada en la figura, determínense las reacciones en los apoyos cuando $w_0 = 150$ lb/ft.

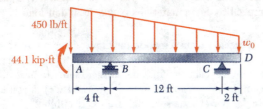

Fig. P5.83 y P5.84

5.84 Determínese a) la carga distribuida w_0 en el extremo D de la viga ABCD para la cual la reacción en B es cero y b) la reacción correspondiente en C.

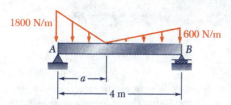

Fig. P5.85 y P5.86

5.85 Determínese a) la distancia a para la cual las reacciones verticales en los apoyos A y B son iguales y b) el valor correspondiente de las reacciones en los apoyos.

5.86 Determínese a) la distancia a para la cual el valor de la reacción es mínimo en el apoyo B y b) el valor correspondiente de las reacciones en los apoyos.

5.87 Una viga está sometida a una carga distribuida linealmente hacia abajo y descansa sobre dos amplios apoyos BC y DE, los cuales ejercen cargas uniformemente distribuidas hacia arriba como se muestra en la figura. Determínense los valores de w_{BC} y w_{DE} correspondientes al equilibrio cuando $w_A = 600$ N/m.

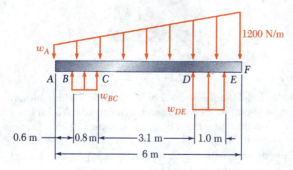

Fig. P5.87 y P5.88

5.88 Una viga está sometida a una carga distribuida linealmente hacia abajo y descansa sobre dos amplios apoyos BC y DE, los cuales ejercen las cargas uniformemente distribuidas hacia arriba como se muestra en la figura. Determínense a) el valor de w_A tal que $w_{BC} = w_{DE}$ y b) los valores correspondientes de w_{BC} y w_{DE}.

En los problemas siguientes, úsense $\gamma = 62.4$ lb/ft³ para el peso específico del agua dulce y $\gamma_C = 150$ lb/ft³ para el peso específico del concreto cuando se utilicen las unidades de uso común en los Estados Unidos. Cuando se usen las unidades del SI, se debe utilizar $\rho = 10^3$ kg/m³ para la densidad del agua dulce y $\rho_C = 2.40 \times 10^3$ kg/m³ para la densidad del concreto. (Véase el pie de página de la página 212 para ver cómo se determina el peso específico de un material a partir de su densidad.)

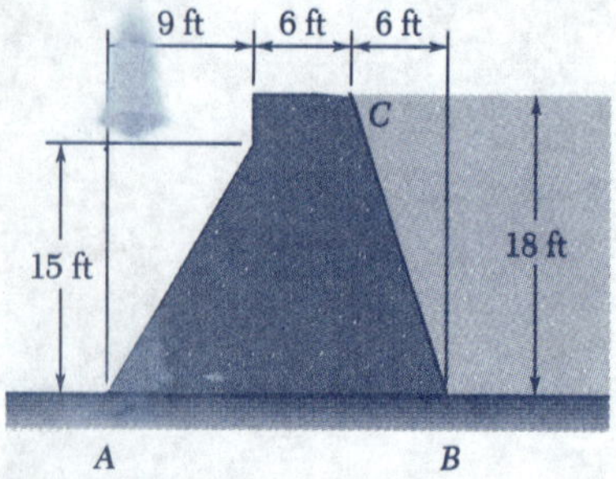

5.89 y 5.90 La sección transversal de un dique de concreto tiene la forma mostrada en la figura. Para una sección del dique de 1 ft de ancho, determínese *a*) la resultante de las fuerzas de reacción ejercidas por el suelo sobre la base AB del dique, *b*) el punto de aplicación de la fuerza resultante del inciso *a* y *c*) la resultante de las fuerzas de presión ejercidas por el agua sobre la cara BC del dique.

Fig. P5.89

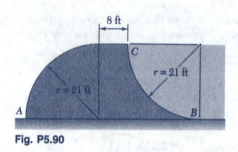

Fig. P5.90

5.91 La fuerza de fricción entre la compuerta cuadrada AB de 6×6 ft y sus guías es igual al 10 por ciento de la resultante de las fuerzas de presión ejercidas por el agua sobre la cara de la compuerta. Determínese la fuerza inicial requerida para levantar la compuerta si el peso de la misma es de 1000 lb.

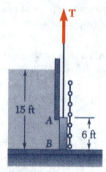

Fig. P5.91

5.92 El lado AB del tanque de 3×4 m se sostiene mediante bisagras en el fondo A y se mantiene en su lugar por medio de una barra delgada BC. La fuerza máxima de tensión que la barra puede soportar sin fracturarse es de 200 kN y las especificaciones de diseño requieren que la fuerza en la barra no exceda el 20 por ciento de dicho valor. Si el tanque se llena de agua lentamente, determínese la profundidad máxima permisible d que puede tener el agua en el tanque.

5.93 Un tanque abierto de 3×4 m de lado se sostiene mediante bisagras en el fondo A y se mantiene en su lugar por medio de una barra delgada. El tanque debe llenarse con glicerina la cual tiene una densidad de 1263 kg/m³. Determínese la fuerza T en la barra y las reacciones en las bisagras una vez que el tanque se llena a una profundidad de 2.9 m.

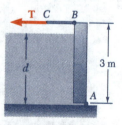

Fig. P5.92 y P5.93

5.94 El dique en un lago se diseña para soportar la fuerza adicional producida por el sedimento que se encuentra en el fondo del lago. Suponiendo que la densidad del sedimento es equivalente a la de un líquido con densidad $\rho_s = 1.76 \times 10^3$ kg/m³ y considerando que el ancho del dique es de 1 m, determínese el porcentaje de incremento en la fuerza que actúa sobre la cara del dique cuando se tiene una acumulación de 2 m de profundidad de sedimento.

Fig. P5.94 y P5.95

5.95 La base del dique de un lago se diseña para soportar hasta el 120 por ciento de la fuerza horizontal ejercida por el agua. Después de su construcción, se descubre que se está acumulando sedimento (el cual es equivalente a un líquido de densidad $\rho_s = 1.76 \times 10^3$ kg/m³) en el fondo del lago a razón de 12 mm/año. Considerando que el ancho del dique es de 1 m, determínese el tiempo en años para el cual el dique ya será inseguro.

5.96 Un tanque se divide en dos secciones mediante una compuerta cuadrada de 1 × 1 m, la cual se articula en A. Se necesita un par de 490 N · m de magnitud para hacer rotar a la compuerta. Si una de las secciones del tanque se llena con agua a razón de 0.1 m³/min y la otra sección se llena simultáneamente con alcohol metílico (cuya densidad es $\rho_{ma} = 789$ kg/m³) a razón de 0.2 m³/min, determínese el tiempo y la dirección hacia donde rotará primero la compuerta.

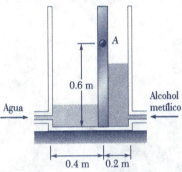

Fig. P5.96

5.97 La compuerta AB de 0.5 × 0.8 m se localiza en el fondo de un tanque lleno de agua. La compuerta está articulada a lo largo de su canto superior A y descansa sobre un tope sin fricción en B como se muestra en la figura. Determínense las reacciones en A y B cuando el cable BCD está flojo.

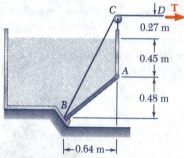

Fig. P5.97 y P5.98

5.98 La compuerta AB de 0.5 × 0.8 m se localiza en el fondo de un tanque lleno de agua. La compuerta está articulada a lo largo de su canto superior A y descansa sobre un tope sin fricción en B como se muestra en la figura. Determínese la tensión mínima requerida en el cable BCD para abrir la compuerta.

5.99 Una compuerta de 4 × 2 ft está articulada en A y se sostiene en la posición mostrada mediante la barra CD. El extremo D de la barra se apoya sobre un resorte cuya constante es de 828 lb/ft. El resorte está sin deformar cuando la compuerta se encuentra en la posición vertical. Suponiendo que la fuerza ejercida sobre la compuerta mediante la barra CD siempre es horizontal, determínese la profundidad mínima d del agua para la cual el fondo B de la compuerta se moverá hacia el otro extremo de la parte cilíndrica del suelo.

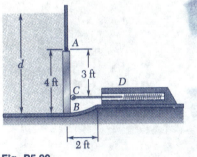

Fig. P5.99

5.100 Resuélvase el problema 5.99 si el peso de la compuerta es de 1000 lb.

5.101 Una compuerta con forma prismática se coloca en el extremo de un canal de agua dulce. Ésta se sostiene mediante un apoyo de pasador en A y descansa sobre un apoyo sin fricción en B. El perno está localizado a una distancia $h = 0.10$ m por debajo del centro de gravedad C de la compuerta. Determínese la profundidad d del agua para la cual la compuerta se abrirá.

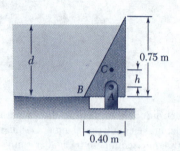

Fig. P5.101 y P5.102

5.102 Una compuerta con forma prismática se coloca en el extremo de un canal de agua dulce. Ésta se sostiene mediante un apoyo de pasador en A y descansa sobre un apoyo sin fricción en B. Determínese la distancia h si la compuerta se debe abrir cuando $d = 0.75$ m.

5.103 Un tambor de 55 galones y 23 in. de diámetro se coloca de costado para actuar como un dique en un canal de agua dulce de 30 in. de ancho. Sabiendo que el tambor está anclado en ambos lados del canal, determínese la resultante de las fuerzas de presión que actúan sobre el tambor.

Fig. P5.103

5.104 Un canalón para la lluvia se sostiene desde el techo de una casa mediante ganchos que están espaciados 2 ft entre sí. Después de que se obstruye el canalón del desagüe, éste se llena lentamente con agua de lluvia. Para el caso en el que el canalón está lleno de agua determínese a) la resultante de las fuerzas de presión ejercidas por el agua sobre una sección de 2 ft de la superficie curva del canalón mostrada en la figura y b) el sistema fuerza-par ejercido sobre uno de los ganchos que sostienen al canalón.

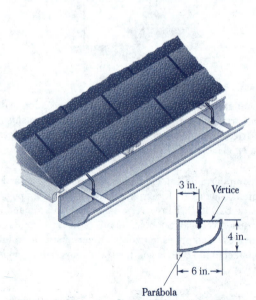

Fig. P5.104

VOLÚMENES

5.10. CENTRO DE GRAVEDAD DE UN CUERPO TRIDIMENSIONAL. CENTROIDE DE UN VOLUMEN

El *centro de gravedad* G de un cuerpo tridimensional se obtiene dividiendo el cuerpo en pequeños elementos y expresando que el peso $\mathbf{W}$ del cuerpo actuando en G es equivalente al sistema de fuerzas distribuidas $\Delta \mathbf{W}$ que representan a los pesos de los elementos pequeños. Seleccionando al eje y vertical y con un sentido positivo hacia arriba (figura 5.20) y representando con $\bar{\mathbf{r}}$ al vector de posición de G, se escribe que $\mathbf{W}$ es igual a la suma de los pesos elementales $\Delta \mathbf{W}$

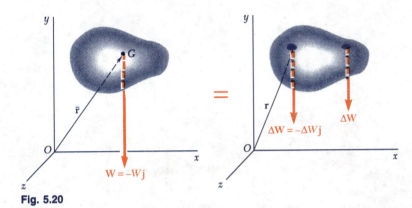

Fig. 5.20

y que su momento con respecto a O es igual a la suma de los momentos con respecto a O de los pesos elementales.

$$\Sigma \mathbf{F}: \qquad -W\mathbf{j} = \Sigma(-\Delta W \mathbf{j}) \qquad (5.13)$$
$$\Sigma \mathbf{M}_O: \qquad \bar{\mathbf{r}} \times (-W\mathbf{j}) = \Sigma[\mathbf{r} \times (-\Delta W \mathbf{j})]$$

Reescribiendo la última ecuación de la siguiente forma

$$\bar{\mathbf{r}} W \times (-\mathbf{j}) = (\Sigma \mathbf{r}\, \Delta W) \times (-\mathbf{j}) \qquad (5.14)$$

se observa que el peso $\mathbf{W}$ del cuerpo es equivalente al sistema de pesos elementales $\Delta \mathbf{W}$ si se cumplen las siguientes condiciones:

$$W = \Sigma\, \Delta W \qquad \bar{\mathbf{r}} W = \Sigma \mathbf{r}\, \Delta W$$

Incrementando el número de elementos y simultáneamente disminuyendo el tamaño de cada uno de ellos, se obtiene en el límite

$$W = \int dW \qquad \bar{\mathbf{r}} W = \int \mathbf{r}\, dW \qquad (5.15)$$

Se observa que las relaciones obtenidas son independientes de la orientación del cuerpo. Por ejemplo, si el cuerpo y los ejes coordenados fueran rotados de tal manera que el eje z apunte hacia arriba, el vector unitario $-\mathbf{j}$ sería reemplazado por $-\mathbf{k}$ en las ecuaciones (5.13) y (5.14) pero las relaciones (5.15) permanecerían intactas. Descomponiendo los vectores $\bar{\mathbf{r}}$ y $\mathbf{r}$ en sus componentes rectangulares, se observa que la segunda de las relaciones (5.15) es equivalente a las tres ecuaciones escalares que se presentan a continuación

$$\bar{x} W = \int x\, dW \qquad \bar{y} W = \int y\, dW \qquad \bar{z} W = \int z\, dW \qquad (5.16)$$

Si el cuerpo está hecho de un material homogéneo de peso específico γ, la magnitud dW del peso de un elemento infinitesimal puede expresarse en términos del volumen dV de dicho elemento y la magnitud W del peso total puede expresarse en términos del volumen total V. Así, se escribe

$$dW = \gamma\, dV \qquad W = \gamma V$$

Sustituyendo a dW y a W en la segunda de las relaciones (5.15), se escribe

$$\overline{\mathbf{r}}V = \int \mathbf{r}\, dV \tag{5.17}$$

o, en forma escalar,

$$\overline{x}V = \int x\, dV \qquad \overline{y}V = \int y\, dV \qquad \overline{z}V = \int z\, dV \tag{5.18}$$

El punto cuyas coordenadas son $\overline{x}, \overline{y}, \overline{z}$ también se conoce como el *centroide C del volumen V* del cuerpo. Si el cuerpo no es homogéneo, las ecuaciones (5.18) no pueden utilizarse para determinar el centro de gravedad del mismo; sin embargo, las ecuaciones (5.18) aún definen al centroide de su volumen.

La integral $\int x\, dV$ se conoce como el *primer momento del volumen con respecto del plano yz*. Análogamente, las integrales $\int y\, dV$ y $\int z\, dV$ definen, respectivamente, los primeros momentos del volumen con respecto del plano zx y el plano xy. A partir de las ecuaciones (5.18) se observa que si el centroide de un volumen está localizado en un plano coordenado, el primer momento del volumen con respecto de dicho plano es igual a cero.

Se dice que un volumen es simétrico con respecto a un plano dado si para cada punto P del volumen existe un punto P' del mismo volumen tal que la línea PP' es perpendicular al plano dado y está dividida en dos partes por dicho plano. Bajo tales circunstancias, se dice que el plano en cuestión es un *plano de simetría* para el volumen dado. Cuando un volumen V posee un plano de simetría, el primer momento de V con respecto a ese plano es igual a cero y el centroide del volumen está localizado en el plano de simetría. Cuando un volumen posee dos planos de simetría, el centroide del volumen está localizado en la línea de intersección de los dos planos. Finalmente, cuando un volumen posee tres planos de simetría que se intersectan en un punto bien definido (esto es, que no se intersectan a lo largo de una línea común), el punto de intersección de los tres planos coincide con el centroide del volumen. Esta propiedad permite determinar inmediatamente la ubicación de los centroides de esferas, elipsoides, cubos, paralelepípedos rectangulares, etcétera.

Los centroides de volúmenes que no son simétricos o de volúmenes que poseen únicamente uno o dos planos de simetría deben determinarse por integración (sección 5.12). Los centroides de varios volúmenes comunes se muestran en la figura 5.21. Se debe observar que, en general, el centroide de un volumen de revolución *no coincide* con el centroide de su sección transversal. Por lo tanto, el centroide de un hemisferio es diferente del de un área semicircular y el centroide de un cono es diferente del de un triángulo.

Forma		$\bar{x}$	Volumen
Semiesfera	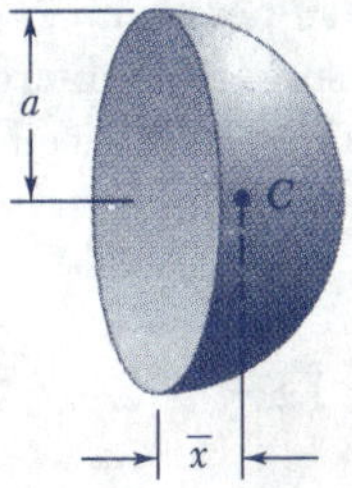	$\dfrac{3a}{8}$	$\dfrac{2}{3}\pi a^3$
Semielipsoide de revolución	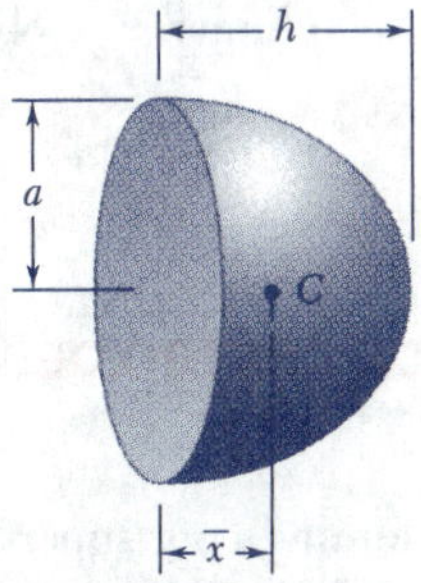	$\dfrac{3h}{8}$	$\dfrac{2}{3}\pi a^2 h$
Paraboloide de revolución	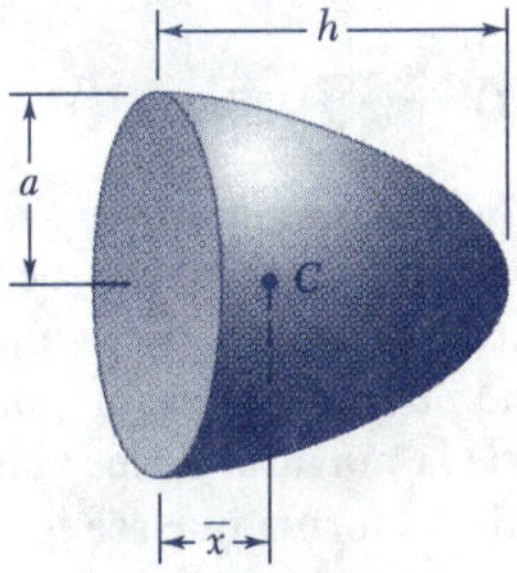	$\dfrac{h}{3}$	$\dfrac{1}{2}\pi a^2 h$
Cono	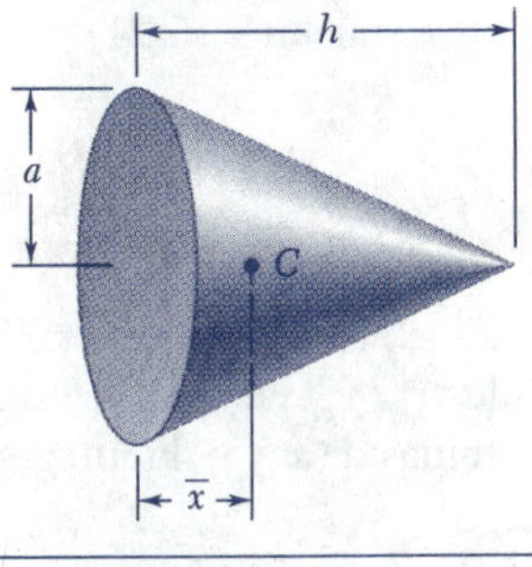	$\dfrac{h}{4}$	$\dfrac{1}{3}\pi a^2 h$
Pirámide	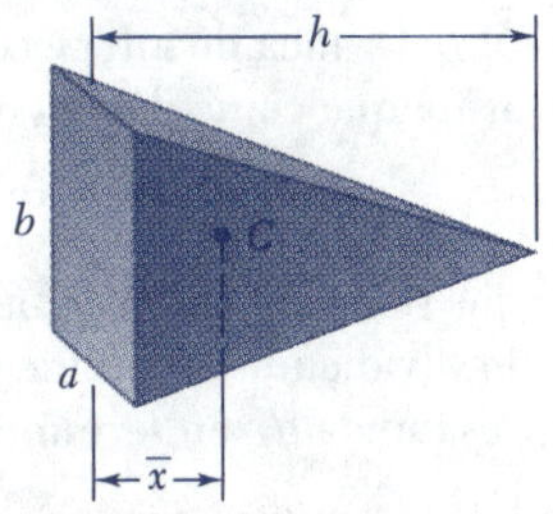	$\dfrac{h}{4}$	$\dfrac{1}{3}abh$

Fig. 5.21 Centroides de formas y volúmenes comunes.

5.11. CUERPOS COMPUESTOS

Si un cuerpo puede dividirse en varias de las formas comunes mostradas en la figura 5.21, su centro de gravedad G puede determinarse expresando que el momento con respecto de O de su peso total es igual a la suma de los momentos con respecto a O de los pesos de las diferentes partes que lo componen. Procediendo de la misma forma que en la sección 5.10, se obtienen las siguientes ecuaciones que definen las coordenadas $\bar{X}, \bar{Y}, \bar{Z}$ del centro de gravedad G de un cuerpo.

$$\bar{X}\Sigma W = \Sigma \bar{x}W \qquad \bar{Y}\Sigma W = \Sigma \bar{y}W \qquad \bar{Z}\Sigma W = \Sigma \bar{z}W \tag{5.19}$$

Si el cuerpo está hecho de un material homogéneo, su centro de gravedad coincide con el centroide de su volumen y se obtiene:

$$\bar{X}\Sigma V = \Sigma \bar{x}V \qquad \bar{Y}\Sigma V = \Sigma \bar{y}V \qquad \bar{Z}\Sigma V = \Sigma \bar{z}V \tag{5.20}$$

5.12. DETERMINACIÓN DE CENTROIDES DE VOLÚMENES POR INTEGRACIÓN

El centroide de un volumen limitado por superficies analíticas puede determinarse evaluando las integrales dadas en la sección 5.10:

$$\bar{x}V = \int x\,dV \qquad \bar{y}V = \int y\,dV \qquad \bar{z}V = \int z\,dV \tag{5.21}$$

Si el elemento de volumen dV se selecciona de tal forma que sea igual a un pequeño cubo de lados dx, dy y dz, la evaluación de cada una de estas integrales requiere una *integración triple*. Sin embargo, es posible determinar las coordenadas del centroide de la mayoría de los volúmenes utilizando *integración doble* si dV se selecciona de tal forma que sea igual al volumen de un filamento delgado (figura 5.22). Entonces, las coordenadas del centroide del volumen se obtienen reescribiendo las ecuaciones (5.21),

$$\bar{x}V = \int \bar{x}_{el}\,dV \qquad \bar{y}V = \int \bar{y}_{el}\,dV \qquad \bar{z}V = \int \bar{z}_{el}\,dV \tag{5.22}$$

y sustituyendo después las expresiones dadas en la figura 5.22 para el volumen dV y para las coordenadas $\bar{x}_{el}, \bar{y}_{el}$ y $\bar{z}_{el}$. Utilizando la ecuación de la superficie para expresar a z en términos de x y y, la integración se reduce a una integración doble en x y y.

Si el volumen bajo consideración posee *dos planos de simetría*, su centroide debe estar localizado sobre la línea de intersección de los dos planos. Seleccionando al eje x de tal forma que coincida con esta línea, se tiene

$$\bar{y} = \bar{z} = 0$$

y la única coordenada que se tiene que determinar es $\bar{x}$. Esto se puede realizar con una *sola integración* dividiendo el volumen dado en placas delgadas paralelas al plano yz y expresando a dV en términos de x y dx en la ecuación

$$\bar{x}V = \int \bar{x}_{el}\,dV \tag{5.23}$$

Para un cuerpo de revolución, las placas son circulares y sus volúmenes están dados en la figura 5.23.

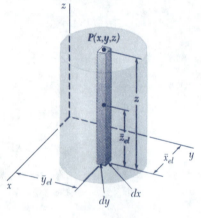

Fig. 5.22 Determinación del centroide de un volumen por integración doble.

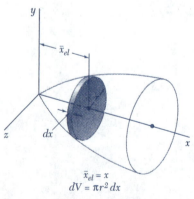

Fig. 5.23 Determinación del centroide de un cuerpo de revolución.

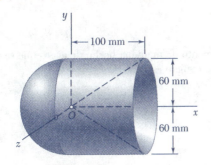

PROBLEMA RESUELTO 5.11

Determínese la ubicación del centro de gravedad del cuerpo de revolución homogéneo mostrado en la figura, el cual fue obtenido uniendo una semiesfera y un cilindro y removiendo un cono.

SOLUCIÓN

Debido a la simetría, el centro de gravedad se encuentra sobre el eje x tal y como se muestra en la figura que se presenta a continuación. El cuerpo puede obtenerse sumándole una semiesfera a un cilindro y después restándole un cono. El volumen y la abscisa del centroide de cada uno de estos componentes se obtiene a partir de la figura 5.21 y se introduce en la tabla que aparece a continuación. Entonces, se determinan el volumen total del cuerpo y el primer momento de dicho volumen con respecto al plano yz.

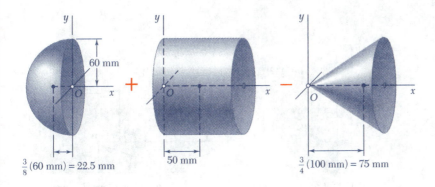

Componente	Volumen, mm³		$\bar{x}$, mm	$\bar{x}V$, mm⁴
Semiesfera	$\frac{1}{2}\frac{4\pi}{3}(60)^3 =$	0.4524×10^6	-22.5	-10.18×10^6
Cilindro	$\pi(60)^2(100) =$	1.1310×10^6	$+50$	$+56.55 \times 10^6$
Cono	$-\frac{\pi}{3}(60)^2(100) =$	-0.3770×10^6	$+75$	-28.28×10^6
	$\Sigma V =$	1.206×10^6		$\Sigma \bar{x}V = +18.09 \times 10^6$

Por lo tanto,

$$\bar{X}\Sigma V = \Sigma \bar{x}V: \qquad \bar{X}(1.206 \times 10^6 \text{ mm}^3) = 18.09 \times 10^6 \text{ mm}^4$$

$$\bar{X} = 15 \text{ mm} \blacktriangleleft$$

PROBLEMA RESUELTO 5.12

Localícese el centro de gravedad del elemento de máquina hecho de acero que se muestra en la figura. El diámetro de cada agujero es 1 in.

SOLUCIÓN

El elemento de máquina se puede obtener sumándole a un paralelepípedo rectangular (I) un cuarto de cilindro (II) y, entonces, restando dos cilindros de 1 in. de diámetro (III y IV). Se determinan el volumen y las coordenadas del centroide de cada componente y se introducen en la tabla que se presenta a continuación. Entonces, utilizando los datos que están en la tabla, se determina el volumen total y los momentos de dicho volumen con respecto de cada uno de los planos coordenados.

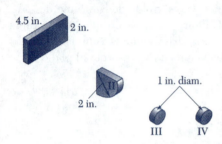

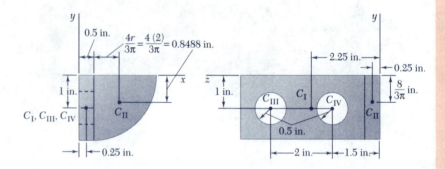

	V, in^3	$\bar{x}$, in.	$\bar{y}$, in.	$\bar{z}$, in.	$\bar{x}V$, in^4	$\bar{y}V$, in^4	$\bar{z}V$, in^4
I	$(4.5)(2)(0.5) = 4.5$	0.25	−1	2.25	1.125	−4.5	10.125
II	$\tfrac{1}{4}\pi(2)^2(0.5) = 1.571$	1.3488	−0.8488	0.25	2.119	−1.333	0.393
III	$-\pi(0.5)^2(0.5) = -0.3927$	0.25	−1	3.5	−0.098	0.393	−1.374
IV	$-\pi(0.5)^2(0.5) = -0.3927$	0.25	−1	1.5	−0.098	0.393	−0.589
	$\Sigma V = 5.286$				$\Sigma\bar{x}V = 3.048$	$\Sigma\bar{y}V = -5.047$	$\Sigma\bar{z}V = 8.555$

Por lo tanto,

$\bar{X}\Sigma V = \Sigma\bar{x}V$: $\quad \bar{X}(5.286 \text{ in}^3) = 3.048 \text{ in}^4 \qquad \bar{X} = 0.577$ in. ◀

$\bar{Y}\Sigma V = \Sigma\bar{y}V$: $\quad \bar{Y}(5.286 \text{ in}^3) = -5.047 \text{ in}^4 \qquad \bar{Y} = -0.955$ in. ◀

$\bar{Z}\Sigma V = \Sigma\bar{z}V$: $\quad \bar{Z}(5.286 \text{ in}^3) = 8.555 \text{ in}^4 \qquad \bar{Z} = 1.618$ in. ◀

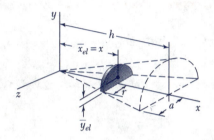

PROBLEMA RESUELTO 5.13

Determínese la ubicación del centroide del medio cono circular recto mostrado en la figura.

SOLUCIÓN

Como el plano xy es un plano de simetría, el centroide se encuentra en dicho plano y $\bar{z} = 0$. Se selecciona una placa de espesor dx como el elemento diferencial. El volumen de dicho elemento es

$$dV = \tfrac{1}{2}\pi r^2\, dx$$

Las coordenadas $\bar{x}_{el}$ y $\bar{y}_{el}$ del centroide del elemento diferencial se obtienen a partir de la figura 5.8 (área semicircular).

$$\bar{x}_{el} = x \qquad \bar{y}_{el} = \frac{4r}{3\pi}$$

Se observa que r es proporcional a x y se escribe

$$\frac{r}{x} = \frac{a}{h} \qquad r = \frac{a}{h}x$$

Así, el volumen del cuerpo está dado por

$$V = \int dV = \int_0^h \tfrac{1}{2}\pi r^2\, dx = \int_0^h \tfrac{1}{2}\pi \left(\frac{a}{h}x\right)^2 dx = \frac{\pi a^2 h}{6}$$

El primer momento del elemento diferencial con respecto del plano yz es $\bar{x}_{el}\, dV$; en consecuencia, el momento total del cuerpo con respecto de ese mismo plano es

$$\int \bar{x}_{el}\, dV = \int_0^h x(\tfrac{1}{2}\pi r^2)\, dx = \int_0^h x(\tfrac{1}{2}\pi)\left(\frac{a}{h}x\right)^2 dx = \frac{\pi a^2 h^2}{8}$$

Por lo tanto,

$$\bar{x}V = \int \bar{x}_{el}\, dV \qquad \bar{x}\frac{\pi a^2 h}{6} = \frac{\pi a^2 h^2}{8} \qquad \bar{x} = \tfrac{3}{4}h \quad \blacktriangleleft$$

Similarmente, el momento del elemento diferencial con respecto al plano zx es $\bar{y}_{el}\, dV$; en consecuencia, el momento total es

$$\int \bar{y}_{el}\, dV = \int_0^h \frac{4r}{3\pi}(\tfrac{1}{2}\pi r^2)\, dx = \frac{2}{3}\int_0^h \left(\frac{a}{h}x\right)^3 dx = \frac{a^3 h}{6}$$

Por lo tanto,

$$\bar{y}V = \int \bar{y}_{el}\, dV \qquad \bar{y}\frac{\pi a^2 h}{6} = \frac{a^3 h}{6} \qquad \bar{y} = \frac{a}{\pi} \quad \blacktriangleleft$$

PROBLEMAS PARA RESOLVER EN FORMA INDEPENDIENTE

En los problemas propuestos correspondientes a esta lección se pedirá localizar los centros de gravedad de cuerpos tridimensionales o los centroides de sus volúmenes. Todas las técnicas que se presentaron anteriormente para cuerpos bidimensionales — usar simetría, dividir al cuerpo en formas comunes, seleccionar el elemento diferencial más eficiente, etc. — también pueden aplicarse para el caso tridimensional general.

1. Localización de los centros de gravedad de cuerpos compuestos. En general, se deben utilizar las ecuaciones (5.19):

$$\bar{X}\Sigma W = \Sigma \bar{x}W \qquad \bar{Y}\Sigma W = \Sigma \bar{y}W \qquad \bar{Z}\Sigma W = \Sigma \bar{z}W \qquad (5.19)$$

Sin embargo, para el caso de un *cuerpo homogéneo*, el centro de gravedad del mismo coincide con el *centroide de su volumen*. Por lo tanto, para este caso especial, el centro de gravedad del cuerpo también puede localizarse utilizando las ecuaciones (5.20):

$$\bar{X}\Sigma V = \Sigma \bar{x}V \qquad \bar{Y}\Sigma V = \Sigma \bar{y}V \qquad \bar{Z}\Sigma V = \Sigma \bar{z}V \qquad (5.20)$$

El lector debe darse cuenta de que estas ecuaciones simplemente son una extensión de las ecuaciones utilizadas para los problemas bidimensionales considerados en secciones anteriores de este mismo capítulo. Como lo ilustran las soluciones de los problemas resueltos 5.11 y 5.12, los métodos de solución para problemas bi y tridimensionales son idénticos. Por lo tanto, nuevamente se recomienda enfáticamente construir diagramas y tablas apropiadas cuando se analicen cuerpos compuestos. Además, a medida que se estudie el problema resuelto 5.12, se debe observar cómo las coordenadas x y y del centroide del cuarto de cilindro fueron obtenidas utilizando las ecuaciones para el centroide de un cuarto de círculo.

Se debe señalar que *dos casos especiales* de interés se presentan cuando el cuerpo dado consiste de alambres uniformes o de placas uniformes hechos del mismo material.

a. Para un cuerpo hecho de *varios elementos de alambre* que tienen la *misma sección transversal uniforme*, el área A de la sección transversal de los elementos de alambre se podrá factorizar y eliminar de las ecuaciones (5.20) cuando V es reemplazada por el producto AL, donde L es la longitud de un elemento dado. Entonces, para este caso las ecuaciones (5.20) se reducen a

$$\bar{X}\Sigma L = \Sigma \bar{x}L \qquad \bar{Y}\Sigma L = \Sigma \bar{y}L \qquad \bar{Z}\Sigma L = \Sigma \bar{z}L$$

b. Para un cuerpo hecho de *varias placas* que tienen el *mismo espesor uniforme*, el espesor t de las placas puede factorizarse y eliminarse de las ecuaciones (5.20) cuando V es reemplazada por el producto tA, donde A es el área de una placa dada. Por lo tanto, en este caso las ecuaciones (5.20) se reducen a

$$\bar{X}\Sigma A = \Sigma \bar{x}A \qquad \bar{Y}\Sigma A = \Sigma \bar{y}A \qquad \bar{Z}\Sigma A = \Sigma \bar{z}A$$

2. Localización de los centroides de volúmenes por integración directa. Como se explicó en la sección 5.11, la evaluación de las integrales de las ecuaciones (5.21) puede simplificarse seleccionando para el elemento de volumen dV un filamento delgado (figura 5.22) o una placa delgada (figura 5.23). Por lo tanto, se debe comenzar la solución identificando, de ser posible, el dV que produce integrales sencillas o dobles que se pueden calcular fácilmente. Para cuerpos de revolución, este elemento de volumen puede ser una placa delgada (como en el problema resuelto 5.13) o un cascarón cilíndrico delgado. Sin embargo, es importante recordar que las relaciones que se establezcan entre las variables (como las relaciones entre r y x en el problema resuelto 5.13) afectarán directamente la complejidad de las integrales que se tendrán que calcular. Finalmente, conviene recordar que $\bar{x}_{el}$, $\bar{y}_{el}$ y $\bar{z}_{el}$ en las ecuaciones (5.22) son las coordenadas del centroide de dV.

Problemas

5.105 Para el cuerpo mostrado en la figura, determínese a) el valor de $\bar{x}$ cuando $h = L/2$ y b) la relación h/L para el cual $\bar{x} = L$.

5.106 El cuerpo compuesto mostrado en la figura se formó a partir de un hemisferio de radio a al remover un semielipsoide de revolución de semieje menor h y semieje mayor $a/2$. Determínese a) la coordenada y del centroide cuando $h = a/2$ y b) la relación h/a para el cual $\bar{y} = -0.4\,a$.

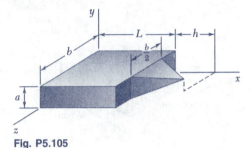

Fig. P5.105

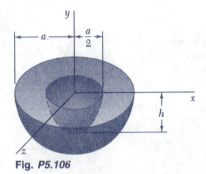

Fig. P5.106

5.107 Determínese la coordenada y del centroide del cuerpo mostrado en la figura.

5.108 Determínese la coordenada z del centroide del cuerpo mostrado en la figura. (*Sugerencia.* Úsese el resultado del problema resuelto 5.13.)

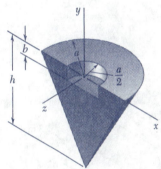

Fig. P5.107 y P5.108

5.109 El molde de arena mostrado en la figura se usa para colar una leva. Localícese el centro de gravedad del molde si se sabe que la profundidad de la cavidad es de 0.75 in. y que el perfil de la leva se obtiene al unir un semicírculo y una semielipse.

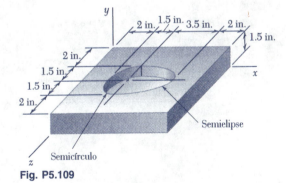

Fig. P5.109

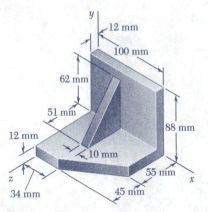

Fig. P5.110 y P5.111

5.110 Para el soporte de tope que se muestra en la figura, localícese la coordenada x de su centro de gravedad.

5.111 Para el soporte de tope que se muestra en la figura, localícese la coordenada z de su centro de gravedad.

5.112 y **5.113** Para el elemento de máquina que se muestra en la figura, localícese la coordenada x de su centro de gravedad.

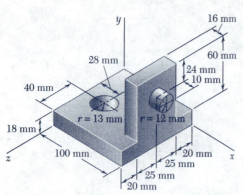

Fig. P5.112 y P5.115

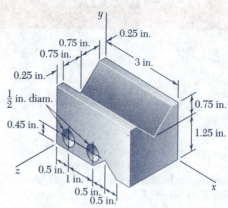

Fig. P5.113 y P5.114

5.114 y **5.115** Para el elemento de máquina que se muestra en la figura, localícese la coordenada y de su centro de gravedad.

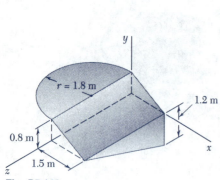

Fig. P5.116

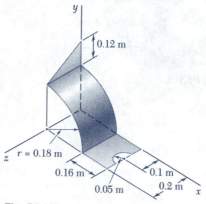

Fig. P5.117

5.116 y **5.117** Localícese el centro de gravedad de la hoja de metal que tiene la forma mostrada en la figura.

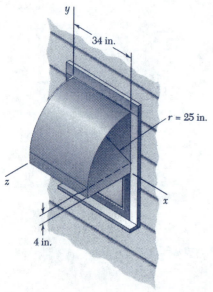

Fig. P5.118

5.118 El toldo de una ventana, mostrado en la figura se fabrica a partir de una hoja de metal de espesor uniforme. Localícese el centro de gravedad de dicho toldo.

5.119 Un soporte para componentes electrónicos se forma a partir de una hoja de metal de espesor uniforme. Localícese el centro de gravedad del soporte.

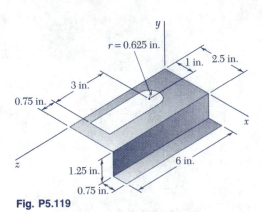

Fig. P5.119

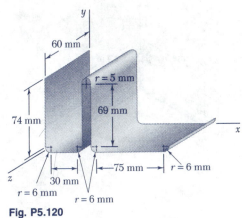

Fig. P5.120

5.120 Una hoja delgada de plástico de espesor uniforme se dobla para formar un portapapeles. Localícese el centro de gravedad del portapapeles.

5.121 El codo para un ducto de un sistema de ventilación está hecho a partir de una hoja de metal de espesor uniforme. Localícese el centro de gravedad del codo.

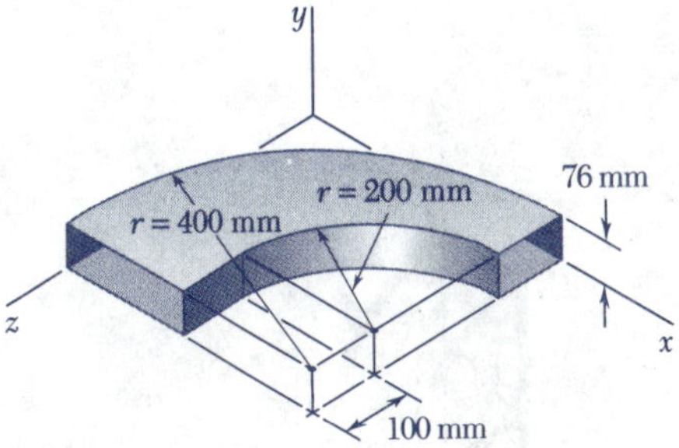

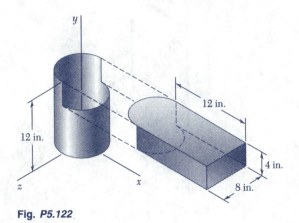

Fig. P5.121

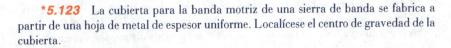

Fig. P5.122

5.122 Un ducto cilíndrico de 8 in. de diámetro y un ducto rectangular de 4 × 8 in. se unen en la forma indicada en la figura. Localícese el centro de gravedad del ensamble, si se sabe que los ductos fueron fabricados de la misma hoja de metal de espesor uniforme.

*****5.123** La cubierta para la banda motriz de una sierra de banda se fabrica a partir de una hoja de metal de espesor uniforme. Localícese el centro de gravedad de la cubierta.

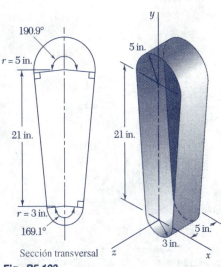

Sección transversal

Fig. P5.123

5.124 y 5.125 Un alambre delgado de acero y que tiene una sección transversal uniforme se dobla en la forma mostrada en la figura. Localícese su centro de gravedad.

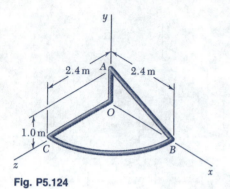

Fig. P5.124

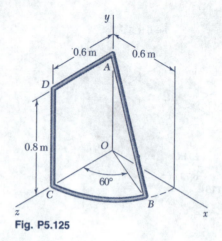

Fig. P5.125

5.126 El marco de un invernadero se construye a partir de canales uniformes de aluminio. Localícese el centro de gravedad de la porción del marco mostrada en la figura.

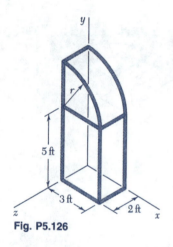

Fig. P5.126

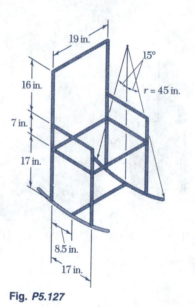

Fig. P5.127

*5.127 La estructura de una silla mecedora se fabrica a partir de tubo de aluminio de sección transversal uniforme. Determínese el ángulo que el respaldo de la silla forma con respecto a la vertical cuando ésta está sin movimiento.

5.128 Un buje de bronce se coloca en el interior de un manguito de acero. Sabiendo que los pesos específicos del bronce y del acero son de 0.318 lb/in^3 y 0.284 lb/in^3, respectivamente, determínese la localización del centro de gravedad del ensamble.

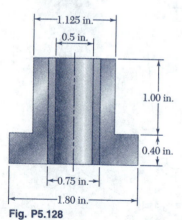

Fig. P5.128

5.129 Una lesna de marcar tiene un mango de plástico, un vástago y una punta de acero. Sabiendo que la densidad del plástico y del acero es, respectivamente, de 1030 kg/m³ y 7860 kg/m³, localice el centro de gravedad de la lesna.

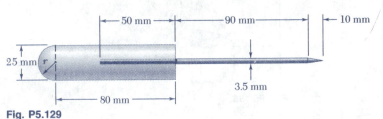

Fig. P5.129

5.130 Las tres patas igualmente espaciadas de una pequeña mesa con cubierta de vidrio fueron fabricadas de un tubo de acero de 24 mm de diámetro exterior y de 150 mm² de área de sección transversal. El diámetro y el espesor de la cubierta de la mesa son de 600 mm y 10 mm, respectivamente. Sabiendo que la densidad del acero es de 7860 kg/m³ y que la densidad del vidrio es de 2190 kg/m³, localícese el centro de gravedad de la mesa.

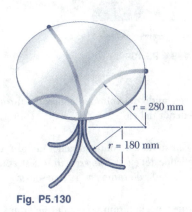

Fig. P5.130

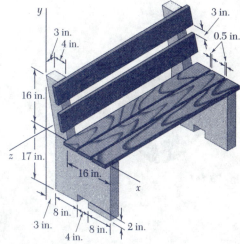

Fig. P5.131

*5.131 Los extremos de la banca de un parque mostrada en la figura fueron hechos de concreto mientras que el asiento y el respaldo son tablas de madera. Cada pieza de madera es de 1½ × 5 × 48 in. Sabiendo que los pesos específicos del concreto y de la madera son de 0.084 lb/in³ y 0.017 lb/in³, respectivamente, determínense las coordenadas $\bar{x}$ y $\bar{y}$ del centro de gravedad de la banca.

5.132 al 5.134 Obténganse dos volúmenes al hacer pasar un plano de corte vertical a través de las formas mostradas en la figura 5.21. El plano de corte es paralelo a la base de la forma dada y la divide en dos volúmenes de la misma altura. Determínense por integración directa los valores de $\bar{x}$ para:

5.132 Una semiesfera.

5.133 Un semielipsoide de revolución.

5.134 Un paraboloide de revolución.

5.135 y 5.136 Localícese el centroide del volumen que se obtiene al rotar el área sombreada alrededor del eje x.

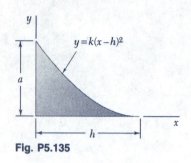

Fig. P5.135

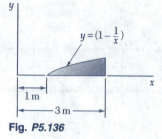

Fig. P5.136

5.137 Localícese el centroide del volumen que se obtiene al rotar el área sombreada alrededor de la línea $x = h$.

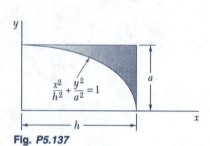

Fig. P5.137

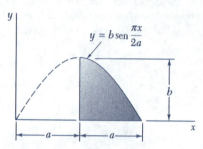

Fig. P5.138 y P5.139

*5.138 Localícese el centroide del volumen generado al rotar la porción de la curva senoidal mostrada alrededor del eje x.

*5.139 Localícese el centroide del volumen generado al rotar la porción de la curva senoidal mostrada alrededor del eje y. (*Sugerencia*. Úsese como elemento de volumen un cascarón cilíndrico delgado de radio r y de espesor dr.)

*5.140 Demuéstrese que para la pirámide regular de altura h y n lados ($n = 3$, 4, ...) el centroide de su volumen se localiza a una distancia $h/4$ por encima de su base.

5.141 Determínese por integración directa la localización del centroide de la mitad de un cascarón semiesférico delgado uniforme de radio R.

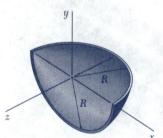

Fig. P5.141

5.142 Los lados y la base de la ponchera mostrada en la figura tienen un espesor uniforme t. Si $t \ll R$ y $R = 250$ mm, determínese la localización del centro de gravedad de *a*) la taza y *b*) el ponche.

Fig. P5.142

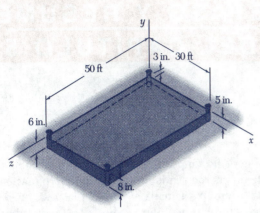

Fig. P5.143

5.143 Después de graduar un terreno, un constructor coloca cuatro estacas para identificar las esquinas de la losa para una casa. Para suministrar el firme, el constructor coloca un mínimo de 3 in. de grava por debajo de la losa. Determínese el volumen de grava requerido y la coordenada x del centroide del volumen de la grava. (*Sugerencia.* La superficie del fondo de la grava es un plano oblicuo que puede representarse mediante la ecuación $y = a + bx + cz$.)

5.144 Determínese mediante integración directa la localización del centroide del volumen entre el plano xz y la porción mostrada de la superficie $y = 16h\,(ax - x^2)(bz - z^2)/a^2b^2$.

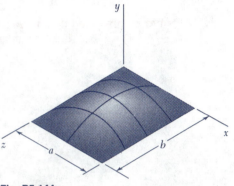

Fig. P5.144

5.145 Localícese el centroide de la sección mostrada en la figura la cual fue cortada a partir de un tubo circular delgado mediante dos planos oblicuos.

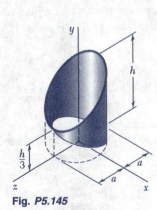

Fig. P5.145

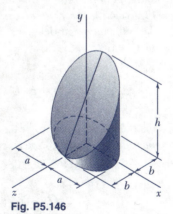

Fig. P5.146

*5.146 Localícese el centroide de la sección mostrada en la figura la cual fue cortada a partir de un cilindro elíptico mediante un plano oblicuo.

REPASO Y RESUMEN
DEL CAPÍTULO 5

Este capítulo fue dedicado primordialmente a la determinación del *centro de gravedad* de un cuerpo rígido, esto es, a la determinación del punto G donde una sola fuerza **W**, llamada el *peso* del cuerpo, puede ser aplicada para representar el efecto de la atracción de la Tierra sobre el cuerpo en cuestión.

Centro de gravedad de un cuerpo bidimensional

En la primera parte del capítulo se consideraron *cuerpos bidimensionales* tales como placas planas y alambres contenidos en el plano xy. Sumando componentes de fuerza en la dirección vertical z y sumando momentos con respecto a los ejes horizontales x y y [sección 5.2], se derivaron las relaciones

$$W = \int dW \qquad \bar{x}W = \int x\, dW \qquad \bar{y}W = \int y\, dW \qquad (5.2)$$

las cuales definen el peso del cuerpo y las coordenadas $\bar{x}$ y $\bar{y}$ de su centro de gravedad.

Centroide de un área o de una línea

En el caso de una *placa plana homogénea de espesor uniforme* [sección 5.3], el centro de gravedad G de la placa coincide con el *centroide C del área A* de la placa cuyas coordenadas están definidas por las relaciones

$$\bar{x}A = \int x\, dA \qquad \bar{y}A = \int y\, dA \qquad (5.3)$$

Similarmente, la determinación del centro de gravedad de un *alambre homogéneo de sección transversal uniforme* que está contenido en un plano, se reduce a la determinación del *centroide C de la línea L* que representa al alambre; así, se tiene

$$\bar{x}L = \int x\, dL \qquad \bar{y}L = \int y\, dL \qquad (5.4)$$

Primeros momentos

Se hace referencia a las integrales en las ecuaciones (5.3) como los *primeros momentos* del área A con respecto de los ejes x y y, los cuales se representan, respectivamente, por Q_x y Q_y [sección 5.4]. Así, se tiene

$$Q_y = \bar{x}A \qquad Q_x = \bar{y}A \qquad (5.6)$$

Los primeros momentos de una línea se pueden definir en una forma similar.

Propiedades de simetría

La determinación del centroide C de un área o de una línea se simplifica cuando el área o la línea poseen ciertas *propiedades de simetría*. Si el área o la línea es simétrica con respecto de un eje, su centroide C se encuentra sobre dicho eje; si el área o la línea es simétrica con respecto de dos ejes, C está localizado en la intersección de los dos ejes; si el área o la línea es simétrica con respecto de un centro O, C coincide con O.

Las *áreas y los centroides de varias formas comunes* están tabuladas en la figura 5.8. Cuando una placa plana puede dividirse en varias de estas formas, las coordenadas $\overline{X}$ y $\overline{Y}$ de su centro de gravedad G pueden determinarse a partir de las coordenadas $\overline{x}_1, \overline{x}_2, \ldots$ y $\overline{y}_1, \overline{y}_2, \ldots$, de los centros de gravedad $G_1, G_2, \ldots$, de las diferentes partes [sección 5.5]. Igualando, respectivamente, los momentos con respecto de los ejes y y x (figura 5.24), se tiene que

$$\overline{X}\Sigma W = \Sigma \overline{x}W \qquad \overline{Y}\Sigma W = \Sigma \overline{y}W \qquad (5.7)$$

Centro de gravedad de un cuerpo compuesto

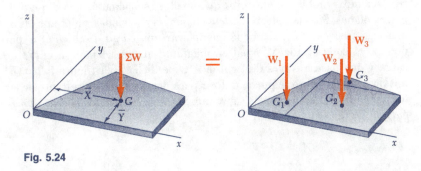

Fig. 5.24

Si la placa es homogénea y de espesor uniforme, su centro de gravedad coincide con el centroide C del área de la placa y las ecuaciones (5.7) se reducen a

$$Q_y = \overline{X}\Sigma A = \Sigma \overline{x}A \qquad Q_x = \overline{Y}\Sigma A = \Sigma \overline{y}A \qquad (5.8)$$

Estas ecuaciones proporcionan los *primeros momentos* del área compuesta o pueden resolverse para las coordenadas $\overline{X}$ y $\overline{Y}$ de su centroide [problema resuelto 5.1]. La determinación del centro de gravedad de un alambre compuesto se lleva al cabo de una forma similar [problema resuelto 5.2].

Cuando un área está limitada por curvas analíticas, las coordenadas de su centroide pueden determinarse por *integración* [sección 5.6]. Esto se puede realizar evaluando las integrales dobles en las ecuaciones (5.3) o evaluando una *sola integral* que emplea uno de los elementos de área mostrados en la figura 5.12 que tienen la forma de un rectángulo delgado o de un fragmento de círculo delgado. Representando con $\overline{x}_{el}$ y $\overline{y}_{el}$ las coordenadas del centroide del elemento dA, se tiene que

Determinación del centroide por integración

$$Q_y = \overline{x}A = \int \overline{x}_{el}\, dA \qquad Q_x = \overline{y}A = \int \overline{y}_{el}\, dA \qquad (5.9)$$

Es ventajoso emplear el mismo elemento del área para el cálculo de los dos primeros momentos Q_y y Q_x; además, el mismo elemento también se puede utilizar para determinar el área A [problema resuelto 5.4].

Teoremas de Pappus-Guldinus

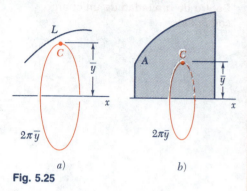

Fig. 5.25

Los *teoremas de Pappus-Guldinus* relacionan la determinación del área de una superficie de revolución o el volumen de un cuerpo de revolución con la determinación del centroide de la curva generatriz o del área generatriz [sección 5.7]. El área A de la superficie generada al rotar una curva de longitud L alrededor de un eje fijo (figura 5.25a) es igual a

$$A = 2\pi \bar{y} L \qquad (5.10)$$

donde $\bar{y}$ representa la distancia desde el centroide C de la curva hasta el eje fijo. Similarmente, el volumen V del cuerpo generado al rotar un área A alrededor de un eje fijo (figura 5.25b) es igual a

$$A = 2\pi \bar{y} A \qquad (5.11)$$

donde $\bar{y}$ representa la distancia desde el centroide C del área hasta el eje fijo.

Cargas distribuidas

El concepto de centroide de un área también se puede utilizar para resolver otros problemas distintos de aquellos relacionados con el peso de placas planas. Por ejemplo, para determinar las reacciones en los apoyos de una viga [sección 5.8], se puede reemplazar una *carga distribuida* w por una carga concentrada $\mathbf{W}$ igual en magnitud al área A bajo la curva de carga y que pasa a través del centroide C de dicha área (figura 5.26). El mismo procedimiento se puede utilizar para determinar la resultante de las fuerzas hidrostáticas ejercidas sobre una *placa rectangular que está sumergida en un líquido* [sección 5.9].

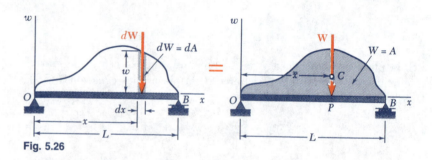

Fig. 5.26

Centro de gravedad de un cuerpo tridimensional

La última parte del capítulo fue dedicada a la determinación del *centro de gravedad G de un cuerpo tridimensional*. Las coordenadas $\bar{x}, \bar{y}, \bar{z}$ de G fueron definidas por las relaciones

$$\bar{x}W = \int x\, dW \qquad \bar{y}W = \int y\, dW \qquad \bar{z}W = \int z\, dW \qquad (5.16)$$

Centroide de un volumen

En el caso de un *cuerpo homogéneo*, el centro de gravedad G coincide con el *centroide C del volumen V* del cuerpo; las coordenadas de C están definidas por las relaciones

$$\bar{x}V = \int x\, dV \qquad \bar{y}V = \int y\, dV \qquad \bar{z}V = \int z\, dV \qquad (5.18)$$

Si el volumen posee un *plano de simetría*, su centroide C estará en dicho plano; si el volumen posee dos planos de simetría, C estará localizado sobre la línea de intersección de los dos planos; si el volumen posee tres planos de simetría que se intersectan en un solo punto, C va a coincidir con dicho punto [sección 5.10].

Repaso y resumen del capítulo 5

Centro de gravedad de un cuerpo compuesto

Los *volúmenes y centroides de varias formas tridimensionales comunes* están tabulados en la figura 5.21. Cuando un cuerpo se puede dividir en varias de estas formas, las coordenadas $\bar{X}$, $\bar{Y}$ y $\bar{Z}$ de su centro de gravedad G pueden determinarse a partir de las coordenadas correspondientes de los centros de gravedad de sus diferentes partes [sección 5.11]. Así, se tiene que

$$\bar{X}\Sigma W = \Sigma \bar{x} W \qquad \bar{Y}\Sigma W = \Sigma \bar{y} W \qquad \bar{Z}\Sigma W = \Sigma \bar{z} W \qquad (5.19)$$

Si el cuerpo está hecho de un material homogéneo, su centro de gravedad coincide con el centroide C de su volumen y se escribe [problemas resueltos 5.11 y 5.12]

$$\bar{X}\Sigma V = \Sigma \bar{x} V \qquad \bar{Y}\Sigma V = \Sigma \bar{y} V \qquad \bar{Z}\Sigma V = \Sigma \bar{z} V \qquad (5.20)$$

Determinación del centroide por integración

Cuando un volumen está limitado por superficies analíticas, las coordenadas de su centroide pueden determinarse por *integración* [sección 5.12]. Para evitar el cálculo de las integrales triples en la ecuación (5.18), se pue-

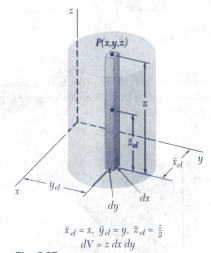

$\bar{x}_{el} = x$, $\bar{y}_{el} = y$, $\bar{z}_{el} = \frac{z}{2}$
$dV = z\, dx\, dy$

Fig. 5.27

den usar elementos de volumen que tienen la forma de filamentos delgados tal y como se muestra en la figura 5.27. Representando con $\bar{x}_{el}$, $\bar{y}_{el}$ y $\bar{z}_{el}$ las coordenadas del centroide del elemento dV, se reescriben las ecuaciones (5.18) como

$$\bar{x}V = \int \bar{x}_{el}\, dV \qquad \bar{y}V = \int \bar{y}_{el}\, dV \qquad \bar{z}V = \int \bar{z}_{el}\, dV \qquad (5.22)$$

las cuales involucran únicamente integrales dobles. Si el volumen posee *dos planos de simetría*, su centroide C está localizado sobre la línea de intersección de dichos planos. Seleccionando al eje x de tal forma que quede a lo largo de esa línea y dividiendo el volumen en placas delgadas paralelas al plano yz, se puede determinar a C a partir de la relación

$$\bar{x}V = \int \bar{x}_{el}\, dV \qquad (5.23)$$

efectuando una *sola integración* [problema resuelto 5.13]. Para un cuerpo de revolución, dichas placas son circulares y su volumen está dado en la figura 5.28.

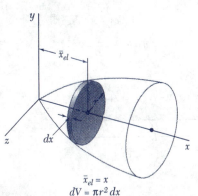

$\bar{x}_{el} = x$
$dV = \pi r^2\, dx$

Fig. 5.28

Problemas de repaso

5.147 y 5.148 Localícese el centroide del área plana mostrada en la figura.

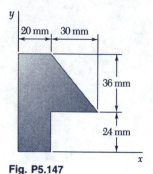

Fig. P5.147

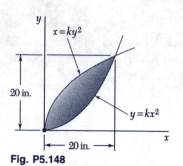

Fig. P5.148

5.149 El alambre homogéneo *ABCD* se dobla en la forma mostrada en la figura y se sujeta a una articulación en *C*. Determínese la longitud L para la cual la porción *BCD* del alambre esté horizontal.

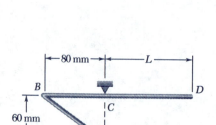

Fig. P5.149

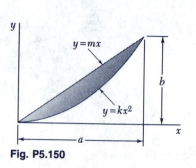

Fig. P5.150

5.150 Determínese por integración directa el centroide del área mostrada.

5.151 Determínese por integración directa la coordenada y del centroide del área mostrada.

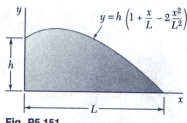

Fig. P5.151

Fig. P5.152

5.152 Sabiendo que se remueven dos capas iguales de la esfera de madera de 10 in. de diámetro, determínese el área de la superficie total de la porción restante.

5.153 Para las cargas dadas, determínense las reacciones en los apoyos de la viga.

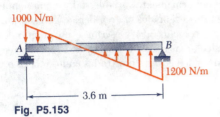

Fig. P5.153

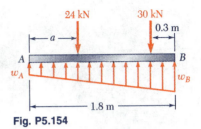

Fig. P5.154

5.154 La viga AB sostiene dos cargas concentradas y se apoya sobre el suelo el cual ejerce una carga distribuida lineal hacia arriba tal y como se muestra en la figura. Determínese a) la distancia a para la cual $w_A = 20$ kN/m y b) el valor correspondiente de w_B.

5.155 Para el elemento de máquina mostrado, localícese la coordenada z de su centro de gravedad.

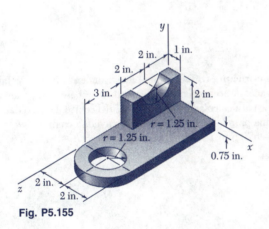

Fig. P5.155

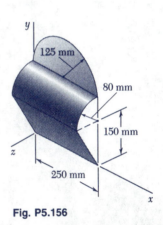

Fig. P5.156

5.156 Localícese el centro de gravedad de la hoja de metal que tiene la forma mostrada en la figura.

5.157 Localícese el centroide del volumen que se obtiene al rotar el área sombreada alrededor del eje x.

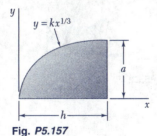

Fig. P5.157

5.158 La compuerta cuadrada AB se sostiene en la posición mostrada en la figura mediante bisagras a lo largo de su extremo superior A y por medio de un pasador en B. Determínese la fuerza ejercida por el pasador sobre la compuerta si la profundidad del agua es $d = 3.5$ ft.

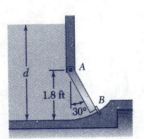

Fig. P5.158

272

Los siguientes problemas fueron diseñados para ser resueltos con una computadora.

5.C1 Una viga debe sostener varias cargas distribuidas uniformemente, así como cargas distribuidas y uniformemente variables tal y como se muestra en el inciso a de la figura. Divídase en dos triángulos el área debajo de cada porción de las curvas de carga (véase problema resuelto 5.9) y escríbase un programa de computadora que pueda usarse para calcular las reacciones en A y B. Úsese el programa para calcular las reacciones en los apoyos de las vigas mostradas en los incisos b y c de la figura.

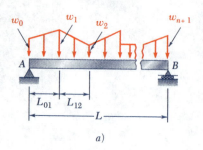
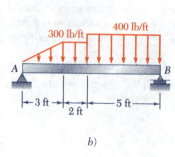
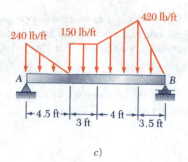

Fig. P5.C1

5.C2 La estructura tridimensional mostrada en la figura, se fabricó a partir de cinco barras delgadas de acero del mismo diámetro. Escríbase un programa de computadora que pueda usarse para calcular las coordenadas del centro de gravedad de la estructura. Úsese el programa para localizar el centro de gravedad cuando a) $h = 12$ m, $R = 5$ m, $\alpha = 90°$; b) $h = 570$ mm, $R = 760$ mm, $\alpha = 30°$ y c) $h = 21$ m, $R = 20$ m, $\alpha = 135°$.

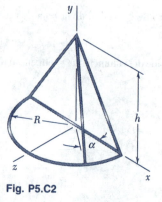

Fig. P5.C2

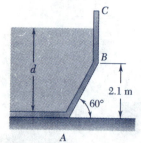

Fig. P5.C3

5.C3 Un tanque abierto se llena lentamente con agua. (La densidad del agua es de 10^3 kg/m^3.) Escríbase un programa de computadora que pueda usarse para determinar la resultante de las fuerzas de presión ejercidas por el agua sobre una sección de 1 m de ancho del lado ABC del tanque. Determínese la resultante de las fuerzas de presión para valores de d desde 0 hasta 3 m usando incrementos de 0.25 m.

5.C4 Aproxímese la curva mostrada en la figura mediante 10 segmentos de línea recta y escríbase un programa de computadora que pueda usarse para determinar la localización del centroide de la línea. Úsese este programa para determinar la localización del centroide cuando a) $a = 1$ in., $L = 11$ in., $h = 2$ in.; b) $a = 2$ in., $L = 17$ in., $h = 4$ in. y c) $a = 5$ in., $L = 12$ in., $h = 1$ in.

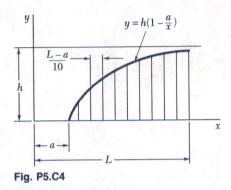

Fig. P5.C4

5.C5 Aproxímese la enjuta general mostrada en la figura mediante una serie de n rectángulos cada uno con la forma $bcc'b'$ y ancho Δa. Escríbase un programa de computadora que pueda usarse para calcular las coordenadas del centroide del área. Úsese este programa para localizar el centroide cuando a) $m = 2$, $a = 80$ mm, $h = 80$ mm; b) $m = 2$, $a = 80$ mm, $h = 500$ mm; c) $m = 5$, $a = 80$ mm, $h = 80$ mm y d) $m = 5$, $a = 80$ mm, $h = 500$ mm. En cada caso, compárense los resultados obtenidos con los valores exactos de $\bar{x}$ y $\bar{y}$ calculados a partir de las fórmulas dadas en la figura 5.8A y determínese el porcentaje de error.

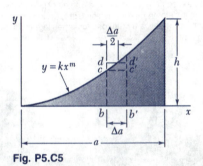

Fig. P5.C5

5.C6 Resuélvase el problema 5.C5 empleando rectángulos con la forma $bdd'b'$.

*5.C7 Un granjero le solicita a un grupo de estudiantes de ingeniería que calculen el volumen de agua en un pantano pequeño. Empleando cordón, los estudiantes establecen primero una malla de 2×2 ft a través del pantano y entonces registran la profundidad del agua, en pies, en cada punto de intersección de la malla (véase la tabla anexa). Escríbase un programa de computadora que pueda usarse para determinar a) el volumen de agua en el pantano y b) la localización del centro de gravedad del agua. Obténgase una aproximación de la profundidad del agua de cada elemento de 2×2 ft empleando el promedio de las profundidades de agua de las cuatro esquinas del elemento.

					Cuerda					
	1	2	3	4	5	6	7	8	9	10
1	...	...	...	...	0	0	0	...	...	...
2	...	...	0	0	0	1	0	0	0	...
3	...	0	0	1	3	3	3	1	0	0
Cuerda 4	0	0	1	3	6	6	6	3	1	0
5	0	1	3	6	8	8	6	3	1	0
6	0	1	3	6	8	7	7	3	0	0
7	0	3	4	6	6	6	4	1	0	...
8	0	3	3	3	3	3	1	0	0	...
9	0	0	0	1	1	0	0	0	...	...
10	...	...	0	0	0	0	...	...	...	...

CAPÍTULO 6
Análisis de estructuras

Las armaduras, como las que se utilizaron en el puente Astoria sobre el río Columbia localizado en Estados Unidos, proporcionan una solución tanto práctica como económica a muchos problemas ingenieriles.

6.1. INTRODUCCIÓN

Los problemas considerados en los capítulos anteriores estaban relacionados con el equilibrio de un solo cuerpo rígido, y todas las fuerzas que estaban involucradas eran externas a este último. A continuación se consideran problemas que tratan sobre el equilibrio de estructuras formuladas por varias partes que están conectadas entre sí. Estos problemas requieren, además de la determinación de las fuerzas externas que actúan sobre la estructura, la determinación de las fuerzas que mantienen unidas a las diversas partes que la constituyen. Desde el punto de vista de la estructura, como un todo, estas fuerzas son *fuerzas internas*.

Por ejemplo, considere la grúa mostrada en la figura 6.1a, la cual soporta una carga W. La grúa consta de tres vigas AD, CF y BE que están conectadas por medio de pernos sin fricción; la grúa está apoyada por un perno en A y por un cable DG. En la figura 6.1b se ha dibujado el diagrama de cuerpo libre de la grúa. Las fuerzas externas, mismas que se muestran en el diagrama, incluyen al peso $\mathbf{W}$, a las dos componentes $\mathbf{A}_x$ y $\mathbf{A}_y$ de la reacción en A y a la fuerza $\mathbf{T}$ ejercida por el cable en D. Las fuerzas internas que mantienen unidas las diversas partes de la grúa no aparecen en el diagrama. Sin embargo, si se desarma la grúa y se dibuja un diagrama de cuerpo libre para cada una de las partes que la constituyen, las fuerzas que mantienen unidas a las tres vigas también estarán representadas puesto que dichas fuerzas son externas, desde el punto de vista de cada una de las partes que constituyen a la grúa (figura 6.1c).

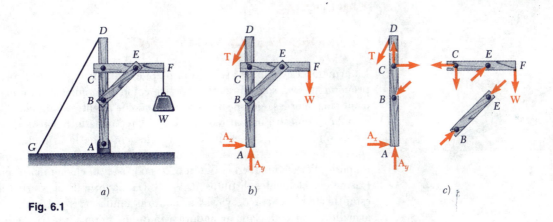

Fig. 6.1

Se debe señalar que la fuerza ejercida en B por el elemento BE sobre el elemento AD ha sido representada como igual y opuesta a la fuerza ejercida en ese mismo punto por el elemento AD sobre el elemento BE; la fuerza ejercida en E por el elemento BE sobre el elemento CF se muestra igual y opuesta a la fuerza ejercida por el elemento CF sobre el elemento BE y las componentes de la fuerza ejercida en C por el elemento CF sobre el elemento AD se muestran iguales y opuestas a las componentes de la fuerza ejercida por el elemento AD sobre el elemento CF. Lo anterior está sujeto a la tercera ley de Newton, la cual establece que *las fuerzas de acción y reacción entre cuerpos en contacto tienen la misma magnitud, la misma línea de acción y sentidos opuestos*. Como se señaló en el capítulo 1, esta ley, basada en la evidencia experimental, es uno de los seis principios fundamentales de la mecánica elemental y su aplicación es esencial para la solución de problemas que involucran a cuerpos que están conectados entre sí.

En este capítulo se considerarán tres categorías amplias de estructuras ingenieriles:

1. *Armaduras*, las cuales están diseñadas para soportar cargas y por lo general son estructuras estacionarias que están totalmente restringidas. Las armaduras consisten exclusivamente de elementos rectos que están conectados en nudos localizados en los extremos de cada elemento. Por tanto, los elementos de una armadura son *elementos sometidos a la acción de dos fuerzas*, esto es, elementos sobre los cuales actúan dos fuerzas iguales y opuestas que están dirigidas a lo largo del elemento.

2. *Marcos*, diseñados para soportar cargas, se usan también como estructuras estacionarias que están totalmente restringidas. Sin embargo, como en el caso de la grúa de la figura 6.1, los marcos siempre contienen por lo menos un *elemento sometido a la acción de varias fuerzas*, esto es, un elemento sobre el cual actúan tres o más fuerzas que, en general, no están dirigidas a lo largo del elemento.

3. *Máquinas*, diseñadas para transmitir y modificar fuerzas, son estructuras que contienen partes en movimiento. Las máquinas, al igual que los marcos, siempre contienen por lo menos un elemento sometido a la acción de varias fuerzas.

ARMADURAS

6.2. DEFINICIÓN DE UNA ARMADURA

La armadura es uno de los tipos principales de estructuras ingenieriles. Ésta proporciona una solución tanto práctica como económica para muchas situaciones ingenieriles, en especial para el diseño de puentes y edificios. En la figura 6.2a se muestra una armadura típica. Una armadura consta de elementos rectos que se conectan en nudos. Los elementos de la armadura sólo están conectados en sus extremos; por tanto, ningún elemento continúa más allá de un nudo. Por ejemplo, en la figura 6.2a no existe un elemento AB, en su lugar existen dos elementos distintos AD y DB. La mayoría de las estructuras reales están hechas a partir de varias armaduras unidas entre sí para formar una armadura espacial. Cada armadura está diseñada para soportar aquellas cargas que actúan en su plano y, por tanto, pueden ser tratadas como estructuras bidimensionales.

Los elementos de una armadura, por lo general, son delgados y sólo pueden soportar cargas laterales pequeñas; por tanto, todas las cargas deben estar aplicadas en los nudos y no sobre los elementos. Cuando se va a aplicar una carga concentrada entre dos nudos o cuando la armadura debe soportar una carga distribuida, como en el caso de la armadura de un puente, debe proveerse un sistema de piso, el cual, mediante el uso de largueros y travesaños, transmite la carga a los nudos (figura 6.3).

Los pesos de los elementos de la armadura están aplicados en los nudos, aplicándose la mitad del peso de cada elemento a cada uno de los nudos a los que éste se conecta. A pesar de que en la realidad los elementos están unidos entre sí por medio de conexiones remachadas o soldadas, es común suponer que los elementos están unidos entre sí por medio de pernos; por tanto, las fuerzas que actúan en cada uno de los extremos del elemento se reducen a una sola fuerza y no existe un par. De esta forma se supone que las únicas fuerzas que actúan

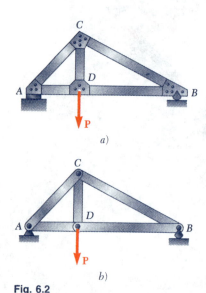

Fig. 6.2

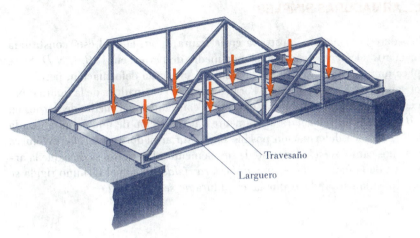

Fig. 6.3

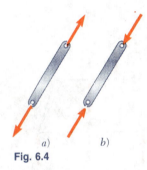

Fig. 6.4

sobre un elemento de una armadura, son una sola fuerza en cada uno de los extremos del elemento. Entonces, cada elemento puede tratarse como un elemento sometido a la acción de dos fuerzas y la armadura, como un todo, puede considerarse como un grupo de pernos y elementos sometidos a la acción de dos fuerzas (figura 6.2b). Sobre un elemento individual pueden actuar fuerzas como las que se muestran en cualquiera de los dos croquis de la figura 6.4. En la figura 6.4a, las fuerzas tienden a estirar al elemento y éste está en tensión; en la figura 6.4b, las fuerzas tienden a comprimir al elemento y el elemento está en compresión. En la figura 6.5 se muestran algunas armaduras típicas.

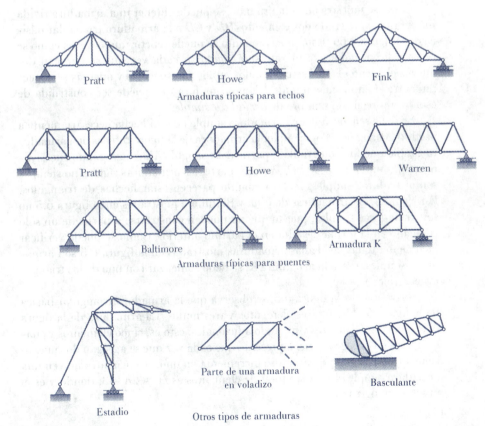

Fig. 6.5

6.3. ARMADURAS SIMPLES

Considere la armadura mostrada en la figura 6.6a, la cual está constituida por cuatro elementos conectados por medio de pernos en A, B, C y D. Si se aplica una carga en B, la armadura sufrirá una gran deformación, perdiendo por completo su forma original. Por lo contrario, la armadura de la figura 6.6b, la cual está constituida por tres elementos conectados por medio de pernos en A, B y C, sólo se deformará ligeramente bajo la acción de una carga aplicada en B. La única deformación posible para esta armadura es la que involucra pequeños cambios en la longitud de sus elementos. Por tanto, se dice que la armadura de la figura 6.6b es una *armadura rígida*, donde el término rígida se ha empleado para indicar que la armadura *no se colapsará*.

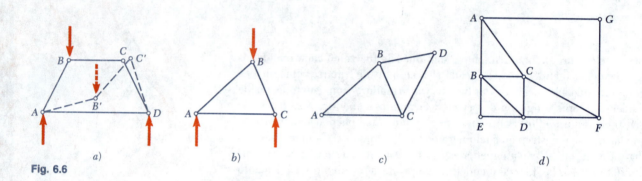

Fig. 6.6

Como se muestra en la figura 6.6c, se puede obtener una armadura rígida más grande agregando dos elementos BD y CD a la armadura triangular básica de la figura 6.6b. Este procedimiento se puede repetir tantas veces como se desee y la armadura resultante será rígida si, cada vez que se agregan dos nuevos elementos, éstos se unen a dos nudos ya existentes y además se conectan entre sí en un nuevo nudo.† Una armadura que puede ser construida de esta forma recibe el nombre de *armadura simple*.

Se debe señalar que una armadura simple no está hecha necesariamente a partir de triángulos. Por ejemplo, la armadura de la figura 6.6d es una armadura simple que fue construida a partir del triángulo ABC, agregando sucesivamente los nudos D, E, F y G. Por otra parte, las armaduras rígidas no siempre son armaduras simples, incluso cuando parecen estar hechas de triángulos. Por ejemplo, las armaduras de Fink y Baltimore mostradas en la figura 6.5 no son armaduras simples, puesto que no pueden construirse a partir de un solo triángulo en la forma descrita en el párrafo anterior. Como se puede verificar fácilmente, todas las demás armaduras mostradas en la figura 6.5 son armaduras simples. (Para la armadura K, se debe comenzar con uno de los triángulos centrales.)

Regresando a la figura 6.6, se observa que la armadura triangular básica de la figura 6.6b tiene tres elementos y tres nudos. La armadura de la figura 6.6c tiene dos elementos y un nudo adicionales, esto es, cinco elementos y cuatro nudos en total. Si se tiene presente que cada vez que se agregan dos nuevos elementos el número de nudos se incrementa en uno, se encuentra que en una armadura simple el número total de elementos es $m = 2n - 3$, donde n es el número total de nudos.

†Los tres nudos no deben ser colineales.

6.4. ANÁLISIS DE ARMADURAS POR EL MÉTODO DE LOS NUDOS

En la sección 6.2 se vio que una armadura puede ser considerada como un grupo de pernos y elementos sometidos a la acción de dos fuerzas. Por tanto, la armadura de la figura 6.2, cuyo diagrama de cuerpo libre se muestra en la figura 6.7a, se puede desarmar y dibujar un diagrama de cuerpo libre para cada perno y para cada elemento (figura 6.7b). Cada elemento está sometido a la acción de dos fuerzas, una en cada uno de sus extremos; estas fuerzas tienen la misma magnitud, la misma línea de acción y sentidos opuestos (sección 4.6). Además, la tercera ley de Newton indica que las fuerzas de acción y reacción entre un elemento y un perno son iguales y opuestas. Por tanto, las fuerzas ejercidas por un elemento sobre los dos pernos a los cuales se conecta deben estar dirigidas a lo largo de ese elemento y deben ser iguales y opuestas. Con frecuencia se hace referencia a la magnitud común de las fuerzas ejercidas por un elemento sobre los dos pernos a los que se conecta, como la *fuerza en el elemento* que se esté considerando, a pesar de que esta cantidad en realidad es un escalar. Como las líneas de acción de todas la fuerzas internas en una armadura son conocidas, el análisis de una armadura se reduce a calcular las fuerzas en los elementos que la constituyen y a determinar si cada uno de dichos elementos está en tensión o en compresión.

Como la armadura en su totalidad está en equilibrio, cada perno debe estar en equilibrio. El que un perno esté en equilibrio se expresa dibujando su diagrama de cuerpo libre y escribiendo dos ecuaciones de equilibrio (sección 2.9). Por tanto, si la armadura tiene n pernos, habrán $2n$ ecuaciones disponibles, las cuales podrán resolverse para $2n$ incógnitas. En el caso de una armadura simple, se tiene que $m = 2n - 3$, esto es, $2n = m + 3$, y el número de incógnitas que pueden determinarse a partir de los diagramas de cuerpo libre de los pernos es de $m + 3$. Esto significa que las fuerzas en todos los elementos, las dos componentes de la reacción $\mathbf{R}_A$ y la reacción $\mathbf{R}_B$ se determinan considerando los diagramas de cuerpo libre de los pernos.

El hecho de que la armadura como un todo sea un cuerpo rígido que está en equilibrio puede utilizarse para escribir tres ecuaciones adicionales que involucran a las fuerzas mostradas en el diagrama de cuerpo libre de la figura 6.7a. Puesto que estas ecuaciones no contienen ninguna información nueva, son independientes de las ecuaciones asociadas con los diagramas de cuerpo libre de los pernos. Sin embargo, las tres ecuaciones en cuestión pueden emplearse para determinar las componentes de las reacciones en los apoyos. El arreglo de pernos y elementos en una armadura simple es tal que siempre será posible encontrar un nudo que involucre únicamente a dos fuerzas desconocidas. Estas fuerzas se determinan por medio de los métodos de la sección 2.11 y sus valores se transfieren a los nudos adyacentes tratándolos como cantidades conocidas en dichos nudos. Este procedimiento se repite hasta determinar todas las fuerzas desconocidas.

Como ejemplo, se analiza la armadura de la figura 6.7 considerando sucesivamente el equilibrio de cada perno, comenzando con el nudo en el cual únicamente dos fuerzas son desconocidas. En dicha armadura, todos los pernos están sujetos por lo menos a tres fuerzas desconocidas. Por tanto, primero se deben determinar las reacciones en los apoyos considerando a toda la armadura como cuerpo libre y utilizando las ecuaciones de equilibrio para un cuerpo rígido. De esta forma se encuentra que $\mathbf{R}_A$ es vertical y se determinan las magnitudes de $\mathbf{R}_A$ y $\mathbf{R}_B$.

Entonces, el número de fuerzas desconocidas en el nudo A se reduce a dos y estas fuerzas pueden determinarse considerando el equilibrio del perno A. La reacción $\mathbf{R}_A$ y las fuerzas $\mathbf{F}_{AC}$ y $\mathbf{F}_{AD}$ ejercidas sobre el perno A por los elementos AC y AD, respectivamente, deben formar un triángulo de fuerzas. Primero se dibuja $\mathbf{R}_A$ (figura 6.8); luego, observando que $\mathbf{F}_{AC}$ y $\mathbf{F}_{AD}$ están dirigidas a lo

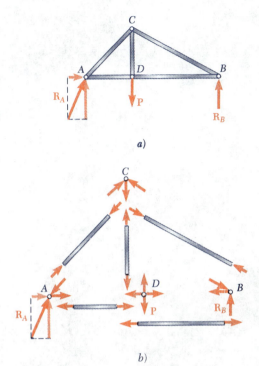

Fig. 6.7

largo de AC y AD, respectivamente, se completa el triángulo de fuerzas y se determina la magnitud y el sentido de $\mathbf{F}_{AC}$ y $\mathbf{F}_{AD}$. Las magnitudes F_{AC} y F_{AD} representan las fuerzas en los elementos AC y AD. Como $\mathbf{F}_{AC}$ está dirigida hacia abajo y hacia la izquierda, esto es, *hacia* el nudo A, el elemento AC empuja al perno A y, por consiguiente, dicho elemento está en compresión. Como $\mathbf{F}_{AD}$ está dirigida *alejándose* del nudo A, el elemento AD jala al perno A y, por consiguiente, dicho elemento está en tensión.

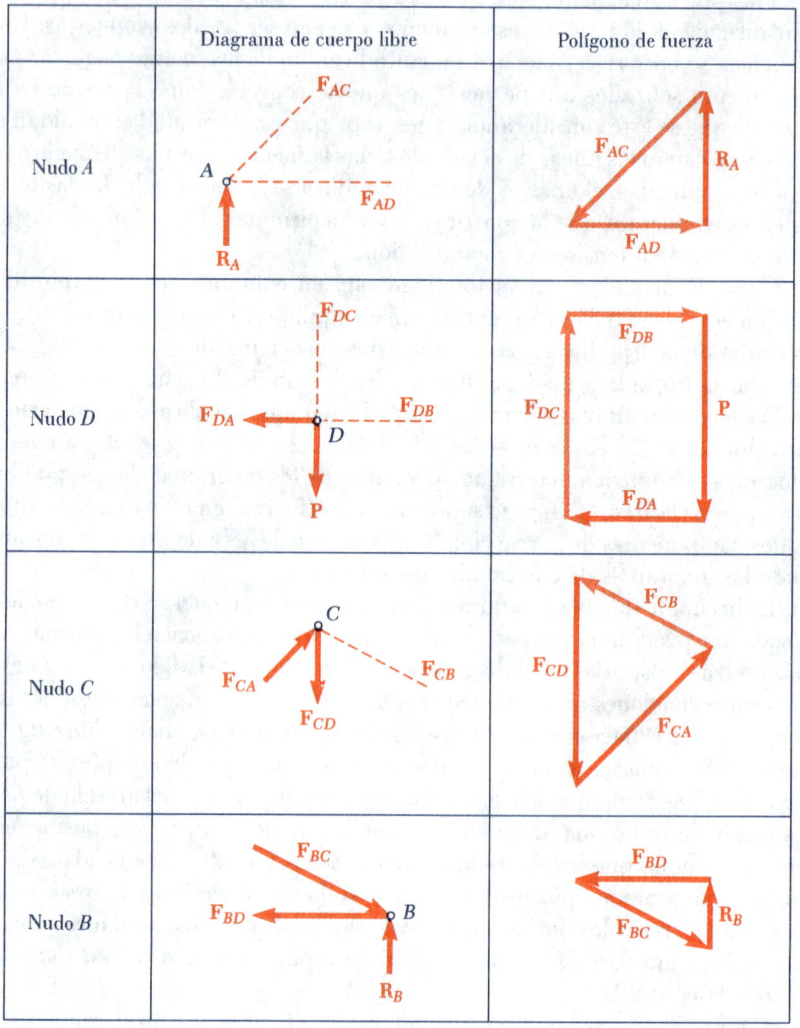

	Diagrama de cuerpo libre	Polígono de fuerza
Nudo A		
Nudo D		
Nudo C		
Nudo B		

Fig. 6.8

Ahora se procede a considerar el nudo D en el cual sólo dos fuerzas, $\mathbf{F}_{DC}$ y $\mathbf{F}_{DB}$, aún son desconocidas. Las otras fuerzas que actúan sobre dicho nudo son la carga $\mathbf{P}$, la cual es un dato y la fuerza $\mathbf{F}_{DA}$ ejercida sobre el perno por el elemento AD. Como se señaló anteriormente, esta última fuerza es igual y opuesta a la fuerza $\mathbf{F}_{AD}$ ejercida por el mismo elemento sobre el perno A. Como se muestra en la figura 6.8, se puede dibujar el polígono de fuerzas correspondiente al nudo D y determinar las fuerzas $\mathbf{F}_{DC}$ y $\mathbf{F}_{DB}$ a partir de dicho polígono. Sin embargo, cuando están involucradas más de tres fuerzas, es más conveniente resolver las ecuaciones de equilibrio $\Sigma F_x = 0$ y $\Sigma F_y = 0$ para las dos fuerzas desconocidas. Como se encuentra que ambas fuerzas se alejan del nudo D, los elementos DC y DB jalan al perno y se concluye que ambos están en tensión.

Después, se considera el nudo C, cuyo diagrama de cuerpo libre se muestra en la figura 6.8. Se observa que tanto $\mathbf{F}_{CD}$ como $\mathbf{F}_{CA}$ son conocidas a partir del análisis de los nudos anteriores y que sólo $\mathbf{F}_{CB}$ es desconocida. Como el equilibrio de cada perno proporciona suficiente información para determinar dos incógnitas, se obtiene una comprobación del análisis realizado en este nudo. Se dibuja el triángulo de fuerzas y se determina la magnitud y el sentido de $\mathbf{F}_{CB}$. Como $\mathbf{F}_{CB}$ está dirigida hacia el nudo C, el elemento CB empuja al perno C y, por tanto, está en compresión. La comprobación se obtiene verificando que la fuerza $\mathbf{F}_{CB}$ y el elemento CB son paralelos.

En el nudo B todas las fuerzas son conocidas. Puesto que el perno correspondiente está en equilibrio, el triángulo de fuerzas debe cerrar, obteniéndose de esta forma una comprobación adicional del análisis realizado.

Se debe señalar que los polígonos de fuerza mostrados en la figura 6.8 no son únicos. Cada uno de ellos podría ser reemplazado por una configuración alterna. Por ejemplo, el triángulo de fuerzas correspondiente al nudo A podría dibujarse como se muestra en la figura 6.9. El triángulo mostrado en la figura 6.8 se obtuvo dibujando las tres fuerzas $\mathbf{R}_A$, $\mathbf{F}_{AC}$ y $\mathbf{F}_{AD}$ uniendo la parte terminal de una con la parte inicial de otra en el orden en el cual sus líneas de acción son encontradas cuando uno se mueve en el sentido del movimiento de las manecillas del reloj alrededor del nudo A. Como en la figura 6.8 los otros polígonos de fuerzas se han dibujado de la misma forma, se pueden reunir en un solo diagrama, tal y como se ilustra en la figura 6.10. Un diagrama de este tipo, conocido como el *diagrama de Maxwell*, facilita enormemente el *análisis gráfico* de problemas que involucran armaduras.

Fig. 6.9

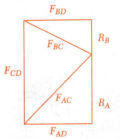

Fig. 6.10

*6.5. NUDOS BAJO CONDICIONES ESPECIALES DE CARGA

Considere la figura 6.11a en la cual el nudo conecta a cuatro elementos que están ubicados sobre dos líneas rectas que se intersectan. El diagrama de cuerpo libre de la figura 6.11b muestra que el perno A está sujeto a dos pares de fuerzas directamente opuestas. Por tanto, el polígono de fuerzas correspondientes debe ser un paralelogramo (figura 6.11c) y *las fuerzas en elementos opuestos deben ser iguales*.

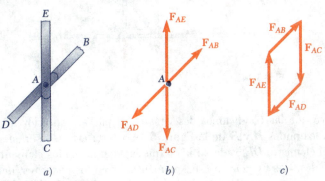

Fig. 6.11

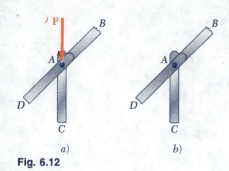

Fig. 6.12

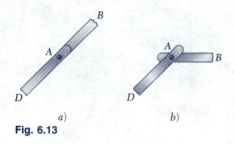

Fig. 6.13

A continuación considere la figura 6.12a en la cual el nudo mostrado conecta tres elementos y soporta una carga **P**. Dos de los elementos se encuentran ubicados sobre la misma línea y la carga **P** actúa a lo largo del tercer elemento. El diagrama de cuerpo libre del perno A y el polígono de fuerzas correspondiente será como se muestra en la figura 6.11b y c, reemplazando a $\mathbf{F}_{AE}$ por la carga **P**. Por tanto, *las fuerzas en los dos elementos opuestos deben ser iguales y la fuerza en el otro elemento debe ser igual a P*. En la figura 6.12b se muestra un caso de especial interés. Como en este caso no hay una fuerza externa aplicada en el nudo, se tiene que $P = 0$, y la fuerza en el elemento AC es igual a cero. Por tanto, se dice que el elemento AC es un *elemento de fuerza cero*.

Considere ahora un nudo que conecta únicamente a dos elementos. A partir de la sección 2.9 se sabe que una partícula sobre la que actúan dos fuerzas estará en equilibrio si las dos fuerzas tienen la misma magnitud, la misma línea de acción y sentidos opuestos. En el caso del nudo de la figura 6.13a, el cual conecta a dos elementos AB y AD que se encuentran sobre la misma línea, *las fuerzas en los dos elementos deben ser iguales* para que el perno A esté en equilibrio. En el caso del nudo de la figura 6.13b, el perno A no puede estar en equilibrio a menos de que las fuerzas en ambos elementos sean iguales a cero. Por tanto, elementos conectados como se muestra en la figura 6.13b deben ser *elementos de fuerza cero*.

Identificar los nudos que se encuentran bajo las condiciones especiales de carga mencionadas en los párrafos anteriores, permitirá que el análisis de una armadura se lleve a cabo más rápidamente. Por ejemplo, considere una armadura tipo Howe cargada como se muestra en la figura 6.14. Todos los elementos representados por líneas en color serán reconocidos como elementos de fuerza cero. El nudo C conecta a tres elementos, dos de los cuales se encuentran sobre la misma línea, y no está sujeto a cargas externas; por tanto, el elemento BC es un elemento de fuerza cero. Aplicando el mismo razonamiento al nudo K, se encuentra que el elemento JK también es un elemento de fuerza cero. Ahora, el nudo J está en la misma situación que los nudos C y K, entonces el elemento IJ debe ser un elemento de fuerza cero. La observación de los nudos C, J y K revela que las fuerzas en los elementos AC y CE son iguales, las fuerzas en los elementos HJ y JL son también iguales, así como las fuerzas en los elementos IK y KL. Regresando nuestra atención al nudo I, donde la carga de 20 kN y el elemento HI son colineales, se observa que la fuerza en el elemento HI es de 20 kN (tensión) y que las fuerzas en los elementos GI e IK son iguales. Así, se concluye que las fuerzas en los elementos GI, IK y KL son iguales.

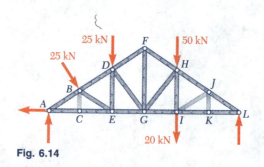

Fig. 6.14

Observe que las condiciones descritas en el párrafo anterior no pueden aplicarse a los nudos B y D de la figura 6.14 y sería erróneo suponer que la fuerza en el elemento DE es de 25 kN o que las fuerzas en los elementos AB y BD son iguales. Las fuerzas en estos elementos, y en los restantes, deben encontrarse llevando a cabo el análisis de los nudos A, B, D, E, F, G, H y L en la forma habitual. Por tanto, hasta que usted se haya familiarizado con las condiciones que permiten aaplicar las reglas establecidas en esta sección, debe dibujar el diagrama de cuerpo libre de todos los pernos y escribir las ecuaciones de equilibrio correspondientes (o dibujar los polígonos de fuerzas correspondientes) sin importar si los nudos considerados se encuentran bajo una de las condiciones especiales de carga que se describieron anteriormente.

Un comentario final en relación con los elementos de fuerza cero: estos elementos no son inútiles. Por ejemplo, a pesar de que los elementos de fuerza cero de la figura 6.14 no soportan ninguna carga bajo la condición de carga mostrada, los mismos elementos probablemente podrían soportar cargas si se cambiaran las condiciones de carga. Además, incluso en el caso considerado, estos elementos son necesarios para soportar el peso de la armadura y para mantener a esta última con la forma deseada.

*6.6. ARMADURAS ESPACIALES

Cuando varios elementos rectos se unen en sus extremos para formar una configuración tridimensional, la estructura obtenida recibe el nombre de *armadura espacial*.

Recuerde que en la sección 6.3 se estableció que la mayoría de las armaduras rígidas bidimensionales elementales consistían de tres elementos unidos en sus extremos para formar los lados de un triángulo; agregando dos elementos a esta configuración básica y conectándolos en un nuevo nudo, se obtiene una estructura rígida más grande, la cual fue definida como una armadura simple. Análogamente, la armadura espacial rígida más elemental está constituida por seis elementos unidos en sus extremos para formar los lados de un tetraedro *ABCD* (figura 6.15*a*). Agregando tres elementos a esta configuración básica, tales como los elementos *AE*, *BE* y *CE*, uniéndolos a los tres nudos existentes y conectándolos en un nuevo nudo,† se puede obtener una estructura rígida más grande, la cual se define como una *armadura espacial simple* (figura 6.15*b*). Observando que el tetraedro básico tiene seis elementos y cuatro nudos y que cada vez que se agregan tres elementos el número de nudos se incrementa en uno, se concluye que en una armadura espacial simple el número total de elementos es $m = 3n - 6$, donde n es el número total de nudos.

Si una armadura espacial debe estar completamente restringida y si las reacciones en sus apoyos deben ser estáticamente determinadas, los apoyos deben consistir en una combinación de bolas, rodillos y rótulas que proporcionen un total de seis reacciones desconocidas (véase la sección 4.9). Estas reacciones desconocidas se determinan fácilmente resolviendo las seis ecuaciones que expresan que la armadura tridimensional está en equilibrio.

A pesar de que los elementos de una armadura espacial están unidos por conexiones soldadas o remachadas, se supone que cada nudo consiste en una conexión tipo rótula. Por tanto, no se aplicará ningún par a los elementos de la armadura y cada elemento puede tratarse como un elemento sometido a la acción de dos fuerzas. Las condiciones de equilibrio para cada nudo estarán expresadas por las tres ecuaciones $\Sigma F_x = 0$, $\Sigma F_y = 0$ y $\Sigma F_z = 0$. Entonces, en el caso de una armadura espacial simple que contiene n nudos, escribir las condiciones de equilibrio para cada nudo proporcionará un total de $3n$ ecuaciones. Como $m = 3n - 6$, estas ecuaciones serán suficientes para determinar todas las fuerzas desconocidas (las fuerzas en los m elementos y las seis reacciones en los apoyos). Sin embargo, para evitar la necesidad de resolver ecuaciones simultáneas, se debe tener cuidado en seleccionar nudos en un orden tal que ningún nudo seleccionado involucre más de tres fuerzas desconocidas.

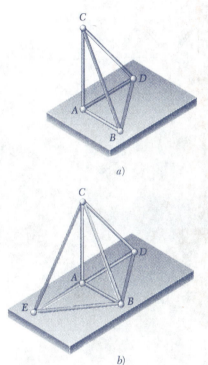

Fig. 6.15

†Los cuatro nudos no deben estar localizados en un plano.

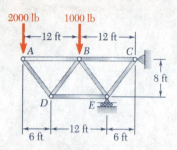

PROBLEMA RESUELTO 6.1

Usando el método de los nudos, determínese la fuerza en cada uno de los elementos de la armadura mostrada.

SOLUCIÓN

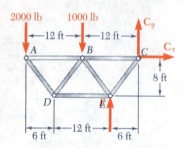

Diagrama de cuerpo libre: armadura completa. Se dibuja un diagrama de cuerpo libre de toda la armadura. Las fuerzas externas que actúan en este diagrama de cuerpo libre consisten en las cargas aplicadas y en las reacciones en C y en E. Se escriben las ecuaciones de equilibrio siguientes.

$+\curvearrowleft \Sigma M_C = 0$: $\quad (2000 \text{ lb})(24 \text{ ft}) + (1000 \text{ lb})(12 \text{ ft}) - E(6 \text{ ft}) = 0$
$\quad E = +10\,000 \text{ lb} \qquad\qquad \mathbf{E} = 10\,000 \text{ lb} \uparrow$

$\xrightarrow{+} \Sigma F_x = 0$: $\qquad\qquad\qquad\qquad\qquad\qquad\qquad \mathbf{C}_x = 0$

$+\uparrow \Sigma F_y = 0$: $\quad -2000 \text{ lb} - 1000 \text{ lb} + 10\,000 \text{ lb} + C_y = 0$
$\quad C_y = -7000 \text{ lb} \qquad\qquad \mathbf{C}_y = 7000 \text{ lb} \downarrow$

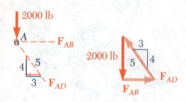

Diagrama de cuerpo libre: nudo A. Nudo sometido únicamente a dos fuerzas desconocidas, esto es, a las fuerzas ejercidas por los elementos AB y AD. Se usa un triángulo de fuerzas para determinar $\mathbf{F}_{AB}$ y $\mathbf{F}_{AD}$. Se observa que el elemento AB jala al nudo y, por tanto, dicho elemento está en tensión. Además, el elemento AD empuja al nudo A y, por tanto, dicho elemento está en compresión. Las magnitudes de las dos fuerzas se obtienen a partir de la proporción

$$\frac{2000 \text{ lb}}{4} = \frac{F_{AB}}{3} = \frac{F_{AD}}{5}$$

$\qquad\qquad\qquad\qquad\qquad F_{AB} = 1500 \text{ lb } T \blacktriangleleft$
$\qquad\qquad\qquad\qquad\qquad F_{AD} = 2500 \text{ lb } C \blacktriangleleft$

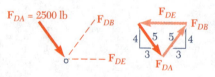

Diagrama de cuerpo libre: nudo D. Como la fuerza ejercida por el elemento AD ya ha sido determinada, ahora sólo se tienen dos incógnitas involucradas con este nudo. Nuevamente se usa un triángulo de fuerzas para determinar las fuerzas desconocidas en los elementos DB y DE.

$F_{DB} = F_{DA} \qquad\qquad F_{DB} = 2500 \text{ lb } T \blacktriangleleft$
$F_{DE} = 2(\tfrac{3}{5})F_{DA} \qquad F_{DE} = 3000 \text{ lb } C \blacktriangleleft$

284

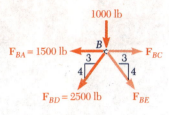

Diagrama de cuerpo libre: nudo B. Como en este nudo actúan más de tres fuerzas, se determinan las dos fuerzas desconocidas $\mathbf{F}_{BC}$ y $\mathbf{F}_{BE}$ resolviendo las ecuaciones de equilibrio $\Sigma F_x = 0$ y $\Sigma F_y = 0$. Se supone arbitrariamente que ambas fuerzas desconocidas actúan hacia afuera del nudo, esto es, que los elementos están en tensión. El valor positivo obtenido para F_{BC} indica que la suposición hecha fue correcta; por tanto, el elemento BC está en tensión. El valor negativo de F_{BE} indica que la suposición hecha fue incorrecta; por tanto, el elemento BE está en compresión.

$$+\uparrow \Sigma F_y = 0: \quad -1000 - \tfrac{4}{5}(2500) - \tfrac{4}{5}F_{BE} = 0$$
$$F_{BE} = -3750 \text{ lb} \qquad F_{BE} = 3750 \text{ lb } C \quad \blacktriangleleft$$

$$\xrightarrow{+} \Sigma F_x = 0: \quad F_{BC} - 1500 - \tfrac{3}{5}(2500) - \tfrac{3}{5}(3750) = 0$$
$$F_{BC} = +5250 \text{ lb} \qquad F_{BC} = 5250 \text{ lb } T \quad \blacktriangleleft$$

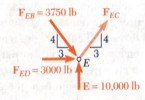

Diagrama de cuerpo libre: nudo E. Se supone que la fuerza desconocida $\mathbf{F}_{EC}$ actúa hacia afuera del nudo. Sumando las componentes x, se escribe

$$\xrightarrow{+} \Sigma F_x = 0: \quad \tfrac{3}{5}F_{EC} + 3000 + \tfrac{3}{5}(3750) = 0$$
$$F_{EC} = -8750 \text{ lb} \qquad F_{EC} = 8750 \text{ lb } C \quad \blacktriangleleft$$

Sumando las componentes y, se obtiene una comprobación de los cálculos realizados

$$+\uparrow \Sigma F_y = 10\,000 - \tfrac{4}{5}(3750) - \tfrac{4}{5}(8750)$$
$$= 10\,000 - 3000 - 7000 = 0 \qquad \text{(queda comprobado)}$$

Diagrama de cuerpo libre: nudo C. Utilizando los valores de $\mathbf{F}_{CB}$ y $\mathbf{F}_{CE}$ calculados previamente, se pueden determinar las reacciones $\mathbf{C}_x$ y $\mathbf{C}_y$ considerando el equilibrio de este nudo. Como dichas reacciones ya fueron determinadas a partir del equilibrio de toda la armadura, se obtendrán dos verificaciones de los cálculos realizados. También se pueden usar, simplemente, los valores calculados de todas las fuerzas que actúan sobre el nudo (fuerzas en los elementos y reacciones) y comprobar que éste se encuentra en equilibrio:

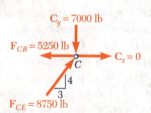

$$\xrightarrow{+} \Sigma F_x = -5250 + \tfrac{3}{5}(8750) = -5250 + 5250 = 0 \qquad \text{(queda comprobado)}$$
$$+\uparrow \Sigma F_y = -7000 + \tfrac{4}{5}(8750) = -7000 + 7000 = 0 \qquad \text{(queda comprobado)}$$

RESOLVIENDO PROBLEMAS EN FORMA INDEPENDIENTE

En esta lección se aprendió a utilizar el *método de los nudos* para determinar las fuerzas en los elementos de una *armadura simple*, esto es, en una armadura que puede ser construida a partir de una armadura triangular básica a la que se agregan dos nuevos elementos a la vez conectados en un nuevo nudo.

La solución constará de los siguientes pasos:

1. Dibujar un diagrama de cuerpo libre de toda la armadura y utilizar dicho diagrama para determinar las reacciones en los apoyos.

2. Localizar un nudo que conecte únicamente a dos elementos y dibujar un diagrama de cuerpo libre de su perno. Este diagrama de cuerpo libre sirve para determinar la fuerza desconocida en cada uno de los dos elementos. Si sólo están involucradas tres fuerzas (las dos fuerzas desconocidas y una fuerza conocida), probablemente se encontrará que es más conveniente dibujar y resolver el triángulo de fuerzas correspondientes. Si están involucradas más de tres fuerzas, se deben escribir y resolver las ecuaciones de equilibrio para el perno, $\Sigma F_x = 0$ y $\Sigma F_y = 0$, suponiendo que los elementos están en tensión. Una respuesta positiva significa que el elemento está en tensión y una respuesta negativa significa que el elemento está en compresión. Una vez que se han encontrado las fuerzas, se deben introducir sus valores en un croquis de la armadura, con una T para indicar tensión y una C para indicar compresión.

3. Después, se debe localizar un nudo en el cual sólo las fuerzas en dos de los elementos que se conectan a éste aún son desconocidas. Se debe dibujar el diagrama de cuerpo libre del perno y utilizarlo como se indicó en el punto anterior para determinar las dos fuerzas desconocidas.

4. Se debe repetir este procedimiento hasta que las fuerzas en todos los elementos de la armadura hayan sido determinadas. Como previamente se usaron las tres ecuaciones de equilibrio asociadas con el diagrama de cuerpo libre de toda la armadura para determinar las reacciones en los apoyos, se tendrán tres ecuaciones adicionales. Estas ecuaciones sirven para comprobar que los cálculos fueron realizados correctamente.

5. Se debe señalar que la elección del primer nudo no es única. Una vez que se han determinado las reacciones en los apoyos de la armadura, se selecciona cualquiera de dos nudos como el punto de partida para el análisis. En el problema resuelto 6.1, se comenzó en el nudo A y se procedió, consecutivamente, con los nudos D, B, E y C; sin embargo, también se pudo haber comenzado en el nudo C procediendo después, consecutivamente, con los nudos E, B, D y A. Por otra parte, una vez que se ha seleccionado el primer nudo, en algunos casos se puede llegar a un punto en el análisis a partir del cual ya no se puede continuar (véanse los problemas 6.23 al 6.25). Entonces, se debe comenzar de nuevo a partir de otro nudo para terminar la solución del problema.

Se debe recordar que el análisis de una *armadura simple* siempre se puede llevar a cabo por el método de los nudos. También se debe recordar que es útil bosquejar la solución *antes* de comenzar a llevar a cabo algún cálculo.

Problemas

6.1 al 6.8 Empleando el método de los nudos, determínese la fuerza en cada elemento de la armadura mostrada en la figura. Para cada uno de los elementos establecer si éste se encuentra en tensión o en compresión.

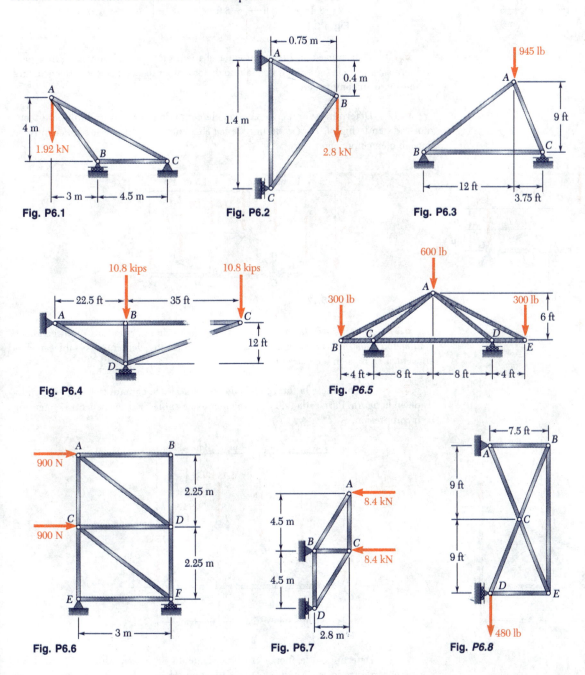

Fig. P6.1

Fig. P6.2

Fig. P6.3

Fig. P6.4

Fig. P6.5

Fig. P6.6

Fig. P6.7

Fig. P6.8

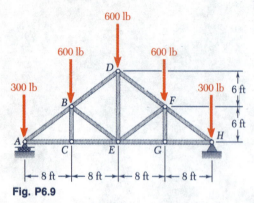

Fig. P6.9

6.9 Determínese la fuerza en cada elemento de la armadura Howe para techo mostrada en la figura. Para cada uno de los elementos, establecer si se encuentra en tensión o en compresión.

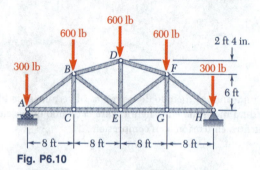

Fig. P6.10

6.10 Determínese la fuerza en cada elemento de la armadura Gambrel para techo mostrada en la figura. Para cada uno de los elementos, establecer si se encuentra en tensión o en compresión.

6.11 Determínese la fuerza en cada elemento de la armadura Fink para techo mostrada en la figura. Para cada uno de los elementos, establecer si se encuentra en tensión o en compresión.

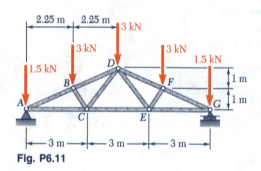

Fig. P6.11

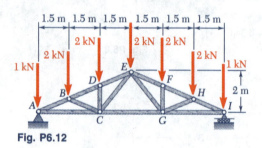

Fig. P6.12

6.12 Determínese la fuerza en cada elemento de la armadura para techo con ventilación mostrada en la figura. Para cada uno de los elementos, establecer si se encuentra en tensión o en compresión.

6.13 Determínese la fuerza en cada elemento de la armadura para techo mostrada en la figura. Para cada uno de los elementos, establecer si se encuentra en tensión o en compresión.

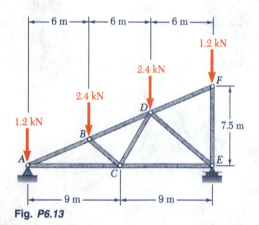

Fig. P6.13

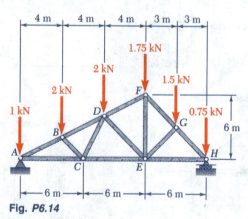

Fig. P6.14

6.14 Determínese la fuerza en cada elemento de la armadura de paso doble para techo mostrada en la figura. Para cada uno de los elementos, establecer si se encuentra en tensión o en compresión.

6.15 Determínese la fuerza en cada elemento de la armadura Pratt para puente mostrada en la figura. Para cada uno de los elementos, establecer si se encuentra en tensión o en compresión.

6.16 Resuélvase el problema 6.15, suponiendo que se elimina la carga aplicada en G.

6.17 Para la armadura Howe invertida para techo mostrada en la figura, determínese la fuerza en el elemento DE y la fuerza en cada uno de los elementos localizados a la izquierda del elemento DE. Además, para cada uno de dichos elementos, establecer si éste se encuentra en tensión o en compresión.

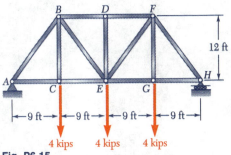

Fig. P6.15

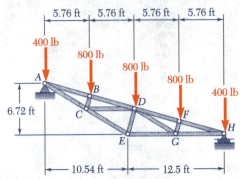

Fig. P6.17 y P6.18

6.18 Para la armadura Howe invertida para techo mostrada en la figura, determínese la fuerza en cada uno de los elementos localizados a la derecha del elemento DE. Además, para cada uno de dichos elementos, establecer si éste se encuentra en tensión o en compresión.

6.19 Para la armadura tipo tijera para techo mostrada en la figura, determínese la fuerza en cada uno de los elementos localizados a la izquierda de FG. Además, para cada uno de dichos elementos, establecer si éste se encuentra en tensión o en compresión.

6.20 Para la armadura tipo tijera para techo mostrada en la figura, determínense la fuerza en el elemento FG y en cada uno de los elementos localizados a la derecha de FG. Además, para cada uno de dichos elementos, establecer si éste se encuentra en tensión o en compresión.

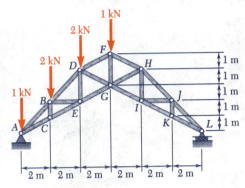

Fig. P6.19 y P6.20

6.21 Para la armadura de estudio para techo mostrada en la figura, determínese la fuerza en cada uno de los elementos localizados a la izquierda de la línea FGH. Además, para cada uno de dichos elementos, establecer si éste se encuentra en tensión o en compresión.

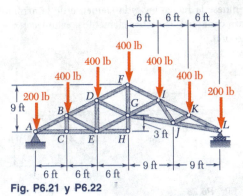

Fig. P6.21 y P6.22

6.22 Para la armadura de estudio para techo mostrada en la figura, determínense la fuerza en el elemento FG y en cada uno de los elementos localizados a la derecha de FG. Además, para cada uno de dichos elementos, establecer si éste se encuentra en tensión o en compresión.

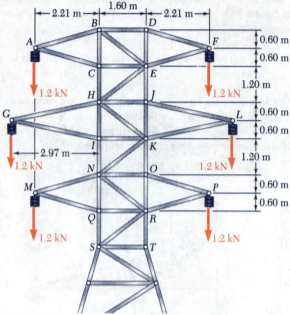

Fig. P6.23

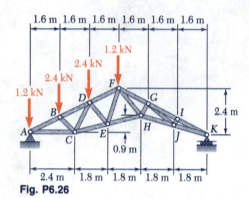

Fig. P6.26

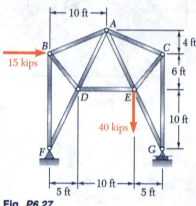

Fig. P6.27

6.23 La porción de la armadura mostrada representa la parte superior de una torre de líneas eléctricas de transmisión de potencia. Para la carga mostrada, determínese la fuerza en cada uno de los elementos localizados por encima de HJ. Además, para cada uno de dichos elementos, establecer si éste se encuentra en tensión o en compresión.

6.24 Considérese la torre y la carga del problema 6.23, y con los datos $F_{CH} = F_{EJ} = 1.2$ kN C y $F_{EH} = 0$, determínese la fuerza en el elemento HJ y en cada uno de los elementos localizados entre HJ y NO. Además, para cada uno de dichos elementos, establecer si éste se encuentra en tensión o en compresión.

6.25 Resuélvase el problema 6.23, suponiendo que los cables que cuelgan del lado derecho de la torre se cayeron al suelo.

6.26 Para la armadura de bóveda para techo mostrada en la figura, determínese la fuerza en cada uno de los elementos conectados desde el nudo A hasta el nudo F. Además, para cada uno de dichos elementos, establecer si éste se encuentra en tensión o en compresión.

6.27 Determínese la fuerza en cada elemento de la armadura mostrada en la figura. Además, para cada uno de dichos elementos, establecer si éste se encuentra en tensión o en compresión.

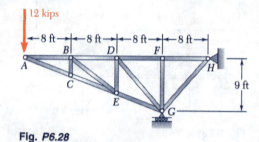

Fig. P6.28

6.28 Determínese la fuerza en cada uno de los elementos de la armadura mostrada en la figura. Además, para cada uno de dichos elementos, establecer si éste se encuentra en tensión o en compresión.

6.29 Determínese si las armaduras de los problemas 6.31a, 6.32a y 6.33a son armaduras simples.

6.30 Determínese si las armaduras de los problemas 6.31b, 6.32b y 6.33b son armaduras simples.

6.31 Para las cargas dadas, determínense los elementos de fuerza cero en cada una de las dos armaduras mostradas en la figura.

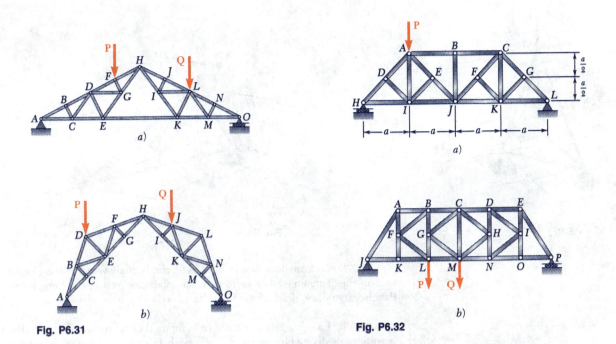

Fig. P6.31   **Fig. P6.32**

6.32 Para las cargas dadas, determínense los elementos de fuerza cero en cada una de las dos armaduras mostradas en la figura.

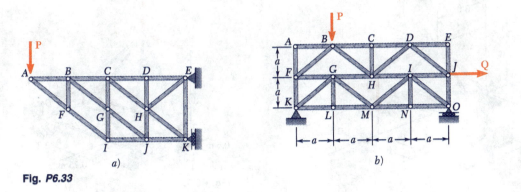

Fig. P6.33

6.33 Para las cargas dadas, determínense los elementos de fuerza cero en cada una de las dos armaduras mostradas en la figura.

6.34 Determínense los elementos de fuerza cero en cada una de las siguientes armaduras de los problemas: a) 6.26 y b) 6.28.

*6.35 La armadura mostrada, la cual consta de seis elementos, se sostiene mediante una rótula en B, un eslabón corto en C y por medio de dos eslabones cortos en D. Si $\mathbf{P} = (-2184\text{ N})\mathbf{j}$ y $\mathbf{Q} = 0$, determínese la fuerza en cada uno de los elementos de la armadura.

*6.36 La armadura mostrada en la figura, la cual consta de seis elementos, se sostiene mediante una rótula en B, un eslabón corto en C y por medio de dos eslabones cortos en D. Si $\mathbf{P} = 0$ y $\mathbf{Q} = (2968\text{ N})\mathbf{i}$, determínese la fuerza en cada uno de los elementos.

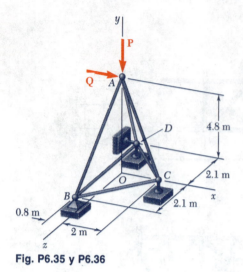

Fig. P6.35 y P6.36

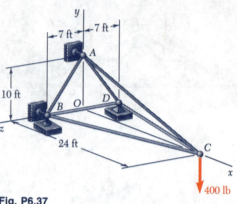

Fig. P6.37

*6.37 La armadura mostrada en la figura, la cual consta de seis elementos, se sostiene mediante un eslabón corto en A, dos eslabones cortos en B y una rótula en D. Para la carga dada, determínese la fuerza en cada uno de los elementos.

*6.38 La armadura mostrada en la figura, la cual consta de nueve elementos, se sostiene mediante una rótula en A, dos eslabones cortos en B y un eslabón corto en C. Para la carga dada, determínese la fuerza en cada uno de los elementos.

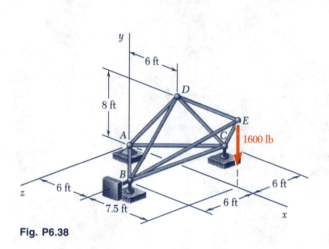

Fig. P6.38

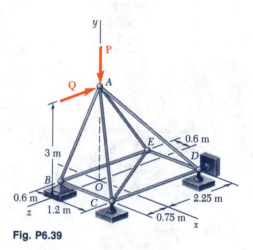

Fig. P6.39

*6.39 La armadura mostrada en la figura, la cual consta de nueve elementos, se sostiene mediante una rótula en B, un eslabón corto en C y dos eslabones cortos en D. *a*) Verifíquese que la armadura es simple, que está completamente restringida y que las reacciones en los apoyos son estáticamente determinadas. *b*) Si $\mathbf{P} = (-1200\text{ N})\mathbf{j}$ y $\mathbf{Q} = 0$, determínese la fuerza en cada uno de los elementos de la armadura.

*6.40 Resuélvase el problema 6.39 para $\mathbf{P} = 0$ y $\mathbf{Q} = (-900\ N)\mathbf{k}$.

*6.41 La armadura mostrada en la figura, la cual consta de 18 elementos, se sostiene mediante una rótula en A, dos eslabones cortos en B y un eslabón corto en G. a) Verifíquese que la armadura es simple, que está completamente restringida y que las reacciones en los apoyos son estáticamente determinadas. b) Para las cargas aplicadas, determínese la fuerza en cada uno de los seis elementos que se unen en el nudo E.

*6.42 La armadura mostrada en la figura, la cual consta de 18 elementos, se sostiene mediante una rótula en A, dos eslabones cortos en B y un eslabón corto en G. a) Verifíquese que la armadura es simple, que está completamente restringida y que las reacciones en los apoyos son estáticamente determinadas. b) Para las cargas aplicadas, determínese la fuerza en cada uno de los seis elementos que se unen en el nudo G.

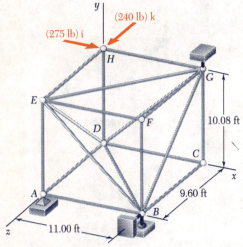

Fig. *P6.41* y *P6.42*

6.7. ANÁLISIS DE ARMADURAS POR EL MÉTODO DE SECCIONES

El método de los nudos es más eficiente cuando se deben determinar las fuerzas en todos los elementos de una armadura. Sin embargo, si sólo se desea encontrar la fuerza en un solo elemento o en un número muy reducido de elementos, otro método, el método de secciones, es más eficiente.

Por ejemplo, suponga que se desea determinar la fuerza en el elemento BD de la armadura mostrada en la figura 6.16a. Para llevar a cabo esta tarea, se debe determinar la fuerza con la cual el elemento BD actúa sobre el nudo B o sobre el nudo D. Si se utilizara el método de los nudos, se seleccionaría al nudo B o al nudo D como el cuerpo libre. Sin embargo, también se selecciona como cuerpo libre a una porción más grande de la armadura, compuesta por varios nudos y elementos, siempre y cuando la fuerza deseada sea una de las fuerzas externas que actúan sobre dicha porción. Además, si se selecciona la porción de la armadura de tal forma que sólo se tenga un total de tres fuerzas desconocidas actuando sobre la misma, la fuerza deseada se puede obtener resolviendo las ecuaciones de equilibrio para la porción de la armadura en cuestión. En la práctica, la porción de la armadura que debe ser utilizada se obtiene *pasando una sección* a través de tres elementos de la armadura, de los cuales uno debe ser el elemento deseado, esto es, dicha porción se obtiene dibujando una línea que divida a la armadura, en dos partes completamente separadas pero que no intersecte a más de tres elementos. Cualquiera de las dos porciones de la armadura que se obtiene después de que los elementos intersectados han sido removidos puede utilizarse como el cuerpo libre.[†]

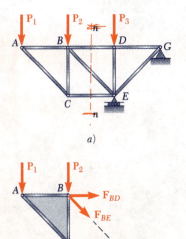

Fig. 6.16

En la figura 6.16a, se ha pasado la sección nn a través de los elementos BD, BE y CE y se ha seleccionado a la porción ABC de la armadura como el cuerpo libre (figura 6.16b). Las fuerzas que actúan sobre el diagrama de cuerpo libre son las cargas $\mathbf{P}_1$ y $\mathbf{P}_2$ que están aplicados en los puntos A y B y las tres fuerzas desconocidas $\mathbf{F}_{BD}$, $\mathbf{F}_{BE}$ y $\mathbf{F}_{CE}$. Como no se sabe si los elementos removidos estaban en tensión o en compresión, arbitrariamente se han dibujado las tres fuerzas alejándose del cuerpo libre como si los elementos hubieran estado en tensión.

[†] En el análisis de ciertas armaduras, se pasan secciones que intersectan a más de tres elementos; entonces, se pueden determinar las fuerzas en uno, o posiblemente en dos, de los elementos intersectados si se pueden encontrar ecuaciones de equilibrio que involucren únicamente a una sola incógnita (véanse los problemas 6.61 al 6.64).

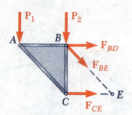

Fig. 6.16b (repetida)

El hecho de que el cuerpo rígido ABC está en equilibrio puede expresarse escribiendo tres ecuaciones, las cuales pueden resolverse para encontrar tres fuerzas desconocidas. Si únicamente se desea determinar la fuerza $\mathbf{F}_{BD}$, sólo se necesita escribir una ecuación, siempre y cuando dicha ecuación no contenga a las otras incógnitas. Por tanto, la ecuación $\Sigma M_E = 0$ proporciona el valor de la magnitud F_{BD} de la fuerza $\mathbf{F}_{BD}$ (figura 6.16b). Un signo positivo en la respuesta indicará que la suposición original en relación al sentido de $\mathbf{F}_{BD}$ fue correcta y que el elemento BD está en tensión; un signo negativo indicará que la suposición original fue incorrecta y que BD está en compresión.

Por otra parte, si sólo se desea encontrar la fuerza $\mathbf{F}_{CE}$, se debe escribir una ecuación que no involucre a $\mathbf{F}_{BD}$ o a $\mathbf{F}_{BE}$; en este caso, la ecuación apropiada es $\Sigma M_B = 0$. Un signo positivo para la magnitud F_{CE} de la fuerza deseada indica que la suposición hecha fue correcta, esto es, que el elemento está en tensión, y un signo negativo indica que la suposición fue incorrecta, esto es, que el elemento está en compresión.

Si sólo se desea encontrar la fuerza $\mathbf{F}_{BE}$, la ecuación apropiada es $\Sigma F_y = 0$. De nuevo, a partir del signo de la respuesta se determina si el elemento está en tensión o en compresión.

Cuando en un solo elemento se determina únicamente la fuerza, no se tiene disponible una forma independiente de comprobar los cálculos realizados. Sin embargo, cuando se han determinado todas las fuerzas desconocidas que actúan sobre el cuerpo libre, pueden verificarse los cálculos escribiendo una ecuación adicional. Por ejemplo, si $\mathbf{F}_{BD}$, $\mathbf{F}_{BE}$ y $\mathbf{F}_{CE}$ se determinan de la forma señalada en los párrafos anteriores, los cálculos pueden comprobarse verificando que $\Sigma F_x = 0$.

*6.8. ARMADURAS FORMADAS POR VARIAS ARMADURAS SIMPLES

Considere dos armaduras simples ABC y DEF. Si estas armaduras están conectadas por tres barras BD, BE y CE, tal y como se muestra en la figura 6.17a, entonces formarán en conjunto una armadura rígida $ABDF$. Las armaduras ABC y DEF también se pueden combinar en una sola armadura rígida uniendo los nudos B y D en un solo nudo B y conectando los nudos C y E por medio de una barra CE (figura 6.17b). La armadura que se obtiene de esta forma se conoce como una *armadura Fink*. Se debe señalar que las armaduras de la figura 6.17a y b *no* son armaduras simples; éstas no se pueden construir a partir de una armadura triangular a la que se agregan sucesivamente pares de elementos en la forma descrita en la sección 6.3. Sin embargo, estas armaduras son rígidas como se verifica al comparar los sistemas de conexiones empleados para mantener juntas las armaduras simples ABC y DEF (tres barras en la figura 6.17a y un perno y una barra en la figura. 6.17b) con los sistemas de apoyos presentados en las secciones 4.4 y 4.5. Las armaduras que están hechas a partir de varias armaduras simples conectadas rígidamente se conocen como *armaduras compuestas*.

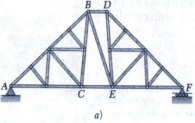
a)

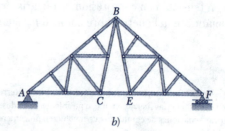
b)

Fig. 6.17

En una armadura compuesta, el número de elementos m y el número de nudos n aún están relacionados por la fórmula $m = 2n - 3$. Esto puede corroborarse observando que, si una armadura compuesta está apoyada por un perno sin fricción y un rodillo (involucrando así tres reacciones desconocidas) el número total de incógnitas es $m + 3$ y dicho número debe ser igual al número $2n$ de ecuaciones que se obtienen al expresar que los n pernos están en equilibrio; por tanto, se concluye que $m = 2n - 3$. Las armaduras compuestas que están apoyadas por un perno y un rodillo, o por un sistema equivalente de apoyos, son *estáticamente determinadas, rígidas* y *completamente restringidas*. Lo cual significa que todas las reacciones desconocidas y las fuerzas en todos los elementos pueden determinarse utilizando los métodos de la estática y que la armadura no se colapsará ni se moverá. Sin embargo, no todas las fuerzas en los elementos pueden determinarse por el método de los nudos, a menos de que se resuelva un gran número de ecuaciones simultáneas. Por ejemplo, en el caso de la armadura compuesta de la figura 6.17a, es más eficiente pasar una sección a través de los elementos *BD*, *BE* y *CE* para determinar las fuerzas en los mismos.

Ahora, supóngase que las armaduras simples *ABC* y *DEF* están conectadas por *cuatro* barras *BD*, *BE*, *CD* y *CE* (figura 6.18). Ahora, el número de elementos m es mayor que $2n - 3$; por tanto, la armadura obtenida es *sobrerrígida* y se dice que uno de los cuatro elementos *BD*, *BE*, *CD* o *CE* es *redundante*. Si la armadura está apoyada por un perno en *A* y por un rodillo en *F*, el número total de incógnitas es $m + 3$. Como $m > 2n - 3$, ahora el número $m + 3$ de incógnitas es mayor que el número $2n$ de ecuaciones independientes que se tienen disponibles; en consecuencia, la armadura es *estáticamente indeterminada*.

Por último, supóngase que las dos armaduras simples *ABC* y *DEF* están unidas por un perno como se muestra en la figura 6.19a. El número de elementos m es menor que $2n - 3$. Si la armadura está apoyada por un perno en *A* y un rodillo en *F*, el número total de incógnitas es $m + 3$. Como $m < 2n - 3$, ahora el número $m + 3$ de incógnitas es menor que el número $2n$ de ecuaciones de equilibrio que se deben cumplir; por tanto, la armadura *no es rígida* y se colapsará bajo su propio peso. Sin embargo, si se usan dos pernos para apoyarla, la armadura se vuelve *rígida* y no se colapsará (figura 6.19b). Ahora se observa que el número total de incógnitas es $m + 4$ y es igual al número $2n$ de ecuaciones. En términos más generales, si las reacciones en los apoyos involucran r incógnitas, la condición para que una armadura compuesta sea estáticamente determinada, rígida y completamente restringida es $m + r = 2n$. Sin embargo, aunque esta condición es necesaria, no es suficiente para el equilibrio de una estructura que deja de ser rígida cuando se separa de sus apoyos (véase la sección 6.11).

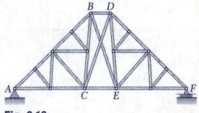

Fig. 6.18

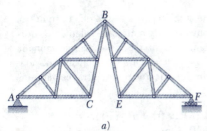

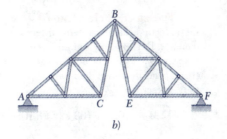

Fig. 6.19

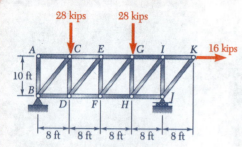

PROBLEMA RESUELTO 6.2

Determínese la fuerza en los elementos EF y GI de la armadura mostrada en la figura.

SOLUCIÓN

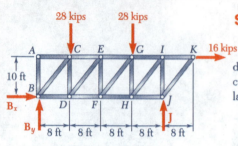

Diagrama de cuerpo libre: toda la armadura. Se dibuja un diagrama de cuerpo libre de toda la armadura; las fuerzas externas que actúan sobre este cuerpo libre consisten en las cargas aplicadas y las reacciones en B y J. Se escriben las siguientes ecuaciones de equilibrio.

$+\circlearrowleft \Sigma M_B = 0$:
$$-(28 \text{ kips})(8 \text{ ft}) - (28 \text{ kips})(24 \text{ ft}) - (16 \text{ kips})(10 \text{ ft}) + J(32 \text{ ft}) = 0$$
$$J = +33 \text{ kips} \qquad \mathbf{J} = 33 \text{ kips}\uparrow$$

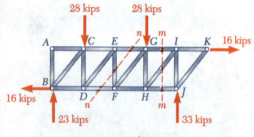

$\xrightarrow{+} \Sigma F_x = 0$: $\qquad B_x + 16 \text{ kips} = 0$
$$B_x = -16 \text{ kips} \qquad \mathbf{B}_x = 16 \text{ kips}\leftarrow$$

$+\circlearrowleft \Sigma M_J = 0$:
$$(28 \text{ kips})(24 \text{ ft}) + (28 \text{ kips})(8 \text{ ft}) - (16 \text{ kips})(10 \text{ ft}) - B_y(32 \text{ ft}) = 0$$
$$B_y = +23 \text{ kips} \qquad \mathbf{B}_y = 23 \text{ kips}\uparrow$$

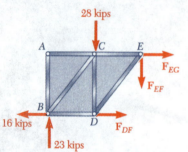

Fuerza en el elemento EF. Se pasa la sección nn a través de la armadura de tal forma que únicamente intersecte al elemento EF y a otros dos elementos adicionales. Después de que se han removido los elementos intersectados, la porción del lado izquierdo de la armadura se selecciona como el cuerpo libre. Se observa que están involucradas tres incógnitas; para eliminar las dos fuerzas horizontales, se escribe

$+\uparrow \Sigma F_y = 0$: $\qquad +23 \text{ kips} - 28 \text{ kips} - F_{EF} = 0$
$$F_{EF} = -5 \text{ kips}$$

El sentido de $\mathbf{F}_{EF}$ se seleccionó suponiendo que el elemento EF está en tensión; el signo negativo obtenido indica que en realidad el elemento está en compresión.

$$F_{EF} = 5 \text{ kips } C \qquad \blacktriangleleft$$

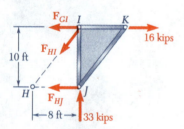

Fuerza en el elemento GI. Se pasa la sección mm a través de la armadura de tal forma que únicamente intersecte al elemento GI y a otros dos elementos adicionales. Después que se han removido los elementos intersectados, se selecciona la porción del lado derecho de la armadura como el cuerpo libre. Otra vez, están involucradas tres fuerzas desconocidas; para eliminar las dos fuerzas que pasan a través del punto H se escribe

$+\circlearrowleft \Sigma M_H = 0$: $\qquad (33 \text{ kips})(8 \text{ ft}) - (16 \text{ kips})(10 \text{ ft}) + F_{GI}(10 \text{ ft}) = 0$
$$F_{GI} = -10.4 \text{ kips} \qquad F_{GI} = 10.4 \text{ kips } C \qquad \blacktriangleleft$$

PROBLEMA RESUELTO 6.3

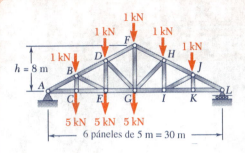

Determínese la fuerza en los elementos FH, GH y GI de la armadura para techo mostrada en la figura.

SOLUCIÓN

Diagrama de cuerpo libre: toda la armadura. A partir del diagrama de cuerpo libre para toda la armadura se encuentran las reacciones en A y L:

$$\mathbf{A} = 12.50 \text{ kN} \uparrow \qquad \mathbf{L} = 7.50 \text{ kN} \uparrow$$

Se observa que

$$\tan \alpha = \frac{FG}{GL} = \frac{8 \text{ m}}{15 \text{ m}} = 0.5333 \qquad \alpha = 28.07°$$

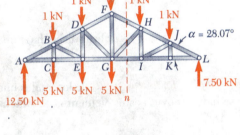

Fuerza en el elemento GI. Se pasa la sección nn a través de la armadura como se muestra en la figura. Utilizando la porción HLI de la armadura como el cuerpo libre, se obtiene el valor de F_{GI} escribiendo

$$+\circlearrowleft \Sigma M_H = 0: \quad (7.50 \text{ kN})(10 \text{ m}) - (1 \text{ kN})(5 \text{ m}) - F_{GI}(5.33 \text{ m}) = 0$$
$$F_{GI} = +13.13 \text{ kN} \qquad F_{GI} = 13.13 \text{ kN } T \blacktriangleleft$$

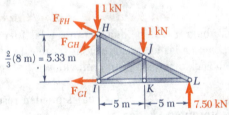

Fuerza en el elemento FH. El valor de F_{FH} se obtiene a partir de la ecuación $\Sigma M_G = 0$. Se mueve $\mathbf{F}_{FH}$ a lo largo de su línea de acción hasta que actúe en el punto F, donde se descompone en sus componentes x y y. Ahora, el momento de $\mathbf{F}_{FH}$ con respecto al punto G es igual a $(F_{FH} \cos \alpha)(8 \text{ m})$.

$$+\circlearrowleft \Sigma M_G = 0:$$
$$(7.50 \text{ kN})(15 \text{ m}) - (1 \text{ kN})(10 \text{ m}) - (1 \text{ kN})(5 \text{ m}) + (F_{FH} \cos \alpha)(8 \text{ m}) = 0$$
$$F_{FH} = -13.81 \text{ kN} \qquad F_{FH} = 13.81 \text{ kN } C \blacktriangleleft$$

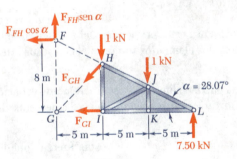

Fuerza en el elemento GH. Primero se observa que

$$\tan \beta = \frac{GI}{HI} = \frac{5 \text{ m}}{\frac{2}{3}(8 \text{ m})} = 0.9375 \qquad \beta = 43.15°$$

Entonces, el valor de F_{GH} se determina descomponiendo la fuerza $\mathbf{F}_{GH}$ en sus componentes x y y en el punto G y resolviendo la ecuación $\Sigma M_L = 0$.

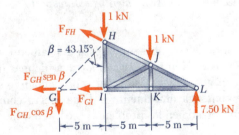

$$+\circlearrowleft \Sigma M_L = 0: \quad (1 \text{ kN})(10 \text{ m}) + (1 \text{ kN})(5 \text{ m}) + (F_{GH} \cos \beta)(15 \text{ m}) = 0$$
$$F_{GH} = -1.371 \text{ kN} \qquad F_{GH} = 1.371 \text{ kN } C \blacktriangleleft$$

RESOLVIENDO PROBLEMAS EN FORMA INDEPENDIENTE

El *método de los nudos* es el mejor método a usar cuando se desea determinar las fuerzas *en todos los elementos* de una armadura simple. Sin embargo, el método de secciones es más eficiente cuando se desea encontrar la fuerza *en un solo elemento* o las fuerzas *en muy pocos elementos* de una armadura simple. Además, el método de secciones también debe emplearse cuando la armadura *no es una armadura simple*.

A. Para determinar la fuerza en un elemento dado de la armadura por el método de secciones, se deben seguir los siguientes pasos:

1. Dibujar un diagrama de cuerpo libre de toda la armadura y utilizar dicho diagrama para determinar las reacciones en los apoyos.

2. Pasar una sección a través de tres elementos de la armadura, de los cuales uno debe ser el elemento de interés. Después de que se han removido estos elementos, se obtendrán dos porciones separadas de la armadura.

3. Seleccionar una de las dos porciones de la armadura que se han obtenido y dibujar su diagrama de cuerpo libre. Dicho diagrama debe incluir tanto a las fuerzas externas aplicadas sobre la porción seleccionada, como a las fuerzas ejercidas sobre esta última por los elementos intersectados antes que dichos elementos fueran removidos.

4. Ahora se pueden escribir tres ecuaciones de equilibrio las cuales pueden resolverse para encontrar las fuerzas en los tres elementos intersectados.

5. Una opción alternativa consiste en escribir una sola ecuación, la cual pueda resolverse para la fuerza en el elemento de interés. Para esto, primero se debe observar si las fuerzas ejercidas sobre el cuerpo libre por los otros dos elementos son paralelas o si sus líneas de acción se intersectan.

   a. Si dichas fuerzas son paralelas, éstas pueden eliminarse escribiendo una ecuación de equilibrio que involucre *componentes en una dirección perpendicular* a la de estas dos fuerzas.

   b. Si sus líneas de acción se intersectan en un punto H, estas fuerzas pueden eliminarse escribiendo una ecuación de equilibrio que involucre *momentos con respecto de H*.

6. Se debe recordar que la sección que se utilice debe intersectar únicamente a tres elementos. Esto se debe a que las ecuaciones de equilibrio en el paso 4 solamente se resuelven para tres incógnitas. Sin embargo, se puede pasar una sección a través de más de tres elementos con el fin de encontrar la fuerza en uno de los mismos, siempre y cuando se pueda escribir una ecuación de equilibrio que contenga únicamente a dicha fuerza como incógnita. Este tipo de situación especial será encontrado en los problemas 6.61 al 6.64.

B. En relación con las armaduras que están completamente restringidas y determinadas:

1. En primer lugar se debe señalar que cualquier armadura simple que está simplemente apoyada es una armadura completamente restringida y determinada.

2. Para determinar si cualquier otra armadura es completamente restringida y determinada o no, primero se debe contar el número m de sus elementos, el número n de sus nudos y el número r de las componentes de reacción en sus apoyos. Entonces, se debe comparar la suma $m + r$, que representa el número de incógnitas, con el producto $2n$, que representa el número de ecuaciones de equilibrio independientes que se tienen disponibles.

a. Si $m + r < 2n$, hay menos incógnitas que ecuaciones. Por tanto, algunas de las ecuaciones no se cumplen; la armadura únicamente está *parcialmente restringida*.

b. Si $m + r > 2n$, hay más incógnitas que ecuaciones. Por tanto, no se pueden determinar algunas de las incógnitas; la armadura es *indeterminada*.

c. Si $m + r = 2n$, hay tantas incógnitas como ecuaciones. Sin embargo, esto no significa que pueden determinarse todas las incógnitas y cumplirse todas las ecuaciones. Para establecer si la armadura es *completa* o *impropiamente restringida*, se debe tratar de determinar las reacciones en sus apoyos y las fuerzas en sus elementos. Si todas se encuentran, la armadura es *completamente restringida y determinada*.

Problemas

6.43 Una armadura Mansar para techo se carga en la forma mostrada en la figura. Determínese la fuerza en los elementos DF, DG y EG.

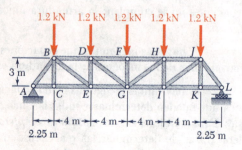

Fig. P6.43 y P6.44

6.44 Una armadura Mansar para techo se carga en la forma mostrada en la figura. Determínese la fuerza en los elementos GI, HI y HJ.

6.45 Una armadura Warren para puente se carga en la forma mostrada en la figura. Determínese la fuerza en los elementos CE, DE y DF.

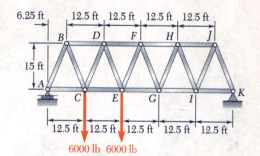

Fig. P6.45 y P6.46

6.46 Una armadura Warren para puente se carga en la forma mostrada en la figura. Determínese la fuerza en los elementos EG, FG y FH.

6.47 Una armadura para piso se carga en la forma mostrada en la figura. Determínese la fuerza en los elementos CE, EF y EG.

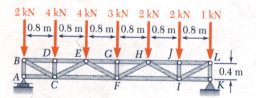

Fig. P6.47 y P6.48

6.48 Una armadura para piso se carga en la forma mostrada en la figura. Determínese la fuerza en los elementos FI, HI y HJ.

6.49 Una armadura Howe tipo tijera para techo se carga en la forma mostrada en la figura. Determínese la fuerza en los elementos DF, DG y EG.

6.50 Una armadura Howe tipo tijera para techo se carga en la forma mostrada en la figura. Determínese la fuerza en los elementos GI, HI y HJ.

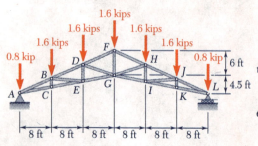

Fig. P6.49 y P6.50

6.51 Una armadura plana de paso para techo se carga en la forma mostrada en la figura. Determínese la fuerza en los elementos CE, DE y DF.

6.52 Una armadura plana de paso para techo se carga en la forma mostrada en la figura. Determínese la fuerza en los elementos EG, GH y HJ.

6.53 La armadura mostrada en la figura fue diseñada para sostener el techo de un supermercado. Para las cargas aplicadas, determínese la fuerza en los elementos FG, EG y EH.

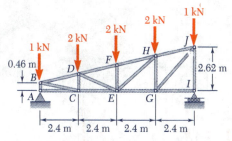

Fig. P6.51 y P6.52

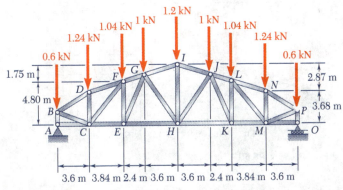

Fig. P6.53 y P6.54

6.54 La armadura mostrada en la figura fue diseñada para sostener el techo de un supermercado. Para las cargas aplicadas, determínese la fuerza en los elementos KM, LM y LN.

6.55 La armadura para el techo de un estadio se carga en la forma mostrada en la figura. Determínese la fuerza en los elementos AB, AG y FG.

6.56 La armadura para el techo de un estadio se carga en la forma mostrada en la figura. Determínese la fuerza en los elementos AE, EF y FJ.

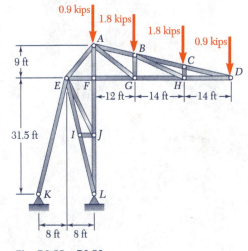

Fig. P6.55 y P6.56

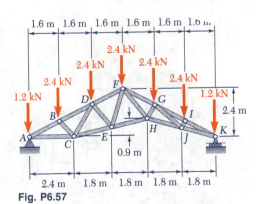

Fig. P6.57

6.57 Una armadura de bóveda para techo se carga en la forma mostrada en la figura. Determínese la fuerza en los elementos FG, GH y HJ.

302 Análisis de estructuras

6.58 Una armadura Fink para techo se carga en la forma mostrada en la figura. Determínese la fuerza en los elementos *DF*, *DG* y *EG*. (*Sugerencia*. Primero determínese la fuerza en el elemento *EK*.)

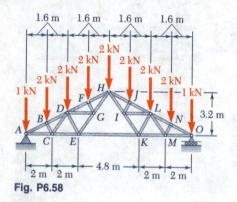

Fig. P6.58

6.59 Una armadura Polinesia o de paso doble para techo se carga en la forma mostrada en la figura. Determínese la fuerza en los elementos *DF*, *EF* y *EG*.

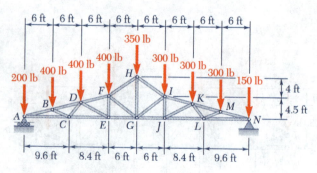

Fig. *P6.59* y *P6.60*

6.60 Una armadura Polinesia o de paso doble para techo se carga en la forma mostrada en la figura. Determínese la fuerza en los elementos *HI*, *GI* y *GJ*.

6.61 Para la armadura mostrada en la figura, determínese la fuerza en los elementos *AF* y *EJ* cuando $P = Q = 1.2$ kN. (*Sugerencia*. Use la sección *aa*.)

6.62 Para la armadura mostrada en la figura, determínese la fuerza en los elementos *AF* y *EJ* cuando $P = 1.2$ kN y $Q = 0$. (*Sugerencia*. Use la sección *aa*.)

6.63 Para la armadura mostrada en la figura, determínese la fuerza en los elementos *CD* y *JK*. (*Sugerencia*. Use la sección *aa*.)

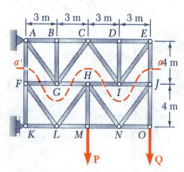

Fig. P6.61 y P6.62

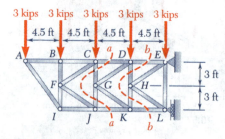

Fig. *P6.63* y *P6.64*

6.64 Para la armadura mostrada en la figura, determínese la fuerza en los elementos *DE* y *KL*. (*Sugerencia*. Use la sección *bb*.)

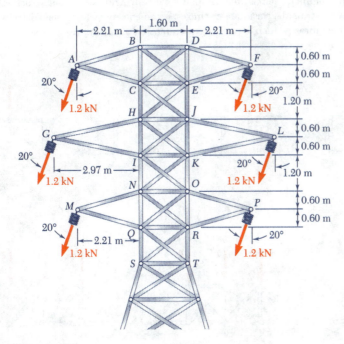

Fig. P6.65 y P6.66

6.65 y 6.66 Los elementos diagonales de los páneles centrales de una torre de líneas eléctricas de transmisión de potencia son muy ligeros y solamente pueden actuar en tensión; a tales elementos se les conoce como *contravientos*. Para las cargas mostradas, determínese *a*) cuál de los dos contravientos que se listan a continuación está actuando, y *b*) la fuerza en dicho contraviento.

6.65 Contravientos *CJ* y *HE*.
6.66 Contravientos *IO* y *KN*.

6.67 y 6.68 Los elementos diagonales de los páneles centrales de la armadura mostrada son muy ligeros y solamente pueden actuar en tensión; a tales elementos se les conoce como *contravientos*. Para las cargas mostradas, determínense las fuerzas en los contravientos que estén actuando.

6.69 Clasifíquese cada una de las estructuras mostradas en la figura como completa, parcial o impropiamente restringida. Si la estructura está completamente restringida, clasifíquese como estáticamente indeterminada o determinada. (Todos los miembros pueden actuar ya sea en tensión o en compresión.)

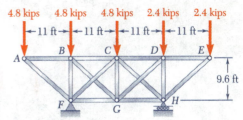

Fig. P6.67

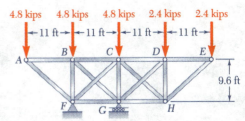

Fig. P6.68

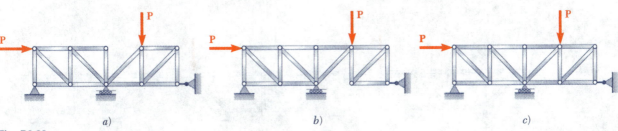

Fig. P6.69

6.70 al 6.74 Clasifíquese cada una de las estructuras mostradas en la figura como completa, parcial o impropiamente restringida. Si la estructura está completamente restringida, clasifíquese como estáticamente indeterminada o determinada. (Todos los miembros pueden actuar ya sea en tensión o en compresión.)

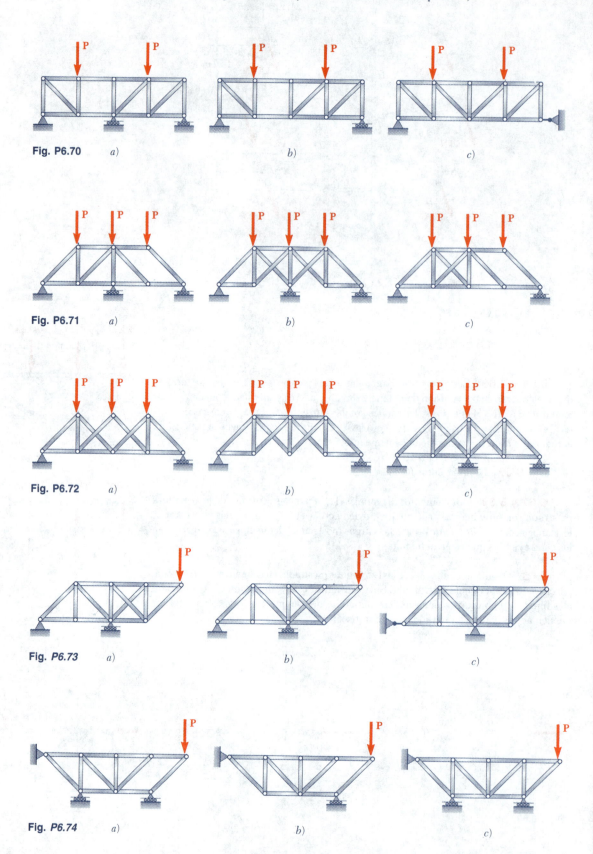

Fig. P6.70
Fig. P6.71
Fig. P6.72
Fig. P6.73
Fig. P6.74

ESTRUCTURAS Y MÁQUINAS

6.9. ESTRUCTURAS QUE CONTIENEN ELEMENTOS SOMETIDOS A VARIAS FUERZAS

Bajo la denominación de armaduras, bastidores o marcos se consideraron estructuras totalmente constituidas por pernos y elementos rectos sometidos a la acción de dos fuerzas. Se sabía que las fuerzas que actuaban sobre los elementos estaban dirigidas a lo largo de los mismos. Ahora, se considerarán estructuras en las cuales por lo menos uno de los elementos es un elemento *sometido a la acción de varias fuerzas*, esto es, un elemento sobre el que actúan tres o más fuerzas. En general, dichas fuerzas no estarán dirigidas a lo largo de los elementos sobre los cuales actúan; su dirección es desconocida y, por tanto, deben ser representadas por dos componentes desconocidas.

Los bastidores y las máquinas son estructuras que contienen elementos sometidos a la acción de varias fuerzas. Los *bastidores* están diseñados para soportar cargas y son estructuras estacionarias totalmente restringidas. Las *máquinas* están diseñadas para transmitir y modificar fuerzas; éstas pueden o no ser estacionarias y siempre tendrán partes móviles.

6.10. ANÁLISIS DE UNA ESTRUCTURA

Como un primer ejemplo del análisis de una estructura, se considerará nuevamente el ejemplo de una grúa que soporta una carga dada W que ya fue descrito en la sección 6.1 (figura 6.20a). El diagrama de cuerpo libre para la estructura completa se muestra en la figura 6.20b. Este diagrama puede utilizarse para determinar las fuerzas externas que actúan sobre la estructura. Primero, sumando momentos respecto de A, se determina la fuerza $\mathbf{T}$ ejercida por el cable; entonces, sumando componentes x y y se determinan las componentes $\mathbf{A}_x$ y $\mathbf{A}_y$ de la reacción en el perno A.

Con el fin de determinar las fuerzas internas que mantienen unidas a las diversas partes de la estructura, se debe desensamblar ésta y dibujar un diagrama de cuerpo libre para cada una de las partes que la constituyen (figura 6.20c). Primero, se deben considerar los elementos sometidos a la acción de dos fuerzas. En esta estructura, el elemento BE es el único elemento sometido a la acción de dos fuerzas. Las fuerzas que actúan en cada uno de los extremos de este elemento deben tener la misma magnitud, la misma línea de acción y sentidos opuestos (sección 4.6). Por tanto, dichas fuerzas están dirigidas a lo largo de BE y serán representadas, respectivamente, por $\mathbf{F}_{BE}$ y $-\mathbf{F}_{BE}$. De modo arbitrario, se supondrá que su sentido es como se muestra en la figura 6.20c; posteriormente, el signo obtenido para la magnitud común F_{BE} de estas dos fuerzas confirmará o negará esta suposición.

Después se consideran los elementos sometidos a la acción de varias fuerzas, los elementos sobre los cuales actúan tres o más fuerzas. De acuerdo con la tercera ley de Newton, la fuerza ejercida en B por el elemento BE sobre el elemento AD debe ser igual y opuesta a la fuerza $\mathbf{F}_{BE}$ ejercida por AD sobre BE. Análogamente, la fuerza ejercida en E por el elemento BE sobre el elemento CF debe ser igual y opuesta a la fuerza $-\mathbf{F}_{BE}$ ejercida por CF sobre BE. Por tanto, las fuerzas que el elemento sometido a la acción de dos fuerzas BE ejerce sobre AD y CF son iguales, respectivamente, a $-\mathbf{F}_{BE}$ y $\mathbf{F}_{BE}$; estas fuerzas tienen la misma magnitud F_{BE} y sentidos opuestos y deben estar dirigidas tal y como se muestra en la figura 6.20c.

Dos elementos sometidos a la acción de varias fuerzas están conectados en C. Como no se conocen ni la magnitud ni la dirección de las fuerzas que actúan en C, dichas fuerzas serán representadas por sus componentes x y y. Las componentes $\mathbf{C}_x$ y $\mathbf{C}_y$ de la fuerza que actúa sobre el elemento AD serán dirigidas

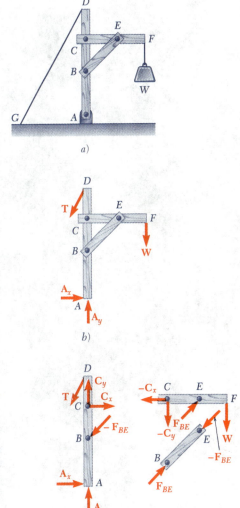

Fig. 6.20

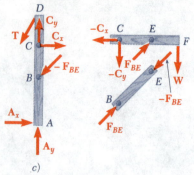

Fig. 6.20c (*repetida*)

arbitrariamente hacia la derecha y hacia arriba. Como, de acuerdo a la tercera ley de Newton, las fuerzas ejercidas por el elemento CF sobre AD y las fuerzas ejercidas por el elemento AD sobre CF son iguales y opuestas, las componentes de la fuerza que actúa sobre el elemento CF **deben** estar dirigidas hacia la izquierda y hacia abajo; dichas componentes serán representadas, respectivamente, por $-C_x$ y $-C_y$. Si la fuerza C_x en realidad está dirigida hacia la derecha y la fuerza $-C_x$ hacia la izquierda se determinará posteriormente, a partir del signo de su magnitud común C_x, un signo positivo indicará que la suposición hecha fue correcta y un signo negativo indicará que la suposición fue incorrecta. Se terminan los diagramas de cuerpo libre de los elementos sometidos a la acción de varias fuerzas mostrando las fuerzas externas que actúan en A, D y F.[†]

Ahora se pueden determinar las fuerzas internas considerando el diagrama de cuerpo libre de cualquiera de los dos elementos sometidos a la acción de varias fuerzas. Por ejemplo, seleccionando el diagrama de cuerpo libre correspondiente al elemento CF, se escriben las ecuaciones $\Sigma M_C = 0$, $\Sigma M_E = 0$ y $\Sigma F_x = 0$, las cuales proporcionan, respectivamente, los valores de las magnitudes F_{BE}, C_y y C_x. Estos valores se pueden comprobar verificando que el elemento AD también se encuentra en equilibrio.

Se debe señalar que en la figura 6.20 se supuso que los pernos formaban una parte integral de uno de los dos elementos que conectaban dichos pernos y, por tanto, no fue necesario dibujar sus diagramas de cuerpo libre. Esta suposición siempre se puede utilizar para simplificar el análisis de las estructuras y las máquinas. Sin embargo, cuando un perno conecta a tres o más elementos, o cuando un perno conecta a un apoyo y a dos o más elementos o cuando se aplica una carga en un perno, debe tomarse una decisión clara en relación al elemento seleccionado al cual se supondrá que pertenece el perno. (Si están involucrados elementos sometidos a la acción de varias fuerzas, se debe unir el perno a uno de dichos elementos.) Entonces, deben identificarse las diversas fuerzas ejercidas sobre el perno. Esto se ilustra en el problema resuelto 6.6.

6.11. ESTRUCTURAS QUE DEJAN DE SER RÍGIDAS CUANDO SE SEPARAN DE SUS SOPORTES

La grúa analizada en la sección 6.10 estaba construida de una forma tal que podía mantener la misma forma sin la ayuda de sus apoyos; por tanto, se consideró a la grúa como un cuerpo rígido. Sin embargo, muchos marcos o estructuras se colapsarán si se separan de sus apoyos; en consecuencia, dichos marcos no pueden considerarse como cuerpos rígidos. Por ejemplo, considérese el marco mostrado en la figura 6.21a, el cual consta de dos elementos AC y CB que soportan, respectivamente, a las cargas **P** y **Q** que actúan en los puntos medios de dichos elementos; los elementos están soportados por pernos en A y B y están conectados por medio de un perno en C. Este marco no mantendrá su forma si se separa de sus apoyos; por tanto, se debe considerar que está hecho de *dos partes rígidas distintas AC y CB*.

[†] No es estrictamente necesario utilizar un signo menos para distinguir a la fuerza ejercida por un elemento sobre otro de fuerza igual y opuesta ejercida por el segundo elemento sobre el primero puesto que ambas fuerzas pertenecen a diferentes diagramas de cuerpo libre y, por tanto, no pueden confundirse fácilmente. En los problemas resueltos se usa el mismo símbolo para representar a fuerzas iguales y opuestas que están aplicadas sobre distintos cuerpos libres. Se debe señalar que, bajo estas circunstancias, el signo obtenido para una componente de fuerza dada no relaciona directamente el sentido de dicha componente con el sentido del eje coordenado correspondiente. En lugar de esto, un signo positivo indica que *el sentido supuesto para esa componente en el diagrama de cuerpo libre* es correcto y un signo negativo indica que dicho sentido es incorrecto.

Las ecuaciones $\Sigma F_x = 0$, $\Sigma F_y = 0$ y $\Sigma M = 0$ (con respecto a cualquier punto dado) expresan las condiciones para el *equilibrio de un cuerpo rígido* (capítulo 4); por tanto, deben utilizarse en conjunto con los diagramas de cuerpo libre correspondientes a cuerpos rígidos, es decir, los diagramas de cuerpo libre para los elementos *AC* y *CB* (figura 6.21*b*). Como los dos elementos en cuestión están sometidos a la acción de varias fuerzas, y se emplean pernos en los apoyos y en la conexión, cada una de las reacciones en *A* y *B* y las fuerzas en *C* deben representarse por medio de dos componentes. De acuerdo con la tercera ley de Newton, las componentes de la fuerza ejercida por *CB* sobre *AC* y las componentes de la fuerza ejercida por *AC* sobre *CB* estarán representadas por vectores que tienen la misma magnitud y sentidos opuestos; por tanto, si el primer par de componentes está constituido por $\mathbf{C}_x$ y $\mathbf{C}_y$, el segundo estará representado por $-\mathbf{C}_x$ y $-\mathbf{C}_y$. Se observa que actúan cuatro componentes de fuerza desconocidas sobre el cuerpo libre *AC*, mientras que sólo pueden emplearse tres ecuaciones independientes para expresar que dicho cuerpo está en equilibrio; análogamente, están asociadas cuatro incógnitas con el cuerpo libre *CB*, pero sólo se tienen tres ecuaciones independientes. Sin embargo, sólo están involucradas seis incógnitas diferentes en el análisis de los dos elementos y, en conjunto, están disponibles seis ecuaciones para expresar que ambos elementos están en equilibrio. Escribiendo $\Sigma M_A = 0$ para el cuerpo libre *AC* y $\Sigma M_B = 0$ para el cuerpo libre *CB*, se obtienen dos ecuaciones simultáneas que pueden resolverse para la magnitud común C_x de las componentes $\mathbf{C}_x$ y $-\mathbf{C}_x$, y para la magnitud común C_y de las componentes $\mathbf{C}_y$ y $-\mathbf{C}_y$. Enseguida se escribe $\Sigma F_x = 0$ y $\Sigma F_y = 0$ para cada uno de los dos cuerpos libres con el fin de obtener, sucesivamente, las magnitudes A_x, A_y, B_x y B_y.

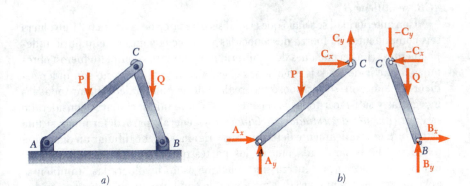

Fig. 6.21

Puesto que las fuerzas que actúan sobre el cuerpo libre *AC* satisfacen las ecuaciones de equilibrio $\Sigma F_x = 0$, $\Sigma F_y = 0$ y $\Sigma M = 0$ (con respecto a cualquier punto dado) y ya que dichas ecuaciones también son satisfechas por las fuerzas que actúan sobre el cuerpo libre *CB*, ahora se puede observar que las tres ecuaciones de equilibrio también deben cumplirse cuando se consideran simultáneamente las fuerzas que actúan sobre los dos cuerpos libres. Como las fuerzas internas en *C* se cancelan entre sí, se concluye que las fuerzas externas mostradas en el diagrama de cuerpo libre para el propio marco *ACB* (figura 6.21*c*) deben satisfacer las ecuaciones de equilibrio, a pesar de que el marco que se está considerado no es un cuerpo rígido. Dichas ecuaciones se utilizan para determinar algunas de las componentes de las reacciones en *A* y *B*. Sin embargo, también se concluye que *no se pueden determinar completamente las reacciones a partir del diagrama de cuerpo libre para el marco completo*. Por tanto, resulta necesario desensamblar el marco y considerar los diagramas de

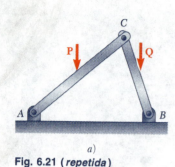
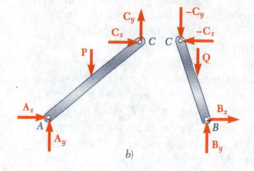
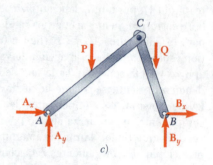

Fig. 6.21 (*repetida*)

cuerpo libre de las partes que lo constituyen (figura 6.21*b*), aun cuando únicamente se deseen determinar las reacciones externas. Lo anterior se debe a que las ecuaciones de equilibrio obtenidas para el cuerpo libre *ACB* son *condiciones necesarias* para el equilibrio de una estructura que no es rígida, *pero no son condiciones suficientes*.

El método de solución descrito en el segundo párrafo de la presente sección involucró ecuaciones simultáneas. A continuación se presenta un método más eficiente, el cual utiliza tanto al cuerpo libre *ACB* como a los cuerpos libres *AC* y *CB*. Escribiendo $\Sigma M_A = 0$ y $\Sigma M_B = 0$ para el cuerpo libre *ACB*, se obtienen B_y y A_y. Escribiendo $\Sigma M_C = 0$, $\Sigma F_x = 0$ y $\Sigma F_y = 0$ para el cuerpo libre *AC* se obtienen, sucesivamente, A_x, C_x y C_y. Finalmente, escribiendo $\Sigma F_x = 0$ para *ACB*, se obtiene B_x.

Con anterioridad se señaló que el análisis del marco de la figura 6.21 involucra seis componentes de fuerza desconocidas y seis ecuaciones de equilibrio independientes. (Las ecuaciones de equilibrio para el marco completo fueron obtenidas a partir de las seis ecuaciones originales y, por tanto, no son independientes.) Más aún, se corroboró que realmente se podían determinar todas las incógnitas y satisfacer todas las ecuaciones. Por lo tanto, el marco considerado es *estáticamente determinado y rígido*.† En general, para determinar si una estructura es estáticamente determinada y rígida, se debe dibujar un diagrama de cuerpo libre para cada una de las partes que la constituyen y contar el número de reacciones y fuerzas internas que están involucradas. También se debe determinar el número de ecuaciones de equilibrio independientes (excluyendo las ecuaciones que expresan el equilibrio de la estructura completa o de grupos de partes componentes que ya han sido analizadas). Si hay más incógnitas que ecuaciones, la estructura es *estáticamente indeterminada*. Si hay menos incógnitas que ecuaciones, la estructura *no es rígida*. Si hay tantas incógnitas como ecuaciones y *si se pueden determinar todas las incógnitas y satisfacer todas las ecuaciones* bajo condiciones generales de carga, la estructura es *estáticamente determinada y rígida*. Sin embargo, si debido a un *arreglo impropio* de los elementos y apoyos, no se pueden determinar todas las incógnitas ni satisfacer todas las ecuaciones, la estructura es *estáticamente indeterminada y no es rígida*.

---

† La palabra "rígido" se usa aquí para indicar que el marco mantendrá su forma mientras permanezca unido a sus apoyos.

PROBLEMA RESUELTO 6.4

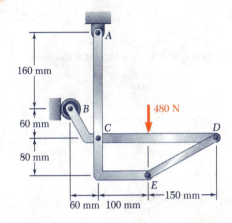

En el marco mostrado en la figura, los elementos ACE y BCD están conectados por medio de un perno en C y por el eslabón DE. Para la condición de carga mostrada, determínese la fuerza en el eslabón DE y las componentes de la fuerza ejercida sobre el elemento BCD en C.

SOLUCIÓN

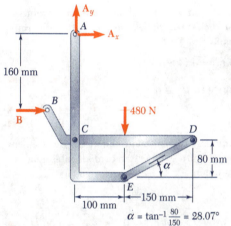

Cuerpo libre: marco completo. Como las reacciones externas involucran únicamente tres incógnitas, se calculan dichas reacciones considerando el diagrama de cuerpo libre para todo el marco.

$+\uparrow \Sigma F_y = 0$: $\quad A_y - 480 \text{ N} = 0 \quad A_y = +480 \text{ N} \quad \mathbf{A}_y = 480 \text{ N} \uparrow$

$+\circlearrowleft \Sigma M_A = 0$: $\quad -(480 \text{ N})(100 \text{ mm}) + B(160 \text{ mm}) = 0$
$\quad\quad\quad\quad\quad\quad\quad\quad B = +300 \text{ N} \quad\quad \mathbf{B} = 300 \text{ N} \rightarrow$

$\xrightarrow{+} \Sigma F_x = 0$: $\quad B + A_x = 0$
$\quad\quad\quad\quad\quad 300 \text{ N} + A_x = 0 \quad A_x = -300 \text{ N} \quad \mathbf{A}_x = 300 \text{ N} \leftarrow$

Elementos. Ahora se desensambla el marco. Como solamente dos elementos están conectados en C, las componentes de las fuerzas desconocidas que actúan sobre ACE y BCD son, respectivamente, iguales y opuestas y se supone que están dirigidas tal y como se muestra en la figura. Se supone que el eslabón DE está en tensión y ejerce fuerzas iguales y opuestas en D y E, las cuales están dirigidas como muestra la figura.

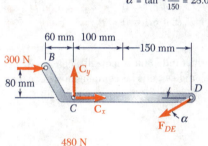

Cuerpo libre: elemento BCD. Empleando el cuerpo libre BCD, se escribe

$+\circlearrowleft \Sigma M_C = 0$:
$\quad (F_{DE} \text{ sen } \alpha)(250 \text{ mm}) + (300 \text{ N})(60 \text{ mm}) + (480 \text{ N})(100 \text{ mm}) = 0$
$\quad F_{DE} = -561 \text{ N} \quad\quad\quad\quad F_{DE} = 561 \text{ N } C$ ◀

$\xrightarrow{+} \Sigma F_x = 0$: $\quad C_x - F_{DE} \cos \alpha + 300 \text{ N} = 0$
$\quad\quad\quad\quad\quad C_x - (-561 \text{ N}) \cos 28.07° + 300 \text{ N} = 0 \quad C_x = -795 \text{ N}$

$+\uparrow \Sigma F_y = 0$: $\quad C_y - F_{DE} \text{ sen } \alpha - 480 \text{ N} = 0$
$\quad\quad\quad\quad\quad C_y - (-561 \text{ N}) \text{ sen } 28.07° - 480 \text{ N} = 0 \quad C_y = +216 \text{ N}$

A partir de los signos obtenidos para C_x y C_y se concluye que las componentes de fuerza $\mathbf{C}_x$ y $\mathbf{C}_y$ ejercidas sobre el elemento BCD están dirigidas, respectivamente, hacia la izquierda y hacia arriba. Así, se tiene

$$\mathbf{C}_x = 795 \text{ N} \leftarrow, \quad \mathbf{C}_y = 216 \text{ N} \uparrow \quad ◀$$

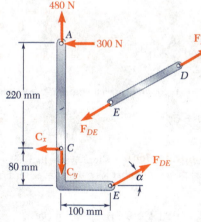

Cuerpo libre: elemento ACE (Comprobación). Se comprueban los cálculos considerando el cuerpo libre ACE. Por ejemplo,

$+\circlearrowleft \Sigma M_A = (F_{DE} \cos \alpha)(300 \text{ mm}) + (F_{DE} \text{ sen } \alpha)(100 \text{ mm}) - C_x(220 \text{ mm})$
$\quad\quad\quad = (-561 \cos \alpha)(300) + (-561 \text{ sen } \alpha)(100) - (-795)(220) = 0$

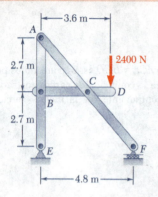

PROBLEMA RESUELTO 6.5

Determínense las componentes de las fuerzas que actúan sobre cada elemento del marco mostrado en la figura.

SOLUCIÓN

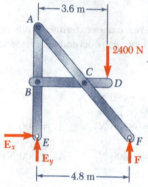

Cuerpo libre: marco completo. Como las reacciones externas involucran únicamente tres incógnitas, se calculan dichas reacciones considerando el diagrama de cuerpo libre para el marco completo.

$+\circlearrowleft \Sigma M_E = 0$: $-(2400 \text{ N})(3.6 \text{ m}) + F(4.8 \text{ m}) = 0$
     $F = +1800 \text{ N}$ $\mathbf{F} = 1800 \text{ N} \uparrow$ ◄
$+\uparrow \Sigma F_y = 0$: $-2400 \text{ N} + 1800 \text{ N} + E_y = 0$
     $E_y = +600 \text{ N}$ $\mathbf{E}_y = 600 \text{ N} \uparrow$ ◄
$\xrightarrow{+} \Sigma F_x = 0$: $\mathbf{E}_x = 0$ ◄

Elementos. Ahora, se desensambla el marco; como solamente dos elementos están conectados en cada unión, en la figura se muestran componentes iguales y opuestas sobre cada elemento en cada unión.

Cuerpo libre: elemento BCD

$+\circlearrowleft \Sigma M_B = 0$: $-(2400 \text{ N})(3.6 \text{ m}) + C_y(2.4 \text{ m}) = 0$ $C_y = +3600 \text{ N}$ ◄
$+\circlearrowleft \Sigma M_C = 0$: $-(2400 \text{ N})(1.2 \text{ m}) + B_y(2.4 \text{ m}) = 0$ $B_y = +1200 \text{ N}$ ◄
$\xrightarrow{+} \Sigma F_x = 0$: $-B_x + C_x = 0$

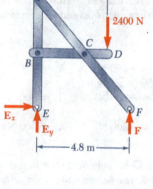

Se observa que ni B_x ni C_x se obtienen considerando únicamente al elemento BCD. Los valores positivos obtenidos para B_y y C_y indican que las componentes de fuerza $\mathbf{B}_y$ y $\mathbf{C}_y$ están dirigidas como se supuso.

Cuerpo libre: elemento ABE

$+\circlearrowleft \Sigma M_A = 0$: $B_x(2.7 \text{ m}) = 0$ $B_x = 0$ ◄
$\xrightarrow{+} \Sigma F_x = 0$: $+B_x - A_x = 0$ $A_x = 0$ ◄
$+\uparrow \Sigma F_y = 0$: $-A_y + B_y + 600 \text{ N} = 0$
     $-A_y + 1200 \text{ N} + 600 \text{ N} = 0$ $A_y = +1800 \text{ N}$ ◄

Cuerpo libre: elemento BCD. Ahora, regresando al elemento BCD, se escribe

$\xrightarrow{+} \Sigma F_x = 0$: $-B_x + C_x = 0$ $0 + C_x = 0$ $C_x = 0$ ◄

Cuerpo libre: elemento ACF (Comprobación). Ahora, ya se han determinado todas las componentes desconocidas; para comprobar los resultados, se verifica que el elemento ACF esté en equilibrio

$+\circlearrowleft \Sigma M_C = (1800 \text{ N})(2.4 \text{ m}) - A_y(2.4 \text{ m}) - A_x(2.7 \text{ m})$ (queda
    $= (1800 \text{ N})(2.4 \text{ m}) - (1800 \text{ N})(2.4 \text{ m}) - 0 = 0$ comprobado)

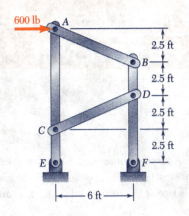

PROBLEMA RESUELTO 6.6

Una fuerza horizontal de 600 lb se aplica sobre el perno A del marco mostrado en la figura. Determínense las fuerzas que actúan sobre los dos elementos verticales del marco.

SOLUCIÓN

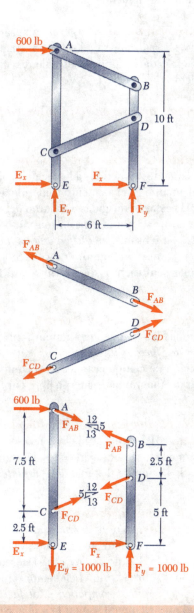

Cuerpo libre: marco completo. Se selecciona al marco completo como el cuerpo libre; a pesar de que las reacciones involucran a cuatro incógnitas, se pueden determinar $\mathbf{E}_y$ y $\mathbf{F}_y$ escribiendo

$+\circlearrowleft \Sigma M_E = 0: \qquad -(600 \text{ lb})(10 \text{ ft}) + F_y(6 \text{ ft}) = 0$
$\qquad F_y = +1000 \text{ lb} \qquad\qquad \mathbf{F}_y = 1000 \text{ lb} \uparrow \blacktriangleleft$

$+\uparrow \Sigma F_y = 0: \qquad E_y + F_y = 0$
$\qquad E_y = -1000 \text{ lb} \qquad\qquad \mathbf{E}_y = 1000 \text{ lb} \downarrow \blacktriangleleft$

Elementos. Las ecuaciones de equilibrio para el marco completo no son suficientes para determinar a $\mathbf{E}_x$ y a $\mathbf{F}_x$. Ahora, se deben considerar los diagramas de cuerpo libre de los distintos elementos que constituyen al marco para poder continuar con la solución del problema. Al desensamblar el marco, se supondrá que el perno A está unido al elemento sujeto a la acción de varias fuerzas ACE y, por tanto, que la fuerza de 600 lb está aplicada sobre dicho elemento. Además, también se debe señalar que AB y CD son elementos sometidos a la acción de dos fuerzas.

Cuerpo libre: elemento ACE

$+\uparrow \Sigma F_y = 0: \qquad -\tfrac{5}{13}F_{AB} + \tfrac{5}{13}F_{CD} - 1000 \text{ lb} = 0$
$+\circlearrowleft \Sigma M_E = 0: \qquad -(600 \text{ lb})(10 \text{ ft}) - (\tfrac{12}{13}F_{AB})(10 \text{ ft}) - (\tfrac{12}{13}F_{CD})(2.5 \text{ ft}) = 0$

Resolviendo simultáneamente estas ecuaciones, se encuentra que

$\qquad F_{AB} = -1040 \text{ lb} \qquad F_{CD} = +1560 \text{ lb} \blacktriangleleft$

Los signos obtenidos indican que el sentido supuesto para FCD fue correcto y que el sentido supuesto para FAB fue incorrecto. Ahora, sumando componentes x,

$\xrightarrow{+} \Sigma F_x = 0: \qquad 600 \text{ lb} + \tfrac{12}{13}(-1040 \text{ lb}) + \tfrac{12}{13}(+1560 \text{ lb}) + E_x = 0$
$\qquad E_x = -1080 \text{ lb} \qquad\qquad \mathbf{E}_x = 1080 \text{ lb} \leftarrow \blacktriangleleft$

Cuerpo libre: marco completo. Como ya se ha determinado $\mathbf{E}_x$, se puede regresar al diagrama de cuerpo libre para el marco completo y escribir

$\xrightarrow{+} \Sigma F_x = 0: \qquad 600 \text{ lb} - 1080 \text{ lb} + F_x = 0$
$\qquad F_x = +480 \text{ lb} \qquad\qquad \mathbf{F}_x = 480 \text{ lb} \rightarrow \blacktriangleleft$

Cuerpo libre: elemento BDF (Comprobación). Se pueden comprobar los cálculos realizados verificando que las fuerzas que actúan sobre el elemento BDF satisfacen la ecuación $\Sigma M_B = 0$

$+\circlearrowleft \Sigma M_B = -(\tfrac{12}{13}F_{CD})(2.5 \text{ ft}) + (F_x)(7.5 \text{ ft})$
$\qquad = -\tfrac{12}{13}(1560 \text{ lb})(2.5 \text{ ft}) + (480 \text{ lb})(7.5 \text{ ft})$
$\qquad = -3600 \text{ lb} \cdot \text{ft} + 3600 \text{ lb} \cdot \text{ft} = 0 \qquad \text{(queda comprobado)}$

RESOLVIENDO PROBLEMAS EN FORMA INDEPENDIENTE

En esta lección se aprendió a analizar *marcos que contienen uno o más elementos sometidos a la acción de varias fuerzas*. En los problemas propuestos que aparecen a continuación se le pedirá que determine las reacciones externas ejercidas sobre el marco y las fuerzas internas que mantienen unidos a los elementos del marco.

Cuando se resuelven problemas que involucran marcos que contienen uno o más elementos sometidos a la acción de varias fuerzas, se deben de seguir los siguientes pasos:

1. Dibujar un diagrama de cuerpo libre del marco completo. Se usa este diagrama de cuerpo libre para calcular, en la medida de lo posible, las reacciones en los apoyos. (En el problema resuelto 6.6 sólo se pudieron encontrar dos de las cuatro componentes de reacción a partir del diagrama de cuerpo libre del marco completo.)

2. Desensamblar el marco y dibujar un diagrama de cuerpo libre para cada uno de sus elementos.

3. Considerando primero a los elementos sometidos a la acción de dos fuerzas, se aplican fuerzas iguales y opuestas a cada uno de los elementos sometidos a la acción de dos fuerzas en los puntos en que éstos se conectan a otro elemento. Si el elemento sometido a la acción de dos fuerzas es un elemento recto, dichas fuerzas estarán dirigidas a lo largo del eje del elemento. Si en este momento no se puede decidir si un elemento está en tensión o en compresión, simplemente se *supone* que el elemento está en tensión y se *dirijen ambas fuerzas hacia afuera del elemento*. Como estas fuerzas tienen la misma magnitud desconocida, a ambas se les da el *mismo nombre* y, para evitar cualquier confusión posterior, *no se usa un signo positivo o un signo negativo*.

4. Después, se consideran los elementos sometidos a la acción de varias fuerzas. Para cada uno de estos elementos, se muestran todas las fuerzas que actúan sobre el mismo, incluyendo las *cargas aplicadas*, *las reacciones* y *las fuerzas internas en las conexiones*. Se debe indicar claramente la magnitud y la dirección de cualquier reacción o componente de reacción que se encontró anteriormente a partir del diagrama de cuerpo libre para el marco completo.

   a. Donde un elemento sometido a la acción de varias fuerzas está conectado a un elemento sometido a la acción de dos fuerzas, se debe aplicar al elemento sometido a la acción de varias fuerzas una fuerza *igual y opuesta* a la fuerza dibujada en el diagrama de cuerpo libre correspondiente al elemento sometido a la acción de dos fuerzas, *dándole el mismo nombre*.

   b. Donde un elemento sometido a la acción de varias fuerzas está conectado a otro elemento sometido a la acción de varias fuerzas, se usan *componentes horizontales y verticales* para representar a las fuerzas internas que actúan en ese punto, puesto que ni la magnitud ni la dirección de dichas fuerzas es conocida. La dirección que se selecciona para cada una de las dos componentes de fuerza ejercidas sobre el primer elemento sometido a la acción de varias fuerzas es arbitraria, pero *se deben aplicar componentes de fuerza iguales y opuestas representadas con el mismo nombre* al otro elemento sometido a la acción de varias fuerzas. Nuevamente, *no se debe usar un signo positivo o negativo*.

5. ***Ahora se pueden determinar las fuerzas internas,*** al igual que *aquellas reacciones* que aún no se han determinado.

   a. El diagrama de cuerpo libre de cada uno de los elementos sometidos a la acción de varias fuerzas puede proporcionar *tres ecuaciones de equilibrio*.

   b. Para simplificar la solución, se debe buscar una forma de escribir una ecuación que involucre a una sola incógnita. Si se puede localizar *un punto donde se intersecten todas las componentes de fuerza desconocidas excepto una*, se obtendrá una ecuación con una sola incógnita sumando momentos con respecto a dicho punto. *Si todas las fuerzas desconocidas son paralelas excepto una*, se obtendrá una ecuación con una sola incógnita si se suman componentes de fuerza en una dirección perpendicular a la de las fuerzas paralelas.

   c. Como se seleccionó arbitrariamente la dirección de cada una de las fuerzas desconocidas, no se puede determinar si la suposición hecha fue correcta hasta que se haya completado la solución. Para llevar a cabo esto, se debe considerar el *signo* del valor encontrado para cada una de las incógnitas; un signo *positivo* significa que la dirección que se seleccionó fue *correcta*; un signo *negativo* significa que la dirección es *opuesta* a la dirección que se supuso.

6. ***Para ser más efectivo y eficiente*** a medida que se procede con la solución, se deben observar las siguientes reglas:

   a. Si se puede encontrar una ecuación que involucre a una sola incógnita, se debe escribir esa ecuación y *resolverla para esa incógnita*. De inmediato se debe *remplazar* esa incógnita *por el valor que se encontró* en cualquier lugar que aparezca en los otros diagramas de cuerpo libre. Este proceso se debe repetir buscando ecuaciones de equilibrio que involucren a una sola incógnita hasta que se hayan determinado todas las fuerzas internas y todas las reacciones desconocidas.

   b. Si no se puede encontrar una ecuación que involucre a una sola incógnita, se tendrá que *resolver un par de ecuaciones simultáneas*. Antes de llevar a cabo esto, se debe verificar que se han mostrado los valores de todas las reacciones que fueron obtenidas a partir del diagrama de cuerpo libre para el marco completo.

   c. El número total de ecuaciones de equilibrio para el marco completo y para los elementos individuales *será mayor que el número de fuerzas y reacciones desconocidas*. Una vez que se han encontrado todas las reacciones y todas las fuerzas internas, se pueden emplear las ecuaciones que no se utilizaron para comprobar la exactitud de los cálculos realizados.

Problemas

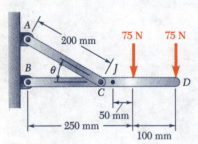

Fig. P6.75

6.75 Determínense la fuerza en el elemento AC y la reacción en B para a) $\theta = 30°$ y b) $\theta = 60°$.

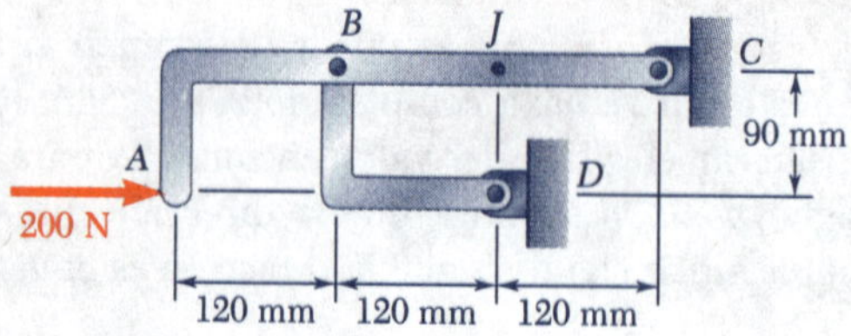

Fig. P6.76

6.76 Para el marco y la carga aplicada mostrados en la figura, determínese la fuerza que actúa sobre el elemento ABC en a) B y b) C.

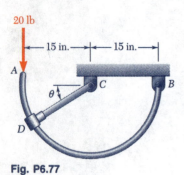

Fig. P6.77

6.77 La barra CD se fija con un collar en D el cual puede moverse a lo largo de la barra AB que se encuentra doblada en la forma de un arco de círculo. Para la posición mostrada y para $\theta = 30°$, determínense: a) la fuerza en la barra CD y b) la reacción en B.

6.78 Resuélvase el problema 6.77 cuando $\theta = 150°$.

6.79 Para el marco y la carga aplicada mostrados en la figura, determínense las componentes de todas las fuerzas que actúan sobre el elemento ABC.

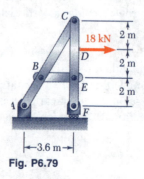

Fig. P6.79

6.80 Resuélvase el problema 6.79 suponiendo que la carga de 18 kN se remplaza por un par de 72 kN · m de magnitud que actúa en el sentido del movimiento de las manecillas del reloj y que está aplicado al elemento $CDEF$ en el punto D.

6.81 Para el marco y la carga aplicada mostrados en la figura, determínense las componentes de todas las fuerzas que actúan sobre el elemento ABC.

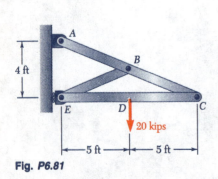

Fig. P6.81

6.82 Resuélvase el problema 6.81 suponiendo que la carga de 20 kips se remplaza por un par de 100 kip · ft de magnitud que actúa en el sentido del movimiento de las manecillas del reloj y que está aplicado al elemento EDC en el punto D.

6.83 y 6.84 Determínense las componentes de las reacciones en A y E si se aplica una fuerza de 750 N dirigida verticalmente hacia abajo en a) B y b) D.

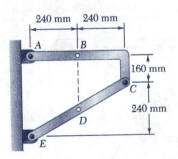

Fig. P6.83 y P6.85

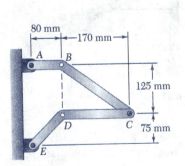

Fig. P6.84 y P6.86

6.85 y 6.86 Determínense las componentes de las reacciones en A y E si el marco se carga mediante un par de 36 N · m de magnitud que actúa en el sentido del movimiento de las manecillas del reloj y que está aplicado en a) B y b) D.

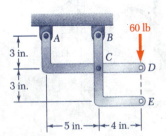

Fig. P6.87

6.87 Determínense las componentes de las reacciones en A y B si a) se aplica una carga de 60 lb como se muestra en la figura, y b) la carga de 60 lb se mueve a lo largo de su línea de acción y se aplica en E.

6.88 La carga de 48 lb mostrada en la figura puede moverse a lo largo de su línea de acción y, por tanto, puede aplicarse en A, D o E. Determínense las componentes de las reacciones en B y F si la carga de 48 lb se aplica en a) A, b) D y c) E.

6.89 La carga de 48 lb se elimina y se aplica, sucesivamente, en A, D y E un par de 288 lb · in que actúa en el sentido del movimiento de las manecillas del reloj. Determínense las componentes de las reacciones en B y F si el par se aplica en a) A, b) D y c) E.

6.90 a) Demuéstrese que cuando un marco sostiene a una polea en A, la carga equivalente del marco y de cada una de las partes que lo constituyen puede obtenerse quitando la polea y aplicando en A dos fuerzas iguales y paralelas a las fuerzas que el cable ejerce sobre la polea. b) Demuéstrese que si uno de los extremos del cable se fija al marco en el punto B, también debe aplicarse en B una fuerza de magnitud igual a la tensión en el cable.

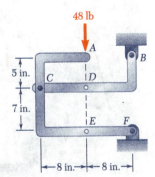

Fig. P6.88 y P6.89

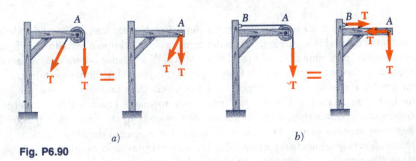

Fig. P6.90

316 Análisis de estructuras

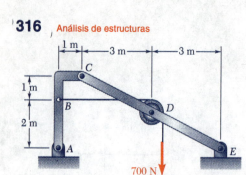

Fig. P6.91

6.91 Determínense las componentes de las reacciones en A y E si se sabe que el radio de la polea es de 0.5 m.

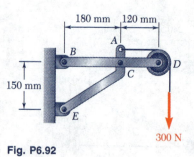

Fig. P6.92

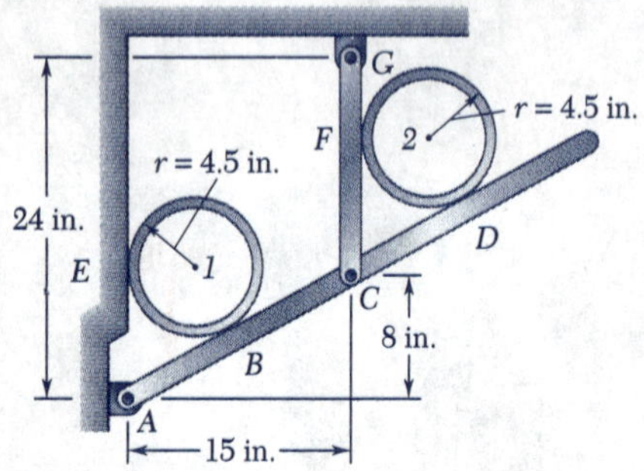

6.92 Determínense las componentes de las reacciones en B y E si se sabe que el radio de la polea es de 50 mm.

6.93 Dos tubos de 9 in. de diámetro (tubo 1 y tubo 2) se sostienen cada 7.5 ft mediante un marco pequeño como el mostrado en la figura. Sabiendo que el peso combinado de cada tubo y su contenido es de 30 lb/ft y suponiendo superficies sin fricción, determínense las componentes de las reacciones en A y G.

Fig. P6.93

6.94 Resuélvase el problema 6.93, suponiendo que el tubo 1 se retira y que el tubo 2 sólo se sostiene mediante los marcos.

6.95 Un remolque que pesa 2400 lb se une a una camioneta de 2900 lb mediante una rótula sujeta en D. Determínense a) las reacciones en cada una de las seis ruedas cuando la camioneta y el remolque están en reposo, y b) la carga adicional que experimentan las ruedas de la camioneta debido a la carga del remolque.

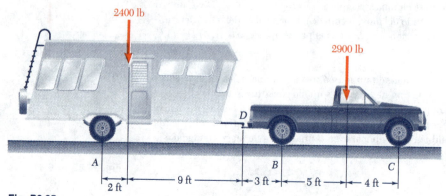

Fig. P6.95

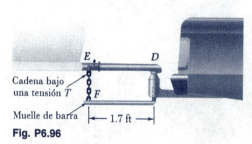

Fig. P6.96

6.96 Para tener una mejor distribución del peso sobre las cuatro ruedas de la camioneta del problema 6.95, un sujetador compensador del tipo mostrado en la figura se emplea para unir el remolque a la camioneta. El sujetador consta de dos barras elásticas (sólo se muestra una en la figura) que se encajan en las chumaceras dentro de un soporte rígido fijo a la camioneta. Las barras elásticas también se conectan por medio de cadenas a la estructura del remolque y, mediante ganchos diseñados especialmente, es posible colocar en tensión a ambas cadenas. a) Determínese la tensión T requerida en cada una de las cadenas si una carga adicional debida a la carga del remolque está igualmente repartida sobre las cuatro ruedas de la camioneta. b) ¿Cuáles son las reacciones resultantes en cada una de las seis ruedas del conjunto camioneta-remolque?

6.97 El tractor y las unidades transportadoras mostradas en la figura, se conectan mediante un perno vertical localizado 0.6 m detrás de las ruedas del tractor, y la distancia desde C hasta D es de 0.75 m. El centro de gravedad del tractor de 10 Mg está localizado en G_t mientras que los centros de gravedad de las unidades transportadoras de 8 Mg y de 45 Mg están localizados, respectivamente, en G_s y G_l. Si se sabe que el tractor está en reposo y que no están aplicados sus frenos, determínense a) las reacciones en cada una de las cuatro ruedas y b) las fuerzas ejercidas sobre el tractor en C y en D.

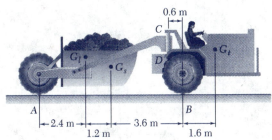

Fig. P6.97

6.98 Resuélvase el problema 6.97 suponiendo que se elimina la carga de 45 Mg.

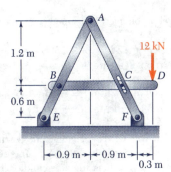

Fig. P6.99

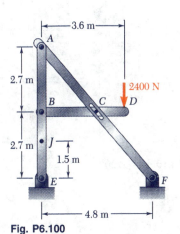

Fig. P6.100

6.99 y 6.100 Para el marco y la carga aplicada mostrados en la figura, determínense las componentes de todas las fuerzas que actúan sobre el elemento ABE.

6.101 Para el marco y la carga aplicada mostrados en la figura, determínense las componentes de las fuerzas que actúan sobre el elemento CFE en C y F.

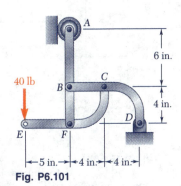

Fig. P6.101

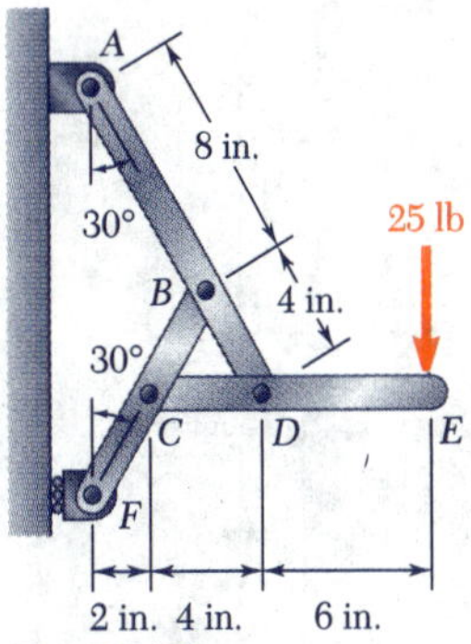

Fig. P6.102

6.102 Para el marco y la carga aplicada mostrados en la figura, determínense las componentes de las fuerzas que actúan sobre el elemento CDE en C y D.

6.103 Para el marco y la carga aplicada mostrados en la figura, determínense las componentes de las fuerzas que actúan sobre el elemento DABC en B y D.

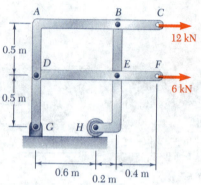

Fig. P6.103

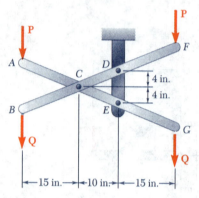

Fig. P6.105 y P6.106

6.104 Resuélvase el problema 6.103 suponiendo que se elimina la carga de 6 kN.

6.105 Sabiendo que $P = 15$ lb y $Q = 65$ lb, determínense las componentes de las fuerzas ejercidas sobre a) el elemento BCDF en C y D, y b) el elemento ACEG en E.

6.106 Sabiendo que $P = 25$ lb y $Q = 55$ lb, determínense las componentes de las fuerzas ejercidas sobre a) el elemento BCDF en C y D, y b) el elemento ACEG en E.

6.107 El eje del arco ABC de tres articulaciones es una parábola con vértice en B. Sabiendo que $P = 112$ kN y $Q = 140$ kN, determínense a) las componentes de la reacción en A y b) las componentes de la fuerza ejercida sobre el segmento AB en B.

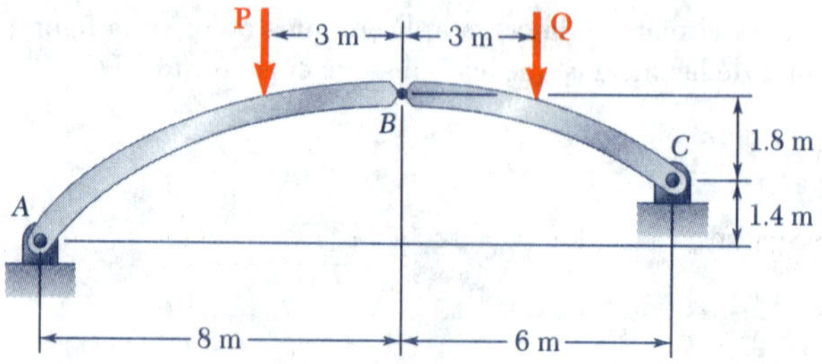

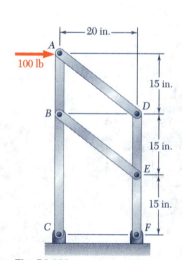

Fig. P6.109

Fig. P6.107 y P6.108

6.108 El eje del arco ABC de tres articulaciones es una parábola con vértice en B. Sabiendo que $P = 140$ kN y $Q = 112$ kN, determínense a) las componentes de la reacción en A y b) las componentes de la fuerza ejercida sobre el segmento AB en B.

6.109 Para el marco y la carga aplicada mostrados en la figura, determínense a) las reacciones en C y b) la fuerza en el elemento AD.

6.110 Para el marco y la carga aplicada mostrados en la figura, determínense las reacciones en A, B, D y E. Supóngase que no hay fricción en la superficie de cada soporte.

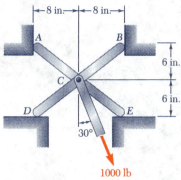

Fig. P6.110

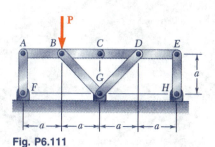

Fig. P6.111

6.111, 6.112 y 6.113 Los elementos ABC y CDE se articulan en C y se sostienen mediante cuatro eslabones. Para la carga aplicada mostrada en la figura, determínese la fuerza en cada eslabón.

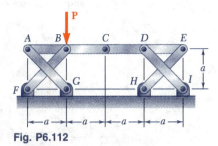

Fig. P6.112

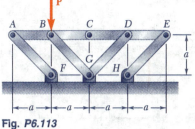

Fig. P6.113

6.114 Los elementos ABC y CDE se articulan en C y se sostienen mediante cuatro eslabones AF, BG, DG y EH. Para la carga aplicada mostrada en la figura, determínense la fuerza en cada eslabón.

6.115 Resuélvase el problema 6.111, suponiendo que la fuerza $\mathbf{P}$ se remplaza por un par de momento $\mathbf{M}_0$ que actúa en el sentido del movimiento de las manecillas del reloj y que está aplicado sobre el elemento CDE en D.

6.116 Resuélvase el problema 6.114, suponiendo que la fuerza $\mathbf{P}$ se remplaza por un par de momento $\mathbf{M}_0$ que actúa en el sentido del movimiento de las manecillas del reloj y que está aplicado sobre el elemento CDE en D.

6.117 Cuatro vigas, cada una de las cuales tiene una longitud de $2a$, se clavan entre sí en sus puntos centrales para formar el sistema de soporte mostrado en la figura. Suponiendo que en las conexiones sólo se ejercen fuerzas verticales, determínense las reacciones verticales en A, D, E y H.

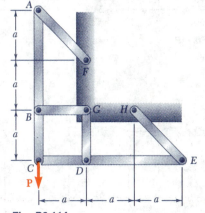

Fig. P6.114

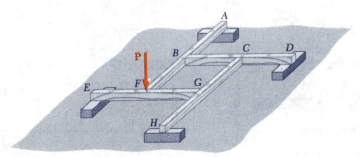

Fig. P6.117

6.118 Cuatro vigas de longitud $3a$ cada una, se unen entre sí al clavarse en A, B, C y D. Cada viga se fija a un soporte localizado a una distancia a medida a partir de uno de los extremos de cada viga, tal y como se muestra en la figura. Suponiendo que en las conexiones sólo se ejercen fuerzas verticales, determínense las reacciones verticales en E, F, G y H.

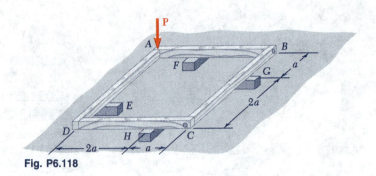

Fig. P6.118

6.119 al 6.121 Cada uno de los marcos mostrados en la figura, consta de dos elementos en forma de L conectados mediante dos eslabones rígidos. Para cada marco, determínense las reacciones en los apoyos e indíquese si éste es rígido o no.

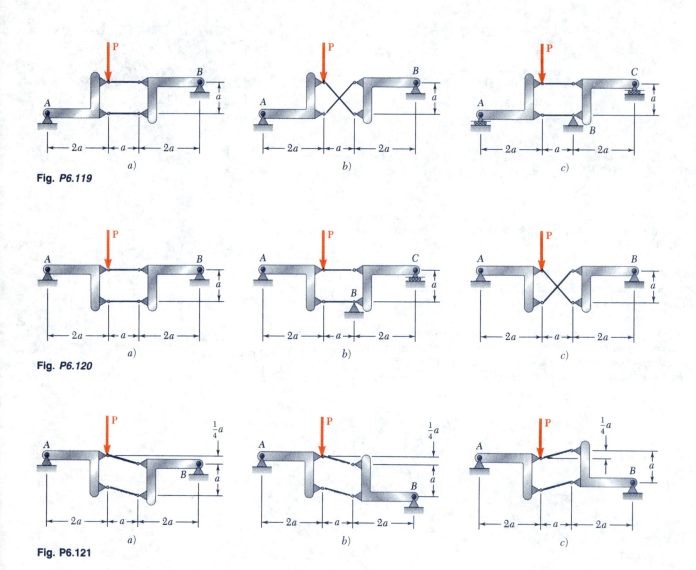

Fig. P6.119

Fig. P6.120

Fig. P6.121

6.12. MÁQUINAS

Las máquinas son estructuras diseñadas para transmitir y modificar fuerzas. No importa si éstas son herramientas simples o incluyen mecanismos complicados, su propósito principal es el de transformar *fuerzas de entrada* en *fuerzas de salida*. Por ejemplo, considere unas pinzas de corte que se emplean para cortar un alambre (figura 6.22a). Si se aplican dos fuerzas iguales y opuestas **P** y **−P** sobre sus mangos, éstas ejercerán dos fuerzas iguales y opuestas **Q** y **−Q** sobre el alambre (figura 6.22b).

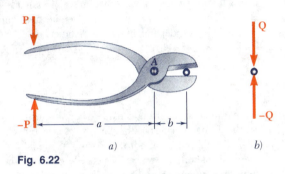

Fig. 6.22

Para determinar la magnitud Q de las fuerzas de salida cuando se conoce la magnitud P de las fuerzas de entrada (o, inversamente, para determinar P cuando se conoce Q), se dibuja un diagrama de cuerpo libre de las pinzas *por sí solas*, mostrando las fuerzas de entrada **P** y **−P** y las *reacciones* **−Q** y **Q** que el alambre ejerce sobre las pinzas (figura 6.23). Sin embargo, como las pinzas forman una estructura que no es rígida, se debe utilizar una de las partes que

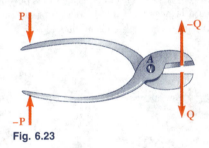

Fig. 6.23

la constituyen como un cuerpo libre para poder determinar las fuerzas desconocidas. Por ejemplo, considerando la figura 6.24a y tomando momentos con respecto de A, se obtiene la relación $Pa = Qb$, la cual define a la magnitud de Q en términos de P o a la magnitud de P en términos de Q. El mismo diagrama de cuerpo libre se puede emplear para determinar las componentes de la fuerza interna en A; de esta forma, se encuentra que $A_x = 0$ y $A_y = P + Q$.

En el caso de máquinas más complicadas, será necesario utilizar varios diagramas de cuerpo libre y, posiblemente, se tendrán que resolver ecuaciones simultáneas que involucren a varias fuerzas internas. Los cuerpos libres se deben seleccionar de forma que incluyan a las fuerzas de entrada y a las reacciones de las fuerzas de salida, y el número total de componentes de fuerzas desconocidas involucradas no debe exceder el número de ecuaciones independientes que se tienen disponibles. Antes de tratar de resolver un problema, es recomendable determinar si la estructura considerada es determinada o no. Sin embargo, no tiene caso discutir la rigidez de una máquina puesto que una máquina incluye partes móviles y, por ende, *no debe ser rígida*.

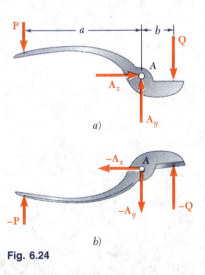

Fig. 6.24

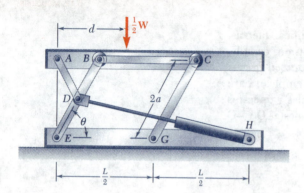

PROBLEMA RESUELTO 6.7

Se emplea un elevador hidráulico para levantar una caja de 1000 kg. El elevador consta de una plataforma y dos eslabones idénticos sobre los cuales los cilindros hidráulicos ejercen fuerzas iguales. (En la figura sólo se muestra uno de los cilindros y uno de los eslabones.) Cada uno de los elementos EDB y CG tienen una longitud de $2a$ y el elemento AD está empernado al punto medio de EDB. Si la caja se coloca sobre la plataforma de modo que la mitad de su peso sea soportado por el sistema mostrado, determínese la fuerza ejercida por cada cilindro para levantar la caja cuando $\theta = 60°$, $a = 0.70$ m y $L = 3.20$ m. Demuéstrese que el resultado obtenido es independiente de la distancia d.

SOLUCIÓN

La máquina considerada consta de la plataforma y del eslabón. Su diagrama de cuerpo libre incluye a una fuerza de entrada $\mathbf{F}_{DH}$ ejercida por el cilindro, al peso $\frac{1}{2}W$, igual y opuesto a la fuerza de salida, y a reacciones en E y G, cuyas direcciones se suponen tal y como se muestra en la figura. Como están involucradas más de tres incógnitas, no se utilizará este diagrama de cuerpo libre. Se desensambla el mecanismo y se dibuja un diagrama de cuerpo libre para cada una de las partes que lo constituyen. Se observa que AD, BC y CG son elementos sometidos a la acción de dos fuerzas. Ya se supuso que el elemento CG está en compresión; ahora, se supone que los elementos AD y BC están en tensión y las fuerzas ejercidas sobre éstos se dirigen tal y como se muestra en la figura. Se utilizarán vectores iguales y opuestos para representar a las fuerzas ejercidas por los elementos sometidos a la acción de dos fuerzas sobre la plataforma, sobre el elemento BDE y sobre el rodillo C.

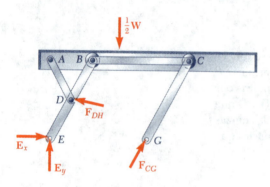

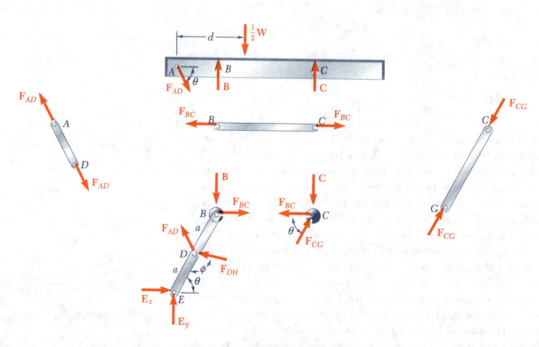

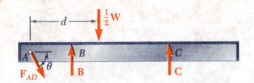

Cuerpo libre: plataforma *ABC*.

$\xrightarrow{+}\Sigma F_x = 0$: $\qquad F_{AD} \cos \theta = 0 \qquad F_{AD} = 0$
$+\uparrow\Sigma F_y = 0$: $\qquad B + C - \tfrac{1}{2}W = 0 \qquad B + C = \tfrac{1}{2}W \qquad (1)$

Cuerpo libre: rodillo *C*. Se dibuja un triángulo de fuerzas y se obtiene $F_{BC} = C \cot \theta$.

Cuerpo libre: elemento *BDE*. Recordando que $F_{AD} = 0$,

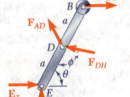

$+\curvearrowleft \Sigma M_E = 0$: $\qquad F_{DH} \cos(\phi - 90°)a - B(2a \cos \theta) - F_{BC}(2a \operatorname{sen} \theta) = 0$
$\qquad\qquad F_{DH} a \operatorname{sen} \phi - B(2a \cos \theta) - (C \cot \theta)(2a \operatorname{sen} \theta) = 0$
$\qquad\qquad F_{DH} \operatorname{sen} \phi - 2(B + C)\cos \theta = 0$

Recordando la ecuación (1), se tiene que

$$F_{DH} = W \frac{\cos \theta}{\operatorname{sen} \phi} \qquad (2)$$

y se observa que *el resultado obtenido es independiente de d.* ◀

Primero, aplicando la ley de los senos al triángulo *EDH*, se escribe

$$\frac{\operatorname{sen} \phi}{EH} = \frac{\operatorname{sen} \theta}{DH} \qquad \operatorname{sen} \phi = \frac{EH}{DH}\operatorname{sen} \theta \qquad (3)$$

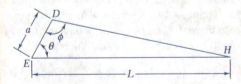

Ahora, utilizando la ley de los cosenos se tiene que

$$(DH)^2 = a^2 + L^2 - 2aL \cos \theta$$
$$= (0.70)^2 + (3.20)^2 - 2(0.70)(3.20) \cos 60°$$
$$(DH)^2 = 8.49 \qquad DH = 2.91 \text{ m}$$

Además, también se observa que

$$W = mg = (1000 \text{ kg})(9.81 \text{ m/s}^2) = 9810 \text{ N} = 9.81 \text{ kN}$$

Sustituyendo en (2) el valor de sen ϕ obtenido en (3) y utilizando los datos numéricos, se escribe

$$F_{DH} = W \frac{DH}{EH} \cot \theta = (9.81 \text{ kN}) \frac{2.91 \text{ m}}{3.20 \text{ m}} \cot 60°$$

$$F_{DH} = 5.15 \text{ kN} \quad \blacktriangleleft$$

PROBLEMAS PARA RESOLVER EN FORMA INDEPENDIENTE

Esta lección estuvo dedicada al análisis de *máquinas*. Como las máquinas están diseñadas para transmitir o modificar fuerzas, éstas siempre contienen partes móviles. Sin embargo, las máquinas que se considerarán aquí siempre estarán en reposo y se estará trabajando con el conjunto de *fuerzas requeridas para mantener el equilibrio de la máquina*.

Las fuerzas conocidas que actúan sobre una máquina reciben el nombre de *fuerzas de entrada*. *Una máquina transforma las fuerzas de entrada en fuerzas de salida*, tales como las fuerzas de corte aplicadas por las pinzas de la figura 6.22. Las fuerzas de salida se determinan encontrando las fuerzas iguales y opuestas a las fuerzas de salida que deben ser aplicadas sobre la máquina para mantener su equilibrio.

En la lección previa se analizaron marcos; ahora se utilizará casi el mismo procedimiento para analizar máquinas:

1. Dibujar un diagrama de cuerpo libre de la máquina completa y utilizarlo para determinar tantas fuerzas desconocidas ejercidas sobre la máquina como sea posible.

2. Desensamblar a la máquina y dibujar un diagrama de cuerpo libre para cada uno de los elementos que la constituyen.

3. Considerando primero los elementos sometidos a la acción de dos fuerzas, se aplican fuerzas iguales y opuestas a cada uno de los elementos sometidos a la acción de dos fuerzas en aquellos puntos donde éstos se conectan a otros elementos. Si en este momento no se puede establecer si el elemento está en tensión o en compresión, simplemente se *supone* que el elemento está en tensión y *se dirigen ambas fuerzas hacia afuera del elemento*. Como dichas fuerzas tienen la misma magnitud desconocida, *a ambas se les asigna el mismo nombre*.

4. Después se consideran los elementos sometidos a la acción de varias fuerzas. Para cada uno de estos elementos, se deben mostrar todas las fuerzas que actúan sobre el mismo, incluyendo las cargas y las fuerzas aplicadas, las reacciones y las fuerzas internas en las conexiones.

   a. Donde un elemento sometido a la acción de varias fuerzas está conectado a un elemento sometido a la acción de dos fuerzas, se aplica al elemento sometido a la acción de varias fuerzas una fuerza *igual y opuesta* a la fuerza dibujada en el diagrama de cuerpo libre del elemento sometido a la acción de dos fuerzas, *asignándole el mismo nombre*.

   b. Donde un elemento sometido a la acción de varias fuerzas está conectado a otro elemento sometido a la acción de varias fuerzas, se usan *componentes horizontales y verticales* para representar a las fuerzas internas en dicho punto. Las direcciones que se seleccionan para cada una de las dos componentes de fuerza ejercidas sobre el primer elemento sometido a la acción de varias fuerzas son arbitrarias, pero *deben aplicarse componentes de fuerza iguales y opuestas y con el mismo nombre* al otro elemento sometido a la acción de varias fuerzas.

5. Se pueden escribir ecuaciones de equilibrio después de que se han terminado los distintos diagramas de cuerpo libre.

   a. Para simplificar la solución, siempre que sea posible se deben escribir y resolver ecuaciones de equilibrio que involucren a una sola incógnita.

   b. Como la dirección de cada una de las fuerzas desconocidas se seleccionó arbitrariamente, al final de la solución se debe determinar si la suposición hecha fue correcta o no. Para tal propósito, *se considera el signo* del valor encontrado para cada una de las incógnitas. Un signo *positivo* indica que la suposición fue correcta y un signo *negativo* indica que la suposición fue incorrecta.

6. Finalmente, se debe verificar la solución sustituyendo los resultados obtenidos en una ecuación de equilibrio que no se haya utilizado previamente.

Problemas

6.122 Para el sistema y la carga aplicada mostrados en la figura, determínese *a*) la fuerza **P** requerida para mantener el equilibrio, *b*) la fuerza correspondiente en el elemento *BD* y *c*) la reacción correspondiente en *C*.

6.123 La fuerza de 100 lb dirigida verticalmente hacia abajo se aplica sobre la prensa de banco en *C*. Sabiendo que la longitud del eslabón *BD* es de 6 in. y que $a = 4$ in., determínese la fuerza horizontal ejercida sobre el bloque *E*.

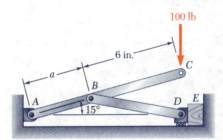

Fig. P6.123 y P6.124

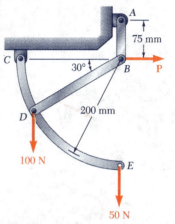

Fig. P6.122

6.124 La fuerza de 100 lb dirigida verticalmente hacia abajo se aplica sobre la prensa de banco en *C*. Sabiendo que la longitud del eslabón *BD* es de 6 in. y que $a = 8$ in., determínese la fuerza horizontal ejercida sobre el bloque *E*.

6.125 La prensa mostrada en la figura se emplea para abollonar un sello pequeño en *E*. Sabiendo que $P = 250$ N, determínese *a*) la componente vertical de la fuerza ejercida sobre el sello y *b*) la reacción en *A*.

6.126 La prensa mostrada en la figura se emplea para abollonar un sello pequeño en *E*. Sabiendo que la componente vertical de la fuerza ejercida sobre el sello debe ser de 900 N, determínese *a*) la fuerza vertical **P** requerida y *b*) la reacción correspondiente en *A*.

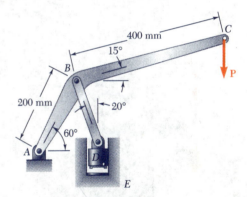

Fig. P6.125 y P6.126

6.127 La barra de control *CE* pasa a través de un agujero horizontal localizado sobre el soporte del sistema de prensado mostrado en la figura. Sabiendo que el eslabón *BD* tiene una longitud de 250 mm, determínese la fuerza **Q** requerida para mantener al sistema en equilibrio cuando $\beta = 20°$.

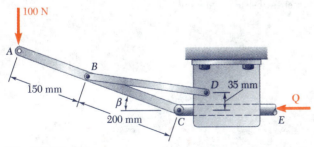

Fig. P6.127

6.128 Resuélvase el problema 6.127 cuando *a*) $\beta = 0$, y *b*) $\beta = 6°$.

325

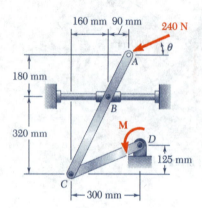

Fig. P6.129 y P6.130

6.129 Un par **M** de 1.5 kN · m de magnitud se aplica en la manivela del sistema motriz mostrado en la figura. Para cada posición mostrada, determínese la fuerza **P** necesaria para mantener al sistema en equilibrio.

6.130 Una fuerza **P** de 16 kN de magnitud se aplica en el pistón del sistema motriz mostrado en la figura. Para cada posición mostrada, determínese el par **M** necesario para mantener al sistema en equilibrio.

6.131 El brazo *ABC* se conecta mediante pernos al collar en *B* y a la manivela *CD* en *C*. Despreciando el efecto de la fricción, determínese el par **M** necesario para mantener al sistema en equilibrio cuando $\theta = 0$.

Fig. P6.131 y P6.132

6.132 El brazo *ABC* se conecta mediante pernos al collar en *B* y a la manivela *CD* en *C*. Despreciando el efecto de la fricción, determínese el par **M** necesario para mantener al sistema en equilibrio cuando $\theta = 90°$.

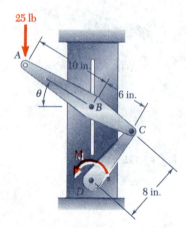

6.133 El perno en *B* que está fijo al elemento *ABC* puede deslizarse libremente a lo largo de la ranura de la placa mostrada en la figura. Despreciando el efecto de la fricción, determínese el par **M** necesario para mantener al sistema en equilibrio cuando $\theta = 30°$.

6.134 El perno en *B* que está fijo al elemento *ABC* puede deslizarse libremente a lo largo de la ranura de la placa mostrada en la figura. Despreciando el efecto de la fricción, determínese el par **M** necesario para mantener al sistema en equilibrio cuando $\theta = 60°$.

Fig. P6.133 y P6.134

6.135 y 6.136 Dos barras se conectan mediante un bloque deslizante como se muestra en la figura. Despreciando el efecto de la fricción, determínese el par M_A necesario para mantener al sistema en equilibrio.

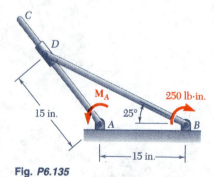

Fig. P6.135

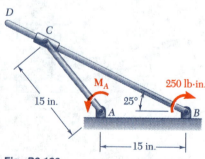

Fig. P6.136

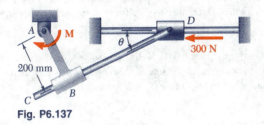

Fig. P6.137

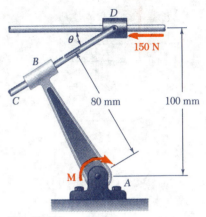

Fig. P6.138

6.137 y 6.138 La barra CD que está fija al collar D pasa a través de un collar soldado en el extremo B de la palanca AB. Despreciando el efecto de la fricción, determínese el par **M** necesario para mantener al sistema en equilibrio cuando $\theta = 30°$.

6.139 Dos cilindros hidráulicos controlan la posición del brazo ABC del robot mostrado en la figura. Si se sabe que en la posición mostrada los cilindros se encuentran paralelos entre sí, determínese la fuerza ejercida por cada cilindro cuando $P = 160$ N y $Q = 80$ N.

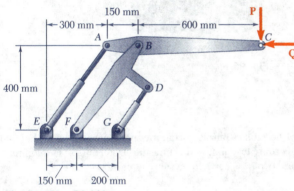

Fig. P6.139 y P6.140

6.140 Dos cilindros hidráulicos controlan la posición del brazo ABC del robot mostrado en la figura. En la posición mostrada los cilindros están paralelos entre sí y, además, ambos se encuentran en tensión. Sabiendo que $F_{AE} = 600$ N y $F_{DG} = 50$ N, determínense las fuerzas **P** y **Q** aplicadas en C al brazo ABC.

6.141 Las tenazas mostradas en la figura se emplean para aplicar una fuerza total hacia arriba de 45 kN sobre el tapón de una tubería. Determínense las fuerzas ejercidas sobre la tenaza ADF en D y en F.

6.142 Si la junta mostrada en la figura se agrega a las tenazas del problema 6.141 y sólo se aplica la fuerza vertical en G, determínense las fuerzas ejercidas sobre la tenaza ADF en D y en F.

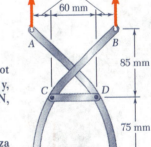

Fig. P6.141

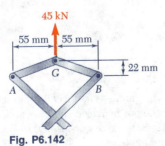

Fig. P6.142

6.143 Un tronco de 800 lb de peso se levanta mediante un par de tenazas como se muestra en la figura. Determínense las fuerzas ejercidas sobre la tenaza DEF en E y en F.

6.144 Un pequeño barril de 60 lb de peso se levanta mediante un par de tenazas tal y como se muestra en la figura. Sabiendo que $a = 5$ in., determínense las fuerzas ejercidas sobre la tenaza ABD en B y en D.

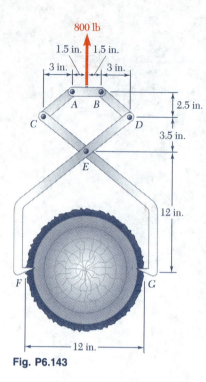

Fig. P6.143

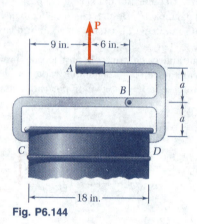

Fig. P6.144

6.145 Al usar unas pinzas cortadoras para pernos, un trabajador aplica dos fuerzas de 300 N sobre los mangos de la misma. Determínese la magnitud de las fuerzas ejercidas por las pinzas cortadoras sobre el perno.

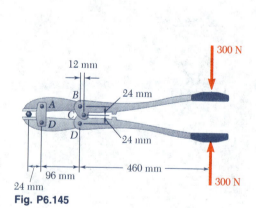

Fig. P6.145

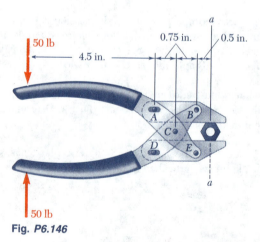

Fig. P6.146

6.146 Determínese la magnitud de las fuerzas de apriete ejercidas sobre la tuerca a lo largo de la línea aa cuando dos fuerzas de 50 lb se aplican sobre los mangos tal y como se muestra en la figura. Supóngase que los pernos A y D se deslizan libremente sobre las ranuras de las mandíbulas.

6.147 Las cizallas podadoras de palanca compuesta, mostradas en la figura, pueden ajustarse mediante el perno *A* en varias posiciones de trinquete sobre la cuchilla *ACE*. Si se sabe que se necesitan fuerzas verticales de 300 lb para poder completar el corte de una rama pequeña, determínese la magnitud *P* de las fuerzas que se deben aplicar sobre los mangos de las cizallas cuando éstas se ajustan como se muestra en la figura.

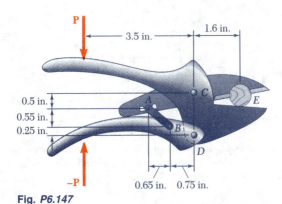

Fig. P6.147

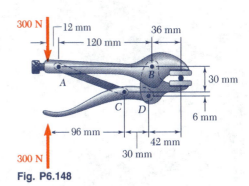

Fig. P6.148

6.148 Determínese la magnitud de las fuerzas de apriete generadas cuando dos fuerzas de 300 N se aplican como se muestra en la figura.

6.149 Sabiendo que el marco mostrado en la figura tiene una deflexión en *B* de $a = 1$ in., determínese la fuerza **P** requerida para mantener el equilibrio en la posición mostrada.

6.150 Sabiendo que el marco mostrado en la figura tiene un deflexión en *B* de $a = 0.5$ in., determine la fuerza **P** requerida para mantener el equilibrio en la posición mostrada.

6.151 Las tijeras para jardín mostradas en la figura, consisten de dos cuchillas y dos mangos. Los dos mangos están unidos mediante el perno *C* y las dos cuchillas mediante el perno *D*. La cuchilla de la izquierda y el mango de la derecha están unidos mediante el perno *A* y la cuchilla de la derecha y el mango de la izquierda mediante el perno *B*. Determínese la magnitud de las fuerzas ejercidas sobre una rama pequeña en *E* cuando dos fuerzas de 80 N se aplican en los mangos de las tijeras tal y como se muestra en la figura.

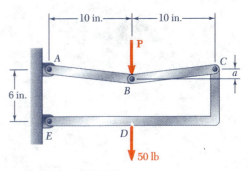

Fig. P6.149 y P6.150

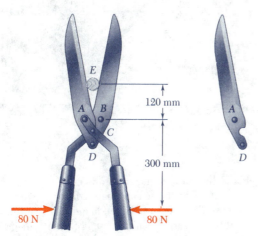

Fig. P6.151

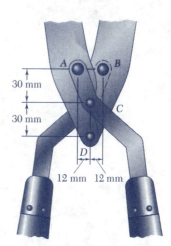

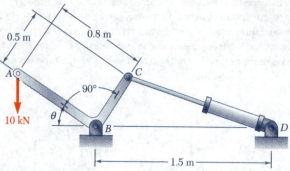

Fig. P6.152

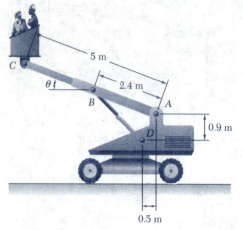

Fig. P6.153 y P6.154

6.152 La posición del elemento ABC se controla mediante el cilindro hidráulico CD. Sabiendo que $\theta = 30°$, para la carga mostrada en la figura, determínense a) la fuerza ejercida por el cilindro hidráulico sobre el perno C y b) la reacción en B.

6.153 El brazo de extensión telescópica ABC se emplea para levantar una plataforma con trabajadores de la construcción. La masa conjunta de los trabajadores y de la plataforma es de 200 kg y su centro de gravedad compuesto se localiza directamente por encima de C. Para la posición en la cual $\theta = 20°$, determínense a) la fuerza ejercida en B por el cilindro hidráulico simple BD y b) la fuerza ejercida sobre el soporte del sistema en A.

6.154 El brazo de extensión telescópica ABC puede descender hasta que el extremo C esté próximo al suelo, de forma que los trabajadores puedan abordar con facilidad la plataforma. Para la posición en la cual $\theta = -20°$, determínense a) la fuerza ejercida en B por el cilindro hidráulico simple BD y b) la fuerza ejercida sobre el soporte del sistema en A.

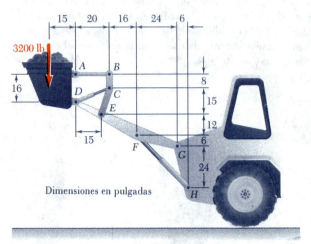

Fig. P6.155

6.155 El cubo del retroescavador mostrado en la figura transporta una carga de 3200 lb. El movimiento del cubo se controla mediante dos mecanismos idénticos, uno de los cuales se muestra en la figura. Sabiendo que el mecanismo mostrado sostiene la mitad de las 3200 lb de carga, determínese la fuerza ejercida por a) el cilindro CD y b) el cilindro FH.

6.156 El movimiento del cubo del retroescavador mostrado en la figura, se controla mediante dos brazos y un eslabón articulado en D. Los brazos están colocados simétricamente con respecto a los planos central, vertical y longitudinal de la retroescavadora. En la figura sólo se muestra el brazo AFJ y su cilindro de control EF. El eslabón simple GHDB y su cilindro de control BC se encuentran localizados en el plano de simetría. Para la posición mostrada en la figura, determínese la fuerza ejercida por a) el cilindro BC y b) el cilindro EF.

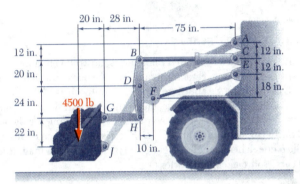

Fig. P6.156

6.157 El movimiento del cubo recolector mostrado en la figura, se controla mediante los cilindros hidráulicos AD, CG y EF. Como resultado de un intento por remover la porción de la losa mostrada en la figura, una fuerza **P** de 2 kips se ejerce sobre uno de los dientes del cubo en J. Sabiendo que $\theta = 45°$, determínese la fuerza ejercida por cada cilindro.

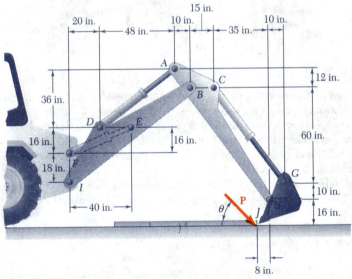

Fig. P6.157

6.158 Resuélvase el problema 6.157 suponiendo que la fuerza **P** de 2 kips actúa horizontalmente hacia la derecha ($\theta = 0$).

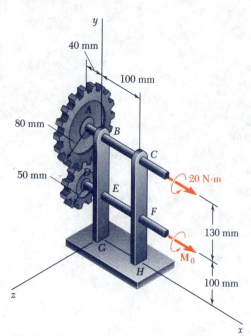

Fig. P6.160

Fig. P6.159

6.159 En el sistema de engranes planetarios mostrado en la figura, el radio del engrane central A es $a = 18$ mm, el radio de cada engrane planetario es b y el radio del engrane exterior E es $(a + 2b)$. Se aplica un par de magnitud $M_A = 10$ N · m en el sentido del movimiento de las manecillas del reloj en el engrane central A y se aplica un par de magnitud $M_S = 50$ N · m en un sentido contrario al del movimiento de las manecillas del reloj en el brazo (soporte planetario) BCD. Si el sistema está en equilibrio, determínese *a*) el radio b que deben tener los engranes planetarios y *b*) la magnitud del par M_E que debe aplicarse sobre el engrane exterior E.

6.160 Los engranes A y D se fijan rígidamente a los ejes horizontales, los cuales se sostienen mediante cojinetes sin fricción. Determínense *a*) el par $\mathbf{M}_0$ que debe aplicarse al eje DEF para mantener el equilibrio y *b*) las reacciones en G y H.

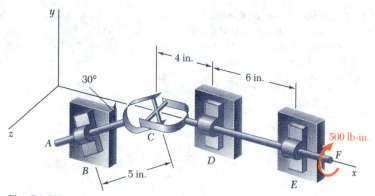

Fig. P6.161

*6.161 Dos ejes AC y CF, los cuales están contenidos en el plano vertical xy, se conectan mediante una junta universal en C; los cojinetes en B y D no ejercen ninguna fuerza axial. Un par de magnitud 500 lb · in (el cual actúa en el sentido del movimiento de las manecillas del reloj cuando se le ve desde el eje positivo x) se aplica sobre el eje CF en F. En el instante en que el brazo de la pieza transversal unida al eje CF está en posición horizontal, determínense *a*) la magnitud del par que debe aplicarse al eje AC en A para mantener el equilibrio y *b*) las reacciones en B, D y E. (*Sugerencia*. La suma de los pares ejercidos sobre la pieza transversal debe ser igual a cero.)

*6.162 Resuelva el problema 6.161, suponiendo que el brazo de la pieza transversal unida al eje CF está en posición vertical.

*6.163 Las tenazas mecánicas de gran tamaño, mostradas en la figura, se emplean para agarrar una placa gruesa de metal HJ de 7500 kg. Sabiendo que no se presenta deslizamiento entre las agarraderas de las tenazas y la placa en H y J, determínense las componentes de todas las fuerzas que actúan sobre el elemento EFH. (*Sugerencia*. Tome en cuenta la simetría de las tenazas para establecer las relaciones entre las componentes de la fuerza que actúa sobre EFH en E y las componentes de la fuerza que actúa sobre CDF en D.)

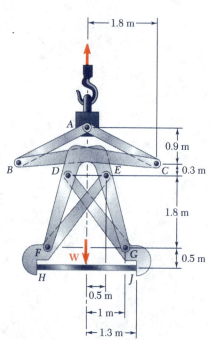

Fig. P6.163

REPASO Y RESUMEN
DEL CAPÍTULO 6

En este capítulo se aprendió a determinar las *fuerzas internas* que mantienen unidas a las distintas partes de una estructura.

La primera mitad del capítulo estuvo dedicada al análisis de *armaduras*, esto es, al análisis de estructuras constituidas por *elementos rectos que están conectados únicamente en sus extremos*. Como los elementos son delgados e incapaces de soportar cargas laterales, todas las cargas deben estar aplicadas en las uniones o nudos; por tanto, una armadura está constituida por *pernos y por elementos sometidos a la acción de dos fuerzas* [sección 6.2].

Análisis de armaduras

Se dice que una armadura es *rígida* si está diseñada de modo que no se deformará mucho o se colapsará bajo la acción de una carga pequeña. Evidentemente, una armadura triangular constituida por tres elementos conectados en tres nudos es una armadura rígida (figura 6.25a). De la misma forma, también será una armadura rígida la que se obtiene agregándole a dicha armadura triangular dos nuevos elementos y conectándolos en un nuevo nudo (figura 6.25b). Las armaduras que se obtienen repitiendo este procedimiento reciben el nombre de *armaduras simples*. Se puede comprobar que en una armadura simple el número total de elementos es $m = 2n - 3$, donde n es el número total de nudos [sección 6.3].

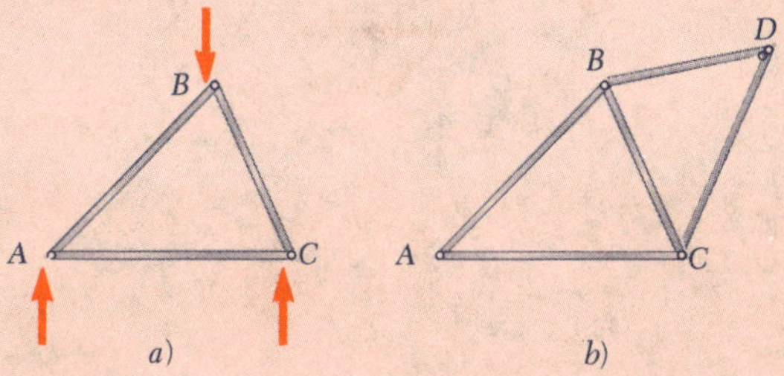

Armaduras simples

Fig. 6.25

Por el *método de los nudos* [sección 6.4] se pueden determinar las fuerzas en los distintos elementos de una armadura simple. Primero, se obtienen las reacciones en los apoyos considerando a toda la armadura como un cuerpo libre. Después, se dibuja el diagrama de cuerpo libre para cada perno, mostrando las fuerzas ejercidas sobre el mismo por los elementos o los apoyos que éste conecta. Como los elementos que constituyen a la armadura son elementos rectos sometidos a la acción de dos fuerzas, la fuerza ejercida por un elemento sobre el perno está dirigida a lo largo de dicho elemento y, por tanto, únicamente se desconoce su magnitud. En el caso de una armadura simple, siempre se pueden dibujar los diagramas de cuerpo libre de los pernos en un orden tal que únicamente se incluyen dos incógni-

Método de los nudos

tas en cada diagrama. Estas fuerzas se obtienen a partir de las dos ecuaciones de equilibrio correspondientes o —si sólo están involucradas tres fuerzas— a partir del triángulo de fuerzas correspondiente. Si la fuerza ejercida por un elemento sobre un perno está dirigida hacia el perno, dicho elemento está en *compresión*; si la fuerza ejercida por un elemento sobre un perno está dirigida hacia afuera del perno, dicho elemento está en *tensión* [problema resuelto 6.1]. Algunas veces se simplifica el análisis de una armadura si primero se identifican los *nudos que se encuentran bajo condiciones especiales de carga* [sección 6.5]. El método de los nudos también se extiende para el análisis de *armaduras espaciales* o tridimensionales [sección 6.6].

Método de secciones

El *método de secciones* se prefiere al del método de los nudos cuando únicamente se desea determinar la fuerza en un solo elemento —o en muy pocos elementos— [sección 6.7]. Por ejemplo, para determinar la fuerza en el elemento BD de la armadura de la figura 6.26a, se *pasa una sección* a través de los elementos BD, BE y CE, se remueven dichos elementos y se usa la porción ABC de la armadura como un cuerpo libre (figura 6.26b). Escribiendo $\Sigma M_E = 0$, se determina la magnitud de la fuerza $\mathbf{F}_{BD}$, la cual representa la fuerza en el elemento BD. Un signo positivo indica que el elemento está en *tensión*; un signo negativo indica que el elemento está en *compresión* [problemas resueltos 6.2 y 6.3].

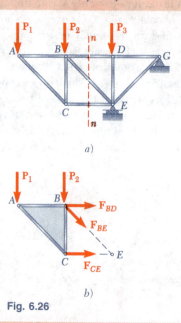

Fig. 6.26

Armaduras compuestas

El método de secciones es particularmente útil para el análisis de *armaduras compuestas*, esto es, armaduras que no pueden construirse a partir de la armadura triangular básica de la figura 6.25a, pero que se obtienen conectando rígidamente varias armaduras simples [sección 6.8]. Si las armaduras simples que constituyen a la armadura compuesta han sido conectadas apropiadamente (por medio de un perno y un eslabón o por medio de tres eslabones que no son concurrentes ni paralelos) y si la estructura resultante está apoyada apropiadamente (por medio de un perno y un rodillo), la armadura compuesta será *estáticamente determinada, rígida y completamente restringida*. Entonces, se satisface la siguiente condición necesaria —pero no suficiente—: $m + r = 2n$, donde m es el número de elementos, r es el número de incógnitas que representan a las reacciones en los apoyos y n es el número de nudos.

Marcos y máquinas

La segunda parte del capítulo estuvo dedicada al análisis de *marcos y máquinas*. Los marcos y las máquinas son estructuras que contienen *elementos sometidos a la acción de varias fuerzas*, sobre los cuales actúan tres o más fuerzas. Los marcos están diseñados para soportar cargas y usualmente son estructuras estacionarias totalmente restringidas. Las máquinas están diseñadas para transmitir o modificar fuerzas y siempre contienen partes móviles [sección 6.9].

Análisis de un marco

Para *analizar un marco*, primero se considera al *marco completo como un cuerpo libre* y se escriben tres ecuaciones de equilibrio [sección 6.10]. Si el marco permanece rígido cuando se separa de sus apoyos, las reacciones involucran únicamente tres incógnitas y pueden determinarse a partir de dichas ecuaciones de equilibrio [problemas resueltos 6.4 y 6.5]. Por otra parte, si el marco deja de ser rígido cuando se separa de sus apoyos, las reacciones involucran más de tres incógnitas y no pueden determinarse todas las incógnitas a partir de las ecuaciones de equilibrio para el marco completo [sección 6.11; problema resuelto 6.6].

Elementos sometidos a la acción de varias fuerzas

Cuando se *desensambla el marco* y se identifican los diversos elementos que lo constituyen como elementos sometidos a la acción de dos fuerzas o elementos sometidos a la acción de varias fuerzas, se supone que los pernos forman una parte integral de uno de los elementos que éstos conectan. Se dibuja el diagrama de cuerpo libre de cada uno de los elementos sometidos a la acción de varias fuerzas, observando que cuando dos elementos sometidos a la acción de varias fuerzas están conectados al mismo elemento sometido a la acción de dos fuerzas, este último actúa sobre los elementos sometidos a la acción de varias fuerzas con *fuerzas iguales y opuestas de magnitud desconocida pero cuya dirección es conocida*. Cuando dos elementos sometidos a la acción de varias fuerzas están conectados por un perno, éstos ejercen entre sí *fuerzas iguales y opuestas cuya dirección es desconocida*, las cuales deben ser representadas por *dos componentes desconocidas*. Entonces, se pueden resolver las ecuaciones de equilibrio obtenidas a partir de los diagramas de cuerpo libre de los elementos sometidos a la acción de varias fuerzas para determinar a las distintas fuerzas internas [problemas resueltos 6.4 y 6.5]. Además, también pueden emplearse las ecuaciones de equilibrio para completar la determinación de las reacciones en los apoyos [problema resuelto 6.6]. De hecho, si el marco es *estáticamente determinado y rígido*, los diagramas de cuerpo libre de los elementos sometidos a la acción de varias fuerzas pueden proporcionar un número de ecuaciones igual al número de fuerzas desconocidas (incluyendo las reacciones) [sección 6.11]. Sin embargo, como se sugirió anteriormente, es conveniente considerar primero el diagrama de cuerpo libre para el marco completo con el fin de minimizar el número de ecuaciones que se deban resolver simultáneamente.

Análisis de una máquina

Para *analizar una máquina*, ésta se desensambla y, siguiendo el mismo procedimiento empleado para un marco, se dibuja el diagrama de cuerpo libre de cada uno de los elementos sometidos a la acción de varias fuerzas. Las ecuaciones de equilibrio correspondientes proporcionan las *fuerzas de salida* ejercidas por la máquina en términos de las *fuerzas de entrada* que se le aplican así como las *fuerzas internas* en cada una de las conexiones [sección 6.12; problema resuelto 6.7].

Problemas de repaso

6.164 El perno en B está unido al elemento $ABCD$ y puede deslizarse a lo largo de la ranura del elemento BE. Despreciando el efecto de la fricción, determínese el par **M** requerido para mantener al sistema en equilibrio.

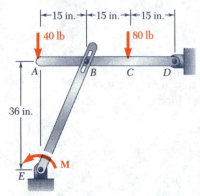

Fig. P6.164

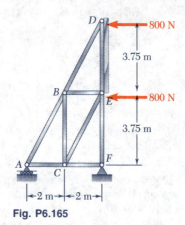

Fig. P6.165

6.165 En la figura se muestra una de las muchas armaduras que se emplean para sostener tableros de anuncios. Usando el método de los nudos, determínese la fuerza en cada elemento de la armadura, considerando que la carga del viento es equivalente a las dos fuerzas mostradas en la figura.

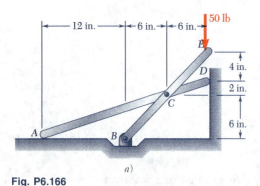

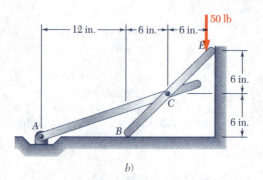

Fig. P6.166

6.166 Para cada marco mostrado en la figura y despreciando el efecto de las fuerzas de fricción en las superficies horizontales y verticales, determínense las fuerzas ejercidas sobre el elemento BCE en B y C.

6.167 Usando el método de los nudos, determínese la fuerza en cada uno de los elementos de la armadura mostrada en la figura.

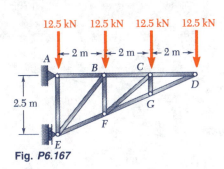
Fig. P6.167

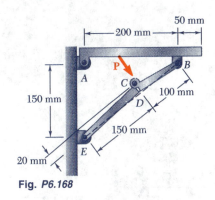
Fig. P6.168

6.168 Un estante de 20 kg se mantiene en posición horizontal mediante un refuerzo autobloqueante que consta de dos partes *EDC* y *CDB*, las cuales se articulan en *C* y se apoyan entre sí en *D*. Determínese la fuerza **P** requerida para aflojar el refuerzo.

6.169 Las pinzas mostradas en la figura se emplean para apretar una barra de 0.3 in. de diámetro. Sabiendo que se aplican dos fuerzas de 60 lb en los mangos de las pinzas, determínense *a*) la magnitud de las fuerzas ejercidas sobre la barra y *b*) la fuerza ejercida por el perno en *A* sobre la porción *AB* de las pinzas.

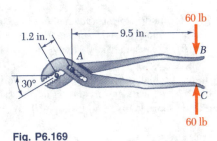
Fig. P6.169

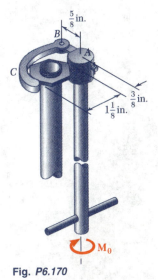
Fig. P6.170

6.170 La llave especial para plomería mostrada en la figura, se emplea en áreas reducidas (por ejemplo, bajo depósitos o fregaderos). Consta de una mandíbula *BC* que está articulada en *B* a una barra larga. Si se sabe que las fuerzas ejercidas sobre la tuerca son equivalentes a un par de 135 lb · in de magnitud que actúan en el sentido del movimiento de las manecillas del reloj (visto desde arriba), determínense *a*) la magnitud de las fuerzas ejercidas sobre la mandíbula *BC* mediante el perno *B* y *b*) el par M_0 que se aplica a la llave.

6.171 La armadura Pratt para techo se carga en la forma mostrada en la figura. Usando el método de las secciones, determínense las fuerzas en los elementos *CE*, *DE* y *DF*.

6.172 La armadura Pratt para techo se carga en la forma mostrada en la figura. Usando el método de las secciones, determínense las fuerzas en los elementos *FH*, *FI* y *GI*.

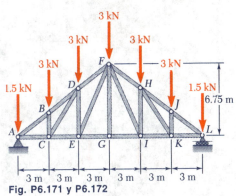
Fig. P6.171 y P6.172

6.173 Un tubo de 50 mm de diámetro se aprieta con la llave Stillson mostrada en la figura. Las partes AB y DE de la llave están conectadas rígidamente entre sí y la parte CF se une mediante un perno en D. Suponiendo que no hay deslizamiento entre el tubo y la llave, determínense las componentes de las fuerzas ejercidas sobre el tubo en A y en C.

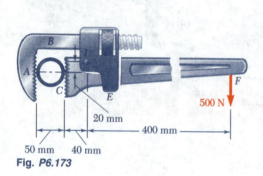

Fig. P6.173

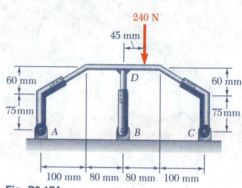

Fig. P6.174

6.174 La unión en forma de T mostrada en la figura se forma mediante barras que se ajustan en los tres tubos mostrados. Despreciando el efecto de la fricción, determine las reacciones en A, B y C causadas por la fuerza vertical de 240 N.

6.175 Resuélvase el problema 6.174, suponiendo que la fuerza de 240 N se remplaza por un par de 18 N · m de magnitud que actúa en el sentido de las manecillas del reloj y que está aplicado sobre la unión en forma de T en D.

Los siguientes problemas fueron diseñados para ser resueltos con una computadora.

6.C1 Una armadura Pratt de acero se diseña para sostener tres cargas de 10 kips tal y como se muestra en la figura. La longitud de la armadura es de 40 ft. La altura de la armadura, el ángulo θ y las áreas de las secciones transversales de los diversos elementos de la armadura deben seleccionarse de forma que se pueda obtener el diseño más económico posible. Específicamente, el área de la sección transversal de cada elemento se selecciona de manera que el esfuerzo (la fuerza dividida entre el área) en cada elemento sea igual a 20 kips/in², que es el valor correspondiente al esfuerzo permisible para el acero que se emplea. El peso total del acero, así como su costo, debe de ser lo más pequeño posible. a) Sabiendo que el peso específico del acero que se emplea es de 0.284 lb/in³, escríbase un programa de computadora que pueda usarse para calcular el peso de la armadura y el área de la sección transversal de cada elemento cargado y que se localice a la izquierda de DE, para el rango de valores de θ desde 20° hasta 80°, usando incrementos de 5°. b) Mediante el empleo apropiado de incrementos muy pequeños, determínense el valor óptimo de θ y los valores correspondientes del peso de la armadura, así como del área de la sección transversal de los diversos elementos que la conforman. Ignore en los cálculos el peso de cualquier elemento de fuerza cero.

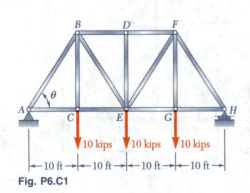

Fig. P6.C1

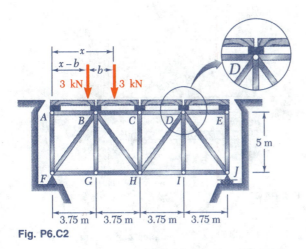

Fig. P6.C2

6.C2 El piso de un puente se apoya sobre largueros apoyados por vigas transversales de piso tal y como se muestra en la figura 6.3. Los extremos de las vigas se unen a los nudos superiores de dos armaduras, una de las cuales se muestra en la figura P6.C2. Como parte del diseño del puente, se desea simular el comportamiento de la armadura cuando pasa un camión de 12 kN sobre el puente. Sabiendo que la distancia entre los ejes del camión es $b = 2.25$ m y suponiendo que el peso del camión se distribuye igualmente sobre sus cuatro ruedas, escríbase un programa de computadora que pueda utilizarse para calcular las fuerzas generadas por el camión en los elementos BH y GH para valores de x desde 0 hasta 17.25 m, empleando incrementos de 0.75 m. A partir de los resultados obtenidos, determínense a) la fuerza de tensión máxima en BH, b) la fuerza de compresión máxima en BH y c) la fuerza máxima de tensión en GH. Para cada uno de los incisos anteriores, indique el valor correspondiente de x. (*Nota*. Los incrementos han sido seleccionados de tal forma que los valores deseados estarán dentro de aquellos valores que serán tabulados.)

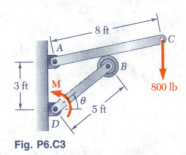

Fig. P6.C3

6.C3 Para el mecanismo mostrado en la figura, la posición de la barra AC se controla mediante el brazo BD. Para la carga aplicada, escríbase un programa de computadora que pueda ser usado para calcular el par **M** requerido para mantener al sistema en equilibrio considerando valores de θ desde $-30°$ hasta $90°$ y usando incrementos de $10°$. Además, para los valores de dados, determínese la reacción en A. Como parte del proceso de diseño del mecanismo, empléense apropiadamente incrementos pequeños y determínense a) el valor de θ para el cual M es máximo, así como su valor y b) valor de θ para el cual la reacción en A es máxima, así como su correspondiente magnitud.

6.C4 El diseño de un sistema de robot necesita del mecanismo de dos barras mostrado en la figura. Las barras AC y BD se conectan mediante un bloque deslizante en D tal y como se muestra en la figura. Despreciando el efecto de la fricción, escríbase un programa de computadora que pueda ser usado para determinar el par $\mathbf{M}_A$ necesario para mantener las barras en equilibrio considerando valores de θ desde 0 hasta $120°$ y usando incrementos de $10°$. Para los valores de θ dados, determínese la magnitud de la fuerza **F** ejercida por la barra AC sobre el bloque deslizante.

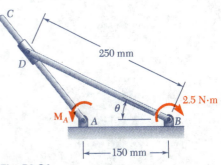

Fig. P6.C4

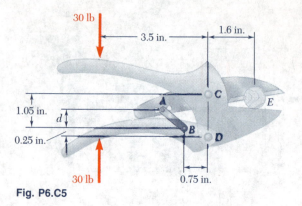

Fig. P6.C5

6.C5 Las cizallas podadoras de palanca compuesta, mostradas en la figura, pueden ajustarse mediante el perno A en varias posiciones de trinquete sobre la cuchilla ACE. Sabiendo que la longitud de AB es de 0.85 in., escríbase un programa de computadora que pueda ser usado para determinar la magnitud de las fuerzas verticales aplicadas sobre el elemento más pequeño, considerando valores de d desde 0.4 in. hasta 0.6 in. y usando incrementos de 0.025 in. Como parte del diseño de las cizallas, empléense apropiadamente incrementos pequeños y determínese el mínimo valor permisible de d si la fuerza en el eslabón AB no debe de ser mayor que 500 lb.

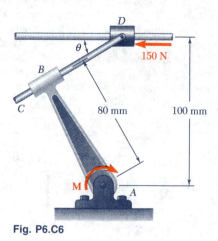

Fig. P6.C6

6.C6 La barra CD está unida al collar D y pasa a través de un collar soldado en el extremo B de la palanca AB. Como un paso inicial en el diseño de la palanca AB, escríbase un programa de computadora que pueda ser usado para calcular la magnitud M del par necesario para mantener al sistema en equilibrio considerando valores de θ desde 15° hasta 90° y usando incrementos de 5°. Empleando apropiadamente incrementos pequeños, determínese el valor de θ para el cual M es mínimo así como el correspondiente valor de M.

CAPÍTULO 7
Fuerzas en vigas y cables

Los puentes colgantes, en los cuales la calzada está soportada por cables, se utilizan como vías de comunicación sobre ríos y estuarios anchos. El puente Verrazano-Narrows, el cual conecta a Staten Island y Brooklyn en Nueva York, tiene el claro más largo de todos los puentes en los Estados Unidos.

*7.1. INTRODUCCIÓN

En los capítulos anteriores se consideraron dos problemas básicos que involucraban estructuras 1) determinación de las fuerzas externas que actúan sobre una estructura (capítulo 4) y 2) determinación de las fuerzas que mantienen unidos a los distintos elementos que constituyen a una estructura (capítulo 6). Ahora, se considerará el problema de determinar las fuerzas internas que mantienen unidas a las distintas partes de un elemento dado.

Primero se analizarán las fuerzas internas en los elementos de un marco, tal como la grúa considerada en las secciones 6.1 y 6.10, observando que mientras las fuerzas internas en un elemento recto sometido a la acción de dos fuerzas únicamente pueden producir *tensión* o *compresión* en dicho elemento, las fuerzas internas en cualquier otro tipo de elemento usualmente también producen *corte* y *flexión*.

La mayor parte de este capítulo estará dedicada al análisis de las fuerzas internas en dos tipos importantes de estructuras ingenieriles, esto es:

1. *Vigas*, las cuales usualmente son elementos prismáticos rectos y largos diseñados para soportar cargas aplicadas en varios puntos a lo largo del elemento.
2. *Cables*, los cuales son elementos flexibles capaces de soportar únicamente tensión y que están diseñados para soportar cargas concentradas o distribuidas. Los cables se utilizan en muchas aplicaciones ingenieriles, tales como puentes colgantes y líneas de transmisión.

*7.2. FUERZAS INTERNAS EN COMPONENTES MECÁNICOS

Primero considérese el *elemento recto sometido a la acción de dos fuerzas AB* (figura 7.1a). A partir de la sección 4.6, se sabe que las fuerzas **F** y **–F** que actúan en *A* y *B*, respectivamente, deben estar dirigidas a lo largo de *AB* en sentidos opuestos y deben tener la misma magnitud *F*. Ahora, considérese que se corta el elemento en *C*. Para mantener el equilibrio de los cuerpos libres *AC* y *CB* obtenidos de esta forma, se debe aplicar a *AC* una fuerza **–F** igual y opuesta a **F** y a *CB* una fuerza **F** igual y opuesta a **–F** (figura 7.1b). Estas nuevas fuerzas están dirigidas a lo largo de *AB* en sentidos opuestos y tienen la misma magnitud *F*. Como las dos partes *AC* y *CB* estaban en equilibrio antes de que se cortara el elemento, deben haber existido en el elemento mismo *fuerzas internas* equivalentes a estas nuevas fuerzas. Se concluye que en el caso de un elemento recto sometido a la acción de dos fuerzas, las fuerzas internas que las dos porciones del elemento ejercen entre sí son equivalentes a *fuerzas axiales*. La magnitud común *F* de estas fuerzas no depende de la ubicación de la sección *C* y recibe el nombre de *fuerza en el elemento AB*. En el caso considerado, el elemento está en tensión y se elongará bajo la acción de las fuerzas internas. En el caso representado en la figura 7.2, el elemento está en compresión y disminuirá su longitud bajo la acción de las fuerzas internas.

Después, considérese un *elemento sometido a la acción de varias fuerzas*. Tómese, por ejemplo el elemento *AD* de la grúa analizada en la sección 6.10. Dicha grúa se muestra nuevamente en la figura 7.3a y el diagrama de cuerpo libre del elemento *AD* está dibujado en la figura 7.3b. Ahora se corta el elemento *AD* en *J* y se dibuja un diagrama de cuerpo libre para cada una de las porciones del elemento *JD* y *AJ* (figura 7.3c y d). Considerando el cuerpo libre *JD*, se encuentra que se mantendrá su equilibrio si se aplica en *J* una fuerza **F** para

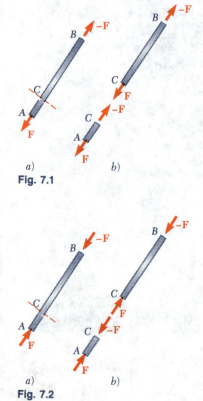

Fig. 7.1

Fig. 7.2

7.2. Fuerzas internas en componentes mecánicos 343

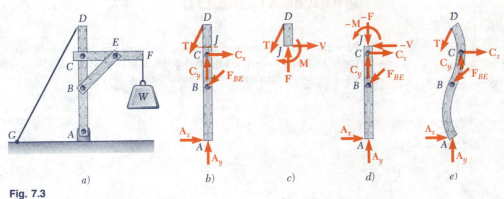

Fig. 7.3

balancear la componente vertical de **T**, una fuerza **V** para balancear la componente horizontal de **T** y un par **M** para balancear el momento de **T** con respecto a J. Nuevamente, se concluye que debieron haber existido fuerzas internas en J antes de que se cortara el elemento AD. Las fuerzas internas que actúan en la porción JD del elemento AD son equivalentes al sistema fuerza-par mostrado en la figura 7.3c. De acuerdo con la tercera ley de Newton, las fuerzas internas que actúan sobre AJ deben ser equivalentes a un sistema fuerza-par igual y opuesto, tal y como se muestra en la figura 7.3d. Es obvio que la acción de las fuerzas internas en el elemento AD *no está limitada a producir tensión o compresión* como en el caso de los elementos rectos sometidos a la acción de dos fuerzas; ahora, las fuerzas internas *también producen corte y flexión*. La fuerza **F** es una *fuerza axial*, la fuerza **V** recibe el nombre de *fuerza cortante* y el momento **M** del par se conoce como el *momento flexionante en J*. Se observa que cuando se determinan las fuerzas internas en un elemento, se debe indicar claramente sobre qué porción del elemento se supone que actúan dichas fuerzas. Las deformaciones que ocurrirán en el elemento AD se bosquejan en la figura 7.3e. El análisis de estas deformaciones es parte del estudio de la mecánica de materiales.

Se debe señalar que en un *elemento sometido a la acción de dos fuerzas que no es recto,* las fuerzas internas también son equivalentes a un sistema fuerza-par. Esto se muestra en la figura 7.4, donde el elemento sometido a la acción de dos fuerzas ABC ha sido cortado en D.

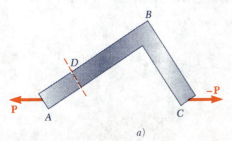 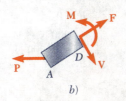 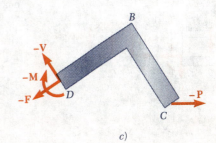

Fig. 7.4

PROBLEMA RESUELTO 7.1

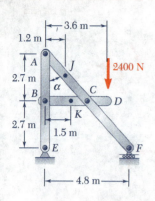

Para el marco mostrado en la figura, determínense las fuerzas internas a) en el punto J del elemento ACF y b) en el punto K del elemento BCD. Este marco ya fue considerado anteriormente en el problema resuelto 6.5.

SOLUCIÓN

Reacciones y fuerzas en las conexiones. Se determinan las reacciones y las fuerzas que actúan sobre cada uno de los elementos del marco. Esto se llevó a cabo anteriormente en el problema resuelto 6.5 y los resultados encontrados se repiten a continuación en las figuras adjuntas.

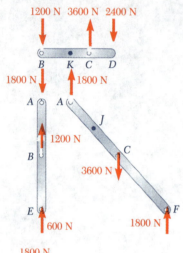

a. Fuerzas internas en J. Se corta el elemento ACF en el punto J y se obtienen las dos partes que se muestran en la figura. Las fuerzas internas en J están representadas por un sistema equivalente fuerza-par y pueden determinarse considerando el equilibrio de cualquiera de las partes en que ha sido dividido el elemento. Considerando el *cuerpo libre AJ*, se escribe

$+\circlearrowleft \Sigma M_J = 0$: $-(1800 \text{ N})(1.2 \text{ m}) + M = 0$
$M = +2160 \text{ N} \cdot \text{m}$ **M = 2160 N · m ↺** ◀

$+\searrow \Sigma F_x = 0$: $F - (1800 \text{ N}) \cos 41.7° = 0$
$F = +1344 \text{ N}$ **F = 1344 N ↘** ◀

$+\nearrow \Sigma F_y = 0$: $-V + (1800 \text{ N}) \operatorname{sen} 41.7° = 0$
$V = +1197 \text{ N}$ **V = 1197 N ↙** ◀

Por lo tanto, las fuerzas internas en J son equivalentes a un par **M**, a una fuerza axial **F** y a una fuerza cortante **V**. El sistema fuerza-par interno que actúa sobre la parte JCF es igual y opuesto.

b. Fuerzas internas en K. Se corta el elemento BCD en K y se obtienen las dos partes mostradas en la figura. Considerando el *cuerpo libre BK*, se escribe

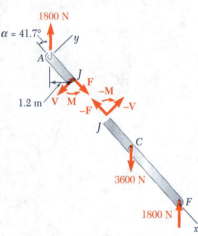

$+\circlearrowleft \Sigma M_K = 0$: $(1200 \text{ N})(1.5 \text{ m}) + M = 0$
$M = -1800 \text{ N} \cdot \text{m}$ **M = 1800 N · m ↻** ◀

$\xrightarrow{+} \Sigma F_x = 0$: $F = 0$ **F = 0** ◀

$+\uparrow \Sigma F_y = 0$: $-1200 \text{ N} - V = 0$
$V = -1200 \text{ N}$ **V = 1200 N ↑** ◀

PROBLEMAS PARA RESOLVER EN FORMA INDEPENDIENTE

En esta lección se aprendió a determinar las fuerzas internas en un elemento de un marco. Las fuerzas internas en un punto dado de un *elemento recto sometido a la acción de dos fuerzas* se reducen a una fuerza axial pero, en todos los demás casos, dichas fuerzas internas son equivalentes a *sistemas fuerza-par* constituidos por una *fuerza axial* **F**, una *fuerza cortante* **V** y un par **M** que representa al *momento flexionante* en dicho punto.

Para determinar las fuerzas internas en un punto dado J de un elemento de un marco, se deben seguir los siguientes pasos.

1. Se dibuja un diagrama de cuerpo libre para el marco completo y se utiliza para determinar tantas reacciones en los apoyos como sea posible.

2. Se desensambla el marco y se dibuja un diagrama de cuerpo libre para cada uno de sus elementos. Se deben escribir tantas ecuaciones de equilibrio como sean necesarias para encontrar todas las fuerzas que actúan sobre el elemento en el cual está localizado el punto J.

3. Se corta el elemento en el punto J y se dibuja un diagrama de cuerpo libre para cada una de las dos porciones del elemento, que se han obtenido de esta forma, aplicando en el punto J de cada porción las componentes de fuerza y el par que representan las fuerzas internas ejercidas por la otra porción. Nótese que estas componentes de fuerza y pares tienen la misma magnitud pero sentidos opuestos.

4. Se selecciona uno de los dos diagramas de cuerpo libre que se han dibujado y se utiliza para escribir tres ecuaciones de equilibrio para la porción correspondiente del elemento.

   a. Sumando momentos con respecto de J e igualándolos a cero se obtendrá una ecuación que proporcionará el momento flexionante en el punto J.

   b. Sumando componentes en direcciones paralelas y perpendiculares al elemento en el punto J e igualándolas a cero se obtendrán, respectivamente, la fuerza axial y la fuerza cortante.

5. Cuando se escriban los resultados, se debe tener cuidado de especificar la porción del elemento que se utilizó, puesto que las fuerzas y los pares que actúan en las dos porciones tienen sentidos opuestos.

Como la solución de los problemas propuestos correspondientes a esta lección requiere la determinación de las fuerzas que ejercen entre sí los distintos elementos de un marco se deben repasar los métodos utilizados en el capítulo 6 para resolver ese tipo de problemas. Por ejemplo, cuando los marcos involucran poleas y cables, se debe recordar que las fuerzas ejercidas por una polea sobre un elemento del marco al cual está unida tienen la misma magnitud y dirección que las fuerzas ejercidas por el cable sobre la polea [problema 6.90].

Problemas

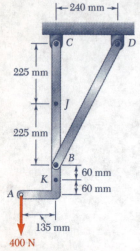

Fig. P7.5 y P7.6

7.1 y 7.2 Determínense las fuerzas internas (fuerza axial, fuerza cortante y momento flexionante) en el punto J para la estructura indicada en el:
  7.1 Marco y carga del problema 6.75.
  7.2 Marco y carga del problema 6.76.

7.3 Para el marco y carga del problema 6.81, determínense las fuerzas internas en un punto J localizado en la parte media comprendida entre los puntos A y B.

7.4 Para el marco y la carga del problema 6.81, determínense las fuerzas internas en un punto K localizado en la parte media comprendida entre los puntos B y C.

7.5 Para la estructura mostrada en la figura, determínense las fuerzas internas en el punto J.

7.6 Para la estructura mostrada en la figura, determínense las fuerzas internas en el punto K.

7.7 Para la barra semicircular cargada en la forma mostrada en la figura, determínense las fuerzas internas en el punto J.

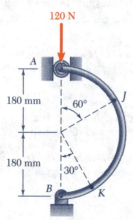

Fig. P7.7 y P7.8

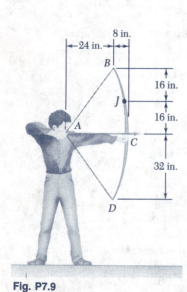

Fig. P7.9

7.8 Para la barra semicircular cargada en la forma mostrada en la figura, determínense las fuerzas internas en el punto K.

7.9 Un arquero que apunta a un blanco está jalando con una fuerza de 45 lb sobre la cuerda del arco. Suponiendo que la forma del arco se puede aproximar mediante una parábola, determínense las fuerzas internas en el punto J.

7.10 Para el arco del problema 7.9, determínense la magnitud y la localización de a) la fuerza axial máxima, b) la fuerza cortante máxima y c) el momento flexionante máximo.

7.11 Para la barra semicircular cargada en la forma mostrada en la figura, determínense las fuerzas internas en el punto J si se sabe que $\theta = 30°$.

7.12 Para la barra semicircular cargada en la forma mostrada en la figura, determínese la magnitud y la localización del momento flexionante máximo en la barra.

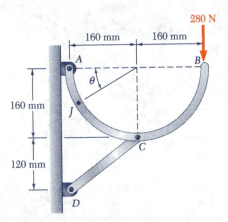

Fig. P7.11 y P7.12

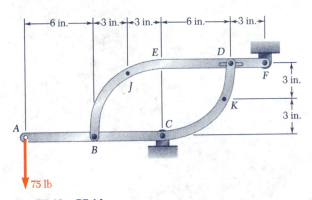

Fig. P7.13 y P7.14

7.13 Dos elementos que consisten cada uno de una porción recta y una porción en forma de un cuarto de círculo, sostienen una carga de 75 lb en A y se conectan como se muestra en la figura. Determínense las fuerzas internas en el punto J.

7.14 Dos elementos que consisten cada uno de una porción recta y una porción en forma de un cuarto de círculo, sostienen una carga de 75 lb en A y se conectan como se muestra en la figura. Determínense las fuerzas internas en el punto K.

7.15 Sabiendo que el radio de cada polea es de 200 mm y sin tomar en cuenta el efecto de la fricción, determínense las fuerzas internas en el punto J del marco mostrado en la figura.

7.16 Sabiendo que el radio de cada polea es de 200 mm y sin tomar en cuenta el efecto de la fricción, determínense las fuerzas internas en el punto K del marco mostrado en la figura.

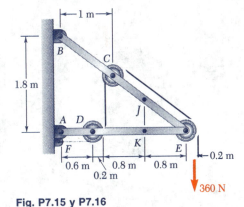

Fig. P7.15 y P7.16

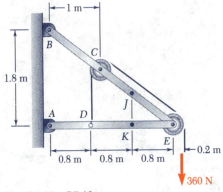

Fig. P7.17 y P7.18

7.17 Sabiendo que el radio de cada polea es de 200 mm y sin tomar en cuenta el efecto de la fricción, determínense las fuerzas internas en el punto J del marco mostrado en la figura.

7.18 Sabiendo que el radio de cada polea es de 200 mm y sin tomar en cuenta el efecto de la fricción, determínense las fuerzas internas en el punto K del marco mostrado en la figura.

7.19 El tubo de 5 in. de diámetro mostrado en la figura, se sostiene cada 9 ft mediante un marco pequeño el cual consiste de dos elementos. Sabiendo que el peso combinado del tubo y su contenido es de 10 lb/ft y sin tomar en cuenta el efecto de la fricción, determínese la magnitud y localización del momento flexionante máximo en el elemento AC.

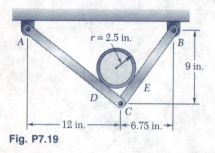

Fig. P7.19

7.20 Para el marco del problema 7.19, determínese la magnitud y localización del momento flexionante máximo en el elemento BC.

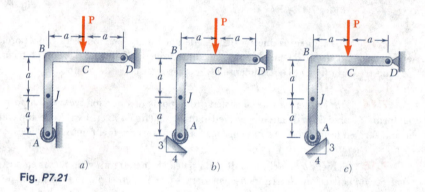

Fig. P7.21

7.21 y 7.22 Una fuerza **P** se aplica a una barra doblada la cual se sostiene mediante un rodillo y un apoyo de pasador. Para cada uno de los tres casos mostrados en la figura, determínense las fuerzas internas en el punto J.

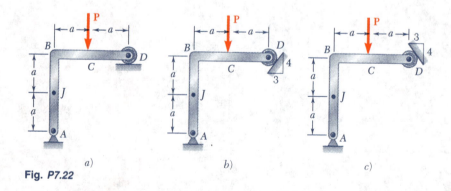

Fig. P7.22

7.23 Para la barra semicircular de peso W y de sección transversal uniforme que se sostiene en la forma mostrada en la figura, determínese el momento flexionante en el punto J cuando $\theta = 60°$.

7.24 Para la barra semicircular de peso W y de sección transversal uniforme que se sostiene en la forma mostrada en la figura, determínese el momento flexionante en el punto J cuando $\theta = 150°$.

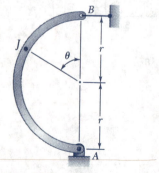

Fig. P7.23 y P7.24

7.25 y 7.26 Para la barra en forma de un cuarto de círculo con peso W y de sección transversal uniforme que se sostiene en la forma mostrada en la figura, determínese el momento flexionante en el punto J cuando $\theta = 30°$.

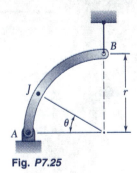

Fig. P7.25

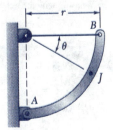

Fig. P7.26

7.27 Para la barra del problema 7.26, determínese la magnitud y la localización del momento flexionante máximo.

7.28 Para la barra del problema 7.25, determínese la magnitud y la localización del momento flexionante máximo.

VIGAS

*7.3. DIFERENTES TIPOS DE CARGAS Y APOYOS

Un elemento estructural que está diseñado para soportar cargas que están aplicadas en varios puntos a lo largo del mismo se conoce como una *viga*. En la mayoría de los casos, las cargas son perpendiculares al eje de la viga y únicamente ocasionarán corte y flexión en la viga. Cuando las cargas no forman un ángulo recto con la viga, también producirán fuerzas axiales en esta última.

Usualmente, las vigas son barras prismáticas rectas y largas. El diseño de una viga para soportar de la manera más efectiva las cargas aplicadas es un procedimiento que involucra dos partes: 1) determinar las fuerzas cortantes y los momentos flexionantes producidos por las cargas y 2) seleccionar la sección transversal que resista de la mejor forma posible las fuerzas cortantes y a los momentos flexionantes que se determinaron en la primera parte. Aquí se estudiará la primera parte del problema de diseñar vigas. La segunda parte corresponde al estudio de la mecánica de materiales.

Una viga puede estar sujeta a *cargas concentradas* P_1, P_2, ..., expresadas en newtons, libras o sus múltiplos kilonewtons y kips (figura 7.5a), a una *carga distribuida* w, expresada en N/m, kN/m, lb/ft o kips/ft (figura 7.5b), o a una combinación de ambas. Cuando la carga w por unidad de longitud tiene un valor constante sobre parte de la viga (como entre A y B en la figura 7.5b), se dice que la carga está *uniformemente distribuida* a lo largo de esa parte de la viga. La determinación de las reacciones en los apoyos se simplifica considerablemente si se reemplazan las cargas distribuidas por cargas concentradas equivalentes, tal y como se explicó en la sección 5.8. Sin embargo, esta sustitución no debe llevarse a cabo o, por lo menos, debe realizarse con cuidado, cuando se calculan las fuerzas internas (véase el problema resuelto 7.3).

Las vigas se clasifican de acuerdo con la forma en que están apoyadas. En la figura 7.6 se muestran varios tipos de vigas que se usan con frecuencia. La distancia L entre los apoyos recibe el nombre de *claro*. Se debe señalar que las reacciones serán determinadas si los apoyos involucran únicamente tres incóg-

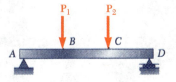

a) Cargas concentradas

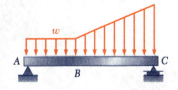

b) Carga distribuida

Fig. 7.5

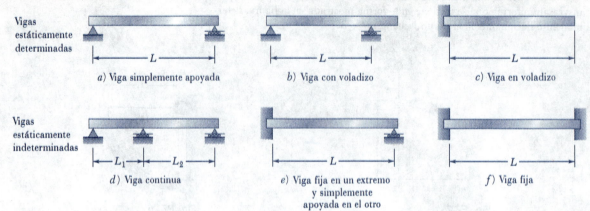

Fig. 7.6

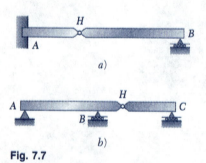

Fig. 7.7

nitas. Si están involucradas más de tres incógnitas, las reacciones serán estáticamente indeterminadas y los métodos de la estática no serán suficientes para determinarlas; bajo tales circunstancias, se deben tomar en consideración las propiedades de la viga relacionadas con su resistencia a la flexión. Aquí no se muestran vigas apoyadas en dos rodillos; éstas sólo están parcialmente restringidas y se moverán bajo ciertas condiciones de carga.

Algunas veces dos o más vigas están conectadas por medio de articulaciones para formar una sola estructura continua. En la figura 7.7 se muestran dos ejemplos de vigas articuladas en un punto H. Se debe señalar que las reacciones en los apoyos involucran cuatro incógnitas las cuales no pueden determinarse a partir del diagrama de cuerpo libre para el sistema constituido por dos vigas. Sin embargo, éstas pueden ser determinadas considerando por separado el diagrama de cuerpo libre para cada una de las vigas; aquí están involucradas seis incógnitas (incluyendo dos componentes de fuerza en la articulación) y están disponibles seis ecuaciones de equilibrio.

*7.4. FUERZA CORTANTE Y MOMENTO FLEXIONANTE EN UNA VIGA

Considérese una viga AB que está sometida a la acción de varias cargas concentradas y distribuidas (figura 7.8a). Se desea determinar la fuerza cortante y el momento flexionante en cualquier punto de la viga. Aunque en el ejemplo la viga está simplemente apoyada, el método puede aplicarse a cualquier tipo de viga estáticamente determinada.

Primero, se determinan las reacciones en A y en B seleccionando toda la viga como un cuerpo libre (figura 7.8b); escribiendo $\Sigma M_A = 0$ y $\Sigma M_B = 0$ se obtienen, respectivamente, $\mathbf{R}_B$ y $\mathbf{R}_A$.

Para determinar las fuerzas internas en C, se corta la viga en C y se dibujan los diagramas de cuerpo libre correspondientes a las porciones AC y CB de la viga (figura 7.8c). Utilizando el diagrama de cuerpo libre para la porción AC, se puede determinar la fuerza cortante $\mathbf{V}$ en C igualando a cero la suma de las componentes verticales de todas las fuerzas que actúan sobre AC. Similarmente, se puede encontrar el momento flexionante $\mathbf{M}$ en C igualando a cero la suma de los momentos con respecto de C de todas las fuerzas y todos los pares que actúan sobre AC. Sin embargo, otra alternativa posible sería la de utilizar el diagrama de cuerpo libre para la porción CB† con el fin de determinar la fuerza cortante $\mathbf{V}'$ y el momento flexionante $\mathbf{M}'$ igualando a cero la suma de las

---

† La fuerza y el par que representan las fuerzas internas que actúan sobre CB ahora serán representadas con $\mathbf{V}'$ y $\mathbf{M}'$, en lugar de representarlas con $-\mathbf{V}$ y $-\mathbf{M}$ como se había hecho anteriormente, con el fin de evitar confusiones cuando se aplique la convención de signos que se va a introducir posteriormente en esta sección.

7.4. Fuerza cortante y momento flexionante en una viga

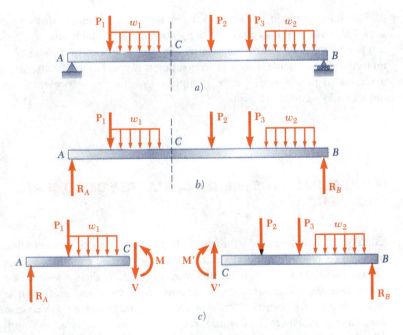

Fig. 7.8

componentes verticales y la suma de los momentos con respecto de C de todas las fuerzas y todos los pares que actúan sobre CB. A pesar de que la selección del cuerpo libre a usar puede facilitar el cálculo de los valores numéricos de la fuerza cortante y el momento flexionante, hace que sea necesario indicar sobre qué porción de la viga están actuando las fuerzas internas consideradas. Por lo tanto, si se van a calcular y se van a registrar eficientemente los valores de la fuerza cortante y del momento flexionante en todos los puntos de la viga, se debe encontrar una forma que permita evitar el que se tenga que especificar cada vez cuál porción de la viga se utilizó como el cuerpo libre. Para lograr esto, se adoptarán las siguientes convenciones:

Al determinar la fuerza cortante en una viga, *siempre se supondrá* que las fuerzas internas **V** y **V'** están dirigidas tal y como se muestra en la figura 7.8c. Cuando se obtiene un valor positivo para su magnitud común V, esto indica que la suposición hecha fue correcta y que realmente las fuerzas cortantes están dirigidas de la forma mostrada en la figura. Cuando se obtiene un valor negativo para V, esto indica que la suposición hecha fue incorrecta y que las fuerzas cortantes están dirigidas en el sentido opuesto. Por lo tanto, para definir completamente las fuerzas de corte en un punto dado de la viga, sólo se necesita registrar la magnitud V junto con un signo positivo o negativo. Comúnmente se hace referencia al escalar V como *la fuerza cortante* en un punto dado de la viga.

Similarmente, *siempre se supondrá* que los pares internos **M** y **M'** están dirigidos tal y como se muestra en la figura 7.8c. Cuando se obtiene un valor positivo para su magnitud M, a la cual se hace referencia comúnmente como el momento flexionante, esto indicará que la suposición hecha fue correcta mientras que un valor negativo indicará que la suposición fue incorrecta. Resumiendo la convención de signos que se acaba de presentar, se puede establecer lo siguiente:

Se dice que la fuerza cortante V y que el momento flexionante M en un punto dado de una viga son positivos cuando las fuerzas y los pares internos que actúan sobre cada porción de la viga están dirigidos tal y como se muestra en la figura 7.9a.

Estas convenciones se pueden recordar más fácilmente si se observa que:

1. La fuerza cortante en C es positiva cuando las fuerzas **externas** (las cargas y las reacciones) que actúan sobre la viga tienden a cortar a la viga en C tal y como se indica en la figura 7.9b.
2. El momento flexionante en C es positivo cuando las fuerzas **externas** que actúan sobre la viga tienden a flexionar a la viga en C tal y como se indica en la figura 7.9c.

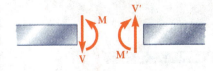

a) Fuerzas internas en la sección (fuerza cortante positiva y momento flexionante positivo)

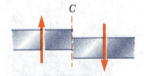

b) Efecto de las fuerzas externas (fuerza cortante positiva)

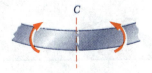

c) Efecto de las fuerzas externas (momento flexionante positivo)

Fig. 7.9

Además, también puede ser útil señalar que la situación descrita en la figura 7.9, en la cual los valores de la fuerza cortante y del momento flexionante son positivos, es precisamente la situación que ocurre en la mitad izquierda de una viga simplemente apoyada que soporta una sola carga concentrada que actúa en su punto medio. Este ejemplo en particular se presenta completamente en la siguiente sección.

*7.5. DIAGRAMAS DE FUERZA CORTANTE Y DE MOMENTO FLEXIONANTE

Ahora que se han definido claramente la fuerza cortante y el momento flexionante en lo referente a su magnitud y a su sentido, se pueden registrar fácilmente sus valores en cualquier punto de una viga graficando dichos valores contra la distancia x medida a partir de un extremo de la viga. Las gráficas que se obtienen de esta manera reciben el nombre de *diagrama de fuerza cortante* y *diagrama de momento flexionante*, respectivamente. Como un ejemplo, considérese una viga simplemente apoyada AB que tiene un claro L y que está sometida a una sola carga concentrada P que actúa en su punto medio D (figura 7.10a). Primero, se determinan las reacciones en los apoyos a partir del diagrama de cuerpo libre para la viga completa (figura 7.10b); de esta forma, se encuentra que la magnitud de cada reacción es igual a $P/2$.

Después, se corta la viga en un punto C localizado entre A y D y se dibujan los diagramas de cuerpo libre para las porciones AC y CB (figura 7.10c). *Suponiendo que la fuerza cortante y el momento flexionante son positivos*, se dirigen las fuerzas internas V y V' y los pares internos M y M' tal y como se indica en la figura 7.9a. Considerando el cuerpo libre AC y escribiendo que la suma de las componentes verticales y la suma de los momentos con respecto de C de todas las fuerzas que actúan sobre el cuerpo libre son iguales a cero, se encuentra que $V = +P/2$ y que $M = +Px/2$. Por lo tanto, tanto la fuerza cortante como el momento flexionante son positivos; esto se puede corroborar observando que la reacción en A tiende a cortar y a flexionar la viga en C de la forma mostrada en la figura 7.9b y c. Se puede graficar V y M entre A y D (figura 7.10e y f); la fuerza cortante tiene un valor constante $V = P/2$ mientras que el momento flexionante aumenta linealmente desde $M = 0$ en $x = 0$ hasta $M = PL/4$ en $x = L/2$.

Ahora, cortando la viga en un punto E localizado entre D y B y considerando el cuerpo libre EB (figura 7.10d), se escribe que la suma de las componentes verticales y la suma de los momentos con respecto de E de las fuerzas que actúan sobre el cuerpo libre son iguales a cero. De esta forma, se obtiene $V = -P/2$ y $M = P(L - x)/2$. Por lo tanto, la fuerza cortante es negativa y el momento flexionante es positivo; lo anterior se puede corroborar observando que la reacción en B flexiona la viga en E de la forma indicada en la figura 7.9c pero tiende a cortarla de una manera opuesta a la mostrada en la figura 7.9b. Ahora, se pueden completar los diagramas de fuerza cortante y momento flexionante de las figuras 7.10e y f; la fuerza cortante tiene un valor constante $V = -P/2$ entre D y B mientras que el momento flexionante decrece linealmente desde $M = PL/4$ en $x = L/2$ hasta $M = 0$ en $x = L$.

Se debe señalar que cuando una viga únicamente está sometida a cargas concentradas, la fuerza cortante tiene un valor constante entre las cargas y el momento flexionante varía linealmente entre las cargas, pero cuando una viga está sometida a cargas distribuidas, la fuerza cortante y el momento flexionante varían en una forma diferente (véase el problema resuelto 7.3).

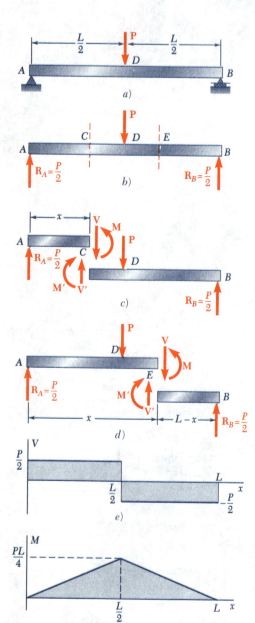

Fig. 7.10

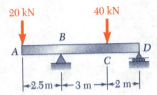

PROBLEMA RESUELTO 7.2

Dibújense los diagramas de fuerza cortante y momento flexionante para la viga y las condiciones de carga mostradas en la figura.

SOLUCIÓN

Diagrama de cuerpo libre: viga completa. A partir del diagrama de cuerpo libre para toda la viga se encuentran las reacciones en B y en D:

$$\mathbf{R}_B = 46 \text{ kN} \uparrow \qquad \mathbf{R}_D = 14 \text{ kN} \uparrow$$

Fuerza cortante y momento flexionante. Primero se determinan las fuerzas internas justo a la derecha de la carga de 20 kN aplicada en A. Considerando el trozo de la viga que está a la izquierda de la sección 1 como un cuerpo libre y suponiendo que V y M son positivos (de acuerdo con la convención estándar), se escribe

$+\uparrow \Sigma F_y = 0: \qquad -20 \text{ kN} - V_1 = 0 \qquad\qquad V_1 = -20 \text{ kN}$

$+\circlearrowleft \Sigma M_1 = 0: \qquad (20 \text{ kN})(0 \text{ m}) + M_1 = 0 \qquad M_1 = 0$

Después, se considera como un cuerpo libre la porción de la viga ubicada a la izquierda de la sección 2 y se escribe

$+\uparrow \Sigma F_y = 0: \qquad -20 \text{ kN} - V_2 = 0 \qquad\qquad V_2 = -20 \text{ kN}$

$+\circlearrowleft \Sigma M_2 = 0: \qquad (20 \text{ kN})(2.5 \text{ m}) + M_2 = 0 \qquad M_2 = -50 \text{ kN} \cdot \text{m}$

De una forma similar, se determinan la fuerza cortante y el momento flexionante en las secciones 3, 4, 5 y 6 a partir de los diagramas de cuerpo libre mostrados en la figura. Así, se obtiene

$$V_3 = +26 \text{ kN} \qquad M_3 = -50 \text{ kN} \cdot \text{m}$$
$$V_4 = +26 \text{ kN} \qquad M_4 = +28 \text{ kN} \cdot \text{m}$$
$$V_5 = -14 \text{ kN} \qquad M_5 = +28 \text{ kN} \cdot \text{m}$$
$$V_6 = -14 \text{ kN} \qquad M_6 = 0$$

Para varias de las secciones anteriores, los resultados se obtienen más fácilmente si se considera como un cuerpo libre la porción de la viga que está a la derecha de la sección de interés. Por ejemplo, considerando la porción de la viga que está a la derecha de la sección 4, se escribe

$+\uparrow \Sigma F_y = 0: \qquad V_4 - 40 \text{ kN} + 14 \text{ kN} = 0 \qquad V_4 = +26 \text{ kN}$

$+\circlearrowleft \Sigma M_4 = 0: \qquad -M_4 + (14 \text{ kN})(2 \text{ m}) = 0 \qquad M_4 = +28 \text{ kN} \cdot \text{m}$

Diagramas de fuerza cortante y momento flexionante. Ahora, se pueden graficar los seis puntos mostrados en los diagramas de fuerza cortante y momento flexionante. Como se señaló en la sección 7.5, la fuerza cortante tiene un valor constante y el momento flexionante varía linealmente entre cargas concentradas; por lo tanto, se obtienen los diagramas de fuerza cortante y momento flexionante mostrados en la figura.

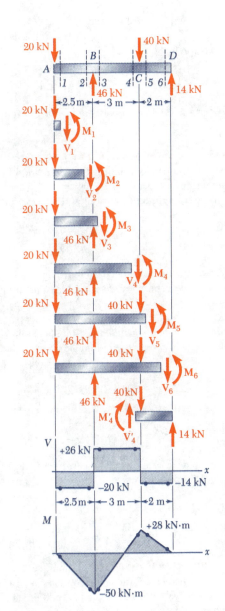

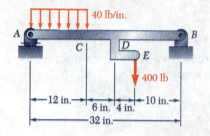

PROBLEMA RESUELTO 7.3

Dibújense los diagramas de fuerza cortante y momento flexionante para la viga AB. La carga distribuida de 40 lb/in. se extiende sobre 12 in. de la viga, desde A hasta C y la carga de 400 lb está aplicada en E.

SOLUCIÓN

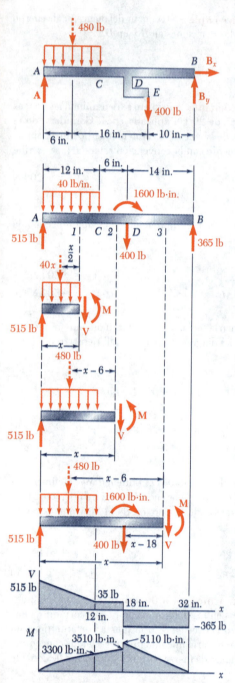

Diagrama de cuerpo libre: viga completa. Se determinan las reacciones considerando la viga completa como un cuerpo libre.

$+\circlearrowleft \Sigma M_A = 0$: $\qquad B_y(32\text{ in.}) - (480\text{ lb})(6\text{ in.}) - (400\text{ lb})(22\text{ in.}) = 0$
$\qquad B_y = +365$ lb $\qquad \mathbf{B}_y = 365$ lb ↑

$+\circlearrowleft \Sigma M_B = 0$: $\qquad (480\text{ lb})(26\text{ in.}) + (400\text{ lb})(10\text{ in.}) - A(32\text{ in.}) = 0$
$\qquad A = +515$ lb $\qquad \mathbf{A} = 515$ lb ↑

$\xrightarrow{+}\Sigma F_x = 0$: $\qquad B_x = 0 \qquad \mathbf{B}_x = 0$

Ahora, la carga de 400 lb se reemplaza por un sistema equivalente fuerza-par que actúa sobre la viga en el punto D.

Fuerza cortante y momento flexionante. *Desde A hasta C.* Se determinan las fuerzas internas a una distancia x a partir del punto A considerando la porción de la viga que está a la izquierda de la sección 1. La parte de la carga distribuida que actúa sobre el cuerpo libre se reemplaza por su resultante y se escribe

$+\uparrow\Sigma F_y = 0$: $\qquad 515 - 40x - V = 0 \qquad V = 515 - 40x$
$+\circlearrowleft \Sigma M_1 = 0$: $\qquad -515x - 40x(\tfrac{1}{2}x) + M = 0 \qquad M = 515x - 20x^2$

Como el diagrama de cuerpo libre mostrado puede utilizarse para todos los valores de x menores que 12 in., las expresiones obtenidas para V y M son válidas a lo largo de la región $0 < x < 12$ in.

Desde C hasta D. Considerando la porción de la viga que está a la izquierda de la sección 2 y reemplazando nuevamente la carga distribuida por su resultante, se obtiene

$+\uparrow\Sigma F_y = 0$: $\qquad 515 - 480 - V = 0 \qquad V = 35$ lb
$+\circlearrowleft \Sigma M_2 = 0$: $\qquad -515x + 480(x-6) + M = 0 \qquad M = (2880 + 35x)$ lb·in.

Estas expresiones son válidas en la región 12 in. $< x <$ 18 in.

Desde D hasta B. Usando la porción de la viga que está a la izquierda de la sección 3, se obtienen los siguientes resultados para la región 18 in. $< x <$ 32 in.

$+\uparrow\Sigma F_y = 0$: $\qquad 515 - 480 - 400 - V = 0 \qquad V = -365$ lb
$+\circlearrowleft \Sigma M_3 = 0$: $\qquad -515x + 480(x-6) - 1600 + 400(x-18) + M = 0$
$\qquad M = (11\,680 - 365x)$ lb·in.

Diagramas de fuerza cortante y momento flexionante. Ahora, se pueden graficar los diagramas de fuerza cortante y momento flexionante para toda la viga. Se observa que el par que está aplicado en D cuyo momento es igual a 1600 lb·in. introduce una discontinuidad en el diagrama de momento flexionante.

354

PROBLEMAS PARA RESOLVER EN FORMA INDEPENDIENTE

En esta lección se aprendió a determinar la *fuerza cortante V* y el *momento flexionante M* en cualquier punto de una viga. También se aprendió a dibujar el *diagrama de fuerza cortante* y el *diagrama de momento flexionante* para la viga graficando, respectivamente, V y M contra la distancia x medida a lo largo de la viga.

A. *Determinación de la fuerza cortante y el momento flexionante en una viga.* Para determinar la fuerza cortante V y el momento flexionante M en un punto dado C de una viga, se deben seguir los siguientes pasos.

1. *Se dibuja un diagrama de cuerpo libre para la viga completa* y se utiliza para determinar las reacciones en los apoyos de la viga.

2. *Se corta la viga en el punto C* y, utilizando las cargas originales, se selecciona una de las dos porciones de la viga que se han obtenido.

3. *Se dibuja el diagrama de cuerpo libre de la porción de la viga que se haya seleccionado,* mostrando:

a. Las cargas y las reacciones ejercidas sobre esa porción de la viga, reemplazando cada una de las cargas distribuidas por una carga concentrada equivalente tal y como se explicó anteriormente en la sección 5.8.

b. La fuerza cortante y el par flexionante que representan las fuerzas internas en C. Para facilitar el registro de la fuerza cortante V y del momento flexionante M después que estos han sido determinados, se debe seguir la convención indicada en las figuras 7.8 y 7.9. Por lo tanto, si se está utilizando la porción de la viga ubicada a la *izquierda de C,* se aplica en C una *fuerza cortante* **V** *dirigida hacia abajo* y un *par flexionante* **M** *dirigido en un sentido contrario al movimiento de las manecillas del reloj*. Si se está utilizando la porción de la viga ubicada a la *derecha de C,* se aplica en C una *fuerza cortante* **V'** *dirigida hacia arriba* y un *par flexionante* **M'** *dirigido en el sentido de las manecillas del reloj* [problema resuelto 7.2].

4. *Se escriben las ecuaciones de equilibrio para la porción de la viga que se ha seleccionado.* Se resuelve la ecuación $\Sigma F_y = 0$ para V y la ecuación $\Sigma M_C = 0$ para M.

5. *Se registran los valores de V y M con el signo obtenido para cada uno de éstos.* Un signo positivo para V significa que las fuerzas de corte ejercidas en C sobre cada una de las dos porciones de la viga están dirigidas tal y como se muestra en las figuras 7.8 y 7.9; un signo negativo significa que las fuerzas de corte tienen un sentido opuesto. Similarmente, un signo positivo para M significa que los pares flexionantes en C están dirigidos tal y como se muestra en las figuras y un signo negativo significa que los pares flexionantes tienen un sentido opuesto. Además, un signo positivo para M significa que la concavidad de la viga en el punto C está dirigida hacia arriba mientras que un signo negativo significa que dicha concavidad está dirigida hacia abajo.

(continúa)

B. Dibujo de los diagramas de fuerza cortante y momento flexionante para una viga. Estos diagramas se obtienen graficando, respectivamente, V y M contra la distancia x medida a lo largo de la viga. Sin embargo, en la mayoría de los casos, sólo se necesita calcular los valores de V y M en unos cuantos puntos.

1. Para una viga que soporta únicamente cargas concentradas, se observa que [problema resuelto 7.2]

   a. El diagrama de fuerza cortante consiste en segmentos de líneas horizontales. Por lo tanto, para dibujar el diagrama de fuerza cortante de la viga sólo se necesitará calcular el valor de V justo a la izquierda o justo a la derecha de los puntos donde están aplicadas las cargas o las reacciones.

   b. El diagrama de momento flexionante consiste de segmentos de líneas rectas oblicuas. Por lo tanto, para dibujar el diagrama de momento flexionante de la viga sólo se necesitará calcular el valor de M en los puntos donde están aplicadas las cargas o las reacciones.

2. Para una viga que soporta cargas uniformemente distribuidas, se debe señalar [problema resuelto 7.3] que bajo cada una de las cargas distribuidas se tiene lo siguiente:

   a. El diagrama de fuerza constante consiste de un segmento de una línea recta oblicua. Por lo tanto, únicamente se necesita calcular el valor de V donde empieza la carga distribuida y donde termina esta última.

   b. El diagrama de momento flexionante consiste de un arco de parábola. En la mayoría de los casos tan solo se necesita calcular el valor de M donde empieza la carga distribuida y donde termina esta última.

3. Para una viga con una carga más complicada, es necesario considerar el diagrama de cuerpo libre de una porción de la viga de longitud arbitraria x y determinar a V y a M como funciones de x. Es posible que se tenga que repetir este procedimiento varias veces puesto que usualmente V y M están representadas con diferentes funciones en distintas partes de la viga [problema resuelto 7.3].

4. Cuando se aplica un par a una viga, la fuerza cortante tiene el mismo valor en ambos lados del punto de aplicación del par pero el diagrama de momento flexionante presentará una discontinuidad en dicho punto, incrementándose o decayendo en una cantidad igual a la magnitud del par. Obsérvese que un par se puede aplicar directamente a la viga o puede resultar a partir de la aplicación de una carga sobre un elemento curvo que está unido rígidamente a la viga [problema resuelto 7.3].

Problemas

7.29 al 7.32 Para la viga y condiciones de carga mostradas en la figura, a) dibújense los diagramas de fuerza cortante y momento flexionante y b) determínense de los diagramas de fuerza cortante y momento flexionante los valores absolutos máximos.

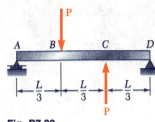
Fig. P7.29

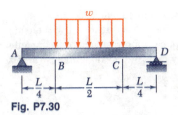
Fig. P7.30

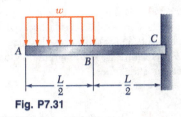
Fig. P7.31

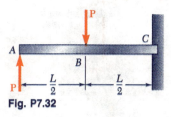
Fig. P7.32

7.33 y 7.34 Para la viga y condiciones de carga mostradas en la figura, a) dibújense los diagramas de fuerza cortante y momento flexionante y b) determínense de los diagramas de fuerza cortante y momento flexionante los valores absolutos máximos.

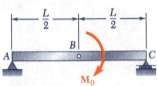

Fig. P7.33

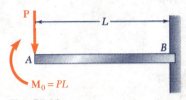
Fig. P7.34

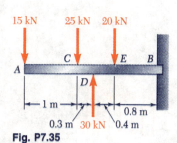
Fig. P7.35

7.35 y 7.36 Para la viga y condiciones de carga mostradas en la figura, a) dibújense los diagramas de fuerza cortante y momento flexionante y b) determínense de los diagramas de fuerza cortante y momento flexionante los valores absolutos máximos.

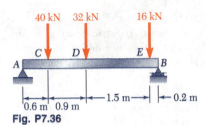
Fig. P7.36

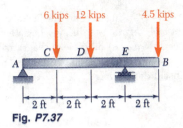
Fig. P7.37

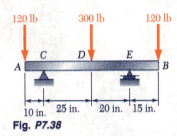
Fig. P7.38

7.37 y 7.38 Para la viga y condiciones de carga mostradas en la figura, a) dibújense los diagramas de fuerza cortante y momento flexionante y b) determínense de los diagramas de fuerza cortante y momento flexionante los valores absolutos máximos.

358 Fuerzas en vigas y cables

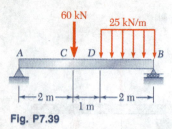
Fig. P7.39

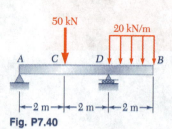
Fig. P7.40

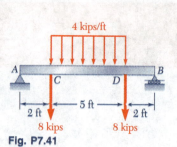
Fig. P7.41

7.39 al 7.42 Para la viga y condiciones de carga mostradas en la figura, a) dibújense los diagramas de fuerza cortante y momento flexionante y b) determínense de los diagramas de fuerza cortante y momento flexionante los valores absolutos máximos.

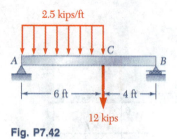
Fig. P7.42

7.43 Suponiendo que la reacción de la superficie sobre la viga AB que se muestra en la figura está dirigida hacia arriba y es uniformemente distribuida y sabiendo que $a = 0.3$ m, a) dibújense los diagramas de fuerza cortante y momento flexionante y b) determínense del diagrama de fuerza cortante y momento flexionante los valores absolutos máximos.

7.44 Resuélvase el problema 7.43, si se sabe que $a = 0.5$ m.

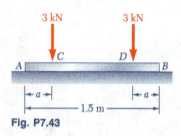
Fig. P7.43

7.45 y 7.46 Suponiendo que la reacción de la superficie sobre la viga AB que se muestra en la figura está dirigida hacia arriba y es uniformemente distribuida, a) dibújense los diagramas de fuerza cortante y momento flexionante y b) determínense de los diagramas de fuerza cortante y momento flexionante los valores absolutos máximos.

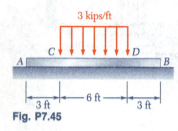
Fig. P7.45

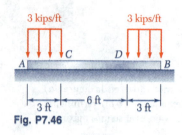
Fig. P7.46

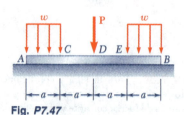
Fig. P7.47

7.47 Suponiendo que la reacción de la superficie sobre la viga AB que se muestra en la figura está dirigida hacia arriba y es uniformemente distribuida y si se sabe que $P = wa$, a) dibújese el diagrama de fuerza cortante y momento flexionante y b) determínense de los diagramas de fuerza cortante y momento flexionante los valores absolutos máximos.

7.48 Si se sabe que $P = 3wa$, resuélvase el problema 7.47.

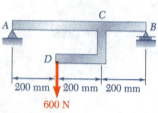
Fig. P7.49

7.49 Para la viga AB mostrada en la figura, dibújese el diagrama de fuerza cortante y momento flexionante y determínese la fuerza cortante y el momento flexionante a) justo a la izquierda de C y b) justo a la derecha de C.

7.50 Dos secciones pequeñas en canal DF y EH se soldan a la viga uniforme AB de peso $W = 3$ kN para formar el elemento estructural rígido mostrado en la figura. Este elemento es levantado mediante dos cables unidos en D y E. Sabiendo que $\theta = 30°$ y sin tomar en cuenta el peso de las dos secciones pequeñas en canal a) dibújense los diagramas de fuerza cortante y momento flexionante para la viga AB y b) determínense de los diagramas de fuerza cortante y momento flexionante los valores absolutos máximos.

7.51 Resuélvase el problema 7.50 para $\theta = 60°$.

7.52 al 7.54 Dibújense los diagramas de fuerza cortante y momento flexionante para la viga AB mostrada en la figura y determínense los valores absolutos máximos de estos diagramas.

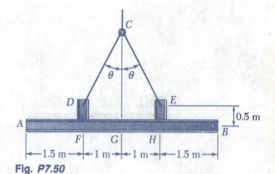

Fig. P7.50

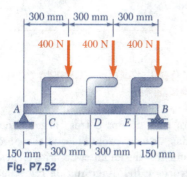

Fig. P7.52

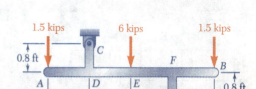

Fig. P7.53

7.55 Para el elemento estructural del problema 7.50, determínese a) el ángulo θ para el cual el valor absoluto máximo del momento flexionante en la viga AB sea lo más pequeño posible y b) el valor correspondiente de $|M|_{\text{máx}}$. (*Sugerencia.* Dibújese el diagrama de momento flexionante e igúalense los valores absolutos máximos positivos y negativos que se obtengan en el diagrama de momento flexionante.)

7.56 Para la viga del problema 7.43, determínese a) la distancia a para la cual el valor absoluto máximo del momento flexionante en la viga sea lo más pequeño posible y b) el valor correspondiente de $|M|_{\text{máx}}$. (Véase la sugerencia del problema 7.55.)

7.57 Para la viga mostrada en la figura, determínese a) la magnitud P de las dos fuerzas que actúan hacia arriba para las cuales el valor máximo del momento flexionante sea lo más pequeño posible y b) el valor correspondiente de $|M|_{\text{máx}}$. (Véase la sugerencia del problema 7.55.)

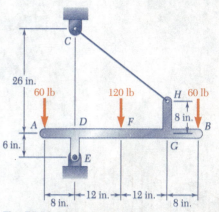

Fig. P7.54

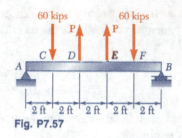

Fig. P7.57

7.58 Para la viga del problema 7.47, determínese a) la relación $k = P/wa$ para la cual el valor absoluto máximo del momento flexionante en la viga sea lo más pequeño posible y b) el valor correspondiente de $|M|_{\text{máx}}$. (Véase la sugerencia del problema 7.55.)

7.59 Para la viga y condiciones de carga mostradas en la figura, determínese a) la distancia a para la cual el valor absoluto máximo del momento flexionante en la viga sea lo más pequeño posible y b) el valor correspondiente de $|M|_{\text{máx}}$. (Véase la sugerencia del problema 7.55.)

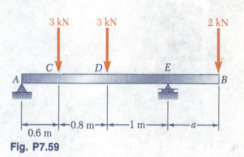

Fig. P7.59

7.60 Sabiendo que $P = Q = 150$ lb, determínese a) la distancia a para la cual el valor absoluto máximo del momento flexionante en la viga AB mostrada en la figura sea lo más pequeño posible y b) el valor correspondiente de $|M|_{máx}$. (Véase la sugerencia del problema 7.55.)

7.61 Resuélvase el problema 7.60, suponiendo que $P = 300$ lb y $Q = 150$ lb.

*7.62 Para reducir el momento flexionante de la viga en voladizo AB mostrada en la figura, un cable y un contrapeso están permanentemente fijos en el extremo B. Determínese la magnitud del contrapeso para el cual el valor absoluto máximo del momento flexionante en la viga sea lo más pequeño posible así como el valor correspondiente de $|M|_{máx}$. Considérese a) el caso cuando la carga distribuida está permanentemente aplicada sobre la viga y b) el caso más general cuando la carga distribuida puede aplicarse o removerse.

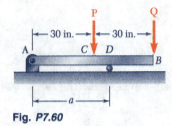
Fig. P7.60

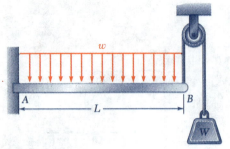
Fig. P7.62

*7.6. RELACIONES ENTRE CARGA, FUERZA CORTANTE Y MOMENTO FLEXIONANTE

Cuando una viga soporta más de dos o tres cargas concentradas o cuando soporta cargas distribuidas, es muy probable que el método para graficar las fuerzas cortantes y los momentos flexionantes descrito en la sección 7.5 se vuelva muy laborioso. La construcción del diagrama de fuerza cortante y, especialmente, la construcción del diagrama de momento flexionante, se simplificarán bastante si se toman en consideración ciertas relaciones que existen entre la carga, la fuerza cortante y el momento flexionante.

Considérese una viga simplemente apoyada AB que soporta una carga distribuida w por unidad de longitud (figura 7.11a) y permítase que C y C' sean dos puntos sobre la viga que están separados una distancia Δx entre sí. La fuerza cortante y el momento flexionante en C serán representados, respectivamente, con V y M y se supondrá que son positivas; la fuerza cortante y el momento flexionante en C' serán representados con $V + \Delta V$ y $M + \Delta M$.

Ahora, se separa la porción de viga CC' y se dibuja su diagrama de cuerpo libre (figura 7.11b). Las fuerzas ejercidas sobre el cuerpo libre incluyen una carga de magnitud $w \Delta x$, las fuerzas y los pares internos que actúan en C y C'. Como se ha supuesto que la fuerza cortante y el momento flexionante son positivos, las fuerzas y los pares estarán dirigidos tal y como se muestra en la figura.

Relaciones entre la carga y la fuerza cortante. Se escribe que la suma de las componentes verticales de las fuerzas que actúan sobre el cuerpo libre CC' es igual a cero:

$$V - (V + \Delta V) - w \Delta x = 0$$
$$\Delta V = -w \Delta x$$

Dividiendo ambos lados de la ecuación anterior entre Δx y permitiendo que Δx tienda a cero, se obtiene

$$\frac{dV}{dx} = -w \qquad (7.1)$$

La fórmula (7.1) indica que para una viga cargada de la forma mostrada en la figura 7.11a, la pendiente dV/dx de la curva de fuerza cortante es negativa; además, el valor numérico de la pendiente en cualquier punto es igual a la carga por unidad de longitud en dicho punto.

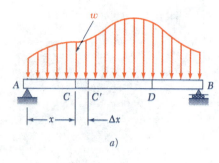

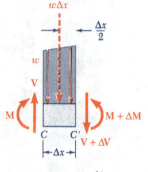
Fig. 7.11

Integrando la fórmula (7.1) entre los puntos C y D se obtiene

$$V_D - V_C = -\int_{x_C}^{x_D} w\, dx \qquad (7.2)$$

$$V_D - V_C = -(\text{área bajo la curva de carga entre } C \text{ y } D) \qquad (7.2')$$

Obsérvese que también se pudo haber obtenido este resultado considerando el equilibrio de la porción CD de la viga puesto que el área bajo la curva de carga representa la carga total aplicada entre C y D.

Se debe señalar que la fórmula (7.1) *no es válida* en un punto donde está aplicada una carga concentrada; como se vio en la sección 7.5, la curva de fuerza cortante es discontinua en dicho punto. Similarmente, las fórmulas (7.2) y (7.2') dejan de ser válidas cuando están aplicadas cargas concentradas entre C y D puesto que dichas fórmulas no toman en consideración el cambio brusco en la fuerza cortante ocasionado por una carga concentrada. Por lo tanto, las fórmulas (7.2) y (7.2') sólo deben ser aplicadas entre cargas concentradas sucesivas.

Relaciones entre la fuerza cortante y el momento flexionante. Regresando al diagrama de cuerpo libre de la figura 7.11b, ahora se escribe que la suma de los momentos con respecto de C' es igual a cero y se obtiene

$$(M + \Delta M) - M - V\Delta x + w\Delta x \frac{\Delta x}{2} = 0$$
$$\Delta M = V\Delta x - \tfrac{1}{2}w(\Delta x)^2$$

Dividiendo ambos lados de la ecuación anterior entre Δx y permitiendo que Δx tienda a cero, se obtiene que

$$\frac{dM}{dx} = V \qquad (7.3)$$

La fórmula (7.3) indica que la pendiente dM/dx de la curva de momento flexionante es igual al valor de la fuerza cortante. Esto es cierto en cualquier punto donde la fuerza cortante tenga un valor bien definido, esto es, en cualquier punto donde no esté aplicada una carga concentrada. Además, la fórmula (7.3) también muestra que la fuerza cortante es igual a cero en aquellos puntos donde el momento flexionante es máximo. Esta propiedad facilita la determinación de los puntos donde es más probable que la viga falle bajo flexión.

Integrando la fórmula (7.3) entre los puntos C y D, se obtiene

$$M_D - M_C = \int_{x_C}^{x_D} V\, dx \qquad (7.4)$$

$$M_D - M_C = \text{área bajo la curva de fuerza cortante entre } C \text{ y } D \qquad (7.4')$$

Obsérvese que se debe considerar que el área bajo la curva de fuerza cortante es positiva en aquellos lugares donde la fuerza cortante es positiva y que el área es negativa donde la fuerza cortante es negativa. Las fórmulas (7.4) y (7.4') son válidas incluso cuando están aplicadas cargas concentradas entre C y D siempre y cuando se haya dibujado correctamente la curva de fuerza cortante. Sin embargo, dichas fórmulas dejan de ser válidas si está aplicado un *par* en un punto localizado entre C y D puesto que las fórmulas en cuestión no toman en consideración el cambio brusco en el momento flexionante ocasionado por un par (véase problema resuelto 7.7).

Ejemplo. Considérese una viga simplemente apoyada AB que tiene un claro L y que está soportando una carga uniformemente distribuida w (figura 7.12a). A partir del diagrama de cuerpo libre para toda la viga se determina la magnitud de las reacciones en los apoyos $R_A = R_B = wL/2$ (figura 7.12b). Después, se dibuja el diagrama de fuerza cortante. Cerca del extremo A de la viga, la fuerza cortante es igual a R_A, esto es, igual a $wL/2$, como puede corroborarse considerando una porción muy pequeña de la viga como un cuerpo libre. Entonces, utilizando la fórmula (7.2) se puede determinar la fuerza cortante V a cualquier distancia x a partir de A. Así, se escribe

$$V - V_A = -\int_0^x w\,dx = -wx$$

$$V = V_A - wx = \frac{wL}{2} - wx = w\left(\frac{L}{2} - x\right)$$

Por lo tanto, la curva de fuerza cortante es una línea recta oblicua que cruza el eje x en $x = L/2$ (figura 7.12c). Ahora, considerando el momento flexionante, primero se observa que $M_A = 0$. Entonces, el valor M del momento flexionante a cualquier distancia x a partir de A se puede obtener a partir de la fórmula (7.4); así, se tiene que

$$M - M_A = \int_0^x V\,dx$$

$$M = \int_0^x w\left(\frac{L}{2} - x\right)dx = \frac{w}{2}(Lx - x^2)$$

La curva de momento flexionante es una parábola. El máximo valor del momento flexionante ocurre cuando $x = L/2$ puesto que V (y, por lo tanto, dM/dx) es igual a cero para dicho valor de x. Sustituyendo $x = L/2$ en la última ecuación, se obtiene $M_{\text{máx}} = wL^2/8$.

En la mayoría de las aplicaciones ingenieriles sólo se necesita conocer el valor del momento flexionante en unos cuantos puntos específicos. Entonces, una vez que se ha dibujado el diagrama de fuerza cortante y después de que se ha determinado el valor de M en uno de los extremos de la viga, se puede obtener el valor del momento flexionante en cualquier punto, calculando el área bajo la curva de fuerza cortante y utilizando la fórmula (7.4'). Por ejemplo, como $M_A = 0$ para la viga de la figura 7.12, el máximo valor del momento flexionante para la viga se puede obtener simplemente midiendo el área del triángulo sombreado en el diagrama de fuerza cortante:

$$M_{\text{máx}} = \frac{1}{2}\frac{L}{2}\frac{wL}{2} = \frac{wL^2}{8}$$

En este ejemplo, la curva de carga es una línea recta horizontal, la curva de fuerza cortante es una línea recta oblicua y la curva de momento flexionante es una parábola. Si la curva de carga hubiera sido una línea recta oblicua (polinomio de primer grado), la curva de fuerza cortante habría sido una parábola (polinomio de segundo grado) y la curva de momento flexionante hubiera sido cúbica (polinomio de tercer grado). Las curvas de fuerza cortante y momento flexionante siempre serán, respectivamente, uno y dos grados mayores que la curva de carga. Por lo tanto, una vez que se han calculado unos cuantos valores de la fuerza cortante y del momento flexionante, se deberán poder bosquejar los diagramas de fuerza cortante y momento flexionante sin tener que llegar a determinar las funciones $V(x)$ y $M(x)$. Los bosquejos obtenidos serán más precisos si se hace uso del hecho de que en cualquier punto donde las curvas son continuas, la pendiente de la curva de fuerza cortante es igual a $-w$ y la pendiente de la curva de momento flexionante es igual a V.

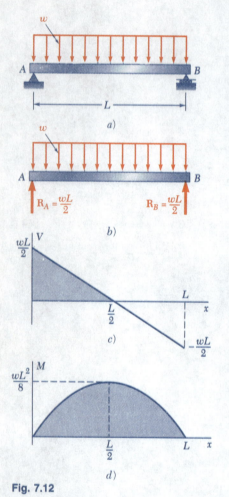

Fig. 7.12

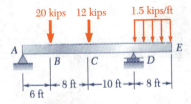

PROBLEMA RESUELTO 7.4

Dibújense los diagramas de fuerza cortante y momento flexionante para la viga y las condiciones de carga mostradas en la figura.

SOLUCIÓN

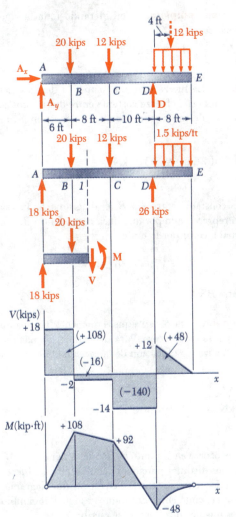

Diagrama de cuerpo libre: viga completa. Considerando a toda la viga como un cuerpo libre, se determinan las reacciones:

$+\Sigma\curvearrowleft M_A = 0$:
$$D(24 \text{ ft}) - (20 \text{ kips})(6 \text{ ft}) - (12 \text{ kips})(14 \text{ ft}) - (12 \text{ kips})(28 \text{ ft}) = 0$$
$$D = +26 \text{ kips} \qquad \mathbf{D} = 26 \text{ kips} \uparrow$$

$+\uparrow\Sigma F_y = 0$: $\quad A_y - 20 \text{ kips} - 12 \text{ kips} + 26 \text{ kips} - 12 \text{ kips} = 0$
$$A_y = +18 \text{ kips} \qquad \mathbf{A}_y = 18 \text{ kips} \uparrow$$

$\xrightarrow{+}\Sigma F_x = 0$: $\quad A_x = 0 \qquad \mathbf{A}_x = 0$

También se debe señalar que tanto en A como en E el momento flexionante es igual a cero; por lo tanto, se obtienen dos puntos (indicados por medio de pequeños círculos) del diagrama de momento flexionante.

Diagrama de fuerza cortante. Como $dV/dx = -w$, se encuentra que la pendiente del diagrama de fuerza cortante es igual a cero (esto es, que la fuerza cortante es constante) entre cargas concentradas y reacciones. La fuerza cortante en cualquier punto se determina dividiendo la viga en dos partes y considerando a cualquiera de dichas partes como un cuerpo libre. Por ejemplo, utilizando la porción de la viga que está a la izquierda de la sección *1*, se obtiene la fuerza cortante entre B y C:

$+\uparrow\Sigma F_y = 0$: $\quad +18 \text{ kips} - 20 \text{ kips} - V = 0 \qquad V = -2 \text{ kips}$

Además, también se encuentra que la fuerza cortante es igual a $+12$ kips justo a la derecha del punto D y que la fuerza cortante es igual a cero en el extremo E. Como la pendiente $dV/dx = -w$ es constante entre D y E, el diagrama de fuerza cortante es una línea recta entre estos dos puntos.

Diagrama de momento flexionante. Se recuerda que el área bajo la curva de fuerza cortante entre dos puntos es igual al cambio en el momento flexionante entre esos mismos dos puntos. Por conveniencia, se calcula el área de cada porción del diagrama de fuerza cortante y se indica el valor obtenido en ese mismo diagrama. Como se sabe que el momento flexionante M_A en el extremo izquierdo es igual a cero, se escribe

$$\begin{array}{ll} M_B - M_A = +108 & M_B = +108 \text{ kip}\cdot\text{ft} \\ M_C - M_B = -16 & M_C = +92 \text{ kip}\cdot\text{ft} \\ M_D - M_C = -140 & M_D = -48 \text{ kip}\cdot\text{ft} \\ M_E - M_D = +48 & M_E = 0 \end{array}$$

Como se sabe que M_E es igual a cero, se obtiene una comprobación de los cálculos realizados.

Entre las cargas concentradas y reacciones la fuerza cortante es constante; por lo tanto, la pendiente dM/dx es constante y se dibuja el diagrama de momento flexionante conectando los puntos conocidos con líneas rectas. Entre D y E, donde el diagrama de fuerza cortante es una línea recta oblicua, el diagrama de momento flexionante es una parábola.

A partir de los diagramas para V y M se observa que $V_{\text{máx}} = 18$ kips y $M_{\text{máx}} = 108$ kip $\cdot$ ft.

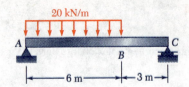

PROBLEMA RESUELTO 7.5

Dibújense los diagramas de fuerza cortante y momento flexionante para la viga y las condiciones de carga mostradas en la figura y determínese la ubicación y la magnitud del momento flexionante máximo.

SOLUCIÓN

Diagrama de cuerpo libre: viga completa. Considerando toda la viga como un cuerpo libre, se obtienen las reacciones

$$\mathbf{R}_A = 80 \text{ kN} \uparrow \qquad \mathbf{R}_C = 40 \text{ kN} \uparrow$$

Diagrama de fuerza cortante. La fuerza cortante justo a la derecha del punto A es $V_A = +80$ kN. Como el cambio en la fuerza cortante entre dos puntos es igual al *negativo* del área bajo la curva de carga entre los mismos dos puntos, se obtiene V_B escribiendo

$$V_B - V_A = -(20 \text{ kN/m})(6 \text{ m}) = -120 \text{ kN}$$
$$V_B = -120 + V_A = -120 + 80 = -40 \text{ kN}$$

Como la pendiente $dV/dx = -w$ es constante entre A y B, el diagrama de fuerza cortante entre estos dos puntos está representado por una línea recta. Entre B y C, el área bajo la curva de carga es igual a cero; por lo tanto,

$$V_C - V_B = 0 \qquad V_C = V_B = -40 \text{ kN}$$

y la fuerza cortante es constante entre B y C.

Diagrama de momento flexionante. Se observa que el momento flexionante en cada uno de los extremos de la viga es igual a cero. Para determinar el máximo momento flexionante, se tiene que localizar la ubicación de la sección D de la viga donde $V = 0$. Así, se escribe

$$V_D - V_A = -wx$$
$$0 - 80 \text{ kN} = -(20 \text{ kN/m})x$$

y, resolviendo para x: $\qquad x = 4 \text{ m}$ ◀

El máximo momento flexionante ocurre en el punto D, donde se tiene que $dM/dx = V = 0$. Se calculan las áreas de las distintas porciones del diagrama de fuerza cortante y se indican los valores obtenidos (entre paréntesis) en ese mismo diagrama. Como el área del diagrama de fuerza cortante entre dos puntos es igual al cambio en el momento flexionante entre esos mismos dos puntos, se escribe

$$M_D - M_A = +160 \text{ kN} \cdot \text{m} \qquad M_D = +160 \text{ kN} \cdot \text{m}$$
$$M_B - M_D = -40 \text{ kN} \cdot \text{m} \qquad M_B = +120 \text{ kN} \cdot \text{m}$$
$$M_C - M_B = -120 \text{ kN} \cdot \text{m} \qquad M_C = 0$$

El diagrama de momento flexionante consta de un arco de parábola seguido por un segmento de línea recta; la pendiente de la parábola en A es igual al valor de V en dicho punto.

El máximo momento flexionante es igual a

$$M_{\text{máx}} = M_D = +160 \text{ kN} \cdot \text{m} \quad ◀$$

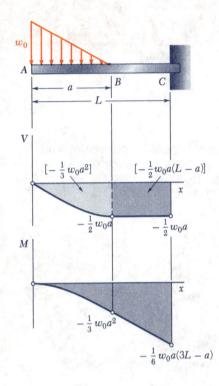

PROBLEMA RESUELTO 7.6

Bosquéjense los diagramas de fuerza cortante y momento flexionante para la viga en voladizo mostrada en la figura.

SOLUCIÓN

Diagrama de fuerza cortante. Se encuentra que en el extremo libre de la viga, $V_A = 0$. Por otra parte, entre A y B, el área bajo la curva de carga es igual a $\frac{1}{2}w_0 a$. Con la información anterior, se encuentra el valor de V_B escribiendo

$$V_B - V_A = -\tfrac{1}{2}w_0 a \qquad V_B = -\tfrac{1}{2}w_0 a$$

Entre B y C, la viga no soporta ninguna carga externa; por lo tanto, $V_C = V_B$. En A, se tiene que $w = w_0$ y de acuerdo con la ecuación (7.1), la pendiente de la curva de fuerza cortante está dada por $dV/dx = -w_0$, mientras que en B la pendiente es $dV/dx = 0$. Entre A y B, la carga decrece linealmente y el diagrama de fuerza cortante es parabólico. Entre B y C, $w = 0$ y el diagrama de fuerza cortante es una línea horizontal.

Diagrama de momento flexionante. Se observa que en el extremo libre de la viga $M_A = 0$. Se calcula el área bajo la curva de fuerza cortante y se escribe

$$M_B - M_A = -\tfrac{1}{3}w_0 a^2 \qquad M_B = -\tfrac{1}{3}w_0 a^2$$
$$M_C - M_B = -\tfrac{1}{2}w_0 a(L-a)$$
$$M_C = -\tfrac{1}{6}w_0 a(3L - a)$$

El bosquejo del diagrama de momento flexionante se completa recordando que $dM/dx = V$. Se encuentra que entre A y B el diagrama está representado por una curva cúbica con pendiente cero en A, y entre B y C está representado con una línea recta.

PROBLEMA RESUELTO 7.7

Sobre la viga simplemente apoyada AC actúa un par de magnitud T que está aplicado en el punto B. Dibújense los diagramas de fuerza cortante y momento flexionante para la viga.

SOLUCIÓN

Diagrama de cuerpo libre: viga completa. Se toma toda la viga como un cuerpo libre y se obtiene

$$\mathbf{R}_A = \frac{T}{L} \uparrow \qquad \mathbf{R}_C = \frac{T}{L} \downarrow$$

Diagramas de fuerza cortante y momento flexionante. La fuerza cortante en cualquier sección es constante e igual a T/L. Como el par está aplicado en B, el diagrama de momento flexionante es discontinuo en dicho punto; así, el momento flexionante decrece bruscamente en una cantidad igual a T.

365

PROBLEMAS PARA RESOLVER EN FORMA INDEPENDIENTE

En esta lección se aprendió como utilizar las relaciones que existen entre la carga, la fuerza cortante y el momento flexionante para simplificar la tarea de dibujar los diagramas de fuerza cortante y momento flexionante. Dichas relaciones son

$$\frac{dV}{dx} = -w \tag{7.1}$$

$$\frac{dM}{dx} = V \tag{7.3}$$

$$V_D - V_C = -(\text{área bajo la curva de carga entre } C \text{ y } D) \tag{7.2'}$$

$$M_D - M_C = (\text{área bajo la curva de fuerza cortante entre } C \text{ y } D) \tag{7.4'}$$

Tomando en cuenta las relaciones anteriores, se puede utilizar el siguiente procedimiento para dibujar los diagramas de fuerza cortante y momento flexionante para una viga.

1. Se dibuja un diagrama de cuerpo libre para toda la viga y se utiliza para determinar las reacciones en los apoyos de la viga.

2. Se dibuja el diagrama de fuerza cortante. Al igual que en la lección anterior, esto se puede llevar a cabo cortando la viga en varios puntos y considerando el diagrama de cuerpo libre de una de las dos porciones de la viga que se obtienen de esta forma [problema resuelto 7.3]. Sin embargo, se puede considerar uno de los siguientes procedimientos alternativos.

a. La fuerza cortante V en cualquier punto de la viga es igual a la suma de las reacciones y de las cargas que se encuentran a la izquierda de dicho punto; una fuerza que actúa hacia arriba se considera como positiva y una fuerza que actúa hacia abajo se considera como negativa.

b. Para una viga que soporta una carga distribuida, se puede comenzar a partir de un punto donde se conoce el valor de V y utilizar repetidamente la ecuación (7.2') para encontrar el valor de V en todos los demás puntos de interés.

3. Se dibuja el diagrama de momento flexionante utilizando el siguiente procedimiento.

a. Se calcula el área bajo cada porción de la curva de fuerza cortante, asignándole un signo positivo a las áreas localizadas por encima del eje x y un signo negativo a las áreas localizadas por debajo del eje x.

b. Se aplica repetidamente la ecuación (7.4') [problemas resueltos 7.4 y 7.5], comenzando a partir del extremo izquierdo de la viga, donde $M = 0$ (excepto si está aplicado un par en ese extremo o si la viga es una viga en voladizo con su extremo izquierdo fijo).

c. Donde está aplicado un par sobre la viga, se debe tener cuidado de mostrar una discontinuidad en el diagrama de momento flexionante, *incrementando* el valor de M en dicho punto en una cantidad igual a la magnitud del par, si este último tiene un sentido *a favor de las manecillas del reloj*, o *disminuyendo* el valor de M en una cantidad igual a la magnitud del par, si este último tiene un sentido *contrario al movimiento de las manecillas del reloj* [problema resuelto 7.7].

4. Se determina la ubicación y la magnitud de $|M|_{máx}$. El máximo valor absoluto del momento flexionante ocurre en uno de los puntos donde $dM/dx = 0$, esto es, de acuerdo con la ecuación (7.3), en un punto donde V es igual a cero o cambia de signo. Por lo tanto, se tiene que:

a. Se determina a partir del diagrama de fuerza cortante el valor de $|M|$ donde V cambia de signo; esto ocurrirá en los puntos donde actúan cargas concentradas [problema resuelto 7.4].

b. Se determinan los puntos donde $V = 0$ y los valores correspondientes de $|M|$; esto ocurrirá bajo una carga distribuida. Para encontrar la distancia x entre el punto C, donde empieza la carga distribuida y un punto D, donde la fuerza cortante es igual a cero, se emplea la ecuación (7.2'); aquí, para V_C se usa el valor conocido de la fuerza cortante en el punto C, para V_D se usa el valor de cero y se expresa el área bajo la curva de carga como una función de x [problema resuelto 7.5].

5. Se puede mejorar la calidad de los dibujos de los diagramas recordando que, de acuerdo con las ecuaciones (7.1) y (7.3), en cualquier punto dado, la pendiente de la curva V es igual a $-w$ y la pendiente de la curva M es igual a V.

6. Finalmente, para vigas que soportan una carga distribuida que está expresada como una función $w(x)$, se debe recordar que la fuerza cortante V puede obtenerse integrando la función $-w(x)$ y el momento flexionante M puede obtenerse integrando $V(x)$ [ecuaciones (7.3) y (7.4)].

Problemas

7.63 Usando el método de la sección 7.6, resuélvase el problema 7.29.

7.64 Usando el método de la sección 7.6, resuélvase el problema 7.30.

7.65 Usando el método de la sección 7.6, resuélvase el problema 7.31.

7.66 Usando el método de la sección 7.6, resuélvase el problema 7.32.

7.67 Usando el método de la sección 7.6, resuélvase el problema 7.33.

7.68 Usando el método de la sección 7.6, resuélvase el problema 7.34.

7.69 y 7.70 Para la viga y condiciones de carga mostradas en la figura a) dibújense los diagramas de fuerza cortante y momento flexionante y b) determínense de los diagramas de fuerza cortante y momento flexionante los valores absolutos máximos.

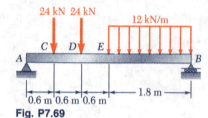
Fig. P7.69

7.71 Usando el método de la sección 7.6, resuélvase el problema 7.41.

7.72 Usando el método de la sección 7.6, resuélvase el problema 7.42.

7.73 Usando el método de la sección 7.6, resuélvase el problema 7.39.

7.74 Usando el método de la sección 7.6, resuélvase el problema 7.40.

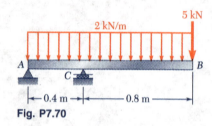
Fig. P7.70

7.75 y 7.76 Para la viga y condiciones de carga mostradas en la figura a) dibújense los diagramas de fuerza cortante y momento flexionante y b) determínense de los diagramas de fuerza cortante y momento flexionante los valores absolutos máximos.

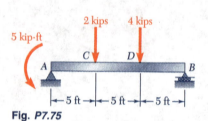
Fig. P7.75

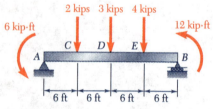
Fig. P7.76

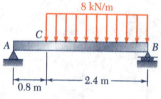
Fig. P7.77

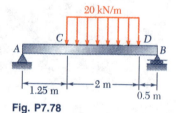
Fig. P7.78

7.77 y 7.78 Para la viga y las condiciones de carga mostradas en la figura a) dibújense los diagramas de fuerza cortante y momento flexionante y b) determínese la magnitud y la localización del momento flexionante máximo.

7.79 Para la viga mostrada en la figura, dibújense los diagramas de fuerza cortante y momento flexionante y determínese la magnitud y localización del valor absoluto máximo del momento flexionante, si se sabe que a) $P = 6$ kips y b) $P = 3$ kips.

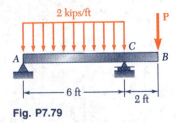

Fig. P7.79

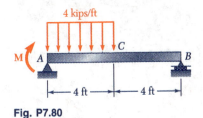

Fig. P7.80

7.80 Para la viga mostrada en la figura, dibújense los diagramas de fuerza cortante y momento flexionante y determínese la magnitud y localización del valor absoluto máximo del momento flexionante, si se sabe que a) $M = 0$ y b) $M = 24$ kip · ft.

7.81 Para la viga y las condiciones de carga mostradas en la figura a) dibújense los diagramas de fuerza cortante y momento flexionante y b) determínese la magnitud y localización del valor absoluto máximo del momento flexionante.

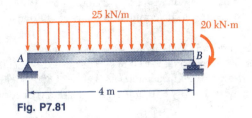

Fig. P7.81

7.82 Resuélvase el problema 7.81, suponiendo que el par de 20 kN · m aplicado en B tiene un sentido contrario al del movimiento de las manecillas del reloj.

7.83 a) Dibújense para la viga AB mostrada en la figura, los diagramas de fuerza cortante y momento flexionante y b) determínese la magnitud y localización del valor absoluto máximo del momento flexionante.

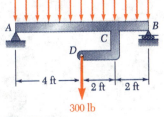

Fig. P7.83

7.84 Resuélvase el problema 7.83, suponiendo que la fuerza de 300 lb aplicada en D está dirigida hacia arriba.

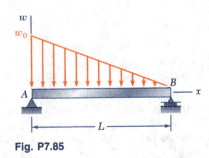

Fig. P7.85

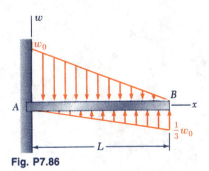

Fig. P7.86

7.85 y 7.86 Para la viga y las condiciones de carga mostradas en la figura a) escríbanse las ecuaciones para las curvas de fuerza cortante y momento flexionante y b) determínese la magnitud y localización del momento flexionante máximo.

7.87 Para la viga y condiciones de carga mostradas en la figura a) escríbanse las ecuaciones para las curvas de fuerza cortante y momento flexionante y b) determínese el momento flexionante máximo.

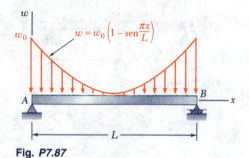

Fig. P7.87

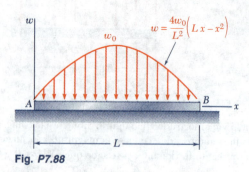

Fig. P7.88

7.88 La viga AB descansa sobre el suelo y sostiene la carga parabólica mostrada en la figura. Suponiendo que las reacciones del suelo son uniformemente distribuidas y dirigidas hacia arriba a) escríbanse las ecuaciones para las curvas de fuerza cortante y momento flexionante y b) determínese el momento flexionante máximo.

7.89 La viga AB mostrada en la figura se somete a una carga uniformemente distribuida y a dos fuerzas desconocidas **P** y **Q**. Si se sabe que experimentalmente se ha calculado que el valor del momento flexionante en D es de $+800$ N · m y en E es de $+1300$ N · m, determínese a) **P** y **Q** y b) dibújense los diagramas de fuerza cortante y momento flexionante de la viga.

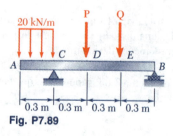

Fig. P7.89

7.90 Resuélvase el problema 7.89, suponiendo que el valor calculado del momento flexionante en D es de $+650$ N · m y de $+1450$ N · m en E.

*7.91 La viga AB mostrada en la figura se somete a una carga uniformemente distribuida y a dos fuerzas desconocidas **P** y **Q**. Si se sabe que experimentalmente se ha calculado que el valor del momento flexionante en D es de $+6.10$ kip · ft y en E es de $+5.50$ kip · ft, a) determínense **P** y **Q** y b) dibújense los diagramas de fuerza cortante y momento flexionante de la viga.

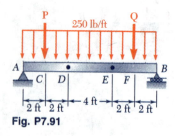

Fig. P7.91

*7.92 Resuélvase el problema 7.91, suponiendo que el valor calculado del momento flexionante en D es de $+5.96$ kip · ft y de $+6.84$ kip · ft en E.

CABLES

*7.7. CABLES CON CARGAS CONCENTRADAS

Los cables se utilizan en muchas aplicaciones ingenieriles tales como puentes colgantes, líneas de transmisión, teleféricos, contravientos para torres altas, etc. Los cables pueden dividirse en dos categorías de acuerdo con las cargas que actúan sobre estos 1) cables que soportan cargas concentradas y 2) cables que soportan cargas distribuidas. En esta sección se examinarán los cables de la primera categoría.

Considérese un cable unido a dos puntos fijos A y B y que soporta n cargas concentradas verticales $\mathbf{P}_1, \mathbf{P}_2, \ldots, \mathbf{P}_n$ (figura 7.13a). Se supone que el cable es *flexible*, esto es, que su resistencia a la flexión es pequeña y puede despreciarse. Además, también se supone que el *peso del cable es susceptible de ser ignorado* en comparación con las cargas que soporta. Por lo tanto, cualquier porción del cable entre dos cargas consecutivas se puede considerar como un elemento sometido a la acción de dos fuerzas y, por consiguiente, las fuerzas internas en cualquier punto del cable se reducen a una *fuerza de tensión dirigida a lo largo del cable*.

Se supone que cada una de las cargas se encuentra en una línea vertical dada, esto es, que la distancia horizontal desde el apoyo A hasta cada una de las cargas es conocida; además, también se supone que las distancias horizontal y vertical entre los apoyos son conocidas. Se desea determinar la forma del cable, esto es, la distancia vertical desde el apoyo A hasta cada uno de los puntos $C_1, C_2, \ldots, C_n$ y también se desea encontrar la tensión T en cada una de las porciones del cable.

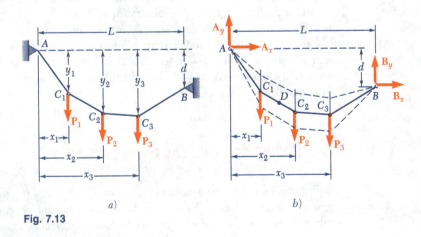

Fig. 7.13

Primero se dibuja un diagrama de cuerpo libre para todo el cable (figura 7.13b). Como la pendiente de las porciones del cable unidas en A y B no es conocida, cada una de las reacciones en A y B deben representarse con dos componentes. Por lo tanto, están involucradas cuatro incógnitas y las tres ecuaciones de equilibrio que se tienen disponibles no son suficientes para determinar las reacciones en A y B.† Por lo tanto, se debe obtener una ecuación adicional considerando el equilibrio de una porción del cable. Lo anterior es posible si se

---

†Obviamente, el cable no es un cuerpo rígido; por lo tanto, las ecuaciones de equilibrio representan *condiciones necesarias pero no suficientes* (véase la sección 6.11).

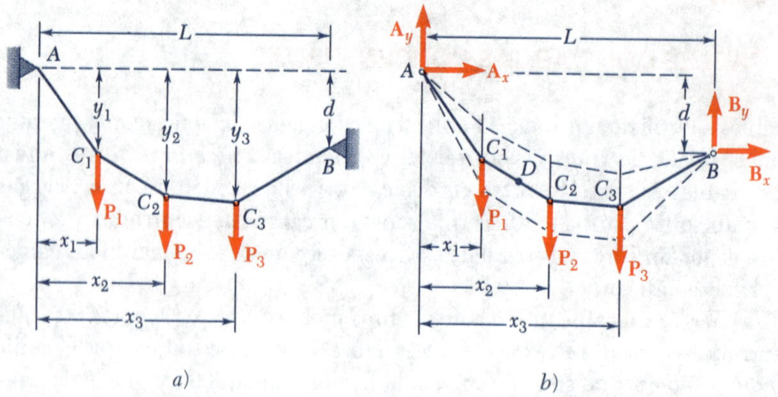

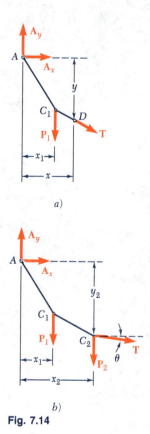

Fig. 7.14

Fig. 7.13 (*repetida*)

conocen las coordenadas x y y de un punto D del cable. Dibujando el diagrama de cuerpo libre de la porción AD del cable (figura 7.14a) y escribiendo $\Sigma M_D = 0$, se obtiene una relación adicional entre las componentes escalares A_x y A_y y se pueden determinar las reacciones en A y B. Sin embargo, el problema continuaría siendo indeterminado si no se conocieran las coordenadas de D, a menos que se proporcionara otra relación entre A_x y A_y (o entre B_x y B_y). Como se indica por medio de las líneas discontinuas en la figura 7.13b, el cable podría colgar en cualquiera de varias formas posibles.

Una vez que se han determinado A_x y A_y, se puede encontrar fácilmente la distancia vertical desde A hasta cualquier punto del cable. Por ejemplo, considerando el punto C_2, se dibuja el diagrama de cuerpo libre de la porción AC_2 del cable (figura 7.14b). Escribiendo $\Sigma M_{C_2} = 0$, se obtiene una ecuación que puede resolverse para y_2. Escribiendo $\Sigma F_x = 0$ y $\Sigma F_y = 0$, se obtienen las componentes de la fuerza $\mathbf{T}$ que representa la tensión en la porción del cable que está a la derecha de C_2. Se observa que $T \cos \theta = -A_x$; por lo tanto, *la componente horizontal de la fuerza de tensión siempre es la misma en cualquier punto del cable*. Se concluye que la tensión T es máxima donde $\cos \theta$ es mínimo, esto es, en la porción del cable que tiene el mayor ángulo de inclinación θ. Obviamente, dicha porción del cable debe ser adyacente a uno de los dos apoyos del cable.

*7.8. CABLES CON CARGAS DISTRIBUIDAS

Considérese un cable que está unido a dos puntos fijos A y B y que soporta una *carga distribuida* (figura 7.15a). En la sección anterior se vio que, para un cable que soporta cargas concentradas, la fuerza interna en cualquier punto es una fuerza de tensión dirigida a lo largo del cable. En el caso de un cable que soporta una carga distribuida, éste cuelga tomando la forma de una curva y la fuerza interna en un punto D es una fuerza de tensión $\mathbf{T}$ *dirigida a lo largo de la tangente de la curva*. En esta sección, se aprenderá a determinar la tensión en cualquier punto de un cable que soporta una carga distribuida dada. En las secciones siguientes, se determinará la forma que adopta el cable para dos tipos particulares de cargas distribuidas.

Considerando el caso más general de carga distribuida, se dibuja el diagrama de cuerpo libre de la porción del cable que se extiende desde el punto más bajo C hasta un punto dado D del cable (figura 7.15b). Las fuerzas que actúan sobre el cuerpo libre son la fuerza de tensión $\mathbf{T}_0$ en C, la cual es horizontal, la fuerza de tensión $\mathbf{T}$ en D, la cual está dirigida a lo largo de la tangente al cable

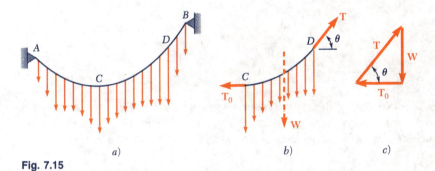

Fig. 7.15

en D y la resultante $\mathbf{W}$ de la fuerza distribuida, soportada por la porción CD del cable. Dibujando el triángulo de fuerzas correspondiente (figura 7.15c), se obtienen las siguientes relaciones:

$$T \cos \theta = T_0 \qquad T \operatorname{sen} \theta = W \tag{7.5}$$

$$T = \sqrt{T_0^2 + W^2} \qquad \tan \theta = \frac{W}{T_0} \tag{7.6}$$

A partir de las relaciones (7.5), resulta evidente que la componente horizontal de la fuerza de tensión $\mathbf{T}$ es la misma en cualquier punto y que la componente vertical de $\mathbf{T}$ es igual a la magnitud W de la carga medida a partir del punto más bajo. Las relaciones (7.6) muestran que la tensión T es mínima en el punto más bajo y máxima en uno de los dos puntos de apoyo.

*7.9. CABLE PARABÓLICO

Ahora, supóngase que el cable AB soporta una carga *uniformemente distribuida a lo largo de la horizontal* (figura 7.16a). Se puede suponer que los cables de los puentes colgantes están cargados de esta forma puesto que el peso del cable es pequeño en comparación con el peso de la calzada. La carga por unidad de longitud (*medida horizontalmente*) se representa con w y se expresa en N/m o en lb/ft. Seleccionando ejes coordenados con su origen en el punto más bajo C del cable, se encuentra que la magnitud W de la carga total soportada por la porción del cable que se extiende desde C hasta el punto D de coordenadas x y y está dada por $W = wx$. De esta forma, las relaciones (7.6) que definen la magnitud y la dirección de la fuerza en D, se convierten en

$$T = \sqrt{T_0^2 + w^2 x^2} \qquad \tan \theta = \frac{wx}{T_0} \tag{7.7}$$

Además, la distancia desde D hasta la línea de acción de la resultante $\mathbf{W}$ es igual a la mitad de la distancia horizontal que hay desde C hasta D (figura 7.16b). Sumando momentos con respecto a D, se escribe

$+\curvearrowleft \Sigma M_D = 0:$ $\qquad wx\dfrac{x}{2} - T_0 y = 0$

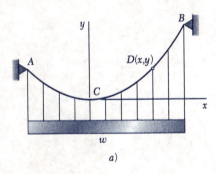

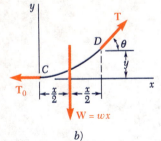

Fig. 7.16

y, resolviendo para y, se obtiene

$$y = \frac{wx^2}{2T_0} \tag{7.8}$$

Esta es la ecuación de una *parábola* con un eje vertical y con su vértice en el origen del sistema de coordenadas. Por lo tanto, la curva formada por cables que están cargados uniformemente a lo largo de la horizontal es una parábola.†

Cuando los apoyos A y B del cable tienen la misma elevación, la distancia L entre los apoyos se conoce como el *claro* del cable y la distancia vertical h desde los apoyos hasta el punto más bajo se denomina la *flecha* del cable (figura 7.17a). Si se conocen el claro y la flecha de un cable y si la carga por unidad de longitud horizontal w está dada, se puede encontrar la tensión mínima T_0 sustituyendo $x = L/2$ y $y = h$ en la ecuación (7.8). Entonces, las ecuaciones (7.7) proporcionarán la tensión y la pendiente en cualquier punto del cable y la ecuación (7.8) definirá la forma del cable.

Cuando los apoyos tienen elevaciones diferentes, no se conoce la posición del punto más bajo del cable y se deben determinar las coordenadas x_A, y_A y x_B, y_B de los apoyos. Para tal fin, se expresa que las coordenadas de A y B satisfacen la ecuación (7.8) y que $x_B - x_A = L$ y $y_B - y_A = d$, donde L y d representan, respectivamente, las distancias horizontal y vertical entre los dos apoyos (figura 7.17b y c).

La longitud del cable desde su punto más bajo C hasta su apoyo B se puede obtener a partir de la fórmula

$$s_B = \int_0^{x_B} \sqrt{1 + \left(\frac{dy}{dx}\right)^2}\, dx \tag{7.9}$$

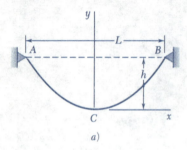
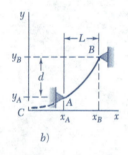
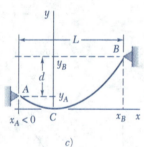

Fig. 7.17

Diferenciando la ecuación (7.8) se obtiene la derivada $dy/dx = wx/T_0$; sustituyendo este resultado en la ecuación (7.9) y utilizando el teorema del binomio para expandir el radical en una serie infinita, se obtiene

$$s_B = \int_0^{x_B} \sqrt{1 + \frac{w^2 x^2}{T_0^2}}\, dx = \int_0^{x_B} \left(1 + \frac{w^2 x^2}{2T_0^2} - \frac{w^4 x^4}{8T_0^4} + \cdots\right) dx$$

$$s_B = x_B\left(1 + \frac{w^2 x_B^2}{6T_0^2} - \frac{w^4 x_B^4}{40T_0^4} + \cdots\right)$$

y, como $wx_B^2/2T_0 = y_B$,

$$s_B = x_B\left[1 + \frac{2}{3}\left(\frac{y_B}{x_B}\right)^2 - \frac{2}{5}\left(\frac{y_B}{x_B}\right)^4 + \cdots\right] \tag{7.10}$$

La serie converge para valores de la relación y_B/x_B menores que 0.5; en la mayoría de los casos, dicha relación es mucho menor y sólo se necesita calcular los dos primeros términos de la serie.

†Los cables que cuelgan bajo la acción de su propio peso no están cargados uniformemente a lo largo de la horizontal y, por lo tanto, no forman una parábola. Sin embargo, cuando el cable está lo suficientemente tenso, el error que se introduce al suponer una forma parabólica para cables que cuelgan bajo la acción de su propio peso es pequeño. En la siguiente sección se presentará una discusión completa sobre cables que cuelgan bajo la acción de su propio peso.

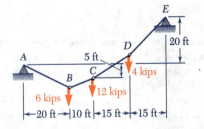

PROBLEMA RESUELTO 7.8

El cable AE soporta tres cargas verticales en los puntos indicados. Si el punto C está a 5 ft por debajo del apoyo izquierdo, determínese a) la elevación de los puntos B y D y b) la pendiente máxima y la tensión máxima en el cable.

SOLUCIÓN

Reacciones en los apoyos. Las componentes de reacción A_x y A_y se determinan de la siguiente forma:

Diagrama de cuerpo libre: todo el cable

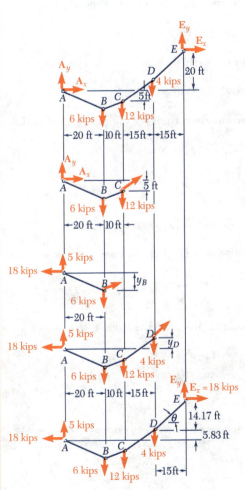

$+\circlearrowleft \Sigma M_E = 0$:
$A_x(20\text{ ft}) - A_y(60\text{ ft}) + (6\text{ kips})(40\text{ ft}) + (12\text{ kips})(30\text{ ft}) + (4\text{ kips})(15\text{ ft}) = 0$
$\qquad 20A_x - 60A_y + 660 = 0$

Cuerpo libre: ABC

$+\circlearrowleft \Sigma M_C = 0$: $\quad -A_x(5\text{ ft}) - A_y(30\text{ ft}) + (6\text{ kips})(10\text{ ft}) = 0$
$\qquad -5A_x - 30A_y + 60 = 0$

Resolviendo simultáneamente las dos ecuaciones, se obtiene

$$A_x = -18\text{ kips} \qquad \mathbf{A}_x = 18\text{ kips} \leftarrow$$
$$A_y = +5\text{ kips} \qquad \mathbf{A}_y = 5\text{ kips} \uparrow$$

a. Elevación de los puntos B y D.
Cuerpo libre: AB. Considerando la porción AB del cable como un cuerpo libre, se escribe

$+\circlearrowleft \Sigma M_B = 0$: $\quad (18\text{ kips})y_B - (5\text{ kips})(20\text{ ft}) = 0$
$\qquad\qquad\qquad y_B = 5.56\text{ ft por debajo de }A \blacktriangleleft$

Cuerpo libre: ABCD. Utilizando la porción $ABCD$ del cable como un cuerpo libre, se escribe

$+\circlearrowleft \Sigma M_D = 0$:
$-(18\text{ kips})y_D - (5\text{ kips})(45\text{ ft}) + (6\text{ kips})(25\text{ ft}) + (12\text{ kips})(15\text{ ft}) = 0$
$\qquad\qquad\qquad y_D = 5.83\text{ ft por encima de }A \blacktriangleleft$

b. Pendiente máxima y tensión máxima. Se observa que la pendiente máxima ocurre en la porción DE. Como la componente horizontal de la tensión es constante e igual a 18 kips, se escribe

$$\tan\theta = \frac{14.17}{15\text{ ft}} \qquad\qquad \theta = 43.4° \blacktriangleleft$$

$$T_{\text{máx}} = \frac{18\text{ kips}}{\cos\theta} \qquad\qquad T_{\text{máx}} = 24.8\text{ kips} \blacktriangleleft$$

PROBLEMA RESUELTO 7.9

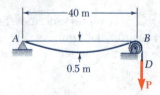

Un cable ligero está unido a un apoyo en A, pasa sobre una polea pequeña en B y soporta una carga **P**. Sabiendo que la flecha del cable es de 0.5 m y que la masa por unidad de longitud del cable es de 0.75 kg/m, determínese *a*) la magnitud de la carga **P**, *b*) la pendiente del cable en B y *c*) la longitud total del cable desde A hasta B. Como la relación entre la flecha y el claro es pequeña, supóngase que el cable es parabólico. Además, ignórese el peso de la porción del cable que va desde B hasta D.

SOLUCIÓN

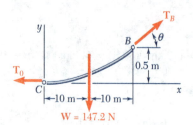

***a*. Carga P.** Se representa con C el punto más bajo del cable y se dibuja el diagrama de cuerpo libre correspondiente a la porción CB del cable. Suponiendo que la carga está uniformemente distribuida a lo largo de la horizontal, se escribe

$$w = (0.75 \text{ kg/m})(9.81 \text{ m/s}^2) = 7.36 \text{ N/m}$$

La carga total para la porción CB del cable está dada por

$$W = wx_B = (7.36 \text{ N/m})(20 \text{ m}) = 147.2 \text{ N}$$

y se aplica a la mitad entre C y B. Sumando momentos con respecto de B, se escribe

$$+\circlearrowleft \Sigma M_B = 0: \quad (147.2 \text{ N})(10 \text{ m}) - T_0(0.5 \text{ m}) = 0 \quad\quad T_0 = 2944 \text{ N}$$

A partir del triángulo de fuerzas se obtiene

$$T_B = \sqrt{T_0^2 + W^2}$$
$$= \sqrt{(2944 \text{ N})^2 + (147.2 \text{ N})^2} = 2948 \text{ N}$$

Como la tensión en ambos lados de la polea es la misma, se encuentra que

$$P = T_B = 2948 \text{ N} \quad \blacktriangleleft$$

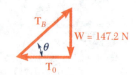

***b*. Pendiente del cable en B.** Además, a partir del triángulo de fuerzas también se obtiene que

$$\tan\theta = \frac{W}{T_0} = \frac{147.2 \text{ N}}{2944 \text{ N}} = 0.05$$

$$\theta = 2.9° \quad \blacktriangleleft$$

***c*. Longitud del cable.** Aplicando la ecuación (7.10) entre C y B, se escribe

$$s_B = x_B\left[1 + \frac{2}{3}\left(\frac{y_B}{x_B}\right)^2 + \cdots\right]$$
$$= (20 \text{ m})\left[1 + \frac{2}{3}\left(\frac{0.5 \text{ m}}{20 \text{ m}}\right)^2 + \cdots\right] = 20.00833 \text{ m}$$

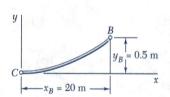

La longitud del cable entre A y B es el doble de este valor,

$$\text{Longitud} = 2s_B = 40.0167 \text{ m} \quad \blacktriangleleft$$

PROBLEMAS PARA RESOLVER EN FORMA INDEPENDIENTE

En los problemas propuestos correspondientes a esta sección se tendrán que aplicar las ecuaciones de equilibrio a *cables que se encuentran en un plano vertical*. Se supone que un cable no puede resistir flexión, por lo tanto, la fuerza de tensión en el cable siempre está dirigida a lo largo del mismo.

A. En la primera parte de esta lección se consideraron cables sometidos a cargas concentradas. Como no se toma en cuenta el peso del cable, el cable es recto entre las cargas.

La solución de un problema constará de los siguientes pasos:

1. Se dibuja un diagrama de cuerpo libre para todo el cable mostrando las cargas y las componentes horizontal y vertical de la reacción en cada uno de los apoyos. Se usa este diagrama de cuerpo libre para escribir las ecuaciones de equilibrio correspondientes.

2. Se estará frente a una situación en la cual se tienen cuatro componentes desconocidas y sólo se cuenta con tres ecuaciones de equilibrio (véase la figura 7.13). Por lo tanto, se debe encontrar alguna información adicional, tal como la *posición* de un punto sobre el cable o la *pendiente* del cable en un punto dado.

3. Después de que se ha identificado el punto del cable donde existe información adicional, se corta el cable en dicho punto y se dibuja el diagrama de cuerpo libre correspondiente a una de las dos porciones del cable que se han obtenido de esta forma.

   a. Si se conoce la posición del punto donde se ha cortado el cable, escribiendo $\Sigma M = 0$ con respecto de dicho punto para el nuevo cuerpo libre, se obtendrá la ecuación adicional que se requiere para resolver las cuatro componentes desconocidas de las reacciones [problema resuelto 7.8].

   b. Si se conoce la pendiente de la porción del cable que se ha cortado, escribiendo $\Sigma F_x = 0$ y $\Sigma F_y = 0$ para el nuevo cuerpo libre, se obtendrán dos ecuaciones de equilibrio las cuales, junto con las tres ecuaciones originales, pueden resolverse para las cuatro componentes de reacción y para la tensión del cable en el punto donde este último fue cortado.

4. Para encontrar la elevación en un punto dado del cable y la pendiente y la tensión en el mismo una vez que se han encontrado las reacciones en los apoyos, se debe cortar el cable en dicho punto y dibujar un diagrama de cuerpo libre para una de las dos porciones del cable que se han obtenido de esta forma. Escribiendo $\Sigma M = 0$ con respecto del punto en cuestión se obtiene su elevación. Escribiendo $\Sigma F_x = 0$ y $\Sigma F_y = 0$ se obtienen las componentes de la fuerza de tensión, a partir de las cuales se encuentra fácilmente la magnitud y la dirección de esta última.

(continúa)

5. Para un cable que soporta únicamente cargas verticales, se observará que *la componente horizontal de la fuerza de tensión es la misma en cualquier punto*. Se concluye que, para un cable como éste, la *tensión máxima ocurre en la porción más inclinada del cable*.

B. En la segunda parte de esta lección se consideraron cables que soportan una carga uniformemente distribuida a lo largo de la horizontal. En este caso, la forma del cable es parabólica.

La solución de un problema requerirá de uno o más de los siguientes conceptos:

1. Se coloca el origen del sistema de coordenadas en el punto más bajo del cable y dirigiendo los ejes x y y, respectivamente, hacia la derecha y hacia arriba, se encuentra que *la ecuación de la parábola* es

$$y = \frac{wx^2}{2T_0} \tag{7.8}$$

La tensión mínima en el cable ocurre en el origen, donde el cable es horizontal y la tensión máxima ocurre en el apoyo donde la pendiente es máxima.

2. Si los apoyos del cable tienen la misma elevación, la flecha h del cable es la distancia vertical desde el punto más bajo del cable hasta la línea horizontal que une a los dos apoyos. Para resolver un problema que involucra un cable parabólico de este tipo, se debe escribir la ecuación (7.8) para uno de los apoyos; dicha ecuación se puede resolver para una incógnita.

3. Si los apoyos del cable tienen elevaciones distintas, se tendrá que escribir la ecuación (7.8) para cada uno de los apoyos (véase la figura 7.17).

4. Para encontrar la longitud del cable desde el punto más bajo hasta uno de los apoyos, se puede utilizar la ecuación (7.10). En la mayoría de los casos, tan sólo se tendrán que calcular los dos primeros términos de la serie.

Problemas

7.93 Para las dos cargas que se sostienen del cable $ABCD$ mostrado en la figura y sabiendo que $h_B = 1.8$ m, determínese a) la distancia h_C, b) las componentes de la reacción en D y c) el valor máximo de la tensión en el cable.

7.94 Sabiendo que la tensión máxima en el cable $ABCD$ que se muestra en la figura es de 15 kN, determínese a) la distancia h_B y b) la distancia h_C.

7.95 Si en el cable mostrado en la figura $d_C = 8$ ft, determínese a) la reacción en A y b) la reacción en E.

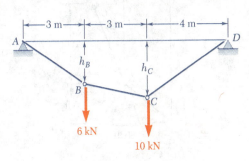

Fig. P7.93 y P7.94

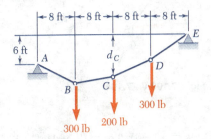

Fig. P7.95 y P7.96

7.96 Si en el cable mostrado en la figura, $d_C = 4.5$ ft, determínese a) la reacción en A y b) la reacción en E.

7.97 Sabiendo que para el cable mostrado en la figura, $d_C = 3$ m, determínese a) las distancias d_B y d_D y b) la reacción en E.

7.98 Determínese para el cable mostrado en la figura a) la distancia d_C para la cual la porción DE del cable es horizontal y b) las reacciones correspondientes en A y E.

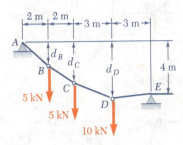

Fig. P7.97 y P7.98

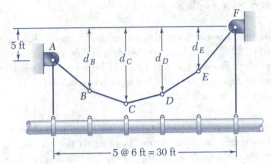

Fig. P7.99

7.99 Una tubería de petróleo se sostiene cada 6 ft mediante colgadores verticales los cuales se fijan al cable en la forma mostrada en la figura. Debido al peso combinado de la tubería y su contenido, cada colgador experimenta una tensión de 400 lb. Si se sabe que $d_C = 12$ ft, determínese a) la tensión máxima en el cable y b) la distancia d_D.

7.100 Resuélvase el problema 7.99, suponiendo que $d_C = 9$ ft.

380 Fuerzas en vigas y cables

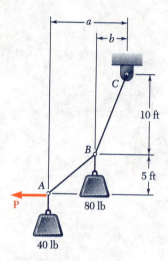

Fig. P7.101 y P7.102

7.101 Para el cable ABC que sostiene las dos cargas mostradas en la figura y si se sabe que $b = 4$ ft, determínese a) la magnitud requerida de la fuerza horizontal $\mathbf{P}$ y b) la distancia correspondiente a a.

7.102 Para el cable ABC que sostiene las dos cargas mostradas en la figura, determínese las distancias a y b cuando se aplica una fuerza horizontal $\mathbf{P}$ de 60 lb de magnitud en A.

7.103 Sabiendo que $m_B = 70$ kg y $m_C = 25$ kg en el cable mostrado en la figura, determínese la magnitud requerida de la fuerza $\mathbf{P}$ para mantener el equilibrio.

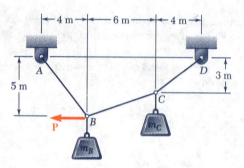

Fig. P7.103 y P7.104

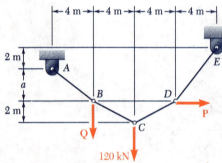

Fig. P7.105 y P7.106

7.104 Sabiendo que $m_B = 18$ kg y $m_C = 10$ kg en el cable mostrado en la figura, determínese la magnitud requerida de la fuerza $\mathbf{P}$ para mantener el equilibrio.

7.105 Si $a = 3$ m, determínense las magnitudes de $\mathbf{P}$ y $\mathbf{Q}$ requeridas para mantener al cable en la forma mostrada en la figura.

7.106 Si $a = 4$ m, determínense las magnitudes de $\mathbf{P}$ y $\mathbf{Q}$ requeridas para mantener al cable en la forma mostrada en la figura.

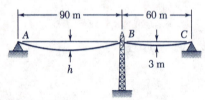

Fig. P7.108

7.107 Un cable de transmisión con una masa por unidad de longitud de 0.8 kg/m, está atado entre dos aisladores que tienen la misma elevación y los cuales se encuentran separados 75 m. Sabiendo que la flecha del cable es de 2 m, determínese a) la tensión máxima en el cable y b) la longitud del cable.

7.108 En la figura se muestran dos cables del mismo calibre que se atan a la torre de transmisión en B. Como la torre es esbelta, la componente horizontal de la resultante de las fuerzas ejercidas por los cables en B debe ser cero. Sabiendo que la masa por unidad de longitud de los cables es de 0.4 kg/m, determínese a) la flecha requerida h y b) la tensión máxima en cada cable.

7.109 El claro central del puente George Washington, tal y como se construyó originalmente, consiste de una vía uniforme suspendida por cuatro cables. La carga uniforme que sostiene cada cable a lo largo de la horizontal era $w = 9.75$ kips/ft. Sabiendo que el claro L es de 3500 ft y que la flecha h es de 316 ft, determínese para la configuración original a) la tensión máxima en cada cable y b) la longitud de cada uno de estos.

7.110 Cada uno de los cables del puente Golden Gate sostiene una carga $w = 11.1$ kips/ft a lo largo de la horizontal. Sabiendo que el claro L es de 4150 ft y que la flecha h es de 464 ft, determínese a) la tensión máxima en cada cable y b) la longitud de cada cable.

7.111 La masa total del cable ACB mostrado en la figura es de 20 kg. Suponiendo que la masa del cable está distribuida uniformemente a lo largo de la horizontal, determínese a) la flecha h y b) la pendiente del cable en A.

7.112 Un alambre de 50.5 m de longitud que tiene una masa por unidad de longitud de 0.75 kg/m, se emplea en un claro cuya distancia horizontal es 50 m. Determínese a) la flecha aproximada del alambre y b) la tensión máxima en el alambre. [*Sugerencia*. Úsense solamente los dos primeros términos de la ecuación (7.10).]

7.113 El claro central del puente Verrazano-Narrows consiste en dos vías suspendidas por cuatro cables. El diseño del puente toma en cuenta el efecto de cambios extremos de temperatura los cuales generan que en el centro del claro la flecha varíe desde $h_w = 386$ ft en el invierno hasta $h_s = 394$ ft en el verano. Sabiendo que el claro es $L = 4260$ ft, determínese el cambio en la longitud de los cables debido a variaciones extremas de temperatura.

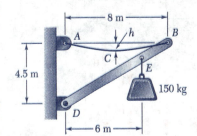

Fig. P7.111

7.114 Un cable de longitud $L + \Delta$ se suspende entre dos puntos que tienen la misma elevación y los cuales están separados una distancia L. a) Suponiendo que Δ es pequeño comparado con L y que el cable es parabólico, determínese la flecha aproximada en términos de L y Δ. b) Si $L = 100$ ft y $\Delta = 4$ ft, determínese la flecha aproximada. [*Sugerencia*. Úsense los primeros dos términos de la ecuación (7.10).]

7.115 Cada uno de los cables de los claros laterales del puente Golden Gate sostienen una carga $w = 10.2$ kips/ft a lo largo de la horizontal. Sabiendo que para los claros laterales la distancia máxima vertical h desde cada uno de los cables a la línea recta AB es de 30 ft y que ésta se localiza en el centro del claro tal y como se muestra en la figura, determínese a) la tensión máxima en cada cable y b) la pendiente en B.

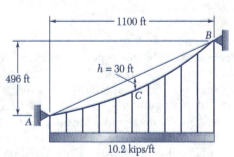

Fig. P7.115

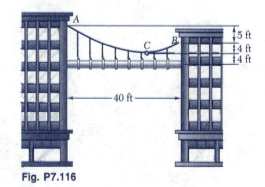

Fig. P7.116

7.116 Una tubería de vapor que pesa 45 lb/ft que pasa entre dos edificios, los cuales están separados a una distancia de 40 ft, se sostiene mediante un sistema de cables como el mostrado en la figura. Suponiendo que el peso del sistema de cables es equivalente a una carga uniformemente distribuida de 5 lb/ft, determínese a) la localización del punto C más bajo del cable y b) la tensión máxima en el cable.

7.117 En la figura se muestra el cable AB el cual sostiene una carga uniformemente distribuida a lo largo de la horizontal. Si se sabe que el cable en B forma un ángulo $\theta_B = 35°$ con respecto de la horizontal, determínese a) la tensión máxima en el cable y b) la distancia vertical a medida desde A al punto más bajo del cable.

7.118 En la figura se muestra el cable AB el cual sostiene una carga uniformemente distribuida a lo largo de la horizontal. Si se sabe que el punto más bajo del cable está localizado a una distancia $a = 0.6$ m por debajo del punto A, determínese a) la tensión máxima en el cable y b) el ángulo θ_B que el cable forma con respecto de la horizontal en B.

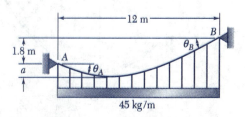

Fig. P7.117 y P7.118

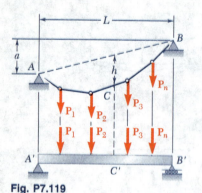

Fig. P7.119

*7.119 En la figura se muestra un cable AB de claro L y una viga simplemente apoyada $A'B'$ que tienen el mismo claro y las cuales se someten a las mismas cargas verticales. Demuéstrese que la magnitud del momento flexionante en un punto C' en la viga es igual al producto $T_0 h$, donde T_0 es la magnitud de la componente horizontal de la fuerza de tensión en el cable y h es la distancia vertical entre el punto C y una línea recta que une los puntos A y B colocados en los apoyos.

7.120 al 7.123 Haciendo uso de la propiedad establecida en el problema 7.119, resuélvase el problema que se indica a continuación resolviendo primero el problema correspondiente relacionado con la viga.

    7.120   Problema 7.94a.
    7.121   Problema 7.97a.
    7.122   Problema 7.99b.
    7.123   Problema 7.100b.

*7.124 Demuéstrese que la curva formada por un cable que tiene una carga distribuida $w(x)$ está definida por la ecuación diferencial $d^2 y/dx^2 = w(x)/T_0$, donde T_0 es la tensión en el punto más bajo.

*7.125 Usando la propiedad indicada en el problema 7.124, determínese la curva formada por un cable de claro L y flecha h, con carga distribuida $w = w_0 \cos(\pi x/L)$, donde x está medido a partir del centro del claro. También, determínese el valor máximo y el valor mínimo de la tensión en el cable.

*7.126 Si el peso por unidad de longitud del cable AB es $w_0/\cos^2 q$, demuéstrese que la curva formada por el cable es un arco de círculo. (*Sugerencia*. Úsese la propiedad indicada en el problema 7.124.)

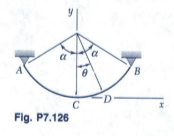

Fig. P7.126

*7.10. CATENARIA

Ahora, considérese un cable AB que soporta una carga *uniformemente distribuida a lo largo del mismo cable* (figura 7.18a). Los cables que cuelgan bajo la acción de su propio peso están cargados de esta forma. Se representa con w la carga por unidad de longitud (*medida a lo largo del cable*) y se expresa la misma en N/m o en lb/ft. La magnitud W de la carga total soportada por una porción del cable de longitud s que se extiende desde el punto más bajo C hasta un punto D está dada por $W = ws$. Sustituyendo este valor de W en la fórmula (7.6), se obtiene la tensión en D.

$$T = \sqrt{T_0^2 + w^2 s^2}$$

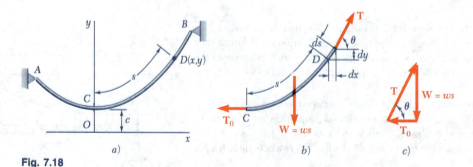

Fig. 7.18

Para simplificar los cálculos subsecuentes, se introduce la constante $c = T_0/w$. Entonces, se escribe

$$T_0 = wc \qquad W = ws \qquad T = w\sqrt{c^2 + s^2} \qquad (7.11)$$

En la figura 7.18*b* se muestra el diagrama de cuerpo libre para la porción *CD* del cable. Sin embargo, este diagrama no puede utilizarse para obtener directamente la ecuación de la curva que adopta el cable puesto que no se conoce la distancia horizontal desde *D* hasta la línea de acción de la resultante **W** de la carga. Para obtener dicha ecuación, primero se escribe que la proyección horizontal de un pequeño elemento de cable de longitud *ds* es $dx = ds \cos\theta$. Observando a partir de la figura 7.18*c* que $\cos\theta = T_0/T$ y utilizando las ecuaciones (7.11), se escribe

$$dx = ds \cos\theta = \frac{T_0}{T} ds = \frac{wc\, ds}{w\sqrt{c^2 + s^2}} = \frac{ds}{\sqrt{1 + s^2/c^2}}$$

Seleccionando el origen *O* del sistema de coordenadas a una distancia *c* directamente por debajo de *C* (figura 7.18*a*) e integrando desde $C(0, c)$ hasta $D(x, y)$, se obtiene †

$$x = \int_0^s \frac{ds}{\sqrt{1 + s^2/c^2}} = c\left[\operatorname{senh}^{-1}\frac{s}{c}\right]_0^s = c\operatorname{senh}^{-1}\frac{s}{c}$$

Esta ecuación, la cual relaciona la longitud *s* de la porción *CD* del cable y la distancia horizontal *x*, se puede escribir de la siguiente forma

$$s = c\operatorname{senh}\frac{x}{c} \qquad (7.15)$$

Ahora, se puede obtener la relación entre las coordenadas *x* y *y* escribiendo $dy = dx \tan\theta$. Observando a partir de la figura 7.18*c* que $\tan\theta = W/T_0$ y utilizando las ecuaciones (7.11) y (7.15), se escribe

$$dy = dx \tan\theta = \frac{W}{T_0} dx = \frac{s}{c} dx = \operatorname{senh}\frac{x}{c} dx$$

---

† Esta integral se puede encontrar en todas las tablas de integrales estándar. La función

$$z = \operatorname{senh}^{-1} u$$

(que se lee "arco seno hiperbólico de *u*") es el *inverso* de la función $u = \operatorname{senh} z$ (que se lee "seno hiperbólico de *z*"). Esta función y la función $v = \cosh z$ (que se lee "coseno hiperbólico de *z*") están definidas de la siguiente forma:

$$u = \operatorname{senh} z = \tfrac{1}{2}(e^z - e^{-z}) \qquad v = \cosh z = \tfrac{1}{2}(e^z + e^{-z})$$

Los valores numéricos de las funciones senh *z* y cosh *z* se encuentran en *tablas de funciones hiperbólicas*. Además, estas funciones también se pueden calcular en la mayoría de las calculadoras bien sea directamente o a partir de las definiciones que se acaban de presentar. Se remite al estudiante a cualquier libro de cálculo para una descripción completa de las propiedades de estas funciones. En esta sección, sólo se utilizan las siguientes propiedades, las cuales pueden derivarse directamente a partir de las definiciones presentadas anteriormente:

$$\frac{d\operatorname{senh} z}{dz} = \cosh z \qquad \frac{d\cosh z}{dz} = \operatorname{senh} z \qquad (7.12)$$

$$\operatorname{senh} 0 = 0 \qquad \cosh 0 = 1 \qquad (7.13)$$
$$\cosh^2 z - \operatorname{senh}^2 z = 1 \qquad (7.14)$$

Integrando desde $C(0, c)$ hasta $D(x, y)$ y utilizando las ecuaciones (7.12) y (7.13), se obtiene la siguiente expresión

$$y - c = \int_0^x \operatorname{senh} \frac{x}{c}\, dx = c\left[\cosh \frac{x}{c}\right]_0^x = c\left(\cosh \frac{x}{c} - 1\right)$$

$$y - c = c \cosh \frac{x}{c} - c$$

la cual se reduce a

$$y = c \cosh \frac{x}{c} \tag{7.16}$$

Esta es la ecuación de una *catenaria* con eje vertical. La ordenada c del punto más bajo C recibe el nombre de *parámetro* de la catenaria. Elevando al cuadrado ambos lados de las ecuaciones (7.15) y (7.16), restándolas y tomando en cuenta la ecuación (7.14), se obtiene la siguiente relación entre y y s:

$$y^2 - s^2 = c^2 \tag{7.17}$$

Resolviendo la ecuación (7.17) para s^2 y llevando este resultado a la última de las relaciones (7.11), se pueden escribir dichas relaciones de la siguiente forma:

$$T_0 = wc \qquad W = ws \qquad T = wy \tag{7.18}$$

La última relación indica que la tensión en cualquier punto D del cable es proporcional a la distancia vertical desde D hasta la línea horizontal que representa al eje x.

Cuando los apoyos A y B del cable tienen la misma elevación, la distancia L entre los apoyos recibe el nombre de *claro* del cable y la distancia vertical h desde los apoyos hasta el punto más bajo C se conoce como la *flecha* del cable. Estas definiciones son las mismas que las proporcionadas para el caso de cables parabólicos, pero se debe señalar que, debido a la forma en que se seleccionaron los ejes coordenados, ahora la flecha h está dada por

$$h = y_A - c \tag{7.19}$$

Además, también se debe señalar que ciertos problemas sobre catenarias involucran ecuaciones trascendentales las cuales deben resolverse por medio de aproximaciones sucesivas (véase el problema resuelto 7.10). Sin embargo, cuando el cable está bastante tenso, se puede asumir que la carga está uniformemente distribuida *a lo largo de la horizontal* y la catenaria puede reemplazarse por una parábola. Esto simplifica en gran medida la solución del problema y el error que se introduce es pequeño.

Cuando los apoyos A y B tienen distintas elevaciones, no se conoce la posición del punto más bajo del cable. Entonces, el problema puede resolverse en una forma similar a la señalada para cables parabólicos, expresando que el cable debe pasar a través de los apoyos y que $x_B - x_A = L$ y que $y_B - y_A = d$, donde L y d representan, respectivamente, las distancias horizontal y vertical entre los dos apoyos.

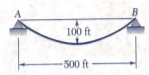

PROBLEMA RESUELTO 7.10

Un cable uniforme que pesa 3 lb/ft se suspende entre dos puntos A y B tal y como se muestra en la figura. Determínense a) los valores de la tensión máximo y mínimo en el cable y b) la longitud del cable.

SOLUCIÓN

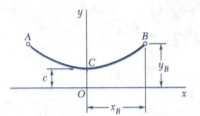

Ecuación del cable. El origen de las coordenadas se coloca a una distancia c por debajo del punto más bajo del cable. De esta forma, la ecuación del cable está dada por la ecuación (7.16),

$$y = c \cosh \frac{x}{c}$$

Las coordenadas del punto B son las siguientes

$$x_B = 250 \text{ ft} \qquad y_B = 100 + c$$

Sustituyendo estas coordenadas en la ecuación del cable, se obtiene

$$100 + c = c \cosh \frac{250}{c}$$

$$\frac{100}{c} + 1 = \cosh \frac{250}{c}$$

El valor de c se determina suponiendo valores de prueba sucesivos, tal y como se muestra en la siguiente tabla:

c	$\dfrac{250}{c}$	$\dfrac{100}{c}$	$\dfrac{100}{c} + 1$	$\cosh \dfrac{250}{c}$
300	0.833	0.333	1.333	1.367
350	0.714	0.286	1.286	1.266
330	0.758	0.303	1.303	1.301
328	0.762	0.305	1.305	1.305

Tomando $c = 328$, se tiene que

$$y_B = 100 + c = 428 \text{ ft}$$

a. Valores máximo y mínimo de la tensión. Utilizando las ecuaciones (7.18), se obtiene

$$T_{\text{mín}} = T_0 = wc = (3 \text{ lb/ft})(328 \text{ ft}) \qquad T_{\text{mín}} = 984 \text{ lb} \blacktriangleleft$$
$$T_{\text{máx}} = T_B = wy_B = (3 \text{ lb/ft})(428 \text{ ft}) \qquad T_{\text{máx}} = 1284 \text{ lb} \blacktriangleleft$$

b. Longitud del cable. La mitad de la longitud del cable se encuentra resolviendo la ecuación (7.17):

$$y_B^2 - s_{CB}^2 = c^2 \qquad s_{CB}^2 = y_B^2 - c^2 = (428)^2 - (328)^2 \qquad s_{CB} = 275 \text{ ft}$$

Por lo tanto, la longitud total del cable está dada por

$$s_{AB} = 2s_{CB} = 2(275 \text{ ft}) \qquad s_{AB} = 550 \text{ ft} \blacktriangleleft$$

385

PROBLEMAS PARA RESOLVER EN FORMA INDEPENDIENTE

En la última sección de este capítulo se aprendió a resolver problemas que involucran a un *cable que soporta una carga uniformemente distribuida a lo largo del mismo*. La forma que adopta el cable es la de una catenaria y está definida por la ecuación:

$$y = c \cosh \frac{x}{c} \qquad (7.16)$$

1. Se debe recordar que el origen de las coordenadas para una catenaria está localizado a una distancia c directamente por debajo del punto más bajo de la catenaria. La longitud del cable desde el origen hasta cualquier punto se expresa como

$$s = c \operatorname{senh} \frac{x}{c} \qquad (7.15)$$

2. Primero se deben identificar todas las cantidades conocidas y desconocidas. Entonces, se considera cada una de las ecuaciones que fueron presentadas en la sección (ecuaciones 7.15 a la 7.19) y se resuelve una ecuación que contenga únicamente una sola incógnita. Se sustituye el valor encontrado de esta forma en otra ecuación y se resuelve esta última para otra incógnita.

3. Si se proporciona la flecha h, se utiliza la ecuación (7.19) para reemplazar y por $h + c$ en la ecuación (7.16), si x es conocida [problema resuelto 7.10], o en la ecuación (7.17), si s es conocida y se resuelve la ecuación obtenida para la constante c.

4. Muchos de los problemas que se encontrarán involucrarán una solución por medio de prueba y error de una ecuación que involucra a un seno o a un coseno hiperbólicos. El trabajo se puede simplificar llevando un registro de los cálculos realizados en una tabla tal y como se hizo en el problema resuelto 7.10.

Problemas

7.127 Un cable de 30 m está atado entre dos edificios tal y como se muestra en la figura. La tensión máxima encontrada fue de 500 N y la posición más baja del cable se observó a 4 m por encima del suelo. Determínese a) la distancia horizontal entre los edificios y b) la masa total del cable.

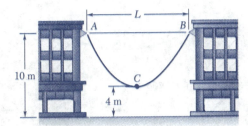

Fig. P7.127

7.128 Una cadena de 20 m y de 12 kg de masa se suspende entre dos puntos que están a la misma altura. Sabiendo que la flecha es de 8 m, determínese a) la distancia entre los apoyos y b) la tensión máxima en la cadena.

7.129 Una cinta de agrimensura de acero de 200 ft pesa 4 lb. Si la cinta se tiende entre dos puntos que tienen la misma altura y se estira hasta que la tensión en cada extremo sea de 16 lb, determínese la distancia horizontal entre los extremos de la cinta. No se tome en cuenta la elongación de la cinta debido a la tensión.

7.130 Un cable de transmisión eléctrica de 400 ft de longitud y que pesa 2.5 lb/ft se suspende entre dos puntos que tienen la misma altura. Sabiendo que la flecha es de 100 ft, determínese la distancia horizontal entre los apoyos y la tensión máxima.

7.131 En la figura se muestran alambre de 20 m de longitud y de 0.2 kg/m de masa por unidad de longitud que se une a un soporte fijo en A y a un collar en B. Sin tomar en cuenta el efecto de la fricción, determínese a) la fuerza **P** para la cual $h = 8$ m y b) el claro correspondiente L.

7.132 En la figura se muestra un alambre de 20 m de longitud y de 0.2 kg/m de masa por unidad de longitud que se une a un soporte fijo en A y a un collar en B. Si se sabe que la magnitud de la fuerza horizontal aplicada sobre el collar es $P = 20$ N, determínese a) la flecha h y b) el claro L.

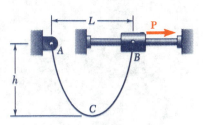

Fig. P7.131, P7.132 y P7.133

7.133 En la figura se muestra un alambre de 20 m de longitud y de masa por unidad de longitud de 0.2 kg/m que se une a un soporte fijo en A y a un collar en B. Sin tomar en cuenta el efecto de la fricción, determínese a) la flecha h para la cual $L = 15$ m y b) la fuerza correspondiente **P**.

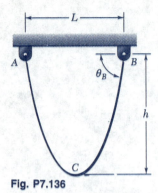

Fig. P7.136

7.134 Un alambre de 90 m está suspendido entre dos puntos que tienen la misma altura y los cuales están separados a una distancia de 60 m. Si se sabe que la tensión máxima es de 300 N, determínese a) la flecha del alambre y b) su masa total.

7.135 Determínese la flecha de una cadena de 30 ft la cual está unida a dos puntos que tienen la misma altura y los cuales están separados por una distancia de 20 ft.

7.136 Una cuerda de 10 ft se une a los apoyos A y B tal y como se muestra en la figura. Determínese a) el claro de la cuerda, tal que éste sea igual a la flecha de la misma y b) el ángulo correspondiente θ_B.

7.137 Un cable que pesa 2 lb/ft está suspendido entre dos puntos que tienen la misma altura y los cuales están separados 160 ft. Determínese la flecha mínima permisible del cable si la tensión máxima no debe exceder de 400 lb.

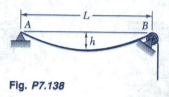

Fig. P7.138

7.138 En la figura se muestra una cuerda uniforme de 50 in. de longitud que pasa sobre una polea en B y se une a un apoyo de pasador en A. Sabiendo que $L = 20$ in. y sin tomar en cuenta el efecto de la fricción, determínese el menor de los dos valores de h para los cuales la cuerda está en equilibrio.

7.139 El motor M mostrado en la figura se usa para devanar lentamente el cable. Sabiendo que la masa por unidad de longitud del cable es de 0.4 kg/m, determínese la tensión máxima en el cable cuando $h = 5$ m.

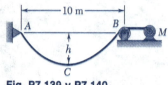

Fig. P7.139 y P7.140

7.140 El motor M mostrado en la figura se usa para devanar lentamente el cable. Sabiendo que la masa por unidad de longitud del cable es de 0.4 kg/m, determínese la tensión máxima en el cable cuando $h = 3$ m.

7.141 Como se muestra en la figura, a la izquierda del punto B un cable muy largo $ABDE$ descansa sobre una superficie rugosa horizontal. Sabiendo que la masa del cable por unidad de longitud es de 2 kg/m, determínese la fuerza **F** cuando $a = 3.6$ m.

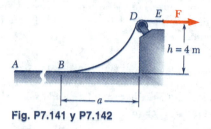

Fig. P7.141 y P7.142

7.142 Como se muestra en la figura, a la izquierda del punto B un cable muy largo $ABDE$ descansa sobre una superficie rugosa horizontal. Sabiendo que la masa del cable por unidad de longitud es de 2 kg/m, determínese la fuerza **F** cuando $a = 6$ m.

7.143 Un cable uniforme que pesa 3 lb/ft se sostiene en la posición mostrada en la figura mediante una fuerza horizontal **P** aplicada en B. Sabiendo que $P = 180$ lb y $\theta_A = 60°$, determínese a) la localización del punto B y b) la longitud del cable.

7.144 Un cable uniforme que pesa 3 lb/ft se sostiene en la posición mostrada en la figura mediante una fuerza horizontal **P** aplicada en B. Sabiendo que $P = 150$ lb y $\theta_A = 60°$, determínese a) la localización del punto B y b) la longitud del cable.

7.145 El cable ACB mostrado en la figura, tiene una masa de 0.45 kg/m por unidad de longitud. Si se sabe que el punto más bajo del cable está localizado a una distancia $a = 0.6\ m$ por debajo del apoyo A, determínese a) la localización del punto más bajo C y b) la tensión máxima en el cable.

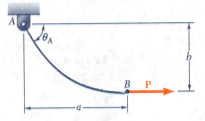

Fig. P7.143 y P7.144

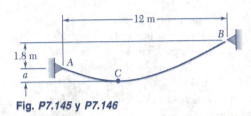

Fig. P7.145 y P7.146

7.146 El cable ACB mostrado en la figura tiene una masa de 0.45 kg/m por unidad de longitud. Si se sabe que el punto más bajo del cable está localizado a una distancia $a = 2$ m por debajo del apoyo A, determínese a) la localización del punto más bajo C y b) la tensión máxima en el cable.

* **7.147** El cable AB de 10 ft de longitud se une a los dos collares mostrados en la figura. El collar en A puede deslizarse libremente a lo largo de la barra y un tope unido a la barra impide que el collar en B pueda moverse sobre la barra. Sin tomar en cuenta el efecto de la fricción y el peso de los collares, determínese la distancia a.

* **7.148** Resuélvase el problema 7.147, suponiendo que el ángulo θ formado por la barra y la horizontal es de 45°.

7.149 Denotando por θ el ángulo formado por un cable uniforme y la horizontal, demuéstrese que en cualquier punto a) $s = c \tan \theta$ y b) $y = c \sec \theta$.

* **7.150** a) Determínese el claro horizontal máximo permisible de un cable uniforme de peso w por unidad de longitud si la tensión en éste no debe exceder de un cierto valor dado T_m. b) Usando los resultados del inciso a, determínese el claro máximo de un alambre de acero para el cual $w = 0.25$ lb/ft y $T_m = 8000$ lb.

* **7.151** Un cable que tiene una masa de 3 kg/m por unidad de longitud, se sostiene en la forma mostrada en la figura. Sabiendo que el claro L es de 6 m, determínense los *dos* valores de la flecha h para los cuales la tensión máxima es de 350 N.

* **7.152** Para el cable mostrado en la figura, determínese la relación entre la flecha y el claro para el cual la tensión máxima en el cable AB es igual al peso total.

* **7.153** En la figura se muestra un cable de peso w por unidad de longitud que se sostiene entre dos puntos que tienen la misma altura y los cuales están separados una distancia L. Determínese a) la relación entre la flecha y el claro para el cual la tensión máxima sea lo menor posible y b) los valores correspondientes de θ_B y T_m.

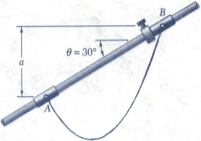

Fig. P7.147

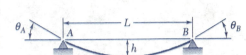

Fig. P7.151, P7.152 y P7.153

REPASO Y RESUMEN DEL CAPÍTULO 7

En este capítulo se aprendió a determinar las fuerzas internas que mantienen unidas a las diversas partes de un elemento dado en una estructura.

Fuerzas en elementos rectos sometidos a la acción de dos fuerzas

Considerando primero un *elemento recto sometido a la acción de dos fuerzas AB* [sección 7.2], se recuerda que un elemento de este tipo está sometido en A y B a fuerzas iguales y opuestas $\mathbf{F}$ y $-\mathbf{F}$ que están dirigidas a lo largo de AB (figura 7.19a). Cortando el elemento AB en C y dibujando el diagrama de cuerpo libre correspondiente a la porción AC, se concluye que las fuerzas internas que existían en el elemento AB en C son equivalentes a una *fuerza axial* $-\mathbf{F}$ igual y opuesta a $\mathbf{F}$ (figura 7.19b). Se observa que en el caso de un elemento sometido a la acción de dos fuerzas que no es recto, las fuerzas internas se reducen a un sistema fuerza-par y no a una sola fuerza.

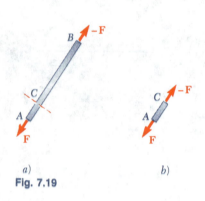

Fig. 7.19

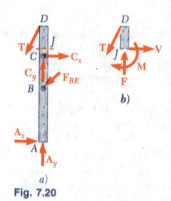

Fig. 7.20

Fuerzas en elementos sometidos a la acción de varias fuerzas

Considerando después un *elemento sometido a la acción de varias fuerzas AD* (figura 7.20a), cortándolo en J y dibujando el diagrama de cuerpo libre correspondiente a la porción JD, se concluye que las fuerzas internas en J son equivalentes a un sistema fuerza-par que consta de la *fuerza axial* $\mathbf{F}$, la *fuerza de corte* $\mathbf{V}$ y un par $\mathbf{M}$ (figura 7.20b). La magnitud de la fuerza de corte mide la *fuerza cortante* en el punto J y se hace referencia al momento del par como el *momento flexionante* en J. Como se hubiera obtenido un sistema fuerza-par igual y opuesto si se hubiera considerado el diagrama de cuerpo libre correspondiente a la porción AJ, se vuelve necesario especificar qué porción del elemento AD fue utilizada cuando se registraron las respuestas [problema resuelto 7.1].

Fuerzas en vigas

La mayor parte del capítulo estuvo dedicada al análisis de las fuerzas internas en dos tipos importantes de estructuras ingenieriles: las *vigas* y los *cables*. Las *vigas* comúnmente son elementos prismáticos rectos y largos diseñados para soportar cargas que están aplicadas en varios puntos a lo largo del elemento. En general, las cargas son perpendiculares al eje de la viga y producen únicamente *corte y flexión* en la viga. Las cargas pueden estar *concentradas* en puntos específicos o *distribuidas* a lo largo de toda la longitud o a lo largo de una porción de la viga. La viga misma puede estar apoyada de varias formas; puesto que en este libro sólo se consideran vigas estáticamente determinadas, el análisis se limitó a la consideración de *vigas simplemente apoyadas*, *vigas con volados* y *vigas en voladizo* [sección 7.3].

Para obtener la *fuerza cortante V* y el *momento flexionante M* en un punto dado C de una viga, primero se determinan las reacciones en los apoyos considerando toda la viga como un cuerpo libre. Entonces, se corta a la viga en C y se usa el diagrama de cuerpo libre correspondiente a una de las dos porciones obtenidas de esta forma para determinar los valores de V y M. Para evitar cualquier confusión en relación al sentido de la fuerza cortante **V** y el par **M** (los cuales actúan en direcciones opuestas en las dos porciones de la viga), se adoptó la convención de signos ilustrada en la figura 7.21 [sección 7.4]. Una vez que se han determinado los valores de la fuerza cortante y el momento flexionante en unos cuantos puntos seleccionados de la viga, usualmente es posible dibujar un *diagrama de fuerza cortante* y un *diagrama de momento flexionante* que representan, respectivamente, la fuerza cortante y el momento flexionante en cualquier punto de la viga [sección 7.5]. Cuando una viga únicamente está sometida a cargas concentradas, la fuerza cortante tiene un valor constante entre las cargas y el momento flexionante varía linealmente entre éstas [problema resuelto 7.2]. Por otra parte, cuando una viga está sometida a cargas distribuidas, la fuerza cortante y el momento flexionante varían en una forma diferente [problema resuelto 7.3].

Fuerza cortante y momento flexionante en una viga

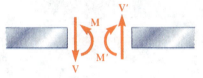

a) Fuerzas internas en la sección
(fuerza cortante positiva y
momento flexionante positivo)

Fig. 7.21

La construcción de los diagramas de fuerza cortante y momento flexionante se facilita si se toman en consideración las siguientes relaciones. Representando con w la carga distribuida por unidad de longitud (la cual se supone positiva si está dirigida hacia abajo), se tiene que [sección 7.5]:

$$\frac{dV}{dx} = -w \qquad (7.1)$$

$$\frac{dM}{dx} = V \qquad (7.3)$$

o, después de integrar las ecuaciones anteriores,

$$V_D - V_C = -(\text{área bajo la curva de carga entre } C \text{ y } D) \qquad (7.2')$$

$$M_D - M_C = \text{área bajo la curva de fuerza cortante entre } C \text{ y } D \qquad (7.4')$$

Relaciones entre carga, fuerza cortante y momento flexionante

La ecuación (7.2') hace que sea posible dibujar el diagrama de fuerza cortante de una viga a partir de la curva que representa a la carga distribuida que actúa sobre dicha viga y del valor de V en un extremo de la viga. Análogamente, la ecuación (7.4') hace que sea posible dibujar el diagrama de momento flexionante a partir del diagrama de fuerza cortante y del valor de M en un extremo de la viga. Sin embargo, las cargas concentradas introducen discontinuidades en el diagrama de fuerza cortante y los pares concentrados introducen discontinuidades en el diagrama de momento flexionante, ninguna de las cuales están tomadas en consideración en estas ecuaciones [problemas resueltos 7.4 y 7.7]. Finalmente a partir de la ecuación (7.3) se observa que los puntos de la viga donde el momento flexionante es máximo o mínimo son también los puntos donde la fuerza cortante es igual a cero [problema resuelto 7.5].

La segunda mitad del capítulo estuvo dedicada al análisis de *cables flexibles*. Primero se consideró un cable con un peso que no se tomaría en cuenta que soportaba *cargas concentradas* [sección 7.7]. Usando todo el

Cables con cargas concentradas

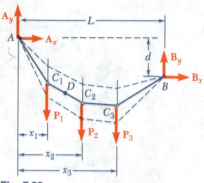

Fig. 7.22

Cables con cargas distribuidas

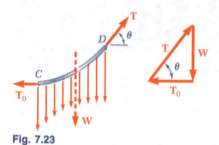

Fig. 7.23

Cable parabólico

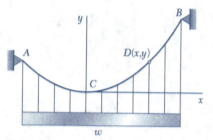

Fig. 7.24

Catenaria

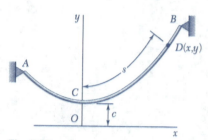

Fig. 7.25

cable AB como un cuerpo libre (figura 7.22), se observó que las tres ecuaciones de equilibrio que estaban disponibles no eran suficientes para determinar las cuatro incógnitas que representaban a las reacciones en los apoyos A y B. Sin embargo, si se conocen las coordenadas de un punto D del cable, se puede obtener una ecuación adicional considerando el diagrama de cuerpo libre para la porción AD o DB del cable. Una vez que se han determinado las reacciones en los apoyos, se puede encontrar la elevación de cualquier punto del cable y la tensión en cualquier porción del mismo a partir del diagrama de cuerpo libre apropiado [problema resuelto 7.8]. Se señaló que la componente horizontal de la fuerza T que representa a la tensión es la misma en cualquier punto del cable.

Después, se consideraron cables que soportaban *cargas distribuidas* [sección 7.8]. Utilizando como un cuerpo libre una porción de cable CD que se extendía desde el punto más bajo C hasta un punto arbitrario D del cable (figura 7.23), se observó que la componente horizontal de la fuerza de tensión T en D es constante e igual a la tensión T_0 en C, mientras que su componente vertical es igual al peso W de la porción de cable CD. La magnitud y la dirección de T se obtuvieron a partir del triángulo de fuerzas:

$$T = \sqrt{T_0^2 + W^2} \qquad \tan \theta = \frac{W}{T_0} \tag{7.6}$$

En el caso de una carga *uniformemente distribuida a lo largo de la horizontal* —como en el caso de un puente colgante (figura 7.24)— la carga soportada por la porción CD está dada por $W = wx$, donde w es la carga constante por unidad de longitud horizontal [sección 7.9]. También se encontró que la forma de la curva adoptada por el cable es una *parábola* cuya ecuación está dada por

$$y = \frac{wx^2}{2T_0} \tag{7.8}$$

y que la longitud del cable se puede encontrar utilizando la expansión en series dada en la ecuación (7.10) [problema resuelto 7.9].

En el caso de una carga *uniformemente distribuida a lo largo del mismo cable* —por ejemplo, un cable colgando bajo su propio peso (figura 7.25)— la carga soportada por la porción CD está dada por $W = ws$, donde s es la longitud medida a lo largo del cable y w es la carga constante por unidad de longitud [sección 7.10]. Seleccionando el origen O de los ejes coordenados a una distancia $c = T_0/w$ por debajo de C, se derivaron las relaciones

$$s = c \operatorname{senh} \frac{x}{c} \tag{7.15}$$

$$y = c \cosh \frac{x}{c} \tag{7.16}$$

$$y^2 - s^2 = c^2 \tag{7.17}$$

$$T_0 = wc \qquad W = ws \qquad T = wy \tag{7.18}$$

las cuales pueden emplearse para resolver problemas que involucran cables que cuelgan bajo la acción de su propio peso [problema resuelto 7.10]. La ecuación (7.16), la cual define la forma adoptada por el cable, es la ecuación de una *catenaria*.

Problemas de repaso

7.154 Para el soporte *ABD* mostrado en la figura y el cual se sostiene mediante un pasador en *A* y por medio del cable *DE*, determínense las fuerzas internas justo a la derecha del punto *C*.

7.155 Para la viga mostrada en la figura, determínese *a*) la magnitud *P* de las dos cargas concentradas para las cuales el valor máximo absoluto del momento flexionante sea lo menor posible y *b*) el valor correspondiente de $|M|_{máx}$.

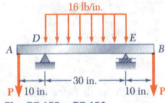

Fig. P7.155 y P7.156

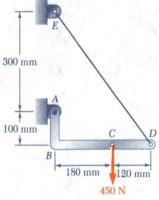

Fig. P7.154

7.156 Sabiendo que la magnitud de las cargas concentradas **P** es de 75 lb, *a*) dibújese el diagrama de fuerza cortante y momento flexionante para la viga *AB* mostrada en la figura y *b*) determínense los valores máximos absolutos de la fuerza cortante y momento flexionante.

7.157 Un alambre que tiene una masa de 0.65 kg/m por unidad de longitud se sostiene entre dos apoyos que tienen la misma altura y los cuales se encuentran separados a una distancia de 120 m. Si la flecha es de 30 m, determínese *a*) la longitud total del alambre y *b*) la tensión máxima en el mismo.

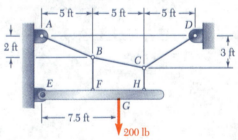

Fig. P7.158

7.158 En la figura se muestra una carga de 200 lb que se aplica en el punto *G* de la viga *EFGH* la cual se une al cable *ABCD* mediante los colgadores verticales *BF* y *CH*. Determínese *a*) la tensión en cada colgador, *b*) la tensión máxima en el cable y *c*) el momento flexionante en *F* y *G*.

7.159 Para la viga y condiciones de carga mostradas en la figura *a*) escríbanse las ecuaciones de las curvas de fuerza cortante y momento flexionante y *b*) determínese la magnitud y la localización del momento flexionante máximo.

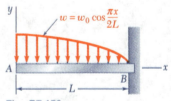

Fig. P7.159

7.160 En la figura se muestra un canal de acero de peso $w = 20$ lb/ft por unidad de longitud el cual conforma uno de los lados de un tramo de escalera. Determínense las fuerzas internas en el centro *C* del canal debido a su propio peso para cada una de las condiciones de apoyo mostradas en la figura.

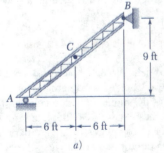

Fig. P7.160

393

394 Fuerzas en vigas y cables

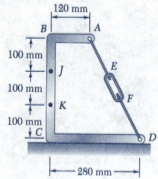

Fig. P7.161

7.161 Experimentalmente se encontró que el momento flexionante en el punto K del marco mostrado en la figura es 300 N · m. Determínese a) la tensión en las barras AE y FD y b) las fuerzas internas correspondientes en el punto J.

7.162 El cable ACB sostiene una carga distribuida uniformemente a lo largo de la horizontal tal y como se muestra en la figura. Nótese que el punto más bajo C está localizado 9 m a la derecha de A. Determínese a) la distancia vertical a, b) la longitud del cable y (c) los componentes de la reacción en A.

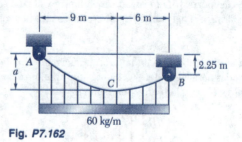

Fig. P7.162

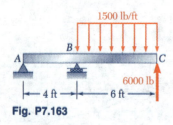

Fig. P7.163

7.163 Para la viga y condiciones de carga mostradas en la figura a) dibújense los diagramas de fuerza cortante y momento flexionante y b) determínese la magnitud y la localización del valor absoluto máximo del momento flexionante.

7.164 Si $d_C = 5$ m en el cable mostrado en la figura, determínense a) las distancias d_B y d_D y b) la tensión máxima en el cable.

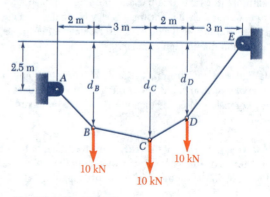

Fig. P7.164 y P7.165

7.165 Determínese para el cable mostrado en la figura a) la distancia d_C para que la porción BC del cable sea horizontal y b) las componentes correspondientes de la reacción en E.

Los siguientes problemas fueron diseñados para ser resueltos con una computadora.

7.C1 Una viga con voladizos en sus extremos debe diseñarse para sostener varias cargas concentradas como se muestra en la figura. Uno de los primeros pasos en el diseño de la viga consiste en determinar los valores del momento flexionante en los apoyos A y B generados por cada una de las cargas concentradas. Escríbase un programa de computadora que pueda usarse para calcular estos valores en la viga para las cargas arbitrarias mostradas en la figura. Úsese este programa para la viga y las condiciones de carga de los problemas a) 7.36, b) 7.37 y c) 7.38

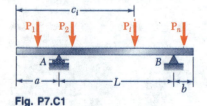

Fig. P7.C1

7.C2 En la figura se muestran varias cargas concentradas y una carga distribuida uniformemente, aplicadas sobre la viga simplemente apoyada AB. Como un primer paso en el diseño de la viga, escríbase un programa de computadora que pueda ser usado para calcular la fuerza cortante y el momento flexionante de las cargas arbitrarias usando incrementos Δx. Úsese este programa para la viga y condiciones de carga de los problemas a) 7.39 con $\Delta x = 0.25$ m, b) 7.41 con $\Delta x = 0.5$ ft y c) 7.42 con $\Delta x = 0.5$ ft.

7.C3 En la figura se muestra una viga AB articulada en B y sostenida mediante un rodillo en D la cual debe diseñarse con eficiencia máxima para soportar una carga distribuida uniformemente a partir de su extremo A hasta su punto central C. Como parte del proceso de diseño, escríbase un programa de computadora que pueda ser usado para determinar la distancia a partiendo del extremo A hasta el punto D que es donde el rodillo debe colocarse para minimizar en la viga el valor absoluto del momento flexionante M. (*Nota*. Un análisis preliminar breve mostrará que el rodillo debe colocarse debajo de la carga para que el valor máximo negativo de M ocurra en D mientras que su valor máximo positivo ocurra en algún lugar entre D y C. Además, véase la sugerencia para el problema 7.55.)

7.C4 El piso de un puente consiste de tablones angostos apoyados sobre dos soportes simples de viga uno de los cuales se muestra en la figura. Como parte del diseño del puente es deseable simular el efecto que tendrá sobre la viga un camión en movimiento de 3000 lb. La distancia entre los ejes del camión es de 6 ft y se supone que el peso del mismo se distribuye de igual manera sobre sus cuatro ruedas. a) Escríbase un programa de computadora que pueda ser usado para calcular la magnitud y la localización del momento flexionante máximo en la viga para valores de x desde -3 ft hasta 10 ft usando incrementos de 0.5 ft. b) Utilizando si es necesario incrementos más pequeños, determínese el valor máximo del momento flexionante que ocurre en la viga cuando el camión se mueve sobre el puente y determínese el valor correspondiente de x.

*7.C5 Escríbase un programa de computadora que pueda ser usado para graficar los diagramas de fuerza cortante y momento flexionante para la viga del problema 7.C1. Usando este programa y considerando incrementos $\Delta x \leq L/100$, grafíquense los diagramas de V y M para la viga y condiciones de carga de los problemas a) 7.36, b) 7.37 y c) 7.38.

*7.C6 Escríbase un programa de computadora que pueda ser usado para graficar los diagramas de fuerza cortante y momento flexionante para la viga del problema 7.C2. Usando este programa y considerando incrementos $\Delta x \leq L/100$, grafique los diagramas de V y M para la viga y condiciones de carga de los problemas: a) 7.39, b) 7.41 y c) 7.42.

7.C7 Escríbase un programa de computadora que pueda ser usado en el diseño de los apoyos de un cable como el mostrado en la figura y que calcule las componentes vertical y horizontal de las reacciones en el apoyo A_n a partir de los valores de las cargas $P_1, P_2, \ldots, P_{n-1}$, así como las distancias horizontales $d_1, d_2, \ldots, d_{n-1}$ y las dos distancias verticales h_o y h_k. Úsese este programa para resolver los problemas 7.95b, 7.96b y 7.97b.

7.C8 Una instalación típica para líneas de transmisión consiste de un cable de longitud s_{AB} de peso w por unidad de longitud suspendido como se muestra en la figura entre dos puntos que tienen la misma altura. Escríbase un programa de computadora y úsese para desarrollar una tabla que pueda usarse para el diseño de futuras instalaciones. La tabla debe contener las cantidades adimensionales h/L, s_{AB}/L, T_0/wL y $T_{máx}/wL$ para valores de c/L desde 0.2 hasta 0.5, usando incrementos de 0.025 y desde 1 hasta 4 usando incrementos de 0.5.

7.C9 Escríbase un programa de computadora y úsese para resolver el problema 7.132 para valores de P desde 0 hasta 50 N usando incrementos de 5 N.

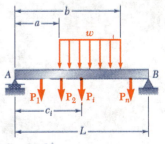
Fig. P7.C2

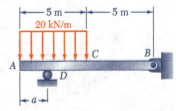
Fig. P7.C3

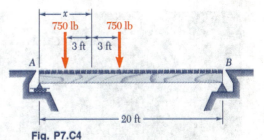
Fig. P7.C4

Fig. P7.C7

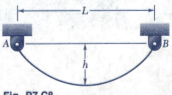
Fig. P7.C8

CAPÍTULO 8

Fricción

Las fuerzas de fricción ejercidas por el piso sobre las llantas de este carro de carreras le permiten arrancar, acelerar y tener dirección a lo largo de la pista.

8.1. INTRODUCCIÓN

En los capítulos anteriores, se supuso que las superficies en contacto eran *superficies sin fricción* o *superficies rugosas*. Si éstas eran superficies sin fricción, la fuerza que cada una de las superficies ejercía sobre la otra era normal a las superficies y las dos se podían mover libremente una con respecto de la otra. Si éstas eran superficies rugosas, se supuso que se podían presentar fuerzas tangenciales para impedir el movimiento de una superficie con respecto de la otra.

Éste fue un punto de vista muy simplificado. En realidad, no existen superficies sin fricción perfectas. Cuando dos superficies están en contacto, siempre se presentan fuerzas tangenciales, llamadas *fuerzas de fricción*, cuando se trata de mover una de las superficies con respecto de la otra. Por otra parte, estas fuerzas de fricción están limitadas en magnitud y no impedirán el movimiento si se aplican fuerzas lo suficientemente grandes. Por lo tanto, la distinción entre superficies sin fricción y superficies rugosas es una cuestión de grado. Esto se verá más claramente en el presente capítulo, el cual está dedicado al estudio de la fricción y a sus aplicaciones en situaciones ingenieriles comunes.

Existen dos tipos de fricción: *fricción seca* que algunas veces se denomina como *fricción de Coulomb* y *fricción en fluidos*. La fricción en fluidos se desarrolla entre capas de fluido que se mueven a diferentes velocidades. La fricción en fluidos es de gran importancia en problemas que involucran el flujo de fluidos a través de tuberías y orificios o cuando se está trabajando con cuerpos que están sumergidos en fluidos que están en movimiento. Además, la fricción en fluidos también es básica en el análisis del movimiento de *mecanismos lubricados*. Este tipo de problemas se consideran en los libros sobre mecánica de fluidos. El presente estudio está limitado a la fricción seca, esto es, a problemas que involucran cuerpos rígidos que están en contacto a lo largo de superficies *que no están lubricadas*.

En la primera parte del capítulo se analiza el equilibrio de distintos cuerpos rígidos y estructuras, suponiendo fricción seca en las superficies que están en contacto. Posteriormente, se consideran ciertas aplicaciones ingenieriles específicas en las cuales la fricción seca juega un papel importante: cuñas, tornillos de rosca cuadrada, chumaceras, cojinetes de empuje, resistencia a la rodadura y fricción en bandas.

8.2. LAS LEYES DE LA FRICCIÓN SECA. COEFICIENTES DE FRICCIÓN

Las leyes de fricción seca se pueden ejemplificar por medio del siguiente experimento. Un bloque de peso **W** se coloca sobre una superficie horizontal plana (figura 8.1*a*). Las fuerzas que actúan sobre el bloque son su peso **W** y la reacción de la superficie. Como el peso no tiene una componente horizontal, la reacción de la superficie tampoco tiene una componente horizontal; por lo tanto, la reacción es *normal* a la superficie y está representada por **N** en la figura 8.1*a*. Ahora, supóngase que se aplica sobre el bloque una fuerza horizontal **P** (figura 8.1*b*). Si **P** es pequeña, el bloque no se moverá; por lo tanto, debe existir alguna otra fuerza horizontal, la cual equilibra a **P**. Esta otra fuerza es la *fuerza de fricción estática* **F**, la cual es en realidad la resultante de un gran número de fuerzas que actúan sobre toda la superficie de contacto entre el bloque y el plano. No se conoce con exactitud la naturaleza de estas fuerzas, pero generalmente se supone que las mismas se deben a irregularidades de las superficies en contacto y, en cierta medida, a la atracción molecular.

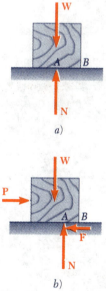

Fig. 8.1

Si se incrementa la fuerza **P**, también se incrementa la fuerza de fricción **F**, la cual continúa oponiéndose a **P**, hasta que su magnitud alcanza un cierto valor máximo F_m (figura 8.1c). Si **P** se incrementa aún más, la fuerza de fric-

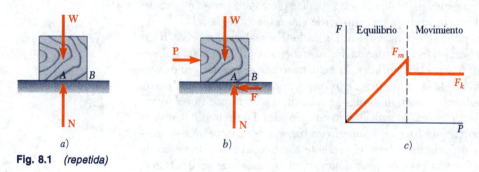

Fig. 8.1 *(repetida)*

ción ya no la puede equilibrar y el bloque comienza a deslizarse.† Tan pronto comienza a moverse el bloque, la magnitud de **F** disminuye de F_m a un valor menor F_k. Lo anterior se debe a que existe una menor interpenetración entre las irregularidades de la superficies en contacto cuando dichas superficies se mueven una con respecto de la otra. A partir del momento en que el bloque comienza a moverse, éste continúa deslizándose con una velocidad que va aumentando mientras que la fuerza de fricción, representada por F_k y denominada fuerza de fricción cinética, permanece aproximadamente constante.

La evidencia experimental muestra que el máximo valor F_m de la fuerza de fricción estática es proporcional a la componente normal N de la reacción de la superficie. Así, se tiene que

$$F_m = \mu_s N \tag{8.1}$$

donde μ_s es una constante denominada el coeficiente de fricción estática. Similarmente, la magnitud F_k de la fuerza de fricción cinética puede expresarse en la forma

$$F_k = \mu_k N \tag{8.2}$$

donde μ_k es una constante denominada el coeficiente de fricción cinética. Los coeficientes de fricción μ_s y μ_k no dependen del área de las superficies en contacto. Sin embargo, ambos coeficientes dependen notoriamente de la naturaleza de las superficies en contacto. Como dichos coeficientes también dependen de la condición exacta de las superficies, sus valores raras veces se conocen con una precisión superior al 5 por ciento. En la tabla 8.1 se proporcionan valores

---

†Se debe señalar que, a medida que se incrementa la magnitud F de la fuerza de fricción desde 0 hasta F_m, el punto de aplicación A de la resultante **N** de las fuerzas de contacto normales se mueve hacia la derecha, de tal forma que los pares formados, respectivamente, por **P** y **F** y por **W** y **N** permanecen equilibrados. Si **N** alcanza el punto B antes de que F alcance su valor máximo F_m, el bloque se volteará alrededor de B antes de que pueda comenzar a deslizarse (véanse los problemas propuestos del 8.17 al 8.20).

aproximados de coeficientes de fricción estática para distintas superficies secas. Los valores correspondientes del coeficiente de fricción cinética serían alrededor de un 25 por ciento menores. Como los coeficientes de fricción son cantidades adimensionales, los valores proporcionados en la tabla 8.1 se pueden utilizar tanto con las unidades del SI o con las unidades del sistema de uso común en los Estados Unidos.

Tabla 8.1. Valores aproximados de los coeficientes de fricción estática para superficies secas

Metal sobre metal	0.15–0.60
Metal sobre madera	0.20–0.60
Metal sobre piedra	0.30–0.70
Metal sobre cuero	0.30–0.60
Madera sobre madera	0.25–0.50
Madera sobre cuero	0.25–0.50
Piedra sobre piedra	0.40–0.70
Tierra sobre tierra	0.20–1.00
Hule sobre concreto	0.60–0.90

A partir de la descripción que se proporcionó en los párrafos anteriores, resulta evidente que pueden ocurrir cuatro situaciones diferentes cuando un cuerpo rígido está en contacto con una superficie horizontal:

1. Las fuerzas aplicadas sobre el cuerpo no tratan de hacer que éste se mueva a lo largo de la superficie de contacto; por lo tanto, no hay fuerza de fricción (figura 8.2a).

2. Las fuerzas aplicadas tienden a mover al cuerpo a lo largo de la superficie de contacto pero no son lo suficientemente grandes para ponerlo en movimiento. La fuerza de fricción F que se ha desarrollado puede encontrarse resolviendo las ecuaciones de equilibrio para el cuerpo. Como no hay evidencia de que F ha alcanzado su máximo valor, *no se puede utilizar* la ecuación $F_m = \mu_s N$ para determinar la fuerza de fricción (figura 8.2b).

3. Las fuerzas aplicadas son tales que el cuerpo está a punto de comenzar a deslizarse. Se dice que *el movimiento es inminente*. La fuerza de fricción F ha alcanzado su máximo valor F_m y, junto con la fuerza normal N, equilibra las fuerzas aplicadas. *Se pueden utilizar* tanto las ecuaciones de equilibrio como la ecuación $F_m = \mu_s N$. También se debe señalar que la fuerza de fricción tiene un sentido opuesto al sentido del movimiento inminente (figura 8.2c).

4. El cuerpo se desliza bajo la acción de las fuerzas aplicadas y ya no se pueden aplicar las ecuaciones de equilibrio. Sin embargo, ahora F es igual a F_k y se puede utilizar la ecuación $F_k = \mu_k N$. El sentido de F_k es opuesto al sentido del movimiento (figura 8.2d).

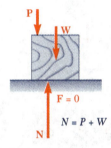

a) Sin fricción ($P_x = 0$)

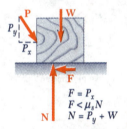

b) Sin movimiento ($P_x < F_m$)

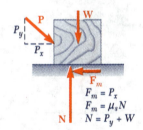

c) Movimiento inminente ⟶ ($P_x = F_m$)

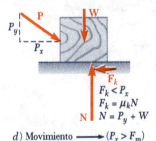

d) Movimiento ⟶ ($P_x > F_m$)

Fig. 8.2

8.3. ÁNGULOS DE FRICCIÓN

Algunas veces es conveniente reemplazar la fuerza normal **N** y la fuerza de fricción **F** por su resultante. Considérese nuevamente un bloque de peso **W** que descansa sobre una superficie horizontal plana. Si no se aplica una fuerza horizontal al bloque, la resultante **R** se reduce a la fuerza normal **N** (figura 8.3a). Sin embargo, si la fuerza aplicada **P** tiene una componente horizontal P_x que tiende a mover al bloque, la fuerza **R** tendrá una componente horizontal **F** y, por lo tanto, formará un ángulo ϕ con la perpendicular a la superficie (figura 8.3b). Si se incrementa P_x hasta que el movimiento se vuelva inminente, el ángulo entre **R** y la vertical aumenta y alcanza un valor máximo (figura 8.3c). Este valor recibe el nombre de *ángulo de fricción estática* y se representa por ϕ_s. A partir de la geometría de la figura 8.3c, se observa que

$$\tan \phi_s = \frac{F_m}{N} = \frac{\mu_s N}{N}$$

$$\boxed{\tan \phi_s = \mu_s} \tag{8.3}$$

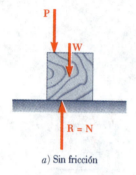

a) Sin fricción

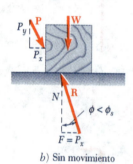

b) Sin movimiento

Si en realidad llega a ocurrir el movimiento, la magnitud de la fuerza de fricción decae a F_k; similarmente, el ángulo ϕ entre **R** y **N** decae a un valor menor ϕ_k, denominado el *ángulo de fricción cinética* (figura 8.3d). A partir de la geometría de la figura 8.3d, se escribe

$$\tan \phi_k = \frac{F_k}{N} = \frac{\mu_k N}{N}$$

$$\boxed{\tan \phi_k = \mu_k} \tag{8.4}$$

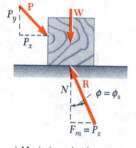

c) Movimiento inminente

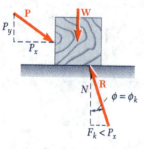

d) Movimiento

Fig. 8.3

Otro ejemplo demostrará cómo el ángulo de fricción se puede utilizar ventajosamente en el análisis de ciertos tipos de problemas. Considérese un bloque que descansa sobre una tabla y que está sujeto únicamente a las fuerzas correspondientes a su peso **W** y a la reacción **R** de la tabla. Se le puede dar a la tabla cualquier inclinación que se desee. Si la tabla está horizontal, la fuerza **R** ejercida por la tabla sobre el bloque es perpendicular a la tabla y equilibra al peso **W** (figura 8.4a). Si se le da a la tabla un pequeño ángulo de inclinación θ, la fuerza **R** se desviará de la perpendicular a la tabla por el mismo ángulo θ y continuará equilibrando a **W** (figura 8.4b); entonces, **R** tendrá una componente normal **N** de magnitud $N = W \cos \theta$ y una componente tangencial **F** de magnitud $F = W \sen \theta$.

Si se continúa incrementando el ángulo de inclinación pronto el movimiento será inminente. En ese momento, el ángulo entre **R** y la normal habrá alcanzado su máximo valor ϕ_s (figura 8.4c). El valor del ángulo de inclinación correspondiente al movimiento inminente recibe el nombre de *ángulo de reposo*. Obviamente, el ángulo de reposo es igual al ángulo de fricción estática ϕ_s. Si se incrementa aún más el ángulo de inclinación θ, comienza el movimiento y el ángulo entre **R** y la normal decae al valor menor ϕ_k (figura 8.4d). La reacción **R** ya no es vertical y las fuerzas que actúan sobre el bloque están desequilibradas.

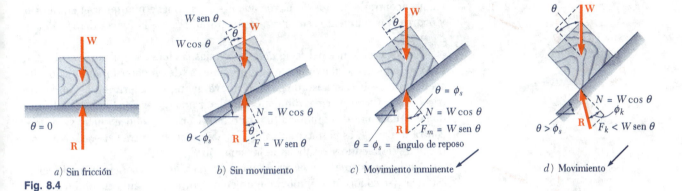

Fig. 8.4

a) Sin fricción
b) Sin movimiento
c) Movimiento inminente
d) Movimiento

8.4. PROBLEMAS QUE INVOLUCRAN FRICCIÓN SECA

En muchas aplicaciones ingenieriles se encuentran problemas que involucran fricción seca. Algunos tratan con situaciones simples tales como el bloque que se desliza sobre un plano descrito en la sección anterior. Otros, involucran situaciones más complicadas como en el problema resuelto 8.3; muchos tratan con la estabilidad de cuerpos rígidos en movimiento acelerado y serán estudiados en dinámica. Además, un cierto número de máquinas y mecanismos comunes pueden analizarse aplicando las leyes de fricción seca. Éstos incluyen cuñas, tornillos, chumaceras y cojinetes de empuje y transmisiones de bandas, los cuales serán estudiados en secciones posteriores.

Los *métodos* que deben utilizarse para resolver problemas que involucran fricción seca son los mismos que se emplearon en los capítulos anteriores. Si un problema únicamente involucra un movimiento de traslación, sin que sea posible una rotación, usualmente se puede tratar al cuerpo bajo consideración como si fuera una partícula y, por lo tanto, se pueden usar los métodos del capítulo 2. Si el problema involucra una posible rotación, el cuerpo se debe considerar como un cuerpo rígido y se deben emplear los métodos del capítulo 4. Si la estructura que se está considerando está hecha de varias partes, se debe utilizar el principio de acción y reacción tal y como se hizo en el capítulo 6.

Si actúan más de tres fuerzas sobre el cuerpo que se está considerando (incluyendo las reacciones en las superficies de contacto), la reacción en cada superficie será representada por sus componentes **N** y **F** y el problema se resolverá empleando las ecuaciones de equilibrio. Si sólo actúan tres fuerzas sobre el cuerpo que se está considerando, puede ser más conveniente representar cada reacción por medio de una fuerza única **R** y resolver el problema dibujando un triángulo de fuerzas.

La mayoría de los problemas que involucran la fricción caen dentro de uno de los *tres grupos* siguientes: en el *primer grupo* de problemas todas las fuerzas aplicadas están dadas y los coeficientes de fricción son conocidos; en estos casos, se desea determinar si el cuerpo considerado permanecerá en reposo o se deslizará. La fuerza de fricción **F** *requerida para mantener el equilibrio* es desconocida (su magnitud *no* es igual a $\mu_s N$) y debe determinarse, junto con la fuerza normal **N**, dibujando un diagrama de cuerpo libre y *resolviendo las ecuaciones de equilibrio* (figura 8.5a). Entonces, se compara el valor

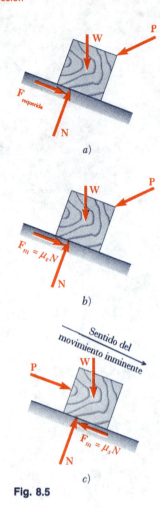

Fig. 8.5

encontrado para la magnitud F de la fuerza de fricción con el valor máximo $F_m = \mu_s N$. Si F es menor o igual que F_m, el cuerpo permanecerá en reposo. Si el valor encontrado para F es mayor que F_m, no se puede mantener el equilibrio y ocurre el movimiento; entonces, la magnitud real de la fuerza de fricción es $F_k = \mu_k N$.

En los problemas del *segundo grupo* todas las fuerzas aplicadas están dadas y se sabe que el movimiento es inminente; se desea determinar el valor del coeficiente de fricción estática. Aquí, nuevamente, se determina la fuerza de fricción y la fuerza normal dibujando un diagrama de cuerpo libre y resolviendo las ecuaciones de equilibrio (figura 8.5*b*). Como se conoce que el valor encontrado para F es el máximo valor F_m, se puede encontrar el coeficiente de fricción escribiendo y resolviendo la ecuación $F_m = \mu_s N$.

En los problemas del *tercer grupo* se proporciona el coeficiente de fricción estática y se conoce que el movimiento en una dirección dada es inminente; se desea determinar la magnitud o la dirección de una de las fuerzas aplicadas. La fuerza de fricción debe mostrarse en el diagrama de cuerpo libre con un *sentido opuesto al del movimiento inminente* y con una magnitud $F_m = \mu_s N$ (figura 8.5*c*). Entonces, se pueden escribir las ecuaciones de equilibrio y se puede determinar la fuerza deseada.

Como se señaló anteriormente, cuando únicamente están involucradas tres fuerzas puede ser más conveniente representar la reacción de la superficie por medio de una sola fuerza **R** y resolver el problema dibujando un triángulo de fuerzas. Una solución de este tipo se emplea en el problema resuelto 8.2.

Cuando dos cuerpos A y B están en contacto (figura 8.6*a*), las fuerzas de fricción ejercidas, respectivamente, por A sobre B y por B sobre A son iguales y opuestas (tercera ley de Newton). Al dibujar el diagrama de cuerpo libre correspondiente a uno de los cuerpos, es importante incluir la fuerza de fricción apropiada con su sentido correcto. Por lo tanto, siempre se debe tener presente la siguiente regla: *el sentido de la fuerza de fricción que actúa sobre A es opuesto al sentido del movimiento (o del movimiento inminente) de A visto desde B* (figura 8.6*b*).† El sentido de la fuerza de fricción que actúa sobre B se determina en una forma similar (figura 8.6*c*). Obsérvese que el movimiento de A visto desde B es un *movimiento relativo*. Por ejemplo, si el cuerpo A está fijo y el cuerpo B está en movimiento, el cuerpo A tendrá un movimiento relativo con respecto de B. Además, si tanto B como A se están moviendo hacia abajo pero B se mueve más rápido que A, se observará que, visto desde B, el cuerpo A se mueve hacia arriba.

† Por lo tanto, el sentido de la fuerza de fricción es *el mismo que el del movimiento de B visto desde A*.

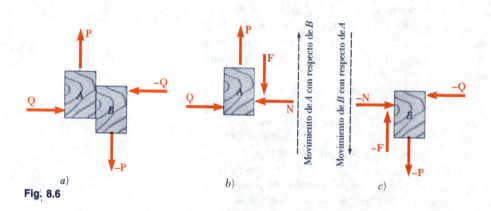

Fig. 8.6

PROBLEMA RESUELTO 8.1

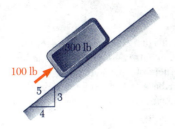

Como se muestra en la figura, una fuerza de 100 lb actúa sobre un bloque de 300 lb que está colocado sobre un plano inclinado. Los coeficientes de fricción entre el bloque y el plano son $\mu_s = 0.25$ y $\mu_k = 0.20$. Determínese si el bloque está en equilibrio y encuentre el valor de la fuerza de fricción.

SOLUCIÓN

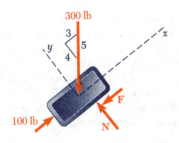

Fuerza requerida para mantener el equilibrio. Primero se determina el valor de la fuerza de fricción *requerida para mantener el equilibrio*. Suponiendo que **F** está dirigida hacia abajo y hacia la izquierda, se dibuja el diagrama de cuerpo libre del bloque y se escribe

$+\nearrow \Sigma F_x = 0$: $100 \text{ lb} - \frac{3}{5}(300 \text{ lb}) - F = 0$
                $F = -80 \text{ lb}$ $\mathbf{F} = 80 \text{ lb} \nearrow$

$+\nwarrow \Sigma F_y = 0$: $N - \frac{4}{5}(300 \text{ lb}) = 0$
                $N = +240 \text{ lb}$ $\mathbf{N} = 240 \text{ lb} \nwarrow$

La fuerza **F** requerida para mantener el equilibrio es una fuerza de 80 lb dirigida hacia arriba y hacia la derecha; por lo tanto, el bloque tiende a moverse hacia abajo a lo largo del plano.

Máxima fuerza de fricción. La magnitud de la máxima fuerza de fricción que puede desarrollarse es

$$F_m = \mu_s N \qquad F_m = 0.25(240 \text{ lb}) = 60 \text{ lb}$$

Como el valor de la fuerza requerida para mantener el equilibrio (80 lb) es mayor que el valor máximo que se puede obtener (60 lb), no se mantendrá el equilibrio y ***el bloque se deslizará hacia abajo a lo largo del plano.***

Valor real de la fuerza de fricción. La magnitud de la fuerza de fricción que se tiene realmente se determina de la siguiente forma:

$$F_{\text{actual}} = F_k = \mu_k N$$
$$= 0.20(240 \text{ lb}) = 48 \text{ lb}$$

El sentido de esta fuerza es opuesto al sentido del movimiento; por lo tanto, la fuerza está dirigida hacia arriba y hacia la derecha:

$\mathbf{F}_{\text{actual}} = 48 \text{ lb} \nearrow$ ◀

Se debe señalar que las fuerzas que actúan sobre el bloque no están en equilibrio; la resultante de dichas fuerzas es

$$\tfrac{3}{5}(300 \text{ lb}) - 100 \text{ lb} - 48 \text{ lb} = 32 \text{ lb} \swarrow$$

PROBLEMA RESUELTO 8.2

Sobre un bloque que sirve de soporte actúan dos fuerzas tal y como se muestra en la figura. Sabiendo que los coeficientes de fricción entre el bloque y el plano inclinado son $\mu_s = 0.35$ y $\mu_k = 0.25$, determínese la fuerza **P** que se requiere *a)* para hacer que el bloque comience a moverse hacia arriba a lo largo del plano inclinado, *b)* para que el bloque continúe moviéndose hacia arriba y *c)* para prevenir que el bloque se deslice hacia abajo a lo largo del plano.

SOLUCIÓN

Diagrama de cuerpo libre. Para cada uno de los incisos se dibuja un diagrama de cuerpo libre del bloque y un triángulo de fuerzas que incluya la fuerza vertical de 800 N, la fuerza horizontal **P** y la fuerza **R** ejercida por el plano inclinado sobre el bloque. En cada uno de los casos considerados, se debe determinar la dirección de **R**. Se debe señalar que en virtud de que **P** es perpendicular a la fuerza de 800 N, el triángulo de fuerzas es un triángulo recto, el cual puede resolverse fácilmente para encontrar a **P**. Sin embargo, en la mayoría de los problemas, el triángulo de fuerzas será un triángulo oblicuo y deberá resolverse aplicando la ley de los senos.

a. Fuerza P requerida para hacer que el bloque comience a moverse hacia arriba

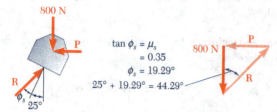

$$P = (800 \text{ N}) \tan 44.29° \qquad \mathbf{P} = 780 \text{ N} \leftarrow \blacktriangleleft$$

b. Fuerza P requerida para hacer que el bloque continúe moviéndose hacia arriba

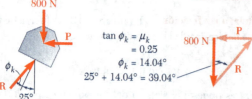

$$P = (800 \text{ N}) \tan 39.04° \qquad \mathbf{P} = 649 \text{ N} \leftarrow \blacktriangleleft$$

c. Fuerza P requerida para evitar que el bloque se deslice hacia abajo

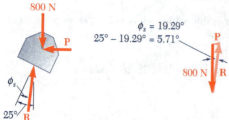

$$P = (800 \text{ N}) \tan 5.71° \qquad \mathbf{P} = 80.0 \text{ N} \leftarrow \blacktriangleleft$$

PROBLEMA RESUELTO 8.3

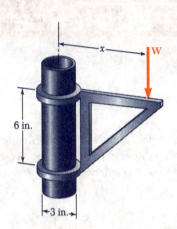

La ménsula móvil mostrada en la figura puede colocarse a cualquier altura a lo largo del tubo de 3 in. de diámetro. Si el coeficiente de fricción estática entre el tubo y la ménsula es de 0.25, determínese la distancia mínima x a la cual se puede soportar la carga W, sin tomar en cuenta el peso de la ménsula.

SOLUCIÓN

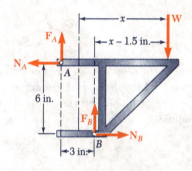

Diagrama de cuerpo libre. Se dibuja el diagrama de cuerpo libre de la ménsula. Cuando W se coloca a la distancia mínima x a partir del eje del tubo, la ménsula está a punto de deslizarse y las fuerzas de fricción en A y B han alcanzado sus máximos valores:

$$F_A = \mu_s N_A = 0.25 N_A$$
$$F_B = \mu_s N_B = 0.25 N_B$$

Ecuaciones de equilibrio

$\xrightarrow{+} \Sigma F_x = 0:\qquad N_B - N_A = 0$
$\qquad\qquad\qquad\quad N_B = N_A$

$+\uparrow \Sigma F_y = 0:\qquad F_A + F_B - W = 0$
$\qquad\qquad\qquad\quad 0.25 N_A + 0.25 N_B = W$

Y, como se ha encontrado que N_B es igual a N_A,

$$0.50 N_A = W$$
$$N_A = 2W$$

$+\curvearrowleft \Sigma M_B = 0:\qquad N_A(6\text{ in.}) - F_A(3\text{ in.}) - W(x - 1.5\text{ in.}) = 0$
$\qquad\qquad\qquad\quad 6N_A - 3(0.25 N_A) - Wx + 1.5W = 0$
$\qquad\qquad\qquad\quad 6(2W) - 0.75(2W) - Wx + 1.5W = 0$

Dividiendo entre W todos los términos de la ecuación anterior y resolviendo para x,

$$x = 12 \text{ in.} \blacktriangleleft$$

PROBLEMAS PARA RESOLVER EN FORMA INDEPENDIENTE

En esta lección se estudiaron y se aplicaron las *leyes de fricción seca*. Anteriormente, sólo se habían encontrado *a*) superficies sin fricción que podían moverse libremente una con respecto de la otra y *b*) superficies rugosas que no permitían un movimiento relativo de una superficie con respecto de la otra.

A. Al resolver problemas que involucran fricción seca, se deben tomar en cuenta los siguientes puntos.

1. La reacción **R** ***ejercida por una superficie sobre un cuerpo libre*** se puede descomponer en una componente normal **N** y una componente tangencial **F**. La componente tangencial se conoce como la *fuerza de fricción*. Cuando un cuerpo está en contacto con una superficie fija, la dirección de la fuerza de fricción **F** es opuesta a la dirección del movimiento real o inminente del cuerpo.

 a. No ocurrirá movimiento siempre y cuando F no exceda el valor máximo $F_m = \mu_s N$, donde μ_s es el *coeficiente de fricción estática*.

 b. Ocurrirá movimiento si se requiere un valor de F mayor que F_m para mantener el equilibrio. A medida que ocurra el movimiento, el valor real de F disminuye a $F_k = \mu_k N$, donde μ_k es el *coeficiente de fricción cinética* [problema resuelto 8.1].

2. Cuando sólo están involucradas tres fuerzas se puede preferir un enfoque alternativo para el análisis de la fricción [problema resuelto 8.2]. Se define la reacción **R** por medio de su magnitud R y del ángulo ϕ que está formado con la normal a la superficie. No ocurrirá movimiento siempre y cuando ϕ no exceda el valor máximo ϕ_s, donde $\tan \phi_s = \mu_s$. Ocurrirá movimiento si se requiere un valor de ϕ mayor que ϕ_s para mantener el equilibrio y el valor real de ϕ disminuirá a ϕ_k, donde $\tan \phi_k = \mu_k$.

3. Cuando dos cuerpos están en contacto se debe determinar el sentido del movimiento real o relativo inminente en el punto de contacto. Sobre cada uno de los dos cuerpos se debe mostrar una fuerza de fricción **F** en una dirección opuesta a la dirección del movimiento real o inminente del cuerpo visto desde el otro cuerpo.

B. Métodos de solución. El primer paso en la solución consiste en *dibujar un diagrama de cuerpo libre* del cuerpo bajo consideración, descomponiendo la fuerza ejercida sobre cada una de las superficies donde existe fricción en una componente normal **N** y en una fuerza de fricción **F**. Si están involucrados varios cuerpos, se debe dibujar un diagrama de cuerpo libre para cada uno de ellos representando y dirigiendo las fuerzas en cada superficie de contacto de la misma forma que se hizo cuando se analizaron marcos en el capítulo 6.

Los problemas que se tienen que resolver pueden caer en una de las tres categorías siguientes:

1. Todas las fuerzas aplicadas y los coeficientes de fricción son conocidos y se debe determinar si el equilibrio se mantiene o no. Obsérvese que en esta situación la fuerza de fricción es desconocida y *no se puede suponer que es igual* a $\mu_s N$.

   a. Se deben escribir las ecuaciones de equilibrio para determinar N y F.

   b. Se debe calcular la máxima fuerza de fricción permisible, $F_m = \mu_s N$. Si $F \leq F_m$, se mantiene el equilibrio. Si $F > F_m$, ocurre el movimiento y la magnitud de la fuerza de fricción es $F_k = \mu_k N$ [problema resuelto 8.1].

2. Todas las fuerzas aplicadas son conocidas y se debe encontrar el mínimo valor permisible de m_s para el cual se mantiene el equilibrio. Se debe suponer que el movimiento es inminente y se debe determinar el valor correspondiente de μ_s.

   a. Se deben escribir las ecuaciones de equilibrio para determinar N y F.

   b. Como el movimiento es inminente, $F = F_m$, se sustituyen los valores encontrados para N y F en la ecuación $F_m = \mu_s N$ y se resuelve para μ_s.

3. El movimiento del cuerpo es inminente y se conoce el valor de m_s; se debe encontrar alguna cantidad desconocida, tal como una distancia, un ángulo, la magnitud de una fuerza o la dirección de una fuerza.

   a. Se debe suponer un posible movimiento del cuerpo y, en el diagrama de cuerpo libre, dibújese la fuerza de fricción en una dirección opuesta a la dirección del movimiento supuesto.

   b. Como el movimiento es inminente, $F = F_m = \mu_s N$. Sustituyendo a m_s por su valor conocido, se puede expresar F en términos de N en el diagrama de cuerpo libre, eliminándose de esta forma una incógnita.

   c. Se deben escribir y resolver las ecuaciones de equilibrio para la incógnita que se está buscando [problema resuelto 8.3].

Problemas

8.1 Determínese si el bloque mostrado en la figura está en equilibrio y encuéntrese la magnitud y la dirección de la fuerza de fricción cuando $\theta = 30°$ y $P = 50$ lb.

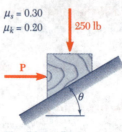

Fig. P8.1 y P8.2

8.2 Determínese si el bloque mostrado en la figura está en equilibrio y encuéntrese la magnitud y la dirección de la fuerza de fricción cuando $\theta = 35°$ y $P = 100$ lb.

8.3 Determínese si el bloque mostrado en la figura está en equilibrio y encuéntrese la magnitud y la dirección de la fuerza de fricción cuando $\theta = 40°$ y $P = 400$ lb.

8.4 Determínese si el bloque mostrado en la figura está en equilibrio y encuéntrese la magnitud y la dirección de la fuerza de fricción cuando $\theta = 35°$ y $P = 200$ lb.

8.5 Sabiendo que $\theta = 45°$, determínese el rango de valores de P para los cuales el sistema se mantenga en equilibrio estático.

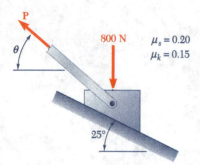

Fig. P8.3, P8.4 y P8.5

8.6 Determínese el rango de valores de P para los cuales el bloque mostrado en la figura se mantenga en equilibrio estático.

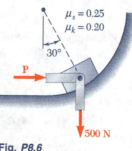

Fig. P8.6

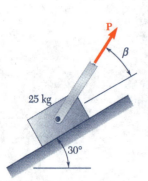

8.7 Sabiendo que el coeficiente de fricción entre el bloque de 25 kg y el plano inclinado es $\mu_s = 0.25$, determínese: a) el valor mínimo de P necesario para que el bloque comience a moverse hacia arriba del plano inclinado y b) el valor correspondiente de β.

8.8 Sabiendo que el coeficiente de fricción entre el bloque de 15 kg y el plano inclinado es $\mu_s = 0.25$, determínese: a) el valor mínimo de P necesario para mantener al bloque en equilibrio y b) el valor correspondiente de β.

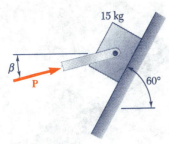

Fig. P8.8

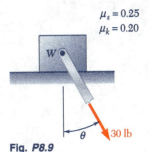

Fig. P8.9

8.9 Considerando sólo valores de θ menores a 90°, determínese el valor mínimo requerido por θ para que el bloque comience a moverse hacia la derecha cuando a) $W = 75$ lb y b) $W = 100$ lb.

8.10 El bloque de 80 lb unido al eslabón AB se apoya sobre la banda móvil mostrada en la figura. Si se sabe que $\mu_s = 0.25$ y $\mu_k = 0.20$, determínese la magnitud de la fuerza horizontal P que debe de aplicarse a la banda para que ésta continúe su movimiento hacia a) la derecha y b) la izquierda.

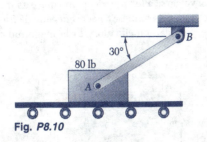

Fig. P8.10

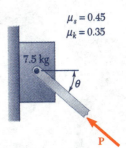

Fig. P8.11 y P8.12

8.11 Si se sabe que $\theta = 40°$, determínese la fuerza mínima P para la cual el bloque de 7.5 kg se mantiene en equilibrio.

8.12 Si se sabe que $P = 100$ lb, determínese el rango de valores de θ para los cuales el bloque de 7.5 kg se mantiene en equilibrio.

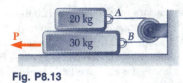

Fig. P8.13

Fig. P8.14

8.13 y 8.14 Los coeficientes de fricción entre todas las superficies de contacto son $\mu_s = 0.40$ y $\mu_k = 0.30$. Determínese la fuerza mínima P requerida para que el bloque de 30 kg comience a moverse si el cable AB a) se une como se muestra en la figura y b) se retira.

8.15 Los bloques A y B de 20 lb y 30 lb, respectivamente, se sostienen mediante un elemento inclinado el cual se mantiene en la posición mostrada en la figura. Si se sabe que el coeficiente de fricción estática entre los bloques es 0.15 y cero entre el bloque B y el elemento inclinado, determínese el valor de θ para el cual el movimiento es inminente.

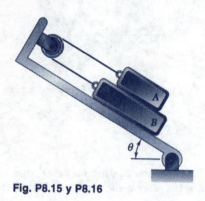

Fig. P8.15 y P8.16

8.16 Los bloques A y B de 20 lb y 30 lb, respectivamente, se sostienen mediante un elemento inclinado el cual se mantiene en la posición mostrada en la figura. Si se sabe que el coeficiente de fricción estática entre todas las superficies en contacto es 0.15, determínese el valor de θ para el cual el movimiento es inminente.

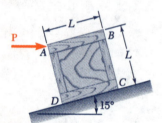

Fig. P8.17

8.17 En la figura se muestra una caja uniforme de 30 kg de masa la cual debe moverse hacia arriba sin volcarse a lo largo del plano que está inclinado 15°. Sabiendo que la fuerza $\mathbf{P}$ es horizontal, determínese a) el coeficiente de fricción estática máximo permisible entre la caja y el plano inclinado y b) la magnitud correspondiente de la fuerza $\mathbf{P}$.

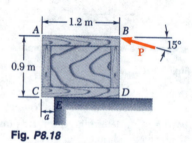

Fig. P8.18

8.18 Un trabajador mueve lentamente hacia la izquierda y a lo largo del muelle de carga una caja de 50 kg al aplicar una fuerza $\mathbf{P}$ en la esquina B de dicha caja tal y como se muestra en la figura. Si se sabe que cuando $a = 200$ mm la caja comienza a volcarse con respecto a la orilla E del muelle de carga, determínese a) el coeficiente de fricción cinética entre la caja y el muelle y b) la magnitud correspondiente de la fuerza P.

8.19 En la figura se muestra un gabinete de 120 lb que se monta sobre ruedas las cuales se fijan para evitar su rotación. El coeficiente de fricción estática entre el piso y cada rueda es de 0.30. Si $h = 32$ in., determínese la magnitud de la fuerza P requerida para mover el gabinete hacia la derecha si a) todas las ruedas están fijas, b) las ruedas en B están fijas y las ruedas en A pueden rotar libremente y c) las ruedas en A están fijas y las ruedas en B pueden rotar libremente.

8.20 En la figura se muestra un gabinete de 120 lb que se monta sobre ruedas las cuales se fijan para evitar su rotación. El coeficiente de fricción estática entre el piso y cada rueda es de 0.30. Suponiendo que las ruedas en A y B están fijas, determínese a) la fuerza $\mathbf{P}$ requerida para mover el gabinete hacia la derecha y b) el máximo valor permisible de h para que el gabinete no vuelque.

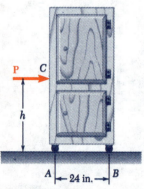

Fig. P8.19 y P8.20

8.21 El cilindro de peso W y de radio r mostrado en la figura tiene el mismo coeficiente de fricción estática μ_s en A y en B. Determínese la magnitud del par máximo **M** que puede aplicarse al cilindro para que éste no rote.

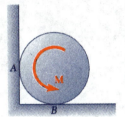

Fig. P8.21 y P8.22

8.22 En la figura se muestra un cilindro de peso W y radio r. Exprésese en términos de W y r la magnitud del par máximo **M** que puede aplicarse al cilindro sin que éste rote. Supóngase que el coeficiente de fricción estática debe de ser a) cero en A y 0.30 en B y b) 0.25 en A y 0.30 en B.

8.23 Un cable se jala de un carrete a velocidad constante al aplicarle la fuerza vertical **P** mostrada en la figura. El carrete y el alambre envuelto sobre aquél tienen un peso combinado de 20 lb. Determínese la magnitud de la fuerza **P** requerida para jalar el cable si se sabe que los coeficientes de fricción $\mu_s = 0.40$ y $\mu_k = 0.30$ son los mismos en A y B.

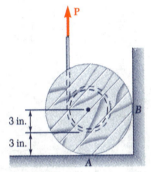

Fig. P8.23

8.24 Resuélvase el problema 8.23 suponiendo que los coeficientes de fricción en B son cero.

8.25 El cilindro hidráulico mostrado en la figura ejerce una fuerza de 3 kN dirigida hacia la derecha sobre el punto B y hacia la izquierda sobre el punto E. Determínese la magnitud del par **M** requerido para rotar el tambor a velocidad constante en sentido a favor del movimiento de las manecillas del reloj.

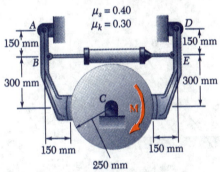

Fig. P8.25 y P8.26

8.26 Un par **M** de 100 N · m de magnitud se aplica sobre el tambor como se muestra en la figura. Determínese la fuerza mínima que debe ejercer el cilindro hidráulico sobre las uniones en B y E si el tambor no debe rotar.

* 8.27 En la figura se muestra el cilindro C de peso W apoyado sobre el cilindro D y contra la pared vertical. Sabiendo que el coeficiente de fricción estática en A y en B es de 0.25, determínese el par máximo **M** en sentido contrario al del movimiento de las manecillas del reloj que puede ser aplicado al cilindro D para que no rote.

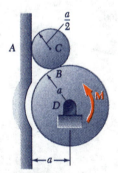

Fig. P8.27

* 8.28 Resuélvase el problema 8.27 suponiendo que el par **M** se aplica en un sentido a favor del movimiento de las manecillas del reloj.

8.29 La escalera AB de 6.5 m de longitud se apoya sobre la pared mostrada en la figura. Suponiendo que el coeficiente de fricción μ_s estática en B es cero, determínese el valor mínimo de μ_s en A para que la escalera se mantenga en equilibrio estático.

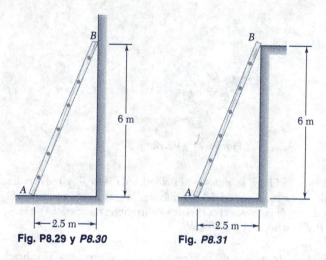

Fig. P8.29 y P8.30   Fig. P8.31

8.30 y 8.31 La escalera AB de 6.5 m de longitud se apoya sobre la pared mostrada en la figura. Suponiendo que el coeficiente de fricción estática μ_s es el mismo en A y en B, determínese el valor mínimo de μ_s para que la escalera se mantenga en equilibrio estático.

8.32 y 8.33 El extremo A de la barra ligera y uniforme de longitud L y peso W mostrada en la figura, se apoya sobre una superficie mientras que su extremo B se sostiene mediante la cuerda BC. Si se sabe que los coeficientes de fricción son $\mu_s = 0.40$ y $\mu_k = 0.30$, determínese a) el valor de θ para el cual el movimiento es inminente y b) el valor correspondiente de la tensión en la cuerda.

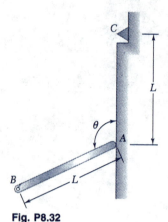

Fig. P8.32

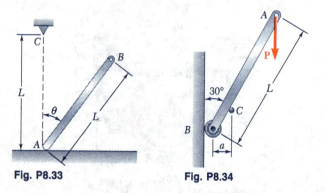

Fig. P8.33   Fig. P8.34

8.34 En la figura se muestra una barra delgada de longitud L colocada entre la pija C y la pared vertical la cual sostiene una carga $\mathbf{P}$ en su extremo A. Si se sabe que el coeficiente de fricción estática entre la pija y la barra es de 0.15 y sin tomar en cuenta el efecto de la fricción en el rodillo, determínese el rango de valores de la relación L/a para que la barra se mantenga en equilibrio estático.

8.35 Resuélvase el problema 8.34, suponiendo que el coeficiente de fricción estática entre la pija y la barra es de 0.60.

8.36 La prensa mostrada en la figura se emplea para abollanar un sello pequeño en E. Sabiendo que el coeficiente de fricción estática entre la guía vertical y el dado D es de 0.30, determínese la fuerza ejercida por el dado sobre el sello.

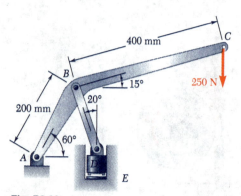

Fig. P8.36

8.37 Una ventana corrediza que pesa 10 lb se sostiene comúnmente mediante dos bandas de 5 lb de peso cada una. Sabiendo que la ventana permanece abierta después de que una de las bandas se rompe, determínese el valor mínimo posible del coeficiente de fricción estática. (Supóngase que las bandas son ligeramente más pequeñas que el marco y que éstas sólo están atadas en los puntos A y D.)

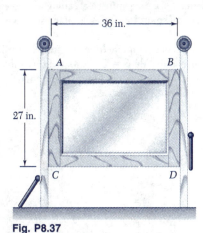

Fig. P8.37

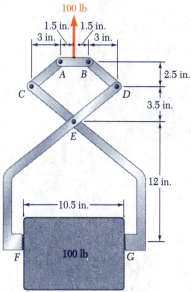

Fig. P8.38

8.38 Un bloque de concreto de 100 lb se levanta mediante el par de tenazas mostradas en la figura. Determínese el valor mínimo permisible del coeficiente de fricción estática entre el bloque y las tenazas en F y G.

8.39 Una leva de 100 mm de radio se usa para controlar el movimiento de la placa CD tal y como se muestra en la figura. Sabiendo que el coeficiente de fricción estática entre la leva y la placa es de 0.45 y sin tomar en cuenta la fricción en los apoyos de rodillo, determínese a) la fuerza $\mathbf{P}$ requerida para mantener el movimiento de la placa de espesor igual a 20 mm y b) el espesor máximo de la placa para que el mecanismo sea autobloqueante (esto es, que la placa no se mueva independientemente de qué tan grande sea el valor de $\mathbf{P}$).

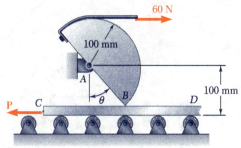

Fig. P8.39

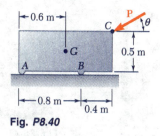

Fig. P8.40

8.40 La base de una máquina mostrada en la figura tiene una masa de 75 kg y se ajusta con calzas en A y B. El coeficiente de fricción estática entre las calzas y el suelo es de 0.30. Si una fuerza $\mathbf{P}$ de 500 N de magnitud se aplica en la esquina C, determínese el rango de valores de θ para los cuales la base no se moverá.

8.41 En la figura se muestra un tubo de 60 mm de diámetro que se aprieta mediante una llave stillson. Las porciones AB y DE de la llave, están rígidamente unidas entre sí y la porción CF se conecta mediante un perno en D. Si la llave al apretar el tubo debe quedar autobloqueada, determínese el coeficiente de fricción mínimo requerido en A y C.

8.42 Resuélvase el problema 8.41 suponiendo que el diámetro del tubo es de 30 mm.

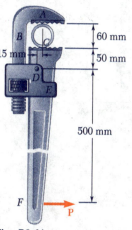

Fig. P8.41

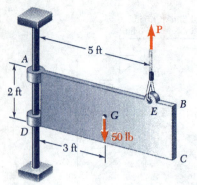

Fig. P8.43

8.43 La placa $ABCD$ de 50 lb se fija en A y D a collares los cuales pueden deslizarse libremente sobre la barra vertical tal y como se muestra en la figura. Sabiendo que el coeficiente de fricción estática entre los collares y la barra es de 0.40, determínese si la placa se mantendrá en equilibrio en la posición mostrada cuando la magnitud de la fuerza vertical aplicada en E es $a)$ $P = 0$ y $b)$ $P = 20$ lb.

8.44 En el problema 8.43, determínese el rango de valores de la magnitud de la fuerza vertical P aplicada en E para los cuales la placa se moverá hacia abajo.

8.45 Sabiendo que el coeficiente de fricción estática entre la barra y el collar es 0.35, determínese para los valores de $\theta = 50°$ y $M = 20$ N · m el rango de valores de P para los cuales el sistema mostrado en la figura se mantiene en equilibrio

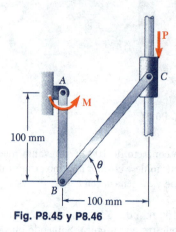

Fig. P8.45 y P8.46

8.46 Sabiendo que el coeficiente de fricción estática entre la barra y el collar es de 0.40, determínese para los valores de $\theta = 60°$ y $P = 200$ N el rango de valores de M para los cuales el sistema se mantiene en equilibrio.

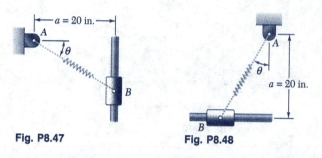

Fig. P8.47   **Fig. P8.48**

8.47 y 8.48 Un collar B de peso W y unido al resorte AB puede moverse libremente sobre la barra mostrada en la figura. La constante del resorte es de 15 lb/in. y éste se encuentra sin elongar cuando $\theta = 0°$ Si se sabe que el coeficiente de fricción estática entre la barra y el collar es de 0.40, determínese el rango de valores de W para los cuales el sistema se mantiene en equilibrio cuando $a)$ $\theta = 20°$ y $b)$ $\theta = 30°$.

8.49 En la figura se muestra una barra delgada AB de longitud $l = 600$ mm unida a un collar en B y apoyada sobre una rueda pequeña localizada a una distancia horizontal $a = 80$ mm medida a partir de la barra vertical sobre la cual se desliza el collar. Si se sabe que el coeficiente de fricción estática entre la barra y el collar es de 0.25 y sin tomar en cuenta el radio de la rueda, determínese para los valores de $Q = 100$ N y $\theta = 30°$ el rango de valores de P para los cuales se mantiene el equilibrio estático.

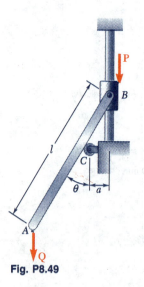

Fig. P8.49

8.50 Dos bloques A y B de 10 lb cada uno, se unen mediante una barra delgada de peso insignificante. Si la barra forma un ángulo $\theta = 30°$ con respecto de la vertical y si el coeficiente de fricción estática entre todas las superficies en contacto es 0.30, demuéstrese a) que el sistema está en equilibrio cuando $P = 0$ y b) determínese el valor máximo de P para el cual el sistema se mantiene en equilibrio.

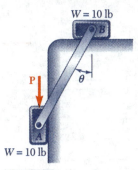

Fig. P8.50

8.51 La barra AB se une a dos collares los cuales pueden deslizarse libremente sobre las barras inclinadas mostradas en la figura. Una fuerza **P** se aplica en el punto D el cual se localiza a una distancia a medida desde A. Sabiendo que el coeficiente de fricción estática μ_s entre los collares y las barras es 0.30 y sin tomar en cuenta el peso de los collares y el de la barra AB, determínese el valor mínimo de la relación a/L para los cuales el sistema se mantiene en equilibrio.

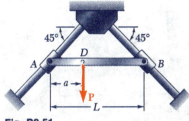

Fig. P8.51

8.52 Para la barra AB y los collares del problema 8.51, derívese una ecuación en términos de μ_s para determinar el valor mínimo de la relación a/L para que el sistema se mantenga en equilibrio.

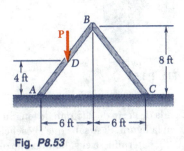

Fig. P8.53

8.53 Dos tablas idénticas y uniformes de 40 lb de peso cada una, se sotiene temporalmente entre sí como se muestra en la figura. Si se sabe que el coeficiente de fricción estática entre todas las superficies es 0.40, determínese a) la magnitud máxima de la fuerza **P** para que el sistema se mantenga en equilibrio y b) la superficie sobre la cual el movimiento es inminente.

8.54 En la figura se muestran dos barras conectadas por medio de un collar en B. Un par $\mathbf{M}_A$ de 15 N · m de magnitud se aplica sobre la barra AB. Si se sabe que $\mu_s = 0.30$ entre la barra AB y el collar, determínese el par *máximo* $\mathbf{M}_C$ para que el sistema se mantenga en equilibrio.

8.55 En el problema 8.54, determínese el par *mínimo* $\mathbf{M}_C$ para que el sistema se mantenga en equilibrio.

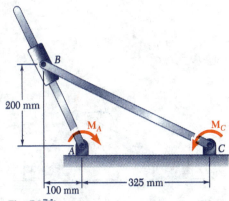

Fig. P8.54

8.56 En la figura se muestran dos bloques A y B de 8 kg cada uno colocados sobre estantes. Los bloques se unen entre sí mediante una barra de masa despreciable. Sabiendo que la magnitud de la fuerza horizontal **P** aplicada en C se incrementa lentamente desde cero, determínese el valor de P para el cual comienza el movimiento y qué tipo de movimiento ocurre en el sistema si el coeficiente de fricción estática entre todas las superficies es a) $\mu_s = 0.40$ y b) $\mu_s = 0.50$.

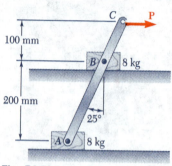

Fig. P8.56

8.57 En la figura se muestran dos barras idénticas de 5 ft de longitud colocadas entre dos paredes y una superficie horizontal y conectadas en B mediante un perno. Denotando por μ_s el coeficiente de fricción estática en A, B y C, determínese el valor mínimo de μ_s para que el sistema se mantenga en equilibrio.

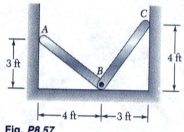

Fig. P8.57

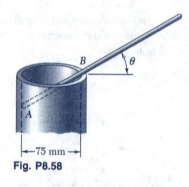

Fig. P8.58

8.58 Una barra delgada de acero de 225 mm de longitud se coloca dentro de un tubo en la forma mostrada en la figura. Si se sabe que el coeficiente de fricción estática entre la barra y el tubo es 0.20, determínese el valor máximo de θ para que la barra no caiga dentro del tubo.

8.59 En el problema 8.58, determínese el valor mínimo de θ para que la barra no caiga fuera del tubo.

8.60 En la figura se muestran dos barras delgadas de peso despreciable unidas mediante un perno en C y conectadas a los bloques A y B los cuales tienen un peso W cada uno. Si se sabe que $\theta = 80°$ y que el coeficiente de fricción estática entre los bloques y la superficie horizontal es 0.30, determínese el valor máximo de P para el cual el sistema se mantiene en equilibrio.

8.61 En la figura se muestran dos barras delgadas de peso despreciable unidas mediante un perno en C y conectadas a los bloques A y B los cuales tienen un peso W cada uno. Si se sabe que $P = 1.260 W$ y que el coeficiente de fricción estática entre los bloques y la superficie horizontal es de 0.30, determínese el rango de valores de θ, entre 0 y 180°, para que el sistema se mantenga en equilibrio.

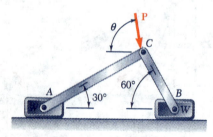

Fig. P8.60 y P8.61

8.5. CUÑAS

Las cuñas son máquinas simples que se utilizan para levantar grandes bloques de piedra y otras cargas pesadas. Estas cargas se pueden levantar aplicándole a la cuña una fuerza que usualmente es considerablemente menor que el peso de la carga. Además, debido a la fricción entre las superficies en contacto, una cuña con una forma apropiada permanecerá en su lugar después que ha sido forzada bajo la carga. Por lo tanto, las cuñas se pueden utilizar ventajosamente para hacer pequeños ajustes en la posición de piezas de maquinaria pesada.

Considérese el bloque A mostrado en la figura 8.7a. Dicho bloque descansa sobre una pared vertical B y debe levantarse un poco forzando una cuña C entre el bloque A y una segunda cuña D. Se desea encontrar el valor mínimo de la fuerza **P** que debe aplicarse a la cuña C para mover el bloque. Se supondrá que el peso **W** del bloque es conocido, bien sea en libras o determinado en newtons a partir de la masa del bloque expresada en kilogramos.

Los diagramas de cuerpo libre del bloque A y de la cuña C se han dibujado en la figura 8.7b y c. Las fuerzas que actúan sobre el bloque incluyen su peso y las fuerzas normal y de fricción en las superficies de contacto con la pared B y con la cuña C. Las magnitudes de las fuerzas de fricción F_1 y F_2 son iguales, respectivamente, a $\mu_s N_1$ y $\mu_s N_2$ puesto que debe iniciarse el movimiento del bloque. Es importante mostrar las fuerzas de fricción con su sentido correcto. Puesto que el bloque se moverá hacia arriba, la fuerza F_1 ejercida por la pared sobre el bloque debe estar dirigida hacia abajo. Por otra parte, como la cuña C se mueve hacia la derecha, el movimiento relativo de A con respecto de C es hacia la izquierda y la fuerza F_2 ejercida por C sobre A debe estar dirigida hacia la derecha.

Ahora, considerando al cuerpo libre C en la figura 8.7c, se observa que las fuerzas que actúan sobre C incluyen la fuerza aplicada **P** y a las fuerzas normales y de fricción en las superficies de contacto con A y con D. El peso de la cuña es pequeño en comparación con las otras fuerzas que están involucradas y, por lo tanto, puede no tomarse en cuenta. Las fuerzas ejercidas por A sobre C son iguales y opuestas a las fuerzas N_2 y F_2 ejercidas por C sobre A y se representan, respectivamente, por $-N_2$ y $-F_2$; por lo tanto, la fuerza de fricción $-F_2$ debe estar dirigida hacia la izquierda. Se puede comprobar que la fuerza F_3 ejercida por D también está dirigida hacia la izquierda.

El número total de incógnitas involucradas en los dos diagramas de cuerpo libre puede reducirse a cuatro si las fuerzas de fricción se expresan en términos de las fuerzas normales. Expresar que el bloque A y la cuña C están en equilibrio proporcionará cuatro ecuaciones que pueden resolverse para obtener la magnitud de **P**. Se debe señalar que en el ejemplo que se está considerando aquí, será más conveniente reemplazar cada par de fuerzas normal y de fricción por su resultante. Entonces, cada cuerpo libre está sometido a tres fuerzas únicamente y el problema se puede resolver dibujando los triángulos de fuerzas correspondientes (véase problema resuelto 8.4).

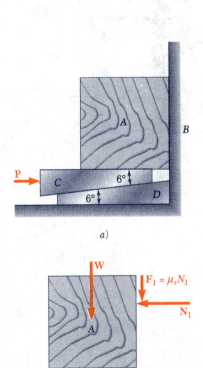

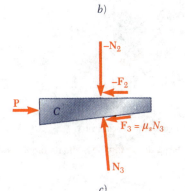

Fig. 8.7

8.6. TORNILLOS DE ROSCA CUADRADA

Los tornillos de rosca cuadrada se utilizan frecuentemente en gatos (triquets), prensas y otros mecanismos. Su análisis es similar al análisis de un bloque que se desliza a lo largo de un plano inclinado.

Considérese el gato mostrado en la figura 8.8. El tornillo soporta una carga **W** y está apoyado en la base del gato. El contacto entre el tornillo y la base

418 Fricción

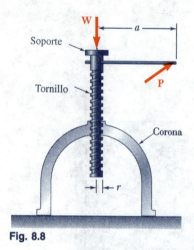

Fig. 8.8

ocurre a lo largo de una porción de sus roscas. Aplicando una fuerza **P** sobre el mango, se puede hacer que el tornillo gire y levante a la carga **W**.

La rosca de la base ha sido desenvuelta y se muestra como una línea recta en la figura 8.9a. La pendiente correcta de la línea recta se obtuvo representando horizontalmente el producto $2\pi r$, donde r es el radio promedio de la rosca y verticalmente el *avance L* del tornillo, esto es, la distancia a través de la cual avanza el tornillo en una vuelta. El ángulo θ que esta línea forma con la horizontal es el *ángulo de avance* (*de paso*). Como la fuerza de fricción entre dos superficies en contacto no depende del área de contacto, se puede suponer que el área de contacto entre las dos roscas es mucho menor que su valor real y, por lo tanto, puede representarse al tornillo por medio del bloque mostrado en la figura 8.9a. Sin embargo, se debe señalar que, en este análisis del gato, no se toma en cuenta la fricción entre la corona y el tornillo.

El diagrama de cuerpo libre del bloque debe incluir la carga **W**, la reacción **R** de la rosca de la base y la fuerza horizontal **Q** que tiene el mismo efecto que la fuerza **P** ejercida sobre el mango. La fuerza **Q** debe tener el mismo momento que **P** alrededor del eje del tornillo y, por lo tanto, su magnitud debe ser $Q = Pa/r$. De esta forma, se puede obtener la fuerza **Q** y, por consiguiente, la fuerza **P** requerida para levantar a la carga **W**, a partir del diagrama de cuerpo libre mostrado en la figura 8.9a. El ángulo de fricción se toma igual a ϕ_s puesto que se presume que la carga será levantada a través de una sucesión de golpes pequeños. En los mecanismos que proporcionan una rotación continua de un tornillo, puede ser deseable distinguir entre la fuerza requerida para comenzar el movimiento (utilizando ϕ_s) y la fuerza requerida para mantener el movimiento (utilizando ϕ_k).

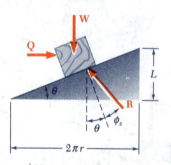

a) Movimiento inminente hacia arriba

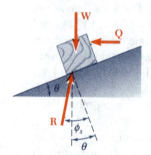

b) Movimiento inminente hacia abajo con $\phi_s > \theta$

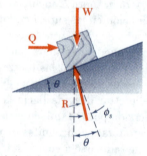

c) Movimiento inminente hacia abajo con $\phi_s < \theta$

Fig. 8.9 Análisis de un tornillo como un bloque y un plano inclinado.

Si el ángulo de fricción ϕ_s es mayor que el ángulo de avance θ, se dice que el tornillo es *autobloqueante*; el tornillo permanecerá en su lugar bajo la acción de la carga. Entonces, para bajar la carga, se debe aplicar la fuerza mostrada en la figura 8.9b. Si ϕ_s es menor que θ, el tornillo descenderá bajo la acción de la carga; entonces, es necesario aplicar la fuerza mostrada en la figura 8.9c para mantener el equilibrio.

El avance de un tornillo no debe ser confundido con su *paso*. El avance se definió como la distancia a través de la cual avanza el tornillo en una vuelta; el paso es la distancia medida entre dos roscas consecutivas. A pesar de que el avance y el paso son iguales en el caso de tornillos de *rosca simple*, serán diferentes en el caso de tornillos de *rosca múltiple*, esto es, tornillos que tienen varias roscas independientes. Se puede comprobar fácilmente que para tornillos de rosca doble el avance es el doble del paso; para tornillos de rosca triple, el avance es el triple del paso; etcétera.

PROBLEMA RESUELTO 8.4

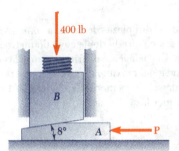

La posición del bloque B de una máquina se ajusta moviendo la cuña A. Sabiendo que el coeficiente de fricción estática entre todas las superficies de contacto es 0.35, determínese la fuerza $\mathbf{P}$ requerida para a) levantar al bloque B y b) bajar al bloque B.

SOLUCIÓN

Para cada uno de los incisos del problema, se dibujan los diagramas de cuerpo libre del bloque B y de la cuña A junto con los triángulos de fuerza correspondientes y se emplea la ley de los senos para encontrar las fuerzas deseadas. Se observa que como $\mu_s = 0.35$, el ángulo de fricción es

$$\phi_s = \tan^{-1} 0.35 = 19.3°$$

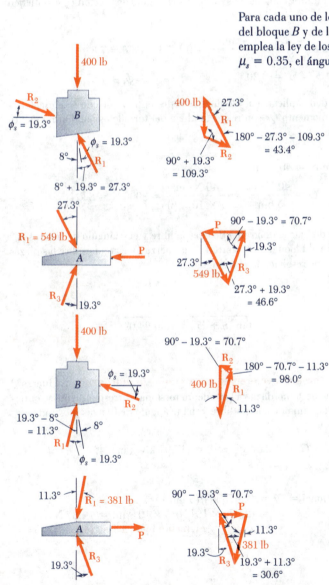

***a.* Fuerza P requerida para levantar el bloque**

Diagrama de cuerpo libre: Bloque B

$$\frac{R_1}{\operatorname{sen} 109.3°} = \frac{400 \text{ lb}}{\operatorname{sen} 43.4°}$$

$$R_1 = 549 \text{ lb}$$

Diagrama de cuerpo libre: Cuña A

$$\frac{P}{\operatorname{sen} 46.6°} = \frac{549 \text{ lb}}{\operatorname{sen} 70.7°}$$

$$P = 423 \text{ lb} \qquad \mathbf{P} = 423 \text{ lb} \leftarrow \blacktriangleleft$$

***b.* Fuerza P requerida para bajar el bloque**

Diagrama de cuerpo libre: Bloque B

$$\frac{R_1}{\operatorname{sen} 70.7°} = \frac{400 \text{ lb}}{\operatorname{sen} 98.0°}$$

$$R_1 = 381 \text{ lb}$$

Diagrama de cuerpo libre: Cuña A

$$\frac{P}{\operatorname{sen} 30.6°} = \frac{381 \text{ lb}}{\operatorname{sen} 70.7°}$$

$$P = 206 \text{ lb} \qquad \mathbf{P} = 206 \text{ lb} \rightarrow \blacktriangleleft$$

PROBLEMA RESUELTO 8.5

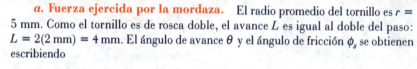

Se utiliza una mordaza para mantener juntas dos piezas de madera como se muestra en la figura. La mordaza tiene una rosca cuadrada doble cuyo diámetro medio es igual a 10 mm y cuyo paso es de 2 mm. El coeficiente de fricción entre las roscas es $\mu_s = 0.30$. Si se aplica un momento torsional máximo de 40 N · m al apretar la mordaza, determínese a) la fuerza ejercida sobre las piezas de madera y b) el momento torsional requerido para aflojar la mordaza.

SOLUCIÓN

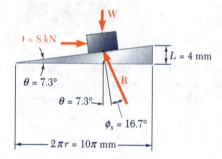

a. Fuerza ejercida por la mordaza. El radio promedio del tornillo es $r = 5$ mm. Como el tornillo es de rosca doble, el avance L es igual al doble del paso: $L = 2(2 \text{ mm}) = 4$ mm. El ángulo de avance θ y el ángulo de fricción ϕ_s se obtienen escribiendo

$$\tan \theta = \frac{L}{2\pi r} = \frac{4 \text{ mm}}{10\pi \text{ mm}} = 0.1273 \qquad \theta = 7.3°$$

$$\tan \phi_s = \mu_s = 0.30 \qquad \phi_s = 16.7°$$

La fuerza **Q** que debe aplicarse al bloque que representa al tornillo se obtiene expresando que su momento Qr con respecto al eje del tornillo es igual al momento torsional aplicado.

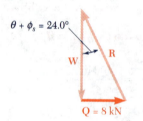

$$Q(5 \text{ mm}) = 40 \text{ N} \cdot \text{m}$$

$$Q = \frac{40 \text{ N} \cdot \text{m}}{5 \text{ mm}} = \frac{40 \text{ N} \cdot \text{m}}{5 \times 10^{-3} \text{ m}} = 8000 \text{ N} = 8 \text{ kN}$$

Ahora, se pueden dibujar el diagrama de cuerpo libre y el triángulo de fuerzas correspondiente para el bloque; la magnitud de la fuerza **W** ejercida sobre las piezas de madera se obtiene resolviendo el triángulo.

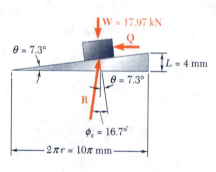

$$W = \frac{Q}{\tan (\theta + \phi_s)} = \frac{8 \text{ kN}}{\tan 24.0°} \qquad W = 17.97 \text{ kN} \blacktriangleleft$$

b. Momento torsional requerido para aflojar la mordaza. La fuerza **Q** requerida para aflojar la mordaza y el momento torsional correspondiente se obtienen a partir del diagrama de cuerpo libre y del triángulo de fuerzas mostrados.

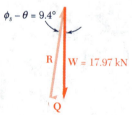

$$Q = W \tan (\phi_s - \theta) = (17.97 \text{ kN}) \tan 9.4°$$
$$= 2.975 \text{ kN}$$

$$\text{Momento torsional} = Qr = (2.975 \text{ kN})(5 \text{ mm})$$
$$= (2.975 \times 10^3 \text{ N})(5 \times 10^{-3} \text{ m}) = 14.87 \text{ N} \cdot \text{m}$$

$$\text{Momento torsional} = 14.87 \text{ N} \cdot \text{m} \blacktriangleleft$$

PROBLEMAS PARA RESOLVER EN FORMA INDEPENDIENTE

En esta lección se aprendió a aplicar las leyes de fricción para la solución de problemas que involucran *cuñas* y *tornillos de rosca cuadrada*.

1. *Cuñas.* Cuando se resuelve un problema que involucra una cuña se debe tener presente lo siguiente:

   a. Primero se dibuja un diagrama de cuerpo libre de la cuña y de todos los demás cuerpos involucrados. Se debe observar con cuidado el sentido del movimiento relativo de todas las superficies de contacto y se debe mostrar cada una de las fuerzas de fricción actuando en *una dirección opuesta* a la dirección del movimiento relativo.

   b. Se debe mostrar la fuerza de fricción estática máxima F_m *en cada una de las superficies si la cuña va a ser insertada o removida, puesto que el movimiento será inminente en cada uno de estos casos.*

   c. La reacción R *y el ángulo de fricción* se pueden utilizar en muchas aplicaciones, en lugar de la fuerza normal y la fuerza de fricción. Entonces, se pueden dibujar uno o más triángulos de fuerzas y determinar las cantidades desconocidas bien sea gráficamente o por medio de la trigonometría [problema resuelto 8.4].

2. *Tornillos de rosca cuadrada.* El análisis de tornillos de rosca cuadrada es equivalente al análisis de un bloque que se desliza sobre un plano inclinado. Para dibujar el plano inclinado correcto, se debe desenrollar la rosca del tornillo y representarla por una línea recta [problema resuelto 8.5]. Cuando se resuelve un problema que involucra un tornillo de rosca cuadrada, se debe tomar en consideración lo siguiente:

   a. No confundir el paso de un tornillo con el avance de un tornillo. El *paso* de un tornillo es la distancia entre dos roscas consecutivas mientras que el *avance* de un tornillo es la distancia que avanza el tornillo en una vuelta completa. El avance y el paso son iguales únicamente en tornillos de rosca simple. En un tornillo de rosca doble, el avance es el doble del paso.

   b. El momento torsional requerido para apretar un tornillo es diferente del momento torsional requerido para aflojarlo. Además, los tornillos que se utilizan en gatos y mordazas usualmente son *autobloqueantes*; esto es, el tornillo permanecerá estacionario mientras no se le aplique un momento torsional y es necesario que se le aplique un momento torsional al tornillo para aflojarlo [problema resuelto 8.5].

Problemas

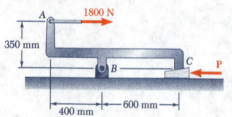

Fig. P8.62

8.62 La parte de una máquina *ABC* mostrada en la figura se sostiene mediante una articulación sin fricción en *B* y por medio de una cuña de 10° en *C*. Si se sabe que el coeficiente de fricción estática en ambas superficies de la cuña es 0.20, determínese *a*) la fuerza **P** requerida para mover la cuña y *b*) las correspondientes componentes de la reacción en *B*.

8.63 Resuélvase el problema 8.62 suponiendo que la fuerza **P** está dirigida hacia la derecha.

8.64 y 8.65 En la figura se muestran dos cuñas de 10° de peso despreciable empleadas para mover y colocar en determinada posición un bloque de 400 lb. Si se sabe que el coeficiente de fricción estática entre todas las superficies en contacto es 0.25, determínese para la posición mostrada en la figura, la fuerza mínima **P** que debe de aplicarse sobre la cuña.

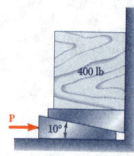

Fig. P8.64

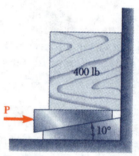

Fig. P8.65

8.66 y 8.67 Como se muestra en la figura, la altura del extremo de la viga de acero que se sostiene por medio del piso de concreto se ajusta mediante las cuñas *E* y *F*. La base de la placa *CD* se suelda al patín inferior de la viga y también se conoce que la reacción sobre el extremo de la misma es de 100 kN. El coeficiente de fricción estática entre las superficies de acero es 0.30 y entre el concreto y el acero es 0.60. Si el movimiento horizontal de la viga se evita mediante la fuerza **Q**, determínese *a*) la fuerza **P** requerida para levantar la viga y *b*) la fuerza **Q** correspondiente.

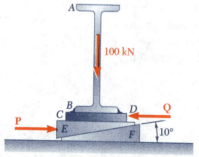

Fig. P8.66

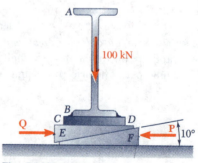

Fig. P8.67

8.68 En la figura se muestra un bloque A que sostiene una columna tubular y está apoyado sobre la cuña B. Si se sabe que $\theta = 45°$ y que el coeficiente de fricción estática entre todas las superficies en contacto es 0.25, determínese la fuerza mínima **P** requerida para levantar el bloque A.

8.69 En la figura se muestra un bloque A que sostiene una columna tubular y está apoyado sobre la cuña B. Si se sabe que $\theta = 45°$ y que el coeficiente de fricción estática entre todas las superficies en contacto es 0.25, determínese la fuerza mínima **P** requerida para que el sistema se mantenga en equilibrio.

8.70 En la figura se muestra un bloque A que sostiene una columna tubular y está apoyado sobre la cuña B. El coeficiente de fricción estática entre todas las superficies en contacto es de 0.25. Si $\mathbf{P} = 0$, determínese $a)$ el ángulo θ para el cual el deslizamiento es inminente y $b)$ la fuerza correspondiente ejercida sobre el bloque por la pared vertical.

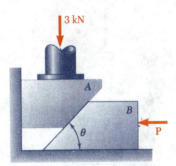

Fig. P8.68, P8.69 y P8.70

8.71 En la figura se muestra una cuña A de peso despreciable colocada entre los bloques B y C de 100 lb de peso cada uno colocados sobre una superficie horizontal. Si se sabe que el coeficiente de fricción estática entre todas las superficies en contacto es 0.35, determínese la fuerza mínima **P** requerida para que la cuña se empiece a mover si $a)$ los bloques pueden moverse con libertad y $b)$ el bloque C se fija a la superficie horizontal por medio de un perno.

8.72 En la figura se muestra una cuña A de peso despreciable colocada entre los bloques B y C de 100 lb de peso cada uno colocados sobre una superficie horizontal. Si se sabe que el coeficiente de fricción estática entre los bloques y la superficie horizontal es 0.35 y de cero entre la cuña y cada uno de los bloques, determínese la fuerza mínima **P** requerida para que la cuña se empiece a mover si $a)$ los bloques pueden moverse con libertad y $b)$ el bloque C se fija a la superficie horizontal por medio de un perno.

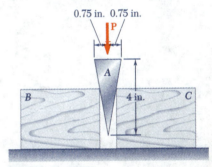

Fig. P8.71 y P8.72

8.73 Una cuña de 10° se forza debajo del extremo B de la barra AB de 5 kg mostrada en la figura. Si se sabe que el coeficiente de fricción estática es 0.40 entre la cuña y la barra y de 0.20 entre la cuña y el piso, determínese la fuerza mínima **P** requerida para levantar el extremo B de la barra.

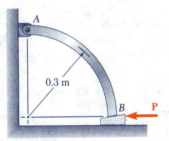

Fig. P8.73

Fig. P8.74

8.74 En la figura se muestra una cuña de 12° empleada para abrir un anillo. El coeficiente de fricción estática entre el anillo y la cuña es 0.30. Si se sabe que una fuerza **P** de 120 N de magnitud fue requerida para insertar la cuña en el anillo, determínese la magnitud de las fuerzas ejercidas sobre dicho anillo después de que la cuña fue insertada.

8.75 En la figura se muestra una cuña de forma cónica colocada entre dos placas horizontales que se mueven lentamente una hacia la otra. Indíquese qué le pasará a la cuña si $a)$ $\mu_s = 0.20$ y $b)$ $\mu_s = 0.30$.

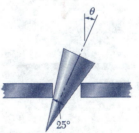

Fig. P8.75

424 Fricción

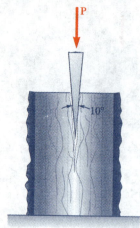

Fig. **P8.76**

8.76 En la figura se muestra una cuña de 10° empleada para partir un tronco. El coeficiente de fricción estática entre la cuña y el tronco es 0.35. Si se sabe que una fuerza **P** de 600 lb de magnitud fue requerida para insertar la cuña, determínese la magnitud de las fuerzas ejercidas por la cuña sobre la madera después de que ésta fue insertada.

8.77 Una cuña de 15° se forza por debajo de un tubo de 50 kg como se muestra en la figura. El coeficiente de fricción estática en todas las superficies es 0.20. *a*) Demuéstrese que ocurrirá deslizamiento entre la pared vertical y el tubo. *b*) Determínese la fuerza **P** requerida para mover la cuña.

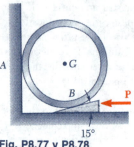

Fig. **P8.77 y P8.78**

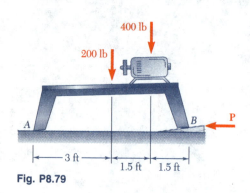

Fig. **P8.79**

8.78 Una cuña de 15° se forza por debajo de un tubo de 50 kg como se muestra en la figura. El coeficiente de fricción estática en todas las superficies es 0.20, determínese el coeficiente máximo de fricción estática entre el tubo y la pared vertical para que ocurra deslizamiento en *A*.

8.79 Una cuña de 8° se forza por debajo de la base de una máquina en *B*. Si se sabe que el coeficiente de fricción estática en todas las superficies en contacto es 0.15 *a*) determínese la fuerza **P** requerida para mover la cuña y *b*) indíquese si la base de la máquina se deslizará sobre el piso.

8.80 Resuélvase el problema 8.79 suponiendo que la cuña se forza por debajo de la base de la máquina en *A* en lugar de *B*.

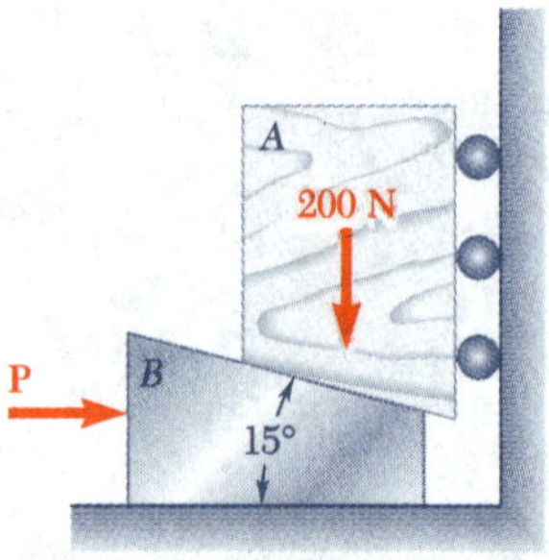

*****8.81** En la figura se muestra un bloque de 200 N apoyado sobre una cuña de peso insignificante. El coeficiente de fricción estática μ_s es el mismo en ambas superficies de la cuña y la fricción entre el bloque y la pared vertical puede no considerarse. Para $P = 100$ N, determínese el valor de μ_s para el cual el movimiento es inminente. (*Sugerencia.* Resuélvase la ecuación que se obtenga mediante prueba y error.)

*****8.82** Resuélvase el problema 8.81 suponiendo que se retiran los rodillos y que el coeficiente de fricción en todas las superficies en contacto es μ_s.

8.83 Derívense las siguientes fórmulas que relacionan la carga **W** y la fuerza **P** que se ejerce sobre la manivela del gato analizado en la sección 8.6. *a*) $P = (Wr/a) \tan(\theta + \phi_s)$ para levantar la carga; *b*) $P = (Wr/a) \tan(\phi_s - \theta)$ para bajar la carga y *c*) $P = (Wr/a) \tan(\theta - \phi_s)$ para sostener la carga si el tornillo no es autobloqueante

Fig. **P8.81**

Fig. P8.84

8.84 Pernos de alta resistencia se emplean comúnmente en la fabricación de muchas estructuras de acero. Si la tensión mínima requerida en un perno de 24 mm de diámetro nominal es de 210 kN y suponiendo que el coeficiente de fricción es 0.40, determínese el par de torsión requerido que debe aplicarse en el perno y en la tuerca mostrados en la figura. El diámetro medio de la rosca del perno es 22.6 mm y su avance es 3 mm. Ignórese la fricción entre la tuerca y la arandela y supóngase que el perno es de rosca cuadrada.

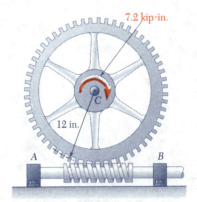

Fig. P8.85

8.85 El engrane sin fin de rosca cuadrada que se muestra en la figura tiene un radio medio de 1.5 in. y un avance de 0.375 in. El engrane más grande está sometido a un par de torsión constante de 7.2 kip · in. en el sentido del movimiento de las manecillas del reloj. Si se sabe que el coeficiente de fricción estática entre los dos engranes es 0.12, determínese el par de torsión que debe aplicarse al eje AB para que el engrane más grande pueda rotar en un sentido contrario al del movimiento de las manecillas del reloj. Ignórese la fricción de los cojinetes en A, B y C.

8.86 En el problema 8.85, determínese el par de torsión que debe aplicarse al eje AB para que el engrane más grande pueda rotar en un sentido a favor del movimiento de las manecillas del reloj.

8.87 En la figura se muestran dos barras fijas A y B cuyos extremos fueron manufacturados con forma de tornillo de rosca sencilla de 6 mm de radio medio y un paso de 2 mm. La barra A tiene la rosca derecha mientras que la barra B tiene la rosca izquierda. El coeficiente de fricción estática entre las barras y el manguito con filete es 0.12. Determínese la magnitud del par que debe aplicarse en el manguito para que las dos barras se unan.

Fig. P8.87

8.88 Suponiendo que en el problema 8.87 se emplea rosca derecha en *ambas* barras A y B, determínese la magnitud del par que debe aplicarse en el manguito para que éste pueda rotar.

8.89 La posición del gato mecánico para automóvil, mostrado en la figura se controla mediante el tornillo ABC de rosca sencilla en sus extremos (rosca derecha en A y rosca izquierda en C). Cada rosca tiene un paso de 0.1 in. y un diámetro medio de 0.375 in. Si el coeficiente de fricción estática es 0.15, determínese la magnitud del par **M** que debe aplicarse para levantar el automóvil.

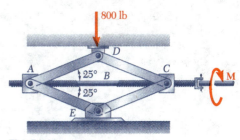

Fig. P8.89

8.90 Para el gato mecánico del problema 8.89, determínese la magnitud del par **M** que debe aplicarse para bajar el automóvil.

Fig. *P8.91*

8.91 En la figura se muestra un sistema de extracción de engranes en el cual el tornillo AB de rosca cuadrada tiene un radio medio de 15 mm y un avance de 4 mm. Si se sabe que el coeficiente de fricción estática es 0.10, determínese el par de torsión que debe aplicarse al tornillo para generar una fuerza sobre el engrane de 3 kN. Ignórese la fricción en el extremo A del tornillo.

---

*8.7. CHUMACERAS. FRICCIÓN EN EJES

Las chumaceras se utilizan para proporcionar soporte lateral a flechas y ejes en rotación. Los cojinetes de empuje, los cuales serán estudiados en la siguiente sección, se utilizan para proporcionarle soporte axial a las flechas y a los ejes. Si la chumacera está totalmente lubricada, la resistencia por fricción depende de la velocidad de rotación, del juego entre el eje y la chumacera y de la viscosidad del lubricante. Como se señaló en la sección 8.1, los problemas de este tipo se estudian en la mecánica de fluidos. Sin embargo, los métodos de este capítulo pueden aplicarse al estudio de la fricción en ejes cuando la chumacera no está lubricada o cuando únicamente está parcialmente lubricada. Entonces, se puede suponer que el eje y la chumacera están en contacto directo a lo largo de una sola línea recta.

Considérense dos ruedas, cada una de peso **W**, las cuales están montadas rígidamente sobre un eje que está soportado simétricamente por dos chumaceras (figura 8.10*a*). Si las ruedas giran, se encuentra que para mantenerlas rotando a una velocidad constante, es necesario aplicarle a cada una de éstas un par **M**. El diagrama de cuerpo libre de la figura 8.10*c* representa una proyección de una de las ruedas y de la mitad del eje correspondiente sobre un plano perpendicular al eje. Las fuerzas que actúan sobre el cuerpo libre incluyen el peso **W** de la rueda, el par **M** requerido para mantener el movimiento de la rueda y una fuerza **R** que representa la reacción de la chumacera. Esta última fuerza es vertical e igual y opuesta a **W** pero no pasa a través del centro O del eje; **R** está localizada a la derecha de O a una distancia tal que su momento con respecto de O equilibra el momento **M** del par. Por lo tanto, el contacto entre el eje y la chumacera no ocurre en el punto más bajo A cuando el eje está girando. El contacto ocurre en el punto B (figura 8.10*b*) o, mejor dicho, a lo largo de una línea recta que intersecta el plano de la figura en B. Físicamente, esto se explica por el hecho de que cuando las ruedas se ponen en movimiento, el eje "se eleva" en la chumacera hasta que ocurre un deslizamiento. Después de resbalarse hacia atrás un poco, el eje se queda más o menos en la posición mostrada. Esta posición es tal que el ángulo entre la reacción **R** y la normal a la superficie del cojinete es igual al ángulo de fricción cinética f_k. Por lo tanto,

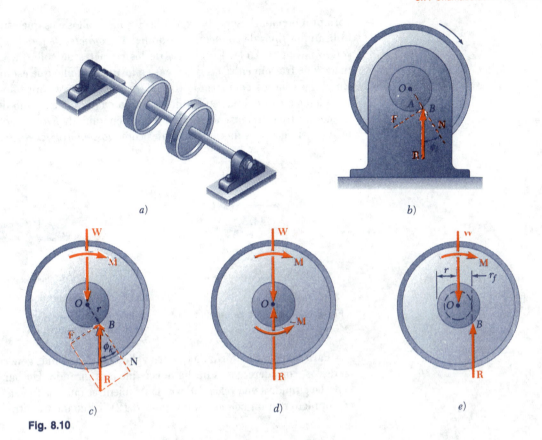

Fig. 8.10

la distancia desde O hasta la línea de acción de **R** es igual a $r \operatorname{sen} \phi_k$, donde r es el radio del eje. Escribiendo que $\Sigma M_O = 0$ para las fuerzas que actúan sobre el cuerpo libre considerado, se obtiene la magnitud del par **M** requerido para vencer la resistencia por fricción de una de las chumaceras:

$$M = Rr \operatorname{sen} \phi_k \tag{8.5}$$

Observando que, para valores pequeños del ángulo de fricción, $\operatorname{sen} f_k$ se puede reemplazar por $\tan f_k$, esto es, por m_k, se escribe la fórmula aproximada

$$M \approx Rr\mu_k \tag{8.6}$$

En la solución de ciertos problemas, puede ser más conveniente permitir que la línea de acción de **R** pase a través de O, tal y como lo hace cuando el eje no está girando. Entonces, se debe agregar a la reacción **R** un par $-\mathbf{M}$ de la misma magnitud que el par **M** pero de sentido opuesto (figura 8.10d). Dicho par representa la resistencia por fricción de la chumacera.

En el caso en que se prefiera una solución gráfica, la línea de acción de **R** se puede dibujar fácilmente (figura 8.10e) si se observa que ésta debe ser tangente a un círculo que tiene su centro en O y cuyo radio está dado por

$$r_f = r \operatorname{sen} \phi_k \approx r\mu_k \tag{8.7}$$

Dicho círculo recibe el nombre de *círculo de fricción* del eje y la chumacera y es independiente de las condiciones de carga del eje.

*8.8. COJINETES DE EMPUJE. FRICCIÓN EN DISCOS

Para proporcionarle soporte axial a las flechas y a los ejes que están girando se utilizan dos tipos de cojinetes de empuje: 1) *Cojinetes de tope* y 2) *Cojinetes de collarín* (figura 8.11). En el caso de los cojinetes de collarín, se desarrollan fuerzas de fricción entre las dos áreas en forma de anillo que están en contacto. En el caso de los cojinetes de tope, la fricción ocurre sobre áreas circulares completas o sobre áreas en forma de anillo cuando el extremo de la flecha es hueco. La fricción entre áreas circulares, denominada *fricción en discos*, también ocurre en otros mecanismos tales como *los embragues de disco*.

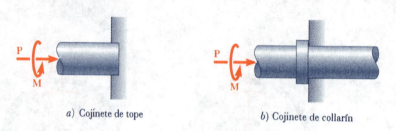

a) Cojinete de tope   *b*) Cojinete de collarín

Fig. 8.11 Cojinetes de empuje.

Para obtener una fórmula que sea válida en el caso más general de fricción en discos, considérese una flecha hueca que está girando. Un par **M** mantiene la flecha girando a una velocidad constante mientras que una fuerza **P** la mantiene en contacto con un cojinete fijo (figura 8.12). El contacto entre la flecha y el

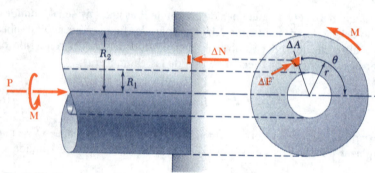

Fig. 8.12

cojinete ocurre sobre un área en forma de anillo que tiene un radio interior R_1 y un radio exterior R_2. Suponiendo que la presión entre las dos superficies en contacto es uniforme, se encuentra que la magnitud de la fuerza normal $\Delta \mathbf{N}$ ejercida sobre un elemento de área ΔA está dada por $\Delta N = P\,\Delta A/A$, donde $A = \pi(R_2^2 - R_1^2)$ y que la magnitud de la fuerza de fricción $\Delta \mathbf{F}$ que actúa sobre ΔA es $\Delta F = \mu_k\,\Delta N$. Representando por r la distancia desde el eje de la flecha hasta el elemento de área ΔA, se expresa la magnitud ΔM del momento de $\Delta \mathbf{F}$ con respecto del eje de la flecha de la siguiente forma:

$$\Delta M = r\,\Delta F = \frac{r\mu_k P\,\Delta A}{\pi(R_2^2 - R_1^2)}$$

El equilibrio de la flecha requiere que el momento **M** del par aplicado a ésta sea igual en magnitud a la suma de los momentos de las fuerzas de fricción $\Delta \mathbf{F}$. Reemplazando ΔA por el elemento infinitesimal $dA = r\, d\theta\, dr$ que se utiliza con las coordenadas polares e integrando sobre el área de contacto se obtiene la siguiente expresión para la magnitud del par **M** que se requiere para vencer la resistencia por fricción del cojinete:

$$M = \frac{\mu_k P}{\pi(R_2^2 - R_1^2)} \int_0^{2\pi} \int_{R_1}^{R_2} r^2 \, dr \, d\theta$$

$$= \frac{\mu_k P}{\pi(R_2^2 - R_1^2)} \int_0^{2\pi} \tfrac{1}{3}(R_2^3 - R_1^3) \, d\theta$$

$$M = \tfrac{2}{3} \mu_k P \frac{R_2^3 - R_1^3}{R_2^2 - R_1^2} \tag{8.8}$$

Cuando el contacto ocurre sobre un círculo completo de radio R, la fórmula (8.8) se reduce a

$$M = \tfrac{2}{3} \mu_k P R \tag{8.9}$$

Entonces, el valor de M es el mismo que el que se hubiera obtenido si el contacto entre la flecha y el cojinete hubiera ocurrido en un solo punto localizado a una distancia de $2R/3$ a partir del eje de la flecha.

El momento torsional máximo que puede ser transmitido por un embrague de disco sin causar deslizamiento está dado por una fórmula similar a la (8.9), donde μ_k se reemplaza por el coeficiente de fricción estática μ_s.

*8.9. FRICCIÓN EN RUEDAS. RESISTENCIA A LA RODADURA

La rueda es uno de los inventos más importantes de nuestra civilización. Su uso hace que sea posible mover cargas pesadas con un esfuerzo relativamente pequeño. Debido a que el punto de la rueda que está en contacto con el suelo en cualquier instante de tiempo no tiene un movimiento relativo con respecto del suelo, la rueda elimina las grandes fuerzas de fricción que se presentarían si la carga estuviera en contacto directo con el suelo. Sin embargo, existe cierta resistencia al movimiento de la rueda. Dicha resistencia tiene dos causas distintas. Ésta se debe 1) al efecto combinado de la fricción en el eje y de la fricción en el aro y 2) al hecho de que la rueda y el suelo se deforman, ocasionando que el contacto entre la rueda y el suelo ocurra sobre una cierta área en lugar de ocurrir en un solo punto.

Para comprender mejor la primera causa de resistencia al movimiento de una rueda, considérese un vagón de ferrocarril que está soportado por ocho ruedas que están montadas en ejes y cojinetes. Se supone que el vagón se está moviendo hacia la derecha a una velocidad constante a lo largo de una vía

430 Fricción

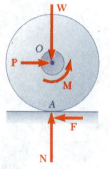

a) Efecto de la fricción en ejes

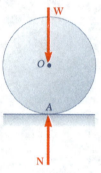

b) Rueda libre

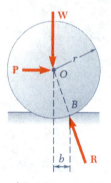

c) Resistencia a la rodadura
Fig. 8.13

horizontal recta. El diagrama de cuerpo libre de una de las ruedas se muestra en la figura 8.13a. Las fuerzas que actúan sobre el diagrama de cuerpo libre incluyen la carga **W** soportada por la rueda y la reacción normal **N** de la vía. Como **W** está dibujada a través del centro O del eje, la resistencia por fricción del cojinete debe representarse con un par **M** que tiene un sentido contrario al del movimiento de las manecillas del reloj (véase la sección 8.7). Para mantener al cuerpo libre en equilibrio, se deben agregar dos fuerzas iguales y opuestas **P** y **F**, las cuales forman un par con un sentido a favor del movimiento de las manecillas del reloj que tiene un momento −**M**. La fuerza **F** es la fuerza de fricción ejercida por la vía sobre la rueda y **P** representa la fuerza que debe aplicarse a la rueda para que ésta se mantenga rodando a velocidad constante. Obsérvese que las fuerzas **P** y **F** no existirían en el caso de que no hubiera fricción entre la rueda y la vía. Entonces, el par **M** que representa la fricción en el eje sería igual a cero; por lo tanto, la rueda se deslizaría sobre la vía sin girar en su cojinete.

El par **M** y las fuerzas **P** y **F** también se reducen a cero cuando no existe fricción en el eje. Por ejemplo, una rueda que no está sostenida por cojinetes y que rueda libremente a una velocidad constante sobre un piso horizontal (figura 8.13b) estará sujeta únicamente a dos fuerzas: su propio peso **W** y la reacción normal **N** del piso. Sin importar cuál sea el valor del coeficiente de fricción entre la rueda y el piso, no actuará una fuerza de fricción sobre la rueda. Por lo tanto, una rueda que rueda libremente sobre una superficie horizontal debería continuar rodando indefinidamente.

Sin embargo, la experiencia indica que la rueda irá disminuyendo su velocidad y eventualmente se detendrá. Lo anterior se debe al segundo tipo de resistencia mencionado al principio de esta sección, el cual se conoce como la *resistencia a la rodadura*. Bajo la acción de la carga **W** tanto la rueda como el piso se deforman ligeramente, ocasionando que el contacto entre la rueda y el piso ocurra sobre una cierta área. La evidencia experimental muestra que la resultante de las fuerzas ejercidas por el piso sobre la rueda a lo largo de dicha área es una fuerza **R** aplicada en un punto B, el cual no está localizado directamente por debajo del centro O de la rueda, sino que está localizado ligeramente hacia el frente de la rueda (figura 8.13c). Para equilibrar el momento de **W** con respecto de B y para mantener a la rueda rodando a velocidad constante, es necesario aplicar una fuerza horizontal **P** en el centro de la rueda. Escribiendo $\Sigma M_B = 0$, se obtiene

$$Pr = Wb \tag{8.10}$$

donde r = radio de la rueda
b = distancia horizontal entre O y B

Comúnmente, la distancia b recibe el nombre de *coeficiente de resistencia a la rodadura*. Se debe señalar que b no es un coeficiente adimensional puesto que representa una longitud; usualmente, se expresa a b en pulgadas o en milímetros. El valor de b depende de varios parámetros en una forma que aún no se ha establecido claramente. Los valores del coeficiente de resistencia a la rodadura varían desde alrededor de 0.01 in. o 0.25 mm para una rueda de acero en un riel de acero hasta 5.0 in. o 125 mm para la misma rueda sobre un piso blando.

PROBLEMA RESUELTO 8.6

Una polea que tiene un diámetro de 4 in. puede rotar alrededor de una flecha fija que tiene un diámetro de 2 in. El coeficiente de fricción estática entre la polea y la flecha es de 0.20. Determínese a) la fuerza vertical mínima **P** requerida para comenzar a levantar una carga de 500 lb, b) la fuerza vertical mínima **P** requerida para sostener a la carga y c) la fuerza horizontal mínima **P** requerida para comenzar a levantar la misma carga.

SOLUCIÓN

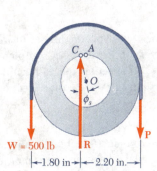

a. **Fuerza vertical P requerida para comenzar a levantar la carga.** Cuando las fuerzas en ambas partes de la cuerda son iguales, el contacto entre la polea y la flecha ocurre en A. Cuando se incrementa la fuerza **P**, la polea gira ligeramente alrededor de la flecha y el contacto ocurre en B. Se dibuja el diagrama de cuerpo libre de la polea cuando el movimiento es inminente. La distancia perpendicular desde el centro O de la polea hasta la línea de acción de **R** es

$$r_f = r \operatorname{sen} \phi_s \approx r\mu_s \qquad r_f \approx (1 \text{ in.})0.20 = 0.20 \text{ in.}$$

Sumando momentos con respecto de B, se escribe

$$+\circlearrowleft \Sigma M_B = 0: \qquad (2.20 \text{ in.})(500 \text{ lb}) - (1.80 \text{ in.})P = 0$$
$$P = 611 \text{ lb} \qquad\qquad\qquad \mathbf{P = 611 \text{ lb} \downarrow} \blacktriangleleft$$

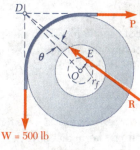

b. **Fuerza vertical P para sostener la carga.** A medida que la fuerza **P** disminuye, la polea gira alrededor de la flecha y el contacto ocurre en C. Considerando la polea como un cuerpo libre y sumando momentos con respecto de C, se escribe

$$+\circlearrowleft \Sigma M_C = 0: \qquad (1.80 \text{ in.})(500 \text{ lb}) - (2.20 \text{ in.})P = 0$$
$$P = 409 \text{ lb} \qquad\qquad\qquad \mathbf{P = 409 \text{ lb} \downarrow} \blacktriangleleft$$

c. **Fuerza horizontal P para comenzar a levantar la carga.** Como las tres fuerzas **W**, **P** y **R** no son paralelas, éstas deben ser concurrentes. Por lo tanto, la dirección de **R** se determina a partir del hecho de que su línea de acción debe pasar a través del punto de intersección D de las líneas de acción de **W** y **P** y debe ser tangente al círculo de fricción. Recordando que el radio del círculo de fricción es $r_f = 0.20$ in., se escribe

$$\operatorname{sen} \theta = \frac{OE}{OD} = \frac{0.20 \text{ in.}}{(2 \text{ in.})\sqrt{2}} = 0.0707 \qquad \theta = 4.1°$$

A partir del triángulo de fuerzas, se obtiene

$$P = W \cot(45° - \theta) = (500 \text{ lb}) \cot 40.9°$$
$$= 577 \text{ lb} \qquad\qquad\qquad \mathbf{P = 577 \text{ lb} \rightarrow} \blacktriangleleft$$

PROBLEMAS PARA RESOLVER EN FORMA INDEPENDIENTE

En esta lección se aprendieron varias aplicaciones ingenieriles adicionales de las leyes de fricción.

1. *Chumaceras y fricción en ejes.* En las chumaceras, la *reacción no pasa a través del centro de la flecha o eje* que está siendo soportado. La distancia desde el centro de la flecha o eje hasta la línea de acción de la reacción (figura 8.10) está definida por la ecuación

$$r_f = r \operatorname{sen} \phi_k \approx r\mu_k$$

si realmente está ocurriendo movimiento y por la ecuación

$$r_f = r \operatorname{sen} \phi_s \approx r\mu_s$$

si el movimiento es inminente.

Una vez que se ha determinado la línea de acción de la reacción, se puede dibujar un *diagrama de cuerpo libre* y utilizar las ecuaciones de equilibrio correspondientes para completar la solución [problema resuelto 8.6]. En algunos problemas es útil observar que la línea de acción de la reacción debe ser tangente a un círculo de radio $r_f \approx r\mu_k$, o $r_f \approx r\mu_s$, que se conoce como el *círculo de fricción* [problema resuelto 8.6, parte *c*].

2. *Cojinetes de empuje y fricción en discos.* En un *cojinete de empuje* la magnitud del par requerido para vencer a la resistencia por fricción es igual a la suma de los momentos de las *fuerzas de fricción cinética* ejercidas sobre los elementos del extremo de la flecha [ecuaciones (8.8) y (8.9)].

Un ejemplo de fricción en discos es el *embrague de disco*. Éste se analiza de la misma forma que un cojinete de empuje, excepto que para determinar el máximo momento torsional que puede transmitirse, se debe calcular la suma de los momentos de las *fuerzas de fricción estática máximas* ejercidas sobre el disco.

3. *Fricción en ruedas y resistencia a la rodadura.* Se vio que la resistencia a la rodadura de una rueda es ocasionada por deformaciones tanto de la rueda como del suelo. La línea de acción de la reacción **R** del suelo sobre la rueda intersecta al suelo a una distancia horizontal *b* a partir del centro de la rueda. La distancia *b* se conoce como el *coeficiente de resistencia a la rodadura* y se expresa en pulgadas o en milímetros.

4. *En problemas que involucran tanto resistencia a la rodadura como fricción en ejes,* el diagrama de cuerpo libre debe mostrar que la línea de acción de la reacción **R** del suelo sobre la rueda es tangente al círculo de fricción del eje e intersecta al suelo a una distancia horizontal a partir del centro de la rueda que es igual al coeficiente de resistencia a la rodadura.

Problemas

8.92 Una polea de 6 in. de radio y de 5 lb de peso se fija a un eje de 1.5 in. de radio el cual se ajusta holgadamente al cojinete fijo mostrado en la figura. Se observa que la polea comenzará a rotar si se agrega un peso de 0.5 lb al bloque A. Determínese el coeficiente de fricción estática entre el eje y el cojinete.

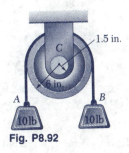

Fig. P8.92

8.93 y 8.94 La polea doble mostrada en la figura se fija en un eje de 10 mm de radio el cual se ajusta holgadamente al cojinete fijo. Si se sabe que el coeficiente de fricción estática es 0.40 entre el eje y el cojinete casi sin lubricar, determínese la magnitud de la fuerza **P** requerida para comenzar a levantar la carga.

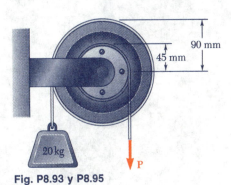

Fig. P8.93 y P8.95

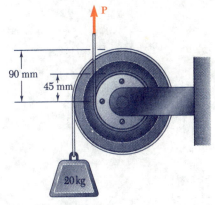

Fig. P8.94 y P8.96

8.95 y 8.96 La polea doble mostrada en la figura se fija en un eje de 10 mm de radio el cual se ajusta holgadamente al cojinete fijo. Si se sabe que el coeficiente de fricción estática es 0.40 entre el eje y el cojinete casi sin lubricar, determínese la magnitud de la fuerza mínima **P** requerida para conservar al sistema en equilibrio.

8.97 Una palanca de peso despreciable se ajusta holgadamente a un eje fijo de 30 mm de radio como se muestra en la figura. Sabiendo que una fuerza **P** de 275 N de magnitud hace que la palanca comience a rotar en un sentido en favor del movimiento de las manecillas del reloj, determínese a) el coeficiente de fricción estática entre el eje y la palanca y b) la fuerza mínima **P** para que la palanca no rote en un sentido contrario al del movimiento de las manecillas del reloj.

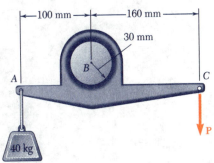

Fig. P8.97

433

8.98 El bloque y el polipasto mostrados en la figura se emplean para levantar una carga de 150 lb. Cada una de las poleas de 3 in. de diámetro rota sobre un eje de 0.5 in. de diámetro. Si se sabe que el coeficiente de fricción estática es 0.20, determínese la tensión en cada porción de la cuerda conforme la carga se eleva lentamente.

8.99 El bloque y el polipasto mostrados en la figura se emplean para levantar una carga de 150 lb. Cada una de las poleas de 3 in. de diámetro rota sobre un eje de 0.5 in. de diámetro. Si se sabe que el coeficiente de fricción estática es 0.20, determine la tensión en cada porción de la cuerda conforme la carga se baja lentamente.

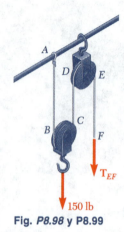

Fig. *P8.98* y P8.99

8.100 El arreglo de ranura mostrado en la figura se emplea frecuentemente en los puentes de las carreteras para permitir la expansión en algunos elementos debido a los cambios de temperatura. El coeficiente de fricción estática en cada uno de los pernos A y B de 60 mm de diámetro mostrados en la figura es 0.20. Si se sabe que la componente de la fuerza vertical ejercida por BC sobre la ranura es de 200 kN, determínese a) la fuerza horizontal que debe aplicarse sobre la viga BC para que el eslabón comience a moverse y b) el ángulo que la fuerza resultante ejercida por la viga BC sobre el eslabón forma con la vertical.

Fig. P8.100

8.101 y 8.102 En la figura se muestra una palanca AB de peso despreciable que se ajusta holgadamente en un eje fijo de 2.5 in. de diámetro. Si se sabe que el coeficiente de fricción estática entre el eje y la palanca es 0.15, determínese la fuerza **P** requerida para que la palanca comience a rotar en un sentido contrario al del movimiento de las manecillas del reloj.

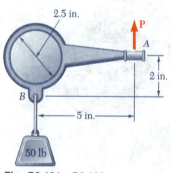

Fig. *P8.101* y P8.103

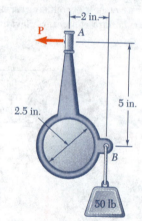

Fig. P8.102 y P8.104

8.103 y 8.104 En la figura se muestra una palanca AB de peso despreciable que se ajusta holgadamente en un eje fijo de 2.5 in. de diámetro. Si se sabe que el coeficiente de fricción estática entre el eje y la palanca es 0.15, determínese la fuerza **P** requerida para que la palanca comience a rotar en un sentido a favor del movimiento de las manecillas del reloj.

8.105 Un vagón cargado de ferrocarril tiene una masa de 30 Mg y es soportado por medio de ocho ruedas y ejes de 800 mm y 125 mm de diámetro, respectivamente. Si se sabe que los coeficientes de fricción son $\mu_s = 0.020$ y $\mu_k = 0.015$, determínese la fuerza horizontal requerida para a) que el vagón comience a moverse y b) mantener el vagón en movimiento a velocidad constante. Ignórese la resistencia a la rodadura entre las ruedas y las vías.

8.106 Se desea diseñar una patineta que pueda descender hacia abajo con velocidad constante sobre una superficie inclinada el 2 por ciento. Suponiendo que el coeficiente de fricción cinética entre los ejes de 25 mm de diámetro y los cojinetes es 0.10, determínese el diámetro que deben tener las ruedas. Ignórese la resistencia a la rodadura entre las ruedas y el suelo.

Fig. P8.107

8.107 En la figura se muestra una pulidora de pisos eléctrica de 50 lb de peso que se emplea sobre una superficie en la cual el coeficiente de fricción cinética es 0.25. Suponiendo que la fuerza normal por unidad de área entre el disco y el suelo se distribuye uniformemente, determínese la magnitud Q de las fuerzas horizontales requeridas para evitar que la pulidora se mueva.

8.108 Si se sabe que se debe aplicar un par de 30 N · m de magnitud para que el eje vertical comience a rotar, determínese el coeficiente de fricción estática entre las superficies anulares de contacto.

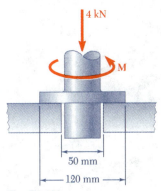

Fig. P8.108

*8.109 Como las superficies de los ejes y los cojinetes sufren desgaste, la resistencia por fricción decrece en los cojinetes de empuje. Se supone comúnmente que el desgaste es directamente proporcional a la distancia recorrida por cualquier punto dado del eje y, en consecuencia, a la distancia r del punto al centro del eje. Entonces, suponiendo que la fuerza normal por unidad de área es inversamente proporcional a r, demuéstrese que la magnitud del par M requerido para contrarrestar la resistencia por fricción de uno de los extremos desgastados del cojinete (con contacto en toda el área circular) es igual al 75 por ciento del valor dado en la fórmula (8.9) para un cojinete nuevo.

*8.110 Suponiendo que los cojinetes se desgastan como se indica en el problema 8.109, demuéstrese que la magnitud del par M requerido para contrarrestar la resistencia por fricción de un cojinete de anillo desgastado es:

$$M = \tfrac{1}{2}\mu_k P(R_1 + R_2)$$

donde P = magnitud de la fuerza axial total
R_1 y R_2 = radios interno y externo del anillo.

*8.111 Suponiendo que la presión entre las superficies de contacto es uniforme, demuéstrese que la magnitud del par M requerido para contrarrestar la resistencia por fricción de un cojinete cónico como el mostrado en la figura es:

$$M = \frac{2}{3}\frac{\mu_k P}{\operatorname{sen}\theta}\frac{R_2^3 - R_1^3}{R_2^2 - R_1^2}$$

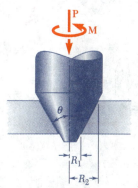

Fig. P8.111

8.112 Resuélvase el problema 8.107 suponiendo que la fuerza normal por unidad de área entre el disco y el piso varía linealmente desde un valor máximo en el centro hasta cero en la circunferencia del disco.

436 Fricción

8.113 Como se muestra en la figura, la base de una máquina de 900 kg se mueve sobre el suelo de concreto mediante una serie de tubos de acero de 100 mm de diámetro exterior. Sabiendo que el coeficiente de resistencia a la rodadura entre los tubos y la base es 0.5 mm y entre los tubos y el suelo de concreto es de 1.25 mm, determínese la magnitud de la fuerza **P** requerida para mover paulatinamente la base a lo largo del piso.

8.114 Sabiendo que un disco de 6 in. de diámetro rueda con velocidad constante hacia abajo sobre una superficie inclinada el 2 por ciento, determínese el coeficiente de resistencia a la rodadura entre el disco y el plano inclinado.

8.115 Determínese la fuerza horizontal requerida para mover un automóvil de 2500 lb a lo largo de una carretera horizontal con velocidad constante si sus llantas son de 23 in. de diámetro. Ignórese cualquier forma de fricción excepto la resistencia a la rodadura y supóngase que el coeficiente de resistencia a la rodadura es 0.05 in.

8.116 Resuélvase el problema 8.105 e inclúyase en la solución el valor del coeficiente de resistencia a la rodadura de 0.5 mm.

8.117 Resuélvase el problema 8.106 e inclúyase en la solución el valor del coeficiente de resistencia a la rodadura de 1.75 mm.

---

*8.10. FRICCIÓN EN BANDAS

Considérese una banda plana que pasa sobre un tambor cilíndrico fijo (figura 8.14a). Se desea determinar la relación que existe entre los valores T_1 y T_2 de la tensión en las dos partes de la banda cuando esta última está a punto de deslizarse hacia la derecha.

Se separa de la banda un pequeño elemento PP' que abarca un ángulo $\Delta\theta$. Representando con T la tensión en P y por $T + \Delta T$ a la tensión en P', se dibuja el diagrama de cuerpo libre del elemento de la banda (figura 8.14b). Además, de las dos fuerzas de tensión, las fuerzas que actúan sobre el cuerpo libre son la componente normal ΔN de la reacción del tambor y la fuerza de fricción ΔF. Como se supone que el movimiento es inminente, se tiene que $\Delta F = \mu_s \Delta N$. Se debe señalar que si se hace que $\Delta\theta$ se aproxime a cero, las magnitudes ΔN y ΔF, y la *diferencia* ΔT entre la tensión en P y la tensión en P', también tenderán a cero; sin embargo, el valor T de la tensión en P permanecerá inalterado. Esta observación ayuda a comprender la selección que se ha hecho para la notación empleada.

Seleccionando los ejes coordenados mostrados en la figura 8.14b, se escriben las ecuaciones de equilibrio para el elemento PP':

$$\Sigma F_x = 0: \quad (T + \Delta T)\cos\frac{\Delta\theta}{2} - T\cos\frac{\Delta\theta}{2} - \mu_s\Delta N = 0 \quad (8.11)$$

$$\Sigma F_y = 0: \quad \Delta N - (T + \Delta T)\sen\frac{\Delta\theta}{2} - T\sen\frac{\Delta\theta}{2} = 0 \quad (8.12)$$

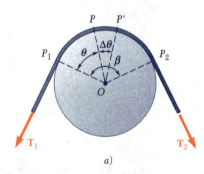

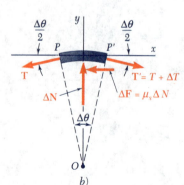

Fig. 8.14

Resolviendo la ecuación (8.12) para ΔN y sustituyendo la expresión obtenida para dicha cantidad en la ecuación (8.11), se obtiene la siguiente ecuación después de realizar simplificaciones

$$\Delta T \cos \frac{\Delta \theta}{2} - \mu_s (2T + \Delta T) \operatorname{sen} \frac{\Delta \theta}{2} = 0$$

Ahora, se dividen ambos términos entre $\Delta \theta$. En el caso del primer término, esto se hace simplemente dividiendo ΔT entre $\Delta \theta$. La división del segundo término se lleva a cabo dividiendo entre 2 los términos que están entre paréntesis y dividiendo al seno entre $\Delta\theta/2$. Así, se escribe

$$\frac{\Delta T}{\Delta \theta} \cos \frac{\Delta \theta}{2} - \mu_s \left(T + \frac{\Delta T}{2} \right) \frac{\operatorname{sen} (\Delta \theta/2)}{\Delta \theta/2} = 0$$

Si ahora se permite que $\Delta \theta$ se aproxime a 0, el coseno tiende a 1 y, como se señaló anteriormente, $\Delta T/2$ tiende a cero. Además, de acuerdo con un lema que se deriva en todos los libros de cálculo, el cociente de sen $(\Delta \theta/2)$ sobre $\Delta \theta/2$ tiende a 1. Finalmente, como el límite de $\Delta T/\Delta \theta$ es por definición igual a la derivada $dT/d\theta$, se escribe

$$\frac{dT}{d\theta} - \mu_s T = 0 \qquad \frac{dT}{T} = \mu_s d\theta$$

Ahora, se integrarán ambos miembros de la última ecuación desde P_1 hasta P_2 (figura 8.14a). En P_1, se tiene que $\theta = 0$ y que $T = T_1$; en P_2, se tiene que $\theta = \beta$ y que $T = T_2$. Así, integrando entre estos límites, se escribe

$$\int_{T_1}^{T_2} \frac{dT}{T} = \int_0^\beta \mu_s \, d\theta$$
$$\ln T_2 - \ln T_1 = \mu_s \beta$$

u, observando que el lado izquierdo es igual al logaritmo natural del cociente de T_2 y T_1,

$$\ln \frac{T_2}{T_1} = \mu_s \beta \tag{8.13}$$

Esta relación también se puede escribir de la siguiente forma

$$\frac{T_2}{T_1} = e^{\mu_s \beta} \tag{8.14}$$

Las fórmulas que se han derivado se pueden aplicar igualmente bien a problemas que involucran bandas planas que pasan sobre tambores cilíndricos fijos y a problemas que involucran cuerdas enrolladas alrededor de un poste o de un cabrestante. Además, dichas fórmulas también pueden utilizarse para resolver problemas que involucran frenos de banda. En este tipo de problemas, el cilindro es el que está a punto de girar mientras que la banda permanece fija. Por otra parte, las fórmulas también pueden aplicarse en problemas que involucran transmisiones por banda. En estos problemas, giran tanto la polea como la banda; entonces, se desea determinar si la banda se deslizará, esto es, si la banda se moverá *con respecto* de la polea.

Las fórmulas (8.13) y (8.14) sólo deben utilizarse si la banda, la cuerda o el freno están *a punto de deslizarse*. Se utilizará la fórmula (8.14) si se desea determinar T_1 o T_2; se preferirá la fórmula (8.13) si se desea determinar el valor de μ_s o si se desea determinar el ángulo de contacto β. Se debe señalar que T_2 siempre es mayor que T_1; por lo tanto, T_2 representa la tensión en aquella parte de la banda o de la cuerda que *jala*, mientras que T_1 es la tensión en aquella parte que *resiste*. También se debe mencionar que el ángulo de contacto β debe expresarse en *radianes*. El ángulo β puede ser mayor que 2π; por ejemplo, si una cuerda está enrollada n veces alrededor de un poste, β será igual a $2\pi n$.

Si la banda, la cuerda o el freno están deslizándose, deben utilizarse fórmulas similares a las (8.13) y (8.14) pero que involucren el coeficiente de fricción cinética μ_k. Si la banda, la cuerda o el freno no están deslizándose y tampoco están a punto de deslizarse, no se pueden utilizar las fórmulas mencionadas anteriormente.

Las bandas que se utilizan en las transmisiones por banda usualmente tienen forma en V. En la banda en V mostrada en la figura 8.15a el contacto

a)

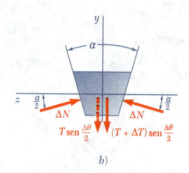
b)

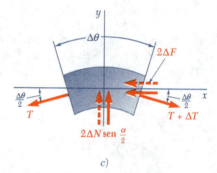
c)

Fig. 8.15

entre ésta y la polea ocurre a lo largo de los lados de la ranura. Nuevamente, dibujando el diagrama de cuerpo libre de un elemento de la banda (figura 8.15b y c), se puede obtener la relación que existe entre los valores T_1 y T_2 de la tensión en las dos partes de la banda cuando ésta está a punto de deslizarse. De esta forma, se derivan ecuaciones similares a la (8.11) y a la (8.12), pero ahora la magnitud de la fuerza de fricción total que actúa sobre el elemento es igual a $2\,\Delta F$ y la suma de las componentes y de las fuerzas normales es igual a $2\,\Delta N \operatorname{sen}(\alpha/2)$. Procediendo de la misma forma que anteriormente, se obtiene

$$\ln \frac{T_2}{T_1} = \frac{\mu_s \beta}{\operatorname{sen}(\alpha/2)} \tag{8.15}$$

o,

$$\frac{T_2}{T_1} = e^{\mu_s \beta / \operatorname{sen}(\alpha/2)} \tag{8.16}$$

PROBLEMA RESUELTO 8.7

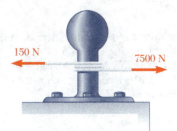

Un cable de remolque lanzado desde un barco a un muelle se enrolla dos vueltas completas alrededor de un poste de muelle (cabrestante o torno vertical). La tensión en el cable es de 7500 N. Ejerciendo una fuerza de 150 N sobre el extremo libre del cable, un trabajador del muelle apenas puede evitar que el cable se deslice. *a*) Determínese el coeficiente de fricción entre el cable y el poste. *b*) Determínese la tensión en el cable que podría ser resistida por la fuerza de 150 N si el cable estuviera enrollado tres vueltas completas alrededor del poste.

SOLUCIÓN

a. Coeficiente de fricción. Como el deslizamiento del cable es inminente, se usa la ecuación (8.13):

$$\ln \frac{T_2}{T_1} = \mu_s \beta$$

Como el cable está enrollado dos vueltas completas alrededor del poste, se tiene que

$$\beta = 2(2\pi \text{ rad}) = 12.57 \text{ rad}$$
$$T_1 = 150 \text{ N} \qquad T_2 = 7500 \text{ N}$$

Por lo tanto,

$$\mu_s \beta = \ln \frac{T_2}{T_1}$$

$$\mu_s(12.57 \text{ rad}) = \ln \frac{7500 \text{ N}}{150 \text{ N}} = \ln 50 = 3.91$$

$$\mu_s = 0.311 \qquad\qquad \mu_s = 0.31 \blacktriangleleft$$

b. Cable enrollado tres vueltas completas alrededor del poste. Utilizando el valor de μ_s obtenido en la parte *a* de este problema, ahora se tiene que

$$\beta = 3(2\pi \text{ rad}) = 18.85 \text{ rad}$$
$$T_1 = 150 \text{ N} \qquad \mu_s = 0.311$$

Sustituyendo estos valores en la ecuación (8.14), se obtiene

$$\frac{T_2}{T_1} = e^{\mu_s \beta}$$

$$\frac{T_2}{150 \text{ N}} = e^{(0.311)(18.85)} = e^{5.862} = 351.5$$

$$T_2 = 52\,725 \text{ N}$$

$$T_2 = 52.7 \text{ kN} \blacktriangleleft$$

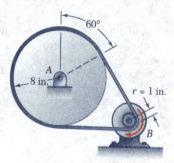

PROBLEMA RESUELTO 8.8

Una banda plana conecta una polea A, que mueve una máquina herramienta, con una polea B, la cual está unida a la flecha de un motor eléctrico. Los coeficientes de fricción entre ambas poleas y la banda son $\mu_s = 0.25$ y $\mu_k = 0.20$. Sabiendo que la tensión máxima permisible en la banda es de 600 lb, determínese el momento torsional más grande que puede ejercer la banda sobre la polea A.

SOLUCIÓN

En virtud de que la resistencia al deslizamiento depende tanto del ángulo de contacto β entre la polea y la banda como del coeficiente de fricción estática μ_s y puesto que μ_s es el mismo para ambas poleas, el deslizamiento ocurrirá primero en la polea B, para la cual β es menor.

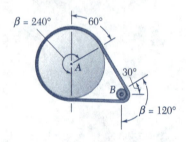

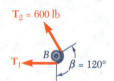

Polea B. Utilizando la ecuación (8.14) con $T_2 = 600$ lb, $\mu_s = 0.25$ y $\beta = 120° = 2\pi/3$ rad, se escribe

$$\frac{T_2}{T_1} = e^{\mu_s \beta} \qquad \frac{600 \text{ lb}}{T_1} = e^{0.25(2\pi/3)} = 1.688$$

$$T_1 = \frac{600 \text{ lb}}{1.688} = 355.4 \text{ lb}$$

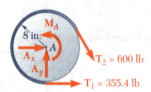

Polea A. Se dibuja el diagrama de cuerpo libre de la polea A. El par $\mathbf{M}_A$ se aplica a la polea por la máquina herramienta a la cual la polea está unida y es igual y opuesto al momento torsional ejercido por la banda. Así, se escribe

$+\circlearrowleft \Sigma M_A = 0:$ $\quad M_A - (600 \text{ lb})(8 \text{ in.}) + (355.4 \text{ lb})(8 \text{ in.}) = 0$
$\quad M_A = 1957 \text{ lb} \cdot \text{in.}$ $\qquad M_A = 163.1 \text{ lb} \cdot \text{ft}$ ◀

Nota. Se puede comprobar que la banda no se desliza sobre la polea A calculando el valor de μ_s requerido para prevenir el deslizamiento en A y verificando que éste es menor que el valor real de μ_s. De esta forma, a partir de la ecuación (8.13) se tiene que

$$\mu_s \beta = \ln \frac{T_2}{T_1} = \ln \frac{600 \text{ lb}}{355.4 \text{ lb}} = 0.524$$

y, como $\beta = 240° = 4\pi/3$ rad,

$$\frac{4\pi}{3} \mu_s = 0.524 \qquad \mu_s = 0.125 < 0.25$$

PROBLEMAS PARA RESOLVER EN FORMA INDEPENDIENTE

En la sección anterior se aprendió acerca de la *fricción en bandas*. Los problemas que se tendrán que resolver incluyen bandas que pasan sobre tambores fijos, frenos de banda en los cuales el tambor gira mientras la banda permanece fija y transmisiones por banda.

1. Los problemas que involucran fricción en bandas caen en una de las dos categorías siguientes:

a. Problemas en los cuales el deslizamiento es inminente. En estos casos puede utilizarse una de las siguientes fórmulas que involucran al *coeficiente de fricción estática* μ_s:

$$\ln \frac{T_2}{T_1} = \mu_s \beta \qquad (8.13)$$

o

$$\frac{T_2}{T_1} = e^{\mu_s \beta} \qquad (8.14)$$

b. Problemas en los que ya está ocurriendo el deslizamiento. Las fórmulas que deben utilizarse se pueden obtener a partir de las ecuaciones (8.13) y (8.14) reemplazando μ_s por el *coeficiente de fricción cinética* μ_k.

2. Cuando se comience a resolver un problema de fricción en bandas, es preciso recordar lo siguiente:

a. El ángulo β debe estar expresado en radianes. En un problema que involucra una banda y un tambor, éste es el ángulo subtendido en el arco del tambor sobre el cual está enrollada la banda.

b. La tensión más grande siempre se representa por T_2 y la tensión más pequeña se representa por T_1.

c. La tensión más grande ocurre en el extremo de la banda que está en la dirección del movimiento, o del movimiento inminente, de la banda con respecto del tambor.

3. En cada uno de los problemas que se tendrán que resolver, tres de las cuatro cantidades T_1, T_2, β y μ_s (o μ_k) serán proporcionadas como dato o se podrán encontrar fácilmente y, entonces, se tendrá que resolver la ecuación apropiada para encontrar la cuarta cantidad. A continuación se mencionan dos tipos de problemas que se encontrarán:

a. Sabiendo que el deslizamiento es inminente, se debe encontrar el valor de μ_s entre la banda y el tambor. A partir de los datos proporcionados, se determinan T_1, T_2 y β; entonces, se sustituyen dichos valores en la ecuación (8.13) y se resuelve esta última para μ_s [problema resuelto 8.7, parte *a*]. Se sigue el mismo procedimiento para encontrar el *valor mínimo* de μ_s para el cual no ocurrirá el deslizamiento.

b. Sabiendo que el deslizamiento es inminente, se debe encontrar la magnitud de una fuerza o de un par que está aplicado a la banda o al tambor. Los datos proporcionados deben incluir μ_s y β. Si también incluyen a T_1 o T_2, se utiliza la ecuación (8.14) para encontrar el valor de la otra tensión. Si no se conoce T_1 ni T_2 pero se proporcionan otros datos, se utiliza el diagrama de cuerpo libre del sistema constituido por la banda y el tambor para escribir una ecuación de equilibrio que tendrá que resolverse simultáneamente con la ecuación (8.14) para determinar los valores de T_1 y T_2. Entonces, se podrá encontrar la magnitud de la fuerza o del par especificado a partir del diagrama de cuerpo libre del sistema. Se sigue el mismo procedimiento para determinar el *valor más grande* de una fuerza o de un par que puede ser aplicado a la banda o al tambor si no debe ocurrir deslizamiento [problema resuelto 8.8].

Problemas

8.118 Un cabo se enrolla dos vueltas completas alrededor de un poste de muelle. Al ejercer una fuerza de 80 lb sobre el extremo libre del cabo un marinero puede resistir hasta 5000 lb en el otro extremo del cabo. Determínese a) el coeficiente de fricción estática entre el cabo y el poste de muelle y b) el número de veces que debe enrollarse el cabo alrededor del poste si se debe resistir una fuerza de 20 000 lb al ejercer una fuerza de 80 lb sobre el extremo libre del cabo.

8.119 Dos cilindros se conectan mediante una cuerda que pasa sobre las dos barras fijas mostradas en la figura. Si se sabe que el coeficiente de fricción estática entre la cuerda y las barras es 0.40, determínese el rango de valores de la masa m del cilindro D para que el sistema se mantenga en equilibrio.

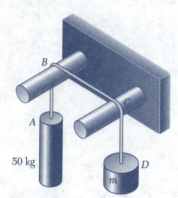

Fig. P8.119 y P8.120

8.120 Dos cilindros se conectan mediante una cuerda que pasa sobre las dos barras fijas mostradas en la figura. Si se sabe que es inminente el movimiento del cilindro D hacia arriba cuando $m = 20$ kg, determínese a) el coeficiente de fricción estática entre la cuerda y las barras y b) la tensión correspondiente en la porción BC de la cuerda.

8.121 En la figura se muestra un bloque de 300 lb que se sostiene mediante una cuerda que se encuentra enrollada $1\frac{1}{2}$ veces alrededor de una barra horizontal. Si se sabe que el coeficiente de fricción estática entre la cuerda y la barra es 0.15, determínese el rango de valores de P para que el sistema se mantenga en equilibrio.

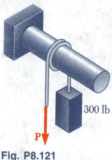

Fig. P8.121

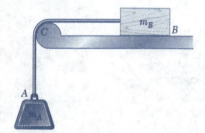

Fig. P8.122 y P8.123

8.122 Sabiendo que $m_A = 12$ kg, determínese la masa mínima del bloque B mostrado en la figura para que el sistema se mantenga en equilibrio, si se sabe que el coeficiente de fricción estática entre el bloque B y la superficie horizontal y entre la cuerda y el apoyo C es 0.40.

8.123 Sabiendo que $m_A = m_B$, determínese el valor mínimo de μ_s para que el sistema mostrado en la figura se mantenga en equilibrio, si se sabe que el coeficiente de fricción estática μ_s es el mismo entre el bloque B y la superficie horizontal y entre la cuerda y el apoyo C.

8.124 En la figura se muestra una banda plana que se emplea para transmitir un momento torsional desde el tambor B hasta el tambor A. Si se sabe que el coeficiente de fricción estática es 0.40 y que la tensión permisible en la banda es de 450 N, determínese el momento torsional máximo que puede ejercerse sobre el tambor A.

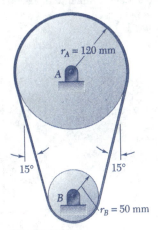

Fig. P8.124

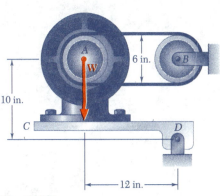

Fig. P8.125

8.125 En la figura se muestra el soporte de un motor de 175 lb al cual se le aplica el peso **W** para mantener tensa la banda motriz. Si se sabe que el coeficiente de fricción estática entre la banda plana y los tambores A y B es 0.40 y sin tomar en cuenta el peso de la plataforma CD, determínese la torsión máxima que puede ser transmitida al tambor B cuando el tambor motriz A rota en sentido a favor del movimiento de las manecillas del reloj.

8.126 Resuélvase el problema 8.125 suponiendo que el tambor motriz A rota en sentido contrario al del movimiento de las manecillas del reloj.

8.127 Una banda plana se emplea para transmitir un momento torsional de la polea A a la polea B. Como se muestra en la figura, cada una de las poleas tiene un radio de 60 mm y se aplica sobre el eje de la polea A una fuerza $P = 900$ N de magnitud. Si se sabe que el coeficiente de fricción estática es 0.35, determínese a) la torsión máxima que puede ser transmitida y b) el valor máximo correspondiente de la tensión en la banda.

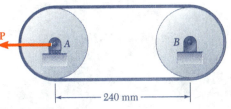

Fig. P8.127

8.128 Resuélvase el problema 8.127 suponiendo que la banda está colocada alrededor de las poleas de tal manera que forma una figura en forma de ocho.

8.129 Se aplica sobre el tambor motriz B del sistema mostrado en la figura un par $\mathbf{M}_B$ para que la banda pulidora se mueva a velocidad constante. Si se sabe que $\mu_k = 0.45$ entre la banda y el bloque de 15 kg que se pule mediante dicha banda y que $\mu_s = 0.30$ entre la banda y el tambor motriz B, determínese a) el par $\mathbf{M}_B$ y b) la tensión mínima en la parte inferior de la banda si entre ésta y el tambor motriz no debe haber deslizamiento.

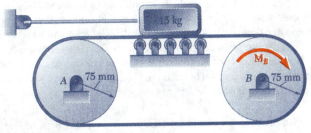

Fig. P8.129

8.130 En la figura se muestra una banda que se emplea para controlar la velocidad del volante. Determínese la magnitud del par que se debe aplicar al volante sabiendo que el coeficiente de fricción cinética entre la banda y el volante es 0.25 y que éste rota con velocidad constante en sentido a favor del movimiento de las manecillas del reloj. Además, demuéstrese que el mismo resultado se obtiene si el volante estuviera rotando en sentido contrario al del movimiento de las manecillas del reloj.

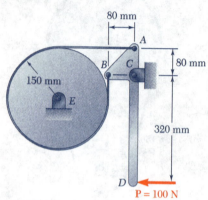

Fig. P8.130

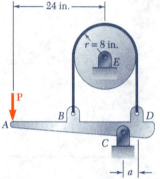

Fig. P8.131, P8.132 y P8.133

8.131 La velocidad del freno de tambor que se muestra en la figura se controla mediante la banda fija a la barra de control AD. Una fuerza **P** de 25 lb de magnitud se aplica a la barra de control en A. Si se sabe que $a = 4$ in. y que el coeficiente de fricción cinética entre la banda y el tambor es 0.25, determínese la magnitud del par que se está aplicando al tambor si éste rota con una velocidad angular constante a) en sentido contrario al del movimiento de las manecillas del reloj y b) en sentido a favor del movimiento de las manecillas del reloj.

8.132 Si se sabe que $a = 4$ in., determínese el valor máximo del coeficiente de fricción estática para que el freno mostrado en la figura no se autobloquee cuando el tambor rote en sentido contrario al del movimiento de las manecillas del reloj.

8.133 Si se sabe que el coeficiente de fricción estática es 0.30 y que el freno de tambor está rotando en sentido contrario al del movimiento de las manecillas del reloj, determínese el valor mínimo de a para el cual el freno de la figura no se autobloquee.

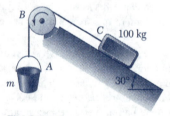

Fig. P8.134

8.134 La cubeta A y el bloque C mostrados en la figura se conectan mediante un cable que pasa sobre el tambor B. Sabiendo que el tambor B rota lentamente en sentido contrario al del movimiento de las manecillas del reloj y que los coeficientes de fricción en todas las superficies son $\mu_s = 0.35$ y $\mu_k = 0.25$, determínese la masa mínima combinada m de la cubeta y su contenido para que el bloque C a) permanezca en reposo, b) comience a moverse hacia arriba del plano inclinado y c) continúe su movimiento hacia arriba del plano inclinado con velocidad constante.

8.135 Resuélvase el problema 8.134 suponiendo que el tambor B está completamente fijo.

8.136 y *8.138* En la figura se muestra un cable colocado alrededor de tres tubos que son paralelos entre sí. Si se sabe que los coeficientes de fricción son $\mu_s = 0.25$ y $\mu_k = 0.20$, determínese *a*) el peso mínimo W para que el sistema se conserve en equilibrio y *b*) el peso máximo W que puede ser levantado si los tubos A y C permanecen fijos mientras que el tubo B rota lentamente en sentido contrario al del movimiento de las manecillas del reloj.

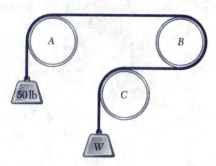

Fig. *P8.136* y *P8.137*

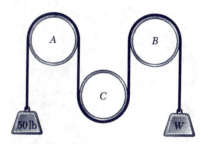

Fig. *P8.138* y *P8.139*

8.137 y *8.139* En la figura se muestra un cable colocado alrededor de tres tubos que son paralelos entre sí. Dos de los tubos están fijos y no rotan mientras que el tercer tubo rota lentamente. Si se sabe que los coeficientes de fricción son $\mu_s = 0.25$ y $\mu_k = 0.20$, determínese el peso máximo W que puede ser levantado si *a*) el tubo A rota en sentido contrario al del movimiento de las manecillas del reloj y *b*) sólo el tubo C rota en sentido a favor del movimiento de las manecillas del reloj.

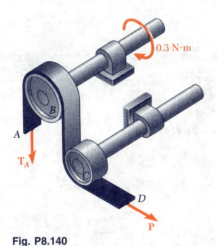

Fig. *P8.140*

8.140 En la figura se muestra una cinta para grabar la cual pasa sobre un tambor motriz de 20 mm de radio y sobre un tambor C que se emplea sólo para cambiar la dirección de movimiento de la cinta. Si se sabe que los coeficientes de fricción entre la cinta y los tambores son $\mu_s = 0.40$ y $\mu_k = 0.30$ y que el tambor C puede rotar libremente, determínese el valor mínimo permisible de P para que la cinta y el tambor B no se deslicen entre sí.

8.141 Resuélvase el problema 8.140 suponiendo que el tambor C está completamente fijo.

8.142 La barra AE de 10 lb se suspende por medio de un cable que pasa sobre el tambor de 5 in. de radio mostrado en la figura. El movimiento vertical del extremo E de la barra se impide mediante los dos topes mostrados. Si se sabe que $\mu_s = 0.30$ entre el cable y el tambor, determínese a) el par máximo $\mathbf{M}_0$ que puede aplicarse en sentido contrario al movimiento de las manecillas del reloj sobre el tambor para que no ocurra deslizamiento y b) la fuerza ejercida sobre la barra en E.

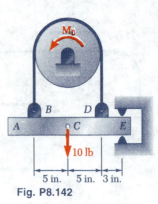

Fig. P8.142

8.143 Resuélvase el problema 8.142 suponiendo que el par $\mathbf{M}_0$ se aplica sobre el tambor en sentido a favor del movimiento de las manecillas del reloj.

8.144 En la figura se muestra una llave de correa la cual se emplea para sujetar firmemente el tubo sin dañar la superficie externa del mismo. Si el coeficiente de fricción estática es el mismo para todas las superficies de contacto, determínese el valor mínimo de μ_s para el cual la llave se autobloqueará cuando $a = 200$ mm, $r = 30$ mm y $\theta = 65°$.

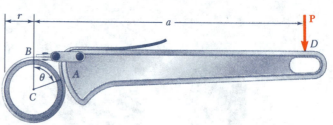

Fig. P8.144 y P8.145

8.145 Resuélvase el problema 8.144 suponiendo que $\theta = 75°$.

8.146 Demuéstrese que las ecuaciones (8.13) y (8.14) son válidas para cualquier forma que tenga la superficie mostrada en la figura siempre y cuando el coeficiente de fricción sea el mismo en todos los puntos en contacto.

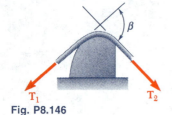

Fig. P8.146

8.147 Complétese la derivación de la ecuación (8.15) la cual está relacionada con la tensión en ambos extremos de una banda en V.

8.148 Resuélvase el problema 8.124 suponiendo que la banda plana y las poleas se reemplazan por una banda y poleas en V con $\alpha = 36°$. (El ángulo α se muestra en la figura 8.15a.)

8.149 Resuélvase el problema 8.127 suponiendo que la banda plana y las poleas se reemplazan por una banda y poleas en V con $\alpha = 36°$. (El ángulo α se muestra en la figura 8.15a.)

REPASO Y RESUMEN
DEL CAPÍTULO 8

Este capítulo estuvo dedicado al estudio de la *fricción seca*, esto es, a problemas que involucran cuerpos rígidos que están en contacto a lo largo de *superficies que no están lubricadas*.

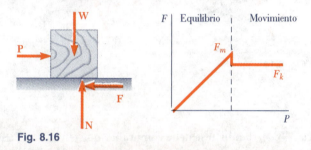

Fig. 8.16

Fricción estática y cinética

Al aplicarle una fuerza horizontal **P** a un bloque que descansa sobre una superficie horizontal [sección 8.2], se observa que al principio el bloque no se mueve. Lo anterior hace evidente que se debe haber desarrollado una *fuerza de fricción* **F** para equilibrar la fuerza **P** (figura 8.16). A medida que se incrementa la magnitud de **P**, la magnitud de **F** también se incrementa hasta que alcanza un valor máximo F_m. Si **P** se incrementa aún más, el bloque comienza a deslizarse y la magnitud de **F** disminuye súbitamente de F_m a un valor menor F_k. La evidencia experimental muestra que F_m y F_k son proporcionales a la componente normal N de la reacción de la superficie. Por lo tanto, se tiene que

$$F_m = \mu_s N \qquad F_k = \mu_k N \qquad (8.1, 8.2)$$

donde μ_s y μ_k reciben el nombre de *coeficiente de fricción estática* y de *coeficiente de fricción cinética*, respectivamente. Estos coeficientes dependen de la naturaleza y de la condición de las superficies que están en contacto. En la tabla 8.1 se proporcionaron valores aproximados para los coeficientes de fricción estática.

Ángulos de fricción

Algunas veces resulta conveniente reemplazar la fuerza normal **N** y a la fuerza de fricción **F** por su resultante **R** (figura 8.17). A medida que la fuerza de fricción se incrementa y alcanza su valor máximo $F_m = \mu_s N$, el ángulo ϕ que **R** forma con la normal a la superficie se incrementa y alcanza un valor máximo ϕ_s, el cual recibe el nombre de *ángulo de fricción estática*. Si en realidad ocurre el movimiento, la magnitud de **F** disminuye súbitamente a F_k; similarmente, el ángulo ϕ decae a un valor menor ϕ_k, el cual recibe el nombre de *ángulo de fricción cinética*. Como se demostró en la sección 8.3, se tiene que

$$\tan \phi_s = \mu_s \qquad \tan \phi_k = \mu_k \qquad (8.3, 8.4)$$

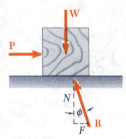

Fig. 8.17

448 Fricción

Problemas que involucran fricción

Cuando se resuelven problemas de equilibrio que involucran fricción, se debe recordar que la magnitud F de la fuerza de fricción es igual a $F_m = \mu_s N$ *sólo si el cuerpo está a punto de deslizarse* [sección 8.4]. *Si el movimiento no es inminente, F y N deben considerarse como incógnitas independientes* las cuales deben determinarse a partir de las ecuaciones de equili-

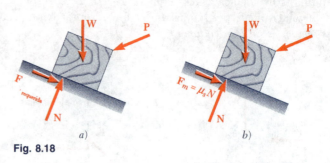

Fig. 8.18

brio (figura 8.18*a*). También se debe comprobar que el valor de F requerido para mantener el equilibrio no es mayor que F_m; si el valor de F llegara a ser mayor que F_m, el cuerpo se movería y la magnitud de la fuerza de fricción sería $F_k = \mu_k N$ [problema resuelto 8.1]. Por otra parte, *si se sabe que el movimiento es inminente, F ha alcanzado su valor máximo $F_m = \mu_s N$* (figura 8.18*b*) y la expresión anterior puede sustituirse en lugar de F en las ecuaciones de equilibrio [problema resuelto 8.3]. Cuando sólo están involucradas tres fuerzas en un diagrama de cuerpo libre, incluyendo la reacción **R** de la superficie en contacto con el cuerpo, usualmente es más conveniente resolver el problema dibujando un triángulo de fuerzas [problema resuelto 8.2].

Cuando un problema involucra el análisis de las fuerzas ejercidas entre sí por *dos cuerpos A y B*, es importante mostrar las fuerzas de fricción con sus sentidos correctos. Por ejemplo, el sentido correcto para la fuerza de fricción ejercida por B sobre A es opuesto al sentido del *movimiento relativo* (o movimiento inminente) de A con respecto de B [figura 8.6].

Cuñas y tornillos

En la segunda parte del capítulo se consideraron un cierto número de aplicaciones ingenieriles específicas en las cuales la fricción seca juega un papel importante. En el caso de *cuñas*, las cuales son máquinas simples que se utilizan para levantar cargas pesadas [sección 8.5], se dibujaron dos o más diagramas de cuerpo libre y se tuvo cuidado de mostrar cada fuerza de fricción con su sentido correcto [problema resuelto 8.4]. El análisis de *tornillos de rosca cuadrada*, los cuales se utilizan con frecuencia en gatos, prensas y otros mecanismos, se redujo al análisis de un bloque que se desliza sobre un plano inclinado al desenrollar la rosca del tornillo y mostrarla como una línea recta [sección 8.6]. Lo anterior se hace nuevamente en la figura 8.19, donde r representa el *radio promedio* de la rosca, L es el *avance* del tornillo, esto es, la distancia a través de la cual avanza el tornillo en una vuelta, **W** es la carga y Qr es igual al momento torsional ejercido sobre el tornillo. Se señaló que en el caso de tornillos de rosca múltiple, el avance L del tornillo *no* es igual a su paso, el cual es la distancia medida entre dos roscas consecutivas.

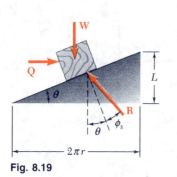

Fig. 8.19

Otras aplicaciones ingenieriles que se consideraron en este capítulo fueron las *chumaceras* y la *fricción en ejes* [sección 8.7], los *cojinetes de empuje* y la *fricción en discos* [sección 8.8], la *fricción en ruedas* y la *resistencia a la rodadura* [sección 8.9] y la *fricción en bandas* [sección 8.10].

Al resolver problemas que involucran a una *banda plana* que pasa sobre un cilindro fijo, es importante determinar primero la dirección en la cual la banda se desliza o está a punto de deslizarse. Si el tambor está girando, el movimiento o el movimiento inminente de la banda debe determinarse *relativo* al tambor que está girando. Por ejemplo, si la banda mos-

Fricción en bandas

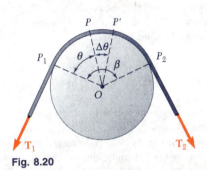

Fig. 8.20

trada en la figura 8.20 está a punto de deslizarse hacia la derecha con respecto del tambor, las fuerzas de fricción ejercidas por el tambor sobre la banda estarán dirigidas hacia la izquierda y la tensión será más grande en la porción del lado derecho de la banda que en la porción del lado izquierdo de la misma. Representando a la tensión más grande con T_2, a la tensión más pequeña con T_1, al coeficiente de fricción estática con μ_s y al ángulo (en radianes) subtendido por la banda con β, en la sección 8.10 se derivaron las siguientes fórmulas

$$\ln \frac{T_2}{T_1} = \mu_s \beta \qquad (8.13)$$

$$\frac{T_2}{T_1} = e^{\mu_s \beta} \qquad (8.14)$$

las cuales se utilizaron para resolver los problemas resueltos 8.7 y 8.8. Si realmente la banda se desliza sobre el tambor, se debe reemplazar en ambas ecuaciones el coeficiente de fricción estática μ_s por el coeficiente de fricción cinética μ_k.

Problemas de repaso

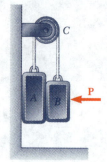

Fig. P8.150

8.150 En la figura se muestran los bloques A y B de 12 y 6 kg de masa respectivamente, los cuales se conectan por medio de un cable que pasa sobre una polea C que puede rotar libremente. Si se sabe que el coeficiente de fricción estática entre todas las superficies en contacto es 0.12, determínese el valor mínimo de P para que el sistema mostrado se mantenga en equilibrio.

8.151 Resuélvase el problema 8.150 suponiendo que la polea ya no puede rotar y que el coeficiente de fricción estática entre el cable y la superficie de la polea es 0.12.

8.152 Un automóvil que inicialmente estaba parado con las llantas delanteras apoyadas sobre un borde es puesto en marcha por su conductor con el propósito de que éste pueda pasar sobre el borde mostrado en la figura. Si se sabe que el coeficiente de fricción estática entre las ruedas, las cuales tienen un radio de 12 in., y el pavimento es 0.90 y si además se conoce que el 60 por ciento del peso total del automóvil se distribuye sobre las llantas delanteras y el 40 por ciento restante sobre las llantas traseras, determínese la altura máxima h del borde para que el automóvil pueda pasar suponiendo que éste es de a) tracción delantera y b) tracción trasera.

Fig. P8.152

8.153 Resuélvase el problema 8.152 suponiendo que el peso del carro se distribuye igualmente sobre las llantas delanteras y traseras.

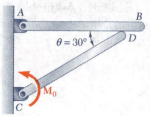

Fig. P8.154

8.154 Dos barras uniformes cada una de peso W y longitud L se sostienen en la posición mostrada en la figura mediante un par $\mathbf{M}_0$ aplicado sobre la barra CD. Si se sabe que el coeficiente de fricción estática entre las barras es 0.40, determínese el rango de valores de M_0 para que el sistema se mantenga en equilibrio.

8.155 En la figura se muestra un dispositivo de seguridad empleado por trabajadores que trepan sobre escaleras ubicadas en las partes más altas de las estructuras; consiste de un riel unido a la escalera y un mango que se puede deslizar sobre la zapata del riel. Una cadena conecta el cinturón de seguridad del trabajador a uno de los extremos de una leva excéntrica la cual puede rotar con respecto de un eje que se une al mango en C. Determínese el valor común mínimo permisible del coeficiente de fricción estática entre la zapata del riel, los pernos en A y B y la leva excéntrica si el mango no debe deslizarse hacia abajo cuando se tire de la cadena verticalmente en la misma dirección.

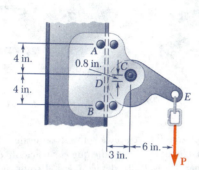

Fig. P8.155

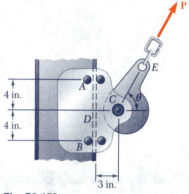

Fig. P8.156

8.156 Para que sea de uso práctico, el dispositivo de seguridad descrito en el problema anterior y mostrado en la figura, debe deslizarse libremente a lo largo del riel cuando se tire de éste hacia arriba. Determínese el valor máximo permisible del coeficiente de fricción estática entre la zapata del riel y los pernos en A y B si el mango puede deslizarse libremente cuando se tira de éste en la dirección indicada en la figura. Supóngase que a) $\theta = 60°$, b) $\theta = 50°$ y c) $\theta = 40°$.

8.157 En la figura se muestra un tubo uniforme de 20 kg apoyado sobre un dique de carga que se mueve mediante un cable conectado sobre su extremo A. Si se sabe que el coeficiente de fricción estática entre el tubo y el dique es 0.30, determínese el ángulo máximo θ para que el tubo se deslice horizontalmente hacia la derecha y la magnitud correspondiente de la fuerza **P** cuando a) $a = 0$ y b) $a = 0.75$ m.

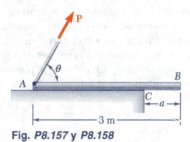

Fig. P8.157 y P8.158

8.158 En la figura se muestra un tubo uniforme de 20 kg que se apoya sobre un dique de carga con su extremo B localizado a una distancia $a = 0.25$ m medida a partir del extremo C del dique. Para remover al tubo, se conecta un cable sobre su extremo A formando un ángulo $\theta = 60°$ tal y como se muestra en la figura. Si se sabe que el coeficiente de fricción estática entre el tubo y el dique es 0.30, determínese a) el valor mínimo de P para el cual el movimiento del tubo es inminente y b) si el tubo tiende a deslizar o a rotar con respecto del extremo C del dique.

8.159 Una semiesfera homogénea de radio r se coloca sobre un plano inclinado como se muestra en la figura. Si se sabe que el coeficiente de fricción estática entre la semiesfera y el plano inclinado es 0.30, determínese a) el valor de β para el cual el deslizamiento es inminente y b) el valor correspondiente de θ.

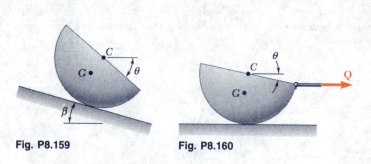

Fig. P8.159 Fig. P8.160

8.160 Una fuerza horizontal $\mathbf{Q}$ se aplica sobre la semiesfera homogénea de radio r en la forma mostrada en la figura. Si se sabe que el coeficiente de fricción estática entre la semiesfera y la superficie es 0.30, determínese el valor de θ para el cual el deslizamiento es inminente.

8.161 En la figura se muestra una polea en la que el eje de la misma se fija completamente y por lo tanto ésta no puede rotar con respecto del bloque. Si se sabe que el coeficiente de fricción estática entre el cable $ABCD$ y la polea es 0.30, determínese a) el valor máximo permisible de θ si el sistema debe permanecer en equilibrio y b) las reacciones correspondientes en A y D. (Supóngase que las porciones rectas del cable se unen en el punto E.)

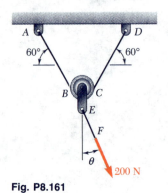

Fig. P8.161

Los siguientes problemas fueron diseñados para ser resueltos con una computadora.

8.C1 La posición de la barra AB de 10 kg es controlada mediante el bloque de 2 kg que se desplaza lentamente hacia la izquierda al aplicarle la fuerza P mostrada en la figura. Si se sabe que el coeficiente de fricción cinética entre todas las superficies en contacto es 0.25, escríbase un programa de computadora que pueda ser usado para calcular la magnitud de la fuerza P considerando valores de x que van desde 900 hasta 100 mm usando decrementos de 50 mm. Empléese apropiadamente decrementos pequeños y determínese el valor máximo de P así como el correspondiente valor de x.

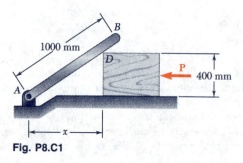

Fig. P8.C1

8.C2 Un soporte inclinado el cual se mantiene en la posición mostrada en la figura, sostiene a los bloques A y B. Sabiendo que el peso del bloque A es de 20 lb y que el coeficiente de fricción estática entre todas las superficies en contacto es 0.15, escríbase un programa de computadora que pueda ser usado para determinar el valor de θ para el cual el movimiento de los bloques es inminente considerando que el peso del bloque B varía desde 0 hasta 100 lb usando incrementos de 10 lb.

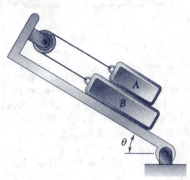

Fig. P8.C2

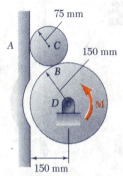

Fig. P8.C3

8.C3 El cilindro C de 300 g se apoya sobre el cilindro D mostrado en la figura. Si se sabe que el coeficiente de fricción estática μ_s tiene el mismo valor tanto en A como en B, escríbase un programa de computadora que pueda ser usado para determinar el valor máximo del par $\mathbf{M}$ que debe aplicarse al cilindro D en sentido contrario al del movimiento de las manecillas del reloj para que dicho cilindro no rote. Considérense valores de μ_s desde 0 hasta 0.40 usando incrementos de 0.05.

8.C4 En la figura se muestran dos barras que se unen mediante un bloque deslizante D y se mantienen en equilibrio estático por medio del par $\mathbf{M}_A$. Si se sabe que el coeficiente de fricción estática entre la barra AC y el bloque deslizante es 0.40, escríbase un programa de computadora que pueda ser usado para determinar el rango de valores de M_A para que el sistema se conserve en equilibrio. Considérense valores de θ que van desde 0 hasta 120° usando incrementos de 10°.

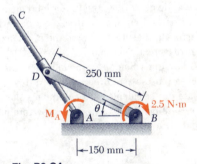

Fig. P8.C4

8.C5 Como se muestra en la figura, el bloque A de 10 lb se mueve lentamente hacia arriba sobre la superficie circular cilíndrica por medio de un cable que pasa sobre un tambor cilíndrico fijo en B. Si se sabe que el coeficiente de fricción cinética entre el bloque y la superficie y entre el cable y el tambor es 0.30, escríbase un programa de computadora que pueda ser usado para calcular la fuerza $\mathbf{P}$ requerida para mantener al sistema en movimiento considerando valores de θ que van desde 0 hasta 90° usando incrementos de 10°. Para los valores de θ que se calculen, determínese la magnitud de la fuerza de reacción que existe entre el bloque y la superficie. [Nótese que el ángulo de contacto entre el cable y el tambor fijo es $\beta = \pi - (\theta/2)$.]

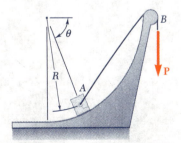

Fig. P8.C5

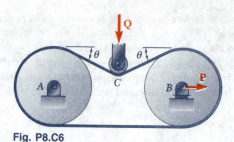

Fig. P8.C6

8.C6 En la figura se muestra una banda plana que se emplea para transmitir un par desde el tambor A hasta el tambor B los cuales tienen un radio de 80 mm cada uno. El sistema se equipa con una rueda C que se emplea para incrementar el contacto entre la banda y los tambores. La tensión permisible en la banda es de 200 N y el coeficiente de fricción estática entre la banda y los tambores es 0.30. Escríbase un programa de computadora que pueda ser usado para calcular el momento torsional máximo que puede ser transmitido considerando valores de θ que van desde 0 hasta 30° usando incrementos de 5°.

Fig. P8.C7

8.C7 En la figura se muestran dos collares A y B que se deslizan sobre barras verticales de fricción insignificante y los cuales se conectan entre sí mediante una cuerda de 30 in. que pasa sobre un eje fijo en C. Sabiendo que el peso del collar B es de 8 lb y que el coeficiente de fricción estática entre la cuerda y el eje fijo es 0.30, escríbase un programa de computadora que pueda ser usado para calcular el peso máximo y el peso mínimo del collar A para mantener el equilibrio, considerando valores de θ que van desde 0 hasta 60° usando incrementos de 10°.

8.C8 El extremo B de una viga uniforme de longitud L se levanta mediante una grúa estacionaria mostrada en la figura. Inicialmente, la viga se encuentra colocada sobre el suelo con su extremo A colocado justo por debajo de la polea C. Conforme se tira lentamente del cable, la viga desliza primero hacia la izquierda con $\theta = 0$ hasta que ésta recorre una distancia x_0. En una segunda fase, se levanta el extremo B mientras que su extremo A se mantiene deslizándose hacia la izquierda hasta que x alcanza su valor máximo x_m y θ el valor correspondiente de θ_1. Inmediatamente después, la viga rota con respecto de A' mientras que θ continúa incrementándose. Cuando θ alcanza el valor de θ_2, el extremo A empieza a deslizarse hacia la derecha y continúa deslizándose de manera irregular hasta que el extremo B alcanza C. Si se sabe que los coeficientes de fricción entre la viga y el suelo son $\mu_s = 0.50$ y $\mu_k = 0.40$, a) escríbase un programa de computadora que calcule x para cualquier valor de θ mientras la viga se desliza hacia la izquierda y úsese este programa para determinar x_0, x_m y θ_1 y b) modifique el programa para que se calcule para cualquier valor de θ el valor de x para el cual el deslizamiento es inminente hacia la derecha y también para determinar el valor θ_2 de θ que corresponde a $x = x_m$.

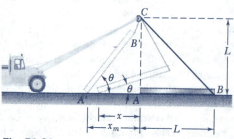

Fig. P8.C8

CAPÍTULO
9

Fuerzas distribuidas: Momentos de inercia

La resistencia de los elementos estructurales utilizados para la construcción de edificios depende en gran medida de las propiedades de sus secciones transversales; en particular, depende de los segundos momentos, o momentos de inercia, de dichas secciones transversales.

9.1. INTRODUCCIÓN

En el capítulo 5 se analizaron varios sistemas de fuerzas que estaban distribuidas sobre un área o un volumen. Los tres tipos principales de fuerzas que se consideraron fueron 1) los pesos de placas homogéneas de espesor uniforme (sección 5.3 a la 5.6), 2) las cargas distribuidas que actúan sobre vigas (sección 5.8) y las fuerzas hidrostáticas (sección 5.9) y 3) los pesos de cuerpos tridimensionales homogéneos (secciones 5.10 y 5.11). En el caso de placas homogéneas, la magnitud ΔW del peso de un elemento de una placa fue proporcional al área ΔA de dicho elemento. Para las cargas distribuidas que actuaban sobre vigas, la magnitud ΔW de cada peso elemental fue representada con un elemento de área $\Delta A = \Delta W$ bajo la curva de carga; por otra parte, en el caso de fuerzas hidrostáticas que actuaban sobre superficies rectangulares sumergidas, se siguió un procedimiento similar. En el caso de cuerpos tridimensionales homogéneos, la magnitud ΔW del peso de un elemento del cuerpo era proporcional al volumen ΔV de dicho elemento. Por lo tanto, en todos los casos que se consideraron en el capítulo 5, las fuerzas distribuidas eran proporcionales a las áreas o a los volúmenes elementales asociadas con éstas. Por consiguiente, la resultante de dichas fuerzas se podía obtener sumando las áreas o los volúmenes correspondientes y el momento de la resultante con respecto de cualquier eje dado se podía determinar calculando los primeros momentos de las áreas o de los volúmenes con respecto de dicho eje.

En la primera parte del presente capítulo se consideran fuerzas distribuidas $\Delta \mathbf{F}$ cuyas magnitudes no sólo dependen de los elementos de área ΔA sobre los cuales éstas actúan sino que también dependen de la distancia que hay desde ΔA hasta algún eje dado. En forma más precisa, se supone que la magnitud de la fuerza por unidad de área $\Delta F/\Delta A$ varía linealmente con la distancia al eje que se esté considerando. Como se señala en la siguiente sección, las fuerzas de este tipo se presentan en el estudio de la flexión de vigas y en problemas que involucran superficies sumergidas que no son rectangulares. Suponiendo que las fuerzas elementales involucradas están distribuidas sobre un área A y varían linealmente con la distancia y al eje x, se demostrará que mientras la magnitud de su resultante $\mathbf{R}$ depende del primer momento $Q_x = \int y\, dA$ del área A, la ubicación del punto donde se aplica $\mathbf{R}$ depende del *segundo momento*, o *momento de inercia*, $I_x = \int y^2\, dA$ de la misma área con respecto del eje x. Se aprenderá a calcular los momentos de inercia de diversas áreas con respecto de ejes x y y dados. Además, en la primera parte de este capítulo se introduce el *momento polar de inercia* $J_O = \int r^2\, dA$ de un área, donde r es la distancia desde el elemento de área dA hasta el punto O. Para facilitar los cálculos, se establecerá una relación entre el momento de inercia I_x de un área A con respecto de un eje x dado y el momento de inercia $I_{x'}$ de la misma área con respecto del eje centroidal paralelo x' (teorema de los ejes paralelos). También se estudiará la transformación de los momentos de inercia de un área dada cuando se rotan los ejes coordenados (secciones 9.9 y 9.10).

En la segunda parte del capítulo, se aprenderá cómo determinar los momentos de inercia de varias *masas* con respecto de un eje dado. Como se verá en la sección 9.11, el momento de inercia de una masa dada con respecto de un eje AA' se define como $I = \int r^2\, dm$, donde r es la distancia desde el eje AA' hasta el elemento de masa dm. Los momentos de inercia de masas se encuentran en la dinámica en problemas que involucran la rotación de un cuerpo rígido alrededor de un eje. Para facilitar el cálculo del momento de inercia de masa, se introducirá el teorema de los ejes paralelos (sección 9.12). Finalmente, se aprenderá a analizar la transformación de momentos de inercia de masas cuando se rotan los ejes coordenados (secciones 9.16 a la 9.18).

MOMENTOS DE INERCIA DE ÁREAS

9.2. SEGUNDO MOMENTO O MOMENTO DE INERCIA DE UN ÁREA

En la primera parte de este capítulo, se consideran fuerzas distribuidas $\Delta \mathbf{F}$ cuyas magnitudes ΔF son proporcionales a los elementos de área ΔA sobre los cuales actúan dichas fuerzas y, que al mismo tiempo, varían linealmente con la distancia que hay desde ΔA hasta un eje dado.

Por ejemplo, considérese una viga de sección transversal uniforme la cual está sometida a dos pares iguales y opuestos que están aplicados en cada uno de los extremos de la viga. Se dice que una viga en tales condiciones está en *flexión pura* y en la mecánica de materiales se demuestra que las fuerzas internas en cualquier sección de la viga son fuerzas distribuidas cuyas magnitudes $\Delta F = ky\, \Delta A$ varían linealmente con la distancia y que hay entre el elemento de área ΔA y un eje que pasa a través del centroide de la sección. Dicho eje, representado por el eje x en la figura 9.1, se conoce como el *eje neutro* de la sección. Las fuerzas en un lado del eje neutro son fuerzas de compresión mientras que las fuerzas en el otro lado son fuerzas de tensión; sobre el propio eje neutro las fuerzas son iguales a cero.

La magnitud de la resultante $\mathbf{R}$ de las fuerzas elementales $\Delta \mathbf{F}$ que actúan sobre toda la sección está dada por

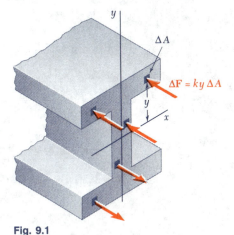

Fig. 9.1

$$R = \int ky\, dA = k \int y\, dA$$

La última integral obtenida se reconoce como el *primer momento* Q_x de la sección con respecto del eje x; dicha cantidad es igual a $\bar{y}A$ y, por lo tanto, es igual a cero puesto que el centroide de la sección está localizado sobre el eje x. Por consiguiente, el sistema de fuerzas $\Delta \mathbf{F}$ se reduce a un par. La magnitud M de dicho par (momento flexionante) debe ser igual a la suma de los momentos $\Delta M_x = y\, \Delta F = ky^2\, \Delta A$ de las fuerzas elementales. Integrando sobre toda la sección, se obtiene

$$M = \int ky^2\, dA = k \int y^2\, dA$$

La última integral se conoce como el *segundo momento*, o *momento de inercia*,† de la sección de la viga con respecto del eje x y se representa con I_x. El segundo momento se obtiene multiplicando cada elemento de área dA por el *cuadrado de su distancia* desde el eje x e integrándolo sobre la sección de la viga. Como cada producto $y^2\, dA$ es positivo, sin importar el signo de y, o cero (si y es cero), la integral I_x siempre será positiva.

Otro ejemplo de un segundo momento, o momento de inercia, de un área lo proporciona el siguiente problema de hidrostática: Una compuerta circular vertical utilizada para cerrar el escurridero de un gran depósito está sumergida bajo el agua como se muestra en la figura 9.2. ¿Cuál es la resultante de las fuerzas ejercidas por el agua sobre la compuerta y cuál es el momento de la resultante con respecto de la línea de intersección del plano de la compuerta y la superficie del agua (eje x)?

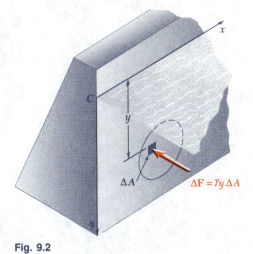

Fig. 9.2

---

† El término *segundo momento* es más apropiado que el término momento de inercia puesto que, lógicamente, este último sólo debería utilizarse para denotar integrales de masa (véase la sección 9.11). Sin embargo, en la práctica ingenieril se utiliza el término momento de inercia en relación tanto a áreas como a masas.

458 Fuerzas distribuidas: Momentos de inercia

Si la compuerta fuera rectangular, la resultante de las fuerzas de presión se podría determinar a partir de la curva de presión tal y como se hizo en la sección 5.9. Sin embargo, puesto que la compuerta es circular, se debe utilizar un método más general. Representando por y la profundidad de un elemento de área ΔA y por γ al peso específico del agua, la presión en el elemento es $p = \gamma y$ y la magnitud de la fuerza elemental ejercida sobre ΔA es $\Delta F = p \, \Delta A = \gamma y \, \Delta A$.

Por lo tanto, la magnitud de la resultante de las fuerzas elementales está dada por

$$R = \int \gamma y \, dA = \gamma \int y \, dA$$

y puede obtenerse calculando el primer momento $Q_x = \int y \, dA$ del área de la compuerta con respecto del eje x. El momento M_x de la resultante debe ser igual a la suma de los momentos $\Delta M_x = y \, \Delta F = \gamma y^2 \, \Delta A$ de las fuerzas elementales. Integrando sobre el área de la compuerta, se tiene que

$$M_x = \int \gamma y^2 \, dA = \gamma \int y^2 \, dA$$

Aquí, nuevamente, la integral obtenida representa el segundo momento, o momento de inercia, I_x del área con respecto del eje x.

9.3. DETERMINACIÓN DEL MOMENTO DE INERCIA DE UN ÁREA POR INTEGRACIÓN

En la sección anterior se definió el segundo momento, o momento de inercia, de un área A con respecto del eje x. Definiendo en una forma similar el momento de inercia I_y del área A con respecto del eje y, se escribe (figura 9.3a)

$$I_x = \int y^2 \, dA \qquad I_y = \int x^2 \, dA \tag{9.1}$$

Estas integrales, conocidas como los *momentos rectangulares de inercia* del área A, se pueden evaluar más fácilmente si se selecciona a dA como una pequeña tira paralela a uno de los ejes coordenados. Para calcular I_x, la tira se selecciona paralela al eje x, de tal forma que todos los puntos de dicha tira estén a la misma distancia y del eje x (figura 9.3b); entonces, se obtiene el momento de inercia dI_x de la tira multiplicando su área dA por y^2. Para calcular I_y, la tira se selecciona paralela al eje y de tal forma que todos los puntos de dicha tira estén a la misma distancia x del eje y (figura 9.3c); así, el momento de inercia dI_y de la tira es $x^2 \, dA$.

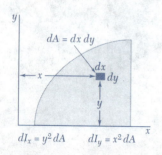 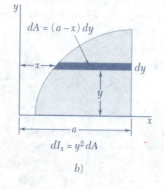 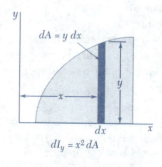

Fig. 9.3 a) b) c)

Momento de inercia de un área rectangular. Como un ejemplo, se procederá a determinar el momento de inercia de un rectángulo con respecto de su base (figura 9.4). Dividiendo el rectángulo en tiras paralelas al eje x, se obtiene

$$dA = b\,dy \qquad dI_x = y^2 b\,dy$$
$$I_x = \int_0^h by^2\,dy = \tfrac{1}{3}bh^3 \tag{9.2}$$

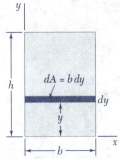

Fig. 9.4

Cálculo de I_x e I_y utilizando las mismas tiras elementales. La fórmula que se acaba de derivar se puede utilizar para determinar el momento de inercia dI_x con respecto del eje x de una tira rectangular que es paralela al eje y, tal como la tira mostrada en la figura 9.3c. Tomando $b = dx$ y $h = y$ en la fórmula (9.2), se escribe

$$dI_x = \tfrac{1}{3}y^3\,dx$$

Por otra parte, se tiene que

$$dI_y = x^2\,dA = x^2 y\,dx$$

Por lo tanto, se puede utilizar el mismo elemento para calcular los momentos de inercia I_x e I_y de un área dada (figura 9.5).

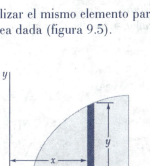

$$dI_x = \tfrac{1}{3}y^3\,dx$$
$$dI_y = x^2 y\,dx$$

Fig. 9.5

9.4. MOMENTO POLAR DE INERCIA

Una integral de gran importancia en los problemas relacionados con la torsión de barras cilíndricas y en los problemas relacionados con la rotación de placas es la siguiente

$$J_O = \int r^2\,dA \tag{9.3}$$

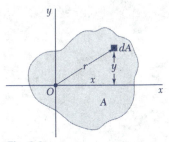

Fig. 9.6

donde r es la distancia desde O hasta el área elemental dA (figura 9.6). Esta integral es el *momento polar de inercia* del área A con respecto *del "polo" O*.

El momento polar de inercia de un área dada puede calcularse a partir de los momentos rectangulares de inercia I_x e I_y del área si dichas cantidades ya son conocidas. De hecho, observando que $r^2 = x^2 + y^2$, se escribe

$$J_O = \int r^2\,dA = \int (x^2 + y^2)\,dA = \int y^2\,dA + \int x^2\,dA$$

esto es,

$$J_O = I_x + I_y \qquad (9.4)$$

9.5. RADIO DE GIRO DE UN ÁREA

Considérese un área A que tiene un momento de inercia I_x con respecto del eje x (figura 9.7a). Imagínese que se ha concentrado esta área en una tira delgada paralela al eje x (figura 9.7b). Si el área A, concentrada de esta forma, debe tener el mismo momento de inercia con respecto del eje x, la tira debe ser colocada a una distancia k_x a partir del eje x, donde k_x está definida por la relación

$$I_x = k_x^2 A$$

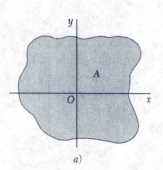

Resolviendo para k_x, se escribe

$$k_x = \sqrt{\frac{I_x}{A}} \qquad (9.5)$$

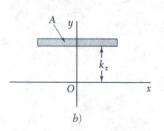

Se hace referencia a la distancia k_x como el *radio de giro* del área con respecto del eje x. En una forma similar, se pueden definir los radios de giro k_y y k_O (figura 9.7c y d); así, se escribe

$$I_y = k_y^2 A \qquad k_y = \sqrt{\frac{I_y}{A}} \qquad (9.6)$$

$$J_O = k_O^2 A \qquad k_O = \sqrt{\frac{J_O}{A}} \qquad (9.7)$$

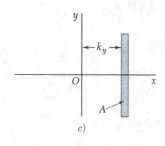

Si se reescribe la ecuación (9.4) en términos de los radios de giro, se encuentra que

$$k_O^2 = k_x^2 + k_y^2 \qquad (9.8)$$

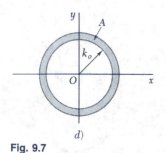

Ejemplo. Para el rectángulo mostrado en la figura 9.8, se calcula el radio de giro k_x con respecto de su base. Utilizando las fórmulas (9.5) y (9.2), se escribe

$$k_x^2 = \frac{I_x}{A} = \frac{\frac{1}{3}bh^3}{bh} = \frac{h^2}{3} \qquad k_x = \frac{h}{\sqrt{3}}$$

En la figura 9.8 se muestra el radio de giro k_x del rectángulo. El radio de giro no debe confundirse con la ordenada $\bar{y} = h/2$ del centroide del área. Mientras que k_x depende del *segundo momento*, o momento de inercia del área, la ordenada $\bar{y}$ está relacionada con el *primer momento* del área.

Fig. 9.7

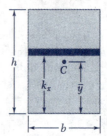

Fig. 9.8

PROBLEMA RESUELTO 9.1

Determínese el momento de inercia de un triángulo con respecto de su base.

SOLUCIÓN

Se dibuja un triángulo de base b y altura h; el eje x se selecciona de tal forma que coincida con la base del triángulo. Se selecciona dA como una tira diferencial paralela al eje x. Como todas las porciones de la tira están a la misma distancia a partir del eje x, se escribe

$$dI_x = y^2\, dA \qquad dA = l\, dy$$

Utilizando triángulos semejantes, se tiene que

$$\frac{l}{b} = \frac{h-y}{h} \qquad l = b\frac{h-y}{h} \qquad dA = b\frac{h-y}{h}\, dy$$

Integrando dI_x desde $y = 0$ hasta $y = h$, se obtiene

$$I_x = \int y^2\, dA = \int_0^h y^2 b\frac{h-y}{h}\, dy = \frac{b}{h}\int_0^h (hy^2 - y^3)\, dy$$
$$= \frac{b}{h}\left[h\frac{y^3}{3} - \frac{y^4}{4}\right]_0^h \qquad I_x = \frac{bh^3}{12} \blacktriangleleft$$

PROBLEMA RESUELTO 9.2

a) Determínese el momento polar centroidal de inercia de un área circular por integración directa. b) Utilizando el resultado de la parte a, determínese el momento de inercia de un área circular con respecto de uno de sus diámetros.

SOLUCIÓN

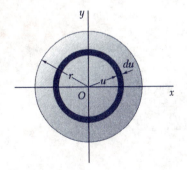

a. **Momento polar de inercia.** Se selecciona dA como un elemento anular diferencial de área. Como todas las porciones del área diferencial están a la misma distancia a partir del origen, se escribe

$$dJ_O = u^2\, dA \qquad dA = 2\pi u\, du$$
$$J_O = \int dJ_O = \int_0^r u^2(2\pi u\, du) = 2\pi \int_0^r u^3\, du$$

$$J_O = \frac{\pi}{2} r^4 \blacktriangleleft$$

b. **Momento de inercia con respecto de un diámetro.** Debido a la simetría del área circular, se tiene que $I_x = I_y$. Entonces, se escribe

$$J_O = I_x + I_y = 2I_x \qquad \frac{\pi}{2}r^4 = 2I_x \qquad I_{\text{diámetro}} = I_x = \frac{\pi}{4}r^4 \blacktriangleleft$$

PROBLEMA RESUELTO 9.3

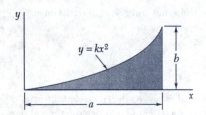

a) Determíne el momento de inercia con respecto de cada uno de los ejes coordenados correspondientes al área sombreada que se muestra en la figura. (Las propiedades de esta área fueron consideradas en el problema resuelto 5.4.) b) Utilizando los resultados de la parte a, determínese el radio de giro del área sombreada con respecto de cada uno de los ejes coordenados.

SOLUCIÓN

Haciendo referencia al problema resuelto 5.4, se obtienen las siguientes expresiones para la ecuación de la curva y para el área total:

$$y = \frac{b}{a^2}x^2 \qquad A = \tfrac{1}{3}ab$$

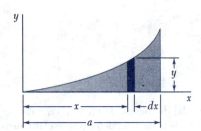

Momento de inercia I_x. Se selecciona dA como un elemento diferencial vertical de área. Como todas las porciones de este elemento *no* están a la misma distancia a partir del eje x, se debe tratar al elemento como un rectángulo delgado. Entonces, el momento de inercia del elemento con respecto del eje x es

$$dI_x = \tfrac{1}{3}y^3\,dx = \frac{1}{3}\left(\frac{b}{a^2}x^2\right)^3 dx = \frac{1}{3}\frac{b^3}{a^6}x^6\,dx$$

$$I_x = \int dI_x = \int_0^a \frac{1}{3}\frac{b^3}{a^6}x^6\,dx = \left[\frac{1}{3}\frac{b^3}{a^6}\frac{x^7}{7}\right]_0^a$$

$$I_x = \frac{ab^3}{21} \quad \blacktriangleleft$$

Momento de inercia I_y. Se utiliza el mismo elemento diferencial vertical de área. Como todas las porciones del elemento están a la misma distancia a partir del eje y, se escribe

$$dI_y = x^2\,dA = x^2(y\,dx) = x^2\left(\frac{b}{a^2}x^2\right)dx = \frac{b}{a^2}x^4\,dx$$

$$I_y = \int dI_y = \int_0^a \frac{b}{a^2}x^4\,dx = \left[\frac{b}{a^2}\frac{x^5}{5}\right]_0^a$$

$$I_y = \frac{a^3b}{5} \quad \blacktriangleleft$$

Radios de giro k_x y k_y. Por definición, se tiene que

$$k_x^2 = \frac{I_x}{A} = \frac{ab^3/21}{ab/3} = \frac{b^2}{7} \qquad k_x = \sqrt{\tfrac{1}{7}}\,b \quad \blacktriangleleft$$

y

$$k_y^2 = \frac{I_y}{A} = \frac{a^3b/5}{ab/3} = \tfrac{3}{5}a^2 \qquad k_y = \sqrt{\tfrac{3}{5}}\,a \quad \blacktriangleleft$$

PROBLEMAS PARA RESOLVER EN FORMA INDEPENDIENTE

El propósito de esta lección fue el de introducir los *momentos rectangulares y polares de inercia de áreas* y los *radios de giro* correspondientes. A pesar de que los problemas propuestos que se tienen que resolver puedan parecer más apropiados para una clase de cálculo que para una clase de mecánica, se espera que los comentarios introductorios hayan convencido al lector de la relevancia de los momentos de inercia para el estudio de una variedad de tópicos ingenieriles.

1. *Cálculo de los momentos rectangulares de inercia I_x e I_y.* Estas cantidades se definieron como

$$I_x = \int y^2 \, dA \qquad I_y = \int x^2 \, dA \tag{9.1}$$

donde dA es un elemento diferencial de área $dx \, dy$. Los momentos de inercia son *los segundos momentos de un área*; es por esta razón que I_x, por ejemplo, depende de la distancia perpendicular y al área dA. A medida que se estudie la sección 9.3, se debe reconocer la importancia de definir cuidadosamente la forma y la orientación de dA. Más aún, se deben observar los puntos siguientes.

   a. Los momentos de inercia de la mayoría de las áreas se pueden obtener por medio de una sola integración. Las expresiones proporcionadas en las figuras 9.3b y c y en la figura 9.5 se pueden utilizar para calcular I_x e I_y. Sin importar si se utiliza una sola integración o una integración doble, siempre se debe mostrar en el croquis el elemento dA que se ha seleccionado.

   b. El momento de inercia de un área siempre es positivo, sin importar la ubicación del área con respecto de los ejes coordenados. Esto se debe a que el momento de inercia se obtiene integrando el producto de dA y el *cuadrado* de una distancia. (Obsérvese cómo lo anterior difiere de los resultados para el primer momento del área.) Sólo cuando un área se *remueve* (como en el caso de un agujero) su momento de inercia se utilizará en los cálculos con un signo negativo.

   c. Como una comprobación parcial del trabajo realizado, obsérvese que los momentos de inercia son iguales a un área por el cuadrado de una longitud. Por lo tanto, cada término en la expresión para un momento de inercia debe ser una *longitud elevada a la cuarta potencia*.

2. *Cálculo del momento polar de inercia J_O. J_O* se definió como

$$J_O = \int r^2 \, dA \tag{9.3}$$

donde $r^2 = x^2 + y^2$. Si el área dada posee simetría circular (como en el problema resuelto 9.2), es posible expresar dA como una función de r y calcular J_O con una sola integración. Cuando el área no posee simetría circular, usualmente es más fácil calcular primero I_x e I_y y, entonces, determinar J_O a partir de la siguiente expresión

$$J_O = I_x + I_y \tag{9.4}$$

Finalmente, si la ecuación de la curva que acota al área dada está expresada en coordenadas polares, entonces $dA = r \, dr \, d\theta$ y se requiere una integración doble para calcular la integral para J_O [véase el problema propuesto 9.27].

3. *Determinación de los radios de giro k_x y k_y y del radio polar de giro k_O.* Estas cantidades se definieron en la sección 9.5 y el lector debe comprender que sólo pueden determinarse una vez que se han calculado el área y los momentos de inercia apropiados. Es importante recordar que k_x está medido en la dirección de y mientras que k_y está medido en la dirección de x; se debe estudiar cuidadosamente la sección 9.5 hasta que se haya comprendido este punto.

Problemas

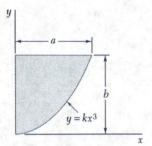

Fig. P9.1 y P9.5

9.1 al 9.4 Para el área sombreada mostrada en la figura, determínense por integración directa los momentos de inercia con respecto del eje y.

9.5 al 9.8 Para el área sombreada mostrada en la figura, determínense por integración directa los momentos de inercia con respecto del eje x.

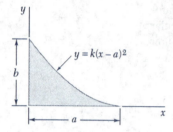

Fig. P9.2 y P9.6

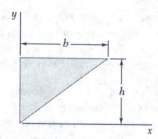

Fig. P9.3 y P9.7

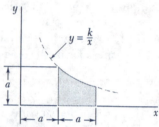

Fig. P9.4 y P9.8

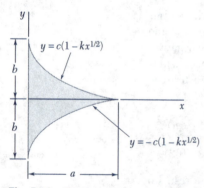

Fig. P9.9 y P9.12

9.9 al 9.11 Para el área sombreada mostrada en la figura, determínense por integración directa los momentos de inercia con respecto del eje x.

9.12 al 9.14 Para el área sombreada mostrada en la figura, determínense por integración directa los momentos de inercia con respecto del eje y.

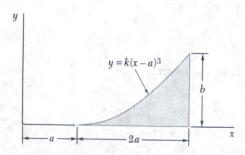

Fig. P9.10 y *P9.13*

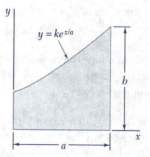

Fig. P9.11 y *P9.14*

9.15 y 9.16 Para el área sombreada mostrada en la figura, determínese el momento de inercia y el radio de giro con respecto del eje x.

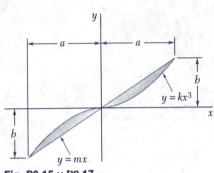

Fig. P9.15 y P9.17

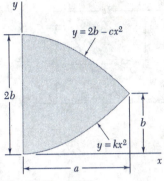

Fig. P9.16 y P9.18

9.17 y 9.18 Para el área sombreada mostrada en la figura, determínese el momento de inercia y el radio de giro con respecto del eje y.

9.19 Para el área sombreada mostrada en la figura, determínese el momento de inercia y el radio de giro con respecto del eje x.

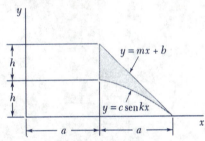

Fig. P9.19 y P9.20

9.20 Para el área sombreada mostrada en la figura, determínese el momento de inercia y el radio de giro con respecto del eje y.

9.21 y 9.22 Para el área sombreada mostrada en la figura, determínese el momento polar de inercia y el radio de giro polar con respecto del punto P.

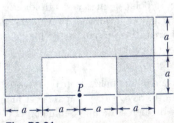

Fig. P9.21

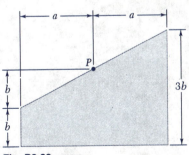

Fig. P9.22

9.23 y 9.24 Para el área sombreada mostrada en la figura, determínese el momento polar de inercia y el radio de giro polar con respecto del punto P.

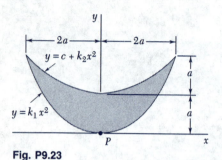

Fig. P9.23

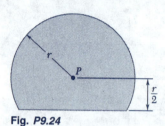

Fig. P9.24

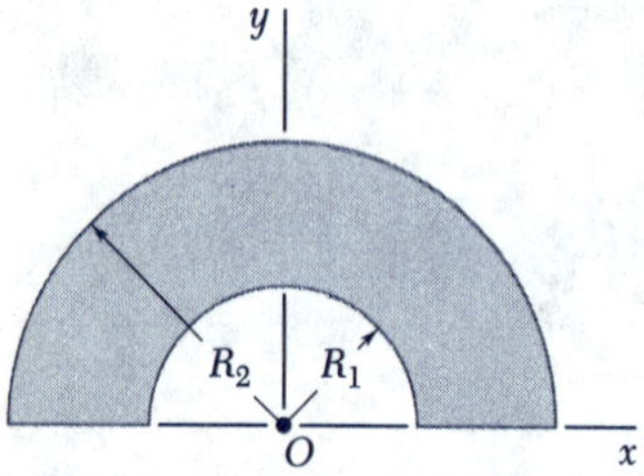

9.25 a) Determínese por integración directa el momento polar de inercia del área semianular mostrada en la figura con respecto del punto O. b) Usando el resultado del inciso a, determínense los momentos de inercia de dicha área con respecto de los ejes x y y.

9.26 a) Demuéstrese que el radio de giro polar k_O del área semianular mostrada en la figura es aproximadamente igual al radio medio $R_m = (R_1 + R_2)/2$ para valores pequeños del espesor $t = R_2 - R_1$. b) Determínese el porcentaje de error generado al emplear R_m en lugar de k_O para los valores siguientes de la relación t/R_m: $1, \frac{1}{2}, \frac{1}{10}$.

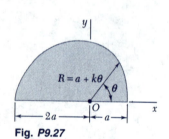

Fig. P9.25 y P9.26

9.27 Para el área sombreada mostrada en la figura, determínese el momento polar de inercia y el radio de giro polar con respecto del punto O.

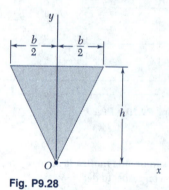

Fig. P9.28

Fig. P9.27

9.28 Para el triángulo isósceles mostrado en la figura, determínese el momento polar de inercia y el radio de giro polar con respecto del punto O.

*9.29 Usando el momento polar de inercia del triángulo isósceles del problema 9.28, demuéstrese que el momento polar de inercia centroidal de un área circular de radio r es $\pi r^4/2$. (*Sugerencia.* ¿Cuál es la forma aproximada que debe tener cada sector circular a medida que el área de un círculo se divide en un número creciente de sectores circulares del mismo tamaño?)

*9.30 Demuéstrese que el momento polar de inercia centroidal de un área dada A no puede ser menor que $A^2/2\pi$. (*Sugerencia.* Compárese el momento de inercia de una cierta área con el momento de inercia de un círculo con el mismo centroide y la misma área.)

9.6. TEOREMA DE LOS EJES PARALELOS

Considérese el momento de inercia I de un área A con respecto de un eje AA' (figura 9.9). Representando con y la distancia desde un elemento de área dA hasta AA', se escribe

$$I = \int y^2\, dA$$

Ahora, se dibuja a través del centroide C del área un eje BB' que es paralelo a AA'; dicho eje recibe el nombre de *eje centroidal*. Representando con y' la dis-

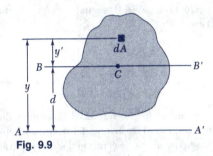

Fig. 9.9

tancia desde el elemento dA hasta BB', se escribe $y = y' + d$, donde d es la distancia entre los ejes AA' y BB'. Sustituyendo $y' + d$ en lugar de y en la integral anterior, se escribe

$$I = \int y^2\, dA = \int (y' + d)^2\, dA$$

$$= \int y'^2\, dA + 2d \int y'\, dA + d^2 \int dA$$

La primera integral representa el momento de inercia $\bar{I}$ del área con respecto del eje centroidal BB'. La segunda integral representa el primer momento con respecto de BB'; puesto que el centroide C del área está localizado sobre dicho eje, la segunda integral debe ser igual a cero. Finalmente, se observa que la última integral es igual al área total A. Por lo tanto, se tiene

$$I = \bar{I} + Ad^2 \tag{9.9}$$

La fórmula anterior expresa que el momento de inercia I de un área con respecto de cualquier eje dado AA' es igual al momento de inercia $\bar{I}$ del área con respecto de un eje centroidal BB' que es paralelo a AA' *más* el producto del área A y el cuadrado de la distancia d entre los dos ejes. Este teorema se conoce como el *teorema de los ejes paralelos*. Sustituyendo $k^2 A$ por I y $\bar{k}^2 A$ por $\bar{I}$, el teorema también puede expresarse de la siguiente forma

$$k^2 = \bar{k}^2 + d^2 \tag{9.10}$$

Se puede emplear un teorema similar para relacionar el momento polar de inercia J_O de un área con respecto de un punto O con el momento polar de inercia $\bar{J}_C$ de la misma área con respecto de su centroide C. Representando con d la distancia entre O y C, se escribe

$$J_O = \bar{J}_C + Ad^2 \quad \text{o} \quad k_O^2 = \bar{k}_C^2 + d^2 \tag{9.11}$$

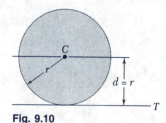

Fig. 9.10

Ejemplo 1. Como una aplicación del teorema de los ejes paralelos, se procederá a determinar el momento de inercia I_T de un área circular con respecto de una línea tangente al círculo (figura 9.10). En el problema resuelto 9.2 se encontró que el momento de inercia de un área circular con respecto de un eje centroidal es $I = \frac{1}{4}\pi r^4$. Por lo tanto, se puede escribir

$$I_T = \bar{I} + Ad^2 = \tfrac{1}{4}\pi r^4 + (\pi r^2)r^2 = \tfrac{5}{4}\pi r^4$$

Ejemplo 2. El teorema de los ejes paralelos también se puede utilizar para determinar el momento centroidal de inercia de un área cuando se conoce el momento de inercia del área con respecto de un eje paralelo. Por ejemplo, considérese un área triangular (figura 9.11). En el problema resuelto 9.1 se encontró que el momento de inercia del triángulo con respecto de su base AA' es igual a $\frac{1}{12}bh^3$. Utilizando el teorema de los ejes paralelos, se escribe

$$I_{AA'} = \bar{I}_{BB'} + Ad^2$$
$$\bar{I}_{BB'} = I_{AA'} - Ad^2 = \tfrac{1}{12}bh^3 - \tfrac{1}{2}bh(\tfrac{1}{3}h)^2 = \tfrac{1}{36}bh^3$$

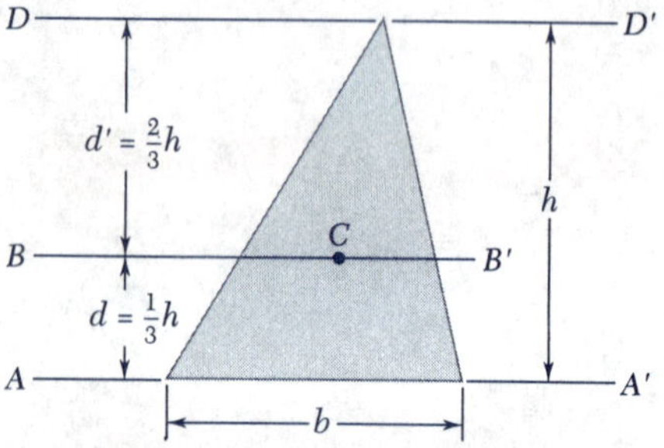

Se debe señalar que el producto Ad^2 fue *restado* del momento de inercia dado con el fin de obtener el momento centroidal de inercia del triángulo. Obsérvese que dicho producto se *suma* cuando se pasa *de* un eje centroidal a un eje paralelo, pero debe *restarse* cuando se pasa *a* un eje centroidal. En otras palabras, el momento de inercia de un área siempre es menor con respecto de un eje centroidal que con respecto de cualquier otro eje paralelo.

Regresando a la figura 9.11, se observa que el momento de inercia del triángulo con respecto de la línea DD' (la cual se ha dibujado a través de un vértice del triángulo) se puede obtener escribiendo

$$I_{DD'} = \bar{I}_{BB'} + Ad'^2 = \tfrac{1}{36}bh^3 + \tfrac{1}{2}bh(\tfrac{2}{3}h)^2 = \tfrac{1}{4}bh^3$$

Obsérvese que $I_{DD'}$ no se habría podido obtener directamente a partir de $I_{AA'}$. El teorema de los ejes paralelos sólo se puede aplicar si uno de los dos ejes paralelos pasa a través del centroide del área.

Fig. 9.11

9.7. MOMENTOS DE INERCIA DE ÁREAS COMPUESTAS

Considérese un área compuesta A que está constituida por varias áreas componentes $A_1, A_2, A_3, \ldots$ Como la integral que representa el momento de inercia de A puede subdividirse en integrales evaluadas sobre $A_1, A_2, A_3, \ldots$, el momento de inercia de A con respecto de un eje dado se obtiene sumando los momentos de inercia de las áreas $A_1, A_2, A_3, \ldots$, con respecto del mismo eje. Por lo tanto, el momento de inercia de un área que consiste de varias de las formas comunes mostradas en la figura 9.12, se puede obtener utilizando las fórmulas proporcionadas en dicha figura. Sin embargo, antes de sumar los momentos de inercia de las áreas componentes, es posible que se tenga que utilizar el teorema de los ejes paralelos para pasar cada momento de inercia al eje deseado. Esto se muestra en los problemas resueltos 9.4 y 9.5.

En la figura 9.13 se proporcionan las propiedades de las secciones transversales de varias formas (o perfiles) estructurales. Como se señaló en la sección 9.2, el momento de inercia de una sección de una viga con respecto de su eje neutro está íntimamente relacionado con el cálculo del momento flexionante en esa sección de la viga. Por lo tanto, la determinación de los momentos de inercia es un prerrequisito para el análisis y el diseño de elementos estructurales.

Se debe señalar que el radio de giro de un área compuesta *no* es igual a la suma de los radios de giro de las áreas componentes. Para determinar el radio de giro de un área compuesta, es necesario que primero se calcule el momento de inercia del área.

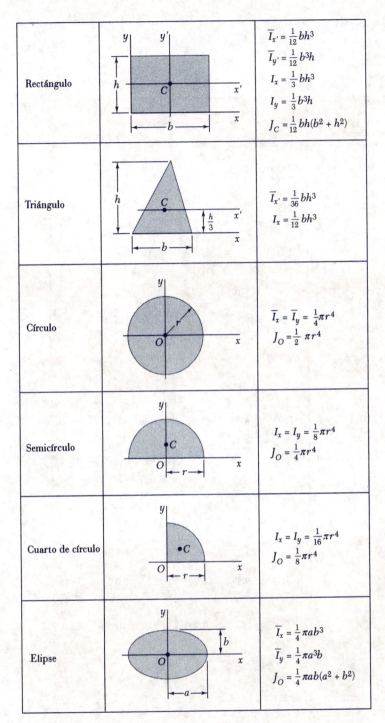

Fig. 9.12 Momentos de inercia de formas geométricas comunes.

	Designación	Área in²	Altura in.	Ancho in.	Eje X-X			Eje Y-Y		
					$\bar{I}_x$, in⁴	$\bar{k}_x$, in.	$\bar{y}$, in.	$\bar{I}_y$, in⁴	$\bar{k}_y$, in.	$\bar{x}$, in.
Formas tipo W (formas de patín ancho) 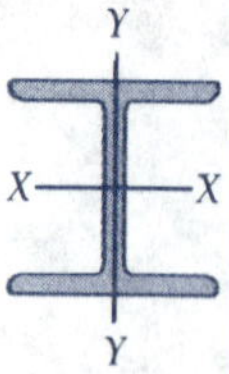	W18 × 76†	22.3	18.21	11.035	1330	7.73		152	2.61	
	W16 × 57	16.8	16.43	7.120	758	6.72		43.1	1.60	
	W14 × 38	11.2	14.10	6.770	385	5.88		26.7	1.55	
	W8 × 31	9.13	8.00	7.995	110	3.47		37.1	2.02	
Formas tipo S (formas estándar estadounidenses) 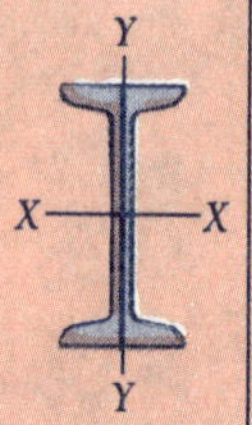	S18 × 55.7†	16.1	18.00	6.001	804	7.07		20.8	1.14	
	S12 × 31.8	9.35	12.00	5.000	218	4.83		9.36	1.00	
	S10 × 25.4	7.46	10.00	4.661	124	4.07		6.79	0.954	
	S6 × 12.5	3.67	6.00	3.332	22.1	2.45		1.82	0.705	
Formas tipo C (canales estándar estadounidenses) 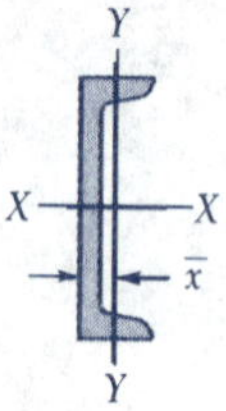	C12 × 20.7†	6.09	12.00	2.942	129	4.61		3.88	0.799	0.698
	C10 × 15.3	4.49	10.00	2.600	67.4	3.87		2.28	0.713	0.634
	C8 × 11.5	3.38	8.00	2.260	32.6	3.11		1.32	0.625	0.571
	C6 × 8.2	2.40	6.00	1.920	13.1	2.34		0.692	0.537	0.512
Ángulos 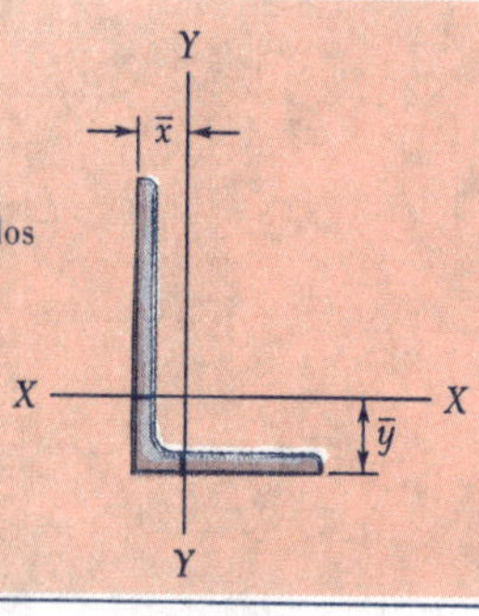	L6 × 6 × 1‡	11.00			35.5	1.80	1.86	35.5	1.80	1.86
	L4 × 4 × ½	3.75			5.56	1.22	1.18	5.56	1.22	1.18
	L3 × 3 × ¼	1.44			1.24	0.930	0.842	1.24	0.930	0.842
	L6 × 4 × ½	4.75			17.4	1.91	1.99	6.27	1.15	0.987
	L5 × 3 × ½	3.75			9.45	1.59	1.75	2.58	0.829	0.750
	L3 × 2 × ¼	1.19			1.09	0.957	0.993	0.392	0.574	0.493

Fig. 9.13A Propiedades de secciones de acero laminado (sistema de unidades de uso común en los Estados Unidos).*

*Cortesía del American Institute of Steel Construction, Chicago, Illinois
† Altura nominal en pulgadas y peso en libras por pie
‡ Altura, ancho y espesor en pulgadas

	Designación	Área mm²	Altura mm	Ancho mm	Eje X-X			Eje Y-Y		
					$\bar{I}_x$ 10⁶ mm⁴	$\bar{k}_x$ mm	$\bar{y}$ mm	$\bar{I}_y$ 10⁶ mm⁴	$\bar{k}_y$ mm	$\bar{x}$ mm
Formas tipo W (formas de patín ancho)	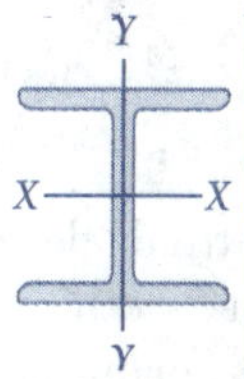 W460 × 113†	14400	463	280	554	196.3		63.3	66.3	
	W410 × 85	10800	417	181	316	170.7		17.94	40.6	
	W360 × 57	7230	358	172	160.2	149.4		11.11	39.4	
	W200 × 46.1	5890	203	203	45.8	88.1		15.44	51.3	
Formas tipo S (formas estándar estadounidenses)	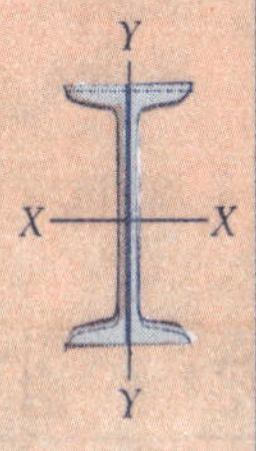 S460 × 81.4†	10390	457	152	335	179.6		8.66	29.0	
	S310 × 47.3	6032	305	127	90.7	122.7		3.90	25.4	
	S250 × 37.8	4806	254	118	51.6	103.4		2.83	24.2	
	S150 × 18.6	2362	152	84	9.2	62.2		0.758	17.91	
Formas tipo C (canales estándar estadounidenses)	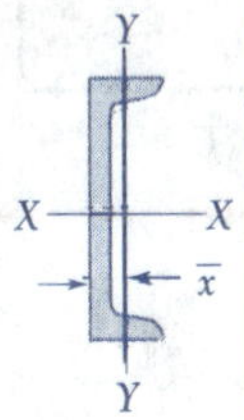 C310 × 30.8†	3929	305	74	53.7	117.1		1.615	20.29	17.73
	C250 × 22.8	2897	254	65	28.1	98.3		0.949	18.11	16.10
	C200 × 17.1	2181	203	57	13.57	79.0		0.549	15.88	14.50
	C150 × 12.2	1548	152	48	5.45	59.4		0.288	13.64	13.00
Ángulos	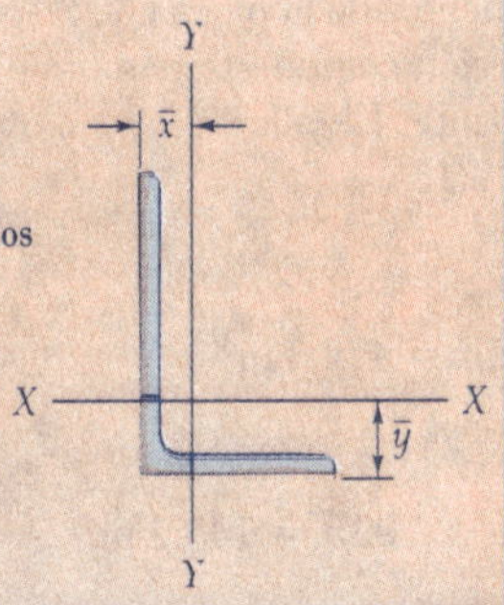 L152 × 152 × 25.4‡	7100			14.78	45.6	47.2	14.78	45.6	47.2
	L102 × 102 × 12.7	2420			2.31	30.9	30.0	2.31	30.9	30.0
	L76 × 76 × 6.4	929			0.516	23.6	21.4	0.516	23.6	21.4
	L152 × 102 × 12.7	3060			7.24	48.6	50.5	2.61	29.2	25.1
	L127 × 76 × 12.7	2420			3.93	40.3	44.5	1.074	21.1	19.05
	L76 × 51 × 6.4	768			0.454	24.3	25.2	0.163	14.58	12.52

Fig. 9.13B Propiedades de secciones de acero laminado (unidades del SI).

† Altura nominal en milímetros y masa en kilogramos por metro
‡ Altura, ancho y espesor en milímetros

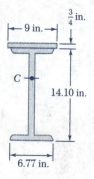

PROBLEMA RESUELTO 9.4

Se incrementa la resistencia de una viga W14 × 38 de acero rolado uniéndole una placa de $9 \times \frac{3}{4}$ in. a su patín superior como se muestra en la figura. Determínese el momento de inercia y el radio de giro de la sección compuesta con respecto de un eje que es paralelo a la placa y que pasa a través del centroide C de la sección.

SOLUCIÓN

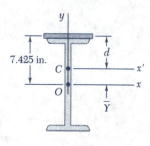

Se coloca el origen O de las coordenadas en el centroide de la forma de patín ancho y se calcula la distancia $\overline{Y}$ al centroide de la sección compuesta utilizando los métodos del capítulo 5. El área de la forma de patín ancho se encuentra haciendo referencia a la figura 9.13A. El área y la coordenada y del centroide de la placa están dados por

$$A = (9 \text{ in.})(0.75 \text{ in.}) = 6.75 \text{ in}^2$$
$$\overline{y} = \tfrac{1}{2}(14.10 \text{ in.}) + \tfrac{1}{2}(0.75 \text{ in.}) = 7.425 \text{ in.}$$

Sección	Área, in²	$\overline{y}$, in.	$\overline{y}A$, in³
Placa	6.75	7.425	50.12
Forma de patín ancho	11.20	0	0
	$\Sigma A = 17.95$		$\Sigma \overline{y}A = 50.12$

$$\overline{Y}\Sigma A = \Sigma \overline{y}A \qquad \overline{Y}(17.95) = 50.12 \qquad \overline{Y} = 2.792 \text{ in.}$$

Momento de inercia. Se utiliza el teorema de los ejes paralelos para determinar los momentos de inercia de la forma de patín ancho y de la placa con respecto del eje x'. Dicho eje es un eje centroidal para la sección compuesta pero *no* para cualquiera de los elementos considerados separadamente. El valor de $\overline{I}_x$ para la forma de patín ancho se obtiene a partir de la figura 9.13A.

Para la forma de patín ancho,

$$I_{x'} = \overline{I}_x + A\overline{Y}^2 = 385 + (11.20)(2.792)^2 = 472.3 \text{ in}^4$$

Para la placa,

$$I_{x'} = \overline{I}_x + Ad^2 = (\tfrac{1}{12})(9)(\tfrac{3}{4})^3 + (6.75)(7.425 - 2.792)^2 = 145.2 \text{ in}^4$$

Para el área compuesta,

$$I_{x'} = 472.3 + 145.2 = 617.5 \text{ in}^4 \qquad I_{x'} = 618 \text{ in}^4 \blacktriangleleft$$

Radio de giro. A partir del resultado anterior, se tiene que

$$k_{x'}^2 = \frac{I_{x'}}{A} = \frac{617.5 \text{ in}^4}{17.95 \text{ in}^2} \qquad k_{x'} = 5.87 \text{ in.} \blacktriangleleft$$

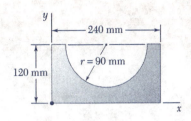

PROBLEMA RESUELTO 9.5

Determínese el momento de inercia del área sombreada con respecto del eje x.

SOLUCIÓN

El área dada puede obtenerse restándole un semicírculo a un rectángulo. Los momentos de inercia del rectángulo y del semicírculo serán calculados separadamente.

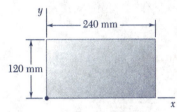 −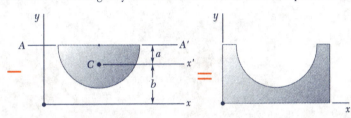

Momento de inercia del rectángulo. Haciendo referencia a la figura 9.12, se obtiene

$$I_x = \tfrac{1}{3}bh^3 = \tfrac{1}{3}(240 \text{ mm})(120 \text{ mm})^3 = 138.2 \times 10^6 \text{ mm}^4$$

Momento de inercia del semicírculo. Haciendo referencia a la figura 5.8, se determina la ubicación del centroide C del semicírculo con respecto del diámetro AA',

$$a = \frac{4r}{3\pi} = \frac{(4)(90 \text{ mm})}{3\pi} = 38.2 \text{ mm}$$

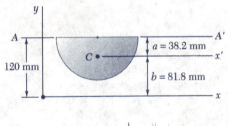

La distancia b desde el centroide C hasta el eje x es

$$b = 120 \text{ mm} - a = 120 \text{ mm} - 38.2 \text{ mm} = 81.8 \text{ mm}$$

Ahora, haciendo referencia a la figura 9.12, se calcula el momento de inercia del semicírculo con respecto del diámetro AA'; además, también se calcula el área del semicírculo.

$$I_{AA'} = \tfrac{1}{8}\pi r^4 = \tfrac{1}{8}\pi(90 \text{ mm})^4 = 25.76 \times 10^6 \text{ mm}^4$$
$$A = \tfrac{1}{2}\pi r^2 = \tfrac{1}{2}\pi(90 \text{ mm})^2 = 12.72 \times 10^3 \text{ mm}^2$$

Utilizando el teorema de los ejes paralelos, se obtiene el valor de $\bar{I}_{x'}$:

$$I_{AA'} = \bar{I}_{x'} + Aa^2$$
$$25.76 \times 10^6 \text{ mm}^4 = \bar{I}_{x'} + (12.72 \times 10^3 \text{ mm}^2)(38.2 \text{ mm})^2$$
$$\bar{I}_{x'} = 7.20 \times 10^6 \text{ mm}^4$$

Nuevamente, utilizando el teorema de los ejes paralelos, se obtiene el valor de I_x:

$$I_x = \bar{I}_{x'} + Ab^2 = 7.20 \times 10^6 \text{ mm}^4 + (12.72 \times 10^3 \text{ mm}^2)(81.8 \text{ mm})^2$$
$$= 92.3 \times 10^6 \text{ mm}^4$$

Momento de inercia del área dada. Restándole el momento de inercia del semicírculo al momento de inercia del rectángulo, se obtiene

$$I_x = 138.2 \times 10^6 \text{ mm}^4 - 92.3 \times 10^6 \text{ mm}^4$$
$$I_x = 45.9 \times 10^6 \text{ mm}^4 \quad \blacktriangleleft$$

PROBLEMAS PARA RESOLVER EN FORMA INDEPENDIENTE

En esta lección se introdujo el *teorema de los ejes paralelos* y se ilustró cómo puede utilizarse dicho teorema para facilitar el cálculo de momentos y momentos polares de inercia de áreas compuestas. Las áreas que se considerarán en los problemas propuestos que se presentan a continuación consistirán de formas comunes y de formas de acero rolado. Además, se utilizará el teorema de los ejes paralelos para localizar el punto de aplicación (el centro de presión) de la resultante de las fuerzas hidrostáticas que actúan sobre un área plana que está sumergida.

1. Aplicando el teorema de los ejes paralelos. En la sección 9.6 se derivó el teorema de los ejes paralelos

$$I = \overline{I} + Ad^2 \tag{9.9}$$

el cual establece que el momento de inercia I de un área A con respecto de un eje dado es igual a la suma del momento de inercia $\overline{I}$ de esa misma área con respecto de un *eje centroidal paralelo* y el producto Ad^2, donde d es la distancia entre los dos ejes. Es importante que se recuerden los puntos siguientes cuando se utilice el teorema de los ejes paralelos.

   a. El momento centroidal de inercia $\overline{I}$ de un área A puede obtenerse restándole el producto Ad^2 al momento de inercia I del área con respecto de un eje paralelo. Se concluye que el momento de inercia $\overline{I}$ es *menor* que el momento de inercia I de la misma área con respecto de cualquier otro eje paralelo.

   b. El teorema de los ejes paralelos sólo puede aplicarse si uno de los dos ejes involucrados es un eje centroidal. Por lo tanto, como se señaló en el ejemplo 2, para calcular el momento de inercia de un área con respecto de un *eje que no es centroidal* cuando se conoce el momento de inercia de dicha área con respecto de *otro eje que no es centroidal*, es necesario *calcular primero* el momento de inercia del área con respecto a *un eje centroidal paralelo a los dos ejes dados*.

2. Cálculo de los momentos y momentos polares de inercia de áreas compuestas. Los problemas resueltos 9.4 y 9.5 ilustran los pasos que se deben seguir para resolver problemas de este tipo. Como en todos los problemas que involucran áreas compuestas, se debe mostrar en un esquema las formas comunes o las formas de acero rolado que constituyen los distintos elementos del área dada, al igual que las distancias entre los ejes centroidales de los elementos y los ejes con respecto de los cuales se van a calcular los momentos de inercia. Además, es importante que se tomen en cuenta los puntos siguientes.

a. El momento de inercia de un área siempre es positiva, sin importar la ubicación del eje con respecto del cual se va a calcular dicho momento de inercia. Como se señaló en los comentarios para la lección anterior, sólo cuando se *remueve* un área (como en el caso de un agujero) se debe utilizar su momento de inercia en los cálculos con un signo negativo.

b. Los momentos de inercia de una semielipse y de un cuarto de elipse se pueden determinar dividiendo el momento de inercia de una elipse entre 2 y entre 4, respectivamente. Sin embargo, se debe señalar que los momentos de inercia que se obtienen de esta forma son *con respecto de los ejes de simetría de la elipse*. Para obtener los momentos *centroidales* de inercia para estas formas, se debe utilizar el teorema de los ejes paralelos. Nótese que este comentario también se aplica a un semicírculo y a un cuarto de círculo y que las expresiones proporcionadas para estas formas en la figura 9.12 *no* son momentos centroidales de inercia.

c. Para calcular el momento polar de inercia de un área compuesta, se pueden utilizar las expresiones para J_O proporcionadas en la figura 9.12 o se puede emplear la relación

$$J_O = I_x + I_y \qquad (9.4)$$

dependiendo de la forma del área dada.

d. Antes de calcular los momentos centroidales de inercia de un área dada, es posible que sea necesario localizar primero el centroide del área utilizando los métodos del capítulo 5.

3. *Localización del punto de aplicación de la resultante de un sistema de fuerzas hidrostáticas.* En la sección 9.2 se encontró que

$$R = \gamma \int y \, dA = \gamma \bar{y} A$$

$$M_x = \gamma \int y^2 \, dA = \gamma I_x$$

donde $\bar{y}$ es la distancia desde el eje x hasta el centroide del área plana que está sumergida. Como **R** es equivalente al sistema de fuerzas hidrostáticas elementales, se concluye que

$$\Sigma M_x: \qquad y_P R = M_x$$

donde y_P es la profundidad del punto de aplicación de **R**. Entonces,

$$y_P(\gamma \bar{y} A) = \gamma I_x \quad \text{o} \quad y_P = \frac{I_x}{\bar{y} A}$$

Para terminar, se recomienda al lector que estudie cuidadosamente la notación utilizada en la figura 9.13 para las formas de acero rolado puesto que es muy probable que la vuelva a encontrar en cursos de ingeniería posteriores.

Problemas

9.31 y 9.32 Para el área sombreada mostrada en la figura, determínese el momento de inercia y el radio de giro del área con respecto del eje x.

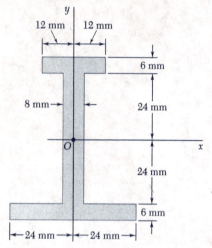

Fig. P9.31 y P9.33

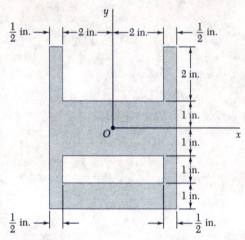

Fig. P9.32 y P9.34

9.33 y 9.34 Para el área sombreada mostrada en la figura, determínese el momento de inercia y el radio de giro del área con respecto del eje y.

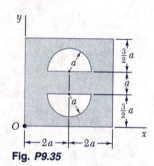

Fig. P9.35

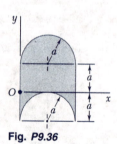

Fig. P9.36

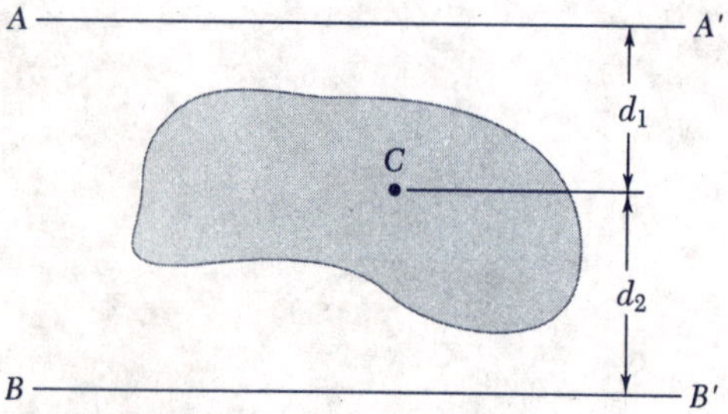

9.35 y 9.36 Para el área sombreada mostrada en la figura, determínense los momentos de inercia con respecto de los ejes x y y.

9.37 Para el área sombreada de 4000 mm² mostrada en la figura, determínese la distancia d_2 y el momento de inercia con respecto del eje centroidal paralelo a AA' si se sabe que los momentos de inercia con respecto a AA' y BB' son, respectivamente, 12×10^6 mm⁴ y 23.9×10^6 mm⁴ y que $d_1 = 25$ mm.

9.38 Determínese para la región sombreada mostrada en la figura, el área y el momento de inercia con respecto del eje centroidal paralelo á BB' si se sabe que $d_1 = 25$ mm, $d_2 = 15$ mm y que los momentos de inercia con respecto de AA' y BB' son, respectivamente, 7.84×10^6 mm⁴ y 5.20×10^6 mm⁴.

Fig. P9.37 y P9.38

9.39 Si el momento polar de inercia centroidal $\bar{J}_C$ de la región sombreada de 24 in² mostrada en la figura es de 600 in⁴ y si se sabe que $J_D = 2J_B$ y que $d = 5$ in., determínense los momentos polares de inercia J_B y J_D de dicha región.

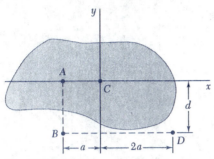

Fig. P9.39 y P9.40

9.40 Determínese el momento polar de inercia centroidal $\bar{J}_C$ del área sombreada de 25 in² que se muestra en la figura, sabiendo que los momentos polares de inercia de dicha área con respecto de los puntos A, B y D son, respectivamente, $J_A = 281$ in⁴, $J_B = 810$ in⁴ y $J_D = 1578$ in⁴.

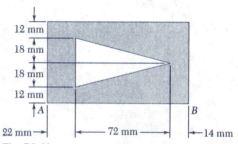

Fig. P9.41

9.41 al 9.44 Para el área mostrada en la figura, determínense los momentos de inercia $\bar{I}_x$ e $\bar{I}_y$ con respecto de los ejes centroidales paralelo y perpendicular al lado AB, respectivamente.

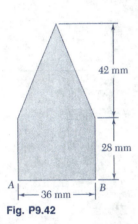

Fig. P9.42

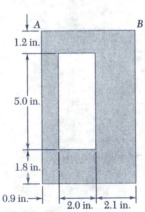

Fig. P9.43

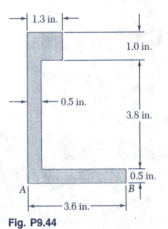

Fig. P9.44

9.45 y 9.46 Para el área mostrada en la figura, determínese el momento polar de inercia con respecto de a) el punto O y b) el centroide del área.

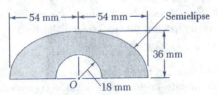

Fig. P9.45

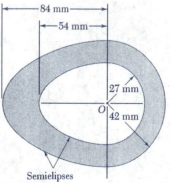

Fig. P9.46

9.47 y 9.48 Para el área mostrada en la figura, determínese el momento polar de inercia con respecto de a) el punto O y b) el centroide del área.

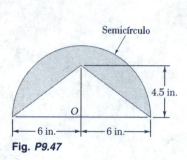

Fig. P9.47

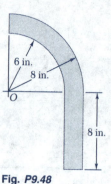

Fig. P9.48

9.49 En la figura se muestran dos placas de acero de 20 mm de espesor que se sueldan a una sección S laminada. Determínense los momentos de inercia y los radios de giro de la sección con respecto de los ejes centroidales x y y.

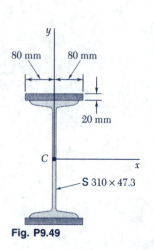

Fig. P9.49

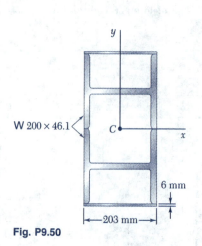

Fig. P9.50

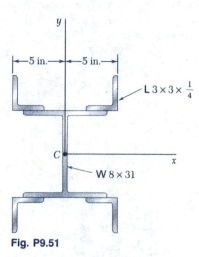

Fig. P9.51

9.50 Como se muestra en la figura, se sueldan entre sí dos secciones W laminadas y dos placas con el propósito de formar una caja reforzada. Para la sección combinada, determínense los momentos de inercia y los radios de giro con respecto de los ejes centroidales mostrados en la figura.

9.51 Como se muestra en la figura, cuatro ángulos de $3 \times 3 \times \frac{1}{4}$ in. se sueldan a una sección W laminada. Para la sección combinada, determine los momentos de inercia y los radios de giro con respecto a los ejes centroidales x y y.

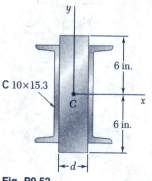

Fig. P9.52

9.52 Como se muestra en la figura, dos canales se sueldan a una placa de acero de $d \times 12$ in. Determínese el valor del ancho d para el cual el cociente de los momentos de inercia centroidales de la sección $\bar{I}_x / \bar{I}_y$ sea 16.

9.53 Como se muestra en la figura, dos ángulos de 76 × 76 × 6.4 mm se sueldan a un canal C250 × 22.8. Determínense los momentos de inercia de la sección combinada con respecto de los ejes centroidales paralelo y perpendicular al alma de dicho canal.

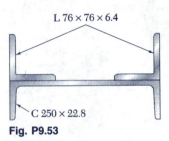

Fig. P9.53

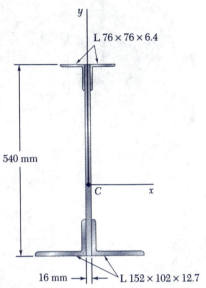

Fig. P9.54

9.54 Para formar una viga asimétrica como la mostrada en la figura, dos ángulos de 76 × 76 × 6.4 mm y dos de 152 × 102 × 12.7 mm se sueldan a una placa de acero de 16 mm de espesor. Determínense los momentos de inercia de la sección combinada con respecto de sus ejes centroidales x y y.

9.55 Como se muestra en la figura, dos ángulos de 5 × 3 × $\frac{1}{2}$ in. se sueldan a una placa de acero de $\frac{1}{2}$ in. Si se sabe que $\bar{I}_y = 4\bar{I}_x$, determínese la distancia b y los momentos de inercia centroidales de la sección combinada $\bar{I}_x$ e $\bar{I}_y$.

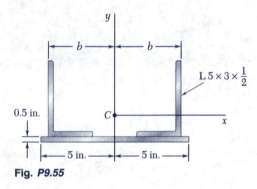

Fig. P9.55

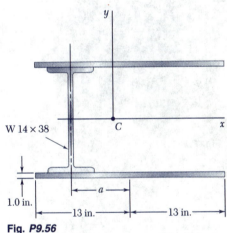

Fig. P9.56

9.56 Como se muestra en la figura, dos placas de acero se sueldan a la sección W laminada. Sabiendo que los momentos de inercia centroidales de la sección combinada $\bar{I}_x$ e $\bar{I}_y$ son iguales, determínese a) la distancia a y b) los momentos de inercia con respecto de los ejes centroidales x y y.

9.57 y 9.58 En la figura se muestra un pánel que conforma uno de los extremos de una artesa la cual se llena con agua hasta la línea AA'. Tomando como referencia la sección 9.2, determínese la profundidad del punto de aplicación (centro de presión) de la resultante de las fuerzas hidrostáticas que actúan sobre el pánel.

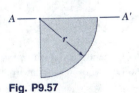

Fig. P9.57

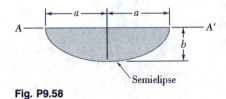

Fig. P9.58

9.59 y *9.60 En la figura se muestra un pánel que conforma uno de los extremos de una artesa la cual se llena con agua hasta la línea AA'. Tomando como referencia la sección 9.2, determínese la profundidad del punto de aplicación (centro de presión) de la resultante de las fuerzas hidrostáticas que actúan sobre el pánel.

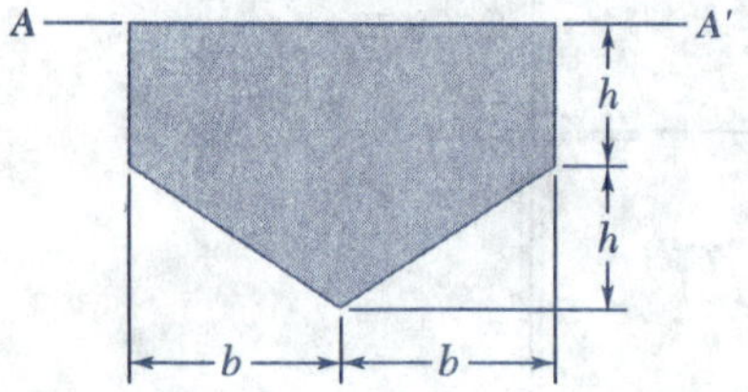

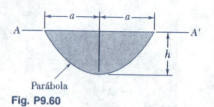

Fig. P9.59

Fig. P9.60

9.61 La cubierta circular de acceso a un tanque de almacenamiento de agua de 0.5 m de diámetro, se fija al tanque por medio de cuatro pernos igualmente espaciados tal y como se muestra en la figura. Determínese la fuerza adicional sobre cada perno debido a la presión del agua si el centro de la cubierta se localiza 1.4 m por debajo de la superficie del agua.

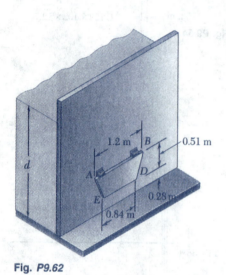

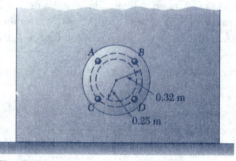

Fig. P9.61

Fig. P9.62

9.62 Una compuerta vertical de forma trapezoidal como la mostrada en la figura, se emplea como una válvula automática que se mantiene cerrada por medio de dos resortes los cuales se localizan a lo largo del canto AB. Sabiendo que cada resorte ejerce un par de 1470 N·m de magnitud, determínese la profundidad necesaria d del agua para que la compuerta se abra.

***9.63** Determínese la coordenada x del centroide del volumen mostrado en la figura. (*Sugerencia*. La altura y del volumen es proporcional a la coordenada x. Establézcase una analogía entre la altura y la presión del agua sobre una superficie sumergida).

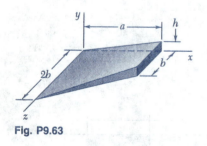

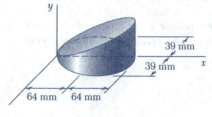

Fig. P9.63

Fig. P9.64

***9.64** Determínese la coordenada x del centroide del volumen mostrado en la figura. El volumen se obtuvo interceptando un cilindro elíptico con un plano oblicuo. (Véase la sugerencia del problema 9.63.)

*9.65 Demuéstrese que el sistema de fuerzas hidrostáticas que actúan sobre un área plana A que está sumergida, puede reducirse a una fuerza $\mathbf{P}$ sobre su centroide C y a dos pares. La fuerza $\mathbf{P}$ es perpendicular al área y su magnitud es $P = \gamma A \bar{y} \operatorname{sen} \theta$, donde γ es el peso específico del líquido y los pares vienen dados como $\mathbf{M}_{x'} = (\gamma \bar{I}_{x'} \operatorname{sen} \theta)\mathbf{i}$ y $\mathbf{M}_{y'} = (\gamma \bar{I}_{x'y'} \operatorname{sen} \theta)\mathbf{j}$, donde $\bar{I}_{x'y'} = \int x' y' \, dA$ (véase la sección 9.8). Nótese que los pares son independientes de la profundidad del área sumergida.

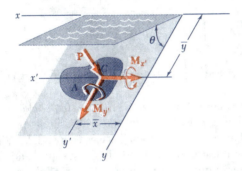

Fig. P9.65

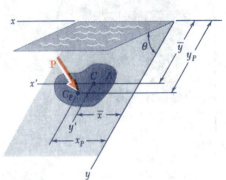

Fig. P9.66

*9.66 Demuéstrese que la resultante de las fuerzas hidrostáticas que actúan sobre un área plana A sumergida es una fuerza $\mathbf{P}$ perpendicular al área y con una magnitud de $P = \gamma A \bar{y} \operatorname{sen} \theta = \bar{p} A$, donde γ es el peso específico del liquido y $\bar{p}$ es la presión que actúa sobre el centroide C del área. Además, demuéstrese que $\mathbf{P}$ es una fuerza que está actuando en el punto C_P al cual se le conoce como centro de presión y cuyas coordenadas vienen dadas como: $x_P = I_{xy}/A\bar{y}$ y $y_P = I_x/A\bar{y}$, donde $I_{xy} = \int xy \, dA$ (véase la sección 9.8). También, demuéstrese que el valor de la diferencia $y_P - \bar{y}$ es exactamente igual que el valor de $\bar{k}_{x'}^2/\bar{y}$ y que por lo tanto, depende de la profundidad a la cual el área está sumergida.

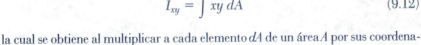

*9.8. PRODUCTO DE INERCIA

La integral

$$I_{xy} = \int xy \, dA \tag{9.12}$$

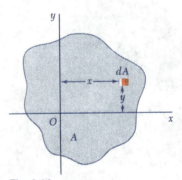

Fig. 9.14

la cual se obtiene al multiplicar a cada elemento dA de un área A por sus coordenadas x y y e integrando sobre toda el área (figura 9.14), se conoce como el *producto de inercia* del área A con respecto de los ejes x y y. A diferencia de los momentos de inercia I_x e I_y, el producto de inercia I_{xy} puede ser positivo, negativo o cero.

Cuando uno o ambos de los ejes x y y son ejes de simetría del área A, el producto de inercia I_{xy} es igual a cero. Por ejemplo, considérese la sección en forma de canal mostrada en la figura 9.15. Puesto que esta sección es simétrica con respecto del eje x, se puede asociar con cada elemento dA de coordenadas x y y un elemento dA' de coordenadas x y $-y$. Obviamente, las contribuciones a I_{xy} de cualquier par de elementos seleccionados de esta forma se cancela y, por lo tanto, la integral (9.12) se reduce a cero.

Para los productos de inercia se puede derivar un teorema de ejes paralelos similar al establecido en la sección 9.6 para momentos de inercia. Considérese

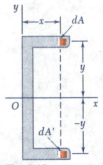

Fig. 9.15

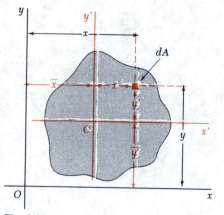

Fig. 9.16

un área A y un sistema de coordenadas rectangulares x y y (figura 9.16). A través del centroide C del área, cuyas coordenadas son $\bar{x}$ y $\bar{y}$, se dibujan dos *ejes centroidales* x' y y' que son paralelos, respectivamente, a los ejes x y y. Representando con x y y las coordenadas de un elemento de área dA con respecto de los ejes originales y con x' y y' las coordenadas del mismo elemento con respecto de los ejes centroidales, se escribe $x = x' + \bar{x}$ y $y = y' + \bar{y}$. Sustituyendo las relaciones anteriores en la ecuación (9.12), se obtiene la siguiente expresión para el producto de inercia I_{xy}:

$$I_{xy} = \int xy\, dA = \int (x' + \bar{x})(y' + \bar{y})\, dA$$

$$= \int x'y'\, dA + \bar{y}\int x'\, dA + \bar{x}\int y'\, dA + \bar{x}\bar{y}\int dA$$

La primera integral representa el producto de inercia $\bar{I}_{x'y'}$ del área A con respecto de los ejes centroidales x' y y'. Las dos integrales siguientes representan primeros momentos del área con respecto de los ejes centroidales; dichas integrales se reducen a cero puesto que el centroide C está localizado sobre esos ejes. Finalmente, se observa que la última integral es igual al área total A. Por lo tanto, se tiene que

$$I_{xy} = \bar{I}_{x'y'} + \bar{x}\bar{y}\, A \qquad (9.13)$$

*9.9. EJES PRINCIPALES Y MOMENTOS PRINCIPALES DE INERCIA

Considérese el área A y los ejes coordenados x y y (figura 9.17). Suponiendo que los momentos y el producto de inercia

$$I_x = \int y^2\, dA \qquad I_y = \int x^2\, dA \qquad I_{xy} = \int xy\, dA \qquad (9.14)$$

del área A son conocidos, se desea determinar los momentos y el producto de inercia $I_{x'}$, $I_{y'}$, e $I_{x'y'}$ de A con respecto de nuevos ejes x' y y' que se obtienen rotando los ejes originales alrededor del origen a través de un ángulo θ.

Primero se deben señalar las siguientes relaciones entre las coordenadas x', y' y x, y de un elemento de área dA:

$$x' = x\cos\theta + y\,\text{sen}\,\theta \qquad y' = y\cos\theta - x\,\text{sen}\,\theta$$

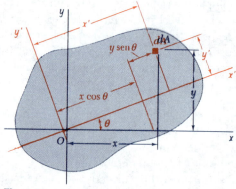

Fig. 9.17

Sustituyendo y' en la expresión para $I_{x'}$, se escribe

$$I_{x'} = \int (y')^2 \, dA = \int (y \cos \theta - x \sen \theta)^2 \, dA$$

$$= \cos^2 \theta \int y^2 \, dA - 2 \sen \theta \cos \theta \int xy \, dA + \sen^2 \theta \int x^2 \, dA$$

Utilizando las relaciones (9.14), se escribe

$$I_{x'} = I_x \cos^2 \theta - 2I_{xy} \sen \theta \cos \theta + I_y \sen^2 \theta \qquad (9.15)$$

Análogamente, se obtienen las siguientes expresiones para $I_{y'}$ e $I_{x'y'}$

$$I_{y'} = I_x \sen^2 \theta + 2I_{xy} \sen \theta \cos \theta + I_y \cos^2 \theta \qquad (9.16)$$
$$I_{x'y'} = (I_x - I_y) \sen \theta \cos \theta + I_{xy}(\cos^2 \theta - \sen^2 \theta) \qquad (9.17)$$

Recordando las relaciones trigonométricas

$$\sen 2\theta = 2 \sen \theta \cos \theta \qquad \cos 2\theta = \cos^2 \theta - \sen^2 \theta$$

y

$$\cos^2 \theta = \frac{1 + \cos 2\theta}{2} \qquad \sen^2 \theta = \frac{1 - \cos 2\theta}{2}$$

se pueden escribir las ecuaciones (9.15), (9.16) y (9.17) como sigue

$$I_{x'} = \frac{I_x + I_y}{2} + \frac{I_x - I_y}{2} \cos 2\theta - I_{xy} \sen 2\theta \qquad (9.18)$$

$$I_{y'} = \frac{I_x + I_y}{2} - \frac{I_x - I_y}{2} \cos 2\theta + I_{xy} \sen 2\theta \qquad (9.19)$$

$$I_{x'y'} = \frac{I_x - I_y}{2} \sen 2\theta + I_{xy} \cos 2\theta \qquad (9.20)$$

Sumando la ecuación (9.18) a la (9.19) se observa que

$$I_{x'} + I_{y'} = I_x + I_y \qquad (9.21)$$

El resultado anterior pudo haberse anticipado puesto que ambos miembros de la ecuación (9.21) son iguales al momento polar de inercia J_O.

Las ecuaciones (9.18) y (9.20) son las ecuaciones paramétricas de un círculo. Esto significa que si se selecciona un conjunto de ejes rectangulares y se grafica un punto M de abscisa $I_{x'}$ y ordenada $I_{x'y'}$ para cualquier valor dado del parámetro θ, todos los puntos que se obtienen de esta forma estarán localizados sobre un círculo. Para establecer esta propiedad, se elimina θ de las ecuaciones (9.18) y (9.20); lo anterior se lleva a cabo pasando el término $(I_x + I_y)/2$ al otro lado de la ecuación (9.18), elevando al cuadrado ambos miembros de las ecuaciones (9.18) y (9.20) y sumando las expresiones obtenidas. Así, se escribe

$$\left(I_{x'} - \frac{I_x + I_y}{2}\right)^2 + I_{x'y'}^2 = \left(\frac{I_x - I_y}{2}\right)^2 + I_{xy}^2 \qquad (9.22)$$

Definiendo

$$I_{\text{prom}} = \frac{I_x + I_y}{2} \qquad y \qquad R = \sqrt{\left(\frac{I_x - I_y}{2}\right)^2 + I_{xy}^2} \qquad (9.23)$$

se escribe la identidad (9.22) de la siguiente forma

$$(I_{x'} - I_{\text{prom}})^2 + I_{x'y'}^2 = R^2 \qquad (9.24)$$

484 Fuerzas distribuidas: Momentos de inercia

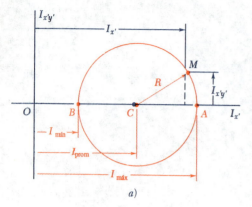

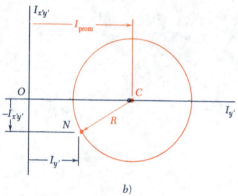

Fig. 9.18

la cual es la ecuación de un círculo de radio R que tiene su centro en el punto C cuyas coordenadas x y y son I_{prom} y 0, respectivamente (figura 9.18a). Se observa que las ecuaciones (9.19) y (9.20) son las ecuaciones paramétricas del mismo círculo. Más aún, debido a la simetría del círculo con respecto del eje horizontal, se habría obtenido el mismo resultado si en lugar de graficar M se hubiera graficado un punto N de coordenadas $I_{y'}$ y $-I_{x'y'}$ (figura 9.18b). Esta propiedad se utilizará en la sección 9.10.

Los dos puntos A y B donde el círculo mencionado anteriormente intersecta el eje horizontal (figura 9.18a) son de especial interés: El punto A corresponde al máximo valor del momento de inercia $I_{x'}$ mientras que el punto B corresponde al mínimo valor para dicha cantidad. Además, ambos puntos corresponden a un valor de cero para el producto de inercia $I_{x'y'}$. Por lo tanto, los valores θ_m del parámetro θ que corresponden a los puntos A y B pueden obtenerse tomando $I_{x'y'} = 0$ en la ecuación (9.20). De esta forma, se obtiene †

$$\tan 2\theta_m = -\frac{2I_{xy}}{I_x - I_y} \qquad (9.25)$$

Esta ecuación define dos valores de $2\theta_m$ que están 180° aparte y, por lo tanto, dos valores de θ_m que están 90° aparte. Uno de dichos valores corresponde al punto A en la figura 9.18a y también corresponde a un eje a través de O en la figura 9.17 con respecto del cual el momento de inercia del área dada es máximo; el otro valor corresponde al punto B y a un eje a través de O con respecto del cual el momento de inercia del área es mínima. Los dos ejes definidos de esta forma, los cuales son perpendiculares entre sí, se conocen como los *ejes principales del área con respecto de O* y los valores correspondientes $I_{\text{máx}}$ e $I_{\text{mín}}$ del momento de inercia reciben el nombre de *momentos principales de inercia del área con respecto de O*. Como los dos valores θ_m definidos por la ecuación (9.25) se obtuvieron tomando $I_{x'y'} = 0$ en la ecuación (9.20), es obvio que el producto de inercia de un área dada con respecto de sus ejes principales es igual a cero.

A partir de la figura 9.18a se observa que

$$I_{\text{máx}} = I_{\text{prom}} + R \qquad I_{\text{mín}} = I_{\text{prom}} - R \qquad (9.26)$$

Utilizando los valores para I_{prom} y R correspondientes a las fórmulas (9.23), se escribe

$$I_{\text{máx, mín}} = \frac{I_x + I_y}{2} \pm \sqrt{\left(\frac{I_x - I_y}{2}\right)^2 + I_{xy}^2} \qquad (9.27)$$

A menos que se pueda decidir por inspección cuál de los dos ejes principales corresponde a $I_{\text{máx}}$ y cuál corresponde a $I_{\text{mín}}$, es necesario sustituir uno de los valores de θ_m en la ecuación (9.18) para poder determinar cuál de los dos corresponde al máximo valor del momento de inercia del área con respecto de O.

Haciendo referencia a la sección 9.8, se observa que si un área posee un eje de simetría a través de un punto O, dicho eje debe ser un eje principal del área con respecto de O. Por otra parte, un eje principal no tiene que ser necesariamente un eje de simetría; sin importar si un área posee o no ejes de simetría, ésta tendrá dos ejes principales de inercia con respecto de cualquier punto O.

Las propiedades que se acaban de establecer son válidas para cualquier punto O localizado dentro o fuera del área dada. Si se selecciona el punto O de tal forma que coincida con el centroide del área, cualquier eje que pasa a través de O es un eje centroidal; los dos ejes principales de un área con respecto de su centroide reciben el nombre de *ejes centroidales principales del área*.

---

† También se puede obtener esta relación diferenciando $I_{x'}$ con respecto de θ en la ecuación (9.18) y tomando $dI_{x'}/d\theta = 0$.

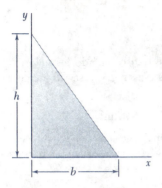

PROBLEMA RESUELTO 9.6

Determínese el producto de inercia del triángulo recto mostrado en la figura a) con respecto de los ejes x y y, y b) con respecto de los ejes centroidales que son paralelos a los ejes x y y.

SOLUCIÓN

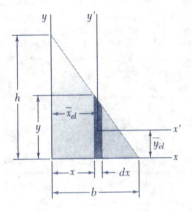

a. Producto de inercia I_{xy}. Se selecciona una tira rectangular vertical como el elemento diferencial de área. Utilizando el teorema de los ejes paralelos, se escribe

$$dI_{xy} = dI_{x'y'} + \bar{x}_{el}\bar{y}_{el}\, dA$$

Como el elemento es simétrico con respecto de los ejes x' y y', se observa que $dI_{x'y'} = 0$. A partir de la geometría del triángulo se obtiene

$$y = h\left(1 - \frac{x}{b}\right) \qquad dA = y\, dx = h\left(1 - \frac{x}{b}\right) dx$$

$$\bar{x}_{el} = x \qquad \bar{y}_{el} = \tfrac{1}{2}y = \tfrac{1}{2}h\left(1 - \frac{x}{b}\right)$$

Integrando dI_{xy} desde $x = 0$ hasta $x = b$, se obtiene

$$I_{xy} = \int dI_{xy} = \int \bar{x}_{el}\bar{y}_{el}\, dA = \int_0^b x(\tfrac{1}{2})h^2\left(1 - \frac{x}{b}\right)^2 dx$$

$$= h^2 \int_0^b \left(\frac{x}{2} - \frac{x^2}{b} + \frac{x^3}{2b^2}\right) dx = h^2 \left[\frac{x^2}{4} - \frac{x^3}{3b} + \frac{x^4}{8b^2}\right]_0^b$$

$$I_{xy} = \tfrac{1}{24}b^2h^2 \quad \blacktriangleleft$$

b. Producto de inercia $\bar{I}_{x''y''}$. Las coordenadas del centroide del triángulo con respecto de los ejes x y y son

$$\bar{x} = \tfrac{1}{3}b \qquad \bar{y} = \tfrac{1}{3}h$$

Utilizando la expresión para I_{xy} obtenida en la parte a, se aplica el teorema de los ejes paralelos y se escribe

$$I_{xy} = \bar{I}_{x''y''} + \bar{x}\bar{y}A$$
$$\tfrac{1}{24}b^2h^2 = \bar{I}_{x''y''} + (\tfrac{1}{3}b)(\tfrac{1}{3}h)(\tfrac{1}{2}bh)$$
$$\bar{I}_{x''y''} = \tfrac{1}{24}b^2h^2 - \tfrac{1}{18}b^2h^2$$

$$\bar{I}_{x''y''} = -\tfrac{1}{72}b^2h^2 \quad \blacktriangleleft$$

PROBLEMA RESUELTO 9.7

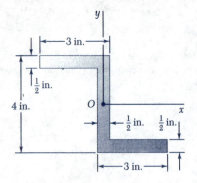

Para la sección mostrada en la figura, se han calculado los valores de los momentos de inercia con respecto de los ejes x y y y se sabe que dichas cantidades son iguales a

$$I_x = 10.38 \text{ in}^4 \qquad I_y = 6.97 \text{ in}^4$$

Determínese a) la orientación de los ejes principales de la sección con respecto de O y b) los valores de los momentos principales de inercia de la sección con respecto de O.

SOLUCIÓN

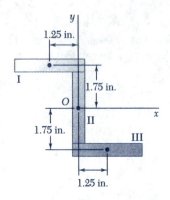

Primero se calcula el producto de inercia con respecto de los ejes x y y. El área se divide en tres rectángulos tal y como se muestra en la figura. Se observa que para cada uno de los rectángulos el producto de inercia $\bar{I}_{x'y'}$ con respecto de ejes centroidales paralelos a los ejes x y y es igual a cero. Utilizando el teorema de los ejes paralelos $I_{xy} = \bar{I}_{x'y'} + \bar{x}\bar{y}A$, se encuentra que, para cada uno de los rectángulos, I_{xy} se reduce a $\bar{x}\bar{y}A$.

Rectángulo	Área, in²	$\bar{x}$, in.	$\bar{y}$, in.	$\bar{x}\bar{y}A$, in⁴
I	1.5	−1.25	+1.75	−3.28
II	1.5	0	0	0
III	1.5	+1.25	−1.75	−3.28
				$\Sigma \bar{x}\bar{y}A = -6.56$

$$I_{xy} = \Sigma \bar{x}\bar{y}A = -6.56 \text{ in}^4$$

a. Ejes principales. Como se conocen las magnitudes de I_x, I_y e I_{xy}, se utiliza la ecuación (9.25) para determinar los valores de θ_m:

$$\tan 2\theta_m = -\frac{2I_{xy}}{I_x - I_y} = -\frac{2(-6.56)}{10.38 - 6.97} = +3.85$$

$$2\theta_m = 75.4° \quad \text{y} \quad 255.4°$$

$$\theta_m = 37.7° \quad \text{y} \quad \theta_m = 127.7° \blacktriangleleft$$

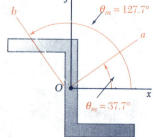

b. Momentos principales de inercia. Utilizando la ecuación (9.27), se escribe

$$I_{\text{máx,mín}} = \frac{I_x + I_y}{2} \pm \sqrt{\left(\frac{I_x - I_y}{2}\right)^2 + I_{xy}^2}$$

$$= \frac{10.38 + 6.97}{2} \pm \sqrt{\left(\frac{10.38 - 6.97}{2}\right)^2 + (-6.56)^2}$$

$$I_{\text{máx}} = 15.45 \text{ in}^4 \qquad I_{\text{mín}} = 1.897 \text{ in}^4 \blacktriangleleft$$

Observando que los elementos del área de la sección están distribuidos más cerca del eje b que del eje a, se concluye que $I_a = I_{\text{máx}} = 15.45 \text{ in}^4$ y que $I_b = I_{\text{mín}} = 1.897 \text{ in}^4$. Esta conclusión se puede verificar sustituyendo $\theta = 37.7°$ en las ecuaciones (9.18) y (9.19).

PROBLEMAS PARA RESOLVER EN FORMA INDEPENDIENTE

En los problemas propuestos correspondientes a esta lección se continuará trabajando con *momentos de inercia* y se utilizarán varias técnicas para calcular *productos de inercia*. A pesar de que, en general, los problemas propuestos son sencillos de resolver, es importante tomar en consideración los siguientes puntos.

1. *Cálculo del producto de inercia I_{xy} por integración.* El producto de inercia se definió como

$$I_{xy} = \int xy\, dA \tag{9.12}$$

y se estableció que su valor puede ser positivo, negativo o cero. El producto de inercia se puede calcular directamente a partir de la ecuación anterior utilizando una integración doble, o puede determinarse empleando una sola integración tal y como se hizo en el problema resuelto 9.6. Cuando se aplique esta última técnica y se esté utilizando el teorema de los ejes paralelos, es importante recordar que $\overline{x}_{el}$ y $\overline{y}_{el}$ en la ecuación

$$dI_{xy} = dI_{x'y'} + \overline{x}_{el}\overline{y}_{el}\, dA$$

son las coordenadas del centroide del elemento de área dA. Por lo tanto, si dA no está en el primer cuadrante, una o ambas de dichas coordenadas serán negativas.

2. *Cálculo de los productos de inercia de áreas compuestas.* Los productos de inercia de áreas compuestas se pueden calcular fácilmente a partir de los productos de inercia de sus partes componentes utilizando el teorema de los ejes paralelos

$$I_{xy} = \overline{I}_{x'y'} + \overline{x}\,\overline{y}\, A \tag{9.13}$$

La técnica correcta que se debe utilizar para problemas de este tipo se ilustra en los problemas resueltos 9.6 y 9.7. Además de las reglas habituales para problemas que involucran áreas compuestas, es esencial que se recuerden los siguientes puntos.

   a. Si cualquiera de los ejes centroidales de un área componente es un eje de simetría para dicha área, el producto de inercia $\overline{I}_{x'y'}$ para el área en cuestión es igual a cero. Por lo tanto, $\overline{I}_{x'y'}$ es igual a cero para áreas componentes tales como círculos, semicírculos, rectángulos y triángulos isósceles que poseen un eje de simetría paralelo a uno de los ejes coordenados.

   b. Se debe prestar mucha atención a los signos de las coordenadas $\overline{x}$ y $\overline{y}$ de cada área componente cuando se use el teorema de los ejes paralelos [problema resuelto 9.7].

3. *Determinación de los momentos de inercia y de los productos de inercia para ejes coordenados que han sido rotados.* En la sección 9.9 se derivaron las ecuaciones (9.18), (9.19) y (9.20) a partir de las cuales pueden calcularse los momentos de inercia y el producto de inercia para ejes coordenados que han sido rotados alrededor del origen O. Para aplicar estas ecuaciones, se debe conocer un conjunto de valores I_x, I_y e I_{xy} para una orientación dada de los ejes y se debe recordar que θ es positiva para rotaciones de los ejes en un sentido contrario al del movimiento de las manecillas del reloj y negativa para rotaciones de los ejes en un sentido a favor del movimiento de las manecillas del reloj.

4. *Cálculo de los momentos principales de inercia.* En la sección 9.9 se mostró que existe una orientación en particular de los ejes coordenados para la cual los momentos de inercia alcanzan sus valores máximo y mínimo, $I_{máx}$ e $I_{mín}$, y para la cual el producto de inercia es igual a cero. La ecuación (9.27) se puede utilizar para calcular estos valores, los cuales se conocen como los *momentos principales de inercia* del área con respecto de O. Se hace referencia a los ejes correspondientes como los *ejes principales de inercia* del área con respecto de O y su orientación está definida por la ecuación (9.25). *Para determinar cuál de los ejes principales corresponde a $I_{máx}$ y cuál corresponde a $I_{mín}$*, se puede seguir el procedimiento que se describió después de la ecuación (9.27) o también se puede observar con respecto a cuál de los dos ejes principales el área está más cercanamente distribuida; dicho eje corresponde a $I_{mín}$ [problema resuelto 9.7].

Problemas

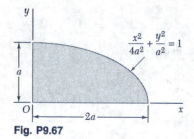
Fig. P9.67

9.67 al 9.70 Para el área mostrada en la figura, determínese por integración directa el producto de inercia con respecto de los ejes x y y.

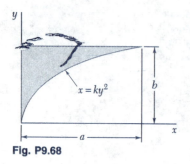
Fig. P9.68

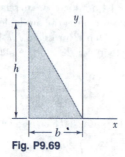
Fig. P9.69

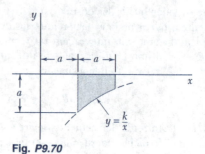
Fig. P9.70

9.71 al 9.74 Utilizando el teorema de los ejes paralelos, determínese el producto de inercia del área mostrada en la figura con respecto de los ejes centroidales x y y.

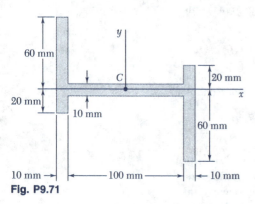
Fig. P9.71

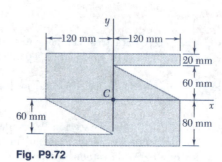
Fig. P9.72

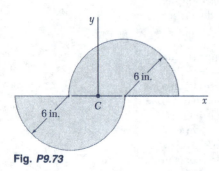
Fig. P9.73

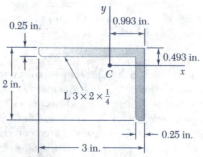
Fig. P9.74

9.75 al 9.78 Utilizando el teorema de los ejes paralelos, determínese el producto de inercia del área mostrada en la figura con respecto de los ejes centroidales x y y.

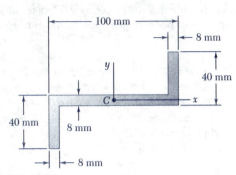

Fig. P9.75

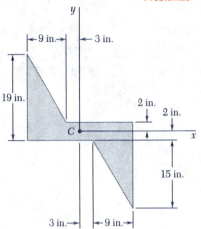

Fig. P9.76

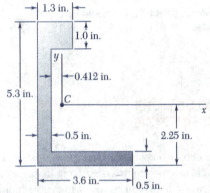

Fig. P9.77

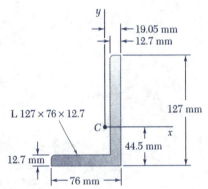

Fig. P9.78

9.79 Determínense los momentos y los productos de inercia del cuarto de elipse del problema 9.67 con respecto de un nuevo sistema de ejes que se obtiene al rotar los ejes x y y con respecto de O a: a) 45° en un sentido contrario al del movimiento de las manecillas del reloj y b) 30° en un sentido a favor del movimiento de las manecillas del reloj.

9.80 Determínense los momentos y los productos de inercia del área del problema 9.72 con respecto de un nuevo sistema de ejes centroidales que se obtiene al rotar los ejes x y y un ángulo de 30° en un sentido a favor del movimiento de las manecillas del reloj.

9.81 Determínense los momentos y los productos de inercia del área del problema 9.73 con respecto de un nuevo sistema de ejes centroidales que se obtiene al rotar los ejes x y y un ángulo de 60° en un sentido contrario al del movimiento de las manecillas del reloj.

9.82 Determínense los momentos y los productos de inercia del área del problema 9.75 con respecto de un nuevo sistema de ejes centroidales que se obtiene al rotar los ejes x y y un ángulo de 45° en un sentido a favor del movimiento de las manecillas del reloj.

9.83 Determínense los momentos y los productos de inercia de la sección transversal del ángulo de $3 \times 2 \times \frac{1}{4}$ in. del problema 9.74 con respecto de un nuevo sistema de ejes centroidales que se obtiene al rotar los ejes x y y un ángulo de 30° en un sentido a favor del movimiento de las manecillas del reloj.

9.84 Determínense los momentos y los productos de inercia de la sección transversal del ángulo de 127 × 76 × 12.7 mm del problema 9.78 con respecto de un nuevo sistema de ejes centroidales que se obtiene al rotar los ejes x y y un ángulo de 45° en un sentido contrario al del movimiento de las manecillas del reloj.

9.85 Para el cuarto de elipse del problema 9.67, determínese la orientación de los ejes principales que pasan por el origen y los valores correspondientes de los momentos de inercia.

9.86 al 9.88 Para el área mostrada en la figura de cada problema que se indica a continuación, determínese la orientación de los ejes principales que pasan por el origen y los valores correspondientes de los momentos de inercia.

9.86 Área del problema 9.72.
9.87 Área del problema 9.73.
9.88 Área del problema 9.75.

9.89 y 9.90 Para la sección transversal del ángulo mostrado en la figura de cada problema que se indica a continuación, determínese la orientación de los ejes principales que pasan por el origen y los valores correspondientes de los momentos de inercia.

9.89 Problema 9.74 con un ángulo de $3 \times 2 \times \frac{1}{4}$ in.
9.90 Problema 9.78 con un ángulo de 127 × 76 × 12.7 mm.

---

*9.10. CÍRCULO DE MOHR PARA MOMENTOS Y PRODUCTOS DE INERCIA

El círculo utilizado en la sección anterior para ilustrar las relaciones que existen entre los momentos y productos de inercia de un área dada con respecto de ejes que pasan a través de un punto fijo O fue introducido por primera vez por el ingeniero alemán Otto Mohr (1835-1918) y se conoce como el *círculo de Mohr*. Se demostrará que si se conocen los momentos y productos de inercia de un área A con respecto de dos ejes rectangulares x y y que pasan a través de un punto O, el círculo de Mohr se puede utilizar para determinar gráficamente *a*) los ejes principales y los momentos principales de inercia del área con respecto a O y *b*) los momentos y el producto de inercia del área con respecto de cualquier otro par de ejes rectangulares x' y y' que pasan a través de O.

Considérese un área dada A y dos ejes coordenados rectangulares x y y (figura 9.19*a*). Suponiendo que los momentos de inercia I_x e I_y y que el producto de inercia I_{xy} son conocidos, éstos serán representados en un diagrama graficando un punto X de coordenadas I_x e I_{xy} y un punto Y de coordenadas I_y y $-I_{xy}$ (figura 9.19*b*). Si I_{xy} es positivo, como se supuso en la figura 9.19*a*, el punto X estará localizado por encima del eje horizontal y el punto Y estará localizado por debajo de dicho eje, tal y como se muestra en la figura 9.19*b*. Si I_{xy} es negativo, X está localizado por debajo del eje horizontal y Y está localizado por encima de dicho eje. Uniendo X y Y con una línea recta, se representa con C el punto de intersección de la línea XY con el eje horizontal y se dibuja un círculo con centro en C y con diámetro XY. Observando que la abscisa de C y el radio del círculo son iguales, respectivamente, a las cantidades I_{prom} y R definidas por la fórmula (9.23), se concluye que el círculo obtenido es el círculo de Mohr para el área dada con respecto del punto O. Por lo tanto, las abscisas de los puntos A y B donde el círculo intersecta al eje horizontal representan, respectivamente, los momentos principales de inercia $I_{máx}$ e $I_{mín}$ del área.

También se observa que, puesto que tan $(XCA) = 2I_{xy}/(I_x - I_y)$, el ángulo XCA es igual en magnitud a uno de los ángulos $2\theta_m$ que satisfacen la ecuación

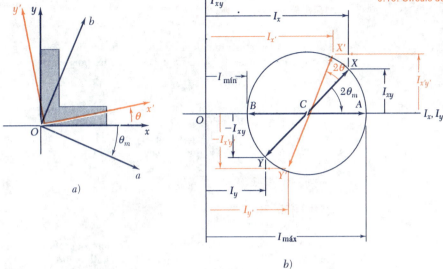

Fig. 9.19

(9.25); por lo tanto, el ángulo θ_m, el cual define al eje principal Oa en la figura 9.19a y el cual corresponde al punto A en la figura 9.19b, es igual a la mitad del ángulo XCA del círculo de Mohr. Además, también se observa que si $I_x > I_y$ e $I_{xy} > 0$, como en el caso que se está considerando aquí, la rotación que lleva a CX hasta CA es en un sentido a favor del movimiento de las manecillas del reloj. Adicionalmente, bajo estas condiciones, el ángulo θ_m que se obtiene a partir de la ecuación (9.25), el cual define el eje principal Oa en la figura 9.19a, es negativo; por lo tanto, la rotación que lleva a Ox hasta Oa también es en un sentido a favor del movimiento de las manecillas del reloj. Se concluye que los sentidos de rotación en ambas partes de la figura 9.19 son los mismos. Si se requiere una rotación en un sentido a favor del movimiento de las manecillas del reloj a través de un ángulo $2\theta_m$ para llevar a CX hasta CA en el círculo de Mohr, entonces una rotación en un sentido a favor del movimiento de las manecillas del reloj a través de un ángulo θ_m llevará a Ox hasta el eje principal correspondiente Oa en la figura 9.19a.

Como el círculo de Mohr está definido en forma única, el mismo círculo se puede obtener considerando los momentos y el producto de inercia del área A con respecto de los ejes rectangulares x' y y' (figura 9.19a). Entonces, el punto X' de coordenadas $I_{x'}$ e $I_{x'y'}$ y el punto Y' de coordenadas $I_{y'}$ y $-I_{x'y'}$ están localizados sobre el círculo de Mohr y el ángulo $X'CA$ en la figura 9.19b debe ser igual al doble del ángulo $x'Oa$ en la figura 9.19a. Puesto que, como se señaló anteriormente, el ángulo XCA es igual al doble del ángulo xOa, se concluye que el ángulo XCX' en la figura 9.19b es el doble del ángulo xOx' en la figura 9.19a. El diámetro $X'Y'$, el cual define a los momentos y al producto de inercia $I_{x'}$, $I_{y'}$ e $I_{x'y'}$ del área dada con respecto a los ejes rectangulares x' y y' que forman un ángulo θ con los ejes x y y, se puede obtener rotando a través de un ángulo 2θ al diámetro XY, el cual corresponde a los momentos y al producto de inercia I_x, I_y e I_{xy}. Se observa que la rotación que lleva al diámetro XY hasta el diámetro $X'Y'$ en la figura 9.19b tiene el mismo sentido que la rotación que lleva a los ejes x y y hasta los ejes x' y y' en la figura 9.19a.

Se debe señalar que el uso del círculo de Mohr no está limitado a las soluciones gráficas, esto es, a las soluciones basadas en dibujar y medir cuidadosamente los distintos parámetros involucrados. Simplemente, haciendo un bosquejo del círculo de Mohr y utilizando trigonometría, se pueden derivar fácilmente las distintas relaciones que se requieren para la solución numérica de un problema dado (véase el problema resuelto 9.8).

PROBLEMA RESUELTO 9.8

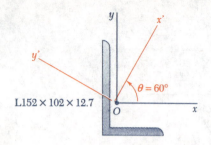

Para la sección mostrada en la figura, se sabe que los momentos y el producto de inercia con respecto de los ejes x y y están dados por

$$I_x = 7.24 \times 10^6 \text{ mm}^4 \qquad I_y = 2.61 \times 10^6 \text{ mm}^4 \qquad I_{xy} = -2.54 \times 10^6 \text{ mm}^4$$

Utilizando el círculo de Mohr, determínense a) los ejes principales de la sección con respecto de O, b) los valores de los momentos principales de inercia de la sección con respecto de O y c) los momentos y el producto de inercia de la sección con respecto de los ejes x' y y' que forman un ángulo de 60° con los ejes x y y.

SOLUCIÓN

Dibujando el círculo de Mohr. Primero se grafica el punto X de coordenadas $I_x = 7.24$, $I_{xy} = -2.54$ y el punto Y de coordenadas $I_y = 2.61$, $-I_{xy} = +2.54$. Uniendo a los puntos X y Y con una línea recta, se define el centro C del círculo de Mohr. La abscisa de C, la cual representa I_{prom}, y el radio R del círculo se pueden medir directamente o se pueden calcular de la siguiente forma:

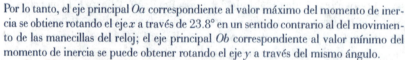

$$I_{prom} = OC = \tfrac{1}{2}(I_x + I_y) = \tfrac{1}{2}(7.24 \times 10^6 + 2.61 \times 10^6) = 4.925 \times 10^6 \text{ mm}^4$$
$$CD = \tfrac{1}{2}(I_x - I_y) = \tfrac{1}{2}(7.24 \times 10^6 - 2.61 \times 10^6) = 2.315 \times 10^6 \text{ mm}^4$$
$$R = \sqrt{(CD)^2 + (DX)^2} = \sqrt{(2.315 \times 10^6)^2 + (2.54 \times 10^6)^2}$$
$$= 3.437 \times 10^6 \text{ mm}^4$$

a. Ejes principales. Los ejes principales de la sección corresponden a los puntos A y B en el círculo de Mohr y el ángulo a través del cual se debe rotar CX para llevarlo a CA define el ángulo $2\theta_m$. Así, se tiene que

$$\tan 2\theta_m = \frac{DX}{CD} = \frac{2.54}{2.315} = 1.097 \qquad 2\theta_m = 47.6° \nwarrow \qquad \theta_m = 23.8° \nwarrow \quad \blacktriangleleft$$

Por lo tanto, el eje principal Oa correspondiente al valor máximo del momento de inercia se obtiene rotando el eje x a través de 23.8° en un sentido contrario al del movimiento de las manecillas del reloj; el eje principal Ob correspondiente al valor mínimo del momento de inercia se puede obtener rotando el eje y a través del mismo ángulo.

b. Momentos principales de inercia. Los momentos principales de inercia están representados por las abscisas de los puntos A y B. Por lo tanto, se tiene que

$$I_{máx} = OA = OC + CA = I_{prom} + R = (4.925 + 3.437)10^6 \text{ mm}^4$$
$$I_{máx} = 8.36 \times 10^6 \text{ mm}^4 \quad \blacktriangleleft$$
$$I_{mín} = OB = OC - BC = I_{prom} - R = (4.925 - 3.437)10^6 \text{ mm}^4$$
$$I_{mín} = 1.49 \times 10^6 \text{ mm}^4 \quad \blacktriangleleft$$

c. Momentos y producto de inercia con respecto de los ejes x' y y'. En el círculo de Mohr, los puntos X' y Y', los cuales corresponden a los ejes x' y y', se obtienen rotando CX y CY a través de un ángulo $2\theta = 2(60°) = 120°$ en un sentido contrario al del movimiento de las manecillas del reloj. Las coordenadas de X' y Y' proporcionan los momentos y el producto de inercia buscados. Observando que el ángulo que CX' forma con la horizontal es $\phi = 120° - 47.6° = 72.4°$, se escribe

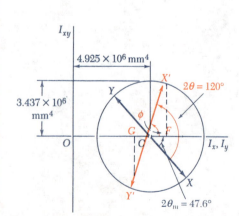

$$I_{x'} = OF = OC + CF = 4.925 \times 10^6 \text{ mm}^4 + (3.437 \times 10^6 \text{ mm}^4) \cos 72.4°$$
$$I_{x'} = 5.96 \times 10^6 \text{ mm}^4 \quad \blacktriangleleft$$
$$I_{y'} = OG = OC - GC = 4.925 \times 10^6 \text{ mm}^4 - (3.437 \times 10^6 \text{ mm}^4) \cos 72.4°$$
$$I_{y'} = 3.89 \times 10^6 \text{ mm}^4 \quad \blacktriangleleft$$
$$I_{x'y'} = FX' = (3.437 \times 10^6 \text{ mm}^4) \operatorname{sen} 72.4°$$
$$I_{x'y'} = 3.28 \times 10^6 \text{ mm}^4 \quad \blacktriangleleft$$

PROBLEMAS PARA RESOLVER EN FORMA INDEPENDIENTE

En los problemas propuestos correspondientes a esta lección, se utilizará el *círculo de Mohr* para determinar los momentos y productos de inercia de un área dada para diferentes orientaciones de los ejes coordenados. Aunque en algunos casos utilizar el círculo de Mohr puede no ser tan directo como el sustituir la información necesaria en las ecuaciones apropiadas [ecuaciones (9.18) a la (9.20)], este método de solución tiene la ventaja de que proporciona una representación visual de las relaciones que existen entre las distintas variables. Además, el círculo de Mohr muestra todos los valores de los momentos y productos de inercia que son posibles para un problema dado.

Utilizando el círculo de Mohr. La teoría correspondiente al círculo de Mohr fue presentada en la sección 9.9 y la aplicación de este método se discutió en la sección 9.10 y en el problema resuelto 9.8. En el problema resuelto se presentaron los pasos que deben seguirse para determinar los *ejes principales*, los *momentos principales de inercia* y los *momentos y el producto de inercia con respecto de una orientación especificada de los ejes coordenados*. Cuando se utiliza el círculo de Mohr para resolver problemas, es importante recordar los siguientes puntos.

    a. El círculo de Mohr está completamente definido por las cantidades R e I_{prom}, las cuales representan, respectivamente, el radio del círculo y la distancia desde el origen O hasta el centro del círculo C. Estas cantidades pueden obtenerse a partir de las ecuaciones (9.23) si se conocen los momentos y el producto de inercia para una orientación dada de los ejes. Sin embargo, el círculo de Mohr también puede definirse por medio de otra combinación de valores conocidos [problemas propuestos 9.103, 9.106 y 9.107]. Para estos casos, puede ser que sea necesario realizar primero una o más suposiciones, tales como seleccionar una ubicación arbitraria para el centro del círculo cuando I_{prom} es desconocida, asignarle magnitudes relativas a los momentos de inercia (por ejemplo, $I_x > I_y$) o seleccionar el signo del producto de inercia.

    b. El punto X de coordenadas (I_x, I_{xy}) y el punto Y de coordenadas $(I_y, -I_{xy})$ están localizados sobre el círculo de Mohr y son diametralmente opuestos.

    c. Como los momentos de inercia deben ser positivos, todo el círculo de Mohr debe estar localizado a la derecha del eje I_{xy}; por lo tanto, se concluye que $I_{prom} > R$ para todos los casos.

    d. A medida que los ejes coordenados se rotan a través de un ángulo θ, la rotación asociada del diámetro del círculo de Mohr es igual a 2θ y es en el mismo sentido (a favor o en contra del movimiento de las manecillas del reloj.) Se recomienda enfáticamente que los puntos conocidos sobre la circunferencia del círculo sean identificados con una letra mayúscula apropiada, tal y como se hizo en la figura 9.19*b* y en los círculos de Mohr del problema resuelto 9.8. Lo anterior permitirá determinar, para cada valor de θ, el signo del producto de inercia correspondiente y también permitirá determinar qué momento de inercia está asociado con cada uno de los ejes coordenados [problema resuelto 9.8, partes *a* y *c*].

A pesar de que se ha presentado al círculo de Mohr dentro del contexto específico del estudio de los momentos y productos de inercia, la técnica del círculo de Mohr también se puede aplicar para la solución de problemas análogos pero físicamente distintos en mecánica de materiales. Este uso múltiple de una técnica específica no es único y a medida que el lector continúe sus estudios de ingeniería encontrará varios métodos de solución que pueden aplicarse a una variedad de problemas.

Problemas

9.91 Usando el círculo de Mohr, determínense los momentos y productos de inercia del cuarto de elipse del problema 9.67 con respecto de un nuevo sistema de ejes que se obtiene al rotar los ejes x y y con respecto de O un ángulo de a) 45° en un sentido contrario al del movimiento de las manecillas del reloj y b) 30° en un sentido a favor del movimiento de las manecillas del reloj.

9.92 Usando el círculo de Mohr, determínense los momentos y los productos de inercia del área del problema 9.72 con respecto de un nuevo sistema de ejes centroidales que se obtiene al rotar los ejes x y y un ángulo de 30° en un sentido contrario al del movimiento de las manecillas del reloj.

9.93 Usando el círculo de Mohr, determínense los momentos y los productos de inercia del área del problema 9.73 con respecto de un nuevo sistema de ejes centroidales que se obtiene al rotar los ejes x y y un ángulo de 60° en un sentido contrario al del movimiento de las manecillas del reloj.

9.94 Usando el círculo de Mohr, determínense los momentos y los productos de inercia del área del problema 9.75 con respecto de un nuevo sistema de ejes centroidales que se obtiene al rotar los ejes x y y un ángulo de 45° en un sentido a favor del movimiento de las manecillas del reloj.

9.95 Usando el círculo de Mohr, determínense los momentos y los productos de inercia de la sección transversal del ángulo de $3 \times 2 \times \frac{1}{4}$ in. del problema 9.74 con respecto de un nuevo sistema de ejes centroidales, que se obtiene al rotar los ejes x y y un ángulo de 30° en un sentido a favor del movimiento de las manecillas del reloj.

9.96 Usando el círculo de Mohr, determínense los momentos y los productos de inercia de la sección transversal del ángulo de $127 \times 76 \times 12.7$ mm del problema 9.78 con respecto de un nuevo sistema de ejes centroidales que se obtiene al rotar los ejes x y y un ángulo de 45° en un sentido contrario al del movimiento de las manecillas del reloj.

9.97 Para el cuarto de elipse del problema 9.67, úsese el círculo de Mohr para determinar la orientación de los ejes principales que pasan por el origen y los valores correspondientes de los momentos de inercia.

9.98 al 9.102 Usando el círculo de Mohr, determínense para el área mostrada en la figura de cada problema que se indica a continuación, la orientación de los ejes centroidales principales que pasan por el origen y los valores correspondientes de los momentos de inercia.

    9.98 Área del problema 9.72.
    9.99 Área del problema 9.76.
    9.100 Área del problema 9.73.
    9.101 Área del problema 9.74.
    9.102 Área del problema 9.77.

(Los momentos de inercia $\overline{I}_x$ e $\overline{I}_y$ para el área mostrada en el problema 9.102, fueron calculados en el problema 9.44.)

9.103 Los valores de los momentos y los productos de inercia de la sección transversal del ángulo de $4 \times 3 \times \frac{1}{4}$ in. con respecto de un sistema de ejes coordenados x y y que pasan por el punto C son, respectivamente, $\overline{I}_x = 1.36$ in^4, $\overline{I}_y = 2.77$ in^4 e $\overline{I}_{xy} < 0$, con el valor mínimo del momento de inercia del área con respecto de cualquier eje que pase por C igual a $\bar{I}_{mín} = 0.720$ in⁴. Usando el círculo de Mohr, determínese a) el producto de inercia $\bar{I}_{xy}$ del área, b) la orientación de los ejes principales y c) el valor de $\bar{I}_{máx}$.

9.104 y 9.105 Usando el círculo de Mohr, determínese para la sección transversal del ángulo de acero laminado mostrado en la figura, la orientación de los ejes centroidales principales y los valores correspondientes de los momentos de inercia. (Las propiedades de la sección transversal se especifican en la figura 9.13.)

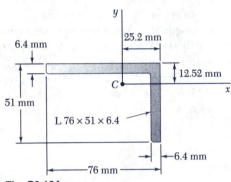

Fig. P9.104

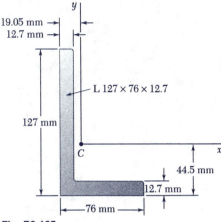

Fig. P9.105

*9.106 Los valores de los momentos de inercia con respecto de los ejes centroidales rectangulares x y y de una cierta área son, respectivamente, $\bar{I}_x = 1200$ in⁴ e $\bar{I}_y = 300$ in⁴. Sabiendo que después de rotar con respecto del centroide los ejes x y y 30° en un sentido contrario al del movimiento de las manecillas del reloj, el valor del momento de inercia relativo al nuevo eje coordenado x es de 1450 in⁴, utilícese el círculo de Mohr para determinar a) la orientación de los ejes principales y b) los momentos de inercia centroidales principales.

9.107 Se conoce que para una cierta área $\bar{I}_y = 48 \times 10^6$ mm⁴ e $\bar{I}_{xy} = -20 \times 10^6$ mm⁴ donde x y y son ejes rectangulares centroidales. Si el eje que corresponde al valor máximo del producto de inercia se obtiene al rotar con respecto del punto C el eje x en 67.5° en un sentido contrario al del movimiento de las manecillas del reloj, úsese el círculo de Mohr para determinar a) el momento de inercia de área $\bar{I}_x$ y b) los momentos de inercia centroidales principales.

9.108 Mediante el círculo de Mohr demuéstrese que para cualquier polígono regular (como por ejemplo, un pentágono) a) el valor del momento de inercia con respecto de cualquier eje que pase por el centroide siempre es el mismo y b) el valor del producto de inercia con respecto de cualquier par de ejes rectangulares que pasan por el centroide siempre es cero.

9.109 Mediante el círculo de Mohr demuéstrese que la expresión $I_x I_{y'} - I_{x'y'}^2$, donde $I_{x'}$, $I_{y'}$ e $I_{x'y'}$ representan, respectivamente, los momentos y el producto de inercia de una cierta área dada con respecto de los ejes rectangulares x' y y' que pasan por el punto O, es independiente (*invariable*) de la orientación de los ejes x' y y'. Demuéstrese, también, que la expresión anterior es igual al cuadrado de la longitud de una línea tangente al círculo de Mohr dibujada desde el origen del sistema de los ejes coordenados.

9.110 Utilizando la propiedad de invarianza establecida en el problema anterior, derívese una fórmula que exprese el producto de inercia I_{xy} de una cierta área A con respecto de los dos ejes rectangulares que pasan por el punto O en términos de los momentos de inercia I_x e I_y de dicha área y de los momentos de inercia principales $I_{mín}$ e $I_{máx}$ de A con respecto de O. Si se sabe que el momento de inercia máximo es 1.257 in⁴, apliquese la fórmula obtenida para calcular el producto de inercia I_{xy} de la sección transversal del ángulo de 4 × 3 × ¼ in. que se muestra en la figura 9.13A.

MOMENTOS DE INERCIA DE MASAS

9.11. MOMENTO DE INERCIA DE UNA MASA

Considérese una pequeña masa Δm que está montada sobre una barra de masa despreciable la cual puede rotar libremente alrededor de un eje AA' (figura 9.20a). Si se aplica un par al sistema, la barra y la masa, las cuales se supone que inicialmente estaban en reposo, comenzarán a girar alrededor de AA'. Los detalles de este movimiento serán estudiados posteriormente en dinámica. Por ahora, sólo se desea indicar que el tiempo requerido para que el sistema alcance una velocidad de rotación dada es proporcional a la masa Δm y al cuadrado de la distancia r. Por lo tanto, el producto $r^2 \Delta m$ proporciona una medida de la *inercia* del sistema, esto es, una medida de la resistencia que ofrece el sistema cuando se trata de ponerlo en movimiento. Por esta razón, el producto $r^2 \Delta m$ recibe el nombre de *momento de inercia* de la masa Δm con respecto del eje AA'.

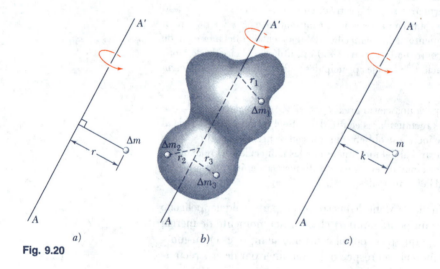

Fig. 9.20

Ahora, considérese un cuerpo de masa m el cual se va a hacer girar alrededor de un eje AA' (figura 9.20b). Dividiendo el cuerpo en elementos de masa Δm_1, Δm_2, etc., se encuentra que la resistencia que ofrece el cuerpo al movimiento de rotación se mide por la suma $r_1^2 \Delta m_1 + r_2^2 \Delta m_2 + \cdots$. Por lo tanto, esta suma define el momento de inercia del cuerpo con respecto del eje AA'. Incrementando el número de elementos se encuentra que, en el límite, el momento de inercia es igual a la integral

$$I = \int r^2 \, dm \tag{9.28}$$

El *radio de giro* k del cuerpo con respecto del eje AA' está definido por la relación

$$I = k^2 m \qquad \text{o} \qquad k = \sqrt{\dfrac{I}{m}} \qquad (9.29)$$

Por lo tanto, el radio de giro k representa la distancia a la cual se debe concentrar toda la masa del cuerpo si su momento de inercia con respecto de AA' debe permanecer inalterado (figura 9.20c). Sin importar si la masa m se conserva en su forma original (figura 9.20b) o si dicha masa se concentra como se muestra en la figura 9.20c, ésta reaccionará de la misma forma a una rotación, o *giro*, con respecto a AA'.

Si se utilizan las unidades del SI, el radio de giro k está expresado en metros y la masa m está expresada en kilogramos, por lo tanto, la unidad empleada para el momento de inercia de una masa es kg · m². Si se utilizan las unidades de uso común en los Estados Unidos, el radio de giro está expresado en pies y la masa en slugs (esto es, en lb · s²/ft), por lo tanto, la unidad derivada empleada para el momento de inercia de una masa es lb · ft · s². †

El momento de inercia de un cuerpo con respecto de un eje coordenado puede expresarse fácilmente en términos de las coordenadas x, y, z del elemento de masa dm (figura 9.21). Por ejemplo, observando que el cuadrado de la distancia r desde el elemento dm hasta el eje y es igual a $z^2 + x^2$, se expresa el momento de inercia del cuerpo con respecto del eje y como sigue:

$$I_y = \int r^2 \, dm = \int (z^2 + x^2) \, dm$$

Se pueden obtener expresiones similares para los momentos de inercia con respecto de los ejes x y z. Así, se escribe

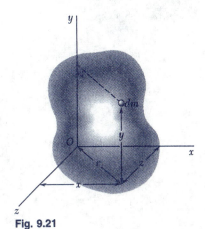

Fig. 9.21

$$\begin{aligned} I_x &= \int (y^2 + z^2) \, dm \\ I_y &= \int (z^2 + x^2) \, dm \\ I_z &= \int (x^2 + y^2) \, dm \end{aligned} \qquad (9.30)$$

---

† Cuando se convierte el momento de inercia de masa de unidades de uso común en los Estados Unidos a unidades del SI, se debe recordar que la unidad base *libras* utilizada en la unidad derivada lb · ft · s² es una unidad de fuerza (*no* de masa) y, por lo tanto, debe convertirse a newtons. Así, se tiene que

$$1 \text{ lb} \cdot \text{ft} \cdot \text{s}^2 = (4.45 \text{ N})(0.3048 \text{ m})(1 \text{ s})^2 = 1.356 \text{ N} \cdot \text{m} \cdot \text{s}^2$$

o, como 1 N = 1 kg · m/s²,

$$1 \text{ lb} \cdot \text{ft} \cdot \text{s}^2 = 1.356 \text{ kg} \cdot \text{m}^2$$

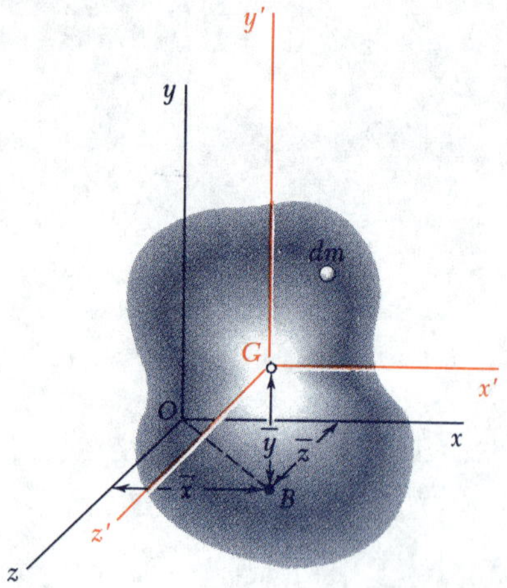

9.12. TEOREMA DE LOS EJES PARALELOS

Considérese un cuerpo de masa m. Permítase que $Oxyz$ sea un sistema de coordenadas rectangulares cuyo origen está localizado en el punto arbitrario O y que $Gx'y'z'$ sea un sistema de *ejes centroidales* paralelo, esto es, un sistema cuyo origen está en el centro de gravedad G del cuerpo† y cuyos ejes x', y' y z' son paralelos a los ejes x, y y z, respectivamente (figura 9.22). Representando por $\bar{x}, \bar{y}, \bar{z}$ las coordenadas de G con respecto de $Oxyz$, se escriben las siguientes relaciones entre las coordenadas x, y, z del elemento dm con respecto de $Oxyz$ y las coordenadas x', y', z' de dicho elemento con respecto de los ejes centroidales $Gx'y'z'$:

$$x = x' + \bar{x} \qquad y = y' + \bar{y} \qquad z = z' + \bar{z} \tag{9.31}$$

Haciendo referencia a las ecuaciones (9.30), se puede expresar el momento de inercia del cuerpo con respecto del eje x como sigue:

$$I_x = \int (y^2 + z^2)\, dm = \int [(y' + \bar{y})^2 + (z' + \bar{z})^2]\, dm$$
$$= \int (y'^2 + z'^2)\, dm + 2\bar{y}\int y'\, dm + 2\bar{z}\int z'\, dm + (\bar{y}^2 + \bar{z}^2)\int dm$$

La primera integral en la expresión anterior representa el momento de inercia $\bar{I}_{x'}$ del cuerpo con respecto del eje centroidal x'; la segunda y la tercera representan, respectivamente, el primer momento del cuerpo con respecto de los planos $z'x'$ y $x'y'$ y, como ambos planos contienen al punto G, las dos integrales son iguales a cero; la última integral es igual a la masa total m del cuerpo. Por lo tanto, se escribe

$$I_x = \bar{I}_{x'} + m(\bar{y}^2 + \bar{z}^2) \tag{9.32}$$

y, similarmente,

$$I_y = \bar{I}_{y'} + m(\bar{z}^2 + \bar{x}^2) \qquad I_z = \bar{I}_{z'} + m(\bar{x}^2 + \bar{y}^2) \tag{9.32'}$$

A partir de la figura 9.22 se puede verificar fácilmente que la suma $\bar{z}^2 + \bar{x}^2$ representa el cuadrado de la distancia OB entre los ejes y y y'. Análogamente, $\bar{y}^2 + \bar{z}^2$ y $\bar{x}^2 + \bar{y}^2$ representan, respectivamente, los cuadrados de la distancia entre los ejes x y x' y entre los ejes z y z'. Por lo tanto, representando con d la distancia entre un eje arbitrario AA' y un eje centroidal paralelo BB' (figura 9.23), se puede escribir la siguiente relación general entre el momento de inercia I del cuerpo con respecto de AA' y su momento de inercia $\bar{I}$ con respecto a BB':

$$I = \bar{I} + md^2 \tag{9.33}$$

Expresando los momentos de inercia en términos de los radios de giro correspondientes, también se puede escribir

$$k^2 = \bar{k}^2 + d^2 \tag{9.34}$$

donde k y $\bar{k}$ representan, respectivamente, los radios de giro del cuerpo con respecto de AA' y de BB'.

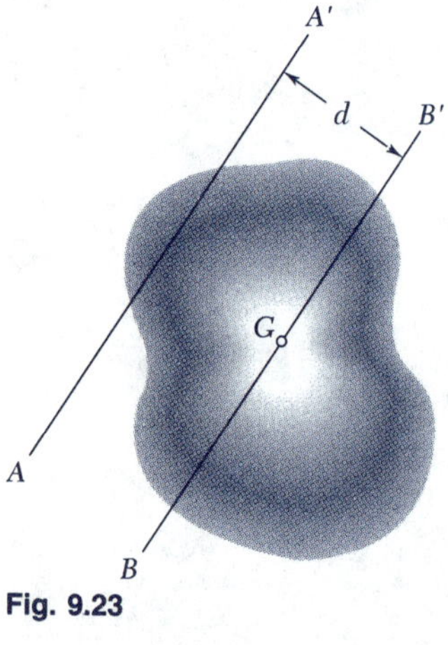

Fig. 9.22

Fig. 9.23

† Obsérvese que aquí se utiliza el término *centroidal* para definir un eje que pasa a través del centro de gravedad G del cuerpo, sin importar si G coincide o no con el centroide del volumen de dicho cuerpo.

9.13. MOMENTOS DE INERCIA DE PLACAS DELGADAS

Considérese una placa delgada de espesor uniforme t, la cual está hecha de un material homogéneo de densidad ρ (densidad = masa por unidad de volumen). El momento de inercia de masa de la placa con respecto de un eje AA' *contenido en el plano* de la placa (figura 9.24a) está dado por

$$I_{AA',\text{masa}} = \int r^2\, dm$$

Como $dm = \rho t\, dA$, se escribe

$$I_{AA',\text{masa}} = \rho t \int r^2\, dA$$

Pero r representa la distancia que hay del elemento de área dA al eje AA'; por lo

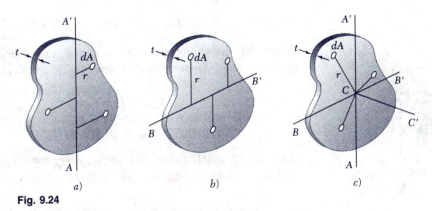

Fig. 9.24

tanto, la integral es igual al momento de inercia del área de la placa con respecto de AA'. Así, se tiene que

$$I_{AA',\text{masa}} = \rho t I_{AA',\text{área}} \tag{9.35}$$

Similarmente, para un eje BB' que está contenido en el plano de la placa y que es perpendicular a AA' (figura 9.24b), se tiene que

$$I_{BB',\text{masa}} = \rho t I_{BB',\text{área}} \tag{9.36}$$

Ahora, considerando al eje CC' que es *perpendicular* a la placa y que pasa a través del punto de intersección C de AA' y BB' (figura 9.24c), se escribe

$$I_{CC',\text{masa}} = \rho t J_{C,\text{área}} \tag{9.37}$$

donde J_C es el momento *polar* de inercia del área de la placa con respecto del punto C.

Recordando la relación $J_C = I_{AA'} + I_{BB'}$ que existe entre el momento polar de inercia y los momentos rectangulares de inercia de un área, se escribe la siguiente relación entre los momentos de inercia de masa de una placa delgada:

$$I_{CC'} = I_{AA'} + I_{BB'} \tag{9.38}$$

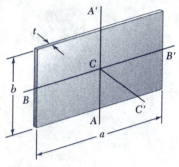

Fig. 9.25

Placa rectangular. En el caso de una placa rectangular de lados a y b (figura 9.25), se obtienen los siguientes momentos de inercia de masa con respecto de ejes que pasan a través del centro de gravedad de la placa:

$$I_{AA', \text{masa}} = \rho t I_{AA', \text{área}} = \rho t (\tfrac{1}{12} a^3 b)$$
$$I_{BB', \text{masa}} = \rho t I_{BB', \text{área}} = \rho t (\tfrac{1}{12} a b^3)$$

Observando que el producto ρabt es igual a la masa m de la placa, se escriben los momentos de inercia de masa de una placa rectangular delgada como sigue:

$$I_{AA'} = \tfrac{1}{12} m a^2 \qquad I_{BB'} = \tfrac{1}{12} m b^2 \qquad (9.39)$$
$$I_{CC'} = I_{AA'} + I_{BB'} = \tfrac{1}{12} m (a^2 + b^2) \qquad (9.40)$$

Placa circular. En el caso de una placa circular, o disco, de radio r (figura 9.26), se escribe

$$I_{AA', \text{masa}} = \rho t I_{AA', \text{área}} = \rho t (\tfrac{1}{4} \pi r^4)$$

Observando que el producto $\rho \pi r^2 t$ es igual a la masa m de la placa y que $I_{AA'} = I_{BB'}$, se escriben los momentos de inercia de masa de una placa circular como sigue:

$$I_{AA'} = I_{BB'} = \tfrac{1}{4} m r^2 \qquad (9.41)$$
$$I_{CC'} = I_{AA'} + I_{BB'} = \tfrac{1}{2} m r^2 \qquad (9.42)$$

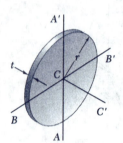

Fig. 9.26

9.14. DETERMINACIÓN DEL MOMENTO DE INERCIA DE UN CUERPO TRIDIMENSIONAL POR INTEGRACIÓN

El momento de inercia de un cuerpo tridimensional se obtiene evaluando la integral $I = \int r^2 \, dm$. Si el cuerpo está hecho de un material homogéneo de densidad ρ, el elemento de masa dm es igual a $\rho \, dV$ y se puede escribir $I = \rho \int r^2 \, dV$. Esta integral sólo depende de la forma del cuerpo. Por lo tanto, para calcular el momento de inercia de un cuerpo tridimensional, generalmente será necesario llevar a cabo una triple integración o, cuando menos, una doble integración.

Sin embargo, si el cuerpo posee dos planos de simetría, usualmente es posible determinar el momento de inercia del cuerpo con una sola integración seleccionando como elemento de masa dm una placa delgada que es perpendicular a los planos de simetría. Por ejemplo, en el caso de cuerpos de revolución, el elemento de masa será un disco delgado (figura 9.27). Utilizando la fórmula (9.42), el momento de inercia del disco con respecto del eje de revolución se puede expresar tal y como se indica en la figura 9.27. Por otra parte, el momento de inercia del disco con respecto de cada uno de los otros dos ejes coordenados se obtiene usando la fórmula (9.41) y el teorema de los ejes paralelos. Integrando las expresiones obtenidas de esta forma, se obtienen los momentos de inercia del cuerpo.

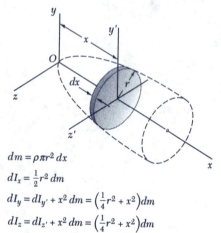

$dm = \rho \pi r^2 \, dx$

$dI_x = \tfrac{1}{2} r^2 \, dm$

$dI_y = dI_{y'} + x^2 \, dm = \left(\tfrac{1}{4} r^2 + x^2 \right) dm$

$dI_z = dI_{z'} + x^2 \, dm = \left(\tfrac{1}{4} r^2 + x^2 \right) dm$

Fig. 9.27 Determinación del momento de inercia de un cuerpo de revolución.

9.15. MOMENTOS DE INERCIA DE CUERPOS COMPUESTOS

Los momentos de inercia de algunas formas comunes se muestran en la figura 9.28. Para un cuerpo que consiste de varias de estas formas simples, se puede obtener el momento de inercia de dicho cuerpo con respecto de un eje dado calculando primero los momentos de inercia de las partes que lo constituyen con respecto del eje deseado y sumándolos después. Como fue el caso para las áreas, el radio de giro de un cuerpo compuesto *no se puede* obtener sumando los radios de giro de las partes que lo constituyen.

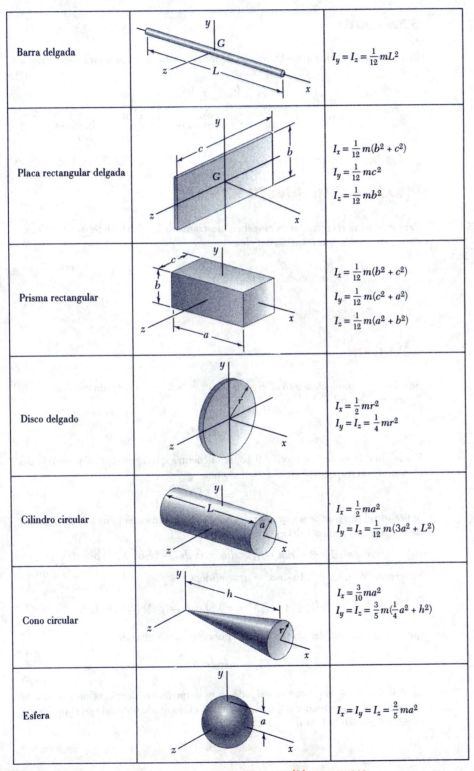

Fig. 9.28 Momentos de inercia de masa de formas geométricas comunes

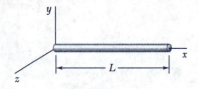

PROBLEMA RESUELTO 9.9

Determínese el momento de inercia de una barra delgada de longitud L y masa m con respecto de un eje que es perpendicular a la barra y que pasa a través de uno de sus extremos.

SOLUCIÓN

Seleccionando el elemento diferencial de masa mostrado en la figura, se escribe

$$dm = \frac{m}{L} dx$$

$$I_y = \int x^2 \, dm = \int_0^L x^2 \frac{m}{L} dx = \left[\frac{m}{L} \frac{x^3}{3}\right]_0^L \qquad I_y = \tfrac{1}{3}mL^2 \quad \blacktriangleleft$$

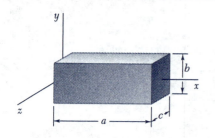

PROBLEMA RESUELTO 9.10

Para el prisma rectangular homogéneo mostrado en la figura, determínese el momento de inercia con respecto del eje z.

SOLUCIÓN

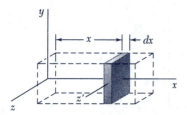

Se selecciona como elemento diferencial de masa a la placa delgada mostrada en la figura; por lo tanto,

$$dm = \rho bc \, dx$$

Haciendo referencia a la sección 9.13, se encuentra que el momento de inercia del elemento con respecto al eje z' está dado por

$$dI_{z'} = \tfrac{1}{12}b^2 \, dm$$

Aplicando el teorema de los ejes paralelos, se obtiene el momento de inercia de masa de la placa con respecto del eje z.

$$dI_z = dI_{z'} + x^2 \, dm = \tfrac{1}{12}b^2 \, dm + x^2 \, dm = (\tfrac{1}{12}b^2 + x^2) \rho bc \, dx$$

Integrando desde $x = 0$ hasta $x = a$, se obtiene

$$I_z = \int dI_z = \int_0^a (\tfrac{1}{12}b^2 + x^2) \rho bc \, dx = \rho abc(\tfrac{1}{12}b^2 + \tfrac{1}{3}a^2)$$

Como la masa total del prisma es $m = \rho abc$, se puede escribir

$$I_z = m(\tfrac{1}{12}b^2 + \tfrac{1}{3}a^2) \qquad I_z = \tfrac{1}{12}m(4a^2 + b^2) \quad \blacktriangleleft$$

Se observa que si el prisma es delgado, b es pequeño en comparación con a y la expresión para I_z se reduce a $\tfrac{1}{3}ma^2$, la cual es el resultado obtenido en el problema resuelto 9.9 cuando $L = a$.

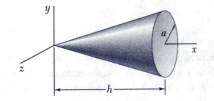

PROBLEMA RESUELTO 9.11

Determínese el momento de inercia de un cono circular recto con respecto de a) su eje longitudinal, b) un eje que pasa a través del ápice del cono y que es perpendicular a su eje longitudinal y c) un eje que pasa a través del centroide del cono y que es perpendicular a su eje longitudinal.

SOLUCIÓN

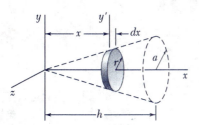

Se selecciona el elemento diferencial de masa mostrado en la figura.

$$r = a\frac{x}{h} \qquad dm = \rho\pi r^2\, dx = \rho\pi\frac{a^2}{h^2}x^2\, dx$$

a. Momento de inercia I_x. Utilizando la expresión derivada en la sección 9.13 para un disco delgado, se calcula el momento de inercia de masa del elemento diferencial con respecto del eje x.

$$dI_x = \tfrac{1}{2}r^2\, dm = \tfrac{1}{2}\left(a\frac{x}{h}\right)^2\left(\rho\pi\frac{a^2}{h^2}x^2\, dx\right) = \tfrac{1}{2}\rho\pi\frac{a^4}{h^4}x^4\, dx$$

Integrando desde $x=0$ hasta $x=h$, se obtiene

$$I_x = \int dI_x = \int_0^h \tfrac{1}{2}\rho\pi\frac{a^4}{h^4}x^4\, dx = \tfrac{1}{2}\rho\pi\frac{a^4}{h^4}\frac{h^5}{5} = \tfrac{1}{10}\rho\pi a^4 h$$

Como la masa total del cono es $m = \tfrac{1}{3}\rho\pi a^2 h$, se puede escribir

$$I_x = \tfrac{1}{10}\rho\pi a^4 h = \tfrac{3}{10}a^2(\tfrac{1}{3}\rho\pi a^2 h) = \tfrac{3}{10}ma^2 \qquad I_x = \tfrac{3}{10}ma^2 \blacktriangleleft$$

b. Momento de inercia I_y. Se utiliza el mismo elemento diferencial. Aplicando el teorema de los ejes paralelos y empleando la expresión derivada en la sección 9.13 para un disco delgado, se escribe

$$dI_y = dI_{y'} + x^2\, dm = \tfrac{1}{4}r^2\, dm + x^2\, dm = (\tfrac{1}{4}r^2 + x^2)\, dm$$

Sustituyendo las expresiones para r y para dm en la ecuación anterior, se obtiene

$$dI_y = \left(\tfrac{1}{4}\frac{a^2}{h^2}x^2 + x^2\right)\left(\rho\pi\frac{a^2}{h^2}x^2\, dx\right) = \rho\pi\frac{a^2}{h^2}\left(\frac{a^2}{4h^2}+1\right)x^4\, dx$$

$$I_y = \int dI_y = \int_0^h \rho\pi\frac{a^2}{h^2}\left(\frac{a^2}{4h^2}+1\right)x^4\, dx = \rho\pi\frac{a^2}{h^2}\left(\frac{a^2}{4h^2}+1\right)\frac{h^5}{5}$$

Empleando la expresión para la masa total del cono m, se reescribe I_y como sigue:

$$I_y = \tfrac{3}{5}(\tfrac{1}{4}a^2 + h^2)\tfrac{1}{3}\rho\pi a^2 h \qquad I_y = \tfrac{3}{5}m(\tfrac{1}{4}a^2 + h^2) \blacktriangleleft$$

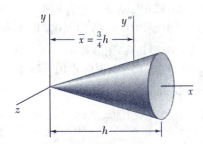

c. Momento de inercia $\bar{I}_{y''}$. Se aplica el teorema de los ejes paralelos y se escribe

$$I_y = \bar{I}_{y''} + m\bar{x}^2$$

Resolviendo para $\bar{I}_{y''}$ y recordando que $\bar{x} = \tfrac{3}{4}h$, se tiene que

$$\bar{I}_{y''} = I_y - m\bar{x}^2 = \tfrac{3}{5}m(\tfrac{1}{4}a^2 + h^2) - m(\tfrac{3}{4}h)^2$$

$$\bar{I}_{y''} = \tfrac{3}{20}m(a^2 + \tfrac{1}{4}h^2) \blacktriangleleft$$

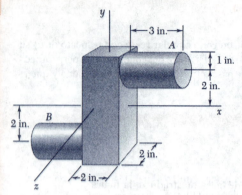

PROBLEMA RESUELTO 9.12

Una pieza de acero forjado consta de un prisma rectangular de 6 × 2 × 2 in. y dos cilindros de 2 in. de diámetro y 3 in. de longitud, tal y como se muestra en la figura. Sabiendo que el peso específico del acero es de 490 lb/ft³, determínense los momentos de inercia de la pieza con respecto de los ejes coordenados.

SOLUCIÓN

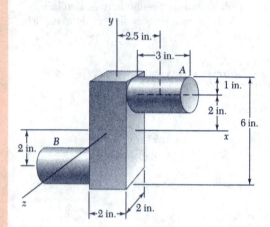

Cálculo de las masas
Prisma

$$V = (2 \text{ in.})(2 \text{ in.})(6 \text{ in.}) = 24 \text{ in}^3$$
$$W = \frac{(24 \text{ in}^3)(490 \text{ lb/ft}^3)}{1728 \text{ in}^3/\text{ft}^3} = 6.81 \text{ lb}$$
$$m = \frac{6.81 \text{ lb}}{32.2 \text{ ft/s}^2} = 0.211 \text{ lb} \cdot \text{s}^2/\text{ft}$$

Cada uno de los cilindros

$$V = \pi(1 \text{ in.})^2(3 \text{ in.}) = 9.42 \text{ in}^3$$
$$W = \frac{(9.42 \text{ in}^3)(490 \text{ lb/ft}^3)}{1728 \text{ in}^3/\text{ft}^3} = 2.67 \text{ lb}$$
$$m = \frac{2.67 \text{ lb}}{32.2 \text{ ft/s}^2} = 0.0829 \text{ lb} \cdot \text{s}^2/\text{ft}$$

Momentos de inercia. A partir de la figura 9.28 se calculan los momentos de inercia de cada una de las partes que constituyen la pieza, empleando el teorema de los ejes paralelos cuando sea necesario. Obsérvese que todas las longitudes deben estar expresadas en pies.

Prisma

$$I_x = I_z = \tfrac{1}{12}(0.211 \text{ lb} \cdot \text{s}^2/\text{ft})[(\tfrac{6}{12} \text{ ft})^2 + (\tfrac{2}{12} \text{ ft})^2] = 4.88 \times 10^{-3} \text{ lb} \cdot \text{ft} \cdot \text{s}^2$$
$$I_y = \tfrac{1}{12}(0.211 \text{ lb} \cdot \text{s}^2/\text{ft})[(\tfrac{2}{12} \text{ ft})^2 + (\tfrac{2}{12} \text{ ft})^2] = 0.977 \times 10^{-3} \text{ lb} \cdot \text{ft} \cdot \text{s}^2$$

Cada uno de los cilindros

$$I_x = \tfrac{1}{2}ma^2 + m\bar{y}^2 = \tfrac{1}{2}(0.0829 \text{ lb} \cdot \text{s}^2/\text{ft})(\tfrac{1}{12} \text{ ft})^2$$
$$+ (0.0829 \text{ lb} \cdot \text{s}^2/\text{ft})(\tfrac{2}{12} \text{ ft})^2 = 2.59 \times 10^{-3} \text{ lb} \cdot \text{ft} \cdot \text{s}^2$$
$$I_y = \tfrac{1}{12}m(3a^2 + L^2) + m\bar{x}^2 = \tfrac{1}{12}(0.0829 \text{ lb} \cdot \text{s}^2/\text{ft})[3(\tfrac{1}{12} \text{ ft})^2 + (\tfrac{3}{12} \text{ ft})^2]$$
$$+ (0.0829 \text{ lb} \cdot \text{s}^2/\text{ft})(\tfrac{2.5}{12} \text{ ft})^2 = 4.17 \times 10^{-3} \text{ lb} \cdot \text{ft} \cdot \text{s}^2$$
$$I_z = \tfrac{1}{12}m(3a^2 + L^2) + m(\bar{x}^2 + \bar{y}^2) = \tfrac{1}{12}(0.0829 \text{ lb} \cdot \text{s}^2/\text{ft})[3(\tfrac{1}{12} \text{ ft})^2 + (\tfrac{3}{12} \text{ ft})^2]$$
$$+ (0.0829 \text{ lb} \cdot \text{s}^2/\text{ft})[(\tfrac{2.5}{12} \text{ ft})^2 + (\tfrac{2}{12} \text{ ft})^2] = 6.48 \times 10^{-3} \text{ lb} \cdot \text{ft} \cdot \text{s}^2$$

Pieza completa. Sumando los valores obtenidos, se tiene que

$$I_x = 4.88 \times 10^{-3} + 2(2.59 \times 10^{-3}) \qquad I_x = 10.06 \times 10^{-3} \text{ lb} \cdot \text{ft} \cdot \text{s}^2 \quad \blacktriangleleft$$
$$I_y = 0.977 \times 10^{-3} + 2(4.17 \times 10^{-3}) \qquad I_y = 9.32 \times 10^{-3} \text{ lb} \cdot \text{ft} \cdot \text{s}^2 \quad \blacktriangleleft$$
$$I_z = 4.88 \times 10^{-3} + 2(6.48 \times 10^{-3}) \qquad I_z = 17.84 \times 10^{-3} \text{ lb} \cdot \text{ft} \cdot \text{s}^2 \quad \blacktriangleleft$$

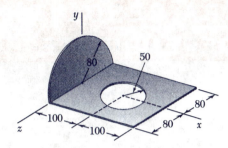

Dimensiones en mm

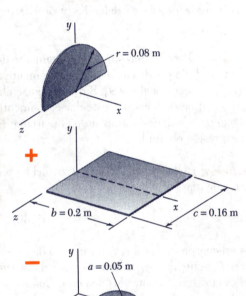

PROBLEMA RESUELTO 9.13

Una placa delgada de acero de 4 mm de espesor se corta y se dobla para formar la pieza de maquinaria mostrada en la figura. Sabiendo que la densidad del acero es de 7850 kg/m³, determínense los momentos de inercia de la pieza con respecto de los ejes coordenados.

SOLUCIÓN

Se observa que la pieza consta de una placa semicircular y de una placa rectangular a la cual se le ha removido una placa circular.

Cálculo de las masas. *Placa semicircular*

$$V_1 = \tfrac{1}{2}\pi r^2 t = \tfrac{1}{2}\pi(0.08 \text{ m})^2(0.004 \text{ m}) = 40.21 \times 10^{-6} \text{ m}^3$$
$$m_1 = \rho V_1 = (7.85 \times 10^3 \text{ kg/m}^3)(40.21 \times 10^{-6} \text{ m}^3) = 0.3156 \text{ kg}$$

Placa rectangular

$$V_2 = (0.200 \text{ m})(0.160 \text{ m})(0.004 \text{ m}) = 128 \times 10^{-6} \text{ m}^3$$
$$m_2 = \rho V_2 = (7.85 \times 10^3 \text{ kg/m}^3)(128 \times 10^{-6} \text{ m}^3) = 1.005 \text{ kg}$$

Placa circular

$$V_3 = \pi a^2 t = \pi(0.050 \text{ m})^2(0.004 \text{ m}) = 31.42 \times 10^{-6} \text{ m}^3$$
$$m_3 = \rho V_3 = (7.85 \times 10^3 \text{ kg/m}^3)(31.42 \times 10^{-6} \text{ m}^3) = 0.2466 \text{ kg}$$

Momentos de inercia. Utilizando el método presentado en la sección 9.13, se calculan momentos de inercia de cada una de las partes que constituyen la pieza.

Placa semicircular. A partir de la figura. 9.28, se observa que para una placa circular de masa m y radio r, se tiene que

$$I_x = \tfrac{1}{2}mr^2 \qquad I_y = I_z = \tfrac{1}{4}mr^2$$

Debido a la simetría, se observa que para una placa semicircular

$$I_x = \tfrac{1}{2}(\tfrac{1}{2}mr^2) \qquad I_y = I_z = \tfrac{1}{2}(\tfrac{1}{4}mr^2)$$

Como la masa de la placa semicircular es $m_1 = \tfrac{1}{2}m$, se tiene que

$$I_x = \tfrac{1}{2}m_1 r^2 = \tfrac{1}{2}(0.3156 \text{ kg})(0.08 \text{ m})^2 = 1.010 \times 10^{-3} \text{ kg}\cdot\text{m}^2$$
$$I_y = I_z = \tfrac{1}{4}(\tfrac{1}{2}mr^2) = \tfrac{1}{4}m_1 r^2 = \tfrac{1}{4}(0.3156 \text{ kg})(0.08 \text{ m})^2 = 0.505 \times 10^{-3} \text{ kg}\cdot\text{m}^2$$

Placa rectangular

$$I_x = \tfrac{1}{12}m_2 c^2 = \tfrac{1}{12}(1.005 \text{ kg})(0.16 \text{ m})^2 = 2.144 \times 10^{-3} \text{ kg}\cdot\text{m}^2$$
$$I_z = \tfrac{1}{3}m_2 b^2 = \tfrac{1}{3}(1.005 \text{ kg})(0.2 \text{ m})^2 = 13.400 \times 10^{-3} \text{ kg}\cdot\text{m}^2$$
$$I_y = I_x + I_z = (2.144 + 13.400)(10^{-3}) = 15.544 \times 10^{-3} \text{ kg}\cdot\text{m}^2$$

Placa circular

$$I_x = \tfrac{1}{4}m_3 a^2 = \tfrac{1}{4}(0.2466 \text{ kg})(0.05 \text{ m})^2 = 0.154 \times 10^{-3} \text{ kg}\cdot\text{m}^2$$
$$I_y = \tfrac{1}{2}m_3 a^2 + m_3 d^2$$
$$= \tfrac{1}{2}(0.2466 \text{ kg})(0.05 \text{ m})^2 + (0.2466 \text{ kg})(0.1 \text{ m})^2 = 2.774 \times 10^{-3} \text{ kg}\cdot\text{m}^2$$
$$I_z = \tfrac{1}{4}m_3 a^2 + m_3 d^2 = \tfrac{1}{4}(0.2466 \text{ kg})(0.05 \text{ m})^2 + (0.2466 \text{ kg})(0.1 \text{ m})^2$$
$$= 2.620 \times 10^{-3} \text{ kg}\cdot\text{m}^2$$

Pieza completa

$$I_x = (1.010 + 2.144 - 0.154)(10^{-3}) \text{ kg}\cdot\text{m}^2 \qquad I_x = 3.00 \times 10^{-3} \text{ kg}\cdot\text{m}^2 \blacktriangleleft$$
$$I_y = (0.505 + 15.544 - 2.774)(10^{-3}) \text{ kg}\cdot\text{m}^2 \qquad I_y = 13.28 \times 10^{-3} \text{ kg}\cdot\text{m}^2 \blacktriangleleft$$
$$I_z = (0.505 + 13.400 - 2.620)(10^{-3}) \text{ kg}\cdot\text{m}^2 \qquad I_z = 11.29 \times 10^{-3} \text{ kg}\cdot\text{m}^2 \blacktriangleleft$$

PROBLEMAS PARA RESOLVER EN FORMA INDEPENDIENTE

En esta lección se estudió el *momento de inercia de masa* y el *radio de giro* de un cuerpo tridimensional con respecto de un eje dado [ecuaciones (9.28) y (9.29)]. También se derivó un *teorema de los ejes paralelos* para ser utilizado con momentos de inercia de masa y se discutió el cálculo de los momentos de inercia de masa de placas delgadas y de cuerpos tridimensionales.

1. *Cálculo de los momentos de inercia de masa.* Para formas simples, el momento de inercia de masa I de un cuerpo con respecto de un eje dado puede calcularse directamente a partir de la definición dada en la ecuación (9.28) [problema resuelto 9.9]. Sin embargo, en la mayoría de los casos es necesario dividir el cuerpo en placas delgadas, calcular el momento de inercia de una placa delgada típica con respecto del eje dado— utilizando el teorema de los ejes paralelos si es necesario— e integrar la expresión obtenida.

2. *Aplicación del teorema de los ejes paralelos.* En la sección 9.12 se derivó el teorema de los ejes paralelos para momentos de inercia de masa

$$I = \overline{I} + md^2 \tag{9.33}$$

el cual establece que el momento de inercia I de un cuerpo de masa m con respecto de un eje dado es igual a la suma del momento de inercia $\overline{I}$ de dicho cuerpo con respecto de un *eje centroidal paralelo* y el producto md^2, donde d es la distancia entre los dos ejes. Cuando se calcula el momento de inercia de un cuerpo tridimensional con respecto de uno de los ejes coordenados, d^2 puede ser reemplazado por la suma de los cuadrados de distancias medidas a lo largo de los otros dos ejes coordenados [ecuaciones (9.32) y (9.32′)].

3. *Evitando errores relacionados con las unidades.* Para evitar errores, es esencial ser consistente en el uso de las unidades. Por lo tanto, todas las longitudes deben expresarse en metros o en pies, según sea apropiado y, para problemas en los que se utiliza el sistema de unidades de uso común en los Estados Unidos, las masas deben expresarse en lb · s^2/ft. Además, se recomienda enfáticamente que se incluyan las unidades a medida que se lleven a cabo los cálculos [problemas resueltos 9.12 y 9.13].

4. *Cálculo del momento de inercia de masa de placas delgadas.* En la sección 9.13 se demostró que el momento de inercia de masa de una placa delgada con respecto de un eje dado puede obtenerse multiplicando el momento de inercia de área correspondiente de la placa por la densidad ρ y el espesor t de la misma [ecuaciones (9.35) a la (9.37)]. Obsérvese que en virtud de que el eje CC' en la figura 9.24c es *perpendicular a la placa*, $I_{CC',masa}$ está asociado con el momento *polar* de inercia $J_{C,área}$.

En lugar de calcular directamente el momento de inercia de una placa delgada con respecto de un eje dado, en algunos casos se encontrará que es conveniente calcular primero su momento de inercia con respecto de un eje que es paralelo al eje especificado y después aplicar el teorema de los ejes paralelos. Además, para determinar el momento de inercia de una placa delgada con respecto a un eje perpendicular a la misma, puede ser deseable determinar primero sus momentos de inercia con respecto de dos ejes perpendiculares que están en el plano para después utilizar la ecuación (9.38). Por último, se debe recordar que la masa de una placa de área A, espesor t y densidad ρ es $m = \rho t A$.

5. *Determinación del momento de inercia de un cuerpo por medio de una sola integración directa.* En la sección 9.14 se discutió y en los problemas resueltos 9.10 y 9.11 se ilustró cómo se puede usar una sola integración para calcular el momento de inercia de un cuerpo que puede ser dividido en una serie de placas delgadas paralelas. Para estos casos, usualmente es necesario expresar la masa del cuerpo en términos de la densidad y de las dimensiones del mismo. Suponiendo que, como en los problemas resueltos, el cuerpo ha sido dividido en placas delgadas perpendiculares al eje x, se tendrán que expresar las dimensiones de cada placa como funciones de la variable x.

   a. En el caso especial de un cuerpo de revolución, la placa elemental es un disco delgado y se deben utilizar las ecuaciones proporcionadas en la figura 9.27 para determinar los momentos de inercia del cuerpo [problema resuelto 9.11].

   b. En el caso general, cuando el cuerpo no es un cuerpo de revolución, el elemento diferencial no es un disco, es una placa delgada de una forma diferente y no se pueden utilizar las ecuaciones de la figura 9.27. Por ejemplo, véase el problema resuelto 9.10 en el cual el elemento fue una placa rectangular delgada. Para configuraciones más complejas, se pueden usar una o más de las siguientes ecuaciones, las cuales están basadas en las ecuaciones (9.32) y (9.32') de la sección 9.12

$$dI_x = dI_{x'} + (\bar{y}_{el}^2 + \bar{z}_{el}^2)dm$$

$$dI_y = dI_{y'} + (\bar{z}_{el}^2 + \bar{x}_{el}^2)dm$$

$$dI_z = dI_{z'} + (\bar{x}_{el}^2 + \bar{y}_{el}^2)dm$$

donde las primas se usan para denotar los ejes centroidales de cada placa elemental y donde $\bar{x}_{el}$, $\bar{y}_{el}$ y $\bar{z}_{el}$ representan las coordenadas del centroide de dicha placa elemental. Los momentos centroidales de inercia de la placa se determinan de la forma descrita anteriormente para una placa delgada: Haciendo referencia a la figura 9.12 de la página 469, se calculan los momentos de inercia de área correspondientes de la placa y se multiplica el resultado por la densidad ρ y por el espesor t de la placa. Además, suponiendo que se ha dividido el cuerpo en placas delgadas perpendiculares al eje x, se debe recordar que se puede obtener $dI_{x'}$ sumando $dI_{y'}$ y $dI_{z'}$ en lugar de calcularlo directamente. Por último, utilizando la geometría del cuerpo, se expresa el resultado obtenido en términos de la variable única x y se integra en x.

6. *Cálculo del momento de inercia de un cuerpo compuesto.* Como se estableció en la sección 9.15, el momento de inercia de un cuerpo compuesto con respecto de un eje dado es igual a la suma de los momentos de inercia de las partes que lo constituyen con respecto de ese mismo eje. Los problemas resueltos 9.12 y 9.13 ilustran el método apropiado de solución. También se debe recordar que el momento de inercia de una parte componente será negativo sólo si dicha parte es *removida* (como en el caso de un agujero).

A pesar de que los problemas propuestos en esta lección sobre cuerpos compuestos son relativamente fáciles, es necesario trabajar cuidadosamente para evitar errores en los cálculos. Además, si alguno de los momentos de inercia que se necesiten no están proporcionados en la figura 9.28, será necesario derivar las fórmulas requeridas utilizando las técnicas de esta lección.

Problemas

9.111 El cuarto de anillo de masa m mostrado en la figura se cortó a partir de una placa delgada uniforme. Sabiendo que $r_1 = \tfrac{3}{4} r_2$, determínese el momento de inercia de masa del cuarto de anillo con respecto a a) el eje AA' y b) al eje centroidal CC' perpendicular al plano que contiene al cuarto de anillo.

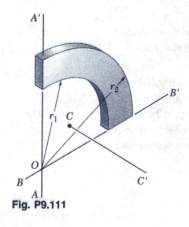
Fig. P9.111

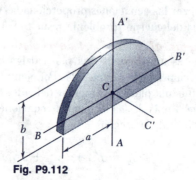
Fig. P9.112

9.112 En la figura se muestra una placa delgada de forma semielíptica de masa m. Determínese el momento de inercia de masa de la placa con respecto de a) el eje centroidal BB' y b) el eje centroidal CC' perpendicular al plano que contiene a la placa.

9.113 En la figura se muestra un anillo de forma elíptica cortado a partir de una placa delgada uniforme. Denotando con m la masa del anillo, determínese su momento de inercia de masa con respecto de a) el eje centroidal BB' y b) el eje centroidal CC' perpendicular al plano que contiene al anillo.

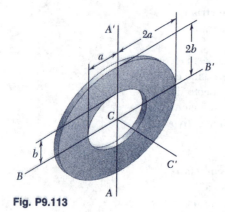
Fig. P9.113

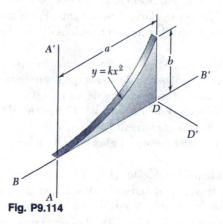
Fig. P9.114

9.114 En la figura se muestra una enjuta parabólica cortada a partir de una placa delgada uniforme. Denotando con m la masa de la enjuta, determínese su momento de inercia de masa con respecto de a) el eje BB' y b) el eje DD' perpendicular al plano que contiene la enjuta. (*Sugerencia*. Véase el problema resuelto 9.3.)

9.115 En la figura se muestra la pieza de una máquina la cual se obtuvo a partir de una hoja delgada uniforme de metal. Denotando con m la masa de la pieza, determínese su momento de inercia de masa con respecto de a) el eje x y b) el eje y.

9.116 En la figura se muestra la pieza de una máquina la cual se obtuvo a partir de una hoja delgada uniforme de metal. Denotando con m la masa de la pieza y considerando que los ejes AA' y BB' paralelos al eje x están localizados a una distancia a con respecto del plano xz de la placa, determínese su momento de inercia de masa con respecto de a) el eje AA', b) el eje BB'.

9.117 Para la placa delgada de forma trapezoidal y masa m mostrada en la figura, determínese su momento de inercia de masa con respecto de a) el eje x y b) el eje y.

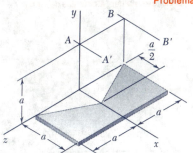

Fig. P9.115 y P9.116

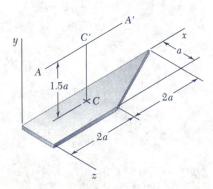

Fig. P9.117 y P9.118

9.118 Para la placa delgada de masa m y de forma trapezoidal mostrada en la figura, determine su momento de inercia de masa con respecto de a) el eje centroidal CC' perpendicular al plano que contiene la placa y b) el eje AA' paralelo al eje x y localizado a una distancia $1.5a$ medida a partir del plano de la placa.

9.119 Un sólido homogéneo de revolución y de masa m se obtuvo al rotar con respecto del eje x el área mostrada en la figura. Usando integración directa, exprésese en términos de m y h el momento de inercia de masa con respecto del eje x del sólido obtenido.

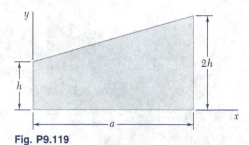

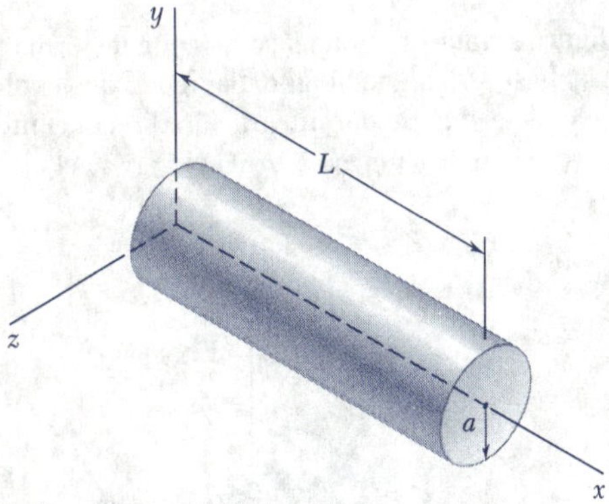

Fig. P9.119

Fig. P9.120

9.120 Suponiendo que el cilindro circular recto de masa m mostrado en la figura tiene densidad uniforme, determínese por integración directa su momento de inercia de masa con respecto del eje z.

510 Fuerzas distribuidas: Momentos de inercia

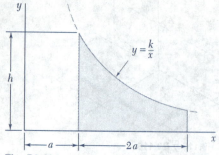
Fig. P9.121

9.121 El área mostrada en la figura se rota con respecto del eje x para formar un sólido homogéneo de revolución de masa m. Determínese por integración directa el momento de masa de inercia del sólido con respecto de a) el eje x y b) el eje y. Las respuestas deben expresarse en términos de m y las dimensiones del sólido resultante.

9.122 Suponiendo que el tetraedro de masa m mostrado en la figura tiene densidad uniforme, determínese por integración directa su momento de inercia de masa con respecto del eje x.

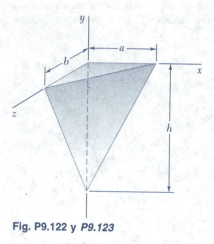
Fig. P9.122 y *P9.123*

9.123 Suponiendo que el tetraedro de masa m mostrado en la figura tiene densidad uniforme, determínese por integración directa su momento de inercia de masa con respecto del eje y.

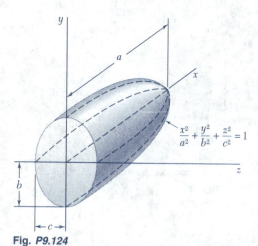
Fig. *P9.124*

*9.124 Suponiendo que el semielipsoide de masa m mostrado en la figura tiene densidad uniforme, determínese por integración directa su momento de inercia de masa con respecto del eje z.

*9.125 Un alambre delgado de acero se dobla en la forma mostrada en la figura. Denotando con m' la masa por unidad de longitud del alambre, determínese por integración directa su momento de inercia de masa con respecto de cada uno de los ejes coordenados.

9.126 En la figura se muestra una placa delgada de forma triangular y de masa m soldada a largo de su base AB con un bloque. Sabiendo que la placa forma un ángulo θ con respecto del eje y, determínese por integración directa el momento de inercia de masa de la placa con respecto de a) el eje x, b) el eje y y c) el eje z.

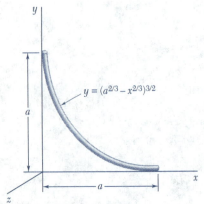
Fig. P9.125

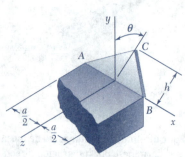
Fig. P9.126

9.127 Para el molde de polea para banda plana mostrado en la figura, determínese el momento de inercia y el radio de giro de masa con respecto del eje AA'. (Considérese que la densidad del latón y de la fibra reforzada de policarbonato es, respectivamente, 8650 kg/m³ y 1250 kg/m³.)

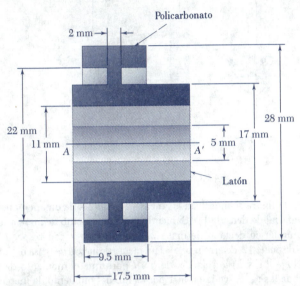

Fig. P9.127

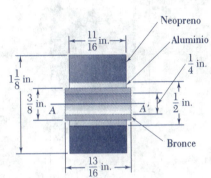

Fig. P9.128

9.128 Para el rodillo mostrado en la figura, determínese el momento de inercia de masa y el radio de giro con respecto del eje AA'. (Considérese que los pesos específicos del bronce, del aluminio y del neopreno son, respectivamente, 0.310 lb/in³, 0.100 lb/in³ y 0.0452 lb/in³.)

9.129 Suponiendo las dimensiones y la masa m del cascarón cónico mostrado en la figura, determínese el momento de inercia y el radio de giro de masa con respecto del eje x. (*Sugerencia*. Supóngase que el cascarón se formó al remover un cono con base circular de radio a de un cono con base circular de radio $a + t$, donde t es el espesor de la pared del cono. En las expresiones resultantes, ignórense los términos que contengan t^2, t^3, etc. y no debe olvidarse tomar en cuenta la diferencia de alturas en los conos.)

9.130 En la figura se muestra una barra de 32 mm de diámetro con un agujero de 20 mm de diámetro. Determínese la profundidad d del agujero de tal forma que la relación entre los momentos de inercia de masa de la barra, con y sin agujero, con respecto del eje AA' sea de 0.96.

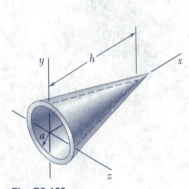

Fig. P9.129

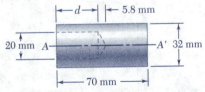

Fig. P9.130

9.131 Después de haber estado en uso durante algún tiempo, una de las hojas de 0.18 kg de masa de una desmenuzadora se desgasta hasta adquirir la forma mostrada en la figura. Sabiendo que los momentos de inercia de masa de la hoja con respecto de los ejes AA' y BB' son, respectivamente, 0.320 g · m² y 0.680 g · m², determínese a) la ubicación del eje centroidal GG' y b) el radio de giro de masa con respecto del eje GG'.

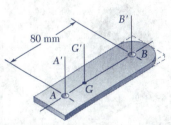

Fig. P9.131

512 Fuerzas distribuidas: Momentos de inercia

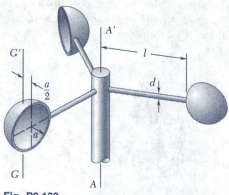

Fig. P9.132

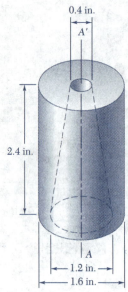

Fig. P9.133

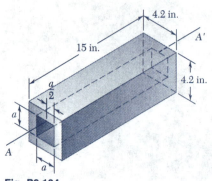

Fig. P9.134

9.132 En la figura se muestran las tazas y los brazos de un anemómetro fabricados con un material de densidad ρ. Sabiendo que el momento de inercia de masa de un cascarón semiesférico delgado de masa m y de espesor t con respecto de su eje centroidal GG' es de $5ma^2/12$, determínese a) el momento de inercia de masa del anemómetro con respecto del eje AA' y b) la relación de a a l para que el momento de inercia de masa centroidal de las tazas sea igual al 1 por ciento del momento de inercia de masa de las tazas con respecto del eje AA'.

9.133 Para el componente de máquina de 0.90 lb mostrado en la figura, determínese el momento de inercia de masa con respecto del eje AA'.

9.134 En la figura se muestra un agujero de forma cuadrangular centrado, que se extiende a lo largo del componente de aluminio de una máquina. Determínese a) el valor de a para que el momento de inercia de masa con respecto del eje AA', el cual bisecta la pared superior del agujero, sea máximo y b) los valores correspondientes del momento de inercia de masa y del radio de giro con respecto del eje AA'. (El peso específico del aluminio es 0.100 lb/in^3.)

9.135 y 9.136 Una pieza de hoja de acero de 2 mm de espesor se corta y se dobla para formar el componente de máquina mostrado en la figura. Si se sabe que la densidad del acero es de 7850 kg/m^3, determínese el momento de inercia de masa del componente con respecto de cada uno de los ejes coordenados.

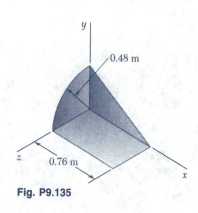

Fig. P9.135

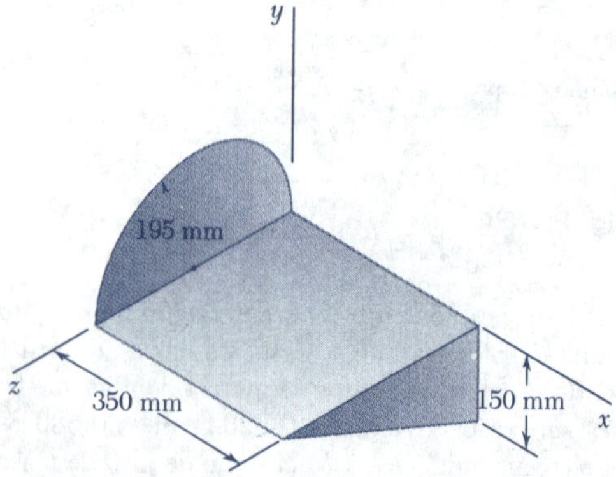

Fig. P9.136

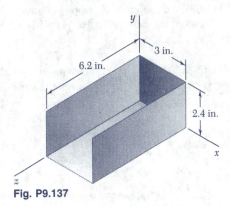

Fig. P9.137

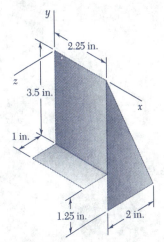

Fig. P9.138

9.137 En la figura se muestra la cubierta de un dispositivo electrónico, fabricada a partir de una hoja de aluminio de 0.05 in. de espesor. Determínese el momento de inercia de masa de la cubierta con respecto de cada uno de los ejes coordenados. (El peso específico del aluminio es 0.100 lb/in^3.)

9.138 Para el marco de un ancla fabricado de acero galvanizado de 0.05 in. de espesor mostrado en la figura, determínese el momento de inercia de masa del ancla con respecto de cada uno de los ejes coordenados. (El peso específico del acero galvanizado es 470 lb/ft^3.)

9.139 En la figura se muestra un subensamble para un cierto modelo de aeroplano el cual se fabrica a partir de tres piezas de madera de 1.5 mm. Sin tomar en cuenta la masa de los adhesivos empleados para ensamblar las tres piezas, determínese el momento de inercia de masa del subensamble con respecto de los tres ejes coordenados. (La densidad de la madera es 780 kg/m^3.)

*9.140 Como se muestra en la figura, un granjero construye una artesa al soldar una pieza rectangular de hoja de acero de 2 mm de espesor a la mitad de un tambor de acero. Sabiendo que la densidad del acero es 7850 kg/m^3 y que el espesor de las paredes del tambor es 1.8 mm, determínese el momento de inercia de masa de la artesa con respecto de cada uno de los ejes coordenados. Ignórese la masa de la soldadura.

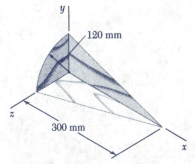

Fig. P9.139

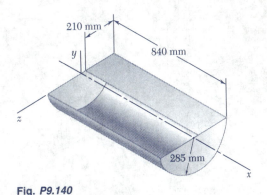

Fig. P9.140

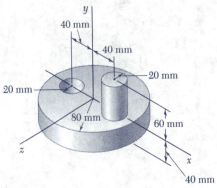

Fig. P9.141

9.141 En la figura se muestra un elemento de máquina fabricado de acero. Determínese su momento de inercia de masa con respecto de a) el eje x, b) el eje y y c) el eje z. (La densidad del acero es 7850 kg/m^3.)

9.142 Para el elemento de máquina de acero mostrado en la figura, determínese el momento de inercia de masa con respecto del eje y. (El peso específico del acero es 490 lb/ft³.)

9.143 Para el elemento de máquina de acero mostrado en la figura, determínese el momento de inercia de masa con respecto del eje z. (El peso específico del acero es 490 lb/ft³.)

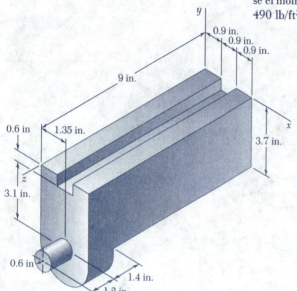

Fig. P9.142 y *P9.143*

Fig. P9.144

9.144 Para el molde de aluminio con la forma mostrada en la figura y sabiendo que la densidad del aluminio es 2700 kg/m³, determínese el momento de inercia de masa con respecto del eje z.

9.145 Para el componente de acero mostrado en la figura, determínese el momento de inercia de masa con respecto de a) el eje x, b) el eje y y c) el eje z. (La densidad del acero es 7850 kg/m³.)

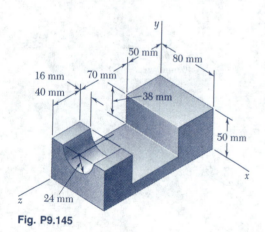

Fig. P9.145

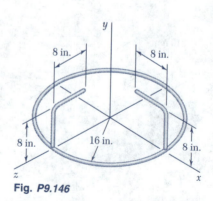

Fig. *P9.146*

9.146 Un alambre de aluminio de 0.033 lb/ft de peso por unidad de longitud se emplea para formar un círculo y los elementos rectos mostrados en la figura. Determínese el momento de inercia de masa del ensamble con respecto de cada uno de los ejes coordenados.

9.147 El arreglo mostrado en la figura se obtuvo a partir de alambre de acero de $\frac{1}{8}$ in. de diámetro. Sabiendo que el peso específico del acero es 490 lb/ft^3, determínese el momento de inercia de masa del arreglo con respecto de cada uno de los ejes coordenados.

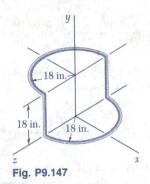

Fig. P9.147

9.148 El arreglo mostrado en la figura se obtuvo a partir de alambre homogéneo de 0.056 kg/m de masa por unidad de longitud. Determínese el momento de inercia de masa del arreglo con respecto de cada uno de los ejes coordenados.

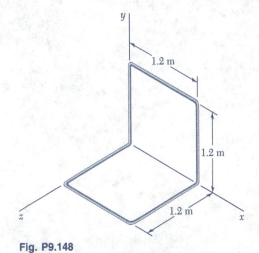

Fig. P9.148

*9.16. MOMENTO DE INERCIA DE UN CUERPO CON RESPECTO DE UN EJE ARBITRARIO QUE PASA A TRAVÉS DEL PUNTO O. PRODUCTOS DE INERCIA DE MASA

En esta sección se verá cómo puede determinarse el momento de inercia de un cuerpo con respecto de un eje arbitrario OL que pasa a través del origen (figura 9.29) si ya se han determinado tanto los momentos de inercia de dicho cuerpo con respecto de los tres ejes coordenados, como otras cantidades que serán definidas a continuación.

El momento de inercia I_{OL} del cuerpo con respecto del eje OL es igual a $\int p^2 \, dm$, donde p representa la distancia perpendicular desde el elemento de masa dm hasta el eje OL. Si se representa con $\boldsymbol{\lambda}$ el vector unitario a lo largo de OL y por $\mathbf{r}$ al vector de posición del elemento dm, se observa que la distancia perpendicular p es igual a r sen θ, que es la magnitud del producto vectorial $\boldsymbol{\lambda} \times \mathbf{r}$. Por lo tanto, se escribe

$$I_{OL} = \int p^2 \, dm = \int |\boldsymbol{\lambda} \times \mathbf{r}|^2 \, dm \qquad (9.43)$$

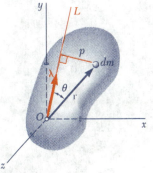

Fig. 9.29

Expresando $|\boldsymbol{\lambda} \times \mathbf{r}|^2$ en términos de las componentes rectangulares del producto vectorial, se tiene que

$$I_{OL} = \int [(\lambda_x y - \lambda_y x)^2 + (\lambda_y z - \lambda_z y)^2 + (\lambda_z x - \lambda_x z)^2] \, dm$$

donde las componentes λ_x, λ_y y λ_z del vector unitario $\boldsymbol{\lambda}$ representan los cosenos directores del eje OL y las componentes x, y y z de $\mathbf{r}$ representan las coordenadas del elemento de masa dm. Expandiendo los términos elevados al cuadrado y rearreglando términos, se escribe

$$I_{OL} = \lambda_x^2 \int (y^2 + z^2) \, dm + \lambda_y^2 \int (z^2 + x^2) \, dm + \lambda_z^2 \int (x^2 + y^2) \, dm$$
$$- 2\lambda_x \lambda_y \int xy \, dm - 2\lambda_y \lambda_z \int yz \, dm - 2\lambda_z \lambda_x \int zx \, dm \qquad (9.44)$$

Haciendo referencia a las ecuaciones (9.30), se observa que las primeras tres integrales en (9.44) representan, respectivamente, los momentos de inercia I_x, I_y e I_z del cuerpo con respecto de los ejes coordenados. Las últimas tres integrales en (9.44), las cuales involucran productos de las coordenadas, reciben el nombre de *productos de inercia* del cuerpo con respecto de los ejes x y y, a los ejes y y z y a los ejes z y x, respectivamente. Así, se escribe

$$I_{xy} = \int xy\, dm \qquad I_{yz} = \int yz\, dm \qquad I_{zx} = \int zx\, dm \qquad (9.45)$$

Reescribiendo la ecuación (9.44) en términos de las integrales definidas en las ecuaciones (9.30) y (9.45), se tiene que

$$I_{OL} = I_x \lambda_x^2 + I_y \lambda_y^2 + I_z \lambda_z^2 - 2I_{xy}\lambda_x\lambda_y - 2I_{yz}\lambda_y\lambda_z - 2I_{zx}\lambda_z\lambda_x \qquad (9.46)$$

Se debe señalar que la definición de los productos de inercia de una masa proporcionada en las ecuaciones (9.45) es una extensión de la definición del producto de inercia de un área (sección 9.8). Los productos de inercia de masa se reducen a cero bajo las mismas condiciones de simetría los productos de inercia de áreas y el teorema de los ejes paralelos para productos de inercia de masa está expresado por relaciones similares a la fórmula derivada para el producto de inercia de un área. Sustituyendo en las ecuaciones (9.45) las expresiones para x, y y z dadas en las ecuaciones (9.31), se encuentra que

$$\begin{aligned} I_{xy} &= \bar{I}_{x'y'} + m\bar{x}\bar{y} \\ I_{yz} &= \bar{I}_{y'z'} + m\bar{y}\bar{z} \\ I_{zx} &= \bar{I}_{z'x'} + m\bar{z}\bar{x} \end{aligned} \qquad (9.47)$$

donde $\bar{x}, \bar{y}, \bar{z}$ son las coordenadas del centro de gravedad G del cuerpo e $\bar{I}_{x'y'}, \bar{I}_{y'z'}, $ e $\bar{I}_{z'x'}$ representan los productos de inercia del cuerpo con respecto de los ejes centroidales x', y' y z' (figura 9.22).

*9.17. ELIPSOIDE DE INERCIA. EJES PRINCIPALES DE INERCIA

Supóngase que sea determinado el momento de inercia del cuerpo considerado en la sección anterior con respecto de un gran número de ejes OL que pasan a través del punto fijo O y que sea graficado un punto Q en cada eje OL a una distancia $OQ = 1/\sqrt{I_{OL}}$ a partir de O. El lugar geométrico de los puntos Q obtenidos de esta manera forman una superficie (figura 9.30). La ecuación de dicha superficie se puede obtener sustituyendo $1/(OQ)^2$ en lugar de I_{OL} en (9.46) y después multiplicando ambos lados de la ecuación por $(OQ)^2$. Observando que

$$(OQ)\lambda_x = x \qquad (OQ)\lambda_y = y \qquad (OQ)\lambda_z = z$$

donde x, y y z representan las coordenadas rectangulares de Q, se escribe

$$I_x x^2 + I_y y^2 + I_z z^2 - 2I_{xy}xy - 2I_{yz}yz - 2I_{zx}zx = 1 \qquad (9.48)$$

La ecuación obtenida es la ecuación de una *superficie cuadratica*. Como el momento de inercia I_{OL} es distinto de cero para cada eje OL, ningún punto Q

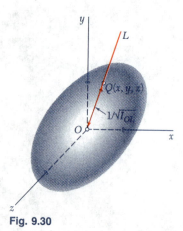

Fig. 9.30

puede estar a una distancia infinita a partir de O. Por lo tanto, la superficie cuadratica obtenida es un *elipsoide*. Este elipsoide, el cual define el momento de inercia del cuerpo con respecto de cualquier eje que pasa a través de O, se conoce como el *elipsoide de inercia* del cuerpo en O.

Se observa que si se rotan los ejes en la figura 9.30, cambian los coeficientes de la ecuación que define al elipsoide, puesto que dichos coeficientes son iguales a los momentos y productos de inercia del cuerpo con respecto de los ejes coordenados rotados. Sin embargo, el *elipsoide en sí permanece inalterado* puesto que su forma depende únicamente de la distribución de la masa en el cuerpo dado. Supóngase que se seleccionan como ejes coordenados a los ejes principales x', y' y z' del elipsoide de inercia (figura 9.31). Se sabe que la ecuación del elipsoide con respecto de dichos ejes coordenados tiene la siguiente forma

$$I_{x'}x'^2 + I_{y'}y'^2 + I_{z'}z'^2 = 1 \tag{9.49}$$

la cual no contiene productos de las coordenadas. Comparando las ecuaciones (9.48) y (9.49), se observa que los productos de inercia del cuerpo con respecto de los ejes x', y' y z' deben ser iguales a cero. Los ejes x', y' y z' se conocen como los *ejes principales de inercia* del cuerpo en O y se hace referencia a los coeficientes $I_{x'}$, $I_{y'}$ e $I_{z'}$ como los *momentos principales de inercia* del cuerpo en O. Obsérvese que, dado un cuerpo con forma arbitraria y un punto O, siempre es posible encontrar ejes que sean ejes principales de inercia del cuerpo en O, esto es, ejes con respecto de los cuales los productos de inercia del cuerpo sean iguales a cero. De hecho, sin importar cuál sea la forma del cuerpo, los momentos y productos de inercia del mismo con respecto de los ejes x, y y z que pasan a través de O definirán un elipsoide y dicho elipsoide tendrá ejes principales que, por definición, son los ejes principales de inercia del cuerpo en O.

Si se utilizan los ejes principales de inercia x', y' y z' como ejes coordenados, la expresión obtenida en la ecuación (9.46) para el momento de inercia de un cuerpo con respecto de un eje arbitrario que pasa a través de O se reduce a

$$I_{OL} = I_{x'}\lambda_{x'}^2 + I_{y'}\lambda_{y'}^2 + I_{z'}\lambda_{z'}^2 \tag{9.50}$$

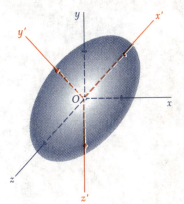

Fig. 9.31

La determinación de los ejes principales de inercia de un cuerpo con forma arbitraria es algo complicada y será discutida en la siguiente sección. Sin embargo, existen muchos casos donde se pueden identificar dichos ejes inmediatamente. Por ejemplo, considérese el cono homogéneo de base elíptica mostrado en la figura 9.32; dicho cono posee dos planos de simetría mutuamente perpendiculares entre sí OAA' y OBB'. A partir de la definición (9.45), se observa que si se seleccionan los planos $x'y'$ y $y'z'$ de tal forma que coincidan con los dos planos de simetría, todos los productos de inercia serán iguales a cero. Por lo tanto, los ejes x', y' y z' seleccionados de esta forma son los ejes principales de inercia del cono en O. En el caso del tetraedro regular homogéneo $OABC$ mostrado en la figura 9.33, la línea que une la esquina O con el centro D de la cara opuesta es un eje principal de inercia en O y cualquier línea a través de O que sea perpendicular a OD también es un eje principal de inercia en O. Esta propiedad resulta evidente si se observa que al rotar al tetraedro a través de 120° alrededor de OD permanecen inalteradas su forma y la distribución de su masa. Se concluye que el elipsoide de inercia en O también permanece inalterado bajo dicha rotación. Por lo tanto, el elipsoide es un cuerpo de revolución cuyo eje de revolución es OD y la línea OD, al igual que cualquier línea perpendicular a ésta que pasa a través de O, debe ser un eje principal del elipsoide.

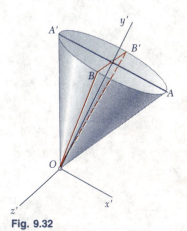

Fig. 9.32

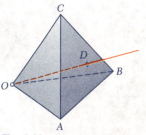

Fig. 9.33

*9.18. DETERMINACIÓN DE LOS EJES Y LOS MOMENTOS PRINCIPALES DE INERCIA DE UN CUERPO DE FORMA ARBITRARIA

El método de análisis descrito en esta sección debe utilizarse cuando el cuerpo que se esté considerando no tenga una propiedad de simetría que sea obvia.

Considérese el elipsoide de inercia del cuerpo en un punto dado O (figura 9.34); permítase que $\mathbf{r}$ sea el radio vector de un punto P sobre la superficie del elipsoide y permítase que $\mathbf{n}$ sea el vector unitario normal a la superficie en P. Se observa que los únicos puntos donde $\mathbf{r}$ y $\mathbf{n}$ son colineales son los puntos P_1, P_2 y P_3 donde los ejes principales intersectan la porción visible de la superficie del elipsoide y los puntos correspondientes que están en el otro lado del elipsoide.

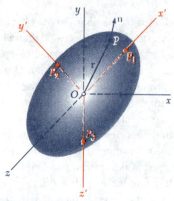

Fig. 9.34

Ahora, se debe recordar que en el cálculo se establece que la dirección de la normal a la superficie cuya ecuación es $f(x,y,z) = 0$ en un punto $P(x,y,z)$ está definida por el gradiente ∇f de la función f en dicho punto. Por lo tanto, para obtener los puntos donde los ejes principales intersectan la superficie del elipsoide de inercia, se debe escribir que $\mathbf{r}$ y ∇f son colineales, esto es,

$$\nabla f = (2K)\mathbf{r} \tag{9.51}$$

donde K es una constante, $\mathbf{r} = x\mathbf{i} + y\mathbf{j} + z\mathbf{k}$ y

$$\nabla f = \frac{\partial f}{\partial x}\mathbf{i} + \frac{\partial f}{\partial y}\mathbf{j} + \frac{\partial f}{\partial x}\mathbf{k}$$

Recordando la ecuación (9.48), se observa que la función $f(x,y,z)$ correspondiente al elipsoide de inercia es

$$f(x, y, z) = I_x x^2 + I_y y^2 + I_z z^2 - 2I_{xy}xy - 2I_{yz}yz - 2I_{zx}zx - 1$$

Sustituyendo a $\mathbf{r}$ y a ∇f en la ecuación (9.51) e igualando los coeficientes de los vectores unitarios, se escribe

$$\begin{aligned} I_x x - I_{xy} y - I_{zx} z &= Kx \\ -I_{xy} x + I_y y - I_{yz} z &= Ky \\ -I_{zx} x - I_{yz} y + I_z z &= Kz \end{aligned} \tag{9.52}$$

Dividiendo cada uno de los términos entre la distancia r desde O hasta P, se obtienen ecuaciones similares que involucran los cosenos directores λ_x, λ_y y λ_z:

$$\begin{aligned} I_x\lambda_x - I_{xy}\lambda_y - I_{zx}\lambda_z &= K\lambda_x \\ -I_{xy}\lambda_x + I_y\lambda_y - I_{yz}\lambda_z &= K\lambda_y \\ -I_{zx}\lambda_x - I_{yz}\lambda_y + I_z\lambda_z &= K\lambda_z \end{aligned} \quad (9.53)$$

Pasando los términos del lado derecho al lado izquierdo se llega a las siguientes ecuaciones lineales homogéneas:

$$\begin{aligned} (I_x - K)\lambda_x - I_{xy}\lambda_y - I_{zx}\lambda_z &= 0 \\ -I_{xy}\lambda_x + (I_y - K)\lambda_y - I_{yz}\lambda_z &= 0 \\ -I_{zx}\lambda_x - I_{yz}\lambda_y + (I_z - K)\lambda_z &= 0 \end{aligned} \quad (9.54)$$

Para que este sistema de ecuaciones tenga una solución distinta de $\lambda_x = \lambda_y = \lambda_z = 0$, su discriminante debe ser igual a cero:

$$\begin{vmatrix} I_x - K & -I_{xy} & -I_{zx} \\ -I_{xy} & I_y - K & -I_{yz} \\ -I_{zx} & -I_{yz} & I_z - K \end{vmatrix} = 0 \quad (9.55)$$

Expandiendo este determinante y cambiando signos, se escribe

$$K^3 - (I_x + I_y + I_z)K^2 - (I_xI_y + I_yI_z + I_zI_x - I_{xy}^2 - I_{yz}^2 - I_{zx}^2)K \\ - (I_xI_yI_z - I_xI_{yz}^2 - I_yI_{zx}^2 - I_zI_{xy}^2 - 2I_{xy}I_{yz}I_{zx}) = 0 \quad (9.56)$$

Ésta es una ecuación cúbica en K, la cual proporciona tres raíces reales positivas K_1, K_2 y K_3.

Para obtener los cosenos directores del eje principal correspondiente a la raíz K_1 se sustituye K_1 en lugar de K en las ecuaciones (9.54). Puesto que ahora dichas ecuaciones son linealmente dependientes, sólo pueden usarse dos de éstas para determinar a λ_x, λ_y y λ_z. Sin embargo, se puede obtener una ecuación adicional recordando, a partir de la sección 2.12, que los cosenos directores deben satisfacer la relación

$$\lambda_x^2 + \lambda_y^2 + \lambda_z^2 = 1 \quad (9.57)$$

Repitiendo este procedimiento con K_2 y K_3 se obtienen los cosenos directores de los otros dos ejes principales.

Ahora se demostrará que *las raíces K_1, K_2 y K_3 de la ecuación (9.56) son los momentos principales de inercia del cuerpo dado*. Para esto, se sustituye en las ecuaciones (9.53) la raíz K_1 en lugar de K y los valores de los cosenos directores $(\lambda_x)_1$, $(\lambda_y)_1$ y $(\lambda_z)_1$ en lugar de los valores correspondientes de λ_x, λ_y y λ_z; las tres ecuaciones serán satisfechas. Ahora, se multiplica cada término en la primera, la segunda y la tercera ecuación por $(\lambda_x)_1$, $(\lambda_y)_1$ y $(\lambda_z)_1$, respectivamente y se suman las ecuaciones obtenidas de esta forma. Así, se escribe

$$I_x^2(\lambda_x)_1^2 + I_y^2(\lambda_y)_1^2 + I_z^2(\lambda_z)_1^2 - 2I_{xy}(\lambda_x)_1(\lambda_y)_1 \\ - 2I_{yz}(\lambda_y)_1(\lambda_z)_1 - 2I_{zx}(\lambda_z)_1(\lambda_x)_1 = K_1[(\lambda_x)_1^2 + (\lambda_y)_1^2 + (\lambda_z)_1^2]$$

Recordando la ecuación (9.46), se observa que el lado izquierdo de esta ecuación representa el momento de inercia del cuerpo con respecto del eje principal correspondiente a K_1; por lo tanto, dicho valor es el momento principal de inercia correspondiente a esa raíz. Por otra parte, recordando la ecuación (9.57), se observa que el lado derecho se reduce a K_1. Por lo tanto, el propio K_1 es el momento principal de inercia. De la misma forma, se puede demostrar que K_2 y K_3 son los otros dos momentos principales de inercia del cuerpo.

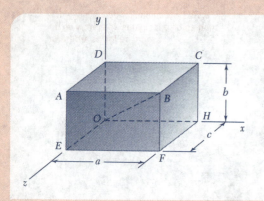

PROBLEMA RESUELTO 9.14

Considérese un prisma rectangular de masa m y lados a, b y c. Determínense a) los momentos y productos de inercia del prisma con respecto de los ejes coordenados mostrados y b) el momento de inercia de dicho cuerpo con respecto de la diagonal OB.

SOLUCIÓN

a. Momentos y productos de inercia con respecto de los ejes coordenados.
Momentos de inercia. Introduciendo los ejes centroidales x', y' y z' con respecto de los cuales están dados los momentos de inercia en la figura 9.28, se aplica el teorema de los ejes paralelos:

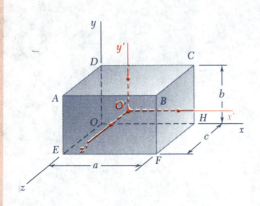

$$I_x = \bar{I}_{x'} + m(\bar{y}^2 + \bar{z}^2) = \tfrac{1}{12}m(b^2 + c^2) + m(\tfrac{1}{4}b^2 + \tfrac{1}{4}c^2)$$
$$I_x = \tfrac{1}{3}m(b^2 + c^2) \blacktriangleleft$$

Similarmente, $\quad I_y = \tfrac{1}{3}m(c^2 + a^2) \quad I_z = \tfrac{1}{3}m(a^2 + b^2) \blacktriangleleft$

Productos de inercia. Debido a la simetría, los productos de inercia con respecto de los ejes centroidales x', y' y z' son iguales a cero y dichos ejes son ejes principales de inercia. Utilizando el teorema de los ejes paralelos, se tiene que

$$I_{xy} = \bar{I}_{x'y'} + m\bar{x}\bar{y} = 0 + m(\tfrac{1}{2}a)(\tfrac{1}{2}b) \quad I_{xy} = \tfrac{1}{4}mab \blacktriangleleft$$

Similarmente, $\quad I_{yz} = \tfrac{1}{4}mbc \quad I_{zx} = \tfrac{1}{4}mca \blacktriangleleft$

b. Momento de inercia con respecto de OB. Recordando la ecuación (9.46) se tiene que:

$$I_{OB} = I_x\lambda_x^2 + I_y\lambda_y^2 + I_z\lambda_z^2 - 2I_{xy}\lambda_x\lambda_y - 2I_{yz}\lambda_y\lambda_z - 2I_{zx}\lambda_z\lambda_x$$

donde los cosenos directores de OB son

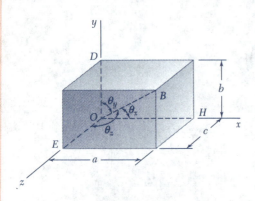

$$\lambda_x = \cos\theta_x = \frac{OH}{OB} = \frac{a}{(a^2+b^2+c^2)^{1/2}}$$

$$\lambda_y = \frac{b}{(a^2+b^2+c^2)^{1/2}} \quad \lambda_z = \frac{c}{(a^2+b^2+c^2)^{1/2}}$$

Sustituyendo los valores obtenidos para los momentos y productos de inercia y para los cosenos directores en la ecuación para I_{OB}, se tiene que

$$I_{OB} = \frac{1}{a^2+b^2+c^2}[\tfrac{1}{3}m(b^2+c^2)a^2 + \tfrac{1}{3}m(c^2+a^2)b^2 + \tfrac{1}{3}m(a^2+b^2)c^2$$
$$- \tfrac{1}{2}ma^2b^2 - \tfrac{1}{2}mb^2c^2 - \tfrac{1}{2}mc^2a^2]$$
$$I_{OB} = \frac{m}{6}\frac{a^2b^2 + b^2c^2 + c^2a^2}{a^2+b^2+c^2} \blacktriangleleft$$

Solución alterna. El momento de inercia I_{OB} puede obtenerse directamente a partir de los momentos principales de inercia $\bar{I}_{x'}$, $\bar{I}_{y'}$ e $\bar{I}_{z'}$, puesto que la línea OB pasa a través del centroide O'. Como los ejes x', y' y z' son ejes principales de inercia, se utiliza la ecuación (9.50) para escribir

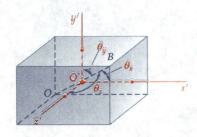

$$I_{OB} = \bar{I}_{x'}\lambda_x^2 + \bar{I}_{y'}\lambda_y^2 + \bar{I}_{z'}\lambda_z^2$$
$$= \frac{1}{a^2+b^2+c^2}\left[\frac{m}{12}(b^2+c^2)a^2 + \frac{m}{12}(c^2+a^2)b^2 + \frac{m}{12}(a^2+b^2)c^2\right]$$
$$I_{OB} = \frac{m}{6}\frac{a^2b^2 + b^2c^2 + c^2a^2}{a^2+b^2+c^2} \blacktriangleleft$$

PROBLEMA RESUELTO 9.15

Si para el prisma rectangular del problema resuelto 9.14 se tiene que $a = 3c$ y $b = 2c$, determínense a) los momentos principales de inercia en el origen O y b) los ejes principales de inercia en O.

SOLUCIÓN

***a*. Momentos principales de inercia en el origen O.** Sustituyendo $a = 3c$ y $b = 2c$ en la solución del problema resuelto 9.14, se tiene lo siguiente

$$I_x = \tfrac{5}{3}mc^2 \qquad I_y = \tfrac{10}{3}mc^2 \qquad I_z = \tfrac{13}{3}mc^2$$
$$I_{xy} = \tfrac{3}{2}mc^2 \qquad I_{yz} = \tfrac{1}{2}mc^2 \qquad I_{zx} = \tfrac{3}{4}mc^2$$

Sustituyendo los valores de los momentos y productos de inercia en la ecuación (9.56) y agrupando términos semejantes se obtiene

$$K^3 - (\tfrac{28}{3}mc^2)K^2 + (\tfrac{3479}{144}m^2c^4)K - \tfrac{589}{54}m^3c^6 = 0$$

Entonces, se resuelve para las raíces de esta ecuación; a partir de la discusión en la sección 9.18, se concluye que dichas raíces son los momentos principales de inercia del cuerpo en el origen.

$$K_1 = 0.568867mc^2 \qquad K_2 = 4.20885mc^2 \qquad K_3 = 4.55562mc^2$$
$$K_1 = 0.569mc^2 \qquad K_2 = 4.21mc^2 \qquad K_3 = 4.56mc^2 \qquad \blacktriangleleft$$

***b*. Ejes principales de inercia en O.** Para determinar la dirección de un eje principal de inercia, primero se sustituye el valor correspondiente de K en dos de las ecuaciones (9.54); las ecuaciones resultantes junto con la ecuación (9.57) constituyen un sistema de tres ecuaciones a partir del cual se pueden determinar los cosenos directores del eje principal correspondiente. Por lo tanto, para el primer momento principal de inercia K_1 se tiene lo siguiente:

$$(\tfrac{5}{3} - 0.568867)mc^2(\lambda_x)_1 - \tfrac{3}{2}mc^2(\lambda_y)_1 - \tfrac{3}{4}mc^2(\lambda_z)_1 = 0$$
$$-\tfrac{3}{2}mc^2(\lambda_x)_1 + (\tfrac{10}{3} - 0.568867)mc^2(\lambda_y)_1 - \tfrac{1}{2}mc^2(\lambda_z)_1 = 0$$
$$(\lambda_x)_1^2 + (\lambda_y)_1^2 + (\lambda_z)_1^2 = 1$$

Resolviendo el sistema de ecuaciones anterior se obtiene el siguiente resultado

$$(\lambda_x)_1 = 0.836600 \qquad (\lambda_y)_1 = 0.496001 \qquad (\lambda_z)_1 = 0.232557$$

Entonces, los ángulos que forma el primer eje principal de inercia con los ejes coordenados son

$$(\theta_x)_1 = 33.2° \qquad (\theta_y)_1 = 60.3° \qquad (\theta_z)_1 = 76.6° \qquad \blacktriangleleft$$

Utilizando sucesivamente el mismo conjunto de ecuaciones con K_2 y K_3, se encuentra que los ángulos asociados con el segundo y con el tercer momento principal de inercia en el origen son, respectivamente,

$$(\theta_x)_2 = 57.8° \qquad (\theta_y)_2 = 146.6° \qquad (\theta_z)_2 = 98.0° \qquad \blacktriangleleft$$

y

$$(\theta_x)_3 = 82.8° \qquad (\theta_y)_3 = 76.1° \qquad (\theta_z)_3 = 164.3° \qquad \blacktriangleleft$$

PROBLEMAS PARA RESOLVER EN FORMA INDEPENDIENTE

En esta lección se definieron los *productos de inercia de masa* de un cuerpo I_{xy}, I_{yz} e I_{zx} y se mostró cómo se determinan los momentos de inercia de dicho cuerpo con respecto de un eje arbitrario que pasa a través del origen O. Además, también se aprendió cómo determinar en el origen O los *ejes principales de inercia* de un cuerpo y los correspondientes *momentos principales de inercia*.

1. Determinación de los productos de inercia de masa de un cuerpo compuesto. Los productos de inercia de masa de un cuerpo compuesto con respecto de los ejes coordenados pueden expresarse como la suma de los productos de inercia de las partes que constituyen dicho cuerpo con respecto de esos mismos ejes. Para cada una de las partes que constituyen el cuerpo, se puede utilizar el teorema de los ejes paralelos y escribir las ecuaciones (9.47)

$$I_{xy} = \bar{I}_{x'y'} + m\bar{x}\bar{y} \qquad I_{yz} = \bar{I}_{y'z'} + m\bar{y}\bar{z} \qquad I_{zx} = \bar{I}_{z'x'} + m\bar{z}\bar{x}$$

donde las primas representan los ejes centroidales de cada una de las partes componentes y donde $\bar{x}$, $\bar{y}$ y $\bar{z}$ representan las coordenadas de sus centros de gravedad. Se debe recordar que los productos de inercia de masa pueden ser positivos, negativos o cero. Además, es necesario asegurarse de tomar en cuenta los signos de $\bar{x}$, $\bar{y}$ y $\bar{z}$.

a. A partir de las propiedades de simetría de una parte componente, se puede deducir que dos o los tres productos de inercia de masa centroidales de dicha parte son iguales a cero. Por ejemplo, se puede verificar que para una placa delgada paralela al plano xy, para un alambre que se encuentra en un plano paralelo al plano xy; para un cuerpo con un plano de simetría paralelo al plano xy y para un cuerpo con un eje de simetría paralelo al eje z, *los productos de inercia $I_{y'z'}$ e $\bar{I}_{z'x'}$ son iguales a cero*.

Para placas rectangulares, circulares o semicirculares con ejes de simetría paralelos a los ejes coordenados; para alambres rectos paralelos a un eje coordenado para alambres circulares y semicirculares con ejes de simetría paralelos a los ejes coordenados y para prismas rectangulares con ejes de simetría paralelos a los ejes coordenados, *todos los productos de inercia $I_{x'y'}$, $I_{y'z'}$ e $I_{z'x'}$ son iguales a cero*.

b. Los productos de inercia de masa que son distintos de cero se pueden calcular a partir de las ecuaciones (9.45). A pesar de que, en general, se requiere una triple integración para determinar un producto de inercia de masa, se puede utilizar una sola integración si el cuerpo dado puede dividirse en una serie de placas delgadas paralelas. Entonces, los cálculos son similares a los discutidos en la lección anterior para los momentos de inercia.

2. *Cálculo del momento de inercia de un cuerpo con respecto de un eje arbitrario OL.* En la sección 9.16 se derivó una expresión para el momento de inercia I_{OL} la cual está dada en la ecuación (9.46). Antes de calcular I_{OL}, primero se deben determinar los momentos y productos de inercia de masa del cuerpo con respecto de los ejes coordenados dados, al igual que los cosenos directores del vector unitario λ a lo largo de OL.

3. *Cálculo de los momentos principales de inercia de un cuerpo y determinación de sus ejes principales de inercia.* En la sección 9.17 se vio que siempre es posible encontrar una orientación de los ejes coordenados para la cual los productos de inercia de masa son iguales a cero. Dichos ejes se conocen como los *ejes principales de inercia* y los momentos de inercia correspondientes se conocen como los *momentos principales de inercia* del cuerpo. En muchos casos, los ejes principales de inercia de un cuerpo pueden determinarse a partir de sus propiedades de simetría. El procedimiento requerido para determinar los momentos principales y los ejes principales de inercia de un cuerpo que no tiene propiedades de simetría obvias, se presentó en la sección 9.18 y fue ilustrado en el problema resuelto 9.15. Dicho procedimiento consta de los siguientes pasos.

a. Expandir el determinante en la ecuación (9.55) y resolver la ecuación cúbica resultante. La solución puede obtenerse por prueba y error o, preferentemente, con una calculadora científica avanzada o con un programa computacional apropiado para tal fin. Las raíces K_1, K_2 y K_3 de la ecuación cúbica en cuestión son los momentos principales de inercia del cuerpo.

b. Para determinar la dirección del eje principal correspondiente a K_1, se sustituye ese valor en lugar de K en dos de las ecuaciones (9.54) y se resuelven dichas ecuaciones junto con la ecuación (9.57) para encontrar los cosenos directores del eje principal correspondiente a K_1.

c. Se repite este procedimiento con K_2 y K_3 para determinar las direcciones de los otros dos ejes principales. Como una comprobación de los cálculos realizados, se puede verificar que el producto escalar de algunos de los dos vectores unitarios que vaya a lo largo de los tres ejes que se obtuvieron sea igual a cero y que, por lo tanto, dichos ejes sean perpendiculares entre sí.

Problemas

9.149 Para el componente de acero mostrado en la figura, determínense los productos de inercia de masas I_{xy}, I_{yz} e I_{zx}. (La densidad del acero es 7850 kg/m³.)

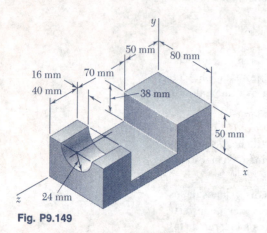

Fig. P9.149

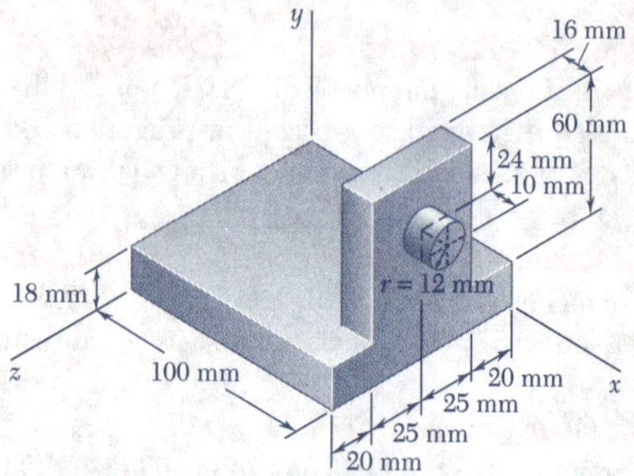

Fig. P9.150

9.150 Para el elemento de máquina de acero mostrado en la figura, determínense los productos de inercia de masas I_{xy}, I_{yz} e I_{zx}. (La densidad del acero es 7850 kg/m³.)

9.151 y 9.152 Para el componente de máquina de aluminio colado mostrado en la figura, determínense los productos de inercia de masas I_{xy}, I_{yz} e I_{zx}. (El peso específico del aluminio es 0.100 lb/in³.)

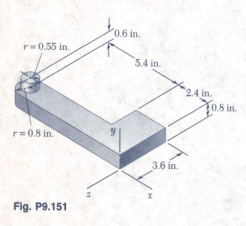

Fig. P9.151

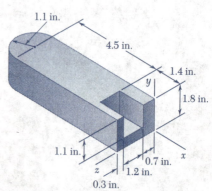

Fig. P9.152

9.153 al 9.156 Una sección de una hoja de acero de 2 mm de espesor se corta y se dobla para formar el componente de máquina que se muestra en la figura. Sabiendo que la densidad del acero es 7850 kg/m³, determínense los productos de inercia de masas I_{xy}, I_{yz} e I_{zx} del componente de máquina.

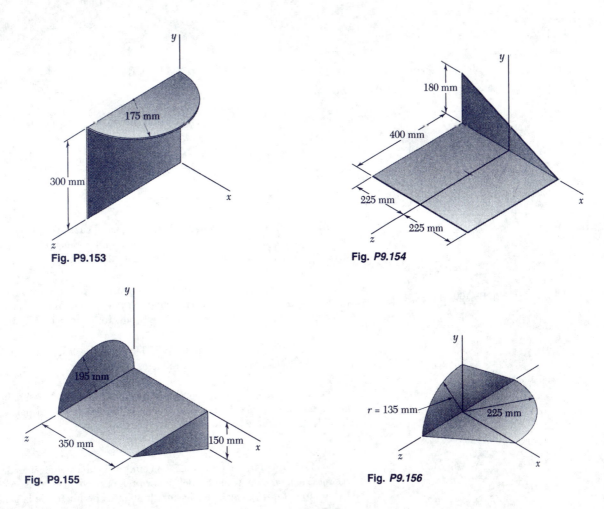

Fig. P9.153

Fig. P9.154

Fig. P9.155

Fig. P9.156

9.157 y 9.158 Para el arreglo mostrado en la figura obtenido a partir de alambre de latón de peso w por unidad de longitud, determínense los productos de inercia de masas I_{xy}, I_{yz} e I_{zx}.

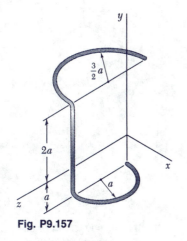

Fig. P9.157

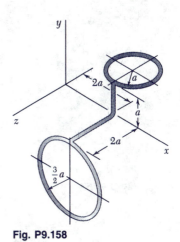

Fig. P9.158

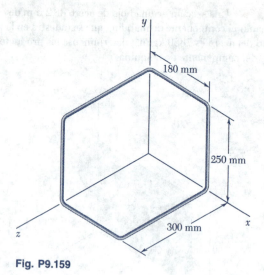

Fig. P9.159

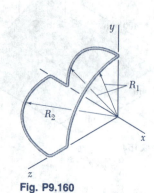

Fig. P9.160

9.159 Para el arreglo mostrado en la figura el cual se obtuvo a partir de alambre de aluminio de 1.5 mm de diámetro, determínense los productos de inercia de masas I_{xy}, I_{yz} e I_{zx}. La densidad del aluminio es 2800 kg/m³.

9.160 Para el arreglo mostrado en la figura el cual se obtuvo a partir de alambre delgado de aluminio de diámetro uniforme y denotando con m' la masa por unidad de longitud del alambre, determínense los productos de inercia de masas I_{xy}, I_{yz} e I_{zx}.

9.161 Complétese la derivación de las ecuaciones (9.47) las cuales expresan el teorema de los ejes paralelos para productos de inercia de masas.

9.162 Para el tetraedro homogéneo de masa m mostrado en la figura a) determínese por integración directa el producto de inercia I_{zx} y b) a partir del resultado obtenido en el inciso a derívese I_{yz} e I_{xy}.

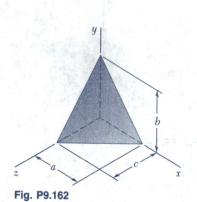

Fig. P9.162

9.163 En la figura se muestra un cilindro circular homogéneo de masa m. Determínese el momento de inercia del cilindro con respecto de la línea que une al origen O y al punto A que se encuentra localizado sobre el perímetro de la cara superior del cilindro.

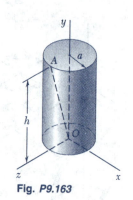

Fig. P9.163

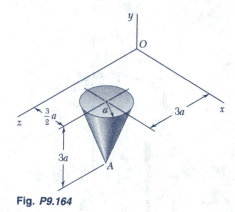

Fig. P9.164

9.164 En la figura se muestra un cono circular homogéneo de masa m. Determínese el momento de inercia del cono con respecto de la línea que une el origen O y el punto A.

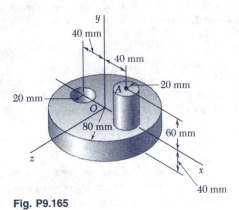

Fig. P9.165

9.165 Para el elemento de máquina del problema 9.141, determínese su momento de inercia con respecto de la línea que une el origen O y el punto A.

9.166 Determínese el momento de inercia del accesorio de acero de los problemas 9.145 y 9.149 con respecto de un eje que pasa por el origen y que forma ángulos iguales con los ejes x, y y z.

9.167 Para la placa delgada doblada, de densidad uniforme y peso W mostrada en la figura, determínese su momento de inercia de masa con respecto de la línea que une el origen O y el punto A.

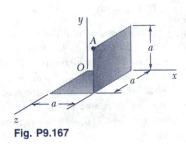

Fig. P9.167

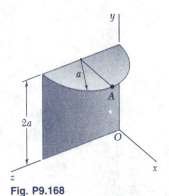

Fig. P9.168

9.168 Una pieza de hoja de acero de espesor t y peso específico γ se corta y se dobla para formar el componente de máquina mostrado en la figura. Determínese el momento de inercia de masa del componente con respecto de la línea que une al origen O y al punto A.

9.169 Para los componentes de máquina de los problemas 9.136 y 9.155, determínese el momento de inercia de masa con respecto de un eje que pasa por el origen y que está caracterizado por el vector unitario $\boldsymbol{\lambda} = (-4\mathbf{i} + 8\mathbf{j} + \mathbf{k})/9$.

9.170 al 9.172 Para el arreglo del problema que se indica a continuación, determínese su momento de inercia de masa con respecto de un eje que pasa por el origen y que está caracterizado por el vector unitario $\boldsymbol{\lambda} = (-3\mathbf{i} - 6\mathbf{j} + 2\mathbf{k})/7$.
    9.170 Problema 9.148
    9.171 Problema 9.147
    9.172 Problema 9.146

9.173 Para el prisma rectangular mostrado en la figura, determínense los valores de las relaciones b/a y c/a para que el elipsoide de inercia del prisma se transforme en una esfera cuando la inercia se calcule en el punto a) A y b) B.

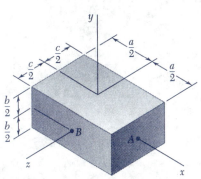

Fig. P9.173

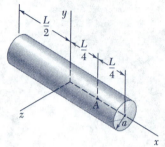

Fig. P9.175

9.174 Para el cono circular recto del problema 9.11, determínese el valor de la relación a/h para que el elipsoide de inercia del cono se transforme en una esfera cuando la inercia se calcule en a) el ápice del cono y b) el centro de la base del cono.

9.175 Para el cilindro circular homogéneo de radio a y longitud L, determínese el valor de la relación a/L para que el elipsoide de inercia del cilindro se transforme en una esfera cuando la inercia se calcule en a) el centroide del cilindro y b) el punto A.

9.176 Dados un cuerpo arbitrario y tres ejes rectangulares x, y y z, demuéstrese que el momento de inercia del cuerpo con respecto de cualquiera de los tres ejes no puede ser mayor que la suma de los momentos de inercia del cuerpo con respecto de los otros dos ejes. Esto es, demuéstrese que se cumple la desigualdad $I_x \leq I_y + I_z$ así como las otras desigualdades respectivas. Además, demuéstrese que si el cuerpo es un sólido homogéneo de revolución entonces $I_y \geq \frac{1}{2} I_x$ donde x es el eje de revolución y y es el eje transversal.

9.177 Considérese un cubo de masa m y lados de longitud a. a) Demuéstrese que el elipsoide de inercia en el centro del cubo es una esfera y utilícese esta propiedad para determinar el momento de inercia del cubo con respecto de una de sus diagonales. b) Demuéstrese que el elipsoide de inercia en una de las esquinas del cubo es un elipsoide de revolución y determínense los momentos principales de inercia del cubo en dicho punto.

9.178 Dados un cuerpo homogéneo de masa m y de forma arbitraria así como los tres ejes rectangulares x, y y z con origen en O, demuéstrese que la suma de los momentos de inercia $I_x + I_y + I_z$ no puede ser menor que la suma de los momentos de inercia de una esfera del mismo material y masa m con centro en O. Además y empleando el resultado del problema 9.176, demuéstrese que si el cuerpo es un sólido de revolución, donde x es el eje de revolución, su momento de inercia I_y alrededor del eje transversal y no puede ser menor que $3ma^2/10$, donde a es el radio de una esfera de la misma masa y del mismo material.

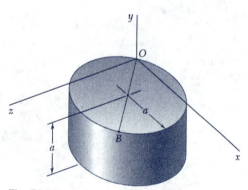

Fig. P9.179

*9.179 En la figura se muestra un cilindro circular homogéneo de masa m. El diámetro OB de la cara superior forma un ángulo de 45° con los ejes x y z. a) Determínense los momentos principales de inercia del cilindro en el origen O. b) Calcúlense los ángulos que los ejes principales de inercia en O forman con los tres ejes coordenados. c) Dibújese el cilindro y muéstrese la orientación que sus ejes principales de inercia tienen con respecto de los ejes x, y y z.

9.180 al 9.184 Para el componente que se describe en el problema indicado a continuación, determínense a) los momentos principales de inercia en el origen y b) los ejes principales de inercia en el origen. Dibújese el cuerpo y muéstrese la orientación que sus ejes principales de inercia tienen con respecto de los ejes x, y y z.

*9.180 Problema 9.165
*9.181 Problemas 9.145 y 9.149
*9.182 Problema 9.167
*9.183 Problema 9.168
*9.184 Problemas 9.148 y 9.170

REPASO Y RESUMEN
DEL CAPÍTULO 9

En la primera mitad de este capítulo se discutió la determinación de la resultante **R** de fuerzas $\Delta\mathbf{F}$ distribuidas sobre un área plana A cuando las magnitudes de dichas fuerzas son proporcionales, tanto a las áreas ΔA de los elementos sobre las cuales actúan, como a las distancias y desde dichos elementos hasta un eje dado x; por consiguiente, se tenía $\Delta F = ky\,\Delta A$. Se encontró que la magnitud de la resultante **R** es proporcional al primer momento $Q_x = \int y\,dA$ del área A, mientras que el momento de **R** con respecto del eje x es proporcional al *segundo momento*, o *momento de inercia*, $I_x = \int y^2\,dA$ de A con respecto del mismo eje [sección 9.2].

Los *momentos rectangulares de inercia* I_x e I_y *de un área* [sección 9.3] se obtuvieron evaluando las integrales

Momentos rectangulares de inercia

$$I_x = \int y^2\,dA \qquad I_y = \int x^2\,dA \qquad (9.1)$$

Estos cálculos se pueden reducir a una sola integración seleccionando dA como una tira delgada paralela a uno de los ejes coordenados. También se debe recordar que es posible calcular I_x e I_y a partir de la misma tira elemental (figura 9.35) utilizando la fórmula para el momento de inercia de un área rectangular [problema resuelto 9.3].

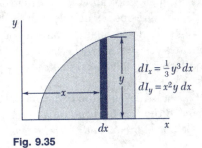

Fig. 9.35

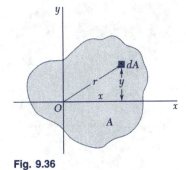

Fig. 9.36

El *momento polar de inercia de un área* A con respecto del polo O [sección 9.4] se definió como

Momento polar de inercia

$$J_O = \int r^2\,dA \qquad (9.3)$$

donde r es la distancia que hay desde O hasta el elemento de área dA (figura 9.36). Observando que $r^2 = x^2 + y^2$, se estableció la relación

$$J_O = I_x + I_y \qquad (9.4)$$

Radio de giro

El *radio de giro de un área A* con respecto del eje x [sección 9.5] se definió como la distancia K_x, donde $I_x = k_x^2 A$. Con definiciones similares para los radios de giro de A con respecto del eje y y con respecto de O, se tuvo

$$k_x = \sqrt{\frac{I_x}{A}} \qquad k_y = \sqrt{\frac{I_y}{A}} \qquad k_O = \sqrt{\frac{J_O}{A}} \qquad (9.5\text{-}9.7)$$

Teorema de los ejes paralelos

En la sección 9.6 se presentó *el teorema de los ejes paralelos*. Dicho teorema establece que el momento de inercia I de un área con respecto de un eje dado AA' (figura 9.37) es igual al momento de inercia $\overline{I}$ del área con respecto del eje centroidal BB' que es paralelo a AA' *más* el producto del área A y el cuadrado de la distancia d entre los dos ejes:

$$I = \overline{I} + Ad^2 \qquad (9.9)$$

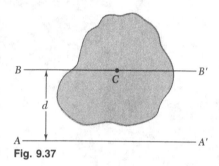

Fig. 9.37

La fórmula anterior también puede utilizarse para determinar el momento de inercia $\overline{I}$ de un área con respecto de un eje centroidal BB' cuando se conoce su momento de inercia I con respecto de un eje paralelo AA'. Sin embargo, en este caso se debe *restar* el producto Ad^2 del momento de inercia I conocido.

Se cumple una relación similar entre el momento polar de inercia J_O de un área con respecto de un punto O y el momento polar de inercia $\overline{J}_C$ de la misma área con respecto de su centroide C. Representando con d la distancia entre O y C, se tiene lo siguiente

$$J_O = \overline{J}_C + Ad^2 \qquad (9.11)$$

Áreas compuestas

El teorema de los ejes paralelos se puede utilizar en una forma muy efectiva para calcular el *momento de inercia de un área compuesta* con respecto de un eje dado [sección 9.7]. Considerando cada área componente separadamente, primero se calcula el momento de inercia de cada área con respecto de su eje centroidal, empleando la información proporcionada en las figuras 9.12 y 9.13 siempre que sea posible. Entonces, se aplica el teorema de los ejes paralelos para determinar el momento de inercia de cada una de las áreas componentes con respecto del eje deseado y se suman los valores obtenidos de esta forma [problemas resueltos 9.4 y 9.5].

Producto de inercia

Las secciones 9.8 a la 9.10 estuvieron dedicadas a la transformación de los momentos de inercia de un área *bajo una rotación de los ejes coordenados*. En primer lugar, se definió el *producto de inercia de un área A* como

$$I_{xy} = \int xy\, dA \qquad (9.12)$$

y se demostró que $I_{xy} = 0$ si el área A es simétrica con respecto de uno o de ambos ejes coordenados. También se derivó el *teorema de los ejes paralelos para productos de inercia*. Se estableció que

$$I_{xy} = \overline{I}_{x'y'} + \overline{x}\,\overline{y}A \qquad (9.13)$$

donde $\overline{I}_{x'y'}$ es el producto de inercia del área con respecto de los ejes centroidales x' y y' que son paralelos a los ejes x y y; $\overline{x}$ y $\overline{y}$ son las coordenadas del centroide del área [sección 9.8].

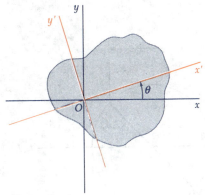

Fig. 9.38

En la sección 9.9 se determinaron los momentos y el producto de inercia $I_{x'}$, $I_{y'}$ e $I_{x'y'}$ de un área con respecto de los ejes x' y y' que fueron obtenidos rotando los ejes coordenados x y y originales a través de un ángulo θ en un sentido contrario al del movimiento de las manecillas del reloj (figura 9.38). Se expresó $I_{x'}$, $I_{y'}$ e $I_{x'y'}$ en términos de los momentos y el producto de inercia I_x, I_y e I_{xy} calculados con respecto de los ejes x y y originales. Se obtuvo que

Rotación de ejes

$$I_{x'} = \frac{I_x + I_y}{2} + \frac{I_x - I_y}{2}\cos 2\theta - I_{xy}\sen 2\theta \qquad (9.18)$$

$$I_{y'} = \frac{I_x + I_y}{2} - \frac{I_x - I_y}{2}\cos 2\theta + I_{xy}\sen 2\theta \qquad (9.19)$$

$$I_{x'y'} = \frac{I_x - I_y}{2}\sen 2\theta + I_{xy}\cos 2\theta \qquad (9.20)$$

Los *ejes principales del área con respecto de O* fueron definidos como los dos ejes perpendiculares entre sí con respecto de los cuales los momentos de inercia de un área son máximo y mínimo. Los valores correspondientes de θ, representados por θ_m, se obtuvieron a partir de la fórmula

Ejes principales

$$\tan 2\theta_m = -\frac{2I_{xy}}{I_x - I_y} \qquad (9.25)$$

Los valores máximo y mínimo correspondientes de I reciben el nombre de *momentos principales de inercia* del área con respecto de O; se tuvo

Momentos principales de inercia

$$I_{\text{máx, mín}} = \frac{I_x + I_y}{2} \pm \sqrt{\left(\frac{I_x - I_y}{2}\right)^2 + I_{xy}^2} \qquad (9.27)$$

También se señaló que el valor correspondiente del producto de inercia es cero.

La transformación de los momentos y el producto de inercia de un área bajo una rotación de ejes puede representarse gráficamente dibujando el *círculo de Mohr* [sección 9.10]. Dados los momentos y el producto de inercia I_x, I_y e I_{xy} del área con respecto de los ejes coordenados x y y, se grafican los

Círculo de Mohr

532 Fuerzas distribuidas: Momentos de inercia

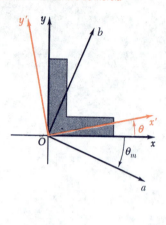

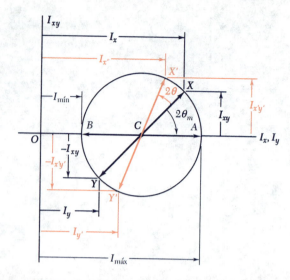

Fig. 9.39

puntos $X\,(I_x, I_{xy})$ y $Y\,(I_y, -I_{xy})$ y se dibuja la línea que une estos dos puntos (figura 9.39). Esa línea es un diámetro del círculo de Mohr y, por lo tanto, define dicho círculo. A medida que se rotan los ejes coordenados a través de un ángulo θ, el diámetro rota a través del *doble de dicho ángulo* y las coordenadas de X' y Y' proporcionan los nuevos valores $I_{x'}$, $I_{y'}$ e $I_{x'y'}$ de los momentos y el producto de inercia del área. Además, el ángulo θ_m y las coordenadas de los puntos A y B definen los ejes principales a y b y los momentos principales de inercia del área [problema resuelto 9.8].

Momentos de inercia de masas

La segunda parte del capítulo estuvo dedicada a la determinación de *momentos de inercia de masas*, los cuales aparecen en dinámica en problemas que involucran la rotación de un cuerpo rígido alrededor de un eje. El momento de inercia de masa de un cuerpo con respecto de un eje AA' (figura 9.40) se definió como

$$I = \int r^2\, dm \tag{9.28}$$

donde r es la distancia desde AA' hasta el elemento de masa [sección 9.11]. El *radio de giro* del cuerpo se definió como

$$k = \sqrt{\frac{I}{m}} \tag{9.29}$$

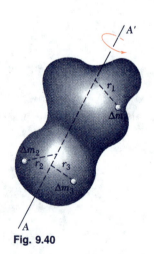

Fig. 9.40

Los momentos de inercia de un cuerpo con respecto de los ejes coordenados se expresaron de la siguiente manera

$$\begin{aligned} I_x &= \int (y^2 + z^2)\, dm \\ I_y &= \int (z^2 + x^2)\, dm \\ I_z &= \int (x^2 + y^2)\, dm \end{aligned} \tag{9.30}$$

Se vio que el *teorema de los ejes paralelos* también se aplica a los momentos de inercia de masa [sección 9.12]. Por lo tanto, el momento de inercia I de un cuerpo con respecto de un eje arbitrario AA' (figura 9.41) puede expresarse como

$$I = \overline{I} + md^2 \qquad (9.33)$$

donde $\overline{I}$ es el momento de inercia del cuerpo con respecto del eje centroidal BB' que es paralelo al eje AA', m es la masa del cuerpo y d es la distancia entre los dos ejes.

Teorema de los ejes paralelos

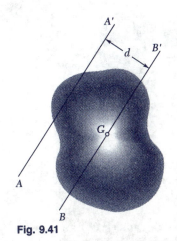

Fig. 9.41

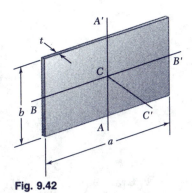

Fig. 9.42

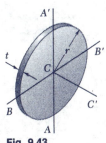

Fig. 9.43

Los momentos de inercia de *placas delgadas* se pueden obtener fácilmente a partir de los momentos de inercia de sus áreas [sección 9.13]. Se encontró que para una *placa rectangular* los momentos de inercia con respecto de los ejes mostrados (figura 9.42) son

$$I_{AA'} = \tfrac{1}{12} ma^2 \qquad I_{BB'} = \tfrac{1}{12} mb^2 \qquad (9.39)$$

$$I_{CC'} = I_{AA'} + I_{BB'} = \tfrac{1}{12} m(a^2 + b^2) \qquad (9.40)$$

mientras que para una *placa circular* (figura 9.43) están dados por

$$I_{AA'} = I_{BB'} = \tfrac{1}{4} mr^2 \qquad (9.41)$$

$$I_{CC'} = I_{AA'} + I_{BB'} = \tfrac{1}{2} mr^2 \qquad (9.42)$$

Momentos de inercia de placas delgadas

Cuando un cuerpo posee *dos planos de simetría*, usualmente es posible utilizar una sola integración para determinar su momento de inercia con respecto de un eje dado si se selecciona el elemento de masa dm como una placa delgada [problemas resueltos 9.10 y 9.11]. Por otra parte, cuando un cuerpo consta de *varias formas geométricas comunes*, su momento de inercia con respecto de un eje dado puede obtenerse utilizando las fórmulas proporcionadas en la figura 9.28 junto con el teorema de los ejes paralelos [problemas resueltos 9.12 y 9.13].

Cuerpos compuestos

En la última parte del capítulo, se aprendió a determinar el momento de inercia de un cuerpo *con respecto de un eje arbitrario OL* que se dibuja a través del origen O [sección 9.16]. Representando con λ_x, λ_y y λ_z las com-

Momento de inercia con respecto de un eje arbitrario

ponentes del vector unitario $\boldsymbol{\lambda}$ a lo largo de OL (figura 9.44) e introduciendo los *productos de inercia*

$$I_{xy} = \int xy\, dm \qquad I_{yz} = \int yz\, dm \qquad I_{zx} = \int zx\, dm \qquad (9.45)$$

se encontró que el momento de inercia del cuerpo con respecto de OL se podía expresar como

$$I_{OL} = I_x \lambda_x^2 + I_y \lambda_y^2 + I_z \lambda_z^2 - 2I_{xy} \lambda_x \lambda_y - 2I_{yz} \lambda_y \lambda_z - 2I_{zx} \lambda_z \lambda_x \qquad (9.46)$$

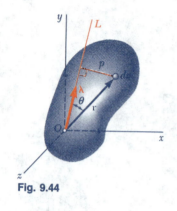

Fig. 9.44

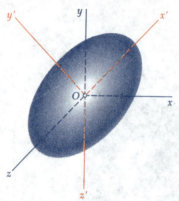

Fig. 9.45

Elipsoide de inercia

Graficando un punto Q a lo largo de cada eje OL a una distancia $OQ = 1/\sqrt{I_{OL}}$ a partir de O [sección 9.17], se obtuvo la superficie de un elipsoide, conocido como el *elipsoide de inercia* del cuerpo en el punto O. Los ejes principales x', y' y z' de este elipsoide (figura 9.45) son los *ejes principales de inercia* del cuerpo; esto es, los productos de inercia $I_{x'y'}$, $I_{y'z'}$ e $I_{z'x'}$ del cuerpo con respecto de dichos ejes son iguales a cero. Existen muchas situaciones en las cuales se pueden deducir los ejes principales de inercia de un cuerpo a partir de las propiedades de simetría de este último. Entonces, seleccionando los ejes principales como los ejes coordenados, se puede expresar a I_{OL} como

Ejes principales de inercia
Momentos principales de inercia

$$I_{OL} = I_{x'} \lambda_{x'}^2 + I_{y'} \lambda_{y'}^2 + I_{z'} \lambda_{z'}^2 \qquad (9.50)$$

donde $I_{x'}$, $I_{y'}$ e $I_{z'}$ son los *momentos principales de inercia* del cuerpo en O.

Cuando no se pueden obtener los ejes principales de inercia por inspección [sección 9.17], es necesario resolver la ecuación cúbica

$$K^3 - (I_x + I_y + I_z)K^2 + (I_x I_y + I_y I_z + I_z I_x - I_{xy}^2 - I_{yz}^2 - I_{zx}^2)K \\ -(I_x I_y I_z - I_x I_{yz}^2 - I_y I_{zx}^2 - I_z I_{xy}^2 - 2I_{xy} I_{yz} I_{zx}) = 0 \qquad (9.56)$$

Se encontró [sección 9.18] que las raíces K_1, K_2 y K_3 de esta ecuación son los momentos principales de inercia del cuerpo dado. Entonces, se determinan los cosenos directores $(\lambda_x)_1$, $(\lambda_y)_1$ y $(\lambda_z)_1$ del eje principal correspondiente al momento principal de inercia K_1 sustituyendo K_1 en las ecuaciones (9.54) y resolviendo simultáneamente dos de esas ecuaciones y la ecuación (9.57). Después, se repite el mismo procedimiento utilizando K_2 y K_3 para determinar los cosenos directores de los otros dos ejes principales [problema resuelto 9.15].

Problemas de repaso

9.185 Para el área sombreada mostrada en la figura, determínense por integración directa los momentos de inercia con respecto de los ejes x y y.

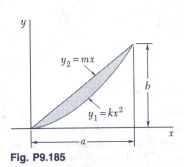
Fig. P9.185

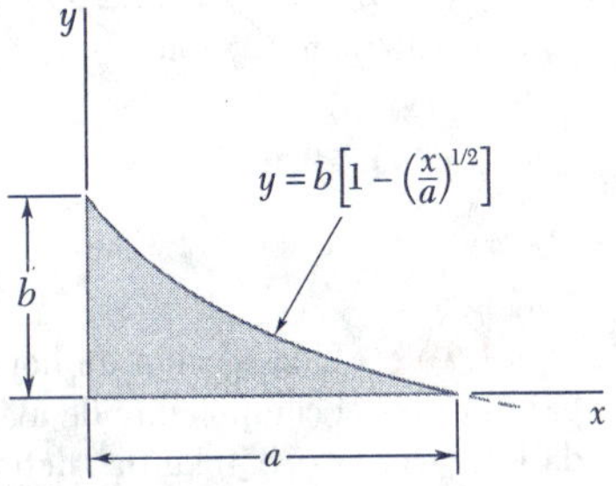

Fig. P9.186

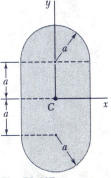
Fig. P9.187

9.186 Para el área sombreada mostrada en la figura, determínense por integración directa los momentos de inercia y los radios de giro con respecto de los ejes x y y.

9.187 Para el área sombreada mostrada en la figura, determínense los momentos de inercia con respecto de los ejes x y y cuando $a = 20$ mm.

9.188 La resistencia de la sección de una viga laminada de ala ancha se incrementa al soldar sobre el ala superior un canal tal y como se muestra en la figura Determínense los momentos de inercia de la sección combinada con respecto de sus ejes centroidales x y y.

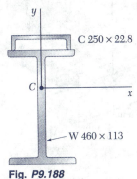
Fig. P9.188

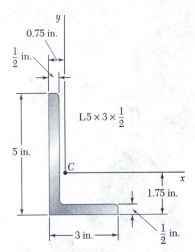
Fig. P9.189 y P9.190

9.189 Usando el teorema de los ejes paralelos, determínense los productos de inercia con respecto de los ejes centroidales x y y del ángulo de sección transversal $5 \times 3 \times \frac{1}{2}$ in.

9.190 Para el ángulo de sección transversal $5 \times 3 \times \frac{1}{2}$ in. mostrado en la figura, determínese usando el círculo de Mohr a) los momentos y los productos de inercia con respecto de un nuevo sistema de ejes que se obtiene al rotar los ejes x y y 30° en un sentido en favor del movimiento de las manecillas del reloj y b) la orientación de los ejes principales que pasan por el centroide de la sección así como los valores correspondientes de los momentos de inercia.

9.191 Para la placa delgada de masa m cortada en la forma de un paralelogramo mostrada en la figura, determínese el momento de inercia con respecto de a) el eje x y b) el eje BB' perpendicular a la placa.

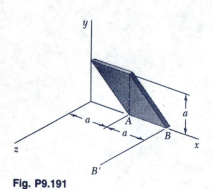

Fig. P9.191

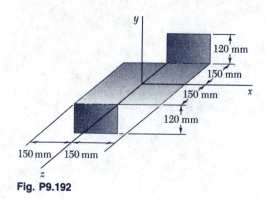

Fig. P9.192

9.192 Una sección de hoja de acero de 2 mm de espesor se corta y se dobla para formar el componente de máquina mostrado en la figura. Sabiendo que la densidad del acero es 7850 kg/m³, determínense los momentos de inercia de masa del componente de máquina con respecto de a) el eje x, b) el eje y y c) el eje z.

9.193 Para el elemento de acero de una máquina que se muestra en la figura, determínense los momentos de inercia y los radios de giro con respecto de los ejes x y y. (La densidad del acero es 7850 kg/m³.)

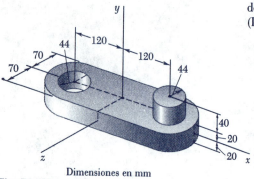

Dimensiones en mm

Fig. P9.193

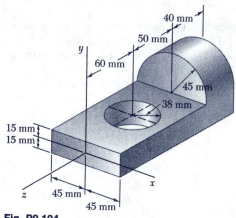

Fig. P9.194

9.194 Para el elemento de acero de una máquina que se muestra en la figura, determínese el momento de inercia y el radio de giro con respecto del eje x. (La densidad del acero es 7850 kg/m³.)

9.195 En la figura se muestra un reflector de esquina para rastreo por radar que tiene dos lados en forma de un cuarto de círculo de 16 in. de radio y el lado restante en forma de un triángulo. Todas las partes del reflector están hechas de placa de aluminio de 0.075 in. de espesor uniforme. Sabiendo que el peso específico del aluminio utilizado es de 170 lb/ft³, determínese el momento de inercia de masa del reflector con respecto de cada uno de sus ejes coordenados.

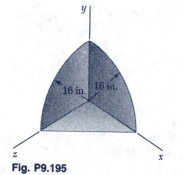

Fig. P9.195

9.196 Si se sabe que el momento de inercia de masa de la biela de 3.1 kg mostrada en la figura es de 160 g · m² con respecto del eje AA', determínese su momento de inercia con respecto del eje BB'.

Los siguientes problemas fueron diseñados para ser resueltos con una computadora.

9.C1 Para un área cualquiera con sus momentos y productos de inercia I_x, I_y, e I_{xy} conocidos, escríbase un programa de computadora que pueda ser usado para calcular sus momentos y productos de inercia $I_{x'}$, $I_{y'}$ e $I_{x'y'}$ con respecto de los ejes x' y y' que se obtienen al rotar en un ángulo θ el sistema de ejes originales en un sentido contrario al del movimiento de las manecillas del reloj. Utilícese este programa para calcular los valores de $I_{x'}$, $I_{y'}$ e $I_{x'y'}$ de la sección mostrada en el problema resuelto 9.7 para valores de desde θ hasta 90° usando incrementos de 5°.

9.C2 Para un área cualquiera con sus momentos y productos de inercia I_x, I_y, e I_{xy} conocidos, escríbase un programa de computadora que pueda ser usado para calcular la orientación de los ejes principales así como los valores correspondientes de los momentos principales de inercia. Utilícese este programa para resolver a) el problema 9.89 y b) el problema resuelto 9.7.

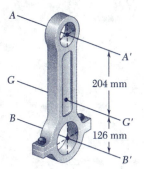

Fig. P9.196

9.C3 En la figura se muestra cómo las secciones transversales pueden aproximarse mediante una serie de rectángulos. Escríbase un programa de computadora que pueda ser usado para calcular los momentos de inercia y los radios de giro de secciones transversales de esta forma con respecto de sus ejes centroidales horizontal y vertical. Utilícese este programa en las secciones transversales mostradas en a) las figuras P9.31 y P9.33, b) las figuras P9.32 y P9.34, c) la figura P9.43 y d) la figura P9.44.

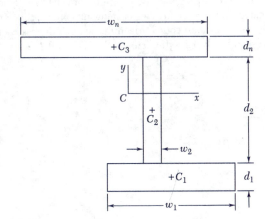

Fig. P9.C3 y P9.C4

9.C4 En la figura se muestra como las secciones transversales pueden aproximarse mediante una serie de rectángulos. Escríbase un programa de computadora que pueda ser usado para calcular los productos de inercia de secciones transversales de esta forma con respecto de sus ejes centroidales horizontal y vertical. Utilícese este programa para resolver los problemas siguientes a) 9.71, b) 9.75 y c) 9.77.

9.C5 El área mostrada en la figura se rota alrededor del eje x para formar un sólido homogéneo de masa m. Aproxímese esta área usando una serie de 400 rectángulos de la forma $bcc'b'$ cada uno con un ancho Δl y escríbase un programa de computadora que pueda ser usado para determinar el momento de inercia de masa del sólido de revolución con respecto del eje x. Utilícese este programa para resolver la parte a del a) problema resuelto 9.11 y b) problema 9.121. Supóngase que en estos problemas $m = 2$ kg, $a = 100$ mm y $h = 400$ mm.

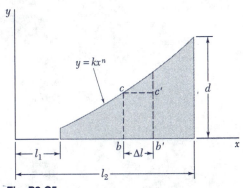

Fig. P9.C5

9.C6 Un alambre homogéneo con peso por unidad de longitud de 0.04 lb/ft se emplea para obtener la forma que se muestra en la figura. Aproxímese esta forma usando 10 segmentos de línea recta y escríbase un programa de computadora que pueda ser usado para determinar el momento de inercia de masa I_x del alambre con respecto del eje x. Utilícese este programa para determinar I_x cuando a) $a = 1$ in., $L = 11$ in., $h = 4$ in., b) $a = 2$ in., $L = 17$ in., $h = 10$ in. y c) $a = 5$ in., $L = 25$ in., $h = 6$ in.

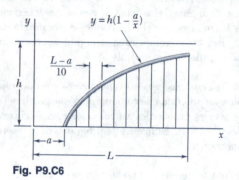

Fig. P9.C6

*9.C7 Para un cuerpo con sus momentos y sus productos de inercia $I_x, I_y, I_z, I_{xy}, I_{yz}$ e I_{zx} conocidos, escríbase un programa de computadora que pueda ser usado para calcular sus momentos principales de inercia K_1, K_2 y K_3 en el origen. Utilícese este programa para resolver el inciso a de los problemas a) 9.180, b) *9.181* y c) *9.184*.

*9.C8 Amplíese el programa de computadora del problema 9.C7 para que se incluyan los cálculos relacionados con la determinación de los ángulos que los ejes principales de inercia forman con el origen del sistema de ejes coordenados. Utilícese este programa para resolver los problemas a) 9.180, b) *9.181* y c) *9.184*.

CAPÍTULO 10

Método del trabajo virtual

El método del trabajo virtual es particularmente efectivo cuando se puede determinar una relación simple entre los desplazamientos de los puntos de aplicación de las fuerzas involucradas. Este es el caso del mecanismo de embarque en los aviones mostrado en la figura.

*10.1. INTRODUCCIÓN

En los capítulos anteriores los problemas relacionados con el equilibrio de los cuerpos rígidos fueron resueltos considerando que las fuerzas externas aplicadas sobre los mismos estaban balanceadas. Se plantearon las ecuaciones de equilibrio $\Sigma F_x = 0, \Sigma F_y = 0, \Sigma M_A = 0$ y se resolvieron para determinar el valor de las incógnitas. Sin embargo, un método que ha resultado ser más eficiente para resolver cierto tipo de problemas de equilibrio es el método basado en el *principio de trabajo virtual* el cual fue utilizado por vez primera en el siglo XVIII por el matemático suizo Jean Bernoulli.

Como se verá en la sección 10.3, el principio del trabajo virtual establece que si una partícula o un cuerpo rígido o en general un sistema de cuerpos rígidos unidos, los cuales están en equilibrio bajo la acción de varias fuerzas externas, se les proporciona un desplazamiento arbitrario a partir de la posición de equilibrio, el trabajo realizado por las fuerzas externas durante el desplazamiento será cero. Este principio es particularmente útil cuando se aplica a la solución de problemas relacionados con el equilibrio de máquinas o mecanismos los cuales están constituidos por varios elementos conectados entre sí.

En la segunda parte del capítulo, se aplicará el método del trabajo virtual en una forma alterna basada en el concepto de *energía potencial*. En la sección 10.8 se estudiará que si una partícula, cuerpo rígido o sistema de cuerpos rígidos están en equilibrio debe ser cero la derivada de la energía potencial con respecto de la variable que define la posición.

También, en este capítulo se aprenderá cómo evaluar la eficiencia mecánica de una máquina (sección 10.5) y si la posición de equilibrio es estable, inestable o neutra (sección 10.9).

*10.2. TRABAJO DE UNA FUERZA

Para comenzar, se definirán los conceptos de *desplazamiento* y *trabajo* como se usan en mecánica. Para esto, considérese que la partícula mostrada (figura 10.1) se mueve del punto A a un punto cercano A'. Sea **r** el vector de posición correspondiente al punto A y $d\mathbf{r}$ el vector diferencial que une a A con A'; al vector $d\mathbf{r}$ se le llama *desplazamiento* de la partícula. Supóngase que sobre la partícula actúa una fuerza **F**. El *trabajo de la fuerza* **F** *correspondiente al desplazamiento* $d\mathbf{r}$ se define como

$$dU = \mathbf{F} \cdot d\mathbf{r} \qquad (10.1)$$

el cual se obtiene al formar el producto escalar del vector fuerza **F** con el vector desplazamiento $d\mathbf{r}$. Denotando con F y ds las magnitudes de la fuerza y el desplazamiento, respectivamente y por α el ángulo que forman los vectores **F** y $d\mathbf{r}$ y, recordando la definición del producto escalar de dos vectores (sección 3.9), se tiene que

$$dU = F\,ds\,\cos\alpha \qquad (10.1')$$

Como el trabajo es una *cantidad escalar*, éste tiene magnitud y signo pero no dirección. También, nótese que el trabajo debe estar expresado en unidades obtenidas al multiplicar unidades de longitud por unidades de fuerza. Así, en el

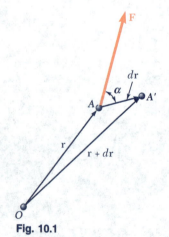

Fig. 10.1

sistema de uso común en los Estados Unidos, el trabajo se expresa en unidades de ft · lb o in. · lb. Pero si se usan las unidades del SI entonces el trabajo viene expresado en N · m. A esta unidad se le suele llamar *joule* (J).†

Se puede concluir a partir de la ecuación (10.1′) que el trabajo dU es positivo si el ángulo α es agudo y negativo si el ángulo α es obtuso. Hay tres casos de especial interés. Si el vector fuerza **F** tiene la misma dirección que el vector desplazamiento $d\mathbf{r}$ entonces el trabajo dU se reduce a $F\,ds$. Pero si **F** tiene dirección opuesta a $d\mathbf{r}$ entonces el trabajo está dado como $dU = -F\,ds$ y, finalmente, si **F** es perpendicular a $d\mathbf{r}$ el trabajo dU es igual a cero.

También el trabajo dU de una fuerza **F** durante un desplazamiento $d\mathbf{r}$ puede ser considerado como el producto de F con la componente $ds\cos\alpha$ del desplazamiento $d\mathbf{r}$ a lo largo de **F** (figura 10.2a). Esta forma de calcular el

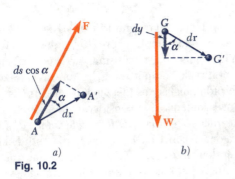

Fig. 10.2

trabajo es particularmente útil cuando se desea determinar el trabajo realizado por el peso **W** de un cuerpo (figura 10.2b). En este caso, el trabajo de **W** es igual al producto de W con el desplazamiento vertical dy del centro de gravedad G del cuerpo. Si el desplazamiento es hacia abajo, el trabajo realizado es positivo pero si el desplazamiento es hacia arriba entonces el trabajo realizado será negativo.

Hay un cierto número de fuerzas que se estudian en estática y que *no realizan trabajo*: fuerzas aplicadas a puntos fijos ($ds = 0$) o que actúan en dirección perpendicular al desplazamiento ($\cos\alpha = 0$). Dentro de este tipo de fuerzas se pueden citar las fuerzas de reacción que se generan en pernos sin fricción cuando el cuerpo que se sostiene rota con respecto del perno; las fuerzas de reacción en superficies sin fricción cuando el cuerpo en contacto se mueve a lo largo de la superficie; la fuerza de reacción que genera un rodillo cuando se mueve a lo largo del riel; el peso de un cuerpo cuando su centro de gravedad se mueve horizontalmente y la fuerza de fricción que una rueda genera cuando ésta gira sin deslizarse (ya que en todo instante el punto de contacto no se mueve). Algunos ejemplos de fuerzas que *sí realizan trabajo* son el peso del cuerpo (excepto en el caso considerado anteriormente), la fuerza de fricción que actúa en un cuerpo que se desliza sobre una superficie rugosa y la mayoría de las fuerzas que actúan sobre un cuerpo en movimiento.

---

† El joule es la unidad de *energía* del Sistema Internacional de unidades sin importar si dicha energía está en forma mecánica (trabajo, energía potencial y energía cinética), química, eléctrica o térmica. Se debe notar que aunque N · m = J, el momento de una fuerza debe expresarse en N · m y no en joules, puesto que el momento de una fuerza no es una forma de energía.

En ciertos casos, la suma del trabajo realizado por varias fuerzas es cero. Por ejemplo, considérese los dos cuerpos rígidos AC y BC conectados en C mediante un perno sin fricción (figura 10.3a). Entre las fuerzas que actúan en AC está la fuerza **F** ejercida en C por BC. En general, el trabajo de esta fuerza no

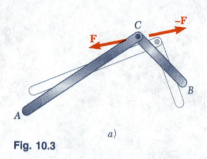
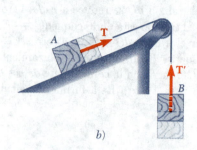

Fig. 10.3

será cero, pero éste será igual en magnitud y de signo opuesto al trabajo generado por la fuerza −**F** ejercida por AC sobre BC ya que estas fuerzas son iguales y opuestas y están aplicadas sobre la misma partícula. Así, cuando se toma en cuenta el trabajo total realizado por todas las fuerzas que actúan sobre AB y BC, el trabajo realizado por las dos fuerzas internas en C se anula. Una conclusión análoga puede obtenerse al considerar un sistema compuesto de dos bloques conectados mediante una *cuerda inextensible AB* (figura 10.3b). El trabajo de la fuerza de tensión **T** en A es igual en magnitud al trabajo realizado por la fuerza de tensión **T**′ en B, ya que estas dos fuerzas tienen la misma magnitud y los puntos A y B recorren la misma distancia; sin embargo, en un caso el trabajo es positivo mientras que en el otro caso el trabajo es negativo y, nuevamente, el trabajo realizado por las fuerzas internas se anula.

Puede demostrarse que el trabajo total de las fuerzas internas que mantienen unido un cuerpo rígido es cero. En este caso, considérese dos partículas A y B de un mismo cuerpo rígido y dos fuerzas **F** y −**F** iguales y opuestas que actúan una sobre la otra (figura 10.4). Como en general los desplazamientos

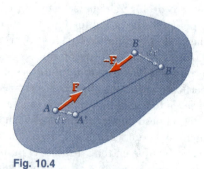

Fig. 10.4

pequeños $d\mathbf{r}$ y $d\mathbf{r}'$ de las dos partículas son diferentes, las componentes de estos desplazamientos a lo largo de AB deben ser iguales; de otra manera, las partículas no permanecerían a la misma distancia una con respecto de la otra y por lo tanto el cuerpo no sería rígido. De esta forma, el trabajo de **F** es igual en magnitud y opuesto en signo al trabajo de −**F** y su suma es cero.

Al calcular el trabajo de las fuerzas externas que actúan sobre un cuerpo rígido, a menudo es conveniente considerar el trabajo de un par sin considerar por separado el trabajo de cada una de las dos fuerzas que lo forman. Por ejemplo, considérense las dos fuerzas **F** y **−F** que forman un par de momento **M** que actúan sobre un cuerpo rígido (figura 10.5). Cualquier desplazamiento pequeño del cuerpo rígido que lleve a A y B hacia A' y B'', respectivamente, puede dividirse en dos partes, una en la cual los puntos A y B sufren desplazamientos iguales $d\mathbf{r}_1$ y la otra en la cual A' permanece fijo mientras que B' se mueve a B'' mediante un desplazamiento $d\mathbf{r}_2$ de magnitud $ds_2 = r\,d\theta$. Durante la primera parte del movimiento, el trabajo de **F** es igual en magnitud y opuesto en signo al trabajo de **−F** y por lo tanto su suma es cero. Sin embargo, en la segunda parte del movimiento, sólo la fuerza **F** hace trabajo y éste es igual a $dU = F\,ds_2 = Fr\,d\theta$. Pero el producto de Fr es igual a la magnitud M del momento del par. Por lo tanto, el trabajo de un par de momento **M** que actúa sobre un cuerpo rígido es igual a:

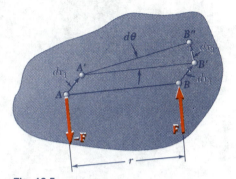

Fig. 10.5

$$dU = M\,d\theta \tag{10.2}$$

donde $d\theta$ representa el ángulo pequeño que rota el cuerpo expresado en radianes. Se debe enfatizar nuevamente que el trabajo debe estar expresado en unidades que se obtienen al multiplicar unidades de fuerza por unidades de longitud.

*10.3. PRINCIPIO DEL TRABAJO VIRTUAL

Considérese una partícula sobre la que actúan varias fuerzas $\mathbf{F}_1, \mathbf{F}_2, \ldots, \mathbf{F}_n$ (figura 10.6). Supóngase que la partícula realiza un desplazamiento pequeño desde A hasta A'. Este desplazamiento aunque es posible, no necesariamente sucede. Las fuerzas podrán estar balanceadas y la partícula en reposo, o la partícula puede moverse bajo la acción de las fuerzas dadas en una dirección diferente a la de AA'. A este desplazamiento, denotado con $\delta\mathbf{r}$, se le llama *desplazamiento virtual* puesto que en realidad no sucede. El símbolo $\delta\mathbf{r}$ representa una diferencial de primer orden y se le emplea para diferenciar el desplazamiento virtual del desplazamiento $d\mathbf{r}$ que podría suceder si la partícula estuviera en movimiento. Como se verá más adelante, los desplazamientos virtuales podrán usarse para determinar si se cumplen las condiciones de equilibrio de una partícula dada.

Al trabajo realizado por las fuerzas $\mathbf{F}_1, \mathbf{F}_2, \ldots, \mathbf{F}_n$ durante el desplazamiento virtual $\delta\mathbf{r}$ se le llama *trabajo virtual*. Por lo tanto, el trabajo virtual de todas las fuerzas que actúan sobre la partícula de la figura 10.6 es

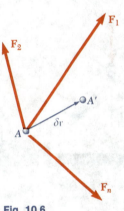

Fig. 10.6

$$\delta U = \mathbf{F}_1 \cdot \delta\mathbf{r} + \mathbf{F}_2 \cdot \delta\mathbf{r} + \cdots + \mathbf{F}_n \cdot \delta\mathbf{r}$$
$$= (\mathbf{F}_1 + \mathbf{F}_2 + \cdots + \mathbf{F}_n) \cdot \delta\mathbf{r}$$

o

$$\delta U = \mathbf{R} \cdot \delta\mathbf{r} \tag{10.3}$$

donde **R** denota la resultante de las fuerzas dadas. Por lo tanto, el trabajo virtual total realizado por las fuerzas $\mathbf{F}_1, \mathbf{F}_2, \ldots, \mathbf{F}_n$ es exactamente igual al trabajo virtual realizado por su resultante **R**.

El principio del trabajo virtual para una partícula establece que *si una partícula está en equilibrio, el trabajo virtual total de las fuerzas que actúan sobre la partícula es cero para cualquier desplazamiento virtual de la partícula.* Así, la condición necesaria establece que si la partícula está en equilibrio, la resultante **R** de las fuerzas es cero y, por lo tanto, se concluye de la ecuación (10.3) que el trabajo virtual δU es cero. La condición es suficiente para establecer que si el trabajo virtual total δU es cero para cualquier desplazamiento virtual, el producto escalar **R** · $\delta\mathbf{r}$ es cero para todo $\delta\mathbf{r}$, lo cual implica que la resultante **R** debe ser cero.

En el caso de un cuerpo rígido, el principio del trabajo virtual establece que *si el cuerpo rígido está en equilibrio, el trabajo virtual total de las fuerzas externas que actúan sobre el cuerpo rígido es cero para cualquier desplazamiento virtual del cuerpo*. La condición necesaria establece que si el cuerpo está en equilibrio, todas las partículas que lo forman están en equilibrio y el trabajo virtual total de las fuerzas que actúan sobre todas las partículas debe ser cero. Pero en la sección anterior se vio que el trabajo total de las fuerzas internas es cero, por lo tanto, el trabajo total de las fuerzas externas también debe ser cero. Puede demostrarse que esta condición también es suficiente.

El principio del trabajo virtual puede extenderse al caso de un *sistema de cuerpos rígidos unidos*. Si el sistema permanece unido durante un desplazamiento virtual, debe *considerarse sólo el trabajo de las fuerzas externas al sistema* puesto que el trabajo de las fuerzas internas entre las diferentes uniones del sistema es cero.

*10.4. APLICACIONES DEL PRINCIPIO DEL TRABAJO VIRTUAL

El principio del trabajo virtual es particularmente útil cuando se aplica a la solución de problemas que involucran máquinas o mecanismos compuestos de varios cuerpos rígidos conectados entre sí. Por ejemplo, considérese la prensa de banco ACB mostrada en la figura 10.7a, la cual es usada para comprimir

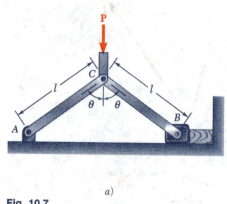
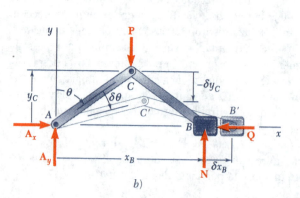

Fig. 10.7

un bloque de madera. Se desea determinar la fuerza ejercida por la prensa sobre el bloque cuando se aplica en C una fuerza $\mathbf{P}$ suponiendo que no hay fricción. Denotando con $\mathbf{Q}$ la reacción que ejerce el bloque sobre la prensa y si se dibuja el diagrama de cuerpo libre de la misma y considerando el desplazamiento virtual que se obtiene al incrementar el ángulo θ en $\delta\theta$ positivamente (figura 10.7b). Seleccionando un sistema de ejes coordenados con origen en A, se nota que x_B se incrementa mientras que y_C disminuye. En la figura se muestra un incremento positivo δx_B y un incremento negativo $-\delta y_C$. Las reacciones $\mathbf{A}_x$, $\mathbf{A}_y$ y $\mathbf{N}$ no realizan trabajo durante el desplazamiento virtual considerado y sólo se debe calcular el trabajo realizado por $\mathbf{P}$ y $\mathbf{Q}$. Como $\mathbf{Q}$ y δx_B tienen sentidos opuestos, el trabajo virtual de $\mathbf{Q}$ es $\delta U_Q = -Q\,\delta x_B$. Como $\mathbf{P}$ y el incremento mostrado en la figura $(-\delta y_C)$ tienen el mismo sentido, el trabajo virtual de $\mathbf{P}$ es $\delta U_P = +P(-\delta y_C) = -P\,\delta y_C$. El signo negativo en la relación anterior pudo haberse previsto al observar que las fuerzas $\mathbf{Q}$ y $\mathbf{P}$ tienen, respectivamente, direcciones opuestas a los ejes positivos x y y. Expresando las coordenadas x_B y y_C en términos del ángulo θ y diferenciando, se obtiene que:

$$x_B = 2l \operatorname{sen} \theta \qquad y_C = l \cos \theta$$
$$\delta x_B = 2l \cos \theta \, \delta\theta \qquad \delta y_C = -l \operatorname{sen} \theta \, \delta\theta \qquad (10.4)$$

Por lo tanto, el trabajo virtual realizado por las fuerzas **Q** y **P** es

$$\delta U = \delta U_Q + \delta U_P = -Q \, \delta x_B - P \, \delta y_C$$
$$= -2Ql \cos \theta \, \delta\theta + Pl \operatorname{sen} \theta \, \delta\theta$$

Haciendo $\delta U = 0$, se obtiene que

$$2Ql \cos \theta \, \delta\theta = Pl \operatorname{sen} \theta \, \delta\theta \qquad (10.5)$$
$$Q = \tfrac{1}{2} P \tan \theta \qquad (10.6)$$

En este problema, la ventaja del método de trabajo virtual sobre las ecuaciones convencionales de equilibrio es evidente, esto es, al emplear el método del trabajo virtual se pudieron eliminar todas las reacciones desconocidas mientras que al plantear la ecuación de equilibrio $\Sigma M_A = 0$ sólo hubiera servido para eliminar dos de las reacciones desconocidas. Esta propiedad del método del trabajo virtual puede emplearse para resolver muchos problemas relacionados con máquinas y mecanismos. *Si el desplazamiento virtual considerado es consistente con las restricciones impuestas por los apoyos y uniones, todas las reacciones y las fuerzas internas se eliminan y sólo debe considerarse el trabajo de las cargas, las fuerzas aplicadas y las fuerzas de fricción.*

Igualmente, el método del trabajo virtual puede emplearse para resolver problemas que involucran estructuras completamente restringidas, aunque en realidad nunca se presenten los desplazamientos virtuales considerados. Para ilustrar esto, considérese el marco ACB mostrado en la figura 10.8a. Si se mantiene fijo el punto A mientras que al punto B se le da un desplazamiento virtual horizontal (figura 10.8b), sólo se necesita considerar el trabajo realizado por **P** y **B**$_x$. Entonces, se puede determinar el valor de la componente de reacción **B**$_x$

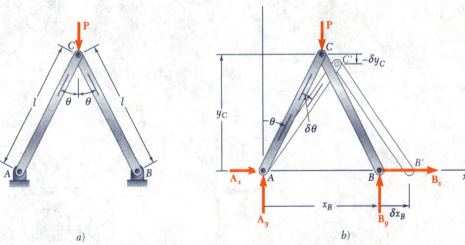

Fig. 10.8

de la misma manera en que se calculó la fuerza **Q** del ejemplo anterior (figura 10.7b); por lo tanto se tiene que:

$$B_x = -\tfrac{1}{2}P \tan \theta$$

De forma análoga se puede determinar la componente de la reacción A_x al mantener fijo el punto B y proporcionar un desplazamiento virtual horizontal al punto A. Las restantes componentes A_y y B_y se pueden calcular rotando, respectivamente, el marco ACB como si fuera un cuerpo rígido con respecto de B y A.

También, el método del trabajo virtual puede emplearse para determinar la configuración de un sistema en equilibrio sometido a la acción de varias fuerzas dadas. Por ejemplo, puede obtenerse el valor del ángulo θ para el cual el mecanismo de la figura 10.7 está en equilibrio bajo la acción de las fuerzas **P** y **Q** al despejar tan θ de la ecuación (10.6).

Sin embargo, debe notarse que lo atractivo del método del trabajo virtual depende en gran medida de la existencia de relaciones geométricas simples entre los diferentes desplazamientos virtuales involucrados en la solución de un cierto problema dado. Cuando no es posible obtener dichas relaciones geométricas simples es necesario recurrir al método convencional de solución discutido en el capítulo 6.

*10.5. MÁQUINAS REALES. EFICIENCIA MECÁNICA

Al hacer el análisis de la prensa de banco de la sección anterior, se supuso que no había fuerzas de fricción. Así, el trabajo virtual consistía sólo en el trabajo de la fuerza aplicada **P** y de la fuerza de reacción **Q**. Nótese que el trabajo de la fuerza de reacción **Q** es igual en magnitud y opuesto en signo al trabajo realizado por la fuerza ejercida por la prensa de banco sobre el bloque. Por lo tanto, la ecuación (10.5) expresa que *el trabajo de salida* $2Ql \cos \theta\, \delta\theta$ es igual al *trabajo de entrada* $Pl \sen \theta\, \delta\theta$. Una máquina en la cual el trabajo de entrada es igual al trabajo de salida se le conoce como máquina "ideal". Pero en una máquina "real" las fuerzas de fricción siempre realizan trabajo por lo que el trabajo de salida será menor que el trabajo de entrada.

Por ejemplo, considérese la prensa de banco de la figura 10.7a y ahora supóngase que existe una fuerza de fricción **F** entre el bloque deslizante B y el plano horizontal (figura 10.9). Empleando los métodos convencionales de la estática y efectuando una sumatoria de momentos con respecto de A, se encuentra que $N = P/2$. Si se denota con μ el coeficiente de fricción entre el bloque B y el plano horizontal, entonces se tiene que $F = \mu N = \mu P/2$. Recor-

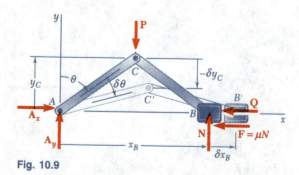

Fig. 10.9

dando las fórmulas (10.4), es posible determinar el trabajo virtual total de las fuerzas **Q**, **P** y **F** realizado durante el desplazamiento virtual mostrado en la figura 10.9, esto es:

$$\delta U = -Q\,\delta x_B - P\,\delta y_C - F\,\delta x_B$$
$$= -2Ql\cos\theta\,\delta\theta + Pl\,\text{sen}\,\theta\,\delta\theta - \mu Pl\cos\theta\,\delta\theta$$

Haciendo $\delta U = 0$, se obtiene que

$$2Ql\cos\theta\,\delta\theta = Pl\,\text{sen}\,\theta\,\delta\theta - \mu Pl\cos\theta\,\delta\theta \qquad (10.7)$$

la cual expresa que el trabajo de salida es igual al trabajo de entrada menos el trabajo de la fuerza de fricción. Resolviendo para Q, se tiene que

$$Q = \tfrac{1}{2}P(\tan\theta - \mu) \qquad (10.8)$$

Nótese que si $\tan\theta = \mu$ entonces $Q = 0$; esto sucede cuando θ es igual al ángulo de fricción ϕ. Por otra parte, si $\theta < \phi$ entonces $Q < 0$. Por lo tanto, la prensa de banco puede usarse sólo para valores de θ mayores que el ángulo de fricción.

La *eficiencia mecánica* de una máquina se define como la razón de

$$\eta = \frac{\text{trabajo de salida}}{\text{trabajo de entrada}} \qquad (10.9)$$

Resulta obvio que la eficiencia mecánica de una máquina ideal es $\eta = 1$ ya que el trabajo de entrada es igual al trabajo de salida. Pero la eficiencia mecánica de una máquina real siempre será menor que 1.

Para el caso de la prensa de banco que se acaba de estudiar, la eficiencia mecánica de la misma viene dada por

$$\eta = \frac{\text{trabajo de salida}}{\text{trabajo de entrada}} = \frac{2Ql\cos\theta\,\delta\theta}{Pl\,\text{sen}\,\theta\,\delta\theta}$$

Sustituyendo el valor de Q de la ecuación (10.8), se tiene que

$$\eta = \frac{P(\tan\theta - \mu)l\cos\theta\,\delta\theta}{Pl\,\text{sen}\,\theta\,\delta\theta} = 1 - \mu\cot\theta \qquad (10.10)$$

Se puede comprobar que en ausencia de las fuerzas de fricción, $\mu = 0$ y, por lo tanto, $\eta = 1$. En general, para valores de μ diferentes de cero, la eficiencia η es cero cuando $\mu\cot\theta = 1$, esto es, cuando $\tan\theta = \mu$ o $\theta = \tan^{-1}\mu = \phi$. Nuevamente se comprueba que la prensa de banco puede ser usada sólo para valores de θ mayores que el ángulo de fricción ϕ.

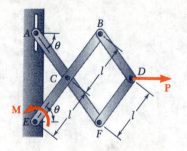

PROBLEMA RESUELTO 10.1

Usando el método del trabajo virtual, determínese la magnitud del par **M** requerido para mantener en equilibrio el mecanismo mostrado en la figura.

SOLUCIÓN

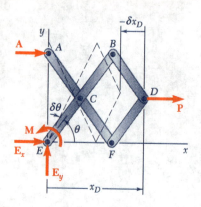

Primero, se selecciona un sistema de ejes coordenados con origen en E y a partir de éste, se determina que

$$x_D = 3l \cos\theta \qquad \delta x_D = -3l \operatorname{sen}\theta \, \delta\theta$$

Principio del trabajo virtual. Como las reacciones **A**, $\mathbf{E}_x$ y $\mathbf{E}_y$ no realizan trabajo durante el desplazamiento virtual, el trabajo virtual total realizado por **M** y **P** debe ser cero. Nótese que tanto **P** como **M** actúan, respectivamente, en la dirección positiva de x y θ, por lo que se puede escribir que

$\delta U = 0$:
$$+M\,\delta\theta + P\,\delta x_D = 0$$
$$+M\,\delta\theta + P(-3l\operatorname{sen}\theta\,\delta\theta) = 0$$

$$M = 3Pl \operatorname{sen}\theta \quad \blacktriangleleft$$

PROBLEMA RESUELTO 10.2

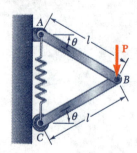

Para el mecanismo mostrado en la figura, determínense las expresiones para θ y para la tensión en el resorte que corresponden con la posición de equilibrio. El resorte de constante k tiene una longitud sin elongar h. Ignórese el peso del mecanismo.

SOLUCIÓN

Con el sistema de coordenadas mostrado en la figura, se tiene que

$$y_B = l \operatorname{sen}\theta \qquad y_C = 2l \operatorname{sen}\theta$$
$$\delta y_B = l \cos\theta\,\delta\theta \qquad \delta y_C = 2l \cos\theta\,\delta\theta$$

La elongación del resorte es $\quad s = y_C - h = 2l \operatorname{sen}\theta - h$

La magnitud de la fuerza ejercida por el resorte en C es

$$F = ks = k(2l \operatorname{sen}\theta - h) \qquad (1)$$

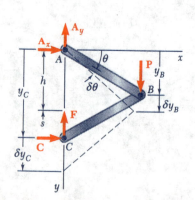

Principio del trabajo virtual. Como las reacciones $\mathbf{A}_x$, $\mathbf{A}_y$ y **C** no realizan trabajo, el trabajo virtual total realizado por **P** y **F** debe ser cero. Esto es:

$\delta U = 0$:
$$P\,\delta y_B - F\,\delta y_C = 0$$
$$P(l \cos\theta\,\delta\theta) - k(2l\operatorname{sen}\theta - h)(2l\cos\theta\,\delta\theta) = 0$$

$$\operatorname{sen}\theta = \frac{P + 2kh}{4kl} \quad \blacktriangleleft$$

Sustituyendo esta expresión en (1), se tiene que $\qquad F = \tfrac{1}{2}P \quad \blacktriangleleft$

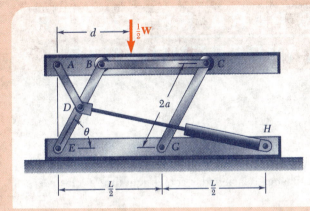

PROBLEMA RESUELTO 10.3

Una mesa de elevación hidráulica se emplea para levantar una caja de 1000 kg. La mesa consiste en una plataforma y en dos mecanismos idénticos en los cuales los cilindros hidráulicos ejercen fuerzas iguales. (Solamente se muestran en la figura un mecanismo y un cilindro hidráulico.) Los elementos EDB y CG miden $2a$ de longitud cada uno y el elemento AD se une mediante un perno al punto medio de EDB. Si la caja se coloca sobre la mesa de tal manera que la mitad de su peso es soportado por el sistema mostrado en la figura, determínese para los valores de $\theta = 60°$, $a = 0.70$ m y $L = 3.20$ m la fuerza ejercida por cada cilindro al levantar la caja. Nótese que este mecanismo fue estudiado previamente en el problema resuelto 6.7.

SOLUCIÓN

La máquina en estudio consiste básicamente en la plataforma y en el mecanismo en el que se ejerce una fuerza de entrada $\mathbf{F}_{DH}$ por medio del cilindro y una fuerza de salida igual y opuesta a $\tfrac{1}{2}\mathbf{W}$.

Principio del trabajo virtual. Obsérvese primero que las reacciones E y G no realizan trabajo. Denotando con y la elevación de la plataforma sobre la base y por s la longitud DH del sistema cilindro-pistón, se tiene que

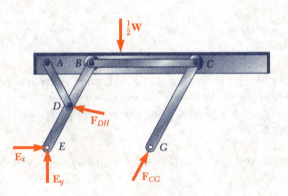

$$\delta U = 0: \qquad -\tfrac{1}{2}W\,\delta y + F_{DH}\,\delta s = 0 \qquad (1)$$

El desplazamiento vertical δy de la plataforma se puede expresar en términos del desplazamiento angular $\delta\theta$ del elemento EDB de la manera siguiente:

$$y = (EB)\operatorname{sen}\theta = 2a\operatorname{sen}\theta$$
$$\delta y = 2a\cos\theta\,\delta\theta$$

Para expresar δs en una forma análoga en términos de $\delta\theta$, se aplica primero la ley de cosenos, de la cual se obtiene que

$$s^2 = a^2 + L^2 - 2aL\cos\theta$$

Diferenciando,

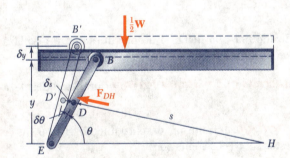

$$2s\,\delta s = -2aL(-\operatorname{sen}\theta)\,\delta\theta$$
$$\delta s = \frac{aL\operatorname{sen}\theta}{s}\,\delta\theta$$

Sustituyendo los valores de δy y δs en (1), se tiene que

$$(-\tfrac{1}{2}W)2a\cos\theta\,\delta\theta + F_{DH}\frac{aL\operatorname{sen}\theta}{s}\,\delta\theta = 0$$

$$F_{DH} = W\frac{s}{L}\cot\theta$$

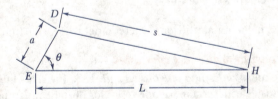

Con los datos numéricos dados, se tiene lo siguiente

$$W = mg = (1000\text{ kg})(9.81\text{ m/s}^2) = 9810\text{ N} = 9.81\text{ kN}$$
$$s^2 = a^2 + L^2 - 2aL\cos\theta$$
$$= (0.70)^2 + (3.20)^2 - 2(0.70)(3.20)\cos 60° = 8.49$$
$$s = 2.91\text{ m}$$

$$F_{DH} = W\frac{s}{L}\cot\theta = (9.81\text{ kN})\frac{2.91\text{ m}}{3.20\text{ m}}\cot 60°$$

$$F_{DH} = 5.15\text{ kN} \blacktriangleleft$$

PROBLEMAS PARA RESOLVER EN FORMA INDEPENDIENTE

En esta sección se aprendió a emplear el *método del trabajo virtual*, el cual representa una alternativa diferente para resolver problemas relacionados con el equilibrio de los cuerpos rígidos.

El trabajo realizado por una fuerza durante un desplazamiento de su punto de aplicación o por un par durante una rotación se puede determinar empleando, respectivamente, las ecuaciones (10.1) y (10.2):

$$dU = F\,ds\,\cos\alpha \qquad (10.1)$$
$$dU = M\,d\theta \qquad (10.2)$$

Principio del trabajo virtual. En su forma más general y más útil, este principio puede ser enunciado como sigue: *Si un sistema unido de cuerpos rígidos está en equilibrio, el trabajo virtual total de las fuerzas externas aplicadas al sistema es siempre cero para cualquier desplazamiento virtual que experimente el sistema.*

Cuando se quiera aplicar el principio del trabajo virtual, es importante tener presente lo siguiente:

1. *Desplazamiento virtual.* Una máquina o mecanismo en equilibrio no tiene ninguna tendencia a moverse. Sin embargo, *se puede causar o imaginar un desplazamiento pequeño*. Como en realidad dicho desplazamiento no ocurre, a éste se le conoce como *desplazamiento virtual*.

2. *Trabajo virtual* Al trabajo realizado por una fuerza o un par durante un desplazamiento virtual se le conoce como *trabajo virtual*.

3. *Se deben considerar sólo las fuerzas que realizan trabajo* durante el desplazamiento virtual.

4. *Las fuerzas que no realizan trabajo* durante un desplazamiento virtual que es consistente con las restricciones impuestas sobre el sistema son:

   a. Las reacciones en los apoyos.
   b. Las fuerzas internas en las uniones
   c. Las fuerzas ejercidas por cables y cuerdas inextensibles.

Ninguna de estas fuerzas deben tomarse en cuenta al utilizar el método del trabajo virtual.

5. *Asegúrese de que los diversos desplazamientos virtuales* relacionados con los cálculos estén expresados en términos de un *solo desplazamiento virtual*. Esto fue realizado en cada uno de los tres problemas resueltos de esta sección, donde todos los desplazamientos virtuales fueron expresados en términos de $\delta\theta$.

6. *Se debe recordar que el método del trabajo virtual sólo es efectivo en aquellos casos* en donde la geometría de los sistemas permite relacionar de una forma simple los desplazamientos involucrados en el análisis.

Problemas

10.1 y 10.2 Determínese la fuerza vertical **P** que debe de aplicarse en G para que el mecanismo mostrado en la figura se mantenga en equilibrio.

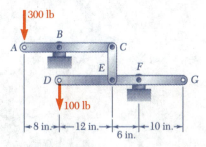

Fig. P10.1 y P10.4

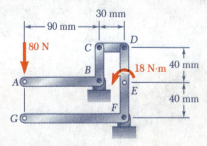

Fig. P10.2 y P10.3

10.3 y 10.4 Determínese el par **M** que debe aplicarse en el elemento $DEFG$ para que el mecanismo mostrado en la figura se mantenga en equilibrio.

10.5 Un resorte con 15 kN/m de constante se conecta en los puntos C y F del mecanismo mostrado en la figura. Sin tomar en cuenta el peso del resorte y el del mecanismo, determínese la fuerza en el resorte así como el movimiento vertical que experimenta el punto G cuando se aplica una fuerza vertical hacia abajo de 120 N en a) el punto C y b) los puntos C y H.

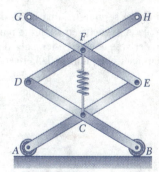

Fig. P10.5 y P10.6

10.6 Un resorte con 15 kN/m de constante se conecta en los puntos C y F del mecanismo mostrado en la figura. Sin tomar en cuenta el peso del resorte y el del mecanismo, determínese la fuerza en el resorte así como el movimiento vertical que experimenta el punto G cuando se aplica una fuerza vertical hacia abajo de 120 N en a) el punto E y b) los puntos E y F.

10.7 Si se sabe que para la botella mostrada en la figura la fuerza de fricción máxima ejercida por ésta sobre el corcho es 60 lb, determínese a) la fuerza **P** que debe aplicarse al sacacorchos para abrir la botella y b) la fuerza máxima ejercida por la base del sacacorchos sobre la parte superior de la botella.

Fig. *P10.7*

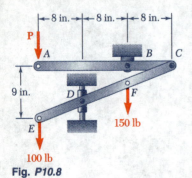

Fig. P10.8

10.8 El mecanismo de dos barras mostrado en la figura se sostiene mediante un soporte de perno en B y por medio de un collar en D el cual es libre de deslizarse sobre la barra vertical. Determínese la fuerza **P** requerida para mantener el mecanismo en equilibrio.

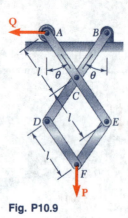

Fig. P10.9

10.9 Si el mecanismo mostrado en la figura se somete a la acción de la fuerza **P**, derívese una expresión para determinar la magnitud de la fuerza **Q** requerida para mantener el equilibrio.

10.10 Si se sabe que la línea de acción de la fuerza **Q** pasa por el punto C del mecanismo mostrado en la figura, derívese una expresión para determinar la magnitud de la fuerza **Q** requerida para mantener el equilibrio.

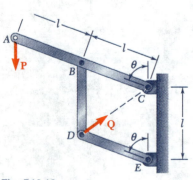

Fig. P10.10

10.11 Resuélvase el problema 10.10 suponiendo que la fuerza **P** aplicada en el punto A actúa en dirección horizontal y hacia la izquierda.

10.12 y 10.13 En la figura se muestra una barra delgada AB que se une al collar A y se apoya sobre una rueda pequeña en C. Sin tomar en cuenta el radio de la rueda y el efecto de la fricción, derívese una expresión para determinar la magnitud de la fuerza **Q** requerida para mantener el equilibrio de la barra.

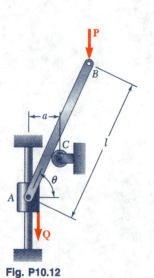

Fig. P10.12

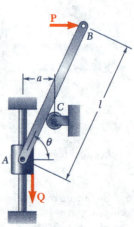

Fig. P10.13

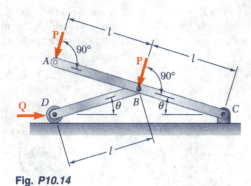

Fig. P10.14

10.14 Derívese una expresión para determinar la magnitud de la fuerza **Q** requerida para mantener el equilibrio del mecanismo mostrado en la figura.

10.15 al 10.17 Derívese una expresión para determinar la magnitud del par **M** requerido para mantener el equilibrio del mecanismo mostrado en la figura.

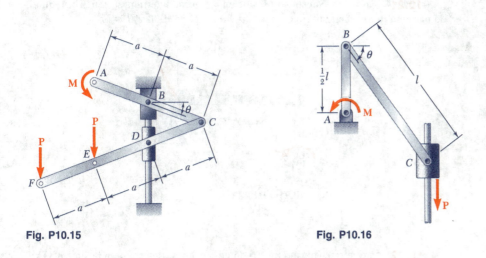
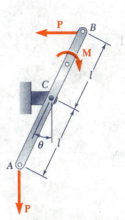

Fig. P10.15   **Fig. P10.16**   **Fig. P10.17**

10.18 El perno en *C*, fijo al elemento *BCD* puede deslizarse a lo largo de la ranura de la placa mostrada en la figura. Sin tomar en cuenta el efecto de la fricción, derívese una expresión para determinar la magnitud del par **M** requerido para mantener el equilibrio cuando la fuerza **P**, que actúa en *D*, está orientada *a*) en la forma mostrada en la figura, *b*) verticalmente hacia abajo y *c*) horizontalmente hacia la derecha.

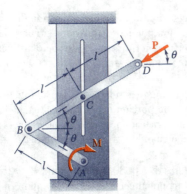

Fig. P10.18

10.19 Una fuerza **P** de 4 kN se aplica sobre el pistón del sistema motriz mostrado en la figura. Sabiendo que $AB = 50$ mm y que $BC = 200$ mm, determínese el par **M** requerido para mantener el equilibrio del sistema cuando a) $\theta = 30°$ y b) $\theta = 150°$.

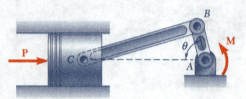

Fig. P10.19 y P10.20

10.20 Un par **M** de 100 N · m de magnitud se aplica sobre la manivela del sistema motriz mostrado en la figura. Sabiendo que $AB = 50$ mm y que $BC = 200$ mm, determínese la fuerza **P** requerida para mantener el equilibrio del sistema cuando a) $\theta = 60°$ y b) $\theta = 120°$.

10.21 Para el mecanismo mostrado en la figura, determínese el par **M** requerido para mantener el equilibrio cuando $l = 1.8$ ft, $Q = 40$ lb y $\theta = 65°$.

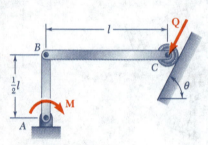

Fig. P10.21 y P10.22

10.22 Para el mecanismo mostrado en la figura, determínese la fuerza **Q** requerida para mantener el equilibrio cuando $l = 18$ in., $M = 600$ lb · in. y $\theta = 70°$.

10.23 Determínese el valor de θ que corresponde a la posición de equilibrio del mecanismo del problema 10.9 cuando $P = 270$ N y $Q = 960$ N.

10.24 Determínese el valor de θ que corresponde a la posición de equilibrio del mecanismo del problema 10.10 cuando $P = 80$ N y $Q = 100$ N.

10.25 En la figura se muestra una barra delgada de longitud l unida a un collar en B y apoyada sobre una porción del cilindro circular de radio r. Sin tomar en cuenta el efecto de la fricción, determínese el valor de θ que corresponde a la posición de equilibrio del mecanismo cuando $l = 200$ mm, $r = 60$ mm, $P = 40$ N y $Q = 80$ N.

10.26 En la figura se muestra una barra delgada de longitud l unida a un collar en B y apoyada sobre una porción del cilindro circular de radio r. Sin tomar en cuenta el efecto de la fricción, determínese el valor de θ que corresponde a la posición de equilibrio del mecanismo cuando $l = 14$ in., $r = 5$ in., $P = 75$ lb y $Q = 150$ lb.

10.27 Para los valores de $l = 30$ in., $a = 5$ in., $P = 25$ lb y $Q = 40$ lb, determínese el valor de θ correspondiente a la posición de equilibrio de la barra del problema 10.12.

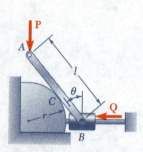

Fig. P10.25 y P10.26

10.28 Para los valores de $l = 600$ mm, $a = 100$ mm, $P = 50$ N y $Q = 90$ N, determínese el valor de θ correspondiente a la posición de equilibrio de la barra del problema 10.13.

10.29 En la figura se muestran dos barras AC y CE las cuales se conectan entre sí mediante un perno en C y por medio del resorte AE de constante k el cual se encuentra sin elongar cuando $\theta = 30°$. Para la carga mostrada en la figura, derívese una ecuación en función de P, θ, l y k que se cumpla cuando el sistema esté en equilibrio.

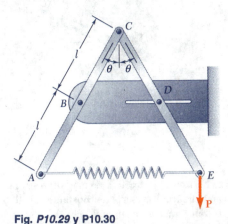

Fig. P10.29 y P10.30

10.30 En la figura se muestran dos barras AC y CE las cuales se conectan entre sí mediante un perno en C y por medio del resorte AE de constante $k = 1.5$ lb/in. el cual se encuentra sin elongar cuando $\theta = 30°$. Sabiendo que $l = 10$ in. y que el peso de las barras es insignificante, determínese el valor de θ correspondiente a la posición de equilibrio cuando $P = 40$ lb.

10.31 Resuélvase el problema 10.30, suponiendo que la fuerza **P** se cambia a C y actúa verticalmente hacia abajo.

10.32 La barra ABC que se muestra en la figura se une a los bloques A y B los cuales pueden moverse libremente sobre las guías mostradas. El resorte de constante $k = 3$ kN/m y que se encuentra sin elongar cuando la barra está en posición vertical, se une al sistema en A. Para la carga mostrada, determínese el valor de θ correspondiente a la posición de equilibrio del sistema.

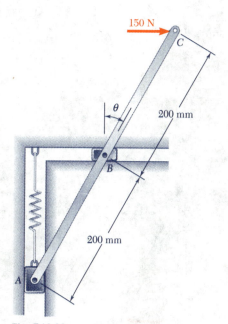

Fig. P10.32

10.33 Una carga **W** de 600 N de magnitud se aplica en el punto B del mecanismo mostrado en la figura. El resorte de constante $k = 2.5$ kN/m se encuentra sin elongar cuando las barras AB y BC están en posición horizontal. Si se sabe que $l = 300$ mm y sin tomar en cuenta el peso del mecanismo, determínese el valor de θ correspondiente a la posición de equilibrio.

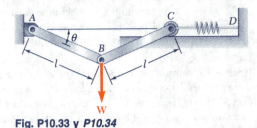

Fig. P10.33 y P10.34

10.34 Una carga **W** se aplica en el punto B del mecanismo mostrado en la figura. El resorte de constante k se encuentra sin elongar cuando las barras AB y BC están en posición horizontal. Sin tomar en cuenta el peso del mecanismo, derívese una ecuación en función de θ, W, l y k que se cumpla cuando el mecanismo esté en su posición de equilibrio.

10.35 y 10.36 Sabiendo que el resorte CD de constante k mostrado en la figura se encuentra sin elongar cuando la barra ABC está en posición horizontal, determínese el valor de θ correspondiente a la posición de equilibrio del sistema para los datos proporcionados en los siguientes problemas.

10.35 $P = 300$ N, $l = 400$ mm y $k = 5$ kN/m.
10.36 $P = 75$ lb, $l = 15$ in. y $k = 20$ lb/in.

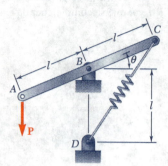

Fig. P10.35 y P10.36

10.37 La fuerza horizontal $\mathbf{P}$ de 40 lb de magnitud se aplica en el punto C del mecanismo mostrado en la figura. El resorte de constante $k = 9$ lb/in se encuentra sin elongar cuando $\theta = 0$. Sin tomar en cuenta el peso del mecanismo, determínese el valor de θ correspondiente a la posición de equilibrio.

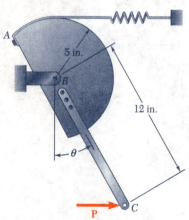

Fig. P10.37

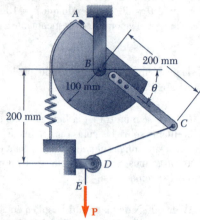

Fig. P10.38

10.38 En la figura se muestra una fuerza vertical $\mathbf{P}$ de 150 N de magnitud que se aplica en el extremo E del cable CDE el cual pasa sobre una polea pequeña D para unirse al mecanismo en C. El resorte de constante $k = 4$ kN/m se encuentra sin elongar cuando $\theta = 0$. Sin tomar en cuenta el peso del mecanismo y el radio de la polea, determínese el valor de θ correspondiente a la posición de equilibrio.

10.39 La palanca AB mostrada en la figura se une al eje horizontal BC que pasa a través del cojinete para soldarse sobre el apoyo fijo en C. La constante torsional del resorte del eje BC es K, esto es, se requiere de un par de magnitud K para rotar el extremo B del eje 1 radián. Sabiendo que el eje no está sometido a torsión cuando la palanca AB está en posición horizontal, determínese el valor de θ correspondiente a la posición de equilibrio cuando $P = 100$ N, $l = 250$ mm y $K = 12.5$ N · m/rad.

10.40 Resuélvase el problema 10.39 suponiendo que $P = 350$ N, $l = 250$ mm y $K = 12.5$ N · m/rad. Obténganse respuestas en cada uno de los cuadrantes siguientes: $0 < \theta < 90°$, $270° < \theta < 360°$ y $360° < \theta < 450°$.

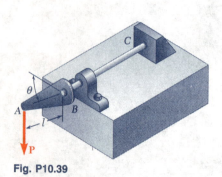

Fig. P10.39

10.41 La posición de la barra ABC se controla mediante el cilindro hidráulico BD mostrado en la figura. Para la carga aplicada, determínese la fuerza ejercida por el cilindro hidráulico sobre el perno en B cuando $\theta = 70°$.

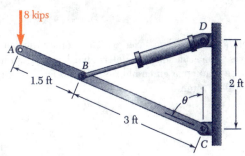

Fig. P10.41 y P10.42

10.42 La posición de la barra ABC se controla mediante el cilindro hidráulico BD mostrado en la figura. Para la carga aplicada y considerando que la fuerza máxima que el cilindro puede ejercer sobre el perno B es 25 kips, determínese el valor máximo permisible del ángulo θ.

10.43 La posición del elemento ABC se controla mediante el cilindro hidráulico CD mostrado en la figura. Para la carga aplicada, determínese la fuerza ejercida por el cilindro hidráulico sobre el perno C cuando $\theta = 55°$.

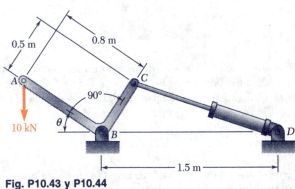

Fig. P10.43 y P10.44

10.44 La posición del elemento ABC se controla mediante el cilindro hidráulico CD mostrado en la figura. Si se sabe que el cilindro ejerce una fuerza de 15 kN sobre el perno C, determínese el ángulo θ.

10.45 El brazo de extensión telescópica ABC se emplea para levantar una plataforma con trabajadores de la construcción. El peso conjunto de los trabajadores y de la plataforma es de 500 lb y su centro de gravedad compuesto se localiza directamente por encima de C. Para la posición en la cual $\theta = 20°$, determínese la fuerza ejercida sólo por el cilindro BD sobre el perno B.

10.46 Resuélvase el problema 10.45 suponiendo que los trabajadores descienden en la plataforma hasta un punto cercano al piso para el cual $\theta = -20°$.

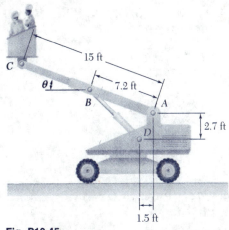

Fig. P10.45

10.47 Un bloque de peso W se jala mediante una fuerza **P** hacia arriba de un plano el cual está inclinado a un ángulo α con respecto de la horizontal. Si μ es el coeficiente de fricción entre el bloque y el plano, derívese una expresión para la eficiencia mecánica del sistema. También, demuéstrese que la eficiencia mecánica no puede ser mayor de $\frac{1}{2}$ si se desea que el bloque permanezca en su lugar cuando se retira la fuerza **P**.

10.48 Denotando con μ_s el coeficiente de fricción estática entre el collar C y la barra vertical, derívese una ecuación para determinar la magnitud máxima del par **M** para que el sistema se mantenga en equilibrio en la posición mostrada en la figura. Explíquese qué pasa si $\mu_s > \tan \theta$.

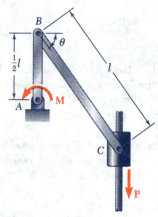

Fig. P10.48 y P10.49

10.49 Si se sabe que el coeficiente de fricción estática entre el collar C y la barra vertical es 0.40, determínese para los valores de $\theta = 35°$, $l = 600$ mm y $P = 300$ N la magnitud máxima y mínima del par **M** para que el sistema se mantenga en equilibrio en la posición mostrada en la figura.

10.50 Derívese una expresión para determinar la eficiencia mecánica del gato mecánico analizado en la sección 8.6. Demuéstrese que si el gato debe ser autobloqueante la eficiencia mecánica no puede ser mayor de $\frac{1}{2}$.

10.51 Denotando con μ_s el coeficiente de fricción estática entre el bloque que se encuentra unido a la barra ACE y la superficie horizontal, derívese expresiones en términos de P, μ_s y θ para determinar la magnitud máxima y mínima de la fuerza **Q** para que el sistema se mantenga en equilibrio en la posición mostrada en la figura.

Fig. P10.51 y P10.52

10.52 Sabiendo que el coeficiente de fricción estática entre el bloque que se encuentra unido a la barra ACE y la superficie horizontal es 0.15, determínese para valores de $\theta = 30°$, $l = 0.2$ m y $P = 40$ N la magnitud máxima y mínima de la fuerza **Q** para que el sistema se mantenga en equilibrio en la posición mostrada en la figura.

10.53 Usando el método del trabajo virtual, determínese en forma independiente la fuerza y el par que representan la reacción en el apoyo A de la viga mostrada en la figura.

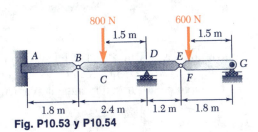

Fig. P10.53 y P10.54

10.54 Usando el método del trabajo virtual, determínese la reacción en D de la viga mostrada en la figura.

10.55 Refiriéndose al problema 10.43 y usando el valor encontrado para la fuerza ejercida por el cilindro hidráulico CD, determínese el cambio en la longitud de CD requerido para elevar 15 mm una carga de 10 kN.

10.56 Refiriéndose al problema 10.45 y usando el valor encontrado para la fuerza ejercida por el cilindro hidráulico BD, determínese el cambio en la longitud de BD requerido para elevar 2.5 in. la plataforma que se une en C.

10.57 Para la armadura mostrada en la figura, determínese el movimiento vertical del nudo D si la longitud del elemento BF se incrementa en 1.5 in. (*Sugerencia*. Primero aplíquese una carga vertical en el nudo D y empleando los métodos del capítulo 6, calcúlense las fuerzas ejercidas por el elemento BF sobre los nudos B y F. Inmediatamente después, aplíquese el método del trabajo virtual para un desplazamiento virtual equivalente al incremento en la longitud del elemento BF. Este método debe usarse sólo cuando se tienen pequeños cambios en la longitud de los elementos.)

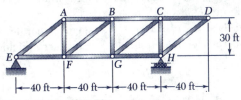

Fig. P10.57 y P10.58

10.58 Para la armadura mostrada en la figura, determínese el movimiento del nudo D si la longitud del elemento BF se incrementa en 1.5 in. (Véase la sugerencia del problema 10.57.)

*10.6. TRABAJO DE UNA FUERZA DURANTE UN DESPLAZAMIENTO FINITO

Considérese una fuerza **F** que actúa sobre una partícula. El trabajo de **F** correspondiente a un desplazamiento infinitesimal $d\mathbf{r}$ de la partícula se definió en la sección 10.2 como

$$dU = \mathbf{F} \cdot d\mathbf{r} \tag{10.1}$$

El trabajo de **F** correspondiente a un desplazamiento finito de la partícula desde A_1 hasta A_2 (figura 10.10a) se denota con $U_{1 \rightarrow 2}$ y se obtiene integrando la ecuación (10.1) a lo largo de la curva que sigue la partícula:

$$U_{1 \rightarrow 2} = \int_{A_1}^{A_2} \mathbf{F} \cdot d\mathbf{r} \tag{10.11}$$

Empleando la expresión alterna

$$dU = F\, ds\, \cos \alpha \tag{10.1'}$$

dada en la sección 10.2 para el trabajo elemental dU, también es posible expresar el trabajo $U_{1 \rightarrow 2}$ como

$$U_{1 \rightarrow 2} = \int_{s_1}^{s_2} (F \cos \alpha)\, ds \tag{10.11'}$$

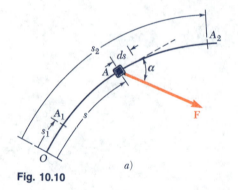

Fig. 10.10

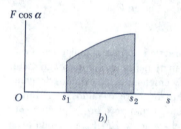

donde la variable de integración s mide la distancia recorrida por la partícula a lo largo se su trayectoria. También, el trabajo $U_{1 \rightarrow 2}$ viene representado como el área bajo la curva que se obtiene al graficar $F \cos \alpha$ contra s (figura 10.10b). En particular, cuando se tiene el caso de que la magnitud de la fuerza **F** que actúa en la dirección del movimiento es constante entonces, la fórmula (10.10') da como resultado que $U_{1 \rightarrow 2} = F(s_2 - s_1)$.

Recordando de la sección 10.2 que el trabajo de un par de momento **M** que se genera durante una rotación infinitesimal $d\theta$ de un cuerpo rígido se expresa como

$$dU = M\, d\theta \tag{10.2}$$

entonces el trabajo de un par durante una rotación finita del cuerpo puede expresarse como

$$U_{1 \rightarrow 2} = \int_{\theta_1}^{\theta_2} M\, d\theta \tag{10.12}$$

En el caso de un par de magnitud constante la fórmula (10.12) genera:

$$U_{1 \rightarrow 2} = M(\theta_2 - \theta_1)$$

Trabajo de un peso. Se estableció en la sección 10.2 que el trabajo del peso **W** de un cuerpo durante un desplazamiento infinitesimal del mismo cuerpo es igual al producto de W y el desplazamiento vertical del centro de gravedad del cuerpo. Si el eje y se dirige hacia arriba, entonces el trabajo de **W** realizado durante un desplazamiento finito del cuerpo (figura 10.11) se obtiene escribiendo

$$dU = -W\,dy$$

Integrando desde A_1 hasta A_2, se tiene que

$$U_{1 \to 2} = -\int_{y_1}^{y_2} W\,dy = Wy_1 - Wy_2 \qquad (10.13)$$

o bien

$$U_{1 \to 2} = -W(y_2 - y_1) = -W\,\Delta y \qquad (10.13')$$

donde Δy representa el desplazamiento vertical desde A_1 hasta A_2. Por lo tanto, el trabajo del peso **W** es igual *al producto de W y el desplazamiento vertical del centro de gravedad del cuerpo*. Nótese que el trabajo es *positivo* cuando $\Delta y < 0$, esto es, *cuando el cuerpo se mueve hacia abajo*.

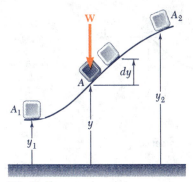

Fig. 10.11

Trabajo de la fuerza ejercida por un resorte. Considérese un cuerpo A unido a un punto fijo B por medio de un resorte; se supone que el resorte está sin elongar cuando el cuerpo está en A_0 (figura 10.12a). La evidencia experimental muestra que la magnitud de la fuerza **F** ejercida por el resorte sobre un cuerpo A es directamente proporcional a la deflexión x del resorte, medida a partir de la posición A_0. Esto es:

$$F = kx \qquad (10.14)$$

donde k es la *constante del resorte* expresada en N/m si se usan las unidades del SI y en lb/ft o lb/in. si se utilizan las unidades de uso común en los Estados Unidos. El trabajo de la fuerza **F** ejercida por el resorte durante un desplazamiento finito del cuerpo desde A_1 ($x = x_1$) hasta A_2 ($x = x_2$) se obtiene escribiendo

$$dU = -F\,dx = -kx\,dx$$
$$U_{1 \to 2} = -\int_{x_1}^{x_2} kx\,dx = \tfrac{1}{2}kx_1^2 - \tfrac{1}{2}kx_2^2 \qquad (10.15)$$

Se debe tener cuidado de expresar a k y x en unidades consistentes. Por ejemplo, si las unidades de uso común en los Estados Unidos son empleadas entonces, k debe de estar expresada en lb/ft y x en pies o k en lb/in. y x en pulgadas; en el primer caso, el trabajo se obtiene en ft · lb y en el segundo caso en in · lb. Además, nótese que el trabajo de la fuerza **F** ejercida por el resorte sobre el cuerpo es *positivo* cuando $x_2 < x_1$, esto es, *cuando el resorte está regresando a su posición sin elongar*.

Como la ecuación (10.14) representa la ecuación de una línea recta que pasa por el origen con una pendiente k, el trabajo $U_{1 \to 2}$ de **F** durante el desplazamiento desde A_1 hasta A_2 puede obtenerse al evaluar el área bajo la curva del trapezoide mostrado en la figura 10.12b. Esto puede hacerse al calcular los valores de F_1 y F_2 y multiplicando la base Δx del trapezoide por su altura media $\tfrac{1}{2}(F_1 + F_2)$. Como el trabajo de la fuerza **F** ejercida por el resorte es positivo para un valor negativo de Δx entonces, se puede escribir que

$$U_{1 \to 2} = -\tfrac{1}{2}(F_1 + F_2)\,\Delta x \qquad (10.16)$$

La fórmula (10.16) es en general más útil que la fórmula (10.15) ya que con ésta se reducen las posibilidades de confundir las unidades de medición involucradas.

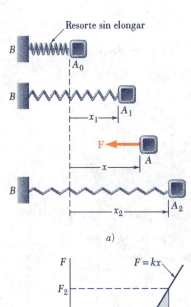

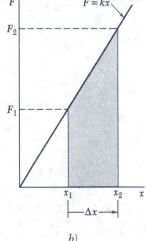

Fig. 10.12

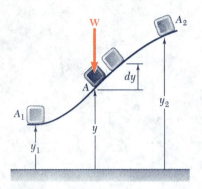

Fig. 10.11 (repetida)

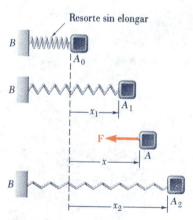

Fig. 10.12a (repetida)

*10.7. ENERGÍA POTENCIAL

Considérese nuevamente el cuerpo de la figura 10.11 en donde se observa a partir de la ecuación (10.13) que el trabajo del peso **W** durante un desplazamiento finito se obtiene al restar el valor de la función Wy correspondiente a la segunda posición del cuerpo de su valor correspondiente a la primera posición. Por lo tanto, el trabajo de **W** es independiente de la trayectoria que se siga; esto es, sólo depende de los valores iniciales y finales de la función Wy. A esta función se le llama *energía potencial* del cuerpo con respecto de la *fuerza de gravedad* **W** y se le suele representar por V_g. Por lo tanto, se puede escribir que

$$U_{1 \to 2} = (V_g)_1 - (V_g)_2 \qquad \text{con } V_g = Wy \tag{10.17}$$

Nótese que si $(V_g)_2 > (V_g)_1$, esto es, *si la energía potencial se incrementa* durante el desplazamiento (tal y como sucede en el caso considerado aquí), *el trabajo $U_{1 \to 2}$ es negativo*. Por otra parte, si el trabajo de **W** es positivo, la energía potencial disminuye. Por lo tanto, la energía potencial V_g del cuerpo proporciona una medida del *trabajo que puede ser realizado* por su peso **W**. Como en la fórmula (10.17) sólo se involucran los *cambios* en la energía potencial y no el valor real de V_g, entonces se puede agregar una constante arbitraria a la expresión obtenida para V_g. En otras palabras, el nivel de referencia a partir del cual se mide la elevación y puede ser seleccionado arbitrariamente. También, nótese que la energía potencial está expresada en las mismas unidades que el trabajo, es decir, en Joules (J) si se usan unidades del SI † y en ft · lb o en in · lb si se usan las unidades de uso común en los Estados Unidos.

Considerando ahora el cuerpo mostrado en la figura 10.12a, se nota a partir de la ecuación (10.15) que el trabajo de la fuerza elástica **F** se obtiene al restar el valor de la función $\frac{1}{2}kx^2$ correspondiente a la segunda posición del cuerpo del valor correspondiente a la primera posición del mismo. Esta función se denota con V_e y se llama *energía potencial* del cuerpo con respecto de la *fuerza elástica* **F**. Por lo tanto, se puede escribir que

$$U_{1 \to 2} = (V_e)_1 - (V_e)_2 \qquad \text{con } V_e = \tfrac{1}{2}kx^2 \tag{10.18}$$

y se observa que durante el desplazamiento considerado, el trabajo de la fuerza **F** ejercida por el resorte sobre el cuerpo es negativo y por lo tanto la energía potencial V_e se incrementa. Nótese que la expresión que se obtuvo para V_e es válida solamente si la elongación del resorte se mide a partir de la posición sin elongar del mismo.

El concepto de energía potencial puede extenderse a otros tipos de fuerzas diferentes de las gravitatorias y elásticas aquí consideradas. Éste sigue siendo válido mientras que el trabajo elemental dU de las fuerzas bajo consideración sea una *diferencial exacta*. Por lo tanto, es posible encontrar una función V, llamada energía potencial, tal que

$$dU = -dV \tag{10.19}$$

Integrando la ecuación (10.19) sobre un desplazamiento finito, se obtiene la fórmula general

$$U_{1 \to 2} = V_1 - V_2 \tag{10.20}$$

la cual expresa que el *trabajo de la fuerza es independiente de la trayectoria seguida y es igual al valor negativo del cambio en energía potencial*. Una fuerza que satisface la ecuación (10.20) se dice que es una *fuerza conservativa*.‡

---

† Véase la nota de la página 541.

‡ Una discusión más detallada de las fuerzas conservativas se da en la sección 13.7 del tomo de *Dinámica*.

*10.8. ENERGÍA POTENCIAL Y EQUILIBRIO

La aplicación del principio del trabajo virtual se simplifica considerablemente cuando es conocida la energía potencial del sistema. En el caso de un desplazamiento virtual, la fórmula (10.19) se transforma en $\delta U = -\delta V$. Además, si la posición del sistema está definida por una sola variable independiente θ, entonces se puede escribir que $\delta V = (dV/d\theta)\delta\theta$. Como $\delta\theta$ debe ser diferente de cero, la condición $\delta U = 0$ para que el sistema se conserve en equilibrio ahora se transforma en

$$\frac{dV}{d\theta} = 0 \qquad (10.21)$$

Por lo tanto y en términos de la energía potencial, el principio del trabajo virtual establece que *si un sistema está en equilibrio, la derivada de su energía potencial total es cero*. Si la posición del sistema depende de diversas variables independientes (esto es, si el sistema *tiene varios grados de libertad*), las derivadas parciales de V con respecto de cada una de las variables independientes debe ser cero.

Por ejemplo, considérese una armadura hecha de dos elementos AC y CB y que sostiene una carga W en C. La armadura se sostiene mediante un perno en A y un rodillo en B y un resorte BD une B al punto fijo D tal y como se muestra en la figura 10.13a. El resorte tiene una constante k y se supone que su longitud natural es igual a AD y, por lo tanto, el resorte se está sin elongar cuando B coincide con A. Sin tomar en cuenta las fuerzas de fricción y el peso de los elementos, se encuentra que las únicas fuerzas que realizan trabajo durante un desplazamiento de la armadura son el peso $\mathbf{W}$ y la fuerza $\mathbf{F}$ ejercida por el resorte en el punto B (figura 10.13b). Por lo tanto, la energía potencial total del sistema se obtiene al sumar la energía potencial V_g correspondiente a la fuerza de gravedad $\mathbf{W}$ y la energía potencial V_e correspondiente a la fuerza elástica $\mathbf{F}$.

Seleccionando un sistema de ejes coordenados con origen en A y observando que la elongación del resorte medida a partir de su posición sin elongar es $AB = x_B$, se puede escribir que

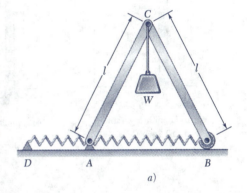

$$V_e = \tfrac{1}{2}kx_B^2 \qquad V_g = Wy_C$$

Expresando las coordenadas x_B y y_C en términos del ángulo θ, se tiene que

$$\begin{aligned} x_B &= 2l\,\text{sen}\,\theta & y_C &= l\cos\theta \\ V_e &= \tfrac{1}{2}k(2l\,\text{sen}\,\theta)^2 & V_g &= W(l\cos\theta) \\ V &= V_e + V_g = 2kl^2\,\text{sen}^2\,\theta + Wl\cos\theta \end{aligned} \qquad (10.22)$$

Las posiciones de equilibrio del sistema se obtienen igualando a cero la derivada de la energía potencial V. Por lo tanto, se puede escribir que

$$\frac{dV}{d\theta} = 4kl^2\,\text{sen}\,\theta\cos\theta - Wl\,\text{sen}\,\theta = 0$$

o bien, factorizando $l\,\text{sen}\,\theta$,

$$\frac{dV}{d\theta} = l\,\text{sen}\,\theta(4kl\cos\theta - W) = 0$$

Por lo tanto, hay dos posiciones de equilibrio que se corresponden, respectivamente, con los valores de $\theta = 0$ y $\theta = \cos^{-1}(W/4kl)$.†

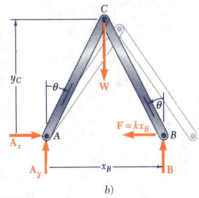

Fig. 10.13

† La segunda posición no existe si $W > 4kl$.

564 Método del trabajo virtual

*10.9. ESTABILIDAD DEL EQUILIBRIO

Considérese las tres barras uniformes de longitud $2a$ y peso **W** mostradas en la figura 10.14. Mientras cada una de las barras está en equilibrio, existe una diferencia importante entre estos tres casos. Supóngase que se perturba ligeramente la posición de equilibrio de cada una de estas barras y después se les deja libres: la barra a regresará a su posición original, la barra b se mantendrá alejándose cada vez más de su posición inicial mientras que la barra c permanecerá en su nueva posición. En el caso a se dice que el equilibrio de la barra es *estable*; en el caso b que es *inestable* mientras que en el caso c es *neutro* o *indiferente*.

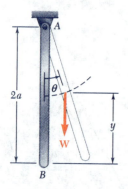

a) Equilibrio estable
Fig. 10.14

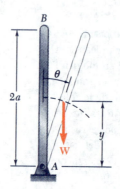

b) Equilibrio inestable

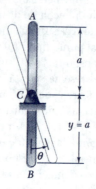

c) Equilibrio neutro

Recordando de la sección 10.7 que la energía potencial V_g con respecto a la gravedad es Wy en donde y es la elevación del punto de aplicación de **W** medida a partir de un nivel arbitrario de referencia, se puede observar que la energía potencial de la barra de la figura 10.14a es mínima en la posición de equilibrio considerada mientras que en el caso de la barra de la figura 10.14b la energía potencial es máxima. En cambio, en la barra de la figura 10.14c la energía potencial permanece constante. Por lo tanto, el equilibrio es *estable*, *inestable* o *neutro* dependiendo si la energía potencial tiene un valor *mínimo*, *máximo* o *constante* (figura 10.15).

Ya que el resultado anterior es muy general, se le puede ver de la siguiente manera: Primero, se puede observar que una fuerza siempre tiende a realizar trabajo positivo y por lo tanto, a reducir la energía potencial del sistema al cual se aplica. Entonces, cuando un sistema es perturbado de su posición de equilibrio, las fuerzas que actúan sobre él tienden a restaurarlo a su posición original si V es mínima (figura 10.15a) o tiende a moverlo lejos de dicha posición si V es máxima (figura 10.15b). Pero si V es constante (figura 10.15c), entonces las fuerzas no tienden a mover al sistema de su posición inicial.

Recordando del cálculo diferencial que una función es mínima o máxima dependiendo de que su segunda derivada sea positiva o negativa; en resumen, se puede decir que las condiciones de equilibrio para un sistema con un grado de libertad (es decir, la posición del sistema queda definida en todo instante por una sola variable independiente θ) son las siguientes:

$$\frac{dV}{d\theta} = 0 \qquad \frac{d^2V}{d\theta^2} > 0: \text{ equilibrio estable}$$

$$\frac{dV}{d\theta} = 0 \qquad \frac{d^2V}{d\theta^2} < 0: \text{ equilibrio inestable} \tag{10.23}$$

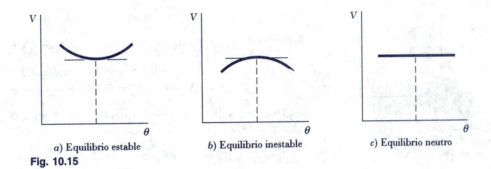

a) Equilibrio estable b) Equilibrio inestable c) Equilibrio neutro
Fig. 10.15

Si la primera y la segunda derivadas de V son cero, será necesario analizar las derivadas de orden superior para determinar si el equilibrio es estable, inestable o neutro. El equilibrio es neutro si todas las derivadas son cero ya que en este caso la energía potencial V es constante. El equilibrio es estable si la primera derivada que se encuentre con un valor diferente de cero es de orden par y positiva. En todos los demás casos, el equilibrio es inestable.

Si el sistema bajo estudio tiene *varios grados de libertad*, entonces la energía potencial V depende de varias variables y por esta razón es necesario recurrir a la aplicación de la teoría de funciones de varias variables para determinar si V es mínima. Puede demostrarse que en un sistema con 2 grados de libertad es estable y que la energía potencial correspondiente $V(\theta_1, \theta_2)$ es mínima siempre y cuando se cumplan simultáneamente las siguientes relaciones:

$$\begin{gathered} \frac{\partial V}{\partial \theta_1} = \frac{\partial V}{\partial \theta_2} = 0 \\ \left(\frac{\partial^2 V}{\partial \theta_1 \partial \theta_2}\right)^2 - \frac{\partial^2 V}{\partial \theta_1^2}\frac{\partial^2 V}{\partial \theta_2^2} < 0 \\ \frac{\partial^2 V}{\partial \theta_1^2} > 0 \qquad \text{o} \qquad \frac{\partial^2 V}{\partial \theta_2^2} > 0 \end{gathered} \tag{10.24}$$

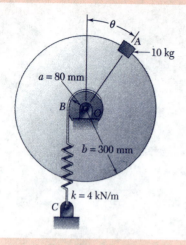

PROBLEMA RESUELTO 10.4

Un bloque de 10 kg se fija al borde de un disco de 300 mm de radio tal y como se muestra en la figura. Si se sabe que el resorte BC está sin elongar cuando $\theta = 0$, determínese la posición o posiciones de equilibrio del sistema y establézcase en cada caso si el equilibrio es estable, inestable o neutro.

SOLUCIÓN

Energía potencial. Denotando con s la elongación del resorte, medida a partir de su posición sin elongar y ubicando el origen de un sistema de coordenadas en O, se tiene que

$$V_e = \tfrac{1}{2}ks^2 \qquad V_g = Wy = mgy$$

Midiendo θ en radianes, se tiene

$$s = a\theta \qquad y = b\cos\theta$$

Sustituyendo los valores de s y y en las expresiones de V_e y V_g, se tiene que

$$V_e = \tfrac{1}{2}ka^2\theta^2 \qquad V_g = mgb\cos\theta$$
$$V = V_e + V_g = \tfrac{1}{2}ka^2\theta^2 + mgb\cos\theta$$

Posiciones de equilibrio. Estableciendo $dV/d\theta = 0$, se obtiene

$$\frac{dV}{d\theta} = ka^2\theta - mgb\,\text{sen}\,\theta = 0$$

$$\text{sen}\,\theta = \frac{ka^2}{mgb}\theta$$

Sustituyendo $a = 0.08$ m, $b = 0.3$ m, $k = 4$ kN/m y $m = 10$ kg, se tiene que

$$\text{sen}\,\theta = \frac{(4\text{ kN/m})(0.08\text{ m})^2}{(10\text{ kg})(9.81\text{ m/s}^2)(0.3\text{ m})}\theta$$
$$\text{sen}\,\theta = 0.8699\,\theta$$

donde θ está expresada en radianes. Buscando el valor de θ por prueba y error, se obtiene que

$$\theta = 0 \qquad \text{y} \qquad \theta = 0.902\text{ rad}$$
$$\theta = 0 \qquad \text{y} \qquad \theta = 51.7° \blacktriangleleft$$

Estabilidad del equilibrio. La segunda derivada de la energía potencial V con respecto de θ es

$$\frac{d^2V}{d\theta^2} = ka^2 - mgb\cos\theta$$
$$= (4\text{ kN/m})(0.08\text{ m})^2 - (10\text{ kg})(9.81\text{ m/s}^2)(0.3\text{ m})\cos\theta$$
$$= 25.6 - 29.43\cos\theta$$

Para $\theta = 0$: $\quad \dfrac{d^2V}{d\theta^2} = 25.6 - 29.43\cos 0° = -3.83 < 0$

El equilibrio es inestable para $\theta = 0$ ◀

Para $\theta = 51.7°$: $\quad \dfrac{d^2V}{d\theta^2} = 25.6 - 29.43\cos 51.7° = +7.36 > 0$

El equilibrio es estable para $\theta = 51.7°$ ◀

PROBLEMAS PARA RESOLVER EN FORMA INDEPENDIENTE

En esta sección se definió el *trabajo que realiza una fuerza durante un desplazamiento finito* y la *energía potencial* de un cuerpo rígido o un sistema de cuerpos rígidos. Se aprendió cómo emplear el concepto de energía potencial para determinar la *posición de equilibrio* de un cuerpo rígido o sistema de cuerpos rígidos.

1. *La energía potencial V de un sistema* es la suma de las energías potenciales asociadas con las diversas fuerzas que actúan sobre el sistema y que *realizan trabajo* a medida que dicho sistema se mueve. En los problemas de esta sección se tendrá que determinar lo siguiente:

    a. La energía potencial de un peso. Ésta es la energía potencial debido a la *gravedad*, $V_g = Wy$, donde y es la elevación del peso W medida a partir de un nivel arbitrario de referencia. Nótese que la energía potencial V_g puede usarse con cualquier fuerza vertical **P** de magnitud constante y dirigida hacia abajo; por lo tanto, se puede escribir que $V_g = Py$.

    b. Energía potencial de un resorte. Ésta es la energía potencial, $V_e = \frac{1}{2}kx^2$, debido a las fuerzas *elásticas* ejercidas por un resorte, en donde k es la constante del resorte y x es la elongación del resorte *medida a partir de su posición sin elongar* (o *posición natural*).

    Las reacciones en apoyos fijos, las fuerzas internas en las uniones, las fuerzas ejercidas por cables y cuerdas inextensibles y otras fuerzas que no realizan trabajo no tienen ninguna contribución a la energía potencial del sistema.

2. *Se deben expresar todas las distancias y los ángulos en términos de una sola variable,* como por ejemplo el ángulo θ, cuando se esté calculando la energía potencial V del sistema. Esto es necesario, ya que para poder determinar la posición de equilibrio del sistema se requiere calcular la derivada $dV/d\theta$.

3. *Cuando un sistema está en equilibrio, la primera derivada de la energía potencial es cero.* Por lo tanto:

    a. Para determinar la posición de equilibrio de un sistema, después de que la energía potencial V haya sido expresada en función de una sola variable θ, se debe calcular su derivada y después se debe resolver la ecuación resultante $dV/d\theta = 0$ para determinar el valor de θ.

    b. Para determinar la fuerza o par requerido para mantener al sistema en una posición dada de equilibrio, se debe sustituir el valor conocido de θ en la ecuación de $dV/d\theta = 0$ y obtener la solución de ésta con el propósito de determinar los valores deseados de fuerza o par.

4. *Estabilidad del equilibrio.* Generalmente se deben aplicar las reglas siguientes:

    a. El equilibrio estable ocurre cuando la energía potencial del sistema es *mínima*, esto es, cuando $dV/d\theta = 0$ y $d^2V/d\theta^2 > 0$ (figuras 10.14*a* y 10.15*a*).

    b. El equilibrio inestable ocurre cuando la energía potencial del sistema es *máxima*, esto es, cuando $dV/d\theta = 0$ y $d^2V/d\theta^2 < 0$ (figuras 10.14*b* y 10.15*b*).

    c. El equilibrio neutro o indiferente ocurre cuando la energía potencial del sistema es *constante*, por lo tanto, $dV/d\theta$, $d^2V/d\theta^2$ así como todas las derivadas sucesivas de V son iguales a cero (figuras 10.14*c* y 10.15*c*).

Véase la página 565 para una discusión del caso cuando se tiene que $dV/d\theta$, $d^2V/d\theta^2$ pero *no todas* las derivadas sucesivas de V son iguales a cero.

Problemas

10.59 Usando el método de la sección 10.8, resuélvase el problema 10.29.

10.60 Usando el método de la sección 10.8, resuélvase el problema 10.30.

10.61 Usando el método de la sección 10.8, resuélvase el problema 10.33.

10.62 Usando el método de la sección 10.8, resuélvase el problema 10.34.

10.63 Usando el método de la sección 10.8, resuélvase el problema 10.35.

10.64 Usando el método de la sección 10.8, resuélvase el problema 10.36.

10.65 Usando el método de la sección 10.8, resuélvase el problema 10.31.

10.66 Usando el método de la sección 10.8, resuélvase el problema 10.38.

10.67 Demuéstrese que el equilibrio es neutro en el problema 10.1.

10.68 Demuéstrese que el equilibrio es neutro en el problema 10.2.

10.69 Dos barras uniformes cada una de masa m y de longitud l, se unen a los tambores que se conectan por medio de una banda tal y como se muestra en la figura. Suponiendo que no hay deslizamiento entre la banda y los tambores, determínense las posiciones de equilibrio del sistema y establézcase en cada caso si el equilibrio es estable, inestable o neutro.

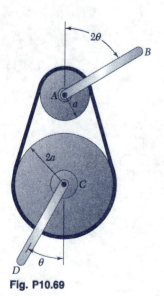
Fig. P10.69

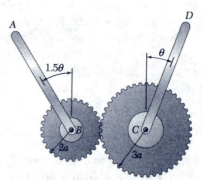
Fig. P10.70

10.70 Dos barras uniformes cada una de masa m y de longitud l, se unen a los engranes mostrados en la figura. Para el rango de valores de $0 \leq \theta \leq 180°$, determínense las posiciones de equilibrio del sistema y establézcase en cada caso si el equilibrio es estable, inestable o neutro.

10.71 Dos barras uniformes cada una de masa m se unen a los engranes del mismo radio mostrados en la figura. Determínense las posiciones de equilibrio del sistema y establézcase en cada caso si el equilibrio es estable, inestable o neutro.

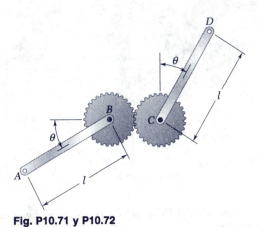

Fig. P10.71 y P10.72

10.72 Dos barras uniformes AB y CD se unen a los engranes del mismo radio mostrados en la figura. Sabiendo que el peso de las barras es $W_{AB} = 8$ lb y $W_{CD} = 4$ lb, determínense las posiciones de equilibrio del sistema y establézcase en cada caso si el equilibrio es estable, inestable o neutro.

10.73 Usando el método de la sección 10.8, resuélvase el problema 10.39 y determínese si el equilibrio es estable, inestable o neutro. (*Sugerencia*. La energía potencial correspondiente al par ejercido por un resorte de torsión es $\frac{1}{2}K\theta^2$, donde K es la constante torsional del resorte y θ es el ángulo de torsión.)

10.74 En el problema 10.40, determínese si cada una de las posiciones de equilibrio es estable, inestable o neutro. (Véase la sugerencia del problema 10.73.)

10.75 Una carga **W** de 100 lb de magnitud se aplica en C en el mecanismo mostrado en la figura. Sabiendo que el resorte se encuentra sin elongar cuando $\theta = 15°$, determínese el valor de θ correspondiente a la posición de equilibrio y verifíquese si éste es estable.

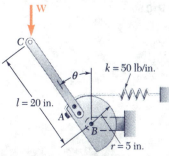

Fig. P10.75 y P10.76

10.76 Una carga **W** de 100 lb de magnitud se aplica en C en el mecanismo mostrado en la figura. Sabiendo que el resorte se encuentra sin elongar cuando $\theta = 30°$, determínese el valor de θ correspondiente a la posición de equilibrio y verifíquese si éste es estable.

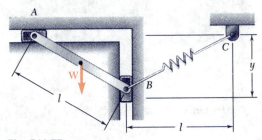

Fig. P10.77

10.77 Una barra delgada AB de peso W se une a dos bloques A y B los cuales pueden moverse libremente sobre las guías mostradas en la figura. Si se sabe que el resorte se encuentra sin elongar cuando $y = 0$, determínese para los valores de $W = 80$ N, $l = 500$ mm y $k = 600$ N/m el valor de y correspondiente a la posición de equilibrio del sistema.

10.78 Si se sabe que ambos resortes se encuentran sin elongar cuando $y = 0$, determínese para los valores de $W = 80$ N, $l = 500$ mm y $k = 600$ N/m el valor de y correspondiente a la posición de equilibrio del sistema mostrado en la figura.

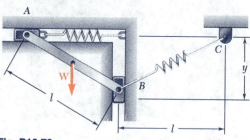

Fig. P10.78

10.79 Una barra delgada AB de peso W se une a dos bloques A y B los cuales pueden moverse libremente sobre las guías mostradas en la figura. El resorte de constante k se encuentra sin elongar cuando la barra AB esta en posición horizontal. Sin tomar en cuenta el peso de los bloques, derívese una ecuación en términos de θ, W, l y k que se cumpla cuando la barra esté en equilibrio.

10.80 Una barra delgada AB de peso W se une a dos bloques A y B los cuales pueden moverse libremente sobre las guías mostradas en la figura. El resorte de constante k se encuentra sin elongar cuando la barra AB está en posición horizontal; determínese para los valores de $W = 300$ lb, $l = 16$ in. y $k = 75$ lb/in. los tres valores de θ correspondientes a la posición de equilibrio estático. Establézcase en cada caso si el equilibrio es estable, inestable o neutro.

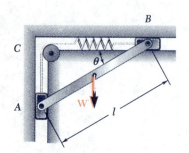

Fig. *P10.79* y P10.80

10.81 Un resorte AB de constante k se une a dos engranes idénticos en la forma mostrada en la figura. Sabiendo que el resorte se encuentra sin elongar cuando $\theta = 0$, determínese para los valores de $P = 30$ lb, $a = 4$ in., $b = 3$ in., $r = 6$ in. y $k = 5$ lb/in. dos valores del ángulo θ correspondientes a la posición de equilibrio. Establézcase en cada caso si el equilibrio es estable, inestable o neutro.

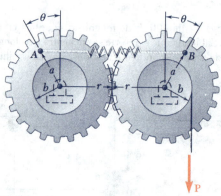

Fig. P10.81 y *P10.82*

10.82 Un resorte AB de constante k se une a dos engranes idénticos en la forma mostrada en la figura. Sabiendo que el resorte se encuentra sin elongar cuando $\theta = 0$ y para los valores de $a = 60$ mm, $b = 45$ mm, $r = 90$ mm y $k = 6$ kN/m, determínese a) el rango de valores de P para que exista equilibrio en el sistema y b) los dos valores de θ correspondientes a la posición de equilibrio, si el valor de P es igual a la mitad del límite superior del rango de valores encontrado en el inciso a.

10.83 Una barra delgada AB se une a los dos collares A y B los cuales pueden deslizarse libremente sobre las guías mostradas en la figura. Sabiendo que $\beta = 30°$ y $P = Q = 400$ N, determínese el valor de θ correspondiente a la posición de equilibrio.

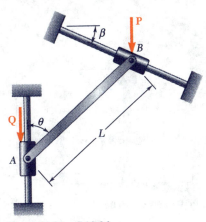

Fig. P10.83 y P10.84

10.84 Una barra delgada AB se une a los dos collares A y B los cuales pueden deslizarse libremente sobre las guías mostradas en la figura. Sabiendo que $\beta = 30°$, $P = 100$ N y $Q = 25$ N, determínese el valor de θ correspondiente a la posición de equilibrio.

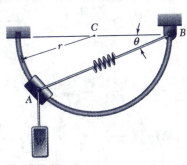

Fig. P10.85

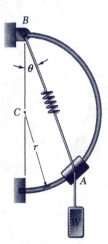

Fig. P10.86

10.85 y 10.86 En la figura se muestra un collar A que puede deslizarse libremente sobre la barra semicircular. Sabiendo que el resorte de constante k tiene una longitud natural igual al radio r, determínese para los valores de $W = 50$ lb, $r = 9$ in. y $k = 15$ lb/in. el valor de θ correspondiente a la posición de equilibrio.

10.87 y 10.88 El carro B de 75 kN de peso rueda a lo largo de la vía, la cual se encuentra inclinada en un ángulo β con respecto de la horizontal. La constante del resorte es igual a 5 kN/m y se encuentra sin elongar cuando $x = 0$. Determínese para el valor del ángulo β especificado en los siguientes problemas, la distancia x correspondiente a la posición de equilibrio.
        10.87 Ángulo $\beta = 30°$.
        10.88 Ángulo $\beta = 60°$.

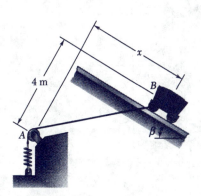

Fig. P10.87 y P10.88

10.89 En la figura se muestra una barra AB unida a una articulación en A y a dos resortes cada uno de constante k. Si $h = 25$ in., $d = 12$ in. y $W = 80$ lb, determínese el rango de valores de k para los cuales la barra esté en equilibrio estable en la posición mostrada en la figura. Nótese que cada resorte puede actuar ya sea a compresión o a tensión.

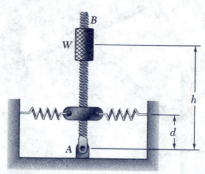

Fig. P10.89 y P10.90

10.90 En la figura se muestra una barra AB unida a una articulación en A y a dos resortes cada uno de constante k. Si $h = 45$ in., $k = 6$ lb/in. y $W = 60$ lb, determínese la distancia mínima d para que la barra esté en equilibrio estable en la posición mostrada en la figura. Nótese que cada resorte puede actuar ya sea a compresión o a tensión.

10.91 La barra AD unida a dos resortes de constante k se encuentra en equilibrio en la posición mostrada en la figura. Determínese, para las dos fuerzas verticales iguales y opuestas $\mathbf{P}$ y $-\mathbf{P}$ que actúan como se muestra en la figura, el rango de valores de su magnitud P para los cuales el sistema esté en equilibrio estable si a) $AB = CD$ y b) $AB = 2\,CD$.

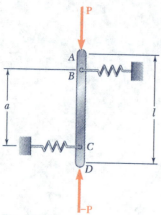

Fig. P10.91

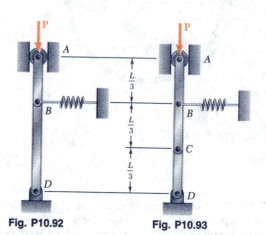

Fig. P10.92   **Fig. P10.93**

10.92 y 10.93 En la figura se muestran dos barras unidas a un resorte de constante k el cual se encuentra sin elongar cuando las barras están en posición vertical. Determínese el rango de valores de P para los cuales el sistema esté en equilibrio estable en la posición mostrada en la figura.

10.94 En la figura se muestran dos barras AB y BC unidas a un resorte de constante k el cual se encuentra sin elongar cuando las barras están en posición vertical. Determínese el rango de valores de P para los cuales el sistema esté en equilibrio estable en la posición mostrada en la figura.

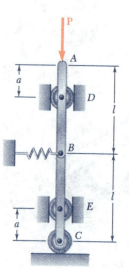

Fig. P10.94

10.95 En la figura se muestra una barra horizontal *BEH* conectada a tres barras verticales. El collar en *C* puede deslizarse libremente sobre la barra *DF*. Determínese para los valores de $a = 150$ mm, $b = 200$ mm y $Q = 45$ N el rango de valores de *P* para los cuales el sistema esté en equilibrio estable en la posición mostrada en la figura.

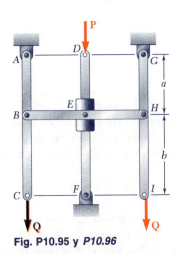

Fig. P10.95 y P10.96

10.96 En la figura se muestra una barra horizontal *BEH* conectada a tres barras verticales. El collar en *E* puede deslizarse libremente sobre la barra *DF*. Determínese para los valores de $a = 24$ in., $b = 20$ in. y $P = 150$ lb el rango de valores de *Q* para los cuales el sistema esté en equilibrio estable en la posición mostrada en la figura.

*10.97 Las barras *AB* y *BC* cada una de longitud *l* y peso despreciable que se muestran en la figura, están unidas a dos resortes cada uno de constante *k*. El sistema está en equilibrio y los resortes se encuentran sin elongar cuando $\theta_1 = \theta_2 = 0$. Determínese el rango de valores de *P* para los cuales la posición de equilibrio del sistema sea estable.

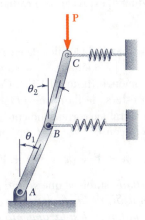

Fig. P10.97

*10.98 Resuélvase el problema 10.97 si se sabe que $l = 800$ mm y $k = 2.5$ kN/m.

*10.99 En la figura se muestran dos barras de peso despreciable unidas a tambores de radio *r* los cuales están conectados por medio de una banda elástica de constante *k*. Sabiendo que la banda elástica se encuentra sin elongar cuando las barras están en posición vertical, determínese el rango de valores de *P* para los cuales la posición de equilibrio del sistema en $\theta_1 = \theta_2 = 0$ es estable.

*10.100 Resuélvase el problema 10.99 si se sabe que $k = 20$ lb/in., $r = 3$ in., $l = 6$ in. y *a*) $W = 15$ lb, *b*) $W = 60$ lb.

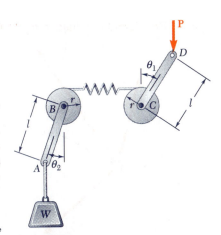

Fig. P10.99 y P10.100

REPASO Y RESUMEN DEL CAPÍTULO 10

Trabajo de una fuerza

La primera parte de este capítulo se dedicó al estudio del *principio del trabajo virtual* y a su aplicación directa en la solución de problemas de equilibrio. Primero se definió *el trabajo de una fuerza* $\mathbf{F}$ *correspondiente a un desplazamiento pequeño* $d\mathbf{r}$ [sección 10.2] como la cantidad

$$dU = \mathbf{F} \cdot d\mathbf{r} \qquad (10.1)$$

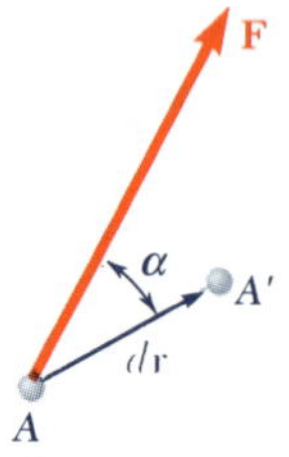

la cual se obtiene al efectuar el producto escalar de la fuerza $\mathbf{F}$ y el desplazamiento $d\mathbf{r}$ (figura 10.16). Representando con F y con ds, respectivamente, las magnitudes de la fuerza y el desplazamiento y por α el ángulo que forman $\mathbf{F}$ y $d\mathbf{r}$, se puede escribir que

$$dU = F\, ds \cos \alpha \qquad (10.1')$$

Fig. 10.16

El trabajo dU es positivo si $\alpha < 90°$, cero si $\alpha = 90°$ y negativo si $\alpha > 90°$. También se encontró que el *trabajo de un par de momento* M que actúa sobre un cuerpo rígido es

$$dU = M\, d\theta \qquad (10.2)$$

donde $d\theta$ es un ángulo pequeño, expresado en radianes, sobre el que rota el cuerpo.

Desplazamiento virtual

Cuando se consideró una partícula localizada en A y sobre la que actuaban varias fuerzas $\mathbf{F}_1, \mathbf{F}_2, \ldots, \mathbf{F}_n$ [sección 10.3], se supuso que la partícula se movía hacia una nueva posición A' (figura 10.17). Como en realidad el desplazamiento no ocurrió, a éste se le llamó *desplazamiento virtual* y se le denotó con $\delta\mathbf{r}$ mientras que al trabajo correspondiente de las fuerzas se le llamó *trabajo virtual* y se le denotó con δU. Así, se tuvo que

$$\delta U = \mathbf{F}_1 \cdot \delta\mathbf{r} + \mathbf{F}^2 \cdot \delta\mathbf{r} + \cdots + \mathbf{F}_n \cdot \delta\mathbf{r}$$

Principio del trabajo virtual

El *principio del trabajo virtual* establece que *si una partícula está en equilibrio, el trabajo virtual total* δU *de las fuerzas que actúan sobre las partículas es igual a cero para cualquier desplazamiento virtual de la partícula*.

El principio del trabajo virtual puede extenderse al caso de cuerpos rígidos y sistemas de cuerpos rígidos. Como este principio está relacionado *sólo con fuerzas que realizan trabajo*, la aplicación del mismo proporciona una útil alternativa al uso de las ecuaciones de equilibrio en la solución de muchos problemas de ingeniería. Dicho método es particularmente útil en el caso de máquinas y mecanismos que consisten en varios cuerpos rígidos conectados entre sí, ya que el trabajo de las reacciones en los apoyos es cero así como el trabajo de las fuerzas internas en las diferentes uniones de pernos que conforman el sistema [sección 10.4; problemas resueltos 10.1, 10.2 y 10.3].

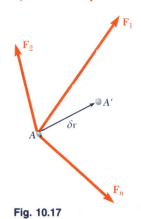

Fig. 10.17

Sin embargo, en el caso de *máquinas reales* [sección 10.5], el trabajo realizado por las fuerzas de fricción debe de ser tomado en cuenta, por lo que *el trabajo de salida es menor que el trabajo de entrada*. Definiendo la *eficiencia mecánica* de una máquina como

Eficiencia mecánica

$$\eta = \frac{\text{trabajo de salida}}{\text{trabajo de entrada}} \quad (10.9)$$

en donde se puntualizó que para una máquina ideal (sin fricción) $\eta = 1$, mientras que para una máquina real $\eta < 1$.

En la segunda parte de este capítulo se consideró el *trabajo realizado por las fuerzas con desplazamientos finitos* de sus puntos de aplicación. El trabajo $U_{1 \to 2}$ de la fuerza **F** correspondiente a un desplazamiento de la partícula A desde A_1 hasta A_2 (figura 10.18) se obtuvo al integrar el término del lado derecho de la ecuación (10.1) o (10.1′) a lo largo de la curva descrita por la partícula [sección 10.6], esto es:

Trabajo de una fuerza sobre un desplazamiento finito

$$U_{1 \to 2} = \int_{A_1}^{A_2} \mathbf{F} \cdot d\mathbf{r} \quad (10.11)$$

o bien

$$U_{1 \to 2} = \int_{s_1}^{s_2} (F \cos \alpha)\, ds \quad (10.11')$$

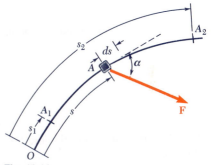

Fig. 10.18

En forma análoga, el trabajo de un par de momento **M** correspondiente a una rotación finita desde θ_1 hasta θ_2 de un cuerpo rígido se expresó como

$$U_{1 \to 2} = \int_{\theta_1}^{\theta_2} M\, d\theta \quad (10.12)$$

El *trabajo realizado por el peso* **W** *de un cuerpo* en el que su centro de gravedad se mueve de la altura y_1 hasta y_2 (figura 10.19) se puede obtener al hacer que $F = W$ y $\alpha = 180°$ en la ecuación (10.11′), esto es:

Trabajo de un peso

$$U_{1 \to 2} = -\int_{y_1}^{y_2} W\, dy = W\, dy_1 - W\, dy_2 \quad (10.13)$$

Por lo tanto, el trabajo de **W** es positivo *cuando disminuye la altura y*.

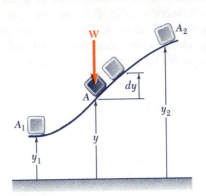

Fig. 10.19

Trabajo de la fuerza ejercida por un resorte

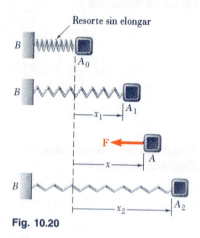

Fig. 10.20

El *trabajo de la fuerza* **F** *ejercida por un resorte* sobre un cuerpo A a medida que el resorte se elonga desde x_1 hasta x_2 (figura 10.20) se obtiene al hacer $F = kx$, donde k es la constante del resorte y $\alpha = 180°$ en la ecuación (10.11'); por lo tanto se tiene que

$$U_{1 \to 2} = -\int_{x_1}^{x_2} kx\, dx = \tfrac{1}{2}kx_1^2 - \tfrac{1}{2}kx_2^2 \qquad (10.15)$$

Así, el trabajo de **F** es positivo *cuando el resorte está regresando a su posición sin elongar*.

Energía potencial

Cuando el trabajo de la fuerza **F** es independiente de la trayectoria real que sigue la partícula entre A_1 y A_2, entonces se dice que la *fuerza es conservativa* y por lo tanto, su trabajo realizado viene expresado como

$$U_{1 \to 2} = V_1 - V_2 \qquad (10.20)$$

donde V es la *energía potencial* asociada con **F**; V_1 y V_2 representan, respectivamente, los valores de V en A_1 y A_2 [sección 10.7]. Las energías potenciales asociadas con *la fuerza de gravedad* **W** y con la *fuerza elástica* **F** ejercida por un resorte se expresan como

$$V_g = Wy \qquad \text{y} \qquad V_e = \tfrac{1}{2}kx^2 \qquad (10.17, 10.18)$$

Expresión alternativa del principio del trabajo virtual

Cuando la posición de un sistema mecánico depende solamente de una variable independiente θ, la energía potencial $V(\theta)$ del sistema debe ser función de esta variable y por lo tanto se concluye que $\delta U = -\delta V = -(dV/d\theta)\,\delta\theta$, a partir de la ecuación (10.20). La condición $\delta U = 0$ demandada por el principio del trabajo virtual para que el sistema se conserve en equilibrio puede ser sustituida por la condición

$$\frac{dV}{d\theta} = 0 \qquad (10.21)$$

Cuando todas las fuerzas involucradas son conservativas, es más conveniente emplear la ecuación (10.21) en vez de aplicar directamente el principio del trabajo virtual [sección 10.8 y problema resuelto 10.4].

Estabilidad del equilibrio

Este enfoque presenta otra ventaja más, ya que es posible determinar si el equilibrio del sistema es *estable*, *inestable* o *neutro* a partir del signo de la segunda derivada de V [sección 10.9]. Por otra parte, si $d^2V/d\theta^2 > 0$, entonces V es *mínima* y el equilibrio es estable; pero si $d^2V/d\theta^2 < 0$, entonces V es *máxima* y el equilibrio es *inestable*. Pero si $d^2V/d\theta^2 = 0$, entonces es necesario analizar las derivadas de un orden superior.

Problemas de repaso

10.101 En la figura se muestran dos barras idénticas ABC y DBE unidas por medio de un perno en B y mediante un resorte CE. Si se sabe que el resorte de constante $k = 8$ lb/in. tiene una longitud sin elongar de 4 in., determínese la distancia x correspondiente al equilibrio del sistema cuando una carga de 24 lb se aplica en E en la forma mostrada en la figura.

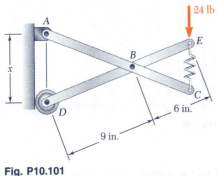

Fig. P10.101

10.102 Resuélvase el problema 10.101, suponiendo que la carga de 24 lb ahora se aplica en C en lugar de E.

10.103 La barra AB se une a un bloque en A el cual puede deslizarse libremente sobre la ranura vertical mostrada en la figura. Sin tomar en cuenta el efecto de la fricción y el peso de las barras, determínese el valor de θ correspondiente a la posición de equilibrio del sistema.

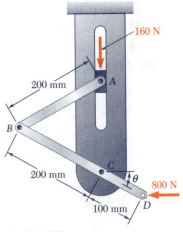

Fig. P10.103

10.104 Resuélvase el problema 10.103, suponiendo que la fuerza de 800 N se reemplaza por un par aplicado en D de 24 N · m con un sentido a favor del movimiento de las manecillas del reloj.

10.105 Una semiesfera de radio r se coloca sobre una superficie inclinada tal y como se muestra en la figura. Suponiendo que la fricción es suficiente para evitar deslizamiento entre la semiesfera y la superficie inclinada, determínese para $\beta = 10°$ el ángulo θ correspondiente a la posición de equilibrio de la semiesfera.

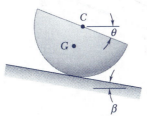

Fig. P10.105 y P10.106

10.106 Una semiesfera homogénea de radio r se coloca sobre una superficie inclinada tal y como se muestra en la figura. Suponiendo que la fricción es suficiente para evitar deslizamiento entre la semiesfera y la superficie inclinada, determínese a) el máximo ángulo β para el cual existe la posición de equilibrio y b) el ángulo θ correspondiente a la posición de equilibrio cuando el ángulo β es igual a la mitad del valor calculado en el inciso a.

10.107 En la figura se muestran dos barras cada una de masa m soldadas entre sí para formar el elemento BCD en forma de L, el cual se suspende con el cable AB. Sin tomar en cuenta el efecto de la fricción, determínese el ángulo θ correspondiente a la posición de equilibrio del sistema.

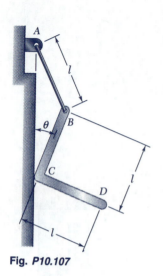

Fig. P10.107

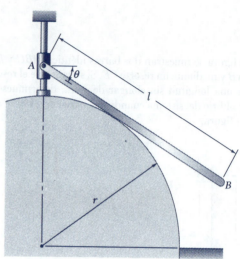

Fig. P10.108

10.108 En la figura se muestra una barra delgada de masa m y de longitud l unida a un collar en A y apoyada sobre un cilindro circular de radio r. Sin tomar en cuenta el efecto de la fricción, determínese para los valores de $l = 180$ mm y $r = 120$ mm el valor de θ correspondiente a la posición de equilibrio del sistema.

10.109 En la figura se muestra un collar B el cual puede deslizarse a lo largo de la barra AC y se une a un bloque mediante un perno que puede deslizarse sobre la ranura vertical mostrada. Derívese una ecuación para calcular la magnitud del par $\mathbf{M}$ requerido para mantener el equilibrio del sistema.

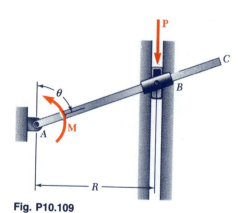

Fig. P10.109

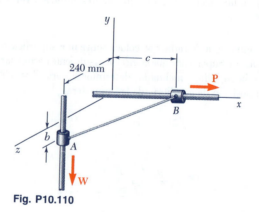

Fig. P10.110

10.110 Los collares A y B, conectados mediante el alambre AB se deslizan libremente sobre las barras mostradas en la figura. Sabiendo que la longitud del alambre es 440 mm y que el peso W del collar A es 90 N, determínese la magnitud de la fuerza $\mathbf{P}$ requerida para mantener en equilibrio el sistema cuando a) $c = 80$ mm y b) $c = 280$ mm.

10.111 Sabiendo que la barra *AB* mostrada en la figura puede deslizarse libremente a lo largo del piso y de la superficie inclinada, derívese una ecuación para determinar la magnitud de la fuerza **Q** requerida para mantener al sistema en equilibrio. Ignórese el peso de la barra.

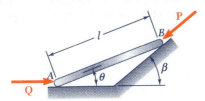

Fig. P10.111 y P10.112

10.112 En la figura se muestra la barra *AB* de 25 lb la cual puede deslizarse libremente a lo largo del piso y de la superficie inclinada. Determínese para los valores de $P = 40$ lb, $\beta = 50°$ y $\theta = 20°$ la magnitud de la fuerza **Q** requerida para mantener al sistema en equilibrio.

Los siguientes problemas fueron diseñados para ser resueltos con una computadora.

10.C1 Para mantener en equilibrio al sistema motriz mostrado en la figura cuando una fuerza **P** se aplica sobre el pistón es necesario suministrar un par **M** en la manivela *AB*. Sabiendo que $b = 2.4$ in. y $l = 7.5$ in., escríbase un programa de computadora que pueda ser usado para calcular la relación M/P considerando valores de θ que van desde 0 hasta 180° usando incrementos de 10°. Con incrementos apropiados más pequeños, determínese el valor de θ para que sea máxima la relación de M/P y su correspondiente valor.

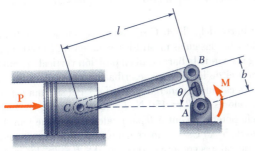

Fig. P10.C1

10.C2 Si se sabe que para el sistema mostrado en la figura $a = 500$ mm, $b = 150$ mm, $L = 500$ mm y $P = 100$ N, escríbase un programa de computadora que pueda ser usado para calcular la fuerza en el elemento *BD* considerando valores de θ que van desde 30° hasta 150° usando incrementos de 10°. Usando incrementos apropiados más pequeños, determínese el rango de valores de θ para los cuales el valor absoluto de la fuerza en el elemento *BD* sea menor de 400 N.

10.C3 Resuélvase el problema 10.C2 suponiendo que la fuerza **P** aplicada en *A* está dirigida horizontalmente hacia la derecha.

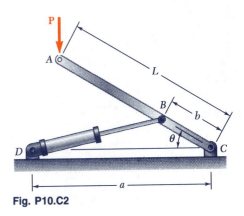

Fig. P10.C2

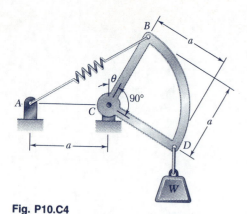

Fig. P10.C4

10.C4 En la figura se muestra un resorte AB de constante k que se encuentra sin elongar cuando $\theta = 0$. *a*) Sin tomar en cuenta el peso del elemento BCD, escríbase un programa de computadora que pueda ser usado para calcular la energía potencial del sistema así como su derivada $dV/d\theta$. *b*) Para los valores de $W = 150$ lb, $a = 10$ in. y $k = 75$ lb/in., calcúlese y grafíquese la energía potencial contra θ considerando valores de θ que van desde 0 hasta 165° usando incrementos de 15°. *c*) Usando incrementos apropiados más pequeños, determínense los valores de θ para los cuales el sistema se mantiene en equilibrio y establézcase en cada caso si el equilibrio es estable, inestable o neutro.

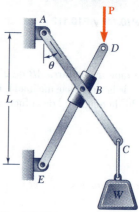

Fig. P10.C5

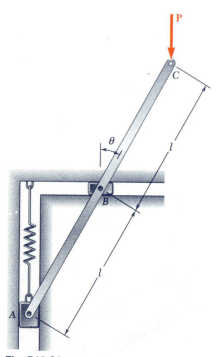

Fig. P10.C6

10.C5 En la figura se muestran dos barras AC y DE, cada una de longitud L, las cuales están unidas por medio de un collar fijo a la barra AC en su punto medio B. *a*) Escríbase un programa de computadora que pueda ser usado para calcular la energía potencial V del sistema así como su derivada $dV/d\theta$. *b*) Para los valores de $W = 75$ N, $P = 200$ N y $L = 500$ mm, calcúlese V y $dV/d\theta$ para valores de θ que van desde 0 hasta 70° usando incrementos de 5°. *c*) Usando incrementos apropiados más pequeños, determínense los valores de θ para los cuales el sistema se mantiene en equilibrio y establézcase en cada caso si el equilibrio es estable, inestable o neutro.

10.C6 Una barra delgada ABC se une a los bloques A y B los cuales pueden moverse libremente sobre las guías mostradas en la figura. El resorte de constante k se encuentra sin elongar cuando la barra está en posición vertical. *a*) Sin tomar en cuenta el peso de la barra y el de los bloques, escríbase un programa de computadora que pueda ser usado para calcular la energía potencial V del sistema así como su derivada $dV/d\theta$. *b*) Para los valores de $P = 150$ N, $l = 200$ mm y $k = 3$ kN/m, calcúlese y grafíquese la energía potencial contra θ para valores de θ que van desde 0 hasta 75° usando incrementos de 5°. *c*) Usando incrementos apropiados más pequeños, determínese para el rango de valores comprendido entre $0 \leq \theta \leq 75°$ las posiciones de equilibrio del sistema y establézcase en cada caso si el equilibrio es estable, inestable o neutro.

10.C7 Resuélvase el problema 10.C6 suponiendo que la fuerza $\mathbf{P}$ aplicada en C está dirigida horizontalmente hacia la derecha.

Índice

Aceleración debida a la gravedad, 4
Ángulo:
    de avance (de paso), 418
    de fricción cinética, 400
    de fricción estática, 400
    de reposo, 400
Ángulo de avance, 418
Apoyos:
    de bola, 186, 187
    de rótula (bola y cuenca), 186, 187
    de vigas, 349-350
    reacciones en, 156, 157, 186
Apoyos de bola, 186, 187
Apoyos de pasador y ménsula, 186, 187
Apoyos de rótula (bola y cuenca), 186, 187
Apoyos fijos, 156-157, 186, 187
Áreas compuestas:
    centroides de, 217
    momentos de inercia de, 468-469
Aristóteles, 2
Armadura espacial, 283
Armadura no rígida, 295
Armadura rígida, 278, 295
Armaduras compuestas, 294
Armaduras estáticamente determinadas, 295
Armaduras estáticamente indeterminadas, 295
Armaduras hiperestáticas, 295
Armaduras simples, 278, 283
Armaduras, 276-295
    compuestas, 294
    espaciales, 283
    estáticamente determinadas, 295
    estáticamente indeterminadas, 295
    hiperestáticas, 295
    rígidas, 278, 295
    simples, 278, 283
    típicas, 277
Arquímedes, 2
Articulaciones, 156, 186, 187
Avance de un tornillo, 418

Bandas en V, 438
Barras de tensión, 303

Bernoulli, Jean, 540
Cable parabólico, 373-374
Cables, 371-384
    claro de los, 374, 384
    con cargas concentradas, 371-372
    con cargas distribuidas, 372-373
    parabólicos, 373-374
    reacciones en los, 156, 186
Cabrestante, 439
Calculadoras:
    precisión de las, 14
    uso de las, 22, 23, 29, 31, 38, $47n$
Cargas distribuidas, 240, 349
Cargas en vigas, 349
Catenaria, 382-384
Centímetro, 7
Centro:
    de gravedad, 210-211, 251-252
    de presión, 240, 479-481
    de simetría, 214
Centroides, 210-217, 227-230, 240-241, 251-254
    de formas comunes: de áreas, 215
        de líneas, 216
        de volúmenes, 253
    de líneas y áreas, 212-217
    de líneas y áreas compuestas, 217
    de volúmenes, 251-254
    de volúmenes compuestos, 254
    determinación de, por integración, 227-229, 254
Chumaceras, 426-428
Cifras significativas, 13
Círculo de Mohr, 490-491
Coeficiente:
    de fricción cinética, 397-399
    de fricción estática, 398
    de resistencia a la rodadura, 430
Cojinetes de collarín, 428
Cojinetes de empuje, 428-429
Cojinetes de tope, 428
Cojinetes, 186, 426-427
    de chumacera, 426-427
    de collarín, 428
    de empuje, 428-429
    de tope, 428
Componentes:
    de fuerzas, 21, 28, 45-48

de momentos, 81-82
de productos vectoriales, 77-78
Componentes de un vector, 30
Componentes escalares, 28
Componentes rectangulares:
de una fuerza, 27-28, 39, 49
de un momento, 81-82
del producto vectorial, 77-78
Composición de fuerzas (*véase* Suma de fuerzas)
Compresión, 75, 277, 342
Constante de un resorte, 561
Cosenos directores, 47
Cuerdas flexibles (*véase* Cables), 371-384
Cuerpo rígido, 3, 72
diagrama de cuerpo libre de un, 155
equilibrio de un: en un plano, 154-187
en el espacio, 186
Cuerpo sujeto a dos fuerzas, 177-178
Cuerpo sujeto a tres fuerzas, 178
Cuerpos compuestos:
centroides de, 254
momentos de inercia de, 500
Cuerpos rígidos inestables, 160n
Cuñas, 417

D'Alambert, Jean, 2
Decímetro, 7
Densidad, 212n, 252, 399
Desplazamiento virtual, 543-547
Desplazamiento, 540, 541
virtual, 429-433, 543-547
Diagrama de cuerpo libre:
de una partícula, 36-37
de un cuerpo rígido, 155
Diagrama de fuerza cortante, 352
Diagrama de momento flexionante, 352
Diagramas:
de cuerpo libre, 36-37, 155
de fuerza cortante, 352
de momento flexionante, 352
Dinámica, definición de, 2
Dirección de una fuerza, 16

Ecuaciones de equilibrio:
para una partícula, 36-37, 57
para un cuerpo rígido, 154
Eficiencia mecánica, 546-547
Eficiencia, 546, 547
Ejes:
de simetría, 214
de una llave de torsión, 125

Ejes centroidales y ejes principales, 482
Ejes inclinados, momentos de inercia, 482, 515, 517
Ejes principales de inercia:
de áreas, 482
de masas, 516-517
Elemento de fuerza cero, 282
Elementos de fuerzas múltiples, 305, 342-343
Elementos diferenciales:
para centroides: de áreas, 228
de volúmenes, 254
para momentos de inercia: de áreas, 459
de masas, 500
Elementos redundantes, 295
Elipsoide de inercia, 516-517
Embragues de disco, 428
Energía potencial, 444-445, 562-563
Equilibrio:
ecuaciones (*véase* Ecuaciones de equilibrio)
de una partícula: en un plano, 35-36
en el espacio, 57
de un cuerpo rígido: en un plano, 154-186
en el espacio, 186
estabilidad del, 564-565
neutro, 564-565
Equilibrio estable, 564-565
Equilibrio inestable, 564-565
Equilibrio neutro, 564-565
Escalares, 17
Eslabones, 156
Espacio, 2
Estática, definición de, 2
Estructuras:
análisis de, 275-320
bidimensionales, 80, 156
estáticamente determinadas, 308
estáticamente indeterminadas, 308
fuerzas internas en, 275, 342, 343
Estructuras, 305-308
Estructuras bidimensionales, 80, 156
Estructuras estáticamente determinadas, 308
Estructuras estáticamente indeterminadas, 308

Flecha, 374, 384
Flexión, 342
Forma de determinante:
para el momento de una fuerza: alrededor de un eje, 95-96
alrededor de un punto, 82
para el producto vectorial, 78
para el triple producto escalar, 93-94
Fórmula para transferencia (*véase* Teorema de los ejes paralelos)

Frenos de banda, 437
Fricción, 397-438
    ángulos de, 400
    cinética, 398
    círculo de, 428
    coeficiente de, 397-399
    de Coulomb, 397
    en bandas, 436-438
    en una rueda, 428-429
    estática, 397
    leyes de, 397-399
    seca, 397
Fricción cinética, 398
Fricción de Coulomb, 397
Fricción en bandas, 436-438
Fricción en discos, 428
Fricción en ejes, 426-427
Fricción en ruedas, 429-430
Fricción estática, 397
    ángulo de, 400
    coeficiente de, 398
Fricción seca, 397
Fuerza cortante, 342, 350-362
Fuerza, 3
    conservativa, 563
    en un elemento, 279
    externa, 72
    sobre una partícula: en un plano, 16-30
        en el espacio, 45-57
    sobre un cuerpo rígido, 71-143
Fuerzas concurrentes, 20
Fuerzas conservativas, 563
Fuerzas coplanares, 21
Fuerzas de acción y reacción, 4, 275
Fuerzas de entrada, 321
Fuerzas de restricción, 155
Fuerzas de salida, 321
Fuerzas distribuidas, 210, 457
Fuerzas equivalentes, 73-75
Fuerzas externas, 72
Fuerzas hidrostáticas, 241, 457, 458
Fuerzas internas, 73
    en elementos, 342
    en estructuras, 275

Gatos (triquets), 417-418
Giro, radio de, 460, 496
Grados de libertad, 563
Gramo, 6
Gravedad:
    aceleración debida a la, 4
    centro de, 210-211, 251-252

Gravitación:
    constante de la, 4
    ley de Newton de la, 4
Guldinus, teoremas de, 229-230

Hamilton, Sir William R., 2

Inercia:
    ejes principales de: para un área, 482
        para una masa, 516-519
    elipsoide de, 516-517
    momentos de (*véase* Momentos de inercia)
    productos de: de áreas, 481-482
        de masas, 515, 516
        teorema de los ejes paralelos para, 482, 516
Inestabilidad geométrica, 161*n*

Joule (unidad), 541*n*
Junta universal, 186, 187, 332

Kilogramo, 5
Kilolibra, 9
Kilómetro, 6
Kilonewton, 6
Kip, 9

Lagrange, J.L., 2
Ley del paralelogramo, 3, 17
Leyes:
    de fricción, 397-399
    de Newton (*véase* Newton, leyes de)
Libra-fuerza, 9
Libra-masa, 11
Línea de acción, 16, 73-75
Litro, 8
Llave de torsión, 125-126

Magnitud de una fuerza, 16
Máquinas ideales, 546-547
Máquinas reales, 546-547
Máquinas, 321
    ideales, 546-547
    reales, 546-547
Masa, 3
Maxwell, diagrama de, 281

Mecánica newtoniana, 2
Mecánica:
   definición de, 2
   newtoniana, 2
   principios de la, 2-5
Megagramo, 6
Metro, 5
Milímetro, 6
Milla, 9
Momento:
   de un par, 105
   flexionante, 342, 350-362
   primer momento, 213-214, 252
Momento de una fuerza: alrededor de un
      eje, 95-96
   alrededor de un punto, 79-80
   segundo momento, 457-458
Momento flexionante, 342, 350-362
Momento polar de inercia, 459
Momento(s), 105-109
   equivalente, 106-108
   suma de, 108
Momentos de inercia de masa, 496-517
Momentos de inercia, 457-519
   de áreas, 457-491
      teorema de los ejes paralelos para, 467-468
   de áreas compuestas, 468-469
   de cuerpos compuestos, 500
   de formas geométricas comunes, 469, 501
   de masas, 496-517
      teorema de los ejes paralelos para, 498
   de placas delgadas, 499-500
   determinación de, por integración, 458-459, 500
   ejes inclinados, 482, 515, 517
   polar, 459
   principal, 482, 516-519
   rectangular, 458, 497
Momentos principales de inercia:
   de áreas, 482
   de masas, 517
Movimiento, Leyes de Newton de (*véase* Newton, leyes de)

Newton (unidad), 6
Newton, leyes de:
   la gravitación, 3-5
   movimiento: primera, 4, 36
      segunda, 4
      tercera, 4-5, 275
Newton, Sir Isaac, 2-4
Nodos (nudos), método de los, 275-283

Pappus, teoremas de, 229-230
Partículas, 3, 16
   diagrama de cuerpo libre de, 36-37
   equilibrio de: en un plano, 35-36
      en el espacio, 57
Pascal (unidad), 241n
Paso:
   de un tornillo, 418
   de una llave de torsión, 125-126
Perfiles estructurales, propiedades de, 470, 471
Pernos o pasadores, 156, 278
Peso específico, 212, 243, 352
Peso, 4
Pie, 9
Plano de simetría, 252
Polo, 459
Poste de muelle (cabrestante), 439
Precisión numérica, 13
Precisión numérica, 13
Prensa de banco, análisis de, 544-546
Presión, centro de, 240, 479-481
Primer momento:
   de líneas y áreas, 213-214
   de volúmenes, 252
Principio:
   del trabajo virtual, 540, 543-546
   de trasmisibilidad, 3, 72, 73-75
Principios de la mecánica, 2-5
Producto:
   de inercia: de un área, 481-482
      de masa, 515-516
   de un escalar y un vector, 20
   escalar, 91-93
   triple producto escalar, 93-94
   vectorial, 75-77
Producto cruz (*véase* Producto vectorial)
Producto escalar, 91-93
Producto punto, 91
Producto vectorial, 75-77
   componentes rectangulares de un, 77-78
   forma de determinante para el, 78
Productos de inercia de masa, 515-516
Programas computacionales, 459
Propiedad asociativa para la suma de vectores, 20
Propiedad conmutativa:
   para la suma de vectores, 18
   para productos escalares, 91-92
Propiedad distributiva:
   para productos escalares, 91-92
   para productos vectoriales, 78
Puentes colgantes, 373
Pulgada, 9
Punto de aplicación de una fuerza, 16, 73

Radio de giro, 460, 496
Reacciones en apoyos y conexiones, 156, 186, 187
Reacciones estáticamente determinadas, 160
Reacciones estáticamente indeterminadas, 160, 186
Reducción de un sistema de fuerzas, 120-126
Regla de la mano derecha, 75, 79
Regla del polígono, 20
Regla del triángulo, 19
Relatividad, teoría de, 2
Reposo, ángulo de, 400
Resistencia a la rodadura, 429-430
    coeficiente de, 430
Resolución de una fuerza:
    en sus componentes: en un plano, 21, 27-28
        en el espacio, 45-49
    en una fuerza y un par, 109-110
Resorte:
    energía potencial de un, 562
    fuerza ejercida por un, 561
Resta de vectores, 19
Restricciones, 545
    completas, 160
    impropias, 161, 186
    parciales, 160, 186
Restricciones completas, 160
Restricciones impropias, 161, 186
Restricciones parciales, 160, 186
Resultante de un sistema de fuerzas, 16-17, 49, 121
(*Véanse también* Suma de fuerzas, Suma de vectores)
Revolución
    cuerpo de, 229, 400
    superficie de, 229
Rodillos, 156, 186, 187
Ruedas, 186, 187, 429

Secciones, método de, 293-294
Segundo momento, 457-458
Segundo, 5, 9
Sentido de una fuerza, 16
Simetría:
    centro de, 214
    eje de, 214
    plano de, 252
Sistema absoluto de unidades, 5
Sistema fuerza-par, 109
Sistema gravitacional de unidades, 9
Sistema internacional de unidades, 5-8
Sistemas:
    de fuerzas, 120-126
    de unidades, 5-13
Sistemas de fuerzas, 120-143
Sistemas equipolentes de vectores, 122

Sistemas equivalentes de fuerzas, 122
Slug, 9
Solución de problemas, métodos de, 12-13
Suma de vectores, 18-20
Suma:
    de fuerzas: concurrentes: en un plano, 20, 30
        en el espacio, 49
      no concurrentes, 120
    de pares, 108
    de vectores, 18
Superficies:
    de revolución, 229
    rugosas, 156, 186, 187
    sin fricción o lisas, 156, 186, 187
    sumergidas, fuerzas sobre las, 241, 457
Superficies rugosas, 156, 186, 187
Superficies sin fricción (lisas), 156, 186, 187
Superficies sumergidas, fuerzas sobre las, 241, 457

Tensión, 75, 277, 342
Teorema de los ejes paralelos:
    para momentos de inercia: de áreas, 467-468
        de masas, 498
    para productos de inercia: de áreas, 482
        de masas, 516
Teorema de Varignon, 81
Tiempo, 2
Tonelada
    métrica, 6n
    de Estados Unidos, 9
Tonelada métrica, 6n
Tornillos autobloqueantes, 418
Tornillos de rosca cuadrada, 417-418
Tornillos, 417-418
Trabajo:
    de entrada y de salida, 546-547
    de la fuerza ejercida por un resorte, 561
    de las fuerzas ejercidas sobre un cuerpo rígido, 542, 544
    de una fuerza, 540-541
    de un par, 542-543, 560
    de un peso, 560-561
    virtual, 543
Trabajo de entrada, 546-547
Trabajo de salida, 546-547
Trabajo virtual, 543
    principio de, 540, 543-546
Transmisiones de banda, 437-438
Trasmisibilidad, principio de, 3, 73-74
Triple producto escalar, 93
    forma de determinante para, 94
Triquets (gatos), 417-418

Unidades, 5-14
(*Véanse también* Sistemas específicos de unidades)
Unidades de uso común en Estados Unidos, 9-14
Unidades métricas, 5-7
Unidades SI, 5-8

Vector de momento, 109-110
Vector negativo, 18
Vector positivo, 79
Vectores, 17
    adheridos a (fijos o ligados a), 17
    coplanares, 20
    de pares, 108
    deslizantes, 18, 74
    libres, 17
Vectores coplanares, 20
Vectores unitarios, 27-28, 47
Vigas, 349-370
    apoyos de las, 349-350
    claro de las, 349
    combinadas, 349
    tipos de, 349
    tipos de cargas en las, 349

Respuestas a los problemas propuestos

En ésta y en las siguientes páginas se presentan las respuestas correspondientes a los problemas cuyo número no está escrito en itálicas. Las respuestas correspondientes a los problemas cuyo número está escrito en itálicas no se proporcionan aquí.

CAPÍTULO 2

2.1 3.30 kN ⦨66.6°.
2.3 77.1 lb ⦩85.4°.
2.4 139.1 lb ⦩67.0°.
2.5 a) 103.0°. b) 276 N.
2.6 a) 25.1°. b) 266 N.
2.7 a) 853 lb. b) 567 lb.
2.8 a) 938 lb. b) 665 lb.
2.9 a) 37.1°. b) 73.2 N.
2.10 a) 44.7 N. b) 107.1 N.
2.13 a) 368 lb→. b) 212.5 lb.
2.17 100.3 N ⦩21.2°.
2.21 (80 N) 61.3 N, 51.4 N; (120 N) 41.0 N, 112.8 N; (150 N) −122.9 N, 86.0 N.
2.22 (40 lb) 20.0 lb, −34.6 lb; (50 lb) −38.3 lb, −32.1 lb; (60 lb) 54.4 lb, 25.4 lb.
2.23 (102 lb) −48.0 lb, 90.0 lb; (106 lb) 56.0 lb, 90.0 lb; (200 lb) −160.0 lb, −120.0 lb.
2.25 a) 1465 N. b) 840 N↓.
2.26 a) 621 N. b) 160.8 N.
2.27 a) 523 lb. b) 428 lb.
2.28 a) 373 lb. b) 286 lb.
2.31 193.0 N ⦨36.6°.
2.32 251 N ⦧85.3°.
2.33 54.9 lb ⦨48.9°.
2.34 163.4 lb ⦧21.5°.
2.35 309 N ⦩86.6°.
2.36 226 N ⦩62.3°.
2.39 a) 21.7°. b) 229 N.
2.40 a) 580 N. b) 300 N.
2.41 a) 95.1 lb. b) 95.0 lb.
2.43 a) 440 N. b) 326 N.
2.44 a) 2.13 kN. b) 1.735 kN.
2.45 a) 1244 lb. b) 115.4 lb.
2.46 a) 172.7 lb. b) 231 lb.
2.49 F_C = 6.40 kN; F_D = 4.80 kN.
2.50 F_B = 15.00 kN; F_C = 8.00 kN.
2.51 F_A = 1303 lb; F_B = 420 lb.
2.52 P = 477 lb; Q = 127.7 lb.
2.53 a) 182.5 kN. b) 15.22 kN.
2.54 a) 26.3 kN. b) 101.3 kN.
2.57 a) 1081 N. b) 82.5°.
2.58 a) 1294 N. b) 62.5°.
2.59 a) 60°. b) 230 lb.
2.60 a) ⦨5°. b) 104.6 lb.
2.61 a) 50°. b) 1.503 kN.
2.62 5.80 m.
2.65 602 N ⦧46.8° o 1365 N ⦩46.8°.
2.66 a) 22.5°. b) 630 N.
2.67 a) 300 lb. b) 300 lb. c) 200 lb. d) 200 lb. e) 150 lb.
2.68 b) 200 lb. d) 150 lb.
2.71 a) +220 N, +544 N, +126.8 N. b) 68.5°, 25.0°, 77.8°.
2.72 a) −237 N, +258 N, +282 N. b) 121.8°, 55.0°, 51.1°.
2.73 a) +56.4 lb, −103.9 lb, −20.5 lb. b) 62.0°, 150.0°, 99.8°.
2.74 a) +37.1 lb, −68.8 lb, +33.4 lb. b) 64.1°, 144.0°, 66.8°.
2.75 a) 288 N. b) 67.5°, 30.0°, 108.7°.
2.76 a) 100.0 N. b) 112.5°, 30.0°, 108.7°.
2.79 F = 900 N; θ_x = 73.2°, θ_y = 110.8°, θ_z = 27.3°.
2.80 F = 570 N; θ_x = 55.8°, θ_y = 45.4°, θ_z = 116.0°.
2.81 a) 140.3°. b) F_x = 79.9 lb, F_z = 120.1 lb; F = 226 lb.
2.82 a) 118.2°. b) F_x = 36.0 lb, F_y = −90.0 lb; F = 110 lb.
2.85 +192 N, +288 N, −216 N.
2.86 −165 N, +317 N, +238 N.
2.87 +100 lb, +500 lb, −125 lb.
2.88 +50 lb, +250 lb, +185 lb.
2.91 515 N; θ_x = 70.2°, θ_y = 27.6°, θ_z = 71.5°.
2.92 515 N; θ_x = 79.8°, θ_y = 33.4°, θ_z = 58.6°.
2.93 913 lb; θ_x = 48.2°, θ_y = 116.6°, θ_z = 53.4°.
2.94 913 lb; θ_x = 50.6°, θ_y = 117.6°, θ_z = 51.8°.
2.95 748 N; θ_x = 120.1°, θ_y = 52.5°, θ_z = 128.0°.
2.98 T_{AB} = 490 N; T_{AD} = 515 N.
2.99 1031 N↑.
2.100 956 N↑.
2.103 2100 lb.
2.104 1868 lb.
2.105 1049 lb.
2.106 T_{AB} = 571 lb; T_{AC} = 830 lb; T_{AD} = 528 lb.
2.107 960 N.
2.108 0 ≤ Q < 300 N.
2.109 845 N.
2.110 768 N.
2.113 T_{AB} = 974 lb; T_{AC} = 531 lb; T_{AD} = 533 lb.
2.114 T_{AD} = T_{CD} = 29.5 lb; T_{BD} = 10.25 lb.

2.115 $T_{AB} = 510$ N; $T_{AC} = 56.2$ N; $T_{AD} = 536$ N.
2.116 $T_{AB} = 1340$ N; $T_{AC} = 1025$ N; $T_{AD} = 915$ N.
2.117 $T_{AB} = 1431$ N; $T_{AC} = 1560$ N; $T_{AD} = 183.0$ N.
2.118 $T_{AB} = 1249$ N; $T_{AC} = 490$ N; $T_{AD} = 1647$ N.
2.121 378 N.
2.122 a) 454 N. b) 1202 N.
2.123 $P = 36.0$ lb; $Q = 54.0$ lb.
2.124 $W = 180.0$ lb; $P = 24.0$ lb.
2.127 a) 312 N. b) 144 N.
2.128 $0 < P < 514$ N.
2.130 a) $F_y = +694$ N, $F_z = +855$ N; $F = 1209$ N.
b) 114.4°.
2.131 $T_{AB} = 500$ N; $T_{AC} = 459$ N; $T_{AD} = 516$ N.
2.133 a) -1861 lb, $+3360$ lb, $+677$ lb.
b) 118.5°, 30.5°, 80.0°.
2.134 a) 500 lb. (b) 544 lb.
2.136 (45 lb) + 25.8 lb, +36.9 lb;
(60 lb) + 49.1 lb, +34.4 lb;
(75 lb) + 48.2 lb, −57.5 lb.
2.137 a) 125.0 lb. b) 45.0 lb.
2.C2 1) b) 20°; c) 244 lb. 2) b) −10°; c) 467 lb.
3) b) 10°; c) 163.2 lb.
2.C3 a) 1.001 m. b) 4.01 kN. c) 1.426 kN; 1.194 kN.

CAPÍTULO 3

3.1 1.277 N·m↷.
3.2 1.277 N·m↷.
3.3 186.6 lb·in.↶.
3.4 8.97 lb ⦨19.98°.
3.7 a) 196.2 N·m↶. b) 199.0 N ⦨59.5°.
3.8 a) 196.2 N·m↶. b) 321 N ⦨35.0°.
c) 231 N↑ en el punto D.
3.9 116.2 lb·ft↷.
3.10 128.2 lb·ft↷.
3.11 a) 760 N·m↷. b) 760 N·m↷.
3.12 1224 N.
3.16 2.21 m.
3.17 a) $(-3\mathbf{i} - \mathbf{j} - \mathbf{k})/\sqrt{11}$. b) $(2\mathbf{j} + 3\mathbf{k})/\sqrt{13}$.
3.20 a) $-26\mathbf{i} + 2\mathbf{j} - 22\mathbf{k}$. b) $13\mathbf{i} - 22\mathbf{j} + 60\mathbf{k}$. (c) 0.
3.21 $(3080$ N·m$)\mathbf{i} - (2070$ N·m$)\mathbf{k}$.
3.22 $(23.5$ N·m$)\mathbf{i} + (78.5$ N·m$)\mathbf{j} - (473$ N·m$)\mathbf{k}$.
3.23 $-(25.4$ lb·ft$)\mathbf{i} - (12.60$ lb·ft$)\mathbf{j} - (12.60$ lb·ft$)\mathbf{k}$.
3.24 $-(153.0$ lb·ft$)\mathbf{i} + (63.0$ lb·ft$)\mathbf{j} + (215$ lb·ft$)\mathbf{k}$.
3.27 4.58 m.
3.28 3.70 m.
3.29 32.3 in.
3.30 57.0 in.
3.31 1.564 m.
3.32 3.29 m.
3.35 $\mathbf{P}\cdot\mathbf{Q} = 18$; $\mathbf{P}\cdot\mathbf{S} = 10$; $\mathbf{Q}\cdot\mathbf{S} = 0$.
3.37 43.6°.
3.38 38.9°.
3.39 27.4°.
3.40 37.1°.
3.43 a) 71.1°. b) 0.973 lb.

3.44 12 in.
3.46 2.
3.47 $M_x = -31.2$ N·m; $M_y = 13.20$ N·m; $M_z = -2.42$ N·m.
3.48 $M_x = -25.6$ N·m; $M_y = 10.80$ N·m; $M_z = 40.6$ N·m.
3.49 283 lb.
3.50 235 lb.
3.51 1.252 m.
3.52 1.256 m.
3.55 2.28 N·m.
3.56 −9.50 N·m.
3.57 1359 lb·in.
3.58 −2350 lb·in.
3.59 $aP/\sqrt{2}$.
3.61 18.57 N·m.
3.62 44.1 N·m.
3.64 0.1198 m.
3.65 0.437 m.
3.66 30.4 in.
3.67 43.5 in.
3.70 a) 336 lb·in.↷. b) 28 in. c) 54.0°.
3.71 a) 12.39 N·m↶. b) 12.39 N·m↶. c) 12.39 N·m↶.
3.72 a) 75 N. b) 71.2 N. c) 45 N.
3.75 $M = 10$ lb·ft; $\theta_x = 90°$, $\theta_y = 143.1°$, $\theta_z = 126.9°$.
3.76 $M = 9.21$ N·m; $\theta_x = 77.9°$, $\theta_y = 12.05°$, $\theta_z = 90°$.
3.77 $M = 604$ lb·in.; $\theta_x = 72.8°$, $\theta_y = 27.3°$, $\theta_z = 110.5°$.
3.79 $M = 10.92$ N·m; $\theta_x = 97.8°$, $\theta_y = 34.5°$, $\theta_z = 56.7°$.
3.80 $M = 4.50$ N·m; $\theta_x = 90°$, $\theta_y = 177.1°$, $\theta_z = 87.1°$.
3.81 a) $\mathbf{F} = 560$ lb ⦨20°; $\mathbf{M} = 7720$ lb·ft↶.
b) $\mathbf{F} = 560$ lb ⦨20°; $\mathbf{M} = 4290$ lb·ft↶.
3.82 a) $\mathbf{F} = 80$ N←; $\mathbf{M} = 4$ N·m↷.
b) $\mathbf{F}_C = 100$ N↓; $\mathbf{F}_D = 100$ N↑.
3.83 a) $\mathbf{F} = 160$ lb ⦨60°; $\mathbf{M} = 334$ lb·ft↷.
b) $\mathbf{F}_B = 20.0$ lb↑; $\mathbf{F}_D = 143.0$ lb ⦨56.0°.
3.86 $\mathbf{F}_A = 389$ N ⦩60°; $\mathbf{F}_C = 651$ N ⦩60°.
3.87 a) $\mathbf{F} = (240$ N$)\mathbf{k}$; $\mathbf{M} = (100$ N·m$)\mathbf{j}$.
b) $(240$ N$)\mathbf{k}$; 0.417 m a partir de A a lo largo de AB. c) 100 N.
3.88 a) $-(600$ N$)\mathbf{k}$; $d = 90$ mm por debajo de ED.
b) $-(600$ N$)\mathbf{k}$; $d = 90$ mm por encima de ED.
3.89 a) $\mathbf{F} = 48$ lb ⦨65°; $\mathbf{M} = 490$ lb·in.↶.
b) 48 lb ⦨65°; 17.78 in. a la izquierda de B.
3.90 $(0.227$ lb$)\mathbf{i} + (0.1057$ lb$)\mathbf{k}$; 63.6 in. a la derecha de B.
3.93 $\mathbf{F} = -(1220$ N$)\mathbf{i}$;
$\mathbf{M} = (73.2$ N·m$)\mathbf{j} - (122.0$ N·m$)\mathbf{k}$.
3.94 $\mathbf{F} = -(128$ lb$)\mathbf{i} - (256$ lb$)\mathbf{j} + (32$ lb$)\mathbf{k}$;
$\mathbf{M} = (4.10$ kip·ft$)\mathbf{i} + (16.38$ kip·ft$)\mathbf{k}$.
3.95 $\mathbf{F} = -(90$ lb$)\mathbf{i} - (180$ lb$)\mathbf{j} - (180$ lb$)\mathbf{k}$;
$\mathbf{M} = -(23.0$ kip·ft$)\mathbf{i} + (11.52$ kip·ft$)\mathbf{k}$.
3.96 $\mathbf{F} = (5$ N$)\mathbf{i} + (150$ N$)\mathbf{j} - (90$ N$)\mathbf{k}$;
$\mathbf{M} = (77.4$ N·m$)\mathbf{i} + (61.5$ N·m$)\mathbf{j} + (106.8$ N·m$)\mathbf{k}$.
3.97 $\mathbf{F} = -(28.5$ N$)\mathbf{j} + (106.3$ N$)\mathbf{k}$;
$\mathbf{M} = (12.35$ N·m$)\mathbf{i} - (19.15$ N·m$)\mathbf{j} - (5.13$ N·m$)\mathbf{k}$.
3.99 a) 135.0 mm.
b) $\mathbf{F}_2 = (42$ N$)\mathbf{i} + (42$ N$)\mathbf{j} - (49$ N$)\mathbf{k}$;
$\mathbf{M}_2 = -(25.9$ N·m$)\mathbf{i} + (21.2$ N·m$)\mathbf{j}$.

3.101 *a)* Carga *a*: **R** = 600 N↓; **M** = 1000 N · m↰.
Carga *b*: **R** = 600 N↓; **M** = 900 N · m↲.
Carga *c*: **R** = 600 N↓; **M** = 900 N · m↰.
Carga *d*: **R** = 400 N↑; **M** = 900 N · m↰.
Carga *e*: **R** = 600 N↓; **M** = 200 N · m↲.
Carga *f*: **R** = 600 N↓; **M** = 800 N · m↰.
Carga *g*: **R** = 1000 N↓; **M** = 1000 N · m↰.
Carga *h*: **R** = 600 N↓; **M** = 900 N · m↰.
b) Cargas *c* y *h*.

3.102 Carga *f*.

3.104 Sistema fuerza-par en *D*.

3.105 *a)* 2 ft a la derecha de *C*.
b) 2.31 ft a la derecha de *C*.

3.106 *a)* 39.6 in. *b)* 33.1 in.

3.108 **R** = 72.4 lb ⦨81.9°; *M* = 206 lb · ft.

3.109 *a)* 224 N ⦨63.4°.
b) 130 mm a la izquierda de *B* y 260 mm por debajo de *B*.

3.110 *a)* 269 N ⦨68.2°.
b) 120 mm a la izquierda de *B* y 300 mm por debajo de *B*.

3.111 *a)* 665 lb ∠79.6°; 64.9 in. a la derecha de *A*.
b) 22.9°.

3.112 *a)* 578 lb ∠81.8°; 62.3 in. a la derecha de *A*.
b) 10.44°.

3.113 773 lb ⦨79.0°; 9.54 ft a la derecha de *A*.

3.114 *a)* 0.365 m por encima de *G*. *b)* 0.227 m a la derecha de *G*.

3.115 *a)* 0.299 m por encima de *G*. *b)* 0.259 m a la derecha de *G*.

3.118 *a)* **R** = $F \angle \tan^{-1}(a^2/2bx)$;
$M = 2Fb^2(x - x^3/a^2)/\sqrt{a^4 + 4b^2x^2}$. *b)* 0.369 m.

3.119 **R** = −(21 N)**i** − (29 N)**j** − (16 N)**k**;
M = −(0.87 N · m)**i** + (0.63 N · m)**j** + (0.39 N · m)**k**.

3.120 **R** = −(420 N)**j** − (339 N)**k**;
M = (1.125 N · m)**i** + (163.9 N · m)**j** − (109.9 N · m)**k**.

3.121 **A** = (1.6 lb)**i** − (36 lb)**j** + (2 lb)**k**;
B = −(9.6 lb)**i** + (36 lb)**j** + (2 lb)**k**.

3.122 *a)* **B** = (2.50 lb)**i**;
C = (0.100 lb)**i** − (2.47 lb)**j** − (0.700 lb)**k**.
b) R_y = −2.47 lb; M_x = 1.360 lb · ft.

3.123 *a)* **R** = −(28.4 N)**j** − (50.0 N)**k**;
M = (8.56 N · m)**i** − (24.0 N · m)**j** + (2.13 N · m)**k**.
b) En un sentido contrario al del movimiento de las manecillas del reloj.

3.124 *a)* **R** = −(28.4 N)**j** − (50.0 N)**k**;
M = (42.4 N · m)**i** − (24.0 N · m)**j** + (2.13 N · m)**k**.
b) En un sentido contrario al del movimiento de las manecillas del reloj.

3.127 1035 N; 2.57 m a partir de *OG* y 3.05 m a partir de *OE*.

3.128 2.32 m a partir de *OG* y 1.165 m a partir de *OE*.

3.129 405 lb; 12.60 ft a la derecha de *AB* y 2.94 ft por debajo de *BC*.

3.130 *a* = 0.722 ft; *b* = 20.6 ft.

3.133 *a)* *P*; $\theta_x = 90°$, $\theta_y = 90°$, $\theta_z = 0°$. *b)* $5a/2$. *c)* El eje de la llave de torsión es paralelo al eje *z* en $x = a, y = -a$.

3.134 *a)* *P*; $\theta_x = 90°$, $\theta_y = 0°$, $\theta_z = 90°$. *b)* $3a$. *c)* El eje de la llave de torsión es paralelo al eje *y* en $x = 2a, z = a$.

3.135 *a)* −(21 lb)**j**. *b)* 0.571 in. *c)* El eje de la llave de torsión es paralelo al eje *y* en $x = 0, z = 1.667$ in.

3.137 *a)* −(84 N)**j** − (80 N)**k**. *b)* 0.477 m.
c) (0.526 m, 0 m, −0.1857 m).

3.139 *a)* $3P(2\mathbf{i} - 20\mathbf{j} - \mathbf{k})/25$. *b)* −0.0988*a*.
c) (2.00*a*, 0, −1.990*a*).

3.142 **R** = (20 N)**i** + (30 N)**j** − (10 N)**k**;
(0 m, −0.54 m, −0.42 m).

3.143 **A** = (M/b)**i** + R(1 + a/b)**k**; **B** = −(M/b)**i** − (aR/b)**k**.

3.147 42 N · m↰.

3.148 (150 lb · in.)**i** − (125 lb · in.)**j** − (217 lb · in.)**k**.

3.150 *a)* 59.0°. *b)* 648 N.

3.151 44.1 lb.

3.154 *a)* **F** = 250 N ⦨60°; *M* = 75 N · m↲.
b) $\mathbf{F}_A$ = 375 N ⦨60°; $\mathbf{F}_B$ = 625 N ⦨60°.

3.155 **R** = −(122.9 N)**j** − (86.0 N)**k**;
M = (22.6 N · m)**i** + (15.49 N · m)**j** − (22.1 N · m)**k**.

3.156 *a)* 34.0 lb ⦨28.0°. *b)* *AB*: 11.64 in. a la izquierda de *B*; *BC*: 6.2 in. por debajo de *B*.

3.158 F_B = 35 kips; F_F = 25 kips.

3.C3 4 *lados*: $\beta = 10°$, $\alpha = 44.1°$;
$\beta = 20°$, $\alpha = 41.6°$;
$\beta = 30°$, $\alpha = 37.8°$.

3.C4 $\theta = 0$ *rev*: $M = 97.0$ N · m;
$\theta = 6$ *rev*: $M = 63.3$ N · m;
$\theta = 12$ *rev*: $M = 9.17$ N · m.

3.C6 d_{AB} = 36.0 in.; d_{CD} = 9.00 in.; $d_{\text{mín}}$ = 58.3 in.

CAPÍTULO 4

4.1 *a)* 6.07 kN↑. *b)* 4.23 kN↑.
4.2 *a)* 4.89 kN↑. *b)* 3.69 kN↑.
4.3 *a)* 325 lb↑. *b)* 1175 lb↑.
4.4 *a)* 245 lb↑. *b)* 140 lb.
4.7 *a)* 37.9 N↑. *b)* 373 N↑.
4.8 *a)* 2.76 N↑. *b)* 391 N↑.
4.9 3.5 kN ≤ *P* ≤ 86 kN.
4.10 3.5 kN ≤ *P* ≤ 41 kN.
4.11 6 kips ≤ *P* ≤ 42 kips.
4.12 2 in. ≤ *a* ≤ 10 in.
4.15 *a)* 2 kN. *b)* 2.32 kN ∠46.4°.
4.16 *a)* 1.5 kN. *b)* 1.906 kN ∠61.8°.
4.17 *a)* 80.8 lb↓. *b)* 216 lb ∠22.0°.
4.18 232 lb.
4.20 445 lb →.
4.21 *a)* **A** = 225 N↑; **C** = 641 N ⦨20.6°.
b) **A** = 365 N ∠60°; **C** = 844 N ⦨22.0°.
4.23 *a)* **A** = 44.7 lb ⦨26.6°; **B** = 30 lb↑.
b) **A** = 30.2 lb ⦨41.4°; **B** = 34.6 lb ⦨60°.
4.24 *a)* **A** = 20 lb↑; **B** = 50 lb ⦨36.9°.
b) **A** = 23.1 lb ∠60°; **B** = 59.6 lb ⦨30.2°.
4.25 *a)* 190.9 N. *b)* 142.3 N ∠18.4°.
4.26 *a)* 324 N. *b)* 270 N→.
4.29 *T* = 80 N. **C** = 89.4 N ∠26.6°.
4.30 *a)* 130.0 N. *b)* 224 N ⦨2.0°.
4.31 *T* = 2*P*/3; **C** = 0.577 *P*→.
4.32 *T* = 0.586 *P*; **C** = 0.414 *P*→.
4.35 T_{BE} = 3230 N; T_{CF} = 960 N; **D** = 3750 N←.
4.36 *a)* 1432 N. *b)* 1100 N↑. *c)* 1400 N←.
4.37 *T* = 20 lb; **A** = 40 lb ⦨30°; **C** = 40 lb ⦨30°.

589

4.38 $T = 17.32$ lb; $\mathbf{A} = 35$ lb ⦨30°; $\mathbf{C} = 45$ lb ⦪30°.
4.39 $\mathbf{A} = \mathbf{D} = 0$; $\mathbf{B} = 964$ N←; $\mathbf{C} = 140.2$ N→.
4.40 $\mathbf{A} = \mathbf{C} = 0$; $\mathbf{B} = 470$ N←; $\mathbf{D} = 50.2$ N←.
4.43 a) $\mathbf{A} = 78.5$ N↑; $\mathbf{M}_A = 125.6$ N·m↻.
 b) $\mathbf{A} = 111.0$ N ⦨45°; $\mathbf{M}_A = 125.6$ N·m↻.
 c) $\mathbf{A} = 157.0$ N↑; $\mathbf{M}_A = 251$ N·m↻.
4.44 $T_{máx} = 2240$ N; $T_{mín} = 1522$ N.
4.45 $\mathbf{C} = 7.07$ lb ⦪45°; $\mathbf{M}_C = 43.0$ lb·in.↺.
4.46 $\mathbf{C} = 7.07$ lb ⦪45°; $\mathbf{M}_C = 45.0$ lb·in.↺.
4.47 $\mathbf{C} = 1951$ N ⦪88.5°; $\mathbf{M}_C = 75.0$ N·m↺.
4.48 1.232 kN $\le T \le 1.774$ kN.
4.51 a) $T = \frac{1}{2}W/(1 - \tan\theta)$. b) $39.8°$.
4.52 a) $\operatorname{sen}\theta + \cos\theta = M/Pl$. b) $17.1°$ y $72.9°$.
4.53 a) $P = \frac{1}{2}Q(a\cos\theta + d)/(a\operatorname{sen}\theta)$. b) 6.84 lb.
4.54 a) $\cos^3\theta = a(P+Q)/Pl$. b) $40.6°$.
4.57 $\theta = 141.1°$.
4.58 a) $(1-\cos\theta)\tan\theta = W/2kl$. b) $49.7°$.
4.59 1) Totalmente restringido; determinado; $\mathbf{A} = \mathbf{C} = 196.2$ N↑. 2) Totalmente restringido; determinado; $\mathbf{B} = 0$, $\mathbf{C} = \mathbf{D} = 196.2$ N↑. 3) Totalmente restringido; indeterminado; $\mathbf{A}_x = 294$ N→, $\mathbf{D}_x = 294$ N←. 4) Restringido inapropiadamente; indeterminado; no está en equilibrio. 5) Parcialmente restringido; determinado; está en equilibrio; $\mathbf{C} = \mathbf{D} = 196.2$ N↑. 6) Totalmente restringido; determinado; $\mathbf{B} = 294$ N→, $\mathbf{D} = 491$ N ⦪53.1°. 7) Parcialmente restringido; no está en equilibrio. 8) Totalmente restringido; indeterminado; $\mathbf{B} = 196.2$ N↑, $\mathbf{D}_y = 196.2$ N↑.
4.61 $\mathbf{A} = 400$ N↑; $\mathbf{B} = 500$ N ⦨53.1°.
4.62 $a \ge 138.6$ mm.
4.65 $\mathbf{B} = 888$ N ⦨41.3°; $\mathbf{D} = 943$ N ⦪45°.
4.66 $\mathbf{B} = 1001$ N ⦨48.2°; $\mathbf{D} = 943$ N ⦨45°.
4.69 $\mathbf{A} = 244$ N→; $\mathbf{D} = 344$ N ⦪22.2°.
4.70 $\mathbf{A} = 188.8$ N→; $\mathbf{D} = 327$ N ⦪13.2°.
4.71 a) 5.63 kips. b) 4.52 kips ⦧4.8°.
4.74 $\mathbf{A} = 163.1$ N ⦨74.1°; $\mathbf{B} = 258$ N ⦪65°.
4.75 $\mathbf{A} = 163.1$ N ⦨55.9°; $\mathbf{B} = 258$ N ⦪65°.
4.76 a) 24.9 lb ⦧30°. b) 15.32 lb ⦦30°.
4.77 $T = 100$ lb; $\mathbf{B} = 111.1$ lb ⦨30.3°.
4.81 a) $2P$ ⦪60°. b) $1.239P$ ⦨36.2°.
4.82 a) $1.155P$ ⦪30°. b) $1.086P$ ⦦22.9°.
4.83 $\tan\theta = 2\tan\beta$.
4.84 a) $49.1°$. b) $\mathbf{A} = 45.3$ N←; $\mathbf{B} = 90.6$ N ⦦60°.
4.86 a) 12.91 in. b) 11.62 lb. c) 5.92 lb←.
4.87 60.0 mm.
4.88 $32.5°$.
4.91 $\mathbf{A} = (56.0$ N$)\mathbf{j} + (18.0$ N$)\mathbf{k}$; $\mathbf{D} = (24.0$ N$)\mathbf{j} + (42.0$ N$)\mathbf{k}$.
4.92 $\mathbf{A} = (56.0$ N$)\mathbf{j} + (14.4$ N$)\mathbf{k}$; $\mathbf{D} = (24.0$ N$)\mathbf{j} + (33.6$ N$)\mathbf{k}$.
4.93 a) 37.5 lb. b) $\mathbf{B} = (33.75$ lb$)\mathbf{j} - (70$ lb$)\mathbf{k}$; $\mathbf{D} = (33.75$ lb$)\mathbf{j} + (28$ lb$)\mathbf{k}$.
4.94 $\mathbf{A} = (22.9$ lb$)\mathbf{i} + (8.5$ lb$)\mathbf{j}$; $\mathbf{B} = (22.9$ lb$)\mathbf{i} + (25.5$ lb$)\mathbf{j}$; $\mathbf{C} = -(45.8$ lb$)\mathbf{i}$.
4.97 $T_A = 23.5$ N; $T_C = 11.77$ N; $T_D = 105.9$ N.
4.98 a) 0.48 m. b) $T_A = 23.5$ N; $T_C = 0$; $T_D = 117.7$ N.
4.99 $T_A = 21.0$ lb; $T_B = T_C = 17.50$ lb.
4.100 $W = 4$ lb; $x = 20$ in., $z = 10$ in.
4.102 a) 121.9 N. b) -46.2 N. c) 100.9 N.
4.103 a) 95.6 N. b) -7.36 N. c) 88.3 N.
4.105 $T_{BD} = T_{BE} = 1100$ lb; $\mathbf{A} = (1200$ lb$)\mathbf{i} - (560$ lb$)\mathbf{j}$.
4.106 $T_{BD} = T_{BE} = 176.8$ lb; $\mathbf{C} = -(50$ lb$)\mathbf{j} - (216.5$ lb$)\mathbf{k}$.
4.107 $T_{AD} = 2.6$ kN; $T_{AE} = 2.8$ kN; $\mathbf{C} = (1.8$ kN$)\mathbf{j} + (4.8$ kN$)\mathbf{k}$.
4.108 $T_{AD} = 5.2$ kN; $T_{AE} = 5.6$ kN; $\mathbf{C} = (9.6$ kN$)\mathbf{k}$.
4.109 $T_{BD} = 780$ N; $T_{BE} = 390$ N; $\mathbf{A} = -(195$ N$)\mathbf{i} + (1170$ N$)\mathbf{j} + (130$ N$)\mathbf{k}$.
4.110 $T_{BD} = 525$ N; $T_{BE} = 105$ N; $\mathbf{A} = -(105$ N$)\mathbf{i} + (840$ N$)\mathbf{j} + (140$ N$)\mathbf{k}$.
4.113 a) 462 N. b) $\mathbf{C} = -(336$ N$)\mathbf{j} + (467$ N$)\mathbf{k}$; $\mathbf{D} = (505$ N$)\mathbf{j} - (66.7$ N$)\mathbf{k}$.
4.114 a) 101.6 N. b) $\mathbf{A} = -(26.3$ N$)\mathbf{i}$; $\mathbf{B} = (98.1$ N$)\mathbf{j}$.
4.115 a) 49.5 lb. b) $\mathbf{A} = -(12$ lb$)\mathbf{i} + (22.5$ lb$)\mathbf{j} - (4$ lb$)\mathbf{k}$; $\mathbf{B} = (15$ lb$)\mathbf{j} + (34$ lb$)\mathbf{k}$.
4.116 a) 118.8 lb. b) $\mathbf{A} = (93.8$ lb$)\mathbf{i} + (22.5$ lb$)\mathbf{j} + (70.8$ lb$)\mathbf{k}$; $\mathbf{B} = (15$ lb$)\mathbf{j} - (8.33$ lb$)\mathbf{k}$.
4.119 a) 462 N. b) $\mathbf{C} = (169.1$ N$)\mathbf{j} + (400$ N$)\mathbf{k}$; $\mathbf{M}_C = (20$ N·m$)\mathbf{j} + (151.5$ N·m$)\mathbf{k}$.
4.120 a) 49.5 lb. b) $\mathbf{A} = -(12$ lb$)\mathbf{i} + (37.5$ lb$)\mathbf{j} + (30$ lb$)\mathbf{k}$; $\mathbf{M}_A = -(1020$ lb·in.$)\mathbf{j} + (450$ lb·in.$)\mathbf{k}$.
4.121 a) 5 lb. b) $\mathbf{C} = -(5$ lb$)\mathbf{i} + (6$ lb$)\mathbf{j} - (5$ lb$)\mathbf{k}$; $\mathbf{M}_C = (8$ lb·in.$)\mathbf{j} - (12$ lb·in.$)\mathbf{k}$.
4.122 $T_{CF} = 200$ N; $T_{DE} = 450$ N; $\mathbf{A} = (160$ N$)\mathbf{i} + (270$ N$)\mathbf{k}$; $\mathbf{M}_A = -(16.20$ N·m$)\mathbf{i}$.
4.123 $T_{BE} = 975$ N; $T_{CF} = 600$ N; $T_{DG} = 625$ N; $\mathbf{A} = (2100$ N$)\mathbf{i} + (175$ N$)\mathbf{j} - (375$ N$)\mathbf{k}$.
4.124 $T_{BE} = 1950$ N; $T_{CF} = 0$; $T_{DG} = 1250$ N; $\mathbf{A} = (3000$ N$)\mathbf{i} - (750$ N$)\mathbf{j}$.
4.127 $\mathbf{B} = (60$ N$)\mathbf{k}$; $\mathbf{C} = (30$ N$)\mathbf{j} - (16$ N$)\mathbf{k}$; $\mathbf{D} = -(30$ N$)\mathbf{j} + (4$ N$)\mathbf{k}$.
4.128 $\mathbf{B} = (60$ N$)\mathbf{k}$; $\mathbf{C} = -(16$ N$)\mathbf{k}$; $\mathbf{D} = (4$ N$)\mathbf{k}$.
4.129 $\mathbf{A} = (120$ lb$)\mathbf{j} - (150$ lb$)\mathbf{k}$; $\mathbf{B} = (180$ lb$)\mathbf{i} + (150$ lb$)\mathbf{k}$; $\mathbf{C} = -(180$ lb$)\mathbf{i} + (120$ lb$)\mathbf{j}$.
4.130 $\mathbf{A} = (20$ lb$)\mathbf{j} + (25$ lb$)\mathbf{k}$; $\mathbf{B} = (30$ lb$)\mathbf{i} - (25$ lb$)\mathbf{k}$; $\mathbf{C} = -(30$ lb$)\mathbf{i} - (20$ lb$)\mathbf{j}$.
4.133 373 N.
4.134 301 N.
4.135 85.3 lb.
4.136 181.7 lb.
4.137 $(45$ lb$)\mathbf{j}$.
4.140 a) $x = 4$ ft, $y = 8$ ft. b) 10.73 lb.
4.142 $\mathbf{B} = P/2$ ⦦45°; $\mathbf{C} = 3P/2$ ⦪45°; $\mathbf{D} = P/\sqrt{2}$↓.
4.143 $26.6° \le \alpha \le 153.4°$.
4.144 a) 875 lb. b) 1584 lb ⦪45.0°.
4.147 a) $T_{CD} = T_{CE} = 3.96$ kN. b) $\mathbf{A} = (6.67$ kN$)\mathbf{i} + (1.667$ kN$)\mathbf{j}$.
4.148 a) $T_{CD} = 0.954$ kN; $T_{CE} = 5.90$ kN. b) $\mathbf{A} = (5.77$ kN$)\mathbf{i} + (1.443$ kN$)\mathbf{j} - (0.833$ kN$)\mathbf{k}$.
4.150 a) $\mathbf{A} = 67.1$ lb ⦦26.6°; $\mathbf{B} = 67.1$ lb ⦪26.6°. b) 4.00 in.; $A = 120$ lb, $B = 134.2$ lb.

4.151 a) $P\sqrt{3}$. b) $\mathbf{B} = 7P \; ⦦30°$; $\mathbf{C} = 8P \; ⦧30°$.
4.153 a) 18.75 in. b) 160 mm. c) 4 in. d) 60°. e) 63.4°.
4.C1 $\theta = 20°$: $T = 114.8$ lb; $\theta = 70°$: $T = 127.7$ lb; $T_{máx} = 132.2$ lb en $\theta = 50.4°$.
4.C2 $x = 600$ mm: $P = 31.4$ N; $x = 150$ mm: $P = 37.7$ N; $P_{máx} = 47.2$ N en $x = 283$ mm.
4.C3 $\theta = 30°$: $W = 9.66$ lb; $\theta = 60°$: $W = 36.6$ lb; $W = 5$ lb en $\theta = 22.9°$ [También en $\theta = 175.7°$].
4.C4 $\theta = 30°$: $W = 0.80$ lb; $\theta = 60°$: $W = 4.57$ lb; $W = 5$ lb en $\theta = 62.6°$ [También en $\theta = 159.6°$].
4.C5 $\theta = 30°$: $m = 7.09$ kg; $\theta = 60°$: $m = 11.02$ kg. Cuando $m = 10$ kg, $\theta = 51.0°$.
4.C6 $\theta = 15°$: $T_{BD} = 10.30$ kN, $T_{BE} = 21.7$ kN; $\theta = 30°$: $T_{BD} = 5.69$ kN, $T_{BE} = 24.4$ kN; $T_{máx} = 26.5$ kN en $\theta = 36.9°$.

CAPÍTULO 5

5.1 $\overline{X} = 42.2$ mm, $\overline{Y} = 24.2$ mm.
5.2 $\overline{X} = 19.28$ in., $\overline{Y} = 6.94$ in.
5.3 $\overline{X} = 7.22$ in., $\overline{Y} = 9.56$ in.
5.4 $\overline{X} = 36.0$ mm, $\overline{Y} = 48.0$ mm.
5.5 $\overline{X} = 2.84$ mm, $\overline{Y} = 24.8$ mm.
5.6 $\overline{X} = 19.27$ mm, $\overline{Y} = 26.6$ mm.
5.9 $\overline{X} = \overline{Y} = 7.77$ in.
5.10 $\overline{X} = 0$, $\overline{Y} = 6.45$ in.
5.11 $\overline{X} = 0$, $\overline{Y} = 18.95$ mm.
5.12 $\overline{X} = -9.89$ mm, $\overline{Y} = -10.67$ mm.
5.13 $\overline{X} = 3.20$ in., $\overline{Y} = 2.00$ in.
5.14 $\overline{X} = 30.0$ mm, $\overline{Y} = 64.8$ mm.
5.17 $\overline{Y} = \dfrac{2}{3}\left(\dfrac{r_2^3 - r_1^3}{r_2^2 - r_1^2}\right)\left(\dfrac{2\cos\alpha}{\pi - 2\alpha}\right)$.
5.18 $\overline{Y} = \dfrac{r_1 + r_2}{\pi - 2\alpha}\cos\alpha$.
5.21 $a/b = 4/5$.
5.23 $F_B = 459$ N.
5.24 $(Q_x)_1 = 25$ in^3; $(Q_x)_2 = -25$ in^3.
5.25 $(Q_x)_1 = 23.3$ in^3; $(Q_x)_2 = -23.3$ in^3.
5.26 a) $Q_x = (2r^3\cos^3\theta)/3$. b) $\theta = 0$; $(Q_x)_{máx} = 2r^3/3$.
5.27 $\overline{X} = 40.9$ mm, $\overline{Y} = 25.3$ mm.
5.28 $\overline{X} = 18.45$ in., $\overline{Y} = 6.48$ in.
5.29 $\overline{X} = 36.6$ mm, $\overline{Y} = 47.6$ mm.
5.30 $\overline{X} = -1.407$ in., $\overline{Y} = 15.23$ in.
5.32 $\theta = 56.7°$.
5.34 $L = 0.204$ m o 0.943 m.
5.35 a) $h = 0.513a$. b) $h = 0.691a$.
5.36 $\overline{Y} = 2h/3$.
5.39 $\overline{X} = 2.95a$; 5.65%.
5.41 $\bar{x} = a/3$, $\bar{y} = 2h/3$.
5.42 $\bar{x} = 2a/5$, $\bar{y} = 4h/7$.
5.43 $\bar{x} = a/2$, $\bar{y} = 3h/5$.
5.44 $\bar{x} = 2a/3(4 - \pi)$, $\bar{y} = 2b/3(4 - \pi)$.
5.45 $\bar{x} = a(3 - 4\operatorname{sen}\alpha)/6(1 - \alpha)$, $\bar{y} = 0$.
5.47 $\bar{x} = 3a/8$, $\bar{y} = b$.
5.49 $\bar{x} = 0.546a$, $\bar{y} = 0.423b$.

5.50 $\bar{x} = a$, $\bar{y} = 17b/35$.
5.51 $\bar{x} = 5L/4$, $\bar{y} = 33a/40$.
5.52 $\bar{x} = -2\sqrt{2}r/3\pi$.
5.55 $\bar{x} = -9.27a$, $\bar{y} = 3.09a$.
5.56 $\bar{x} = 0.236L$, $\bar{y} = 0.454a$.
5.57 $\bar{x} = 1.629$ in., $\bar{y} = 0.1853$ in.
5.59 a) $V = 401 \times 10^3$ mm^3; $A = 34.1 \times 10^3$ mm^2.
b) $V = 492 \times 10^3$ mm^3; $A = 41.9 \times 10^3$ mm^2.
5.60 a) $V = 192.1 \times 10^3$ mm^3; $A = 18.01 \times 10^3$ mm^2.
b) $V = 212 \times 10^3$ mm^3; $A = 20.5 \times 10^3$ mm^2.
5.61 a) $V = 169.0 \times 10^3$ in^3; $A = 28.4 \times 10^3$ in^2.
b) $V = 88.9 \times 10^3$ in^3; $A = 15.48 \times 10^3$ in^2.
5.62 a) $V = 16\pi ah^2/15$. b) $V = 16\pi a^2 h/3$.
5.63 $V = 3470$ mm^3; $A = 2320$ mm^2.
5.67 $V = 31.9$ litros.
5.68 $m = 0.0305$ kg.
5.69 22 galones.
5.70 66.5%.
5.73 $t = 0.0414$ in.
5.74 $m = 0.0208$ kg.
5.75 $\mathbf{R} = 6000$ N↓, 3.60 m a la derecha de A. $\mathbf{A} = 6000$ N↑; $\mathbf{M}_A = 21.6$ kN·m↷.
5.76 $\mathbf{R} = 2400$ N↓, 2.33 m a la derecha de A. $\mathbf{A} = 1000$ N↑; $\mathbf{B} = 1400$ N↑.
5.77 $\mathbf{A} = 900$ lb↑; $\mathbf{M}_A = 9200$ lb·in.↷.
5.78 $\mathbf{B} = 1360$ lb↑; $\mathbf{C} = 2360$ lb↑.
5.79 $\mathbf{A} = 1300$ N↑; $\mathbf{B} = 1850$ N↑.
5.82 $\mathbf{A} = 3000$ N↑; $\mathbf{M}_A = 12.60$ kN·m↷.
5.83 $\mathbf{B} = 150$ lb↑; $\mathbf{C} = 5250$ lb↑.
5.84 a) $w_0 = 100$ lb/ft. b) $\mathbf{C} = 4950$ lb↑.
5.85 a) $a = 0.536$ m. b) $\mathbf{A} = \mathbf{B} = 761$ N↑.
5.86 a) $a = 1.00$ m. b) $\mathbf{A} = 1050$ N↑; $\mathbf{B} = 750$ N↑.
5.89 a) $\mathbf{H} = 10.11$ kips→, $\mathbf{V} = 37.8$ kips↑. b) 10.48 ft a la derecha de A. c) $\mathbf{R} = 10.66$ kips ⦧18.43°.
5.90 a) $\mathbf{H} = 13.76$ kips→, $\mathbf{V} = 113.0$ kips↑. b) 22.4 ft a la derecha de A. c) $\mathbf{R} = 25.6$ kips ⦧57.5°.
5.91 $\mathbf{T} = 3.70$ kips↑.
5.92 $d = 2.64$ m.
5.93 $\mathbf{T} = 67.2$ kN←; $\mathbf{A} = 141.2$ kN←.
5.96 $t = 35.7$ s; la compuerta gira en un sentido a favor del movimiento de las manecillas del reloj.
5.97 $\mathbf{A} = 1197$ N ⦦53.1°; $\mathbf{B} = 1511$ N ⦦53.1°.
5.98 $T = 3570$ N.
5.99 $d = 6.00$ ft.
5.100 $d = 7.00$ ft.
5.101 $d = 0.683$ m.
5.102 $h = 0.0711$ m.
5.105 a) $\overline{X} = 0.548L$. b) $h/L = 2\sqrt{3}$.
5.107 $\overline{Y} = -(2h^2 - 3b^2)/2(4h - 3b)$.
5.108 $\overline{Z} = -a(4h - 2b)/\pi(4h - 3b)$.
5.109 $\overline{X} = 4.52$ in., $\overline{Y} = 0.711$ in., $\overline{Z} = 3.5$ in.
5.110 $\overline{X} = 46.8$ mm.
5.111 $\overline{Z} = 26.2$ mm.
5.113 $\overline{X} = 1.518$ in.
5.114 $\overline{Y} = 0.950$ in.
5.116 $\overline{X} = 0.295$ m, $\overline{Y} = 0.423$ m, $\overline{Z} = 1.703$ m.

5.117 $\overline{X} = 0.1402$ m, $\overline{Y} = 0.0944$ m, $\overline{Z} = 0.0959$ m.
5.118 $\overline{X} = 17.00$ in., $\overline{Y} = 15.68$ in., $\overline{Z} = 14.16$ in.
5.119 $\overline{X} = 2.04$ in., $\overline{Y} = -0.456$ in., $\overline{Z} = 2.90$ in.
5.120 $\overline{X} = 46.5$ mm, $\overline{Y} = 27.2$ mm, $\overline{Z} = 30.0$ mm.
5.121 $\overline{X} = 180.2$ mm, $\overline{Y} = 38.0$ mm, $\overline{Z} = 193.5$ mm.
5.124 $\overline{X} = 0.909$ m, $\overline{Y} = 0.1842$ m, $\overline{Z} = 0.884$ m.
5.125 $\overline{X} = 0.1452$ m, $\overline{Y} = 0.396$ m, $\overline{Z} = 0.370$ m.
5.126 $\overline{X} = 1.750$ ft, $\overline{Y} = 4.14$ ft, $\overline{Z} = 1.355$ ft.
5.128 $\overline{Y} = 0.526$ in. por encima de la base
5.129 $\overline{X} = 61.1$ mm a partir del extremo del mango.
5.130 $\overline{Y} = 421$ mm por encima del piso
5.132 $(\overline{x})_1 = 21a/88$; $(\overline{x})_2 = 27a/40$.
5.133 $(\overline{x})_1 = 21h/88$; $(\overline{x})_2 = 27h/40$.
5.134 $(\overline{x})_1 = 2h/9$; $(\overline{x})_2 = 2h/3$.
5.135 $\overline{x} = h/6$, $\overline{y} = \overline{z} = 0$.
5.138 $\overline{x} = 1.297a$, $\overline{y} = \overline{z} = 0$.
5.139 $\overline{x} = \overline{z} = 0$, $\overline{y} = 0.374h$.
5.142 a) $\overline{x} = \overline{z} = 0$, $\overline{y} = -121.9$ mm.
b) $\overline{x} = \overline{z} = 0$, $\overline{y} = -90.2$ mm.
5.143 $V = 688$ ft^3; $\overline{x} = 15.91$ ft.
5.144 $\overline{x} = a/2$, $\overline{y} = 8h/25$, $\overline{z} = b/2$.
5.146 $\overline{x} = 0$, $\overline{y} = 5h/16$, $\overline{z} = -b/4$.
5.147 $\overline{X} = 16.21$ mm, $\overline{Y} = 31.9$ mm.
5.148 $\overline{X} = \overline{Y} = 9.00$ in.
5.150 $\overline{x} = a/2$, $\overline{y} = 2b/5$.
5.151 $\overline{y} = 0.48h$.
5.153 **A** = 480 N↑; **B** = 840 N↓.
5.154 a) $a = 0.375$ m. b) $w_B = 40$ kN/m.
5.155 $\overline{Z} = 3.47$ in.
5.156 $\overline{X} = 125$ mm, $\overline{Y} = 167.0$ mm, $\overline{Z} = 33.5$ mm.
5.C1 b) **A** = 1220 lb↑; **B** = 1830 lb↑.
c) **A** = 1265 lb↑; **B** = 1601 lb↑.
5.C2 a) $\overline{X} = 0$, $\overline{Y} = 0.278$ m, $\overline{Z} = 0.0878$ m.
b) $\overline{X} = 0.0487$ mm, $\overline{Y} = 0.1265$ mm, $\overline{Z} = 0.0997$ mm.
c) $\overline{X} = -0.0372$ m, $\overline{Y} = 0.1659$ m, $\overline{Z} = 0.1043$ m.
5.C3 $d = 1.00$ m: **F** = 5.66 kN ⦨30°;
$d = 3.00$ m: **F** = 49.9 kN ⦨27.7°.
5.C4 a) $\overline{X} = 5.80$ in., $\overline{Y} = 1.492$ in. b) $\overline{X} = 9.11$ in., $\overline{Y} = 2.78$ in. c) $\overline{X} = 8.49$ in., $\overline{Y} = 0.375$ in.
5.C5 Con $n = 40$: a) $\overline{X} = 60.2$ mm, $\overline{Y} = 23.4$ mm.
b) $\overline{X} = 60.2$ mm, $\overline{Y} = 146.2$ mm. c) $\overline{X} = 68.7$ mm, $\overline{Y} = 20.4$ mm. d) $\overline{X} = 68.7$ mm, $\overline{Y} = 127.8$ mm.
5.C6 Con $n = 40$: a) $\overline{X} = 60.0$ mm, $\overline{Y} = 24.0$ mm.
b) $\overline{X} = 60.0$ mm, $\overline{Y} = 150.0$ mm. c) $\overline{X} = 68.6$ mm, $\overline{Y} = 21.8$ mm. d) $\overline{X} = 68.6$ mm, $\overline{Y} = 136.1$ mm.
5.C7 a) $V = 628$ ft^3.
b) $\overline{X} = 8.65$ ft, $\overline{Y} = -4.53$ ft, $\overline{Z} = 9.27$ ft.

CAPÍTULO 6

6.1 $F_{AB} = 4.00$ kN C; $F_{AC} = 2.72$ kN T; $F_{BC} = 2.40$ kN C.
6.2 $F_{AB} = 1.700$ kN T; $F_{AC} = 2.00$ kN T; $F_{BC} = 2.50$ kN C.
6.3 $F_{AB} = 375$ lb C; $F_{AC} = 780$ lb C; $F_{BC} = 300$ lb T.
6.4 $F_{AB} = F_{BC} = 31.5$ kips T; $F_{AD} = 35.7$ kips C; $F_{BD} = 10.80$ kips C; $F_{CD} = 33.3$ kips C.
6.6 $F_{AB} = F_{BD} = 0$; $F_{AC} = 675$ N T; $F_{AD} = 1125$ N C; $F_{CD} = 900$ N T; $F_{CE} = 2025$ N T; $F_{CF} = 2250$ N C; $F_{DF} = 675$ N C; $F_{EF} = 1800$ N T.
6.7 $F_{AB} = 15.90$ kN C; $F_{AC} = 13.50$ kN T; $F_{BC} = 16.80$ kN C; $F_{BD} = 13.50$ kN C; $F_{CD} = 15.90$ kN T.
6.9 $F_{AB} = F_{FH} = 1500$ lb C; $F_{AC} = F_{CE} = F_{EG} = F_{GH} = 1200$ lb T; $F_{BC} = F_{FG} = 0$; $F_{BD} = F_{DF} = 1000$ lb C; $F_{BE} = F_{EF} = 500$ lb C; $F_{DE} = 600$ lb T.
6.10 $F_{AB} = F_{FH} = 1500$ lb C; $F_{AC} = F_{CE} = F_{EG} = F_{GH} = 1200$ lb T; $F_{BC} = F_{FG} = 0$; $F_{BD} = F_{DF} = 1200$ lb C; $F_{BE} = F_{EF} = 60.0$ lb C; $F_{DE} = 72.0$ lb T.
6.11 $F_{AB} = F_{FG} = 11.08$ kN C; $F_{AC} = F_{EG} = 10.13$ kN T; $F_{BC} = F_{EF} = 2.81$ kN C; $F_{BD} = F_{DF} = 9.23$ kN C; $F_{CD} = F_{DE} = 2.81$ kN T; $F_{CE} = 6.75$ kN T.
6.12 $F_{AB} = F_{HI} = 12.31$ kN C; $F_{AC} = F_{GI} = 11.25$ kN T; $F_{BC} = F_{GH} = 2.46$ kN C; $F_{BD} = F_{DE} = F_{EF} = F_{FH} = 9.85$ kN C; $F_{CD} = F_{FG} = 2.00$ kN C; $F_{CE} = F_{EG} = 3.75$ kN T; $F_{CG} = 6.75$ kN T.
6.15 $F_{AB} = F_{FH} = 7.50$ kips C; $F_{AC} = F_{GH} = 4.50$ kips T; $F_{BC} = F_{FG} = 4.00$ kips T; $F_{BD} = F_{DF} = 6.00$ kips C; $F_{BE} = F_{EF} = 2.50$ kips T; $F_{CE} = F_{EG} = 4.50$ kips T; $F_{DE} = 0$.
6.16 $F_{AB} = 6.25$ kips C; $F_{AC} = 3.75$ kips T; $F_{BC} = 4.00$ kips T; $F_{BD} = F_{DF} = 4.50$ kips C; $F_{BE} = 1.250$ kips T; $F_{CE} = 3.75$ kips T; $F_{DE} = F_{FG} = 0$; $F_{EF} = 3.75$ kips T; $F_{EG} = F_{GH} = 2.25$ kips T; $F_{FH} = 3.75$ kips C.
6.17 $F_{AB} = 3610$ lb C; $F_{AC} = 4110$ lb T; $F_{BC} = 768$ lb C; $F_{BD} = 3840$ lb C; $F_{CD} = 1371$ lb T; $F_{CE} = 2740$ lb T; $F_{DE} = 1536$ lb C.
6.18 $F_{DF} = 4060$ lb C; $F_{DG} = 1371$ lb T; $F_{EG} = 2740$ lb T; $F_{FG} = 768$ lb C; $F_{FH} = 4290$ lb C; $F_{GH} = 4110$ lb T.
6.21 $F_{AB} = 2240$ lb C; $F_{AC} = F_{CE} = 2000$ lb T; $F_{BC} = F_{EH} = 0$; $F_{BD} = 1789$ lb C; $F_{BE} = 447$ lb C; $F_{DE} = 600$ lb C; $F_{DF} = 2010$ lb C; $F_{DG} = 224$ lb T; $F_{EG} = 1789$ lb T.
6.22 $F_{FG} = 1400$ lb T; $F_{FI} = 2010$ lb C; $F_{GI} = 671$ lb C; $F_{GJ} = 2430$ lb T; $F_{IJ} = 361$ lb T; $F_{IK} = 2910$ lb C; $F_{JK} = 447$ lb C; $F_{JL} = 3040$ lb T; $F_{KL} = 3350$ lb C
6.23 $F_{AB} = F_{DF} = 2.29$ kN T; $F_{AC} = F_{EF} = 2.29$ kN C; $F_{BC} = F_{DE} = 0.600$ kN C; $F_{BD} = 2.21$ kN T; $F_{BE} = F_{EH} = 0$; $F_{CE} = 2.21$ kN C; $F_{CH} = F_{EJ} = 1.200$ kN C.
6.24 $F_{GH} = F_{JL} = 3.03$ kN T; $F_{GI} = F_{KL} = 3.03$ kN C; $F_{HI} = F_{JK} = 1.800$ kN C; $F_{HJ} = 2.97$ kN T; $F_{HK} = F_{KN} = 0$; $F_{IK} = 2.97$ kN C; $F_{IN} = F_{KO} = 2.40$ kN C.
6.25 $F_{AB} = 2.29$ kN T; $F_{AC} = 2.29$ kN C; $F_{BC} = 2.26$ kN C; $F_{BD} = F_{DE} = F_{DF} = F_{EF} = F_{EH} = 0$; $F_{BE} = 2.76$ kN T; $F_{CE} = 2.21$ kN C; $F_{CH} = 2.86$ kN C; $F_{EJ} = 1.658$ kN T.

6.26 $F_{AB} = 9.39$ kN C; $F_{AC} = 8.40$ kN T;
$F_{BC} = 2.26$ kN C; $F_{BD} = 7.60$ kN C;
$F_{CD} = 0.128$ kN C; $F_{CE} = 7.07$ kN T;
$F_{DE} = 2.14$ kN C; $F_{DF} = 6.10$ kN C;
$F_{EF} = 2.23$ kN T.

6.29 La armadura del problema 6.33a es la única armadura simple.

6.30 La armadura del problema 6.32b es la única armadura simple.

6.31 a) BC, CD, IJ, IL, LM, MN.
b) $BC, BE, DE, EF, FG, IJ, KN, MN$.

6.32 a) $AI, BJ, CK, DI, EI, FK, GK$. b) FK, IO.

6.35 $F_{AB} = F_{AD} = 861$ N C; $F_{AC} = 676$ N C;
$F_{BC} = F_{CD} = 162.5$ N T; $F_{BD} = 244$ N T.

6.36 $F_{AB} = F_{AD} = 2810$ N T; $F_{AC} = 5510$ N C;
$F_{BC} = F_{CD} = 1325$ N T; $F_{BD} = 1908$ N C.

6.37 $F_{AB} = F_{AD} = 244$ lb C; $F_{AC} = 1040$ lb T;
$F_{BC} = F_{CD} = 500$ lb C; $F_{BD} = 280$ lb T.

6.38 $F_{AB} = F_{AC} = 1061$ lb C; $F_{AD} = 2500$ lb T;
$F_{BC} = 2100$ lb T; $F_{BD} = F_{CD} = 1250$ C;
$F_{BE} = F_{CE} = 1250$ lb C; $F_{DE} = 1500$ lb T.

6.39 $F_{AB} = 840$ N C; $F_{AC} = 110.6$ N C; $F_{AD} = 394$ N C;
$F_{AE} = 0$; $F_{BC} = 160.0$ N T; $F_{BE} = 200$ N T;
$F_{CD} = 225$ N T; $F_{CE} = 233$ N C; $F_{DE} = 120.0$ N T.

6.40 $F_{AB} = 0$; $F_{AC} = 995$ N T; $F_{AD} = 1181$ N C;
$F_{AE} = F_{BC} = 0$; $F_{BE} = 600$ N T; $F_{CD} = 375$ N T;
$F_{CE} = 700$ N C; $F_{DE} = 360$ N T.

6.43 $F_{DF} = 5.45$ kN C; $F_{DG} = 1.00$ kN T;
$F_{EG} = 4.65$ kN T.

6.44 $F_{GI} = 4.65$ kN T; $F_{HI} = 1.80$ kN C;
$F_{HJ} = 4.65$ kN C.

6.45 $F_{CE} = 8000$ lb T; $F_{DE} = 2600$ lb T;
$F_{DF} = 9000$ lb C.

6.46 $F_{EG} = 7500$ lb T; $F_{FG} = 3900$ lb C;
$F_{FH} = 6000$ lb C.

6.49 $F_{DF} = 10.48$ kips C; $F_{DG} = 3.35$ kips C;
$F_{EG} = 13.02$ kips T.

6.50 $F_{GI} = 13.02$ kips T; $F_{HI} = 0.800$ kips T;
$F_{HJ} = 13.97$ kips C.

6.51 $F_{CE} = 7.20$ kN T; $F_{DE} = 1.047$ kN C;
$F_{DF} = 6.39$ kN C.

6.52 $F_{EG} = 3.46$ kN T; $F_{GH} = 3.78$ kN C;
$F_{HJ} = 3.55$ kN C.

6.53 $F_{FG} = 5.23$ kN C; $F_{EG} = 0.1476$ kN C;
$F_{EH} = 5.08$ kN T.

6.54 $F_{KM} = 5.02$ kN T; $F_{LM} = 1.963$ kN C;
$F_{LN} = 3.95$ kN C.

6.55 $F_{AB} = 8.20$ kips T; $F_{AG} = 4.50$ kips T;
$F_{FG} = 11.60$ kips C.

6.56 $F_{AE} = 17.46$ kips T; $F_{EF} = 11.60$ kips C;
$F_{FJ} = 18.45$ kips C.

6.57 $F_{FG} = 19.68$ kN C; $F_{GH} = 3.22$ kN C;
$F_{HJ} = 19.79$ kN T.

6.58 $F_{DF} = 13.86$ kN C; $F_{DG} = 2.00$ kN T;
$F_{EG} = 4.00$ kN T.

6.61 $F_{AF} = 1.500$ kN T; $F_{EJ} = 0.900$ kN T.

6.62 $F_{AF} = 0.900$ kN T; $F_{EJ} = 0.300$ kN T.

6.65 a) CJ. b) 1.026 kN T.

6.66 a) IO. b) 2.05 kN T.

6.67 $F_{BG} = 5.48$ kips T; $F_{DG} = 1.825$ kips T.

6.68 $F_{CF} = 3.65$ kips T; $F_{CH} = 7.30$ kips T.

6.69 a) Impropiamente restringida.
b) Totalmente restringida, determinada.
c) Totalmente restringida, indeterminada.

6.70 a) Totalmente restringida, determinada.
b) Parcialmente restringida.
c) Impropiamente restringida.

6.71 a) Totalmente restringida, determinada.
b) Totalmente restringida, indeterminada.
c) Impropiamente restringida.

6.72 a) Parcialmente restringida.
b) Totalmente restringida, determinada.
c) Totalmente restringida, indeterminada.

6.75 a) $F_{AC} = 520$ N T; $\mathbf{B} = 463$ N ⦩13.7°.
b) $F_{AC} = 520$ N T; $\mathbf{B} = 397$ N ⦩49.1°.

6.76 a) 125 N ⦩36.9°. (b) 125 N ⦨36.9°.

6.77 a) 80 lb T. (b) 72.1 lb ⦨16.1°.

6.78 a) 80 lb T. (b) 72.1 lb ⦩16.1°.

6.79 $\mathbf{A}_x = 18$ kN←, $\mathbf{A}_y = 20$ kN↓; $\mathbf{B} = 9$ kN→;
$\mathbf{C}_x = 9$ kN→, $\mathbf{C}_y = 20$ kN↑.

6.80 $\mathbf{A} = 20$ kN↓; $\mathbf{B} = 18$ kN←;
$\mathbf{C}_x = 18$ kN→, $\mathbf{C}_y = 20$ kN↑.

6.83 a) $\mathbf{A}_x = 450$ N←, $\mathbf{A}_y = 525$ N↑; $\mathbf{E}_x = 450$ N→,
$\mathbf{E}_y = 225$ N↑. b) $\mathbf{A}_x = 450$ N←, $\mathbf{A}_y = 150$ N↑;
$\mathbf{E}_x = 450$ N→, $\mathbf{E}_y = 600$ N↑.

6.84 a) $\mathbf{A}_x = 300$ N←, $\mathbf{A}_y = 660$ N↑; $\mathbf{E}_x = 300$ N→,
$\mathbf{E}_y = 90$ N↑. b) $\mathbf{A}_x = 300$ N←, $\mathbf{A}_y = 150$ N↑;
$\mathbf{E}_x = 300$ N→, $\mathbf{E}_y = 600$ N↑.

6.87 a) $\mathbf{A} = 48$ lb↓; $\mathbf{B} = 108$ lb↑. b) $\mathbf{A}_x = 80$ lb→,
$\mathbf{A}_y = 48$ lb↓; $\mathbf{B}_x = 80$ lb←, $\mathbf{B}_y = 108$ lb↑.

6.88 a) y c) $\mathbf{B}_x = 32$ lb→, $\mathbf{B}_y = 10$ lb↑; $\mathbf{F}_x = 32$ lb←,
$\mathbf{F}_y = 38$ lb↑. b) $\mathbf{B}_x = 32$ lb→, $\mathbf{B}_y = 34$ lb↑;
$\mathbf{F}_x = 32$ lb←, $\mathbf{F}_y = 14$ lb↑.

6.89 a) y c) $\mathbf{B}_x = 24$ lb←, $\mathbf{B}_y = 7.5$ lb↓;
$\mathbf{F}_x = 24$ lb→, $\mathbf{F}_y = 7.5$ lb↑. (b) $\mathbf{B}_x = 24$ lb←,
$\mathbf{B}_y = 10.5$ lb↑; $\mathbf{F}_x = 24$ lb→, $\mathbf{F}_y = 10.5$ lb↓.

6.91 $\mathbf{A}_x = 150$ N←, $\mathbf{A}_y = 250$ N↑;
$\mathbf{E}_x = 150$ N→, $\mathbf{E}_y = 450$ N↑.

6.92 $\mathbf{B}_x = 700$ N←, $\mathbf{B}_y = 200$ N↓;
$\mathbf{E}_x = 700$ N→, $\mathbf{E}_y = 500$ N↑.

6.93 $\mathbf{A}_x = 176.3$ lb←, $\mathbf{A}_y = 60$ lb↓;
$\mathbf{G}_x = 56.3$ lb→, $\mathbf{G}_y = 510$ lb↑.

6.94 $\mathbf{A}_x = 56.3$ lb←, $\mathbf{A}_y = 157.5$ lb↓;
$\mathbf{G}_x = 56.3$ lb→, $\mathbf{G}_y = 383$ lb↑.

6.95 a) $\mathbf{A} = 982$ lb↑; $\mathbf{B} = 935$ lb↑; $\mathbf{C} = 733$ lb↑.
b) $\Delta B = +291$ lb; $\Delta C = -72.7$ lb.

6.96 a) 572 lb.
b) $\mathbf{A} = 1070$ lb↑; $\mathbf{B} = 709$ lb↑; $\mathbf{C} = 870$ lb↑.

6.99 $\mathbf{A}_x = 13$ kN←, $\mathbf{A}_y = 4$ kN↓; $\mathbf{B}_x = 36$ kN→,
$\mathbf{B}_y = 6$ kN↑; $\mathbf{E}_x = 23$ kN←, $\mathbf{E}_y = 2$ kN↓.

6.100 $\mathbf{A}_x = 2025$ N←, $\mathbf{A}_y = 1800$ N↓; $\mathbf{B}_x = 4050$ N→,
$\mathbf{B}_y = 1200$ N↑; $\mathbf{E}_x = 2025$ N←, $\mathbf{E}_y = 600$ N↑.

6.101 $\mathbf{C}_x = 78$ lb→, $\mathbf{C}_y = 28$ lb↑;
$\mathbf{F}_x = 78$ lb←, $\mathbf{F}_y = 12$ lb↑.

6.102 $\mathbf{C}_x = 21.7$ lb→, $\mathbf{C}_y = 37.5$ lb↓;
$\mathbf{D}_x = 21.7$ lb←, $\mathbf{D}_y = 62.5$ lb↑.

6.105 a) $C_x = 100$ lb←, $C_y = 100$ lb↑; $D_x = 100$ lb→, $D_y = 20$ lb↓. b) $E_x = 100$ lb←, $E_y = 180$ lb↑.

6.106 a) $C_x = 100$ lb←, $C_y = 60$ lb↑; $D_x = 100$ lb→, $D_y = 20$ lb↑. b) $E_x = 100$ lb←, $E_y = 140$ lb↑.

6.107 a) $A_x = 200$ kN→, $A_y = 122$ kN↑.
b) $B_x = 200$ kN←, $B_y = 10$ kN↓.

6.108 a) $A_x = 205$ kN→, $A_y = 134.5$ kN↑.
b) $B_x = 205$ kN←, $B_y = 5.5$ kN↑.

6.109 a) 301 lb ⦨48.4°. b) 375 lb tensión.

6.110 $A = 327$ lb→; $B = 827$ lb←; $D = 620.5$ lb↑; $E = 245.5$ lb↑.

6.111 $F_{AF} = P/4$ compresión; $F_{BG} = F_{DG} = P/\sqrt{2}$ compresión; $F_{EH} = P/4$ tensión.

6.112 $F_{AG} = \sqrt{2}P/6$ compresión; $F_{BF} = 2\sqrt{2}P/3$ compresión; $F_{DI} = \sqrt{2}P/3$ compresión; $F_{EH} = \sqrt{2}P/6$ tensión.

6.115 $F_{AF} = M_0/4a$ compresión; $F_{BG} = F_{DG} = M_0/\sqrt{2}a$ tensión; $F_{EH} = 3M_0/4a$ compresión.

6.116 $F_{AF} = \sqrt{2}M_0/3a$ compresión; $F_{BG} = M_0/a$ tensión; $F_{DG} = M_0/a$ compresión; $F_{EH} = 2\sqrt{2}M_0/3a$ tensión.

6.117 $A = P/15↑$; $D = 2P/15↑$; $E = 8P/15↑$; $H = 4P/15↑$.

6.118 $E = P/5↓$; $F = 8P/5↑$; $G = 4P/5↓$; $H = 2P/5↑$.

6.121 a) $A = 2.06P$ ⦨14.0°; $B = 2.06P$ ⦨14.0°; el marco es rígido. b) El marco no es rígido. c) $A = 1.25P$ ⦨36.9°; $B = 1.031P$ ⦨14.0°; el marco es rígido.

6.122 a) $P = 109.8$ lb→. b) 126.8 N T.
c) $C = 139.8$ N ⦨38.3°.

6.123 564 lb→.

6.124 275 lb→.

6.125 a) 746 N↓. b) 565 N ⦨61.3°.

6.126 a) 302 N↓. b) 682 N ⦨61.3°.

6.129 a) 21 kN←. b) 52.5 kN←.

6.130 a) 1143 N·m↓. b) 457 N·m↓.

6.133 832 lb·in.↻.

6.134 360 lb·in.↻.

6.137 208 N·m↓.

6.138 18.43 N·m↓.

6.139 $F_{AE} = 800$ N T; $F_{DG} = 100$ N C.

6.140 $P = 120$ N↓; $Q = 110$ N←.

6.141 $D = 30$ kN←; $F = 37.5$ kN ⦨36.9°.

6.142 $D = 150$ kN←; $F = 96.4$ kN ⦨13.5°.

6.143 $E = 970$ lb→; $F = 633$ lb ⦨39.2°.

6.144 $B = 94.9$ lb ⦨18.4°; $D = 94.9$ lb ⦨18.4°.

6.145 44.8 kN.

6.148 8.45 kN.

6.149 25 lb↓.

6.150 10 lb↓.

6.151 240 N.

6.152 a) 14.11 kN ⦨19.1°. b) 19.79 kN ⦨47.6°.

6.155 a) 2.86 kips C. b) 9.43 kips C.

6.156 a) 4.91 kips C. b) 10.69 kips C.

6.159 a) 27 mm. b) 40 N·m↓.

6.160 a) $(12.5$ N·m$)\mathbf{i}$. b) $G = 0$, $M_G = -(45.5$ N·m$)\mathbf{i}$; $H = 0$, $M_H = (13$ N·m$)\mathbf{i}$.

6.163 $E_x = 100.0$ kN→, $E_y = 154.9$ kN↑; $F_x = 26.5$ kN→, $F_y = 118.1$ kN↓; $H_x = 126.5$ kN←, $H_y = 36.8$ kN↓.

6.164 10.14 kip·in.↻.

6.165 $F_{AB} = 2550$ N C; $F_{AC} = 1200$ N T; $F_{BC} = 750$ N T; $F_{BD} = 1700$ N C; $F_{BE} = 400$ N C; $F_{CE} = 850$ N C; $F_{CF} = 1600$ N T; $F_{DE} = 1500$ N T; $F_{EF} = 2250$ N T.

6.166 a) $B = 98.5$ lb ⦨24.0°; $C = 90.6$ lb ⦨6.3°.
b) $B = 25$ lb↑; $C = 79.1$ lb ⦨18.4°.

6.169 a) 475 lb. b) 528 lb ⦨63.3°.

6.171 $F_{CE} = 8.00$ kN T; $F_{DE} = 4.50$ kN C; $F_{DF} = 10.00$ kN C.

6.172 $F_{FH} = 10.00$ kN C; $F_{FI} = 4.92$ kN T; $F_{GI} = 6.00$ kN T.

6.174 $A = 105.0$ N ⦨59.0°; $B = 36$ N←; $C = 174.9$ N ⦨59.0°.

6.175 $A = 58.3$ N ⦨59.0°; $B = 60$ N←; $C = 58.3$ N ⦨59.0°.

6.C1 a) $\theta = 30°$: $W = 472$ lb, $A_{AB} = 1.500$ in^2, $A_{AC} = A_{CE} = 1.299$ in^2, $A_{BC} = A_{BE} = 0.500$ in^2, $A_{BD} = 1.732$ in^2.
b) $\theta_{ópt} = 56.8°$: $W = 312$ lb, $A_{AB} = 0.896$ in^2, $A_{AC} = A_{CE} = 0.491$ in^2, $A_{BC} = 0.500$ in^2, $A_{BE} = 0.299$ in^2, $A_{BD} = 0.655$ in^2.

6.C2 a) Para $x = 9.75$ m, $F_{BH} = 3.19$ kN T.
b) Para $x = 3.75$ m, $F_{BH} = 1.313$ kN C.
c) Para $x = 6$ m, $F_{GH} = 3.04$ kN T.

6.C3 $\theta = 30°$: $M = 5860$ lb·ft↻; $A = 670$ lb ⦨75.5°.
(a) $M_{máx} = 8680$ lb·ft cuando $\theta = 65.9°$.
(b) $A_{máx} = 1436$ lb cuando $\theta = 68.5°$.

6.C4 $\theta = 30°$: $M_A = 1.669$ N·m↻, $F = 11.79$ N.
$\theta = 80°$: $M_A = 3.21$ N·m↻, $F = 11.98$ N.

6.C5 $d = 0.40$ in.: 634 lb C; $d = 0.55$ in.: 286 lb C; $d = 0.473$ in.: $F_{AB} = 500$ lb C.

6.C6 $\theta = 20°$: $M = 31.8$ N·m; $\theta = 75°$: $M = 12.75$ N·m; $\theta = 60.0°$: $M_{min} = 12.00$ N·m.

CAPÍTULO 7

7.1 (Sobre JD) $\mathbf{F} = 0$; $\mathbf{V} = 150.0$ N↑; $\mathbf{M} = 15.00$ N·m↻.

7.2 (Sobre JC) $\mathbf{F} = 100.0$ N→; $\mathbf{V} = 75.0$ N↑; $\mathbf{M} = 9.00$ N·m↻.

7.3 (Sobre AJ) $\mathbf{F} = 30.6$ kips↘; $\mathbf{V} = 9.28$ kips↙; $\mathbf{M} = 25.0$ kips·ft↻.

7.4 (Sobre CK) $\mathbf{F} = 50.1$ kips↖; $\mathbf{V} = 9.28$ kips↙; $\mathbf{M} = 25.0$ kips·ft↓.

7.7 (Sobre AJ) $\mathbf{F} = 103.9$ N↖; $\mathbf{V} = 60.0$ N↗; $\mathbf{M} = 18.71$ N·m↻.

7.8 (Sobre BK) $\mathbf{F} = 60.0$ N↙; $\mathbf{V} = 103.9$ N↘; $\mathbf{M} = 10.80$ N·m↻.

7.9 (Sobre CJ) $\mathbf{F} = 23.6$ lb↘; $\mathbf{V} = 29.1$ lb↙; $\mathbf{M} = 540$ lb·in.↻.

7.10 a) 30.0 lb en C. b) 33.5 lb en B y D.
c) 960 lb·in. en C.

7.11 (Sobre AJ) $\mathbf{F} = 194.6$ N ⦨60°; $\mathbf{V} = 257$ N ⦨30°; $\mathbf{M} = 24.7$ N·m↓.

7.12 45.2 N·m para $\theta = 82.9°$.

7.15 (Sobre BJ) $\mathbf{F} = 250$ N↘; $\mathbf{V} = 120.0$ N↗; $\mathbf{M} = 120.0$ N·m↻.

7.16 (Sobre AK) $\mathbf{F} = 560.0$ N←; $\mathbf{V} = 90.0$ N↓; $\mathbf{M} = 72.0$ N·m↓.

7.17 (Sobre *BJ*) **F** = 200 N↘; **V** = 120.0 N↗;
M = 120.0 N · m↶.
7.18 (Sobre *AK*) **F** = 520 N←; **V** = 120.0 N↓;
M = 96.0 N · m↶.
7.19 150.0 lb · in. en *D*.
7.20 105.0 lb · in. en *E*.
7.23 (Sobre *BJ*) 0.289*Wr*↶.
7.24 (Sobre *BJ*) 0.417*Wr*↶.
7.27 0.357*Wr* para θ = 49.3°.
7.28 0.1009*Wr* para θ = 57.3°.
7.29 *b*) 2*P*/3; *PL*/9.
7.30 *b*) *wL*/4; 3*wL*^{2}/32.
7.31 *b*) *wL*/2; 3*wL*^{2}/8.
7.32 *b*) *P*; *PL*/2.
7.35 *b*) 40.0 kN; 55.0 kN · m.
7.36 *b*) 50.5 kN; 39.8 kN · m.
7.39 *b*) 64.0 kN; 92.0 kN · m.
7.40 *b*) 40.0 kN; 40.0 kN · m.
7.41 *b*) 18.00 kips; 48.5 kip · ft.
7.42 *b*) 15.30 kips; 46.8 kip · ft.
7.43 *b*) 1.800 kN; 0.225 kN · m.
7.44 *b*) 2.00 kN; 0.500 kN · m.
7.45 *a*) *M* ≥ 0 en todas partes *b*) 4.50 kips; 13.50 kip · ft.
7.46 *a*) *M* ≤ 0 en todas partes *b*) 4.50 kips; 13.50 kip · ft.
7.49 *a*) +400 N; +160.0 N · m. *b*) −200 N; +40.0 N · m.
7.52 800 N; 180.0 N · m.
7.53 7.50 kips; 7.20 kip · ft.
7.54 112.5 lb; 1020 lb · in.
7.55 *a*) 54.5°. *b*) 675 N · m.
7.56 *a*) 0.311 m. *b*) 193.0 N · m.
7.57 *a*) 40.0 kips. *b*) 40.0 kip · ft.
7.58 *a*) 1.236. *b*) 0.1180*wa*^{2}.
7.59 *a*) 0.840 m. *b*) 1.680 N · m.
7.62 *a*) 0.414*wL*; 0.0858*wL*^{2}. *b*) 0.250*wL*; 0.250*wL*^{2}.
7.69 *b*) 41.4 kN; 35.3 kN · m.
7.70 *b*) 12.00 kN; 4.64 kN · m.
7.77 *b*) 9.00 kN · m, 1.700 m a partir de *A*.
7.78 *b*) 26.4 kN · m, 2.05 m a partir de *A*.
7.79 *a*) 12.00 kip · ft, en *C*.
b) 6.25 kip · ft, 2.50 a partir de *A*.
7.80 *a*) 18.00 kip · ft, 3 ft a partir de *A*.
b) 34.1 kip · ft, 2.25 ft a partir de *A*.
7.81 *b*) 40.5 kN · m, 1.800 m a partir de *A*.
7.82 *b*) 60.5 kN · m, 2.20 m a partir de *A*.
7.85 *a*) $V = (w_0/6L)(3x^2 - 6Lx + 2L^2)$;
$M = (w_0/6L)(x^3 - 3Lx^2 + 2L^2x)$.
b) $0.0642w_0L^2$, en $x = 0.423L$.
7.86 *a*) $V = (w_0/3L)(2x^2 - 3Lx + L^2)$;
$M = (w_0/18L)(4x^3 - 9Lx^2 + 6L^2x - L^3)$.
b) $w_0L^2/72$, en $x = L/2$.
7.89 *a*) **P** = 4.00 kN↓; **Q** = 6.00 kN↓.
b) M_C = −900 N · m.
7.90 *a*) **P** = 2.50 kN↓; **Q** = 7.50 kN↓.
b) M_C = −900 N · m.
7.91 *a*) **P** = 1.350 kips↓; **Q** = 0.450 kips↓.
b) $V_{máx}$ = 2.70 kips, en *A*;
$M_{máx}$ = 6.345 kip · ft, 5.40 ft a partir de *A*.

7.92 *a*) **P** = 0.540 kips↓; **Q** = 1.860 kips↓.
b) $|V|_{máx}$ = 3.14 kips, en *B*;
$M_{máx}$ = 6.997 kip · ft, 6.88 ft a partir de *A*.
7.93 *a*) 2.28 m. *b*) $\mathbf{D}_x$ = 13.67 kN→, $\mathbf{D}_y$ = 7.80 kN↑.
c) 15.94 kN.
7.94 *a*) 1.959 m. *b*) 2.48 m.
7.95 *a*) 838 lb ⦨17.4°, *b*) 971 lb ⦨34.5°.
7.96 *a*) 2670 lb ⦨2.1°, *b*) 2810 lb ⦨18.6°.
7.97 *a*) d_B = 1.733 m; d_D = 4.20 m. *b*) 21.5 kN ⦨3.8°.
7.98 *a*) 2.8 m. *b*) **A** = 32.0 kN ⦨38.7°; **E** = 25 kN→.
7.101 *a*) 48 lb. *b*) 10 ft.
7.102 *a*) 12.5 ft. *b*) 5 ft.
7.103 196.2 N.
7.104 157.0 N.
7.107 *a*) 2770 N. *b*) 75.14 m.
7.108 *a*) 6.75 m. *b*) Para *AB*: 615 N; para *BC*: 600 N.
7.109 *a*) 50,230 kips. *b*) 3575 ft.
7.110 *a*) 56,420 kips. *b*) 4284 ft.
7.113 3.749 ft.
7.114 *a*) $\sqrt{3L\Delta/8}$. *b*) 12.25 ft.
7.115 *a*) 58,940 kips. *b*) 29.2°.
7.116 *a*) 16 ft a la izquierda de *B*. *b*) 2000 lb.
7.117 *a*) 5880 N. *b*) 0.873 m.
7.118 *a*) 6860 N. *b*) 31.0°.
7.125 $y = h[1 - \cos(\pi x/L)]$; $T_0 = w_0L^2/h\pi^2$;
$T_{máx} = (w_0L/\pi)\sqrt{(L^2/h^2\pi^2) + 1}$.
7.127 *a*) 26.7 m. *b*) 70.3 kg.
7.128 *a*) 9.89 m. *b*) 60.3 N.
7.129 199.47 ft.
7.130 330 ft; 625 lb.
7.133 *a*) 5.89 m. *b*) 10.89 N→.
7.134 *a*) 30.2 m. *b*) 56.6 kg.
7.135 10.05 ft.
7.136 *a*) 4.22 ft. *b*) 80.3°.
7.139 31.8 N.
7.140 29.8 N.
7.141 119.1 N→.
7.142 177.6 N→.
7.143 *a*) *a* = 79.0 ft; *b* = 60.0 ft. *b*) 103.9 ft.
7.144 *a*) *a* = 65.8 ft; *b* = 50.0 ft. *b*) 86.6 ft.
7.147 3.50 ft
7.148 5.71 ft.
7.151 0.394 m y 10.97 m.
7.152 0.1408.
7.153 *a*) 0.338. *b*) 56.5°; 0.755*wL*.
7.154 (Sobre *CD*) **F** = 270 N→; **V** = 90.0 N↑;
M = 43.2 N · m↶.
7.155 *a*) 90.0 lb. *b*) 900 lb · in.
7.157 *a*) 138.1 m. *b*) 602 N.
7.158 *a*) F_{BF} = 33.3 lb T; F_{CH} = 133.3 lb T.
b) 194.4 lb.
c) M_F = +166.7 lb · ft;
M_G = +333 lb · ft.
7.160 *a*) (Sobre *AC*) **F** = **V** = 0; **M** = 450 lb · ft↶.
b) (Sobre *AC*) **F** = 250 lb↗; **V** = 0; **M** = 450 lb · ft↶.
7.161 *a*) 1500 N. *b*) (Sobre *ABJ*) **F** = 1324 N↑;
V = 706 N←; **M** = 229 N · m↶.

595

7.163 b) 12.00 kip·ft, 6 ft a partir de A.
7.164 a) $d_B = 4.40$ m; $d_D = 3.90$ m. b) 21.9 kN.
7.C1 a) $M_D = +39.8$ kN·m. b) $M_D = +14.00$ kip·ft.
c) $M_D = +1800$ lb·in.
7.C3 $a = 1.923$ m; $M_{máx} = 37.0$ kN·m en 4.64 m a partir de A.
7.C4 b) $M_{máx} = 5.42$ kip·ft cuando $x = 8.5$ ft y 11.5 ft.
7.C8 $c/L = 0.300$: $h/L = 0.5225$; $s_{AB}/L = 1.532$;
$T_0/wL = 0.300$; $T_{máx}/wL = 0.823$.

CAPÍTULO 8

8.1 El bloque se mueve; $\mathbf{F} = 48.3$ lb ↗.
8.2 Está en equilibrio; $\mathbf{F} = 61.5$ lb ↗.
8.3 Está en equilibrio; $\mathbf{F} = 48.3$ N ↖.
8.4 El bloque se mueve; $\mathbf{F} = 103.5$ N ↖.
8.7 a) 170.5 N. b) 14.0°.
8.8 a) 105.8 N. b) 46.0°.
8.11 74.5 N.
8.12 $17.9° \le \theta \le 66.4°$.
8.13 a) 353 N ←. b) 196.2 N ←.
8.14 a) 275 N ←. b) 196.2 N ←.
8.15 31.0°
8.16 53.5°.
8.19 a) 36 lb →. b) 30 lb →. c) 12.86 lb →.
8.20 a) 36 lb →. b) 40 in.
8.21 $M = Wr\mu_s(1 + \mu_s)/(1 + \mu_s^2)$.
8.22 a) $0.300Wr$. b) $0.349Wr$.
8.25 151.5 N·m.
8.26 1.473 kN.
8.27 $0.1367Wa$ ↑.
8.28 $0.0653Wa$ ↓.
8.29 0.208.
8.32 a) 136.4°. b) $0.928W$.
8.33 a) 43.6°. b) $0.371W$.
8.34 $6.35 \le L/a \le 10.81$.
8.35 $L/a \ge 3.92$.
8.36 664 N ↓.
8.37 0.75.
8.38 0.86.
8.39 a) 112.5 N. b) 8.81 mm.
8.42 $\mu_A = 0.188$, $\mu_C = 0.198$.
8.43 a) La placa está en equilibrio.
b) La placa se mueve hacia abajo.
8.45 168.4 N $\le P \le 308$ N.
8.46 9.38 N·m $\le M \le 15.01$ N·m.
8.47 a) $W \le 13.82$ lb. b) 7.13 lb $\le W \le 39.3$ lb.
8.48 a) $W \le 1.630$ lb y $W \ge 34.6$ lb. b) $W \ge 98.2$ lb.
8.49 -46.8 N $\le P \le 34.3$ N.
8.50 b) 2.69 lb.
8.51 0.225.
8.54 30.6 N·m ↑.
8.55 18.90 N·m ↑.
8.58 35.8°.
8.59 20.5°.
8.60 $1.225W$.
8.61 $46.4° \le \theta \le 52.4°$ y $67.6° \le \theta \le 79.4°$.

8.62 a) 620 N ←. b) $\mathbf{B}_x = 1390$ N ←, $\mathbf{B}_y = 1050$ N ↓.
8.63 a) 234 N →. b) $\mathbf{B}_x = 1824$ N ←, $\mathbf{B}_y = 1050$ N ↓.
8.64 313 lb →.
8.65 297 lb →.
8.68 9.86 kN ←.
8.69 913 N →.
8.70 a) 28.1°. b) 728 N ∡14.0°.
8.71 a) 50.4 lb. b) 50.4 lb.
8.72 a) 14.05 lb. b) 14.05 lb.
8.73 67.4 N.
8.74 143.4 N.
8.77 b) 283 N ←.
8.78 0.442.
8.79 a) 90.0 lb. b) La base se mueve.
8.80 a) 89.4 lb. b) La base no se mueve.
8.81 0.110.
8.82 0.101.
8.84 1068 N·m.
8.87 4.18 N·m.
8.89 153.1 lb·in.
8.90 41.4 lb·in.
8.92 0.098.
8.93 450 N.
8.94 412 N.
8.95 344 N.
8.96 376 N.
8.97 a) 0.24. b) 218 N ↓.
8.99 $T_{AB} = 77.5$ lb; $T_{CD} = 72.5$ lb; $T_{EF} = 67.8$ lb.
8.100 a) 4.80 kN. b) 1.375°.
8.102 22.0 lb ←.
8.103 1.95 lb ↓.
8.104 18.01 lb ←.
8.107 3.75 lb.
8.108 0.167.
8.113 154.4 N.
8.114 0.060 in.
8.115 10.87 lb.
8.116 a) 1.288 kN. b) 1.058 kN.
8.117 300 mm.
8.118 a) 0.329. b) 2.67 vueltas
8.119 14.23 kg $\le m \le$ 175.7 kg.
8.120 a) 0.292. b) 310 N.
8.121 73.0 lb $\le P \le$ 1233 lb.
8.124 35.1 N·m.
8.125 421 lb·in.
8.126 301 lb·in.
8.127 a) 27.0 N·m. b) 675 N.
8.128 a) 39.0 N·m. b) 844 N.
8.129 a) 4.97 N·m ↓. b) 42.3 N.
8.130 31.8 N·m.
8.133 4.49 in.
8.134 a) 11.66 kg. b) 38.6 kg. c) 34.4 kg.
8.135 a) 9.46 kg. b) 167.2 kg. c) 121.0 kg.
8.136 a) 10.39 lb. b) 58.5 lb.
8.137 a) y b) 28.9 lb.
8.140 5.97 N.

8.141 9.56 N.
8.142 a) 30.3 lb·in.↰. b) 3.78 lb↓.
8.143 a) 17.23 lb·in.↲. b) 2.15 lb↑.
8.144 0.350.
8.145 0.266.
8.149 a) 51.0 N·m. b) 875 N.
8.150 163.5 N.
8.151 76.9 N.
8.154 $0.818WL \leq M_0 \leq 1.048WL$.
8.155 0.0533.
8.156 a) y b) 1.333. c) 1.192.
8.159 a) 16.70°. b) 50.0°.
8.160 26.4°.
8.161 a) 9.96°. b) $\mathbf{A} = 148.3$ N ↘ 60°; $\mathbf{D} = 79.1$ N ↙ 60°.
8.C1 $x = 500$ mm: 63.3 N; $P_{máx} = 67.8$ N en $x = 355$ mm.
8.C2 $W_B = 10$ lb: $\theta = 46.4°$; $W_B = 70$ lb: $\theta = 21.3°$.
8.C3 $\mu_A = 0.25$: $M = 0.0603$ N·m.
8.C4 $\theta = 30°$: 1.336 N·m $\leq M_A \leq 2.23$ N·m.
8.C5 $\theta = 60°$: $\mathbf{P} = 16.40$ lb↓; $R = 5.14$ lb.
8.C6 $\theta = 20°$: 10.39 N·m.
8.C7 $\theta = 20°$: 30.3 lb; 13.25 lb.
8.C8 a) $x_0 = 0.600L$; $x_m = 0.604L$; $\theta_1 = 5.06°$.
b) $\theta_2 = 55.4°$.

CAPÍTULO 9

9.1 $a^3b/6$.
9.2 $a^3b/30$.
9.3 $b^3h/12$.
9.4 $3a^4/2$.
9.5 $3ab^3/10$.
9.6 $ab^3/21$.
9.9 $ab^3/15$.
9.10 $ab^3/15$.
9.11 $0.1056ab^3$.
9.12 $2a^3b/21$.
9.15 $ab^3/10$; $b/\sqrt{5}$.
9.16 $1.638ab^3$; $1.108b$.
9.17 $a^3b/6$; $a/\sqrt{3}$.
9.18 $4a^3b/15$; $a/\sqrt{5}$.
9.21 $20a^4$; $1.826a$.
9.22 $4ab(a^2 + 4b^2)/3$; $\sqrt{(a^2 + 4b^2)/3}$.
9.23 $64a^4/15$; $1.265a$.
9.25 a) $\pi(R_2^4 - R_1^4)/4$. b) $I_x = I_y = \pi(R_2^4 - R_1^4)/8$.
9.26 b) -10.56%; -2.99%; -0.1248%.
9.28 $bh(12h^2 + b^2)/48$; $\sqrt{(12h^2 + b^2)/24}$.
9.31 390×10^3 mm^4; 21.9 mm.
9.32 46.0 in^4; 1.599 in.
9.33 64.3×10^3 mm^4; 8.87 mm.
9.34 46.5 in^4; 1.607 in.
9.37 $\bar{I} = 9.50 \times 10^6$ mm^4; $d_2 = 60.0$ mm.
9.38 $A = 6600$ mm^2; $\bar{I} = 3.72 \times 10^6$ mm^4.
9.39 $J_B = 1800$ in^4; $J_D = 3600$ in^4.
9.41 $\bar{I}_x = 1.874 \times 10^6$ mm^4; $\bar{I}_y = 5.82 \times 10^6$ mm^4.
9.42 $\bar{I}_x = 479 \times 10^3$ mm^4; $\bar{I}_y = 149.7 \times 10^3$ mm^4.

9.43 $\bar{I}_x = 191.3$ in^4; $\bar{I}_y = 75.2$ in^4.
9.44 $\bar{I}_x = 18.13$ in^4; $\bar{I}_y = 4.51$ in^4.
9.45 a) 3.13×10^6 mm^4. b) 2.41×10^6 mm^4.
9.46 a) 12.16×10^6 mm^4. b) 9.73×10^6 mm^4.
9.49 $\bar{I}_x = 260 \times 10^6$ mm^4, $\bar{I}_y = 17.55 \times 10^6$ mm^4; $\bar{k}_x = 144.6$ mm, $\bar{k}_y = 37.6$ mm.
9.50 $\bar{I}_x = 256 \times 10^6$ mm^4, $\bar{I}_y = 100.0 \times 10^6$ mm^4; $\bar{k}_x = 134.1$ mm, $\bar{k}_y = 83.9$ mm.
9.51 $\bar{I}_x = 250$ in^4, $\bar{I}_y = 141.6$ in^4; $\bar{k}_x = 4.10$ in., $\bar{k}_y = 3.08$ in.
9.52 1.070 in.
9.53 $\bar{I}_x = 3.57 \times 10^6$ mm^4; $\bar{I}_y = 49.9 \times 10^6$ mm^4.
9.54 $\bar{I}_x = 633 \times 10^6$ mm^4; $\bar{I}_y = 38.2 \times 10^6$ mm^4.
9.57 $3\pi r/16$.
9.58 $3\pi b/16$.
9.59 $15h/14$.
9.60 $4h/7$.
9.63 $5a/8$.
9.67 $a^4/2$.
9.68 $a^2b^2/12$.
9.69 $-b^2h^2/8$.
9.71 -1.760×10^6 mm^4.
9.72 -21.6×10^6 mm^4.
9.74 -0.380 in^4.
9.75 471×10^3 mm^4.
9.76 -9010 in^4.
9.78 1.165×10^6 mm^4.
9.79 a) $\bar{I}_{x'} = 0.482a^4$; $\bar{I}_{y'} = 1.482a^4$; $\bar{I}_{x'y'} = -0.589a^4$.
b) $\bar{I}_{x'} = 1.120a^4$; $\bar{I}_{y'} = 0.843a^4$; $\bar{I}_{x'y'} = 0.760a^4$.
9.80 $\bar{I}_{x'} = 103.5 \times 10^6$ mm^4; $\bar{I}_{y'} = 97.9 \times 10^6$ mm^4; $\bar{I}_{x'y'} = -38.3 \times 10^6$ mm^4.
9.81 $\bar{I}_{x'} = 1033$ in^4; $\bar{I}_{y'} = 2020$ in^4; $\bar{I}_{x'y'} = -873$ in^4.
9.83 $\bar{I}_{x'} = 0.237$ in^4; $\bar{I}_{y'} = 1.245$ in^4; $\bar{I}_{x'y'} = 0.1123$ in^4.
9.85 20.2°; $1.754a^4$, $0.209a^4$.
9.86 $-17.11°$; 139.1×10^6 mm^4, 62.3×10^6 mm^4.
9.87 29.7°; 2530 in^4, 524 in^4.
9.89 $-23.7°$; 1.257 in^4, 0.225 in^4.
9.91 a) $\bar{I}_{x'} = 0.482a^4$; $\bar{I}_{y'} = 1.482a^4$; $\bar{I}_{x'y'} = -0.589a^4$.
b) $\bar{I}_{x'} = 1.120a^4$; $\bar{I}_{y'} = 0.843a^4$; $\bar{I}_{x'y'} = 0.760a^4$.
9.92 $\bar{I}_{x'} = 103.5 \times 10^6$ mm^4; $\bar{I}_{y'} = 97.9 \times 10^6$ mm^4; $\bar{I}_{x'y'} = -38.3 \times 10^6$ mm^4.
9.93 $\bar{I}_{x'} = 1033$ in^4; $\bar{I}_{y'} = 2020$ in^4; $\bar{I}_{x'y'} = -873$ in^4.
9.95 $\bar{I}_{x'} = 0.237$ in^4; $\bar{I}_{y'} = 1.245$ in^4; $\bar{I}_{x'y'} = 0.1123$ in^4.
9.97 20.2°; $1.754a^4$, $0.209a^4$.
9.98 $-17.11°$; 139.1×10^6 mm^4, 62.3×10^6 mm^4.
9.99 $-33.4°$; 22.1×10^3 in^4, 2490 in^4.
9.100 29.7°; 2530 in^4, 524 in^4.
9.103 a) -1.145 in^4. b) $-29.2°$. c) 3.41 in^4.
9.104 $-23.8°$; 0.524×10^6 in^4, 0.0925×10^6 mm^4.
9.105 19.61°; 4.35×10^6 mm^4, 0.659×10^6 mm^4.
9.106 a) 25.3°. b) 1459 in^4, 40.5 in^4.
9.107 a) 88.0×10^6 mm^4. b) 96.3×10^6 mm^4, 39.7×10^6 mm^4.
9.111 a) $25mr_2^2/64$. b) $0.1522mr_2^2$.
9.112 a) $0.0699mb^2$. b) $m(a^2 + 0.279b^2)/4$.

9.113 a) $5mb^2/4$. b) $5m(a^2+b^2)/4$.
9.114 a) $mb^2/7$. b) $m(7a^2+10b^2)/70$.
9.115 a) $7ma^2/18$. b) $0.819ma^2$.
9.116 a) $1.389ma^2$. b) $2.39ma^2$.
9.119 $1.329mh^2$.
9.120 $m(3a^2+4L^2)/12$.
9.121 a) $0.241mh^2$. b) $m(3a^2+0.1204h^2)$.
9.122 $m(b^2+h^2)/10$.
9.125 $I_x=I_y=ma^2/4$; $I_z=ma^2/2$.
9.126 a) $mh^2/6$. b) $m(a^2+4h^2\text{sen}^2\theta)/24$.
c) $m(a^2+4h^2\cos^2\theta)/24$.
9.127 837×10^{-9} kg·m^2; 6.92 mm.
9.128 1.160×10^{-6} lb·ft·s^2; 0.341 in.
9.129 $ma^2/2$; $a/\sqrt{2}$.
9.131 a) 27.5 mm a la derecha de A. b) 32.0 mm.
9.132 a) $\pi\rho l^2\left[6a^2t\left(\dfrac{5a^2}{3l^2}+\dfrac{2a}{l}+1\right)+d^2l\right]$. b) 0.1851.
9.134 a) 2.30 in. b) 20.6×10^{-3} lb·ft·s^2; 2.27 in.
9.135 $I_x=0.877$ kg·m^2; $I_y=1.982$ kg·m^2;
$I_z=1.652$ kg·m^2.
9.136 $I_x=175.5\times10^{-3}$ kg·m^2; $I_y=309\times10^{-3}$ kg·m^2;
$I_z=154.4\times10^{-3}$ kg·m^2.
9.137 $I_x=745\times10^{-6}$ lb·ft·s^2; $I_y=896\times10^{-6}$ lb·ft·s^2;
$I_z=304\times10^{-6}$ lb·ft·s^2.
9.138 $I_x=344\times10^{-6}$ lb·ft·s^2; $I_y=132.1\times10^{-6}$ lb·ft·s^2;
$I_z=453\times10^{-6}$ lb·ft·s^2.
9.141 a) 13.99×10^{-3} kg·m^2. b) 20.6×10^{-3} kg·m^2.
c) 14.30×10^{-3} kg·m^2.
9.142 0.1785 lb·ft·s^2.
9.144 0.1010 kg·m^2.
9.145 a) 26.4×10^{-3} kg·m^2. b) 31.2×10^{-3} kg·m^2.
c) 8.58×10^{-3} kg·m^2.
9.147 $I_x=0.0392$ lb·ft·s^2; $I_y=0.0363$ lb·ft·s^2;
$I_z=0.0304$ lb·ft·s^2.
9.148 $I_x=0.323$ kg·m^2; $I_y=I_z=0.419$ kg·m^2.
9.149 $I_{xy}=2.50\times10^{-3}$ kg·m^2; $I_{yz}=4.06\times10^{-3}$ kg·m^2;
$I_{zx}=8.81\times10^{-3}$ kg·m^2.
9.150 $I_{xy}=2.44\times10^{-3}$ kg·m^2; $I_{yz}=1.415\times10^{-3}$ kg·m^2;
$I_{zx}=4.59\times10^{-3}$ kg·m^2.
9.151 $I_{xy}=-538\times10^{-6}$ lb·ft·s^2;
$I_{yz}=-171.4\times10^{-6}$ lb·ft·s^2;
$I_{zx}=1120\times10^{-6}$ lb·ft·s^2.
9.152 $I_{xy}=-1.726\times10^{-3}$ lb·ft·s^2;
$I_{yz}=0.507\times10^{-3}$ lb·ft·s^2;
$I_{zx}=-2.12\times10^{-3}$ lb·ft·s^2.
9.153 $I_{xy}=16.83\times10^{-3}$ kg·m^2; $I_{yz}=82.9\times10^{-3}$ kg·m^2;
$I_{zx}=9.82\times10^{-3}$ kg·m^2.
9.155 $I_{xy}=-8.04\times10^{-3}$ kg·m^2; $I_{yz}=12.90\times10^{-3}$ kg·m^2;
$I_{zx}=94.0\times10^{-3}$ kg·m^2.
9.157 $I_{xy}=-11wa^3/g$; $I_{yz}=wa^3(\pi+6)/2g$;
$I_{zx}=-wa^3/4g$.
9.158 $I_{xy}=wa^3(1-5\pi)/g$; $I_{yz}=-11\pi wa^3/g$;
$I_{zx}=4wa^3(1+2\pi)/g$.
9.159 $I_{xy}=47.9\times10^{-6}$ kg·m^2; $I_{yz}=102.1\times10^{-6}$ kg·m^2;
$I_{zx}=64.1\times10^{-6}$ kg·m^2.

9.160 $I_{xy}=-m'R_1^3/2$; $I_{yz}=m'R_1^3/2$; $I_{zx}=-m'R_2^3/2$.
9.162 a) $mac/20$. b) $I_{xy}=mab/20$; $I_{yz}=mbc/20$.
9.165 16.88×10^{-3} kg·m^2.
9.166 18.17×10^{-3} kg·m^2.
9.167 $5Wa^2/18g$.
9.168 $4.41\gamma ta^4/g$.
9.169 294×10^{-3} kg·m^2.
9.170 0.354 kg·m^2.
9.173 a) $b/a=2$; $c/a=2$. b) $b/a=1$; $c/a=0.5$.
9.174 a) 2. b) $\sqrt{2/3}$.
9.175 a) $1/\sqrt{3}$. (b) $\sqrt{7/12}$.
9.179 a) $K_1=0.363ma^2$; $K_2=1.583ma^2$; $K_3=1.720ma^2$.
b) $(\theta_x)_1=(\theta_z)_1=49.7°$, $(\theta_y)_1=113.7°$;
$(\theta_x)_2=45°$, $(\theta_y)_2=90°$, $(\theta_z)_2=135°$;
$(\theta_x)_3=(\theta_z)_3=73.5°$, $(\theta_y)_3=23.7°$.
9.180 a) $K_1=14.30\times10^{-3}$ kg·m^2;
$K_2=13.96\times10^{-3}$ kg·m^2; $K_3=20.6\times10^{-3}$ kg·m^2.
b) $(\theta_x)_1=(\theta_y)_1=90°$, $(\theta_z)_1=0$;
$(\theta_x)_2=3.4°$, $(\theta_y)_2=86.6°$, $(\theta_z)_2=90°$;
$(\theta_x)_3=93.4°$, $(\theta_y)_3=3.4°$, $(\theta_z)_3=90°$.
9.182 a) $K_1=0.1639Wa^2/g$; $K_2=1.054Wa^2/g$;
$K_3=1.115Wa^2/g$.
b) $(\theta_x)_1=36.7°$, $(\theta_y)_1=71.6°$, $(\theta_z)_1=59.5°$;
$(\theta_x)_2=74.9°$, $(\theta_y)_2=54.5°$, $(\theta_z)_2=140.5°$;
$(\theta_x)_3=57.4°$, $(\theta_y)_3=138.7°$, $(\theta_z)_3=112.5°$.
9.183 a) $K_1=2.26\gamma ta^4/g$; $K_2=17.27\gamma ta^4/g$;
$K_3=19.08\gamma ta^4/g$.
b) $(\theta_x)_1=85.0°$, $(\theta_y)_1=36.8°$, $(\theta_z)_1=53.7°$;
$(\theta_x)_2=81.7°$, $(\theta_y)_2=54.7°$, $(\theta_z)_2=143.4°$;
$(\theta_x)_3=9.7°$, $(\theta_y)_3=99.0°$, $(\theta_z)_3=86.3°$.
9.185 $I_x=ab^3/28$; $I_y=a^3b/20$.
9.187 $I_x=1.268\times10^6$ mm^4; $I_y=339\times10^3$ mm^4.
9.189 -2.81 in^4.
9.191 a) $ma^2/3$. b) $3ma^2/2$.
9.192 a) 26.0×10^{-3} kg·m^2. b) 38.2×10^{-3} kg·m^2.
c) 17.55×10^{-3} kg·m^2.
9.193 $I_x=28.3\times10^{-3}$ kg·m^2, $I_y=183.8\times10^{-3}$ kg·m^2;
$k_x=42.9$ mm, $k_y=109.3$ mm.
9.194 $I_x=38.1\times10^{-3}$ kg·m^2; $k_x=110.7$ mm.
9.195 $I_x=I_z=70.1\times10^{-3}$ lb·ft·s^2;
$I_y=58.3\times10^{-3}$ lb·ft·s^2.
9.C1 $\theta=20°$: $I_{x'}=14.20$ in^4, $I_{y'}=3.15$ in^4,
$I_{x'y'}=-3.93$ in^4.
9.C3 a) $\bar{I}_{x'}=371\times10^3$ mm^4, $\bar{I}_{y'}=64.3\times10^3$ mm^4;
$\bar{k}_{x'}=21.3$ mm, $\bar{k}_{y'}=8.87$ mm. b) $\bar{I}_{x'}=40.4$ in^4,
$\bar{I}_{y'}=46.5$ in^4; $\bar{k}_{x'}=1.499$ in., $\bar{k}_{y'}=1.607$ in.
c) $\bar{k}_x=2.53$ in., $\bar{k}_y=1.583$ in. d) $\bar{k}_x=1.904$ in.,
$\bar{k}_y=0.950$ in.
9.C5 a) 5.99×10^{-3} kg·m^2. b) 77.4×10^{-3} kg·m^2.
9.C6 a) 74.0×10^{-6} lb·ft·s^2. b) 645×10^{-6} lb·ft·s^2.
c) 208×10^{-6} lb·ft·s^2.

CAPÍTULO 10

10.1 60 lb↓.
10.2 270 N↑.

10.3 $32.4 \text{ N} \cdot \text{m} \downarrow$.
10.4 $600 \text{ lb} \cdot \text{in.} \downarrow$.
10.5 a) $60 \text{ N } C$, $8 \text{ mm} \downarrow$. b) $300 \text{ N } C$, $40 \text{ mm} \downarrow$.
10.6 a) $120 \text{ N } C$, $16 \text{ mm} \downarrow$. b) $300 \text{ N } C$, $40 \text{ mm} \downarrow$.
10.9 $Q = (3P/2) \tan \theta$.
10.10 $Q = 2P \operatorname{sen} \theta / \cos \theta/2$.
10.11 $Q = 2P \cos \theta / \cos \theta/2$.
10.12 $Q = P[(l/a)\cos^3 \theta - 1]$.
10.15 $M = 7Pa \cos \theta$.
10.16 $M = Pl/2 \tan \theta$.
10.17 $M = Pl(\operatorname{sen} \theta + \cos \theta)$.
10.18 a) $M = Pl \operatorname{sen} 2\theta$. b) $M = 3Pl \cos \theta$.
c) $M = Pl \operatorname{sen} \theta$.
10.21 $85.2 \text{ lb} \cdot \text{ft} \downarrow$.
10.22 $22.8 \text{ lb} \angle 70°$.
10.23 $67.1°$.
10.24 $36.4°$.
10.25 $39.2°$.
10.28 $19.8°$ y $51.9°$.
10.30 $25.0°$.
10.31 $39.7°$ y $69.0°$.
10.32 $52.2°$.
10.33 $40.2°$.
10.35 $22.6°$.
10.36 $51.1°$.
10.37 $60.4°$.
10.38 $38.7°$.
10.39 $59.0°$.
10.40 $78.7°$, $323.8°$, $379.1°$.
10.43 $12.03 \text{ kN} \searrow$.
10.44 $20.4°$.
10.45 $2370 \text{ lb} \nwarrow$.
10.46 $2550 \text{ lb} \nwarrow$.
10.47 $\eta = 1/(1 + \mu \cot \alpha)$.
10.49 $300 \text{ N} \cdot \text{m}$, $81.8 \text{ N} \cdot \text{m}$.
10.52 37.6 N, 31.6 N.
10.53 $\mathbf{A} = 250 \text{ N} \uparrow$; $\mathbf{M}_A = 450 \text{ N} \cdot \text{m} \uparrow$.
10.54 $1050 \text{ N} \uparrow$.
10.57 $0.833 \text{ in.} \downarrow$.
10.58 $0.625 \text{ in.} \rightarrow$.
10.69 $\theta = 0$ y $\theta = 180°$, inestable; $\theta = 75.5°$ y $\theta = 284.5°$, estable

10.70 $\theta = 0$, inestable; $\theta = 137.8°$, estable.
10.71 $\theta = -45°$, inestable; $\theta = 135°$, estable.
10.72 $\theta = -63.4°$, inestable; $\theta = 116.6°$, estable.
10.73 $59.0°$, estable.
10.74 $78.7°$, estable; $323.8°$, inestable; $379.1°$, estable.
10.77 357 mm
10.78 252 mm
10.80 $9.4°$ y $90°$, estable; $34.2°$, inestable.
10.81 $17.1°$, estable; $72.9°$, inestable.
10.85 $54.8°$.
10.86 $37.4°$.
10.87 11.27 m.
10.88 16.88 m.
10.89 $K > 6.94 \text{ lb/in}$.
10.90 15.00 in.
10.92 $P < 2kL/9$.
10.93 $P < kL/18$.
10.94 $P < k(l - a)^2/2l$.
10.95 $P < 160 \text{ N}$.
10.98 $P < 764 \text{ N}$.
10.100 a) $P < 10 \text{ lb}$. b) $P < 20 \text{ lb}$.
10.101 7.125 in.
10.102 11.625 in.
10.103 $38.7°$.
10.106 a) $22.0°$. b) $30.6°$.
10.108 $29.6°$.
10.109 $M = PR \csc^2 \theta$.
10.110 a) 20 N. b) 105 N.
10.112 $53.8°$.
10.C1 $\theta = 60°$: 2.42 in.; $\theta = 120°$: 1.732 in.; $(M/P)_{\text{máx}} = 2.52 \text{ in. en } \theta = 73.7°$.
10.C2 $\theta = 60°$: $171.1 \text{ N } C$.
Para $32.5° \leq \theta \leq 134.3°$, $|F| \leq 400 \text{ N}$.
10.C3 $\theta = 60°$: $296 \text{ N } T$.
Para $\theta \leq 125.7°$, $|F| \leq 400 \text{ N}$.
10.C4 b) $\theta = 60°$, dato en C: $V = -294 \text{ in} \cdot \text{lb}$.
c) $34.2°$, estable; $90°$, inestable; $145.8°$, estable.
10.C5 b) $\theta = 50°$, dato en E: $V = 100.5 \text{ J}$, $dV/d\theta = 22.9 \text{ J}$. c) $\theta = 0$, inestable; $30.4°$, estable.
10.C6 b) $\theta = 60°$, dato en B: 30.0 J.
c) $\theta = 0$, inestable; $41.4°$, estable.
10.C7 b) $\theta = 60°$, dato en $\theta = 0$: -37.0 J.
c) $52.2°$, estable.